Heinz Schade, Ewald Kunz, Frank Kameier und Christian O

Strömungslehre

De Gruyter Studium

Weitere empfehlenswerte Titel

Physik im Studium – Ein Brückenkurs
Jan Peter Gehrke und Patrick Köberle, 2021
ISBN 978-3-11-070392-4, e-ISBN (PDF) 978-3-11-070393-1

Experimentalphysik
Band 1 Mechanik, Schwingungen, Wellen
Wolfgang Pfeiler, 2020
ISBN 978-3-11-067560-3, e-ISBN (PDF) 978-3-11-067586-3

Klassische Mechanik
Vom Weitsprung zum Marsflug
Rainer Müller, 2020
ISBN 978-3-11-073538-3, e-ISBN (PDF) 978-3-11-073078-4

Mathematical Fluid Mechanics
B. Mahanthesh (Ed.), 2021
ISBN 978-3-11-069603-5, e-ISBN: 978-3-11-069608-0

Heinz Schade, Ewald Kunz, Frank Kameier
und Christian Oliver Paschereit

Strömungslehre

Bearbeitet von
Frank Kameier und Christian Oliver Paschereit

5. Auflage

DE GRUYTER

Autoren
Prof. Dr.-Ing. Frank Kameier
Hochschule Düsseldorf
FB Maschinenbau u. Verfahrenstechnik
Münsterstr. 156
40476 Düsseldorf
frank.kameier@hs-duesseldorf.de

Prof. Dr.-Ing. Christian Oliver Paschereit
Technische Universität Berlin
Institut für Strömungsmechanik u.
Technische Akustik (ehem. HFI)
Müller-Breslau-Str. 8
10623 Berlin
oliver.paschereit@tu-berlin.de

ISBN 978-3-11-064144-8
e-ISBN (PDF) 978-3-11-064145-5
e-ISBN (EPUB) 978-3-11-064155-4

Library of Congress Control Number: 2021948864

Bibliografische Information der Deutschen Nationalbibliothek
Die Deutsche Nationalbibliothek verzeichnet diese Publikation in der Deutschen Nationalbibliografie; detaillierte bibliografische Daten sind im Internet über http://dnb.dnb.de abrufbar.

Coverabbildung: Jürgen Wagner
Satz: VTeX UAB, Lithuania
Druck und Bindung: CPI books GmbH, Leck

www.degruyter.com

Vorwort

Dieses Buch enthält den Stoff der Lehrveranstaltungen Strömungslehre oder Grundlagen der Strömungstechnik für Studierende des Maschinenbaus, der Verfahrenstechnik, der Physikalischen Ingenieurwissenschaft, des Verkehrswesens (Luft- und Raumfahrt), der Energie- und der Umwelttechnik. Konzipiert wurde es für einen Umfang von 8 Semesterwochenstunden (auf zwei Semester verteilt). Aufgebaut ist das Buch aus einzelnen Lehreinheiten, die größtenteils auch unabhängig voneinander studiert werden können. Aus diesem Grund ist es für Bachelor-Studiengänge im Rahmen der Grundausbildung genauso geeignet wie für fachliche Vertiefungen im Rahmen von Master-Studiengängen. Es ist geeignet für Studierende an Hochschulen oder Fachhochschulen und Universitäten.

Zahlreiche Beispiele mit ausführlichen Lösungen und viele Verständnisfragen, deren ausführliche Lösungen in einem Feedback-Teil gebündelt wurden ermöglichen die Selbstkontrolle des eigenen Lernstandes.

Das Buch sollte für Studierende der Ingenieurwissenschaften vom dritten Semester an verständlich sein; wir haben uns deshalb darum bemüht, an Vorkenntnissen möglichst wenig vorauszusetzen: aus der Mathematik die Infinitesimalrechnung für eine und mehrere Variable und die elementare Vektoralgebra, außerdem die Grundlagen der Mechanik. Einige Zusatzaufgaben behandeln gewöhnliche Differentialgleichungen mit konstanten Koeffizienten. Die Gasdynamik benötigt Grundlagenkenntnisse der Thermodynamik.

- Das Feedback enthält zu jeder Übungsaufgabe die Lösung und gelegentlich weiterführende Erläuterungen. Natürlich sollte der Leser die Aufgaben zunächst ohne Zuhilfenahme des Feedbacks zu lösen versuchen.
- Formeln und Sätze, die der Leser durchaus auswendig lernen sollte, haben wir eingerahmt.
- Die kleingedruckten Texte stellen weiterführende und zum Teil mathematisch anspruchsvollere Ergänzungen des eigentlichen Stoffes dar; auf solches Material wird im Folgenden auch wieder nur in kleingedruckten Texten Bezug genommen. Das Feedback zu diesen Zusatzaufgaben ist etwas knapper gefasst; elementare Zwischenrechnungen sind hier häufig weggelassen worden.

In der fünften Auflage wurden zwei Lehreinheiten *Strömungslehre lernen mittels CFD* und *Turbulenzmodelle für die numerische Simulation* ergänzt, und somit werden zeitgemäße numerische Methoden (Computational Fluid Dynamics) nun didaktisch genutzt. Ziel dabei ist nicht die exakte und bestmögliche Berechnung einer Strömungskonfiguration. Vielmehr sollen die Leserinnen und Leser unter Zuhilfenahme der Industriesoftware ANSYS und einer Reihe von YouTube-Filmen motiviert werden, auch theoretisch noch tiefer in die Materie einzudringen.

https://doi.org/10.1515/9783110641455-201

Das Buch geht in Auswahl und Anordnung der Kapitel noch auf den 1973 verstorbenen Professor Wille zurück. Durch zahlreiche Hinweise haben seine Nachfolger und mehrere Generationen von wissenschaftlichen Mitarbeiterinnen und Mitarbeitern sowie Studierende des Hermann-Föttinger-Instituts der TU Berlin und inzwischen auch der Hochschule Düsseldorf daran mitgewirkt. Auch in der fünften Auflage unterscheidet sich das von Heinz Schade und Ewald Kunz Ende der siebziger Jahre erdachte und erprobte didaktische Konzept dieses Buchs von vielen anderen und macht es zu einem noch heute wertvollen Lehrbuch der Strömungsmechanik. Natürlich konnten wir in der vorliegenden Auflage auf Abbildungen zurückgreifen, die von Frau Schröteler, Herrn Eckardt und ganz wesentlich von Frau Albert-Kunz bereits 1980 gestaltet wurden. Auch das Kapitel 15 zur Strömungsmesstechnik, seinerzeit von Jorg-Dieter Vagt verfasst, bildet weiter eine wichtige Grundlage, wurde aber umfangreich überarbeitet. Matthias Pfizenmaier danken wir für den sorgfältigen Transfer des Textes und der Formeln nach LaTeX. Evelin Kulzer, Dijana Hallmann, Jürgen Hahn, Tobias Pohlmann und Martin Mohr haben die zahllosen Verbesserungen an den Grafiken eingearbeitet und eine Reihe neuer Bilder gestaltet und erstellt. Tobias Pohlmann ist in diesem Zusammenhang besonders zu danken, da ohne sein Zutun die Lehreinheiten 5.7 und 13.7 zur numerischen Simulation nicht entstanden wären. Auch an Thomas Gietl geht ein besonderer Dank für inhaltliches und redaktionelles Engagement.

Nicht zuletzt danken wir Frau Vivien Schubert vom Verlag Walter de Gruyter für das unserer Arbeit entgegengebrachte Vertrauen. Dem Team von VTeX.lt (Ieva Spudulytė, Vilma Vaičeliūnienė und Ina Talandienė) danken wir für die gute Zusammenarbeit. Ieva, Ina and Vilma thank's a lot for solving the tricky LaTeX problems.

Düsseldorf und Berlin, im November 2021

Frank Kameier
Christian Oliver Paschereit

Die Fotos der Strömungssichtbarmachung auf dem Cover stammen von dem 2018 leider viel zu früh verstorbenen Jürgen Wagner, der viele Jahre als Tutor am Institut in Berlin tätig war und sich u. a. auch mit der künstlerischen Verwertung von Strömungstopologien beschäftigt hat #RIP Jürgen smart-flow.de.

Inhalt

Kapitel 1
Eigenschaften von Flüssigkeiten und Gasen

Die Strömungslehre ist die Physik der Flüssigkeiten und Gase. In diesem ersten Kapitel wollen wir zunächst das Wichtigste über den Aufbau der Materie aus Molekülen und über die Unterschiede zwischen den drei klassischen Aggregatzuständen der Materie zusammenstellen (Lehreinheiten 1.1 und 1.2). Anschließend wollen wir das physikalische Modell des Fluids und als dessen Teil das mathematische Modell des Kontinuums und zugleich die Grenzen eines solchen Modells für die Beschreibung realer Flüssigkeiten und Gase kennen lernen (Lehreinheiten 1.3 bis 1.5). Schließlich wollen wir drei wichtige physikalische Eigenschaften von Flüssigkeiten und Gasen, die Dichte (Lehreinheit 1.6), die Zähigkeit (Lehreinheiten 1.7 und 1.8) und die Grenzflächenspannung (Lehreinheiten 1.9 und 1.10) näher betrachten.

Wie häufig ist das einleitende Kapitel nicht das einfachste, weil es die begrifflichen Grundlagen für alles Folgende zusammenstellt und sowohl in der Auswahl des Stoffes wie in der Präzision der Darlegung dem Leser nicht unbedingt einleuchtet. Wem das Schwierigkeiten bereitet, der lese es zunächst nur oberflächlich und arbeite es nach der Lektüre einiger weiterer Kapitel noch einmal sorgfältig durch.

LE 1.1 Feste Körper, Flüssigkeiten, Gase (Teil 1)

Wir wollen in den ersten beiden Lehreinheiten die uns allen vertraute Einteilung in feste Körper, Flüssigkeiten und Gase etwas genauer untersuchen.

Die klassischen Aggregatzustände

Seit alters teilt man die Körper in feste Körper, Flüssigkeiten und Gase ein: ein fester Körper hat eine bestimmte Gestalt; eine Flüssigkeitsmenge hat zwar keine bestimmte Gestalt, aber ein bestimmtes Volumen; eine Gasmenge hat auch kein bestimmtes Volumen. Seit langem weiß man auch, dass ein Stoff in allen drei Erscheinungsformen (Aggregatzuständen) auftreten kann: bei hinreichend niedriger Temperatur als fester Körper, bei höherer Temperatur als Flüssigkeit und bei noch höherer Temperatur als Gas.

Die Grenzen zwischen diesen drei klassischen Aggregatzuständen sind jedoch keineswegs immer eindeutig: Nur einige Stoffe, z. B. Eis, Salze oder Metalle

https://doi.org/10.1515/9783110641455-001

(man nennt sie kristallin), gehen bei Erwärmung bei einer bestimmten Temperatur unter sprunghafter Änderung ihrer Eigenschaften vom festen in den flüssigen Zustand über; bei anderen Stoffen, z. B. Wachs oder Pech (man nennt sie amorph), geschieht dieser Übergang allmählich. Stoffe wie Plastilin oder Sand haben keine bestimmte Gestalt und sind trotzdem keine Flüssigkeiten. Auch die Unterscheidung von Flüssigkeit und Gas ist bei hinreichend hohen Temperaturen und Drücken (oberhalb des so genannten kritischen Punktes, s. u.) nicht möglich. Trotzdem kommen wir auch in der Wissenschaft nicht ohne diese Begriffe aus; sie entsprechen auch jeweils typischen Erscheinungsformen im Aufbau der Materie.

Intermolekulare Kräfte

Bekanntlich setzt sich jeder Stoff aus Molekülen zusammen, zwischen denen sehr starke Kräfte wirken. Größe und Richtung der resultierenden Kraft zwischen zwei Molekülen als Funktion des Abstands verlaufen im Allgemeinen wie nebenstehend skizziert: Bei sehr kleinem Abstand herrscht eine starke abstoßende Kraft, bei größerem Abstand eine zunächst mit dem Abstand zunehmende und dann sehr schnell gegen null gehende Anziehungskraft. Man sieht, dass der Abstand *d*, für den die resultierende Kraft durch null geht, eine stabile Gleichgewichtslage der beiden Moleküle darstellt: Presst man sie stärker zusammen, so sind dazu mit abnehmendem Abstand sehr schnell wachsende Kräfte nötig, und beim Nachlassen dieser Kräfte kehren die Moleküle in die Ausgangslage zurück. Zieht man sie auseinander, so ist dazu eine zunächst mit dem Abstand ebenfalls sehr schnell wachsende Kraft nötig, bei deren Nachlassen die Moleküle ebenfalls in die Ausgangslage zurückkehren. Zieht man sie weiter auseinander, so nimmt die Anziehungskraft zwischen den Molekülen mit zunehmendem Abstand wieder ab und wird bald so klein, dass sie praktisch keine Rolle mehr spielt. Der stabile Abstand zwischen den Molekülen liegt im Allgemeinen in der Größenordnung von 10^{-10} m.

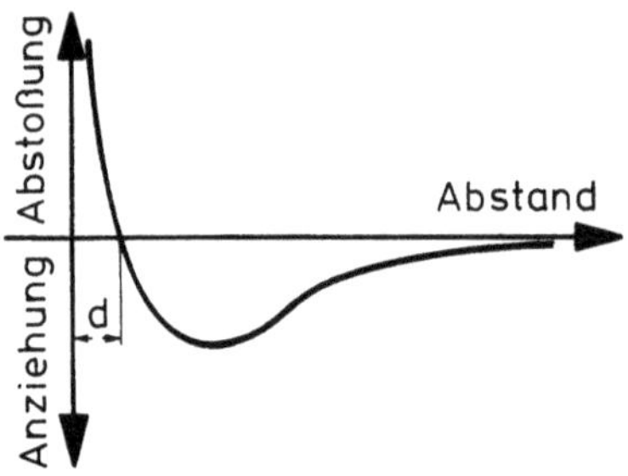

Feste Körper und Flüssigkeiten

Bei festen Körpern und Flüssigkeiten befinden sich die Moleküle alle ungefähr im stabilen Abstand voneinander, deshalb setzen sie der Verringerung wie der Vergrößerung ihres Volumens großen Widerstand entgegen. Man sagt dafür auch, die Moleküle seien dicht gepackt (und spricht von einem mittleren Moleküldurchmesser in der Größenordnung von 10^{-10} m), nur darf diese Redeweise nicht zu der Vorstellung verleiten, der gesamte Raum in einem festen Körper sei dicht mit Materie angefüllt. In Wirklichkeit ist die Materie auf einen Bruchteil des Raumes konzentriert, nämlich im Wesentlichen auf die Atomkerne der das Molekül bildenden Atome; die Ausdehnung eines Atomkerns liegt in der Größenordnung von 10^{-15} bis 10^{-14} m. Die Moleküle können also um eine Mittellage schwingen und werden nur im zeitlichen Mittel durch die intermolekularen Kräfte der sie umgebenden Moleküle an ihrem Platz im Molekülverband gehalten.

In kristallinen Festkörpern bilden die Moleküle (genauer ihre mittleren Orte) ein räumlich geordnetes Kristallgitter, in amorphen Festkörpern sind sie unregelmäßig angeordnet; in beiden Fällen ändert sich die mittlere Lage der Moleküle relativ zueinander praktisch nicht. Es kann zwar vorkommen, dass ein Molekül sich einmal besonders weit aus seiner Ruhelage entfernt und dann in eine Leerstelle im Molekülverband übertritt oder mit einem anderen Molekül seinen Platz tauscht; das geschieht jedoch so selten, dass der Zusammenhalt des Molekülverbandes dadurch nie gefährdet wird.

In Flüssigkeiten sind die Moleküle wie in amorphen Festkörpern unregelmäßig angeordnet, die Schwingungsamplituden sind aber größer und die Platzwechsel häufiger. Die mittlere Lage der Moleküle zueinander ändert sich also laufend, man hat eine Flüssigkeit in dieser Hinsicht treffend mit einem Kasten voll Ameisen verglichen.

Schmelzen und Erstarren

Ganz allgemein steigt mit wachsender Temperatur die mittlere Geschwindigkeit und die mittlere Schwingungsamplitude der Moleküle (man kann zeigen, dass die Temperatur der mittleren kinetischen Energie der Moleküle proportional ist), man kann sich also gut vorstellen, wie amorphe Körper mit zunehmender Temperatur allmählich vom festen in den flüssigen Aggregatzustand übergehen. Bei Kristallen stellt die Gitterstruktur offenbar eine besonders stabile Anordnung dar, die sich beim Überschreiten einer bestimmten Temperatur schnell auflöst.

Bei einigen organischen Stoffen mit länglichen Molekülen bleiben die Moleküle auch nach dem Schmelzen zunächst teilweise in kleinen, lang gestreckten Verbänden geordnet. Man spricht dann von flüssigen Kristallen oder kristallinen Flüssigkeiten. Solche Substanzen haben zwei Schmelzpunkte: einen unteren Schmelzpunkt, bei dem der Stoff vom festen in diesen flüssig-kristallinen Zustand übergeht, und einen oberen Schmelzpunkt, oberhalb dessen sich der Stoff wie eine normale Flüssigkeit verhält.

Aufgabe 1

Wie unterscheidet sich der molekulare Aufbau von (kristallinen und amorphen) Festkörpern von dem von Flüssigkeiten?

Aufgabe 2

Wodurch unterscheiden sich amorphe Festkörper und Flüssigkeiten von kristallinen Festkörpern?

LE 1.2 Feste Körper, Flüssigkeiten, Gase (Teil 2)

Gase

In einem Gas liegt der mittlere Abstand der Moleküle bei normalem Druck und normaler Temperatur etwa beim Zehnfachen des stabilen Abstands, die potentielle Energie der Anziehungskraft der benachbarten Moleküle ist gegenüber der kinetischen Energie ihrer Bewegung zu vernachlässigen. Die Moleküle fliegen also im Wesentlichen unbeeinflusst voneinander frei umher. Nur wenn sich dabei zwei Moleküle auf etwa den stabilen Abstand nahe kommen, treten sie in Wechselwirkung: Im Anziehungsbereich werden sie zunächst beschleunigt, geraten dann in den Abstoßungsbereich und werden dort so stark zurückgestoßen, dass sie insgesamt in guter Näherung einen elastischen Stoß wie zwei Billardkugeln ausführen. Im Normzustand, d. h. bei der Normtemperatur von 20 °C und dem Normdruck von 1 atm = 101325 Pa = 1,01325 bar, ist die mittlere freie Weglänge in einem Gas, also der Weg, den ein Molekül im Mittel zwischen zwei solchen Zusammenstößen zurücklegt, von der Größenordnung 10^{-7} m; sie beträgt damit etwa das Hundertfache des mittleren Abstandes der Moleküle.

Verdampfen und Kondensieren

An der Oberfläche einer Flüssigkeit kann ein Molekül bei seinen unregelmäßigen Schwankungen an eine Stelle kommen, wo seine Geschwindigkeit ausreicht, um es aus dem Kraftfeld der übrigen Moleküle zu befreien, so wie eine Rakete bei genügend hoher Geschwindigkeit das Schwerefeld der Erde verlassen kann. Ein solches Molekül verdampft, d. h. es geht vom flüssigen in den gasförmigen Aggregatzustand über. Ebenso können in der Nähe einer Flüssigkeitsoberfläche Gasmoleküle von der Flüssigkeit eingefangen werden wie Meteore von der Erde. In einem geschlossenen, teilweise mit einer Flüssigkeit gefüllten Gefäß bildet sich so ein Gleichgewicht zwischen der Flüssigkeit und dem Gas darüber aus. Im Gleichgewicht hat das Gas oberhalb der Flüssigkeit einen bestimmten Druck, den man den Dampfdruck nennt; offenbar steigt der Dampfdruck mit wachsender Temperatur. Über einem offenen Gefäß kann sich kein Gleichgewicht einstellen: Die Flüssigkeit verdampft im Laufe der Zeit vollständig. Herrscht über einer Flüssigkeit der Dampfdruck, so können sich auch im Innern der Flüssigkeit Dampfblasen bilden: die Flüssigkeit siedet, und die Verdampfung verläuft sehr viel heftiger und schneller als bei höherem Außendruck. Tabelle 6 enthält als Beispiel den Dampfdruck von Wasser für einige charakteristische Temperaturen.

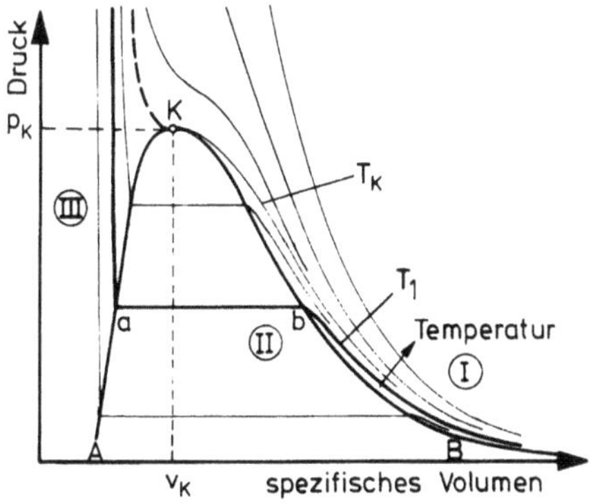

Die Bedingungen, unter denen ein Stoff in einem geschlossenen Behälter im flüssigen und im gasförmigen Zustand existieren kann, veranschaulicht man sich in einem Zustandsdiagramm. Darin sind eine Reihe von Isothermen (Kurven konstanter Temperatur) in ein Diagramm eingetragen, das den Druck über dem spezifischen Volumen[1] darstellt. Zu jedem Wertepaar von spezifischem Volumen und Druck gehört genau eine Temperatur. Als Gedankenexperiment stelle man sich eine geeignete Stoffmenge in einem Gefäß vor, dessen Volumen sich durch Verschiebung eines Kolbens verändern lässt und das sich in einem Wärmebad befindet. Für eine bestimmte Temperatur des Wärmebads und ein bestimmtes Volumen stellt sich dann ein bestimmter Druck ein. Wir wollen die Änderung des Druckes und des Aggregatzustands beobachten, während wir das Volumen bei konstanter Temperatur verkleinern. Wir beginnen bei der relativ niedrigen Temperatur T_1 und bei einem so großen Volumen, dass das Medium vollständig gasförmig ist, also im Bereich *I* unseres Diagramms, und bewegen uns im Diagramm längs der Isothermen T_1 nach links. Der Druck steigt, bis wir den rechten Ast *KB* der kritischen Kurve *AKB* erreichen. Verringern wir das Volumen weiter, so kondensiert ein Teil des Gases zur Flüssigkeit; der Druck bleibt währenddessen konstant. Wenn wir den linken Ast *AK* der kritischen Kurve erreicht haben, ist alles Gas kondensiert, und das gesamte Volumen ist mit Flüssigkeit ausgefüllt. Bei weiterer Volumenverkleinerung steigt der Druck sehr steil an; die Kompressibilität eines Stoffes im flüssigen Zustand ist um mehrere Größenordnungen kleiner als im gasförmigen Zustand. Im Bereich *I* kann der Stoff nur als Gas existieren, im Bereich *III* nur als Flüssigkeit. Im Bereich *II* (Nassdampfgebiet) existieren der flüssige und der gasförmige Zustand als zwei Phasen nebeneinander; nur in diesem Bereich gibt es die für unser Bewusstsein mit dem Begriff der Flüssigkeit verbundene freie Oberfläche, welche die beiden Phasen trennt.

1 Als spezifisches Volumen bezeichnet man den Quotienten aus Volumen und Masse eines Körpers oder einer Stoffmenge.

Das spezifische Volumen der flüssigen Phase entspricht längs des gesamten waagerechten Stücks einer Isothermen dem Wert im Schnittpunkt a mit dem linken Ast der kritischen Kurve, das spezifische Volumen der gasförmigen Phase entspricht währenddessen dem Wert im Schnittpunkt b mit dem rechten Ast der kritischen Kurve. Mit zunehmender Temperatur rücken die spezifischen Volumina beider Phasen (die Punkte a und b) immer mehr zusammen, für die kritische Temperatur T_k fallen sie zusammen, die beiden Äste der kritischen Kurve treffen sich im kritischen Punkt K, zu dem ein kritischer Druck p_K und ein kritisches spezifisches Volumen v_K gehört. Unterhalb des kritischen Drucks werden die drei Bereiche *I*, *II* und *III* im Zustandsdiagramm durch die kritische Kurve eindeutig getrennt. Eine physikalisch ebenso eindeutige Grenze zwischen den Bereichen *I* und *III*, d. h. zwischen gasförmiger und flüssiger Phase, existiert oberhalb des kritischen Drucks nicht. Man sagt häufig, dass oberhalb der kritischen Temperatur ein Gas nicht verflüssigt werden kann; damit wird der gestrichelt gezeichnete Ast der kritischen Isotherme als Grenzkurve zwischen den beiden Aggregatzuständen festgelegt.

Aufgabe 1

Stellen Sie die typischen Größenordnungen zusammen, die Sie in den ersten beiden Lehreinheiten kennen gelernt haben!

A. Atomkerndurchmesser ____________________
B. Moleküldurchmesser ____________________
C. Abstand der Moleküle in einem festen Körper ____________________
D. Abstand der Moleküle in einer Flüssigkeit ____________________
E. Abstand der Moleküle in einem Gas ____________________
F. mittlere freie Weglänge in einem Gas ____________________

Aufgabe 2

Siedet Wasser auf dem Gipfel eines Berges normalerweise

A. bei höherer Temperatur, ☐
B. bei niedrigerer Temperatur, ☐
C. bei derselben Temperatur ☐

wie im Tal? Begründen Sie Ihre Entscheidung!

Aufgabe 3

Wie kommt es, dass eine Schneedecke auch bei scharfem Frost allmählich dünner wird?

LE 1.3 Fluide

In den ersten beiden Lehreinheiten haben wir eine Klassifikation der in der Natur vorkommenden Körper in feste Körper, Flüssigkeiten und Gase vorgenommen. In dieser Lehreinheit wollen wir einen anderen Weg beschreiten und uns ein gedachtes Medium mit bestimmten einfachen (und gegenüber der Natur vereinfachten) Eigenschaften definieren: das Fluid. In der Physik ersetzt man häufig die in der Natur vorkommenden Stoffe durch solche Modellmedien. Das Fluid ist ein Modellmedium, mit dem man viele Eigenschaften von Flüssigkeiten und Gasen zutreffend beschreiben kann.

Ein Fluid ist durch zwei Eigenschaften bestimmt:

- Es ist ein Kontinuum.
- Es kann in der Ruhe an der Oberfläche nur Druckkräfte, also weder Zugkräfte noch Scherkräfte (Kräfte tangential zur Oberfläche) aufnehmen.

(In der Literatur wird der Begriff Fluid abweichend von dieser Definition häufig als bloßer Sammelbegriff für Flüssigkeiten und Gase verwendet.) Was mit diesen beiden Eigenschaften gemeint ist und wie weit wirkliche Flüssigkeiten und Gase sich durch dieses Modell beschreiben lassen, wollen wir jetzt genauer betrachten.

Die Kontinuumshypothese

Ein Kontinuum lässt sich mit für unsere Zwecke ausreichender Präzision durch das folgende mathematische Modell erklären:

- Es besteht aus Teilchen, die wie die Punkte des Raumes keine Ausdehnung und keine Zwischenräume haben. Man kann deshalb jedem Teilchen X des Fluids (in einem bewegten Fluid: zu jedem Zeitpunkt t) einen Punkt $\underline{x}$ des Raumes zuordnen:[2]

$$\underline{x} = \underline{x}(X, t). \tag{1.3-1}$$

Wir werden auf diese Art der Beschreibung eines Fluids im Kapitel 3 näher eingehen.

---

2 Für „y ist eine Funktion von x" schreibt man häufig $y = f(x)$, d. h. man verwendet für die abhängige Variable y und für das Funktionssymbol f verschiedene Buchstaben. Wir verwenden im Allgemeinen beide Male denselben Buchstaben, schreiben also in diesem Falle $y = y(x)$. Dabei bedeutet das Funktionssymbol y dann nicht eine bestimmte, sondern eine beliebige Funktion; es kann bei mehrmaligem Auftreten auch verschiedene Funktionen bezeichnen, z. B. in $y = y(x(t)) = y(t)$.

- Die charakteristischen physikalischen Größen wie Dichte, Geschwindigkeit, Druck, Temperatur sind Eigenschaften der Teilchen und der Zeit. Wenn also ψ eine solche Größe ist, dann gilt unter Verwendung von (1.3-1)

$$\psi = \psi(X, t) = \psi(X(\underline{x}, t), t) = \psi(\underline{x}, t),$$

die Größe ψ lässt sich also wie das Teilchen X als Funktion von Ort und Zeit darstellen:

$$\psi = \psi(\underline{x}, t). \tag{1.3-2}$$

Eine solche Größe nennt man eine Feldgröße.

- Im Allgemeinen ändern sich die Feldgrößen von Teilchen zu Teilchen und damit auch von Punkt zu Punkt stetig; die Funktionen (1.3-2) sind dann stetige Funktionen. Es soll aber auch zugelassen sein, dass Feldgrößen auf beiden Seiten einzelner Flächen verschiedene Werte annehmen; eine solche Fläche nennt man eine Diskontinuitätsfläche.

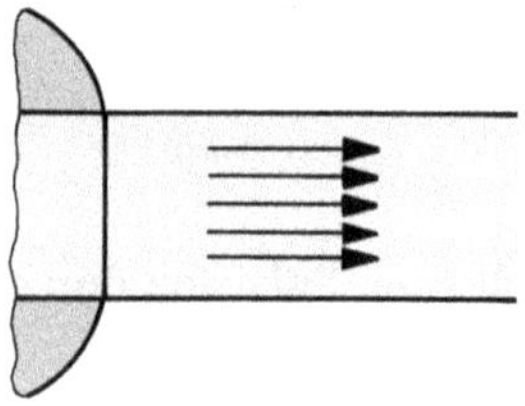

Das mathematische Modell einer Diskontinuitätsfläche benötigt man z. B. zur Beschreibung eines in die Atmosphäre austretenden Triebwerksstrahls: Im Triebwerksstrahl bewegt sich das Gas näherungsweise wie ein starrer Körper mit konstanter Geschwindigkeit, in der Umgebung des Triebwerksstrahls kann man die Luft bei stehendem Triebwerk in guter Näherung als ruhend annehmen. Den Mantel des Triebwerksstrahls kann man also als eine Diskontinuitätsfläche beschreiben: auf seiner Innenseite herrscht die Geschwindigkeit des Triebwerksstrahls, auf seiner Außenseite die Geschwindigkeit null. Da der Triebwerksstrahl in der Regel wärmer als die umgebende Luft sein wird, springt auch die Temperatur beim Durchgang durch die Mantelfläche, während z. B. der Druck – wie wir später sehen werden – beim Durchgang durch die Mantelfläche stetig bleibt. Es müssen sich an einer Diskontinuitätsfläche also nicht alle Feldgrößen unstetig ändern.

Ein anderes Beispiel für die Anwendung von Diskontinuitätsflächen sind die Verdichtungsstöße (Stoßfronten), die in Gasen häufig beim Übergang von Überschall- zu Unterschallströmung auftreten.

Die Grenzen der Kontinuumshypothese

Wie weit lassen sich nun die in der Natur vorkommenden Körper als Kontinuen beschreiben? Wir haben in den vorigen Lehreinheiten gesehen, dass die Materie aus Molekülen besteht, die sich aufgrund intermolekularer Kräfte nur bis auf einen bestimmten Abstand nähern können. Die Masse der Moleküle ist im Wesentlichen in den Atomkernen konzentriert, also keineswegs gleichmäßig über den Raum verteilt. Auch die Geschwindigkeit ist von Molekül zu Molekül ganz verschieden, ist also diskontinuierlich verteilt.

Um irgendeine Größe zu messen, benötigen wir ein Messgerät. Ein Messgerät misst seine Messgröße jedoch nicht genau in einem Punkt, sondern mittelt ihre räumliche Verteilung über ein bestimmtes Messvolumen. Einen charakteristischen Durchmesser dieses Messvolumens nennen wir den Messdurchmesser des Messgeräts. Der Messwert, den ein Messgerät an einem Ort aufnimmt, hängt offenbar von seinem Messdurchmesser ab. Stellen wir uns etwa ein Dichtemessgerät in einer Strömung vor, so wird seine Anzeige in Abhängigkeit von seinem Messdurchmesser den nebenstehend skizzierten Verlauf haben: Im Bereich molekularer Dimensionen zeigt das Messgerät erhebliche Änderungen der Dichte als Folge der ungleichmäßigen Massenverteilung. Bereits bei einem Messdurchmesser von 10^{-7} m, also einem Messvolumen von 10^{-21} m^3, mittelt das Messgerät bei Luft unter Normalbedingungen über etwa $3 \cdot 10^4$ Moleküle, die molekulare Struktur macht sich also nicht mehr bemerkbar. Dichteunterschiede aufgrund äußerer Einflüsse, etwa aufgrund des Schwerefeldes oder eines Temperaturfeldes, werden sich unter Laborbedingungen vielleicht bei einem Messdurchmesser von 10^{-3} m bemerkbar machen. In unserem Beispiel existiert also ein Bereich von 4 Größenordnungen, über den die Dichte unabhängig vom Messdurchmesser eines Messgeräts ist. Dieser Bereich trennt die Änderungen der Feldgrößen im Kleinen aufgrund der molekularen Struktur der Materie (man sagt dafür auch: die mikroskopischen Änderungen) von den Änderungen der Feldgrößen im Großen aufgrund der äußeren Einwirkungen, die man untersuchen möchte (die makroskopischen Änderungen). Immer wenn ein solcher Bereich existiert, kann man das Medium durch das Modell eines Kontinuums beschreiben. In diesem Modell werden die mikroskopischen Änderungen nicht berücksichtigt, d. h. es wird angenommen, dass der bei mittlerem Messdurchmesser erreichte Wert der Feldgröße auch gilt, wenn der

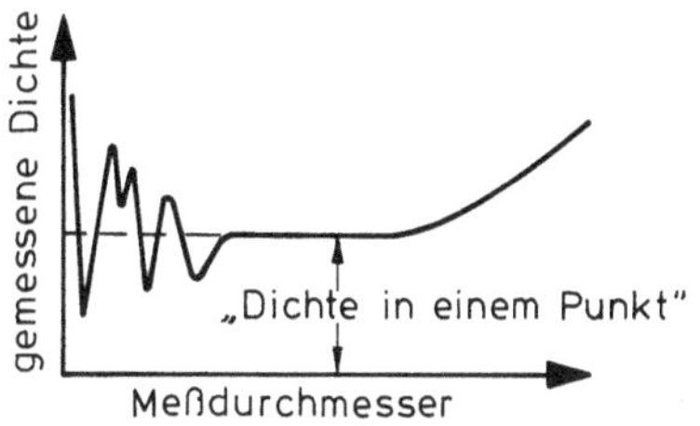

Messdurchmesser gegen null geht: Man spricht in diesem Sinne z. B. von der Dichte eines Teilchens des Kontinuums oder von der Dichte in einem Punkt des Kontinuums.

Damit sind gleichzeitig die Grenzen für die Gültigkeit des Kontinuumsmodells abgesteckt. Wenn man ein Gas z. B. so weit verdünnt, dass die mittlere freie Weglänge der Moleküle nicht mehr klein gegen die Abmessungen eines Flugkörpers ist, kann man das Gas nicht mehr als Fluid im Sinne obiger Definition behandeln. Das ist z. B. bei Raumflugkörpern am äußeren Rand der Atmosphäre der Fall. Oder ein anderes Beispiel: Die Dicke eines Verdichtungsstoßes ist von der Größenordnung von 10^{-6} m. Interessiert man sich nur für die Strömung auf beiden Seiten des Verdichtungsstoßes, kann man den Verdichtungsstoß als Diskontinuitätsfläche und das strömende Medium als Kontinuum ansehen. Will man die Vorgänge im Verdichtungsstoß selbst untersuchen, versagt das Kontinuumsmodell, weil sich die Vorgänge in der Größenordnung von wenigen freien Weglängen abspielen.

Die Schubspannungsfreiheit in der Ruhe

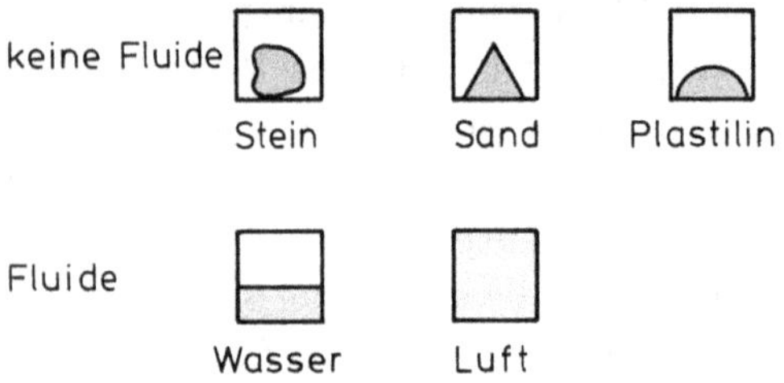

Ein Fluid kann definitionsgemäß in der Ruhe keine Schubspannungen aufnehmen: Auch sehr kleine Schubspannungen sollen also zu einer Formänderung (Bewegung) führen, welche die Schubspannungen abbaut. Diese Eigenschaft hat zur Folge, dass ein ruhendes Fluid unter dem Einfluss der Schwerkraft den waagerechten Boden eines Gefäßes stets vollständig bedeckt: Offenbar zeigen alle Flüssigkeiten in größeren Mengen und alle Gase diese Eigenschaft. Ein Wassertropfen breitet sich jedoch in einem trockenen Gefäß nicht über den ganzen Boden aus. Man kann sich diese Erscheinung erklären, wenn man annimmt, dass in der Oberfläche des Wassertropfens eine Schubspannung wirkt. Diese Eigenschaft von Flüssigkeiten werden wir in den Lehreinheiten 1.9 und 1.10 näher behandeln.

Aufgabe 1

Durch welche Eigenschaften ist das physikalische Modellmedium Fluid bestimmt?

	ja	nein
A. Es besteht aus Teilchen, denen man zu jedem Zeitpunkt einen Punkt des Raumes zuordnen kann.	□	□
B. Die charakteristischen physikalischen Größen sind Eigenschaften der Teilchen und der Zeit.	□	□
C. Die charakteristischen physikalischen Größen ändern sich bis auf etwaige Diskontinuitätsflächen von Punkt zu Punkt stetig.	□	□
D. Es kann in der Ruhe keine Schubspannungen aufnehmen.	□	□

Aufgabe 2

Ist eine Diskontinuitätsfläche dadurch definiert, dass

A. alle Feldgrößen, □

B. mindestens eine Feldgröße oder □

C. nur eine Feldgröße □

auf beiden Seiten dieser Fläche verschiedene Werte annimmt?

Aufgabe 3

Warum bedeckt ein ruhendes Fluid unter dem Einfluss des Schwerkraft stets den ganzen Boden eines Gefäßes?

LE 1.4 Extensive und intensive Größen

Die Kontinuumshypothese hat zur Folge, dass wir zur mathematischen Beschreibung der Fluide die Infinitesimalrechnung verwenden können. Mit ihrer Hilfe lassen sich aus geeigneten physikalischen Größen andere, für Kontinuen typische, Größen definieren. Wir wollen das an den Beispielen der Masse einer Fluidmenge und der auf die Fluidmenge wirkenden Kraft erläutern und zugleich die grundlegende Einteilung der physikalischen Größen in extensive und intensive Größen darlegen.

Kontinuumshypothese und Infinitesimalrechnung

Wir betrachten ein abgegrenztes Volumen ΔV in einem Fluid, dessen Größe gerade in dem Bereich liegt, wo sich die mikroskopischen Änderungen nicht mehr und die makroskopischen Änderungen noch nicht bemerkbar machen; wenn im Folgenden von einem kleinen Volumen die Rede ist, meinen wir immer ein Volumen dieser Größenordnung. Das in dem Volumen ΔV enthaltene Fluid habe die Masse Δm, dann definiert man die Dichte in diesem Volumen durch

$$\rho := \frac{\Delta m}{\Delta V}. \tag{1.4-1}$$

Solange wir in diesem Bereich bleiben, wo sich die mikroskopischen Änderungen nicht mehr und die makroskopischen Änderungen noch nicht bemerkbar machen, ist der Wert der auf diese Weise definierten Dichte unabhängig davon, ob das gewählte Volumen die Form einer Kugel oder eines Würfels oder eine ganz unregelmäßige Form hat, und er ändert sich auch nicht, wenn wir das Volumen verdoppeln oder halbieren: Er ist unabhängig von der Form und Größe des kleinen Volumens. Im Sinne der Kontinuumshypothese können wir statt (1.4-1) auch

$$\rho := \lim_{\Delta V \to 0} \frac{\Delta m}{\Delta V} \tag{1.4-2}$$

schreiben. Damit können wir zur Beschreibung eines Fluids die Infinitesimalrechnung verwenden, wir können also

$$\rho = \frac{dm}{dV} \tag{1.4-3}$$

und insbesondere

$$dm = \rho\, dV, \quad m = \int \rho\, dV \tag{1.4-4}$$

schreiben. Wir nennen dann dV ein Volumenelement und dm ein Massenelement und rechnen mit diesen Elementen wie mit den Differentialen der Infinitesimalrechnung; physikalisch dürfen wir uns unter einem Volumenelement dV aber nichts anderes, insbesondere nichts Kleineres als unter einem kleinen Volumen ΔV vorstellen.

Dichte und spezifisches Volumen

Neben der durch (1.4-2) definierten Dichte verwendet man häufig das spezifische Volumen

$$\boxed{\upsilon = \frac{1}{\rho}.} \tag{1.4-5}$$

Infolge der Kontinuumshypothese sind beide Größen (höchstens bis auf Diskontinuitätsflächen) stetige Funktionen von Ort und Zeit, also Feldgrößen,

$$\rho = \rho(\underline{x}, t), \quad \upsilon = \upsilon(\underline{x}, t), \tag{1.4-6}$$

und zwischen einem endlichen Volumen V und der Masse m des darin enthaltenen Fluids gelten die Beziehungen

$$\boxed{m = \int \rho \, dV,} \quad \boxed{V = \int \upsilon \, dm.} \tag{1.4-7}$$

Volumenkräfte und Oberflächenkräfte

Die Kräfte, die an den Teilchen eines Fluids angreifen, können physikalisch sehr verschiedene Ursachen haben. Vom Standpunkt der Kontinuumstheorie lassen sie sich jedoch alle in zwei Gruppen einteilen: die einen greifen an *allen* Teilchen einer Fluidmenge an, die anderen nur an den Teilchen *an der Oberfläche* der Fluidmenge. Man fasst die einen als Volumenkraft $\underline{F}_V$ und die anderen als Oberflächenkraft $\underline{F}_O$ zusammen; die gesamte Kraft $\underline{F}$ auf eine beliebige Fluidmenge ist dann offenbar die Summe dieser beiden Anteile:

$$\boxed{\underline{F} = \underline{F}_V + \underline{F}_O.} \tag{1.4-8}$$

Für die Kräfte, die zwei Körper aufeinander ausüben, gilt das Wechselwirkungsgesetz (auch 3. Newtonsches Axiom oder Prinzip „actio = reactio“ genannt):

Die von zwei Körpern aufeinander ausgeübten Kräfte (Wirkung und Gegenwirkung) haben gleichen Betrag und entgegengesetzte Richtung.

Wenn wir die Kraft zwischen einer Fluidmenge und ihrer Umgebung durch einen Symbolbuchstaben bezeichnen, müssen wir deshalb festlegen, welche dieser beiden Kräfte wir meinen. Wir vereinbaren:

Wenn nicht ausdrücklich etwas anderes gesagt wird, bezeichnet $\underline{F}$ immer die von außen auf die betrachtete Fluidmenge wirkende Kraft.

Ihrer physikalischen Ursache nach gehören zu den Volumenkräften zunächst die Anziehungskraft zwischen zwei Massen (Gravitationskraft) und die Anziehungs- und Abstoßungskräfte zwischen elektrischen Ladungen und elektrischen Strömen oder Magnetpolen. Sie alle nehmen mit der Entfernung nur relativ schwach ab (abgesehen von der unmittelbaren Umgebung der Körper mit dem Quadrat ihres Abstands), man nennt sie deshalb Fernwirkungskräfte. Über die Abmessungen der betrachteten Fluidmengen ändern sie sich im Rahmen der Messgenauigkeit oft gar nicht (Schwerkraft). Zu den Volumenkräften gehören aber auch die Zusatzkräfte (Scheinkräfte) wie die Zentrifugalkraft und die Corioliskraft, die in beschleunigten Bezugssystemen zusätzlich auftreten. Oberflächenkräfte sind zunächst die intermolekularen Anziehungskräfte. Sie nehmen mit der Entfernung so stark ab (abgesehen von einem Nahbereich mit der siebten bis achten Potenz des Abstands), dass sie praktisch nur auf die unmittelbar benachbarten Moleküle wirken; man nennt sie deshalb Nahwirkungskräfte. Von außen wirken sie also nur auf die Teilchen an der Oberfläche, und im Inneren heben sie sich nach dem Wechselwirkungsgesetz auf. Zu den Oberflächenkräften gehören aber auch die Druckkräfte, die Gase und Flüssigkeiten auf Behälterwände ausüben. Die Druckkräfte in Gasen entstehen durch die Impulsänderungen von Molekülen, die beim „Auftreffen" auf eine Wand in den Abstoßungsbereich der intermolekularen Kräfte der Wandmoleküle geraten und dabei wie bei einem elastischen Stoß zurückgestoßen werden. Die hydrostatische Druckkraft auf den Boden eines mit einer Flüssigkeit gefüllten Behälters rührt vom Gewicht der auf den Boden lastenden Flüssigkeit her.

Kraftdichte und Spannungsvektor

Auf ein Volumenelement dV mit der Masse dm wirke die Volumenkraft $d\underline{F}_V$, dann definieren wir die (Massen-)Kraftdichte[3] oder spezifische Volumenkraft $\underline{f}$ durch

$$\underline{f} := \frac{d\underline{F}_V}{dm} = \frac{1}{\rho}\frac{d\underline{F}_V}{dV}, \tag{1.4-9}$$

wobei wir bei der letzten Gleichung (1.4-4) ausgenutzt haben.

3 Andere Autoren führen statt $\underline{f}$ die (Volumen-)Kraftdichte $\underline{k} = \rho\underline{f}$ ein.

Auf ein Oberflächenelement dA wirke die Oberflächenkraft $d\underline{F}_O$, dann definieren wir den Spannungsvektor $\underline{\sigma}$ durch

$$\underline{\sigma} := \frac{d\underline{F}_O}{dA}. \tag{1.4-10}$$

Nach der Kontinuumshypothese sind Kraftdichte und Spannungsvektor wieder (höchstens bis auf Diskontinuitätsflächen) stetige Funktionen von Ort und Zeit. Der Spannungsvektor hängt jedoch außerdem noch vom Normalenvektor[4] $\underline{n}$ des Flächenelements ab, auf das er wirkt:

$$\underline{f} = \underline{f}(\underline{x}, t), \quad \underline{\sigma} = \underline{\sigma}(\underline{x}, t, \underline{n}). \tag{1.4-11}$$

Für ein beliebiges endliches Volumen in einem Kontinuum erhalten wir aus (1.4-9) und (1.4-10) durch Integration $\underline{F}_V = \int \underline{f}\, dm$, $\underline{F}_O = \oint \underline{\sigma}\, dA$; für die gesamte Kraft auf das Volumen ergibt sich damit nach (1.4-8)

$$\boxed{\underline{F} = \underbrace{\int \rho \underline{f}\, dV}_{\underline{F}_V} + \underbrace{\oint \underline{\sigma}\, dA}_{\underline{F}_O}.} \tag{1.4-12}$$

Extensive und intensive Größen

Wenn wir die bisherigen Überlegungen dieser Lehreinheit überblicken, können wir zwischen zwei verschiedenen Arten von physikalischen Größen unterscheiden: Es gibt einerseits Größen wie die Dichte, das spezifische Volumen, die Kraftdichte und den Spannungsvektor, die für jeden Punkt des Raums definiert sind, und es gibt andererseits Größen wie das Volumen, die Fläche (offene Fläche oder Oberfläche), die Masse, die Volumenkraft, die Oberflächenkraft und die (Gesamt-) Kraft, die nur für einen räumlichen Bereich, d. h. ein Volumen, eine Fläche oder (was hier nicht vorgekommen ist) eine Kurve definiert sind. Größen, die für jeden Punkt definiert und deshalb mathematische Funktionen des Ortes sind, nennen wir intensive Größen (manchmal spricht man auch von Qualitätsgrößen); Größen, die für einen räumlichen Bereich definiert sind und die deshalb nicht Funktionen des Ortes sind, nennen wir extensive Größen (Quantitätsgrößen). Dass extensive

4 Zum Begriff des Normalenvektors vgl. Abschnitt 1.11 des Anhangs „Zum Rechnen mit Tensoren“.

Größen keine Funktionen des Ortes sind, erkennt man auch daran, dass sie mit intensiven Größen über Bereichsintegrale (Volumen-, Flächen- oder Kurvenintegrale) zusammenhängen, vgl. (1.4-7) und (1.4-12), und solche Bereichsintegrale sind ja bestimmte Integrale über die Ortskoordinaten.

Intensive Größen wie die Dichte lassen sich nur in Kontinuen als stetige Funktionen definieren, sie sind sogar die für Kontinuen typischen Größen. Meistens hängen sie außer vom Ort nur von der Zeit ab, in diesem Falle nennen wir sie auch Feldgrößen; dann kann man sie, vgl. Lehreinheit 1.3, als Eigenschaften der kontinuierlich verteilten Teilchen interpretieren. (Diese begriffliche Unterscheidung von intensiven Größen und Feldgrößen erscheint uns nützlich; sie ist allerdings unüblich.)

Extensive Größen wie die Kraft sind sowohl für Kontinuen wie für diskontinuierliche Systeme (z. B. Massenpunkte, Systeme von Massenpunkten) sinnvoll. Aus der Definition von extensiven Größen als Bereichsintegrale folgt die folgende wichtige Eigenschaft: Teilt man einen Bereich in mehrere Teilbereiche, so ist die extensive Größe für den Gesamtbereich gleich der Summe der extensiven Größen für die Teilbereiche. Man sagt dafür, extensive Größen seien additiv. Extensive Größen sind häufig anschaulicher als Feldgrößen: Masse und Volumen sind anschaulicher als die Dichte.

Intensive wie extensive Größen können Skalare (Dichte, spezifisches Volumen; Masse) oder Vektoren (Kraftdichte, Spannungsvektor; Kraft) oder Tensoren höherer Stufe (Beispiele später) sein.

Aufgabe 1

Wie sind extensive und intensive Größen in Kontinuen miteinander verknüpft?

A. Extensive Größen sind Bereichsintegrale von intensiven Größen. □

B. Intensive Größen lassen sich als Dichtegrößen schreiben, d. h. als (Differential-)Quotient einer extensiven Größe und eines Volumens, einer Fläche oder einer Strecke, vgl. (1.4-3) oder (1.4-10). □

Aufgabe 2

Wie ist die Oberflächenkraft $\underline{F}_O$ definiert?

A. Als Kraft aus der betrachteten Fluidmenge auf ihre Umgebung. □

B. Als Kraft aus der Umgebung auf die betrachtete Fluidmenge. □

Aufgabe 3

In welcher Beziehung stehen der Normalenvektor eines Flächenelements und der Spannungsvektor, der an dem Flächenelement angreift, in einem ruhenden Fluid?

A. Beide sind parallel. □
B. Beide stehen aufeinander senkrecht. □
C. Beide können beliebige Winkel einschließen. □

LE 1.5 Der Druck

Durch Betrachtung des Kräftegleichgewichts wird gezeigt, dass der Spannungszustand in einem ruhenden Fluid durch eine einzige skalare Feldgröße, den Druck, beschrieben werden kann.

Ein Fluid hat definitionsgemäß u. a. die Eigenschaft, dass es in der Ruhe keine Schubspannungen aufnehmen kann. Das bedeutet, dass die Kraft auf eine beliebige Schnittfläche in einem ruhenden Fluid immer senkrecht auf dieser Fläche steht. Durch Betrachtung des Kräftegleichgewichts an einem infinitesimalen Prisma lässt sich dann zeigen, dass der Betrag des Spannungsvektors unabhängig von der Orientierung der Fläche ist, an der er angreift.

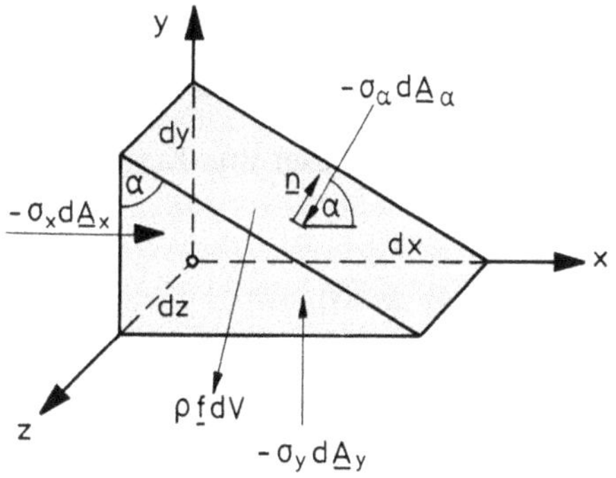

Wir betrachten ein Volumenelement eines ruhenden Fluids in Form des skizzierten dreiseitigen Prismas und wollen die Gleichgewichtsbedingung für die x-Komponenten aller daran angreifenden Kräfte aufstellen. Von den Oberflächenkräften haben nur die Kräfte auf die Fläche in der y, z-Ebene und auf die schräge Fläche eine x-Komponente; dazu kommt dann die x-Komponente der Volumenkraft.[5]

Wir beginnen mit dem Beitrag der Prismenfläche in der y, z-Ebene und bezeichnen die daran angreifende Oberflächenkraft mit $d\underline{F}_{Ox}$, den daran angreifen-

5 Für die folgenden Ableitungen werden die in Abschnitt 1.11 des Anhangs dargestellten Zusammenhänge benötigt.

den Spannungsvektor mit $\underline{\sigma}_x$, seinen Betrag mit σ_x, den Flächenvektor dieser Fläche mit $d\underline{A}_x$, seinen Betrag mit dA_x, dann gilt nach (1.4-10) $d\underline{F}_{Ox} = \underline{\sigma}_x dA_x$.

Nach unserer Konvention sind die Oberflächenkräfte die von außen an dem Prisma angreifenden Kräfte; weil in der Oberfläche Druck- und nicht Zugkräfte wirken, sind Oberflächenkraft und Spannungsvektor also nach innen gerichtet. Der Flächenvektor ist dagegen definitionsgemäß nach außen gerichtet, Oberflächenkraft und Flächenvektor sind demnach antiparallel, es gilt also auch

$$d\underline{F}_{Ox} = -\sigma_x d\underline{A}_x.$$

Der Betrag des Flächenvektors ist offenbar dy dz, seine Richtung $-\underline{e}_x$, wir erhalten also schließlich

$$d\underline{F}_{Ox} = \sigma_x dy\, dz\, \underline{e}_x.$$

Wir berechnen nun den Beitrag der schrägen Fläche. Wir nennen die daran angreifende Oberflächenkraft $d\underline{F}_{O\alpha}$, den daran angreifenden Spannungsvektor $\underline{\sigma}_\alpha$, seinen Betrag σ_α, den zugehörigen Flächenvektor $d\underline{A}_\alpha$, seinen Betrag dA_α und seinen Normalenvektor $\underline{n}$, dann gilt entsprechend

$$d\underline{F}_{O\alpha} = \underline{\sigma}_\alpha dA_\alpha = -\sigma_\alpha d\underline{A}_\alpha = -\sigma_\alpha \frac{dy}{\cos\alpha} dz\, \underline{n} \quad \text{mit} \quad \underline{n} = (\cos\alpha, \sin\alpha, 0).$$

Für die Volumenkraft $d\underline{F}_V$ schließlich erhalten wir nach (1.4-9)

$$d\underline{F}_V = \rho \underline{f}\, dV = \rho \underline{f} \frac{1}{2} dx\, dy\, dz \quad \text{mit} \quad \underline{f} = (f_x, f_y, f_z).$$

Die Gleichgewichtsbedingung für die x-Komponenten dieser drei Kräfte lautet dann

$$\sigma_x\, dy\, dz - \sigma_\alpha\, dy\, dz + \rho f_x \frac{1}{2}\, dx\, dy\, dz = 0.$$

Für ein infinitesimales Volumen sind offenbar die Oberflächenkräfte von zweiter Ordnung klein und die Volumenkraft von dritter Ordnung klein, man kann also die Volumenkräfte gegenüber den Oberflächenkräften vernachlässigen und erhält $\sigma_x = \sigma_\alpha$.

Der Betrag σ_α des Spannungsvektors, der an einer unter dem beliebigen Winkel α geneigten Fläche angreift, ist also unabhängig von α gleich σ_x. Man kann zeigen, dass er auch gleich σ_y und σ_z ist, wobei σ_z der Betrag des Spannungsvektors auf ein Flächenelement senkrecht zur z-Richtung ist, vgl. Aufgabe 1 und die Zusatzaufgabe.

Der Betrag des Spannungsvektors in einem Punkt ist damit unabhängig von der Orientierung des Flächenelements, auf das er wirkt. Der Spannungszustand in einem Punkt eines ruhenden Fluids kann deshalb durch eine einzige skalare Feldgröße, den örtlichen Druck p, beschrieben werden, den man zu

$$p = \sigma_x = \sigma_y = \sigma_z = \sigma_\alpha \tag{1.5-1}$$

definiert. Dann gilt für den Spannungsvektor wegen $d\underline{F}_O = \underline{\sigma} dA = -\sigma d\underline{A} = -pd\underline{A} = -p\underline{n}dA$

$$\boxed{\underline{\sigma} = -p\underline{n}.} \tag{1.5-2}$$

Setzt man das in (1.4-12) ein, so erhält man als Spezialfall für ein ruhendes Fluid

$$\underline{F} = \int \rho \underline{f}\, dV - \oint p\underline{n}\, dA,$$

und unter Einführung des vektoriellen Flächenelements $d\underline{A}$ nach (A 40)[6] ergibt sich für die Kraft auf ein endliches Volumen in einem ruhenden Fluid

$$\boxed{\underline{F} = \int \rho \underline{f}\, dV - \oint p\, d\underline{A}.} \tag{1.5-3}$$

Der Druck hat wie der Spannungsvektor die Dimension Kraft durch Fläche, im internationalen Einheitensystem werden beide Größen also in Newton durch Quadratmeter ($\mathrm{N/m^2}$) oder Pascal (Pa) gemessen:[7]

$$1\,\mathrm{Pa} = 1\,\mathrm{N/m^2} = 1\,\mathrm{kg/(m\,s^2)}. \tag{1.5-4}$$

Zur Orientierung über die Größenordnungen dieser Einheiten merke man sich, dass der atmosphärische Luftdruck etwa 10^5 Pa beträgt und meist in Hektopascal (hPa) angegeben wird: $10^5\,\mathrm{Pa} = 10^3\,\mathrm{hPa}$. In der Literatur werden daneben viele andere Druckeinheiten verwendet, die wichtigsten sind in Tabelle 8 aufgeführt.

---

6 Die Gleichungsnummern mit A beziehen sich auf den mathematischen Anhang.

7 Wo bei der Beschreibung von Dimensionen oder von Einheiten wie in (1.5-4) mehrere Größen rechts (oder links) von einem schrägen Bruchstrich vorkommen, stehen sie alle im Nenner (bzw. im Zähler), ohne dass Klammern gesetzt werden.

Aufgabe 1

Leiten Sie aus dem Kräftegleichgewicht in y-Richtung an demselben infinitesimalen Prisma her, dass $\sigma_\alpha = \sigma_y$ und damit auch $\sigma_x = \sigma_y$ ist!

Aufgabe 2

Welche der folgenden Aussagen sind in einem ruhenden Fluid richtig?

A. Der Druck steht senkrecht auf dem Flächenelement, an dem er angreift.

B. Der Spannungsvektor steht senkrecht auf dem Flächenelement, an dem er angreift.

Zusatzaufgabe

An welchem infinitesimalen Prisma könnte man zeigen, dass $\sigma_y = \sigma_z$ ist?

LE 1.6 Die thermische Zustandsgleichung

Die Dichte in einem Fluid lässt sich nicht nur als Funktion von Ort und Zeit, sondern auch als Funktion anderer Feldgrößen darstellen, in den meisten Fällen als Funktion des Druckes und der Temperatur. In dieser Lehreinheit wollen wir drei praktisch wichtige Modelle für diesen Zusammenhang einführen.

Die Dichte ρ und damit natürlich auch das spezifische Volumen v sind nicht nur von Stoff zu Stoff verschieden (vgl. Tabelle 1), sondern für ein und denselben Stoff auch noch von der Temperatur T und vom Druck p abhängig (vgl. Tabelle 2):

$$\rho = \rho(T, p) \quad \text{bzw.} \quad \upsilon = \upsilon(T, p). \tag{1.6-1}$$

Die Gleichung, die diese Abhängigkeit beschreibt, nennt man die thermische Zustandsgleichung des betreffenden Stoffes. Leider ist die thermische Zustandsgleichung für keinen Stoff für alle Temperaturen und Drücke bekannt. Für praktische Zwecke kommt man im Allgemeinen mit einer der drei folgenden Idealisierungen (Modellmedien) aus:

Ideale Gase

Für viele Gase gilt im technisch interessanten Bereich von Temperatur und Druck mit hinreichender Genauigkeit die thermische Zustandsgleichung

$$\boxed{\frac{p}{\rho} = RT,} \quad \boxed{pv = RT,} \tag{1.6-2}$$

wobei R eine Materialkonstante (d. h. eine von Stoff zu Stoff verschiedene Konstante) ist, die man spezifische oder spezielle Gaskonstante nennt; ihre Einheit im internationalen Einheitensystem ist Joule durch Kilogramm und Kelvin (J/kg K). Sie hängt mit der molaren Masse M des Stoffes (internationale Einheit:[8] kg/mol) und der molaren oder allgemeine Gaskonstante, die unabhängig vom Stoff den Wert

$$R_m = 8{,}314\ \text{J/(mol K)} \tag{1.6-3}$$

hat, über die Gleichung

$$R_m = MR \tag{1.6-4}$$

zusammen. Ein Gas, das der thermischen Zustandsgleichung (1.6-2) genügt, nennt man ein (thermisch) ideales Gas.

Flüssigkeiten

Um für Flüssigkeiten (übrigens auch für feste Körper) wenigstens in engen Bereichen von Temperatur und Druck zu einer thermischen Zustandsgleichung zu kommen, definiert man mit Hilfe der beiden partiellen Ableitungen von (1.6-1) zwei neue Größen α_V und χ:

$$\alpha_V := \frac{1}{v}\left(\frac{\partial v}{\partial T}\right)_p, \quad \chi := -\frac{1}{v}\left(\frac{\partial v}{\partial p}\right)_T. \tag{1.6-5}$$

Man nennt α_V den Volumen-Ausdehnungskoeffizienten und χ die Kompressibilität. Nach ihrer Definition sind beide ebenfalls Funktionen von T und p. Der Volumen-Ausdehnungskoeffizient hat die Dimension Eins durch Temperatur; seine Einheit im internationalen Einheitensystem ist also Eins durch Kelvin (1/K). Die

---

8 Die in Gramm durch Mol gemessene molare Masse nannte man früher Molekulargewicht.

Kompressibilität hat entsprechend die Dimension Eins durch Druck; ihre Einheit im internationalen Einheitensystem ist demnach Eins durch Pascal (1/Pa).

Man kann sich die thermische Zustandsgleichung eines Stoffes als eine Fläche über einer T, p-Ebene veranschaulichen. Wenn man nur voraussetzt, dass diese Fläche eine Tangentialebene hat, was physikalisch plausibel ist, kann man diese Fläche in einer hinreichend kleinen Umgebung eines Punktes durch die Tangentialebene ersetzen. Hat man also für ein Wertepaar T_0 und p_0 die zugehörigen Werte α_{V0} und χ_0 gemessen, so gilt in einer hinreichend kleinen Umgebung dieses Punktes die thermische Zustandsgleichung

$$v - v_0 = \alpha_{V0} v_0 (T - T_0) - \chi_0 v_0 (p - p_0). \tag{1.6-6}$$

Inkompressible Fluide

In vielen Fällen genügt sogar der noch einfachere Ansatz, ρ als Materialkonstante, also als unabhängig von Temperatur und Druck anzunehmen:

$$\rho = \text{const}, \quad v = \text{const}. \tag{1.6-7}$$

Dieses Modellmedium nennt man ein inkompressibles Fluid. Mit diesem Ansatz kann man bei Flüssigkeiten fast immer rechnen (bei Wasser ändert sich die Dichte bei einer Druckänderung von Atmosphärendruck auf das 10^3-fache nur um 4 %), aber auch bei Gasen, wenn keine großen Geschwindigkeitsdifferenzen in der Strömung auftreten, (bei 20 °C und Atmosphärendruck entspricht in Luft eine Geschwindigkeitsdifferenz von 0 auf 50 m/s einer relativen Dichteänderung von 1 %).

Aufgabe 1

Was versteht man unter einem idealen Gas?
A. Es gilt $v = v(p, T)$.
B. Es gilt $pv = RT$.

Aufgabe 2

Welche Gleichung haben wir als thermische Zustandsgleichung für Flüssigkeiten verwendet?
A. $v = \text{const}$,
B. $v - v_0 = \alpha_{V0} v_0 (T - T_0) - \chi_0 v_0 (p - p_0)$.

Aufgabe 3

Kann man Luft unter bestimmten Bedingungen als inkompressibles Fluid behandeln?

A. Nein, bei Luft muss man die Kompressibilität stets berücksichtigen.
B. Ja, wenn nur geringe Geschwindigkeitsdifferenzen auftreten.

LE 1.7 Die Zähigkeit

Die Zähigkeit ist eine charakteristische Eigenschaft der Flüssigkeiten und Gase. Wir wollen uns in dieser Lehreinheit zunächst die Erscheinung der Zähigkeit klarmachen; dazu vergleichen wir das unterschiedliche Verhalten eines typischen festen Körpers und eines Fluids gegenüber einer Scherung. Anschließend wollen wir die physikalischen Ursachen der Zähigkeit kennen lernen.

Elastizität und Zähigkeit

Materie setzt der Verschiebung ihrer Moleküle gegeneinander einen Widerstand entgegen. Die einfachste Konfiguration zur Untersuchung dieser Eigenschaft ist die einfache Scherung: Man bringt die Materialprobe zwischen zwei parallele Platten und verschiebt z. B. die obere in sich selbst gegen die untere. Diese Verschiebung überträgt sich auf die Materialprobe, und deren Widerstand gegen die Scherung lässt sich als Schubspannung in den Platten messen.

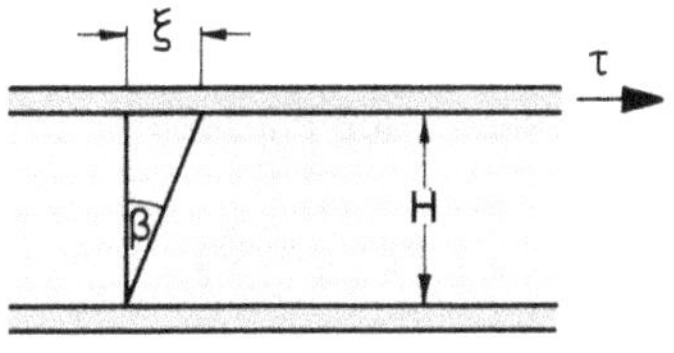

Es gibt stets einen spannungsfreien Zustand, in dem das Medium in Ruhe und die Schubspannung null ist. Bei festen Körpern hängt die Schubspannung τ in vielen Fällen nur vom Verhältnis der Verschiebung ξ aus dem spannungsfreien Zustand zum Plattenabstand H ab. Für kleine Verschiebungen ($\xi \ll H$) können wir dieses Verhältnis mit dem Scherwinkel β identifizieren; β ist der Winkel, um den eine materielle Linie senkrecht zur Richtung der Scherung aus dem spannungsfreien Zustand durch die Scherung gedreht wird:

$$\tau = f\left(\frac{\xi}{H}\right) = f(\beta). \tag{1.7-1}$$

Solche Medien nennt man elastisch: Macht man die Verschiebung rückgängig, so kehrt das Medium in seine Ausgangslage zurück, und die Schubspannung verschwindet wieder. Im einfachsten Fall ist die Schubspannung zum (kleinen) Scherwinkel proportional:

$$\tau = G\beta = G\frac{\xi}{H}. \qquad (1.7\text{-}2)$$

Solche Medien nennt man linear-elastisch oder in der Terminologie der modernen Rheologie Hooke-Medien. Die Proportionalitätskonstante G heißt Schubmodul; sie ist von Stoff zu Stoff verschieden, d. h. eine Materialkonstante.

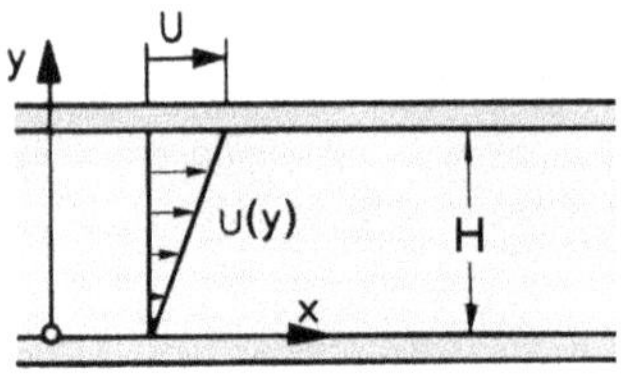

Bei Fluiden kann eine einmalige Verschiebung der einen Platte nicht zu einer Schubspannung führen: Sobald die Fluidteilchen ihre neue Lage eingenommen haben, ist das Fluid wieder in Ruhe und kann definitionsgemäß keine Schubspannung mehr übertragen. In einem Fluid kann eine Schubspannung also nur auftreten, solange sich die eine Platte bewegt und damit zwischen den Platten eine Scherströmung aufrechterhält. In vielen Fällen hängt die Schubspannung nur vom Verhältnis der Plattengeschwindigkeit U zum Plattenabstand H ab; wegen $U = d\xi/dt$, $d\xi = Hd\beta$ ist dieses Verhältnis gleich der zeitlichen Änderung des Scherwinkels, der so genannten Schergeschwindigkeit $\dot{\beta} = U/H$:

$$\tau = f\left(\frac{U}{H}\right) = f(\dot{\beta}). \qquad (1.7\text{-}3)$$

Solche Medien nennt man viskos oder zäh. Im einfachsten Fall ist die Schubspannung proportional der Schergeschwindigkeit, man führt dann im Allgemeinen die Querkoordinate y und die Geschwindigkeit $u(y)$ zwischen den Platten ein und schreibt

$$\boxed{\tau = \eta\frac{du}{dy}.} \qquad (1.7\text{-}4)$$

Solche Medien nennt man linear-viskos oder Newton-Medien; wir werden sie, dem in der Strömungslehre üblichen Sprachgebrauch folgend, newtonsche Fluide nennen. Die Gleichung (1.7-4) nennt man auch den Newtonschen Schubspannungsansatz. Die Proportionalitätskonstante η heißt Viskosität oder Zähigkeit; zur Unterscheidung von der häufig verwendeten Größe

$$\boxed{\nu = \frac{\eta}{\rho},} \qquad (1.7\text{-}5)$$

die man kinematische Zähigkeit nennt, heißt η auch dynamische oder absolute Zähigkeit. Auch der Ausdruck Scherviskosität ist gebräuchlich. η ist zunächst von Stoff zu Stoff verschieden, darüber hinaus aber auch eine Funktion der Temperatur. Genau genommen hängt η sogar noch vom Druck ab, die Druckabhängigkeit kann aber fast immer vernachlässigt werden.

Aus der Definitionsgleichung (1.7-4) für die Zähigkeit ergibt sich, dass η die Dimension Druck mal Zeit hat. Ihre Einheit im internationalen Einheitensystem ist demnach die Pascalsekunde (Pa s):

$$1\,\mathrm{Pa\,s} = 1\,\mathrm{N\,s/m^2} = 1\,\mathrm{kg/(m\,s)}. \tag{1.7-6}$$

Die physikalischen Ursachen der Zähigkeit

Wir wollen im Folgenden die physikalischen Ursachen der Zähigkeit kennen lernen. Wir werden sehen, dass es zwei verschiedene Mechanismen gibt, von denen der eine bei Flüssigkeiten und der andere bei Gasen überwiegt. Das hat z. B. ein entgegengesetztes Temperaturverhalten bei Flüssigkeiten und Gasen zur Folge: Bei Flüssigkeiten nimmt die Zähigkeit mit zunehmender Temperatur ab, bei Gasen steigt sie, vgl. Tabelle 5. Bei beiden Mechanismen muss man zur Erklärung der Zähigkeit die Vorstellung des Kontinuums verlassen und auf die molekulare Struktur der Materie zurückgehen.

Wir haben in Lehreinheit 1.1 gesehen, dass sich die Moleküle auch in einem äußerlich ruhenden Medium in ständiger Bewegung befinden. Man kann zeigen, dass die mittlere kinetische Energie dieser Bewegung proportional der Temperatur des Mediums ist, man nennt diese mikroskopische Bewegung deshalb auch thermische oder Wärmebewegung. Dass man im Großen keine Bewegung wahrnimmt, liegt daran, dass sich alle diese Bewegungen im Mittel aufheben, dass also der Mittelwert der Geschwindigkeit aller Moleküle eines Volumenelements null ist. In einem bewegten Medium ist das anders, und zwar ist das arithmetische Mittel der Geschwindigkeiten $\underline{c}_\nu$ aller N-Moleküle eines Volumenelements gerade die makroskopische Geschwindigkeit $\underline{c}$ des Volumenelements:

$$\underline{c} = \frac{1}{N} \sum_{\nu=1}^{N} \underline{c}_\nu. \tag{1.7-7}$$

Man kann die (mikroskopische) Geschwindigkeit $\underline{c}_\nu$ jedes Moleküls aufspalten in die (makroskopische) Geschwindigkeit $\underline{c}$ des Volumenelements nach (1.7-7) und die thermische Geschwindigkeit $\underline{v}_\nu$ des Moleküls:

$$\underline{c}_\nu = \underline{c} + \underline{v}_\nu. \tag{1.7-8}$$

Wir betrachten wieder eine einfache Scherströmung zwischen zwei parallelen Platten. In einer Flüssigkeit rührt der Widerstand, der bei einer Scherung überwunden werden muss, vor allem von der Überwindung der intermolekularen Kräfte zwischen den Molekülen her; die Moleküle müssen gleichsam gegen diese Kräfte auseinander gerissen werden. Mit steigender Temperatur dehnt sich das Fluid in der Regel[9] aus, der mittlere Abstand der Moleküle nimmt zu und damit die mittlere Anziehungskraft zwischen ihnen ab. Zugleich wächst die mittlere Amplitude der thermischen Bewegung und damit die Häufigkeit von Platzwechseln. Beides führt dazu, dass die Zähigkeit mit der Temperatur abnimmt. In einem Gas rührt der Widerstand gegen Scherung vor allem von der Querdiffusion der Moleküle her: Durch die thermische Bewegung quer zur Richtung der makroskopischen Geschwindigkeit gelangen ständig Moleküle einer bestimmten mittleren Geschwindigkeit in Schichten höherer oder niedrigerer mittlerer Geschwindigkeit und werden dort durch Zusammenstöße mit Molekülen dieser Schicht beschleunigt oder gebremst. Diese Impulsänderung wirkt sich als Schubspannung aus. Mit steigender Temperatur nimmt die Querdiffusion und damit auch die Zähigkeit zu.

Zahlenwerte für die dynamische und die kinematische Zähigkeit verschiedener Stoffe und für die Änderung der dynamischen Zähigkeit von Wasser und Luft mit der Temperatur finden sich in den Tabellen 1 und 5.

Bei den Zusammenstößen der Moleküle wird sicher ein Teil der makroskopischen kinetischen Energie in mikroskopische kinetische Energie, d. h. mechanische Energie in innere Energie umgewandelt. Eine solche Umwandlung nennt man Dissipation; Zähigkeit ist also stets mit Dissipation, thermodynamisch gesprochen mit einer Entropieproduktion verbunden.

Aufgabe 1

Wenn man ein Medium einer einfachen Scherung unterwirft, wird die auftretende Schubspannung im allgemeinen Fall sowohl vom Scherwinkel als auch von der Schergeschwindigkeit abhängen. Wie nennt man das Medium,

A. wenn die Schubspannung nur vom Scherwinkel abhängt?
B. wenn die Schubspannung linear vom Scherwinkel abhängt?
C. wenn die Schubspannung nur von der Schergeschwindigkeit abhängt?
D. wenn die Schubspannung linear von der Schergeschwindigkeit abhängt?

---

9 Wasser zwischen 0 °C und 4 °C bildet bekanntlich eine Ausnahme.

Aufgabe 2

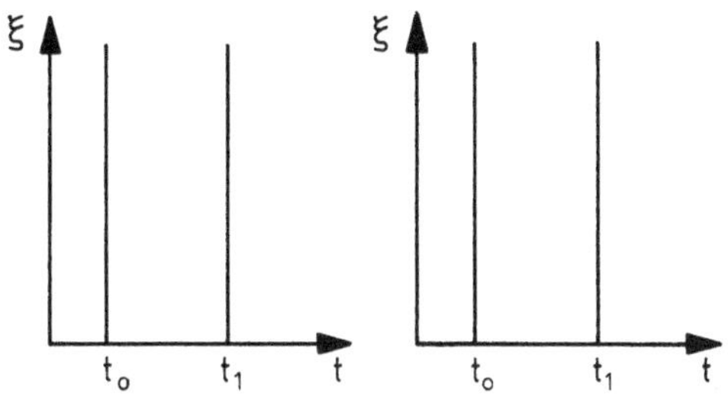

Bei einem einfachen Scherversuch zwischen zwei parallelen Platten im Abstand H befinde sich das zu untersuchende Medium zunächst im spannungsfreien Zustand. Von der Zeit t_0 bis zur Zeit t_1 werde die örtlich und zeitlich konstante Schubspannung τ_0 aufgeprägt, danach sei das Medium wieder spannungsfrei. Skizzieren Sie die Verschiebung ξ als Funktion der Zeit t und berechnen Sie die maximale Verschiebung

A. für ein Hooke-Medium mit dem Schubmodul G,

B. für ein newtonsches Fluid mit der Zähigkeit η!

Aufgabe 3

Man sagt häufig, die Temperatur sei proportional der mittleren kinetischen Energie der Moleküle. Erhöht sich demnach die Temperatur in einer Strömung, wenn man die Strömung unter sonst gleichen Bedingungen beschleunigt?

LE 1.8 Nicht-newtonsche Fluide

In dieser Lehreinheit wollen wir eine Übersicht über verschiedene Klassen von Fluiden geben, die sich durch ihr Verhalten bei einer einfachen Scherung unterscheiden. Wir nehmen damit Einblick in die Rheologie, die ganz allgemein die Verformung oder Bewegung der verschiedenen Materialien unter dem Einfluss von Kompression und Scherung untersucht.

Je nach dem Zusammenhang zwischen der Schubspannung τ und der Schergeschwindigkeit $\dot{\beta}$ bei einer einfachen Scherung kann man zwei Klassen von Fluiden unterscheiden: die viskosen und die elastoviskosen Fluide.

Viskose Fluide

Bei den bereits in Lehreinheit 1.7 eingeführten viskosen Fluiden (im Gegensatz zu den elastoviskosen Fluiden spricht man auch von reinviskosen Fluiden) besteht ein eindeutiger Zusammenhang zwischen der an einem Teilchen angreifenden Schubspannung τ und der zur selben Zeit darauf wirkenden Schergeschwindigkeit $\dot{\beta}$; es existiert also ein Fließgesetz der Form

$$f(\tau, \dot{\beta}) = 0, \tag{1.8-1}$$

in das außer τ und $\dot{\beta}$ nur noch Materialkonstanten eingehen; diese Material„konstanten“ können natürlich noch von Zustandsgrößen wie Temperatur und Druck abhängen. Das Fließverhalten eines viskosen Fluids lässt sich also (für jeden Satz Zustandsgrößen) unabhängig vom zeitlichen Verlauf der Schergeschwindigkeit durch eine einzige Fließkurve $\tau = \tau(\dot{\beta})$ beschreiben; auch die Darstellung $\dot{\beta} = \dot{\beta}(\tau)$ ist üblich.

Im einfachsten Fall der newtonschen Fluide ist das Fließgesetz linear, es gilt

$$\tau = \eta\dot{\beta} \tag{1.8-2}$$

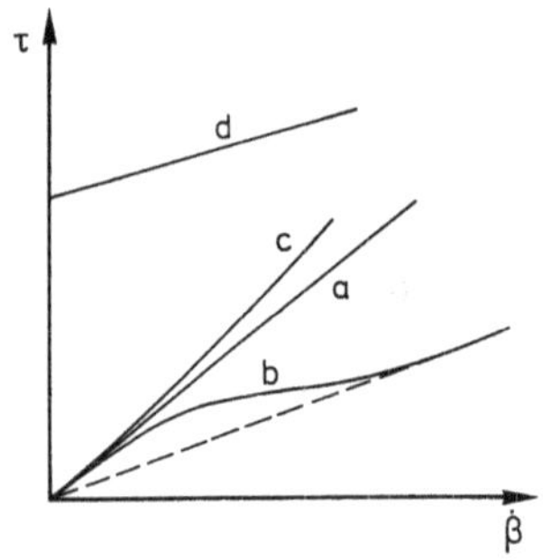

a newtonsches Fluid
b strukturviskoses Fluid
c dilatantes Fluid
d Bingham-Medium

mit der Scherviskosität η als einziger Materialkonstante; die Fließkurve ist eine Gerade durch den Ursprung. Newtonsches Verhalten zeigen Luft und die meisten anderen Gase, Wasser, viele Öle, Benzin, Alkohol, Quecksilber und viele andere technisch wichtige Flüssigkeiten. Alle Fluide mit einem anderen Fließgesetz, also die nichtlinearviskosen und die elastoviskosen Fluide, fasst man als nicht-newtonsche Fluide zusammen.

Auch bei nichtlinear-viskosen Fluiden geht die Fließkurve durch den Ursprung: Wenn die auf ein Fluidteilchen wirkende Schergeschwindigkeit gegen null geht, muss auch die daran angreifende Schubspannung gegen null gehen. Man bezeichnet auch hier den Quotienten aus Schubspannung und Schergeschwindigkeit, also die Steigung der Sekante zu einem Punkt der Fließkurve, als (Scher-)Viskosität η; sie ist hier eine Funktion von $\dot{\beta}$ (oder τ). Den Grenzwert der Viskosität für sehr kleine Schergeschwindigkeit, also die Steigung der Tangente an die Fließkurve im Ursprung, nennt man Nullviskosität und bezeichnet sie mit η_0. In der Regel strebt die Viskosität auch für sehr große Schergeschwindigkeit einem Grenzwert zu, den man obere Grenzviskosität[10] nennt und mit η_∞ bezeichnet.

10 Auch obere newtonsche Grenzviskosität, weil die Viskosität für große Schergeschwindigkeit praktisch konstant ist und das Fluid sich deshalb in diesem Bereich wie ein newtonsches verhält.

Nimmt die Viskosität eines viskosen Fluids mit steigender Schergeschwindigkeit ab, nennt man das Fluid strukturviskos oder pseudoplastisch. Solches Verhalten zeigen z. B. Lösungen und Schmelzen vieler hoch polymerer Stoffe sowie Suspensionen mit länglichen Partikeln wie Kautschuke und Seifenlösungen. Man kann strukturviskoses Verhalten folgendermaßen erklären: Im Ruhezustand sind die Moleküle oder suspendierten Partikel stark verkettet und setzen deshalb einer Scherung großen Widerstand entgegen. Mit zunehmender Schergeschwindigkeit richten sich die Moleküle aus, und der Widerstand gegen Scherung nimmt ab.

Steigt die Viskosität mit zunehmender Schergeschwindigkeit, so nennt man das Fluid dilatant. Dilatantes Verhalten ist seltener, es findet sich z. B. bei einigen hoch konzentrierten Suspensionen und nassem Sand. Man versucht sich dieses Verhalten so zu erklären, dass in der Ruhe die Sandkörner dicht gepackt und ihr Zwischenraum völlig mit Wasser ausgefüllt ist. Mit wachsender Scherbeanspruchung vergrößert sich der Abstand der Sandkörner, so dass die Wasserumhüllung aufreißt und die Schmierwirkung des Wassers abnimmt.

Besonders im Bereich mittlerer Schergeschwindigkeiten kann man das Fließgesetz nichtlinear-viskoser Fluide durch eine Gleichung der Form

$$\tau = k\dot{\beta}^m \tag{1.8-3}$$

approximieren, wobei bei strukturviskosen Fluiden $m < 1$ und bei dilatanten Fluiden $m > 1$ ist.

Es gibt auch Medien, die sich unter dem Einfluss einer Schubspannung unterhalb einer sog. Fließspannung τ_0 wie ein fester Körper und darüber wie ein Fluid verhalten; solche Medien nennt man plastisch. Da sie in der Ruhe eine Schubspannung aufnehmen können, gehören sie nicht zu den Fluiden. Sie werden hier mitbehandelt, weil sich ihr Verhalten im fluiden Bereich auch durch eine Fließkurve beschreiben lässt; die Fließkurve schneidet die Ordinatenachse bei der Fließspannung. Das einfachste Modell eines plastischen Mediums ist das Bingham-Medium: Es verhält sich im festen Bereich linear-elastisch und im fluiden Bereich linear-viskos, sein Fließgesetz (das natürlich nur sein fluides Verhalten beschreibt) lautet demnach

$$\tau = \tau_0 + \eta\dot{\beta}. \tag{1.8-4}$$

Viele industrielle Schlämme, z. B. Suspensionen von Kalk (Mörtel) und Kreide (Zahnpasta) zeigen dieses Verhalten.

Elastoviskose Fluide

Es gibt auch Fluide, bei denen die an einem Teilchen bei einfacher Scherung angreifende Schubspannung nicht nur von der momentanen Schergeschwindigkeit, sondern auch von der Schergeschwindigkeit in der Vergangenheit abhängt. Wenn z. B. eine scherende Beanspruchung plötzlich aufhört, sinkt die Schubspannung in solchen Fluiden nicht momentan, sondern erst allmählich auf null, was dazu führt, dass ein Teil der durch die Scherung hervorgerufenen Deformation rückgängig gemacht wird. Solche Fluide nennt man deshalb elastoviskos; im Blick auf die Nachwirkung der Schergeschwindigkeit spricht man auch von Fluiden mit Gedächtnis. (Der Unterschied zwischen viskosen und elastoviskosen Fluiden macht sich natürlich nur bei zeitlich veränderlicher Schergeschwindigkeit bemerkbar.)

Bei elastoviskosen Fluiden lässt sich der Zusammenhang zwischen Schubspannung und Schergeschwindigkeit praktisch immer durch ein Fließgesetz darstellen, in das außer τ und $\dot{\beta}$ (und Materialkonstanten) auch zeitliche Ableitungen von τ und $\dot{\beta}$ eingehen:

$$f(\tau, \dot{\tau}, \dots, \dot{\beta}, \ddot{\beta}, \dots) = 0. \tag{1.8-5}$$

Ist diese Gleichung in allen Variablen linear, also von der Form

$$\tau + a_1\dot{\tau} + \cdots + b_1\dot{\beta} + b_2\ddot{\beta} + \cdots = 0, \tag{1.8-6}$$

so spricht man von einem linear-elastoviskosen Fluid.

Der einfachste Fall ist das sog. Maxwell-Fluid, für das eine Beziehung

$$\dot{\beta} = \frac{\tau}{\eta} + \frac{\dot{\tau}}{G} \tag{1.8-7}$$

mit den Materialkonstanten η und G existiert. Für $\tau/\eta \gg \dot{\tau}/G$, also wenn sich die Schubspannung hinreichend langsam ändert, reduziert sich das Fließgesetz zu $\tau = \eta\dot{\beta}$, das Fluid verhält sich also rein newtonsch; für $\tau/\eta \ll \dot{\tau}/G$, also wenn sich die Schubspannung hinreichend schnell ändert, erhält man $\dot{\tau} = G\dot{\beta}$ oder $\tau = G\beta$, das Fluid verhält sich also wie ein Hooke-Medium. Sind beide Terme von gleicher Größenordnung, zeigt das Fluid sowohl viskose wie elastische Eigenschaften.

Man kann das elastoviskose Verhalten auch dadurch charakterisieren, wie sich die Schubspannung und damit die Viskosität mit der Zeit ändert, nachdem dem bisher ruhenden Fluid zur Zeit $t = 0$ eine zeitlich konstante Schergeschwindigkeit aufgeprägt wurde. Nähert sich die Schubspannung dem stationären Wert

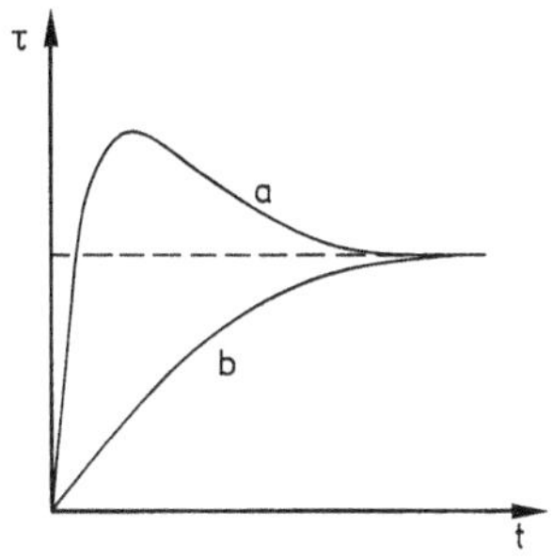

a thixotropes Verhalten
b rheopexes Verhalten

von oben, wird das Fluid also bei konstanter Scherbeanspruchung mit der Zeit dünnflüssiger, spricht man von thixotropem Verhalten; nähert sich die Schubspannung dem stationären Wert von unten, wird das Fluid also bei konstanter Scherbeanspruchung mit der Zeit dickflüssiger, spricht man von rheopexem Verhalten. Dabei ist jeweils vorausgesetzt, dass die Änderungen der Viskosität reversibel verlaufen, dass die Viskosität also bei Aufhören der Scherbeanspruchung nach einer gewissen Zeit auf ihren Ausgangswert zurückgeht.

Thixotropie ist uns von vielen Farben und Lacken vertraut: Beim Rühren mit konstanter Winkelgeschwindigkeit zeigen thixotrope Fluide zunächst einen sehr großen Widerstand und damit eine sehr große Viskosität, im Laufe der Zeit nimmt der Widerstand und damit die Viskosität dann deutlich ab. Offenbar muss bei solchen Fluiden die Schergeschwindigkeit eine Zeit lang wirken, um die Struktur zu zerstören. Der Endwert der Viskosität ist bei solchen Fluiden in der Regel um so kleiner, je größer die aufgeprägte Schergeschwindigkeit ist; bei stationärer Schergeschwindigkeit verhalten sich solche Fluide also meist wie strukturviskose Fluide. Rheopexie kommt in der Praxis kaum vor; wie in der Zusatzaufgabe gezeigt wird, ist das Maxwell-Fluid rheopex.

Der Vollständigkeit halber sei erwähnt, dass ein Medium mit elastischen und viskosen Eigenschaften kein Fluid sein muss. Zum Beispiel ist das Kelvin-Medium mit dem Stoffgesetz $\tau = G\beta + \eta\dot{\beta}$ ein Modell für einen Festkörper: Bei hinreichend großer Scherung, vom spannungslosen Zustand aus gemessen, verhält es sich wie ein Hooke-Medium. Man nennt solche Medien auch viskoelastisch.

Zusammenstellung der Einteilung von Medien nach ihrem mechanischen Verhalten

elastisch $f(\tau,\beta) = 0$ zum Beispiel $\tau = G\,\beta$ (Hooke)	viskos $f(\tau,\dot{\beta}) = 0$ zum Beispiel $\tau = \eta\,\dot{\beta}$ (Newton) oder $\tau = K\,\dot{\beta}^m$ (nichtlinear-viskos, z. B. strukturviskos)
viskoelastisch $f(\tau,\dot{\tau},\ldots,\beta,\dot{\beta},\ldots) = 0$ zum Beispiel $\tau = G\,\beta + \alpha\,\dot{\beta}$ (Kelvin)	elastoviskos $f(\tau,\dot{\tau},\ldots,\dot{\beta},\ddot{\beta},\ldots) = 0$ um Beispiel $\dot{\beta} = \frac{\tau}{\eta} + \frac{\dot{\tau}}{G}$ (Maxwell)
fest	*flüssig, gasförmig*

plastisch

$f(\tau,\beta) = 0$ für $\tau < \tau_0$

$f(\tau,\dot{\beta}) = 0$ für $\tau > \tau_0$

zum Beispiel $\tau = G\,\beta$ für $\tau < \tau_0$

$\tau = \tau_0 + \eta\,\dot{\beta}$ für $\tau > \tau_0$ (Bingham)

Normalspannungseffekte

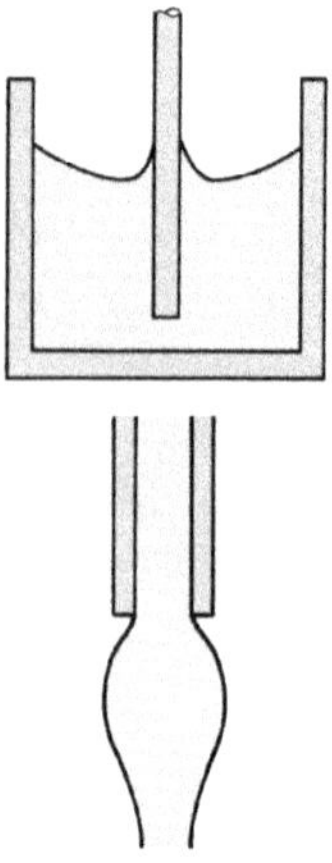

Bei viskosen wie elastoviskosen Fluiden mit nichtlinearem Fließgesetz hat eine Schergeschwindigkeit nicht nur eine Schubspannung zur Folge, sondern sie führt auch zu unterschiedlichen Normalspannungen in verschiedenen Richtungen. In der Regel ist die Differenz der Normalspannungen in Strömungsrichtung und in Scherrichtung positiv und deutlich größer als die Differenz der Normalspannungen in Scherrichtung und in der indifferenten Richtung. Die auffälligste Folge der Normalspannungsdifferenzen ist also das Auftreten einer Zugspannung in Strömungsrichtung. Das führt z. B. dazu, dass der Flüssigkeitsspiegel an einem Rührstab steigt (Weißenberg-Effekt), und dass ein aus einer Öffnung austretender Flüssigkeitsstrahl sich zunächst aufweitet.

Aufgabe 1

Was versteht man unter
A. einem viskosen Fluid,
B. einem newtonschen Fluid,
C. einem Bingham-Medium,
D. einem strukturviskosen Fluid,
E. einem elastoviskosen Fluid,
F. einem thixotropen Fluid,
G. einem Fluid mit Gedächtnis?

Aufgabe 2

Wie kann man sich strukturviskoses, wie thixotropes Verhalten erklären?

Aufgabe 3

Nennen Sie ein Beispiel für
A. ein Bingham-Medium,
B. ein newtonsches Fluid,
C. ein thixotropes Fluid,
D. ein dilatantes Fluid,
E. ein strukturviskoses Fluid!

Zusatzaufgabe

Berechnen Sie $\tau = \tau(t)$ für ein Maxwell-Fluid für den Fall, dass das Fluid für $t < 0$ in Ruhe ist und ihm für $t \geq 0$ eine zeitlich konstante Schergeschwindigkeit $\dot{\beta}$ aufgeprägt wird! Lösungshinweis: Für konstantes $\dot{\beta}$ ist (1.8-7) eine inhomogene lineare Differentialgleichung in τ mit konstanten Koeffizienten und der Randbedingung $\tau = 0$ für $t = 0$.

LE 1.9 Die Grenzflächenspannung (Teil 1)

Ein Fluid ist definitionsgemäß u. a. dadurch gekennzeichnet, dass es in der Ruhe keine Schubspannungen aufnehmen kann. Wir haben bereits in Lehreinheit 1.3 darauf hingewiesen, dass z. B. die Bildung von Wassertropfen dazu im Widerspruch steht. Auch die Bildung von Gasblasen in einer Flüssigkeit oder von Fettaugen auf einer Suppe lässt sich am einfachsten erklären, wenn man entgegen dem Modell eines Fluids eine Schubspannung in der Grenzfläche zwischen den beiden Stoffen annimmt. Mit dieser Grenzflächenspannung wollen wir uns in den letzten beiden Lehreinheiten dieses Kapitels beschäftigen.

Die physikalischen Ursachen der Grenzflächenspannung

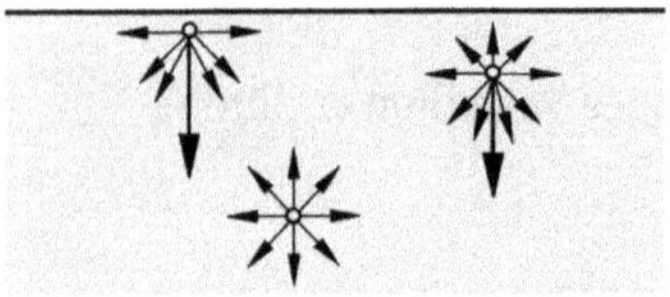

Zwischen den Molekülen einer Flüssigkeit (oder eines festen Körpers) bestehen Anziehungskräfte, die den Zusammenhalt des Körpers bewirken; diese Erscheinung nennt man bekanntlich Kohäsion. Im Innern einer Flüssigkeit wirkt injeder Richtung die gleiche intermolekulare Kraft, die Resultierende dieser Kräfte auf ein Molekül ist also null. An der Oberfläche wirken die intermolekularen Kräfte nur ins Innere und längs der Oberfläche, sie haben also eine Resultierende in die Flüssigkeiten hinein.

An dieser Überlegung ändert sich qualitativ nichts, wenn man berücksichtigt, dass oberhalb einer Flüssigkeitsoberfläche nicht Vakuum herrscht, sondern sich Dampf bildet, man also genauer statt von einer Oberfläche von einer Grenzfläche zwischen der flüssigen und der gasförmige Phase spricht: Die intermolekularen Kräfte, die von den Gasmolekülen oberhalb der Grenzfläche auf Flüssigkeitsmoleküle in der Grenzfläche wirken, sind sehr viel kleiner als die intermolekularen Kräfte, die von den Flüssigkeitsmolekülen unterhalb der Grenzfläche ausgehen; die Resultierende aller dieser Kräfte auf ein Molekül in (oder dicht unter) der Grenzfläche weist also in die Flüssigkeit. Entsprechendes gilt für die Grenzfläche zwischen zwei verschiedenen Stoffen (zwei festen Körpern, zwei nicht mischbaren Flüssigkeiten oder einem festen Körper und einer Flüssigkeit): Auch zwischen den Molekülen verschiedener Stoffe herrschen intermolekulare Kräfte, die beispielsweise dazu führen, dass Kreide an einer Tafel oder Wasser beim Durchströmen eines Rohres an der Rohrwand haftet; diese Erscheinung nennt man bekanntlich Adhäsion. Für alle Grenzflächen zwischen verschiedenen Stoffen oder verschiedenen Phasen eines Stoffes gilt also, dass sich die intermolekularen Kräfte auf Moleküle in der Grenzfläche (oder in ihrer Nähe) nicht aufheben, sondern sich zu einer Resultierenden senkrecht zur Grenzfläche zusammensetzen.

Die Grenzflächenspannung oder spezifische Grenzflächenenergie

Um eine Grenzfläche zu vergrößern, muss man Moleküle aus dem Innern an die Grenzfläche bringen. Dabei muss man Arbeit entgegen der resultierenden Kraft leisten; ein Molekül an der Oberfläche hat also gegenüber einem Molekül im Innern eine um den Betrag dieser Arbeit größere potentielle Energie. Diese potentielle Energie nennt man Grenzflächenenergie. Um die Grenzfläche um den Betrag dA zu vergrößern, sei die Grenzflächenenergie dE erforderlich, dann definiert man die spezifische Grenzflächenenergie durch

$$\boxed{\gamma = \frac{dE}{dA}.} \tag{1.9-1}$$

Man beachte, dass γ nicht die Dimension Energie durch Masse einer spezifischen Energie, sondern die Dimension Energie durch Fläche hat.

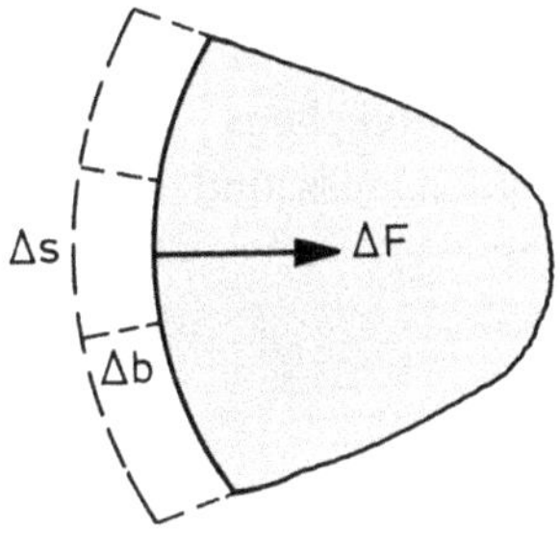

Ist zur Vergrößerung einer Fläche eine Arbeit aufzuwenden, so muss am Rand der Fläche eine Kraft angreifen, die auf der Randkurve senkrecht steht und tangential zur Fläche in die Fläche hinein gerichtet ist. Auf ein Element ds der Randkurve wirke eine Kraft dF. Verschiebt man dieses Randkurvenelement gegen diese Kraft um die Strecke db nach außen, so wird die Arbeit $dE = dF\ db$ geleistet und die Fläche dabei um das Stück $dA = ds\ db$ vergrößert. Setzt man beides in (1.9-1) ein, so erhält man

$$\gamma = \frac{dF}{ds}. \tag{1.9-2}$$

Die spezifische Grenzflächenenergie lässt sich also auch als Quotient der Kraft, die an einem Kurvenelement einer Grenzfläche angreift, und der Länge dieses Kurvenelements ausdrücken. Man nennt γ deshalb auch Grenzflächenspannung, wobei wieder zu beachten ist, dass γ nicht die Dimension einer Spannung, nämlich Kraft durch Fläche, sondern die Dimension Kraft durch Länge hat. Die Einheit von γ im internationalen Einheitensystem ist also Joule durch Quadratmeter (J/m^2) oder Newton durch Meter (N/m):

$$1\,J/m^2 = 1\,N/m = 1\,Pa\ m = 1\,kg/s^2. \tag{1.9-3}$$

Tabelle 7 enthält einige charakteristische Werte der Grenzflächenspannung.

Berücksichtigt man den vektoriellen Charakter der Kraft, so kann man auch eine vektorielle Grenzflächenspannung

$$\underline{\gamma} = \frac{d\underline{F}}{ds} \tag{1.9-4}$$

definieren.

Werden die Moleküle eines Stoffes in der Grenzfläche stärker von den Molekülen des anderen Stoffes als von den eigenen angezogen, ist also die Adhäsion stärker als die Kohäsion, so spricht man von einer negativen Grenzflächenspannung. Bei zwei Flüssigkeiten führt das dazu, dass beide Stoffe sich vermischen, also gar keine Grenzfläche auftritt. Diese Erscheinung kann aber auch zwischen einer Flüssigkeit und einem festen Körper auftreten; in diesem Falle versucht die Grenzflächenspannung, die Grenzfläche zu vergrößern, $\underline{\gamma}$ ist tangential zur Grenzfläche aus der Grenzfläche heraus gerichtet.

Aufgabe 1

Wie ist die spezifische Grenzflächenenergie γ definiert?

A. Als Quotient aus der Arbeit, die bei der Bewegung eines Teilchens längs der Grenzfläche aufgewendet werden muss, und der Länge des zurückgelegten Weges. □

B. Als Quotient aus der Arbeit, die bei der Bewegung eines Teilchens aus dem Innern an die Grenzfläche aufgewendet werden muss, und der dadurch bewirkten Vergrößerung der Oberfläche. □

Aufgabe 2

Man kann die spezifische Grenzflächenenergie γ auch als Quotient einer Kraft und einer Länge deuten. Wirkt diese Kraft

A. in der Grenzfläche oder □

B. senkrecht zur Grenzfläche? □

Aufgabe 3

Was lässt sich über die Grenzflächenspannung zwischen zwei Gasen sagen?

LE 1.10 Die Grenzflächenspannung (Teil 2)

Randwinkel und Haftspannung

Die Grenzflächenspannung führt zu charakteristischen Erscheinungen an einer Linie, an der drei Medien zusammenstoßen. Wenn man etwa einen Tropfen Paraffinöl auf eine Wasseroberfläche bringt, nimmt er die Form einer Linse mit scharfer Kante an. Dabei bilden sich zwischen den drei Grenzflächen Randwinkel aus, die nur vom Verhältnis der drei Grenzflächenspannungen abhängen: Das Kräftegleichgewicht verlangt, dass die vektorielle Summe der drei Grenzflächenspannungen verschwindet. Ein Gleichgewicht ist also nur möglich, wenn jedes der drei γ dem Betrage nach kleiner als die Summe der anderen beiden ist. Wenn sich kein Gleichgewicht einstellen kann, breitet sich das Medium 2 (bei genügend großer Oberfläche) als praktisch monomolekularer Film auf der Oberfläche aus. Dies ist zum Beispiel der Fall, wenn man statt Paraffinöl leichteres Mineralöl nimmt; auf dieser Eigenschaft beruht die Schmierwirkung von Öl.

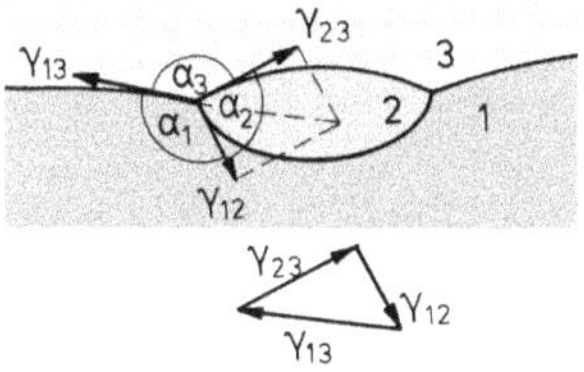

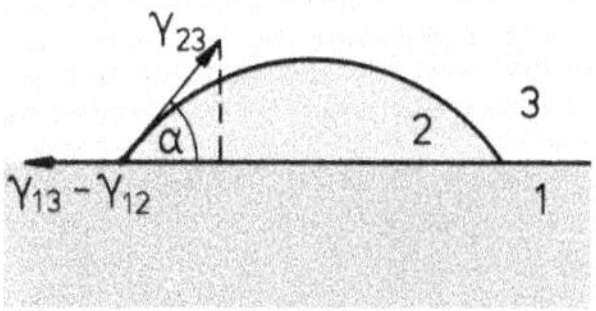

Ist das Medium 1 fest, etwa bei einem Wassertropfen auf einer Glasplatte, so ist die Richtung der beiden Grenzflächenspannungen γ_{13} und γ_{12} festgelegt: Das Kräftegleichgewicht kann sich nur in Richtung der festen Wand frei einstellen. Für den Randwinkel α zwischen Flüssigkeit und fester Wand gilt dann

$$\gamma_{13} - \gamma_{12} = \gamma_{23} \cos \alpha. \tag{1.10-1}$$

Die Grenzflächenspannung gegenüber einem festen Medium lässt sich also nur als Differenz bestimmen; die Größe $\gamma_{13} - \gamma_{12}$ heißt die Haftspannung des Mediums 1 gegenüber der Flüssigkeit 2 und dem Gas 3. Man kann nun 4 Fälle unterscheiden:

$\gamma_{13} - \gamma_{12} \geqq \gamma_{23}$ 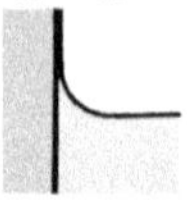	Formal ergibt sich $\cos\alpha \geq 1$, praktisch $\alpha = 0°$. Wir haben wieder den Fall, dass kein Gleichgewicht möglich ist: Die Flüssigkeit versucht, die ganze Wand mit einem dünnen Film zu überziehen. Beispiel: Petroleum, Glas und Luft (mit Petroleumdampf).
$0 < \gamma_{13} - \gamma_{12} < \gamma_{23}$ 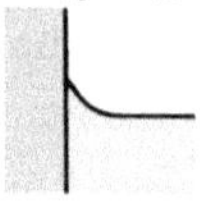	$1 > \cos\alpha > 0$, $0° < \alpha < 90°$. Die Flüssigkeit bildet mit der Wand einen spitzen Winkel, sie steigt also an der Wand hoch. Beispiel: Wasser, trockenes Glas und Luft; α liegt je nach Art des Glases zwischen 0° und 50°. (Bei vorheriger Benetzung des Glases ist $\alpha = 0°$.)
$0 < \gamma_{12} - \gamma_{13} < \gamma_{23}$ 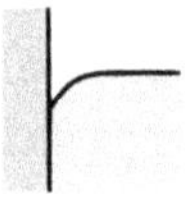	$0 > \cos\alpha > -1$, $90° < \alpha < 180°$. Die Flüssigkeit bildet mit der Wand einen stumpfen Winkel, sinkt also an der Wand ab. Beispiel: Quecksilber, Glas und Luft; α liegt zwischen 140° und 150°.
$\gamma_{12} - \gamma_{13} \geqq \gamma_{23}$ 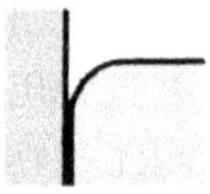	Formal ergibt sich $\cos\alpha \leq -1$, praktisch $\alpha = 180°$. Dieser Fall kommt in der Natur nicht vor.

Im ersten Fall sagt man, die Flüssigkeit benetze die Wand vollständig, im zweiten und dritten Fall, die Flüssigkeit benetze die Wand teilweise. Manche Autoren sagen im dritten Fall auch, die Flüssigkeit benetze die Wand nicht.

Krümmungsdruck

Ist die Grenzfläche gekrümmt, so führt die Grenzflächenspannung zu einem Überdruck auf der konkaven Seite, so wie die Spannung in der Hülle eines Luftballons einem Überdruck im Innern des Ballons entspricht. Diesen Überdruck nennt man Krümmungsdruck oder auch Kapillardruck, weil er die Ursache dafür ist, dass z. B. Wasser in einer Kapillare (einem dünnen Röhrchen) aus Glas höher als in der Umgebung steigt, vgl. die Zusatzaufgabe in Lehreinheit 2.3.

Der Überdruck Δp in einem kleinen Flüssigkeitstropfen oder einer Gasblase vom Radius R lässt sich bei bekannter Grenzflächenspannung γ nach (1.9-1) leicht berechnen: Die Oberfläche der Blase ist $4\pi R^2$, aufgrund des Überdrucks wirkt auf die Blasenoberfläche von innen die Kraft $4\pi R^2 \Delta p$. Vergrößert man den Blasenradius um dR, so muss man die Energie

$$dE = 4\pi R^2 \Delta p \, dR$$

aufwenden. Dabei vergrößert sich die Oberfläche $A = 4\pi R^2$ um

$$dA = \frac{dA}{dR} dR = 8\pi R \, dR.$$

Nach (1.9-1) erhält man daraus $\gamma = R\,\Delta p/2$ oder für den Krümmungsdruck

$$\Delta p = \frac{2\gamma}{R}. \qquad (1.10\text{-}2)$$

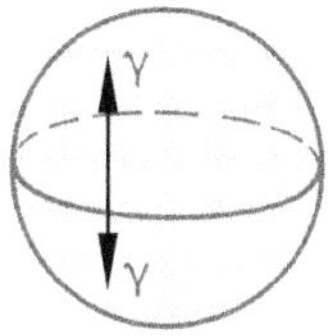

Zu demselben Ergebnis kommt man, wenn man von (1.9-2) ausgeht. Nach (1.9-2) wirkt z. B. im „Äquator" der Kugel die Kraft $2\pi R\gamma$ senkrecht zum „Äquator". Diese Kraft muss gleich der Druckkraft $\Delta p \pi R^2$ auf die „Äquatorialebene" sein. Durch Gleichsetzen beider Ausdrücke erhält man ebenfalls (1.10-2). Eine Seifenblase hat eine innere und eine äußere Oberfläche, dafür gilt also

$$\Delta p = \frac{4\gamma}{R}. \qquad (1.10\text{-}3)$$

Die Gleichung (1.10-2) gilt offenbar für jedes Oberflächenelement der Kugel oder allgemeiner für jedes Oberflächenelement, das Teil einer Kugelkalotte mit dem Krümmungsradius R ist. Für ein beliebig gekrümmtes Flächenelement einer Grenzfläche gilt, vgl. die Zusatzaufgabe,

$$\Delta p = \gamma\left(\frac{1}{R_1} + \frac{1}{R_2}\right), \qquad (1.10\text{-}4)$$

wobei R_1 und R_2 die Krümmungsradien in zwei aufeinander senkrecht stehenden Normalebenen des Flächenelements sind.

Aufgabe 1

Berechnen Sie den Randwinkel α_2 eines Tropfens Paraffinöl auf Wasser! (Zahlenwerte in Tabelle 7.)

Aufgabe 2

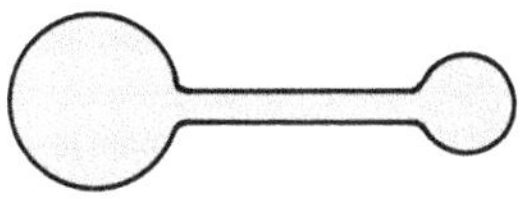

Was passiert, wenn zwei verschieden große Seifenblasen durch ein Röhrchen verbunden werden?

A. Die kleinere wächst auf Kosten der größeren. □
B. Die größere wächst auf Kosten der kleineren. □
C. Beide behalten ihre Größe. □

Aufgabe 3

Wie groß ist der Überdruck in einem Regentropfen von 1 mm Durchmesser?

Zusatzaufgabe

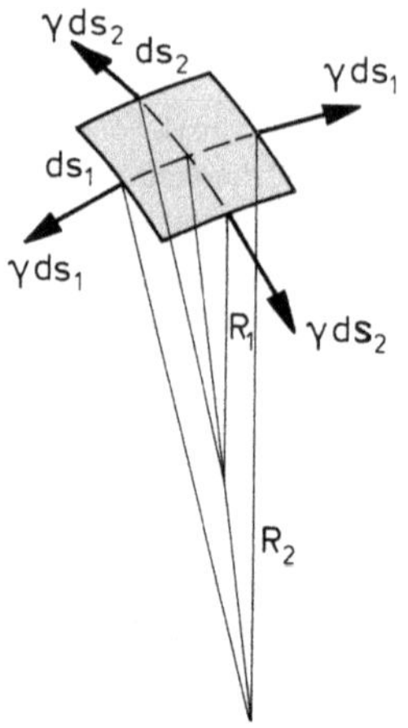

Ein gekrümmtes Flächenelement habe in zwei zueinander senkrechten Richtungen die Seitenlängen ds_1 und ds_2. Der Krümmungsradius in der s_1-Ebene sei R_1 und in der s_2-Ebene R_2. Die Grenzflächenspannung sei γ. Berechnen Sie den Krümmungsdruck auf das Flächenelement!

Kapitel 2
Hydrostatik

Die Hydrostatik untersucht Fluide in der Ruhe. Es gelten dann zwei wichtige Aussagen:

- Alle Kräfte, die an einem beliebigen Fluidelement angreifen, müssen im Gleichgewicht sein, d. h. ihre Summe muss null sein; denn wäre das nicht der Fall, so würde ihre Resultierende nach dem 2. Newtonschen Axiom (Kraft gleich Masse mal Beschleunigung) das Fluidelement beschleunigen, es bliebe also nicht in Ruhe.
- Das Fluid kann nach Lehreinheit 1.3 keine Schubspannungen aufnehmen. Der Spannungsvektor steht dann in jedem Punkt senkrecht auf dem Flächenelement, an dem er angreift, und sein Betrag ist nach Lehreinheit 1.5 unabhängig von der Orientierung dieses Flächenelements gleich dem Druck in diesem Punkt.

Mit Hilfe dieser beiden Aussagen wollen wir zunächst eine Differentialgleichung für das Druckfeld in einem ruhenden Fluid aufgrund einer äußeren Volumenkraft (z. B. des Schwerefeldes) herleiten, das sog. Eulersche Grundgesetz der Hydrostatik; anschließend wollen wir diese Differentialgleichung für zwei technisch wichtige Spezialfälle, nämlich bei barotroper Schichtung und für inkompressible Fluide, integrieren, d. h. wir wollen das Druckfeld aus dem Feld der Kraftdichte berechnen (Lehreinheiten 2.1 bis 2.3).

Aus diesem Druckfeld wollen wir dann die Kraft ausrechnen, die von einem ruhenden Fluid auf eine Behälterwand ausgeübt wird, etwa von einem Stausee auf die Staumauer (Lehreinheiten 2.4 bis 2.7).

In diesem Kapitel wird zum ersten Male von der Vektorrechnung Gebrauch gemacht. Wer damit, insbesondere mit dem Rechnen in Koordinatenschreibweise, Schwierigkeiten hat, der sei auf den Anhang „Zum Rechnen mit Tensoren“ verwiesen. Die Gleichungen dieses Anhangs werden im Text mit einem A vor der Gleichungsnummer zitiert.

LE 2.1 Das Eulersche Grundgesetz der Hydrostatik

In dieser Lehreinheit wird zunächst das Eulersche Grundgesetz der Hydrostatik abgeleitet. Dann wird daraus die Bedingung gewonnen, die ein äußeres Kraftfeld erfüllen muss, damit ein Fluid in Ruhe sein kann.

https://doi.org/10.1515/9783110641455-002

Grundgleichungen

Wir beginnen dieses Kapitel mit der Formulierung einer Grundgleichung, des Eulerschen Grundgesetzes der Hydrostatik. Dabei verstehen wir unter einer Grundgleichung eine physikalische Gleichung, die man nicht aus anderen physikalischen Gleichungen mathematisch herleiten kann, sondern die man aus einer Vielzahl von Beobachtungen und Experimenten als deren gemeinsame Grundlage gewonnen hat. Statt von einer Grundgleichung spricht man im selben Sinne auch von einem Postulat oder einem Axiom. Häufig, aber keineswegs immer, liegt einer Grundgleichung ein einfacher Gedanke zugrunde. In der Hydrostatik kann man ihn so formulieren:

Die Summe aller Kräfte auf ein beliebiges Volumen in einem ruhenden Fluid ist null.

Eine solche Aussage nennt man auch ein Naturgesetz. Auch andere Formulierungen desselben Gedankens sind möglich, in diesem Falle etwa: In einem ruhenden Fluid stehen alle Kräfte im Gleichgewicht. Eine Grundgleichung herleiten heißt dann, eine solche Aussage in eine physikalische Gleichung umsetzen. In diesem Sinne wollen wir jetzt das Eulersche Grundgesetz der Hydrostatik herleiten.

Die Herleitung des Eulerschen Grundgesetzes

Wir beschreiben die Herleitung des Eulerschen Grundgesetzes sehr ausführlich, da sie grundlegend für das Verständnis der Hydrostatik ist und der Anfänger hier häufig Schwierigkeiten hat.

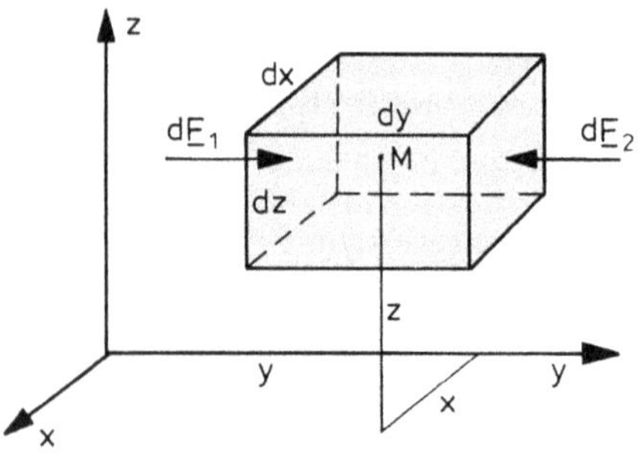

Wir wollen das Kräftegleichgewicht für einen infinitesimalen Quader ansetzen. Der Mittelpunkt M des Quaders habe die Koordinaten (x, y, z), und der Quader habe parallel zu den Koordinatenachsen die Kantenlängen dx, dy und dz. Im Mittelpunkt des Quaders wirke der Druck $p(x, y, z)$ und die Kraftdichte $\underline{f}(x, y, z)$ mit den drei Koordinaten[1] $f_x(x, y, z)$,

1 Zur Unterscheidung zwischen den Komponenten und den Koordinaten eines Vektors vgl. die Erläuterungen zu (A 2).

$f_y(x, y, z)$ und $f_z(x, y, z)$. Kräftegleichgewicht bedeutet, dass die Summe aus der (von der Kraftdichte herrührenden) Volumenkraft und den (vom Druck herrührenden) Oberflächenkräften null sein muss. Da Kräfte Vektoren sind, muss diese Bedingung für alle Koordinatenrichtungen erfüllt sein. Wir setzen sie zunächst für die y-Richtung an.

Die y-Koordinate der Volumenkraft ist nach (1.4-12)

$$dF_{Vy} = \rho f_y \, dx \, dy \, dz. \tag{2.1-1}$$

Da die Oberflächenkräfte auf den Flächen, an denen sie angreifen, senkrecht stehen, liefern nur die beiden in die Figur eingezeichneten Kräfte $d\underline{F}_1$ und $d\underline{F}_2$ Beiträge zum Kräftegleichgewicht in y-Richtung. Sie unterscheiden sich zwar nur um einen infinitesimalen Betrag, da aber $d\underline{F}_1$ von links und $d\underline{F}_2$ von rechts wirkt, also ihre Differenz in das Kräftegleichgewicht eingeht, müssen wir diese infinitesimale Differenz ermitteln. $d\underline{F}_1$ wirkt im Punkte $(x, y - \frac{1}{2}dy, z)$; nach dem Taylorschen Satz der Differentialrechnung herrscht dort der Druck

$$p - \frac{\partial p}{\partial y}\frac{dy}{2}$$

und damit die Oberflächenkraft

$$d\underline{F}_1 = \left(p - \frac{\partial p}{\partial y}\frac{dy}{2}\right) dx \, dz \, \underline{e}_y.$$

Entsprechend wirkt im Punkte $(x, y + \frac{1}{2}dy, z)$ die Oberflächenkraft

$$d\underline{F}_2 = \left(p + \frac{\partial p}{\partial y}\frac{dy}{2}\right) dx \, dz \, \underline{e}_y.$$

Die y-Koordinate der Oberflächenkraft erhält man aus der Addition von $d\underline{F}_1$ und $d\underline{F}_2$ zu

$$dF_{Oy} = -\frac{\partial p}{\partial y} dx \, dy \, dz. \tag{2.1-2}$$

Aus (2.1-1) und (2.1-2) erhält man dann für die y-Koordinate der insgesamt auf das Fluidelement wirkenden Kraft mit $dV = dx \, dy \, dz$

$$dF_y = \left(\rho f_y - \frac{\partial p}{\partial y}\right) dV, \tag{2.1-3}$$

und eine entsprechende Betrachtung für die beiden anderen Koordinatenrichtungen muss aus Symmetriegründen auf die Beziehungen

$$dF_x = \left(\rho f_x - \frac{\partial p}{\partial x}\right)dV, \tag{2.1-4}$$

$$dF_z = \left(\rho f_z - \frac{\partial p}{\partial z}\right)dV, \tag{2.1-5}$$

führen. Diese drei Gleichungen lassen sich zu der Vektorgleichung

$$\begin{aligned} d\underline{F} &= (\rho \underline{f} - \operatorname{grad} p)dV, \\ dF_i &= \left(\rho f_i - \frac{\partial p}{\partial x_i}\right)dV, \end{aligned} \tag{2.1-6}$$

zusammenfassen.[2]

Im Gleichgewicht muss diese Kraft verschwinden. Da dV nicht null ist, erhalten wir die Gleichgewichtsbedingung

$$\boxed{\rho \underline{f} = \operatorname{grad} p,} \quad \boxed{\rho f_i = \frac{\partial p}{\partial x_i}.} \tag{2.1-7}$$

Dies ist das Eulersche Grundgesetz der Hydrostatik. Man kann daraus ablesen, dass in einem ruhenden Fluid der Druckgradient in Richtung der Kraftdichte weist, m. a. W dass die Isobaren[3] überall auf dem äußeren Kraftfeld senkrecht stehen.

Die Grundbedingung der Hydrostatik

Im Allgemeinen ist die spezifische Volumenkraft $\underline{f}$ gegeben und der Druck p gesucht. Die Dichte ρ ist entweder als Materialkonstante gegeben (inkompressibles Fluid) oder durch eine weitere Gleichung (die thermische Zustandsgleichung) mit p verknüpft. Wir haben also eine Vektorgleichung (oder drei Koordinatengleichungen) zur Bestimmung der einen Größe p, das Problem ist also überbestimmt: Damit eine Lösung existiert, d. h. damit im Fluid Ruhe möglich ist, muss $\underline{f}$ eine Bedingung erfüllen, und zwar muss die Volumendichte $\rho \underline{f}$ der äußeren Kraft als

2 Zu den beiden Schreibweisen von Vektorgleichungen vgl. Abschnitt 1.3 des Anhangs „Zum Rechnen mit Tensoren".

3 Die Flächen gleichen Druckes.

Gradient darstellbar sein. In der Vektoranalysis zeigt man (vgl. Zusatzaufgabe 1), dass das genau dann der Fall ist, wenn gilt:

$$\text{rot}(\rho \underline{f}) = \underline{0}, \quad \epsilon_{ijk} \frac{\partial \rho f_k}{\partial x_j} = 0. \tag{2.1-8}$$

Eine Kraft, deren Volumendichte $\rho \underline{f}$ rotorfrei ist und die sich deshalb als Gradient schreiben lässt, nennt man in der Mechanik konservativ. Es gilt also der Satz: *Nur konservative Kräfte ermöglichen Ruhe!*

Aufgabe 1

Schreiben Sie die Gleichungen (2.1-7) und (2.1-8) in kartesischen Koordinaten!

Aufgabe 2

Was versteht man unter einer konservativen Kraft?

A. Die Volumendichte einer solchen Kraft ist rotorfrei. □

B. Die Volumendichte einer solchen Kraft lässt sich als Gradient schreiben. □

Zusatzaufgabe 1

Zeigen Sie, dass für ein beliebiges Skalarfeld $\varphi(\underline{x})$ die Gleichung rot grad $\varphi = \underline{0}$ gilt!
Lösungshinweis: Übersetzen Sie die zu beweisende Gleichung in die Koordinatenschreibweise!

Zusatzaufgabe 2

Wir haben das Eulersche Grundgesetz (2.1-7) aus der Gleichgewichtsbedingung $d\underline{F} = \underline{0}$ für ein Volumenelement gewonnen. Leiten Sie dieses Gesetz aus der Gleichgewichtsbedingung $\underline{F} = \underline{0}$ für ein endliches Volumen her!
Lösungshinweis: Für die Kraft auf ein endliches Volumen in einem ruhenden Fluid gilt (1.5-3). Wandeln Sie das Oberflächenintegral mittels des Gaußschen Satzes (A 46) in ein Volumenintegral um!

LE 2.2 Das Eulersche Grundgesetz der Hydrostatik bei barotroper Schichtung

Wir wollen untersuchen, was sich aus der soeben abgeleiteten Grundbedingung der Hydrostatik folgern lässt, wenn die Kraftdichte $\underline{f}$ des äußeren Kraftfeldes selbst rotorfrei ist, wie das z. B. beim Schwerefeld der Fall ist. Wir werden sehen, dass man dann zwei Fälle unterscheiden kann: die barotrope Schichtung und die inkompressiblen Fluide. In beiden Fällen können wir das Eulersche Grundgesetz integrieren, d. h. aus dem Feld der Kraftdichte das Druckfeld berechnen. In dieser Lehreinheit wollen wir die barotrope Schichtung behandeln, in der nächsten die inkompressiblen Fluide.

Der Spezialfall rotorfreier Kraftdichte

Wenn die Massenkraftdichte $\underline{f}$ rotorfrei ist, lässt sich $\underline{f}$ als Gradient eines Skalarfeldes darstellen, vgl. Zusatzaufgabe 1 von Lehreinheit 2.1:

$$\boxed{\begin{aligned} \operatorname{rot}\underline{f} = \underline{0} \quad &\Longleftrightarrow \quad \underline{f} = -\operatorname{grad} U, \\ \epsilon_{ijk}\frac{\partial \rho f_k}{\partial x_j} = 0 \quad &\Longleftrightarrow \quad f_i = -\frac{\partial U}{\partial x_i}. \end{aligned}} \tag{2.2-1}$$

Die auf diese Weise definierte Größe U nennt man das zu $\underline{f}$ gehörige Potential.[4] Das Minuszeichen ist zunächst Konvention; wir werden später das mit diesem Vorzeichen in (2.2-1) definierte U als spezifische potentielle Energie anschaulich interpretieren.

Der technisch wichtigste Spezialfall eines solchen Massenkraftfeldes ist das Schwerefeld. *Wenn die z-Achse entgegen der Schwerkraft orientiert ist* und g die Fallbeschleunigung ist, gilt im Schwerefeld in kartesischen Koordinaten[5]

$$\boxed{\underline{f} = (0, 0, -g),} \quad \boxed{U = gz.} \qquad \uparrow z \tag{2.2-2}$$

Genau genommen ist $U = gz + K$, wobei K eine beliebige Konstante ist: Das Potential U ist durch $\underline{f}$ jeweils nur bis auf eine Integrationskonstante bestimmt. Da diese Konstante physikalisch bedeutungslos ist, setzt man sie im Allgemeinen willkürlich gleich null, d. h. lässt sie weg.

---

4 Ein Potential ist in der Physik ganz allgemein eine Größe, deren Ableitung eine anschauliche Bedeutung hat.

5 Alle mit einer Nummer versehenen Gleichungen, die nur unter der Voraussetzung gelten, dass die z-Achse entgegen oder in Richtung der Schwerkraft orientiert ist, werden wir durch eine nach oben bzw. nach unten weisende z-Achse neben der Gleichung kennzeichnen.

Nach der Produktregel der Differentialrechnung gilt

$$\epsilon_{ijk}\frac{\partial \rho f_k}{\partial x_j} = \epsilon_{ijk}\rho\frac{\partial f_k}{\partial x_j} + \epsilon_{ijk}\frac{\partial \rho}{\partial x_j}f_k,$$

oder in symbolische Schreibweise übersetzt, vgl. (A 35), (A 30) und (A 27),

$$\operatorname{rot}(\rho \underline{f}) = \rho \operatorname{rot}\underline{f} + \operatorname{grad}\rho \times \underline{f}.$$

Mit der Grundbedingung (2.1-8) der Hydrostatik, der Bedingung (2.2-1) für eine rotorfreie Kraftdichte und dem Eulerschen Grundgesetz (2.1-7) folgt daraus

$$\operatorname{grad}\rho \times \operatorname{grad}p = \underline{0}. \tag{2.2-3}$$

Wenn ein äußeres Kraftfeld vorhanden ist, muss nach dem Eulerschen Grundgesetz (2.1-7) grad p von null verschieden sein. Damit (2.2-3) gilt, muss also entweder $\operatorname{grad}\rho = \underline{0}$ sein, oder $\operatorname{grad}\rho$ und $\operatorname{grad}p$ müssen in jedem Punkt des Fluids parallel sein. $\operatorname{grad}\rho = \underline{0}$ bedeutet $\rho = \text{const}$, d. h. nach (1.6-7) ein inkompressibles Fluid; diesen Fall wollen wir in der nächsten Lehreinheit diskutieren. Wir wenden uns hier zunächst dem Fall zu, dass $\operatorname{grad}\rho$ von null verschieden ist und damit $\operatorname{grad}\rho$ und $\operatorname{grad}p$ überall parallel sind.

Barotrope Schichtung

Der Vektor $\operatorname{grad}\rho$ steht bekanntlich in jedem Punkt auf der Fläche $\rho = \text{const}$ durch diesen Punkt senkrecht.[6] Entsprechend steht natürlich $\operatorname{grad}p$ auf den Flächen $p = \text{const}$ senkrecht, nach (2.2-3) fallen also die Flächen $\rho = \text{const}$ und die Flächen $p = \text{const}$ (die Isobaren) zusammen, d. h. jedem Wert p ist genau ein Wert ρ zuzuordnen. (2.2-3) ist dann also gleichbedeutend mit

$$\rho = \rho(p), \tag{2.2-4}$$

während im Allgemeinen eine thermische Zustandsgleichung $\rho = \rho(T, p)$ gilt. Eine Strömung, in der sich die Dichte allein als Funktion des Drucks darstellen lässt, nennt man barotrop; in einem ruhenden Fluid spricht man statt von barotroper Strömung wohl besser von barotroper Schichtung:

6 Nach (A 31) ist $d\rho = d\underline{x} \cdot \operatorname{grad}\rho$; für alle $d\underline{x}$, die auf $\operatorname{grad}\rho$ senkrecht stehen, ist demnach $d\rho = 0$ und damit $\rho = \text{const}$.

Ein Fluid mit örtlich veränderlicher Dichte ist in einem Kraftfeld mit rotorfreier Kraftdichte (z. B. im Schwerefeld) in der Ruhe barotrop geschichtet.

Setzt man $(2.2\text{-}1)_2$ und (2.2-4) in das Eulersche Grundgesetz (2.1-7) ein, so erhält man

$$\operatorname{grad} U + \frac{1}{\rho(p)} \operatorname{grad} p = \underline{0}.$$

Integriert man diese Gleichung längs einer beliebigen Kurve zwischen zwei Punkten P_1 und P_2, so folgt

$$\int_{(1)}^{(2)} \operatorname{grad} U \cdot d\underline{x} + \int_{(1)}^{(2)} \frac{1}{\rho} \operatorname{grad} p \cdot d\underline{x} = 0,$$

und mit (A 31) erhält man

$$U_2 - U_1 + \int_{(1)}^{(2)} \frac{dp}{\rho} = 0 \qquad (2.2\text{-}5)$$

oder für den Spezialfall des Schwerefeldes mit (2.2-2)

$$g(z_2 - z_1) + \int_{(1)}^{(2)} \frac{dp}{\rho} = 0. \qquad (2.2\text{-}6)$$

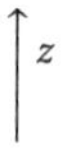

Dabei ist die z-Achse wie in (2.2-2) entgegen der Schwerkraft zu orientieren. Ist $\rho = \rho(p)$ bekannt, kann man aus (2.2-5) oder (2.2-6) durch eine Integration den Druck p infolge des äußeren Kraftfeldes berechnen.

Aufgabe 1

Welche der folgenden Größen ist ein Potential?

A. Die Kraftdichte. ☐

B. Ein Gradient. ☐

C. Eine Größe, deren Gradient eine anschauliche Bedeutung hat. ☐

Aufgabe 2

Man kann mit Hilfe der Eulerschen Grundgleichung der Hydrostatik auch die Druckverteilung in einem strömenden Fluid berechnen, wenn es ein (bewegtes) Koordinatensystem gibt, von dem aus das Fluid ruht.

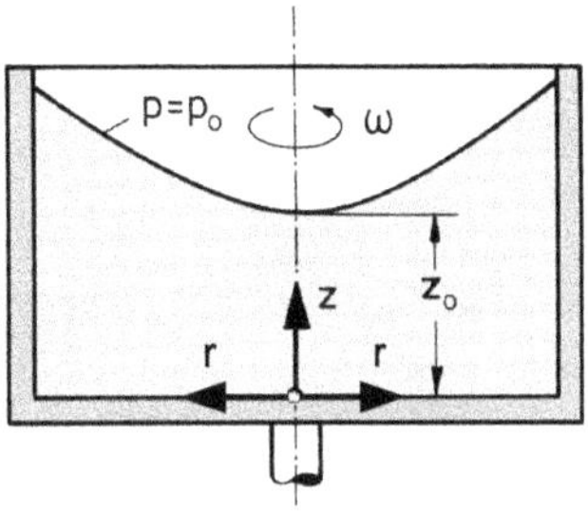

Ein Beispiel dafür ist die Strömung in einem teilweise mit Wasser gefüllten zylindrischen Topf, der mit der konstanten Winkelgeschwindigkeit ω um seine Achse rotiert. In einem mit der Winkelgeschwindigkeit ω rotierenden Koordinatensystem ist das Fluid in Ruhe, und in diesem System gilt die Eulersche Grundgleichung. Man muss allerdings als äußere Kraft dann die im mitbewegten System wirksamen Kräfte ansetzen. Man verwendet zweckmäßig Zylinderkoordinaten. Im ruhenden System wirkt auf jedes Teilchen außer der Fallbeschleunigung $\underline{f}_1 = -g\underline{e}_z$ die Zentri*petal*beschleunigung $\underline{f}_2 = -\omega^2 r\underline{e}_r$, im mitbewegten System wirkt dieselbe Fallbeschleunigung und die Zentri*fugal*beschleunigung $\underline{f}_3 = -\underline{f}_2 = \omega^2 r\underline{e}_r$.

A. Prüfen Sie, ob die resultierende Kraftdichte $\underline{f} = \omega^2 r\underline{e}_r - g\underline{e}_z$ ein Potential besitzt!
B. Falls das der Fall ist, berechnen Sie es!

Aufgabe 3

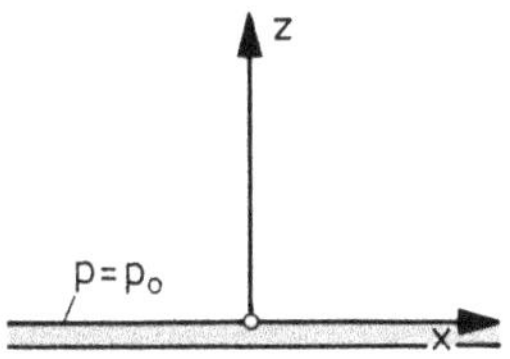

A. Berechnen Sie die Abnahme des Drucks in der Atmosphäre mit der Höhe H über dem Erdboden unter der Annahme, dass die Luft ein isothermes ideales Gas ist und am Erdboden der Druck p_0 herrscht! (Die gesuchte Formel nennt man die barometrische Höhenformel.)
B. In welcher Höhe hat der atmosphärische Luftdruck bei einer Temperatur von 20 °C um 3 % abgenommen?

Zusatzaufgabe

Berechnen Sie die Abnahme des Druckes in der Atmosphäre mit der Höhe H über dem Erdboden unter der Annahme, dass eine isentrope Luftschichtung vorliegt und am Erdboden der Druck p_0 und die Dichte ρ_0 herrschen!
Lösungshinweis: Für ideale Gase gilt bei Isentropie p/ρ^κ = const.

LE 2.3 Das Eulersche Grundgesetz der Hydrostatik für inkompressible Fluide

In dieser Lehreinheit wollen wir die Druckverteilung in einem ruhenden inkompressiblen Fluid berechnen

Wir betrachten jetzt inkompressible Fluide, d. h. Fluide, in denen die Dichte ρ weder von der Temperatur noch vom Druck abhängt, also eine Materialkonstante ist:

$$\rho = \text{const.} \tag{2.3-1}$$

Das kann man im Allgemeinen bei Flüssigkeiten, aber mit oft ausreichender Näherung auch bei Gasen bei Höhenunterschieden unter 250 m voraussetzen, vgl. Aufgabe 3 B von Lehreinheit 2.2. Dann lässt sich das Eulersche Grundgesetz (2.1-7) in der Form

$$\underline{f} = \operatorname{grad} \frac{p}{\rho} \tag{2.3-2}$$

schreiben; in einem inkompressiblen Fluid ist Ruhe also genau dann möglich, wenn die Kraftdichte rotorfrei ist. Führt man in (2.3-2) nach (2.2-1) das Potential U ein, so erhält man $\operatorname{grad}(U + p/\rho) = \underline{0}$, oder längs einer beliebigen Kurve zwischen den Punkten P_1 und P_2 integriert,

$$U_2 - U_1 + \frac{p_2 - p_1}{\rho} = 0. \tag{2.3-3}$$

Für den Spezialfall des Schwerefeldes erhält man mit (2.2-2)

$$\boxed{g(z_2 - z_1) + \frac{p_2 - p_1}{\rho} = 0.} \tag{2.3-4}$$

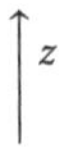

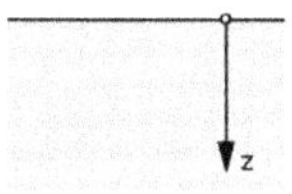

Dabei ist die z-Achse wieder entgegen der Schwerkraft zu orientieren. Als Beispiel berechnen wir die Zunahme des Druckes in einem Wasserbecken mit der Tiefe, die sog. hydrostatische Druckverteilung. Dabei ist es üblich, den Ursprung des Koordinatensystems in die Wasseroberfläche zu legen und *die z-Achse abweichend von den bisherigen Formeln in Richtung der Schwerkraft zu orientieren.* Mit $z_1 = 0$, $z_2 = z$, $p_1 = p_0$ und $p_2 = p(z)$ folgt dann aus (2.3-4)

$$\boxed{p(z) = p_0 + \rho g z.} \tag{2.3-5}$$

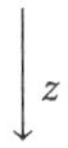

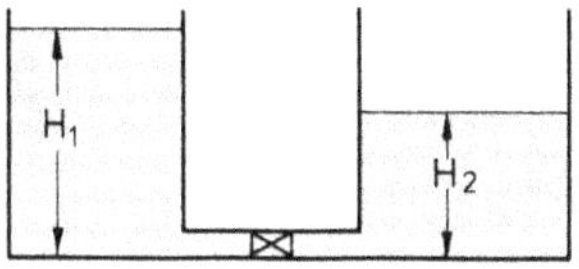

Eine Folge dieser Gleichung ist das Gesetz von den kommunizierenden Gefäßen: Sind zwei mit einer Flüssigkeit gefüllte Gefäße durch eine Rohrleitung verbunden, so ist die Flüssigkeit in der Rohrleitung genau dann in Ruhe, wenn der Flüssigkeitsspiegel in beiden Gefäßen gleich hoch ist. Zum Beweis denken wir uns die Rohrleitung durch ein geschlossenes Ventil unterbrochen. Wenn jetzt, wie in unserer Skizze, der Flüssigkeitsspiegel links die Höhe H_1 und rechts die Höhe $H_2 < H_1$ hat, herrscht nach (2.3-5) links vom Ventil der Druck $p_1 = p_0 + \rho g H_1$ und rechts vom Ventil der Druck $p_2 = p_0 + \rho g H_2$, d. h. es ist $p_1 > p_2$. Öffnet man das Ventil, strömt Flüssigkeit vom linken Gefäß in das rechte, bis der Druckunterschied ausgeglichen, d. h. der Wasserspiegel in beiden Gefäßen gleich hoch ist.

Tabellarische Zusammenfassung der Lehreinheiten 2.1 bis 2.3

Allgemein gilt

$$\boxed{\rho \underline{f} = \operatorname{grad} p \quad \Longleftrightarrow \quad \operatorname{rot}(\rho \underline{f}) = \underline{0}.} \qquad (2.1\text{-}7), (2.1\text{-}8)$$

Gilt außerdem

$$\boxed{\underline{f} = -\operatorname{grad} U \quad \Longleftrightarrow \quad \operatorname{rot} \underline{f} = \underline{0},} \qquad (2.2\text{-}1)$$

so sind zwei Fälle möglich:

Barotrope Schichtung	**Inkompressible Fluide**
Beispiele: isotherme Schichtung eines idealen Gases: $p/\rho = \text{const}$, isentrope Schichtung eines idealen Gases: $p/\rho^{\kappa} = \text{const}$. Dann gilt:	Beispiele: Flüssigkeiten, Gase bei geringen Höhenunterschieden. Dann gilt:
$$U_2 - U_1 + \int_{(1)}^{(2)} \frac{dp}{\rho} = 0. \qquad (2.2\text{-}5)$$	$$U_2 - U_1 + \frac{p_2 - p_1}{\rho} = 0. \qquad (2.3\text{-}3)$$

Ist speziell

$$\boxed{\underline{f} = (0, 0, -g) \quad \Longleftrightarrow \quad U = gz,} \qquad (2.2\text{-}2)$$

dann gilt

$$g(z_2 - z_1) + \int_{(1)}^{(2)} \frac{dp}{\rho} = 0. \qquad (2.2\text{-}6)$$	$$\boxed{g(z_2 - z_1) + \frac{p_2 - p_1}{\rho} = 0.} \qquad (2.3\text{-}4)$$
Beispiel: barometrische Höhenformel (Lehreinheit 2.2, Aufgabe 3)	Beispiel: hydrostatische Druckverteilung
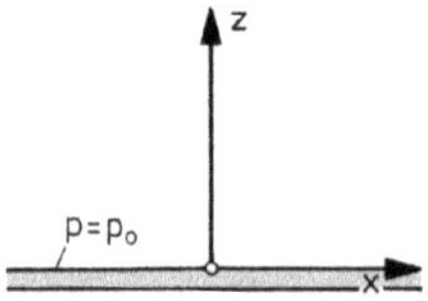	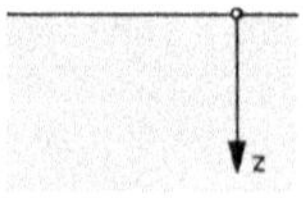
$$p(H) = p_0 e^{-\frac{gH}{RT}}$$	$$p = p_0 + \rho g z \qquad (2.3\text{-}5)$$

Aufgabe 1

Das Eulersche Grundgesetz der Hydrostatik $\rho \underline{f} = \operatorname{grad} p$ kann nur erfüllt sein, wenn

A. der Druck p ein Potential besitzt, □

B. die spezifische Massenkraft $\underline{f}$ ein Potential besitzt und ρ eine Funktion des Druckes p und der Temperatur T ist, □

C. das Produkt $\rho \underline{f}$ ein Potential besitzt, □

D. $\underline{f}$ ein Potential besitzt und $\rho = \text{const}$ oder $\rho = \rho(p)$ ist. □

Aufgabe 2

Bestimmen Sie den Druck in einem Wasserbecken in einer Tiefe von 10 m, wenn der Umgebungsdruck 10^3 hPa beträgt!

A. 10^4 mm WS □

B. 28,7 PSI □

C. 1981 hPa □

Hinweis: Die Beziehungen zwischen den verschiedenen Druckeinheiten finden Sie in Tabelle 8.

Aufgabe 3

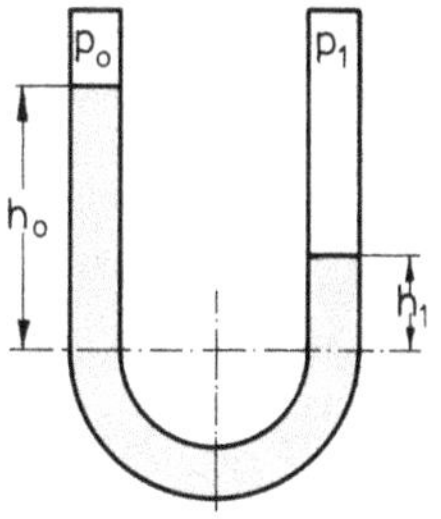

Berechnen Sie die Höhendifferenz $h_0 - h_1$, die sich in einem U-Rohr-Manometer einstellt, wenn auf den beiden Schenkeln die Drücke p_0 und p_1 lasten!

Aufgabe 4

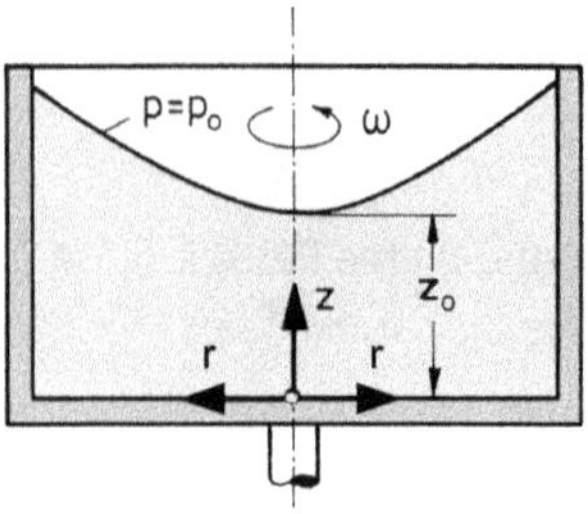

Berechnen Sie die Druckverteilung in einem mit der konstanten Winkelgeschwindigkeit ω rotierenden Behälter, der teilweise mit Wasser gefüllt ist!

Lösungshinweis: Das Potential der Kraftdichte haben Sie bereits in Aufgabe 2 von Lehreinheit 2.2 berechnet.

Aufgabe 5

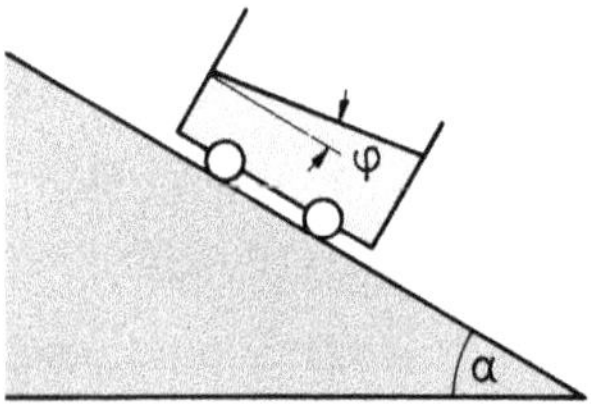

Eine teilweise mit Wasser gefüllte Lore fahre reibungslos eine um den Winkel α gegen die Waagerechte geneigte schiefe Ebene hinab.

A. Geben Sie die Geschwindigkeit der Lore als Funktion der Zeit an, wenn die Lore sich zur Zeit $t = 0$ in Bewegung setzt!
B. Welche resultierende Kraftdichte wirkt auf die Lore im Relativsystem (d. h. in einem mit der Lore bewegten Bezugssystem)?
C. Welchen Winkel φ bildet die Wasseroberfläche in der fahrenden Lore mit der schiefen Ebene?
D. Geben Sie den Überdruck im tiefsten Punkt der Lore in Abhängigkeit von der Grundfläche A der Lore und dem Volumen V des Wassers darin an!

Zusatzaufgabe

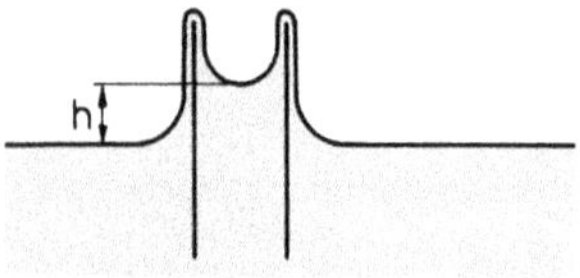

Berechnen Sie den Zusammenhang zwischen der spezifischen Grenzflächenenergie und der Kapillarerhebung in einer in eine Flüssigkeit getauchten und von der Flüssigkeit vollständig benetzten Kapillare!

Lösungshinweis: Erhöht sich der Flüssigkeitsspiegel in der Kapillare, so muss einerseits Arbeit gegen das Schwerefeld geleistet werden, um Flüssigkeit vom Flüssigkeitsspiegel außerhalb der Kapillare auf den Flüssigkeitsspiegel innerhalb der Kapillare zu heben; andererseits wird Grenzflächenenergie frei, weil die Grenzfläche kleiner wird.

LE 2.4 Kräfte auf Behälterwände

Die folgenden vier Lehreinheiten beschäftigen sich mit der Berechnung der Kräfte, die von einem ruhenden Fluid auf feste Wände (Behälterwände und eingetauchte Körper) ausgeübt werden. In dieser Lehreinheit werden die allgemeinen Formeln angegeben, die drei folgenden Lehreinheiten behandeln wichtige Folgerungen.

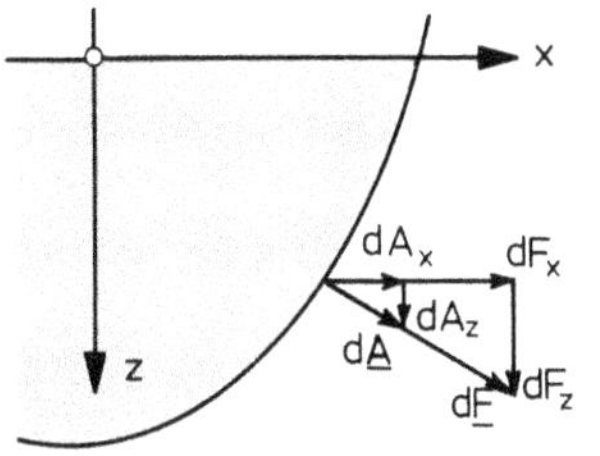

Auf ein Element $d\underline{A}$ einer Behälterwand wirke von innen der hydrostatische Druck $p(z)$ und von außen der äußere Luftdruck p_0. Orientiert man wieder das Flächenelement $d\underline{A}$ aus der Flüssigkeit heraus, dann ist die *von der Flüssigkeit auf das Flächenelement der Behälterwand* wirkende Druckkraft

$$d\underline{F} = (p - p_0)\, d\underline{A}. \tag{2.4-1}$$

Aus (2.4-1) erhält man die Kraft auf die gesamte Fläche A durch Integration über diese Fläche:

$$\underline{F} = \int (p - p_0)\, d\underline{A}, \quad F_i = \int (p - p_0)\, dA_i. \tag{2.4-2}$$

Diese Gleichungen sind die vektorielle Zusammenfassung der drei Gleichungen

$$\begin{aligned} F_x &= \int (p - p_0)\, dA_x, \\ F_y &= \int (p - p_0)\, dA_y, \\ F_z &= \int (p - p_0)\, dA_z \end{aligned} \tag{2.4-3}$$

für die Koordinaten der Kraft, aus denen sich die Kraftkomponenten $\underline{F}_x = F_x \underline{e}_x$, $\underline{F}_y = F_y \underline{e}_y$ und $\underline{F}_z = F_z \underline{e}_z$ berechnen lassen.

Jede dieser Komponenten ist durch Größe, Richtung und Angriffslinie bestimmt. Beispielsweise für die Kraft $\underline{F}_x$ gilt:

- Größe: $|\underline{F}_x| = |\int (p - p_0)\, d\underline{A}_x|$
- Richtung: $\underline{F}_x$ weist in die positive x-Richtung, wenn F_x positiv ist, und in die negative x-Richtung, wenn F_x negativ ist.
- Angriffslinie: Die Angriffslinie der Kraft $\underline{F}_x$ ist eine Parallele zur x-Achse, lässt sich also durch zwei Koordinaten y_M und z_M angeben. Für diese Koordinaten gilt nach der Regel über die Addition paralleler Kräfte ein Momentengleich-

gewicht

$$y_M F_x = \int y \, dF_x, \quad y_M \int (p - p_0) \, dA_x = \int y(p - p_0) \, dA_x,$$
$$z_M F_x = \int z \, dF_x, \quad z_M \int (p - p_0) \, dA_x = \int z(p - p_0) \, dA_x.$$

Somit lässt sich die x-Koordinate F_x der Kraft nach Größe, Richtung und Angriffslinie aus den folgenden drei Gleichungen bestimmen:

$$\begin{aligned} F_x &= \int (p - p_0) \, dA_x, \\ y_M &= \frac{\int y(p - p_0) \, dA_x}{\int (p - p_0) \, dA_x}, \\ z_M &= \frac{\int z(p - p_0) \, dA_x}{\int (p - p_0) \, dA_x}. \end{aligned} \tag{2.4-4}$$

Die entsprechenden Gleichungen für F_y und F_z ergeben sich daraus durch zyklische Vertauschung.

Die drei Kraftkomponenten lassen sich im Allgemeinen nicht zu einer resultierenden Kraft allein, sondern nur zu einer resultierenden Kraft und einem resultierenden Moment zusammenfassen.

Aufgabe 1

Wenn man (2.4-1) mit dem Oberflächenanteil in (1.5-3) vergleicht, so fällt das andere Vorzeichen auf. Woran liegt das?

A. Der Vektor $\underline{n}$ bzw. der Flächenvektor $d\underline{A}$ weisen in beiden Gleichungen definitionsgemäß in verschiedene Richtungen. ☐

B. Die Kraft $d\underline{F}$ weist in beiden Gleichungen definitionsgemäß in verschiedene Richtungen. ☐

Aufgabe 2

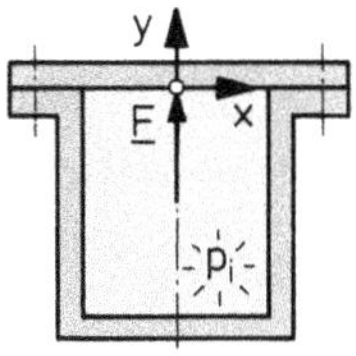

Ein Druckgefäß ist mit einem ebenen Deckel der Fläche A verschlossen und mit einer unter dem gleichmäßigen Innendruck p_I stehenden Flüssigkeit vollständig gefüllt; der äußere Luftdruck sei p_0. Berechnen Sie die auf die Flansche wirkende Kraft $\underline{F}$!

A. $\underline{F} = p_I A \underline{e}_y$. □

B. $\underline{F} = (p_I - p_0) A \underline{e}_y$. □

LE 2.5 Die Vertikalkraft

Setzt man in die in der vorigen Lehreinheit abgeleiteten Formeln die hydrostatische Druckverteilung ein, so ergeben sich einfache Beziehungen für die Vertikalkomponente und die beiden Horizontalkomponenten der Kraft auf eine Behälterwand. In dieser Lehreinheit wird die Formel für die Vertikalkomponente der Kraft (Vertikalkraft) abgeleitet.

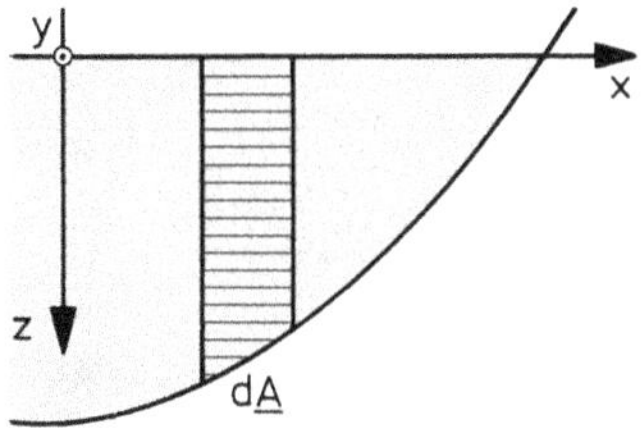

Wir beschränken uns für den Rest des Kapitels auf inkompressible Fluide und auf die Schwerkraft als äußere Kraft, legen wie in (2.3-5) den Ursprung des Koordinatensystems in die Oberfläche der Flüssigkeit und orientieren die z-Achse nach unten, dann gilt:

$$\boxed{p - p_0 = \rho g z.} \qquad \downarrow z \qquad (2.5\text{-}1)$$

Nach $(2.4\text{-}3)_3$ ist dann

$$|F_z| = \rho g \left| \int z \, dA_z \right| = \rho g \int dV,$$

denn $z\,dA_z$ ist gerade das Volumen der auf der Fläche $d\underline{A}$ lastenden Flüssigkeitssäule und $\rho g z\,dA_z$ ihr Gewicht. Wir erhalten daher als Ergebnis:

Der Betrag der Vertikalkraft auf eine Behälterwand ist gleich dem Gewicht der über der Behälterwand lastenden Flüssigkeit.

Steht die Flüssigkeit oberhalb der Behälterwand, so wirkt die Vertikalkraft nach unten.

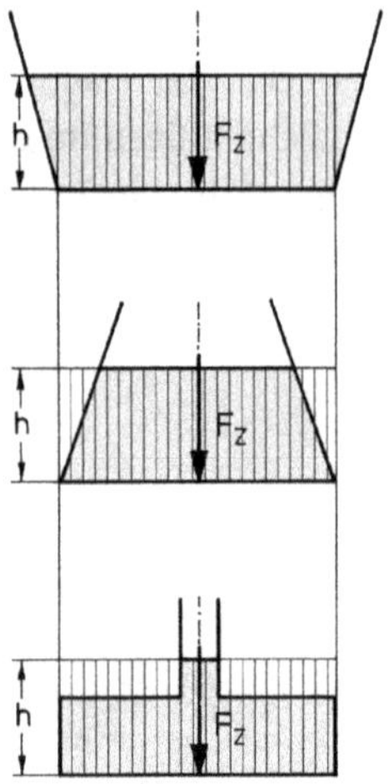

Dabei ist die über einer Behälterwand real lastende Flüssigkeit gegebenenfalls um den Teil zu ergänzen, der durch eine zurückspringende Wand abgedrängt wird. Die Kraft auf eine Bodenfläche ist also unabhängig von der Form der seitlichen Wände (hydrostatisches Paradoxon), vgl. die nebenstehenden Skizzen. Für die x-Koordinate der Angriffslinie gilt nach (2.4-4)

$$x_M F_z = \int x \, dF_z,$$

$$x_M \rho g V = \rho g \int x \, dV,$$

$$x_M = \frac{\int x \, dV}{V}, \quad dV = z \, dA_z. \tag{2.5-2}$$

Das ist aber gerade die x-Koordinate des Schwerpunkts des Volumens V:

Die Angriffslinie der Vertikalkraft auf eine Behälterwand geht durch den Schwerpunkt der über der Behälterwand lastenden Flüssigkeit.

Aufgabe 1

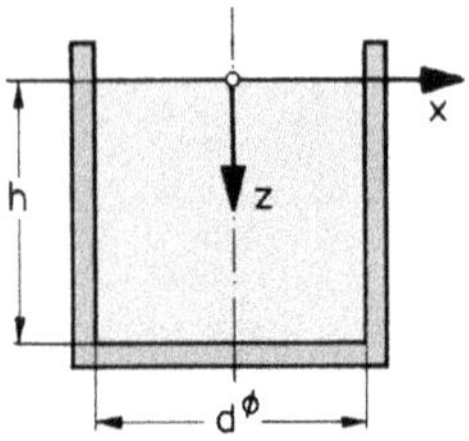

Berechnen Sie die Kraft auf dem Boden des Gefäßes und stellen Sie den Druckverlauf in Abhängigkeit von z graphisch dar!

Aufgabe 2

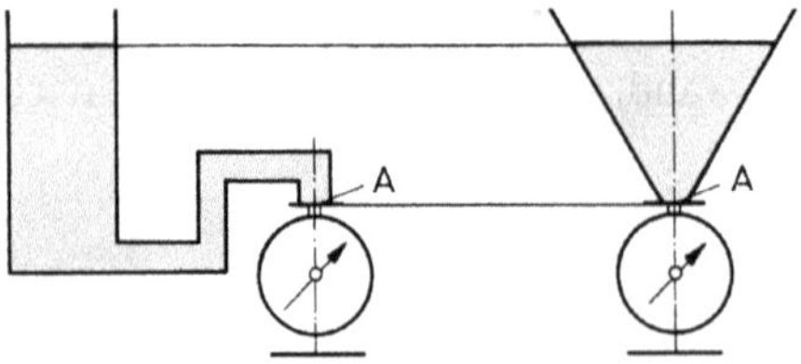

Ist der Zeigerausschlag der beiden gleichen Waagen gleich groß?

A. Ja ☐

B. Nein ☐

Aufgabe 3

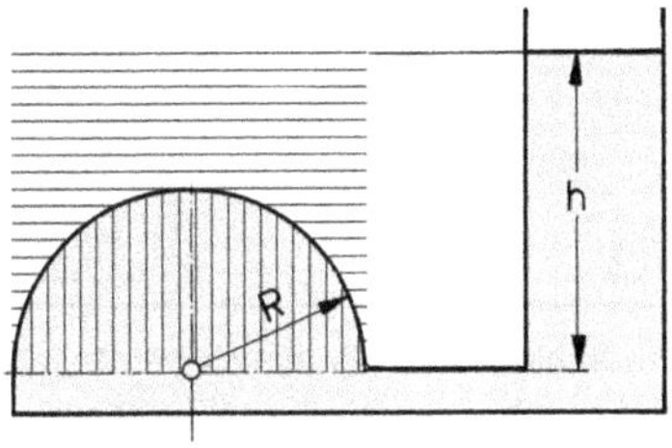

Eine mit Flüssigkeit gefüllte Halbkugel ist über ein Rohr mit einem oben offenen Gefäß verbunden, dessen Höhe *h* über dem Grundkreis der Halbkugel liegt. Wie groß ist die vertikale Druckkraft auf die Innenfläche der Halbkugel?

A. Die Druckkraft ist gleich dem Gewicht der mit Wasser gefüllten (senkrecht schraffierten) Halbkugel. (Wie groß ist es?) □

B. Die Druckkraft ist gleich dem Gewicht des mit Wasser gefüllten gesamten Zylinders (waagerecht und senkrecht schraffiertes Volumen zusammen). (Wie groß ist es?) □

C. Die Druckkraft ist gleich dem Gewicht des mit Wasser gefüllten waagerecht schraffierten Volumens. (Wie groß ist es?) □

LE 2.6 Die Horizontalkraft

In dieser Lehreinheit wird die entsprechende Formel für die Horizontalkraft abgeleitet. Dabei werden wir aus der allgemeinen Statik Begriffe wie statisches Moment und Flächenträgheitsmoment und den Steinerschen Satz voraussetzen.

Wählt man die z-Achse des Koordinatensystems in Richtung der Vertikalkraft, so hat die Horizontalkraft im Allgemeinen zwei Komponenten, nämlich eine x-Komponente und eine y-Komponente. Wir untersuchen im Folgenden die x-Komponente; für die y-Komponente gelten analoge Formeln.

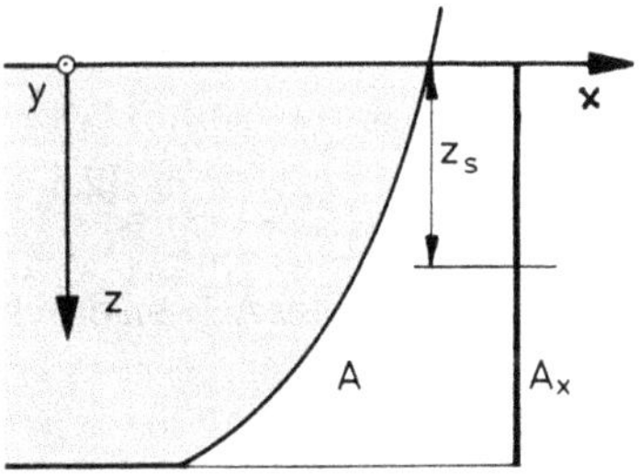

Unter denselben Voraussetzungen wie in der vorigen Lehreinheit erhält man aus $(2.4\text{-}3)_1$

$$F_x = \rho g \int z \, dA_x.$$

Für die z-Koordinate z_S des Flächenschwerpunkts der Projektion A_x der Fläche A auf die x, y-Ebene gilt

$$z_S A_x = \int z \, dA_x.$$

Damit folgt mit (2.5-1)

$$F_x = \rho g z_S A_x = (p_S - p_0)A_x$$

oder für die Beträge

$$|F_x| = (p_S - p_0)|A_x| :$$

Der Betrag der x-Komponente der Horizontalkraft auf eine Behälterwand ist gleich der Projektion der Behälterwand auf die y,z-Ebene, multipliziert mit dem hydrostatischen Überdruck im Flächenschwerpunkt der Projektion.

Für die Koordinaten y_M und z_M der Angriffslinie dieser Kraft gelten die Formeln $(2.4\text{-}4)_{2,3}$ unter Berücksichtigung von (2.5-1). Sie lauten

$$y_M = \frac{\int yz\,dA_x}{\int z\,dA_x}, \quad z_M = \frac{\int z^2\,dA_x}{\int z\,dA_x}. \tag{2.6-1}$$

Diese Formeln lassen sich für die Rechnung nicht weiter vereinfachen; für die drei auftretenden Integrale sind jedoch Namen gebräuchlich. Das Integral im Nenner nennt man das statische Moment der Fläche A_x in Bezug auf die y-Achse, es ist

$$z_S A_x = \int z\,dA_x. \tag{2.6-2}$$

In den beiden Zählern treten das Flächenzentrifugalmoment I_{yz} der Fläche A_x bezüglich der y- und der z-Achse,

$$I_{yz} = \int yz\,dA_x, \tag{2.6-3}$$

und das Flächenträgheitsmoment I_{yy} der Fläche A_x bezüglich der y-Achse,

$$I_{yy} = \int z^2\,dA_x, \tag{2.6-4}$$

auf. Die entsprechenden Momente I_{yzS} und I_{yyS} bezüglich paralleler Achsen durch den Flächenschwerpunkt

$$I_{yzS} = \int (y - y_S)(z - z_S)dA_x, \tag{2.6-5}$$

$$I_{yyS} = \int (z - z_S)^2 dA_x, \tag{2.6-6}$$

finden sich für geometrisch einfache Flächen A_x in Taschenbüchern tabellarisiert. Deshalb ist es häufig zweckmäßig, mit Hilfe des Steinerschen Satzes I_{yz} auf I_{yzS} und I_{yy} auf I_{yyS} umzurechnen. Man erhält dann gleichwertig mit (2.6-1)

$$y_M = \frac{y_S z_S A_x + I_{yzS}}{z_S A_x} = y_S + \frac{I_{yzS}}{z_S A_x},$$
$$z_M = \frac{z_S^2 A_x + I_{yyS}}{z_S A_x} = z_S + \frac{I_{yyS}}{z_S A_x}. \qquad (2.6\text{-}7)$$

Lösungshinweise für die Berechnung der folgenden Aufgaben

Bei einigen geometrisch besonders einfachen Behälterwänden geht man zweckmäßig anders vor:

– ebene Behälterwand beliebiger Berandung

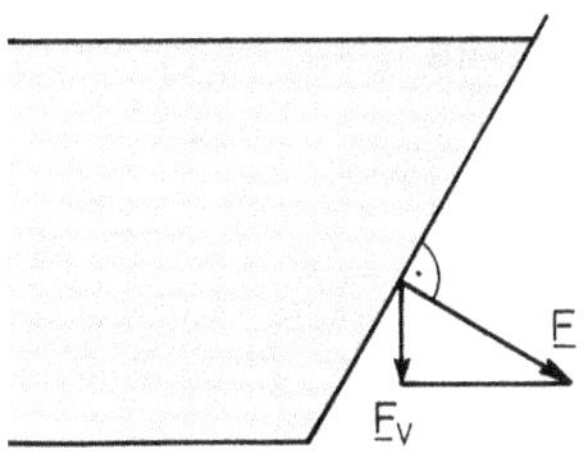

Die resultierende Kraft muss auf der Behälterwand senkrecht stehen. Man bestimmt z. B. zunächst die Vertikalkraft nach Größe und Angriffslinie; dann steht die resultierende Kraft senkrecht auf der Behälterwand und geht durch den Schnittpunkt der Vertikalkraft und der Behälterwand.

– Behälterwand konstanter Breite von der Wasseroberfläche an

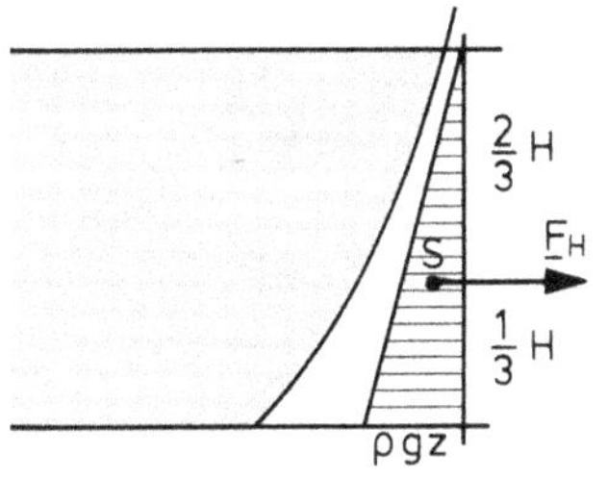

Die Druckverteilung bildet ein rechtwinkliges Dreieck, vgl. nebenstehende Skizze. Die Horizontalkraft geht durch den Schwerpunkt dieses Dreiecks, d. h. ihre Angriffslinie liegt auf zwei Dritteln der Tiefe.

– zylindrische Behälterwand

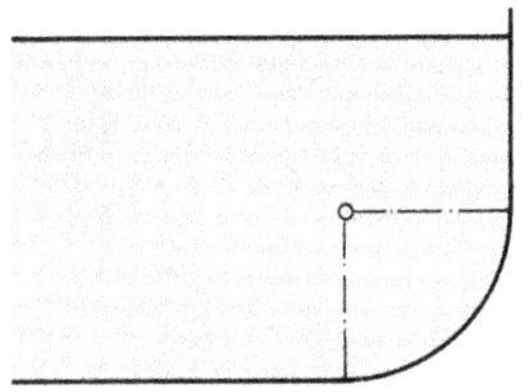

Die Druckkraft auf jedes Flächenelement und damit auch die resultierende Kraft gehen durch die Zylinderachse, man braucht also Vertikalkraft und Horizontalkraft nur dem Betrage nach zu berechnen.

– sphärische Behälterwand

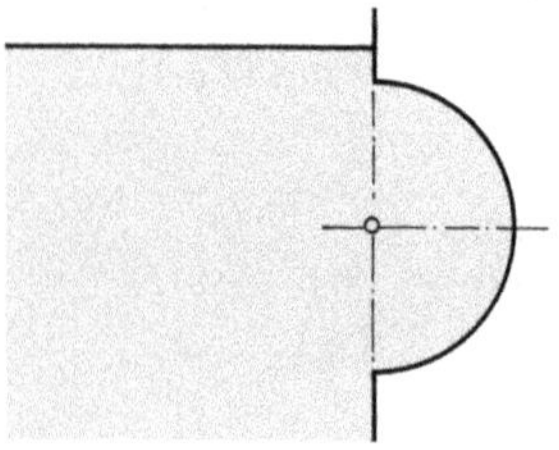

Die Druckkraft auf jedes Flächenelement und damit auch die resultierende Kraft gehen durch den Kugelmittelpunkt, man braucht also Vertikalkraft und Horizontalkraft nur dem Betrage nach zu berechnen.

Aufgabe 1

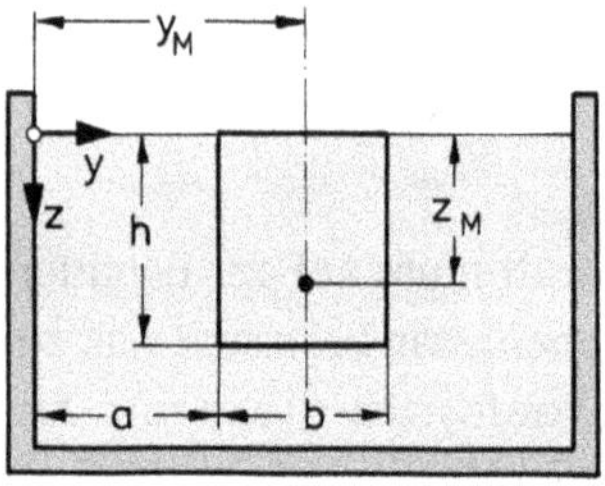

Auf die skizzierte rechteckige Spundwand der Breite b und der Tiefe h wirkt in ruhendem Wasser eine Druckkraft. Geben Sie ihre Größe, ihre Richtung und die Koordinaten y_M und z_M ihres Angriffspunktes an!

Aufgabe 2

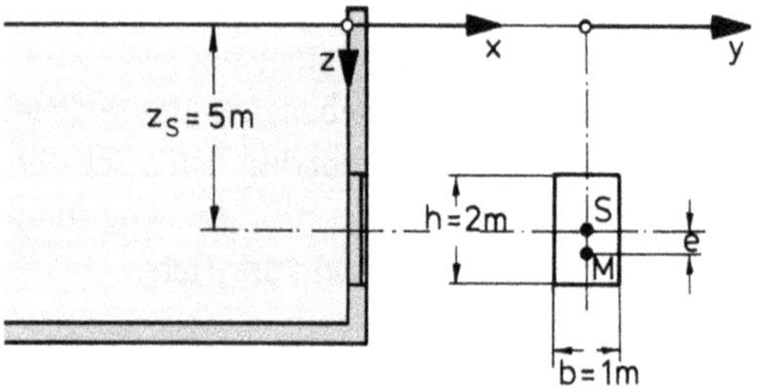

Eine rechteckige Platte von 1 m Breite und 2 m Höhe verschließt eine Öffnung in der Seitenwand eines oben offenen Wasserbehälters. Der Wasserspiegel liegt 5 m über dem Mittelpunkt der Platte.

A. Wie groß ist die Seitendruckkraft F_x? (Rechnen Sie mit einer Fallbeschleunigung $g = 10\,\text{m/s}^2$!)

B. Wie groß ist der Abstand e des Druckmittelpunkts M vom Mittelpunkt S? (Empfehlung: Schlagen Sie das Flächenträgheitsmoment nicht nach, sondern rechnen Sie es zur Übung aus!)

Aufgabe 3

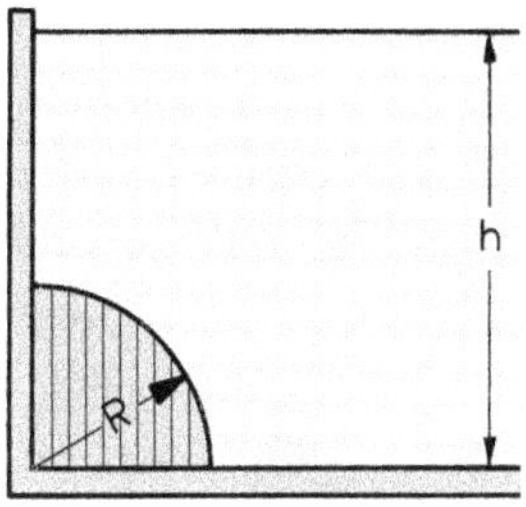

Auf dem Boden eines Gefäßes in der Tiefe h ruht ein Viertelkreiszylinder vom Radius R und der Länge L. Bestimmen Sie die resultierende Kraft auf den Körper nach Größe, Richtung und Angriffslinie sowie das resultierende Moment um die Zylinderachse!

Zusatzaufgabe

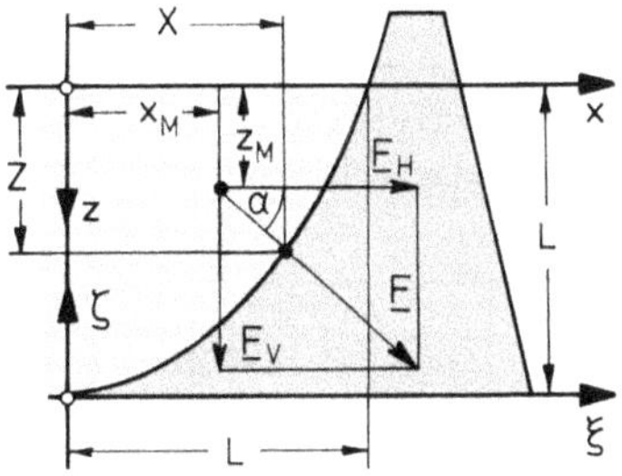

Die dem Stausee zugewandte Seite einer Staumauer der Breite b hat das Profil $\zeta/L = (\xi/L)^2$; mit $\xi = x$, $\zeta = L - z$ lautet es

$$\frac{z}{L} = 1 - \left(\frac{x}{L}\right)^2.$$

A. Welche Kraft nach Größe und Richtung übt das gestaute Wasser auf die Mauer aus?
B. In welchem Punkt (X, Y) des Staumauerprofils greift die Kraft an?

Lösungshinweis zu B: Bestimmen Sie zunächst die Angriffslinien der Vertikalkraft und der Horizontalkraft; ihr Schnittpunkt liegt auf der Angriffslinie der resultierenden Kraft. Bestimmen Sie nun die Gleichung der Angriffslinie; ihr Schnittpunkt mit der Parabel des Staumauerprofils ist der gesuchte Punkt (X, Y).

LE 2.7 Der hydrostatische Auftrieb

In dieser Lehreinheit wird die Kraft auf einen untergetauchten Körper berechnet.

Die Kraft auf einen untergetauchten Körper (also einen Körper, dessen ganze Oberfläche von Fluid umgeben ist) berechnet sich leicht nach den Sätzen für die Horizontalkraft und die Vertikalkraft:

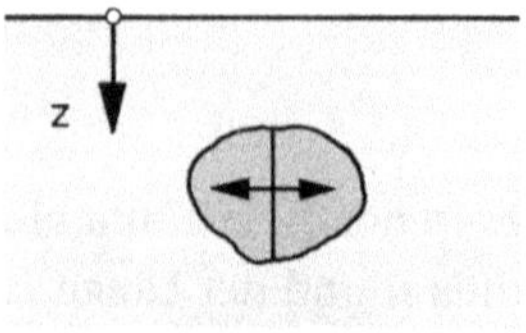

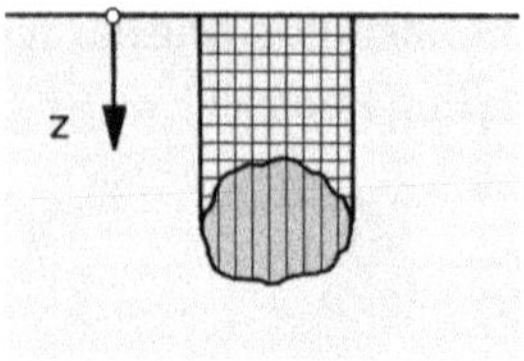

Zur Berechnung der Horizontalkraft teilt man die Oberfläche durch einen Schnitt längst der Schattengrenze in zwei offene Flächen. Die Projektion dieser beiden Flächen ist gleich, die Horizontalkräfte auf beide Flächen heben sich also gerade auf.

Zur Berechnung der Vertikalkraft teilt man die Oberfläche durch einen Schnitt längst der Schattengrenze in zwei offene Flächen. Auf die obere Fläche wirkt das Gewicht des waagerecht schraffierten Volumens nach unten, auf die untere Fläche drückt das Gewicht des senkrecht schraffierten Volumens nach oben. Als Resultierende ergibt sich das Gewicht des vom Körper verdrängten Flüssigkeitsvolumens nach oben, also eine Auftriebskraft:

Die Kraft auf einen untergetauchten Körper ist gleich dem Gewicht des von ihm verdrängten Fluidvolumens. Sie ist der Schwerkraft entgegen gerichtet (d. h. eine Auftriebskraft) und geht durch den Volumenschwerpunkt des Körpers.

Die resultierende Kraft $\underline{F}$ auf den Körper ergibt sich aus der vektoriellen Summe des Auftriebs $\underline{F}_A$ und des Körpergewichts $\underline{F}_G$. Ist ρ_F die Dichte des Fluids und hat der Körper eine konstante Dichte ρ_K, so ist $\underline{F}_A = -\rho_F g V \underline{e}_z$ und $\underline{F}_G = \rho_K g V \underline{e}_z$, und es folgt

$$\underline{F} = \underline{F}_G + \underline{F}_A = (\rho_K - \rho_F) g V \underline{e}_z. \tag{2.7-1}$$

Für $\rho_K > \rho_F$ wirkt die Kraft nach unten, für $\rho_K < \rho_F$ nach oben.

Aufgabe 1

Ein mit Wasser gefülltes Gefäß steht auf einer Waage. Wie ändert sich die Anzeige der Waage, wenn man einen Finger eintaucht?

A. Die Waage zeigt ein höheres Gewicht an. ☐
B. Die Waage zeigt ein niedrigeres Gewicht an. ☐
C. Die Waage zeigt das gleiche Gewicht an. ☐

Aufgabe 2

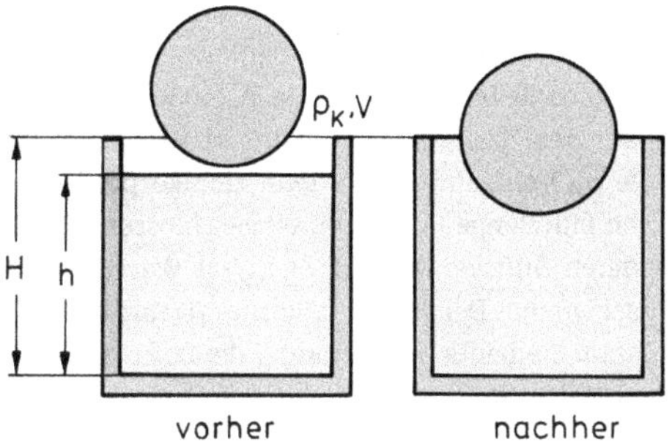

Ein zylindrisches Gefäß (Grundfläche A, Höhe H) ist bis zur Höhe h mit Flüssigkeit der Dichte ρ_F gefüllt. Welches Volumen darf ein auf die Flüssigkeit gesetzter Körper der Dichte $\rho_K < \rho_F$ höchstens haben, damit das Gefäß nicht überläuft?

Aufgabe 3

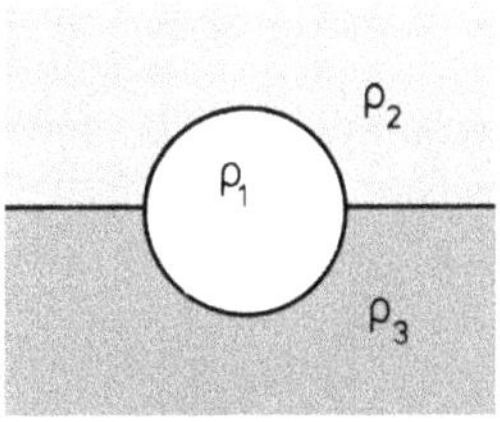

Eine homogene Kugel der Dichte ρ_1 schwimmt so zwischen zwei Flüssigkeiten der Dichte ρ_2 und ρ_3, dass die Trennfläche durch den Mittelpunkt der Kugel geht. Welche Beziehung gilt zwischen den drei Dichten?

Aufgabe 4

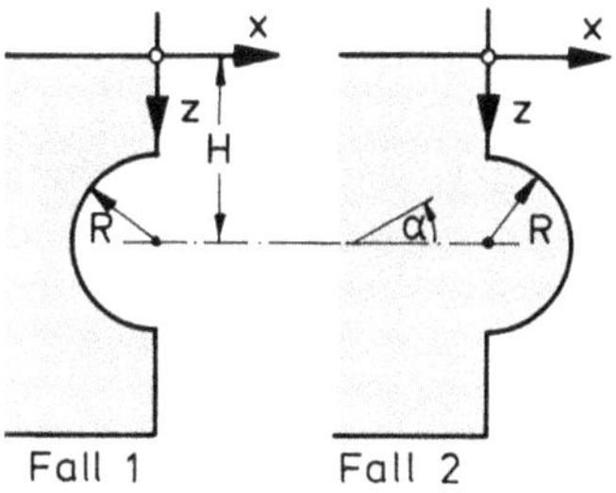

In der Seitenwand eines Wasserbehälters befinde sich eine halbkugelförmige Ausbeulung. Berechnen Sie

A. den Betrag der resultierenden Kraft auf die Halbkugelschale,
B. ihre Richtung,
C. einen Punkt ihrer Angriffslinie für die beiden Fälle, dass die Halbkugel
   - in den Körper eindringt (Fall 1) und
   - aus dem Körper heraustritt (Fall 2)!

Zusatzaufgabe

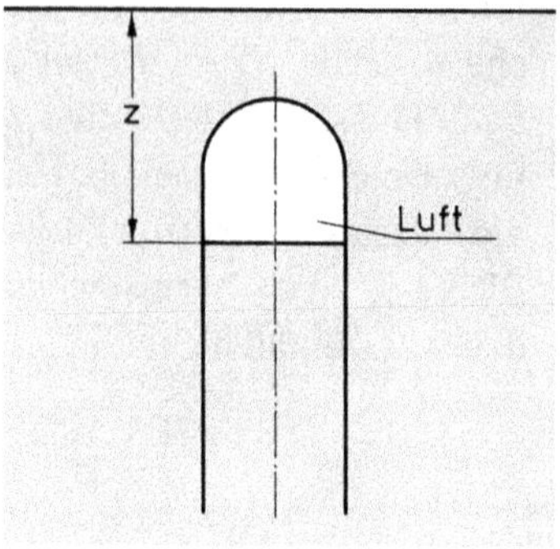

Cartesischer Taucher

(siehe auch owl.hermann-foettinger.de) Ein nach unten offener Hohlkörper (z. B. ein Reagenzglas) mit dem Leergewicht G wird in Wasser (Dichte ρ_W) eingetaucht. In dem Hohlkörper ist eine Luftmenge (Masse m) eingeschlossen, durch deren Auftrieb der Körper in der Wassertiefe z schwimmt. Der äußere Luftdruck p_0 und die konstant bleibende Temperatur T der Luftmenge seien bekannt.

A. Welche Bedingung muss zwischen diesen Größen erfüllt sein, damit der Taucher in der Wassertiefe z im Gleichgewicht ist?

B. Ist das Gleichgewicht stabil gegen eine Änderung der Wassertiefe?

Kapitel 3
Kinematik

Die Kinematik steht in der Mitte zwischen Geometrie und Mechanik: Die Geometrie betrachtet räumliche Konfigurationen (Anordnungen); sie werden entweder als zeitlich unveränderlich angesehen oder nur zu einem bestimmten Zeitpunkt untersucht. Die Kinematik betrachtet die zeitliche Aufeinanderfolge solcher räumlichen Konfigurationen, m. a. W. Bewegungen ohne Berücksichtigung der Kräfte, die sie verursachen. Die Mechanik schließlich betrachtet Bewegungen als Folge bestimmter Kräfte.

Wir wollen zunächst diejenigen Grundbegriffe der Kinematik kennen lernen, die wir im Folgenden benötigen werden; mit ihrer Hilfe wollen wir dann Stromlinien, Bahnlinien und Streichlinien in einem strömenden Fluid berechnen (Lehreinheiten 3.1 bis 3.3). Außerdem wollen wir in diesem Kapitel ein wichtiges kinematisches Gesetz, das Prinzip von der Erhaltung der Masse oder die Kontinuitätsgleichung, behandeln und daran die grundlegenden Eigenschaften von Bilanzgleichungen diskutieren (Lehreinheiten 3.4 und 3.5).

LE 3.1 Lagrangesche und Eulersche Darstellung

Zu den Eigenschaften von Kontinuen gehört, dass deren charakteristische physikalische Größen Eigenschaften der Teilchen und der Zeit sind. Da sich jedem Teilchen eines Kontinuums zu jedem Zeitpunkt ein Ort zuordnen lässt, kann man die charakteristischen physikalischen Größen in einem Kontinuum auch als Eigenschaften des Ortes und der Zeit beschreiben. In dieser Lehreinheit wollen wir uns mit diesen beiden Darstellungsmöglichkeiten näher beschäftigen.

Man kann die Bewegung in einem Kontinuum prinzipiell beschreiben, indem man die Bahnkurve eines jeden Teilchens X angibt, vgl. (1.3-1):

$$\underline{x} = \underline{x}(X, t). \tag{3.1-1}$$

Dazu muss man die einzelnen Teilchen kennzeichnen. Üblicherweise benutzt man dazu ihre Ortskoordinaten $\underline{x}_0$ zu einem bestimmten Zeitpunkt t_0:

$$\underline{x}_0 = \underline{x}(X, t_0), \tag{3.1-2}$$

wobei das Funktionssymbol $\underline{x}$ dieselbe Funktion wie in (3.1-1) bedeutet. Im Allgemeinen wählt man für alle Teilchen dieselbe Bezugszeit (Referenzzeit) t_0, dann

https://doi.org/10.1515/9783110641455-003

unterscheiden sich die Teilchen nur durch $\underline{x}_0$, und man spricht statt vom Teilchen $(\underline{x}_0, t_0)$ auch einfach vom Teilchen $\underline{x}_0$.

Wenn man aus den Gleichungen (3.1-1) und (3.1-2) das Teilchen X eliminiert, erhält man für die Bewegung im Kontinuum die beiden inversen Beziehungen

$$\boxed{\underline{x} = \underline{x}(\underline{x}_0, t_0, t),} \tag{3.1-3}$$

$$\boxed{\underline{x}_0 = \underline{x}_0(\underline{x}, t_0, t).} \tag{3.1-4}$$

Die erste gibt den Ort $\underline{x}$ an, an dem sich das Teilchen $\underline{x}_0$ zur Zeit t befindet, die zweite das Teilchen $\underline{x}_0$, das sich zur Zeit t am Ort $\underline{x}$ befindet.

In Kontinuen sind die charakteristischen physikalischen Größen Eigenschaften der Teilchen und der Zeit. Für eine beliebige derartige Größe ψ gilt also

$$\psi = \psi(X, t). \tag{3.1-5}$$

Wenn man daraus das Teilchen X einmal mit (3.1-1), einmal mit (3.1-2) eliminiert, so erhält man, vgl. (1.3-2),

$$\boxed{\psi = \psi(\underline{x}, t),} \tag{3.1-6}$$

$$\boxed{\psi = \psi(\underline{x}_0, t_0, t).} \tag{3.1-7}$$

Man nennt (3.1-6) die Eulersche Darstellung und (3.1-7) die Lagrangesche Darstellung der Feldgröße ψ. Entsprechend nennt man die Variablen $(\underline{x}, t)$ Eulersche oder räumliche Variable und die Variablen $(\underline{x}_0, t_0, t)$ Lagrangesche oder materielle Variable.

Die Lagrangesche Darstellung zur Beschreibung einer Flüssigkeitsbewegung ist gewöhnlich sehr umständlich. Außerdem interessiert im Allgemeinen nicht die Bewegung einzelner Fluidteilchen, sondern der Strömungszustand in Abhängigkeit von Ort und Zeit, z. B. die räumliche und zeitliche Verteilung der Geschwindigkeit in einer Strömung und nicht die Geschwindigkeit bestimmter Teilchen im Laufe der Zeit. Deshalb wird die Eulersche Darstellung sehr viel häufiger verwendet.

Gradient, lokale und substantielle Ableitung

Da die beiden Darstellungen verschiedene unabhängige Variable haben, gehören zu ihnen auch verschiedene partielle Ableitungen, für die wir zum Teil eine abkürzende Schreibweise einführen. In Eulerscher Darstellung sind dies

$$\left(\frac{\partial \psi}{\partial x}\right)_{y,z,t} =: \frac{\partial \psi}{\partial x}, \quad \left(\frac{\partial \psi}{\partial y}\right)_{x,z,t} =: \frac{\partial \psi}{\partial y}, \quad \left(\frac{\partial \psi}{\partial z}\right)_{x,y,t} =: \frac{\partial \psi}{\partial z}, \tag{3.1-8}$$

$$\left(\frac{\partial \psi}{\partial t}\right)_{x,y,z} =: \frac{\partial \psi}{\partial t}. \tag{3.1-9}$$

Die ersten drei partiellen Ableitungen stellen bekanntlich die kartesischen Koordinaten des Gradienten von ψ dar. Die zeitliche Ableitung (3.1-9) nennt man die lokale Ableitung; es ist die zeitliche Änderung von ψ, die man an einem festen Ort beobachtet. Von den partiellen Ableitungen in Lagrangescher Darstellung werden wir im Folgenden nur die zeitliche Ableitung

$$\boxed{\left(\frac{\partial \psi}{\partial t}\right)_{x_0,y_0,z_0,t_0} \equiv \left(\frac{\partial \psi}{\partial t}\right)_X =: \frac{D\psi}{Dt}} \tag{3.1-10}$$

benötigen; man nennt sie die substantielle Ableitung. Es ist die zeitliche Änderung von ψ, die man beobachtet, wenn man sich mit einem bestimmten Teilchen mitbewegt; man spricht auch von der zeitlichen Änderung von ψ für ein festes Teilchen.

Aufgabe 1

In einem kartesischen Koordinatensystem werden der Ort eines Fluidteilchens zu einer Bezugszeit t_0 durch (x_0, y_0, z_0) und sein Ort zu einer beliebigen Zeit t durch (x, y, z) beschrieben. Welches sind die Eulerschen und welches die Lagrangeschen Variablen?

	Eulersche Variable	Lagrangesche Variable
x_0, y_0, z_0	A □	B □
x_0, y_0, z_0, t_0	C □	D □
x_0, y_0, z_0, t_0, t	E □	F □
x, y, z	G □	H □
x, y, z, t	I □	J □
x, y, z, t, t_0	K □	L □

Aufgabe 2

Was ist der Unterschied zwischen der lokalen und der substantiellen Ableitung einer Feldgröße ψ?

LE 3.2 Transporttheorem, Geschwindigkeit, Beschleunigung

Zwischen der substantiellen und der lokalen Ableitung einer Feldgröße besteht ein allgemeiner Zusammenhang, den man das Transporttheorem nennt. Dieser Zusammenhang ermöglicht es, die substantielle Ableitung einer Feldgröße auch dann zu berechnen, wenn die Feldgröße (wie häufig) nur in Eulerscher Darstellung bekannt ist. Dazu benötigen wir zunächst den Begriff der Geschwindigkeit.

Die Geschwindigkeit

Die Geschwindigkeit $\underline{c}$ eines Teilchens ist als die zeitliche Änderung seines Ortsvektors $\underline{x}$ definiert. Kennt man die Gleichung (3.1-1) der Bahnkurven aller Teilchen, so kann man daraus durch Bildung der substantiellen Ableitung das Geschwindigkeitsfeld berechnen:

$$\boxed{\underline{c} := \frac{D\underline{x}}{Dt}.} \tag{3.2-1}$$

Da die kartesischen Koordinaten der Geschwindigkeit in der Strömungslehre sehr häufig vorkommen, führen wir dafür besondere Bezeichnungen ein:

$$\boxed{u := c_x, \quad v := c_y, \quad w := c_z,} \tag{3.2-2}$$

damit lautet (3.2-1) in kartesischen Koordinaten

$$u = \frac{Dx}{Dt}, \quad v = \frac{Dy}{Dt}, \quad w = \frac{Dz}{Dt}. \tag{3.2-3}$$

Nach (3.2-1) ist die Geschwindigkeit eine (vektorielle) Eigenschaft der Teilchen und der Zeit, d. h. eine Feldgröße

$$\underline{c} = \underline{c}(X, t). \tag{3.2-4}$$

Als solche lässt sie sich in Lagrangescher wie in Eulerscher Darstellung schreiben: Eliminiert man aus (3.2-4) das Teilchen einmal mit (3.1-1), das andere Mal mit

(3.1-2), so erhält man

$$\underline{c} = \underline{c}(\underline{x}, t), \quad \underline{c} = \underline{c}(\underline{x}_0, t_0, t). \tag{3.2-5}$$

Das Transporttheorem

Die allgemeinste Änderung (das vollständige Differential) einer beliebigen Feldgröße ψ[1] in Eulerscher Darstellung ist gegeben durch

$$d\psi = \frac{\partial \psi}{\partial t} dt + \frac{\partial \psi}{\partial x} dx + \frac{\partial \psi}{\partial y} dy + \frac{\partial \psi}{\partial z} dz.$$

Unter Verwendung des Gradienten können wir dafür auch schreiben

$$d\psi = \frac{\partial \psi}{\partial t} dt + d\underline{x} \cdot \operatorname{grad} \psi, \quad d\psi = \frac{\partial \psi}{\partial t} dt + dx_i \frac{\partial \psi}{\partial x_i}.$$

Bilden wir mit Hilfe dieser Gleichung die substantielle Ableitung von ψ, so erhalten wir

$$\frac{D\psi}{Dt} = \frac{\partial \psi}{\partial t} \frac{Dt}{Dt} + \frac{D\underline{x}}{Dt} \cdot \operatorname{grad} \psi, \quad \frac{D\psi}{Dt} = \frac{\partial \psi}{\partial t} \frac{Dt}{Dt} + \frac{Dx_i}{Dt} \frac{\partial \psi}{\partial x_i}.$$

Nun ist jede Ableitung einer Größe nach sich selbst eins, also auch Dt/Dt, und mit (3.2-1) erhält man

$$\boxed{\frac{D\psi}{Dt} = \frac{\partial \psi}{\partial t} + \underline{c} \cdot \operatorname{grad} \psi,} \quad \boxed{\frac{D\psi}{Dt} = \frac{\partial \psi}{\partial t} + c_i \frac{\partial \psi}{\partial x_i}.} \tag{3.2-6}$$

Das ist das gesuchte Transporttheorem. Den Zusatztherm $\underline{c} \cdot \operatorname{grad} \psi$ nennt man häufig die konvektive Ableitung von ψ.

Die Beschleunigung

Die Beschleunigung $\underline{a}$ eines Teilchens ist definiert als die zeitliche Änderung seiner Geschwindigkeit, mit (3.2-1) gilt also

$$\boxed{\underline{a} := \frac{D\underline{c}}{Dt} = \frac{D^2\underline{x}}{Dt^2}.} \tag{3.2-7}$$

1 ψ braucht kein Skalar zu sein, sondern kann auch für die Koordinaten eines Vektors oder Tensors stehen.

Das Transporttheorem ermöglicht die Berechnung der Beschleunigung aus der Eulerschen Darstellung des Geschwindigkeitsfeldes:

$$\boxed{\frac{D\underline{c}}{Dt} = \frac{\partial \underline{c}}{\partial t} + \underline{c} \cdot \operatorname{grad} \underline{c},} \quad \boxed{\frac{Dc_i}{Dt} = \frac{\partial c_i}{\partial t} + c_j \frac{\partial c_i}{\partial x_j}.} \tag{3.2-8}$$

Den Term $\partial \underline{c}/\partial t$ nennt man die lokale Beschleunigung, den Term $\underline{c} \cdot \operatorname{grad} \underline{c}$ die konvektive Beschleunigung, ihre Summe $D\underline{c}/Dt$ auch die substantielle Beschleunigung. Die physikalische Bedeutung der beiden Anteile kann man sich an den beiden nebenstehenden Beispielen veranschaulichen: Die linke Skizze zeigt die Strömung durch ein Rohr konstanten Querschnitts, während ein Schieber geöffnet wird. Zu jedem Zeitpunkt herrscht in den beiden Querschnitten 1 und 2 dieselbe Geschwindigkeit, d. h. die konvektive Beschleunigung ist null. Die Beschleunigung, die ein Teilchen auf seiner Bahn zwischen den Querschnitten 1 und 2 erfährt, rührt allein daher, dass sich die Geschwindigkeit an allen Orten mit der Zeit ändert, d. h. von der lokalen Beschleunigung. Die rechte Skizze zeigt eine zeitlich konstante Strömung durch ein sich verengendes Rohr. Die Geschwindigkeit an einem beliebigen Ort ändert sich mit der Zeit nicht, d. h. die lokale Beschleunigung ist null. Die Beschleunigung, die ein Teilchen auf dem Wege zwischen den Querschnitten 1 und 2 erfährt, rührt allein von der örtlichen Änderung der Geschwindigkeit aufgrund der Querschnittsverengung her, d. h. von der konvektiven Beschleunigung.

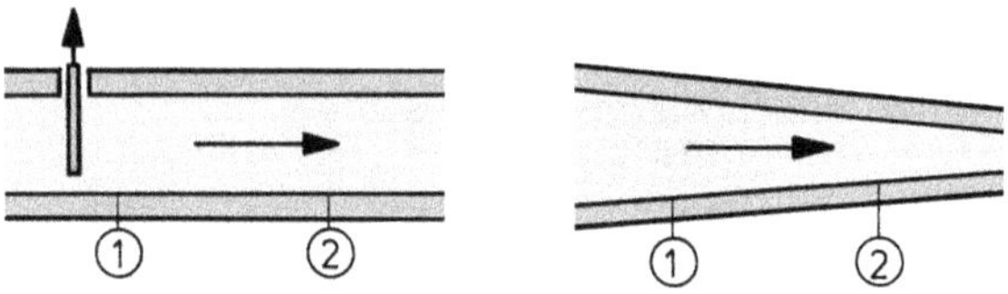

Aufgabe 1

Berechnen Sie die Geschwindigkeit eines Teilchens, wenn folgender Ortsvektor $\underline{x}(\underline{x}_0, t_0, t)$ gegeben ist:

$$\underline{x} = \left[x_0 + \frac{c}{\omega}(\sin \omega t - \sin \omega t_0)\right]\underline{e}_x + \left[y_0 + \frac{c}{\omega}(\cos \omega t - \cos \omega t_0)\right]\underline{e}_y + z_0 \underline{e}_z.$$

Aufgabe 2

Ordnen Sie die Ausdrücke (1) $\partial \underline{c}/\partial t$ (2) $D\underline{c}/Dt$ und (3) $\underline{c} \cdot \operatorname{grad} \underline{c}$ den folgenden Begriffen zu, indem Sie in die Felder die entsprechenden Zahlen eintragen!

A. substantielle Beschleunigung □
B. konvektive Beschleunigung □
C. lokale Beschleunigung □

LE 3.3 Stromlinien, Bahnlinien, Streichlinien

Das Verhalten einer Strömung kann durch Untersuchung der Stromlinien, Bahnlinien und Streichlinien studiert werden.

Die Stromlinien

Das Geschwindigkeitsfeld lässt sich für eine feste Zeit durch eine Schar von Kurven veranschaulichen, die in jedem Punkt in die Richtung der Geschwindigkeit weisen, m. a. W. den Geschwindigkeitsvektor tangieren. Man nennt diese Kurven Stromlinien. Ihre Elemente $d\underline{x}$ sind also in jedem Punkt parallel zum Geschwindigkeitsvektor $\underline{c}$ in diesem Punkte; es gelten die beiden gleichwertigen Bedingungen

$$\boxed{\underline{c} \times d\underline{x} = \underline{0} \quad \Longleftrightarrow \quad \frac{dx}{u} = \frac{dy}{v} = \frac{dz}{w},} \tag{3.3-1}$$

vgl. Aufgabe 1. Ist das Geschwindigkeitsfeld $\underline{c}(\underline{x}, t)$ gegeben, kann man die Stromlinien durch Integration dieser Differentialgleichungen berechnen.

Da in einem Punkt nicht zwei Geschwindigkeiten gleichzeitig auftreten können, können sich zwei Stromlinien nicht schneiden. Eine Ausnahme liegt vor, wenn an einer Stelle die Geschwindigkeit null wird. Man spricht dann von einem Staupunkt; in einem Staupunkt können sich Stromlinien schneiden oder verzweigen.

Ändert sich die Richtung der Geschwindigkeitsvektoren mit der Zeit, so ändert sich der Verlauf der Stromlinien ebenfalls mit der Zeit.

Bahnlinien und Streichlinien

Die Bahnlinien sind die Bahnen (Kurven), welche die Teilchen $\underline{x}_0$ im Laufe der Zeit beschreiben. Ihre Gleichung ergibt sich also aus (3.1-3) für konstantes t_0 zu

$$\underline{x} = \underline{x}(\underline{x}_0, t) \tag{3.3-2}$$

mit t als Kurvenparameter und $\underline{x}_0$ als Scharparameter.[2] Gleichung (3.3-2) ist eine Parameterdarstellung der Bahnlinien. Man erhält daraus eine parameterfreie Darstellung, wenn man aus den zu (3.3-2) gehörigen Koordinatengleichungen $x = x(x_0, y_0, z_0, t)$, $y = y(x_0, y_0, z_0, t)$ und $z = z(x_0, y_0, z_0, t)$ den Kurvenparameter t eliminiert.

Die Streichlinien sind die Kurven aus allen Teilchen, die im Laufe der Zeit durch denselben Punkt $\underline{x}_0$ gehen. Zu einer bestimmten Zeit t ergibt sich ihre Gleichung also aus (3.1-3) für konstantes t zu

$$\underline{x} = \underline{x}(\underline{x}_0, t_0) \tag{3.3-3}$$

mit t_0 als Kurvenparameter und $\underline{x}_0$ als Scharparameter. Gleichung (3.3-3) ist wieder eine Parameterdarstellung der Streichlinien. Man erhält daraus eine parameterfreie Darstellung, wenn man aus den zugehörigen Koordinatengleichungen den Kurvenparameter t_0 eliminiert.

Im Allgemeinen ist nicht die Bewegung in der Form (3.1-3), sondern das Geschwindigkeitsfeld $\underline{c} = \underline{c}(\underline{x}, t)$ gegeben. So wie man aus (3.1-3) durch substantielle Ableitung (d. h. partielle Ableitung für konstantes $\underline{x}_0$ und t_0) wegen (3.2-1) das Geschwindigkeitsfeld ausrechnen kann, lässt sich umgekehrt aus dem gegebenem Geschwindigkeitsfeld durch Integration die Darstellung (3.1-3) der Bewegung gewinnen. Bei gegebenem Geschwindigkeitsfeld ist (3.2-1) für konstantes $\underline{x}_0$ und t_0 eine vektorielle Differentialgleichung

$$\frac{d\underline{x}(t)}{dt} = \underline{c}(\underline{x}(t), t) \tag{3.3-4}$$

für $\underline{x}(t)$. Durch Integration unter Berücksichtigung einer geeigneten Anfangsbedingung $\underline{x}_0 = \underline{x}(t_0)$ erhält man daraus $\underline{x} = \underline{x}(\underline{x}_0, t_0, t)$ und daraus wie oben beschrieben die Gleichung der Bahnlinien und der Streichlinien.

2 Zu den Begriffen Kurvenparameter und Scharparameter vgl. den Anhang „Kurven im Raum".

Sichtbarmachung von Stromlinien, Bahnlinien und Streichlinien

Im Experiment können Bahnlinien und Streichlinien sichtbar gemacht werden, indem man einzelne Flüssigkeitsteilchen z. B. durch Farbtröpfchen oder Schwebeteilchen sichtbar macht.

Wird von wenigen Teilchen in der Strömung eine Zeitaufnahme gemacht, so erhält man auf dem Bild den Verlauf der Bahnlinien dieser Teilchen.

Bei einer nicht zu kurzen Momentaufnahme ergeben sich auf dem Bild nur kurze Striche, die die Richtung des Geschwindigkeitsvektors angeben. Bei genügend großer Anzahl sichtbar gemachter Teilchen erhält man deshalb einen Eindruck von dem momentanen Stromlinienverlauf.

Wenn man an ein und derselben Stelle ständig Rauch oder Farbe in die Strömung einführt, färbt man alle Teilchen, die im Laufe der Zeit diese Stelle passieren.[3] Macht man von der so präparierten Strömung eine Momentaufnahme, so erhält man eine Streichlinie.

Richtungsstationäre und stationäre Strömungen

Man kann zeigen, dass Stromlinien, Bahnlinien und Streichlinien genau dann zusammenfallen, wenn sich die Richtung der Geschwindigkeitsvektoren mit der Zeit nicht ändert. Solche Strömungen wollen wir richtungsstationär nennen.

Eine Strömung, in der *alle* Feldgrößen in Eulerscher Darstellung unabhängig von der Zeit sind, nennt man stationär. In einer stationären Strömung ändern sich z. B. die Geschwindigkeitsvektoren weder in der Richtung noch dem Betrage nach. Es sei c der Betrag der Geschwindigkeit $\underline{c}$ und $\underline{e}_T$ der Einheitsvektor in Richtung der Geschwindigkeit, dann gilt im Allgemeinen

$$\underline{c}(\underline{x}, t) = c(\underline{x}, t)\underline{e}_T(\underline{x}, t). \tag{3.3-5}$$

In richtungsstationären Strömungen gilt speziell

$$\underline{c}(\underline{x}, t) = c(\underline{x}, t)\underline{e}_T(\underline{x}), \tag{3.3-6}$$

in stationären Strömungen darüber hinaus

$$\underline{c}(\underline{x}) = c(\underline{x})\underline{e}_T(\underline{x}). \tag{3.3-7}$$

3 Die Rauchfahne eines Schornsteins ist ein anschauliches Beispiel eines Bündels von Streichlinien.

Oft ist es möglich, durch geeignete Wahl eines Koordinatensystems eine instationäre Strömung in eine stationäre Strömung zu transformieren. So ruft z. B. die gleichförmige Bewegung eines Flugzeugs in ruhender Luft eine instationäre Strömung hervor. Dagegen ist die Umströmung des Flugzeugs in dem mit dem Flugzeug mitbewegten Koordinatensystem stationär.

Aufgabe 1

Zeigen Sie, dass die Bedingung $\underline{c} \times d\underline{x} = \underline{0}$ gleichwertig mit $\frac{dx}{u} = \frac{dy}{v} = \frac{dz}{w}$ ist!

Aufgabe 2

Setzen Sie die Begriffe
(1) Stromlinie (2) Bahnlinie (3) Streichlinie
in die folgenden Definitionen ein!

A. Eine .... ist die Raumkurve aus Fluidteilchen, die im Laufe der Zeit denselben raumfesten Punkt passiert haben.
B. Eine .... ist die Raumkurve, die von einem Teilchen im Laufe der Zeit durchlaufen wird.
C. Eine .... ist die Raumkurve, die in jedem Punkt vom Geschwindigkeitsvektor tangiert wird.

Aufgabe 3

Unter welcher Voraussetzung fallen Stromlinien, Bahnlinien und Streichlinien zusammen?

A. Wenn sich der Betrag der Geschwindigkeit zeitlich nicht ändert. □
B. Wenn sich die Richtung der Geschwindigkeitsvektoren zeitlich nicht ändert. □
C. Bei stationären Strömungen. □

Aufgabe 4: Untersuchung des Einflusses eines gleichmäßig drehenden Windes auf die Abgasbelastung einer Stadt

Die Erdoberfläche in der Umgebung der Stadt sei die x, y-Ebene, die Emissionsquellen werden als ein einzelner Schornstein im Ursprung des Koordinatensystems idealisiert. Das Geschwindigkeitsfeld des Windes sei durch

$$u = c\cos\omega t, \quad v = -c\sin\omega t$$

gegeben, wobei c und ω Konstanten sind. (Achten Sie im Folgenden auf die unterschiedliche Fragestellung bei der Berechnung der Strom-, Bahn- und Streichlinien!)

A. Berechnen Sie die Stromlinienschar des Windes für eine beliebige Zeit t! Was für Kurven sind die Stromlinien? Skizzieren Sie die Schar der Stromlinien für $\omega t = \pi/4$! Wie lautet die Gleichung der Stromlinie, die zur Zeit $t = 0$ durch den Schornstein geht?
B. Berechnen Sie die Bahnlinienschar des Windes in der Form, dass Sie die Gleichung der Bahnlinie für das Teilchen angeben, das zur Zeit t_0 am Ort (x_0, y_0) ist! Was für Kurven sind die Bahnlinien? Skizzieren Sie die Bahnlinien einiger Teilchen, die zu verschiedenen Zeiten vom Schornstein ausgehen! Wie lautet die Gleichung der Bahnlinie, die zur Zeit $t_0 = 0$ vom Schornstein ausgeht?
C. Berechnen Sie die Streichlinienschar des Windes, indem Sie die Gleichung der Streichlinie durch den Punkt (x_0, y_0) zur Zeit t bestimmen! Was für Kurven sind die Streichlinien? Skizzieren Sie die Streichlinie durch den Schornstein zu verschiedenen Zeiten! Wie lautet die Gleichung der Streichlinie durch den Schornstein zur Zeit $t = 0$?
D. Skizzieren Sie die Stromlinie, die Bahnlinie und die Streichlinie, die zur Zeit $t = 0$ durch den Schornstein gehen, und geben Sie jeweils den Durchlaufungssinn an!

Zusatzaufgabe

Eine Bewegung sei durch das (dimensionslose) Geschwindigkeitsfeld

$$u = x + t, \quad v = -y + t, \quad w = 0$$

gegeben.

A. Bestimmen Sie die Gleichung der Stromlinie, die zur Zeit $t = 0$ durch den Punkt $(x, y) = (-1, -1)$ geht.
B. Bestimmen Sie die Gleichungen der Bahnlinie und der Streichlinie, die zur Zeit $t = 0$ durch den Punkt $(x, y) = (-1, -1)$ geht!
C. Stellen Sie die Bewegung in den beiden Formen (3.1-3) und (3.1-4) dar!
D. Geben Sie das Geschwindigkeitsfeld in Eulerschen und Lagrangeschen Variablen an!

LE 3.4 Die Kontinuitätsgleichung (Teil 1)

In den folgenden beiden Lehreinheiten wird das Prinzip von der Erhaltung der Masse, die Kontinuitätsgleichung, in der nötigen Allgemeinheit formuliert und daran zugleich der wichtige Begriff der Bilanzgleichung erläutert.

Bilanzgleichungen

Als Bilanzgleichung bezeichnet man eine Gleichung von der Form:

Die zeitliche Änderung einer extensiven Größe ist gleich einer anderen extensiven Größe.

Eine Reihe von wichtigen Gleichungen der Physik sind Bilanzgleichungen. In der Strömungslehre sind dies vor allem vier Grundgleichungen, die wir hier zunächst stichwortartig anführen; wir werden sie im Laufe des Buches im Einzelnen besprechen. Es sind dies

- die Bilanzgleichung für die Masse (Kontinuitätsgleichung): Die zeitliche Änderung der Masse eines materiellen Volumens ist null.
- die Bilanzgleichung für den Impuls (Impulssatz): Die zeitliche Änderung des Impulses eines materiellen Volumens ist gleich der am Volumen angreifenden äußeren Kraft.
- die Bilanzgleichung für den Drehimpuls (Drehimpulssatz): Die zeitliche Änderung des Drehimpulses eines materiellen Volumens ist gleich dem am Volumen angreifenden Drehmoment.
- die Bilanzgleichung für die Energie (Energiesatz, 1. Hauptsatz der Thermodynamik): Die zeitliche Änderung der inneren und der kinetischen Energie eines materiellen Volumens ist gleich der durch die äußeren Kräfte zugeführten Leistung und der Wärmezufuhr.

Solche Bilanzgleichungen lassen sich für Kontinuen einerseits für ein endliches Volumen (man sagt dafür auch: in integraler Form), andererseits für einen Punkt im Strömungsfeld (in differentieller Form) schreiben. In integraler Form lassen sie sich für verschiedene Arten von Volumina formulieren:

- für ein Volumen, das immer aus denselben Teilchen besteht; man spricht dann von einem materiellen Volumen oder einem geschlossenen System. Wir wollen die Integration über einen materiellen Bereich durch $\int_{\tilde{V}} \ldots dV$, $\int_{\tilde{A}} \ldots d\underline{A}$ bzw. $\int_{\tilde{C}} \ldots d\underline{x}$ bezeichnen.
- für ein Volumen, das immer aus denselben Punkten besteht; man spricht dann von einem raumfesten Volumen oder einem offenen System. Wir wol-

len die Integration über einen raumfesten Bereich durch $\int_V \ldots dV$, $\int_A \ldots d\underline{A}$ bzw. $\int_C \ldots d\underline{x}$ bezeichnen.
- für einen Stromfaden, d. h. für ein dünnes, röhrenförmiges Volumen, dessen Mantel aus Streichlinien (die bei richtungsstationärer Strömung zugleich Stromlinien sind) besteht.

Wir wollen im Folgenden die Kontinuitätsgleichung in allen vier Formulierungen, d. h. für ein materielles Volumen, ein raumfestes Volumen, einen Stromfaden und einen Punkt, hinschreiben.

Die Kontinuitätsgleichung für ein materielles Volumen

Die Bilanzgleichung für die Masse lautet für ein materielles Volumen einfach:

Die Masse eines materiellen Volumens bleibt zeitlich konstant.

Ein Volumenelement dV mit der Dichte ρ hat die Masse $dm = \rho\, dV$, ein endliches Volumen hat also die Masse

$$\boxed{m(t) = \int \rho(\underline{x}, t)\, dV.} \tag{3.4-1}$$

Darin ist die Dichte eine Feldgröße, also eine Funktion von Ort und Zeit. Nach Integration über ein Volumen erhalten wir eine extensive Größe; die Masse ist also nur noch eine Funktion der Zeit. Deren zeitliche Änderung ist die gewöhnliche Ableitung einer Funktion von nur einer Variablen, wofür wir wie üblich $\frac{d}{dt}$ schreiben. Wir erhalten also für die Kontinuitätsgleichung für ein materielles Volumen

$$\frac{d}{dt} \int_{\tilde{V}} \rho\, dV = 0. \tag{3.4-2}$$

Wir benötigen auch eine Formulierung der Kontinuitätsgleichung für ein materielles Volumen*element*. Wir können sie aus (3.4-2) gewinnen, indem wir darin Differentiation und Integration vertauschen. Die Vertauschung von Differentiation und Integration ist bekanntlich möglich, wenn die Integrationsgrenzen von der Differentiationsvariablen nicht abhängen. Das ist hier offenbar dann der Fall, wenn wir uns die Größen unter dem Integral in Lagrangeschen Variablen geschrieben denken; unter dem Integral ist dann die substantielle Ableitung zu nehmen:

$$\frac{d}{dt}\int_{\tilde{V}} \rho\, dV = \int_{\tilde{V}} \frac{D}{Dt}(\rho\, dV).$$

Für ein infinitesimales Volumen erhalten wir daraus unter Weglassung des Integrals

$$\boxed{\frac{D}{Dt}(\rho\, dV) = 0.} \tag{3.4-3}$$

Die Kontinuitätsgleichung für ein raumfestes Volumen

Die Formulierung der Kontinuitätsgleichung für ein raumfestes Volumen lässt sich mit etwas Mathematik ohne weitere Annahmen aus (3.4-2) herleiten. Wir ziehen es hier vor, sie aus einer anschaulichen Formulierung der Kontinuitätsgleichung für ein raumfestes Volumen zu gewinnen:

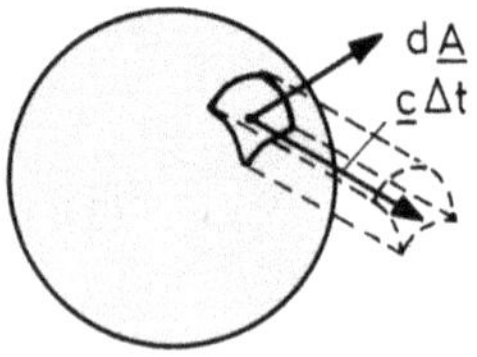

Die Zunahme an Masse in einem raumfesten Volumen ist gleich dem Zufluss an Masse in das Volumen.

Es sei $d\underline{A}$ ein Oberflächenelement des betrachteten Volumens (mit nach außen gerichtetem Flächenvektor) und $\underline{c}$ die Geschwindigkeit in diesem Oberflächenelement, dann tritt in dieser Zeit Δt ein Zylinder mit dem Volumen $\underline{c}\Delta t \cdot d\underline{A}$ und der Masse $\rho\underline{c}\Delta t \cdot d\underline{A}$ durch das Oberflächenelement aus. Die in der Zeiteinheit durch die gesamte Oberfläche austretende Masse ist dann gleich $\oint_A \rho\underline{c} \cdot d\underline{A}$, und wir erhalten für die Kontinuitätsgleichung für ein raumfestes Volumen

$$\frac{d}{dt}\int_V \rho\, dV = -\oint_A \rho\underline{c} \cdot d\underline{A}. \tag{3.4-4}$$

Das in der Zeiteinheit durch eine Fläche A hindurchtretende Volumen nennt man den Volumenstrom $\dot{V}$ durch die Fläche, nach obiger Herleitung ist

$$\dot{V} = \int_A \underline{c} \cdot d\underline{A}. \tag{3.4-5}$$

Entsprechend nennt man die in der Zeiteinheit durch eine Fläche hindurchtretende Masse den Massenstrom $\dot{m}$ durch diese Fläche, und es gilt

$$\dot{m} = \int_A \rho \underline{c} \cdot d\underline{A}. \tag{3.4-6}$$

Die Kontinuitätsgleichung in differentieller Form

Wir können aus (3.4-4) eine Formulierung der Kontinuitätsgleichung in differentieller Form gewinnen, wenn wir links Differentiation und Integration vertauschen und rechts das Oberflächenintegral in ein Volumenintegral umwandeln. Die Vertauschung links ist offenbar dann möglich, wenn wir uns die Größen unter dem Integral in Eulerscher Darstellung geschrieben denken und dann unter dem Integral die lokale Ableitung nehmen,

$$\frac{d}{dt}\int_V \rho\, dV = \int_V \frac{\partial}{\partial t}(\rho\, dV) = \int_V \frac{\partial \rho}{\partial t} dV,$$

da $dV = dx\, dy\, dz$ in Eulerschen Variablen von t unabhängig ist. Rechts ist nach dem Gaußschen Satz (A 47)

$$\oint_A \rho \underline{c} \cdot d\underline{A} = \int_V \operatorname{div}(\rho \underline{c})\, dV,$$

wir erhalten also

$$\int_V \left(\frac{\partial \rho}{\partial t} + \operatorname{div}(\rho \underline{c}) \right) dV = 0.$$

Da das für ein beliebiges raumfestes Volumen gilt, muss der Integrand verschwinden, und wir erhalten

$$\boxed{\frac{\partial \rho}{\partial t} + \operatorname{div}(\rho \underline{c}) = 0,} \quad \boxed{\frac{\partial \rho}{\partial t} + \frac{\partial \rho c_i}{\partial x_i} = 0.} \tag{3.4-7}$$

Für manche Zwecke ist es nützlich, diese Gleichung etwas umzuformen:

$$\frac{\partial \rho}{\partial t} + \frac{\partial \rho c_i}{\partial x_i} = \frac{\partial \rho}{\partial t} + c_i \frac{\partial \rho}{\partial x_i} + \rho \frac{\partial c_i}{\partial x_i} = \frac{D\rho}{Dt} + \rho \frac{\partial c_i}{\partial x_i}, \quad \text{d. h.}$$

$$\frac{D\rho}{Dt} + \rho \operatorname{div} \underline{c} = 0, \quad \frac{D\rho}{Dt} + \rho \frac{\partial c_i}{\partial x_i} = 0. \tag{3.4-8}$$

Aufgabe 1

Wie lauten die Formulierungen der Kontinuitätsgleichung für ein materielles und ein raumfestes Volumen?

Aufgabe 2

Die Kontinuitätsgleichung lässt sich in differentieller Form statt für die Dichte ρ auch für das spezifische Volumen υ formulieren. Sie lautet dann

$$\frac{D\upsilon}{Dt} = \upsilon \operatorname{div} \underline{c}. \tag{3.4-9}$$

Leiten Sie diese Formel her!

Zusatzaufgabe

Leiten Sie durch Vergleich der beiden Formulierungen (3.4-3) und (3.4-8) der Kontinuitätsgleichung die Formel

$$\frac{D}{Dt} dV = \operatorname{div} \underline{c}\, dV \tag{3.4-10}$$

für die substantielle Ableitung eines materiellen Volumenelements und daraus die Formel

$$\frac{D}{Dt} dV = \frac{d\tilde{V}}{dt} = \oint_{\tilde{A}} \underline{c} \cdot d\underline{A} \tag{3.4-11}$$

für die zeitliche Änderung eines materiellen Volumens her!

Anmerkung 1: Die Formel (3.4-11) ist anschaulich deutbar: Sie beschreibt die zeitliche Änderung eines materiellen Volumens durch die Bewegung seiner Oberfläche. Da sie sich ohne zusätzliche Annahmen aus (3.4-2) herleiten lässt, kann man auch umgekehrt (3.4-11) axiomatisch an die Spitze stellen und daraus alle übrigen Formulierungen der Kontinuitätsgleichung ableiten. Der rein kinematische Charakter der Kontinuitätsgleichung kommt in (3.4-11) besonders deutlich zum Ausdruck; insbesondere ist die Masse (oder Dichte) im Zusammenhang der Kontinuitätsgleichung eine Größe zur Beschreibung eines materiellen Volumens und völlig unabhängig vom Begriff der Kraft. Deshalb ist es sinnvoll, auch die Masse als kinematische Größe aufzufassen.

Anmerkung 2: Aus (3.4-10) und (3.4-11) folgt unter Verwendung des Gaußschen Satzes die bekannte anschauliche Deutung der Divergenz als Ergiebigkeit eines Vektorfeldes:

$$\operatorname{div} \underline{c} = \frac{1}{dV} \frac{D}{Dt} dV = \lim_{\tilde{V} \to 0} \frac{1}{\tilde{V}} \oint_{\tilde{A}} \underline{c} \cdot d\underline{A}. \tag{3.4-12}$$

Die Divergenz des Geschwindigkeitsfeldes ist gleich dem Quotienten aus der Zunahme eines materiellen Volumenelements und dem Volumenelement selbst.

LE 3.5 Die Kontinuitätsgleichung (Teil 2)

Stromröhre und Stromfaden

Wir beschränken uns zunächst auf richtungsstationäre Strömungen. Wir betrachten darin eine raumfeste geschlossene Kurve und ziehen durch jeden Punkt dieser Kurve die Stromlinie (die dann zugleich Bahnlinie und Streichlinie ist.) Die von diesen Linien gebildete Fläche nennt man den Mantel einer Stromröhre. Sie ist in richtungsstationären Strömungen offenbar raumfest.

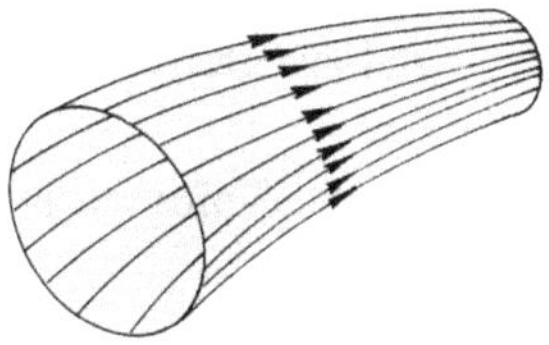

Eine so definierte Stromröhre hat die Eigenschaft, dass alle Teilchen, die einmal (durch die von der geschlossenen Kurve gebildete Fläche, den Eintrittsquerschnitt) in die Stromröhre eingetreten sind, auch im weiteren Verlauf in der Stromröhre bleiben, m. a. W. dass keine Teilchen durch den Mantel der Stromröhre durchtreten. Soll diese Eigenschaft auch für nicht richtungsstationäre Strömungen erhalten bleiben, so muss eine Stromröhre dann offenbar durch Streichlinien begrenzt werden: Etwa der aus einem bewegten Gartenschlauch austretende Wasserstrahl oder ein pulsierendes Blutgefäß bilden Stromröhren.

Ist der Eintrittsquerschnitt so klein, dass man alle Strömungsgrößen (wie Druck und Geschwindigkeit) über den Eintrittsquerschnitt und jeden anderen Querschnitt der Stromröhre als konstant ansehen kann, so spricht man von einem Stromfaden. Das Bild eines Strömungsfeldes wird umso genauer durch Stromfäden dargestellt, je kleiner deren Querschnitte sind. Strömungen durch Rohre und in Gerinnen können als einziger Stromfaden behandelt werden, wenn man über den Querschnitt gemittelte Werte der Strömungsgrößen benutzt. Hierin liegt die Bedeutung der Stromfadentheorie in der Technik: Es ist mit ihrer Hilfe oft möglich, zwei- oder gar dreidimensionale Strömungen näherungsweise eindimensional zu behandeln.

Die Kontinuitätsgleichung für einen Stromfaden

Wir wollen jetzt die Kontinuitätsgleichung für einen Stromfaden formulieren. Es sei s die Bogenlänge längs der Mittellinie des Stromfadens, dann sind alle Strömungsgrößen im Stromfaden nur Funktionen von s und t, und für das Volumenelement gilt

$$dV = A(s,t)\,ds. \tag{3.5-1}$$

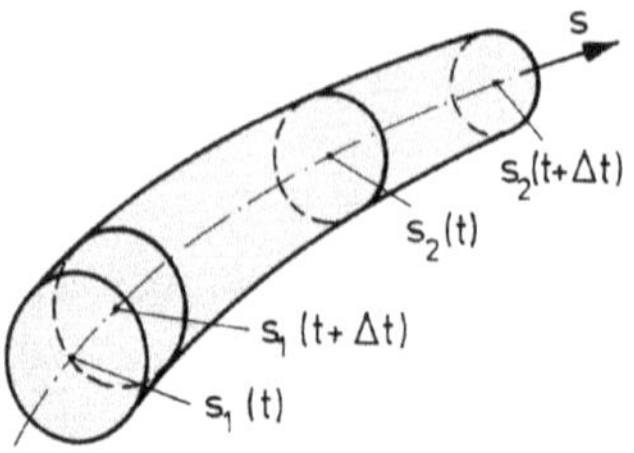

Wir betrachten jetzt ein materielles Volumen, das zum Zeitpunkt t das Stück eines Stromfadens zwischen den Querschnitten $A_1(s_1(t), t)$ und $A_2(s_2(t), t)$ und zum Zeitpunkt $t+\Delta t$ das Stück zwischen den Querschnitten $A_1(s_1(t+\Delta t), t+\Delta t)$ und $A_2(s_2(t+\Delta t), t+\Delta t)$ ausfüllt, vgl. nebenstehende Skizze. Die Skizze ist für einen raumfesten Mantel gezeichnet, um sie nicht unübersichtlicher als nötig zu machen; die Überlegungen gelten aber auch für einen bewegten Mantel, also eine nicht richtungsstationäre Strömung.

Wendet man die Kontinuitätsgleichung (3.4-2) für ein materielles Volumen auf ein solches materielles Stück eines Stromfadens an, so erhält man

$$\frac{d}{dt}\int_{s_1(t)}^{s_2(t)} \rho(s,t)A(s,t)\,ds = 0. \tag{3.5-2}$$

Für die Ableitung eines Integrals nach der Zeit, dessen Integrand und dessen Grenzen von der Zeit abhängen, gilt die Leibnizsche Regel[4]

$$\frac{d}{dt}\int_{s_1(t)}^{s_2(t)} F(s,t)\,ds = \int_{s_1(t)}^{s_2(t)} \frac{\partial F(s,t)}{\partial t}ds + F(s_2,t)\frac{ds_2}{dt} - F(s_1,t)\frac{ds_1}{dt}. \tag{3.5-3}$$

Damit wird aus (3.5-2)

$$\int_{s_1(t)}^{s_2(t)} \frac{\partial \rho A}{\partial t}ds + \rho_2 A_2\frac{ds_2}{dt} - \rho_1 A_1\frac{ds_1}{dt} = 0,$$

und mit $ds/dt = c$ erhält man schließlich

$$\int_{s_1}^{s_2} \frac{\partial \rho A}{\partial t}ds + \rho_2 c_2 A_2 - \rho_1 c_1 A_1 = 0. \tag{3.5-4}$$

Man mache sich klar, dass in (3.5-3) und damit auch in (3.5-4) jedes Glied eine Funktion nur von der Zeit ist. *Die Gleichung gilt also zwischen zwei beliebigen Querschnitten eines Stromfadens zum selben Zeitpunkt.* Wie man sich das durch den Stromfaden und diese beiden Querschnitte gebildete Volumen zeitlich fortgesetzt

4 Vgl. z. B. I. N. Bronstein und K. A. Semendjajew: Taschenbuch der Mathematik, 18. Auflage, Seite 349, Gleichung (2'). Thun usw.: Deutsch 1979.

denkt, ob man es also als ein mit der Strömung mitbewegtes oder als ein raumfestes Volumen betrachtet, ist für die Anwendung der Gleichung ohne Bedeutung.

Alle bisher hergeleiteten Formulierungen der Kontinuitätsgleichung gelten
- für stationäre und instationäre Strömungen,
- für kompressible und inkompressible Fluide,
- für reibungsfreie und reibungsbehaftete Fluide,

da wir bei der Herleitung der Formeln keine entsprechenden Einschränkungen gemacht haben.

Stationäre Strömungen

Speziell für stationäre Strömungen erhalten wir für ein raumfestes Volumen statt der Gleichung (3.4-4)

$$\oint_A \rho \underline{c} \cdot d\underline{A} = 0, \quad \oint_A \rho c_i dA_i = 0, \tag{3.5-5}$$

in differentieller Form statt (3.4-7)

$$\operatorname{div}(\rho \underline{c}) = 0, \quad \frac{\partial \rho c_i}{\partial x_i} = 0 \tag{3.5-6}$$

und für einen Stromfaden statt (3.5-4)

$$\boxed{\rho_1 c_1 A_1 = \rho_2 c_2 A_2.} \tag{3.5-7}$$

Längs eines Stromfadens gilt also

$$\rho c A = \text{const.} \tag{3.5-8}$$

Differentiation nach s ergibt $cA\frac{d\rho}{ds} + \rho A\frac{dc}{ds} + \rho c\frac{dA}{ds} = 0$ oder für den Zuwachs in s-Richtung[5]

$$\frac{d\rho}{\rho} + \frac{dc}{c} + \frac{dA}{A} = 0. \tag{3.5-9}$$

5 Hier (wie in vielen späteren Gleichungen) stellen die Differentiale den örtlichen Zuwachs längs des Stromfadens dar, d. h. den Unterschied der Feldgröße zwischen zwei benachbarten Punkten des Stromfadens zur selben Zeit. Etwa bei der Ableitung von (3.2-6) stellen die Differentiale den örtlich-zeitlichen Zuwachs dar, d. h. den Unterschied der Feldgröße zwischen zwei benachbarten Punkten zu benachbarten Zeiten.

Die letzten drei Gleichungen sind offenbar mathematisch gleichwertig. In einem Stromfaden ist $\rho c A$ nach (3.4-6) gerade der Massenstrom durch einen Querschnitt des Stromfadens,

$$\boxed{\dot{m} = \rho c A,} \tag{3.5-10}$$

nach (3.5-8) ist also für stationäre Strömungen der Massenstrom durch einen Stromfaden (nach (3.5-5) übrigens auch durch eine Stromröhre) in jedem Querschnitt gleich:

$$\boxed{\dot{m}_1 = \dot{m}_2, \quad \dot{m} = \text{const}, \quad d\dot{m} = 0.} \tag{3.5-11}$$

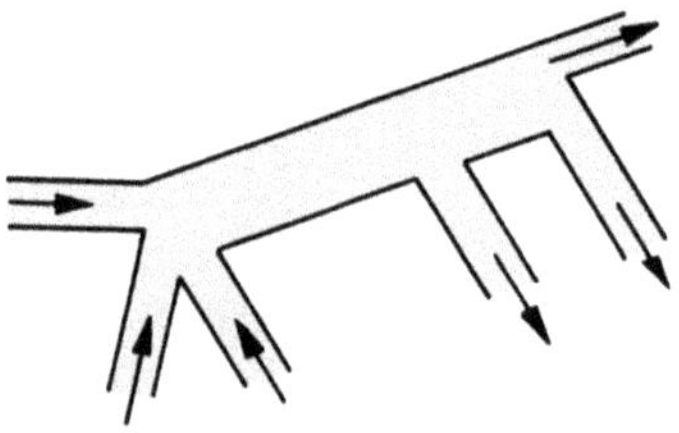

Für stationäre Strömungen lässt sich die Kontinuitätsgleichung auch für ein System sich verzweigender Stromfäden formulieren. Bezeichnen wir die eintretenden Massenströme mit $\dot{m}_{11}, \dot{m}_{12}, \ldots$ und die austretenden Massenströme mit $\dot{m}_{21}, \dot{m}_{22}, \ldots$, so folgt aus (3.5-5) als Verallgemeinerung von (3.5-11)

$$\sum_{\nu} \dot{m}_{1\nu} = \sum_{\nu} \dot{m}_{2\nu}. \tag{3.5-12}$$

Inkompressible Fluide

Speziell für inkompressible Fluide erhalten wir (auch bei instationärer Strömung!) für ein raumfestes Volumen statt (3.4-4)

$$\oint \underline{c} \cdot d\underline{A} = 0, \quad \oint c_i \, dA_i = 0, \tag{3.5-13}$$

in differentieller Form statt (3.4-7)

$$\boxed{\operatorname{div} \underline{c} = 0,} \quad \boxed{\frac{\partial c_i}{\partial x_i} = 0} \tag{3.5-14}$$

und für einen Stromfaden statt (3.5-4)

$$\int_{s_1}^{s_2} \frac{\partial A}{\partial t} ds + c_2 A_2 - c_1 A_1 = 0. \tag{3.5-15}$$

Für die stationäre Strömung eines inkompressiblen Fluids durch einen Stromfaden folgt

$$\boxed{c_1A_1 = c_2A_2, \quad cA = \text{const}, \quad c\,dA + A\,dc = 0.} \tag{3.5-16}$$

In einem Stromfaden ist cA nach (3.4-4) gerade der Volumenstrom durch einen Querschnitt des Stromfadens,

$$\boxed{\dot{V} = cA,} \tag{3.5-17}$$

für die stationäre Strömung eines inkompressiblen Fluids ist demnach der Volumenstrom durch einen Stromfaden (nach (3.5-13) auch durch eine Stromröhre) in jedem Querschnitt gleich:

$$\dot{V}_1 = \dot{V}_2, \quad \dot{V} = \text{const}, \quad d\dot{V} = 0. \tag{3.5-18}$$

Aufgabe 1

Können sich Druck und Geschwindigkeit längs eines Stromfadens ändern?

	Druck	Geschwindigkeit
ja	A □	C □
nein	B □	D □

Aufgabe 2

Gilt für die Kontinuitätsgleichung in der Form div $\underline{c} = 0$

A. für alle kompressiblen Fluide, □
B. für alle inkompressiblen Fluide, □
C. für alle stationären Strömungen, □
D. für alle instationären Strömungen? □

Aufgabe 3

In der Zusatzaufgabe 1 von Lehreinheit 3.3 wird das (dimensionslose) Geschwindigkeitsfeld

$$u = x + t, \quad v = -y + t, \quad w = 0$$

untersucht. Wenn dieses Geschwindigkeitsfeld eine mögliche inkompressible Strömung beschreiben soll, muss es die Kontinuitätsgleichung erfüllen. Ist das der Fall?

Kapitel 4
Eulersche und Bernoullische Gleichung

Mit diesem Kapitel wenden wir uns der Aufgabe zu, die Bewegung eines Fluids als Folge bestimmter Kräfte zu berechnen. Dazu benötigen wir neben der Bilanzgleichung für die Masse die Bilanzgleichung für den Impuls, die man auch (vor allem in integraler Form) Impulssatz und in differentieller Form Bewegungsgleichung nennt. Wir formulieren diese Gleichung zunächst allgemein, beschränken uns im Folgenden aber auf reibungsfreie Fluide und in den letzten beiden Lehreinheiten zusätzlich auf inkompressible Fluide und Stromfäden (vgl. Lehreinheiten 4.1 bis 4.4).

LE 4.1 Der Impulssatz

In dieser Lehreinheit lernen wir die Bilanzgleichung für den Impuls, den Impulssatz, kennen. Sie lässt sich wie die Kontinuitätsgleichung in verschiedenen gleichwertigen Formulierungen hinschreiben. Wir führen sie zunächst für ein materielles Volumen ein und gewinnen daraus eine Formulierung für ein raumfestes Volumen und speziell für reibungsfreie Fluide eine differentielle Formulierung, die man auch die Eulersche Bewegungsgleichung nennt.

Der Impulssatz für ein materielles Volumen

Die Bilanzgleichung für den Impuls lautet für ein materielles Volumen:

Die Zunahme an Impuls in einem materiellen Volumen ist gleich der daran von außen angreifenden Kraft.

Ein Volumenelement dV mit der Dichte ρ und der Geschwindigkeit $\underline{c}$ hat den Impuls $d\underline{I} = \rho\underline{c}\,dV$, der Impuls eines endlichen Volumens ist demnach

$$\boxed{\underline{I} = \int \rho\underline{c}\,dV.} \tag{4.1-1}$$

Für die an einem endlichen Volumen angreifende Kraft gilt allgemein (1.4-12), der Impulssatz lautet demnach für ein materielles Volumen

$$\boxed{\frac{d}{dt}\int\limits_{\tilde{V}} \rho\underline{c}\,dV = \int\limits_{\tilde{V},V} \rho\underline{f}\,dV + \oint\limits_{\tilde{A},A} \underline{\sigma}\,dA.} \tag{4.1-2}$$

https://doi.org/10.1515/9783110641455-004

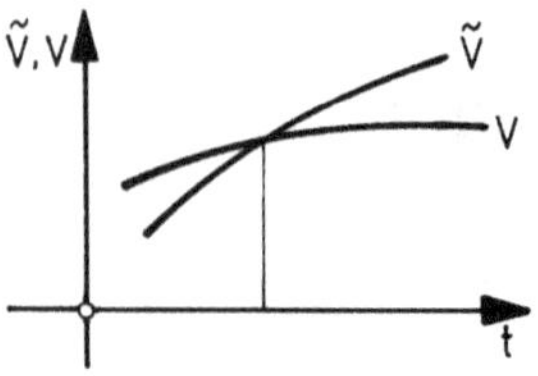

Dabei ist $\tilde{V}$ ein beliebig gewähltes materielles Volumen in dem betrachteten bewegten Kontinuum und $\tilde{A}$ seine Oberfläche; V ist das raumfeste Volumen, das sich zum betrachteten Zeitpunkt mit $\tilde{V}$ gerade deckt, und A seine Oberfläche. Nach dem Impulssatz ist zunächst auch auf der rechten Seite über $\tilde{V}$ und $\tilde{A}$ zu integrieren; solange aber von einem Integral keine zeitliche Ableitung genommen wird, ist es offenbar gleich, welchen der beiden Bereiche man nimmt: Zu dem betrachteten Zeitpunkt stimmen beide Volumina (und alle ihre Eigenschaften wie ihre Masse, ihr Impuls oder die auf die Volumina ausgeübte Kraft) definitionsgemäß überein, nur ihre zeitlichen Ableitungen sind verschieden. *Wir wollen deshalb in Zukunft bei allen Integralen, von denen keine zeitliche Abbildung zu bilden ist, auf die Angabe, ob der Integrationsbereich materiell oder raumfest ist, verzichten.*

Wir wollen den Impulssatz (4.1-2) noch für reibungsfreie Fluide vereinfachen, also für Fluide, in denen wir die Zähigkeit vernachlässigen können. Solche Fluide nennt man manchmal auch ideale Flüssigkeiten. Sie können auch in der Bewegung keine Schubspannungen aufnehmen, d. h. die Überlegungen von Lehreinheit 1.5, insbesondere (1.5-3), gelten für reibungsfreie Fluide auch in der Bewegung. Der Impulssatz lautet dann

$$\frac{d}{dt}\int_{\tilde{V}} \rho \underline{c}\, dV = \int \rho \underline{f}\, dV - \oint p\, d\underline{A}. \qquad (4.1\text{-}3)$$

Das Transporttheorem für den Impulssatz

Wenn wir den Impulssatz von einem materiellen Volumen auf ein raumfestes Volumen umrechnen wollen, benötigen wir den Zusammenhang zwischen der zeitlichen Änderung des Impulses in einem materiellen Volumen und in dem raumfesten Volumen, das sich zum betrachteten Zeitpunkt gerade mit dem materiellen Volumen deckt. Diesen Zusammenhang wollen wir jetzt herleiten.

Dazu wollen wir auf der linken Seite von (4.1-2) Differentiation und Integration vertauschen. Wie bei der Herleitung von (3.4-3) erläutert, muss man dabei unter dem Integral die substantielle Ableitung nehmen, und da dann das Integral selbst nicht mehr differenziert wird, ist es wieder egal, ob man es über $\tilde{V}$ oder V erstreckt:

$$\frac{d}{dt}\int_{\tilde{V}} \rho \underline{c}\, dV = \int \frac{D}{Dt}(\rho \underline{c}\, dV).$$

Wendet man unter dem Integral die Produktregel an, so folgt mit (3.4-3)

$$\frac{D}{Dt}(\rho \underline{c}\, dV) = \underline{c}\frac{D}{Dt}(\rho\, dV) + \frac{D\underline{c}}{Dt}\rho\, dV = \frac{D\underline{c}}{Dt}\rho\, dV,$$
$$\frac{d}{dt}\int_{\tilde{V}} \rho \underline{c}\, dV = \int \rho \frac{D\underline{c}}{Dt}\, dV. \tag{4.1-4}$$

Wir wollen weiter von dem Integranden auf der rechten Seite eine lokale Ableitung abspalten. Dazu zerlegen wir ihn nach dem Transporttheorem (3.2-6)

$$\rho\frac{Dc_i}{Dt} = \rho\left(\frac{\partial c_i}{\partial t} + c_k\frac{\partial c_i}{\partial x_k}\right)$$

und addieren dazu

$$c_i\left(\frac{\partial \rho}{\partial t} + \frac{\partial \rho c_k}{\partial x_k}\right),$$

was nach der Kontinuitätsgleichung (3.4-7) null ist; dann erhalten wir nach der Produktregel

$$\rho\frac{Dc_i}{Dt} = \frac{\partial \rho c_i}{\partial t} + \frac{\partial \rho c_k c_i}{\partial x_k}$$

und haben damit eine lokale Ableitung abgespalten. Gleichung (4.1-4) lautet dann

$$\frac{d}{dt}\int_{\tilde{V}} \rho c_i\, dV = \int \frac{\partial \rho c_i}{\partial t} dV + \frac{\partial \rho c_k c_i}{\partial x_k} dV,$$

wobei es auf der rechten Seite wieder gleich ist, ob wir über das materielle Volumen $\tilde{V}$ oder über das raumfeste Volumen V integrieren, das sich zu der betrachteten Zeit gerade mit $\tilde{V}$ deckt. Wir legen uns jetzt beim ersten Integral auf der rechten Seite auf das raumfeste Volumen V fest, dann hängt der Integrationsbereich V nur von den Ortskoordinaten ab, die bei der lokalen Ableitung konstant gehalten werden; wir können deshalb in diesem Term Differentiation und Integration vertauschen. Wenn wir noch den zweiten Term auf der rechten Seite nach dem Gaußschen Satz (A 47) in ein Oberflächenintegral umwandeln, erhalten wir

$$\frac{d}{dt}\int_{\tilde{V}} \rho c_i\, dV = \frac{d}{dt}\int_{V} \rho c_i\, dV + \oint \rho c_i c_k\, dA_k,$$
$$\frac{d}{dt}\int_{\tilde{V}} \rho \underline{c}\, dV = \frac{d}{dt}\int_{V} \rho \underline{c}\, dV + \oint \rho \underline{c}\, \underline{c}\cdot d\underline{A}. \tag{4.1-5}$$

Der zweite Term auf der rechten Seite stellt den Abfluss von Impuls über die Oberfläche des Volumens dar, vgl. die Überlegungen zur Herleitung von (3.4-4). Damit lässt sich diese Gleichung anschaulich interpretieren:

Die Zunahme an Impuls in einem materiellen Volumen ist gleich der Zunahme an Impuls in dem raumfesten Volumen, das sich zum betrachteten Zeitpunkt mit dem materiellen Volumen gerade deckt, vermehrt um den Impuls, der mit der Strömung aus diesem Volumen abfließt.

Das ist das gesuchte Transporttheorem für den Impuls. Es stellt die integrale Formulierung der Formel (3.2-8) für die substantielle Beschleunigung dar: Die linken Seiten von (4.1-5) und (3.2-8) sind über (4.1-4) verknüpft; (3.2-8) lässt sich als Transporttheorem für den spezifischen Impuls (Impuls pro Masseneinheit, das ist die Geschwindigkeit) interpretieren.

So wie (3.2-8) die Anwendung des (allgemeinen) Transporttheorems (3.2-6) auf eine spezielle Größe (die Geschwindigkeit) ist, ist auch (4.1-5) die Anwendung eines allgemeinen Transporttheorems, vgl. die Zusatzaufgabe.

Der Impulssatz für ein raumfestes Volumen

Setzt man das Transporttheorem (4.1-5) in die Formulierung (4.1-2) des Impulssatzes für ein materielles Volumen ein, so erhält man sofort die Formulierung des Impulssatzes für ein raumfestes Volumen:

$$\boxed{\frac{d}{dt}\int_V \rho \underline{c}\, dV = -\oint \rho \underline{c}\, \underline{c} \cdot d\underline{A} + \int \rho \underline{f}\, dV + \oint \underline{\sigma}\, dA.} \tag{4.1-6}$$

Auch diese Formel lässt sich anschaulich interpretieren:

Die Zunahme an Impuls in einem raumfesten Volumen ist gleich dem Zufluss an Impuls in das Volumen, vermehrt um die daran von außen angreifende Kraft.

Speziell für ein reibungsfreies Fluid ergibt sich dann nach (4.1-3)

$$\frac{d}{dt}\int_V \rho \underline{c}\, dV = -\oint \rho \underline{c}\, \underline{c} \cdot d\underline{A} + \int \rho \underline{f}\, dV - \oint p\, d\underline{A}. \tag{4.1-7}$$

Der Impulssatz in differentieller Form (die Eulersche Bewegungsgleichung)

Aus der Formulierung für ein materielles Volumen können wir leicht eine differentielle Formulierung des Impulssatzes gewinnen, wenn wir alle Terme in Volumenintegrale umwandeln. Dazu müssen wir auf der linken Seite des Impulssatzes nach (4.1-4) die Differentiation unter das Integral ziehen und auf der rechten Seite das Oberflächenintegral nach dem Gaußschen Satz (A 46) in ein Volumenintegral umwandeln. Das ist in der Form (4.1-2) nicht ohne weiteres möglich, wir müssen uns deshalb an dieser Stelle auf reibungsfreie Fluide beschränken, d. h. von (4.1-3) ausgehen. (Die Verallgemeinerung auf reibungsbehaftete Fluide werden wir in Kapitel 8 vornehmen.) Wir erhalten dann

$$\boxed{\rho \frac{D\underline{c}}{Dt} = \rho \underline{f} - \operatorname{grad} p,} \quad \boxed{\rho \frac{Dc_i}{Dt} = \rho f_i - \frac{\partial p}{\partial x_i}.} \tag{4.1-8}$$

Diese Gleichung nennt man die Eulersche Bewegungsgleichung. Sie gilt in dieser Form

- für stationäre und instationäre Strömungen,
- für kompressible und inkompressible Fluide,
- nur für reibungsfreie Fluide.

Aufgabe 1

Unter welcher Voraussetzung gilt $\oint \underline{\sigma}\, dA = -\oint p\, d\underline{A}$?

Aufgabe 2

Beweisen Sie die folgende Formel für die zeitliche Änderung der kinetischen Energie in einem materiellen Volumen:

$$\frac{d}{dt}\int\limits_{\tilde{V}} \rho \frac{c^2}{2} dV = \int \frac{\rho}{2} \frac{Dc^2}{Dt} dV.$$

Zusatzaufgabe

Beweisen Sie die Verallgemeinerung von (4.1-4) und (4.1-5)

$$\frac{d}{dt}\int_{\tilde{V}} \rho\psi\, dV = \int \rho \frac{D\psi}{Dt}\, dV, \tag{4.1-9}$$

$$\frac{d}{dt}\int_{\tilde{V}} \psi\, dV = \frac{d}{dt}\int_{V} \psi\, dV + \oint \psi c_k\, dA_k, \tag{4.1-10}$$

wobei ψ eine beliebige Feldgröße (auch eine Koordinate eines Tensors beliebiger Stufe) ist! Die Gleichung (4.1-10) nennt man das Reynoldssche Transporttheorem, es ist offenbar die integrale Form des Transporttheorems (3.2-6): Die zeitliche Änderung einer extensiven Größe für ein materielles Volumen ist gleich der zeitlichen Änderung derselben Größe für das raumfeste Volumen, das sich zum betrachteten Zeitpunkt mit dem materiellen Volumen gerade deckt, vermehrt um den Abfluss dieser Größe aus dem Volumen.

LE 4.2 Die Eulersche Bewegungsgleichung in Bahnlinienkoordinaten. Die radiale Druckgleichung

Wenn der Verlauf der Bahnlinien bekannt ist, ist häufig die Darstellung der Eulerschen Bewegungsgleichung in Bahnlinienkoordinaten nützlich. Aus der Tangentialkoordinate dieser Darstellung erhält man die Bernoullische Gleichung, ihre Normalkoordinate stellt die radiale Druckgleichung dar.

Die Eulersche Bewegungsgleichung in Bahnlinienkoordinaten

Unter Bahnlinienkoordinaten verstehen wir das folgende an jedem Ort und zu jeder Zeit verschiedene rechtwinklige Koordinatensystem:

- Der eine Einheitsvektor weist jeweils in Richtung der Geschwindigkeit, man nennt ihn den Tangentenvektor $\underline{e}_T$.
- Der andere Einheitsvektor weist jeweils in die Richtung zum Krümmungsmittelpunkt der Bahnlinie, man nennt ihn den (Haupt-)Normalenvektor $\underline{e}_N$.
- Der dritte Einheitsvektor $\underline{e}_B$ ist durch $\underline{e}_B = \underline{e}_T \times \underline{e}_N$ gegeben, man nennt ihn den Binormalenvektor.

Diese drei Einheitsvektoren zusammen nennt man auch das begleitende Dreibein der Bahnlinien.

Wir wollen jetzt die Eulersche Bewegungsgleichung in Bahnlinienkoordinaten hinschreiben; wir beschränken uns auf den Fall, dass als einzige äußere Kraft die Schwerkraft wirkt, und orientieren die z-Achse wieder entgegen der Schwerkraft. Nach (2.2-1) und (2.2-2) ist dann $\underline{f} = -\operatorname{grad} U$, $U = gz$; damit lautet die Eulersche Bewegungsgleichung (4.1-8)

$$\rho \frac{D\underline{c}}{Dt} = -\rho g \operatorname{grad} z - \operatorname{grad} p. \tag{4.2-1}$$

Um diese Gleichung in Bahnlinienkoordinaten darzustellen, benötigen wir die Bahnlinienkoordinaten eines Gradienten und die Bahnlinienkoordinaten der Beschleunigung. Die Bahnlinienkoordinaten eines Gradienten sind die Richtungsableitungen in den Koordinatenrichtungen, wir schreiben dafür

$$\operatorname{grad} \psi = \frac{\partial \psi}{\partial s}\underline{e}_T + \frac{\partial \psi}{\partial n}\underline{e}_N + \frac{\partial \psi}{\partial b}\underline{e}_B. \tag{4.2-2}$$

Um die Bahnlinienkoordinaten der Beschleunigung zu ermitteln, gehen wir aus von der Formel für die Zerlegung der Beschleunigung eines Massenpunktes in Bahnlinienkoordinaten[1]

$$\frac{d\underline{c}}{dt} = \frac{dc}{dt}\underline{e}_T + \frac{c^2}{R}\underline{e}_N. \tag{4.2-3}$$

Darin ist c der Betrag der Geschwindigkeit und R der Krümmungsradius der Bahnlinie; die Größe dc/dt nennt man Tangentialbeschleunigung, die Größe c^2/R Zentripetalbeschleunigung. Will man diese Gleichung auf die Bewegung eines Kontinuums übertragen, so muss man die zeitliche Ableitung für den Massenpunkt durch die zeitliche Ableitung für ein festes Teilchen, also durch die substantielle Ableitung ersetzen: $\frac{D\underline{c}}{Dt} = \frac{Dc}{Dt}\underline{e}_T + \frac{c^2}{R}\underline{e}_N$, wobei nach (3.2-6) $\frac{Dc}{Dt} = \frac{\partial c}{\partial t} + \underline{c} \cdot \operatorname{grad} c$ ist. In Bahnlinienkoordinaten ist $\underline{c} \cdot \operatorname{grad} c = c\frac{\partial c}{\partial s}$; damit erhält man

$$\frac{D\underline{c}}{Dt} = \left(\frac{\partial c}{\partial t} + c\frac{\partial c}{\partial s}\right)\underline{e}_T + \frac{c^2}{R}\underline{e}_N. \tag{4.2-4}$$

Die Eulersche Bewegungsgleichung (4.2-1) lautet also in Bahnlinienkoordinaten

$$\begin{aligned} \frac{\partial c}{\partial t} + c\frac{\partial c}{\partial s} &= -g\frac{\partial z}{\partial s} - \frac{1}{\rho}\frac{\partial p}{\partial s}, \\ \frac{c^2}{R} &= -g\frac{\partial z}{\partial n} - \frac{1}{\rho}\frac{\partial p}{\partial n}, \end{aligned} \tag{4.2-5}$$

1 Vgl. Karl-August Reckling: Mechanik I, 2. Aufl., S. 53, Gleichung (3.14). Braunschweig: Vieweg 1973. Istvan Szabo: Einführung in die technische Mechanik, 8. Aufl., S. 229, Gleichung (19.15). Berlin usw.: Springer 1975.

$$0 = -g\frac{\partial z}{\partial b} - \frac{1}{\rho}\frac{\partial p}{\partial b}.$$

Diese Gleichungen gelten
- für stationäre und instationäre Strömungen,
- für kompressible und inkompressible Fluide,
- nur für reibungsfreie Fluide,
- nur im Schwerefeld.

Die Eulersche Bewegungsgleichung in Stromlinienkoordinaten

Statt für die Bahnlinien kann man ein begleitendes Dreibein auch für die Stromlinien definieren. Im Tangentenvektor $\underline{e}_T$ stimmen die beiden begleitenden Dreibeine überein, da sich Bahnlinien und Stromlinien stets tangieren. Das bedeutet, dass die Gleichung $(4.2\text{-}5)_1$ zugleich in Stromlinienkoordinaten gilt. In den beiden übrigen Einheitsvektoren können sich die begleitenden Dreibeine unterscheiden, da der Krümmungsradius von Stromlinie und Bahnlinie nach Größe und Richtung verschieden sein kann. Nur wenn Stromlinien und Bahnlinien zusammenfallen, gelten auch die Gleichungen $(4.2\text{-}5)_2$ und $(4.2\text{-}5)_3$ zugleich in Stromlinienkoordinaten. Das ist bekanntlich in richtungsstationären (speziell in stationären) Strömungen der Fall.

Die radiale Druckgleichung

Die Gleichung $(4.2\text{-}5)_2$ nennt man die radiale Druckgleichung, weil sie den Druck auf benachbarte Bahnlinien (oder vor allem im stationären Fall auch auf benachbarte Stromlinien) miteinander verknüpft. Wichtig ist vor allem der Zusammenhang zwischen Bahnlinienkrümmung und Druckfeld, wenn der Einfluss des Schwerefeldes vernachlässigt werden kann. Dann lautet die radiale Druckgleichung einfach

$$\boxed{\frac{c^2}{R} = -\frac{1}{\rho}\frac{\partial p}{\partial n}.} \tag{4.2-6}$$

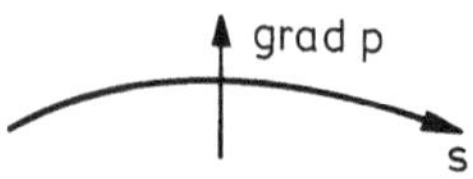

Man sieht daraus, dass quer zu einer gekrümmten Bahnlinie ein Druckgradient herrscht, der von der konkaven zur konvexen Seite gerichtet ist: Die durch die Dichte dividierte negative Richtungsableitung des Druckes nach außen ist gerade gleich der Zentripetalbeschleunigung, d. h. das Druckfeld liefert die nach innen gerichtete Zentripetalbeschleunigung, die für die Krümmung der Bahnlinie erforderlich ist. Sind die Bahnlinien gerade, d. h. ist der Krümmungsradius unendlich, so ändert sich auch der Druck quer zu den Bahnlinien nicht, siehe auch https://youtu.be/skpfP01QBU0.

Aufgabe 1

Unter welchen Voraussetzungen gelten die Gleichungen (4.2-5) auch in Stromlinienkoordinaten?

Aufgabe 2

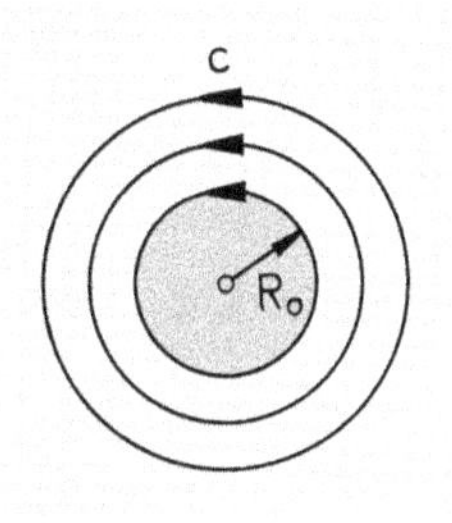

Berechnen Sie die Druckverteilung $p = p(R)$ einer stationären, reibungsfreien, inkompressiblen, ebenen, rotationssymmetrischen Strömung um einen rotierenden Zylinder mit dem Radius R_0! Die Stromlinien seien konzentrische Kreise. Für die Geschwindigkeitsverteilung gelte $c = k/R$, wobei k eine Konstante ist. Der Druck an der Zylinderwand sei p_0. Der Schwerkrafteinfluss sei vernachlässigbar.

Aufgabe 3

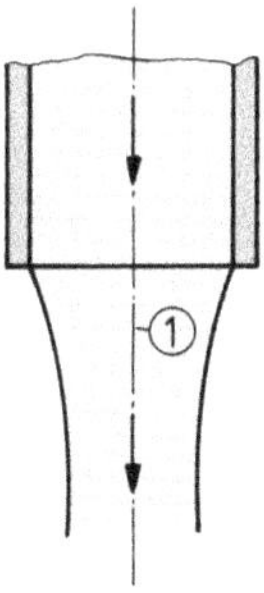

Ein aus einem Wasserhahn fließender Strahl verengt sich hinter dem Austrittsquerschnitt in der skizzierten Weise. Welche der folgenden Aussagen gilt zwischen dem Druck p_1 in der Strahlachse im Querschnitt 1 und dem äußeren Luftdruck p_0?

A. $p_1 < p_0$ □
B. $p_1 = p_0$ □
C. $p_1 > p_0$ □

LE 4.3 Die Bernoullische Gleichung für inkompressible Fluide (Teil 1)

Aus der Eulerschen Bewegungsgleichung in der Tangentenrichtung der Bahnlinien- oder Stromlinienkoordinaten kann man durch Integration längs einer Stromlinie die Bernoullische Gleichung gewinnen, eine Bilanzgleichung für die mechanische Energie. Für inkompressible Fluide wird diese Gleichung besonders einfach. In dieser und der folgenden Lehreinheit wollen wir die Bernoullische Gleichung für inkompressible Fluide herleiten und auf verschiedene Probleme anwenden. Wegen der Vielfalt der Anwendungsmöglichkeiten enthält diese Lehreinheit mehr Aufgaben als üblich.

Wir beschränken uns im Folgenden auf inkompressible Fluide, dann lässt sich $(4.2\text{-}5)_1$ auch

$$\frac{\partial c}{\partial t} + \frac{\partial}{\partial s}\left(\frac{c^2}{2} + gz + \frac{p}{\rho}\right) = 0$$

schreiben.[2] Integration längs einer Stromlinie[3] zwischen zwei Punkten P_1 und P_2 zu einer festen Zeit ergibt

$$\boxed{\int_{(1)}^{(2)} \frac{\partial c}{\partial t} ds + \frac{c_2^2 - c_1^2}{2} + g(z_2 - z_1) + \frac{p_2 - p_1}{\rho} = 0.} \tag{4.3-1}$$

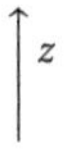

Diese Gleichung nennt man die Bernoullische Gleichung. Sie gilt in dieser Form
- für stationäre und instationäre Strömungen,
- nur für inkompressible Fluide,
- nur für reibungsfreie Fluide,
- nur im Schwerefeld,
- nur zwischen zwei Punkten einer Stromlinie zur selben Zeit.

Alle Glieder dieser Gleichung haben die Dimension einer spezifischen Energie (Energie durch Masse). Man kann sie folgendermaßen interpretieren:

$\int_{(1)}^{(2)} \frac{\partial c}{\partial t} ds$	als spezifische Beschleunigungsarbeit,
$\frac{c_2^2 - c_1^2}{2}$	als Änderung der spezifischen kinetischen Energie,
$\frac{p_2 - p_1}{\rho}$	als Änderung der spezifischen Druckenergie,
$g(z_2 - z_1)$	als spezifische Arbeit gegen das Schwerefeld oder als Änderung der spezifischen potentiellen Energie.

2 Nach der Kettenregel ist $\frac{\partial}{\partial s}\left(\frac{c^2}{2}\right) = \frac{d}{dc}\left(\frac{c^2}{2}\right)\frac{\partial c}{\partial s} = c\frac{\partial c}{\partial s}$.

3 ds ist zwar auch in einer instationären Strömung in jedem Punkt und zu jeder Zeit zugleich Element der Bahnlinie und der Stromlinie durch diesen Punkt; die diese Kurvenelemente zum betrachteten Zeitpunkt verbindenden Linien sind jedoch die Stromlinien. Deshalb muss die Integration längs der Stromlinien erfolgen.

Die Bernoullische Gleichung stellt also eine Energiebilanz dar, sie darf aber nicht mit dem Energiesatz (1. Hauptsatz) der Thermodynamik in Verbindung gebracht werden. Das erkennt man schon daran, dass darin keine thermodynamischen Größen (wie die Temperatur) auftreten. Auch ist der Energiesatz in der Thermodynamik (wie die Kontinuitätsgleichung in der Kinematik oder der Impulssatz in der Mechanik) eine Grundgleichung, während die Bernoullische Gleichung eine Folgerung aus einer solchen Grundgleichung (nämlich dem Impulssatz) ist. Man nennt eine solche Folgerung aus dem Impulssatz, die sich dimensionell als Energiebilanz interpretieren lässt, einen mechanischen Energiesatz.

Stationäre Strömungen

Ist die Strömung zusätzlich stationär, so verschwindet die spezifische Beschleunigungsarbeit und damit der einzige Anteil, der sich nicht als Energieänderung deuten lässt. Die Bernoullische Gleichung lässt sich dann

$$\boxed{\begin{aligned} &\frac{c_2^2 - c_1^2}{2} + g(z_2 - z_1) + \frac{p_2 - p_1}{\rho} = 0, \\ &\frac{c_1^2}{2} + gz_1 + \frac{p_1}{\rho} = \frac{c_2^2}{2} + gz_2 + \frac{p_2}{\rho}, \\ &\frac{c^2}{2} + gz + \frac{p}{\rho} = H = \text{const}, \\ &c\,dc + g\,dz + \frac{dp}{\rho} = 0 \end{aligned}} \tag{4.3-2}$$

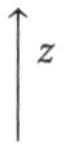

schreiben. In dieser Form gilt sie
- nur für stationäre Strömungen,
- nur für inkompressible Fluide,
- nur für reibungsfreie Fluide,
- nur im Schwerefeld,
- nur zwischen zwei Punkten einer Stromlinie.

Man kann dann eine spezifische mechanische Energie oder Bernoullische Konstante H definieren, die längs jeder Stromlinie konstant, aber von Stromlinie zu Stromlinie im Allgemeinen verschieden ist. Diese spezifische mechanische Energie setzt sich zusammen aus
- spezifischer kinetischer Energie,
- spezifischer potentieller Energie und
- spezifischer Druckenergie.

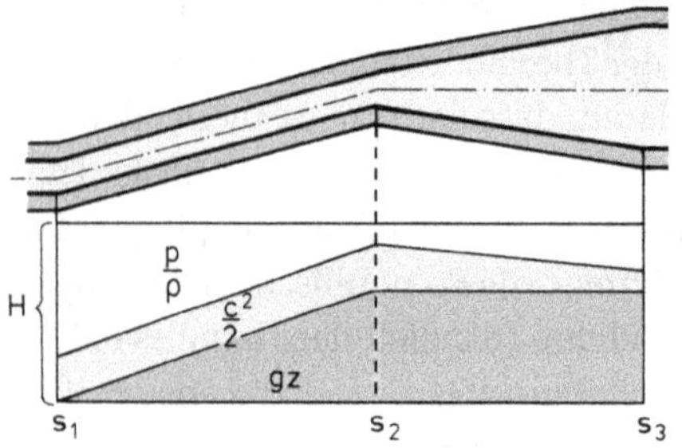

Für jede Stromlinie lässt sich also ein Bernoulli-Diagramm zeichnen, in dem die drei Anteile für jeden Punkt der Stromlinie übereinander aufgetragen sind. Dabei hängt der Anteil der spezifischen potentiellen Energie und damit auch die Größe der Bernoullischen Konstante von der Wahl des Nullpunktes der z-Achse ab. Im Allgemeinen legt man den Nullpunkt der z-Achse in den tiefsten Punkt des Stromfadens (oder tiefer), dann ist die potentielle Energie nie negativ. Die beiden anderen Anteile sind unabhängig von der Wahl des Koordinatensystems aus physikalischen Gründen nie negativ.

Kavitation

Der Druck darf in einer Rohrleitung nie unter den Dampfdruck (vgl. Lehreinheit 1.2) sinken, sonst verdampft die Flüssigkeit an dieser Stelle. Dieser Vorgang, dass an einer Stelle in einer Flüssigkeitsströmung der Dampfdruck unterschritten wird und sich infolgedessen mit Dampf angefüllte Hohlräume bilden, nennt man Kavitation. Er ist in der Technik sehr gefährlich: Wenn die Dampfblasen mit der Strömung ein ein Gebiet kommen, wo der Druck wieder größer als der Dampfdruck ist, fallen sie zusammen, und die Flüssigkeit kann mit so großer Kraft gegen die Wand schlagen, dass selbst Stahl stark angefressen (korrodiert) wird. Der Vorgang ist auch mit einem belästigenden ratternden Geräusch (Kavitationslärm) und mit Verlusten, d. h. einer Verringerung des Wirkungsgrades verbunden, und natürlich gilt auch die Bernoullische Gleichung über eine solche Stelle hinweg nicht mehr.

Die Strömungsberechnung für reibungsfreie inkompressible Fluide

Die Strömung eines reibungsfreien inkompressiblen Fluids wird durch die Angabe von Geschwindigkeitsfeld und Druckfeld, also durch vier Feldgrößen, vollständig beschrieben. Zu ihrer Berechnung steht uns mit der Kontinuitätsgleichung und der Eulerschen Bewegungsgleichung ein System von vier partiellen Differentialgleichungen zur Verfügung.

Längs eines Stromfadens benötigen wir nur den Betrag der Geschwindigkeit und den Druck. Sind beide in einem Querschnitt des Stromfadens gegeben, so genügen zwei Gleichungen, um sie in einem beliebigen anderen Punkt des Stromfadens zu bestimmen. Als diese Gleichungen legen sich die Kontinuitätsgleichung (3.5-15) und die Bernoullische Gleichung (4.3-1) nahe; allerdings gilt die Kontinuitätsgleichung (3.5-15) längs eines Stromfadens, der bei instationären Strömungen durch Streichlinien begrenzt wird, und die Bernoullische Gleichung (4.3-1) gilt längs einer Stromlinie. Die radiale Druckgleichung $(4.2\text{-}5)_2$ schließlich verknüpft die Strömung auf benachbarten Bahnlinien. Man kann diese drei Gleichungen also nur für richtungsstationäre Strömungen kombinieren, für die Stromlinien, Bahnlinien und Streichlinien bekanntlich zusammenfallen.

Wir behandeln nun zunächst stationäre Strömungen.

Beispiel

A. Aus einem großen, oben offenen Wasserreservoir fließt in der Tiefe H unter dem Wasserspiegel aus einer kleinen Bodenöffnung der Fläche A_2 Wasser aus. Die Strömung sei stationär; das setzt voraus:

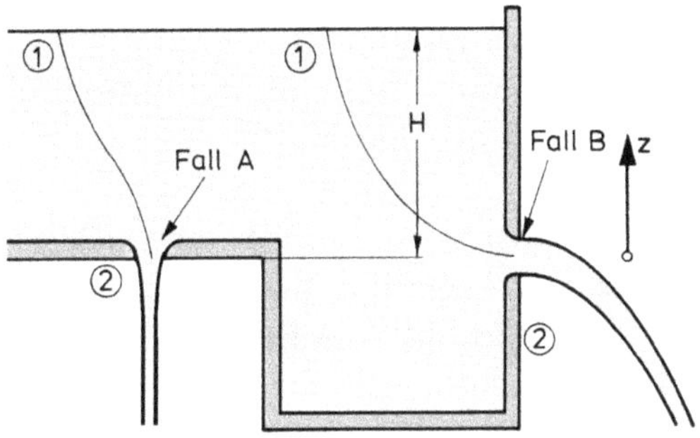

- Seit der Öffnung des Auslasses im Boden ist so viel Zeit verstrichen, dass der Anlaufvorgang abgeschlossen ist.
- Das Flächenverhältnis $m = A_2/A_1$ zwischen Bodenöffnung und Wasserspiegel ist so klein, dass es null gesetzt werden kann; dann kann die Spiegelabsenkung vernachlässigt werden.

Berechnen Sie die Ausflussgeschwindigkeit c_2 und den austretenden Volumenstrom $\dot{V}$!

B. Wie ändert sich das Ergebnis, wenn die Austrittsöffnung nicht am Boden, sondern in derselben Tiefe in der Seitenwand angebracht ist?

Lösung:

A. Wir setzen die Bernoullische Gleichung längs einer Stromlinie zwischen zwei Punkten an, an denen wir p, z und c kennen oder suchen, in diesem Falle zwischen einem Punkt P_1 an der Wasseroberfläche und einem Punkt P_2 in der

Bodenöffnung:

$$\frac{c_2^2 - c_1^2}{2} + g(z_2 - z_1) + \frac{p_2 - p_1}{\rho} = 0. \tag{a}$$

Wenn die Spiegelabsenkung vernachlässigt werden kann, ist $c_1 = 0$; c_2 ist die gesuchte Ausflussgeschwindigkeit. Unabhängig von der Wahl des Ursprungs der z-Achse ist $z_2 - z_1 = -H$, und der Druck ist an beiden Punkten gleich dem äußeren Luftdruck p_0 (die hydrostatische Druckverteilung in der Atmosphäre ist gegenüber den anderen Termen vernachlässigbar), wir können also $p_2 = p_1 = p_0$ setzen. Damit folgt

$$c_2 = \sqrt{2gH}. \tag{4.3-3}$$

Diese Formel wurde bereits 1644 von Torricelli angegeben; man nennt sie deshalb die Torricellische Ausflussformel. Die Geschwindigkeit ist übrigens dieselbe wie bei einem aus der Höhe H frei fallenden Körper: In beiden Fällen wird die der Höhendifferenz H entsprechende potentielle Energie voll in kinetische Energie umgesetzt.

Der Volumenstrom ergibt sich nach (3.5-17) zu

$$\dot{V} = c_2 A_2 = A_2\sqrt{2gH}. \tag{b}$$

B. An den obigen Überlegungen ändert sich in erster Näherung nichts, wenn sich eine Öffnung derselben Fläche A_2 in derselben Tiefe H in der Seitenwand befindet; die Torricellische Formel gilt also dann auch.

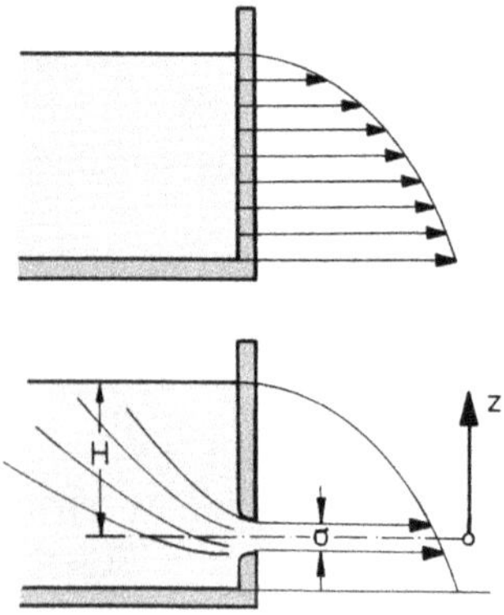

Trägt man die zu jeder Höhe H gehörige Ausflussgeschwindigkeit maßstabsgerecht ein, so bilden die Spitzen der Geschwindigkeitspfeile eine Parabel. Ist die Ausflussöffnung so groß, dass man die Änderung der Ausflussgeschwindigkeit mit der Höhe berücksichtigen muss, so muss man also für jede Ausflusshöhe die Bernoullische Gleichung (a) getrennt ansetzen. Für eine Stromlinie, welche die Ausflussöffnung in der Höhe z erreicht, ist $c_1 = 0$ und $c_2 = c(z)$. Wählt man den Nullpunkt der z-Achse in der Mitte der Ausflussöffnung, so ist $z_1 = H$ und $z_2 = z$.

Wie im Fall A ist $p_1 = p_2 = p_0$. Damit erhalten wir statt (4.3-3)

$$c(z) = \sqrt{2g(H-z)}. \tag{c}$$

Der Volumenstrom berechnet sich dann nach (3.4-5). Speziell für eine rechteckige Öffnung der Höhe a und der Breite b gilt

$$\dot{V} = \int_{-\frac{a}{2}}^{+\frac{a}{2}} \sqrt{2g(H-z)}\, b\, dz$$

oder nach Ausführung der Integration

$$\dot{V} = \frac{2b}{3}\sqrt{2g}\left[\left(H+\frac{a}{2}\right)^{3/2} - \left(H-\frac{a}{2}\right)^{3/2}\right].$$

Zieht man die Lösung (b) als Faktor heraus, so ergibt sich

$$\dot{V} = A_2\sqrt{2gH}\,\frac{(1+\frac{a}{2H})^{3/2} - (1-\frac{a}{2H})^{3/2}}{\frac{3a}{2H}}. \tag{d}$$

Aufgabe 1

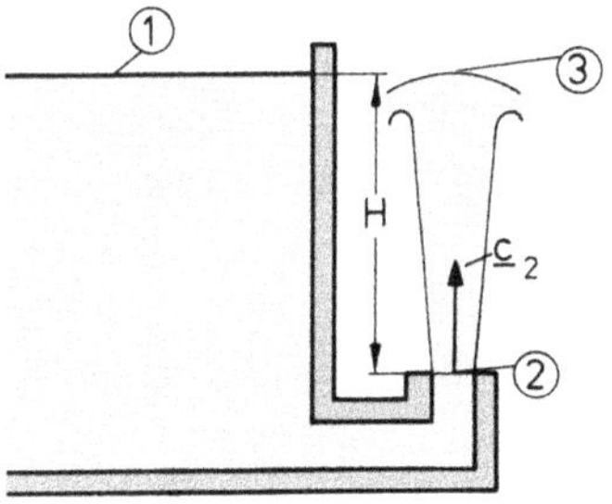

A. Wie groß ist die Ausflussgeschwindigkeit c_2 bei stationärer Strömung?
B. Wie hoch steigt der Wasserstrahl bei Vernachlässigung von Reibungseffekten?

Aufgabe 2

Zwei sehr große Wasserbecken mit Niveauunterschied H sind durch eine dünne Rohrleitung entsprechend der Skizze verbunden. Berechnen Sie die Geschwindigkeit, mit der das Wasser an der Stelle E bei stationärer Strömung ins untere

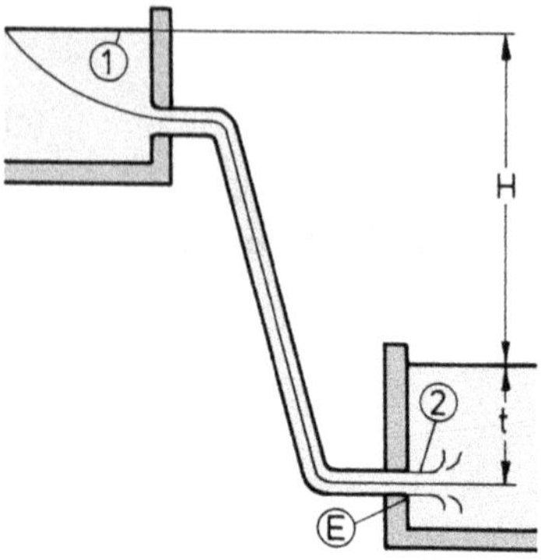

Becken eintritt, und skizzieren Sie das Bernoulli-Diagramm zwischen den Querschnitten 1, E und 2!

Lösungshinweis: An der Eintrittsstelle E bildet sich ein Freistrahl aus; oberhalb und unterhalb des Freistrahls kann man das Fluid in erster Näherung als ruhend annehmen. Die Grenze zwischen dem Freistrahl und seiner Umgebung wird durch eine dünne Schicht gebildet, in der die Geschwindigkeit von der Strömungsgeschwindigkeit c_2 im Freistrahl auf praktisch null abfällt; man nennt eine solche Schicht eine Grenzschicht. Diese Grenzschicht ist instabil und verwirbelt sich deshalb weiter stromab. Die Verwirbelung ist mit Verlusten verbunden; vom Beginn der Verwirbelung an kann man also die Bernoullische Gleichung nicht mehr verwenden. Im Querschnitt 2 dicht hinter der Eintrittsstelle kann man jedoch in guter Näherung die Grenzschicht durch eine Diskontinuitätsfläche ersetzen und die Stromlinien im Freistrahl als gerade annehmen.

Aufgabe 3

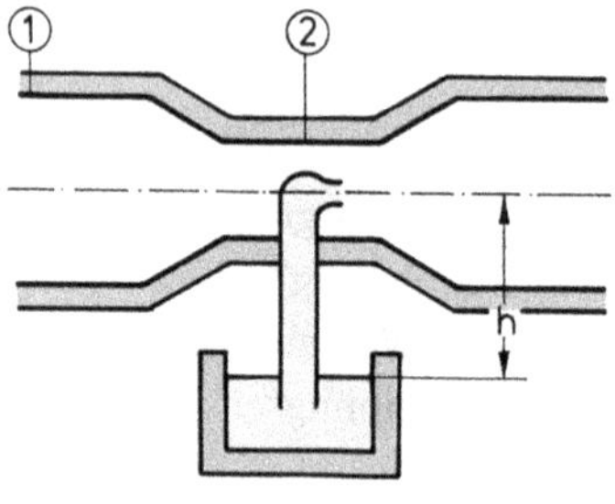

Zerstäuber, Wasserstrahlpumpe

Eine waagerechte Rohrleitung mit den Querschnitten A_1 und A_2 wird von einem Fluid der Dichte ρ durchströmt. An der Einschnürungsstelle wird ein Steigrohr angeschlossen, das in ein Fluid der Dichte ρ' taucht. Wir nehmen an, dass das Fluid der Dichte ρ' gerade bis an das obere Ende des Steigrohrs angesaugt worden ist, aber im Steigrohr ruht. Bestimmen Sie die Ansaughöhe h, wenn A_1, A_2, c_1, p_1, p_0, ρ, ρ' und g bekannt sind! (Nach diesem Prinzip arbeiten der Zerstäuber und die Wasserstrahlpumpe: Im Zerstäuber saugt Luft [Dichte ρ] eine Flüssigkeit [Dichte ρ'], z. B. Parfum, an; bei der Vermischung mit der Luft wird die Flüssigkeit zusätzlich zerstäubt. In der Wasserstrahlpumpe saugt Wasser [Dichte ρ] ein Gas [Dichte ρ'] an; dadurch kann das Gasgefäß bis auf den Dampfdruck des Wassers evakuiert werden.)

Aufgabe 4

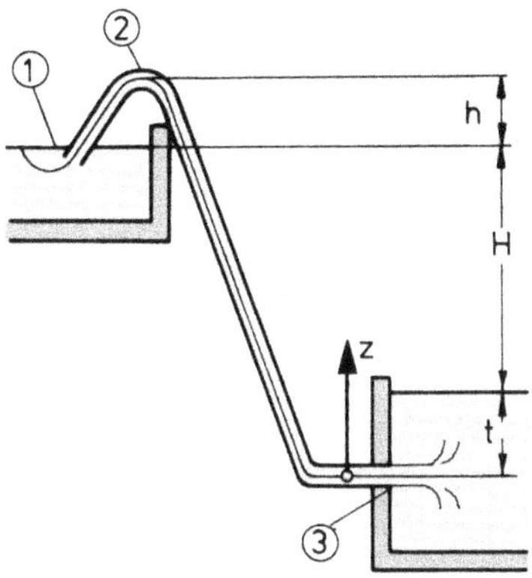

Zwei sehr große Wasserbecken mit dem Niveauunterschied H sind durch eine dünne Rohrleitung entsprechend der Skizze verbunden.

A. Zeichnen Sie das Bernoulli-Diagramm zwischen den Punkten 1 und 3!
B. An welchem Punkt auf der Rohrleitung tritt zuerst Kavitation auf?
C. Welche Bedingung muss erfüllt sein, damit keine Kavitation auftritt?

Gegeben sind ρ, g, H, p_0 und der Dampfdruck p_S des Wassers.

Aufgabe 5

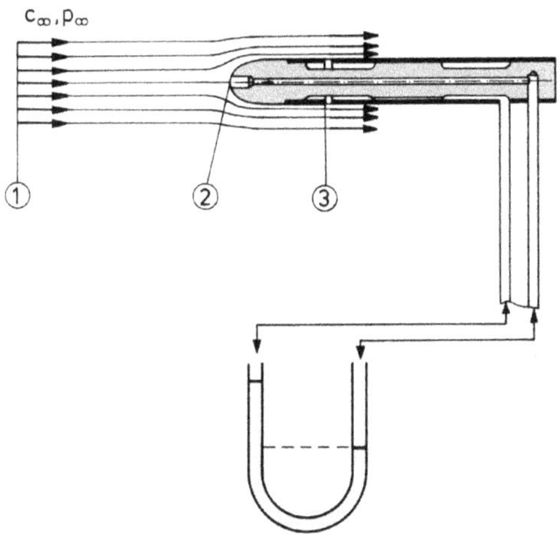

Um die Geschwindigkeit einer Strömung zu messen, kann man ein so genanntes Prandtlsches Staurohr verwenden. Es besteht aus einem vorne in einer Halbkugel endenden massiven zylindrischen Rohr, das in seiner Achse eine dünne Bohrung hat; diese Bohrung überträgt den Druck p_0 im Staupunkt 2 auf den einen Schenkel eines U-Rohr-Manometers. Das Staurohr hat im Querschnitt 3 weit genug hinten, wo die Stromlinien der Umströmung wieder praktisch parallel sind und deshalb wieder in guter Näherung der Umgebungsdruck p_∞ herrscht, längs eines Umfangs weitere Bohrungen, die den Druck im Querschnitt 3 auf den anderen Schenkel des U-Rohr-Manometers übertragen. Mit Hilfe der Bernoullischen Gleichung lässt sich dann aus der Dichte ρ des strömenden Mediums und der Druckdifferenz zwischen den Punkten 2 und 3 die Geschwindigkeit c_∞ im Querschnitt 1 genügend weit vor dem Staurohr berechnen, wo die Strömung noch nicht durch das Staurohr gestört ist. Ist das Staurohr klein genug, so kann man diese Geschwindigkeit mit der ungestörten Geschwindigkeit am Ort des Staurohrs gleichsetzen.

A. Berechnen Sie die Geschwindigkeit c_∞ als Funktion von $p_0 - p_\infty$!
B. Am U-Rohr-Manometer werde die Spiegeldifferenz H abgelesen, die Dichte der Manometerflüssigkeit sei ρ'. Berechnen Sie die Geschwindigkeit c_∞ als Funktion von H!

Aufgabe 6

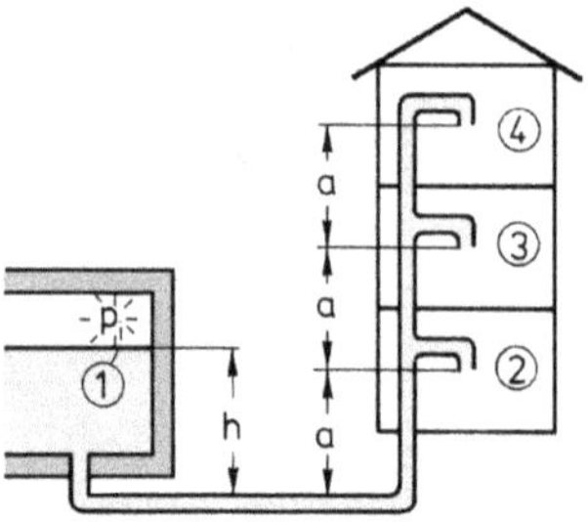

Ein Haus wird aus einem großen Druckbehälter mit Wasser versorgt. Berechnen Sie die Ausflussgeschwindigkeit in den drei Stockwerken und die Geschwindigkeit in der unterirdischen Zuleitung! Die Austrittsquerschnitte seien sämtlich A, der Zuleitungsquerschnitt A'.

Lösungshinweis: Betrachten Sie drei verschiedene im Querschnitt 1 (der Wasseroberfläche im Innern des Druckbehälters) beginnende Stromlinien, von denen eine in den ersten Stock, eine andere in den zweiten und die dritte in den dritten Stock führt[4]!

LE 4.4 Die Bernoullische Gleichung für inkompressible Fluide (Teil 2)

Instationäre Strömungen durch einen ruhenden Stromfaden

Wir wollen jetzt die Bernoullische Gleichung auf instationäre Strömungen durch einen ruhenden Stromfaden anwenden. Die Strömung ist dann stets richtungsstationär, man kann also Kontinuitätsgleichung und Bernoullische Gleichung kombinieren; außerdem ist dann der Querschnitt des Stromfadens keine Funktion der Zeit, die Kontinuitätsgleichung (3.5-15) ergibt dann also zwischen einem beliebi-

4 Alle drei Stromlinien haben dieselbe Bernoullische Konstante. Beim umgekehrten Problem der Vereinigung mehrerer zunächst getrennter Rohre ist das in der Regel nicht der Fall. Auf solche Probleme lässt sich deshalb die Bernoullische Gleichung in der hier verwendeten Form nicht anwenden, vgl. dazu den Abschnitt über die Bernoullische Gleichung für sich vereinigende Stromfäden in Lehreinheit 5.5.

gen Querschnitt und einem festen Querschnitt, den wir durch den Index v kennzeichnen wollen, in der Form

$$c(s,t)A(s) = c_v(t)A_v. \tag{4.4-1}$$

Unter diesen Voraussetzungen lässt sich das instationäre Glied der Bernoullischen Gleichung (4.3-1) folgendermaßen umformen:

$$\int\limits_{(1)}^{(2)} \frac{\partial c}{\partial t} ds = \int\limits_{(1)}^{(2)} \frac{\partial}{\partial t} \frac{c_v(t)A_v}{A(s)} ds = \int\limits_{(1)}^{(2)} \frac{dc_v}{dt} \frac{A_v}{A(s)} ds = \frac{dc_v}{dt} \int\limits_{(1)}^{(2)} \frac{A_v}{A(s)} ds.$$

Auf diese Weise hat man den zeitabhängigen Anteil vor das Integral gezogen; das übrig bleibende Integral nennen wir die reduzierte Länge zum Querschnitt v zwischen den Querschnitten 1 und 2:

$$\overset{(2)}{\underset{(1)}{\mathrm{L}_{\mathrm{red},v}}} = \int\limits_{(1)}^{(2)} \frac{A_v}{A(s)} ds. \tag{4.4-2}$$

Die Bernoullische Gleichung lässt sich demnach für die Strömung durch einen ruhenden Stromfaden

$$\frac{dc_v}{dt} \overset{(2)}{\underset{(1)}{\mathrm{L}_{\mathrm{red},v}}} + \frac{c_2^2 - c_1^2}{2} + g(z_2 - z_1) + \frac{p_2 - p_1}{\rho} = 0 \qquad \uparrow z \tag{4.4-3}$$

schreiben.

Beispiel 1

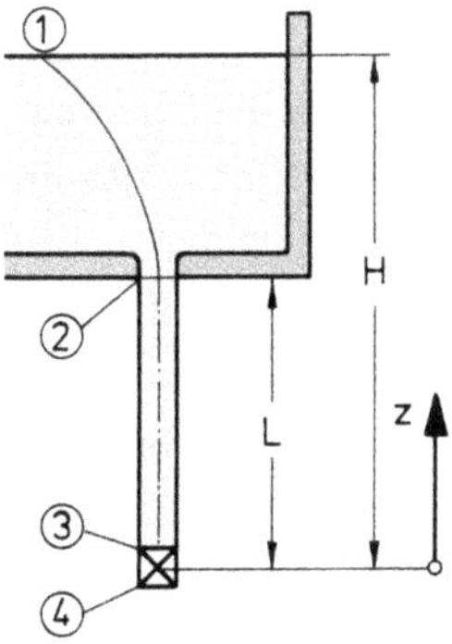

An einem großen, oben offenen Wasserreservoir ist ein Fallrohr (Querschnitt A_2, Länge L) angebracht, das unten durch ein Ventil verschlossen werden kann. In der Zeit von $t = 0$ bis $t = T$ werde das Ventil so geschlossen, dass der Volumenstrom linear vom Wert der stationären Strömung auf null abnimmt. Die räumliche Ausdehnung des Ventils im Verhältnis zu L sei vernachlässigbar. Berechnen Sie den zeitlichen Verlauf des Druckes p_3 vor dem Ventil und der Geschwindigkeit c_4 hinter dem Ventil!

Lösung:

A. Berechnung von p_3

Wir setzen die Bernoullische Gleichung zwischen den Querschnitten 1 und 3 an, dabei ist $c_1 = 0$ und (wenn wir den äußeren Luftdruck p_0 nennen) $p_1 = p_0$. Bei geöffnetem Ventil gilt für die Ausflussgeschwindigkeit c_4 und damit nach der Kontinuitätsgleichung auch für c_2 nach der Torricellischen Formel (4.3-3)

$$c_2 = \sqrt{2gH}. \tag{a}$$

Da nach der Aufgabe der Volumenstrom (und das heißt auch die Geschwindigkeit c_2) in der Zeit von $t = 0$ bis $t = T$ linear von diesem Wert auf null abnehmen soll, gilt während dieser Zeit

$$c_2(t) = \left(1 - \frac{t}{T}\right)\sqrt{2gH}. \tag{b}$$

Setzt man das sowie $c_1 = 0$ und $p_1 = p_0$ in die Bernoullische Gleichung (4.4-3) ein, so erhält man für $\nu = 2$

$$-\frac{\sqrt{2gH}}{T}L + gH\left(1 - \frac{t}{T}\right)^2 - gH + \frac{p_3 - p_0}{\rho} = 0,$$

$$p_3(t) - p_0 = \rho gH\left[1 - \left(1 - \frac{t}{T}\right)^2\right] + \frac{\rho L\sqrt{2gH}}{T}. \tag{c}$$

Der Überdruck vor dem Ventil während des Schließvorgangs ($0 \le t \le T$) setzt sich also aus zwei Anteilen zusammen. Der erste entspricht der Differenz aus der ursprünglich (d. h. im Querschnitt 1) vorhanden gewesenen potentiellen Energie eines Fluidteilchens und seiner kinetischen Energie im Querschnitt 3: Zu Beginn des Schließvorgangs, beim stationären Ausfluss, wird die potentielle Energie voll in kinetische Energie umgesetzt, dieser Anteil ist also wie bei der Torricellischen Ausflussformel (4.3-3) null. Im Laufe des Schließvorgangs sinkt die kinetische Energie auf null ab, während die potentielle Energie unverändert bleibt, damit steigt dieser Anteil am Ende des Schließvorgangs auf den hydrostatischen Überdruck an: die potentielle Energie wird voll in Druckenergie umgesetzt. Der zweite Anteil entspricht der Verzögerungsarbeit, er ist bei dem vorgegebenen Schließgesetz (lineare Geschwindigkeitsabnahme) während des ganzen Schließvorgangs konstant und proportional zur Dichte, zur Rohrlänge und zur stationären Geschwindigkeit sowie umgekehrt proportional zur Schließzeit.

Der Überdruck kann insbesondere bei kurzer Schließzeit hohe Werte annehmen. Etwa bei $L = 3\,\text{m}$, $c = \sqrt{2gH} = 20\,\text{m/s}$ (mit $H = 20\,\text{m}$) und $T = 1\,\text{s}$ ergibt sich ein Überdruck von 2,6 bar.

B. Berechnung von c_4
Zwischen den Querschnitten 3 und 4 sind die Voraussetzungen von (4.4-3) nicht erfüllt; wir müssen also die Bernoullische Gleichung in der Form (4.3-1) ansetzen. Wenn das Ventil klein genug ist und die Strömung langsam genug fließt, kann man in (4.3-1) das erste und das dritte Glied gegenüber den beiden anderen vernachlässigen, und wir erhalten mit $c_3 = c_2$, $p_4 = p_0$

$$\frac{c_4^2 - c_2^2}{2} + \frac{p_0 - p_3}{\rho} = 0, \quad c_4 = \sqrt{2gH\left(1 + \frac{2L}{T\sqrt{2gH}}\right)}. \tag{d}$$

Die Ausflussgeschwindigkeit ist also (bei linearem Schließgesetz) während des Schließvorgangs konstant, die lineare Verringerung des Volumenstroms entsteht also durch eine lineare Verkleinerung des Austrittsquerschnitts. Im Übrigen ist die Ausflussgeschwindigkeit größer als bei stationärem Ausfluss; der Zusatzterm ist eine Folge der Verzögerungsarbeit.

Beispiel 2

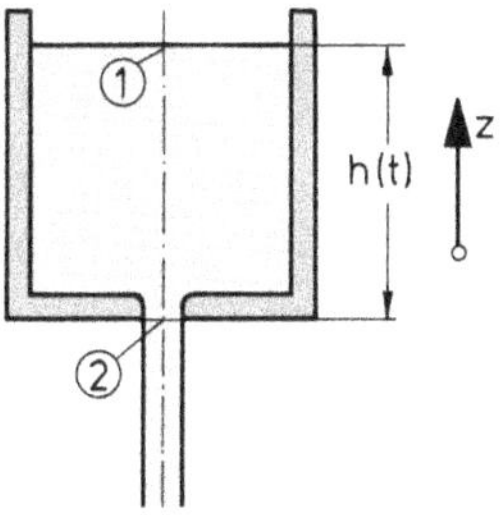

Wir betrachten jetzt den Ausfluss aus dem Boden eines Gefäßes mit endlichem Querschnitt; dabei müssen wir im Gegensatz zu den bisherigen Beispielen das Sinken des Wasserspiegels berücksichtigen, d. h. die Spiegelhöhe h ist jetzt eine Funktion der Zeit. Wir wollen annehmen, dass zur Zeit $t = 0$ die Bodenöffnung plötzlich geöffnet wird und das Wasser auszufließen beginnt; die Höhe des Wasserspiegels zu diesem Zeitpunkt sei H. Wir fragen nach $c_2(t)$ und nach der Ausflusszeit T.

Lösung: Die Bernoullische Gleichung (4.4-3) zwischen den Querschnitten 1 und 2 lautet für $\nu = 1$

$$\frac{dc_1}{dt}h + \frac{c_2^2 - c_1^2}{2} - gh = 0; \tag{a}$$

man beachte, dass dabei der Punkt 1 mit dem Wasserspiegel sinkt, also zu jedem Zeitpunkt eine andere Lage hat. Die Kontinuitätsgleichung (3.5-15) ergibt $c_1 A_1 =$

c_2A_2 oder mit der Abkürzung $\alpha = A_2/A_1$

$$c_2 = \frac{c_1}{\alpha}. \tag{b}$$

Ferner besteht zwischen der jeweiligen Spiegelhöhe h und der Geschwindigkeit c_1 die Beziehung

$$c_1 = -\frac{dh}{dt}. \tag{c}$$

Aus diesen drei Gleichungen kann man c_1 und c_2 eliminieren und erhält

$$h\frac{d^2h}{dt^2} - \frac{1-\alpha^2}{2\alpha^2}\left(\frac{dh}{dt}\right)^2 + gh = 0. \tag{d}$$

Das ist eine gewöhnliche Differentialgleichung für $h(t)$; dazu gehören die Anfangsbedingungen

$$h(0) = H, \quad \frac{dh}{dt}(0) = 0. \tag{e}$$

Wir wollen dieses Anfangswertproblem nicht allgemein untersuchen,[5] sondern auf den Fall beschränken, dass das Querschnittsverhältnis $\alpha \ll 1$ ist. Dann kann man wegen (b) in der Bernoullischen Gleichung (a) offenbar $c_1^2/2$ gegen $c_2^2/2$ vernachlässigen. Außerdem wird der Wasserspiegel relativ langsam sinken. Es ist deshalb anschaulich plausibel, dass man die zeitliche Änderung dc_1/dt seiner Sinkgeschwindigkeit ebenfalls gegenüber $c_2^2/2$ vernachlässigen kann; das gilt jedoch nicht in der Anlaufphase, wo c_1 und c_2 von null an in kurzer Zeit auf einen endlichen Wert steigen und wo man deshalb umgekehrt $c_2^2/2$ gegen dc_1/dt vernachlässigen kann. Wir erhalten deshalb näherungsweise für die kurze Anlaufphase $dc_1/dt = g$ oder

$$\frac{d^2h}{dt^2} = -g \tag{f}$$

und für den Rest der Zeit $c_1 = \alpha\sqrt{2gH}$ oder

$$\frac{dh}{dt} = -\alpha\sqrt{2g}\sqrt{h}. \tag{g}$$

5 Dazu E. Truckenbrodt: Die instationäre und quasi-stationäre Betrachtungsweise beim Ausfluss einer Flüssigkeit aus einem Gefäß. Seite 25–29 in: Aus Theorie und Praxis der Ingenieurwissenschaften. Festschrift zum 65. Geburtstag von István Szabó. Berlin usw.: Ernst 1971.

(Vom doppelten Vorzeichen der Wurzel kommt nur das Minuszeichen in Frage, weil h mit der Zeit abnehmen muss.)

Aus (f) folgt unter Beachtung der beiden Anfangsbedingungen (e)

$$h = H - \frac{g}{2}t^2, \quad c_1 = gt, \quad c_2 = \frac{g}{\alpha}t; \tag{h}$$

in der Anlaufphase gelten also für den Wasserspiegel die Fallgesetze.

Für den Rest der Zeit folgt aus (g) durch Trennung der Variablen unter Berücksichtigung der Anfangsbedingungen für h

$$h = H\left(1 - \alpha\sqrt{\frac{g}{2H}}t\right)^2, \quad c_1 = \alpha\sqrt{2gH}\left(1 - \alpha\sqrt{\frac{g}{2H}}t\right),$$
$$c_2 = \sqrt{2gH}\left(1 - \alpha\sqrt{\frac{g}{2H}}t\right). \tag{i}$$

Die zweite Anfangsbedingung ist nicht mehr zu erfüllen. Das ist mathematisch plausibel, da (g) im Gegensatz zu (f) eine Differentialgleichung erster Ordnung ist; das ist auch physikalisch plausibel, da diese Näherung das Ansteigen der Geschwindigkeit von null an in der Anlaufphase gerade nicht beschreibt. Für die Ausflusszeit $t = T$ muss in (i) $h = 0$ sein, wir erhalten also

$$T = \frac{1}{\alpha}\sqrt{\frac{2H}{g}}. \tag{j}$$

Man überzeugt sich leicht, dass nach (i) und (j)

$$\int_0^T c_2 A_2 \, dt = A_1 H \tag{k}$$

ist; das in der Ausflusszeit T ausfließende Volumen ist also auch in der Näherungsrechnung exakt gleich dem zu Beginn im Gefäß vorhandenen Volumen.

Quasistationäre Behandlung instationärer Probleme

Man nennt eine Näherung, bei der das instationäre Glied als klein gegenüber anderen Gliedern vernachlässigt, aber die Zeitabhängigkeit in den Größen in den übrigen Gliedern berücksichtigt wird, quasistationär. Teil B im Beispiel 1 und die Gleichung (g) und ihre Lösung (i) bis (k) im Beispiel 2 stellen Beispiele für die quasistationäre Behandlung eines instationären Problems dar. Ob und unter welchen

Einschränkungen ein Problem quasistationär behandelt werden kann, ist von Fall zu Fall zu untersuchen.

Aufgabe 1

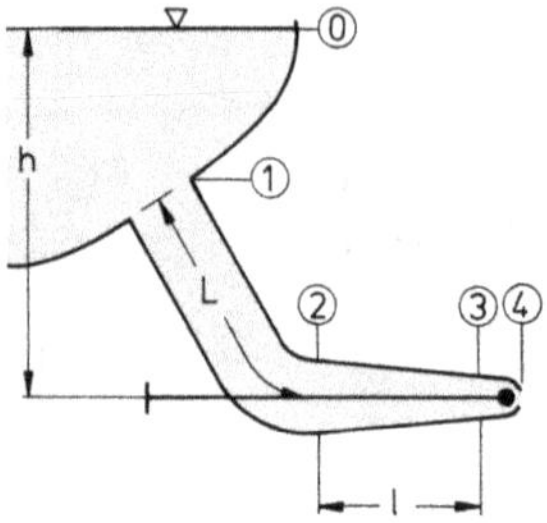

Beim Abschalten einer Peltonturbine werde die Düsennadel so bewegt, dass der Volumenstrom nach dem Gesetz

$$\dot{V} = \dot{V}_0 \cos\left(\frac{\pi}{2}\frac{t}{T}\right)$$

abnimmt. Die Strömung sei reibungsfrei und inkompressibel. Der Rohrquerschnitt A sei zwischen den Querschnitten 1 und 2 gleich A_0 und nehme zwischen den Querschnitten 2 und 3 nach dem Gesetz

$$A(s) = A_0\left(1 - \frac{s}{2l}\right)^2$$

ab. Weiter sei $A_4 = mA_3$ mit $m < 1$ und $l \ll L$.

Wie hoch steigt der Druck im Querschnitt 3 vor der Düse?

Aufgabe 2

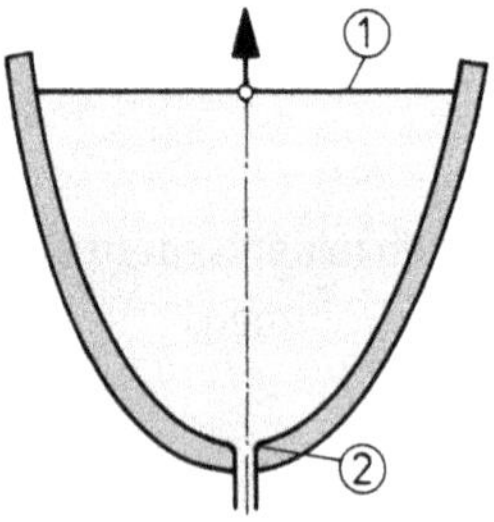

Aus der Antike sind Wasseruhren aus Glas bekannt, deren Form so gewählt ist, dass der Wasserspiegel mit konstanter Geschwindigkeit sinkt. Wenn man die Wasseruhr bei geöffneter Bodenöffnung füllt, gibt es keine Anlaufphase, und man kann quasistationär rechnen: Bestimmen Sie unter dieser Voraussetzung die Form des Gefäßes!

Kapitel 5
Rohrhydraulik und numerische Simulationen

In diesem Kapitel wollen wir die Bernoullische Gleichung auf Rohrströmungen erweitern, in denen mechanische Energie verbraucht wird oder denen mechanische Energie von außen (durch eine Pumpe) zugeführt wird; wir beschränken uns dabei auf Strömungen inkompressibler Fluide. Eine Strömung, in der mechanische Energie verbraucht, d. h. in innere Energie umgewandelt wird, nennen wir verlustbehaftet, den Vorgang selbst nennt man Dissipation.

Wir wollen uns zunächst mit einigen grundlegenden Eigenschaften der Rohrströmung beschäftigen, besonders mit der Tatsache, dass in einem Rohr zwei verschiedene Strömungszustände auftreten können, die man laminar und turbulent nennt (Lehreinheit 5.1). Anschließend wollen wir die Bernoullische Gleichung auf verlustbehaftete Strömungen und auf Strömungen mit Energiezufuhr verallgemeinern (Lehreinheit 5.2). Die drei folgenden Lehreinheiten (5.3 bis 5.5) sind den Ursachen für die Dissipation mechanischer Energie in einer Rohrströmung gewidmet. Abschließend wollen wir die Energiezufuhr in einer Rohrströmung behandeln und zeigen, wie man eine Rohrströmung berechnet, in der diese verschiedenen Effekte nebeneinander auftreten (Lehreinheit 5.6).

In der Lehreinheit 5.7 werden wir uns der Visualisierung von Strömungen mittels numerischer Simulation widmen, um Strömungslehre mit zeitgemäßen industriellen Methoden derart zu motivieren, dass dennoch die Notwendigkeit ersichtlich wird, die pure Theorie weiter zu vertiefen. Inzwischen sind die numerischen Berechnungswerkzeuge derart einfach zu bedienen und stehen zudem als Studentenversion frei im Internet zur Verfügung, dass eine ausführliche Behandlung der Theorie als überflüssig erscheint. Der hier neue didaktische Ansatz ist „Strömunglehre lernen mittels Computational Fluid Dynamics (CFD)“.

LE 5.1 Die Rohrströmung

Bei der Strömung durch ein rundes Rohr können zwei verschiedene Strömungszustände auftreten, die man laminar und turbulent nennt. Die laminare Rohrströmung lässt sich exakt berechnen; man nennt sie die Hagen-Poiseuille-Strömung. Die turbulente Rohrströmung lässt sich nur näherungsweise berechnen, vgl. Lehreinheit 13.5. Wir wollen hier zunächst die laminare Rohrströmung berechnen und anschließend die wichtigsten Unterschiede zwischen den beiden Strömungsformen kennen lernen.

https://doi.org/10.1515/9783110641455-005

Die Hagen-Poiseuille-Strömung

Wir wollen die Strömung eines newtonschen Fluids durch ein rundes Rohr untersuchen. Wir betrachten dazu das Gleichgewicht zwischen Druckkräften und Reibungskräften an einem scheibenförmigen Fluidelement mit den Endflächen $A_E = \pi r^2$ und der Mantelfläche $A_M = 2\pi r dx$. Wir erhalten dafür[1]

$$p\pi r^2 - \left(p + \frac{dp}{dx}dx\right)\pi r^2 + \tau \cdot 2\pi r\, dx = 0.$$

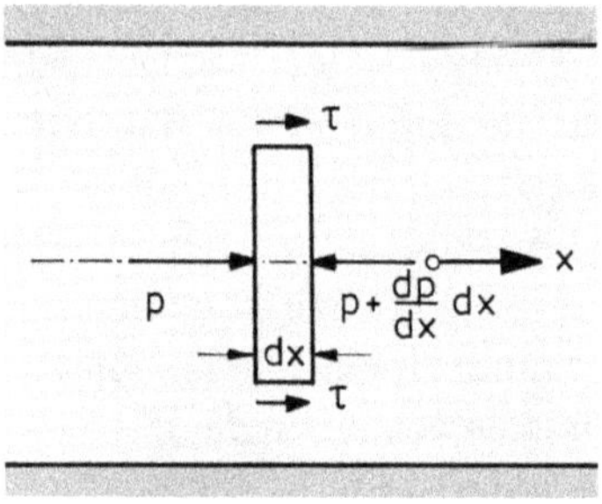

Daraus folgt

$$\tau = \frac{r}{2}\frac{dp}{dx}. \tag{5.1-1}$$

Nach dem Newtonschen Schubspannungsansatz (1.7-4) ist $\tau = \eta \frac{du}{dr}$, es gilt also

$$\frac{du}{dr} = \frac{1}{2\eta}\frac{dp}{dx}r. \tag{5.1-2}$$

Integration unter Berücksichtigung der Randbedingung $u(R) = 0$, welche die Adhäsion des Fluids an der Rohrwand ausdrückt, ergibt

$$u(r) = \frac{R^2}{4\eta}\left(-\frac{dp}{dx}\right)\left[1 - \left(\frac{r}{R}\right)^2\right]. \tag{5.1-3}$$

Wir erhalten eine parabolische Geschwindigkeitsverteilung, dabei ist der Druckgradient dp/dx konstant und negativ.

Der Volumenstrom $\dot{V}$ durch das Rohr ist mit $dA = 2\pi r\, dr$

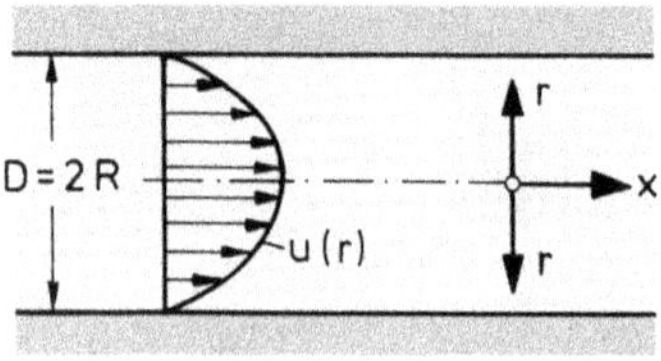

$$\dot{V} = \int_0^R u(r) \cdot 2\pi r\, dr.$$

Mit (5.1-3) ergibt die Integration

$$\dot{V} = \frac{\pi R^4}{8\eta}\left(-\frac{dp}{dx}\right). \tag{5.1-4}$$

1 Darin sind τ und dp/dx Koordinaten (des Spannungsvektors bzw. des Druckgradienten), sie können also auch negativ sein.

Diesen Zusammenhang zwischen Volumenstrom und Druckgradienten bezeichnet man als Hagen-Poiseuillesches Gesetz. Für die mittlere Geschwindigkeit c der Stromfadentheorie erhält man nach (3.5-17)

$$c = \frac{\dot{V}}{\pi R^2} = \frac{R^2}{8\eta}\left(-\frac{dp}{dx}\right). \tag{5.1-5}$$

Das Geschwindigkeitsprofil (5.1-3) lässt sich damit schreiben

$$\frac{u(r)}{c} = 2\left[1-\left(\frac{r}{R}\right)^2\right]. \tag{5.1-6}$$

Die maximale Geschwindigkeit herrscht in der Rohrachse ($r = 0$) und ist

$$u_{\max} = 2c. \tag{5.1-7}$$

Der Druckverlust Δp_V im Rohr zwischen zwei Querschnitten im Abstand L ist mit (5.1-5) und $D = 2R$

$$\Delta p_V = \left(-\frac{dp}{dx}\right)L = \frac{8\eta cL}{R^2} = \frac{32\eta cL}{D^2}. \tag{5.1-8}$$

Die laminare und die turbulente Rohrströmung

Außer der soeben berechneten Hagen-Poiseuille-Strömung kann in einem Rohr noch ein anderer Strömungszustand auftreten, der durch unregelmäßige Geschwindigkeitsschwankungen quer zur Hauptströmungsrichtung gekennzeichnet ist. Diese Geschwindigkeitsschwankungen sind zwar in der Regel klein im Vergleich zur mittleren Geschwindigkeit c, aber doch von makroskopischer Größenordnung. Es handelt sich dabei also um die unregelmäßige Bewegung von Volumenelementen im Sinne der Kontinuumstheorie, nicht wie bei der mikroskopischen Geschwindigkeit in Lehreinheit 1.7 um die unregelmäßige Bewegung einzelner Moleküle.

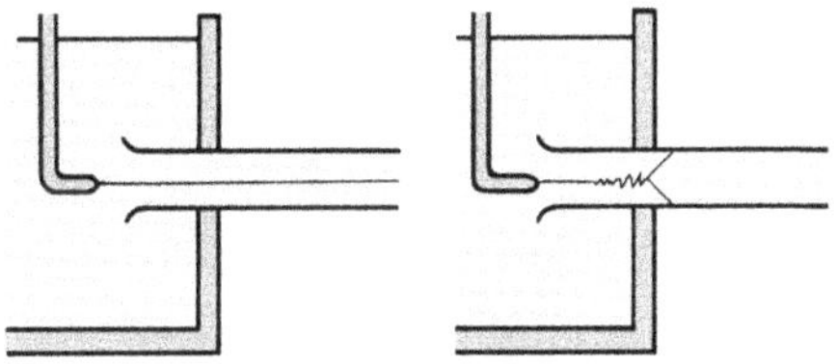

Dass in einem Rohr zwei verschiedene Strömungszustände auftreten können, wurde durch einen berühmt gewordenen Versuch von Osborne Reynolds aus dem Jahre 1883 bekannt, den man den Reynoldsschen Farbfadenversuch nennt. Reynolds ließ Wasser durch ein Glasrohr fließen; um äußere Störungen zu vermeiden, kam das Wasser aus einem Behälter, der tags zuvor gefüllt worden war, so dass alle Störungen vor Beginn des Experiments abgeklungen waren. Um Störungen beim Rohreinlauf zu vermeiden, war der Einlauf sorgfältig gerundet; im Rohr setzte Reynolds dem strömenden Wasser über eine dünne Kapillare gefärbtes Wasser zu. Er beobachtete, das sich der so entstehende Farbfaden bei geringem Volumenstrom als dünner Faden durch das Rohr zog; von einem bestimmten Volumenstrom an verteilte sich dagegen das gefärbte Wasser kurz hinter dem Austritt aus der Kapillare über den ganzen Rohrquerschnitt. Er wiederholte den Versuch mit Rohren verschiedenen Durchmessers und zog daraus mehrere Schlüsse:

- In einer Rohrströmung gibt es zwei verschiedene Strömungszustände: Bei dem einen, den wir heute laminar (von lat. lamina – die Platte) nennen, strömt das Fluid in Schichten, die sich nicht vermischen; bei dem anderen, den wir heute turbulent (von lat. turbulentus – unruhig) nennen, wird diese Bewegung von einer unregelmäßigen Schwankungsbewegung überlagert, die zu einer verstärkten Vermischung der Strömung führt.
- Die Grenze zwischen den beiden Strömungszuständen hängt nicht allein vom Volumenstrom, sondern aus einer dimensionslosen Kombination aus Volumenstrom $\dot{V}$, Rohrdurchmesser D und kinematischer Zähigkeit ν ab. Üblicherweise ersetzt man den Volumenstrom durch die mittlere Geschwindigkeit c; dann hängt der Strömungszustand von der später Reynoldszahl genannten Größe

$$\boxed{\mathrm{Re} := \frac{cD}{\nu} = \frac{cD\rho}{\eta}} \tag{5.1-9}$$

  ab. Die Reynoldszahl, bis zu der eine Strömung laminar ist, nennt man ihre kritische Reynoldszahl.
- Die kritische Reynoldszahl ist um so größer, je kleiner die von außen in die Strömung eingebrachten Störungen sind: Gibt man sich keine besondere Mühe, solche Störungen zu vermeiden, schlägt die Strömung bereits bei einer Reynoldszahl von etwa 2300 um. Mit besonderer experimenteller Sorgfalt ist es gelungen, die Strömung noch bei einer Reynoldszahl von 50 000 laminar zu halten.

Spätere Untersuchungen haben eine ganze Reihe von praktisch wichtigen Unterschieden zwischen der laminaren und der turbulenten Strömung ergeben, deren physikalische Ursache jedoch immer die durch den Reynoldsschen Farbfadenversuch demonstrierte erhöhte Querdiffusion in der turbulenten Strömung ist:

- Die turbulente Schwankungsbewegung hat eine *erhöhte Querdiffusion aller Transportgrößen* (Masse, Impuls, Drehimpuls, Energie) zur Folge.

Auch in der laminaren Strömung findet eine Querdiffusion von Transportgrößen statt, z. B. gleichen sich Konzentrations- oder Temperaturunterschiede aus. Die physikalische Ursache dafür ist die mikroskopische Bewegung der Moleküle, man spricht deshalb von molekularer Diffusion. Die durch die turbulenten Schwankungen hervorgerufene turbulente Diffusion ist demgegenüber jedoch von größerer Größenordnung.

- Der erhöhte Impulsaustausch hat eine *Vergleichmäßigung des Geschwindigkeitsprofils* zur Folge.

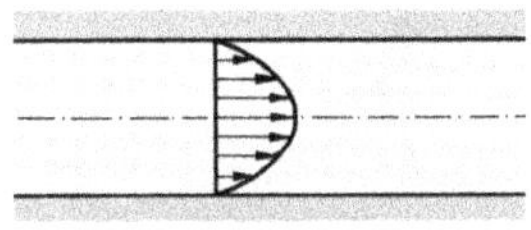

laminar

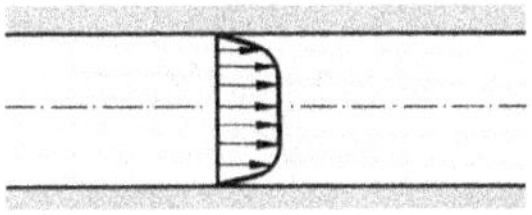

turbulent

In einer laminaren Rohrströmung (Hagen-Poiseuille-Strömung) ist das Geschwindigkeitsprofil nach (5.1-6) parabolisch, die maximale Geschwindigkeit in der Rohrachse ist dann doppelt so groß wie die mittlere Geschwindigkeit. In einer turbulenten Rohrströmung steigt die Geschwindigkeit in der Nähe der Wand steil an (die turbulente Diffusion ist in Wandnähe offenbar nicht so wirksam, die Ursache dafür werden wir noch kennen lernen); im übrigen Teil des Rohrquerschnitts steigt sie nur noch geringfügig, so dass die Geschwindigkeit in der Rohrachse nur etwa das 1,25-fache der mittleren Geschwindigkeit ist.

- Die turbulente Schwankungsbewegung hat einen *erhöhten Druckverlust* und eine *erhöhte Wandschubspannung* zur Folge.

Während der Druckverlust in der Hagen-Poiseuille-Strömung nach (5.1-8) proportional zur mittleren Geschwindigkeit ist, ist er in einer turbulenten Rohrströmung in weiten Bereichen proportional zum Quadrat der mittleren Geschwindigkeit.

Der Zusammenhang (5.1-1) zwischen Schubspannung und Druckgradienten gilt nach seiner Ableitung auch für eine turbulente Rohrströmung. Das bedeutet, dass die Schubspannung an der Rohrwand in einer turbulenten Rohrströmung größer als in einer laminaren Rohrströmung ist. Das ist auch plausibel: Zur Erzeugung der turbulenten Schwankungen ist Arbeit erforderlich, und die wird von der Strömung durch Überwindung einer erhöhten Wandschubspannung geleistet.

Aufgabe 1

Wie muss man den Durchmesser einer Rohrleitung ändern, damit die zunächst turbulente Rohrströmung bei gleichem Volumenstrom laminar wird?

Aufgabe 2

A. Wie viel Wasser kann pro Stunde bei einer Temperatur von 20 °C durch eine Rohrleitung von 100 mm Durchmesser gepumpt werden, wenn die Strömung laminar bleiben soll?
B. Wie groß ist der Druckabfall, wenn die Leitung 10 m lang ist?

LE 5.2 Die Bernoullische Gleichung mit Strömungsverlusten und Energiezufuhr

In dieser Lehreinheit wollen wir die Bernoullische Gleichung (4.3-1) auf Strömungen erweitern, in denen mechanische Energie durch Dissipation verloren geht oder denen mechanische Energie von außen zugeführt wird.[2]

Für die richtungsstationäre Strömung eines inkompressiblen Fluids längs eines Stromfadens im Schwerefeld gilt die Bernoullische Gleichung in der Form (4.3-1)

$$\frac{c_1^2}{2} + gz_1 + \frac{p_1}{\rho} = \int\limits_{(1)}^{(2)} \frac{\partial c}{\partial t} ds + \frac{c_2^2}{2} + gz_2 + \frac{p_2}{\rho}.$$

Wir wollen jetzt annehmen, dass zwischen den Querschnitten 1 und 2 mechanische Energie verbraucht wird. Nun ist die Geschwindigkeit längs eines Stromfadens und damit auch die spezifische kinetische Energie $c_2^2/2$ allein durch c_1 und die Kontinuitätsgleichung festgelegt und die spezifische potentielle Energie gz_2 allein durch die Lage des Stromfadens; die Dissipation muss also voll zu Lasten der spezifischen Druckenergie gehen. Man kann sie deshalb formal durch Einfügung eines Druckverlustgliedes $\Delta p_V/\rho$ auf der rechten Seite berücksichtigen:

$$\frac{c_1^2}{2} + gz_1 + \frac{p_1}{\rho} = \int\limits_{(1)}^{(2)} \frac{\partial c}{\partial t} ds + \frac{c_2^2}{2} + gz_2 + \frac{p_2}{\rho} + \frac{\Delta p_V}{\rho}.$$

Wir wollen weiter annehmen, dass zwischen den Querschnitten 1 und 2 mechanische Energie (z. B. durch eine Pumpe) zugeführt wird, dann steht im Quer-

2 Methodisch ist das eine unzulässige Verallgemeinerung einer Gleichung über den durch ihre Herleitung definierten Gültigkeitsbereich hinaus. Methodisch korrekt müsste man, wie in der Kontinuumsmechanik üblich, zunächst aus dem Impulssatz (4.1-2) einen allgemeinen mechanischen Energiesatz gewinnen und den auf den hier behandelten Fall spezialisieren; das führte auf dasselbe Ergebnis.

schnitt 2 mehr spezifische mechanische Energie zur Verfügung, als im Querschnitt 1 durch $c_1^2/2 + gz_1 + p_1/\rho$ repräsentiert wird. Man kann diese Energiezufuhr formal durch ein Druckglied $\Delta p/\rho$ auf der linken Seite berücksichtigen und und kommt damit zu der folgenden erweiterten Bernoullischen Gleichung:

$$\frac{c_1^2}{2} + gz_1 + \frac{p_1}{\rho} + \frac{\Delta p}{\rho} = \int_{(1)}^{(2)} \frac{\partial c}{\partial t} ds + \frac{c_2^2}{2} + gz_2 + \frac{p_2}{\rho} + \frac{\Delta p_V}{\rho}. \qquad \uparrow z \qquad (5.2\text{-}1)$$

Diese Gleichung gilt
- nur für richtungsstationäre Strömungen,
- nur für inkompressible Fluide,
- bei Berücksichtigung von Strömungsverlusten und Energiezufuhr,
- nur im Schwerefeld,
- nur für einen Stromfadenabschnitt.

Aufgabe 1

Warum ist die spezifische kinetische Energie in einer Rohrströmung unabhängig von der Zähigkeit des Fluids?

A. Weil sie unabhängig von den Lagekoordinaten ist. ☐
B. Weil sie durch die Kontinuitätsgleichung bestimmt wird. ☐
C. Weil sie durch die Bernoullische Gleichung bestimmt wird. ☐

Aufgabe 2

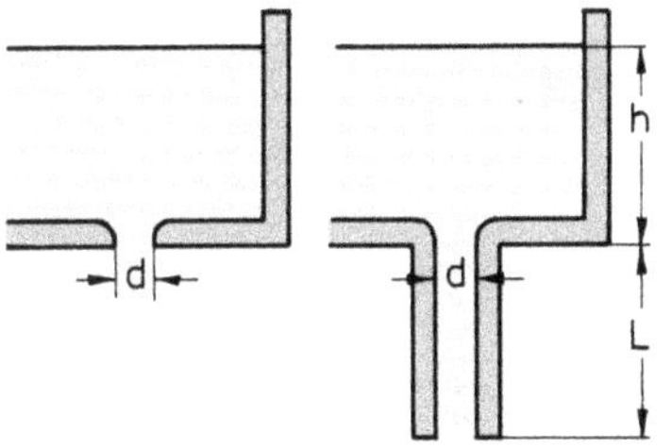

Ein großer Flüssigkeitsbehälter hat in seinem Boden eine kleine Öffnung vom Durchmesser d. Wie groß ist d, wenn durch Anbringen eines Rohrstücks der Länge L und des Durchmessers d an die Behälteröffnung der ausfließende Massenstrom bei laminarer Strömung im Rohr unter Berücksichtigung der Rohrreibungsverluste unverändert bleiben soll?

Lösungshinweis: Die Lösung nimmt eine besonders einfache Form an, wenn man darin η mit Hilfe von (5.1-9) durch die Reynoldszahl der Strömung im Ansatzrohr ersetzt.

LE 5.3 Druckverluste durch Reibung

In der folgenden Lehreinheit wollen wir die Druckverluste untersuchen, die proportional mit der Länge des durchströmten Rohrstücks wachsen. Da sie meist durch die innere Reibung hervorgerufen werden, fasst man sie häufig als Druckverluste durch Reibung zusammen.

Wir betrachten ein gerades Rohrstück der Länge L mit dem Durchmesser D, das mit der mittleren Geschwindigkeit c durchströmt wird. Dann macht man ganz allgemein für die zur Länge L proportionalen Druckverluste den Ansatz

$$\boxed{\frac{\Delta p_V}{\rho} = \lambda \frac{L}{D} \frac{c^2}{2}.} \tag{5.3-1}$$

Der auf diese Weise definierte dimensionslose Koeffizient λ heißt Rohrreibungszahl. Setzt man verschiedene Rohrstücke hintereinander, so addieren sich die Druckverluste der einzelnen Teilstücke:

$$\frac{\Delta p_V}{\rho} = \sum_{\nu} \lambda_\nu \frac{L_\nu}{D_\nu} \frac{c_\nu^2}{2}. \tag{5.3-2}$$

Rohre mit kreisförmigem Querschnitt

Für die Hagen-Poiseuille-Strömung lässt sich die Rohrreibungszahl berechnen: Nach (5.1-8) und (5.1-9) ist

$$\boxed{\lambda = \frac{64}{\mathrm{Re}}.} \tag{5.3-3}$$

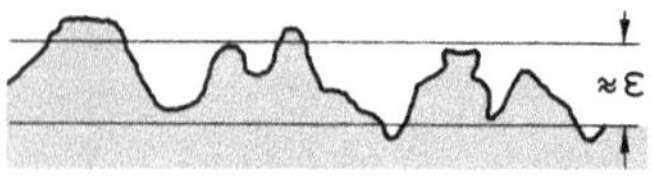

Für eine turbulente Strömung kann man λ nur durch Messung ermitteln. Es zeigt sich, dass die Rohrreibungszahl dann im Allgemeinen außer von der Reynoldszahl noch von der relativen Rauigkeit der Rohrwand abhängt, vgl. dazu Tabelle 10. Bezeichnet man die mittlere Höhe der Rauigkeitselemente der Rohrwand mit ϵ, so nennt man ϵ/D die relative Rauigkeit der Rohrwand. Damit gilt also

$$\lambda = \lambda\left(\mathrm{Re}, \frac{\epsilon}{D}\right). \tag{5.3-4}$$

Den Verlauf von λ für beide Strömungszustände zeigt Diagramm 1 im Anhang. Man kann darin offenbar folgende Bereiche unterscheiden: Im laminaren Bereich $\mathrm{Re} < 2300$ gilt (5.3-3). Im laminar-turbulenten Übergangsbereich $2300 < \mathrm{Re} < 5000$ hängt λ außer von der Reynoldszahl und der relativen Rauigkeit auch von der Größe der zufällig in der Strömung vorhandenen Störungen ab, deshalb lässt sich ein λ-Wert nicht angeben. Im turbulenten Bereich $\mathrm{Re} > 5000$ gilt allgemein (5.3-4); es gibt zwei Grenzfälle: Für genügend kleine relative Rauigkeit hängt λ nur von der Reynoldszahl ab (man spricht dann von hydraulisch glatten Rohren); für genügend große relative Rauigkeit hängt λ umgekehrt nur von der relativen Rauigkeit ab (man spricht dann entsprechend von hydraulisch rauen Rohren).

Für beide Grenzfälle lassen sich semiempirische Formeln angeben; darunter versteht man Formeln, die auf näherungsweise gültigen, plausiblen Ansätzen basieren und meist außerdem experimentell angepasste Konstanten enthalten. Für hydraulisch glatte Rohre gilt

$$\frac{1}{\sqrt{\lambda}} = 2{,}0\ \lg\left(\mathrm{Re}\sqrt{\lambda}\right) - 0{,}8\,, \tag{5.3-5}$$

für hydraulisch raue Rohre

$$\frac{1}{\sqrt{\lambda}} = 1{,}14 - 2{,}0\ \lg\left(\frac{\epsilon}{D}\right). \tag{5.3-6}$$

Für den gesamten turbulenten Bereich gilt die durch Interpolation aus den letzten beiden Formeln gewonnene Gleichung von Colebrook-White, die sich entsprechend numerisch umsetzen lässt:

$$\frac{1}{\sqrt{\lambda}} = -2{,}0\ \lg\left(\frac{2{,}51}{\mathrm{Re}\sqrt{\lambda}} + 0{,}27\frac{\epsilon}{D}\right). \tag{5.3-7}$$

Für $\epsilon/D \to 0$ erhält man daraus (5.3-5), für $\mathrm{Re} \to \infty$ (5.3-6).

Rohre mit nicht-kreisförmigem Querschnitt

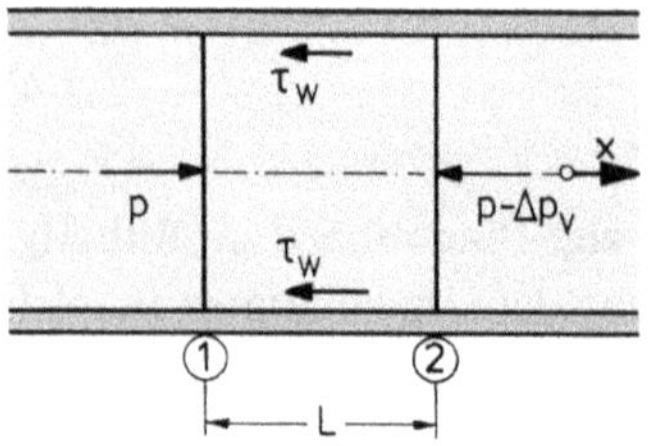

Wir wollen jetzt untersuchen, wie sich diese Ergebnisse auf Rohre mit in Strömungsrichtung konstantem, aber nicht kreisförmigem Querschnitt übertragen lassen. Wir wollen dabei annehmen, dass auch in diesem Falle die Schubspannung τ_W an der Rohrwand längs des Rohrumfangs konstant ist.

Wir können dann analog zur Ableitung des Hagen-Poiseuilleschen Gesetzes in Lehreinheit 5.1 das Gleichgewicht zwischen Druckkräften und Reibungskräften zwischen zwei Rohrquerschnitten 1 und 2 im Abstand L ansetzen. Das Rohr habe den Querschnitt A und den Umfang U, dann ist die Differenz der Druckkräfte auf die beiden Endflächen $\Delta p_V A \underline{e}_x$ und die am Rohrumfang angreifende Reibungskraft $-\tau_W U L \underline{e}_x$, es gilt also $\Delta p_V A - \tau_W U L = 0$ oder[3]

$$\frac{\Delta p_V}{L} = \frac{\tau_W}{A/U}. \tag{5.3-8}$$

Die für das Kräftegleichgewicht charakteristische Querabmessung der Strömung ist also A/U. Für ein Rohr mit kreisförmigem Querschnitt gilt offenbar $A/U = D/4$, man definiert deshalb für ein Rohr mit nicht-kreisförmigem Querschnitt

$$D_{\text{hydr}} := \frac{4A}{U} \tag{5.3-9}$$

als hydraulischen Durchmesser des Rohres. Messungen haben ergeben, dass sich die Definition (5.3-1) der Rohrreibungszahl und das Diagramm 1 (und damit auch die übrigen Formeln dieser Lehreinheit) näherungsweise auf Rohre mit nicht kreisförmigem Querschnitt übertragen lassen, wenn man darin (und in der Reynoldszahl) den Rohrdurchmesser durch den hydraulischen Durchmesser ersetzt. Das gilt natürlich umso besser, je näher der Rohrquerschnitt dem Kreis ist: Noch für Rohre mit einem gleichseitigen Dreieck als Querschnitt ist die Näherung brauchbar, etwa für die Strömung durch einen schmalen rechteckigen Spalt dagegen nicht mehr.

Auch die Strömung in offenen Gerinnen lässt sich auf diese Weise auf die Strömung durch runde Rohre zurückführen. Dabei wirkt natürlich an der Wasseroberfläche keine Wandschubspannung; in (5.3-9) ist dann also für den Umfang U nur derjenige Teil einzusetzen, der durch feste Wände begrenzt wird.

3 Darin sind τ_W und $\Delta p_V/L$ im Gegensatz zu τ und dp/dx in (5.1-1) Beträge von Vektorkomponenten, nicht Vektorkoordinaten.

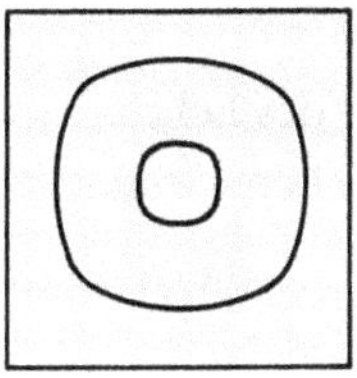

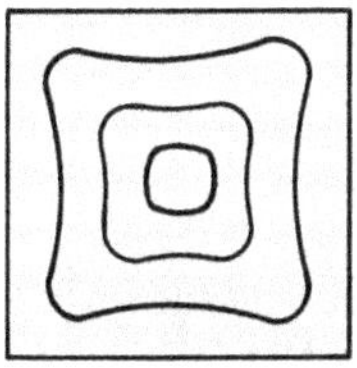

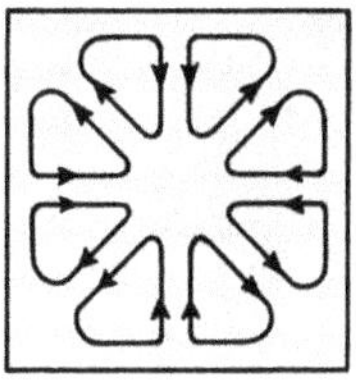

Wir haben zu Beginn dieses Abschnittes vorausgesetzt, dass die Wandschubspannung längs des gesamten Umfangs konstant ist. Für runde Rohre ist das aus Symmetriegründen einsichtig, für Rohre mit nicht kreisförmigem Querschnitt ist das nicht ohne Weiteres plausibel. Etwa für ein Rohr mit quadratischem Querschnitt erwartet man ein Isotachenbild[4] wie in der oberen der drei nebenstehenden Skizzen dargestellt; da die Wandschubspannung dem Anstieg des Geschwindigkeitsprofils senkrecht zur Wand proportional ist, hieße das, dass die Wandschubspannung zu den Ecken hin deutlich abnimmt. In laminaren Strömungen ist das auch der Fall, in den technisch wichtigeren turbulenten Strömungen dagegen misst man ein Isotachenbild wie in der mittleren Skizze; hier ist also die Annahme einer über den Umfang etwa konstanten Wandschubspannung näherungsweise erfüllt. Die unmittelbare Ursache dafür ist das Auftreten einer Sekundärströmung[5] in die Ecken hinein und entsprechend von der Mitte der Wandflächen nach innen wie in der unteren Skizze. Diese Sekundärströmung transportiert Teilchen mit hoher Geschwindigkeit aus der Mitte in Richtung auf die Ecken und umgekehrt Teilchen mit geringer Geschwindigkeit aus der Nähe der Wände nach innen und führt so zu der in der mittleren Skizze dargestellten Form der Isotachen. Da diese Sekundärströmung nur bei turbulenter Strömung auftritt, muss sie sich aus den turbulenten Schwankungsbewegungen erklären lassen. Eine solche Erklärung ist auch möglich; zu ihrem Verständnis reicht allerdings unser bisheriges theoretisches Rüstzeug nicht aus, so dass wir uns hier mit der Beschreibung dieser Erscheinung begnügen müssen[6].

Aufgabe 1

Durch eine horizontale Rohrleitung von 10 m Länge und 100 mm Durchmesser fließen bei einer Temperatur von 20 °C in der Stunde 285 m^3 Wasser (vgl. Aufgabe 2 von Lehreinheit 5.1). Wie groß ist der entstehende Druckabfall, wenn die Rohrrauigkeit zu $\epsilon = 0{,}1$ mm angenommen wird? (Für die Dichte des Wassers kann mit ausreichender Genauigkeit der Wert für 4 °C angesetzt werden.)

---

4 Isotachen sind Linien gleichen Geschwindigkeitsbetrages.

5 Unter einer Sekundärströmung versteht man eine zusätzliche Strömung vergleichsweise geringer Geschwindigkeit in den Ebenen senkrecht zur Hauptströmungsrichtung; zusammen mit der Hauptströmung führt sie zu spiraligen Bahnlinien.

6 Eine qualitative theoretische Erklärung findet sich bei Gerhard Elbing: Messungen der turbulenten Strömung im rotierenden Radialrad einer Arbeitsmaschine, Dissertation TU Berlin 1975, S. 39 ff.

Aufgabe 2

Wie ändert sich der Druckabfall im Vergleich zu Aufgabe 2 der Lehreinheit 5.1, wenn man bei gleichem durchströmtem Querschnitt und gleichem Volumenstrom
A. ein Rohr mit quadratischem Querschnitt,
B. ein rechteckiges offenes Gerinne der Breite $B = 100$ mm

verwendet?

LE 5.4 Druckverluste durch Einbauten (Teil 1)

In den beiden folgenden Lehreinheiten wollen wir die Druckverluste untersuchen, die nicht proportional mit der Länge des durchströmten Rohrstücks wachsen. Man fasst sie häufig als Druckverluste durch Einbauten zusammen und rechnet dabei z. B. auch Querschnittsänderungen und Umlenkungen zu den Einbauten.

Charakteristische Beispiele für Einbauten sind:

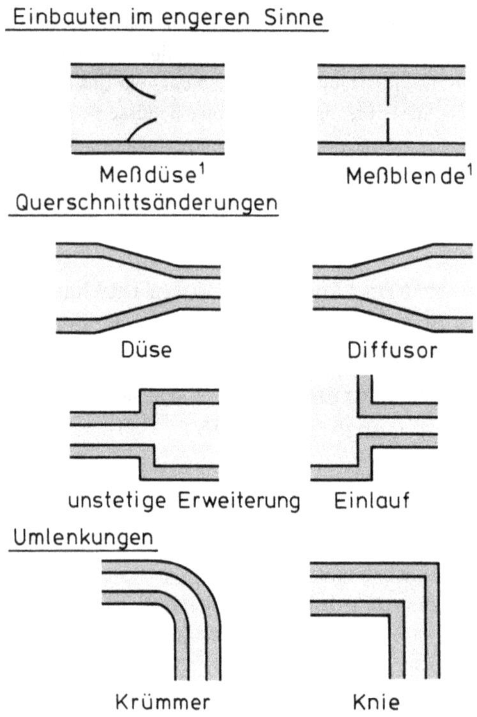

[1]Messblende und Messdüse sind Rohrleitungseinbauten zur Messung des Durchsatzes (Massen- oder Volumenstroms) in Rohrleitungen.

In allen derartigen Fällen wird der Verlauf der Rohrströmung gestört, und diese Störung hat einen zusätzlichen Widerstand oder Druckverlust zur Folge. Unabhängig von der Art des Einbaus und damit vom Strömungsverlauf in der Nähe der Einbaustelle macht man für den Druckverlust ganz allgemein den Ansatz

$$\boxed{\frac{\Delta p_V}{\rho} = \zeta \frac{c^2}{2}.} \tag{5.4-1}$$

Dabei ist c bei uns definitionsgemäß die Geschwindigkeit *hinter der Einbaustelle.*[7] Der auf diese Weise definierte dimensionslose Koeffizient ζ heißt Druckverlustzahl; er kann als dimensionslose Größe (wie die Rohrreibungszahl λ) nur von dimensionslosen Größen abhängen. Die Druckverlustzahlen für die praktisch wichtigen Einbauten sind experimentell ermittelt worden und sind in den üblichen technischen Taschenbüchern aufgeführt; eine sehr gute Zusammenstellung findet sich bei Bohl/Elmendorf.[8] Tabelle 11 enthält einige charakteristische Werte, um ein Gefühl für Größenordnungen zu geben.

Treten in einer Rohrstrecke mehrere Einbauten hintereinander auf, so addieren sich die zugehörigen Druckverluste:

$$\frac{\Delta p_V}{\rho} = \sum_\nu \zeta_\nu \frac{c_\nu^2}{2}. \tag{5.4-2}$$

Wir wollen im Folgenden für zwei wichtige Erscheinungen, die an Einbauten auftreten können, den physikalischen Mechanismus beschreiben, der den Druckverlust zur Folge hat: für die Ablösung und für die Sekundärströmung infolge gekrümmter Stromlinien.

Ablösung

In einem Diffusor nimmt nach der Kontinuitätsgleichung die Geschwindigkeit in Strömungsrichtung ab (konvektive Verzögerung) und damit nach der Bernoullischen Gleichung (4.3-2) der Druck zu (wenn man die Höhenänderung und Verluste vernachlässigen kann). Quer zur Strömungsrichtung ist dagegen der Druck im Diffusor nach (4.2-6) praktisch konstant, da die Stromlinien nur sehr schwach

7 Einige Autoren verwenden umgekehrt die Geschwindigkeit vor der Einbaustelle.

8 Willi Bohl und Wolfgang Elmendorf: Technische Strömungslehre, 10. Aufl. Würzburg: Vogel 2005.

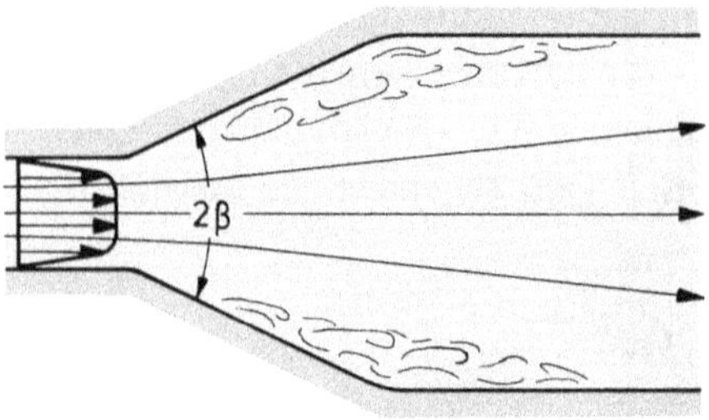

gekrümmt sind, und die Geschwindigkeit bildet in einem reibungsbehafteten Fluid infolge der Wandhaftung ein Profil. In Wandnähe herrscht damit derselbe Druckanstieg in Strömungsrichtung wie in der übrigen Strömung, während die Geschwindigkeit dort sehr klein ist. Die kinetische Energie der Strömung reicht dort nicht aus, um den Druckanstieg zu überwinden; die Teilchen in Wandnähe haben dort deshalb die umgekehrte Strömungsrichtung wie die Hauptströmung und drängen die Hauptströmung von der Wand ab. Man sagt, die Strömung löst sich von der Wand ab. In dem an den Diffusor anschließenden Rohr steigt der Druck nicht weiter an, und der Druck legt sich wieder an die Wand an. Insgesamt hat sich also eine Ablöseblase gebildet; man spricht auch von einem Totwassergebiet.

In der Ablösetasche ist die Strömung sehr viel ungeordneter als in der Hauptströmung, und die auftretenden Geschwindigkeiten sind kleiner. In Wandnähe herrscht Rückströmung, in der Nähe der Scherschicht zwischen Totwasser und Hauptströmung werden die Fluidteilchen durch Reibungswirkung mitgenommen. Im Ablösegebiet bildet sich also ein langsam drehender Totwasserwirbel aus; bei einer lang gestreckten Ablöseblase können auch mehrere mehr oder weniger deutlich unterscheidbare kleinere Wirbel entstehen.

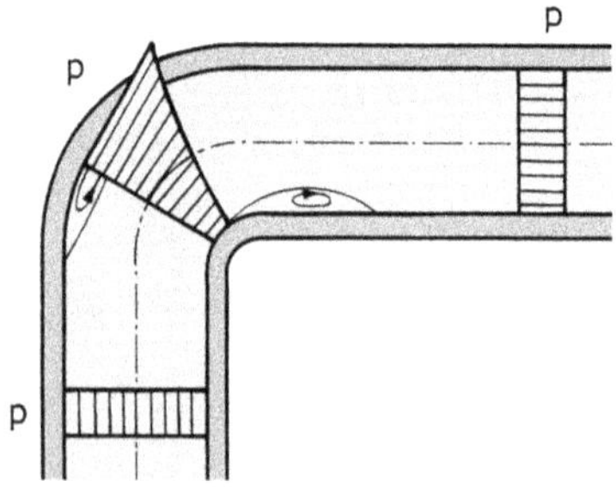

Die Scherschicht zwischen Totwasser und Hauptströmung ist instabil, sie rollt sich zu kleineren Wirbeln auf. Die Bildung und Aufrechterhaltung aller dieser Wirbel im Totwasser und in der Scherschicht verbraucht laufend mechanische Energie; die Ablö- sung ist also mit einem Druckverlust verbunden. Will man die Ablösung in einem Diffusor vermeiden, muss der Diffusoröffnungswinkel 2β erfahrungsgemäß kleiner als 8° sein, vgl. Tabelle 11.

Auch in einem Krümmer kann es zur Ablösung kommen. Nach der radialen Druckgleichung (4.2-6) ist im Krümmer der Druck an der Innenwand geringer als an der Außenwand. Das führt beim Eintritt in den Krümmer, wenn sich der Druckgradient quer zur Strömungsrichtung aufbaut, zu einem Druckanstieg an der Außenwand und zu einem Druckabfall an der Innenwand; die Strömung löst sich also an der Außenwand ab. Beim Austritt aus dem Krümmer, wenn sich der Druck quer zur Strömungsrichtung wieder ausgleicht, fällt der Druck umgekehrt an der Außenwand ab und steigt an der Innenwand; die Strömung legt sich also an der Außenwand wieder an und löst sich an der Innenwand ab.

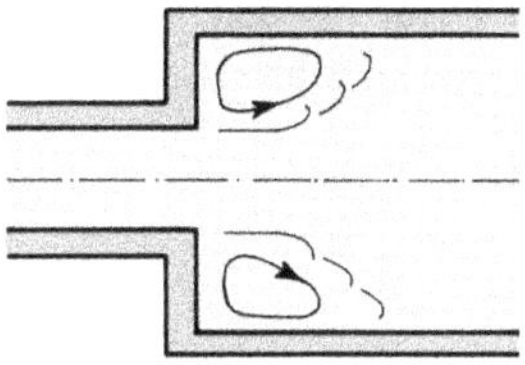

In der Nähe einer konvexen Kante, etwa wenn sich der Querschnitt einer Rohrströmung unstetig erweitert, müssten die Stromlinien mit kleinem (an der Kante selbst mit unendlich kleinem) Krümmungsradius umgelenkt werden, wenn die Strömung der Wand folgen wollte. Nach der radialen Druckgleichung müsste in der Nähe der Kante demnach ein starker (an der Kante selbst ein unendlich großer) Unterdruck auftreten und damit hinter der Kante ein starker Druckanstieg. An einer konvexen Kante löst sich die Strömung also immer von der Wand ab. Wir haben diese Erscheinung bereits in Aufgabe 2 von Lehreinheit 4.3 beim Eintritt von Wasser aus einem Rohr in ein Becken kennen gelernt.[9]

Aufgabe 1

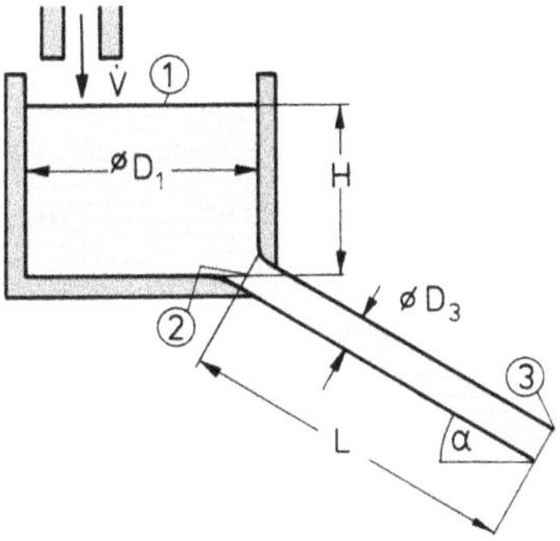

Aus einem Behälter fließt Wasser stationär durch eine Rohrleitung ins Freie. Über einen Zulauf fließt soviel Wasser in den Behälter nach, dass die Höhe H konstant bleibt. Es sollen die Strömungsverluste an der Stelle 2 und längs der Rohrleitung berücksichtigt werden.

A. Wie groß muss der zufließende Volumenstrom $\dot{V}$ sein?
B. Zahlenbeispiel:[10] $D_1 = 1000\,\text{mm}$, $D_3 = 100\,\text{mm}$, $\alpha = 30°$, $L = 10\,\text{m}$, $H = 2\,\text{m}$ und $\epsilon = 0{,}1\,\text{mm}$.

Lösungshinweis: Die Druckverlustzahl an der Stelle 2 ist Tabelle 11 zu entnehmen. Wenn wie in dieser Aufgabe die Geschwindigkeit c_3 im Rohr gesucht ist, ist die Reynoldszahl der Rohrströmung unbekannt; man kann dann die Rohrreibungszahl λ nicht dem Diagramm entnehmen, sondern muss sie iterativ bestimmen.

9 Die unstetigen Querschnittserweiterung ist übrigens der einzige Fall, für den sich die Druckverlustzahl mit einfachen Mitteln berechnen lässt, vgl. Aufgabe 2 von Lehreinheit 6.1.

10 Vgl. Aufgabe 2 von Lehreinheit 5.1 und Aufgabe 1 von Lehreinheit 5.3.

Dazu setzen wir λ zunächst als gegeben voraus und berechnen damit außer der gesuchten Größe (hier $\dot{V}$) auch die Reynoldszahl der Strömung. Die Zahlenrechnung beginnt man im Allgemeinen mit dem mittleren Wert $\lambda = 0{,}03$ und berechnet daraus eine erste Näherung der Reynoldszahl. Der aus dem Moody-Diagramm oder der mittels der Colebrook-White-Formel berechnete λ-Wert ist aufgrund der logarithmischen Abhängigkeiten schon nach wenigen Iterationen konvergiert.

Aufgabe 2

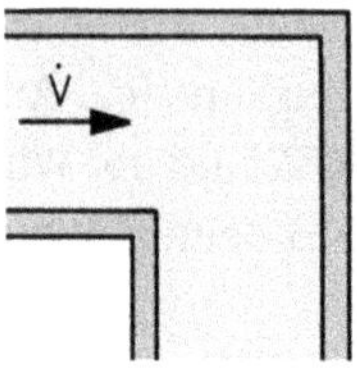

In einem rechteckigen Rohrkrümmer wird der eintretende Volumenstrom $\dot{V}$ um 90° umgelenkt. Zeichnen Sie die entstehenden Ablösegebiete qualitativ ein und stellen Sie die Strömungsrichtung im Ablösegebiet mit Richtungspfeilen dar!

LE 5.5 Druckverluste durch Einbauten (Teil 2)

Sekundärströmung infolge gekrümmter Stromlinien

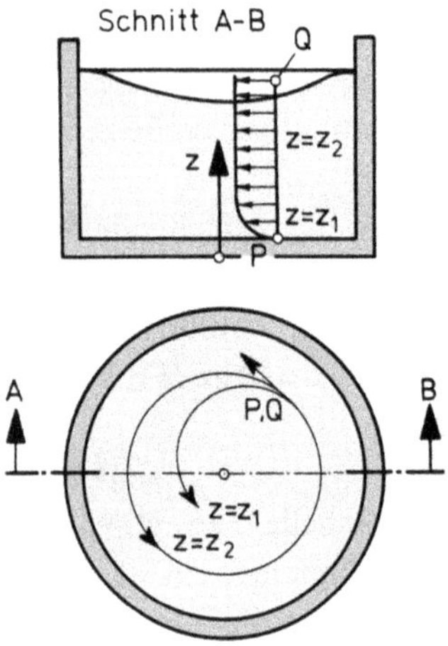

(siehe auch owl.hermann-foettinger.de) Bei gekrümmten Stromlinien tritt aufgrund der Wandreibung eine Sekundärströmung auf, die ebenfalls mechanische Energie verbraucht und deshalb zu einem Druckabfall führt. Man kann sie am einfachsten an der Strömung erklären, die beim Umrühren des Tees in einer (zylindrischen) Teetasse auftritt. Die nebenstehenden Skizzen zeigen den idealisierten Verlauf der Strömung (nach dem Herausnehmen des zum Umrühren benutzten Teelöffels) einmal von der Seite, das andere Mal von oben. In die obere Skizze ist das Geschwindigkeitsprofil längs der senkrechten Linie $P - Q$ eingezeichnet, deren Spur in der unteren Skizze durch P, Q gekennzeichnet ist.

Die Stromlinien verlaufen aus Symmetriegründen offenbar alle in Ebenen $z =$ const, sind also in z-Richtung nicht gekrümmt. In Bahnlinienkoordinaten ist die z-Richtung also die Binormalrichtung; die Variation des Druckes in z-Richtung wird allein durch die hydrostatische Druckverteilung bestimmt. Da der Druck aus Symmetriegründen von der Umfangskoordinate φ unabhängig sein muss, hat die Druckverteilung in der Strömung die Form

$$p = p_B - \rho g z + f(r),$$

wobei p_B der Druck in der Mitte des Tassenbodens ist. Wir entnehmen daraus, dass $\partial p/\partial r$ unabhängig von z und φ nur eine Funktion von r ist.

Längs der Linie $P-Q$ ist die Geschwindigkeit offenbar bis auf die Bodengrenzschicht konstant, also unabhängig von z, und hat aus Symmetriegründen nur eine Umfangskomponente. Nach der radialen Druckgleichung $(4.2\text{-}5)_2$ gilt außerhalb der Bodengrenzschicht wegen

$$\frac{\partial p}{\partial n} = -\frac{\partial p}{\partial r}$$

deshalb

$$\frac{\partial p}{\partial r} = \rho \frac{c^2(r)}{r},$$

während wir in der Bodengrenzschicht

$$\frac{\partial p}{\partial r} = \rho \frac{c^2(r,z)}{R}$$

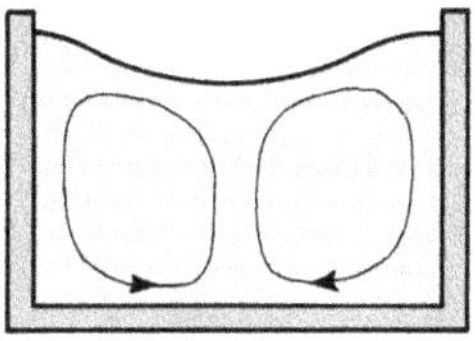

schreiben müssen. Nach den Überlegungen des vorigen Absatzes ist $\partial p/\partial r$ in beiden Bereichen gleich groß. Da nun c außerhalb der Bodengrenzschicht größer als in der Grenzschicht ist, muss der Krümmungsradius R der Bahnlinien in der Bodengrenzschicht kleiner sein als ihre radiale Koordinate r. Während also die Teilchenbahnen außerhalb der Bodengrenzschicht geschlossene Kreise vom Radius r sind, bewegen sie sich in der Bodengrenzschicht auf Spiralen nach innen. *Der Hauptströmung in Umfangsrichtung ist also in der Bodengrenzschicht eine Sekundärströmung zum Mittelpunkt hin überlagert,* die z. B. zur Folge hat, dass sich die nach dem Eingießen von Tee beliebig über den Boden verteilten Teeblätter nach dem Rühren in der Mitte der Tasse sammeln. Aus Kontinuitätsgründen muss die Sekundärströmung am Boden durch eine Aufwärtsströmung in der Achse, eine Strömung nach außen nahe der Oberfläche und eine Abwärtsströmung in der Nähe der Seitenwand geschlossen werden, siehe auch http://owl.hermann-foettinger.de/.

Die hier dargestellte Sekundärströmung infolge gekrümmter Stromlinien wird auch Sekundärströmung erster Art genannt, die in der vorigen Lehreinheit beschriebene Sekundärströmung infolge von Turbulenz in Rohren von nicht-kreisförmigem Querschnitt Sekundärströmung zweiter Art.

Die Bernoullische Gleichung für sich vereinigende Stromfäden

Anders als bei der Verzweigung eines Stromfadens (vgl. Aufgabe 6 von Lehreinheit 4.3) ist bei der Vereinigung zweier Stromfäden die Bernoullische Konstante der beiden Teilströme im Allgemeinen verschieden. Wie man dann vorgehen muss, wollen wir an dem folgenden Beispiel erörtern:

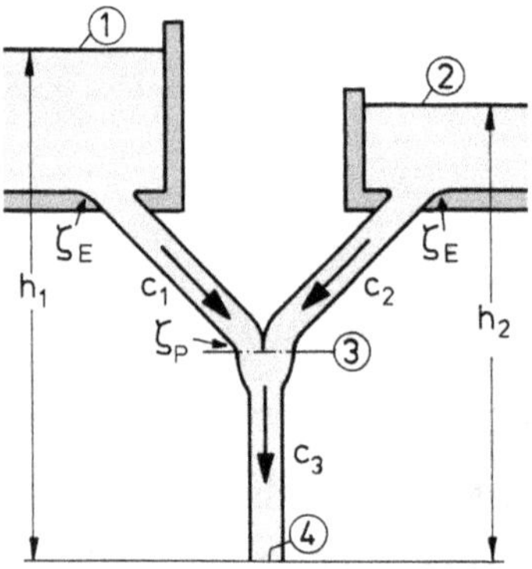

Eine Zapfstelle für Öl wird aus zwei großen Behältern gespeist, deren Spiegelhöhen h_1 und h_2 konstant sind. Die Strömung sei stationär. Alle drei Rohrstücke haben den gleichen Durchmesser d und die gleiche Länge L. Die Rohrstücke seien so lang, dass $\lambda L/d \gg 1$ ist. Außer den Rohrreibungsverlusten wollen wir einen Druckverlust an den Rohreinläufen durch eine Druckverlustzahl ζ_E und einen Druckverlust durch Profilumbildung hinter dem Querschnitt 3 durch eine Druckverlustzahl ζ_P ansetzen. Gesucht ist die Austrittsgeschwindigkeit c_3 des Öls an der Zapfstelle 4.

Lösung: Der Unterschied der Bernoullischen Konstante für die beiden Teilströme hat im Allgemeinen zur Folge, dass die Geschwindigkeit im Querschnitt 3, d. h. bei gleichem Druck p_3 und gleicher Höhe $h_3 = L$, verschieden ist: Zwischen den freien Oberflächen 1 bzw. 2 und dem Querschnitt 3 lautet die Bernoullische Gleichung (5.2-1):

$$gh_1 + \frac{p_0}{\rho} = gL + \frac{p_3}{\rho} + \frac{c_1^2}{2}\left(1 + \zeta_E + \lambda_1 \frac{L}{d}\right),$$
$$gh_2 + \frac{p_0}{\rho} = gL + \frac{p_3}{\rho} + \frac{c_2^2}{2}\left(1 + \zeta_E + \lambda_2 \frac{L}{d}\right). \tag{a}$$

Subtrahiert man beide Gleichungen voneinander, so erhält man

$$g(h_1 - h_2) = \frac{c_1^2}{2}\left(1 + \zeta_E + \lambda_1 \frac{L}{d}\right) - \frac{c_2^2}{2}\left(1 + \zeta_E + \lambda_2 \frac{L}{d}\right), \tag{b}$$

d. h. für $h_1 \neq h_2$ sind die beiden Geschwindigkeiten c_1 und c_2 im Allgemeinen verschieden. Nach der Vereinigung der beiden Strömungen bildet sich (in diesem Falle, d. h. bei reibungsbehafteter und laminarer Strömung, vor allem durch innere Reibung) schnell eine einheitliche Geschwindigkeit c_3 aus. Dabei tritt neben dem Profilumbildungsverlust ein Austausch von kinetischer Energie zwischen den beiden Teilströmungen auf: Wenn z. B. $c_1 > c_2$ war, wird mit der Profilumbildung kinetische Energie vom Stromfaden aus dem Becken 1 auf den Stromfaden aus dem Becken 2 übertragen; das müssen wir in der Bernoullischen Gleichung zusätzlich berücksichtigen, wenn wir sie zwischen den Oberflächen 1 und 2 der Zapfstelle 4 ansetzen:

$$gh_1 + \frac{p_0}{\rho} = \frac{p_0}{\rho} + \frac{c_1^2}{2}\left(\zeta_E + \lambda_1\frac{L}{d}\right) + \frac{c_3^2}{2}\left(1 + \zeta_P + \lambda_3\frac{L}{d}\right) + \epsilon,$$
$$gh_2 + \frac{p_0}{\rho} = \frac{p_0}{\rho} + \frac{c_2^2}{2}\left(\zeta_E + \lambda_2\frac{L}{d}\right) + \frac{c_3^2}{2}\left(1 + \zeta_P + \lambda_3\frac{L}{d}\right) - \epsilon. \quad \text{(c)}$$

Durch Subtraktion beider Gleichungen erhält man

$$g(h_1 - h_2) = \frac{c_1^2}{2}\left(\zeta_E + \lambda_1\frac{L}{d}\right) - \frac{c_2^2}{2}\left(\zeta_E + \lambda_2\frac{L}{d}\right) + 2\epsilon. \quad \text{(d)}$$

Ein Vergleich mit (b) ergibt

$$2\epsilon = \frac{c_1^2 - c_2^2}{2}, \quad \text{(e)}$$

in unserem Falle wird also gerade die Hälfte der Differenz der spezifischen kinetischen Energien von der Teilströmung mit der mit der größeren Bernoullischen Konstante auf die andere Teilströmung übertragen.

Wenn nun $\lambda L/d \gg 1$ ist, können wir in allen Gleichungen die kinetischen Energien, die Einlaufverluste, den Profilumbildungsverlust und auch den Energieaustausch gegenüber den Rohrreibungsverlusten vernachlässigen. Wir wollen weiter voraussetzen, dass die Strömung laminar, d. h. $\lambda = 64/\mathrm{Re}$ ist. Die Gleichungen (c) lauten dann einfach

$$gh_1 = \frac{32\nu Lc_1}{d^2} + \frac{32\nu Lc_3}{d^2},$$
$$gh_2 = \frac{32\nu Lc_2}{d^2} + \frac{32\nu Lc_3}{d^2}. \quad \text{(f)}$$

Unter Ausnutzung der Kontinuitätsgleichung

$$c_1 + c_2 = c_3 \quad \text{(g)}$$

erhält man durch Addition der beiden Gleichungen (f)

$$c_3 = \frac{gd^2(h_1 + h_2)}{96\nu L} \quad \text{(h)}$$

und weiter

$$c_1 = \frac{gd^2(2h_1 - h_2)}{96\nu L}, \quad c_2 = \frac{gd^2(2h_2 - h_1)}{96\nu L} \quad \text{(i)}$$

Aus (a) folgt dann

$$\frac{p_3 - p_0}{\rho} = g\left(\frac{h_1 + h_2}{3} - L\right) = \frac{32\nu Lc_3}{d^2} - gL = \lambda\frac{L}{d}\frac{c_3^2}{2} - gL; \quad \text{(j)}$$

d. h. der Überdruck im Querschnitt 3 ist gleich dem Druckverlust zwischen den Querschnitten 3 und 4, vermindert um die hydrostatische Druckdifferenz zwischen beiden Querschnitten.

Aufgabe 1

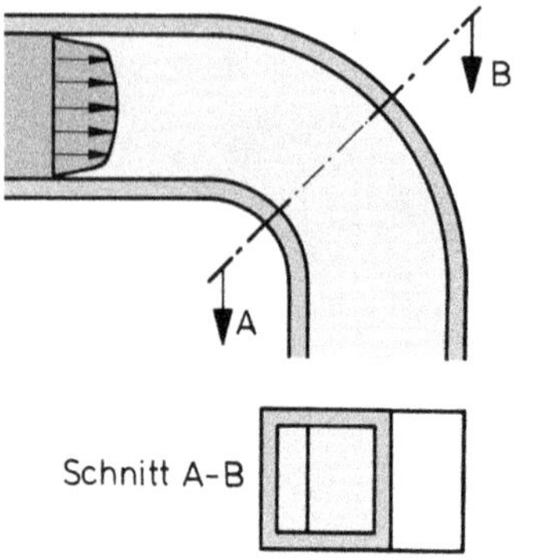

Wir betrachten den nebenstehend skizzierten Rohrkrümmer mit quadratischem Querschnitt. Tragen Sie in den Schnitt $A - B$ die durch die Stromlinienkrümmung hervorgerufene Sekundärströmung ein!

Aufgabe 2

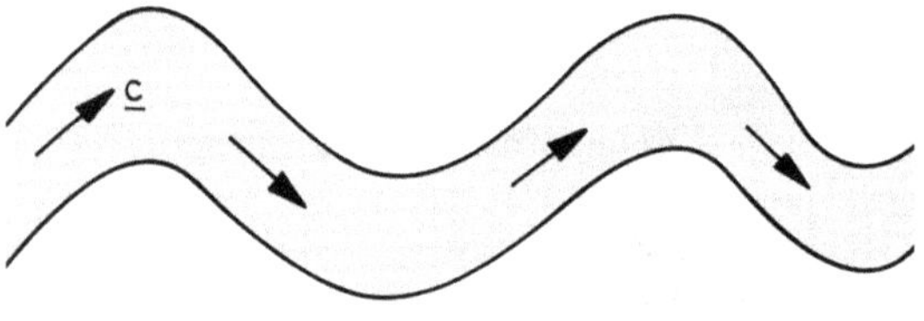

Erklären Sie die Mäanderbildung bei Flüssen als Folge der bei einer Flusskrümmung auftretenden Sekundärströmung!

LE 5.6 Rohrleitungsberechnung

In den letzten drei Lehreinheiten haben wir die Strömungsverluste analysiert. Um die Strömung durch eine Rohrleitung berechnen zu können, müssen wir noch die mechanische Energie kennen, die dem System (z. B. durch Pumpen oder Ventilatoren) zugeführt wird.

Kennlinien von Strömungsmaschinen

Wir können uns hier mit Aufbau und Wirkungsweise der verschiedenen Strömungsmaschinen (Pumpen und Verdichtern oder Ventilatoren) nicht näher beschäftigen, sondern charakterisieren sie durch ihre Drosselkennlinie; sie gibt die Druckerhöhung Δp, welche die Maschine erzeugt, als Funktion des Volumenstroms $\dot{V}$ mit der Drehzahl n als Parameter an.

Die beiden technisch wichtigsten Pumpenarten sind die Verdrängerpumpen (z. B. Kolbenpumpen und Zahnradpumpen) und die Kreiselpumpen. Eine Verdrängerpumpe liefert für konstante Drehzahl einen konstanten Volumenstrom, ihre Druckerhöhung ist im Wesentlichen durch das Drehmoment des Motors und die Festigkeit der Pumpe begrenzt. Ihre Kennlinie sieht demnach qualitativ folgendermaßen aus:

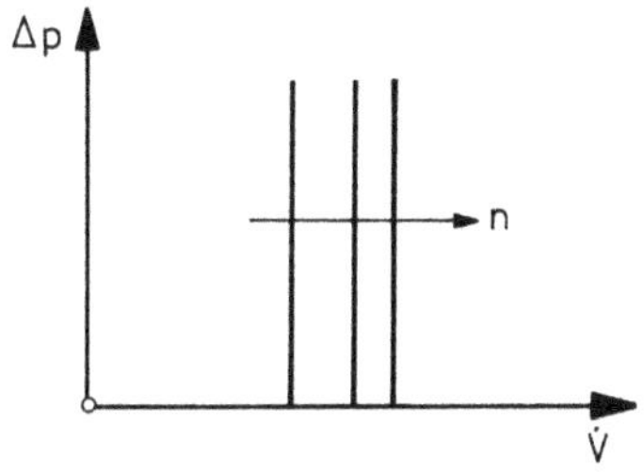

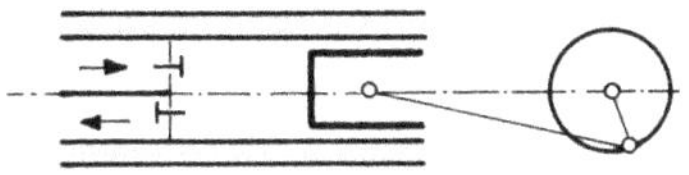

Die Kennlinie einer radialen Strömungsmaschine (Kreiselpumpe oder Radialventilator) hat qualitativ den folgenden Verlauf:

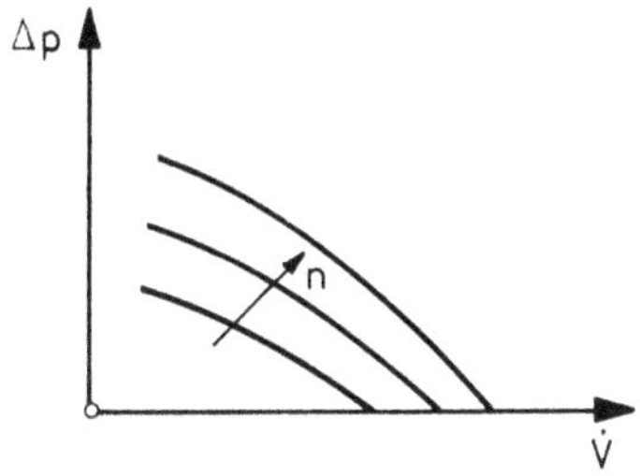

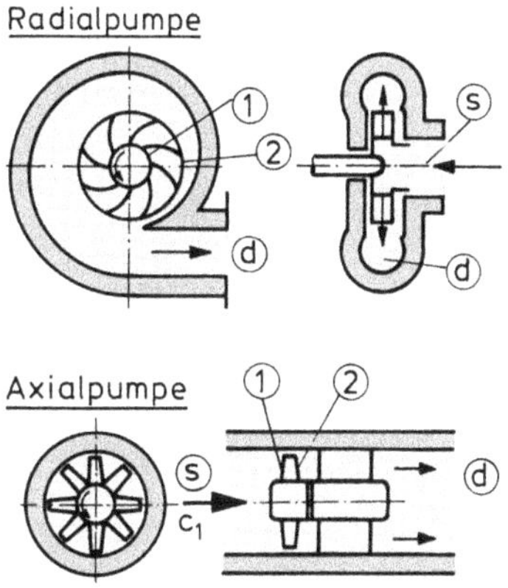

Sie lässt sich für viele praktische Zwecke in der Form

$$\Delta p = B - b\dot{V}^2 \qquad (5.6\text{-}1)$$

darstellen, wobei B und b abhängig von der Strömungsmaschine und Funktionen der Drehzahl sind.

Rohrleitungs- oder Anlagenkennlinien

Die Strömung durch eine Rohrleitung wird ganz allgemein durch die Bernoullische Gleichung (5.2-1) beschrieben, wobei wir für den Druckverlust Δp_V durch Summation über alle Rohrstücke und Einbauten mit (5.3-2) und (5.4-2)

$$\frac{\Delta p_V}{\rho} = \sum_\nu \lambda_\nu \frac{L_\nu}{D_\nu} \frac{c_\nu^2}{2} + \sum_\nu \zeta_\nu \frac{c_\nu^2}{2} \tag{5.6-2}$$

erhalten. Wenn wir die Bernoullische Gleichung (5.2-1) nach Δp auflösen und die verschiedenen Geschwindigkeiten c_ν durch den Volumenstrom $\dot{V} = c_\nu A_\nu$ ersetzen, erhalten wir für eine Rohrleitung zwischen dem Eintrittsquerschnitt e und dem Austrittsquerschnitt a

$$\begin{aligned}\Delta p &= \rho g(z_a - z_e) + p_a - p_e \\ &+ \left[\frac{1}{A_a^2} - \frac{1}{A_e^2} + \sum_\nu \lambda_\nu \frac{L_\nu}{D_\nu A_\nu^2} + \sum_\nu \zeta_\nu \frac{1}{A_\nu^2}\right] \frac{\rho}{2} \dot{V}^2.\end{aligned} \tag{5.6-3}$$

Wenn p_e, p_a, λ_ν und ζ_ν unabhängig von $\dot{V}$ sind (oder näherungsweise unabhängig von $\dot{V}$ angenommen werden können), hat diese Gleichung die Form

$$\Delta p = A + a\dot{V}^2, \tag{5.6-4}$$

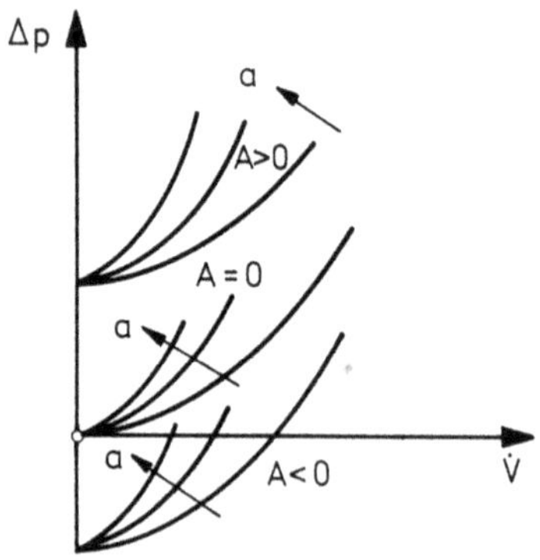

wobei A und a Konstanten der Rohrleitung (ohne die eingebauten Strömungsmaschinen) sind. Die von der Strömungsmaschine für einen bestimmten Volumenstrom aufzubringende Druckerhöhung setzt sich also aus zwei Anteilen zusammen: Der vom Volumenstrom unabhängige Anteil A stellt den Druck dar, der zur Überwindung des Höhenunterschieds und des Druckunterschieds zwischen dem Eintrittsquerschnitt e und dem Austrittsquerschnitt a der Rohrleitung erforderlich ist; wenn die Pumpe z. B. vom Freien ins Freie fördert, also $p_e = p_a$ ist, ist A positiv für $z_a > z_e$, null für $z_a = z_e$ und negativ für $z_a < z_e$. Der vom Volumenstrom abhängige Anteil $a\dot{V}^2$ stellt den Druck dar, der zur Erhöhung der spezifischen kinetischen Energie zwischen Eintrittsquerschnitt und Austrittsquerschnitt und zur Überwindung der Strömungsverluste erforderlich ist. Die grafische Darstellung von (5.6-4) nennt man die Anlagenkennlinie.

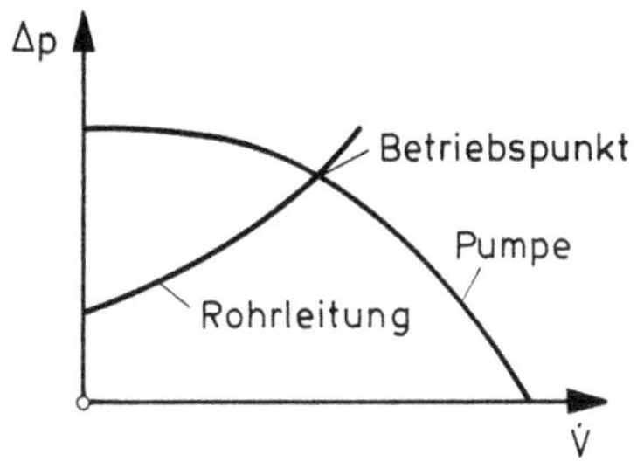

Wenn man die Anlagenkennlinie der Rohrleitung und die Drosselkennlinie der Pumpe kennt, ergibt ihr Schnittpunkt den Arbeits- oder Betriebspunkt der gesamten Anlage. Die zum Betriebspunkt gehörige Abszisse $\dot{V}$ stellt den Volumenstrom dar, der durch die Anlage fließt, die zugehörige Ordinate Δp die von der Pumpe aufzubringende Druckerhöhung. Die von der Pumpe abgegebene Leistung ist dann

$$P = \dot{V}\Delta p. \tag{5.6-5}$$

Aufgabe

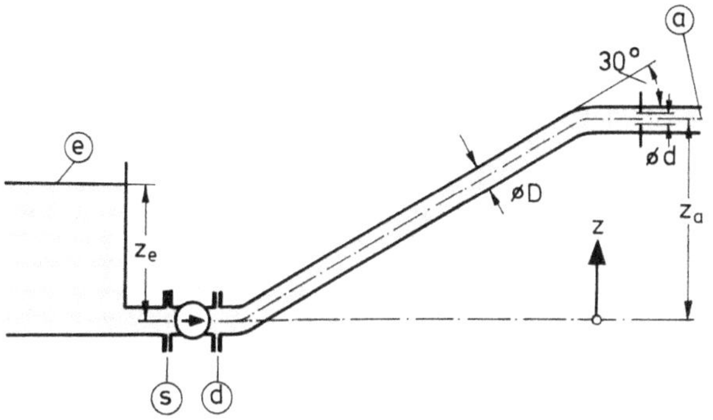

Eine Kreiselpumpe soll Wasser aus einem Behälter auf ein höheres Niveau pumpen. An Verlusten sollen die Reibungsverluste im Rohr hinter der Pumpe, der Richtungsänderungsverlust durch die beiden Knie und der Druckverlust durch die Messblende berücksichtigt werden. Die geometrischen Daten der Anlage seien gegeben.

A. Berechnen Sie die Konstanten A und a der Anlagenkennlinie für einen vorgegebenen Volumenstrom $\dot{V}$! Welche Druckerhöhung muss in diesem Falle von der Pumpe aufgebracht werden?
   Zahlenbeispiel: Höhe $z_e = 7\,\mathrm{m}$, Höhe $z_a = 10\,\mathrm{m}$, Rohrdurchmesser $D = 100\,\mathrm{mm}$, Länge der Rohrleitung hinter der Pumpe $L = 10\,\mathrm{m}$, Rohrrauigkeit $\epsilon = 0{,}1\,\mathrm{mm}$, Blendendurchmesser $d = 50\,\mathrm{mm}$, Volumenstrom $\dot{V} = 0{,}05\,\mathrm{m^3/s}$. Die Druckverlustzahlen sind wieder Tabelle 11 zu entnehmen.
B. Welcher Volumenstrom kann gefördert werden, wenn eine Pumpe mit der Kennlinie $\Delta p = B - b\dot{V}^2$ zur Verfügung steht? Welche Leistung gibt die Pumpe dann ab?

Zahlenbeispiel: Die Konstanten der Drosselkennlinie seien $B = 5$ bar und $b = 0{,}43 \cdot 10^7\ \mathrm{kg/m^7}$.

C. Muss λ im Fall A iterativ bestimmt werden? ja □ nein □

D. Muss λ im Fall B iterativ bestimmt werden? ja □ nein □

LE 5.7 Strömungslehre lernen mittels CFD

Erarbeitet wird, wie man überschaubare CFD[11]-Simulationen mit Handrechnungen vergleicht oder die Ergebnisse zur Strömungsvisualisierung mittels Stromlinien etc. nutzt.

Grundlagen numerischer Strömungssimulation mit eigener Geometrieerstellung – ANSYS Workbench und der Löser CFX

Hier geht es nun weniger darum, komplexe technische Probleme zu lösen, sondern um das methodische Herangehen mit dem Verwenden von Randbedingungen und die Unterscheidung und den Vergleich von ein-, zwei- und dreidimensionalen Strömungen mit dem Lehrbuchwissen verschiedener Lehreinheiten in diesem Buch. Rohrströmungen oder die Umströmung einer Messsonde (Staurohr) können ebenso anschaulich dargestellt werden wie Ein- und Ausströmvorgänge.

Ziel ist es, die Erfüllung der physikalischen Grundgleichungen (Kontinuitätsgleichung oder Massenerhaltung und Bernoulli-Gleichung oder Impulserhaltung) mit dem Ergebniss einer CFD Simulation zu überprüfen und die Strömungstopologie (Verlauf von Stromlinien) darzustellen und zu interpretieren. Es geht um physikalische Zusammenhänge und nicht um hochpräzise Simulationen – Abweichungen sollen quantifiziert werden. Die Unterschiede können durchaus erheblich sein, obwohl die Strömung qualitativ einen sinnvollen Verlauf nimmt.

Wir beschränken uns bei den didaktischen Beispielen weiterhin auf inkompressible, reibungsfreie und laminare Strömungen. Nur bei der Zylinderumströmung 2-D vergleichen wir eine laminare mit einer turbulenten Simulationsrechnung.

Folgende Konfigurationen und Beispielrechnungen werden behandelt:

(1) Die Kontinuitätsgleichung am Beispiel einer Rohrverengung,

(2) das Prinzip des Staurohres,

(3) Rohreintritt mit und ohne Abrundung,

11 Computational Fluid Dynamics.

(4) Borda-Carnotscher Stoßverlust (Querschnittserweiterung),
(5) Ausflussformel von Torricelli,
(6) Zylinderumströmung laminar/turbulent.

Die Geometrie der jeweiligen Konfiguration muss selber mit dem „Design Modeler“ ausschließlich über die Verwendung von „Grundelementen“ wie Zylinder, Quader, Kegel und Kegelstümpfe erstellt werden. Grundsätzlich wird so einfach wie möglich gerechnet, damit auch mit der von der Anzahl der Elemente begrenzten ANSYS-Version https://www.ansys.com/academic/free-student-products für Studenten gearbeitet werden kann. Zu beachten ist, dass in der Studentenversion nur ein Bearbeitungsfenster gleichzeitig geöffnet sein darf. Verglichen mit der Industrie- oder Forschungsversion handelt es sich um das Paket Multi-Physics, und gearbeitet wird hier in diesem Buch in der so genannten Workbench-Umgebung mit dem Strömungslöser CFX.

(1) *Rohrverengung*

Folge dem Video auf YouTube https://youtu.be/HF_mNU7PiPk. Mit den Grundelementen Zylinder und Kegel lässt sich ein Rohr mit Querschnittsänderung erstellen:

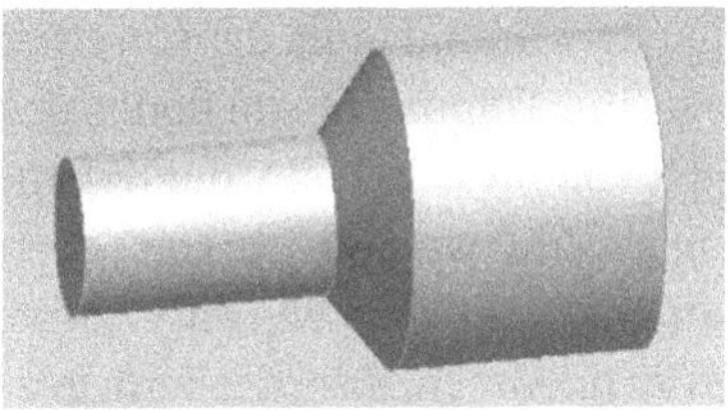

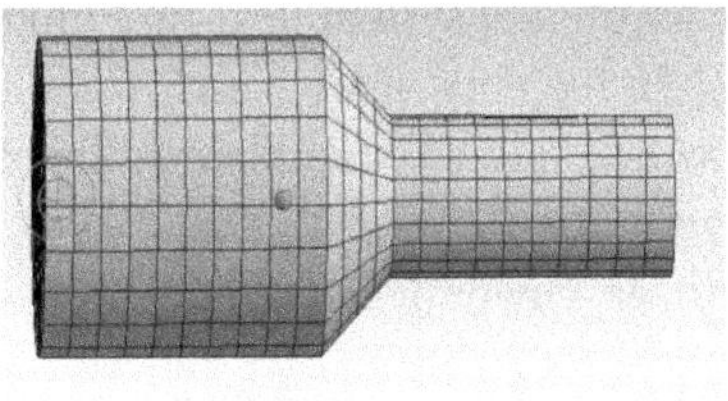

Die Durchmesser können frei gewählt werden und sollten realistisch im einstelligen Meterbereich oder gar kleiner sein. Hinsichtlich der Plausibilitätsüberprüfung der numerischen Berechnung sollen die physikalischen Grundgleichungen (3.5-16) und (4.3-2) angewendet werden:

(a) Wie groß sind die Geschwindigkeiten an Ein- und Austritt?
(b) Stimmen die Volumenströme an Ein- und Austritt überein?
(c) Wie groß sind die Drücke an Ein- und Austritt?
(d) Überprüfe die Kontinuitätsgleichung und Bernoulli-Gleichung mit Hilfe einer Exceltabelle.
(e) Interpretiere die Ergebnisse.

Das Video gibt im Sinne des Feedbacks eine Musterlösung vor, mit der verglichen werden kann: https://youtu.be/HF_mNU7PiPk. Numerische Rechnung und 1-D

Stromfadentheorie sollen in einer Excel-Tabelle hinsichtlich des Berechnungsunterschieds für Druck und Geschwindigkeit quantifiziert werden.

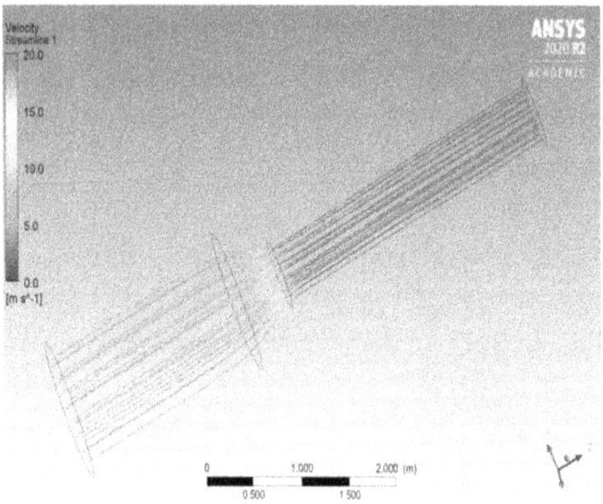

Hinweis: Die Kontinutäts-Gleichung (3.5-16) wird nahezu exakt erfüllt, die Bernoulli-Gleichung (4.3-2) ergibt bei der Handrechnung um durchaus 10 % kleinere Werte. In der numerischen Rechnung treten kleine Abweichungen bei der Geschwindigkeitsverteilung im Ein- und Austritt auf, dies führt zu einer numerisch bedingten Abweichung durch Diskretisierung (Netz) und Rechenzeit, die sich auch mit einem Fluid mit einer dynamischen Viskosität von nahezu Null nicht verändern lässt.

(2) *Ausflussformel von Torricelli (Gleichung* (4.3-3)*)*
(siehe Lehreinheit 4.3)

Zu notieren ist die Bernoulli-Gleichung (4.3-2) für einen Stromfaden, der von einer Wasseroberfläche (1) in einem großen Behälter zu einer Öffnung (2) am Boden des Behälters führt. Die Rechnung soll stationär und inkompressibel sein, der Höhenunterschied kann in der Größenordnung von 1 m gewählt werden. Die statischen Drücke können herausgestrichen werden, da an der Oberfläche wie am Austritt Umgebungsdruck herrscht. An der Gleichung ist zu erkennen, dass der Term $g \cdot z_1$ einem Überdruck am Eintritt entspricht. Das Koordinatensystem liegt im Punkt $z_2 = 0$. Die numerische Lösung des Problems sieht folgendermaßen aus: Von einem Quader als Fluid und Berechnungsgebiet wurde mittels einer kleinen Kugel eine Ecke als Öffnung weggeschnitten https://youtu.be/XZOakjWhcX8.

(a) Vergleiche die analytisch berechnete Austrittsgeschwindigkeit mit der numerisch berechneten.
(b) Überprüfen die Kontinuitätsgleichung (3.5-16).
(c) Welche physikalischen Axiome wurden für die Berechnung verwendet?
(d) Welche Randbedingungen wurden gesetzt?
(e) Welche Größen waren unbekannt?

Der YouTube Film beinhaltet wieder die Lösung im Sinne eines Feedbacks zu den obigen Fragen.

(3) *Prandtlsches Staurohr*
(gemäß Aufgabe 5, Lehreinheit 4.3, 2D-Simulation eines sehr schmalen Berechnungsraums mit Symmetrie) https://youtu.be/69kG2kkwC5A

Das Berechnungsgebiet der Strömung bildet ein dünner Quader mit einer Tiefe von einer Berechnungszelle, was beim Vernetzen entsprechend einzustellen ist. Die Simulation wird so als quasi 2D durchgeführt, indem die Vorder- und Rückseite des Berechnungsgebiets als Symmetrie definiert werden.

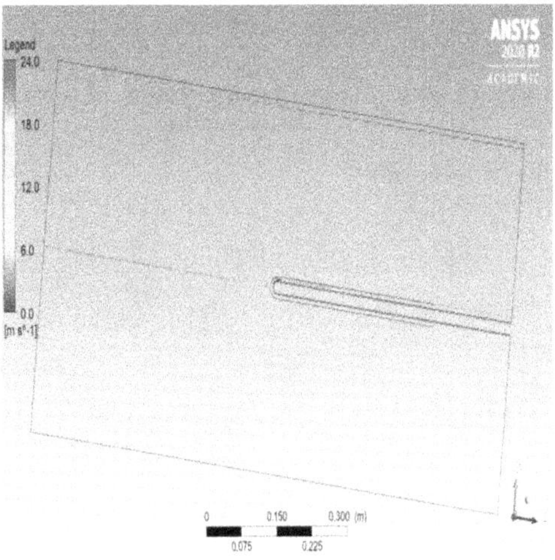

Das Staurohr wird schematisch als Zylinder mit Abrundung aus dem Fluid-Quader geschnitten. Als Geometrien sind die Grundelemente Zylinder und Kugel im Design Modeler zu verwenden. Ein typischer Durchmesser eines Staurohres beträgt 3 mm. Ziel ist es, den in Lehreinheit 15.2 für die statische Drucksonde gezeigten Druckverlauf mittels 2D-CFD-Simulation darzustellen.

In der Ergebnisdarstellung ist eine Stromliniendarstellung zu verwenden. Um genau die Stromlinie direkt am Staupunkt als Verzweigungsstromlinie darstellen zu können, ist ein „Point“ unter „Insert“ zu setzen. Die Koordinaten können per Mausklick gefunden werden (Koordinate, Punkt anklicken und dann in das Bild rechts klicken, Daten werden automatisch übernommen.

(4) *Rohreintritt mit und ohne Abrundung*

Die Geometrie setzt sich aus mehreren Grundelementen wie Quadern und Zylindern zusammen und soll mithilfe des Design Modelers aus diesen Grundelementen erstellt werden. Die Abmessungen sind so zu wählen, wie sie im Lehrvideo (https://youtu.be/F27MAvI28Bo) angegeben werden.

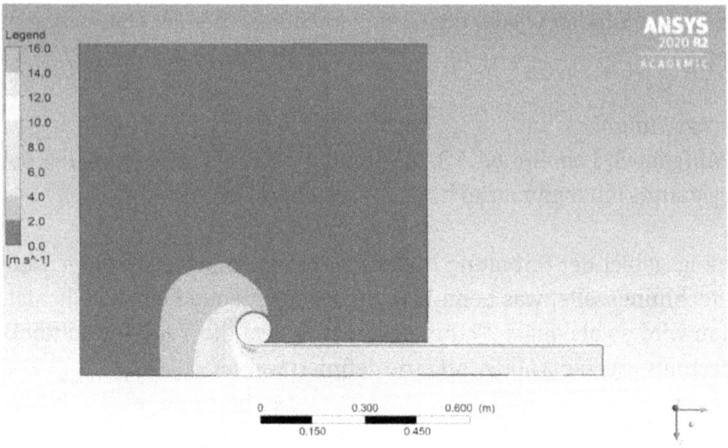

Der relative Druck am Eintritt kann z. B. im Bereich von 100 Pa gewählt werden.

(a) Vergleiche die beiden Masseströme miteinander.
(b) Wie kann man den Unterschied der Strömungstopologie erklären?
(c) Dokumentiere mittels Screenshot der Contour-Darstellung über der Geschwindigkeit die Unterschiede mit und ohne Rundung.

(5) *Borda-Carnotscher Stoßverlust*
(gemäß Aufgabe 2, Lehreinheit 6.1) https://youtu.be/Dw1UfxRrvbw

Nutze das Video https://youtu.be/Dw1UfxRrvbw zur Anleitung der Simulationsrechung und der Excel-Auswertung. Für die Handrechnung ist das Durcharbeiten von Lehreinheit 6.1 erforderlich. Aufgabe ist, die Simulation zu erstellen und anschließend eine Excel-Auswertung zur analytischen Überprüfung durchzuführen, so wie es im Video gezeigt wird. Die Abmessungen sollen eigenständig plausibel im einstelligen Meterbereich oder kleiner gewählt werden.

Eine sinnvolle Ergebnissdarstellung kann mit einem Screenshot der Geschwindigkeit auf einem Mittelschnitt erstellt werden.

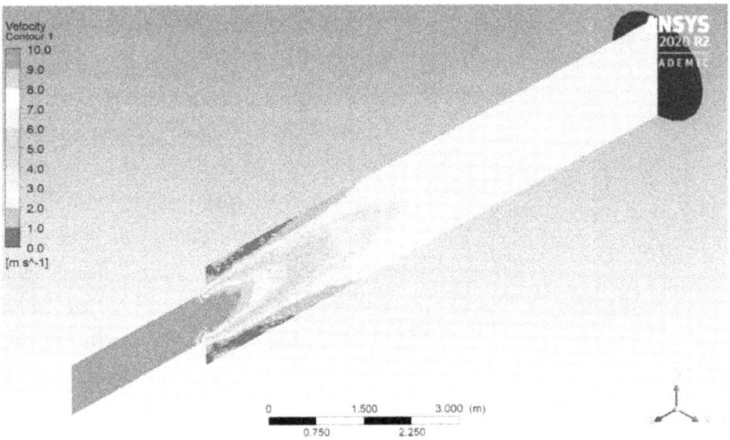

(6) *Zylinderumströmung laminar/turbulent*
(gemäß Lehreinheit 14.1)

Bekannt ist, dass die rauhe Oberfläche eines Golfballs zu einem niedrigeren Strömungswiderstand führt als eine glatte Oberfläche. Hier soll auf die physikalischen Ursachen noch nicht eingegangen werden, das erfolgt erst in den Kapiteln 12, 13 und 14. Die Darstellung des Nachlauf hinter einem umströmten Körper ist bei einer 2-dimensionalen Strömung (Zylinder statt Kugel) transparenter und einfacher zu interpretieren, da bei der numerischen Simulation keine 3-dimensionale Durchmischung auftritt.

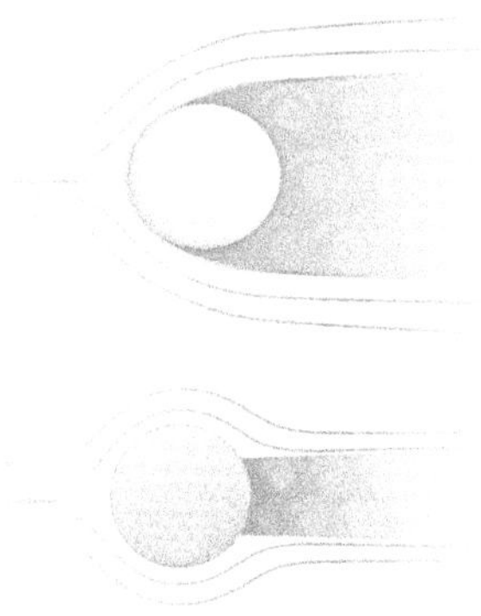

Zur Simulation der Umströmung eines Zylinders wählen wir wieder ein 2-dimensionales Berechnungsgebiet wie unter Punkt (3) „Prandtlsches Staurohr“. Die Geometrie der Staurohr-Simulation lässt sich mit wenigen Mausklicks zur Berechnung einer Zylinderumströmung verändern, siehe auch https://youtu.be/Dsge45T9vD4. Bei der Vernetzung ist hier darauf zu achten, dass global mit einem relativ groben Netz gearbeitet werden kann. Allerdings ist das wandnahe

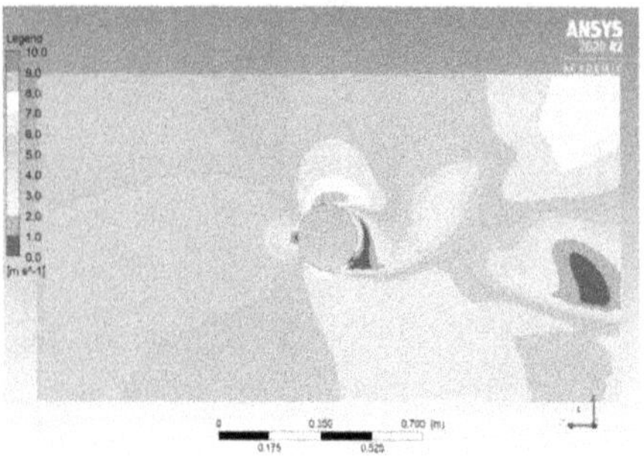

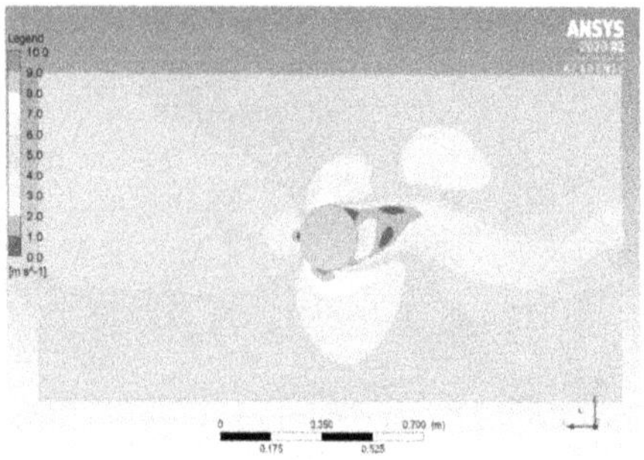

Gebiet um die Zylinderwand mit einer Netzverfeinerung zu versehen. Im ANSYS-Vokabular wird von einem *Inflation Layer* gesprochen. Die Auswertung der Simulation fokussiert auf die qualitative Darstellung der Geschwindigkeit als Contour-Plot, einer Berechnung der Kräfte über den Formel-Editor im Post-Processing und dem Eintragen des Berechnungsergebnisses für die laminare Umströmung (siehe Diagramm 2 im Anhang 4). Abschließend soll noch einmal betont werden, dass der theoretische Hintergrund für die visualisierten Beispiele erst in den folgenden Lehreinheiten abschließend behandelt wird. Es geht im Moment ausschließlich darum, Motivation für das Erarbeiten eines tiefergehenden theoretischen Verständnisses zu generieren.

Kapitel 6
Impulssatz und Drehimpulssatz

In diesem Kapitel wollen wir zunächst den Impulssatz, den wir in Lehreinheit 4.1 für ein materielles Volumen, für ein raumfestes Volumen und (nur für reibungsfreie Fluide) in differentieller Form formuliert haben, für einen Stromfaden herleiten und auf eine Reihe von Beispielen anwenden; damit kennen wir dann vom Impulssatz alle die vier Formulierungen, die wir in den Lehreinheiten 3.4 und 3.5 von der Kontinuitätsgleichung hingeschrieben haben (Lehreinheiten 6.1 bis 6.3). Anschließend werden wir als weitere Bilanzgleichung eine Bilanzgleichung für den Drehimpuls, den Drehimpulssatz, kennen lernen (Lehreinheit 6.4).

LE 6.1 Der Impulssatz für einen Stromfaden (Teil 1)

In dieser und den folgenden beiden Lehreinheiten wollen wir den Impulssatz für einen Stromfaden herleiten und praktische Anwendungen dieser Gleichungen kennen lernen.

Um den Impulssatz (4.1-2)

$$\frac{d}{dt}\int_{\tilde{V}} \rho \underline{c}\, dV = \int \rho \underline{f}\, dV + \oint \underline{\sigma}\, dA$$

auf einen Stromfaden zu spezialisieren, setzen wir auf der linken Seite nach (3.5-1) $dV = A\, ds$, dann erhalten wir mit (3.5-3)

$$\frac{d}{dt}\int_{\tilde{V}} \rho \underline{c}\, dV = \frac{d}{dt}\int_{s_1(t)}^{s_2(t)} \rho \underline{c} A\, ds = \int_{s_1}^{s_2} \frac{\partial \rho \underline{c} A}{\partial t} ds + \rho_2 \underline{c}_2 A_2 \frac{ds_2}{dt} - \rho_1 \underline{c}_1 A_1 \frac{ds_1}{dt}.$$

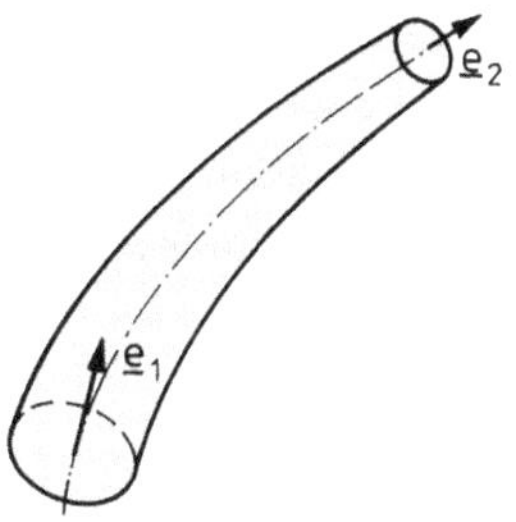

Mit $\underline{c} = c\underline{e}$, $\rho c A = \dot{m}$, $\frac{ds}{dt} = c$ folgt

$$\frac{d}{dt}\int_{\tilde{V}} \rho \underline{c}\, dV = \int_{s_1}^{s_2} \frac{\partial \dot{m}\underline{e}}{\partial t} ds + \dot{m}_2 c_2 \underline{e}_2 - \dot{m}_1 c_1 \underline{e}_1.$$

Auf der rechten Seite setzen wir für die Volumenkraft $\underline{F}_V$ (sie ist im Schwerefeld gleich dem Gewicht des Fluids im betrachteten Volumen und wird deshalb häufig $\underline{F}_G$ genannt) und zerlegen die Oberflächenkraft in die Kraft $\underline{F}_M$ auf dem Mantel des Stromfadens und in die Kraft $\underline{F}_E$ auf die Endflächen des Stromfadens. In der

https://doi.org/10.1515/9783110641455-006

Regel kann man die in den Endflächen wirkenden Reibungskräfte gegenüber den Druckkräften in den Endflächen und den Kräften auf den Mantel vernachlässigen, dann kann man für die Kraft auf die Endflächen

$$\underline{F}_E = p_1 A_1 \underline{e}_1 - p_2 A_2 \underline{e}_2 \tag{6.1-1}$$

schreiben, und der Impulssatz (4.1-2) lautet

$$\int_{s_1}^{s_2} \frac{\partial \dot{m}\underline{e}}{\partial t} ds + \dot{m}_2 c_2 \underline{e}_2 - \dot{m}_1 c_1 \underline{e}_1 = \underline{F}_V + \underline{F}_M + p_1 A_1 \underline{e}_1 - p_2 A_2 \underline{e}_2. \tag{6.1-2}$$

In dieser Form ist der Impulssatz für den Stromfaden leicht anschaulich interpretierbar: In (6.1-2) steht wie in (4.1-2) links die Änderung des Impulses in dem betrachteten Stromfadenabschnitt und rechts die daran von außen angreifende Kraft. Auf der linken Seite stellt der erste Term, das so genannte instationäre Glied, die lokale Impulsänderung dar, die beiden anderen zusammen bilden die konvektive Impulsänderung, d. h. die Differenz aus dem aus dem Stromfaden austretenden und dem in ihn eintretenden Impulsstrom. Auf der rechten Seite stellt der erste Term die Volumenkraft und der Rest die Oberflächenkraft dar; sie zerfällt in die Mantelkraft und die Kraft auf die beiden Endflächen des Stromfadenabschnitts.

Statt der von außen auf den Mantel ausgeübten Kraft $\underline{F}_M$ verwendet man häufig die vom Fluid auf den Mantel ausgeübte Reaktionskraft

$$\underline{R}_M = -\underline{F}_M. \tag{6.1-3}$$

Löst man den Impulssatz nach $\underline{R}_M$ auf, so lautet er

$$\underline{R}_M = \underline{F}_V + [\dot{m}_1 c_1 + p_1 A_1]\underline{e}_1 - [\dot{m}_2 c_2 + p_2 A_2]\underline{e}_2 - \int_{s_1}^{s_2} \frac{\partial \dot{m}\underline{e}}{\partial t} ds. \tag{6.1-4}$$

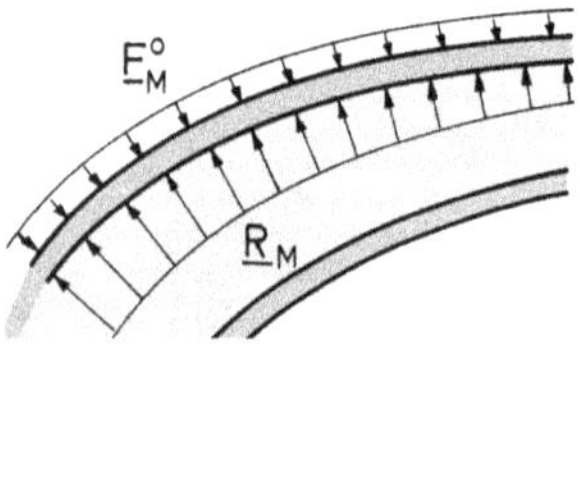

Bei vielen technischen Anwendungen wird der Mantel des Stromfadens von einer festen Wand gebildet, auf die von innen die Reaktionskraft $\underline{R}_M$ und von außen die vom äußeren Luftdruck p_0 herrührende Kraft

$$\underline{F}_M^0 = -p_0 \int d\underline{A}$$

wirkt; dabei sind die Flächenelemente $d\underline{A}$ wieder nach außen orientiert, und die Integration ist über den ganzen Mantel des Stromfadenabschnitts zu erstrecken.

Technisch wichtig ist dann häufig die Resultierende

$$\underline{R}_W = \underline{R}_M + \underline{F}_M^0 \tag{6.1-5}$$

dieser beiden Kräfte, die wir im Unterschied zur Reaktionskraft $\underline{R}_M$ die Reaktionswandkraft nennen. Um im Impulssatz die Reaktionswandkraft einzuführen, berücksichtige man, dass die vom äußeren Luftdruck (unter Vernachlässigung des Schwerefelds) auf einen beliebigen Körper, also auch auf die gesamte Oberfläche des Stromfadenabschnitts, ausgeübte Kraft null ist:

$$\underline{F}_M^0 + p_0 A_1 \underline{e}_1 - p_0 A_2 \underline{e}_2 = 0.$$

Dann erhält man

$$\begin{aligned} \underline{R}_W = \underline{F}_V &+ [\dot{m}_1 c_1 + (p_1 - p_0) A_1] \underline{e}_1 \\ &- [\dot{m}_2 c_2 + (p_2 - p_0) A_2] \underline{e}_2 - \int_{s_1}^{s_2} \frac{\partial \dot{m} \underline{e}}{\partial t} ds. \end{aligned} \tag{6.1-6}$$

Zur Abkürzung kann man noch die Größe

$$\underline{J}_\nu = [\dot{m}_\nu c_\nu + (p_\nu - p_0) A_\nu] \underline{e}_\nu \tag{6.1-7}$$

als erweiterten Impulsstrom im Querschnitt ν einführen; er setzt sich zusammen aus dem Impulsstrom $\underline{\dot{I}}_\nu = \dot{m}_\nu \underline{c}_\nu$ und der Überdruckkraft $(p_\nu - p_0) A_\nu \underline{e}_\nu$ in Strömungsrichtung. Mit dieser Abkürzung lautet (6.1-6)

$$\underline{R}_W = \underline{F}_V + \underline{J}_1 - \underline{J}_2 - \int_{s_1}^{s_2} \frac{\partial \dot{m} \underline{e}}{\partial t} ds. \tag{6.1-8}$$

Alle bis jetzt hergeleiteten Formeln des Impulssatzes gelten offenbar
- für stationäre und instationäre Strömungen,
- für kompressible und inkompressible Fluide,
- für reibungsfreie und reibungsbehaftete Fluide,
- nur für einen Stromfadenabschnitt.

Stationäre Strömungen

Wir wollen den Impulssatz zunächst auf stationäre Strömungen anwenden. Dafür ist der Massenstrom nach (3.5-11) unabhängig vom Querschnitt, und (6.1-8) vereinfacht sich zu

$$\underline{R}_W = \underline{F}_V + \underline{J}_1 - \underline{J}_2 \quad \text{mit} \quad \underline{J}_v = [\dot{m}c_v + (p_v - p_0)A_v]\underline{e}_v. \tag{6.1-9}$$

Beispiel

A. Die stationäre Strömung eines inkompressiblen, reibungsfreien Fluids werde in einem horizontalen Krümmer um den Winkel α umgelenkt. Berechnen Sie die Reaktionswandkraft nach Größe und Richtung!

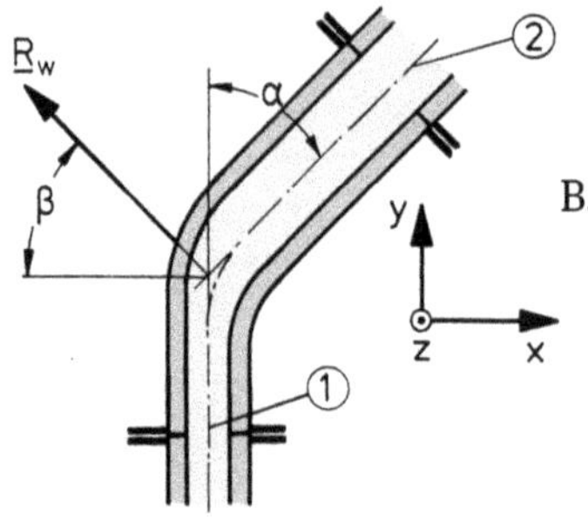

B. In welchem Sinne ändert sich die Reaktionswandkraft für $A_2 = A_1$ bei Berücksichtigung von Wandreibung?

Lösung:

A. Wir setzen zwischen den Querschnitten 1 und 2 des Krümmers die Kontinuitätsgleichung (3.5-16), die Bernoullische Gleichung (4.3-2) und den Impulssatz (6.1-9) an:

$$c_1 A_1 = c_2 A_2, \tag{a}$$

$$\frac{c_1^2}{2} + \frac{p_1}{\rho} = \frac{c_2^2}{2} + \frac{p_2}{\rho} \quad \text{und} \tag{b}$$

$$\underline{R}_W = \underline{F}_V + [\dot{m}c_1 + (p_1 - p_0)A_1]\underline{e}_1 - [\dot{m}c_2 + (p_2 - p_0)A_2]\underline{e}_2. \tag{c}$$

Die Volumenkraft $\underline{F}_V$ ist gleich dem Gewicht des Fluids im Krümmer:

$$\underline{F}_V = -\rho g V \underline{e}_z. \tag{d}$$

Für das eingezeichnete Koordinatensystem haben $\underline{e}_1$ und $\underline{e}_2$ die Koordinaten

$$\underline{e}_1 = (0, 1, 0), \quad \underline{e}_2 = (\sin\alpha, \cos\alpha, 0). \tag{e}$$

Es seien c_1, p_1 und p_0 gegeben und c_2 und p_2 unbekannt, dann ergeben sich die drei Koordinaten der Reaktionswandkraft (c) unter Verwendung von (a), (b), (d) und (e) zu

$$R_{Wx} = -\left[\frac{\rho}{2}c_1^2\left(1 + \frac{A_1^2}{A_2^2}\right) + (p_1 - p_0)\right]A_2 \sin\alpha,$$

$$R_{Wy} = [\rho c_1^2 + (p_1 - p_0)]A_1 - \left[\frac{\rho}{2}c_1^2\left(1 + \frac{A_1^2}{A_2^2}\right) + (p_1 - p_0)\right]A_2 \cos\alpha$$

und

$$R_{Wz} = -\rho g V.$$

Die Größe der Reaktionswandkraft erhalten wir aus der Beziehung $R_W = \sqrt{R_{Wx}^2 + R_{Wy}^2 + R_{Wz}^2}$ und die Richtung der Kraftangriffslinie in der x, y-Ebene aus $\tan\beta = R_{Wy}/(-R_{Wx})$.

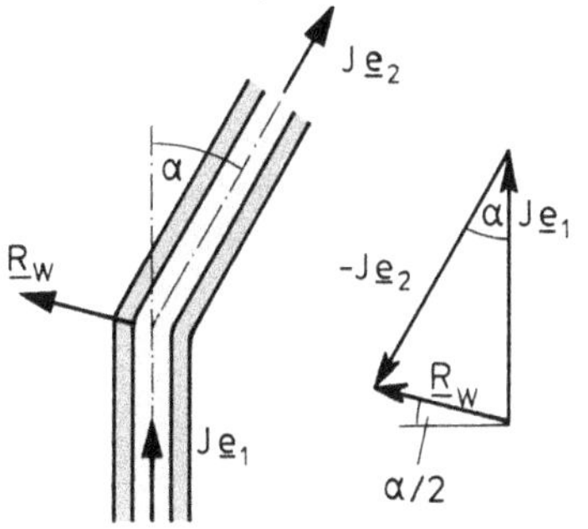

Wir gelangen zu einem besonders anschaulichen Ergebnis, wenn wir den Austrittsquerschnitt genauso groß wie den Eintrittsquerschnitt wählen: Mit $A_1 = A_2$ erhalten wir aus (a) $c_1 = c_2$ und aus (b) $p_1 = p_2$, d. h. es ist $J_1 = J_2 = J$. Damit ergeben sich die x- und die y-Koordinate der Reaktionswandkraft zu

$$R_{Wx} = -J \sin\alpha = -J \cdot 2 \sin\frac{\alpha}{2} \cos\frac{\alpha}{2} \quad \text{und}$$

$$R_{Wy} = J - J\cos\alpha = J(1 - \cos\alpha) = J \cdot 2\sin^2\frac{\alpha}{2},$$

$$\tan\beta = -\frac{R_{Wy}}{R_{Wx}} = \tan\frac{\alpha}{2},$$

d. h. der Winkel β ist gleich dem halben Umlenkungswinkel α der Strömungsrichtung.

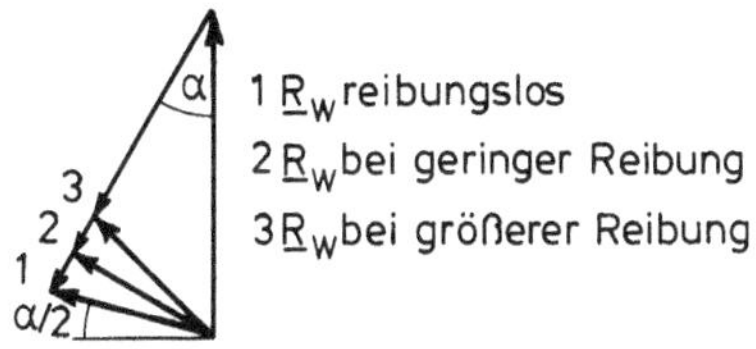

B. Bei Berücksichtigung der Wandreibung ändert sich c_2 nach der Kontinuitätsgleichung nicht, p_2 wird jedoch wegen des Druckverlusts kleiner. Der eintretende erweiterte Impulsstrom bleibt unverändert, der austretende erweiterte Impulsstrom behält seine Richtung, verkleinert sich jedoch dem Betrage nach.

Aufgabe 1

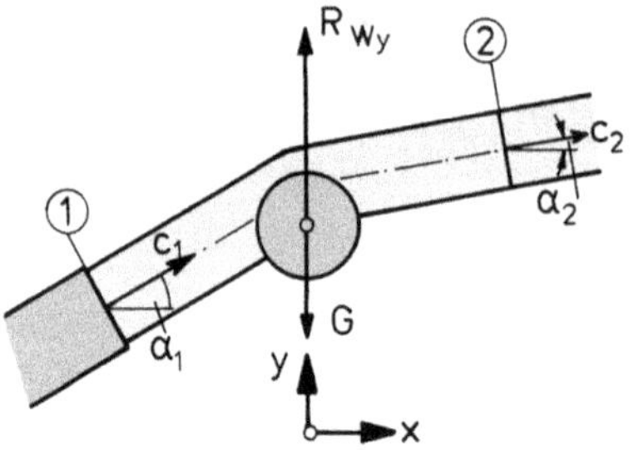

Eine Kugel erfährt in einem sie an der Oberfläche umströmenden Freistrahl eine Kraft, die bei richtiger Abstimmung aller Größen in der Lage ist, das Kugelgewicht zu kom- pensieren und die Kugel in der Schwebe zu halten. Das Gewicht des Strahles kann vernachlässigt werden, und die Strömung kann als stationär und inkompressibel angesehen werden. Berechnen Sie die Geschwindigkeit c_2 und den Winkel α_2 des Strahles hinter dem Ball, wenn der Eintrittsquerschnitt A_1, die Geschwindigkeit c_1, der Winkel α_1 und das Gewicht G der Kugel bekannt sind!

Lösungshinweis: Auf der gesamten freien Strahloberfläche herrscht der äußere Luftdruck; an dem Teil der Strahloberfläche, der die Kugel berührt, herrscht ein Unterdruck, der das Gewicht kompensiert.

Aufgabe 2

Borda-Carnotscher Stoßverlust

Den Druckverlust aufgrund einer unstetigen Querschnittserweiterung in einem Rohr bezeichnet man als Borda-Carnotschen Stoßverlust; wie bereits in Lehreinheit 5.4 erwähnt, ist das der einzige Fall, in dem sich eine Druckverlustzahl mit einfachen Mitteln berechnen lässt.

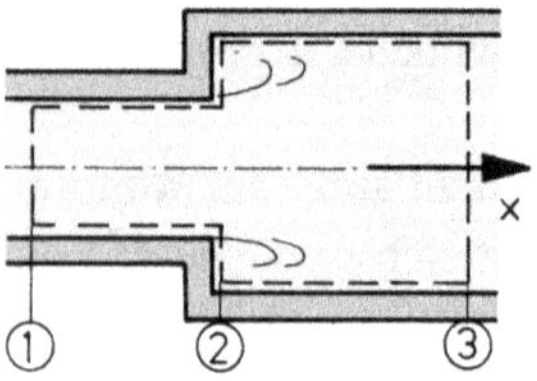

Gegeben seien die beiden Querschnitte A_1 und A_3 und die Geschwindigkeit c_1 und der Druck p_1 im Querschnitt 1; die Strömung sei stationär, das Fluid sei inkompressibel und reibungsfrei.

A. Setzen Sie die x-Koordinate des Impulssatzes an und berechnen Sie daraus den Druckabfall zwischen den Querschnitten 1 und 3!

Lösungshinweis: Überlegen Sie, welche Geschwindigkeit und welcher Druck im Querschnitt 2 *unmittelbar hinter* der Querschnittserweiterung herrschen (vgl. z. B. Aufgabe 2 von Lehreinheit 4.3)! Setzen Sie dann den Impulssatz für das gestrichelte Volumen zwischen dem Querschnitt 1 und dem Querschnitt 3 an; dabei soll der Querschnitt 3 so weit stromab liegen, dass sich das Geschwindigkeitsprofil durch turbulenten Queraustausch bereits so vergleichmäßigt hat, dass man mit einer über den Querschnitt 3 konstanten Geschwindigkeit c_3 rechnen kann. Denken Sie auch daran, dass auf die Rohrwand nur Druckkräfte wirken können, da die Strömung als reibungsfrei vorausgesetzt wurde!

B. Bestimmen Sie die Druckverlustzahl für diese unstetige Querschnittserweiterung!

Aufgabe 3

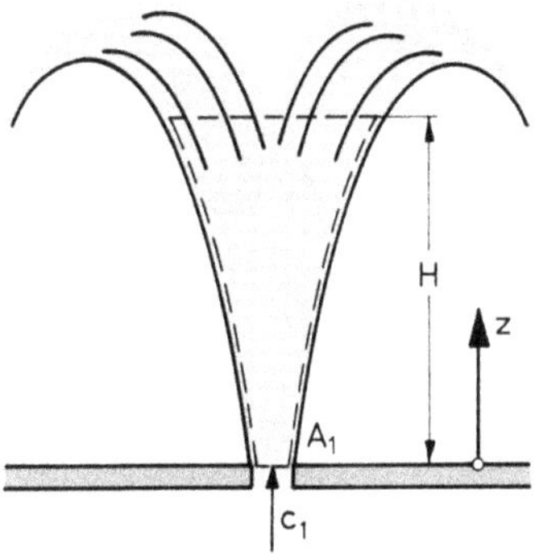

Ein Wasserstrahl strömt stationär mit einer Geschwindigkeit c_1 aus einer Öffnung A_1 senkrecht nach oben aus. Berechnen Sie das bis zur Höhe H im Strahl enthaltene Flüssigkeitsvolumen V!
Lösungshinweis: Setzen Sie den Impulssatz für das zu berechnende Volumen an!

LE 6.2 Der Impulssatz für einen Stromfaden (Teil 2)

Stationäre Strömungen durch sich verzweigende Stromfäden

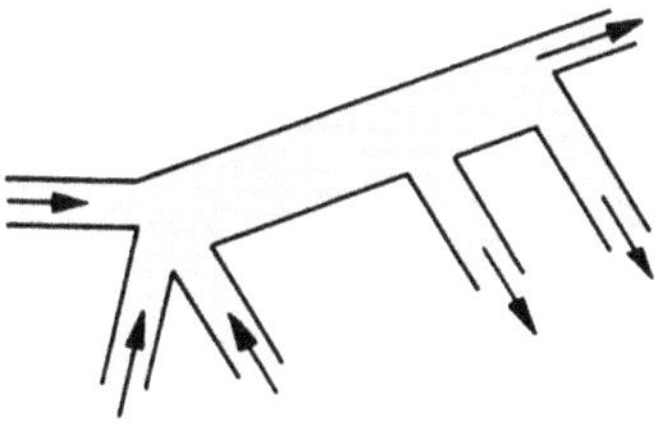

Wie die Kontinuitätsgleichung, vgl. (3.5-12), lässt sich auch der Impulssatz für stationäre Strömungen auch für ein System sich verzweigender Stromlinien formulieren. Wir gehen dazu von der Form (4.1-6) des Impulssatzes für ein raumfestes Volumen aus. Wie bei der Ableitung von (6.1-4) setzen wir für die Volumenkraft $\underline{F}_V$ und zerlegen die Oberflächenkraft in die Kraft $\underline{F}_M = -\underline{R}_M$ auf den Mantel und die Kraft $\underline{F}_E$ auf die Endflächen. Wir wollen alle Größen in Eintrittsquerschnitten mit dem Index 1 und alle Größen in Austrittsquerschnitten mit dem Index 2 bezeichnen und die verschiedenen Eintritts- und Austrittsquerschnitte durch einen zweiten Index unterscheiden. Wenn wir wieder die Reibungskräfte in den Endflächen vernachlässigen, ist

$$\underline{F}_E = \sum_\nu p_{1\nu} A_{1\nu} \underline{e}_{1\nu} - \sum_\nu p_{2\nu} A_{2\nu} \underline{e}_{2\nu}.$$

Die linke Seite von (4.1-6) verschwindet für stationäre Strömungen; der erste Term auf der rechten Seite ist nur in den Endflächen von null verschieden, da auf dem Mantel $\underline{c} \cdot d\underline{A} = 0$ ist. Wir erhalten damit, wenn wir nach (3.5-10) $\rho c A = \dot{m}$ setzen,

$$\begin{aligned} -\oint \rho \underline{c}\, \underline{c} \cdot d\underline{A} &= \sum_\nu \rho_{1\nu} c_{1\nu}^2 A_{1\nu} \underline{e}_{1\nu} - \sum_\nu \rho_{2\nu} c_{2\nu}^2 A_{2\nu} \underline{e}_{2\nu} \\ &= \sum_\nu \dot{m}_{1\nu} c_{1\nu} \underline{e}_{1\nu} - \sum_\nu \dot{m}_{2\nu} c_{2\nu} \underline{e}_{2\nu}. \end{aligned}$$

Damit erhalten wir für die Reaktionskraft auf den Mantel

$$\underline{R}_M = \underline{F}_V + \sum_\nu [\dot{m}_{1\nu} c_{1\nu} + p_{1\nu} A_{1\nu}] \underline{e}_{1\nu} - \sum_\nu [\dot{m}_{2\nu} c_{2\nu} + p_{2\nu} A_{2\nu}] \underline{e}_{2\nu} \tag{6.2-1}$$

oder für die Reaktionswandkraft auf den Mantel

$$\boxed{\begin{aligned} &\underline{R}_W = \underline{F}_V + \sum_\nu \underline{J}_{1\nu} - \sum_\nu \underline{J}_{2\nu}, \\ \text{mit}\quad &\underline{J}_{\mu\nu} = [\dot{m}_{\mu\nu} c_{\mu\nu} + (p_{\mu\nu} - p_0) A_{\mu\nu}] \underline{e}_{\mu\nu}. \end{aligned}} \tag{6.2-2}$$

In diesen Formen gilt der Impulssatz
- nur für stationäre Strömungen,
- für kompressible und inkompressible Fluide,
- für reibungsfreie und reibungsbehaftete Fluide,
- für einen Abschnitt eines Stromfadens oder eines Systems sich verzweigender Stromfäden.

Für die darin auftretenden Massenströme gilt daneben die Kontinuitätsgleichung in der Form (3.5-12).

Beispiel

Aus einem großen, oben offenen Behälter tritt in der Tiefe H unterhalb des Wasserspiegels aus einem kleinen Schlitz ein Wasserstrahl aus, der nach einer Lauflänge L gegen eine Wand prallt.

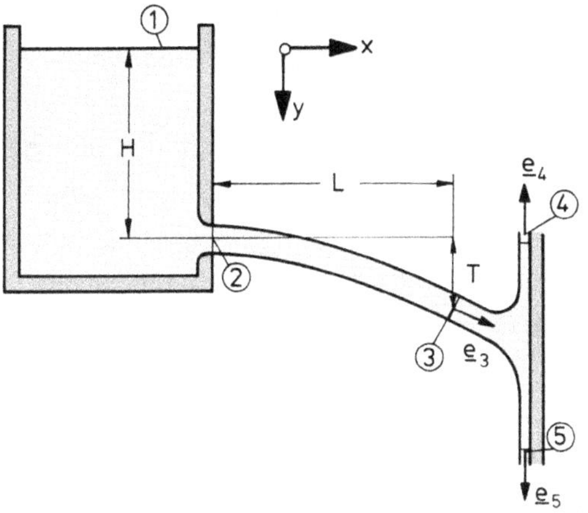

A. Berechnen Sie die Reaktionskraft des Strahls auf den Behälter!
B. Berechnen Sie die Strömungsgeschwindigkeit c_3, den Strahlquerschnitt A_3, die Fallhöhe T und die Gleichung des Wasserstrahls!
C. Berechnen Sie die Reaktionskraft des Strahles auf die Wand und die Masseströme $\dot{m}_4$ und $\dot{m}_5$!

Wir setzen voraus, dass die Strömung stationär und das Fluid inkompressibel und reibungsfrei ist.

Lösung:

A. Der Kontrollraum zur Berechnung der Reaktionswandkraft des Strahls ist durch den Behältermantel, den Wasserspiegel 1 und den Austrittsquerschnitt 2 festgelegt. Da die Spiegelabsenkung vernachlässigt werden kann, ist $c_1 = 0$; bei reibungsloser, stationärer Strömung ist nach der Torricellischen Ausflussformel (4.3-3) $c_2 = \sqrt{2gH}$. Der Druck in den Querschnitten 1 und 2 ist unter der Voraussetzung, dass die Stromlinien im Austrittsquerschnitt keine Krümmung haben, gleich dem Umgebungsdruck p_0. Damit erhält man für die Reaktionswandkraft des Strahls nach (6.1-9)

$$\underline{R}_W = -\dot{m}\underline{c}_2 + \underline{F}_V, \tag{a}$$

$$R_{Wx} = -\dot{m}\underline{c}_2 = -\rho c_2^2 A_2 = -2\rho g H A_2, \tag{b}$$

$$R_{Wy} = F_V. \tag{c}$$

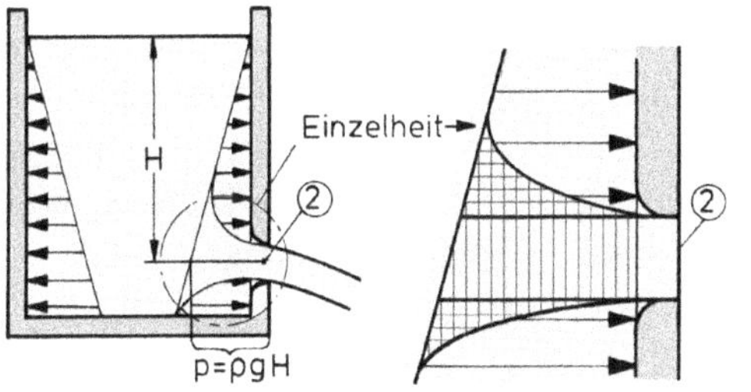

Zu der auch ohne Ausfluss vorhandenen Reaktionswandkraft, nämlich dem Gewicht des Wassers im Gefäß, tritt der „Raketenschub“ infolge des Ausflusses. Dieser Schub ist negativ gleich dem austretenden

Impulsstrom, und ergibt sich im Übrigen als doppelt so groß wie die hydrostatische Druckkraft auf die Austrittsöffnung. In der Skizze ist die Druckverteilung an den beiden senkrechten Behälterwänden eingetragen. Man erkennt zunächst, wie der Schub qualitativ durch den Druckabfall in der Nähe der Austrittsöffnung zustande kommt: Die Druckkraft auf die der Austrittsöffnung gegenüberliegende Wand wird jetzt nicht mehr durch die Druckkraft auf die Wand mit der Austrittsöffnung ausgeglichen. Quantitativ entspricht die einfach schraffierte Fläche gerade der hydrostatischen Druckkraft auf den Austrittsquerschnitt. Wegen des stetigen Druckabfalls zur Austrittsöffnung hin muss der Schub größer als diese hydrostatische Druckkraft sein. Nach dem Ergebnis der Rechnung ist die doppelt schraffierte Fläche gerade genauso groß wie die einfach schraffierte Fläche.

B. Zur Berechnung der Strömungsgeschwindigkeit im Querschnitt 3 setzen wir den Impulssatz in der Form (6.1-9) für den Freistrahl zwischen den Querschnitten 2 und 3 an und beachten, dass die Reaktionswandkraft auf den Freistrahl null ist, da der Mantel eine freie Oberfläche ist und auf einer freien Oberfläche der Umgebungsdruck herrscht:

$$\underline{0} = \underline{F}_V + \dot{m}\underline{c}_2 - \dot{m}\underline{c}_3. \qquad \text{(d)}$$

Mit $\underline{F}_V = \rho g V \underline{e}_y$ folgt in Koordinaten

$$0 = \dot{m}(c_2 - c_{3x}), \qquad \text{(e)}$$

$$0 = \rho g V - \dot{m}c_{3y}. \qquad \text{(f)}$$

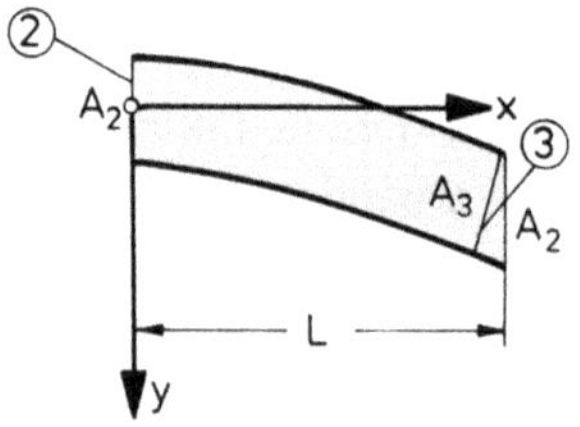

Das Strahlvolumen kann man folgendermaßen berechnen: Den Massenstrom kann man auch $\dot{m} = \rho c_x A_x$ schreiben. Da c_x nach (e) längs des Freistrahls konstant bleibt, muss auch der Querschnitt A_x längs des Freistrahls konstant bleiben. Der Freistrahl bildet also einen schiefen Zylinder mit der Grundfläche A_2 und der Höhe L; sein Volumen beträgt $V = A_2 L$.

Damit erhält man für die Geschwindigkeit c_3 aus (e) bzw. (f)

$$c_{3x} = c_2, \quad c_{3y} = \frac{gL}{c_2}, \quad c_3 = c_2\sqrt{1 + \frac{L^2}{4H^2}} \quad \text{mit} \quad c_2 = \sqrt{2gH} \qquad \text{(g)}$$

und für den Querschnitt A_3 aus $c_2A_2 = c_3A_3$

$$A_3 = \frac{A_2}{\sqrt{1 + \frac{L^2}{4H^2}}}. \tag{h}$$

Aus c_2 und c_3 lässt sich T mit Hilfe der Bernoullischen Gleichung ausrechnen: Es ist

$$\frac{c_2^2}{2} = \frac{c_3^2}{2} - gT.$$

Daraus folgt

$$T = \frac{L^2}{4H}. \tag{i}$$

Da dies für beliebige L gilt, lautet die Gleichung der Mittellinie des Freistrahls (die wegen der Stationarität der Strömung zugleich Bahnlinie und Stromlinie ist), wenn man das Koordinatensystem in die Mitte des Querschnitts 2 legt,

$$y = \frac{x^2}{4H}. \tag{j}$$

Die Mittellinie des Freistrahls stellt also eine Wurfparabel dar. (Dasselbe gilt für die Bahnlinien aller durch den Querschnitt 2 hindurchtretenden Teilchen.)

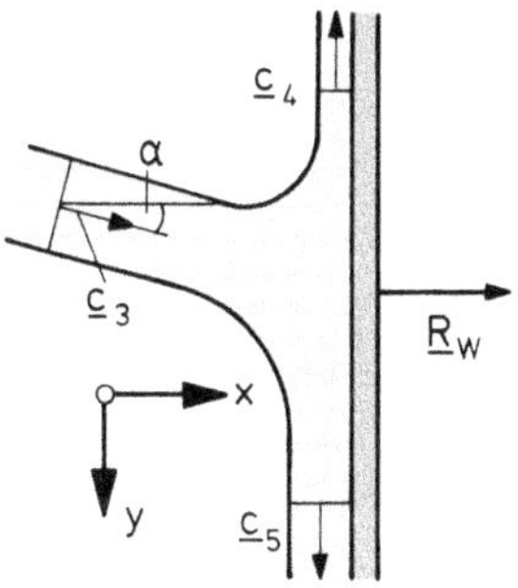

C. Wir wählen als Kontrollvolumen die Umgebung der Strahlverzweigung zwischen den Querschnitten 3, 4 und 5. Da der Kontrollraum mehrere Austrittsquerschnitte hat, müssen wir den Impulssatz in der Form (6.2-2) und die Kontinuitätsgleichung in der Form (3.5-12) verwenden. Der Druck in den Querschnitten 3, 4 und 5 ist wieder gleich dem Umgebungsdruck, die Reaktionswandkraft gleich der Kraft auf die Wand, da auf dem übrigen Mantel Umgebungsdruck herrscht. Das Gewicht des Fluids können wir vernachlässigen. Damit wird (6.2-2) zu

$$\underline{R}_W = \dot{m}\underline{c}_3 - \dot{m}_4\underline{c}_4 - \dot{m}_5\underline{c}_5, \tag{k}$$

oder in Koordinaten geschrieben

$$R_W = \dot{m}c_{3x}, \tag{l}$$
$$0 = \dot{m}c_{3y} + \dot{m}_4 c_4 - \dot{m}_5 c_5, \tag{m}$$

und die Kontinuitätsgleichung ergibt

$$\dot{m} = \dot{m}_4 + \dot{m}_5. \tag{n}$$

Aus der Bernoullischen Gleichung folgt bei Vernachlässigung der Höhendifferenzen (was der Vernachlässigung des Gewichtes im Impulssatz entspricht)

$$c_3 = c_4 = c_5. \tag{o}$$

Man erhält daraus zunächst

$$R_W = \dot{m}c_{3x} = \dot{m}_2 c_2 = 2\rho g H A_2, \tag{p}$$

d. h. die Kraft auf die Wand ist negativ gleich dem Schub auf den Wasserbehälter, was physikalisch unmittelbar einleuchtet. Weiter errechnet sich aus (m), (n) und (o), wenn man $c_{3y} = c_3 \sin\alpha$ einführt

$$\dot{m}_4 = \frac{1-\sin\alpha}{2}\dot{m}, \quad \dot{m}_5 = \frac{1+\sin\alpha}{2}\dot{m}. \tag{q}$$

Aufgabe 1

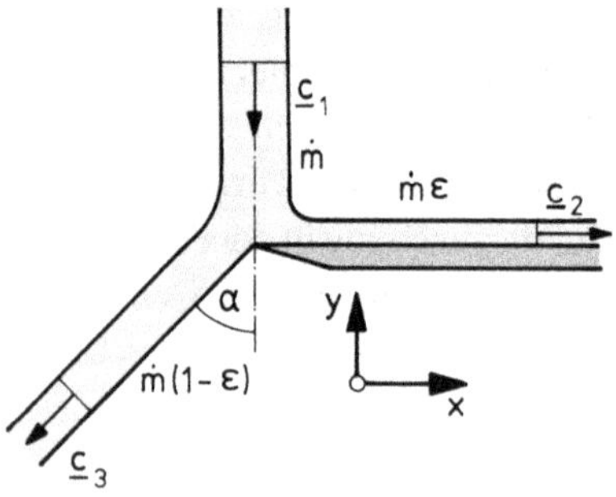

Ein ebener Wasserstrahl wird durch eine Schneide so abgelenkt, dass der Bruchteil $\epsilon\dot{m}$ des Massenstroms $\dot{m}$ längs der Schneide abfließt. Das Fluid sei inkompressibel und reibungsfrei, vom Einfluss der Schwerkraft werde abgesehen.

A. Berechnen Sie den Winkel α, um den der Reststrahl abgelenkt wird!
B. Welche Kraft wirkt auf die Schneide?

Aufgabe 2

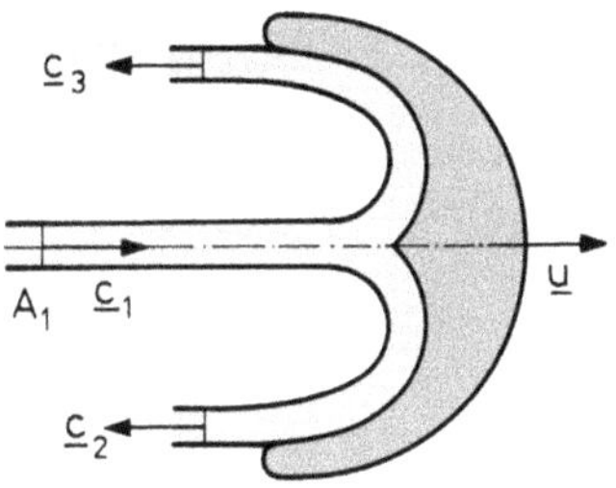

Eine sich mit der Umfangsgeschwindigkeit u bewegende Peltonturbinenschaufel wird von einem Freistrahl mit der Geschwindigkeit c_1 angeströmt. Berechnen Sie die Reaktionskraft auf die Schaufel unter Vernachlässigung des Einflusses der Reibung und der Schwerkraft!

Lösungshinweis: Betrachten Sie die Strömung in einem mit der Schaufel mitbewegten Bewegungssystem!

LE 6.3 Der Impulssatz für einen Stromfaden (Teil 3)

Die instationäre Strömung eines inkompressiblen Fluids durch einen ruhenden Stromfaden

Wenn der Mantel des Stromfadens ruht, ist die Strömung richtungsstationär, d. h. in $\underline{c} = c\underline{e}$ ist $\underline{e}$ unabhängig von der Zeit; es gilt also

$$\int_{s_1}^{s_2} \frac{\partial \dot{m}\underline{e}}{\partial t} ds = \int_{s_1}^{s_2} \frac{\partial \dot{m}}{\partial t} \underline{e}\, ds = \int_{s_1}^{s_2} \frac{\partial \dot{m}}{\partial t} d\underline{s}.$$

Außerdem ist dann A unabhängig von der Zeit, und wenn das Fluid noch inkompressibel ist, ist auch ρ unabhängig von der Zeit. Aus der Kontinuitätsgleichung (3.5-4) folgt dann, dass der Massenstrom $\dot{m}$ in jedem Querschnitt des Stromfadens gleich ist; damit gilt

$$\int_{s_1}^{s_2} \frac{\partial \dot{m}\underline{e}}{\partial t} ds = \frac{d\dot{m}}{dt} \int_{s_1}^{s_2} d\underline{s}. \qquad (6.3\text{-}1)$$

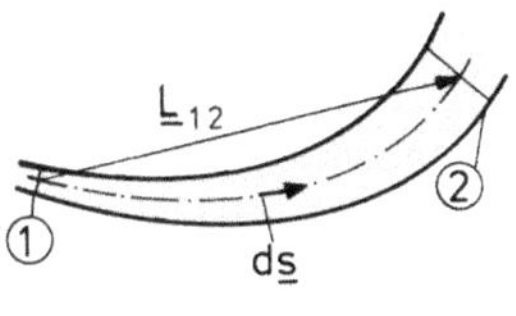

Das Integral über das vektorielle Kurvenelement $d\underline{s}$ längs der Mittellinie des Stromfadens zwischen den Querschnitten 1 und 2 ist gleich dem Vektor $\underline{L}_{12}$ vom Mittelpunkt des Querschnitts 1 zum Mittelpunkt des Querschnitts 2. Der Impulssatz (6.1-6) nimmt damit die Form

$$\boxed{\begin{aligned} &\underline{R}_W = \underline{F}_V + \underline{J}_1 - \underline{J}_2 - \frac{d\dot{m}}{dt}\underline{L}_{12} \\ \text{mit} \quad &\underline{J}_v = [\dot{m}c_v + (p_v - p_0)A_v]\,\underline{e}_v. \end{aligned}} \tag{6.3-2}$$

an. In dieser Form gilt der Impulssatz

- für stationäre und richtungsstationäre Strömungen,
- nur für inkompressible Fluide,
- für reibungsfreie und reibungsbehaftete Fluide,
- nur für einen ruhenden Stromfadenabschnitt.

Beispiel 1

Ein kegeliger Wasserbehälter mit konstanter Wasserhöhe H hat ein horizontales Abflussrohr der Länge L. Gesucht wird die Reaktionswandkraft (Lagerkraft)

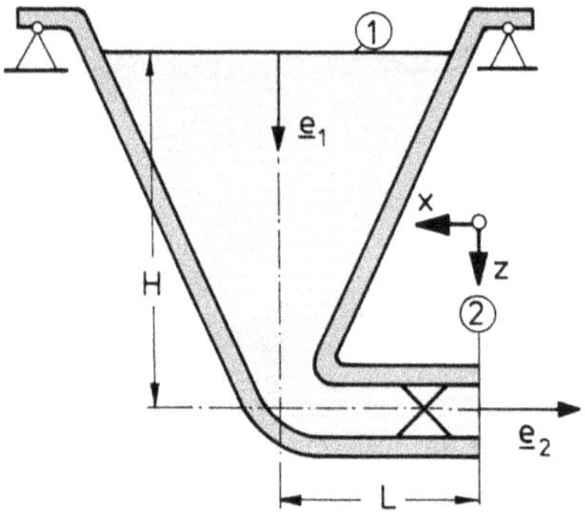

A. bei stationärem Ausfluss (Ventil geöffnet),

B. beim Schließen des Ventils, wenn der Volumenstrom $\dot{V}$ für $t_0 \leq t \leq t_0 + \Delta t$ nach dem Gesetz

$$\dot{V}(t) = \dot{V}_{st}\left[1 - \left(\frac{t - t_0}{\Delta t}\right)^2\right] \tag{a}$$

vom stationären Wert auf null abnimmt.[1]

Das Gewicht des Behälters und des Wassers bleibe unberücksichtigt, das Fluid sei reibungsfrei und inkompressibel.

Lösung: Wir können vom Impulssatz in der Form (6.3-1) ausgehen, da das Fluid inkompressibel ist und der Stromfadenabschnitt ruht. Wegen $c_1 = 0$ und

1 Das Beispiel passt nicht streng zur Herleitung für einen ruhenden Stromfaden. Der Stromfaden ruht während des Schließens nicht, die mathematischen Voraussetzungen von (6.3-1), dass $\underline{e}$ unabhängig von t und $\partial\dot{m} / \partial t$ unabhängig von s sind, sind aber erfüllt.

$p_1 = p_2 = p_0$ ist

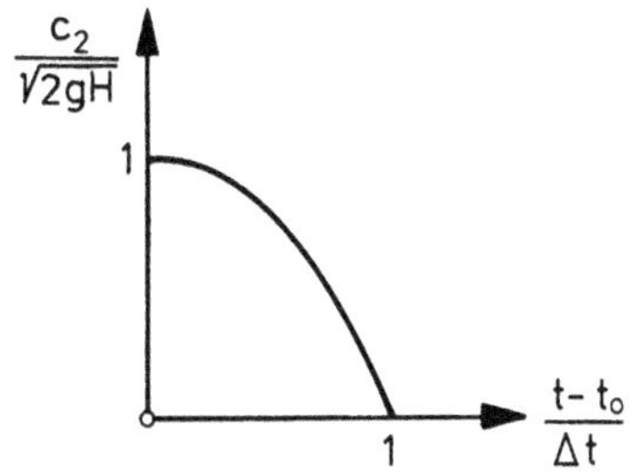

$$\underline{R}_W = -\rho A_2 c_2^2 \underline{e}_2 - \rho A_2 \frac{dc_2}{dt}(H\underline{e}_1 + L\underline{e}_2).$$

Im eingezeichneten Koordinatensystem ergibt sich

$$R_{Wx} = \rho A_2\left(c_2^2 + L\frac{dc_2}{dt}\right), \qquad R_{Wz} = -\rho A_2 H\frac{dc_2}{dt}. \tag{b}$$

A. Bei stationärer Strömung gilt die Torricellische Ausflussformel (4.3-3) d. h. es ist $c_2 = \sqrt{2gH}$. Damit ist

$$R_{Wx} = 2\rho g H A_2, \quad R_{Wz} = 0, \tag{c}$$
$$\dot{V} = \dot{V}_{st} = \sqrt{2gH}\,A_2. \tag{d}$$

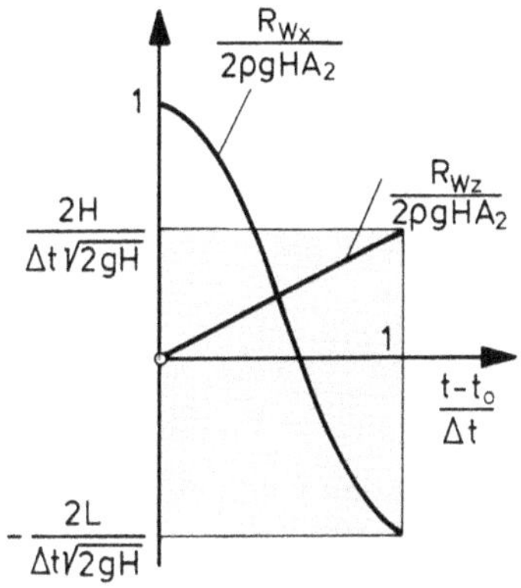

B. Während des Schließens des Ventils ist nach (a) und (d)

$$c_2 = \sqrt{2gH}\left[1 - \left(\frac{t-t_0}{\Delta t}\right)^2\right],$$
$$\frac{dc_2}{dt} = -\frac{2\sqrt{2gH}}{\Delta t}\frac{t-t_0}{\Delta t}.$$

Setzt man das in (b) ein, erhält man nach kurzer Rechnung

$$R_{Wx} = 2\rho g H A_2\left\{\left[1 - \left(\frac{t-t_0}{\Delta t}\right)^2\right]^2 - \frac{2L}{\Delta t\sqrt{2gH}}\frac{t-t_0}{\Delta t}\right\}, \qquad R_{Wz} = 2\rho g H A_2 \frac{2H}{\Delta t\sqrt{2gH}}\frac{t-t_0}{\Delta t}. \tag{e}$$

Die Schubkraft R_{Wx} wechselt also während des Schließvorgangs ihre Richtung, und in vertikaler Richtung tritt eine nach unten gerichtete und mit der Zeit linear wachsende Kraft R_{Wz} auf.

Die Umströmung von Körpern

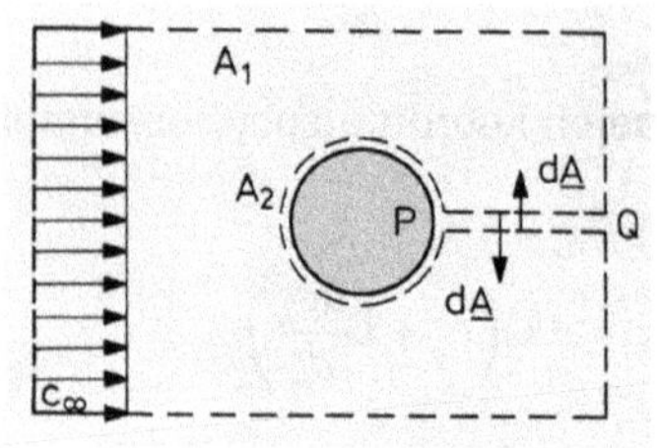

Will man mit Hilfe des Impulssatzes die Kraft auf einen von allen Seiten umströmten Körper berechnen, so muss man den Impulssatz auf ein Volumen anwenden, dessen Oberfläche aus zwei nicht zusammenhängenden Teilen besteht: aus einer geeignet gewählten äußeren Oberfläche A_1 und der Oberfläche A_2 des umströmten Körpers als innerer Oberfläche, vgl. die nebenstehende Skizze. Man kann daraus durch einen ebenen Schnitt PQ ein Volumen mit zusammenhängender Oberfläche machen. Da auf den beiden Seiten der Schnittfläche die Flächenvektoren für jedes Flächenelement negativ gleich sind, heben sich die Beiträge der Schnittfläche im Impulssatz heraus; man kann den Impulssatz also auch auf ein Volumen mit nicht zusammenhängender Oberfläche anwenden, wenn man die Oberflächenintegrale über alle Teile der Oberfläche erstreckt.

Beispiel 2

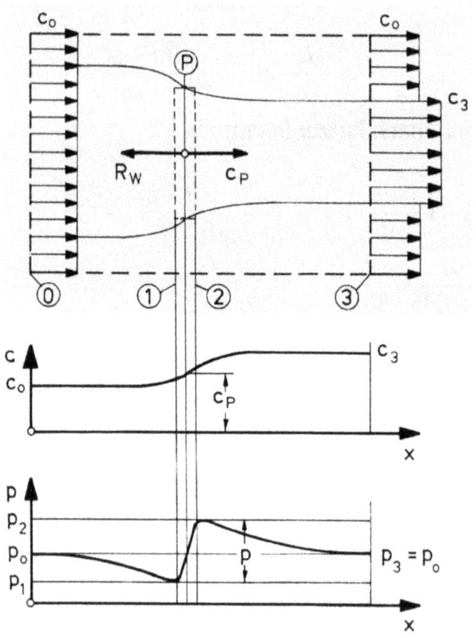

Rankine-Froudesche Strahltheorie

Rankine und Froude haben die Strömung eines inkompressiblen Fluids durch einen Propeller unter der vereinfachenden Voraussetzung berechnet, dass der Propeller unendlich viele unendlich dünne Blätter hat, so dass der Propeller stationär durchströmt wird. Wenn man sich nicht für die Strömungsvorgänge im Propeller interessiert, kann man den Propeller dann durch eine dünne Propellerscheibe ersetzen. Der Propeller wird mit der gleichförmigen Geschwindigkeit c_0 angeströmt, er beschleunigt die durch ihn hindurchtretende Luft auf die Geschwindigkeit c_3. Die vom Propeller erfasste Stromröhre hat also nach der Kontinuitätsgleichung vor dem Propeller einen größeren Querschnitt als hinter dem Propeller. Die Energiezufuhr durch den Propeller entspricht einem Druckunterschied Δp zwischen den beiden Endflächen der Propellerscheibe. Für dieses physikalische Modell eines Propellers berechne man

A. den Schub R_W des Propellers in Abhängigkeit von der Anströmgeschwindigkeit c_0, der Geschwindigkeit c_3 im Propellerstrahl hinter dem Propeller und vom Propellerquerschnitt A_P;

B. die vom Propeller abgegebene Leistung $P = -R_W c_P$ in Abhängigkeit von c_0, c_3 und A_P;

C. den Standschub, d. h. R_W für $c_0 = 0$, und die zugehörige Leistung.

Lösung:

A. Wir wählen als innere Oberfläche die Propellerscheibe und als äußere Oberfläche einen Zylinder mit der Propellerachse als Achse. Die vordere Grundfläche des Propellers sei so weit vorne, dass die Anströmgeschwindigkeit vom Propeller unbeeinflusst ist. Seine hintere Grundfläche sei relativ dicht hinter dem Propeller, wo die Strahlbegrenzungsstromlinien bereits gerade, aber das Geschwindigkeitsprofil noch unausgeglichen ist. Die Mantelfläche sei so weit weg, dass der Druck dort p_0 ist; dann ist der Druck auf der gesamten äußeren Oberfläche p_0, und die Kraft auf den Propeller, die negativ gleich dem Schub des Propellers ist, ist die einzige Reaktionswandkraft.

Die Grundfläche des Zylinders sei A, die Fläche des Propellerstrahls hinter dem Propeller sei A_3. Dann tritt durch die vordere Grundfläche der Volumenstrom $\dot{V}_E = c_0 A$ ein, und durch die hintere Grundfläche tritt der Volumenstrom $\dot{V}_A = c_0(A - A_3) + c_3 A_3$ aus. Damit die Kontinuitätsgleichung erfüllt ist, muss also durch den Zylindermantel der Volumenstrom $\dot{V}_M = \dot{V}_A - \dot{V}_E = (c_3 - c_0)A_3$ eintreten. Der Beitrag dieser drei Flächen zur Reaktionswandkraft ist also mit $\dot{I}v = \rho c_v \dot{V}_v$ nach (6.2-2)

$$R_W = \dot{I}_E + \dot{I}_M - \dot{I}_A = \rho c_0^2 A + \rho c_0(c_3 - c_0)A_3 - \rho c_0^2(A - A_3) - \rho c_3^2 A_3 = \rho c_0 c_3 A_3 - \rho c_3^2 A_3,$$

und mit $\dot{m} = \rho c_3 A_3$ folgt

$$R_W = \dot{m}(c_0 - c_3).$$

Man begeht also keinen Fehler, wenn man den Kontrollraum statt durch den großen Zylinder mit der Grundfläche A durch die vom Propeller erfasste Stromröhre begrenzt und die Mantelkraft auf dieser Stromröhre als null annimmt, was so zu verstehen ist, dass der Einfluss der Druckverteilung längs des Mantels sich heraushebt. (Senkrecht zur Strömungsrichtung ist das aus Symmetriegründen trivial, in Strömungsrichtung allerdings nicht.) Mit $\dot{m} = \rho c_P A_P$ erhält man schließlich

$$R_W = \rho c_P A_P(c_0 - c_3) < 0. \tag{a}$$

Die Geschwindigkeit c_P lässt sich mit Hilfe der Bernoullischen Gleichung auf c_0 und c_3 zurückführen. Dazu setzt man die Bernoullische Gleichung einmal zwischen den Querschnitte 0 und 1 und einmal zwischen den Querschnitten 2 und 3 an:

$$\frac{c_0^2}{2} + \frac{p_0}{\rho} = \frac{c_P^2}{2} + \frac{p_1}{\rho}, \quad \frac{c_P^2}{2} + \frac{p_2}{\rho} = \frac{c_3^2}{2} + \frac{p_0}{\rho}.$$

Wenn man daraus $c_P^2/2$ eliminiert und die Druckdifferenz am Propeller

$$\frac{\Delta p}{\rho} = \frac{p_2 - p_1}{\rho}$$

einführt, folgt

$$\Delta p = \frac{\rho}{2}\left(c_3^2 - c_0^2\right),$$

$$|R_W| = \Delta p A_P = \frac{\rho}{2} A_P \left(c_3^2 - c_0^2\right) \tag{b}$$

und durch Vergleich mit (a)

$$c_P = \frac{c_3 + c_0}{2} \tag{c}$$

und damit als Ergebnis

$$R_W = -\frac{\rho}{2}\left(c_3^2 - c_0^2\right) A_P = -\rho(c_3 - c_0)\frac{c_3 + c_0}{2} A_P. \tag{d}$$

B. Für $P = -R_W c_P$ folgt aus (d) und (c) sofort

$$P = \frac{\rho}{4}\left(c_3^2 - c_0^2\right)(c_3 + c_0) A_P = \rho(c_3 - c_0)\left(\frac{c_3 + c_0}{2}\right)^2 A_P. \tag{e}$$

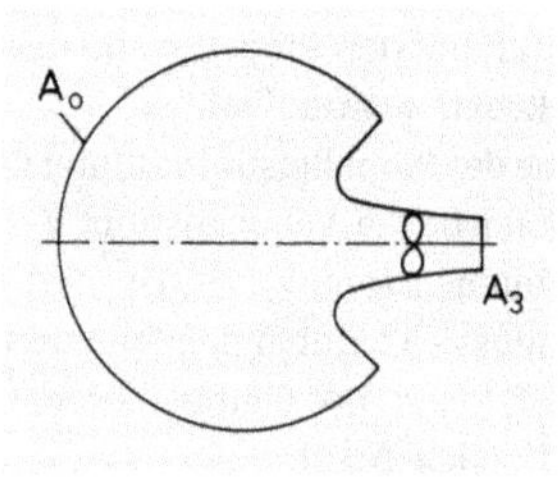

C. Für $c_0 = 0$ erhalten wir aus (d) und (e)

$$R_W = -\frac{\rho}{2} c_3^2 A_P, \tag{f}$$

$$P = \frac{\rho}{4} c_3^3 A_P. \tag{g}$$

Man beachte, dass nach der Kontinuitätsgleichung für $c_0 \rightarrow 0$ $A_0 \rightarrow \infty$ gehen muss (vgl. Skizze).

Aufgabe

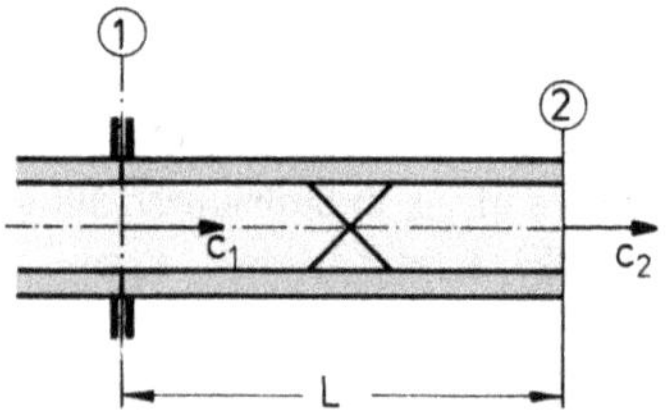

An das Ende einer Rohrleitung ist ein Rohrstück von der Länge L angeflanscht, in dessen Mitte sich ein Ventil befindet. Der Druck p_1 ist infolge von Verlusten größer als $p_2 = p_0$ und werde zeitlich konstant gehalten. Zur Zeit $t < 0$ ist das Ventil geöffnet; die Strömung ist stationär, und der Massenstrom ist $\dot{m}_0$. Zur Zeit $t = 0$ wird das Ventil so geschlossen, dass die Reaktionswandkraft des Rohrstücks während der Schließzeit τ konstant ist. Das Gewicht der Flüssigkeit im Rohrstück kann vernachlässigt werden, das Fluid ist inkompressibel.

A. Wie groß ist $\dot{m}(t)$ während des Schließvorgangs?
B. Wie groß ist die Reaktionswandkraft während des Schließvorgangs?
C. Wie groß ist die Reaktionswandkraft vor und nach Beendigung des Schließvorgangs?

Zusatzaufgabe

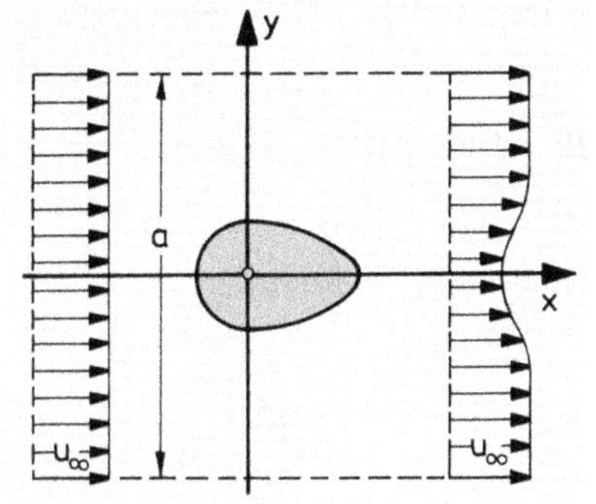

Ein symmetrischer ebener Körper wird von einem inkompressiblen Fluid stationär mit gleichförmiger Geschwindigkeit u_∞ angeströmt. Im Nachlauf des Körpers wurde der Geschwindigkeitsverlauf $u = u(y)$ gemessen. Wie groß ist der Strömungswiderstand des Körpers?

LE 6.4 Der Drehimpulssatz

In dieser Lehreinheit wird als dritte Bilanzgleichung der Drehimpulssatz, eine Bilanzgleichung für den Drehimpuls, eingeführt.

Der Drehimpulssatz für ein materielles Volumen

In einem bewegten materiellen Volumen gilt die folgende Bilanzgleichung für den Drehimpulssatz:

Die Zunahme an Drehimpuls in einem materiellen Volumen ist gleich dem daran von außen angreifenden Drehmoment. Dabei sind Drehimpuls und Drehmoment in Bezug auf denselben Aufpunkt zu nehmen.

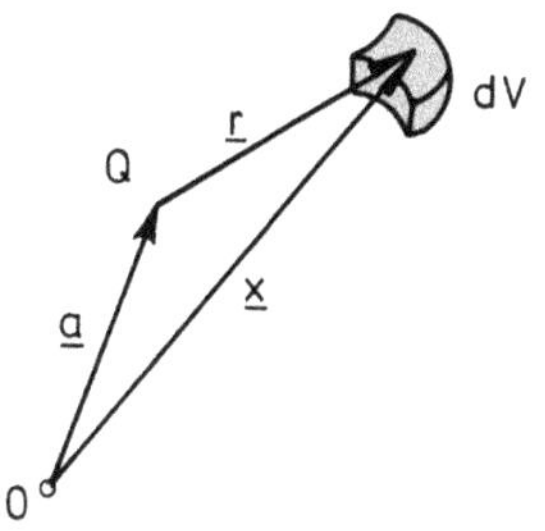

Ein Volumenelement dV mit der Dichte ρ und der Geschwindigkeit $\underline{c}$ habe in Bezug auf einen Bezugspunkt oder Aufpunkt Q den Radiusvektor $\underline{r} = \underline{x} - \underline{a}$, dann hat das Volumenelement in Bezug auf diesen Punkt den Drehimpuls $d\underline{D} = \underline{r} \times \rho \underline{c}\, dV$, und der Drehimpuls eines endlichen Volumens ist demnach

$$\boxed{\underline{D} = \int \underline{r} \times \rho \underline{c}\, dV.} \tag{6.4-1}$$

An dem endlichen Volumen V mit der Oberfläche A greift nach dem Impulssatz (4.1-2) die Kraft $\underline{F} = \int \rho \underline{f}\, dV + \oint \underline{\sigma}\, dA$ an. Da zu jedem Volumenelement und zu jedem Oberflächenelement ein anderer Radiusvektor $\underline{r}$ gehört, muss man das Moment dieser Kraft für jedes Element mit dem zu diesem Element gehörigen Radiusvektor bilden, und das von außen angreifende Drehmoment ergibt sich zu

$$\boxed{\underline{M} = \int \underline{r} \times \rho \underline{f}\, dV + \oint \underline{r} \times \underline{\sigma}\, dA.} \tag{6.4-2}$$

Damit lautet der Drehimpulssatz für ein materielles Volumen

$$\boxed{\frac{d}{dt} \int_{\tilde{V}} \underline{r} \times \rho \underline{c}\, dV = \int \underline{r} \times \rho \underline{f}\, dV + \oint \underline{r} \times \underline{\sigma}\, dA.} \tag{6.4-3}$$

Der Drehimpulssatz für einen Stromfaden

Um den Drehimpulssatz für einen Stromfaden zu spezialisieren, gehen wir wie in Lehreinheit 6.1 vor. Wir setzen auf der linken Seite $dV = A\, ds$, dann erhalten wir mit (3.5-3)

$$\frac{d}{dt} \int_{s_1(t)}^{s_2(t)} \underline{r} \times \rho \underline{c} A\, ds = \int_{s_1}^{s_2} \frac{\partial \underline{r} \times \rho \underline{c} A}{\partial t} ds + \underline{r}_2 \times \rho_2 \underline{c}_2 A_2 \frac{ds_2}{dt} - \underline{r}_1 \times \rho_1 \underline{c}_1 A_1 \frac{ds_1}{dt}.$$

Mit $\frac{ds}{dt} = c$, $\rho c A = \dot{m}$, $\underline{c} = c\underline{e}$ folgt

$$\frac{d}{dt} \int_{\tilde{V}} \underline{r} \times \rho \underline{c}\, dV = \int_{s_1}^{s_2} \frac{\partial \dot{m} \underline{r} \times \underline{e}}{\partial t} ds + \dot{m}_2 c_2 \underline{r}_2 \times \underline{e}_2 - \dot{m}_1 c_1 \underline{r}_1 \times \underline{e}_1.$$

Das Moment der äußeren Kräfte spalten wir analog zu den äußeren Kräften im Impulssatz auf in das Moment $\underline{M}_V$ der Volumenkräfte (im Schwerefeld also das Moment des Gewichtes), das Moment $\underline{M}_M$ der Kräfte auf den Mantel und das Moment $\underline{M}_E$ der Kräfte auf die Endflächen des Stromfadens. In der Regel kann man auch bei der Bildung des Moments die in den Endflächen wirkenden Reibungskräfte gegenüber den Druckkräften in den Endflächen und den Kräften auf den Mantel vernachlässigen, dann ist

$$\underline{M}_E = \underline{r}_1 \times p_1 A_1 \underline{e}_1 - \underline{r}_2 \times p_2 A_2 \underline{e}_2, \tag{6.4-4}$$

und wir erhalten für den Drehimpulssatz

$$\int_{s_1}^{s_2} \frac{\partial \dot{m} \underline{r} \times \underline{e}}{\partial t} ds + \dot{m}_2 c_2 \underline{r}_2 \times \underline{e}_2 - \dot{m}_1 c_1 \underline{r}_1 \times \underline{e}_1$$
$$= \underline{M}_V + \underline{M}_M + \underline{r}_1 \times p_1 A_1 \underline{e}_1 - \underline{r}_2 \times p_2 A_2 \underline{e}_2.$$

Führt man statt des von außen auf den Mantel des Stromfadens ausgeübten Moments $\underline{M}_M$ das vom Fluid auf den Mantel ausgeübte Reaktionsmoment

$$\underline{M}_R = -\underline{M}_M \tag{6.4-5}$$

ein und löst nach $\underline{M}_R$ auf, so erhält man analog zu (6.1-4)

$$\underline{M}_R = \underline{M}_V + \underline{r}_1 \times [\dot{m}_1 c_1 + p_1 A_1] \underline{e}_1 - \underline{r}_2 \times [\dot{m}_2 c_2 + p_2 A_2] \underline{e}_2 - \int_{s_1}^{s_2} \frac{\partial \dot{m} \underline{r} \times \underline{e}}{\partial t} ds. \tag{6.4-6}$$

In der Technik interessiert häufig nicht das Moment $\underline{M}_R$ der Reaktionskraft, sondern das Moment $\underline{M}_W$ der Reaktionswandkraft. Dafür ergibt sich analog zu (6.1-8)

$$\underline{M}_W = \underline{M}_V + \underline{r}_1 \times \underline{J}_1 - \underline{r}_2 \times \underline{J}_2 - \int_{s_1}^{s_2} \frac{\partial \dot{m} \underline{r} \times \underline{e}}{\partial t} ds \tag{6.4-7}$$
$$\text{mit} \quad \underline{J}_v = [\dot{m}_v c_v + (pv - p_0) A_v] \underline{e}_v,$$

die Größe $\underline{r} \times \underline{J}$ stellt einen Impulsmomentenstrom dar.

In den Formen (6.4-4)–(6.4-7) gilt der Drehimpulssatz

- für stationäre und instationäre Strömung,
- für kompressible und inkompressible Fluide,
- für reibungsfreie und reibungsbehaftete Fluide,
- nur für einen Stromfadenabschnitt.

Für die Strömung eines inkompressiblen Fluids durch einen ruhenden Stromfaden vereinfacht sich (6.4-7) analog zu (6.3-1) zu

$$\underline{M}_W = \underline{M}_V + \underline{r}_1 \times \underline{J}_1 - \underline{r}_2 \times \underline{J}_2 - \frac{d\dot{m}}{dt} \int_{s_1}^{s_2} \underline{r} \times d\underline{s} \tag{6.4-8}$$

und für stationäre Strömungen analog zu (6.1-9) zu

$$\underline{M}_W = \underline{M}_V + \underline{r}_1 \times \underline{I}_1 - \underline{r}_2 \times \underline{I}_2 \tag{6.4-9}$$

oder, ausgehend von (6.4-6) mit (6.4-5) und (6.4-4)

$$\boxed{\dot{m}(\underline{r}_2 \times \underline{c}_2 - \underline{r}_1 \times \underline{c}_1) = \underline{M}_V + \underline{M}_M + \underline{M}_E.} \tag{6.4-10}$$

Insbesondere in der letzten Form nennt man den Drehimpulssatz auch Eulerschen Momentensatz.

Aufgabe

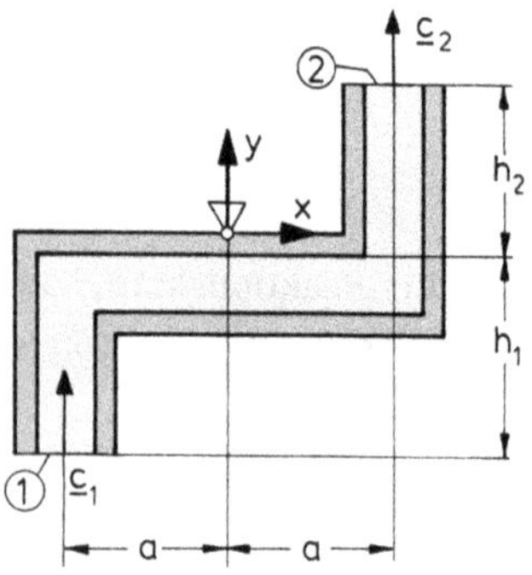

Ein horizontales Rohrstück der nebenstehenden Form wird stationär von einem inkompressiblen Fluid durchströmt. Ein- und Austrittsquerschnitt sind gleich groß, und das Gewicht der Flüssigkeit kann vernachlässigt werden. Berechnen Sie

A. die Kräfte und
B. die Momente,

die auf das Rohrstück wirken und zwar beides

1. bei verlustfreier Strömung,
2. bei Berücksichtigung eines Druckverlustes Δp_V zwischen den Querschnitten 1 und 2!

LE 6.5 Die Eulersche Strömungsmaschinenhauptgleichung

Im Laufrad einer Strömungsmaschine wird Leistung vom Laufrad auf das strömende Fluid (Pumpe oder Verdichter) oder umgekehrt vom strömenden Fluid auf das Laufrad (Turbine) übertragen. Zur Betrachtung der Laufradgeometrie und der Leistungsberechnung wollen wir uns in dieser Lehreinheit mit der Anwendung des Drehimpulssatzes und der Transformation von Geschwindigkeiten in verschiedene Bezugssysteme beschäftigen. Die Strömung wird in Strömungsmaschinen mittels Zylinderkoordinaten beschrieben.

Betrachtungsweise von Bewegungen

Für die folgenden Überlegungen ist es wichtig, sich die in der Lehreinheit 5.6 dargestellten Strömungsmaschinen (radiale und axiale) zu vergegenwärtigen. Im Folgenden werden lediglich für die Strömung relevante Schnitte der Laufräder schematisch dargestellt.

Bewegungen lassen sich grundsätzlich aus einem ruhenden und einem mitbewegten Bezugssystem betrachten:

ruhendes System	**mitbewegtes System**
Absolutsystem	Relativsystem
Inertialsystem	Nicht-Inertialsystem
keine Scheinkräfte	Coriolis- und Zentripetalkraft als Scheinkräfte

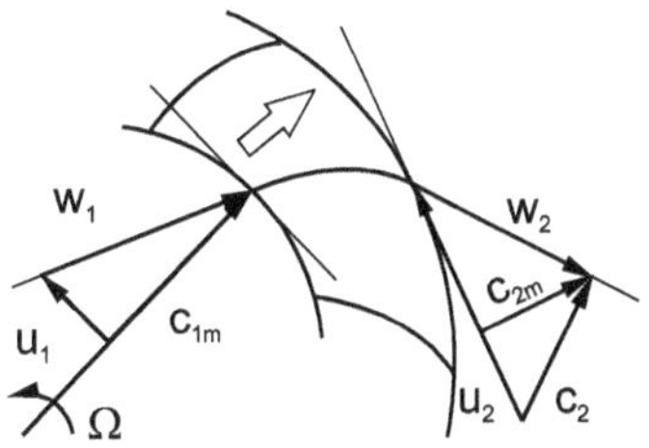

Pumpenlaufrad

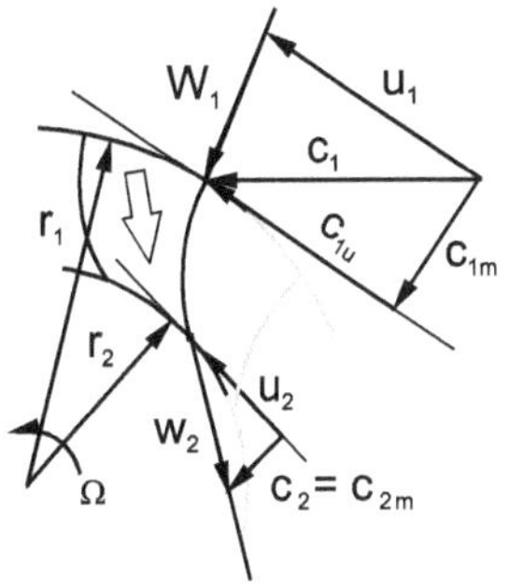

Turbinenlaufrad

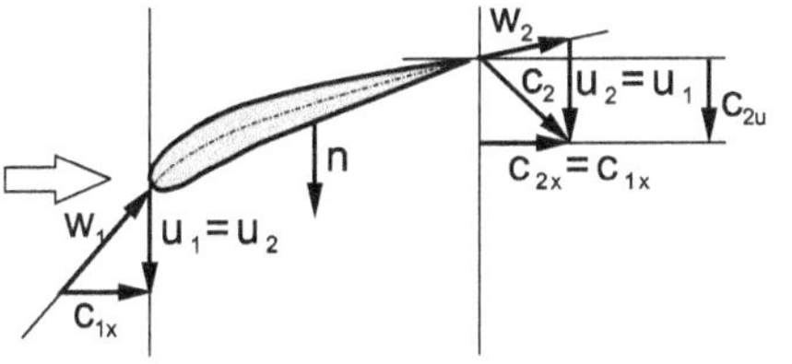

Axialverdichter

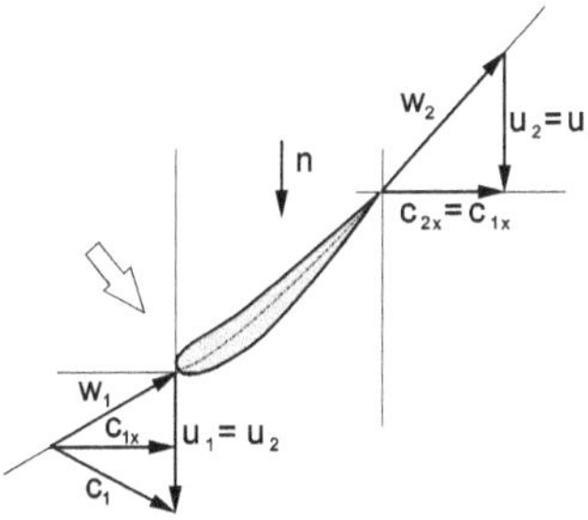

Axialturbine

Die Geschwindigkeit im Absolutsystem ist gleich der Umfangsgeschwindigkeit plus der Geschwindigkeit im Relativsystem.

$$\underline{c} = \underline{u} + \underline{w}.$$

Die Umfangsgeschwindigkeit ist das Vektorprodukt aus Winkelgeschwindigkeit $\underline{\Omega}$ und Radiusvektor $\underline{r}$

$$\underline{u} = \underline{\Omega} \times \underline{r},$$

mit der Winkelgeschwindigkeit

$$|\underline{\Omega}| = \frac{\Delta\varphi}{\Delta t}.$$

Die Geschwindigkeitsdreiecke mit ihren Koordinaten im Relativsystem (w_1 und w_2) zeigen, dass ein Verdichtergitter die Strömung verzögert und ein Turbinengitter die Strömung beschleunigt.

Die Hauptströmungsrichtung in einer Strömungsmaschine wird auch Meridionalrichtung genannt. In einer radialen Maschine ist es die r-Richtung und in einer axialen Maschine ist es die z-Richtung. Folgt die Strömung der Umlenkung der Schaufelgitter, so spricht man von einer schaufelkongruenten Strömung.

Herleitung der Strömungsmaschinenhauptgleichung

Zur Berechnung der Strömung in Strömungsmaschinen ist neben der Betrachtung aus dem raumfesten Absolutsystem die Betrachtung aus dem mit dem Laufrad rotierenden Relativsystem notwendig. Die in dem rotierenden Bezugssystem gemessene Relativgeschwindigkeit $\underline{w}$ lässt sich mit Hilfe der Umfangsgeschwindigkeit $\underline{u}$ in die Absolutgeschwindigkeit $\underline{c}$ gemäß

$$\underline{c} = \underline{u} + \underline{w} \tag{6.5-1}$$

transformieren.

Die Strömungsmaschinenhauptgleichung wird für stationäre Strömungen hergeleitet, was dem Vorbeistreichen der rotierenden Schaufeln an feststehenden Bauteilen wie den Statorschaufeln oder der Gehäusezunge nicht ganz gerecht wird. Dennoch stehen die gut mit der Praxis übereinstimmenden Ergebnisse für die Berechtigung der Einschränkung. Die Strömung soll exakt der Schaufelkontur folgen, wobei die Schaufeln unendlich dünn und in unendlicher Zahl vorhanden sein sollen. Man nennt eine solche Strömung schaufelkongruent. Sämtliche Momente werden auf die Drehachse bezogen, so dass in (6.4-10) aus Symmetriegründen $\underline{M}_V = 0$ ist, außerdem verschwindet das Moment in den Endflächen aufgrund der Orientierung der Normalenvektoren. Verluste durch Spaltströmungen bleiben ebenso unberücksichtigt wie Reibungseinflüsse. Der Drehimpulssatz (6.4-10) lautet somit

$$\dot{m}(\underline{r}_2 \times \underline{c}_2 - \underline{r}_1 \times \underline{c}_1) = \underline{M}_M.$$

Dem Betrage nach folgt

$$\dot{m}(r_2\, c_{2u} - r_1\, c_{1u}) = M. \tag{6.5-2}$$

Der Zusammenhang von Drehimpuls, Arbeit und Leistung

In Strömungsmaschinen werden Leistungen umgesetzt, die innere Leistung des strömenden Mediums bewirkt eine mechanische Wellenleistung oder eine mechanische Wellenleistung bewirkt eine innere Leistung am strömenden Fluid.

Die Leistung setzt sich aus Drehmoment und Winkelgeschwindigkeit zusammen, dies lässt sich mit Hilfe der Definition für die Arbeit einsehen:

Eine Kraft, die über einen Weg verrichtet wird, nennt man Arbeit

$$W = F\,\Delta s.$$

Der überstrichene Weg bei einer rotatorischen Bewegung ist

$$\Delta s = r\,\Delta\varphi,$$

mit dem Betrag des Radiusvektors r und dem Winkel φ, so dass für die Arbeit folgt

$$W = F\,\Delta s = F\,r\,\Delta\varphi.$$

Der Kraft äquivalent ist das Drehmoment

$$\underline{M} = \underline{r} \times \underline{F},$$

so dass für die Arbeit folgt

$$W = F\,\Delta s = M\,\Delta\varphi.$$

Die in der Zeit Δt geleistete Arbeit führt zu der Leistung

$$P = F\,\frac{\Delta s}{\Delta t} = M\,\frac{\Delta\varphi}{\Delta t}.$$

Die zurückgelegte Wegstrecke pro Zeit wird Geschwindigkeit genannt

$$\upsilon = \frac{\Delta s}{\Delta t}.$$

Der überstrichene Winkel pro Zeit wird Winkelgeschwindigkeit genannt

$$\Omega = \frac{\Delta\varphi}{\Delta t}.$$

Auf ganze Umdrehungen 2π bezogen gilt mit der Drehzahl n

$$\Omega = 2\pi\,n.$$

Für die Leistung an der Welle einer Strömungsmaschine folgt somit

$$P = M\,\Omega. \tag{6.5-3}$$

Mit dem Betrag des Drehimpulses

$$M = \dot{m}(r_2\,c_{2u} - r_1\,c_{1u})$$

folgt also

$$P = \dot{m}(\Omega r_2\,c_{2u} - \Omega r_1\,c_{1u})$$

oder

$$P = \dot{m}(u_2\,c_{2u} - u_1\,c_{1u}), \tag{6.5-4}$$

wobei unabhängig von der Strömungsmaschine Turbine oder Pumpe gilt
1 = Laufradeintritt,
2 = Laufradaustritt.

Die spezifische Stufenarbeit $Y = P/\dot{m}$ sei stets positiv definiert, dann gilt

für eine Turbine (Kraftmaschine)	für eine Pumpe (Arbeitsmaschine)	
$Y = u_1\,c_{1u} - u_2 c_{2u}$,	$Y = u_2 c_{2u} - u_1\,c_{1u}$.	(6.5-5)

als Eulersche Strömungsmaschinenhauptgleichung. Diese Gleichungen sind gültig für
- kompressible und inkompressible Strömungen,
- mit und ohne Reibung der Strömung im Schaufelgitter.

Die Eulersche Strömungsmaschinenhauptgleichung gilt somit für hydraulische und thermische Strömungsmaschinen.[2]

Mit Hilfe folgender Umformung ist eine anschauliche Interpretation möglich, verschiedentlich wird auch von der Anwendung des Kosinus-Satzes gespro-

2 Verschiedene Lehrbücher geben hierzu unterschiedliche Gültigkeiten an, Vorsicht ist geboten! Stets sollten die Gültigkeitsvoraussetzungen vom Verständnis her geprüft werden.

chen:

$$\underline{c} = \underline{u} + \underline{w} \quad |\cdot \underline{u}$$
$$\underline{u} \cdot \underline{c} = u\,c_u = \underline{u} \cdot \underline{w} + u^2. \qquad (*)$$

Quadrieren des Geschwindigkeitsdreiecks ergibt

$$c^2 = w^2 + 2\,\underline{w} \cdot \underline{u} + u^2$$
$$\Leftrightarrow \quad \underline{w} \cdot \underline{u} = \frac{1}{2}(c^2 - u^2 - w^2),$$

in (*) eingesetzt folgt

$$u\,c_u = \frac{1}{2}(c^2 - u^2 - w^2) + u^2$$
$$\Leftrightarrow \quad u\,c_u = \frac{c^2}{2} + \frac{u^2}{2} - \frac{w^2}{2}.$$

In die Eulersche Strömungsmaschinenhauptgleichung (6.5-5) eingesetzt folgt

für eine Turbine, für eine Pumpe

$$Y = \underbrace{\frac{c_1^2 - c_2^2}{2}}_{A} + \underbrace{\frac{u_1^2 - u_2^2}{2}}_{B} - \underbrace{\frac{w_1^2 - w_2^2}{2}}_{C}, \quad Y = \underbrace{\frac{c_2^2 - c_1^2}{2}}_{A} + \underbrace{\frac{u_2^2 - u_1^2}{2}}_{B} - \underbrace{\frac{w_2^2 - w_1^2}{2}}_{C}. \qquad (6.5\text{-}6)$$

Interpretieren lassen sich die Anteile nun folgendermaßen:

1. Änderung der spezifischen kinetischen Energie im Absolutsystem (z. B. durch Beschleunigung der Strömung bei Pumpen oder durch Verzögerung der Strömung bei Turbinen),
2. Differenz der spezifischen kinetischen Energie durch Änderung der Fliehkräfte am Ein- und Austritt,
3. Änderung der spezifischen kinetischen Energie im Relativsystem (z. B. die spezifische Verzögerungsarbeit der Strömung bei einer Pumpe und die spezifische Beschleunigungsarbeit der Strömung bei einer Turbine).

Für die spezifische Stufenarbeit bei inkompressibler Strömung folgt aus der Bernoullischen Gleichung mit Energiezufuhr und Verlusten

$$\frac{c_1^2}{2} + g\,z_1 + \frac{p_1}{\rho} + \frac{\Delta p}{\rho} = \frac{c_2^2}{2} + g\,z_2 + \frac{p_2}{\rho} + \frac{\Delta p_V}{\rho}$$

mit $z_1 = z_2$, d. h. Ein- und Austritt der Strömungsmaschine befinden sich auf gleicher geodätischer Höhe,

$$\frac{\Delta p}{\rho} = \underbrace{\frac{c_2^2 - c_1^2}{2} + \underbrace{\frac{p_2 - p_1}{\rho}}_{\text{spezifische statische Druckänderung}}}_{\text{spezifische totale Druckänderung}} + \frac{\Delta p_V}{\rho} \equiv Y. \quad (6.5\text{-}7)$$

Beispiel

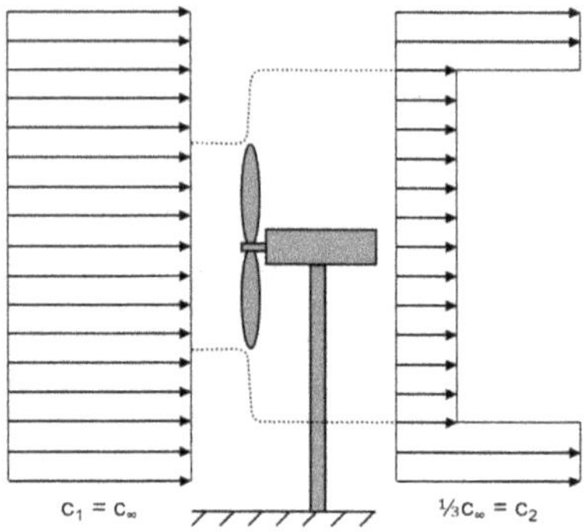

Berechnen Sie die maximal von einer Windenergieanlage nach Betz umsetzbare Leistung. Skizzieren Sie die Geschwindigkeitsdreiecke im Mittelschnitt (nicht an der Blattspitze und nicht in der Nähe der Nabe) eines Windenergieanlagenflügels!

Lösung: Eine Windenergieanlage ist eine so genannte Freistrahlturbine. Die theoretisch entnommene Leistung einer Windenergieanlage entspricht der Abnahme an kinetischer Energie, sie lässt sich auch als Verzögerung der Geschwindigkeit im Absolutsystem deuten.

Für die Leistung einer Strömungsmaschine gilt

$$P = \dot{m}\,Y.$$

Für einen Stromfaden gilt gemäß der Bernoulli-Gleichung unter Berücksichtigung eines Turbinenterms $Y = \frac{c_1^2 - c_2^2}{2} + \frac{\Delta p}{\rho} + g\Delta z$; mit $\Delta z = 0$ und $\Delta p = 0$ folgt

$$P = \dot{m}Y = \frac{1}{2}\dot{m}(c_1^2 - c_2^2) = \frac{1}{2}\rho\frac{D^2\pi}{4}c_{\text{Rotor}}(c_1^2 - c_2^2).$$

$c_{\text{Rotor}} = \frac{c_1 + c_2}{2}$ ist gemäß dem Vorschlag von Betz die mittlere Geschwindigkeit vor und hinter dem Rotor, für die Leistung folgt somit

$$P = \frac{\rho}{4}\frac{D^2\pi}{4}(c_1 + c_2)(c_1^2 - c_2^2).$$

Gesucht ist nun das Maximum der Leistung $P = P(c_2)$:

$$\begin{aligned}
\frac{dP}{dc_2} &= \frac{d}{dc_2}\left[\frac{\rho}{4}\frac{D^2\pi}{4}(c_1 + c_2)(c_1^2 - c_2^2)\right] = 0\\
&\Leftrightarrow \quad \frac{d}{dc_2}[(c_1 + c_2)(c_1^2 - c_2^2)] = 0\\
&\Leftrightarrow \quad \frac{d}{dc_2}[c_1^3 - c_1c_2^2 + c_2c_1^2 - c_2^3] = 0\\
&\Leftrightarrow \quad -2\,c_1c_2 + c_1^2 - 3\,c_2^2 = 0\\
&\Leftrightarrow \quad c_1^2 - 2\,c_2c_1 - 3\,c_2^2 = 0\\
&\Leftrightarrow \quad c_{1\,a,b} = +2\,\frac{c_2}{2} \pm \sqrt{\frac{(-2c_2)^2}{4} + 3c_2^2}\\
&\Leftrightarrow \quad c_{1\,a,b} = c_2 \pm \sqrt{c_2^2 + 3c_2^2}\\
&\Leftrightarrow \quad c_{1\,a,b} = c_2 \pm 2c_2\\
c_{1\,a} &= -c_2 \quad \text{Minimum für } P,\\
c_{1\,b} &= 3\,c_2 \quad \text{gesuchtes Maximum} \quad c_2 = \frac{c_1}{3}.
\end{aligned}$$

Für die Leistung der Windenergieanlage ergibt sich somit

$$\begin{aligned}
P &= \frac{\rho}{4}\frac{D^2\pi}{4}\left(c_1 + \frac{c_1}{3}\right)\left(c_1^2 - \frac{1}{9}c_1^2\right),\\
P &= \frac{\rho}{4}\frac{D^2\pi}{4}\left(\frac{4c_1}{3}\right)\left(\frac{8}{9}c_1^2\right),\\
P &= \rho\frac{D^2\pi}{4}\frac{c_1}{3}\frac{8}{9}c_1^2,\\
P &= \rho\frac{D^2\pi}{4}\frac{8}{27}c_1^3 = \frac{8}{27}\dot{m}\cdot c_1^2.
\end{aligned}$$

Die Leistung der Windenergieanlage steigt mit der dritten Potenz der Geschwindigkeit. Die gesamte vorhandene Leistung der Anströmung beträgt

$$\begin{aligned}
P_\infty &= \dot{m}\,Y = \frac{1}{2}\dot{m}(c_1^2 - c_2^2) \quad \text{mit} \quad c_2 = 0,\\
P_\infty &= \frac{1}{2}\dot{m}c_1^2 \quad \text{oder} \quad P = \frac{16}{27}P_\infty \approx 0{,}6\,P_\infty.
\end{aligned}$$

Eine Windenergieanlage kann nach der Theorie von Betz (in der Rotorebene wird die arithmetisch gemittelte Geschwindigkeit aus An- und Abströmgeschwindigkeit angenommen) theoretisch maximal etwa 60 % der vorhandenen Leistung des Windes nutzen.

Die folgende Beschreibung ist eine exemplarische Hilfe zur Konstruktion von Geschwindigkeitsdreiecken. Die Geschwindigkeitsdreiecke einer Windenergieanlage im Mittelschnitt des Flügels lassen sich wie folgt konstruieren:

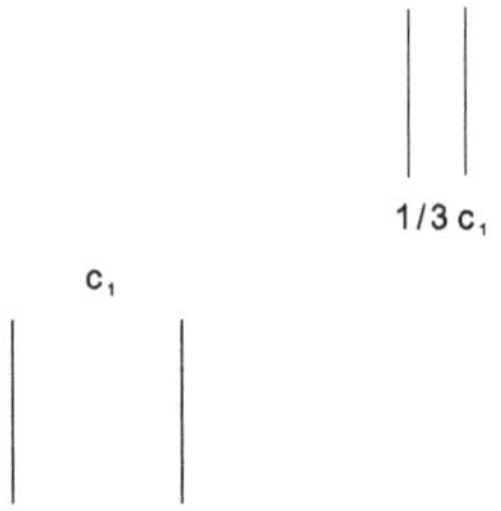

Der erste Konstruktionsschritt stellt die Beträge der Geschwindigkeit an Ein- und Austritt der Rotorebene im Absolutsystem als vertikale Hilfslinien dar. Der Abstand der beiden Felder (Geschwindigkeitsbeträge an Ein- und Austritt) ist durch die Schaufelgeometrie gegeben, diese wird erst im letzten Schritt konstruiert. Die Skizze geht von den Beträgen der Geschwindigkeit im Absolutsystem aus.

Im zweiten Schritt werden die An- und Abströmrichtungen festgelegt, die durch die Profilform (letzter Konstruktionsschritt) gegeben sind.

Die an Ein- und Austritt konstante Umfangsgeschwindigkeit und eine drallfreie Anströmung werden eingezeichnet.

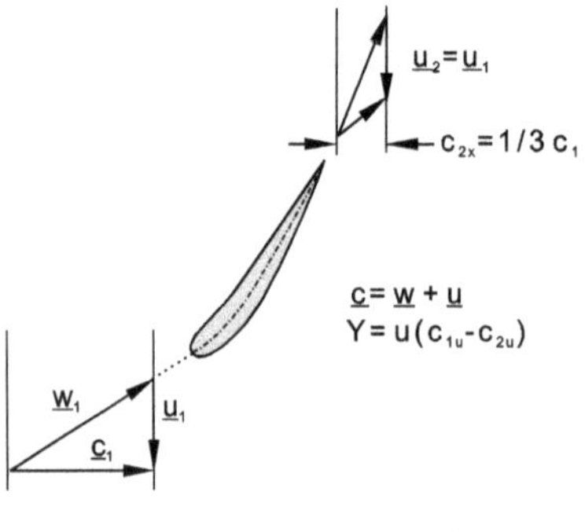

Im letzten Konstruktionsschritt wird das Schaufelprofil korrespondierend zu den An- und Abströmungrichtungen des zweiten Konstruktionsschritts angetragen. Das Besondere an der Windenergieanlage (Freistrahlturbine) ist, dass der Drall am Austritt negativ ist. Die Abströmung erfolgt in Spiralen entgegen der Rotordrehrichtung mit maximal einem Drittel der Anströmgeschwindigkeit.

Nur die Freistrahlturbine (Windenergieanlage) wird als Turbine drallfrei angeströmt.

Aufgabe 1

Um wie viel Prozent vergrößert sich der Durchmesser der Stromröhre stromab einer Windenergieanlage bei Berücksichtigung der Theorie von Betz?

Aufgabe 2

Betrachtet wird eine klassische Windenergieanlage (3 Flügel, Horizontalläufer). Berechnen Sie das Drehmoment bei einer elektrischen Leistung von 2,3 MW. Der Wirkungsgrad des Getriebes beträgt 98 % und der des Generators 97 %. Die Drehzahl ist mit 13,5 1/min zu berücksichtigen.

Aufgabe 3

Wie ändert sich theoretisch und ideal die elektrische Leistung einer Windenergieanlage, wenn sich die Windgeschwindigkeit von 12 m/s auf 20 m/s erhöht?

Aufgabe 4

A. Skizzieren Sie das Kennfeld einer Arbeitsmaschine (Pumpe oder Verdichter)! Unterscheiden Sie eine Drosselkennlinie (n = const.) von einer Anlagenkennlinie!
B. Skizzieren Sie die Geschwindigkeitsdreiecke für eine axiale Maschine mit Rotor und Stator bei inkompressibler und schaufelkongruenter Strömung! Die Maschine saugt aus einer Rohrleitung an, so dass die Zuströmung drallfrei ist.
C. Wie sehen die Eintrittsdreiecke für das Laufrad links und rechts vom Auslegungspunkt aus?
D. Welcher Zusammenhang besteht zwischen der Kennlinie einer Strömungsmaschine und dem Geschwindigkeitsdreieck?

Lösungshinweis: Schematisch wird ein Axialventilator in Lehreinheit 5.6 gezeigt. Ein Meridanschnitt und eine Abwicklung zu einem ebenen Gitter sind zu Beginn dieser Lehreinheit zu finden. Für die Geschwindigkeitsdreiecke gibt man sich zunächst einen Volumenstrom als zwei parallele Linien vor, zwischen denen die Komponenten $\underline{u}$, $\underline{c}$ und $\underline{w}$ zu einem geschlossenen Dreieck verbunden werden. Bei drallfreier Strömung ist der Winkel zwischen $\underline{u}$ und $\underline{c}$ rechtwinklig (hier entsprechend am Eintritt). Die Strömung folgt am Ein- und Austritt der Kontur der Schaufel. Die Schaufelprofile entsprechen einer Tragflügelkontour, so dass die Saugseite zum Eintritt und die Druckseite zum Austritt weisst (Verdichter). Die Richtung der Umfangsgeschwindigkeit weisst von der Saug- zur Druckseite. Durch die Vorgabe des Volumenstroms sind die Beträge der Relativgeschwindigkeiten $\underline{w}$ am Ein- und Austritt festgelegt. Der Stator lenkt die drallbehaftete Strömung am Laufradaustritt in axiale Richtung um.

Kapitel 7
Gasdynamik

Bisher haben wir bis auf Kapitel 3 nur Strömungen inkompressibler Fluide berechnet, d. h. Strömungen, in denen wir die Dichteunterschiede vernachlässigen konnten. Auch wo Gleichungen nach ihrer Herleitung allgemeiner gültig waren, haben wir dies nicht ausgenutzt. In diesem Kapitel wollen wir uns jetzt Strömungen kompressibler Fluide zuwenden, d. h. Strömungen, in denen wir die Dichteunterschiede berücksichtigen müssen. Solche Strömungen treten vor allem auf

- bei Gasströmungen mit großen Geschwindigkeitsgradienten (Gasdynamik),
- bei Gasströmungen mit großen Beschleunigungen, d. h. zeitlichen Geschwindigkeitsänderungen (z. B. in der Akustik),
- bei Strömungen mit großen Höhenunterschieden im Schwerefeld (z. B. in der Meteorologie und in der Ozeanographie),
- bei Strömungen mit großen Temperatur- oder Konzentrationsgradienten und bei geschichteten Fluiden im Schwerefeld.

Wir werden uns in diesem Buch auf die Gasdynamik beschränken, werden dazu aber einige wenige Begriffe und Tatsachen aus der Akustik benötigen.

Während sich Strömungen inkompressibler Fluide mit den Begriffen und Gesetzen der Kinematik und der Dynamik berechnen lassen, müssen wir bei kompressiblen Fluiden Begriffe und Gesetze der Thermodynamik hinzunehmen. Wir müssen uns deshalb im ersten Teil dieses Kapitels, in den Lehreinheiten 7.1 bis 7.4, mit einigen grundlegenden Gleichungen der Thermodynamik beschäftigen. Der zweite Teil, die Lehreinheit 7.5, ist den benötigten Grundlagen der Akustik gewidmet, und im dritten Teil, in den Lehreinheiten 7.6 bis 7.12, behandeln wir die Gasdynamik, allerdings wie bisher die Strömungen inkompressibler Fluide nur als Stromfadentheorie und im Übrigen unter Beschränkung auf reibungsfreie Fluide. Lehreinheit 7.13 fasst die praktisch wichtigen thermodynamischen Wirkungsgrade zusammen.

LE 7.1 Der Energiesatz für ein materielles Volumen

Nach den Bilanzgleichungen für die Masse, den Impuls und den Drehimpuls führen wir in dieser Lehreinheit eine Bilanzgleichung für die Energie ein, die man den Energiesatz oder den 1. Hauptsatz der Thermodynamik nennt. Wie die übrigen Bilanzgleichungen lässt sich auch der Energiesatz in verschiedenen gleichwertigen Formulierungen schreiben. Wir formulieren ihn wieder zunächst für ein materielles Volumen.

https://doi.org/10.1515/9783110641455-007

Für ein bewegtes materielles Volumen gilt die folgende Bilanzgleichung für die Summe aus innerer und kinetischer Energie:

Die Zunahme an innerer und kinetischer Energie in einem materiellen Volumen ist gleich der durch die äußeren Kräfte zugeführten Leistung und der Wärmezufuhr.

Ein Volumenelement dV mit der Dichte ρ, der spezifischen inneren Energie u und der Geschwindigkeit c hat die innere Energie $dE_I = \rho u\, dV$ und die kinetische Energie $dE_K = \rho \frac{c^2}{2} dV$, ein endliches Volumen hat also die innere Energie

$$\boxed{E_I = \int \rho u\, dV} \tag{7.1-1}$$

und die kinetische Energie

$$\boxed{E_K = \int \rho \frac{c^2}{2} dV.} \tag{7.1-2}$$

Die Kraft auf das Volumen setzt sich aus einer Volumenkraft und einer Oberflächenkraft zusammen: Auf jedes Volumenelement dV wirkt nach (1.4-9) die Volumenkraft $d\underline{F}_V = \rho \underline{f}\, dV$, auf jedes Oberflächenelement dA nach (1.4-10) die Oberflächenkraft $d\underline{F}_O = \underline{\sigma}\, dA$. Da die einem Teilchen zugeführte Leistung das Skalarprodukt seiner Geschwindigkeit und der daran angreifenden Kraft ist, wird jedem Volumenelement die Leistung $dP_V = \underline{c} \cdot \rho \underline{f}\, dV$ und jedem Oberflächenelement die Leistung $dP_O = \underline{c} \cdot \underline{\sigma} dA$ zugeführt und damit einem endlichen Volumen einschließlich seiner Oberfläche die Leistung

$$\boxed{P = \underbrace{\int \underline{c} \cdot \rho \underline{f} dV}_{P_V} + \underbrace{\oint \underline{c} \cdot \underline{\sigma} dA}_{P_O}.} \tag{7.1-3}$$

Auch die Wärmezufuhr in ein Volumen setzt sich im Allgemeinen zusammen aus

- einem Anteil Q_V, der den Volumenelementen zugeführt wird, etwa durch Absorption von Strahlung oder als Ergebnis chemischer Reaktionen im Innern des Volumens, und
- einem Anteil Q_O, der durch seine Oberflächenelemente eintritt, etwa durch Wärmeleitung oder als Ergebnis chemischer Reaktionen an der Oberfläche des Volumens.

Wir schreiben deshalb für die Wärmezufuhr

$$Q = \underbrace{\int \rho w \, dV}_{Q_V} \underbrace{- \oint \underline{q} \cdot d\underline{A}}_{Q_O} . \tag{7.1-4}$$

Die Wärmezufuhr Q hat wie die Leistung P die Dimension Energie durch Zeit; manche Autoren schreiben dafür deshalb auch $\dot{Q}$. w heißt Wärmequelldichte und $\underline{q}$ Wärmestromdichte. Das Minuszeichen vor dem Oberflächenanteil ist Konvention und hat zur Folge, dass der Vektor der Wärmestromdichte in das Volumen hinein gerichtet ist, wenn die Wärmezufuhr durch die Oberfläche positiv ist (der Flächenvektor eines Oberflächenelements ist definitionsgemäß nach außen gerichtet).

Mit diesen Vorbereitungen können wir jetzt den eingangs in Worten formulierten Energiesatz als Formel hinschreiben:

$$\begin{aligned} &\frac{d}{dt} \int_{\tilde{V}} \rho \left(u + \frac{c^2}{2} \right) dV \\ &\quad = \int \underline{c} \cdot \rho \underline{f} \, dV + \oint \underline{c} \cdot \underline{\sigma} \, dA + \int \rho w \, dV - \oint \underline{q} \cdot d\underline{A}. \end{aligned} \tag{7.1-5}$$

Diese Gleichung gilt

- für stationäre und instationäre Strömungen,
- für kompressible und inkompressible Fluide,
- für reibungsfreie und reibungsbehaftete Fluide.

Der Spezialfall rotorfreier Kraftdichte

Wir wollen diese Formel noch für den Fall spezialisieren, dass die Kraftdichte $\underline{f}$ gemäß (2.2-1) ein Potential hat und dieses Potential unabhängig von der Zeit, also nur eine Funktion des Ortes ist:

$$\underline{f} = -\operatorname{grad} U, \quad U = U(\underline{x}). \tag{7.1-6}$$

(Das ist z. B. im Schwerefeld der Fall, wo nach (2.2-2) bei Orientierung der z-Achse entgegen der Schwerkraft $U = gz$ ist.) Dann gilt, vgl. die Zusatzaufgabe,

$$\int \underline{c} \cdot \rho \underline{f} \, dV = -\frac{d}{dt} \int_{\tilde{V}} \rho U \, dV,$$

und der Energiesatz (7.1-5) lässt sich umschreiben

$$\frac{d}{dt}\int_{\tilde{V}} \rho\left(u + \frac{c^2}{2} + U\right) dV = \oint \underline{c} \cdot \underline{\sigma}\, dA + \int \rho w\, dV - \oint \underline{q} \cdot d\underline{A}. \qquad (7.1\text{-}7)$$

Wenn also die Kraftdichte ein zeitunabhängiges Potential hat, dann lässt sich die Leistung der Volumenkräfte als Zunahme an potentieller Energie schreiben, und das Potential der Kraftdichte stellt die spezifische potentielle Energie dar. Diese anschauliche Bedeutung des Potentials U ist der Grund, warum das Potential U in (2.2-1) bzw. (7.1-6) üblicherweise mit einem Minuszeichen eingeführt wird.

Aufgabe 1

Wie lauten die allgemeinen Formen für die innere Energie, die kinetische Energie, die Leistung der äußeren Kräfte und die Wärmezufuhr für ein endliches Volumen?

Aufgabe 2

Fassen Sie die Gleichung (7.1-7) in Worte!

Zusatzaufgabe

Zeigen Sie, dass sich die Leistung $\int \underline{c} \cdot \rho \underline{f}\, dV$ der Volumenkräfte in $-\frac{d}{dt}\int_{\tilde{V}} \rho U\, dV$ umformen lässt, wenn die Kraftdichte $\underline{f}$ ein zeitunabhängiges Potential U besitzt!

LE 7.2 Der Energiesatz für einen Stromfaden

In dieser Lehreinheit wollen wir den soeben formulierten Energiesatz auf einen Stromfaden spezialisieren. Im Hinblick auf die von uns zu behandelnden Anwendungen beschränken wir uns dabei von vornherein auf die Schwerkraft als einzige Volumenkraft.

Bei der Herleitung des Energiesatzes für einen Stromfaden gehen wir analog zu den entsprechenden Ableitungen für die Kontinuitätsgleichung (in Lehreinheit 3.5), den Impulssatz (in Lehreinheit 6.1) und den Drehimpulssatz (in Lehreinheit 6.4) vor.

Auf der linken Seite von (7.1-7) setzen wir nach (3.5-1) $dV = A\, ds$ und nach (2.2-2) $U = gz$ und wenden die Leibnizsche Regel (3.5-3) an. Dann erhalten wir mit

$ds/dt = c$ und $\rho c A = \dot{m}$

$$\frac{d}{dt}\int_{\tilde{V}} \rho\left(u + \frac{c^2}{2} + gz\right)dV = \int_{s_1}^{s_2} \frac{\partial}{\partial t}\left[\rho\left(u + \frac{c^2}{2} + gz\right)A\right]ds$$

$$+ \dot{m}_2\left(u_2 + \frac{c_2^2}{2} + gz_2\right) - \dot{m}_1\left(u_1 + \frac{c_1^2}{2} + gz_1\right).$$

Bei der Leistung P_O der Oberflächenkräfte auf der rechten Seite von (7.1-7) wollen wir uns zunächst auf reibungsfreie Fluide beschränken. Dann ist wie bei der Herleitung von (4.1-3) $\underline{\sigma} = -p\underline{n}$, und es gilt

$$P_O = \oint \underline{c} \cdot \underline{\sigma} dA = -\oint p\underline{c} \cdot d\underline{A}. \tag{7.2-1}$$

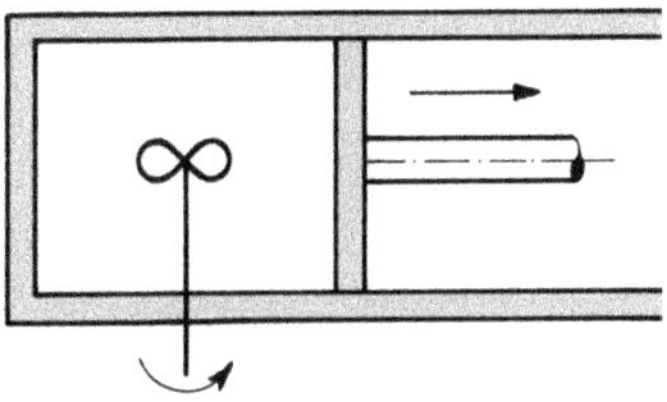

Wir zerlegen die Oberfläche in Mantel und Endflächen und betrachten zuerst die Leistung P_M der Mantelkräfte. Ruht der Mantel, dann ist er aus Stromlinien gebildet, d. h. $\underline{c}$ und $d\underline{A}$ stehen aufeinander senkrecht, und die Leistung der Mantelkräfte ist null. Bewegt sich der Mantel, dann wird er aus Streichlinien gebildet (vgl. Lehreinheit 3.5), und $\underline{c}$ und $d\underline{A}$ stehen nicht mehr aufeinander senkrecht. Der Mantel kann sich dann zusammensetzen

- aus einer äußeren Berandung, deren Verschiebung das betrachtete Volumen ändert, z. B. einem Kolben, und
- einer inneren Berandung, deren Verschiebung das betrachtete Volumen nicht ändert, z. B. einem Rührwerk.

Man nennt üblicherweise die durch eine Bewegung der äußeren Berandung übertragene Leistung die Volumenänderungsleistung $P_{VÄ}$ und die durch eine Bewegung der inneren Berandung übertragene Leistung technische Leistung P_T. Wir betrachten schließlich die Leistung P_E der Endflächenkräfte, sie beträgt nach (7.2-1)

$$P_E = p_1 c_1 A_1 - p_2 c_2 A_2.$$

Wir lassen jetzt die Beschränkung auf reibungsfreie Fluide fallen, dann ist an der Oberfläche zusätzlich die Leistung der Reibungskräfte zu berücksichtigen; man nennt sie die Dissipationsleistung P_D. In reibungsbehafteten Fluiden gilt allerdings die so genannte Wandhaftbedingung: Das Fluid haftet an der Wand. An einer ruhenden Wand ist deshalb die Geschwindigkeit und damit auch die Dissipationsleistung null. Lediglich in den Endflächen wird dann Dissipationsleistung zugeführt, und die ist in der Regel gegenüber der Leistung P_E des Drucks in den Endflächen vernachlässigbar.

Die Wärmezufuhr wollen wir nur in einen Anteil Q_V aufgrund einer Wärmequelldichte, einen Anteil Q_M aufgrund eines Wärmestroms durch den Mantel und einen Anteil Q_E aufgrund eines Wärmestroms durch die Endflächen aufspalten, dann lautet der Energiesatz für einen Stromfaden

$$\begin{aligned}&\int_{s_1}^{s_2} \frac{\partial}{\partial t}\left[\rho\left(u+\frac{c^2}{2}+gz\right)A\right]ds+\dot{m}_2\left(u_2+\frac{c_2^2}{2}+gz_2+\frac{p_2}{\rho_2}\right)\\&\qquad-\dot{m}_1\left(u_1+\frac{c_1^2}{2}+gz_1+\frac{p_1}{\rho_1}\right)\\&\quad=P_{VÄ}+P_T+P_D+Q_V+Q_M+Q_E.\end{aligned} \qquad (7.2\text{-}2)$$

Diese Gleichung gilt
- für stationäre und instationäre Strömungen,
- für kompressible und inkompressible Fluide,
- für reibungsfreie und reibungsbehaftete Fluide,
- nur im Schwerefeld,
- nur für einen Stromfadenabschnitt.

Verglichen mit der „klassischen" Form (7.1-5) des Energiesatzes haben wir zwei Anteile der Leistung der äußeren Kräfte auf die linke Seite geholt:
- die Leistung der Volumenkräfte als Zunahme der potentiellen Energie, was nur möglich war, weil sie ein zeitunabhängiges Potential hatten, und
- die Leistung des Druckanteils der Endflächenkräfte.

Außerdem haben wir die Energiezunahme auf der linken Seite in eine lokale und eine konvektive Zunahme aufgespalten; dabei geht der Beitrag der Volumenkräfte in beide Anteile ein, während der Beitrag der Endflächenkräfte (wie im Impulssatz, vgl. (6.1-4)) nur im konvektiven Anteil auftritt.

Die Bernoullische Gleichung der Gasdynamik

Wir wollen jetzt einige einschränkende Voraussetzungen annehmen:
- Die Strömung sei stationär; dann entfällt in (7.2-2) das instationäre Glied, und nach (3.5-11) ist $\dot{m}_1 = \dot{m}_2$. Weiter ist dann der Mantel des Stromfadens in Ruhe,

d. h. die Volumenänderungsleistung, die technische Leistung und die Dissipationsleistung auf dem Mantel verschwinden.
- Die Dissipationsleistung in den Endflächen sei vernachlässigbar.
- Die Strömung sei adiabat (d. h. es werde keine Wärme mit der Umgebung ausgetauscht) und auch im Innern werde keine Wärme (z. B. durch chemische Reaktionen) erzeugt oder verbraucht; dann verschwindet die gesamte Wärmezufuhr.

Damit vereinfacht sich der Energiesatz (7.2-2) zu

$$u_2 + \frac{c_2^2}{2} + gz_2 + \frac{p_2}{\rho_2} = u_1 + \frac{c_1^2}{2} + gz_1 + \frac{p_1}{\rho_1}. \qquad (7.2\text{-}3)$$

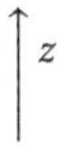

Da der Querschnitt des Stromfadens in diese Gleichung nicht mehr eingeht, kann man sie statt für einen Stromfadenabschnitt auch längs einer Stromlinie ansetzen. Führt man die spezifische Enthalpie

$$\boxed{h := u + pv = u + \frac{p}{\rho}} \qquad (7.2\text{-}4)$$

ein, dann lautet (7.2-3)

$$\boxed{\begin{aligned} &h_2 - h_1 + \frac{c_2^2 - c_1^2}{2} + g(z_2 - z_1) = 0, \\ &h_2 + \frac{c_2^2}{2} + gz_2 = h_1 + \frac{c_1^2}{2} + gz_1, \\ &h + \frac{c^2}{2} + gz = \text{const}, \\ &dh + c\,dc + g\,dz = 0. \end{aligned}} \qquad (7.2\text{-}5)$$

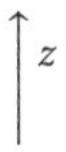

Diese Gleichung gilt
- nur für stationäre Strömungen,
- für kompressible und inkompressible Fluide,
- für reibungsfreie und reibungsbehaftete Fluide,[1]
- nur im Schwerefeld,
- nur für einen Stromfadenabschnitt oder längs einer Stromlinie,
- nur für Strömungen ohne Wärmezufuhr.

1 Für reibungsbehaftete Fluide unter Vernachlässigung der Dissipationsleistung in den Endflächen des Stromfadenabschnitts.

Die Gleichung (7.2-5) wird kompressible Bernoullische Gleichung oder Bernoullische Gleichung der Gasdynamik genannt. Im Gegensatz zur inkompressiblen Bernoullischen Gleichung (4.3-1) oder (4.3-2) ist sie eine Form des Energiesatzes und nicht eine Folgerung aus dem Impulssatz. Man vergleiche auch die unterschiedlichen Gültigkeitsvoraussetzungen der inkompressiblen und der kompressiblen Bernoullischen Gleichung.

Analog zur Bernoullischen Gleichung (4.3-2) für stationäre Strömungen inkompressibler Fluide kann man eine spezifische Gesamtenergie definieren, die längs einer Stromlinie konstant ist, und entsprechend für jede Stromlinie ein Bernoulli-Diagramm zeichnen. Diese spezifische Gesamtenergie setzt sich zusammen aus

- spezifischer Enthalpie,
- spezifischer kinetischer Energie und
- spezifischer potentieller Energie.

Aufgabe 1

In welche Anteile kann man die Leistung der äußeren Kräfte auf einen Stromfadenabschnitt zerlegen? Definieren Sie die einzelnen Anteile!

Aufgabe 2

Welche einschränkenden Voraussetzungen sind notwendig, um vom Energiesatz in der Form (7.1-5) zum Energiesatz in der Form (7.2-2) zu gelangen? Welche weiteren einschränkenden Voraussetzungen sind nötig, um von (7.2-2) zur kompressiblen Bernoullischen Gleichung (7.2-5) zu gelangen?

Aufgabe 3

Warum ist an einer ruhenden Wand die Dissipationsleistung null?

Aufgabe 4

Auch in einem kompressiblen Fluid kann man die Geschwindigkeit mit einem Prandtlschen Staurohr (vgl. Aufgabe 5 von Lehreinheit 4.3) bestimmen. Während man dazu in einem inkompressiblen Fluid lediglich den Differenzdruck

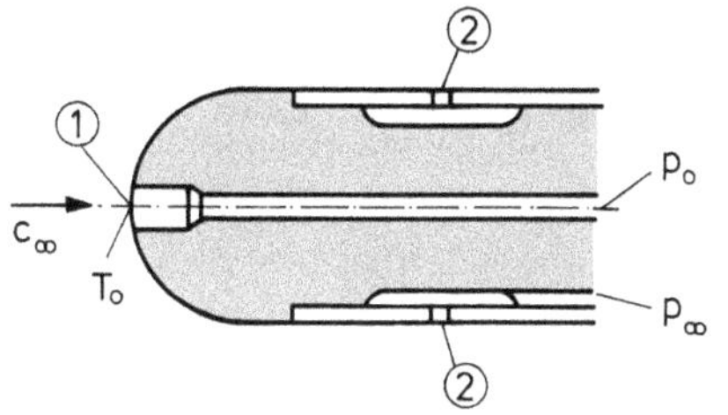

$p_0 - p_\infty$ messen muss, benötigt man dafür in einem kompressiblen Fluid die beiden Drücke p_0 und p_∞ getrennt und außerdem z. B. die Temperatur T_0 im Staupunkt. Bestimmen Sie daraus mit Hilfe der Bernoullischen Gleichung der Gasdynamik die Anströmgeschwindigkeit c_∞, wenn außerdem die kalorische Zustandsgleichung

$$h - h_0 = c_P(T - T_0)$$

und die Isentropengleichung $p/T^{\frac{\kappa}{\kappa-1}} = \text{const}$ vorausgesetzt werden können!

LE 7.3 Gibbssche Gleichung und Entropieungleichung

In dieser Lehreinheit wollen wir eine weitere Grundgleichung und eine „Grundungleichung" der Thermodynamik einführen, die man zusammen häufig auch den 2. Hauptsatz der Thermodynamik nennt: die Gibbssche Gleichung und die Entropieungleichung. Beide Postulate und vor allem die in beiden vorkommende physikalische Größe spezifische Entropie gehören zu den Grundlagen der Thermodynamik, im Rahmen der Strömungslehre können wir sie deshalb nur relativ knapp und formal behandeln.[2]

Wir wollen die Gibbssche Gleichung sowohl unter Verwendung der spezifischen inneren Energie als auch unter Verwendung der spezifischen Enthalpie formulieren und schließlich auf inkompressible Fluide spezialisieren. Dabei werden wir auch die Begriffe Zustandsgröße und Zustandsgleichung, thermodynamisches Gleichgewicht und lokales thermodynamisches Gleichgewicht präzisieren.

Die Gibbssche Gleichung mit der inneren Energie

Es seien u die spezifische innere Energie, T die (thermodynamische) Temperatur, s die spezifische Entropie, p der (thermodynamische) Druck, und $v = 1/\rho$ das spezifische Volumen, dann gilt die Gibbssche Gleichung

$$\boxed{du = T\,ds - p\,dv,} \qquad \boxed{du = T\,ds + \frac{p}{\rho^2}\,d\rho,} \tag{7.3-1}$$

vgl. Aufgabe 1.

2 Eine ausführlichere Darstellung findet sich in allen einschlägigen Lehrbüchern der Thermodynamik, z. B. bei Hans D. Baehr, Stephan Kabelac: Thermodynamik, Berlin, 2006.

Die Gleichung (7.3-1) wird auch Gibbssche Fundamentalgleichung genannt, man kann sie auch als Definition der spezifischen Entropie auffassen.

Die Gibbssche Gleichung gilt, zumal in dieser Form, nicht mit derselben Allgemeinheit wie die Bilanzgleichungen für Masse, Impuls, Drehimpuls und Energie; für Fluide ist sie jedoch im Allgemeinen unter folgenden Voraussetzungen erfüllt:

- Es herrscht lokales thermodynamisches Gleichgewicht. (Was mit dieser Aussage gemeint ist, kann erst weiter unten erklärt werden.)
- Die Zusammensetzung des Fluids darf sich (räumlich und zeitlich) nicht ändern. Das bedeutet:
  - Es kommen keine Stoffumwandlungen (chemische Reaktionen oder Ionisation) vor.
  - Es kommen keine Phasenumwandlungen vor.
  - Wenn das Fluid ein Gemisch (wie Luft) ist, ändert sich das Mischungsverhältnis nicht.
- Elektromagnetische Erscheinungen treten nicht auf.

Die Gibbssche Gleichung ist mathematisch mit den beiden folgenden Aussagen gleichwertig:

- u lässt sich als Funktion von s und υ bzw. von s und ρ darstellen:

$$u = u(s,\upsilon), \quad u = u(s,\rho). \tag{7.3-2}$$

  Dabei kann der funktionale Zusammenhang, der durch (7.3-2) beschrieben wird, für verschiedene Medien verschieden sein. Verschiedene thermodynamische Medien unterscheiden sich gerade durch die Form dieses funktionalen Zusammenhangs; man kann ein thermodynamisches Medium durch die Angabe dieses funktionalen Zusammenhangs definieren.
- Die partiellen Ableitungen von $u(s,\upsilon)$ liefern T und p als Funktion von s und υ bzw. s und ρ:

$$\begin{aligned} \left(\frac{\partial u}{\partial s}\right)_\upsilon &= T(s,\upsilon), & \left(\frac{\partial u}{\partial s}\right)_\rho &= T(s,\rho) \\ \left(\frac{\partial u}{\partial \upsilon}\right)_s &= -p(s,\upsilon), & \left(\frac{\partial u}{\partial \rho}\right)_s &= \frac{1}{\rho^2}p(s,\rho). \end{aligned} \tag{7.3-3}$$

Zustandsgrößen, Zustandsgleichungen

Die Gibbssche Gleichung hat also zur Folge, dass sich u, p und T in einem Strömungsfeld als Funktionen von s und υ (bzw. s und ρ) darstellen lassen und dass dieser funktionale Zusammenhang unabhängig von Ort und Zeit, also in jedem Punkt des Strömungsfeldes und zu jedem Zeitpunkt des Strömungsvorgangs derselbe ist. Da man prinzipiell z. B. (7.3-2) nach s auflösen und dann in (7.3-3) einsetzen kann, lassen sich s, T und p auch als Funktionen von u und v ausdrücken. Es gibt also eine Menge von Größen (wir kennen bisher $u, s, v = 1/\rho, T$ und p, wegen (7.2-4) gehört aber auch h dazu) mit der Eigenschaft, dass durch zwei davon jede andere bestimmt ist. Man nennt diese Größen (thermodynamische) Zustandsgrößen und sagt, dass durch zwei Zustandsgrößen der (thermodynamische) Zustand des Fluids festgelegt ist. Wählt man sich zwei Zustandsgrößen aus, durch die man den Zustand definiert, so lässt sich jede andere Zustandsgröße als Funktion dieser beiden Zustandsgrößen darstellen. Solche Gleichungen zwischen drei Zustandsgrößen nennt man (thermodynamische) Zustandsgleichungen; als ein Beispiel solcher Zustandsgleichungen kennen wir bereits aus der Lehreinheit 1.6 die thermische Zustandsgleichung zwischen den Zustandsgrößen v, p und T.

Thermodynamisches Gleichgewicht, lokales thermodynamisches Gleichgewicht

Jetzt können wir auch die Begriffe thermodynamisches Gleichgewicht und lokales thermodynamisches Gleichgewicht definieren:

Die Materie in einem Volumen befindet sich im thermodynamischen Gleichgewicht, wenn sich die thermodynamischen Zustandsgrößen darin räumlich und zeitlich nicht ändern.

Für die verschiedenen thermodynamischen Gleichgewichtszustände, die ein Medium annehmen kann, gilt zwischen jeweils drei Zustandsgrößen eine Zustandsgleichung (etwa für ein ideales Gas zwischen p, v und T die Gleichung $pv = RT$).

Nun befindet sich ein strömendes Medium im Allgemeinen nicht im thermodynamischen Gleichgewicht: Die Zustandsgrößen werden sich sowohl räumlich und zeitlich ändern, und wenn sich eine Zustandsgröße für ein Teilchen ändert (z. B. seine Temperatur steigt, weil es durch die Strömung in ein Gebiet höherer Temperatur kommt), müssen sich die übrigen Zustandsgrößen infolge der Zustandsgleichungen auch ändern. Diese Anpassung geschieht aber nicht momentan, sondern mit einer gewissen Verzögerung. Man spricht nun von lokalem thermodynamischem Gleichgewicht, wenn sich alle Zustandsgrößen im Strömungsfeld so langsam ändern, dass die Abweichungen von den (für thermodynamisches Gleichgewicht gültigen) Zustandsgleichungen aufgrund dieser nichtmomentanen Anpassung vernachlässigbar sind:

Die Materie in einem Volumen befindet sich in lokalem thermodynamischem Gleichgewicht, wenn sich die thermodynamischen Zustandsgrößen darin zwar räumlich oder zeitlich ändern, aber in jedem Punkt und zu jeder Zeit dieselben Zustandsgleichungen wie im thermodynamischen Gleichgewicht gelten.

Die Gibbssche Gleichung mit der Enthalpie

Aus der Definition (7.2-4) der spezifischen Enthalpie folgt $dh = du + p\,dv + v\,dp$. Setzt man darin die Gibbssche Gleichung (7.3-1) ein, so erhält man die Beziehung

$$dh = T\,ds + v\,dp, \qquad dh = T\,ds + \frac{1}{\rho}\,dp, \tag{7.3-4}$$

die man als eine andere, zu (7.3-1) gleichwertige Formulierung der Gibbsschen Gleichung betrachtet, die für manche Anwendungen zweckmäßiger ist. Aus (7.3-4) kann man analog zu (7.3-2) und (7.3-3) ablesen: Es existiert eine Zustandsgleichung

$$h = h(s, p), \tag{7.3-5}$$

und es gilt

$$\begin{aligned} \left(\frac{\partial h}{\partial s}\right)_p &= T(s,p), \\ \left(\frac{\partial h}{\partial p}\right)_s &= v(s,p) = \frac{1}{\rho(s,p)}. \end{aligned} \tag{7.3-6}$$

Die Gibbssche Gleichung für inkompressible Fluide

Für den Spezialfall inkompressibler Fluide sind ρ und v Materialkonstanten, also keine Zustandsgrößen, d. h. es ist $d\rho = 0$ und $dv = 0$. Die Gibbssche Gleichung (7.3-1) lautet dann einfach

$$du = T\,ds, \tag{7.3-7}$$

und damit gleichwertig sind die beiden Aussagen

$$u = u(s), \tag{7.3-8}$$

$$\frac{du}{ds} = T(s). \tag{7.3-9}$$

p ist von u, T und s, also vom thermodynamischen Zustand unabhängig.

Aus der Definition (7.2-4) der spezifischen Enthalpie folgt für υ = const $dh = du + \upsilon\, dp$. Setzt man darin (7.3-7) ein, so erhält man als Gibbssche Gleichung mit der Enthalpie formal identisch mit (7.3-4)

$$dh = T\, ds + \upsilon\, dp, \quad dh = T\, ds + \frac{1}{\rho} dp. \tag{7.3-10}$$

Daraus folgt in diesem Falle

$$\begin{aligned} \left(\frac{\partial h}{\partial s}\right)_p &= T(s), \\ \left(\frac{\partial h}{\partial p}\right)_s &= \upsilon = \text{const.} \end{aligned} \tag{7.3-11}$$

$(\partial h/\partial p)_s$ = const hat zur Folge, dass $(\partial h/\partial s)_p$ keine Funktion von p sein kann. Das sieht man, wenn man die gemischte zweite Ableitung $\partial^2 h/\partial s \partial p$ bildet: Sie muss wegen $(7.3\text{-}11)_2$ null sein, das hat aber bei umgekehrter Reihenfolge der Differentiation zur Voraussetzung, dass $(\partial h/\partial s)_p$ nicht von p abhängt.

Die Entropieungleichung

Wir führen die Entropieungleichung in der folgenden Form ein:

Die Zunahme an Entropie in einem materiellen Volumen ist mindestens so groß wie die reduzierte Wärmezufuhr.

Dabei bedeutet „reduziert", dass die einem Volumenelement von außen zugeführte Wärmemenge durch die Temperatur dieses Volumenelements und die einem Oberflächenelement zugeführte Wärmemenge durch die Temperatur dieses Oberflächenelements dividiert werden. Dann lautet die Entropieungleichung für ein materielles Volumen

$$\boxed{\frac{d}{dt} \int_{\hat{V}} \rho s\, dV \geq \int \frac{\rho w}{T} dV - \oint \frac{1}{T} \underline{q} \cdot d\underline{A}.} \tag{7.3-12}$$

Vorgänge, für die das Gleichheitszeichen gilt, nennt man in der Thermodynamik reversibel, Vorgänge, für die das Ungleichheitszeichen gilt, irreversibel.

Wir beschränken uns im Folgenden auf adiabate Vorgänge, dann lautet die Entropieungleichung

$$\boxed{\frac{d}{dt}\int_{\hat{V}} \rho s \, dV \geq 0.} \tag{7.3-13}$$

Bei adiabaten Vorgängen kann die Entropie eines materiellen Volumens nicht abnehmen.

Wir wollen die letzte Gleichung auch für einen Stromfaden formulieren. Dabei bezeichnen wir die Bogenlänge hier mit σ, um eine Verwechslung mit der spezifischen Entropie auszuschließen. Wir setzen wieder $dV = A\,d\sigma$ und wenden die Leibnizsche Formel (3.5-3) an. Dann erhalten wir mit den üblichen Umformungen

$$\int_{\sigma_1}^{\sigma_2} \frac{\partial \rho s A}{\partial t} d\sigma + \dot{m}_2 s_2 - \dot{m}_1 s_1 \geq 0 \tag{7.3-14}$$

und speziell für stationäre Strömungen

$$s_2 - s_1 \geq 0. \tag{7.3-15}$$

In einer stationären, adiabaten Strömung kann die spezifische Entropie längs eines Stromfadens nicht abnehmen.

Aufgabe 1

Zeigen Sie, das die beiden Formulierungen $(7.3\text{-}1)_1$ und $(7.3\text{-}1)_2$ gleichwertig sind!

Aufgabe 2

Was ist der Unterschied zwischen dem thermodynamischen Gleichgewicht und dem lokalen thermodynamischen Gleichgewicht?

Zusatzaufgabe 1

Die beiden Zustandsgleichungen $T = T(s, v)$ und $p = p(s, v)$ sind nicht unabhängig voneinander. Durch welche Nebenbedingung sind sie verknüpft?

Zusatzaufgabe 2

Die Zustandsgleichung $u = u(s, v)$ eines thermodynamischen Mediums sei bekannt. Wie kann man daraus seine thermische Zustandsgleichung $v = v(T, p)$ berechnen?

Zusatzaufgabe 3

Wie lautet die Entropieungleichung (7.3-12) in differentieller Form?

LE 7.4 Ideale Gase. Die Strömungsberechnung für reibungsfreie ideale Gase

Um die Strömung eines kompressiblen Fluids berechnen zu können, benötigen wir noch Angaben über thermodynamische Materialeigenschaften des betrachteten Fluids, die man üblicherweise durch seine thermische und seine kalorische Zustandsgleichung beschreibt. Wir wollen uns im Folgenden auf das wichtigste und einfachste thermodynamische Modellmedium beschränken, nämlich das ideale Gas. Seine thermische Zustandsgleichung haben wir bereits in Lehreinheit 1.6 behandelt; in dieser Lehreinheit führen wir als weitere Grundgleichung seine kalorische Zustandsgleichung ein. Außerdem leiten wir die Isentropengleichung her; das ist eine Zustandsgleichung für isentrope Strömungen idealer Gase. Wir schließen unsere Beschäftigung mit thermodynamischen Grundlagen in den bisherigen vier Lehreinheiten dieses Kapitels ab, indem wir das Gleichungssystem zur Berechnung von Strömungen eines reibungsfreien idealen Gases zusammenstellen.

Die thermische und die kalorische Zustandsgleichung für ein ideales Gas

Eine Zustandsgleichung zwischen Druck, Temperatur und Dichte bzw. spezifischen Volumen nennt man die thermische Zustandsgleichung des betreffenden Mediums; für ein ideales Gas lautet sie nach (1.6-2) in verschiedenen Formulierungen

$$\boxed{pv = RT, \quad \frac{dp}{p} + \frac{dv}{v} - \frac{dT}{T} = 0,} \qquad (7.4\text{-}1)$$

$$\boxed{\frac{p}{\rho} = RT, \quad \frac{dp}{p} - \frac{d\rho}{\rho} - \frac{dT}{T} = 0.}$$

In der Thermodynamik zeigt man, dass ein thermodynamisches Medium durch seine thermische Zustandsgleichung nicht vollständig beschrieben wird: Wenn der thermodynamische Zustand, etwa durch T und v, gegeben ist, so ist es nicht möglich, allein aus der thermischen Zustandsgleichung alle übrigen Zustandsgrößen für diesen Zustand zu berechnen, sondern man benötigt dazu noch eine weitere Gleichung, und zwar entweder $u = u(T, v)$ oder $h = h(T, p)$. Diese beiden Gleichungen bezeichnet man als kalorische Zustandsgleichung.[3]

In der Thermodynamik zeigt man auch, dass die thermische und die kalorische Zustandsgleichung eines Mediums nicht ganz unabhängig voneinander, sondern durch eine Nebenbedingung verknüpft sind. Speziell für die thermische Zustandsgleichung (7.4-1) besagt diese Nebenbedingung, dass u und h beide nur Funktionen der Temperatur sind (vgl. die Zusatzaufgabe), dass also u nicht außer von T noch von v und dass h nicht außer von T noch von p abhängt. Im Einklang mit dieser Nebenbedingung postuliert man als kalorische Zustandsgleichung eines idealen Gases die folgende Gleichung:

$$\boxed{\begin{gathered} u_2 - u_1 = c_V(T_2 - T_1), \quad u - c_V T = \text{const}, \\ du = c_V dT, \quad \frac{du}{dT} = c_V = \text{const}. \end{gathered}} \tag{7.4-2}$$

Dabei bezeichnen die Indizes 1 und 2 beliebige thermodynamische Zustände des idealen Gases. c_V heißt isochore spezifische Wärmekapazität und ist für ideale Gase eine Materialkonstante.

Die Definition (7.4-2) der spezifischen Enthalpie lässt sich für ein ideales Gas $h = u + RT$ schreiben, daraus folgt $dh = du + R\,dt$ und mit (7.4-2)$_3$ $dh = (c_V + R)dT$. Mit $c_P = c_V + R$ erhält man gleichwertig mit (7.4-2) als andere Form der kalorischen Zustandsgleichung für ein ideales Gas

$$\boxed{\begin{gathered} h_2 - h_1 = c_P(T_2 - T_1), \quad h - c_P T = \text{const}, \\ dh = c_P dT, \quad \frac{dh}{dT} = c_P = \text{const}. \end{gathered}} \tag{7.4-3}$$

Die Größe c_P heißt isobare spezifische Wärmekapazität, sie ist bei idealen Gasen ebenfalls eine Materialkonstante.

Die Differenz der beiden spezifischen Wärmekapazitäten ist gemäß obiger Herleitung die spezifische Gaskonstante R, ihr Quotient, der dann natürlich ebenfalls eine Materialkonstante ist, heißt Isentropenexponent und wird meist mit κ bezeichnet; zwischen den vier Materialkonstanten c_V, c_P, R und κ gelten also die

3 Die beiden Formen der kalorischen Zustandsgleichung sind gleichwertig: Ist eine davon bekannt, so kann man daraus mit Hilfe der Definition (7.2-4) der spezifischen Enthalpie und der thermischen Zustandsgleichung die andere berechnen.

Gleichungen

$$\boxed{R = c_P - c_V,} \quad \boxed{\kappa = \frac{c_P}{c_V},} \quad \boxed{c_V = \frac{R}{\kappa - 1},} \quad \boxed{c_P = \frac{\kappa}{\kappa - 1} R.} \qquad (7.4\text{-}4)$$

In Tabelle 1 sind R und κ für einige wichtige Gase tabellarisiert. (Die beiden spezifischen Wärmekapazitäten sind für beliebige Medien durch die Gleichungen

$$c_V := \left(\frac{\partial u}{\partial T}\right)_v, \quad c_P := \left(\frac{\partial h}{\partial T}\right)_p \qquad (7.4\text{-}5)$$

definiert. Sie sind im Allgemeinen also keine Materialkonstanten, sondern Zustandsgrößen.)

Wenn man die Gibbssche Gleichung (7.3-4) nach ds auflöst, erhält man

$$ds = \frac{1}{T} dh - \frac{1}{\rho T} dp.$$

Setzt man für dh die kalorische Zustandsgleichung $(7.4\text{-}3)_3$ und für $1/(\rho T)$ die thermische Zustandsgleichung $(7.4\text{-}1)_2$ ein, so folgt

$$ds = c_P \frac{dT}{T} - R \frac{dp}{p}. \qquad (7.4\text{-}6)$$

Integration ergibt $s - c_P \ln T + R \ln p = \text{const}$,

$$s_2 - s_1 = c_P \ln \frac{T_2}{T_1} - R \ln \frac{p_2}{p_1}. \qquad (7.4\text{-}7)$$

Auch diese Gleichung ist eine Zustandsgleichung, und zwar vom Typ $s = s(T, p)$.

Die Isentropengleichung

Für isentrope Strömungen idealer Gase folgt aus (7.4-6)

$$c_P \frac{dT}{T} - R \frac{dp}{p} = 0$$

oder mit (7.4-4)

$$\kappa \frac{dT}{T} = (\kappa - 1) \frac{dp}{p}. \qquad (7.4\text{-}8)$$

Durch Integration erhält man

$$\kappa \ln \frac{T_2}{T_1} = (\kappa - 1) \ln \frac{p_2}{p_1}, \quad \ln\left(\frac{T_2}{T_1}\right)^{\kappa} = \ln\left(\frac{p_2}{p_1}\right)^{\kappa-1},$$

$$\frac{p^{\kappa-1}}{T^{\kappa}} = \text{const.} \tag{7.4-9}$$

Mit Hilfe der thermischen Zustandsgleichung lassen sich gleichwertige Formulierungen gewinnen, die jeweils nur zwei Zustandsgrößen verknüpfen: Für isentrope Zustandsänderungen vollkommener Gase gelten die Beziehungen, vgl. die Aufgabe,

$$\boxed{\frac{dp}{p} = \kappa \frac{d\rho}{\rho}} \quad = \frac{\kappa}{\kappa - 1} \frac{dT}{T}, \tag{7.4-10}$$

$$\boxed{\frac{p}{\rho^{\kappa}} = \text{const,}} \quad \frac{p}{T^{\frac{\kappa}{\kappa-1}}} = \text{const,} \quad \frac{T}{\rho^{\kappa-1}} = \text{const.} \tag{7.4-11}$$

Alle diese Beziehungen sind verschiedene Formen der so genannten Isentropengleichung.

Wie bei isothermen Strömungen besteht also auch bei isentropen Strömungen eine Zustandsgleichung der Form $\rho = \rho(p)$, sie sind also stets barotrop (vgl. Lehreinheit 2.2, insbesondere Aufgabe 3 und die Zusatzaufgabe).

Die Strömungsberechnung für reibungsfreie ideale Gase

Eine reibungsfreie inkompressible Strömung wird durch die Felder der Geschwindigkeit und des Druckes beschrieben. Zu deren Berechnung haben wir die Kontinuitätsgleichung und den Impulssatz herangezogen.

Wenn wir die Bedingung der Inkompressibilität fallen lassen, gehört zur Beschreibung der Strömung zusätzlich das Dichtefeld. Nach Lehreinheit 1.6 ist die Dichte im Allgemeinen eine Funktion von Druck und Temperatur. Wir benötigen dann also als weitere Grundgleichung die thermische Zustandsgleichung, die diesen Zusammenhang beschreibt. Dadurch tritt als sechste Feldgröße die Temperatur auf. Es ist dann also noch eine Grundgleichung erforderlich, nämlich der Energiesatz, wie wir ihn in der Lehreinheit 7.1 formuliert haben. Durch den Energiesatz tritt mit der spezifischen inneren Energie eine weitere Feldgröße ins Spiel, die sich wie die Dichte als Funktion von Druck und Temperatur darstellen lässt, wir brauchen deshalb als weitere Grundgleichung die kalorische Zustandsgleichung, vgl. Lehreinheit 7.4.

Bei der Berechnung reibungsfreier kompressibler Strömungen treten also sieben Feldgrößen auf, nämlich

- die drei Koordinaten der Geschwindigkeit $\underline{c}$,
- der Druck p,
- die Dichte ρ,
- die Temperatur T und
- die spezifische Energie u.

Zu ihrer Berechnung verwenden wir

- die Kontinuitätsgleichung,
- die drei Koordinatengleichungen des Impulssatzes,
- den Energiesatz,
- die thermische Zustandsgleichung und
- die kalorische Zustandsgleichung.

Von diesen Grundgleichungen sind die ersten drei Bilanzgleichungen und vom Stoff unabhängig. Die letzten beiden sind keine Bilanzgleichungen, und sie sind Stoffgleichungen, d. h. von Fluid zu Fluid verschieden; im Übrigen sind sie nicht völlig unabhängig voneinander, sondern durch eine Nebenbedingung verknüpft.

Die Entropieungleichung ist, wie ihr Name sagt, keine Gleichung, sondern eine Ungleichung. Man kann mit ihrer Hilfe also keine Größe berechnen, sondern nur nach der Berechnung einer Strömung mit ihrer Hilfe prüfen, ob sie erfüllt ist, d. h. ob die berechnete Strömung möglich ist. Da sie eine Aussage über die zeitliche Änderung einer Größe (nämlich der Entropie) macht, führt sie für anisentrope Strömungen zu einer Angabe darüber, welcher von zwei zeitlich verschiedenen Strömungszuständen eines Teilchens der frühere ist oder in welcher Richtung die Strömung zwischen zwei Querschnitten eines Stromfadens verläuft.

Aufgabe

Leiten Sie die Gleichungen (7.4-10) und (7.4-11) aus den Beziehungen (7.4-8) und (7.4-9) her!

Zusatzaufgabe

A. Durch welche Nebenbedingung sind die thermische Zustandsgleichung $p = p(T, v)$ und die kalorische Zustandsgleichung $u = u(T, v)$ verknüpft?

B. Welche einschränkende Bedingung für die kalorische Zustandsgleichung $u = u(T, v)$ folgt aus der thermischen Zustandsgleichung $pv = RT$?

Lösungshinweis: Bilden Sie mit Hilfe der Gibbsschen Gleichung Beziehungen für $(\frac{\partial u}{\partial T})_v$ und für $(\frac{\partial u}{\partial v})_T$ und eliminieren Sie daraus die „störenden" partiellen Ableitungen von s!

LE 7.5 Schallgeschwindigkeit und Schallausbreitung

In dieser Lehreinheit behandeln wir von den Grundlagen der Akustik, was wir für die Gasdynamik benötigen: Wir berechnen die Schallgeschwindigkeit und untersuchen die Ausbreitung von Schallwellen in ruhenden und bewegten Medien.

Die Schallgeschwindigkeit

Schall besteht bekanntlich aus kleinen Druckschwankungen. Wegen der Kopplung des Drucks mit der Dichte und der Geschwindigkeit, z. B. durch die Eulersche Bewegungsgleichung (4.1-8) haben diese Druckschwankungen Schwankungen der Dichte und der Geschwindigkeit zur Folge, und alle diese Schwankungen breiten sich in einem (ruhenden oder bewegten) Fluid wellenförmig aus. Wir wollen die Ausbreitungsgeschwindigkeit dieser Schallwellen berechnen.

Wenn man die Dämpfung dieser kleinen Schwankungen infolge der Reibung vernachlässigt, kann man den Vorgang als reibungsfrei annehmen, und da Wärmeaustausch auch nicht auftritt, ist der Vorgang auch isentrop und damit nach Lehreinheit 7.4 barotrop. Das hat eine große Vereinfachung bei der Berechnung der mit dem Schall verbundenen Strömungsfelder zur Folge: Man benötigt dann nämlich nur die Kontinuitätsgleichung, den Impulssatz (bzw. die ihm gleichwertige Bewegungsgleichung) und die Isentropengleichung. Das kann man folgendermaßen einsehen: Bei inkompressiblen Strömungen bilden bereits Kontinuitätsgleichung und Bewegungsgleichung ein geschlossenes Gleichungssystem; sie stellen nämlich vier Gleichungen zur Berechnung der vier Größen $\underline{c}$ und p dar. Bei kompressiblen Strömungen kommt mit der Dichte eine fünfte zu berechnende Größe hinzu; bei barotropen Strömungen existiert jedoch eine Zustandsgleichung (in unserem Falle die Isentropengleichung), welche die Dichte mit dem Druck koppelt und das Gleichungssystem schließt.

Wir wollen im Folgenden die so genannte Schallgeschwindigkeit berechnen, das ist die Geschwindigkeit, mit der sich eine kleine Druckschwankung in einem ruhenden Fluid fortpflanzt. Wir wählen als möglichst einfache Konfiguration ein beidseitig geschlossenes, gerades Rohr konstanten Querschnitts, das mit einem ruhenden Fluid gefüllt ist und an dessen einem Ende, etwa durch einen Schlag mit einem Hammer, eine Druckstörung erzeugt wird, die sich dann zum

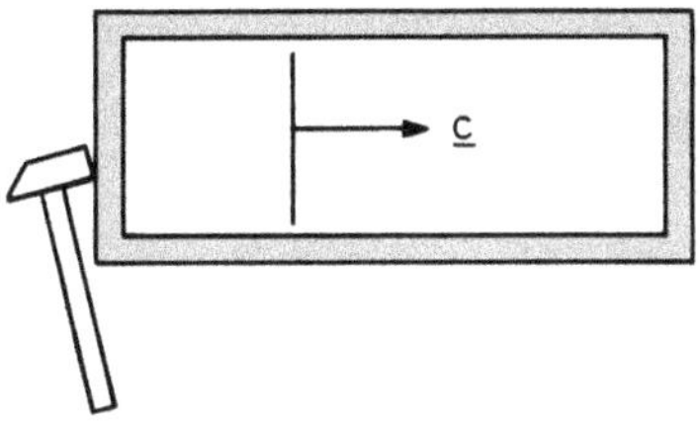

anderen Ende hin fortpflanzt. Da physikalische Mechanismen zur Beschleunigung oder Verzögerung der Strömung nicht vorhanden sind, wird sie sich mit konstanter Geschwindigkeit fortpflanzen, und die Berechnung dieser Geschwindigkeit wird besonders einfach, wenn wir sie in einem mit der Strömung mitbewegten Koordinatensystem vornehmen, da in diesem Koordinatensystem der ganze Vorgang stationär ist. Wenn etwa im ruhenden Bezugssystem das Medium ruht und die Störung mit der noch unbekannten konstanten Geschwindigkeit c nach rechts läuft, vgl. obige Skizze, dann ruht im mit der Störung mitbewegten Bezugssystem die Störung, und das Medium strömt mit derselben Geschwindigkeit stationär nach links.

Für diese Strömung im mitbewegten System wollen wir die Kontinuitätsgleichung und den Impulssatz ansetzen, wobei wir ein Rohrstück beiderseits der Störung als Stromfadenabschnitt betrachten. Die Kontinuitätsgleichung ergibt längs des Stromfadenabschnitts nach (3.5-8) wegen $A = \text{const}$

$$\rho c = \text{const}, \tag{7.5-1}$$

$$\rho\, dc + c\, d\rho = 0. \tag{7.5-2}$$

Vom Impulssatz (6.1-4) betrachten wir die Komponente in Strömungsrichtung, dann liefert die Reaktion auf den Mantel bei reibungsfreier Strömung keinen Beitrag. Legen wir das Rohr horizontal, so liefert auch die Schwerkraft keinen Beitrag, und der Impulssatz ergibt längs des Stromfadenabschnitts $\dot{m}c + pA = \text{const}$ oder

$$\rho c^2 + p = \text{const}, \tag{7.5-3}$$

$2\rho c\, dc + c^2\, d\rho + dp = 0$. Subtrahiert man davon das 2 c-fache von (7.5-2), so folgt

$$c^2 d\rho = dp, \tag{7.5-4}$$

$c^2 = dp/d\rho$ oder genauer, da wir bei der Ableitung ja Isentropie vorausgesetzt haben, wenn wir die Schallgeschwindigkeit künftig a nennen,

$$\boxed{a^2 = \left(\frac{\partial p}{\partial \rho}\right)_s.} \tag{7.5-5}$$

Das ist die Laplacesche Formel für die Schallgeschwindigkeit in einem ruhenden Medium. Damit erweist sich auch die Schallgeschwindigkeit als eine thermodynamische Zustandsgröße. Da wir bei der Ableitung keine Einschränkungen hinsichtlich des Mediums gemacht haben, gilt sie für beliebige Medien, für feste Körper ebenso wie für Flüssigkeiten oder Gase.

Speziell für ideale Gase folgt aus (7.4-10) unter Ausnutzung der thermischen Zustandsgleichung (7.4-1), vgl. Aufgabe 1,

$$\boxed{a = \sqrt{\kappa \frac{p}{\rho}} = \sqrt{\kappa R T}.} \tag{7.5-6}$$

Die Schallgeschwindigkeit ist für ideale Gase also eine Funktion nur der Temperatur. Tabelle 1 enthält die Schallgeschwindigkeit für einige wichtige Stoffe.

Die Schallausbreitung in ruhenden Medien

Eine Schallquelle wird im Allgemeinen nicht eine einzelne Druckschwankung, sondern eine meist periodische Aufeinanderfolge von Druckschwankungen erzeugen, die sich dann als Schallwelle mit der soeben errechneten Geschwindigkeit ins Medium hinein fortpflanzen. Dabei werden die von der Schallwelle erfassten Teilchen zu Schwingungen um ihre Ruhelage angeregt, bleiben also im Mittel an ihrem Ort; gleichzeitig schwanken Druck und Dichte wegen der Kopplung der Strömungsgrößen um einen Mittelwert. Flächen gleicher momentaner Abweichung von der Ruhelage bzw. dem Mittelwert nennt man Wellenfronten, und es sind diese Wellenfronten, die sich in einem Schallfeld mit Schallgeschwindigkeit fortpflanzen, und dabei die von der Schallquelle an die Strömung abgegebene Energie übertragen. Ist die Schallquelle (wie in unserem Beispiel) ein Ebenenstück, so sind auch die Wellenfronten Ebenenstücke, und man spricht von einer ebenen Schallwelle. Ist die Schallquelle ein Geradenstück, so sind die Wellenfronten zu der Linienquelle koaxiale Zylinder, und man spricht von einer Zylinderwelle. Ist die Schallquelle schließlich punktförmig, so sind die Wellenfronten zur Schallwelle konzentrische Kugeln, und man spricht von einer Kugelwelle. Die Skizze zeigt die Fortsetzung einer solchen Wellenfront mit der Zeit.

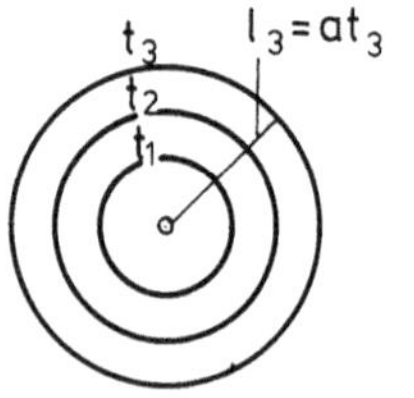

Die Schallausbreitung in bewegten Medien

Wir denken uns jetzt die ortsfeste Schallquelle von einer Parallelströmung der Geschwindigkeit c angeströmt. Auch jetzt bilden die Wellenfronten Kugeln; sie sind aber nicht mehr konzentrisch, sondern schwimmen mit der Geschwindigkeit $\underline{c}$ ab. Die folgende Skizze zeigt drei wichtige Fälle:

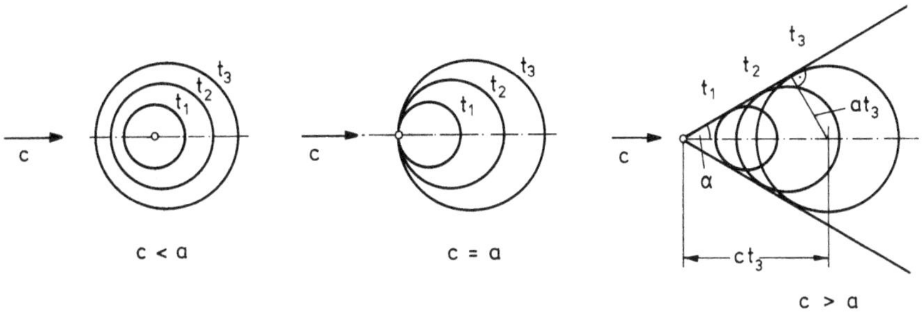

Man erkennt, dass die Schallquelle nur in einer Unterschallströmung ($c < a$) stromaufwärts bemerkt werden kann. In einer Überschallströmung ($c > a$) breitet sich der Schall nur innerhalb des skizzierten Kegels aus. Der halbe Öffnungswinkel des Kegels ist nach der Skizze

$$\sin\alpha = \frac{a}{c} = \frac{1}{M}, \tag{7.5-7}$$

wobei wir die Machzahl

$$\boxed{M = \frac{c}{a}} \tag{7.5-8}$$

eingeführt haben.[4] Man bezeichnet diesen Kegel als Machschen Kegel und seine Mantellinien als Machsche Linien.

Diese Überlegungen gelten natürlich auch für eine Schallquelle, die sich mit der Geschwindigkeit c in einem ruhenden Medium bewegt, z. B. für ein Flugzeug.

Aufgabe 1

Zeigen Sie, dass man aus (7.5-5) die Gleichung (7.5-6) erhalten kann, wenn man (7.4-10) und (7.4-1) berücksichtigt!

4 Die Machzahl ist eine dimensionslose Kennzahl wie die Reynoldszahl und wird deshalb auch oft wie die meisten dimensionslosen Kennzahlen mit zwei Buchstaben, also mit Ma bezeichnet.

Aufgabe 2

Wie groß ist die Schallgeschwindigkeit in Luft bei 10 °C?

Aufgabe 3

Hinter einer Rakete wurde ein Machscher Winkel von 30° gemessen. Wie groß ist die Fluggeschwindigkeit c in km/h, wenn die Schallgeschwindigkeit $a = 343\,\mathrm{m/s}$ beträgt?

Aufgabe 4

Zwei Flugzeuge fliegen mit einer Machzahl von 0,8. Das erste Flugzeug fliegt in 10 km Höhe, das zweite in Bodennähe. Druck, Dichte und Temperatur nehmen mit wachsender Höhe ab. Welche der folgenden Aussagen ist richtig?

A. Das erste Flugzeug fliegt schneller. ☐
B. Das zweite Flugzeug fliegt schneller. ☐
C. Beide fliegen gleich schnell. ☐

LE 7.6 Die Bernoullische Gleichung für ein ideales Gas

In dieser Lehreinheit wird die Bernoullische Gleichung der Gasdynamik speziell für ein ideales Gas in zwei weiteren gleichwertigen Formen angegeben, und Ruhegrößen und kritische Größen werden eingeführt.

Wir beschränken uns im Folgenden auf ein ideales Gas und vernachlässigen die Änderung der potentiellen Energie (d. h. den Einfluss der Schwerkraft), da sie wegen der geringen Dichte der Gase meist klein gegenüber den anderen Termen der Bernoullischen Gleichung ist.

Die Bernoullische Gleichung (7.2-5) lässt sich dann unter Ausnutzung der Zustandsgleichungen (7.4-3) und (7.4-1) und der Gleichung (7.4-4)

$$\boxed{\begin{aligned} \frac{\kappa}{\kappa-1}\frac{p_1}{\rho_1}+\frac{c_1^2}{2}=\frac{\kappa}{\kappa-1}\frac{p_2}{\rho_2}+\frac{c_2^2}{2}=H=\text{const},\\ \frac{\kappa}{\kappa-1}\frac{p}{\rho}\left(\frac{dp}{p}-\frac{d\rho}{\rho}\right)+c\,dc=0 \end{aligned}} \tag{7.6-1}$$

oder bei Isentropie mit der Gleichung (7.5-6) für die Schallgeschwindigkeit

$$\boxed{\begin{aligned}&\frac{a_1^2}{\kappa-1}+\frac{c_1^2}{2}=\frac{a_2^2}{\kappa-1}+\frac{c_2^2}{2}=H=\text{const},\\&\frac{2a\,da}{\kappa-1}+c\,dc=0\end{aligned}} \tag{7.6-2}$$

schreiben, wobei H die Bernoullische Konstante der betrachteten Stromlinie heißt.

Ruhegrößen und kritische Größen

Für die Bernoullische Konstante H einer Stromlinie bieten sich zwei anschauliche Interpretationen an:

- Man veranschaulicht sie entweder durch die Strömungsgrößen in einem Punkt der Stromlinie, wo die Geschwindigkeit null ist (also im Staupunkt eines umströmten Körpers oder in einem sehr großen Druckkessel). Die Strömungsgrößen in einem solchen Punkt nennt man Ruhegrößen und bezeichnet sie mit dem Index 0. Es gilt also $c_0 = 0$, und nach (7.6-1) und (7.6-2)

$$H = c_p T_0 = \frac{\kappa}{\kappa-1}\frac{p_0}{\rho_0} = \frac{a_0^2}{\kappa-1}, \quad c_0 = 0. \tag{7.6-3}$$

- Oder man veranschaulicht sie durch die Strömungsgrößen in einem Punkt der Stromlinie, wo die Geschwindigkeit gleich der Schallgeschwindigkeit ist. Die Strömungsgrößen in einem solchen Punkt nennt man kritische Größen und bezeichnet sie mit dem Index *. Es gilt also $c^* = a^*$, und nach (7.6-2) ist

$$H = \frac{\kappa+1}{2(\kappa-1)}a^{*2}, \quad c^* = a^*. \tag{7.6-4}$$

Man kann leicht zeigen, dass das Verhältnis einer Strömungsgröße in einem beliebigen Punkt zu der entsprechenden Ruhegröße der Stromlinie nur von der Machzahl in dem betrachteten Punkt abhängt: Nach (7.6-2) und (7.6-3) ist

$$\begin{aligned}&\frac{a^2}{\kappa-1}+\frac{c^2}{2}=\frac{a_0^2}{\kappa-1}, \quad \frac{a^2}{\kappa-1}\left[1+\frac{\kappa-1}{2}\left(\frac{c}{a}\right)^2\right]=\frac{a_0^2}{\kappa-1},\\&\left(\frac{a_0}{a}\right)^2=\frac{T_0}{T}=1+\frac{\kappa-1}{2}M^2.\end{aligned} \tag{7.6-5}$$

Mit der Isentropengleichung (7.4-11) ergibt sich weiter

$$\frac{p_0}{p} = \left(\frac{T_0}{T}\right)^{\frac{\kappa}{\kappa-1}} = \left(1 + \frac{\kappa - 1}{2} M^2\right)^{\frac{\kappa}{\kappa-1}}, \tag{7.6-6}$$

$$\frac{\rho_0}{\rho} = \left(\frac{T_0}{T}\right)^{\frac{1}{\kappa-1}} = \left(1 + \frac{\kappa - 1}{2} M^2\right)^{\frac{1}{\kappa-1}}. \tag{7.6-7}$$

Da Ruhegrößen und kritische Größen beides Veranschaulichungen der Bernoullischen Konstante einer Stromlinie sind, muss ihr Verhältnis ebenfalls eine Konstante sein, und es ist zu erwarten, dass es für alle Stromlinien denselben Wert hat, also nur vom strömenden Medium abhängt. Durch Gleichsetzen von (7.6-3) und (7.6-4) folgt

$$\frac{a_0^2}{\kappa - 1} = \frac{\kappa + 1}{2(\kappa - 1)} a^{*2},$$

$$\left(\frac{a^*}{a_0}\right)^2 = \frac{T^*}{T_0} = \frac{2}{\kappa + 1} \tag{7.6-8}$$

und entsprechend mit (7.6-6) und (7.6-7)

$$\frac{p^*}{p_0} = \left(\frac{2}{\kappa + 1}\right)^{\frac{\kappa}{\kappa-1}}, \tag{7.6-9}$$

$$\frac{\rho^*}{\rho_0} = \left(\frac{2}{\kappa + 1}\right)^{\frac{1}{\kappa-1}}. \tag{7.6-10}$$

Man nennt diese Verhältnisse kritisches Temperatur-, Druck- bzw. Dichteverhältnis; es gibt an, wie weit man die entsprechende Größe in der Strömung gegenüber dem Ruhezustand im Druckkessel senken muss, damit die Strömungsgeschwindigkeit die Schallgeschwindigkeit erreicht. Man kann diese Formeln natürlich auch aus (7.6-5) bis (7.6-7) gewinnen, indem man darin $M = 1$ setzt und T, p bzw. ρ durch T^*, p^* bzw. ρ^* ersetzt. Für zweiatomige ideale Gase (wie Luft) ist $\kappa = 1{,}4$, man erhält dann

$$\left(\frac{a^*}{a_0}\right)^2 = \frac{T^*}{T_0} = 0{,}833, \quad \boxed{\frac{p^*}{p_0} = 0{,}528,} \quad \frac{\rho^*}{\rho_0} = 0{,}634. \tag{7.6-11}$$

Für das Strömungsmedium Luft bei 20 °C lassen sich mittels einer Tabellenkalkulation nach (7.6-7) exemplarisch einfach folgende Werte berechnen, vgl. Lehreinheit 1.6 für die Dichte von Luft:

c	M	$(\rho_0 - \rho)/\rho_0$
30 m/s = 108 km/h	0,087	0,4 %
50 m/s = 180 km/h	0,145	1,0 %
100 m/s = 360 km/h	0,291	4,2 %
150 m/s = 540 km/h	0,436	9,5 %

Das c,a-Diagramm

Aus (7.6-2) und (7.6-3) folgt für den Zusammenhang zwischen Strömungsgeschwindigkeit und Schallgeschwindigkeit längs einer Stromlinie

$$\frac{a^2}{\kappa - 1} + \frac{c^2}{2} = \frac{a_0^2}{\kappa - 1},$$

$$\left(\frac{a}{a_0}\right)^2 + \left(\frac{c}{a_0\sqrt{\frac{2}{\kappa-1}}}\right)^2 = 1.$$

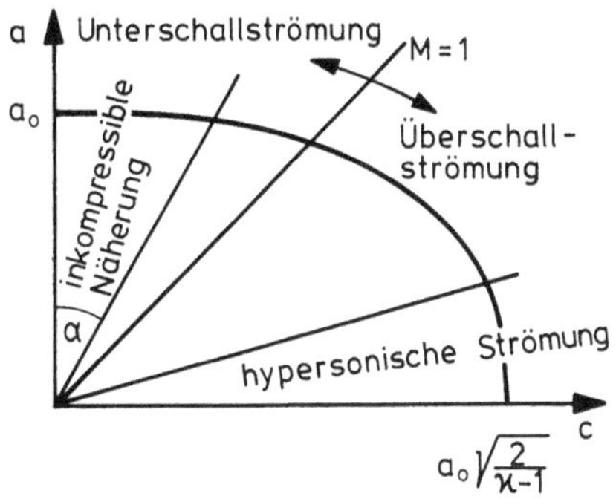

Alle auf einer Stromlinie mit der Bernoullischen Konstante $H = a_0^2/(\kappa - 1)$ möglichen Werte von c und a liegen also in einem c, a-Diagramm auf einer Viertelellipse mit den Halbachsen $a_0\sqrt{2/(\kappa-1)}$ und a_0. Die zu einem Punkt dieser Viertelellipse gehörige Machzahl ist gleich dem Tangens des Winkels α zwischen dem Radiusvektor zu diesem Punkt und der a-Achse. Je nach der Machzahl unterscheidet man verschiedene Strömungsbereiche, die sich in diese Darstellung bequem eintragen lassen: Die Winkelhalbierende $M = 1$ trennt den Bereich der subsonischen oder Unterschallströmung vom Bereich der supersonischen oder Überschallströmung. Für hinreichend kleine Machzahlen haben wir den Bereich der inkompressiblen Näherung, und für hinreichend große Machzahlen (häufig $M > 5$), wenn die Gasmoleküle dissoziieren, spricht man von hypersonischer Strömung.

Aufgabe 1

Welche der folgenden Voraussetzungen müssen erfüllt sein, damit die Bernoullische Gleichung

$$\frac{\kappa}{\kappa-1}\frac{p_1}{\rho_1}+\frac{c_1^2}{2}=\frac{\kappa}{\kappa-1}\frac{p_2}{\rho_2}+\frac{c_2^2}{2}$$

gilt?

A. Die Strömung ist adiabat. ☐
B. Die beiden Punkte 1 und 2 liegen auf einer Stromlinie. ☐
C. Das Medium ist ein ideales Gas. ☐
D. Die Strömung ist reibungsfrei. ☐
E. Die Änderung der spezifischen potentiellen Energie längs der Stromlinie ist vernachlässigbar. ☐
F. Die Strömung ist stationär. ☐

Aufgabe 2

Berechnen Sie die Strömungsgeschwindigkeit, die Schallgeschwindigkeit, den Druck und die Dichte von Luft bei der Machzahl $M = 1$, wenn der Ruhedruck $p_0 = 1{,}013$ bar und die Ruhetemperatur $T_0 = 283$ K betragen!

Aufgabe 3

Die Geschwindigkeit in einer stationären Strömung eines idealen Gases werde mit einem Prandtlschen Staurohr gemessen. Wie ändern sich Druck, Dichte und Temperatur bei Annäherung an den Staupunkt?

LE 7.7 Isentrope stationäre Stromfadentheorie

In dieser Lehreinheit werden die bisher bereitgestellten Gleichungen zur Berechnung stationärer isentroper Strömungen idealer Gase durch Stromfäden für den praktischen Gebrauch zusammengestellt und auf den Ausfluss aus einem Druckkessel angewendet.

Die Ausgangsgleichungen

Zur Berechnung isentroper Strömungen benötigen wir nach Lehreinheit 7.5 die Kontinuitätsgleichung, den Impulssatz und die Isentropengleichung. In der

Stromfadentheorie tritt statt der drei Koordinaten der Geschwindigkeit nur ihr Betrag auf; wir können deshalb den vektoriellen Impulssatz durch den skalaren Energiesatz ersetzen und erhalten dann als Ausgangsgleichungen die Formeln (3.5-7), (7.6-1) und (7.4-11), die wir folgendermaßen schreiben:

$$\rho c A = \rho^* c^* A^* = \dot{m}, \quad \frac{d\rho}{\rho} + \frac{dc}{c} + \frac{dA}{A} = 0, \tag{7.7-1}$$

$$\frac{\kappa}{\kappa-1}\frac{p}{\rho} + \frac{c^2}{2} = \frac{\kappa}{\kappa-1}\frac{p_0}{\rho_0} = \frac{\kappa+1}{2(\kappa-1)}a^{*2}, \quad \frac{\kappa}{\kappa-1}\frac{p}{\rho}\left(\frac{dp}{p} - \frac{d\rho}{\rho}\right) + c\,dc = 0, \tag{7.7-2}$$

$$\frac{p}{\rho^\kappa} = \frac{p_0}{\rho_0^\kappa} = \frac{p^*}{\rho^{*\kappa}}, \quad \frac{dp}{p} = \kappa\frac{d\rho}{\rho}. \tag{7.7-3}$$

In dieser Form sind das drei Gleichungen für c, p und ρ. Tritt in der zu behandelnden Aufgabe die Temperatur oder die challgeschwindigkeit auf, so benötigt man daneben noch (7.4-1) oder (7.5-6):

$$\frac{p}{\rho T} = \frac{p_0}{\rho_0 T_0} = \frac{p^*}{\rho^* T^*} = R, \quad \frac{dp}{p} - \frac{d\rho}{\rho} - \frac{dT}{T} = 0, \tag{7.7-4}$$

$$a^2 = \kappa\frac{p}{\rho} = \kappa R T, \quad 2\frac{da}{a} = \frac{dp}{p} - \frac{d\rho}{\rho} = \frac{dT}{T}. \tag{7.7-5}$$

Beispiel

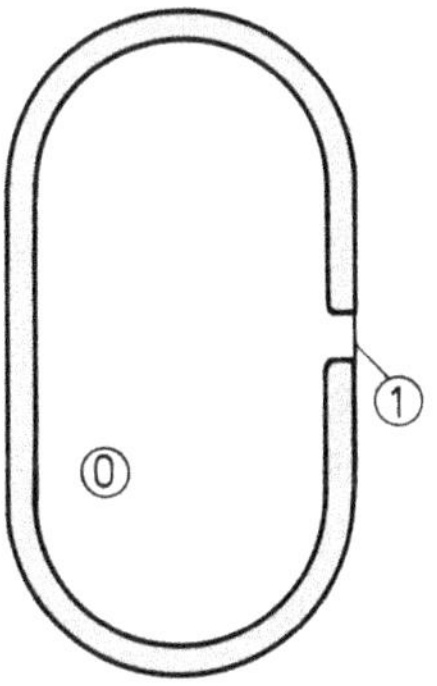

Ausfluss aus einem Druckkessel

Aus einem großen Druckkessel ströme Gas durch eine kleine Öffnung vom Querschnitt A_1 isentrop und stationär ins Freie. Berechnen Sie die Ausströmgeschwindigkeit c_1 des Gases, die Machzahl M_1 beim Austritt und den austretenden Massenstrom $\dot{m}$! Der thermodynamische Zustand im Kessel sei durch p_0 und ρ_0 gegeben.

Lösung: Aus der Bernoullischen Gleichung (7.7-2) und der Isentropengleichung (7.7-3) zwischen den Querschnitten 0 und 1 erhält man für die Ausströmgeschwindigkeit durch

Elimination von ρ_1 nach elementarer Zwischenrechnung

$$c_1 = \sqrt{\frac{2\kappa}{\kappa-1}\frac{p_0}{\rho_0}\left[1-\left(\frac{p_1}{p_0}\right)^{\frac{\kappa-1}{\kappa}}\right]}. \tag{7.7-6}$$

Diese Formel heißt Ausflussformel von de Saint-Venant und Wantzel. Für die Machzahl M_1 erhält man mit (7.5-6)

$$M_1 = \sqrt{\frac{2}{\kappa-1}\left[\left(\frac{p_0}{p_1}\right)^{\frac{\kappa-1}{\kappa}}-1\right]} \tag{7.7-7}$$

für den Massenstrom $\dot{m}$ mit (7.7-1)

$$\dot{m} = A_1\sqrt{\frac{2\kappa}{\kappa-1}p_0\rho_0\left[\left(\frac{p_1}{p_0}\right)^{\frac{2}{\kappa}}-\left(\frac{p_1}{p_0}\right)^{\frac{\kappa+1}{\kappa}}\right]}. \tag{7.7-8}$$

Aufgabe 1

Welche der folgenden Aussagen gelten längs einer Stromlinie in einer stationären isentropen Strömung eines idealen Gases?

A. Der Druck ist konstant. ☐
B. Die Ruhetemperatur ist konstant. ☐
C. Die maximale Machzahl ist gleich eins. ☐
D. Die Entropie ist konstant. ☐
E. Die Temperatur nimmt mit steigender Geschwindigkeit zu. ☐

Aufgabe 2

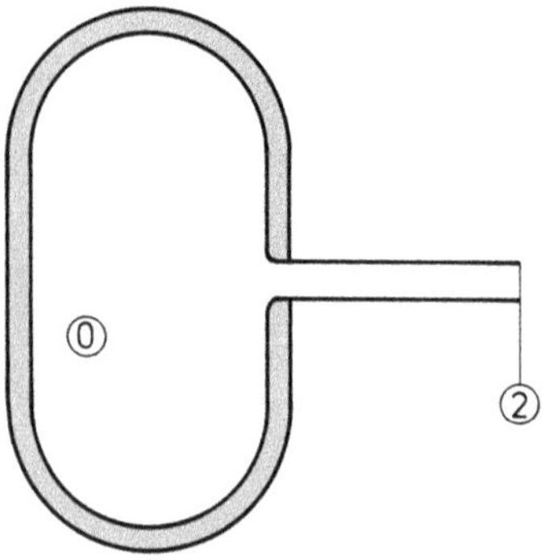

Durch ein kreiszylindrisches Rohr mit dem Querschnitt A soll ein Luftstrom $\dot{m}$ ausströmen, wenn am Rohrende die Temperatur T_2 und der Druck p_2 herrscht. Das strömende Medium sei ein ideales Gas, die Reibung werde vernachlässigt, so dass die Strömung isentrop sei. Wie groß müssen Druck und Temperatur im Kessel sein?

Aufgabe 3

A. Welche Geschwindigkeit ist beim Ausströmen von Luft aus einem Druckkessel hinter der Düse maximal erreichbar, wenn die Temperatur im Kessel 20 °C beträgt?
B. Wie groß ist bei maximaler Ausströmgeschwindigkeit die Machzahl der Strömung?
C. Wie groß müssen Druck und Dichte außerhalb des Kessels sein, damit die maximale Ausströmgeschwindigkeit erreicht werden kann?

LE 7.8 Die Flächen-Geschwindigkeits-Beziehung

In dieser Lehreinheit wird untersucht, welche Änderung der Strömungsgrößen eine Querschnittsänderung des Stromfadens in einer stationären Strömung zur Folge hat.

Bei inkompressiblen Strömungen ist der Zusammenhang zwischen der Querschnittsänderung eines Stromfadens und der dadurch hervorgerufenen Änderung der beiden Strömungsgrößen Geschwindigkeit und Druck denkbar einfach: Nach der Kontinuitätsgleichung (3.5-16) führt eine Querschnittserweiterung zu einer Verringerung der Geschwindigkeit und eine Querschnittsverengung zu einer Erhöhung der Geschwindigkeit; quantitativ ergibt sich dieser Zusammenhang aus (3.5-16) zu

$$\frac{dc}{c} = -\frac{dA}{A}. \tag{7.8-1}$$

Nach der Bernoullischen Gleichung (4.3-2) bei Vernachlässigung der Änderung der potentiellen Energie ist eine Geschwindigkeitserhöhung mit einer Druckerniedrigung verbunden und umgekehrt eine Erniedrigung der Geschwindigkeit mit einer Druckerhöhung; quantitativ folgt aus (4.3-2) in Verbindung mit (7.8-1)

$$\frac{dp}{p} = -\frac{\rho c^2}{p}\frac{dc}{c} = \frac{\rho c^2}{p}\frac{dA}{A}, \tag{7.8-2}$$

eine Querschnittserweiterung führt also zu einer Druckerhöhung. Der Faktor $\rho c^2/p$, der die relative Querschnittsänderung dA/A mit der relativen Druckänderung dp/p verknüpft, ist eine dimensionslose Kennzahl der Strömung an der betrachteten Stelle; ihr Reziprokes nennt man die Eulerzahl

$$\mathrm{Eu} = \frac{p}{\rho c^2}. \tag{7.8-3}$$

Bei kompressiblen Strömungen liegen die Dinge komplizierter. Eliminiert man aus der Bernoullischen Gleichung $(7.7\text{-}2)_2$ und der Isentropengleichung $(7.7\text{-}3)_2$ die relative Druckänderung und führt nach (7.7-5) die Schallgeschwindigkeit ein, so erhält man

$$\frac{d\rho}{\rho} = -M^2 \frac{dc}{c}. \tag{7.8-4}$$

Mit zunehmender Geschwindigkeit nimmt also die Dichte ab und umgekehrt, und der Faktor, der die beiden relativen Änderungen verknüpft, ist wieder eine dimensionslose Kennzahl der Strömung an der betrachteten Stelle, in diesem Falle das Quadrat der Machzahl. Bei Überschallströmung ($M > 1$) ist also die relative Dichteänderung größer als die relative Geschwindigkeitsänderung, bei Unterschallströmung ($M < 1$) ist sie kleiner. Im Grenzfall $M \to 0$ ist die relative Dichteänderung null; man erkennt daraus wieder, dass eine inkompressible Strömung den Grenzfall einer kompressiblen Strömung für $M \to 0$ darstellt.

Setzt man (7.8-4) in die Kontinuitätsgleichung $(7.7\text{-}1)_2$ ein, so erhält man

$$\boxed{\frac{dA}{A} = (M^2 - 1)\frac{dc}{c}.} \tag{7.8-5}$$

Diese Gleichung nennt man Flächen-Geschwindigkeits-Beziehung. Sie besagt, dass der Zusammenhang zwischen Geschwindigkeitsänderung und Querschnittsänderung bei Unterschallströmung und bei Überschallströmung qualitativ verschieden ist:

- Bei Unterschallströmung führt eine Querschnittserweiterung wie im inkompressiblen Fall zu einer Verringerung der Geschwindigkeit; im Grenzfall $M \to 0$ erhalten wir wieder die Formel (7.8-1) für inkompressible Strömungen.
- Bei Überschallströmung führt eine Querschnittserweiterung zu einer Erhöhung der Geschwindigkeit.

Man kann sich diesen Zusammenhang auch folgendermaßen klarmachen: Nach der Kontinuitätsgleichung (7.7-1) muss die Summe der relativen Änderungen von Dichte, Geschwindigkeit und Fläche stets null sein; bei einer Querschnittserweiterung, d. h. für $dA/A > 0$, muss also $d\rho/\rho + dc/c < 0$ sein. Nun haben $d\rho/\rho$ und dc/c nach (7.8-4) stets verschiedenes Vorzeichen. Bei Unterschallströmung ist $d\rho/\rho$ dem Betrage nach kleiner als dc/c (in der Grenze $M \to 0$ ja sogar null), also muss die Geschwindigkeit abnehmen und die Dichte zunehmen. Bei Überschallströmung ist $d\rho/\rho$ dem Betrage nach größer als dc/c, also muss die Dichte abnehmen und die Geschwindigkeit zunehmen.

Aus (7.8-5) folgt weiter, dass in einem Stromfaden $M = 1$, d. h. Gleichheit von Strömungsgeschwindigkeit und Schallgeschwindigkeit, nur an einer Stelle möglich ist, wo $dA = 0$ ist.

Das wichtigste Anwendungsbeispiel für die Flächen-Geschwindigkeits-Beziehung ist die Strömung aus einem Druckkessel durch einen konvergent-divergenten Kanal. Da das Fluid im Druckkessel in Ruhe ist, herrscht im konvergenten Teil des Kanals stets Unterschallströmung, die Strömung ist also nach (7.8-5) beschleunigt. Des Weiteren kann man nun zwei Fälle unterscheiden:

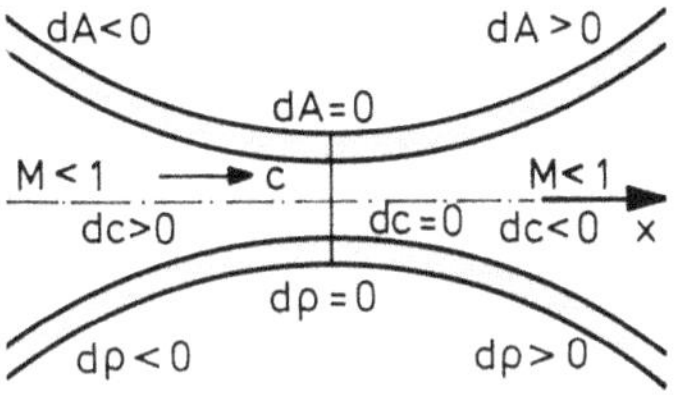

– Im engsten Querschnitt wird die Schallgeschwindigkeit nicht erreicht, dann herrscht auch im divergenten Teil des Kanals Unterschallströmung, und die Strömung ist dort wie bei einem inkompressiblen Medium verzögert.

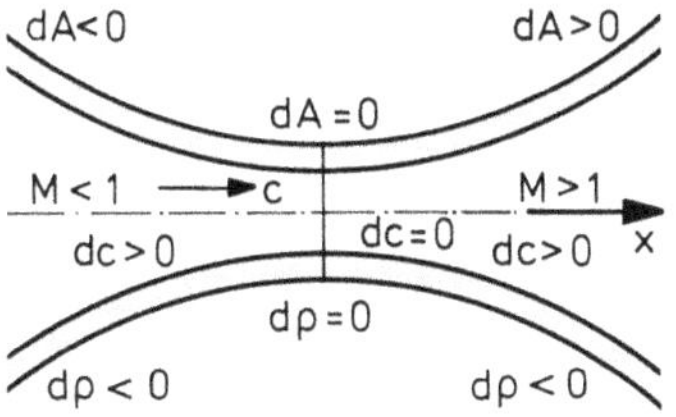

– Im engsten Querschnitt wird die Schallgeschwindigkeit erreicht, im divergenten Teil des Kanals kann bei hinreichend kleinem Außendruck Überschallgeschwindigkeit herrschen. Dann wird die Strömung dort nach (7.8-5) weiter beschleunigt.

Ein konvergent-divergenter Kanal kann also bei genügend großer Druckdifferenz zur Erzeugung einer Überschallströmung benutzt werden; man nennt ihn dann auch Lavaldüse. In einem konvergenten Kanal kann man dagegen die Strömung höchstens bis auf Schallgeschwindigkeit beschleunigen. Um den Überschallbereich im c, a-Diagramm (Lehreinheit 7.6) zu erreichen, muss nicht nur das Druckverhältnis p_A/p_0 von Außendruck und Ruhedruck kleiner als das kritische Druckverhältnis (7.6-9) sein, sondern der Kanalquerschnitt muss auch zunächst enger und dann wieder weiter werden.

Aufgabe 1

Zeigen Sie, dass für die relative Änderung von Dichte, Druck und Temperatur die folgenden Beziehungen gelten:

$$\frac{d\rho}{\rho} = -M^2 \frac{dc}{c} = -\frac{M^2}{M^2 - 1} \frac{dA}{A}, \qquad (7.8\text{-}6)$$

$$\frac{dp}{p} = -\kappa M^2 \frac{dc}{c} = -\frac{\kappa M^2}{M^2-1}\frac{dA}{A}, \tag{7.8-7}$$

$$\frac{dT}{T} = -(\kappa-1) M^2 \frac{dc}{c} = -\frac{(\kappa-1) M^2}{M^2-1}\frac{dA}{A}. \tag{7.8-8}$$

Wie ändern sich danach Dichte, Druck und Temperatur mit steigender Geschwindigkeit und wie mit wachsendem Querschnitt?

Aufgabe 2

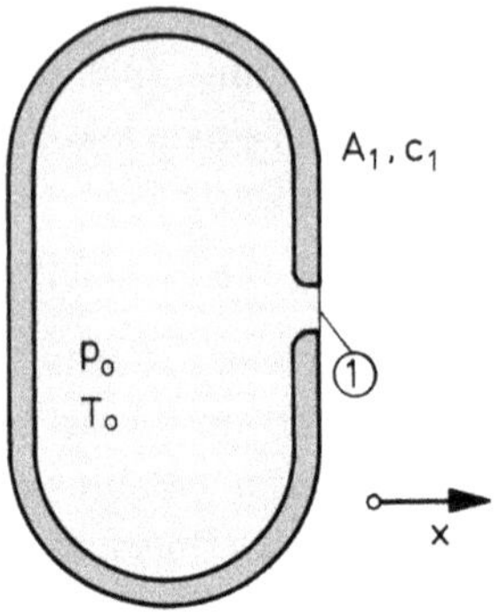

Aus einem Kessel strömt ein ideales Gas mit den Ruhegrößen p_0, T_0 isentrop durch eine konvergente Mündung ins Freie; der Austrittsquerschnitt sei A_1, der Außendruck p_A.

A. Welche Geschwindigkeit c_1 kann maximal erreicht werden?
B. Welchem Druck p_1 und welcher Temperatur T_1 entspricht dieser Zustand?
C. Wie groß ist der Schub R_W auf die Kesselverankerung als Funktion des Kesseldrucks p_0?

Aufgabe 3

Luft mit den kritischen Zustandsgrößen p^*, T^* strömt isentrop durch einen Überschallwindkanal mit dem kritischen Querschnitt A^*.

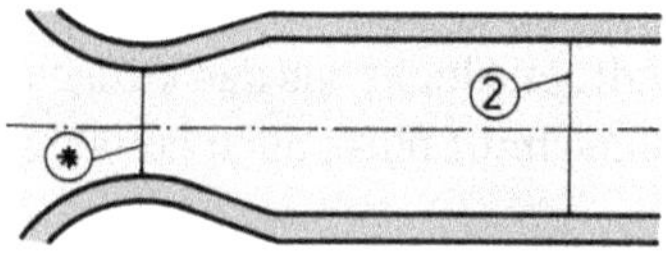

A. Wie groß ist der Massenstrom durch den Windkanal?
B. Welches ist die erreichbare Machzahl, wenn die Temperatur T_2 nicht unterschritten werden kann?
C. Welches Querschnittsverhältnis A_2/A^* ist für diese Machzahl erforderlich?

LE 7.9 Die Durchflussfunktion

In dieser Lehreinheit wird der Zusammenhang zwischen der Kontur und dem Druckverlauf einer Lavaldüse berechnet und zur Auslegung einer Lavaldüse ausgenutzt.

Für den Massenstrom $\dot{m}$ durch einen Stromfaden mit dem Querschnittsverlauf $A(x)$ gilt bei stationärer Strömung nach (7.7-8)

$$\dot{m} = A(x)\sqrt{\frac{2\kappa}{\kappa-1}p_0\rho_0}\sqrt{\left(\frac{p(x)}{p_0}\right)^{\frac{2}{\kappa}} - \left(\frac{p(x)}{p_0}\right)^{\frac{\kappa+1}{\kappa}}}. \tag{7.9-1}$$

Sind der (längs des Stromfadens konstante) Massenstrom $\dot{m}$, der Querschnittsverlauf $A(x)$, der Kesselzustand (p_0, ρ_0) und der Isentropenexponent κ gegeben, so stellt (7.9-1) eine implizite Gleichung für den Druckverlauf $p(x)$ dar. Für die Machzahl im Querschnitt x folgt aus (7.7-7)

$$M(x) = \sqrt{\frac{2}{\kappa-1}\left[\left(\frac{p_0}{p(x)}\right)^{\frac{\kappa-1}{\kappa}} - 1\right]}. \tag{7.9-2}$$

Die zweite Wurzel in (7.9-1) wird als Durchflussfunktion Ψ bezeichnet:

$$\Psi\left(\frac{p(x)}{p_0},\kappa\right) = \sqrt{\left(\frac{p(x)}{p_0}\right)^{\frac{2}{\kappa}} - \left(\frac{p(x)}{p_0}\right)^{\frac{\kappa+1}{\kappa}}}. \tag{7.9-3}$$

Als Funktion von $p(x)/p_0$ für festes κ hat sie den unten skizzierten Verlauf. Der Pfeil gibt die Richtung an, in der die Kurve durchlaufen wird. Das Maximum erreicht die Durchflussfunktion für das kritische Druckverhältnis p^*/p_0 nach (7.6-9). Es hängt nur von κ ab:

$$\Psi^*(\kappa) = \Psi\left(\frac{p^*}{p_0},\kappa\right) = \sqrt{\frac{\kappa-1}{\kappa+1}}\left(\frac{2}{\kappa+1}\right)^{\frac{1}{\kappa-1}}. \tag{7.9-4}$$

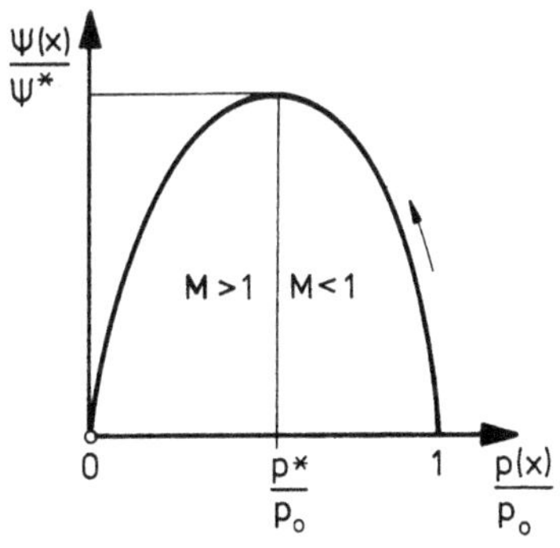

Für Luft ($\kappa = 1{,}4$) erhält man

$$\Psi^*(1{,}4) = 0{,}259. \tag{7.9-5}$$

Wir beschränken uns jetzt auf den Fall, dass im engsten Querschnitt Schallgeschwindigkeit erreicht wird. Da längs eines Stromfadens nach (7.9-1) $A\Psi = \text{const}$ ist, gilt dann

$$\frac{A(x)}{A^*} = \frac{\Psi^*(\kappa)}{\Psi(\frac{p(x)}{p_0},\kappa)}. \tag{7.9-6}$$

Für festes κ ist dann also das Flächenverhältnis A/A^* eine Funktion des Druckverhältnisses p/p_0, und nach dem skizzierten Verlauf der Durchflussfunktion gehören zu jedem Wert A/A^* zwei mögliche Werte p/p_0, von denen einer einer Unterschallströmung und der andere einer Überschallströmung entspricht.

Zur Auslegung einer Lavaldüse geht man nun folgendermaßen vor: sind der Kesselzustand und der geforderte Massenstrom bekannt, so ist nach (7.9-1) die Fläche des engsten Querschnitts für den Fall, dass dort Schallgeschwindigkeit erreicht wird, durch

$$A^* = \frac{\dot{m}}{\Psi^*(\kappa)\sqrt{\frac{2\kappa}{\kappa-1}p_0\rho_0}} \tag{7.9-7}$$

festgelegt. Außerdem kann man entweder den Druck, die Querschnittsfläche oder die Machzahl in einem weiteren Querschnitt, z. B. dem Austrittsquerschnitt, vorgeben; dann sind die beiden anderen Größen dort bestimmt. Ist z. B. der Druck p_A im Austrittsquerschnitt gegeben, so liefert (7.9-6) die zugehörige Fläche und (7.9-2) die dort erreichte Machzahl.

Eine Erhöhung der Austrittsmachzahl bei konstantem Außendruck und Austrittsquerschnitt erfordert nach (7.9-2) eine Erhöhung des Kesseldrucks und weiter nach (7.9-6) eine Verringerung der Fläche im engsten Querschnitt, d. h. eine Änderung der gesamten Düsenkontur. Solche verstellbaren Lavaldüse werden in Überschallwindkanälen benutzt.

In der Lehreinheit 7.12 werden wir diskutieren, was geschieht, wenn bei festem Kesselzustand und fester Düsenkontur der Außendruck verändert wird.

Aufgabe

Für eine Lavaldüse sei der Kesselzustand durch den Kesseldruck p_0 und die Kesseltemperatur T_0 gegeben. Gefordert wird ein Massenstrom $\dot{m}$ bei einer Austrittsmachzahl M_A. Berechnen Sie die Fläche im engsten Querschnitt, den erforderlichen Außendruck und den Austrittsquerschnitt der Lavaldüse!

Zahlenbeispiel: $\dot{m} = 0{,}5\,\mathrm{kg/s}$, $p_0 = 10\,\mathrm{bar}$, $T_0 = 300\,^\circ\mathrm{C}$, $M_A = 1{,}3$.

LE 7.10 Der senkrechte Verdichtungsstoß

Mit dieser Lehreinheit verlassen wir die isentrope Strömung und wenden uns einer nur in kompressiblen Strömungen auftretenden anisentropen Erscheinung zu, dem Verdichtungsstoß.

Wir betrachten die stationäre Strömung in einem Rohr mit konstantem Querschnitt A zwischen zwei Querschnitten 1 und 2. Für inkompressible, reibungsfreie

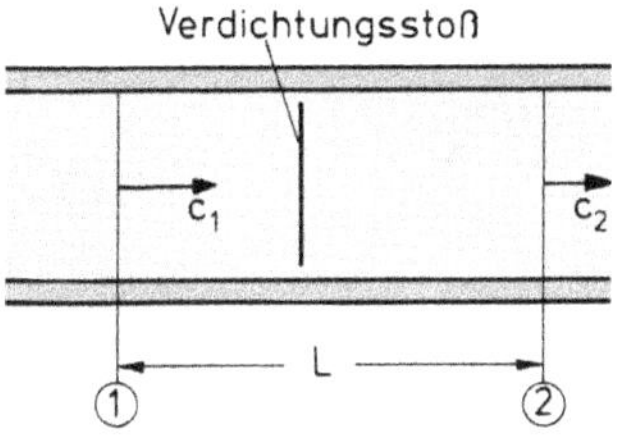

Fluide folgt aus der Kontinuitätsgleichung (3.5-16) und der Bernoullischen Gleichung (4.3-2) sofort, dass $c_2 = c_1$ und $p_2 = p_1$ ist. Für kompressible Fluide gibt es außer dieser trivialen Lösung noch eine weitere Lösung mit $p_2 \neq p_1$ und $c_2 \neq c_1$. Da über den Abstand L der beiden Stellen 1 und 2 nichts festgelegt ist, kann diese andere Lösung auch für $L \to 0$ auftreten, d. h. die Strömungsgrößen können sich unstetig ändern. Diese Erscheinung nennt man einen senkrechten oder geraden (Verdichtungs-)Stoß. Wir behandeln ihn als unstetige Änderung der Strömungsgrößen; in Wirklichkeit vollzieht sich diese Änderung der Strömungsgrößen auf einer Strecke von der Größenordnung mehrerer freier Wellenlängen der Moleküle.

Die Bilanzgleichungen

Zur Herleitungen der Bilanzgleichungen für den senkrechten Stoß nehmen wir an, dass die Querschnitte 1 und 2 dicht benachbart sind. Dann kann man zwischen den beiden Querschnitten Volumenkräfte, Mantelkräfte und Wärmezufuhr vernachlässigen. Die Koordinate in Strömungsrichtung des Impulssatzes (6.1-9) ergibt dann wie bei der Herleitung der Schallgeschwindigkeit, vgl. (7.5-3)

$$\rho_1 c_1^2 + p_1 = \rho_2 c_2^2 + p_2. \tag{7.10-1}$$

Außerdem gilt für ideale Gase die Bernoullische Gleichung (7.6-1):

$$\frac{\kappa}{\kappa - 1}\frac{p_1}{\rho_1} + \frac{1}{2}c_1^2 = \frac{\kappa}{\kappa - 1}\frac{p_2}{\rho_2} + \frac{1}{2}c_2^2 = H. \tag{7.10-2}$$

Schließlich steht uns noch die Kontinuitätsgleichung (3.5-7) zu Verfügung. Für konstanten Querschnitt A ergibt sie, vgl. (7.5-1),

$$\rho_1 c_1 = \rho_2 c_2. \tag{7.10-3}$$

Die Größen ρ_1, p_1 und c_1 seien bekannt. Die Gleichungen (7.10-1), (7.10-2) und (7.10-3) reichen dann aus, um ρ_2, p_2 und c_2 zu berechnen.

Die Stoßrelationen

Mit der Abkürzung $m = M_1^2 - 1$, $M_1 = c_1/a_1$, erhalten wir für den Zusammenhang zwischen den Strömungsgrößen auf beiden Seiten des Verdichtungsstoßes, vgl. Zusatzaufgabe 2,

$$\frac{c_2}{c_1} = \frac{\rho_1}{\rho_2} = 1 - \frac{2}{\kappa+1}\frac{m}{1+m}, \tag{7.10-4}$$

$$\frac{p_2}{p_1} = 1 + \frac{2\kappa}{\kappa+1}m, \tag{7.10-5}$$

$$\frac{T_2}{T_1} = \frac{a_2^2}{a_1^2} = \left(1 + \frac{2\kappa}{\kappa+1}m\right)\left(1 - \frac{2}{\kappa+1}\frac{m}{1+m}\right), \tag{7.10-6}$$

$$\frac{M_2}{M_1} = \sqrt{\frac{\kappa+1+(\kappa-1)m}{(1+m)(\kappa+1+2\kappa m)}}, \tag{7.10-7}$$

$$s_2 - s_1 = \frac{R}{\kappa-1}\left[\ln\left(1 + \frac{2\kappa}{\kappa+1}m\right) + \kappa \ln\left(1 + \frac{\kappa-1}{\kappa+1}m\right) - \kappa \ln(1+m)\right]. \tag{7.10-8}$$

Nach (7.3-15) muss $s_2 - s_1 \geq 0$ sein. Aus (7.10-8) folgt, vgl. Zusatzaufgabe 3, dass dies nur für $m \geq 0$, d. h. $M_1 \geq 1$ der Fall ist. Ein Verdichtungsstoß kann also nur für $m > 0$ auftreten, und dann gilt nach (7.10-4) bis (7.10-8)

$$\boxed{\begin{array}{llll} \dfrac{c_2}{c_1} < 1, & M_1 > 1, & M_2 < 1, & \\ \dfrac{\rho_2}{\rho_1} > 1, & \dfrac{p_2}{p_1} > 1, & \dfrac{T_2}{T_1} > 1, & \dfrac{a_2}{a_1} > 1, \\ s_2 - s_1 > 0. & & & \end{array}} \tag{7.10-9}$$

Nach $(7.10\text{-}9)_4$ gibt es also keine „Verdünnungsstöße", d. h. keine Unstetigkeiten, bei deren Durchströmen die Dichte abnimmt.

Den qualitativen Verlauf der Gleichungen (7.10-4) bis (7.10-8) zeigen die folgenden Skizzen:

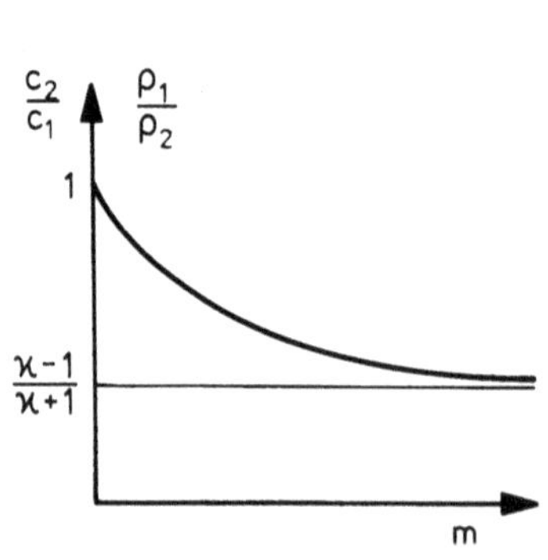

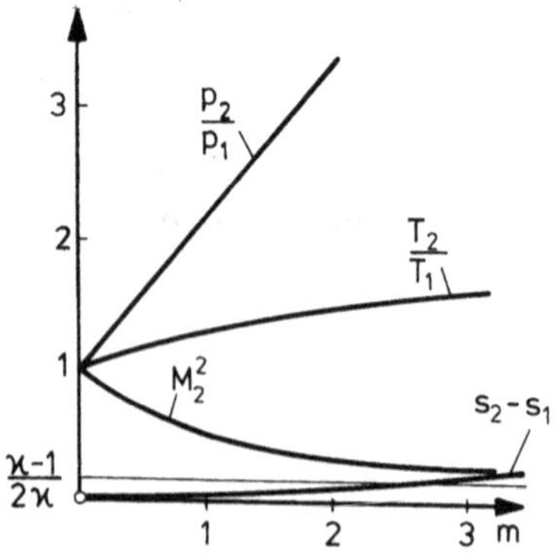

Eine Reihenentwicklung von (7.10-8) für $m \ll 1$ ergibt, vgl. Zusatzaufgabe 3,

$$s_2 - s_1 = \frac{2R\kappa}{3(\kappa+1)^2} m^3 + O(m^4), \tag{7.10-10}$$

die Entropiezunahme ist also für schwache Stöße äußerst gering.

Für die Änderung der Ruhegrößen durch den Verdichtungsstoß gilt Folgendes: Die Bernoullische Gleichung (7.10-2) gilt über den Stoß hinweg, die Bernoullische Konstante H und damit nach (7.6-3) Ruhenthalpie, Ruhetemperatur und Ruheschallgeschwindigkeit bleiben also konstant, und das Verhältnis der Ruhedrücke ist gleich dem Verhältnis der Ruhedichten. Es gilt, vgl. Zusatzaufgabe 4,

$$\frac{p_{02}}{p_{01}} = \frac{\rho_{02}}{\rho_{01}} = \left(1 + \frac{2\kappa}{\kappa+1} m\right)^{-\frac{1}{\kappa-1}} \left(1 - \frac{2}{\kappa+1}\frac{m}{1+m}\right)^{-\frac{\kappa}{\kappa-1}}. \tag{7.10-11}$$

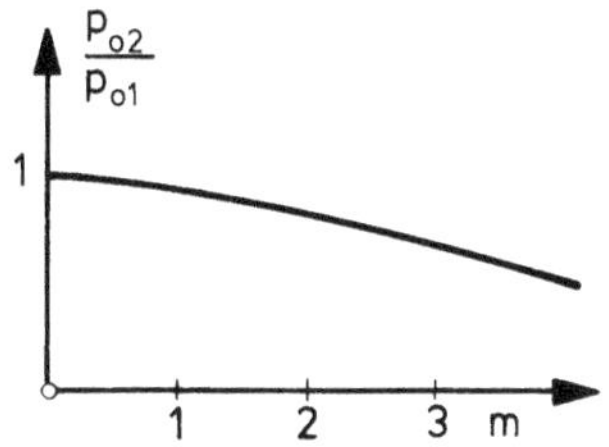

Den qualitativen Verlauf dieser Gleichung zeigt die nebenstehende Skizze. Für kleine m ändert sich das Ruhedruckverhältnis wie die Entropie erst mit der dritten Ordnung. Damit gilt

$$\boxed{\frac{T_{02}}{T_{01}} = \frac{a_{02}}{a_{01}} = 1, \quad \frac{p_{02}}{p_{01}} = \frac{\rho_{02}}{\rho_{01}} < 1.} \tag{7.10-12}$$

Das Stoßrohr

Wir betrachten als Beispiel ein beidseitig geschlossenes Rohr konstanten Querschnitts, das durch eine Membran in zwei Kammern geteilt wird. Beide Kammern sind mit demselben Gas gefüllt, aber in der rechten (sehr viel kleineren) Kammer herrscht ein sehr viel höherer Druck und eine sehr viel höhere Dichte. Wenn man die Membran sprengt, tritt an ihrer Stelle ein endlicher Druck- und Dichtesprung auf, der sich als Verdichtungsstoß nach links in das Medium geringerer Dichte hinein bewegt. Eine solche Vorrichtung nennt man ein Stoßrohr, man benutzt sie u. a. zur experimentellen Untersuchung der physikalischen Verhältnisse innerhalb von Verdichtungsstößen und zur Untersuchung von Überschallströmungen in verdünnten Gasen und bei hohen Temperaturen.

Wir wollen die Vorgänge in einem solchen Stoßrohr berechnen. Die Geschwindigkeit, mit der sich der Drucksprung nach links bewegt, sei c_1; dann wählen wir analog zur Bestimmung der Schallgeschwindigkeit in Lehreinheit 7.5 ein Koordinatensystem, das sich mit der Geschwindigkeit c_1 nach links bewegt. In diesem Koordinatensystem ist der Verdichtungsstoß in Ruhe und die Strömung stationär, und es gelten für die Strömungsgrößen auf beiden Seiten des Stoßes die Gleichungen (7.10-1) bis (7.10-10). Im ruhenden Bezugssystem herrscht links vom (d. h. vor dem) Verdichtungsstoß die Geschwindigkeit $c_V = 0$, der Verdichtungsstoß bewegt sich mit der Geschwindigkeit $c_S = c_1$ nach links, und rechts vom (d. h. hinter dem) Verdichtungsstoß bewegt sich das Medium mit einer Geschwindigkeit $c_H = c_1 - c_2$ nach links. Im mit dem Stoß mitbewegten Bezugssystem ist von allen diesen Geschwindigkeiten c_1

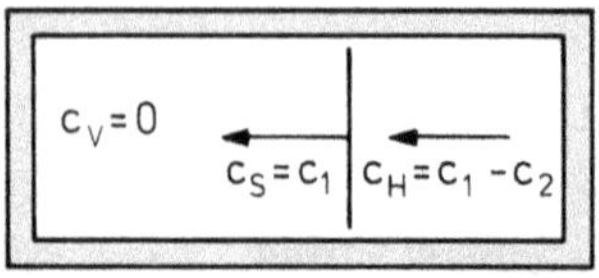

im ruhenden Bezugssystem

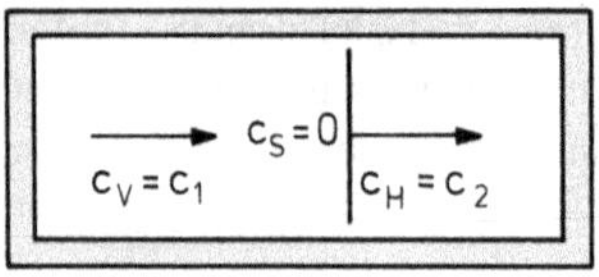

im mit dem Verdichtungsstoß mitbewegten Bezugssystem

abzuziehen: Das Medium vor dem Stoß bewegt sich dann mit der Geschwindigkeit $-c_1$ nach links oder mit der Geschwindigkeit c_1 nach rechts, der Stoß selbst ruht, und das Medium hinter dem Stoß bewegt sich mit der Geschwindigkeit $-c_2$ nach links oder mit der Geschwindigkeit c_2 nach rechts. Bei dieser Wahl der Geschwindigkeiten erhalten wir also im mitbewegten Bezugssystem dieselben Strömungsverhältnisse, wie sie in der Skizze zu Beginn dieser Lehreinheit zugrunde liegen.

Kleine Druckstörungen wie Schallwellen breiten sich also mit Schallgeschwindigkeit aus, große Druckstörungen, wie sie z. B. bei Explosionen als Knall auftreten, breiten sich dagegen wie im Stoßrohr mit Überschallgeschwindigkeit aus.

Aufgabe 1

Lässt sich das Verhältnis p_2/p_1 der Drücke beiderseits eines senkrechten Verdichtungsstoßes mit der Isentropengleichung berechnen?

Aufgabe 2

Wie ändern sich die folgenden Größen beim Durchgang durch einen Verdichtungsstoß?

	wird größer	bleibt gleich	wird kleiner
A. Geschwindigkeit	□	□	□
B. Schallgeschwindigkeit	□	□	□
C. Machzahl	□	□	□
D. Temperatur	□	□	□
E. Druck	□	□	□
F. Dichte	□	□	□
G. spezifische Entropie	□	□	□
H. spezifische Enthalpie	□	□	□

Zusatzaufgabe 1

Wie ändern sich die folgenden Größen beim Durchgang durch einen Verdichtungsstoß?

		wird größer	bleibt gleich	wird kleiner
A.	Ruhetemperatur	□	□	□
B.	Ruhedruck	□	□	□
C.	Ruhedichte	□	□	□
D.	spezifische Ruhenthalpie	□	□	□

Zusatzaufgabe 2

Leiten Sie die Stoßgleichungen (7.10-4) bis (7.10-8) aus den Bilanzgleichungen (7.10-1) bis (7.10-3) für den senkrechten Verdichtungsstoß her!

Zusatzaufgabe 3

A. Beweisen Sie die Näherungsformel (7.10-10) für $m \ll 1$.
B. Zeigen Sie, dass für $m \gtrless 0$ auch $s_2 - s_1 \gtrless 0$ ist!
C. Leiten Sie eine Näherungsformel von (7.10-8) für $m \gg 1$ her!

Zusatzaufgabe 4

A. Beweisen Sie die Beziehung

$$s_2 - s_1 = R \ln \frac{p_{01}}{p_{02}}. \tag{7.10-13}$$

Lösungshinweis: Es sei s_{01} die spezifische Ruhentropie der Strömung vor dem Verdichtungsstoß und entsprechend s_{02} die spezifische Ruhentropie der Strömung hinter dem Verdichtungsstoß. Gehen Sie von der Differenz $s_{02} - s_{01}$ dieser beiden Ruhentropien aus!

B. Leiten Sie daraus durch Vergleich mit (7.10-8) die Beziehung (7.10-11) her!

LE 7.11 Der schiefe Verdichtungsstoß

Bisher haben wir angenommen, dass der Verdichtungsstoß auf der Anströmung senkrecht steht. Man spricht dann von einem senkrechten Verdichtungsstoß. In dieser Lehreinheit wollen wir diese Annahme fallen lassen, d. h. uns mit schiefen Verdichtungsstößen beschäftigen.

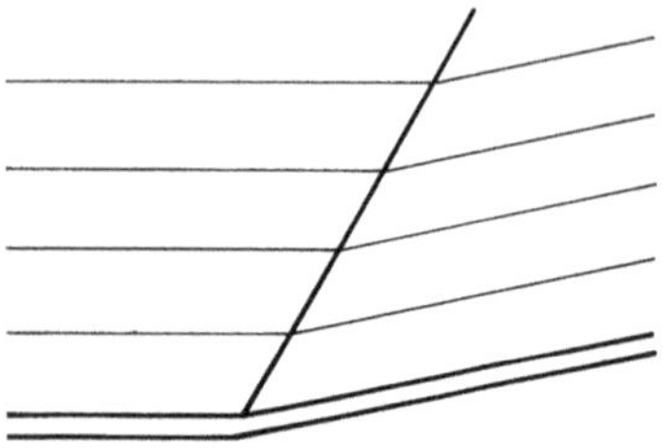

Schiefe Verdichtungsstöße treten vor allem bei konkaven Umlenkungen und bei der Umströmung von Körpern auf. Während eine Stromlinie durch einen geraden Verdichtungsstoß ohne Richtungsänderung hindurch tritt, wird sie durch einen schiefen Verdichtungsstoß zum Verdichtungsstoß hin abgelenkt.

Die Bilanzgleichungen

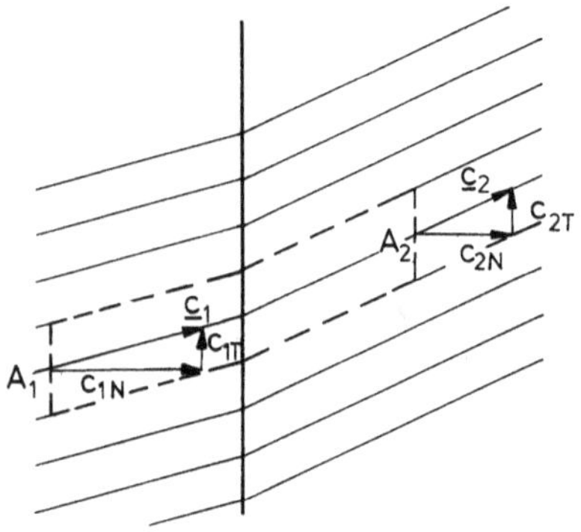

Zur Herleitung der Bilanzgleichung wählen wir den nebenstehend gestrichelten Stromfadenabschnitt als Kontrollraum. Die Kontinuitätsgleichung (3.5-7) ergibt dann wegen $A_1 = A_2$

$$\rho_1 c_{1N} = \rho_2 c_{2N}. \qquad (7.11\text{-}1)$$

Im Impulssatz kann man die Volumenkräfte und die Mantelkräfte vernachlässigen, weil man die beiden Endflächen beliebig nahe an den Verdichtungsstoß heran schieben kann, ohne die Größen in den Endquerschnitten zu ändern, und dann das eingeschlossene Volumen und die Mantelfläche gegen null gehen. Aus dem Impulssatz in der Form (4.1-7) folgt dann

$$\underline{0} = -\oint \rho \underline{c}\, \underline{c} \cdot d\underline{A} - \oint p \, d\underline{A},$$

$$\rho_1 \underline{c}_1 c_{1N} A_1 + p_1 \underline{A}_1 = \rho_2 \underline{c}_2 c_{2N} A_2 + p_2 \underline{A}_2.$$

Diese Gleichung ergibt normal zum Verdichtungsstoß

$$\rho_1 c_{1N} c_{1N} A_1 + p_1 A_1 = \rho_2 c_{2N} c_{2N} A_2 + p_2 A_2,$$

$$\rho_1 c_{1N}^2 + p_1 = \rho_2 c_{2N}^2 + p_2 \qquad (7.11\text{-}2)$$

und tangential zum Verdichtungsstoß

$$\rho_1 c_{1T} c_{1N} A_1 = \rho_2 c_{2T} c_{2N} A_2.$$

Mit (7.11-1) folgt daraus

$$c_{1T} = c_{2T}. \tag{7.11-3}$$

Da die Bernoullische Gleichung (7.6-1) nur eine adiabate, nicht eine isentrope Strömung voraussetzt, lautet sie auch für den schiefen Verdichtungsstoß unverändert

$$\frac{\kappa}{\kappa - 1}\frac{p_1}{\rho_1} + \frac{c_1^2}{2} = \frac{\kappa}{\kappa - 1}\frac{p_2}{\rho_2} + \frac{c_2^2}{2}; \qquad (7.11\text{-}4)_1$$

da aber $c^2 = c_N^2 + c_T^2$ ist, kann man sie wegen (7.11-3) auch

$$\frac{\kappa}{\kappa - 1}\frac{p_1}{\rho_1} + \frac{c_{1N}^2}{2} = \frac{\kappa}{\kappa - 1}\frac{p_2}{\rho_2} + \frac{c_{2N}^2}{2} \qquad (7.11\text{-}4)_2$$

schreiben.

Man kommt dann zu dem folgenden einfachen Ergebnis:

---

1. Die Bilanzgleichungen (7.10-1) bis (7.10-3) sind für den geraden Verdichtungsstoß und alle daraus gezogenen Folgerungen (insbesondere die übrigen Gleichungen der Lehreinheit 7.10) gelten auch für den schiefen Verdichtungsstoß, wenn man darin die Geschwindigkeit durch ihre Normalkoordinate ersetzt.
2. Die Tangentialkoordinate der Geschwindigkeit ist auf beiden Seiten eines Verdichtungsstoßes gleich.

Das bedeutet, dass in allen Gleichungen von Lehreinheit 7.10 auch M durch c_N/a zu ersetzen ist, wenn sie auf einen schiefen Verdichtungsstoß angewendet werden sollen. Bei hinreichend großer Tangentialkoordinate der Geschwindigkeit herrscht wegen (7.11-3) hinter einem schiefen Verdichtungsstoß in der Regel Überschallströmung.

Die Umströmung von Körpern

Die Umströmung der Vorderkante eines spitzen ebenen Körpers kann man sich aus einer konkaven Umlenkung und ihrem Spiegelbild zusammengesetzt denken; es bilden sich entsprechend zwei von der Vorderkante ausgehende schiefe Verdichtungsstöße. (Bei einem rotationssymmetrischen Körper bildet sich entsprechend ein kegelförmiger Verdichtungsstoß.)

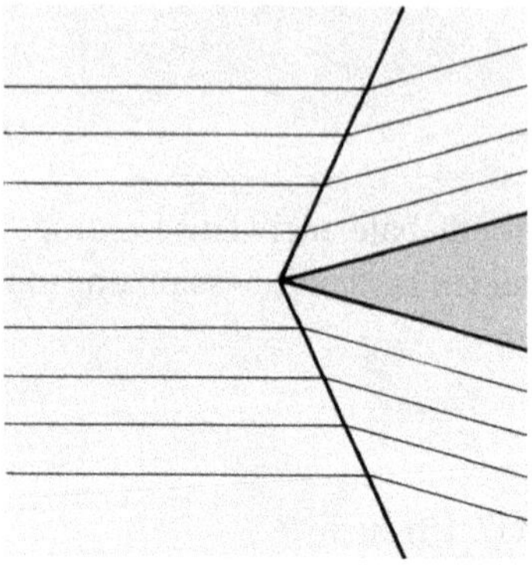

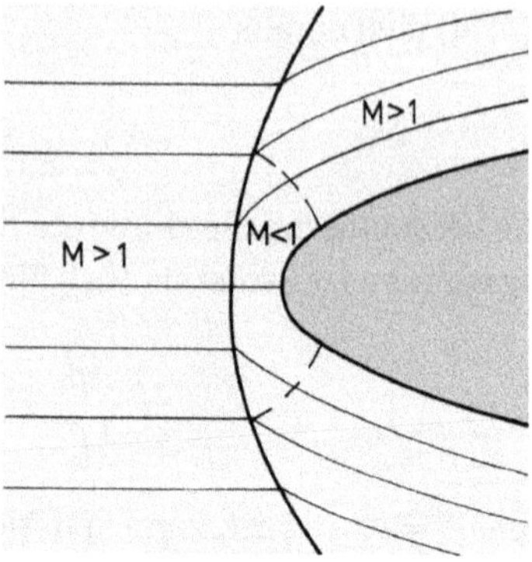

Bei der Umströmung eines stumpfen Körpers bildet sich vor dem Körper ein abgelöster gekrümmter Verdichtungsstoß, der aus Symmetriegründen in der Symmetrieebene gerade und außerhalb der Symmetrieebene schief ist. Zwischen dem Verdichtungsstoß und dem Staupunkt muss deshalb (auch ohne Berücksichtigung von Grenzschichten) ein Gebiet mit Unterschallströmung liegen. Solche Strömungen, in denen Unterschall- und Überschallbereiche nebeneinander vorkommen, nennt man transsonische Strömungen; ihre Berechnung ist besonders schwierig.

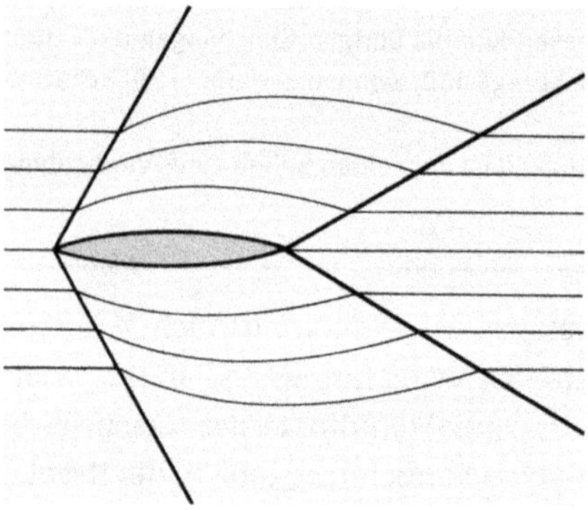

Auch von der Hinterkante eines mit Überschallgeschwindigkeit umströmten Körpers geht ein Verdichtungsstoß aus. Fliegt ein Flugzeug mit Überschallgeschwindigkeit niedrig genug, so erreichen die beiden Verdichtungsstöße den Erdboden. Der Drucksprung im Verdichtungsstoß wird vom Ohr als Knall wahrgenommen (Überschallknall). Bei relativ langsamen Fluggeschwindigkeiten kann das Ohr beide Verdichtungsstöße getrennt hören (Doppelknall).

Aufgabe

Setzen Sie ein, welche Beziehungen (>, = oder <) zwischen den folgenden Geschwindigkeiten bei einem schiefen Verdichtungsstoß bestehen können.

A. c_1 c_2
B. a_1 a_2
C. c_1 c_{1N}
D. c_{1N} a_1
E. c_{1N} c_{2N}
F. c_{2N} a_2
G. c_{1T} a_1
H. c_{1T} c_{2T}
I. c_{1T} c_{1N}

LE 7.12 Die Lavaldüse

In dieser Lehreinheit wird die Strömung in einer Lavaldüse mit gegebenem Querschnittsverlauf und gegebenem Kesselzustand bei Veränderung des Außendrucks diskutiert.

Liegt der Außendruck p_A nur wenig unter dem Kesseldruck p_0, so wird sich in der Düse eine relativ langsame Strömung ausbilden, d. h. es herrscht in der ganzen Düse Unterschallströmung. Nach (7.8-7) nimmt dann der Druck zwischen dem Kessel und dem engsten Querschnitt ab und hinter dem engsten Querschnitt wieder zu. Zu jedem Wert p_A des Außendrucks gehört ein anderer Druckverlauf in der Düse: Je kleiner p_A ist, desto kleiner ist der Druck in jedem anderen Düsenquerschnitt, und desto größer ist der Massenstrom durch die Lavaldüse.

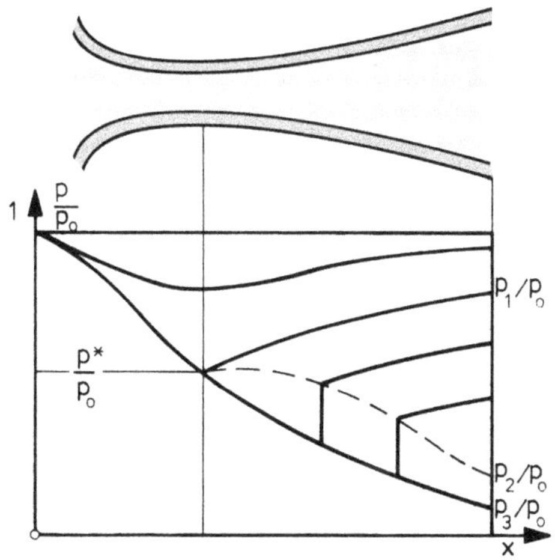

Für einen bestimmten Wert des Außendrucks, den wir p_1 nennen wollen, fällt der Druck im engsten Querschnitt auf den kritischen Druck p^* ab, d. h. im engsten Querschnitt wird Schallgeschwindigkeit erreicht. Für diesen Fall entspricht nach (7.9-6) jedem Querschnitt, also auch dem Austrittsquerschnitt, genau ein Wert der Durchflussfunktion. Da zu jedem Wert der Durchflussfunktion zwei Werte des Drucks gehören, kann im Außenquerschnitt außer p_1 noch ein anderer Druck auftreten, den wir p_3 nennen wollen. Für beide Werte stimmt der Druckverlauf im konvergenten Teil der Lavaldüse überein. Für den Außendruck p_1 herrscht hinter dem engsten Querschnitt wieder Unterschallströmung, und der Druck nimmt zu; für den Außendruck p_3 herrscht dort Überschallströmung, und der Druck nimmt weiter ab.

Ist der Außendruck kleiner als p_3, verläuft die Strömung in der Düse wie bei $p_A = p_3$ und expandiert hinter der Düse weiter, bis der Außendruck erreicht ist.

Komplizierter wird die Strömung für $p_1 > p_A > p_3$. Hier ist eine isentrope Strömung nicht möglich. Für $p_1 > p_A > p_2$ tritt ein senkrechter Verdichtungsstoß in der Düse mit anschließender isentroper Kompression auf den Außendruck p_A auf. Die Größe des Drucksprungs wird dabei durch die Stoßrelationen bestimmt. Für $p_A = p_2$ tritt der Verdichtungsstoß im Austrittsquerschnitt auf. Für $p_2 > p_A > p_3$ erfolgt in der Düse isentrope Expansion bis zum Druck p_3 und hinter der Düse Anpassung an den Außendruck über schiefe Verdichtungsstöße.

Aufgabe 1

Eine Lavaldüse ist für einen bestimmte Gegendruck so ausgelegt, dass ein vorgegebener Massenstrom mit Überschallgeschwindigkeit durch den Endquerschnitt der Düse ins Freie austritt. Nach Vergrößerung des Umgebungsdruckes entsteht im divergenten Teil der Düse ein gerader Verdichtungsstoß.

A. Dadurch vergrößert sich der Massenstrom. ☐
   Dadurch verkleinert sich der Massenstrom. ☐
   Dadurch ändert sich der Massenstrom nicht. ☐

B. Der Druck im engsten Querschnitt
   – wird dabei größer als der kritische Druck, ☐
   – wird dabei kleiner als der kritische Druck, ☐
   – bleibt dabei gleich dem kritischen Druck. ☐

Aufgabe 2

Ein ideales Gas wird in einer Lavaldüse isentrop auf Überschallgeschwindigkeit beschleunigt. Noch innerhalb der Lavaldüse entsteht ein gerader Verdichtungsstoß. Skizzieren Sie qualitativ den Verlauf von Geschwindigkeit, Druck, Dichte, Temperatur, spezifischer Entropie und Ruhetemperatur in der Rohrstrecke!

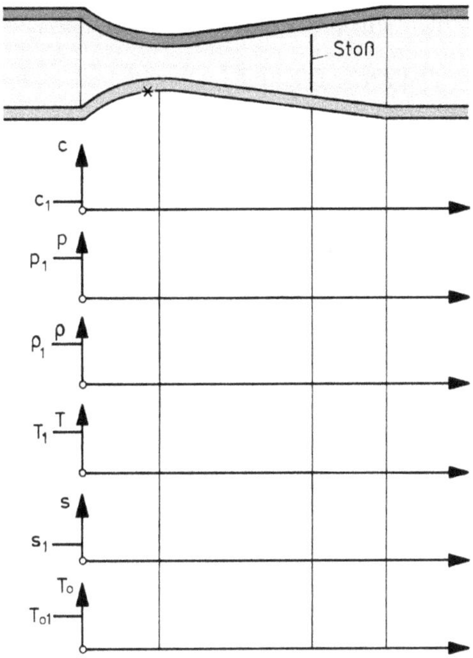

Aufgabe 3

Beschreiben Sie den Druckverlauf in einer Lavaldüse in Abhängigkeit vom Außendruck für

A. $p_0 > p_A > p_1$,
B. $p_A = p_1$,
C. $p_1 > p_A > p_2$,
D. $p_A = p_2$,
E. $p_2 > p_A > p_3$,
F. $p_A = p_3$,
G. $p_A < p_3$.

LE 7.13 Thermodynamische Wirkungsgrade

Um thermodynamische Prozesse, u. a. in Strömungsmaschinen, bewerten zu können, wird der reale Prozess in Relation zu einem thermodynamischem Vergleichsprozess betrachtet. Die Daten des realen Prozesses resultieren dabei aus numerischen Simulationsrechnungen oder aus Messungen. Die thermodynamischen Werte lassen sich gemäß der betrachteten Prozessführung (isentrop, polytrop, isotherm) berechnen.

Der Wirkungsgrad ist allgemein definiert als Verhältnis der resultierenden Leistung zur hineingesteckten Leistung:

$$\eta = \frac{\text{resultierende Leistung}}{\text{hineingesteckte Leistung}} = \frac{\text{Nutzen}}{\text{Aufwand}}.$$

In der Strömungsmechanik wird aus der strömungsmechanischen Leistung und der mechanischen Leistung der mechanische Wirkungsgrad berechnet. Bei einer Entspannung (z. B. bei Turbinen) ist der Wirkungsgrad definiert als

$$\eta = \frac{\text{mechanische Leistung}}{\text{strömungsmechanische Leistung}}.$$

Bei einer Verdichtung (z. B. bei Verdichtern) ist der Wirkungsgrad definiert als

$$\eta = \frac{\text{strömungsmechanische Leistung}}{\text{mechanische Leistung}}.$$

Die strömungsmechanische Leistung bei hydraulischen Strömungsmaschinen berechnen wir mit (vgl. Aufgabe 1)

$$P_{\text{Strömung}} = \Delta p \cdot \dot{V}. \tag{7.13-1}$$

Zur Berechnung des Wirkungsgrads einer hydraulischen Strömungsmaschine wird diese Leistung ins Verhältnis zur mechanischen Leistung $P = \omega \cdot M$ gesetzt.

Ein Gesamtwirkungsgrad bei Strömungsmaschinen berücksichtigt alle mechanischen und strömungsmechanischen Verluste, die als Produkt zu verrechnen sind. Aufspalten lässt er sich zum Beispiel in bestimmte Teilwirkungsgrade:

$$\eta = \eta_i \cdot \eta_l \cdot \eta_m \tag{7.13-2}$$

mit

η_i = innerer Wirkungsgrad zur Berücksichtigung von Strömungs- und Reibungsverlusten,

η_l = volumetrischer Wirkungsgrad zur Ber ücksichtigung von Spaltverlusten,

η_m = mechanischer Wirkungsgrad zur Berücksichtigung von Lagerreibung, Verlusten im Getriebe oder des Antriebs.

Bei thermischen Prozessen geben die oben beschriebenen Verrechnungen keine Möglichkeit zur Bewertung der Güte der thermodynamischen Prozessführung. Für kompressible Medien zum Beispiel in Strömungsmaschinen lässt sich die strömungsmechanische Leistung aus den h,s-Prozessdiagrammen ablesen. Zur Berechnung des isentropen Wirkungsgrads setzen wir die reale Leistung ins Verhältnis zur theoretisch möglichen isentropen Leistung gemäß Gleichung (7.13-3). Häufig wird auch ein polytroper Wirkungsgrad verwendet, bei dem die Verluste, respektive die Entropien, bilanziert werden.

Wir veranschaulichen uns die Prozessführung nun im h,s-Diagramm, aus dem sich die Berechnung des isentropen Wirkungsgrads ablesen lässt.

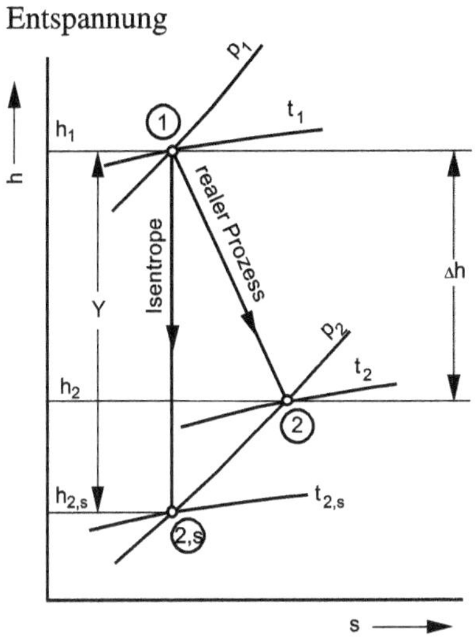

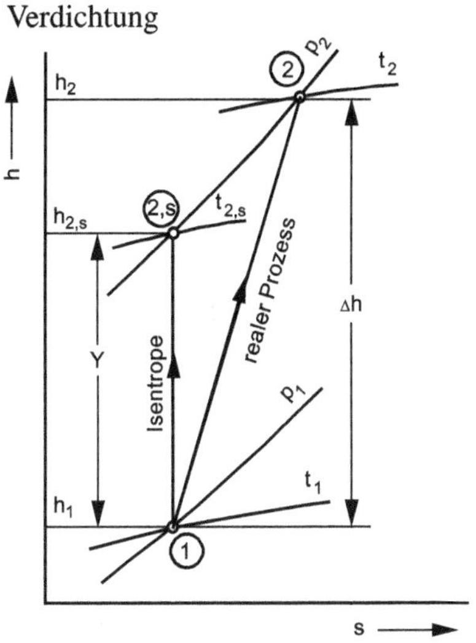

$$\eta_{\text{isentrop, Entspannung}} = \frac{h_1 - h_2}{h_1 - h_{2,s}} \qquad \eta_{\text{isentrop, Verdichtung}} = \frac{h_{2,s} - h_1}{h_2 - h_1} \tag{7.13-3}$$

Den polytropen Wirkungsgrad[5] führen wir in die Isentropenbeziehung (7.4-11) gemäß

$$\eta = \frac{T_1}{T_2} = \left(\frac{p_2}{p_1}\right)^{\frac{\kappa-1}{\kappa\,\eta_{\text{polytrop}}}} \tag{7.13-4}$$

ein.

Lösen wir (7.13-4) nach η_{polytrop} auf, so beziehen wir zunächst die spezifische Druckänderung auf die spezifische Enthalpieänderung dh

$$\eta_{\text{polytrop}} = \frac{dp}{\rho\, dh}$$

oder mit (7.3-10)

$$1 - \eta_{\text{polytrop}} = \frac{dh - \frac{dp}{\rho}}{dh} = \frac{T\,ds}{dh}.$$

5 Der folgende Text ist der Diplomarbeit von Dr.-Ing. W. Hofmann, TU Berlin (1998) entnommen, als Quelle diente dabei eine Vorlage von Th. Gietl, BMW Rolls-Royce GmbH Dahlewitz.

Für konstanten Druck gilt $dh = T(ds)_p$ und somit

$$1 - \eta_{\text{polytrop}} = \frac{ds}{(ds)_p} = \frac{\Delta s}{(\Delta s)_p} \quad \text{oder}$$
$$1 - \eta_{\text{polytrop}} = \frac{s_2 - s_1}{s_3 - s_1},$$

wobei die Zustands änderung von 1 nach 3 für die maximal mögliche Entropieänderung entlang der Isobaren auf das Temperaturniveau T_2 steht, so dass wir für

$$\eta_{\text{polytrop}} = \frac{s_3 - s_2}{s_3 - s_1}$$

erhalten. Für ein ideales Gas erhalten wir aus (7.4-6) für die Zustandsänderung von 2 nach 3 unter Berücksichtigung von (7.4-3)

$$\int_2^3 ds = -\int_2^3 R\frac{dp}{p} \quad \Leftrightarrow \quad s_3 - s_2 = -R\ln\left(\frac{p_3}{p_2}\right).$$

Da die Zustandsänderung auf der Isobaren p_1 erfolgt, gilt $p_3 = p_1$ und somit

$$s_3 - s_2 = R\ln\left(\frac{p_2}{p_1}\right).$$

Integrieren wir nun entlang der Isobaren von 1 nach 3 mit $dp = 0$ und $T_3 = T_2$ erhalten wir

$$\int_1^3 ds = \int_1^3 c_p\frac{dT}{T} \quad \text{oder} \quad \eta_{\text{polytrop}} = \frac{R\ln(\frac{p_2}{p_1})}{\int_1^3 c_p(T)\frac{dT}{T}}.$$

Unter der Annahme von $c_p = \text{const}$ für die Zustandsänderung von 1 nach 3 folgt der polytrope Wirkungsgrad, der sich aus numerischen Berechnungen oder experimentell ermittelten Werten berechnen lässt:

$$\eta_{\text{polytrop}} = \frac{R\ln(\frac{p_2}{p_1})}{c_p\ln(\frac{T_2}{T_1})}. \tag{7.13-5}$$

In die Gleichungen (7.13-3) für den isentropen und (7.13-5) für den polytropen Wirkungsgrad können statische oder totale Größen eingesetzt werden. Wir nennen die Summe aus statischem und dynamischem Anteil eine totale Größe.

Ändert sich die spezifische Wärmekapazität über den Prozess, d. h. vom Eintritt zum Austritt einer Strömungsmaschine, so wird in der Regel mit einer mittleren Temperatur zwischen Ein- und Austritt gerechnet, die in eine Polynomapproximation für c_p eingeht. Dieses mittlere c_p wird dann als konstant angesehen.

Für die Güte von Entspannungsprozessen wird der Carnot-Wirkungsgrad oder der thermische Wirkungsgrad verwendet, der angibt, wie viel Wärme maximal in mechanische Energie theoretisch umgewandelt werden könnte. Die Prozessführung erfolgt zwischen zwei Isothermen ($T_2 > T_1$), so dass sich für die Bilanz von Nutzen zu Aufwand

$$\eta_{\text{thermisch}} = \frac{T_2 - T_1}{T_2} \tag{7.13-6}$$

ergibt.

Aufgabe 1

Leiten Sie die Gleichung (7.13-1) her!

Aufgabe 2

Ersetzen Sie für einen Verdichtungsprozess in Gleichung (7.13-3) die isentrope Enthalpie durch die Zustandsgröße T unter Verwendung von Gleichung (7.4-3)!

Aufgabe 3

Überführen Sie Gleichung (7.13-4) durch Logarithmieren in Gleichung (7.13-5)!

Aufgabe 4

Überprüfen Sie anhand folgender exemplarischer Zustandsänderung (Verdichtung), welcher Wirkungsgrad (isentroper oder polytroper) größer ist.

$p_1 = 0{,}64$ bar, $p_2 = 0{,}97$ bar, $T_1 = 290$ K, $T_2 = 330$ K!

Kapitel 8
Die Navier-Stokessche Gleichung

Mit diesem Kapitel verlassen wir die Stromfadentheorie und wenden uns dreidimensionalen Strömungen zu. Wir benötigen dazu die Bilanzgleichungen nicht wie bisher in integraler Form (d. h. für ein endliches Volumen, insbesondere für einen Stromfadenabschnitt), sondern in differentieller Form (d. h. für einen Punkt im Strömungsfeld). Mathematisch bekommen wir es damit mit Differentialgleichungen, genauer mit Systemen partieller Differentialgleichungen zu tun.

Wir beschränken uns für den Rest des Buches auf inkompressible Fluide; damit benötigen wir als Bilanzgleichungen die Kontinuitätsgleichung, den Impulssatz und den Drehimpulssatz. Die Kontinuitätsgleichung haben wir bereits in Lehreinheit 3.5 in differentieller Form hergeleitet; sie lautet für inkompressible Fluide nach (3.5-14) $\operatorname{div} \underline{c} = 0$. Den Impulssatz haben wir für reibungsfreie Fluide in Lehreinheit 4.1 in differentieller Form hergeleitet; es ist die Eulersche Bewegungsgleichung (4.1-8). Die einfachsten technisch sinnvollen Lösungen dieses Differentialgleichungssystems existieren jedoch nicht für reibungsfreie, sondern für newtonsche Fluide. Aus diesem Grunde leiten wir an dieser Stelle, wo wir uns dreidimensionalen Strömungen zuwenden, die Bewegungsgleichung für newtonsche Fluide her. Während der Drehimpulssatz für reibungsfreie Fluide aus dem Impulssatz gewonnen werden kann (vgl. die Zusatzaufgabe von Lehreinheit 6.4), ist er für reibungsbehaftete Fluide ein unabhängiges Axiom und hat zur Folge, dass der Spannungstensor symmetrisch ist.

Der erste Teil dieses Kapitels ist der Herleitung der Bewegungsgleichung für newtonsche Fluide gewidmet, der so genannten Navier-Stokesschen Gleichung. Wir benötigen dazu als weitere Axiome das Cauchysche Axiom, das uns auf den Spannungstensor führt (Lehreinheit 8.1), und eine Verallgemeinerung des Newtonschen Schubspannungsansatzes (Lehreinheit 8.2). Damit können wir die Navier-Stokessche Gleichung formulieren (Lehreinheit 8.3).

Im zweiten Teil des Kapitels behandeln wir Lösungen der Navier-Stokesschen Gleichung, zunächst exakte Lösungen (Lehreinheit 8.4) und anschließend Näherungslösungen (Lehreinheiten 8.5 und 8.6).

LE 8.1 Der Spannungstensor

In dieser Lehreinheit wollen wir untersuchen, wie bei einem reibungsbehafteten Fluid der Spannungsvektor mit der Richtung des Flächenelements zusammenhängt, an dem er angreift.

https://doi.org/10.1515/9783110641455-008

Bereits mit Gleichung (1.4-10) haben wir den Spannungsvektor $\underline{\sigma}$ kennen gelernt. Weil in ruhenden und in reibungsfreien Fluiden keine Schubspannungen auftreten können, stehen die Oberflächenkräfte dort stets senkrecht auf dem Flächenelement, an dem sie angreifen, vgl. (1.5-2). Der Spannungsvektor in einem Punkt $\underline{x}$ zur Zeit t hängt also bereits in den einfachsten Fällen nicht nur von $\underline{x}$ und t, sondern auch noch von $\underline{n}$ ab.

Wir wollen nun annehmen, dass $\underline{\sigma}$ auch für reibungsbehaftete Strömungen nur von $\underline{x}$, t und $\underline{n}$ abhängt. Diese Annahme ist für die Kontinuumstheorie grundlegend und von derselben Allgemeinheit wie z. B. die Bilanzen für Masse, Impuls, Drehimpuls und Energie; man nennt sie auch das Cauchysche Axiom. Ausgehend von dieser Annahme werden wir weiter unten zeigen, dass $\underline{\sigma}$ dann homogen und linear von $\underline{n}$ abhängt. Da die allgemeinste homogene und lineare Verknüpfung zweier Vektoren ein Tensor ist, vgl. (A 3), bedeutet das, dass $\underline{\sigma}$ und $\underline{n}$ über einen Tensor verknüpft sind; wir schreiben

$$\boxed{\begin{aligned}\underline{\sigma}(\underline{x},t,\underline{n}) &= \underline{n}\cdot\underline{\underline{\pi}}(\underline{x},t),\\ \sigma_i(x_p,t,n_p) &= n_j\pi_{ji}(x_p,t).\end{aligned}} \tag{8.1-1}$$

und nennen den so definierten Feldtensor $\underline{\underline{\pi}}(\underline{x},t)$ den Spannungstensor.

Der Spannungstensor ist für alle gebräuchlichen Fluide symmetrisch, es gilt also

$$\boxed{\underline{\underline{\pi}} = \underline{\underline{\pi}}^T,} \qquad \boxed{\pi_{ij} = \pi_{ji}.} \tag{8.1-2}$$

Diese Eigenschaft wird manchmal als Boltzmannsches Axiom bezeichnet; sie ist aber kein zusätzliches Axiom, sondern eine Folge des Drehimpulssatzes, vgl. die Zusatzaufgabe zu Lehreinheit 8.3.

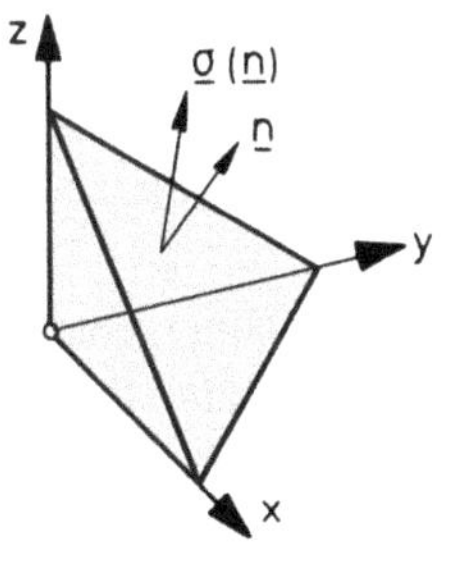

Wir wollen jetzt die grundlegende Beziehung (8.1-1) aus dem Cauchyschen Axiom herleiten; der Beweis wird sich als eine Verallgemeinerung der Überlegungen erweisen, die uns in Lehreinheit 1.5 auf die Richtungsunabhängigkeit des Druckes geführt haben. Wir betrachten dazu ein raumfestes, durchströmtes, infinitesimales Tetraeder, dessen eine Fläche eine beliebige Richtung hat und dessen andere Flächen auf den Koordinatenrichtungen senkrecht stehen. Aus (4.1-2) folgt mit (4.1-4) für ein beliebiges Volumen

$$\int \rho \frac{D\underline{c}}{Dt}\, dV = \int \rho \underline{f}\, dV + \oint \underline{\sigma}\, dA.$$

Unter der physikalisch sinnvollen Voraussetzung, dass die Integranden nirgends unendlich werden, sind die Volumenintegrale analog zu Lehreinheit 1.5 von dritter Ordnung klein, während das Oberflächenintegral nur von zweiter Ordnung klein ist, d. h. die Oberflächenkräfte stehen auch im strömenden Fluid im lokalen Gleichgewicht:

$$\lim_{V\to 0} \oint \underline{\sigma}\, dA = \underline{0}.$$

Für ein infinitesimales Volumen reduziert sich also der Impulssatz auf eine Gleichgewichtsbedingung für die Oberflächenkräfte. Für das infinitesimale Tetraeder lautet sie, wenn wir vorübergehend statt $\underline{\sigma}(\underline{x}, t, \underline{n})$ kürzer $\underline{\sigma}(\underline{n})$ schreiben,

$$\underline{\sigma}(\underline{n})\, dA + \underline{\sigma}(-\underline{e}_x)\, dA_x + \underline{\sigma}(-\underline{e}_y)\, dA_y + \underline{\sigma}(-\underline{e}_z)\, dA_z = \underline{0}$$

oder mit (A 43)

$$\underline{\sigma}(\underline{n}) = -\underline{\sigma}(-\underline{e}_x)n_x - \underline{\sigma}(-\underline{e}_y)n_y - \underline{\sigma}(-\underline{e}_z)n_z. \tag{8.1-3}$$

Nach dem Wechselwirkungsgesetz ist[1]

$$-\underline{\sigma}(\underline{n}) = \underline{\sigma}(-\underline{n}). \tag{8.1-4}$$

Setzt man das für $\underline{n} = \underline{e}_x$, $\underline{n} = \underline{e}_y$ und $\underline{n} = \underline{e}_z$ in (8.1-3) ein, erhält man

$$\underline{\sigma}(\underline{n}) = \underline{\sigma}(\underline{e}_x)n_x + \underline{\sigma}(\underline{e}_y)n_y + \underline{\sigma}(\underline{e}_z)n_z. \tag{8.1-5}$$

Das ist die gesuchte homogene lineare Beziehung zwischen $\underline{\sigma}$ und $\underline{n}$. Man erkennt den Zusammenhang zwischen $\underline{\sigma}$ und $\underline{n}$ vielleicht noch besser, wenn man die Vektorgleichung (8.1-5) durch die Gleichungen der Koordinaten der beteiligten Vektoren ersetzt:

$$\begin{aligned}
\sigma_x(\underline{n}) &= \sigma_x(\underline{e}_x)n_x + \sigma_x(\underline{e}_y)n_y + \sigma_x(\underline{e}_z)n_z,\\
\sigma_y(\underline{n}) &= \sigma_y(\underline{e}_x)n_x + \sigma_y(\underline{e}_y)n_y + \sigma_y(\underline{e}_z)n_z,\\
\sigma_z(\underline{n}) &= \sigma_z(\underline{e}_x)n_x + \sigma_z(\underline{e}_y)n_y + \sigma_z(\underline{e}_z)n_z.
\end{aligned} \tag{8.1-6}$$

Offenbar ist jede Koordinate des Spannungsvektors $\underline{\sigma}$ auf einem Flächenelement mit dem Normalenvektor $\underline{n}$ eine lineare Kombination der drei Koordinaten dieses

1 Zum selben Ergebnis kommt man, wenn man das Tetraeder auf eine Fläche zusammenschrumpfen lässt, indem man z. B. die auf der x-Achse gelegene Ecke gegen den Ursprung gehen lässt. Dann wird $\underline{n} = \underline{e}_x$, d. h. $n_x = 1$, $n_y = n_z = 0$, und (8.1-3) ergibt $\underline{\sigma}(\underline{e}_x) = -\underline{\sigma}(-\underline{e}_x)$, usw.

Normalenvektors. Durch Vergleich mit (8.1-1) ergibt sich der Spannungstensor $\underline{\underline{\pi}}$ zu

$$\underline{\underline{\pi}}(\underline{x},t) = \begin{pmatrix} \pi_{xx} & \pi_{xy} & \pi_{xz} \\ \pi_{yx} & \pi_{yy} & \pi_{yz} \\ \pi_{zx} & \pi_{zy} & \pi_{zz} \end{pmatrix} = \begin{pmatrix} \sigma_x(\underline{e}_x) & \sigma_y(\underline{e}_x) & \sigma_z(\underline{e}_x) \\ \sigma_x(\underline{e}_y) & \sigma_y(\underline{e}_y) & \sigma_z(\underline{e}_y) \\ \sigma_x(\underline{e}_z) & \sigma_y(\underline{e}_z) & \sigma_z(\underline{e}_z) \end{pmatrix}. \tag{8.1-7}$$

Die Gleichungen (8.1-5) und (8.1-6) beweisen also nicht nur, dass $\underline{\sigma}$ und $\underline{n}$ tatsächlich über einen Tensor verknüpft sind, sondern sie ermöglichen auch eine anschauliche Darstellung der Koordinaten dieses Tensors: Die erste Zeile der Koordinatenmatrix (8.1-7) wird gerade aus den Koordinaten des Spannungsvektors auf ein Flächenelement senkrecht zur x-Achse gebildet, die zweite Zeile aus den Koordinaten des Spannungsvektors auf ein Flächenelement senkrecht zur y-Achse und die dritte Zeile aus den Koordinaten des Spannungsvektors auf ein Flächenelement senkrecht zur z-Achse.

Man beachte, dass der Spannungsvektor $\underline{\sigma}$ nach seiner Definition in (1.4-10) dem Vorzeichen nach immer zu der *von der Umgebung auf das Fluid* ausgeübten Oberflächenkraft gehört. Die vom Fluid auf ein Wandelement dA ausgeübte Kraft ist also $-\underline{\sigma}\,dA$.

Aufgabe 1

A. Ist der Spannungsvektor eine Feldgröße? Ja □ Nein □
B. Ist der Spannungstensor eine Feldgröße? Ja □ Nein □
C. Welche Dimension hat der Spannungsvektor, welche der Spannungstensor?

Aufgabe 2

Wie lautet der Spannungstensor für ein ruhendes oder ein reibungsfreies Fluid?

Zusatzaufgabe

Zeigen Sie, dass für einen symmetrischen Tensor $\underline{\underline{\pi}}$ die Beziehung $\underline{n} \cdot \underline{\underline{\pi}} = \underline{\underline{\pi}} \cdot \underline{n}$ gilt!

LE 8.2 Der allgemeine Newtonsche Schubspannungsansatz

Gleichung (1.7-4) stellt den Newtonschen Schubspannungsansatz für eine einfache Scherströmung dar. In dieser Lehreinheit wollen wir den Newtonschen Schubspannungsansatz auf eine beliebige Strömungskonfiguration verallgemeinern.

Für ein reibungsfreies inkompressibles Fluid ergaben die Kontinuitätsgleichung und der Impulssatz, in Koordinaten geschrieben, vier Gleichungen für die vier Größen $\underline{c}$ und p. Für ein reibungsbehaftetes Fluid tritt an die Stelle des Druckes p der Spannungstensor $\underline{\underline{\pi}}$, der als symmetrischer Tensor sechs unabhängig Koordinaten hat. Wir haben dann also vier Gleichungen für die neun Größen $\underline{c}$ und $\underline{\underline{\pi}}$, benötigen also zur Berechnung dieser Größen weitere Gleichungen, die den Spannungstensor mit (in unserem Falle) dem Druck und der Geschwindigkeit verknüpfen. Diese Gleichungen sind wie die Zustandsgleichungen Stoffgleichungen, man nennt sie rheologische Gleichungen oder Spannungs-Dehnungs-Beziehungen. So wie die Zustandsgleichungen verschiedene thermodynamische Modellmedien (wie ideale Gase oder inkompressible Medien, vgl. Lehreinheit 1.6) definieren, definieren die rheologischen Gleichungen bestimmte mechanische Modellmedien (wie Hooke-Medien, reibungsfreie Fluide oder newtonsche Fluide, vgl. die Lehreinheiten 1.7 und 1.8). Eine bestimmte Luftströmung kann z. B. thermodynamisch als ideales Gas und mechanisch als newtonsches Fluid beschrieben werden, eine bestimmte Wasserströmung z. B. thermodynamisch als inkompressibles Fluid und mechanisch als reibungsfreies Fluid.

Wir haben in Lehreinheit 1.7 die rheologische Gleichung für ein newtonsches Fluid zunächst nur für eine einfache Scherströmung formuliert, und zwar haben wir dafür postuliert, dass die Schubspannung im Fluid proportional zur Schergeschwindigkeit sein soll, vgl. (1.7-4). Wir wollen uns jetzt von der Beschränkung auf eine einfache Scherströmung durch eine plausible Verallgemeinerung dieses Postulats befreien. Dazu gehen wir in mehreren Schritten vor. Wir fordern:

1. *Für verschwindende Geschwindigkeit muss der Spannungstensor die Form für ruhende Fluide annehmen.*

   Dieses Postulat ist sicher plausibel. Es ist am einfachsten durch den Ansatz

$$\boxed{\underline{\underline{\pi}} = -p\underline{\underline{\delta}} + \underline{\underline{\tau}},} \quad \boxed{\pi_{ij} = -p\delta_{ij} + \tau_{ij}} \qquad (8.2\text{-}1)$$

   zu erfüllen. Der auf diese Weise neu eingeführte Tensor $\underline{\underline{\tau}}$ heißt Zähigkeitsspannungstensor und muss konstruktionsgemäß für ruhende Fluide verschwinden. Er ist auch symmetrisch,

$$\boxed{\tau_{ij} = \tau_{ji},} \quad \boxed{\underline{\underline{\tau}} = \underline{\underline{\tau}}^T,} \tag{8.2-2}$$

vgl. Aufgabe 1.

2. *Der Zähigkeitsspannungstensor ist eine homogene und lineare Funktion des Geschwindigkeitsgradienten.*
   Dieses Postulat ist eine plausible Verallgemeinerung der Proportionalität zwischen Schubspannung und Schergeschwindigkeit für die einfache Scherströmung und erfüllt die Bedingung, dass der Zähigkeitsspannungstensor für ruhende Fluide verschwindet. Mathematisch bedeutet es, dass die beiden Tensoren zweiter Stufe $\underline{\underline{\tau}}$ und grad $\underline{c}$ durch einen Tensor vierter Stufe verknüpft sind:

$$\boxed{\underline{\underline{\tau}} = \underline{\underline{\underline{\underline{\eta}}}} \cdot\cdot \operatorname{grad} \underline{c},} \quad \boxed{\tau_{ij} = \eta_{ijkl} \frac{\partial c_l}{\partial x_k}.} \tag{8.2-3}$$

   Den Tensor $\underline{\underline{\underline{\underline{\eta}}}}$ nennt man den Viskositäts- oder Zähigkeitstensor.[2]

Diese beiden Postulate zusammen stellen die allgemeinste Definition eines newtonschen Fluids dar.

Für ein isotropes Fluid können wir diese Definition durch ein weiteres Postulat einschränken. Ein Medium heißt isotrop (richtungsunabhängig), wenn darin bei Abwesenheit äußerer Einflüsse (äußerer Kräfte, Deformationen, Temperaturgradienten oder Ähnlichem) keine Richtung ausgezeichnet ist; anisotrope Medien sind beispielsweise Kristalle. In einem isotropen Medium müssen sich alle Materialeigenschaften durch richtungsunabhängige Größen beschreiben lassen, d. h. durch Skalare oder isotrope Tensoren.[3] Wir fordern also:

3. *Für ein isotropes Medium ist der Zähigkeitstensor isotrop.*
   Nach (A 14) ist dann

$$\eta_{ijkl} = A\delta_{ij}\delta_{kl} + B\delta_{ik}\delta_{jl} + C\delta_{il}\delta_{jk},$$

2 Eine schärfere Fassung dieses Postulats wäre die Forderung, dass der Zähigkeitsspannungstensor eine homogene und lineare Funktion der Deformationsgeschwindigkeit (mathematisch gesprochen: des symmetrischen Anteils des Geschwindigkeitsgradienten) ist. Diese Fassung berücksichtigt die Erfahrung, dass bei der starren Rotation eines Fluids wie in der Ruhe keine Schubspannungen auftreten. Da wir uns im Folgenden auf isotrope Medien beschränken werden, kommen wir an dieser Stelle mit der schwächeren Forderung aus.

3 Zum Begriff des isotropen Tensors vgl. Sektion 1.5.

wobei A, B und C beliebige Skalare (bei orts- und zeitabhängiger Zähigkeit Feldgrößen) sind. Setzt man das in (8.2-3) ein, so erhält man

$$\tau_{ij} = A\delta_{ij}\delta_{kl}\frac{\partial c_l}{\partial x_k} + B\delta_{ik}\delta_{jl}\frac{\partial c_l}{\partial x_k} + C\delta_{il}\delta_{jk}\frac{\partial c_l}{\partial x_k} = A\delta_{ij}\frac{\partial c_k}{\partial x_k} + B\frac{\partial c_j}{\partial x_i} + C\frac{\partial c_i}{\partial x_j}.$$

Wegen der Symmetrie von $\underline{\underline{\tau}}$ muss $B = C$ sein, und wir erhalten mit neuen Bezeichnungen für A und B

$$\begin{aligned} \tau_{ij} &= \eta\left(\frac{\partial c_j}{\partial x_i} + \frac{\partial c_i}{\partial x_j}\right) + \eta'\frac{\partial c_k}{\partial x_k}\delta_{ij}, \\ \underline{\underline{\tau}} &= \eta(\operatorname{grad}\underline{c} + \operatorname{grad}^T\underline{c}) + \eta'\operatorname{div}\underline{c}\,\underline{\underline{\delta}}. \end{aligned} \tag{8.2-4}$$

Für die einfache Scherströmung $c_x = u(y)$, $c_y = c_z = 0$ erhält man daraus als einzige von null verschiedene Koordinate von $\underline{\underline{\tau}}$

$$\tau_{xy} = \tau_{yx} = \eta\frac{du}{dy}, \tag{8.2-5}$$

(8.2-4) stellt also tatsächlich eine Verallgemeinerung von (1.7-4) auf eine beliebige Strömungskonfiguration dar. η ist die uns bereits bekannte Scherviskosität, η' heißt Volumenviskosität.

Für inkompressible Fluide ist nach (3.5-14) $\operatorname{div}\underline{c} = 0$, wir erhalten dann also einfach

$$\boxed{\tau_{ij} = \eta\left(\frac{\partial c_j}{\partial x_i} + \frac{\partial c_i}{\partial x_j}\right), \quad \underline{\underline{\tau}} = \eta(\operatorname{grad}\underline{c} + \operatorname{grad}^T\underline{c})} \tag{8.2-6}$$

oder mit (8.2-1)

$$\tau_{ij} = -p\delta_{ij} + \eta\left(\frac{\partial c_j}{\partial x_i} + \frac{\partial c_i}{\partial x_j}\right), \quad \underline{\underline{\pi}} = -p\underline{\underline{\delta}} + \eta(\operatorname{grad}\underline{c} + \operatorname{grad}^T\underline{c}). \tag{8.2-7}$$

Die kartesischen Koordinaten des Spannungsvektors für ein inkompressibles newtonsches Fluid lassen sich daraus sofort angeben, vgl. Aufgabe 2. Die Zylinderkoordinaten lauten (ohne Herleitung):

$$\begin{aligned} \pi_{rr} &= -p + \tau_{rr} = -p + 2\eta\frac{\partial c_r}{\partial r}, \\ \pi_{\varphi\varphi} &= -p + \tau_{\varphi\varphi} = -p + 2\eta\left(\frac{1}{r}\frac{\partial c_\varphi}{\partial \varphi} + \frac{c_r}{r}\right), \end{aligned} \tag{8.2-8}$$

$$\begin{aligned}
\pi_{zz} &= -p + \tau_{zz} = -p + 2\eta\frac{\partial c_z}{z},\\
\pi_{r\varphi} &= \tau_{r\varphi} = \eta\left(\frac{1}{r}\frac{\partial c_r}{\partial\varphi} + \frac{\partial c_\varphi}{\partial r} - \frac{c_\varphi}{r}\right),\\
\pi_{\varphi z} &= \tau_{\varphi z} = \eta\left(\frac{\partial c_\varphi}{\partial z} + \frac{1}{r}\frac{\partial c_z}{\partial\varphi}\right),\\
\pi_{zr} &= \tau_{zr} = \eta\left(\frac{\partial c_z}{\partial r} + \frac{\partial c_r}{\partial z}\right).
\end{aligned} \tag{8.2-8}$$

Die Volumenviskosität tritt bei inkompressiblen Fluiden nicht auf. Bei kompressiblen Fluiden kann man sie durch ein weiteres Postulat auf die Scherviskosität zurückführen, vgl. die Zusatzaufgabe. Die Messung der Volumenviskosität ist allerdings so schwierig, dass es bisher nicht gelungen ist, die Gültigkeit dieses Postulats experimentell zu prüfen.

Aufgabe 1

Zeigen Sie, dass aus der Symmetrie des Spannungstensors auch die Symmetrie des Zähigkeitsspannungstensors folgt!

Aufgabe 2

Schreiben Sie die sechs verschiedenen kartesischen Koordinaten des Spannungstensors für ein inkompressibles newtonsches Fluid hin!

Aufgabe 3

Für die stationäre Strömung durch ein kreiszylindrisches Rohr kann man für die Geschwindigkeit aus Symmetriegründen den Ansatz $c_r = c_\varphi = 0$, $c_z = c_z(r)$ machen. Berechnen Sie aus (8.2-8) unter Berücksichtigung von (8.2-1) die Koordinaten des Zähigkeitsspannungstensors!

Aufgabe 4

A. Wann nennt man ein Medium isotrop?
B. Wann nennt man einen Tensor isotrop?
C. Was bedeutet die Isotropie eines Mediums für seine Materialeigenschaften?

Zusatzaufgabe

Welcher Zusammenhang besteht zwischen η' und η, wenn man postuliert, dass eine reine Kompression reversibel ist, d. h. der Zähigkeitsspannungstensor für eine reine Kompression verschwindet (Stokessche Hypothese)?
Lösungshinweis: Für eine reine Kompression nimmt der Geschwindigkeitsgradiententensor die Form

$$\frac{\partial c_i}{\partial x_j} = -K\delta_{ij}$$

an, wobei K eine Konstante ist.

LE 8.3 Die Navier-Stokessche Gleichung

In dieser Lehreinheit wollen wir den Impulssatz auf inkompressible newtonsche Fluide spezialisieren.

Der Impulssatz bei Berücksichtigung des Cauchyschen Axioms

Bei Berücksichtigung des Cauchyschen Axioms kann man im Impulssatz (4.1-2) den Spannungsvektor nach (8.1-1) durch den Spannungstensor ersetzen und erhält mit $\underline{n}\, dA = d\underline{A}$

$$\begin{aligned} \frac{d}{dt}\int_{\tilde{V}} \rho \underline{c}\, dV &= \int \rho \underline{f}\, dV + \oint d\underline{A} \cdot \underline{\underline{\pi}}, \\ \frac{d}{dt}\int_{\tilde{V}} \rho c_i\, dV &= \int \rho f_i\, dV + \oint \pi_{ji} dA_j. \end{aligned} \tag{8.3-1}$$

Wir wollen daraus die differentielle Form des Impulssatzes gewinnen, indem wir wie bei der Ableitung der Eulerschen Bewegungsgleichung (4.1-8) alle Glieder in Volumenintegrale umwandeln und dann die Integrale durch die Integranden ersetzen. Für die linke Seite haben wir diese Umformung bereits bei der Ableitung von (4.1-8) vorgenommen. Das Oberflächenintegral auf der rechten Seite hat durch die Einführung des Spannungstensors eine Form bekommen, welche die Anwendung des Gaußschen Satzes (A 47) gestattet. Man erhält damit als differentielle Form des Impulssatzes

$$\boxed{\rho \frac{D\underline{c}}{Dt} = \rho \underline{f} + \operatorname{div} \underline{\underline{\pi}},} \quad \boxed{\rho \frac{Dc_i}{Dt} = \rho f_i + \frac{\partial \pi_{ji}}{\partial x_j}.} \tag{8.3-2}$$

Der Impulssatz für inkompressible newtonsche Fluide

Wir wollen den newtonschen Schubspannungsansatz (8.2-7) für inkompressible Fluide in den Impulssatz (8.3-2) einsetzen und dabei annehmen, dass η räumlich konstant ist; wir setzen also voraus, dass die Temperaturunterschiede in der Strömung so gering sind, dass wir die Temperaturabhängigkeit von η vernachlässigen können. Dann folgt aus (8.2-1) mit (8.2-6)

$$\frac{\partial \pi_{ji}}{\partial x_j} = -\frac{\partial p}{\partial x_j}\delta_{ji} + \eta\left(\frac{\partial^2 c_i}{\partial x_j^2} + \frac{\partial^2 c_j}{\partial x_j \partial x_i}\right).$$

Da es bei zweiten Ableitungen auf die Reihenfolge der Differentiation nicht ankommt, ist

$$\frac{\partial^2 c_j}{\partial x_j \partial x_i} = \frac{\partial}{\partial x_i}\frac{\partial c_j}{\partial x_j},$$

und das ist nach (3.5-14) null. Damit erhalten wir aus (8.3-2)

$$\boxed{\rho\frac{Dc_i}{Dt} = \rho f_i - \frac{\partial p}{\partial x_i} + \eta\frac{\partial^2 c_i}{\partial x_j^2}, \quad \rho\frac{D\underline{c}}{Dt} = \rho\underline{f} - \operatorname{grad} p + \eta\Delta\underline{c}.} \qquad (8.3\text{-}3)$$

Diese Gleichung nennt man die Navier-Stokessche Gleichung. Sie stellt den Impulssatz in differentieller Form für ein inkompressibles newtonsches Fluid (räumlich konstanter Zähigkeit) dar und gilt in dieser Form

- für stationäre und instationäre Strömungen,
- nur für inkompressible Fluide,
- nur für newtonsche Fluide (und als deren Spezialfall für $\eta = 0$ für reibungsfreie Fluide),
- nur für ortsunabhängige Zähigkeit.

Die Strömungsberechnung für inkompressible newtonsche Fluide

Für ein inkompressibles newtonsches Fluid ergeben die Kontinuitätsgleichung (3.5-14) und die Navier-Stokessche Gleichung (8.3-3), in Koordinaten geschrieben, vier Gleichungen für die vier Größen $\underline{c}$ und p; das Differentialgleichungssystem

$$\boxed{\begin{array}{ll} \operatorname{div} \underline{c} = 0, & \dfrac{\partial \underline{c}}{\partial t} + \underline{c} \cdot \operatorname{grad} \underline{c} = \underline{f} - \dfrac{1}{\rho} \operatorname{grad} p + \nu \Delta \underline{c}, \\ \dfrac{\partial c_i}{\partial x_i} = 0, & \dfrac{\partial c_i}{\partial t} + c_j \dfrac{\partial c_i}{\partial x_j} = f_i - \dfrac{1}{\rho} \dfrac{\partial p}{\partial x_i} + \nu \dfrac{\partial^2 c_i}{\partial x_j^2} \end{array}} \tag{8.3-4}$$

ermöglicht also zusammen mit geeigneten Randbedingungen grundsätzlich die Berechnung der Strömung; dabei sind die beiden Materialkonstanten ρ und ν und die Kraftdichte $\underline{f}$ als gegeben anzusehen. Praktisch sind die mathematischen Schwierigkeiten insbesondere aufgrund der Nichtlinearität der konvektiven Beschleunigung $\underline{c} \cdot \operatorname{grad} \underline{c}$ meist äußerst groß; geschlossene analytische Lösungen existieren fast nur für Fälle, in denen dieser Term verschwindet.

Als Folge der intermolekularen Kräfte zwischen Molekülen beiderseits einer Grenzfläche und der Bewegung von Molekülen über die Grenzfläche gilt:

An einer Grenzfläche sind Geschwindigkeit und Spannungsvektor stetig.[4]

Diese Stetigkeitsbedingungen liefern die Randbedingungen für das obige Differentialgleichungssystem.[5]

In einem reibungsfreien Fluid tritt an die Stelle der Navier-Stokesschen Gleichung die Eulersche Bewegungsgleichung; dabei fällt das Glied mit der höchsten Ableitung von $\underline{c}$ fort. Das hat mathematisch zur Folge, dass sich die Anzahl der Randbedingungen, an die die Lösung des Differentialgleichungssystems angepasst werden kann, verringert; in diesem Falle kann man nur noch die Stetigkeit der Normalkoordinate der Geschwindigkeit fordern. In reibungsfreien inkompressiblen Fluiden können deshalb Diskontinuitätsflächen (der Tangentialkoordinaten) der Geschwindigkeit auftreten, z. B. bei der unstetigen Erweiterung eines Rohres, vgl. den Abschnitt über Ablösung in Lehreinheit 5.4. Für den Spannungsvektor gilt in einem reibungsfreien Fluid $\underline{\sigma} = -p\underline{n}$, die Stetigkeit des Spannungsvektors vereinfacht sich dann also zur Stetigkeit des Druckes.

---

4 Bei Berücksichtigung der Grenzflächenspannung ist die Differenz der Normalspannungen auf beiden Seiten der Grenzfläche gleich dem durch die Grenzflächenspannung hervorgerufenen Krümmungsdruck (1.10-2) oder (1.10-4).

5 Die Randbedingungen müssen für die Navier-Stokesschen Gleichungen im Allgemeinen auf der gesamten Oberfläche des Integrationsgebiets gegeben sein. Die Vorgabe von Randbedingungen auf Teilen des Randes ist oft nur näherungsweise möglich, man denke z. B. an die Geschwindigkeit im Nachlauf eines umströmten Körpers. Nur wenn (wie bei allen folgenden Beispielen) die Geschwindigkeit nur von einer Ortskoordinate abhängt, reichen Randbedingungen an der physikalischen Begrenzung der Strömung in der Regel aus.

Speziell an einer festen Wand bedeutet die Stetigkeit der Geschwindigkeit, dass das Fluid die Geschwindigkeit der Wand hat. Die Stetigkeit des Spannungsvektors oder des Drucks liefert an einer festen Wand keine Bedingung, an die die Lösung des Differentialgleichungssystems angepasst werden muss, sondern der Spannungsvektor an der Grenze des Fluids prägt sich der Wand auf. Damit reduzieren sich die Randbedingungen an festen Wänden auf die Wandhaftbedingung:

Ein reibungsbehaftetes Fluid haftet an der Wand.

Dass an freien Grenzflächen mit der Stetigkeit des Spannungsvektors zusätzliche Randbedingungen zu erfüllen sind, hängt damit zusammen, dass anders als an festen Wänden die Lage der Grenzfläche nicht von vornherein festliegt, sondern im Laufe der Lösung mit ermittelt werden muss, man denke z. B. an eine Oberflächenwelle im Meeresspiegel.

Da der Druck in das Gleichungssystem (8.3-4) nur als Gradient eingeht, lässt er sich nur bis auf eine Konstante ermitteln. Physikalisch bedeutet dies, dass sich das Geschwindigkeitsfeld nicht ändert, wenn man das Druckniveau ändert, also zum Druckfeld eine (positive oder negative) Konstante addiert. Mathematisch bedeutet das, dass zur Fixierung des Druckfeldes in jedem Fall der Druck in einem Punkt des Feldes als Randbedingung gegeben sein muss.

In kartesischen Koordinaten kann man die Gleichungen (8.3-4) sofort hinschreiben, vgl. Aufgabe 1. In Zylinderkoordinaten erhält man (ohne Herleitung)

$$\begin{aligned}
&\frac{\partial c_r}{\partial r} + \frac{c_r}{r} + \frac{1}{r}\frac{\partial c_\varphi}{\partial \varphi} + \frac{\partial c_z}{\partial z} = 0,\\
&\frac{\partial c_r}{\partial t} + c_r\frac{\partial c_r}{\partial r} + \frac{c_\varphi}{r}\frac{\partial c_r}{\partial \varphi} + c_z\frac{\partial c_r}{\partial z} - \frac{c_\varphi^2}{r}\\
&\quad = f_r - \frac{1}{\rho}\frac{\partial p}{\partial r} + \nu\left(\frac{\partial^2 c_r}{\partial r^2} + \frac{1}{r}\frac{\partial c_r}{\partial r} - \frac{c_r}{r^2} + \frac{1}{r^2}\frac{\partial^2 c_r}{\partial \varphi^2} + \frac{\partial^2 c_r}{\partial z^2} - \frac{2}{r^2}\frac{\partial c_\varphi}{\partial \varphi}\right),\\
&\frac{\partial c_\varphi}{\partial t} + c_r\frac{\partial c_\varphi}{\partial r} + \frac{c_\varphi}{r}\frac{\partial c_\varphi}{\partial \varphi} + c_z\frac{\partial c_\varphi}{\partial z} + \frac{c_r c_\varphi}{r}\\
&\quad = f_\varphi - \frac{1}{\rho}\frac{1}{r}\frac{\partial p}{\partial \varphi} + \nu\left(\frac{\partial^2 c_\varphi}{\partial r^2} + \frac{1}{r}\frac{\partial c_\varphi}{\partial r} - \frac{c_\varphi}{r^2} + \frac{1}{r^2}\frac{\partial^2 c_\varphi}{\partial \varphi^2} + \frac{\partial^2 c_\varphi}{\partial z^2} + \frac{2}{r^2}\frac{\partial c_r}{\partial \varphi}\right),\\
&\frac{\partial c_z}{\partial t} + c_r\frac{\partial c_z}{\partial r} + \frac{c_\varphi}{r}\frac{\partial c_z}{\partial \varphi} + c_z\frac{\partial c_z}{\partial z}\\
&\quad = f_z - \frac{1}{\rho}\frac{\partial p}{\partial z} + \nu\left(\frac{\partial^2 c_z}{\partial r^2} + \frac{1}{r}\frac{\partial c_z}{\partial r} + \frac{1}{r^2}\frac{\partial^2 c_z}{\partial \varphi^2} + \frac{\partial^2 c_z}{\partial z^2}\right).
\end{aligned} \tag{8.3-5}$$

Aufgabe 1

Schreiben Sie das Gleichungssystem (8.3-4) zur Berechnung der Strömung eines inkompressiblen newtonschen Fluids in kartesischen Koordinaten hin!

Aufgabe 2

Leiten Sie aus der allgemeinen differentiellen Form (8.3-2) des Impulssatzes die Eulersche Bewegungsgleichung (4.1-8) für ein reibungsfreies Fluid ab, indem Sie den Spannungstensor für ein reibungsfreies Fluid einsetzen!

Aufgabe 3

Beschreiben Sie in Worten die Ableitung der Navier-Stokesschen Gleichung!

Zusatzaufgabe

A. Ersetzen Sie im Drehimpulssatz (6.4-3) den Spannungsvektor $\underline{\sigma}$ nach (8.1-1) durch den Spannungstensor und gewinnen Sie daraus eine differentielle Form des Drehimpulssatzes!
B. Beweisen Sie, dass der Spannungstensor symmetrisch sein muss, indem Sie von dieser differentiellen Form des Drehimpulssatzes den von links vektoriell mit $\underline{r}$ multiplizierten Impulssatz (8.3-2) subtrahieren!

LE 8.4 Lösungen der Navier-Stokesschen Gleichung

In dieser Lehreinheit wollen wir fünf physikalisch oder technisch wichtige exakte Lösungen der Navier-Stokesschen Gleichung kennen lernen. Die Lehreinheit erfordert mehr Zeit als die meisten anderen, da die 3 Aufgaben länger als gewöhnlich sind.

Beispiel 1

Hagen-Poiseuille-Strömung
Die laminare Strömung durch ein rundes Rohr aufgrund eines äußeren Druckgradienten haben wir bereits in Lehreinheit 5.1 aus einer elementaren Kräftebilanz hergeleitet. Wir wollen sie jetzt durch Lösung des Gleichungssystems (8.3-4) gewinnen, und wir wollen dabei als Beispiel für weitere exakte Lösungen dieses

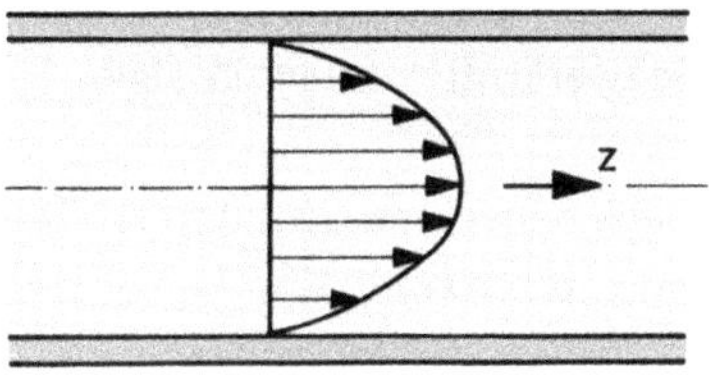

Gleichungssystems sehr sorgfältig vorgehen und dabei insbesondere den so genannten Symmetriebetrachtungen Aufmerksamkeit widmen; diese Überlegungen sind auch auf andere Differentialgleichungssysteme übertragbar.

Ein Vergleich der exakten Lösung mit der elementare Herleitung von Lehreinheit 5.1 macht auch deren Problematik deutlich: Die naive Übertragung des für eine einfache Scherströmung postulierten Newtonschen Schubspannungsansatzes $\tau = \eta\,\partial c/\partial y$ auf die Zylindersymmetrie unseres Problems in der Form $\tau = \eta\,\partial c/\partial r$ ist nach Aufgabe 3 von Lehreinheit 8.2 zwar richtig, aber alles andere als trivial.

Wir wählen zunächst ein im Blick auf die räumlichen Symmetrien unseres Problems geeignetes Koordinatensystem, meist eines, in dem ein Rand der Strömung eine Koordinatenfläche ist; in diesem Falle wählen wir ein Zylinderkoordinatensystem, dessen Achse mit der Rohrachse zusammenfällt. Dann führt der axiale Druckgradient zu einer axialen Geschwindigkeitskoordinate c_z, während es für eine radiale oder azimutale Geschwindigkeitskoordinate keine Ursache gibt. Weiter gibt es keine durch die Aufgabe ausgezeichnete Zeit t, keinen ausgezeichneten Azimutalwinkel φ und keine ausgezeichnete axiale Koordinate z, deshalb kann die Geschwindigkeit von diesen drei Variablen nicht abhängen. Überlegungen dieser Art nennt man häufig das Ausnutzen der Symmetrien des Problems; man sagt deshalb: Aus Symmetriegründen kann man den Ansatz

$$c_r = 0, \quad c_\varphi = 0, \quad c_z = c_z(r)$$

machen.

Die entsprechende Symmetriebetrachtung für den Druck ist etwas komplizierter: Weil der Druck nur in der Gestalt seines Gradienten in das Gleichungssystem eingeht, ist sie nämlich nicht für den Druck selbst, sondern für den Gradienten anzustellen. Für das Auftreten eines Druckgradienten in einer Strömung gibt es drei mögliche Ursachen:

- Ein Druckgradient kann als physikalische Ursache der Strömung von außen aufgeprägt sein. Das ist hier offenbar der Fall, und zwar muss deshalb die z-Koordinate des Druckgradienten von null verschieden sein.
- Treten gekrümmte Bahnlinien auf, so ist damit stets ein Druckgradient verbunden; das einfachste Beispiel ist die Zentripetalbeschleunigung in der radialen Druckgleichung (4.2-6). Das ist hier offenbar nicht der Fall.
- Tritt eine Volumenkraftdichte auf, so hat sie ebenfalls einen Druckgradienten zur Folge; das einfachste Beispiel ist die hydrostatische Druckverteilung als

Folge der Fallbeschleunigung im Eulerschen Grundgesetz (2.1-7). Wir wollen den Einfluss von Volumenkräften (z. B. der Schwerkraft) vernachlässigen.

Weiter muss der Druckgradient in unserem Falle aus denselben Gründen wie der Geschwindigkeitsvektor unabhängig von z, φ und t sein. Damit können wir also den Ansatz

$$\frac{\partial p}{\partial r} = 0, \quad \frac{\partial p}{\partial \varphi} = 0, \quad \frac{\partial p}{\partial z} = f(r)$$

machen; da aber nach der ersten dieser Gleichungen p keine Funktion von r ist, muss auch $\partial p/\partial z$ unabhängig von r sein, es folgt also genauer

$$\frac{dp}{dz} = \text{const.}$$

(Wir können gerades d schreiben, weil nach den bisherigen Überlegungen p nur von z abhängt.)

Mit diesen Ansätzen sind die ersten drei Gleichungen (8.3-5) identisch erfüllt. Das bedeutet einerseits, dass unsere Symmetrieüberlegungen widerspruchsfrei sind. Andererseits folgt daraus, dass auch eine weniger sorgfältige Symmetriebetrachtung für unser Beispiel ausgereicht hätte: Hätten wir beispielsweise über den Druck nicht erschlossen, dass die Radial- und die Azimutalkoordinate seines Gradienten verschwinden, so hätten die zweite und die dritte Gleichung (8.3-5) auf dieses Ergebnis geführt.

Die letzte Gleichung (8.3-5) vereinfacht sich mit unseren Ansätzen zu

$$\frac{dp}{dz} = \eta\left(\frac{d^2c_z}{dr^2} + \frac{1}{r}\frac{dc_z}{dr}\right) = \text{const.}$$

Zur Lösung dieser Differentialgleichung muss man berücksichtigen, dass

$$\frac{d^2c_z}{dr^2} + \frac{1}{r}\frac{dc_z}{dr} = \frac{1}{r}\frac{d}{dr}\left(r\frac{dc_z}{d_r}\right)$$

ist. Man erhält dann

$$\frac{dp}{dz}r = \eta\frac{d}{dr}\left(r\frac{dc_z}{dr}\right)$$

und integriert

$$\frac{dp}{dz}\frac{r^2}{2} = \eta r\frac{dc_z}{dr} + A$$

mit einer Integrationskonstanten A. Man sieht bereits an dieser Gleichung, dass diese Integrationskonstante null sein muss, wenn man $r = 0$ setzt, da dc_z/dr für $r = 0$ endlich bleiben muss. Man erhält damit

$$\frac{dp}{dz}\frac{r}{2} = \eta\frac{dc_z}{dr}. \tag{8.4-1}$$

Das ist die Gleichung (5.1-2), auf die wir in Lehreinheit 5.1 durch ein elementare Kräftebilanz gekommen waren. Die weitere Rechnung verläuft wie in Lehreinheit 5.1.

Wir wollen noch die von der Strömung auf die Rohrwand ausgeübte Reibungskraft berechnen. Für τ_{rz} gilt nach (8.2-8) mit (8.4-1)

$$\tau_{rz} = \eta\frac{dc_z}{dr} = \frac{dp}{dz}\frac{r}{2},$$

die Reibungskraft auf ein Rohrstück der Länge L ist also

$$F = \int \tau_{rz}\, dA = \tau_{rz}(R)\cdot 2\pi RL = \pi R^2 L\frac{dp}{dz}.$$

Dabei ist $dp/dz < 0$, F ist also auch negativ, d. h. entgegen der Strömungsrichtung gerichtet. Diese Kraft F ist definitionsgemäß die von der Umgebung auf das Fluid ausgeübte Kraft, die vom Fluid auf die Rohrwand ausgeübte Reaktionskraft R_M ist dementsprechend positiv, d. h. in Strömungsrichtung gerichtet:

$$R_M = -\pi R^2 L\frac{dp}{dz} > 0.$$

Ist Δp der Betrag des Druckabfalls zwischen zwei Querschnitten im Abstand L, so ist $dp/dz = -\Delta p/L$, d. h.

$$R_M = -F = \pi R^2 \Delta p, \tag{8.4-2}$$

die Reibungskraft auf das Stück Rohrwand ist gleich der Differenz der Druckkräfte auf die Endflächen des betrachteten Rohrstücks. Von einer solchen statischen (d. h. Trägheitskräfte nicht in Betracht ziehenden) Kräftebilanz sind wir bei der Ableitung in Lehreinheit 5.1 naiv ausgegangen; auch diese Überlegung ist zwar richtig, aber durchaus nicht trivial.

Die Richtung der Schubspannung und der Reibungskraft kann man in derartigen Fällen natürlich auch der Anschauung entnehmen: Die Wand wirkt auf die Strömung bremsend, die von außen auf das Fluid ausgeübte Schubspannung und Reibungskraft sind also umgekehrt wie die Strömung gerichtet, die von der

Strömung auf die Wand ausgeübte Schubspannung und Reibungskraft wirken in Strömungsrichtung.

Beispiel 2

2. Stokessches Problem

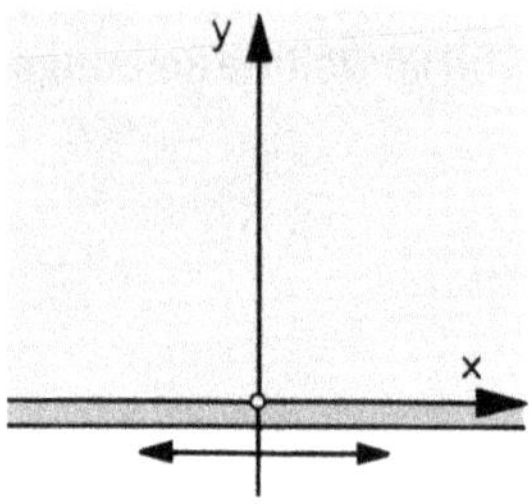

Als Beispiel für eine instationäre Lösung des Gleichungssystems (8.3-4) wollen wir das so genannte 2. Stokessche Problem behandeln: Eine sehr große ebene Platte be- wege sich nach einem Kosinusgesetz in ihrer eigenen Ebene hin und her. Der Raum oberhalb der Platte sei mit einem newtonschen Fluid angefüllt. Welche Strömung bildet sich in diesem Fluid aus?

Wir wählen ein kartesisches Koordinatensystem, dessen x-Achse in die Schwingungsrichtung der Platte und dessen y-Koordinate in das Fluid weist. Dann können wir, man vergleiche die entsprechenden Überlegungen zum vorigen Beispiel, aus Symmetriegründen

$$\underline{c} = (u(y,t), 0, 0)$$

ansetzen. wenn wir wieder die Kraftdichte $\underline{f}$ als für das Problem unwesentlich vernachlässigen, folgt aus Symmetriegründen weiter $\operatorname{grad} p = \underline{0}$, d. h. $p = p_0$. Als einzige nicht identisch verschwindende Gleichung aus (8.3-4) erhalten wir dann

$$\frac{\partial u}{\partial t} = \nu \frac{\partial^2 u}{\partial y^2}. \tag{8.4-3}$$

Die zugehörige Randbedingung lautet[6]

$$u(0,t) = U \cos \omega t. \tag{8.4-4}$$

ω ist die Kreisfrequenz der Plattenschwingung.[7]

---

6 Die Differentialgleichung (8.4-3) nennt man die (eindimensionale) Wärmeleitungsgleichung. Dasselbe Randwertproblem beschreibt beispielsweise auch die Temperaturschwankung im Erdinnern aufgrund einer periodischen (täglichen oder jährlichen) Temperaturschwankung an der Erdoberfläche.

7 Ist f die Frequenz, d. h. die Anzahl der Schwingungen in der Zeiteinheit, so gilt bekanntlich $\omega = 2\pi f$.

Für die Lösung machen wir den Ansatz

$$u(y,t) = Ue^{-ky}\cos(\omega t - ky), \tag{8.4-5}$$

der die Randbedingung erfüllt und physikalisch plausibel ist; k heißt die Kreiswellenzahl. Durch Einsetzen kann man sich überzeugen, dass er die Gleichung (8.4-3) erfüllt, wenn

$$k = \sqrt{\frac{\omega}{2\nu}} \tag{8.4-6}$$

ist. Wir erhalten damit als Lösung

$$u(y,t) = Ue^{-\sqrt{\frac{\omega}{2\nu}}y}\cos\left(\omega t - \sqrt{\frac{\omega}{2\nu}}y\right). \tag{8.4-7}$$

Im Innern des Fluids herrschen also ebenfalls harmonische Geschwindigkeitsschwankungen, die parallel zur Platte verlaufen, gegenüber der Platte phasenverschoben sind und deren Amplitude in das Fluid hinein exponentiell abnimmt. Zwei Schichten im Abstand

$$\Delta y = \frac{2\pi}{k} = 2\pi\sqrt{\frac{2\nu}{\omega}} \tag{8.4-8}$$

schwingen in Phase, und den Abstand

$$\delta = \frac{1}{k} = \sqrt{\frac{2\nu}{\omega}} \tag{8.4-9}$$

von der Platte, in dem die Amplitude der Geschwindigkeitsschwankungen um den Faktor $1/e$ abgesunken ist, nennt man auch die Eindringtiefe der Geschwindigkeitsschwankungen. Sie ist offenbar um so kleiner, je höher die Kreisfrequenz ω der Plattenschwingung und je kleiner die die kinematische Zähigkeit ν ist.

Strömungen, in denen sich der Einfluss der Wand im Wesentlichen auf eine Schicht längs der Wand beschränkt, nennt man Strömungen mit Grenzschichtcharakter. Die hier behandelte Strömung ist wichtig als ein Beispiel einer exakten Lösung der Navier-Stokesschen Gleichung mit Grenzschichtcharakter. Wir werden auf diese Strömung bei der Behandlung der Grenzschichttheorie zurückkommen.

Aufgabe 1

Flachwasserströmung, Rieselfilm

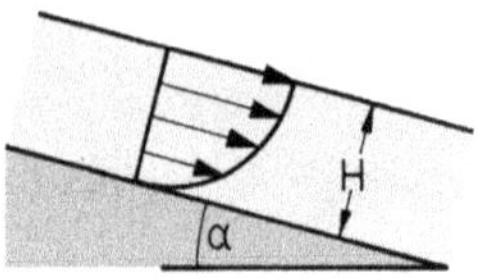

A. Berechnen Sie die Geschwindigkeits- und Druckverteilung der stationären Strömung, die sich längs einer schiefen Ebene aufgrund der Schwerkraft ausbildet, wenn die Zähigkeit und die hydrostatische Druckverteilung in der Atmosphäre im Vergleich mit der strömenden Flüssigkeit vernachlässigt werden! Der Neigungswinkel der schiefen Ebene gegenüber der Waagerechten sei α, die Höhe der Strömung senkrecht zur Platte werde zunächst zu H angenommen!

   Lösungshinweis: Beginnen Sie wieder mit einer Symmetriebetrachtung und beachten Sie, dass längs der freien Oberfläche der äußere Luftdruck p_0 herrscht.

B. Bestimmen Sie nach Größe und Richtung den Spannungsvektor der vom Fluid auf die schiefe Ebene ausgeübten Reaktionswandkraft!

C. In der Praxis ist im Allgemeinen nicht die Dicke eines Rieselfilms gegeben, sondern der Volumendurchsatz $\dot{V}/b$ pro Breite. Rechnen Sie H als Funktion von $\dot{V}/b$ aus!

Aufgabe 2

Couette-Strömung

Als Couette-Strömung bezeichnet man die Strömung, die sich zwischen zwei mit beliebigen Winkelgeschwindigkeiten rotierenden koaxialen Kreiszylindern aufgrund der Zähigkeit ausbildet.

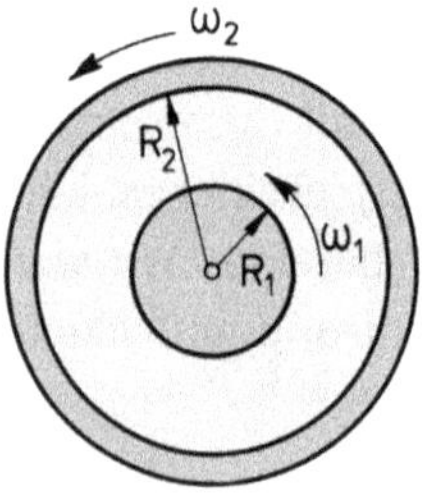

A. Bestimmen Sie zunächst die allgemeine Form der Azimutalgeschwindigkeit bei stationärer Strömung und bei Abwesenheit von Volumenkräften, ohne spezielle Werte für die Radien und die Winkelgeschwindigkeiten der beiden Zylinder anzusetzen!

   Lösungshinweis:

$$\frac{dc_\varphi}{dr} + \frac{c_\varphi}{r} = \frac{1}{r}\frac{d}{dr}(rc_\varphi), \qquad \frac{dc_\varphi}{dr} - \frac{c_\varphi}{r} = r\frac{d}{dr}\left(\frac{c_\varphi}{r}\right).$$

B. Wie lautet die spezielle Lösung für c_φ und p, wenn der innere Zylinder fehlt und der äußere den Radius R und die Winkelgeschwindigkeit ω hat?
C. Wie lautet die spezielle Lösung für c_φ und p, wenn der äußere Zylinder fehlt und der innere den Radius R und die Winkelgeschwindigkeit ω hat?

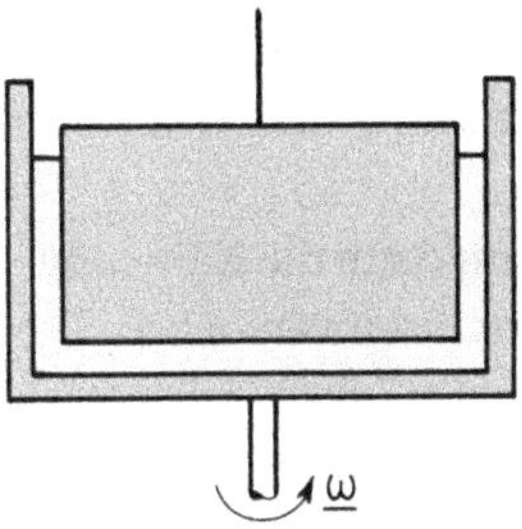

D. Zur Messung der Zähigkeit (auch bei nicht-newtonschen Fluiden) verwendet man u. a. so genannte Couette-Viskosimeter: Das zu untersuchende Fluid befindet sich im Spalt zwischen zwei koaxialen Zylindern, von denen der äußere (Radius R_2) mit konstanter Winkelgeschwindigkeit ω rotiert und der innere (Radius R_1) ruht. Man misst mit Hilfe eines Torsionsdrahtes das am inneren Zylinder auftretende Drehmoment M und kann daraus die Zähigkeit bestimmen. Berechnen Sie dieses Drehmoment und lösen Sie die Formel nach der Zähigkeit auf!

Aufgabe 3

Untersuchen Sie die Strömung zwischen zwei parallelen Platten im Abstand H, wenn die obere Platte gegenüber der unteren die konstante Geschwindigkeit U hat und außerdem ein konstanter Druckgradient dp/dx herrscht.

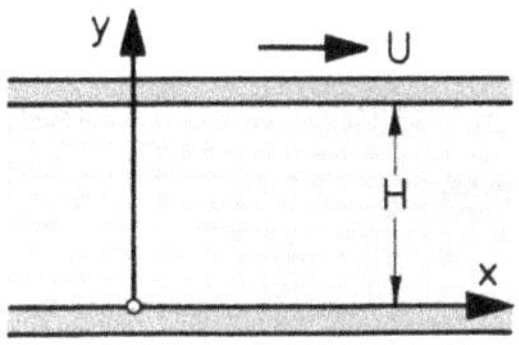

A. Berechnen Sie die Geschwindigkeits- und Schubspannungsverteilung und skizzieren Sie beide
   1. für den Fall $U > 0$, $dp/dx = 0$ (ebene Couette-Strömung),
   2. für den Fall $U = 0$, $dp/dx < 0$ (ebene Hagen-Poiseuille-Strömung),
   3. für die Fälle $U > 0$, $dp/dx \lesseqgtr 0$!
B. Unter welcher Bedingung verschwindet im Fall 3 der Volumenstrom?
C. Wie groß ist die Druckverlustzahl ζ nach (5.4-1) für die ebene Hagen-Poiseuille-Strömung?

LE 8.5 Näherungsgleichungen

In dieser Lehreinheit wollen wir uns mit Näherungsgleichungen für die Navier-Stokessche Gleichung beschäftigen.

In der letzten Lehreinheit haben wir einige wichtige exakte Lösungen der Navier-Stokesschen Gleichung kennen gelernt. Es gibt noch ein Anzahl weiterer exakter Lösungen, aber in vielen technisch wichtigen Fällen ist man auf Näherungslösungen angewiesen. Dazu kann man grundsätzlich zwei Wege einschlagen:

- Man sucht nach Lösungsverfahren, welche das exakte Gleichungssystem näherungsweise lösen, beispielsweise nach numerischen Verfahren. Dieser Weg konnte erst in den letzten Jahren mit der Entwicklung sehr großer Rechner in nennenswertem Umfang beschritten werden.
- Man nähert bereits das Gleichungssystem an und kann dann die Näherungsgleichungen entweder exakt oder näherungsweise zu lösen versuchen. Diese Methode wurde auf einige Probleme bereits im vorigen Jahrhundert angewendet. Sie hat den großen Vorteil, dass man nicht nur numerische Ergebnisse, sondern durch allgemeine Untersuchung der Näherungsgleichungen auch allgemeine Aussagen für die untersuchte Gruppe von Strömungen gewinnen kann.

Zur Gewinnung von Näherungsgleichungen geht man grundsätzlich so vor, dass man untersucht, welche Glieder der Navier-Stokesschen Gleichungen man für die betrachtete Konfiguration gegenüber den anderen als klein vernachlässigen kann. Dabei sind zwei Fälle wichtig:

- Die Trägheitsglieder $\partial \underline{c}/\partial t + \underline{c} \cdot \operatorname{grad} \underline{c}$ sind gegenüber den Reibungsgliedern $\nu \Delta \underline{c}$ vernachlässigbar (oder null). Solche Strömungen nennt man Schleichströmungen.
- Die Reibungsglieder sind gegenüber den Trägheitsgliedern vernachlässigbar (oder null). Solche Strömungen nennt man reibungsfrei; eine Modifikation dieser Annahme führt auf die Grenzschichtströmungen.

Schleichströmungen

Für Schleichströmungen wird die Navier-Stokessche Gleichung linear. Das bedeutet eine erhebliche mathematische Vereinfachung; alle in den letzten beiden Lehreinheiten behandelten Strömungskonfigurationen hatten gemeinsam, dass die nichtlinearen Glieder aus Symmetriegründen exakt verschwanden!

Bei Vernachlässigung der Trägheitsglieder ändert sich die Ordnung des Differentialgleichungssystems[8] nicht, weil die höchste Ableitung in den Reibungsglie-

---

8 Ein Differentialgleichungssystem ist von n-ter Ordnung, wenn die höchste darin vorkommende Ableitung eine n-te Ableitung ist. Je höher die Ordnung eines Differentialgleichungssystems ist, an desto mehr Randbedingungen lässt sich seine Lösung in der Regel anpassen.

dern der Navier-Stokesschen Gleichung steht. Man kann also auch mit den Näherungsgleichungen in der Regel die exakten Randbedingungen erfüllen. (Es gibt Ausnahmen; beispielsweise für die Umströmung eines unendlich langen Kreiszylinders ist keine Lösung möglich.)

Beispiele für Schleichströmungen werden wir in der nächsten Lehreinheit kennen lernen.

Grenzschichtströmungen

Wenn man in der Navier-Stokesschen Gleichung die Reibungsglieder vernachlässigt, bleibt das Differentialgleichungssystem nichtlinear, und seine Ordnung verringert sich. Das bedeutet, dass die Randbedingung der Wandhaftung im Allgemeinen nicht erfüllt werden kann. Da sie in der Natur erfüllt ist, heißt das, dass zumindest in der Nähe fester Wände die Reibungsglieder nicht sämtlich klein gegenüber den Trägheitsgliedern sein können. Eine genauere Untersuchung zeigt, dass in solchen Strömungen häufig weitab von festen Wänden die Reibungsglieder vernachlässigt werden können, die Strömung also als reibungsfrei behandelt werden kann, während in einer schmalen Schicht längs der Wand (z. B. eines umströmten Tragflügels) einige Zähigkeitsglieder von derselben Größenordnung wie die Trägheitsglieder sind. Solche Strömungen nennt man Grenzschichtströmungen.

Mit Grenzschichtströmungen werden wir uns in Kapitel 12 ausführlicher beschäftigen.

Aufgabe 1

Welche beiden Wege zur Gewinnung von Näherungslösungen haben wir unterschieden?

Aufgabe 2

Warum sind die Reibungsglieder auch in Fluiden mit geringer Zähigkeit in der Nähe von Wänden in der Regel nicht alle zu vernachlässigen?

Aufgabe 3

Was sind Schleichströmungen?

LE 8.6 Schleichströmungen

In dieser Lehreinheit wollen wir zwei Beispiele für Schleichströmungen kennen lernen: die langsame Umströmung einer Kugel und die Schmiermittelströmung in einem Gleitlager.

Wenn man für ein Problem die Trägheitsglieder in der Navier-Stokesschen Gleichung vernachlässigen kann, spielen in der Regel auch die Volumenkräfte keine Rolle, und man erhält dann anstelle von (8.3-4) das Gleichungssytem

$$\begin{aligned} \operatorname{div} \underline{c} = 0, \quad & \operatorname{grad} p = \eta \Delta \underline{c}, \\ \frac{\partial c_i}{\partial x_i} = 0, \quad & \frac{\partial p}{\partial x_i} = \eta \frac{\partial^2 c_i}{\partial x_j^2}. \end{aligned} \tag{8.6-1}$$

Die zweite dieser Gleichungen nennt man auch die Stokessche Gleichung.

Für alle in Lehreinheit 8.4 behandelten exakten Lösungen der Navier-Stokesschen Gleichung verschwindet das (nichtlineare) konvektive Glied. Sofern sie auch noch stationär sind, stellen sie also Schleichströmungen dar.

Wenn die Gleichungen (8.6-1) nur näherungsweise gelten, nennt man ihre Lösungen die Stokessche Näherung. Unter welchen Bedingungen sie für eine bestimmte Strömungskonfiguration näherungsweise gelten, ist durch eine Untersuchung ähnlich der zu klären, die wir bei der Herleitung der Grenzschichtgleichungen zu Beginn von Kapitel 12 vornehmen werden. Wir gehen hier nicht näher darauf ein, sondern wollen nur noch die wichtigsten Ergebnisse der Stokesschen Näherung für zwei Beispiele kennen lernen.

Die Kugelumströmung

Die wohl bekannteste Lösung der Gleichungen (8.6-1) hat Stokes bereit 1851 für die Umströmung einer Kugel angegeben. Als wichtigstes Ergebnis dieser Rechnung erhält man den Strömungswiderstand F einer Kugel vom Durchmesser D, die von einem inkompressiblen newtonschen Fluid der Zähigkeit η mit der Geschwindigkeit U angeströmt wird, zu

$$F = 3\pi\eta UD. \tag{8.6-2}$$

Diese Formel schreibt man häufig dimensionslos und führt dazu auf der linken Seite den Widerstandsbeiwert

$$\zeta_W = \frac{F}{(\rho U^2/2)(\pi D^2/4)} \tag{8.6-3}$$

ein, indem man F auf den dynamischen Druck $\rho U^2/2$ und den Kugelquerschnitt $\pi D^2/4$ bezieht, und außerdem die Reynoldszahl

$$\mathrm{Re} = \frac{UD}{\nu}, \tag{8.6-4}$$

dann lautet (8.6-2)

$$\zeta_W = \frac{24}{\mathrm{Re}}. \tag{8.6-5}$$

Diese Formel ist 1910 von Oseen durch partielle Berücksichtigung der Trägheitsglieder zu

$$\zeta_W = \frac{24}{\mathrm{Re}}\left(1 + \frac{3}{16}\mathrm{Re}\right) \tag{8.6-6}$$

verbessert worden. Messungen zeigen, dass man bis etwa $\mathrm{Re} = 1$ die Stokessche Formel und bis etwa $\mathrm{Re} = 5$ die Oseensche Formel verwenden kann; wie häufig bringt die zweite Näherung nur eine relativ geringe Erweiterung des Gültigkeitsbereichs. Die genauen Werte liegen übrigens zwischen den Formeln (8.6-5) und (8.6-6).

Die Formeln lassen sich gleichermaßen auf das Fallen kleiner Kugeln in Flüssigkeiten, auf das Fallen etwa von Regentropfen wie auf das Aufsteigen von Gasblasen in einer Flüssigkeit anwenden. Das Fallen kleiner Stahlkugeln (Kugelfallviskosimeter) und das Aufsteigen von Gasblasen (Cochiusviskosimeter) wird zur Messung der Viskosität von newtonschen Fluiden ausgenutzt.

Das ebene Gleitlager

Das klassische Beispiel aus der Theorie der Schmiermittelströmung ist das bereits 1886 von Reynolds berechnete ebene Gleitlager: Die untere Lagerfläche ist eine ebene Platte, die sich mit der Geschwindigkeit U in x-Richtung bewegt. Die obere Lagerfläche ruht; ihre Länge in x-Richtung ist L, ihre Breite in z-Richtung wird unendlich groß angenommen (ebenes Problem). Beide Lagerflächen sind schwach gegeneinander geneigt: ihr Abstand h_1 an der Stelle $x = 0$ sei größer als ihr Abstand h_2 an der Stelle $x = L$. Der Spalt sei schmal, d. h. $h_1/L \ll 1$. Der Spalt und

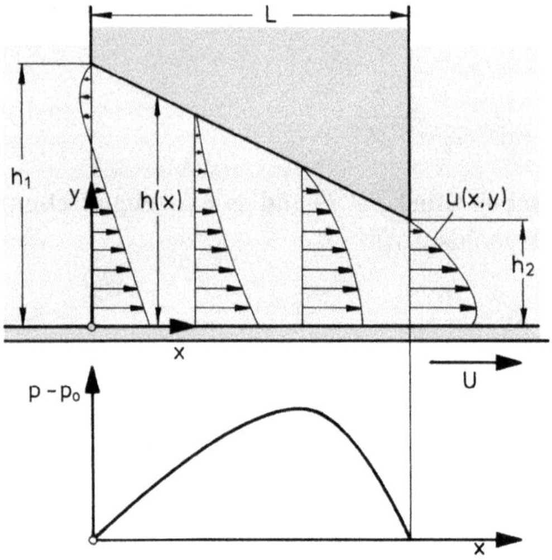

seine Umgebung sei mit einem Fluid angefüllt, das ähnlich wie bei der Couette-Strömung durch die relative Bewegung der beiden Lagerflächen durch den Spalt strömt. Der Druck in diesem Fluid außerhalb des Spalts sei p_0.

Führt man als Abkürzung das Verhältnis

$$k = \frac{h_1}{h_2} \tag{8.6-7}$$

ein, so liefert die Rechnung für die Druckkraft pro Breiteneinheit zwischen den Lagern

$$\frac{F_D}{b} = \int_0^L (p - p_0)\,dx = \frac{6\eta U L^2}{(k-1)^2 h_2^2}\left(\ln k - \frac{2(k-1)}{k+1}\right) \tag{8.6-8}$$

und für die Reibungskraft pro Breiteneinheit auf die untere Lagerfläche

$$\frac{F_R}{b} = -\int_0^L \eta\left(\frac{\partial u}{\partial y}\right)_{y=0} dx = \frac{\eta U L}{(k-1)h_2}\left(4\ln k - \frac{6(k-1)}{k+1}\right). \tag{8.6-9}$$

Die Druckkraft erreicht ihr Maximum für $k = 2{,}2$. Dann ist

$$\frac{F_D}{b} = 0{,}16\frac{\eta U L^2}{h_2^2}, \quad \frac{F_R}{b} = 0{,}75\frac{\eta U L}{h_2}. \tag{8.6-10}$$

Das Verhältnis von Reibungskraft zu Druckkraft ergibt sich dafür zu

$$\frac{F_R}{F_D} = 4{,}7\frac{h_2}{L}, \tag{8.6-11}$$

ist also für einen schmalen Spalt sehr klein.

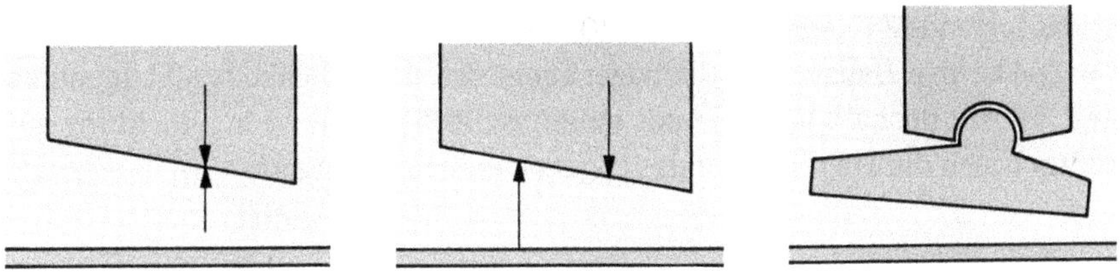

Eine genaue Analyse der Trägheits- und Reibungsglieder in diesem Fall zeigt, dass man die Trägheitsglieder vernachlässigen kann, wenn

$$P := \frac{Uh^2}{\nu L} \ll 1 \tag{8.6-12}$$

ist, wobei h eine mittlere Spaltbreite, etwa $\frac{1}{2}(h_1 + h_2)$ ist; unter dieser Voraussetzung gelten also die obigen Ergebnisse.

Die Rechnung zeigt, dass sich der Druckmittelpunkt nach vorn verschiebt, wenn sich die Neigung der Lagerflächen verringert. Damit tritt ein Moment auf, das die Neigung wieder vergrößert. Entsprechend verschiebt sich der Druckmittelpunkt nach hinten, wenn sich die Neigung der Lagerflächen vergrößert. Wenn man den Gleitschuh (nach Michell) gelenkig befestigt, stellt sich also eine stabile Gleichgewichtsneigung ein.

Aufgabe 1

Berechnen Sie die Druckkraft pro Breiteneinheit, die ein ebenes Lager nach (8.6-8) für $k = 1$ aufnehmen kann, also wenn die beiden Lagerflächen nicht gegeneinander geneigt sind!

Aufgabe 2

Um ein Gefühl für die in einem ebenen Gleitlager übertragenen Kräfte zu bekommen, berechnen Sie

A. die Druckkraft pro Breiteneinheit,
B. den mittleren Druck,
C. die Reibungskraft pro Breiteneinheit,
D. das Verhältnis von Reibungskraft zu Druckkraft

für das folgende Zahlenbeispiel: $U = 10\,\mathrm{m/s}$, $h_1 = 0{,}2\,\mathrm{mm}$, $h_2 = 0{,}1\,\mathrm{mm}$, $L = 10\,\mathrm{cm}$, $\eta = 0{,}04\,\mathrm{kg/m\,s}$. Dabei ist ein Gleitlager allerdings in Wirklichkeit nicht unendlich breit. Es tritt deshalb in der Praxis eine Ausgleichsströmung in z-Richtung auf, wodurch sich die Tragfähigkeit des Lagers merklich verringert.

Zusatzaufgabe

Zeigen Sie, dass aus (8.6-1) für den Druck

$$\Delta p = 0 \qquad (8.6\text{-}13)$$

folgt!

Tab. 8.1: Zusammenstellung grundlegender Gleichungen zur Berechnung von Strömungen.

Axiom	materiell	Gleichung (materiell)	differentiell (inkompressibel)	Stromfaden (stationär)
Massen-erhaltung	Die zeitliche Änderung der Masse in einem materiellen Volumen ist null.	$\frac{d}{dt}\int_{\tilde{V}} \rho(\underline{x},t)dV = 0$	$\operatorname{div}\underline{c} = 0$	$\rho_2 c_2 A_2 - \rho_1 c_1 A_1 = 0$
Impuls-erhaltung	Die zeitliche Änderung des Impulses in einem materiellen Volumen ist gleich den von außen angreifenden Kräften.	$\frac{d}{dt}\int_{\tilde{V}} \rho\,\underline{c}\,dV = \int \rho\,\underline{f}\,dV + \oint \underline{\sigma}\,dA$	$\rho\frac{D\underline{c}}{Dt} = \rho\underline{f} - \operatorname{grad} p + \eta\Delta\underline{c}$	$\frac{c^2}{2} + gz + \frac{p}{\rho} = K = \text{const.}$
Energie-erhaltung	Die zeitliche Änderung der Energie in einem materiellen Volumen ist gleich der durch die äußeren Kräfte verursachten Leistungen und der Wärmezufuhr.	$\frac{d}{dt}\int_{\tilde{V}} \rho(u + \frac{c^2}{2})\,dV = \int \underline{c}\cdot\rho\underline{f}\,dV + \oint \underline{c}\cdot\underline{\sigma}\,dA + \int \rho\,w\,dV - \oint \underline{q}\cdot d\underline{A}$		$h + \frac{c^2}{2} + gz = \text{const.}$

Kapitel 9
Ebene und wirbelfreie Strömungen

In diesem Kapitel wollen wir uns mit zwei speziellen Klassen von Strömungen beschäftigen, bei denen sich das Vektorfeld der Geschwindigkeit aus einem Skalarfeld herleiten lässt, den ebenen Strömungen und den wirbelfreien oder Potentialströmungen. Wir beschränken uns dabei wieder auf inkompressible Fluide.

Im ersten Teil dieses Kapitels wollen wir die grundlegenden Eigenschaften dieser beiden Klassen von Strömungen kennen lernen. Wir benötigen dazu zwei kinematische Begriffe, die Wirbelstärke und die Zirkulation (Lehreinheit 9.1). Danach beschäftigen wir uns zunächst mit den ebenen Strömungen (Lehreinheit 9.2) und dann mit den wirbelfreien Strömungen (Lehreinheit 9.3).

Der zweite Teil dieses Kapitels ist der Schnittmenge beider Klassen, den ebenen Potentialströmungen gewidmet. Zunächst werden die Grundgleichungen dafür hingeschrieben (Lehreinheit 9.4). Die für ebene Potentialströmungen typische Berechnungsmethode ist eine Anwendung der Funktionentheorie; sie wird an einigen elementaren Beispielen erläutert (Lehreinheiten 9.5 und 9.6), anschließend auf das klassische Beispiel der Umströmung eines ebenen Kreiszylinders angewendet (Lehreinheit 9.7) und danach durch konforme Abbildung auf die Umströmung von Tragflügelproblemen übertragen (Lehreinheit 9.8). Schließlich werden Auftrieb und Widerstand eines umströmten Körpers berechnet (Lehreinheit 9.9).

Der dritte Teil des Kapitels bringt einige Ergänzungen. Er stellt den ebenen die rotationssymmetrischen Potentialströmungen gegenüber (Lehreinheit 9.10) und erläutert als eine weitere, nicht auf ebene Strömungen beschränkte Methode zur Berechnung von Potentialströmungen die Singularitätenmethode (Lehreinheit 9.11).

LE 9.1 Wirbelstärke und Zirkulation

In dieser Lehreinheit wollen wir zwei wichtige kinematische Begriffe, die Wirbelstärke und die Zirkulation, kennen lernen, die wir zur Untersuchung ebener und wirbelfreier Strömungen benötigen.

Die Rotation der Geschwindigkeit nennen wir Wirbelstärke und bezeichnen sie mit $\underline{\Omega}$:

$$\boxed{\underline{\Omega} := \operatorname{rot} \underline{c},} \quad \boxed{\Omega_i := \epsilon_{ijk} \frac{\partial c_k}{\partial x_j}.} \tag{9.1-1}$$

https://doi.org/10.1515/9783110641455-009

Es gibt Strömungen, in denen die Wirbelstärke überall verschwindet. Man nennt sie wirbelfreie oder Potentialströmungen; der größte Teil dieses Kapitels ist diesen Strömungen gewidmet. Strömungen, in denen die Wirbelstärke von null verschieden ist, nennt man wirbelbehaftete oder Wirbelströmungen; ihre Gesetze sind Gegenstand des nächsten Kapitels.

In wirbelbehafteten Strömungen bildet neben der Geschwindigkeit auch die Wirbelstärke ein Vektorfeld. Analog zu Stromlinie und Stromröhre im Geschwindigkeitsfeld definiert man dann Wirbellinie und Wirbelröhre im Feld der Wirbelstärke (man sagt dafür auch: im Wirbelfeld): Eine Wirbellinie ist eine Kurve, die in jedem Punkt den Vektor der Wirbelstärke (man sagt dafür auch: den Wirbelvektor) tangiert. Betrachten wir eine beliebige geschlossene Kurve in der Strömung und ziehen durch jeden Punkt dieser Kurve die Wirbellinie, so nennt man die von diesen Wirbellinien gebildete Fläche den Mantel einer Wirbelröhre.

Das Kurvenintegral der Geschwindigkeit längs einer geschlossenen Kurve im Strömungsfeld nennen wir die Zirkulation längs dieser Kurve und bezeichnen es mit Γ:

$$\boxed{\Gamma := \oint \underline{c} \cdot d\underline{x},} \quad \boxed{\Gamma := \oint c_i \, dx_i .} \tag{9.1-2}$$

Unter den Gültigkeitsbedingungen des Stokesschen Satzes (A 50) ist das Flächenintegral der Wirbelstärke über eine Fläche gleich der Zirkulation längs ihrer Randkurve, dann gilt also

$$\boxed{\Gamma := \oint \underline{c} \cdot d\underline{x} = \int \underline{\Omega} \cdot d\underline{A}, \quad \Gamma := \oint c_i \, dx_i = \int \Omega_i dA_i .} \tag{9.1-3}$$

Der Begriff Wirbelfaden wird in einem doppelten Sinne gebraucht: Man versteht darunter manchmal (analog zum Stromfaden) eine Wirbelröhre, deren Querschnitt so klein ist, dass die Wirbelstärke über den Querschnitt als konstant angesehen werden kann. Meistens jedoch versteht man darunter den Grenzfall einer Wirbelröhre innerhalb einer wirbelfreien Strömung für den Fall, dass der Querschnitt der Wirbelröhre gegen null geht und gleichzeitig die Wirbelstärke der Wirbelröhre so gegen unendlich geht, dass die Zirkulation längs einer die Wirbelröhre umschließenden Kurve konstant bleibt. Für einen Wirbelfaden in diesem zweiten Sinne gilt also

$$\Gamma = \lim_{dA \to 0} \underline{\Omega} \cdot d\underline{A}. \tag{9.1-4}$$

Die Analogie von Geschwindigkeitsfeld und Wirbelfeld lässt sich aus folgender Gegenüberstellung erkennen:

Geschwindigkeitsfeld	Wirbelfeld
Stromlinie: tangiert in jedem Punkt den Geschwindigkeitsvektor	Wirbellinie: tangiert in jedem Punkt den Wirbelvektor
Gleichung der Stromlinie: $\underline{c} \times d\underline{x} = \underline{0}$	Gleichung der Wirbellinie: $\underline{\Omega} \times d\underline{x} = \underline{0}$
Stromröhre: wird (in einer richtungsstationären Strömung) von den Stromlinien durch die Punkte einer geschlossenen Kurve gebildet.	Wirbelröhre: wird von den Wirbellinien durch die Punkte einer geschlossenen Kurve gebildet.
Stromfaden: Stromröhre, deren Querschnitt so klein ist, dass alle Strömungsgrößen über den Querschnitt als konstant angesehen werden können.	Wirbelfaden: – (manchmal) Wirbelröhre, deren Querschnitt so klein ist, dass die Wirbelstärke über den Querschnitt als konstant angesehen werden kann. – (meist) Grenzfall einer Wirbelröhre in wirbelfreier Umgebung für den Fall, dass der Querschnitt gegen null geht, aber die Zirkulation längs einer Kurve um die Wirbelröhre herum erhalten bleibt.
Für den Volumenstrom durch eine beliebige Fläche gilt stets $\dot{V} = \int \underline{c} \cdot d\underline{A};$ $\dot{V}$ ist längs einer Strömröhre konstant.	Für die Zirkulation längs einer beliebigen geschlossenen Kurve gilt unter den Gültigkeitsbedingungen des Stokesschen Satzes $\Gamma = \int \underline{\Omega} \cdot d\underline{A};$ Γ ist längst einer Wirbelröhre konstant.

Anschaulich denkt man bei einem Wirbel an eine Strömung, deren Stromlinien konzentrische Kreise sind. Mit diesem Begriff des Wirbels hat die Wirbelstärke nichts zu tun: Etwa die Strömung in der Umgebung eines mit konstanter Winkelgeschwindigkeit rotierenden Zylinders (Aufgabe 2C von Lehreinheit 8.4) verläuft aus Symmetriegründen auf konzentrischen Kreisen, ist aber wirbelfrei; und die Stromlinien der Hagen-Poiseuille-Strömung in einem runden Rohr (Lehreinheit 5.1) sind Geraden, die Strömung ist jedoch wirbelbehaftet; vgl. dazu Aufgabe 1.

Die Wirbelstärke $\underline{\Omega}$, die zum Geschwindigkeitsfeld eines starr rotierenden Körpers gehört, ist gerade doppelt so groß wie die (räumlich konstante) Winkelgeschwindigkeit $\underline{\omega}$ des Körpers, vgl. Aufgabe 2:

$$\boxed{\underline{\Omega} = 2\underline{\omega}.} \tag{9.1-5}$$

(In einem starr rotierenden Fluid ist die Wirbelstärke also ebenfalls räumlich konstant.) Für ein beliebiges Geschwindigkeitsfeld ist eine Winkelgeschwindigkeit zunächst nicht definiert. Man betrachtet dann (9.1-5) als Definitionsgleichung der Winkelgeschwindigkeit oder Drehgeschwindigkeit; für ein beliebiges Geschwindigkeitsfeld ist die Winkelgeschwindigkeit also eine Feldgröße.
Die auf diese Weise definierte Winkelgeschwindigkeit in einem Punkt eines Strömungsfeldes lässt sich auf verschiedene Arten als Mittelwert über eine kleine Umgebung dieses Punktes interpretieren. Man kann z. B. den Drehimpuls in einer kleinen Kugel um diesen Punkt in Bezug auf diesen Punkt ausrechnen; dann ist $\underline{\omega}$ gleich der Winkelgeschwindigkeit, mit der die kleine Kugel starr um eine Achse durch ihren Mittelpunkt rotieren muss, wenn sie bei starrer Rotation denselben Drehimpuls haben soll wie aufgrund des vorliegenden Geschwindigkeitsfeldes.[1] Eine andere anschauliche Interpretation der Winkelgeschwindigkeit wird in der Zusatzaufgabe gegeben.

Aufgabe 1

Berechnen Sie das Feld der Wirbelstärke

A. für die Strömung in der Umgebung eines rotierenden Zylinders (Aufgabe 2C von Lehreinheit 8.4),
B. für die Hagen-Poiseuille-Strömung (Lehreinheit 5.1).

Aufgabe 2

Berechnen Sie das Feld der Wirbelstärke für ein mit der Winkelgeschwindigkeit $\underline{\omega}$ starr um die z-Achse rotierendes Fluid!

Zusatzaufgabe

In einem Strömungsfeld mit beliebiger Geschwindigkeitsverteilung betrachten wir einen kleinen Kreis. Berechnen Sie den Mittelwert der Winkelgeschwindigkeit um die Achse des Kreises für alle Teilchen der Kreisperipherie!
Lösungshinweis: Wählen Sie zunächst ein Koordinatensystem, das die Symmetrien der Aufgabe ausnutzt! Berechnen Sie dann die Geschwindigkeit in einem beliebigen Punkt der Kreisperipherie relativ zur Geschwindigkeit im Kreismittelpunkt; die Tangentialkoordinate dieser Relativgeschwindigkeit, dividiert durch den Radius des Kreises, ergibt die Winkelgeschwindigkeit in diesem Punkt.

1 Diese Aussage gilt in dieser Form nur für ein inkompressibles Fluid.

LE 9.2 Ebene Strömungen

Für ebene Strömungen lässt sich der Geschwindigkeitsvektor aus einem Skalar herleiten, der Stromfunktion. Das hat erhebliche Vereinfachungen zur Folge, die wir im Folgenden kennen lernen werden.

Man nennt eine Strömung eben, wenn eine kartesische Koordinate der Geschwindigkeit null ist und die anderen beiden Koordinaten von der dritten Ortskoordinate nicht abhängen, wenn also bei geeigneter Wahl des Koordinatensystems

$$\boxed{\underline{c} = (u(x,y,t), \upsilon(x,y,t), 0)} \tag{9.2-1}$$

ist. Dann lautet die Kontinuitätsgleichung $(8.3\text{-}4)_1$ einfach

$$\frac{\partial u}{\partial x} + \frac{\partial \upsilon}{\partial y} = 0, \tag{9.2-2}$$

und diese Gleichung kann identisch erfüllt werden durch den Ansatz

$$u = \frac{\partial \Psi}{\partial y}, \quad \upsilon = -\frac{\partial \Psi}{\partial x}. \tag{9.2-3}$$

Die auf diese Weise definierte skalare Funktion Ψ nennt man die Stromfunktion. Wir werden sehen, dass man viele wichtige Größen in einer ebenen Strömung bequem durch die Stromfunktion beschreiben kann.

Die Stromlinien

Für einen beliebigen, aber festen Zeitpunkt t_0 ist

$$d\Psi = \frac{\partial \Psi}{\partial x} dx + \frac{\partial \Psi}{\partial y} dy = -\upsilon\, dx + u\, dy,$$

und das ist nach (3.3-1) längs der Stromlinien null. Die Kurven $\Psi(x,y,t_0) = \text{const}$ stellen also die Stromlinien der ebenen Strömung zum Zeitpunkt t_0 da; von daher hat die Stromfunktion ihren Namen.

Der Geschwindigkeitsbetrag

Wir wollen die um 90° im mathematisch positiven Sinn gegen die Strömungsrichtung gedrehte Richtung mit n bezeichnen, dann gilt zu einem beliebigen, aber festen Zeitpunkt t_0

$$\frac{\partial\Psi}{\partial n} = \frac{\partial\Psi}{\partial x}\frac{\partial x}{\partial n} + \frac{\partial\Psi}{\partial y}\frac{\partial y}{\partial n} = -v\frac{\partial x}{\partial n} + u\frac{\partial y}{\partial n}.$$

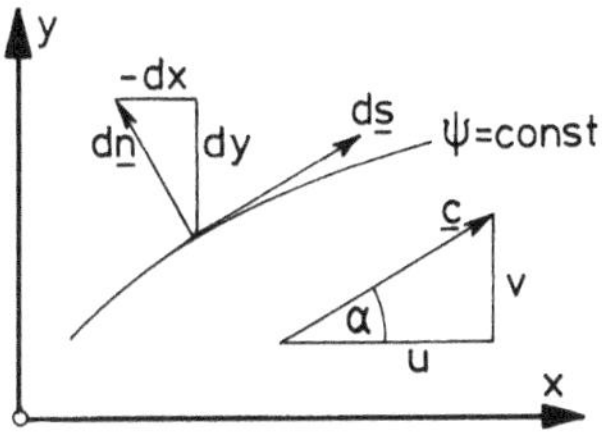

Aus der Figur liest man ab:

$$\sin\alpha = -\frac{\partial x}{\partial n} = \frac{v}{c}, \quad \cos\alpha = \frac{\partial y}{\partial n} = \frac{u}{c},$$

$$\frac{\partial\Psi}{\partial n} = \frac{v^2 + u^2}{c} = c,$$

$$c = \frac{\partial\Psi}{\partial n}, \tag{9.2-4}$$

die Normalenableitung der Stromfunktion ergibt also gerade den Betrag der Geschwindigkeit.

Der Volumenstrom

Der Volumenstrom $\dot{V}_{12}$, der zwischen zwei Stromlinien mit den Stromfunktionen $\Psi(x, y, t_0) = \Psi_1$ und $\Psi(x, y, t_0) = \Psi_2$ auf der Breite[2] b hindurchtritt, ist

$$\dot{V}_{12} = \int_{(1)}^{(2)} cb\, dn = b\int_{(1)}^{(2)} \frac{\partial\Psi}{\partial n} dn = b\int_{(1)}^{(2)} d\Psi = b(\Psi_2 - \Psi_1),$$

$$\frac{\dot{V}_{12}}{b} = (\Psi_2 - \Psi_1), \tag{9.2-5}$$

der Volumenstrom pro Breite zwischen zwei Stromlinien ist also gleich der Differenz der Werte ihrer Stromfunktionen.

Die Wirbelstärke

Die Wirbelstärke hat in einer ebenen Strömung offenbar nur eine Koordinate,

$$\text{rot}\,\underline{c} = (0, 0, \Omega(x, y, t)); \tag{9.2-6}$$

2 Als Breite bezeichnen wir bei ebenen Strömungen jeweils die Ausdehnung in z-Richtung.

setzt man (9.2-1) in (9.1-1) ein, so erhält man

$$\Omega = \frac{\partial v}{\partial x} - \frac{\partial u}{\partial y}. \tag{9.2-7}$$

Wenn man u und v durch Ψ ersetzt, erhält man

$$\Omega = -\Delta\Psi, \tag{9.2-8}$$

die z-Koordinate der Wirbelstärke ist also negativ gleich dem Laplace-Operator der Stromfunktion.

Die Wirbeltransportgleichung

Man kann den Druck aus dem Gleichungssystem (8.3-4) eliminieren, indem man von der Navier-Stokesschen Gleichung die Rotation bildet; diese Gleichung nennt man die Wirbeltransportgleichung.

Wir wollen für den Rest dieser Lehreinheit annehmen, dass die Kraftdichte ein Potential hat, dann tritt auch die Kraftdichte in der Wirbeltransportgleichung nicht mehr auf. Bei einer ebenen Strömung wird die Wirbeltransportgleichung besonders einfach, sie hat dann nämlich nur eine von null verschiedene Koordinate. Von der Navier-Stokesschen Gleichung $(8.3\text{-}4)_2$ existieren dann nur die beiden Koordinaten

$$\begin{aligned} \frac{\partial u}{\partial t} + u\frac{\partial u}{\partial x} + v\frac{\partial u}{\partial y} &= -\frac{\partial}{\partial x}\left(U + \frac{p}{\rho}\right) + \nu\left(\frac{\partial^2 u}{\partial x^2} + \frac{\partial^2 u}{\partial y^2}\right), \\ \frac{\partial v}{\partial t} + u\frac{\partial v}{\partial x} + v\frac{\partial v}{\partial y} &= -\frac{\partial}{\partial y}\left(U + \frac{p}{\rho}\right) + \nu\left(\frac{\partial^2 v}{\partial x^2} + \frac{\partial^2 v}{\partial y^2}\right). \end{aligned} \tag{9.2-9}$$

Man bildet die einzige von null verschiedene Koordinate der Wirbeltransportgleichung, indem man die zweite dieser Gleichungen nach x differenziert und davon die nach y differenzierte erste Gleichung subtrahiert. Führt man in dieser Gleichung nach (9.2-7) Ω ein, so erhält man

$$\frac{\partial \Omega}{\partial t} + u\frac{\partial \Omega}{\partial x} + v\frac{\partial \Omega}{\partial y} = \nu\left(\frac{\partial^2 \Omega}{\partial x^2} + \frac{\partial^2 \Omega}{\partial y^2}\right). \tag{9.2-10}$$

Da Ω nicht von z abhängt, kann man dafür auch

$$\boxed{\frac{D\Omega}{Dt} = \nu\Delta\Omega} \tag{9.2-11}$$

schreiben.[3] In dieser Form ist die Wirbeltransportgleichung anschaulich interpretierbar: Auf der linken Seite steht die zeitliche Änderung des Betrages der Wirbelstärke für ein Teilchen, die rechte Seite lässt sich wegen des Laplace-Operators als Diffusionsterm auffassen. In einer ebenen Strömung ändert sich die Wirbelstärke eines Teilchens also nur durch Wirbeldiffusion; in einer stationären ebenen Strömung ist die Konvektion von Wirbelstärke gleich der Diffusion von Wirbelstärke.

Reduktion des Differentialgleichungssystems auf eine einzige Differentialgleichung

Für ebene Strömungen kann man das partielle Differentialgleichungssystem (8.4-3) aus Kontinuitätsgleichung und Navier-Stokesscher Gleichung auf eine einzige partielle Differentialgleichung zurückführen:

Für ebene Strömungen sind nur die beiden Koordinaten (9.2-9) der Navier-Stokesschen Gleichung von null verschieden, (8.3-4) stellt dann also ein System von drei partiellen Differentialgleichungen für u, v und p dar, und das System ist von zweiter Ordnung. Man kann daraus zunächst p eliminieren, indem man die beiden Gleichungen (9.2-9) durch die Wirbeltransportgleichung ersetzt; man hat dann zwei partielle Differentialgleichungen für u und v, und das System ist von dritter Ordnung. Schließlich kann man in der Wirbeltransportgleichung nach (9.2-3) die Stromfunktion einführen, sie lautet dann

$$\frac{\partial}{\partial t}\Delta_2\Psi + \frac{\partial\Psi}{\partial y}\frac{\partial}{\partial x}\Delta_2\Psi - \frac{\partial\Psi}{\partial x}\frac{\partial}{\partial y}\Delta_2\Psi = \nu\Delta_2\Delta_2\Psi$$
$$\text{mit} \quad \Delta_2 = \frac{\partial^2}{\partial x^2} + \frac{\partial^2}{\partial y^2}. \tag{9.2-12}$$

Das ist eine partielle Differentialgleichung vierter Ordnung. Da die Kontinuitätsgleichung durch die Stromfunktion identisch erfüllt wird, ist damit das Differentialgleichungssystem (8.3-4) auf eine einzige Differentialgleichung zurückgeführt.

Aufgabe 1

Gegeben ist die Stromfunktion

$$\Psi = \frac{3}{2}ax^2y^2 - \frac{a}{4}(x^4 + y^4) + k,$$

wobei a und k Konstanten sind.

---

3 In dieser Schreibung kommt zwar die Beschränkung auf ebene Strömungen nicht zum Ausdruck, sie gilt aber trotzdem nur unter dieser Einschränkung; die allgemeine Wirbeltransportgleichung wird in Zusatzaufgabe 2 von Lehreinheit 9.3 hergeleitet.

A. Wie lautet die Stromfunktion, wenn a gegeben ist und im Punkt $P_1 = (1, 1)$ der Wert der Stromfunktion $2a$ beträgt?
B. Wie groß sind die Geschwindigkeitskoordinaten u und v?
C. Wie groß ist der Geschwindigkeitsbetrag?
D. Wie groß ist der Volumenstrom $\dot{V}/b$ pro Breiteneinheit zwischen den Stromlinien, die durch die Punkte $P_0 = (0, 0)$ und $P_1 = (1, 1)$ gehen?
E. Wie groß ist die Wirbelstärke Ω?

Aufgabe 2

Berechnen Sie $\partial\Psi/\partial s$ für die in Aufgabe 1 gegebene Stromfunktion, wenn s die Koordinate in Richtung der Stromlinien ist!

Aufgabe 3

Wie lautet die Wirbeltransportgleichung für ebene Schleichströmungen?

LE 9.3 Wirbelfreie Strömungen (Potentialströmungen)

Auch für wirbelfreie Strömungen lässt sich der Geschwindigkeitsvektor aus einem Skalar herleiten, dem Geschwindigkeitspotential. Wieder ergeben sich daraus Vereinfachungen bei der Berechnung solcher Strömungen.

In einer wirbelfreien Strömung gilt überall $\underline{\Omega} := \operatorname{rot} \underline{c} = \underline{0}$. Dann lässt sich die Geschwindigkeit als Gradient eines (Geschwindigkeits-)Potentials Φ schreiben, vgl. Zusatzaufgabe 1 von Lehreinheit 2.1:

$$\boxed{\begin{aligned} \operatorname{rot} \underline{c} = \underline{0} \quad &\Longleftrightarrow \quad \underline{c} = \operatorname{grad} \Phi, \\ \epsilon_{ijk} \frac{\partial c_k}{\partial x_j} = 0 \quad &\Longleftrightarrow \quad c_i = \frac{\partial \Phi}{\partial x_i}. \end{aligned}} \tag{9.3-1}$$

Man nennt eine wirbelfreie Strömung deshalb auch eine Potentialströmung.

Die Kontinuitätsgleichung

Setzt man $c_i = \partial\Phi/\partial x_i$ in die Kontinuitätsgleichung $(8.3\text{-}4)_1$ ein, so folgt

$$\frac{\partial}{\partial x_i}\frac{\partial\Phi}{\partial x_i} = 0,$$

$$\boxed{\frac{\partial^2\Phi}{\partial x_i^2} = 0,} \qquad \boxed{\Delta\Phi = 0.} \tag{9.3-2}$$

Das Geschwindigkeitspotential einer wirbelfreien Strömung genügt also der Laplaceschen Differentialgleichung oder Potentialgleichung.

Man kann demnach das Geschwindigkeitspotential (und daraus die Geschwindigkeit) einer wirbelfreien Strömung allein aus der Kontinuitätsgleichung ermitteln; und da die Differentialgleichung (9.3-2) linear ist, kann man (anders als bei wirbelbehafteten Strömungen) zwei Lösungen zu einer neuen Lösung überlagern.

Aus der Theorie der Potentialgleichung ist bekannt, dass eine passende Randbedingung die Vorgabe der Normalenableitung $\partial\Phi/\partial n$ längs des Randes ist. $\partial\Phi/\partial n$ entspricht physikalisch der Normalkoordinate der Geschwindigkeit. Man kann demnach an einer festen Wand das Verschwinden der Normalkomponente der Geschwindigkeit fordern, nicht aber außerdem das Verschwinden der Tangentialkomponente, also Wandhaftung. Das bedeutet, dass Potentialströmungen an einer festen Wand im Allgemeinen die Randbedingung für reibungsfreie Fluide, nicht aber die Randbedingung für newtonsche Fluide erfüllen. Wir werden darauf in der Grenzschichttheorie zurückkommen.

Die Bewegungsgleichung

Für die folgende Diskussion ist es nützlich, die Navier-Stokessche Gleichung (8.3-3) unter Ausnutzung der beiden folgenden vektoranalytischen Identitäten für einen beliebigen Vektor $\underline{A}$ umzuformen, vgl. Zusatzaufgabe 1:

$$\underline{A} \times \operatorname{rot}\underline{A} = \operatorname{grad}\frac{A^2}{2} - \underline{A}\cdot\operatorname{grad}\underline{A}, \tag{9.3-3}$$

$$\operatorname{rot}\operatorname{rot}\underline{A} = \operatorname{grad}\operatorname{div}\underline{A} - \Delta\underline{A}. \tag{9.3-4}$$

Man erhält dann aus (8.3-3) zusammen mit (3.2-8) und (3.5-14), wenn man noch durch das konstante ρ dividiert,

$$\frac{\partial \underline{c}}{\partial t} + \operatorname{grad}\left(\frac{c^2}{2} + \frac{p}{\rho}\right) - \underline{c} \times \operatorname{rot} \underline{c} = \underline{f} - \nu \operatorname{rot} \operatorname{rot} \underline{c} \tag{9.3-5}$$

und für eine Potentialströmung

$$\frac{\partial \underline{c}}{\partial t} + \operatorname{grad}\left(\frac{c^2}{2} + \frac{p}{\rho}\right) = \underline{f}. \tag{9.3-6}$$

An dieser Gleichung fällt zunächst auf, dass das Zähigkeitsglied weggefallen ist:

In einer wirbelfreien Strömung eines inkompressiblen newtonschen Fluids hat die Zähigkeit auf das Geschwindigkeits- und Druckfeld keinen Einfluss.

Führt man im instationären Glied von (9.3-6) nach (9.3-1) das Geschwindigkeitspotential ein, so lautet die Gleichung

$$\operatorname{grad}\left(\frac{\partial \Phi}{\partial t} + \frac{c^2}{2} + \frac{p}{\rho}\right) = \underline{f}. \tag{9.3-7}$$

Wie in einem ruhenden inkompressiblen Fluid (vgl. Lehreinheit 2.3) muss also auch hier die Kraftdichte $\underline{f}$ stets ein (Kräfte-)Potential U besitzen; es gilt, vgl. (2.2-1):

$$\boxed{\begin{aligned} \operatorname{rot} \underline{f} &= \underline{0} \quad &\Longleftrightarrow \quad \underline{f} &= -\operatorname{grad} U, \\ \epsilon_{ijk} \frac{\partial f_k}{\partial x_j} &= 0 \quad &\Longleftrightarrow \quad f_i &= -\frac{\partial U}{\partial x_i}. \end{aligned}} \tag{9.3-8}$$

(Das unterschiedliche Vorzeichen bei der Definition des Potentials in (9.3-1) und (9.3-8) ist Konvention.)

Eine wirbelfreie Strömung ist in einem inkompressiblen newtonschen Fluid nur möglich, wenn auch die Kraftdichte wirbelfrei ist.

Integriert man (9.3-7) zwischen zwei beliebigen Punkten 1 und 2 des Strömungsfeldes, so erhält man

$$\begin{aligned} \frac{\partial(\Phi_2 - \Phi_1)}{\partial t} + \frac{c_2^2 - c_1^2}{2} + \frac{p_2 - p_1}{\rho} + U_2 - U_1 &= 0, \\ \frac{\partial \Phi}{\partial t} + \frac{c^2}{2} + \frac{p}{\rho} + U &= F(t), \end{aligned} \qquad (9.3\text{-}9)$$

mit $c = |\operatorname{grad} \Phi|$.

Auch diese Gleichung nennt man Bernoullische Gleichung. Speziell für stationäre Strömungen im Schwerefeld fällt sie, wenn man die z-Achse wie in (4.3-2) entgegen der Schwerkraft wählt, mit (4.3-2) zusammen:

$$\frac{c^2}{2} + \frac{p}{\rho} + gz = \text{const.} \qquad (9.3\text{-}10)$$

Wie ein Vergleich der Herleitung von (4.3-2) und (9.3-10) zeigt, gilt die Bernoullischen Gleichung in dieser Form

- nur für stationäre Strömungen,
- nur für inkompressible Fluide,
- nur im Schwerefeld

und *entweder*

- auch für wirbelbehaftete Strömungen,
- nur für reibungsfreie Fluide,
- nur längs einer Stromlinie,

oder

- nur für wirbelfreie Strömungen,
- für reibungsfreie und für newtonsche Fluide,
- im ganzen Strömungsfeld.

Hat man aus der Potentialgleichung (9.3-2) das Geschwindigkeitsfeld einer Potentialströmung berechnet, so kann man für eine stationäre Strömung aus der Bernoullischen Gleichung (9.3-10) sofort das Druckfeld ermitteln.

Aufgabe 1

Wir haben jetzt drei verschieden Bernoullische Gleichungen kennen gelernt: die Bernoullische Gleichung der Stromfadentheorie

$$\int_{(1)}^{(2)} \frac{\partial c}{\partial t} ds + \frac{c_2^2 - c_1^2}{2} + \frac{p_2 - p_1}{\rho} + g(z_2 - z_1) + \frac{\Delta p_V}{\rho} = 0, \qquad (a)$$

die Bernoullische Gleichung der Gasdynamik

$$\frac{c_2^2 - c_1^2}{2} + \frac{\kappa}{\kappa - 1}\left(\frac{p_2}{\rho_2} - \frac{p_1}{\rho_1}\right) + g(z_2 - z_1) = 0 \qquad \text{(b)}$$

und die Bernoullische Gleichung der Potentialtheorie

$$\frac{\partial(\Phi_2 - \Phi_1)}{\partial t} + \frac{c_2^2 - c_1^2}{2} + \frac{p_2 - p_1}{\rho} + g(z_2 - z_1) = 0. \qquad \text{(c)}$$

A. Wodurch unterscheidet sich der Gültigkeitsbereich dieser drei Gleichungen in der obigen Form?

Bernoullische Gleichung	nur für stationäre Strömungen (1)	nur für inkompressible Fluide (2)	nur für reibungsfreie Fluide (3)	nur für wirbelfreie Strömungen (4)	nur längs eines Stromfadens (5)
der Stromfadentheorie	□	□	□	□	□
der Gasdynamik	□	□	□	□	□
für Potentialströmmungen	□	□	□	□	□

B. Aus welchen Bilanzgleichungen werden die verschiedenen Bernoullischen Gleichungen gewonnen?

Aufgabe 2

Wir betrachten eine wirbelfreie Strömung eines inkompressiblen newtonschen Fluids mit räumlich konstanter Zähigkeit. Hat die Zähigkeit dann Einfluss auf

A. die Geschwindigkeitsverteilung, ja □ nein □
B. die Druckverteilung, ja □ nein □
C. die Schubspannungsverteilung, ja □ nein □
D. die Dichteverteilung? ja □ nein □

Zusatzaufgabe 1

Beweisen Sie die vektoranalytischen Identitäten (9.3-3) und (9.3-4), indem Sie jeweils die linke Seite in Koordinatenschreibweise übersetzen, den entstandenen Ausdruck mit Hilfe des Entwicklungssatzes (A 23) vereinfachen und das Ergebnis in symbolische Schreibweise zurückübersetzen!

Zusatzaufgabe 2

Leiten Sie die allgemeine Wirbeltransportgleichung ab, indem Sie von der Navier-Stokesschen Gleichung in der Form

$$\frac{\partial \underline{c}}{\partial t} + \operatorname{grad}\left(\frac{c^2}{2} + \frac{p}{\rho}\right) - \underline{c} \times \underline{\Omega} = \underline{f} + \nu \Delta \underline{c}$$

die Rotation nehmen und so weit wie möglich $\underline{c}$ durch $\underline{\Omega}$ ersetzen!

LE 9.4 Die Grundgleichungen für ebene Potentialströmungen

Es ist plausibel, dass Strömungen, die zugleich eben und wirbelfrei sind, besonders einfach zu berechnen sind. In dieser Lehreinheit wollen wir zunächst die Grundgleichungen für ebene Potentialströmungen aufstellen und ihre wichtigsten Eigenschaften behandeln. In den folgenden Lehreinheiten werden wir Lösungsmethoden dafür kennen lernen.

Für ebene Potentialströmungen existiert sowohl ein Geschwindigkeitspotential als auch eine Stromfunktion. Es gilt also in tabellarischer Form

für das Geschwindigkeitspotential nach (9.3-1)	für die Stromfunktion nach (9.2-3)
$$u = \frac{\partial \Phi}{\partial x}, \quad v = \frac{\partial \Phi}{\partial y}, \qquad (9.4\text{-}1)$$	$$u = \frac{\partial \Psi}{\partial y}, \quad v = -\frac{\partial \Psi}{\partial x}, \qquad (9.4\text{-}2)$$
nach (9.3-2)	nach (9.2-8)
$$\frac{\partial^2 \Phi}{\partial x^2} + \frac{\partial^2 \Phi}{\partial y^2} = 0, \qquad (9.4\text{-}3)$$	$$\frac{\partial^2 \Psi}{\partial x^2} + \frac{\partial^2 \Psi}{\partial y^2} = 0. \qquad (9.4\text{-}4)$$

Geschwindigkeitspotential und Stromfunktion genügen also beide derselben Differentialgleichung, und zwar der ebenen Potentialgleichung.

Beide Größen sind nach (9.4-1) und (9.4-2) durch die Cauchy-Riemannschen Differentialgleichungen

$$\frac{\partial\Phi}{\partial x} = \frac{\partial\Psi}{\partial y}, \quad \frac{\partial\Phi}{\partial y} = -\frac{\partial\Psi}{\partial x} \tag{9.4-5}$$

miteinander verknüpft.

Aufgabe 1

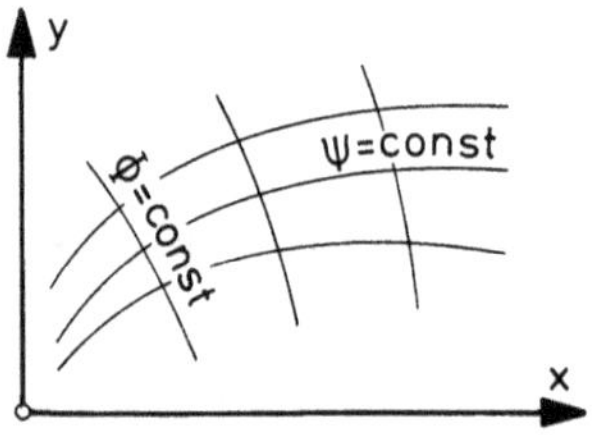

Zeigen Sie, dass die Orthogonalitätsrelation

$$\boxed{\operatorname{grad}\Phi \cdot \operatorname{grad}\Psi = 0} \tag{9.4-6}$$

gilt, die Potentiallinien Φ = const und die Stromlinien Ψ = const also ein orthogonales Kurvennetz bilden!

Aufgabe 2

A. Welche Beziehung muss zwischen den Konstanten a und b existieren, damit $\Phi = ax^3y + bxy^3$ eine Potentialfunktion ist?
B. Berechnen Sie für diesen Fall die Stromfunktion Ψ!
C. Wie groß ist der Geschwindigkeitsvektor $\underline{c}$?

LE 9.5 Anwendung der Funktionentheorie (Teil 1)

Eine spezifische Methode zur Berechnung ebener Potentialströmungen ist die Anwendung der Funktionentheorie. Wir wollen sie in den nächsten beiden Lehreinheiten kennen lernen und an einfachen Beispielen erläutern.

Nach (9.4-3) und (9.4-4) genügen Geschwindigkeitspotential und Stromfunktion einer ebenen Potentialströmung den Cauchy-Riemannschen Differentialgleichungen. Deshalb kann man Geschwindigkeitspotential $\Phi(x, y)$ und Stromfunktion $\Psi(x, y)$ jeder ebenen Potentialströmung als Realteil und Imaginärteil einer analytischen Funktion[4] $W(z)$ auffassen und umgekehrt Realteil und Imaginärteil jeder

4 Zum Begriff der analytischen Funktion vgl. die Wiederholungen aus der Funktionentheorie im Anhang.

analytischen Funktion als Geschwindigkeitspotential[5] und Stromfunktion einer ebenen Potentialströmung.[6]

Komplexes Potential und Geschwindigkeit

Es sei $W(z) = \Phi(x,y) + i\Psi(x,y)$ eine analytische Funktion. Dann ist einerseits nach der Kettenregel

$$\frac{\partial W}{\partial x} = \frac{dW}{dz}\frac{\partial z}{\partial x} = \frac{dW}{dz},$$

andererseits ist nach (A 74) mit (9.4-1) und (9.4-2)

$$\frac{\partial W}{\partial x} = \frac{\partial \Phi}{\partial x} + i\frac{\partial \Psi}{\partial x} = u - iv,$$

daraus folgt

$$\boxed{\frac{dW}{dz} = u(x,y) - i\,v(x,y),} \tag{9.5-1}$$

die Ableitung der analytischen Funktion $W(z)$ liefert also die Koordinaten der Geschwindigkeit: ihr Realteil ist gleich u, ihr negativer Imaginärteil gleich v. Man nennt deshalb die Funktion $W(z)$ das komplexe Potential der Strömung, deren Geschwindigkeitspotential $\Phi(x,y)$ und deren Stromfunktion $\Psi(x,y)$ ist. (Statt durch Ableitung des komplexen Potentials nach (9.5-1) lassen sich u und v natürlich auch nach (9.4-1) aus dem Geschwindigkeitspotential oder nach (9.4-2) aus der Stromfunktion berechnen.)

Der Betrag der Geschwindigkeit ist gegeben durch

$$c = \sqrt{u^2 + v^2} = \sqrt{(u+iv)(u-iv)},$$

also ist

$$c = \sqrt{\frac{d\overline{W}}{d\overline{z}}\frac{dW}{dz}}. \tag{9.5-2}$$

5 Man sagt statt Geschwindigkeitspotential in diesem Zusammenhang auch Potentialfunktion.

6 Es ist üblich, einerseits Realteil und Geschwindigkeitspotential, andererseits Imaginärteil und Stromfunktion zu identifizieren. Mathematisch könnte man genauso gut den Realteil mit der Stromfunktion und den Imaginärteil mit dem Geschwindigkeitspotential gleichsetzen.

Wir wollen im Folgenden einigen wichtige komplexe Potentiale untersuchen. Aus diesen Beispielen als Bausteine werden wir später durch Superposition physikalisch und technisch wichtige Strömungen aufbauen.

Die Parallelströmung

Wir untersuchen als Erstes das komplexe Potential

$$W(z) = ae^{-i\alpha}z + b,$$

wobei a, b und α reelle Konstanten sind.

Geschwindigkeitspotential und Stromfunktion
Zerlegung in Real- und Imaginärteil ergibt mit (A 71) und (A 72)

$$\begin{aligned} W &= a\,(\cos\alpha - i\sin\alpha)(x+iy) + b \\ &= \underbrace{a\,[x\cos\alpha + y\sin\alpha] + b}_{\Phi} + i\,\underbrace{a\,[y\cos\alpha - x\sin\alpha]}_{\Psi} \end{aligned}$$

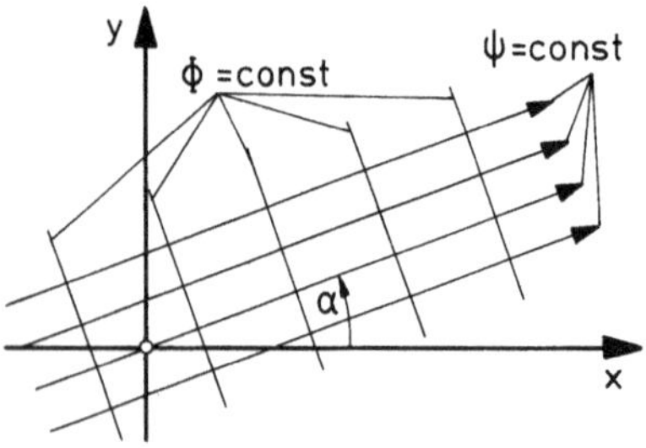

Die Stromlinien Ψ = const sind Geraden, die um den Winkel α gegenüber der x-Achse geneigt sind. Die Potentiallinien Ψ = const stehen auf den Stromlinien senkrecht.

Geschwindigkeit
Ableitung des komplexen Potentials ergibt

$$u - iv = \frac{dW}{dz} = ae^{-i\alpha} = \underbrace{a\cos\alpha}_{u} - i\,\underbrace{a\sin\alpha}_{v},$$

$$c = \sqrt{u^2 + v^2} = a,$$

d. h. die Konstante a stellt gerade den Betrag der Geschwindigkeit in der Parallelströmung dar.

Physikalische Interpretation

Eine Parallelströmung, die um den Winkel α gegen die x-Achse geneigt ist und deren Geschwindigkeit überall den Betrag c hat, hat das komplexe Potential

$$\boxed{W(z) = ce^{-i\alpha}z.} \tag{9.5-3}$$

Bemerkungen

Eine additive Konstante im komplexen Potential hat keinen Einfluss auf das Geschwindigkeitsfeld, da sie bei der Differentiation herausfällt. $W(z) = ce^{-i\alpha}z + b$ stellt also dieselbe Parallelströmung dar.

Die Richtung der Stromlinien kann man stets auf zweierlei Art bestimmen:

- aus dem Vorzeichen von u und v,
- aus der Regel, dass die Geschwindigkeit auf jeder Stromlinie in die Richtung weist, in der der Wert des Geschwindigkeitspotentials längs der Stromlinie zunimmt.

Der Potentialwirbel

Wir untersuchen als nächstes das komplexe Potential

$$W(z) = -iB\ln\frac{z}{a},$$

wobei a und B reelle Konstanten sind.[7]

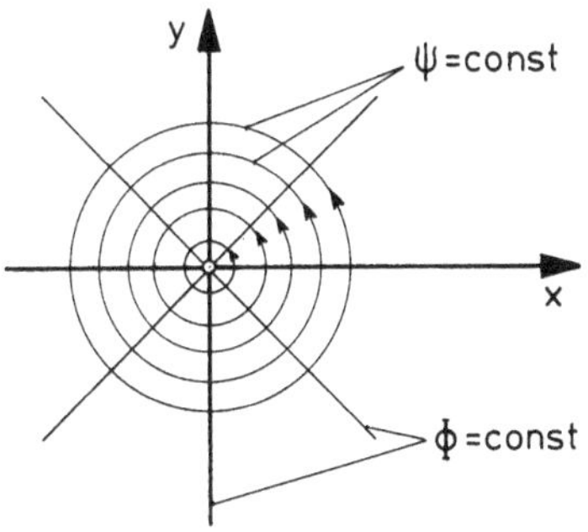

Geschwindigkeitspotential und Stromfunktion

Zerlegung in Real- und Imaginärteil bei Benutzung von Polarkoordinaten ergibt:

$$W = -iB\ln\left(\frac{r}{a}e^{i\varphi}\right) = +\underbrace{B\varphi}_{\Phi} + i\underbrace{\left(-B\ln\frac{r}{a}\right)}_{\Psi}.$$

7 Mathematisch ist $-iB\ln(z/a) = -iB\ln z + iB\ln a$. Die Konstante a geht also nur in eine additive Konstante des komplexen Potentials ein und ist deshalb physikalisch bedeutungslos. Sie wird eingeführt, um die Regel des Größenkalküls zu erfüllen, dass das Argument einer mathematischen Funktion dimensionslos sein muss.

Die Stromlinien sind Kreise um den Ursprung ($r = 0$), die Potentiallinien sind Strahlen vom Ursprung aus.

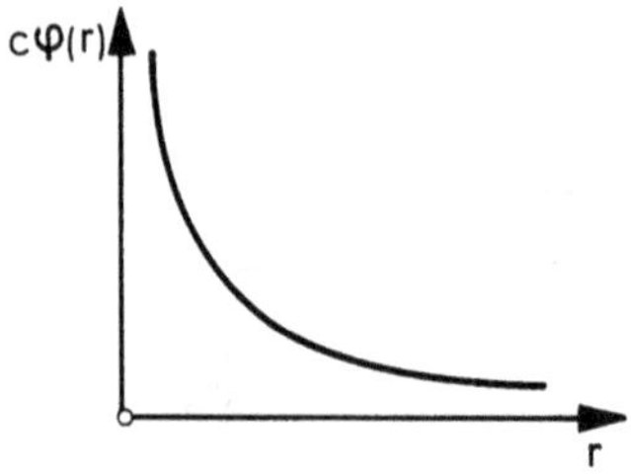

Geschwindigkeit

Ableitung des komplexen Potentials ergibt:

$$u - iv = \frac{dW}{dz} = \frac{-iB}{z} = \frac{-iB}{re^{i\varphi}} = \underbrace{-\frac{B}{r}\sin\varphi}_{u} \underbrace{-i\frac{B}{r}\cos\varphi}_{v},$$

$$c = \sqrt{u^2 + v^2} = \frac{B}{r} = c_\varphi(r).$$

Die Strömung hat nur eine Umfangskoordinate $c_\varphi(r)$ der Geschwindigkeit, die im Ursprung ($r = 0$) unendlich groß wird.

Physikalische Interpretation

Wir berechnen die Zirkulation der Strömung längs eines Kreises mit dem Radius R: Auf dem Kreis ist $dx = R\,d\varphi$,

$$\Gamma = \oint \underline{c} \cdot d\underline{x} = c_\varphi(R)R \int_0^{2\pi} d\varphi = \frac{B}{R} R 2\pi = 2\pi B$$

unabhängig von R. Die Zirkulation Γ ist also konstant, auch wenn der Radius R des Kreises gegen null geht. Längs der Geraden senkrecht zur Strömungsebene durch den Ursprung liegt also ein Wirbelfaden, der für $B > 0$ mathematisch positiv (entgegen dem Uhrzeigersinn) und für $B < 0$ mathematisch negativ dreht.

Ein Wirbelfaden mit der Zirkulation Γ im Punkt z_0 hat also das komplexe Strömungspotential

$$\boxed{W(z) = -\frac{i\Gamma}{2\pi} \ln \frac{z - z_0}{a}.} \qquad (9.5\text{-}4)$$

Für $\Gamma > 0$ ist der Drehsinn des Wirbelfadens mathematisch positiv, für $\Gamma < 0$ mathematisch negativ. Die Konstante a wird aus dimensionellen Gründen eingeführt und ist physikalisch bedeutungslos.

Bemerkungen

Wir haben es hier also mit einer Potentialströmung zu tun, für welche die Zirkulation für einen beliebigen Kreis um den Ursprung nicht verschwindet. Der Grund ist, mathematisch gesprochen, dass die Geschwindigkeit im Ursprung nicht differenzierbar, m. a. W. $W(z)$ dort nicht analytisch ist. Eine solche Stelle in einem Strömungsfeld nennt man singulär. Einen geraden Wirbelfaden inmitten einer im Übrigen wirbelfreien Strömung nennt man auch einen Potentialwirbel.

Für eine Potentialströmung folgt aus der Definition (9.1-2) der Zirkulation

$$\Gamma = \oint \frac{\partial \Phi}{\partial x_i} dx_i = \oint d\Phi;$$

die Zirkulation ist also nur dann von null verschieden, wenn das Geschwindigkeitspotential nach einem vollen Umlauf längs der Kurve nicht wieder den Ausgangswert annimmt, also mehrdeutig ist, wie das beim Potentialwirbel der Fall ist.

Aufgabe 1

Gegeben ist das komplexe Strömungspotential $W = Az^n$.

A. Bestimmen Sie für $n = 4, 2, 1, 2/3, 1/2$ das Geschwindigkeitspotential $\Phi(r, \varphi)$ und die Stromfunktion $\Psi(r, \varphi)$!
B. Ermitteln Sie aus A die Geschwindigkeitskoordinaten $u(r, \varphi)$ und $v(r, \varphi)$!
C. Skizzieren Sie die Stromlinienbilder unter Angabe der Strömungsrichtung!

Aufgabe 2

Berechnen Sie den Betrag der Geschwindigkeit eines Potentialwirbels im Ursprung mit der Zirkulation Γ!

Aufgabe 3

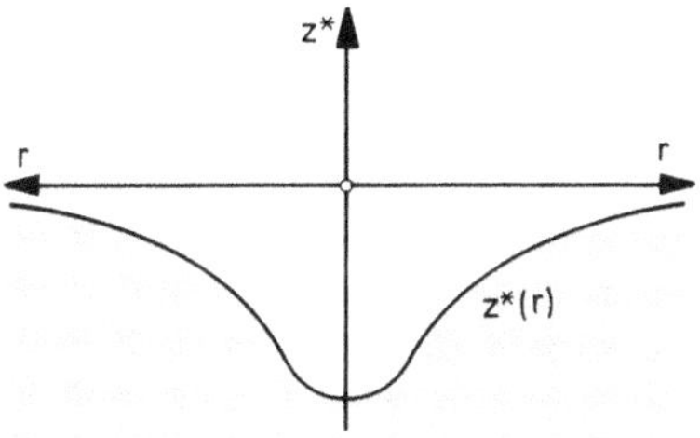

In einer Flüssigkeit mit freier Oberfläche sei ein Wirbel gegeben, der durch das komplexe Strömungspotential $W = -i\ m \ln(z/a)$ beschrieben werden kann. Aufgrund der damit zusammenhängenden Geschwindigkeitsverteilung $c(r)$ nimmt die freie Flüssigkeitsoberfläche eine Form an, wie sie etwa in der Skizze dargestellt ist.

A. Berechnen Sie die Geschwindigkeit $c(r)$ aus W!
B. Berechnen Sie die Geschwindigkeit für $r \to \infty$!
C. Bestimmen Sie die Flüssigkeitsoberfläche $z^*(r)$!
D. Berechnen Sie die Zirkulation Γ!

Zusatzaufgabe

Wie lautet das komplexe Potential für die ebene Potentialströmung der Aufgabe 2 von Lehreinheit 9.4?

LE 9.6 Anwendung der Funktionentheorie (Teil 2)

Die Quell- oder Senkenströmung

Wir untersuchen jetzt das komplexe Potential

$$W(z) = B \ln \frac{z}{a},$$

wobei a und B reelle Konstanten sind. Für a gilt dasselbe wie beim Potentialwirbel.

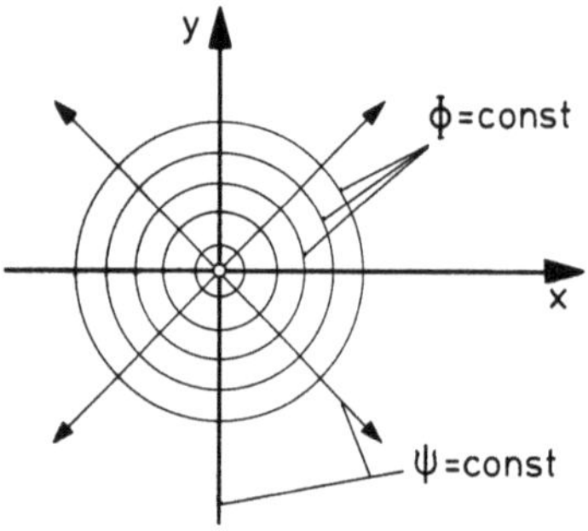

Geschwindigkeitspotential und Stromfunktion

Zerlegung in Real- und Imaginärteil bei der Benutzung von Polarkoordinaten ergibt:

$$W = B \ln\left(\frac{r}{a} e^{i\varphi}\right) = \underbrace{B \ln \frac{r}{a}}_{\Phi} + i \underbrace{B\varphi}_{\Psi} .$$

Die Stromlinien sind Strahlen vom Ursprung aus, die Potentiallinien Kreise um den Ursprung.

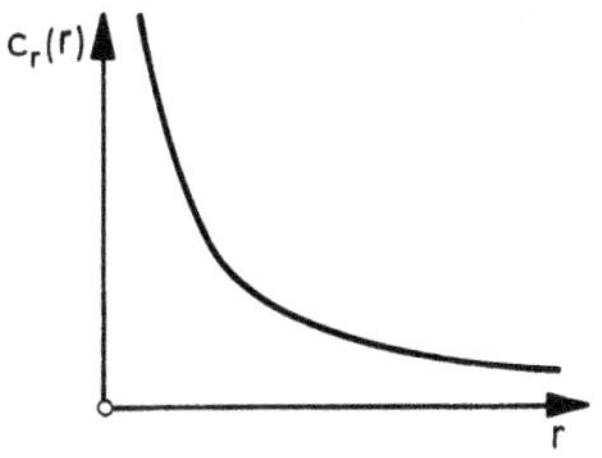

Geschwindigkeit

Ableitung des komplexen Potentials ergibt:

$$u - iv = \frac{dW}{dz} = \frac{B}{z} = \frac{B}{re^{i\varphi}} = \underbrace{\frac{B}{r}\cos\varphi}_{u} - i\underbrace{\frac{B}{r}\sin\varphi}_{v},$$

$$c = \sqrt{u^2 + v^2} = \frac{B}{r} = c_r(r).$$

Die Strömung hat nur eine Radialkoordinate $c_r(r)$ der Geschwindigkeit, die im Ursprung unendlich groß wird.

Physikalische Interpretation

Wir berechnen den Volumenstrom durch einen Kreiszylinder, dessen Achse senkrecht zur Strömungsebene durch den Ursprung geht und der den Radius R und die Höhe b hat: Es ist $dA = bR\,d\varphi$,

$$\dot{V} = \oint \underline{c} \cdot d\underline{A} = c_r(R)bR \int_0^{2\pi} d\varphi = \frac{B}{R} bR2\pi = 2\pi Bb$$

unabhängig von R. Der Volumenstrom $\dot{V}$ bleibt also konstant, auch wenn der Radius R des Kreises gegen null geht. In der Zylinderachse muss also eine Linienquelle (für $B > 0$) oder eine Liniensenke (für $B < 0$) liegen. Als Quellstärke Q bezeichnet man den Volumenstrom $\dot{V}$, dividiert durch die Höhe b des Zylinders senkrecht zur Strömungsebene; es ist also

$$Q = \frac{\dot{V}}{b} = 2\pi B.$$

Eine Linienquelle mit der Quellstärke $Q > 0$ im Punkt z_0 hat also das komplexe Strömungspotential

$$\boxed{W(z) = \frac{Q}{2\pi} \ln \frac{z - z_0}{a}.} \qquad (9.6\text{-}1)$$

Für $Q < 0$ beschreibt (9.6-1) eine Liniensenke.[8]

8 Die Konstante a wird wieder aus dimensionellen Gründen eingeführt und ist physikalisch bedeutungslos.

Bemerkungen

Wir haben es hier also mit einer inkompressiblen Strömung zu tun, für die der Volumenstrom $\dot{V} = \oint \underline{c} \cdot d\underline{A}$ durch eine geschlossene Fläche von null verschieden ist, die Kontinuitätsgleichung (3.5-13) also verletzt ist. Der Grund ist, mathematisch gesprochen, wieder, dass der Ursprung eine singuläre Stelle des Strömungsfeldes ist. Anschaulich stellt sie eine Linienquelle oder eine Liniensenke inmitten einer im Übrigen quellenfreien und wirbelfreien Strömung dar.

Für den Volumenstrom $\dot{V}_{12}$ auf einer Breite b senkrecht zur Strömungsebene zwischen den beiden Stromlinien Ψ_1 und Ψ_2 gilt in einer ebenen Strömung nach (9.2-5)

$$\dot{V}_{12} = b\,(\Psi_2 - \Psi_1).$$

Der Volumenstrom durch eine geschlossene Fläche ist also nur dann von null verschieden, wenn die Stromfunktion nach einem vollen Umlauf nicht wieder den Ausgangswert annimmt, also mehrdeutig ist, wie das bei der Quellströmung und der Senkenströmung der Fall ist.

Die Dipolströmung

Da die Laplacesche Differentialgleichung linear ist, erhält man durch Überlagerung von komplexen Strömungspotentialen neue komplexe Strömungspotentiale.

Die Überlagerung von einer Quelle und einer Senke gleicher Intensität $|Q|$ im Abstand $2x_0$ auf der x-Achse ergibt:

$$W(z) = \frac{Q}{2\pi} \ln \frac{z + x_0}{a} + \frac{-Q}{2\pi} \ln \frac{z - x_0}{a} = \frac{Q 2x_0}{2\pi a} \frac{\ln \frac{z+x_0}{a} - \ln \frac{z-x_0}{a}}{\frac{2x_0}{a}}.$$

Für $x_0 \to 0$ geht $W \to 0$, d. h. Quelle und Senke löschen sich gegenseitig aus. Wächst aber gleichzeitig die Intensität $|Q|$ so gegen unendlich, dass das Produkt

$$M = 2x_0 Q \tag{9.6-2}$$

endlich bleibt, so ergibt sich für $x_0 \to 0$

$$W(z) = \frac{M}{2\pi a} \frac{d}{d\frac{z}{a}} \ln \frac{z}{a} = \frac{M}{2\pi a} \frac{a}{z} = \frac{M}{2\pi} \frac{1}{z}.$$

Die Größe M nennt man Dipolmoment.

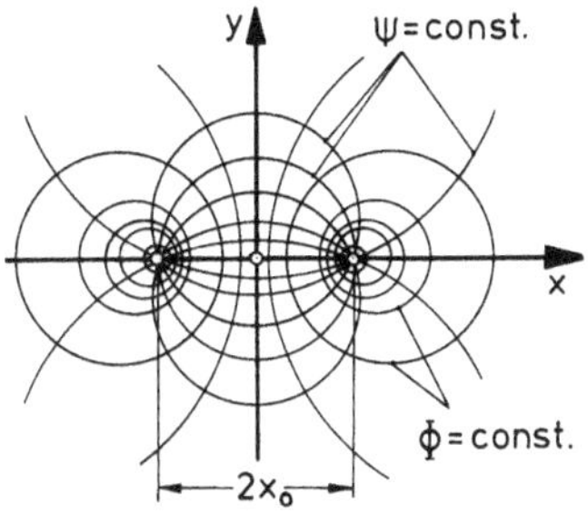

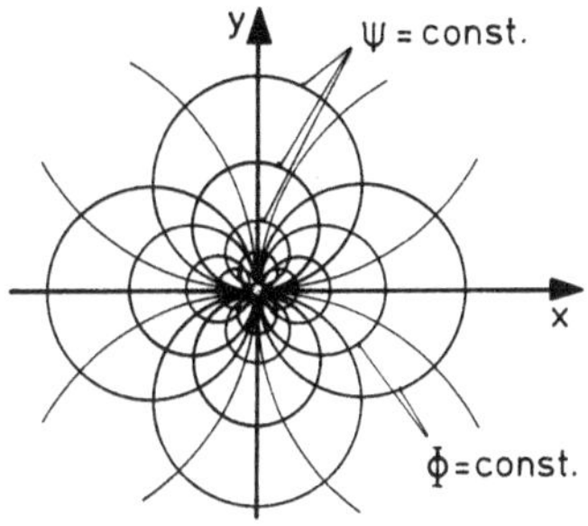

Geschwindigkeitspotential und Stromfunktion

Zerlegung in Real- und Imaginärteil ergibt:

$$W(z) = \underbrace{\frac{M}{2\pi r}\cos\varphi}_{\Phi} + i\underbrace{\left(-\frac{M}{2\pi r}\sin\varphi\right)}_{\Psi}.$$

Die Stromlinien

$$\Psi = -\frac{M}{2\pi}\frac{\sin\varphi}{r} = -\frac{M}{2\pi}\frac{y}{x^2+y^2} = \text{const}$$

sind Kreise durch den Ursprung, deren Mittelpunkte auf der y-Achse liegen. Die Potentiallinien

$$\Phi = \frac{M}{2\pi}\frac{\cos\varphi}{r} = \frac{M}{2\pi}\frac{x}{x^2+y^2} = \text{const}$$

sind Kreise durch den Ursprung, deren Mittelpunkte auf der x-Achse liegen. Eine solche Strömung nennt man eine Dipolströmung.

Geschwindigkeit

Ableitung des komplexen Potentials ergibt:

$$u - iv = \frac{dW}{dz} = -\frac{M}{2\pi}\frac{1}{z^2} = \underbrace{-\frac{M}{2\pi r^2}\cos 2\varphi}_{u} - i\underbrace{\left(-\frac{M}{2\pi r^2}\sin 2\varphi\right)}_{v}.$$

Physikalische Interpretation

Ein Dipol(faden) im Ursprung, dessen Quelle in die negative x-Richtung weist und dessen Dipolmoment M ist, hat das komplexe Potential

$$\boxed{W(z) = \frac{M}{2\pi}\frac{1}{z}.} \qquad (9.6\text{-}3)$$

Dabei ist M positiv (und reell).

Bemerkungen

Wir wollen untersuchen, was für eine Strömung durch (9.6-3) dargestellt wird, wenn M negativ oder komplex ist. Wir setzen

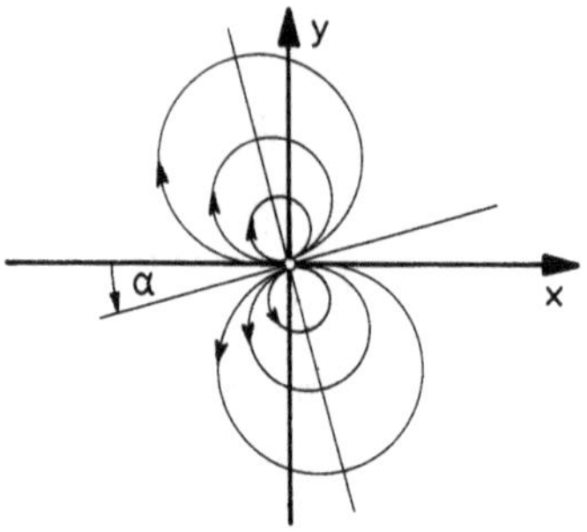

$$W(z) = \frac{Me^{i\alpha}}{2\pi}\frac{1}{z}.$$

Dann ist

$$W(z) = \frac{M}{2\pi}\frac{1}{ze^{-i\alpha}} = \frac{M}{2\pi}\frac{1}{re^{i(\varphi-\alpha)}}.$$

Wir erhalten einen Dipol mit dem Dipolmoment M im Ursprung, dessen Quelle in eine Richtung weist, die um den Winkel α gegen die negative x-Richtung gedreht ist.

Offenbar bedeutet ganz allgemein die Substitution $z \parallel ze^{-i\alpha}$ im komplexen Potential eine Drehung des Strömungsfeldes um den Ursprung um den Winkel α.

Aufgabe 1

Welche Bedingungen sind in den singulären Stellen

A. eines Potentialwirbels und
B. einer Quell- oder Senkenströmung verletzt?

Aufgabe 2

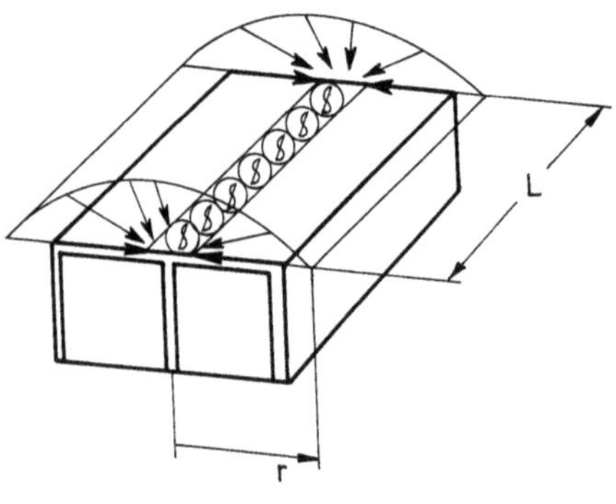

In der Mitte des Flachdaches einer Werkhalle ist eine Reihe von Ventilatoren angebracht, die Frischluft aus der Umgebung ansaugen. Der Ventilatorschlitz werde durch eine Liniensenke mit dem komplexen Strömungspotential $W(z) = B\ln(z/a)$ angenähert. Berechnen Sie

A. die Koordinaten des Geschwindigkeitsvektors und seinen Betrag,
B. die Quellstärke Q,

C. die Strömungsgeschwindigkeit als Funktion von Q und r und
D. die Druckverteilung $p - p_\infty$ auf dem Dach unter Vernachlässigung des Schwerefeldes!

Zusatzaufgabe

So wie man aus einer Quelle und einer Senke durch Grenzübergang einen Dipol gewinnen kann, kann man aus zwei Dipolen mit negativ gleichem Dipolmoment einen so genannten Quadrupol gewinnen. Leiten Sie das komplexe Potential eines Quadrupols ab und skizzieren Sie nach der Anschauung das zugehörige Stromlinienbild!

LE 9.7 Die Umströmung eines Kreiszylinders

Die Potentialströmung um einen ebenen Kreiszylinder ist in mehrfacher Hinsicht interessant: Zunächst ist sie eine einfache und physikalisch sinnvolle Konfiguration, mathematisch ist sie ein Beispiel für das Superpositionsprinzip, und technisch ist sie der Grundstock für die Berechnung der Umströmung um Tragflügelprofile.

Im Folgenden wird die Überlagerung einer Parallelströmung längs der x-Achse, eines Dipols im Ursprung und eines Potentialwirbels im Ursprung diskutiert. Das komplexe Strömungspotential einschließlich einer additiven Konstante ist dann

$$W(z) = cz + \frac{M}{2\pi}\frac{1}{z} + \frac{-i\Gamma}{2\pi}\ln\frac{z}{R};$$

c, M, Γ, R sind reelle Konstanten.

Nach Einführung von Polarkoordinaten (r, φ) ergibt die Aufspaltung in Real- und Imaginärteil:

$$W = \underbrace{\left[\left(cr + \frac{M}{2\pi r}\right)\cos\varphi + \frac{\Gamma}{2\pi}\varphi\right]}_{\Phi} + i\underbrace{\left[\left(cr - \frac{M}{2\pi r}\right)\sin\varphi - \frac{\Gamma}{2\pi}\ln\frac{r}{R}\right]}_{\Psi}.$$

Man erkennt, dass die Stromfunktion den Wert $\Psi = 0$ annimmt, wenn $r = R$ ist und gleichzeitig das Dipolmoment den Wert $M = 2\pi R^2 c$ hat. Der Kreis mit dem Radius R ist dann also eine Stromlinie. Da das Geschwindigkeitsfeld des Dipols und des Potentialwirbels für $|z| \to \infty$ verschwindet, bleibt dort nur die Parallelströmung übrig.

Dir Zirkulation um den Kreiszylinder erhält man am einfachsten aus der Beziehung $\Gamma = \oint d\Phi$. Da $(cr + M/2\pi)\cos\varphi$ nach einem Umlauf auf seinen Ausgangswert zurückkehrt, liefert es keinen Beitrag zur Zirkulation. Da für einen Umlauf $\varphi = 2\pi$ ist, ist Γ gerade die Zirkulation.

Die Umströmung eines Kreiszylinders mit dem Radius R um den Ursprung, der mit der Geschwindigkeit c_∞ längs der x-Achse angeströmt wird und deren Zirkulation um den Zylinder Γ ist, ist daher durch das folgende komplexe Strömungspotential gegeben:

$$W(z) = c_\infty\left(z + \frac{R^2}{z}\right) - \frac{i\Gamma}{2\pi}\ln\frac{z}{R}. \tag{9.7-1}$$

Die Umströmung eines Kreiszylinders ohne Zirkulation

Für $\Gamma = 0$ folgt

$$W(z) = c_\infty\left(z + \frac{R^2}{z}\right). \tag{9.7-2}$$

Geschwindigkeitspotential und Stromfunktion

Für Polarkoordinaten (r, φ) ist das Geschwindigkeitspotential analog zum Vorhergehenden

$$\Phi = c_\infty\left(1 + \frac{R^2}{r^2}\right)r\cos\varphi \tag{9.7-3}$$

und die Stromfunktion

$$\Psi = c_\infty\left(1 - \frac{R^2}{r^2}\right)r\sin\varphi. \tag{9.7-4}$$

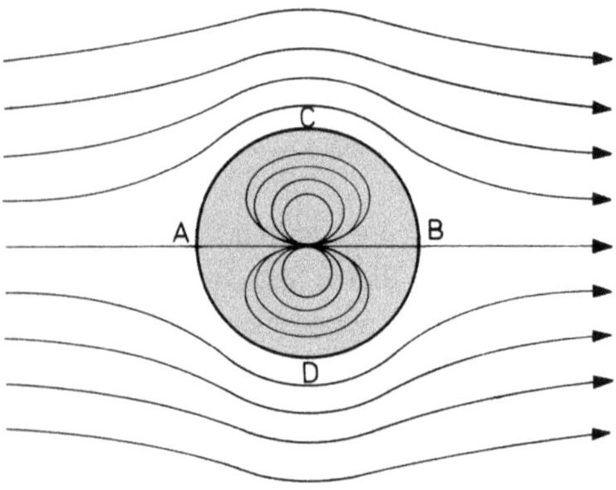

Wie schon oben gezeigt, ist der Kreis $r = R$ Stromlinie mit $\Psi = 0$. Außerdem ist $\Psi = 0$ auf der x-Achse mit $\varphi = 0$ und $\varphi = \pi$. Beide Stromlinien schneiden sich in den Punkten A und B, die daher Staupunkte sein müssen. Die Stromlinien, die sich mathematisch im Innern des Zylinders ergeben, sind physikalisch ohne Bedeutung.

Geschwindigkeitsfeld

Es ist

$$
\begin{aligned}
u - iv &= \frac{dW}{dz} = c_\infty\left(1 - \frac{R^2}{z^2}\right) = c_\infty\left(1 - \frac{R^2}{r^2}e^{-2i\varphi}\right),\\
&= c_\infty\left(1 - \frac{R^2}{r^2}\cos 2\varphi\right) - i\left(-c_\infty\frac{R^2}{r^2}\sin 2\varphi\right),\\
u &= c_\infty\left(1 - \frac{R^2}{r^2}\cos 2\varphi\right),\\
v &= -c_\infty\frac{R^2}{r^2}\sin 2\varphi,\\
c &= \sqrt{u^2 + v^2} = c_\infty\sqrt{1 + \left(\frac{R}{r}\right)^4 - 2\left(\frac{R}{r}\right)^2\cos 2\varphi}.
\end{aligned}
\tag{9.7-5}
$$

Längs der Zylinderwand ist $r = R$, dafür erhalten wir

$$
\begin{aligned}
u &= c_\infty(1 - \cos 2\varphi) = 2c_\infty\sin^2\varphi,\\
v &= -c_\infty\sin 2\varphi = -2c_\infty\sin\varphi\cos\varphi,\\
\sqrt{u^2 + v^2} &= 2c_\infty|\sin\varphi|.
\end{aligned}
\tag{9.7-6}
$$

Sein Maximum erreicht der Geschwindigkeitsbetrag c in den Punkten C für $\varphi = \frac{\pi}{2}$ und D für $\varphi = \frac{3\pi}{2}$ mit

$$c_{max} = 2c_\infty; \tag{9.7-7}$$

in den Staupunkten A für $\varphi = 0$ und B für $\varphi = \pi$ ist er null.

Druckfeld

Herrscht im Unendlichen der Druck p_∞, so lautet die Bernoullische Gleichung (9.3-9) für $U = 0$ und $\partial\Phi/\partial t = 0$

$$\frac{c^2}{2} + \frac{p}{\rho} = \frac{c_\infty^2}{2} + \frac{p_\infty}{\rho}.$$

Mit (9.7-5) ergibt sich für den Druckkoeffizienten

$$
\begin{aligned}
c_P &:= \frac{p - p_\infty}{\frac{\rho}{2}c_\infty^2} = 1 - \left(\frac{c}{c_\infty}\right)^2\\
&= 2\left(\frac{R}{r}\right)^2\cos 2\varphi - \left(\frac{R}{r}\right)^4.
\end{aligned}
\tag{9.7-8}
$$

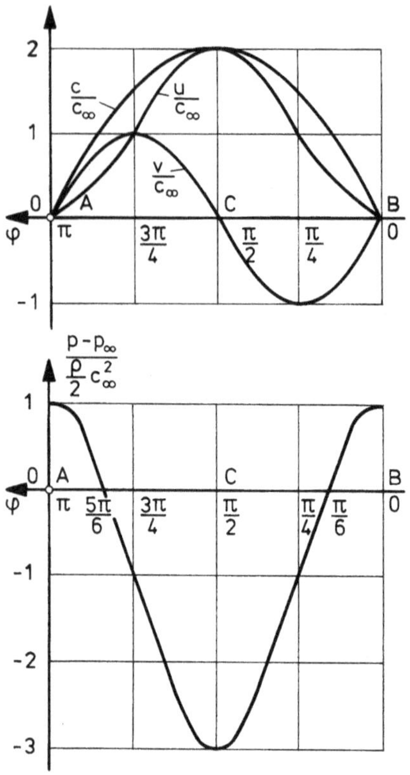

Längs der x-Achse ($\varphi = 0, \pi$) vor und hinter dem Zylinder ($|r| > R$) ist:

$$c_P = \left(\frac{R}{r}\right)^2 \left[2 - \left(\frac{R}{r}\right)^2\right]. \qquad (9.7\text{-}9)$$

Längs der Zylinderwand ($r = R$) ist

$$\begin{aligned} c_P &= 2\cos 2\varphi - 1 \\ &= 1 - 4\sin^2\varphi. \end{aligned} \qquad (9.7\text{-}10)$$

In den Staupunkten A, B ist $c_P = 1$, in den Druckminima C, D ist

$$c_P = -3. \qquad (9.7\text{-}11)$$

Die nebenstehende Skizze zeigt den Geschwindigkeits- und Druckverlauf längs der oberen Zylinderwand zwischen $A(\varphi = \pi)$ und $B(\varphi = 0)$.

Die Umströmung eines Kreiszylinders mit Zirkulation

Der gerade untersuchten Zylinderströmung wird ein Potentialwirbel (mathematisch positiv drehend für $\Gamma > 0$) überlagert. Das komplexe Strömungspotential ist dann nach (9.7-1)

$$W(z) = c_\infty\left(z + \frac{R^2}{z}\right) - \frac{i\Gamma}{2\pi}\ln\frac{z}{R}.$$

Durch die überlagerte Strömung verschieben sich die Staupunkte. Ihre Lage folgt aus der Bedingung $c = 0$:

$$\frac{dW}{dz} = c_\infty\left(1 - \frac{R^2}{z^2}\right) - \frac{i\Gamma}{2\pi}\frac{1}{z} = 0$$

ergibt

$$\left(\frac{z}{R}\right)^2 - \frac{i\Gamma}{2\pi R c_\infty}\left(\frac{z}{R}\right) - 1 = 0,$$

$$\frac{z}{R} = \frac{i\Gamma}{4\pi R c_\infty} \pm \sqrt{1 - \left(\frac{\Gamma}{4\pi R c_\infty}\right)^2}.$$

Je nach der Größe von Γ kann man drei Fälle unterscheiden, die zu charakteristischen Stromlinienbildern führen. Für $\Gamma < 0$ (Wirbel im Uhrzeigersinn drehend) ergibt sich (*A* und *B* sind wieder Staupunkte):

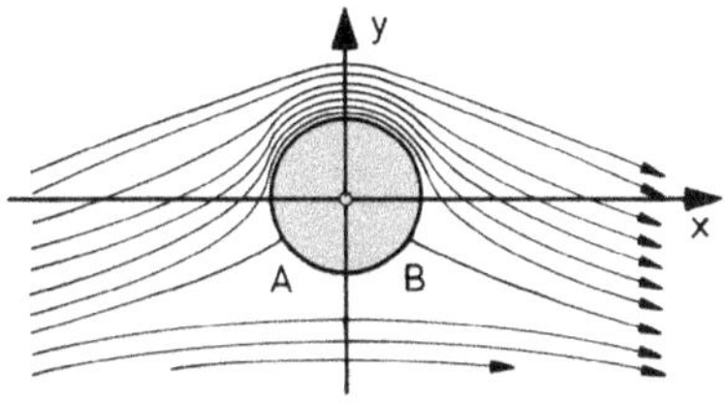

$\Gamma < 0, \quad |\Gamma| < 4\pi R c_\infty,$
also $-4\pi R c_\infty < \Gamma < 0.$

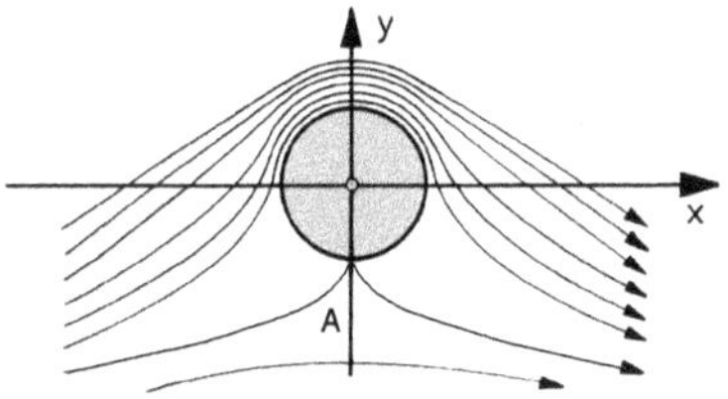

$\Gamma < 0, \quad |\Gamma| = 4\pi R c_\infty,$
also $\Gamma = -4\pi R c_\infty.$

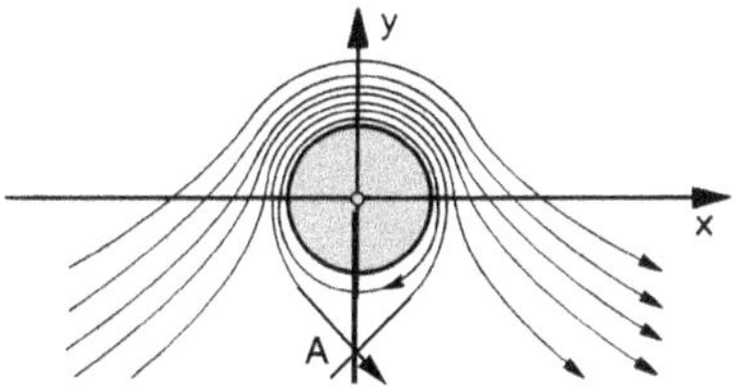

$\Gamma < 0, \quad |\Gamma| > 4\pi R c_\infty,$
also $\Gamma < -4\pi R c_\infty.$

In allen drei Fällen ist der Stromlinienabstand oberhalb des Zylinders offenbar kleiner als unterhalb des Zylinders. Nach der Kontinuitätsgleichung ist der Betrag der Geschwindigkeit also oberhalb des Zylinders größer als unten, und entsprechend ist der Druck nach der Bernoullischen Gleichung oben kleiner als unten. Die Strömung übt auf den Zylinder also eine Kraft in Richtung der positiven *y*-Achse aus.[9]

9 Man hat versucht, dieses Phänomen zum Schiffsvortrieb zu nutzen, indem man auf einem Schiff statt eines Segels einen mit Motorkraft angetriebenen, senkrechten, rotierenden Zylinder angebracht hat (Flettner-Rotor).

Die allgemeinste Umströmung eines Kreiszylinders

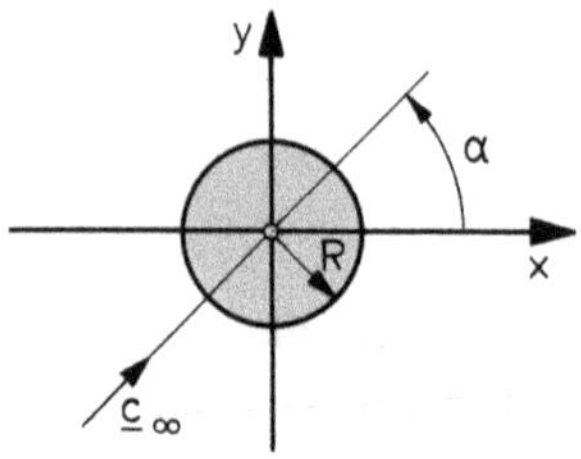

Die allgemeinste Umströmung eines Kreiszylinders mit dem Radius R um den Ursprung, die in großer Entfernung vom Zylinder in eine Parallelströmung übergeht, erhält man, wenn man in (9.7-1) $z \parallel ze^{-i\alpha}$ substituiert und damit das zugehörige Strömungsbild um den Winkel α dreht. Das komplexe Potential lautet dann

$$W(z) = c_\infty \left(ze^{-i\alpha} + \frac{R^2}{ze^{-i\alpha}} \right) - \frac{i\Gamma}{2\pi} \ln \frac{ze^{-i\alpha}}{R} . \tag{9.7-12}$$

Aufgabe 1

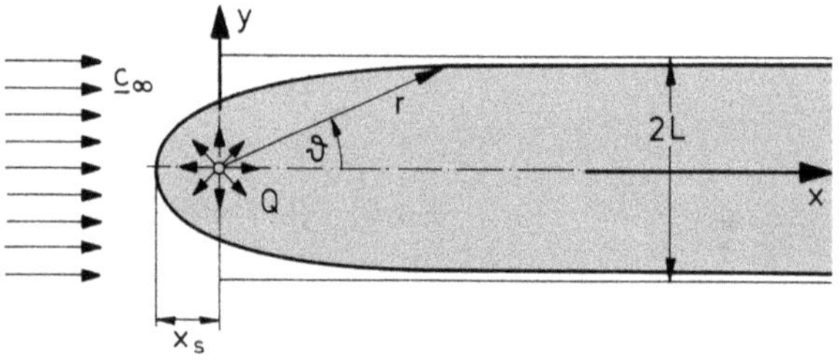

Das komplexe Strömungspotential

$$W = c_\infty \left(z + \frac{L}{\pi} \ln \frac{z}{L} \right)$$

beschreibt die Umströmung eines ebenen, halb unendlichen Körpers (L, c_∞ reell).

A. Ermitteln Sie die Koordinate x_S des Staupunktes!

B. Berechnen und skizzieren Sie die Geschwindigkeits- und Druckverteilung auf der x-Achse ($-\infty \leq x \leq x_S$), wenn der Druck im Unendlichen p_∞ ist! (Normieren Sie Druck und Geschwindigkeit physikalisch sinnvoll!)

C. In welcher Entfernung vom Staupunkt unterscheidet sich die Geschwindigkeit c auf der x-Achse um 1 % von c_∞?

Aufgabe 2

Eine ebene Düsenströmung z. B. in einer Einlaufdüse nach DIN EN ISO 5108 (Wirbelfadendüse) kann angenähert durch das Geschwindigkeitsfeld von zwei Potentialwirbeln mit entgegengesetzt gleicher Zirkulation dargestellt werden, wenn die Düsenwände zwei symmetrischen Stromlinien entsprechen, siehe auch Lehreinheit 10.1 Aufgabe 3.

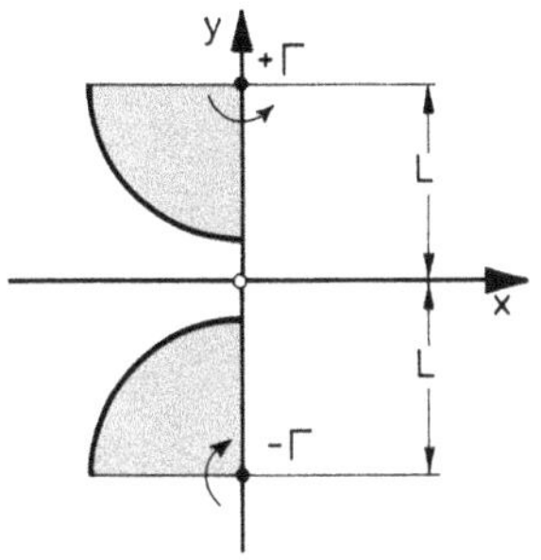

A. Wie lautet das komplexe Strömungspotential $W(z)$, wenn der Abstand der beiden die Strömung erzeugenden Potentialwirbel $2L$ und der Betrag ihrer Zirkulation Γ beträgt?
B. Ermitteln Sie die Geschwindigkeitsverteilung $u(x, 0)$ in der Düsenachse ($y = 0$) als Funktion von x und normieren Sie sie mit der Geschwindigkeit $u = u(0, 0)$ im Endquerschnitt!
C. Ermitteln Sie das Geschwindigkeitsprofil $u(0, y)/u(0, 0)$ im Endquerschnitt der Düse!

LE 9.8 Die Methode der konformen Abbildung

Wir wollen in dieser Lehreinheit eine Methode behandeln, mit der man aus der Umströmung eines Kreiszylinders die Umströmung eines Zylinders mit beliebiger Kontur, beispielsweise eines Tragflügelprofils, gewinnen kann. Sie ist als Methode der konformen Abbildung bekannt.

Die Methode der konformen Abbildung

Es sei
- $W = W(z)$ das komplexe Potential (9.7-12) der allgemeinsten Umströmung eines Kreises in der z-Ebene und
- $\zeta = \zeta(z)$ die konforme Abbildung[10] dieses Kreises auf eine (dann ebenfalls geschlossene) Kontur in der ζ-Ebene (und damit $z = z(\zeta)$ die konforme Abbildung dieser Kontur in den Kreis in der z-Ebene),

10 Zum Begriff der konformen Abbildung vgl. die Wiederholungen aus der Funktionentheorie im Anhang.

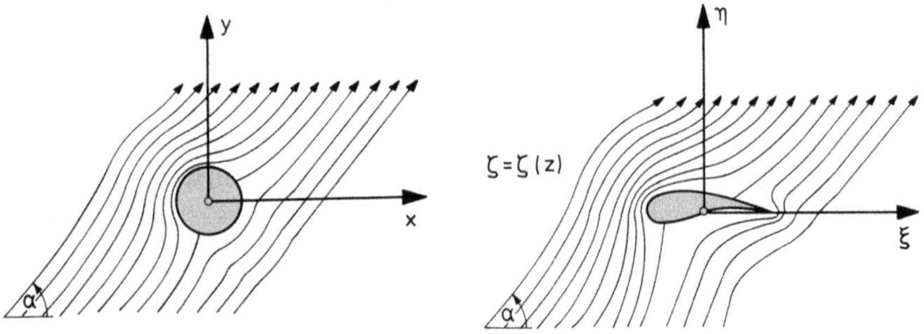

dann ist

$$W = W(\zeta) \tag{9.8-1}$$

das komplexe Potential der allgemeinsten Umströmung der Kontur in der ζ-Ebene. Man erhält sie, indem man $z = z(\zeta)$ in $W = W(z)$ einsetzt.

Man kann sich diesen grundlegenden Satz folgendermaßen plausibel machen: Für den Imaginärteil von W gilt

$$\Psi(x, y) = \Psi\big(x(\xi, \eta), y(\xi, \eta)\big) = \Psi(\xi, \eta),$$

die konforme Abbildung $\zeta = \zeta(z)$ bildet also die Kurven $\Psi = \text{const}$ in der z-Ebene konform auf Kurven $\Psi = \text{const}$ in der ζ-Ebene ab. Der Kreis und die Verzweigungsstromlinie in der z-Ebene gehen dabei in die Kontur und eine Verzweigungslinie in der ζ-Ebene über, und die übrigen Kurven $\Psi = \text{const}$ in Kurven, die ohne sich zu schneiden, die Kontur „umströmen“. Im Übrigen bildet $\Psi(\xi, \eta)$ den Imaginärteil von $W(\zeta)$, kann also auch formal als Stromfunktion einer Strömung in der ζ-Ebene aufgefasst werden, deren komplexes Potential eben $W(\zeta)$ ist.[11]

Für die Geschwindigkeitsverteilung in der ζ-Ebene gilt nach (9.5-1)

$$u(\xi, \eta) - iv(\xi, \eta) = \frac{dW}{d\zeta}. \tag{9.8-2}$$

In der Regel sind W und ζ als Funktionen von z gegeben; man gibt dann die Geschwindigkeitsverteilung in der ζ-Ebene häufig zunächst in Abhängigkeit von z

11 Nach dem Riemannschen Abbildungssatz gibt es zu jeder geschlossenen Kontur in der ζ-Ebene eine konforme Abbildung $z = z(\zeta)$, die diese Kontur so auf einen Kreis abbildet, dass dem Äußeren der Kontur das Äußere des Kreises, dem Inneren der Kontur das Innere des Kreises und jedem Punkt der Kontur ein Punkt des Kreises entspricht.

an,

$$u(\xi,\eta) - iv(\xi,\eta) = \frac{dW/dz}{d\zeta/dz} \tag{9.8-3}$$

und muss dann z mit Hilfe der inversen Abbildungsfunktion $z = z(\zeta)$ eliminieren.

Im Allgemeinen ist es sehr schwierig, die zu einer gegebenen Kontur gehörige Abbildungsfunktion zu ermitteln. Es lassen sich jedoch einfache Beispiele angeben, die in der Geschichte der Tragflügeltheorie auch technische Bedeutung hatten und heute noch dazu dienen können, die physikalischen Gesetzmäßigkeiten der Tragflügelumströmung zu verstehen.

Die ebene Platte

Wir wollen die konforme Abbildung

$$\zeta = z + \frac{R^2}{z} \tag{9.8-4}$$

untersuchen.

Diese Abbildung bildet den Kreis mit dem Radius R um den Ursprung, der durch $z = Re^{i\varphi}$ gegeben ist, in die Kurve

$$\zeta = Re^{i\varphi} + Re^{-i\varphi} = 2R\cos\varphi$$

ab. Das ist ein doppelt durchlaufenes Stück der ξ-Achse zwischen $\xi = 2R$ und $\xi = -2R$: Mit Hilfe dieser konformen Abbildung lässt sich demnach die Umströmung einer angestellten unendlich dünnen ebenen Platte berechnen. Das ist zwar noch ein sehr stark idealisiertes Modell eines Flugzeugtragflügels, selbst daran lassen sich jedoch schon wichtige Eigenschaften einer Tragflügelumströmung untersuchen. Wir beschränken uns hier auf zwei qualitative Stromlinienbilder, einmal die zirkulationsfreie Umströmung unter dem Anstellwinkel α und

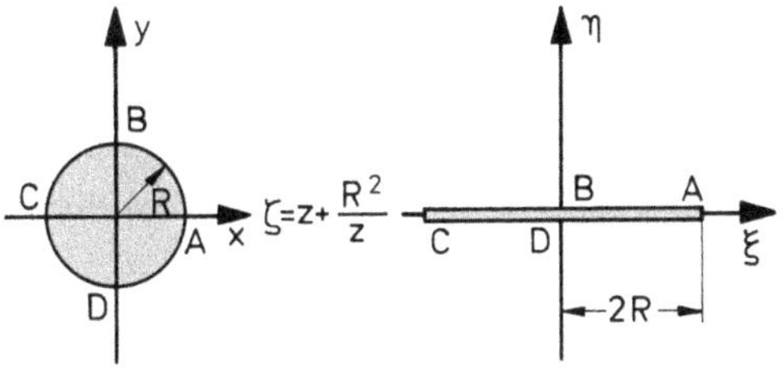

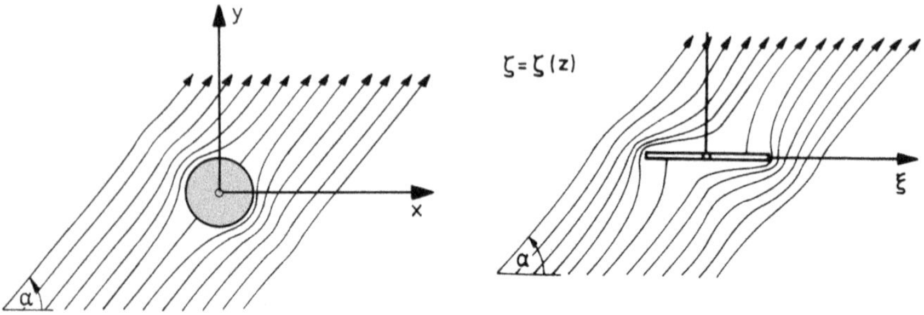

die Umströmung mit einer Zirkulation, die gerade so groß ist, dass der hintere Staupunkt in die Hinterkante der ebenen Platte abgebildet wird.

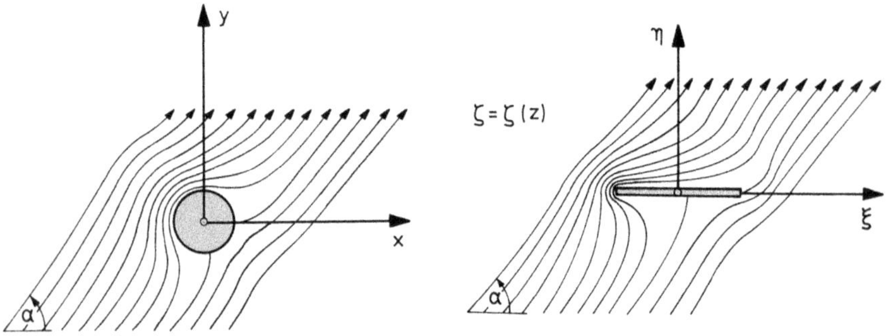

Joukowsky-Profile

Wir wenden dieselbe konforme Abbildung

$$\zeta = z + \frac{R^2}{z} \tag{9.8-5}$$

auf einen Kreis an, der wieder durch den Punkt $x = R, y = 0$ geht, dessen Mittelpunkt jedoch im zweiten Quadranten liegt und die Koordinaten $x = -a, y = b$ hat. Man erhält als Bild dieses Kreises eine Tragflügelkontur mit einer scharfen (unendlich dünnen) Hinterkante, das um so fülliger (dicker) ist, je größer a ist und um so stärker gewölbt, je größer b ist. Die auf diese Weise erzeugten Profile nennt man Joukowsky-Profile. Sie stellen praktisch brauchbare Annäherungen an Tragflügelprofile dar. Die scharfe Hinterkante hat allerdings zur Folge, dass die Strömung dort um 180° umgelenkt wird; das erfordert einen negativ unendlichen Druck (und damit nach der Bernoullischen Gleichung eine unendlich große

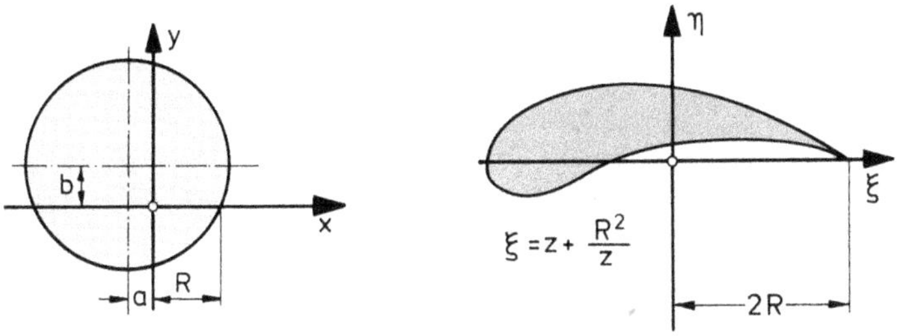

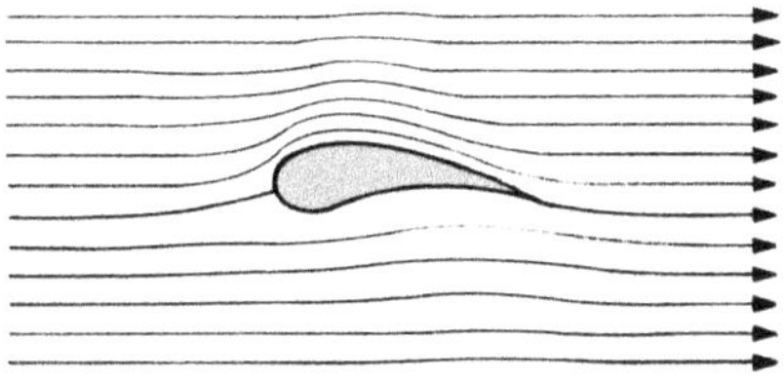

Geschwindigkeit) an der Hinterkante, was natürlich physikalisch unrealistisch ist. Nur wenn man die Zirkulation so groß wählt, dass der hintere Staupunkt in der Hinterkante liegt (Kuttasche Abflussbedingung), tritt diese Singularität nicht auf, und die Strömung fließt glatt ab.

Aufgabe

Die Strömung um eine senkrecht zur Strömungsrichtung angestellte unendlich dünne ebene Platte der Breite $4a$ kann mittels der konformen Abbildung

$$\zeta = z - \frac{a^2}{z} \tag{9.8-6}$$

aus der Umströmung eines Kreiszylinders abgeleitet werden.

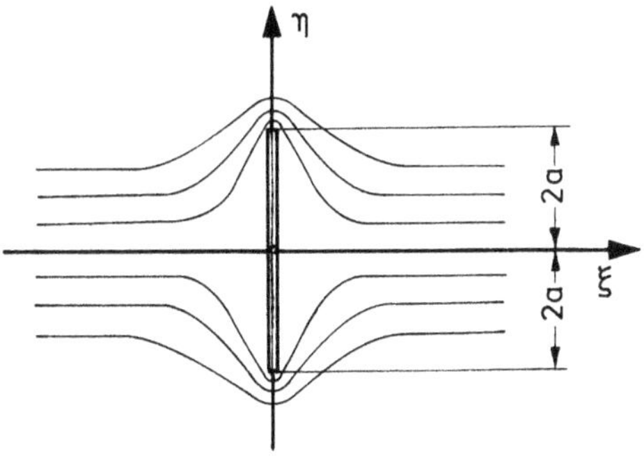

A. Bestimmen Sie das Bild des Kreises $z = ae^{i\varphi}$ in der ζ-Ebene!
B. Bestimmen Sie den Verlauf des Geschwindigkeitsbetrages $c(\eta)$ längs der umströmten Platte in der ζ-Ebene!
C. Bestimmen Sie den Druckverlauf $p(\eta)$ längs der Platte in der ζ-Ebene!

Zusatzaufgabe 1

A. Die konforme Abbildung (9.8-6) der vorigen Aufgabe ordnet jedem Punkt ζ zwei Punkte z_1 und z_2 zu. Zeigen Sie, dass die Beträge r_1 und r_2 der beiden komplexen Zahlen z_1 und z_2 die Bedingung $r_1 r_2 = a^2$ erfüllen, dass also für beliebiges ζ der eine Bildpunkt innerhalb und der andere außerhalb des Kreises $z = ae^{i\varphi}$ in der z-Ebene liegt!

B. Berechnen Sie das komplexe Potential $W(\zeta)$, wenn $W(z) = c_\infty(z + a^2/z)$ ist! Überlegen Sie anhand der Verhältnisse für $z \to \infty$, ob z_1 oder z_2 im Außenraum des Kreises liegt!

Zusatzaufgabe 2

A. Berechnen Sie die komplexe Geschwindigkeitsverteilung $u - iv$ in der ζ-Ebene in Abhängigkeit von z für die in dieser Lehreinheit behandelte Umströmung einer unter dem Winkel α angestellten ebenen Platte der Länge $4R$!

B. Wie groß muss Γ sein, damit die Kuttasche Abflussbedingung erfüllt ist? (Lösungshinweis: Wenn der hintere Staupunkt in die Hinterkante abgebildet wird, wird die Geschwindigkeit dort nicht um 180° umgelenkt, d. h. sie wird dort nicht unendlich.)

C. Berechnen Sie für diesen Fall den Geschwindigkeitsverlauf $u = u(\xi)$ auf der Oberseite und auf der Unterseite der Platte!

LE 9.9 Kräfte auf umströmte Körper

Wir wollen eine Formel für die Kraft pro Längeneinheit herleiten, die eine Strömung auf einen quer angeströmten Zylinder beliebiger Kontur ausübt, wenn die Strömung weit entfernt vom Körper eine Parallelströmung ist.

Wir setzen dazu wie bisher voraus
- ein inkompressibles Fluid,
- eine Potentialströmung,
- eine ebene Strömung

und fordern in diesem Abschnitt noch zusätzlich
- ein reibungsfreies Fluid,
- eine stationäre Strömung,
- die Vernachlässigung des Schwerefeldes.

Ist ds ein Element der Körperkontur, so gilt wegen der Reibungsfreiheit für den Betrag dF der Kraft auf ein Oberflächenelement der Länge ds und der Breite b

$$dF = b\,p\,ds.$$

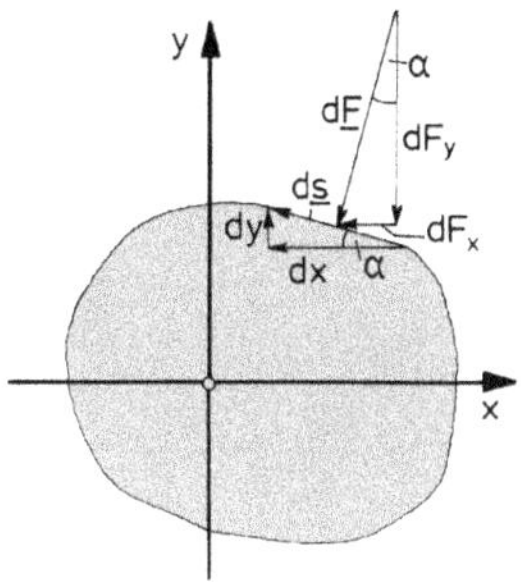

Aus der nebenstehenden Figur liest man die folgenden Beziehungen zwischen den Koordinaten und den Beträgen ab:

$$dF_x = -dF\sin\alpha,$$
$$dF_y = -dF\cos\alpha,$$
$$dx = -ds\cos\alpha,$$
$$dy = ds\sin\alpha.$$

Daraus folgt

$$dF_x = -b\,p\,dy, \quad dF_y = b\,p\,dx,$$
$$F_x = -b\oint p\,dy, \quad F_y = b\oint p\,dx. \tag{9.9-1}$$

Unter Ausnutzung der Stationarität und bei Vernachlässigung des Schwerefeldes ist nach (9.3-9)

$$p = p_\infty + \frac{\rho}{2}(c_\infty^2 - c^2).$$

Da für eine beliebige Konstante A, $\oint A\,dx = 0$, $\oint A\,dy = 0$ ist, bleibt nur übrig

$$F_x = \frac{\rho}{2}b\oint c^2\,dy, \quad F_y = -\frac{\rho}{2}b\oint c^2\,dx. \tag{9.9-2}$$

Wir fassen beide Formeln unter Berücksichtigung von (9.5-2) komplex zusammen:

$$F_x - iF_y = \frac{\rho}{2}b\oint\frac{dW}{dz}\frac{d\overline{W}}{d\overline{z}}(dy + i\,dx) = \frac{i\rho}{2}b\oint\frac{dW}{dz}\frac{d\overline{W}}{d\overline{z}}(-i\,dy + dx)$$
$$= \frac{i\rho}{2}b\oint\frac{dW}{dz}\frac{d\overline{W}}{d\overline{z}}d\overline{z} = \frac{i\rho}{2}b\oint\frac{dW}{dz}d\overline{W}.$$

Nun ist längs der Körperkontur $d\Psi = 0$, d. h. $d\overline{W} = dW = (dW/dz)\,dz$. Damit erhalten wir die Blasiussche Formel für die Kraft, die von der Strömung mit dem komplexen Potential $W(z)$ auf den von dieser Strömung umströmten Zylinder der Breite b ausgeübt wird:

$$F_x - iF_y = \frac{i\rho}{2}b\oint\left(\frac{dW}{dz}\right)^2 dz. \tag{9.9-3}$$

Da $|dW/dz|$ für $|z| \to \infty$ gegen eine Konstante, nämlich c_∞, gehen soll, kann man dW/dz in die folgende Reihe entwickeln:

$$\frac{dW}{dz} = A_0 + \frac{A_1}{z} + \frac{A_2}{z^2} + \cdots,$$

$$\left(\frac{dW}{dz}\right)^2 = A_0^2 + \frac{2A_0A_1}{z} + \frac{A_1^2 + 2A_0A_1}{z^2} + \cdots.$$

Nach dem Residuensatz der Funktionentheorie[12]

$$\oint \frac{dz}{z^n} = \begin{cases} 2\pi i & \text{für } n = 1, \\ 0 & \text{für } n = 2, 3, 4, \ldots \end{cases} \tag{9.9-4}$$

erhält man unter Berücksichtigung der Reihenentwicklung

$$\oint \left(\frac{dW}{dz}\right)^2 dz = 2\pi i \cdot 2A_0A_1,$$

$$F_x - iF_y = -2\pi\rho b A_0 A_1. \tag{9.9-5}$$

Nun kann man die Koeffizienten A_0 und A_1 der Reihenentwicklung leicht physikalisch deuten: Nach (9.5-1) ist

$$\frac{dW}{dz} = u - iv,$$

setzt man links in die Reihenentwicklung ein, und lässt $|z| \to \infty$ gehen, so erhält man

$$A_0 = u_\infty - iv_\infty. \tag{9.9-6}$$

Weiter ist bei Integration über die Körperkontur

$$\oint \frac{dW}{dz} dz = \oint dW = \oint (d\Phi + i\, d\Psi) = \oint d\Phi,$$

da, wie bereits oben ausgenutzt, längs der Körperkontur $d\Psi = 0$ ist. Es folgt

$$\oint \frac{dW}{dz} dz = \oint d\Phi = \oint \operatorname{grad} \Phi \cdot d\underline{x} = \Gamma.$$

12 Vgl. z. B. I. N. Bronstein und K. A. Semendjajew: Taschenbuch der Mathematik, 18. Aufl., S. 444, Gleichung (**). Thun usw.: Deutsch 1979.

Setzt man wieder links die Reihenentwicklung ein, so folgt $2\pi i A_1 = \Gamma$,

$$A_1 = -\frac{i\Gamma}{2\pi}. \tag{9.9-7}$$

Setzt man schließlich (9.9-6) und (9.9-7) in (9.9-5) ein, so erhält man $F_x - iF_y = i\rho b(u_\infty - iv_\infty)\Gamma$, oder wenn man das konjugiert Komplexe nimmt,

$$\begin{aligned} F_x + iF_y &= -i\rho b(u_\infty + iv_\infty)\Gamma, \\ F_x &= \rho b v_\infty \Gamma, \quad F_y = -\rho b u_\infty \Gamma, \end{aligned} \tag{9.9-8}$$

$$\boxed{F = \rho b c_\infty \Gamma.} \tag{9.9-9}$$

Das ist der Kutta-Joukowskysche Auftriebssatz:

Für die Kraft, die von einer stationären, wirbelfreien, ebenen Strömung eines inkompressiblen und reibungsfreien Fluids auf einen Abschnitt der Breite b eines unendlich langen, quer angeströmten Zylinders beliebigen Querschnitts ausgeübt wird, gilt:

1. Die Kraft in Anströmrichtung (Widerstand) verschwindet (d'Alembertsches Paradoxon).
2. Die Kraft senkrecht zur Anströmrichtung (Auftrieb) beträgt $F = \rho b c_\infty \Gamma$ (Kutta-Joukowskyscher Auftriebssatz im engeren Sinne).[13]

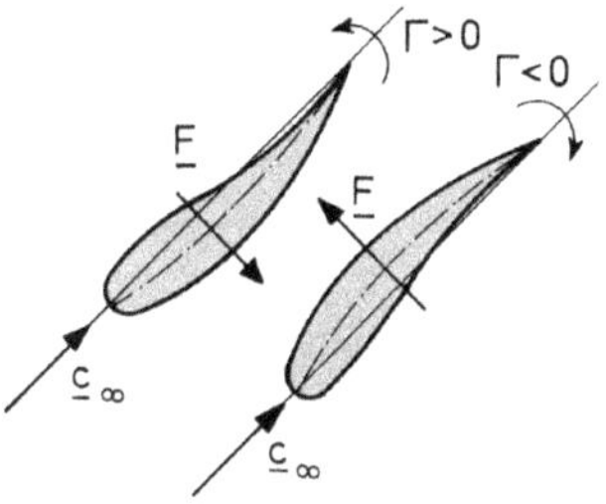

Ist die Zirkulation positiv, so ist die Kraft um 90° im mathematisch negativen Sinn gegen die Anströmrichtung gedreht; ist die Zirkulation negativ, so ist die Kraft um 90° im mathematisch positiven Sinn gegen die Anströmrichtung gedreht.

Aufgabe

Eine Strömung werde durch ein feststehendes ebenes Schaufelgitter abgelenkt. Das Fluid sei inkompressibel, und das Gitter werde reibungsfrei und wirbelfrei durchströmt. Gegeben sind die Gitterteilung t, die Breite b der Schaufeln senkrecht zur Zeichenebene, der Anströmwinkel α_1, der Druck p_1 und die Geschwindigkeit c_1 weit vor dem Gitter sowie der Abströmwinkel α_2 hinter dem Gitter.

13 Im Gegensatz zu dem durch die Schwerkraft verursachten hydrostatischen Auftrieb nennt man diesen durch die Strömung hervorgerufenen Auftrieb den hydrodynamischen Auftrieb. Siehe auch https://youtu.be/TIgW5ENpAhM

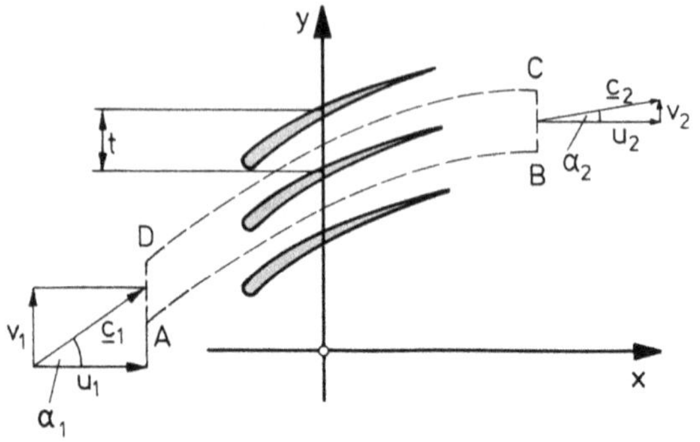

A. Berechnen Sie die Kraft $\underline{F}$ auf eine Schaufel, indem Sie die Kontinuitätsgleichung und den Impulssatz auf den Kontrollraum *ABCD* anwenden! Die Volumenkraft werde vernachlässigt.

B. Welcher Zusammenhang besteht zwischen der Richtung der Kraft $\underline{F}$ auf die Schaufel, der Richtung der Anströmgeschwindigkeit $\underline{c}_1$ und der Richtung der Abströmgeschwindigkeit $\underline{c}_2$?

C. Wie ist der Kutta-Joukowskysche Auftriebssatz (9.9-8) für die hier behandelte Strömung vermutlich zu verallgemeinern, in der sich (anders als bei der Ableitung von (9.9-8)) Anströmgeschwindigkeit und Abströmgeschwindigkeit unterscheiden?

D. Prüfen Sie ihre Vermutung, indem Sie die Kraft auf eine Schaufel mit Hilfe des verallgemeinerten Kutta-Joukowskyschen Auftriebssatzes berechnen und das Ergebnis mit dem nach A errechneten vergleichen!

Zusatzaufgabe

Berechnen Sie für die Umströmung der ebenen Platte nach Zusatzaufgabe 2B von Lehreinheit 9.8 die Koordinaten und den Betrag der resultierenden Kraft auf die Platte!

LE 9.10 Rotationssymmetrische Potentialströmungen

Mit dieser Lehreinheit verlassen wir die ebenen Potentialströmungen und wenden uns den rotationssymmetrischen Potentialströmungen zu. Auch für diese Gruppe von Strömungen existiert neben dem Geschwindigkeitspotential eine Stromfunktion. Wir wollen in dieser Lehreinheit die Grundgleichungen und einige wichtige Eigenschaften für rotationssymmetrische Potentialströmungen kennen lernen.

Man nennt eine Strömung rotationssymmetrisch, wenn bei geeigneter Wahl eines Zylinderkoordinatensystems die Umfangskoordinate c_φ der Geschwindigkeit null ist und die beiden anderen Koordinaten unabhängig von φ sind:

$$\boxed{c = (c_r(r,z,t), 0, c_z(r,z,t)).} \qquad (9.10\text{-}1)$$

Die Kontinuitätsgleichung div $\underline{c} = 0$ lautet dann nach (A 57)

$$\frac{1}{r}\frac{\partial}{\partial r}(rc_r) + \frac{\partial c_z}{\partial z} = 0. \qquad (9.10\text{-}2)$$

Sie wird identisch erfüllt durch eine Stromfunktion Ψ, für die

$$c_r = -\frac{1}{r}\frac{\partial \Psi}{\partial z}, \quad c_z = \frac{1}{r}\frac{\partial \Psi}{\partial r} \qquad (9.10\text{-}3)$$

gilt.[14] Die Wirbelstärke hat nach (A 58) nur in Umfangsrichtung eine von null verschiedene Koordinate, und zwar ist mit (9.10-3)

$$\Omega = \frac{\partial c_r}{\partial z} - \frac{\partial c_z}{\partial r} = -\left[\frac{1}{r}\frac{\partial^2 \Psi}{\partial z^2} + \frac{\partial}{\partial r}\left(\frac{1}{r}\frac{\partial \Psi}{\partial r}\right)\right]. \qquad (9.10\text{-}4)$$

Für eine Potentialströmung gilt nach (9.3-1) $\underline{c} = \text{grad}\,\Phi$; für eine rotationssymmetrische Potentialströmung heißt das nach (A 56)

$$c_r = \frac{\partial \Phi}{\partial r}, \quad c_z = \frac{\partial \Phi}{\partial z}. \qquad (9.10\text{-}5)$$

Wir erhalten also in Analogie zu den Gleichungen (9.4-1) bis (9.4-4) in tabellarischer Form

für das Geschwindigkeitspotential nach (9.10-5)	für die Stromfunktion nach (9.10-3)
$c_r = \frac{\partial \Phi}{\partial r}, \quad c_z = \frac{\partial \Phi}{\partial z}, \qquad (9.10\text{-}6)$	$c_r = -\frac{1}{r}\frac{\partial \Psi}{\partial z}, \quad c_z = \frac{1}{r}\frac{\partial \Psi}{\partial r}. \qquad (9.10\text{-}7)$
Setzt man (9.10-5) in (9.10-2) ein, so erhält man	Wegen rot $\underline{c} = \underline{0}$ folgt aus (9.10-4)
$\frac{1}{r}\frac{\partial}{\partial r}\left(r\frac{\partial \Phi}{\partial r}\right) + \frac{\partial^2 \Phi}{\partial z^2} = 0,$ $\frac{\partial^2 \Phi}{\partial r^2} + \frac{1}{r}\frac{\partial \Phi}{\partial r} + \frac{\partial^2 \Phi}{\partial z^2} = 0; \qquad (9.10\text{-}8)$	$r\frac{\partial}{\partial r}\left(\frac{1}{r}\frac{\partial \Psi}{\partial r}\right) + \frac{\partial^2 \Psi}{\partial z^2} = 0,$ $\frac{\partial^2 \Psi}{\partial r^2} - \frac{1}{r}\frac{\partial \Psi}{\partial r} + \frac{\partial^2 \Psi}{\partial z^2} = 0. \qquad (9.10\text{-}9)$

14 Die hier eingeführte Stromfunktion hat eine andere Dimension als die auf Seite 258 eingeführte Stromfunktion einer ebenen Strömung, die wir ebenfalls mit Ψ bezeichnet haben.

Ein Vergleich mit (A 62) zeigt, dass nur das Geschwindigkeitspotential der rotationssymmetrischen Laplaceschen Differentialgleichung genügt; die Stromfunktion genügt einer anderen Differentialgleichung. Geschwindigkeitspotential und Stromfunktion sind auch nicht über die Cauchy-Riemannschen Differentialgleichungen (9.4-5), sondern über die Gleichungen

$$\frac{\partial \Phi}{\partial r} = -\frac{1}{r}\frac{\partial \Psi}{\partial z}, \quad \frac{\partial \Phi}{\partial z} = \frac{1}{r}\frac{\partial \Psi}{\partial r} \tag{9.10-10}$$

miteinander verknüpft. Man kann also Geschwindigkeitspotential und Stromfunktion nicht als Realteil und Imaginärteil einer analytischen Funktion interpretieren, es existiert kein komplexes Potential, die Funktionentheorie ist nicht anwendbar. Es gilt aber wieder die Orthogonalitätsrelation

$$\operatorname{grad}\Phi \cdot \operatorname{grad}\Psi = 0, \tag{9.10-11}$$

vgl. Aufgabe 1.

Wie bei allen Potentialströmungen kann man auch bei rotationssymmetrischen Potentialströmungen durch Überlagerung neue Strömungen gewinnen. Wir wollen jetzt zwei einfache rotationssymmetrische Potentialströmungen näher untersuchen; ihre Überlagerung wollen wir dann als Aufgabe 3 behandeln.

Die Parallelströmung

Die gleichförmige Strömung mit der Geschwindigkeit c_∞ haben wir in Lehreinheit 9.5 als ebene Potentialströmung behandelt. Legt man die z-Achse eines Zylinderkoordinatensystems in die Strömungsrichtung, so kann man sie auch als rotationssymmetrische Potentialströmung auffassen. Ihr Geschwindigkeitsfeld $c_r = 0$, $c_\varphi = 0$, $c_z = c_\infty$ hat das Potential $\Phi = c_\infty z$ und für die Stromfunktion folgt aus (9.10-10) dann

$$\frac{\partial \Psi}{\partial z} = 0, \quad \frac{\partial \Psi}{\partial r} = c_\infty r, \quad \Psi = c_\infty \frac{r^2}{2},$$

wenn wir additive Konstanten bei Φ und Ψ jeweils weglassen.

Die Parallelströmung in z-Richtung mit der Geschwindigkeit c_∞ wird also beschrieben durch

$$\Phi = c_\infty z, \quad \Psi = c_\infty \frac{r^2}{2}. \tag{9.10-12}$$

Die Punktquelle

Wir betrachten jetzt ein Punktquelle, von der gleichmäßig nach allen Seiten der Volumenstrom Q ausgeht; den Volumenstrom einer Punktquelle nennt man deren Quellstärke.[15] Legen wir den Ursprung eines Zylinderkoordinatensystems in die Punktquelle, so lautet das Geschwindigkeitsfeld der Quellströmung

$$c_r = \frac{Q}{4\pi} \frac{r}{(r^2 + z^2)^{3/2}}, \quad c_\varphi = 0, \quad c_z = \frac{Q}{4\pi} \frac{z}{(r^2 + z^2)^{3/2}}. \tag{9.10-13}$$

Man kann das leicht verifizieren: Für jeden Punkt des Feldes gilt $c_r/c_z = r/z$, d. h. die Geschwindigkeit ist in jedem Punkt in Richtung des Radiusvektors vom Ursprung gerichtet. Der Betrag der Geschwindigkeit ist

$$c = \sqrt{c_r^2 + c_z^2} = \frac{Q}{4\pi(r^2 + z^2)},$$

d. h. für alle Punkte der Kugel $r^2 + z^2 = \text{const}$ gleich, und der Volumenstrom durch eine solche Kugel ist $\dot{V} = c \cdot 4\pi(r^2 + z^2)$. Indem man von (9.10-13) nach (A 58) die Rotation bildet, kann man sich auch davon überzeugen, dass (9.10-13) eine Potentialströmung darstellt.

Das zugehörige Geschwindigkeitspotential gewinnt man aus (9.10-6) durch Integration, es lautet

$$\Phi = -\frac{Q}{4\pi} \frac{1}{\sqrt{r^2 + z^2}},$$

wie man durch Bildung des Gradienten nach (A 56) bestätigen kann. Entsprechend gewinnt man aus (9.10-7) durch Integration die Stromfunktion

$$\Psi = -\frac{Q}{4\pi} \frac{z}{\sqrt{r^2 + z^2}}.$$

Eine Punktquelle der Quellstärke Q im Ursprung wird also beschrieben durch

$$\Phi = -\frac{Q}{4\pi} \frac{1}{\sqrt{r^2 + z^2}}, \quad \Psi = -\frac{Q}{4\pi} \frac{z}{\sqrt{r^2 + z^2}}. \tag{9.10-14}$$

Aufgabe 1

Zeigen Sie, dass auch für rotationssymmetrische Potentialströmungen die Orthogonalitätsrelation (9.10-11) gilt!

---

15 Die hier eingeführte Quellstärke hat eine andere Dimension als die auf Seite 275 eingeführte Quellstärke, die wir ebenfalls mit Q bezeichnet haben.

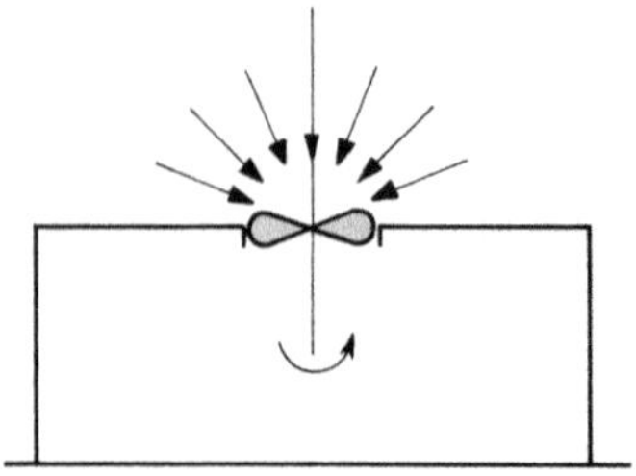

Aufgabe 2

In der Mitte des Flachdaches einer Werkhalle ist ein Ventilator angebracht, der Frischluft von außen ansaugt. Der Ventilator wirke im Halbraum oberhalb des Daches als Punktsenke, der vom Ventilator angesaugte Volumenstrom sei Q.

A. Berechnen Sie den Betrag der Geschwindigkeit auf dem Dach als Funktion des Abstands R vom Ventilator!
B. Berechnen Sie den Druck auf dem Dach als Funktion von R, wenn im Abstand R_1 der Druck p_1 herrscht!

Aufgabe 3

Durch Überlagerung einer Parallelströmung in z-Richtung und einer Punktquelle im Ursprung des Koordinatensystems entsteht ein Strömungsbild, das als die Umströmung eines einseitig unendlichen Drehkörpers gedeutet werden kann:

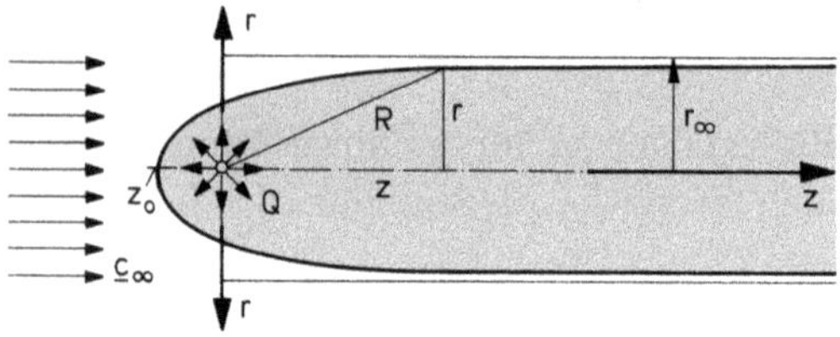

A. Bestimmen Sie das Geschwindigkeitspotential und die Stromfunktion der resultierenden Strömung!
B. Berechnen Sie die Geschwindigkeitskoordinaten c_r und c_z und den Geschwindigkeitsbetrag!
C. Berechnen Sie die Koordinaten des Staupunktes als Funktion von Q und c_∞!
D. Berechnen Sie den Radius r_∞ des Drehkörpers im Unendlichen! (Lösungshinweis: Die Körperkontur ist Stromlinie und geht durch den Staupunkt.)
E. Berechnen Sie das Druckfeld $p(r, z)$!

LE 9.11 Die Singularitätenmethode

Da für axialsymmetrische Potentialströmungen kein komplexes Potential existiert, lässt sich die Funktionentheorie, insbesondere die Methode der konformen Abbildung, darauf nicht anwenden. In der letzten Lehreinheit dieses Kapitels lernen wir als eine Methode zur Berechnung beliebiger Potentialströmungen die Singularitätenmethode kennen.

Wir haben inkompressible Potentialströmungen als Strömungen in einem Teil des Raumes kennen gelernt, wo das Geschwindigkeitsfeld wirbel- und quellenfrei ist, d. h. rot $\underline{c} = \underline{0}$ und div $\underline{c} = 0$ gilt. Diese beiden Bedingungen sind physikalisch von unterschiedlicher Qualität:

Die Bedingung div $\underline{c} = 0$ folgt für inkompressible Medien aus der Kontinuitätsgleichung, ist also in der Natur stets erfüllt. Trotzdem enthielten unsere Beispiele fast immer Bereiche (Punkte oder Linien), wo diese Bedingung verletzt war; außerdem wurde dort die Geschwindigkeit unendlich groß. An diesen Stellen (man nennt sie singuläre Stellen oder Singularitäten) entspricht die rechnerische Strömung also nicht einer wirklichen Strömung, sie liegen außerhalb des physikalischen Gültigkeitsbereiches der rechnerischen Strömung, z. B. im Inneren des umströmten Rotationskörpers von Aufgabe 3 von Lehreinheit 9.10.

Die Bedingung rot $\underline{c} = \underline{0}$ folgt aus keinem Naturgesetz, sondern ist eine Forderung, welche die Allgemeinheit unserer Betrachtungen bisher eingeschränkt hat. Sofern unsere Beispiele Bereiche (Linien) enthielten, wo diese Bedingung verletzt war, trat dort ebenfalls eine unendlich große Geschwindigkeit auf, was natürlich physikalisch unmöglich ist. Diese Stellen sind also auch singulär und liegen damit außerhalb des physikalischen Gültigkeitsbereiches der rechnerischen Strömung, z. B. in der Achse eines mit Zirkulation umströmten Kreiszylinders.

Man kann nun jede Potentialströmung entstanden denken durch eine Verteilung von Singularitäten (einerseits Quellen, Senken, Dipolen, Quadrupolen, usw., andererseits Potentialwirbeln) außerhalb ihrer physikalischen Begrenzung. Für eine Potentialströmung, die aus (einem oder mehreren) Wirbeln entstanden gedacht werden kann, gibt es einen besonderen Ausdruck: Man sagt, sie sei durch die Wirbel induziert worden. Dies ist aber nur eine Redeweise, wie das Beispiel des mit Zirkulation umströmten Kreiszylinders zeigt; die Wirbel sind real gar nicht vorhanden, folglich können sie auch keine Strömung induzieren (=verursachen). Trotzdem eröffnet diese Überlegung eine anschauliche und auch praktisch bedeutsame weitere Methode (neben der Anwendung der Funktionentheorie) zur Berechnung von Potentialströmungen.

Als Beispiel diene eine rotationssymmetrische Strömung: Das Geschwindigkeitspotential Φ für eine Parallelströmung längs der z-Achse mit n Punktquellen oder -senken der unterschiedlichen Quellstärke Q_k an den Stellen z_k auf der z-Achse lautet nach $(9.10\text{-}14)_1$

$$\Phi(r,z) = c_\infty z - \frac{1}{4\pi} \sum_{k=1}^{n} \frac{Q_k}{\sqrt{r^2 + (z - z_k)^2}}. \qquad (9.11\text{-}1)$$

Bei einer geschlossenen Kontur endlicher Länge müssen die Quellstärken Q_k die Nebenbedingung

$$\sum_{k=1}^{n} Q_k = 0 \tag{9.11-2}$$

erfüllen, d. h. es müssen Quellen ($Q_k > 0$) und Senken ($Q_k < 0$) vorhanden sein.

Günstiger ist meist eine kontinuierliche Verteilung von Quellen mit der Elementarquellstärke $dQ_k = q(z_k)dz_k$ zwischen den Punkten $z_0 \leq z_k \leq z_1$ auf der z-Achse. Das Geschwindigkeitspotential lautet dann

$$\Phi(r,z) = c_\infty z - \frac{1}{4\pi}\int_{z_0}^{z_1} \frac{q(z_k)\,dz_k}{\sqrt{r^2 + (z - z_k)^2}}. \tag{9.11-3}$$

Für eine geschlossene Kontur endlicher Länge besteht wieder die Nebenbedingung

$$\int_{z_0}^{z_1} q(z_k)dz_k = 0. \tag{9.11-4}$$

Bei vorgegebener Kontur ist die Quellstärke pro Längeneinheit $q(z_k)$ so zu bestimmen, dass die Normalkomponente des resultierenden Geschwindigkeitsfeldes auf der Körperkontur verschwindet. Diese Bedingung führt auf eine Integralgleichung zur Bestimmung von $q(z_k)$.

Bei vorgegebener Kontur können die Singularitäten auch auf der Konturoberfläche angesetzt werden. Die Singularitätenmethode bietet damit gegenüber der Methode der konformen Abbildung auch den Vorteil, dass die Umströmung vorgegebener Profile berechnet werden kann.

Aufgabe 1

Die allgemeinste ebene Umströmung eines Kreiszylinders haben wir in der Lehreinheit 9.7 behandelt. Wie kann man sich diese Umströmung nach der Singularitätenmethode entstanden denken?

Aufgabe 2

Die Skizze zeigt die Überlagerung einer Punktquelle mit der Ergiebigkeit Q_1, einer Punktsenke mit der Ergiebigkeit Q_2 und eine Parallelströmung mit der Geschwindigkeit c_∞.

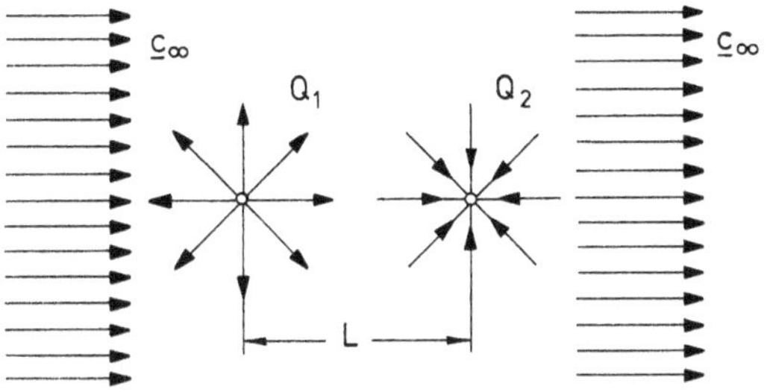

A. Welche Bedingung müssen die Ergiebigkeiten Q_1 und Q_2 erfüllen, damit eine geschlossenen Kontur entsteht?
B. Zeichnen Sie in die Skizze qualitativ die Stromlinien für diesen Fall ein!

Kapitel 10
Wirbelströmungen

Im letzten Kapitel haben wir uns im Wesentlichen mit inkompressiblen wirbelfreien Strömungen beschäftigt, dieses Kapitel ist nun den inkompressiblen wirbelbehafteten Strömungen gewidmet, die wir auch kurz Wirbelströmungen nennen wollen.

Wir notieren gleich zu Beginn zwei wichtige Unterschiede:

- Bei wirbelfreien Strömungen inkompressibler newtonscher Fluide wirkt sich die Zähigkeit auf das Geschwindigkeits- und Druckfeld nicht aus; alle Ergebnisse gelten also gleichermaßen für reibungsfreie wie für newtonsche Fluide. Bei Wirbelströmungen dagegen ist darauf zu achten, ob ein Ergebnis auch für reibungsbehaftete oder nur für reibungsfreie Strömungen gilt.
- Für wirbelfreie Strömungen inkompressibler newtonscher Fluide ist das Differentialgleichungssystem linear, man kann also mehrere Lösungen zu einer neuen Lösung überlagern. Bei Wirbelströmungen ist das im Allgemeinen nicht der Fall.

Die zu einem Wirbelfaden gehörige Strömung ist (bis auf den Wirbelfaden selbst) wirbelfrei: für einen geraden Wirbelfaden ist es der uns bereits aus Lehreinheit 9.5 bekannte Potentialwirbel. Solche Strömungen kann man also überlagern, und die Zähigkeit wirkt sich nicht aus.

Im ersten Teil dieses Kapitels untersuchen wir den Zusammenhang zwischen Geschwindigkeitsfeld und Wirbelfeld (Lehreinheiten 10.1 und 10.2), im zweiten Teil lernen wir einige allgemeine Sätze über Wirbelströmungen kennen (Lehreinheiten 10.3 und 10.4), der dritte Teil behandelt den Einzelwirbel (Lehreinheit 10.5), und der vierte Teil ist der Theorie des Tragflügels endlicher Spannweite als einer wichtigen Anwendung der Theorie der Wirbelströmungen gewidmet (Lehreinheit 10.6).

LE 10.1 Das Biot-Savartsche Gesetz

Eine Wirbelströmung kann außer durch das Geschwindigkeitsfeld auch durch das Wirbelfeld beschrieben werden. Beide Felder hängen zusammen. Ist das Geschwindigkeitsfeld bekannt, so kann man daraus durch eine Differentiation, nämlich durch die Bildung der Rotation, das Wirbelfeld berechnen. Vermutlich lässt sich dann umgekehrt das Geschwindigkeitsfeld aus dem Wirbelfeld durch eine Integration gewinnen. Diese Umkehrung der Gleichung $\underline{\Omega} = \operatorname{rot} \underline{c}$ nennt man das Biot-Savartsche Gesetz. Wir wollen es hier nicht mathematisch exakt herleiten, sondern es aus einigen plausiblen Annahmen gewinnen.

https://doi.org/10.1515/9783110641455-010

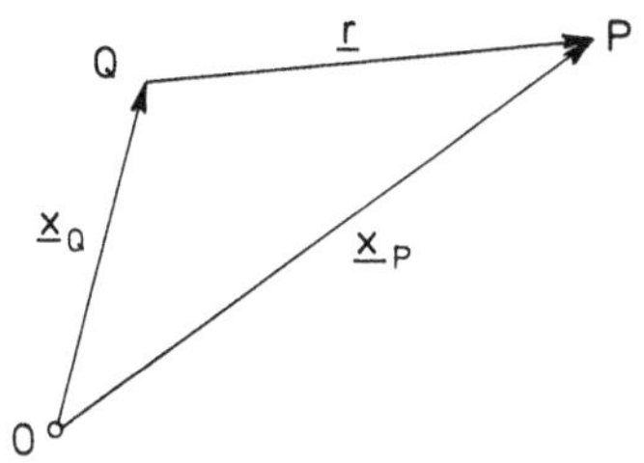

Wir fragen also nach dem Beitrag, den die Wirbelstärke in einem beliebigen Punkt des Strömungsfeldes, dem Quellpunkt Q, zur Geschwindigkeit in einem beliebigen anderen Punkt des Strömungsfeldes, dem Aufpunkt P, beisteuert. Man sagt auch: Die Wir- belstärke im Quellpunkt Q induziert im Aufpunkt P einen Teil der dortigen Geschwindigkeit; die Geschwindigkeit im Aufpunkt P ist die Summe der Induktionswirkungen aller Quellpunkte des Strömungsfeldes (d. h. aller Punkte, in denen die Wirbelstärke nicht verschwindet). Ist $\underline{x}_Q$ der Ortsvektor zum Quellpunkt Q und $\underline{x}_P$ der Ortsvektor zum Aufpunkt P, so gilt für den Vektor $\underline{r}$ vom Quellpunkt Q zum Aufpunkt P

$$\begin{aligned} \underline{r} &= \underline{x}_P - \underline{x}_Q, \\ r &= \sqrt{(x_P - x_Q)^2 + (y_P - y_Q)^2 + (z_P - z_Q)^2}. \end{aligned} \tag{10.1-1}$$

Um den Zusammenhang zwischen der Geschwindigkeit $\underline{c}(\underline{x}_P)$ in einem Aufpunkt und der Wirbelstärke $\underline{\Omega}(\underline{x}_Q)$ in allen Quellpunkten eines Strömungsfeldes mathematisch zu formulieren, untersuchen wir zunächst die Induktionswirkung eines infinitesimalen Stücks einer Wirbelröhre um einen beliebigen Quellpunkt. Das Wirbelröhrenelement habe den Querschnitt $d\underline{A}$, die Länge $d\underline{x}$ und das Volumen $dV = d\underline{A} \cdot d\underline{x}$, wobei $d\underline{A}$ und $d\underline{x}$ beide parallel zur Wirbelstärke $\underline{\Omega}$ im Quellpunkt sind. Wir machen jetzt (für ein inkompressibles Fluid) die folgenden Annahmen.

1. Die von einem betrachteten Wirbelröhrenelement in einem beliebigen Aufpunkt induzierte Geschwindigkeit ist dem Betrage nach proportional zur Wirbelstärke und zum Volumen des Wirbelröhrenelements:

$$dc \sim \Omega \, dV. \tag{10.1-2}$$

2. Die induzierte Geschwindigkeit in allen Punkten einer beliebigen Kugelschale um den Quellpunkt ist so beschaffen, dass die Kugelschale starr um den Vektor der Wirbelstärke im Quellpunkt rotiert. Das bedeutet mathematisch:
   - Die Richtung der induzierten Geschwindigkeit steht senkrecht auf den Vektoren $\underline{\Omega}$ und $\underline{r}$:

$$d\underline{c} \sim \underline{\Omega} \times \underline{r}. \tag{10.1-3}$$

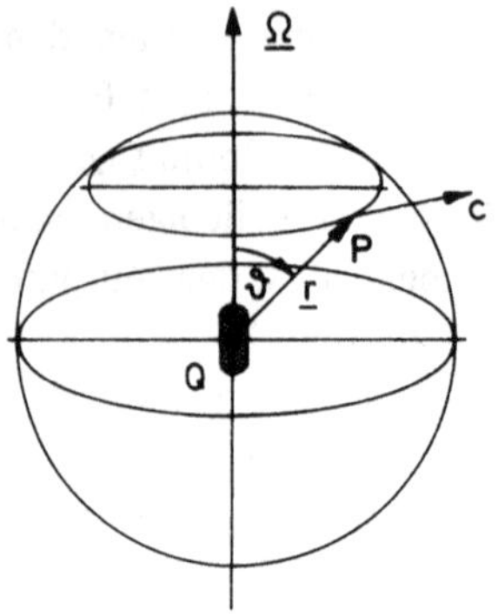

– Macht man den Quellpunkt zum Ursprung eines Kugelkoordinatensystems (r, ϑ, φ) mit der Richtung von $\underline{\Omega}$ als Achse, so ist der Betrag der induzierten Geschwindigkeit unabhängig von φ und proportional zu $\sin\vartheta$ und einer Funktion von r:

$$dc \sim f(r)\sin\vartheta. \tag{10.1-4}$$

3. Die gesamte Induktionswirkung ist auf jeder solchen Kugelschale unabhängig von ihrem Radius gleich, d. h. die Induktionswirkung in einem Punkt ist umgekehrt proportional zur Oberfläche der Kugel, auf der er liegt, es gilt $dc \sim 1/r^2$. In (10.1-4) ist damit

$$f(r) = \frac{1}{r^2}. \tag{10.1-5}$$

Setzt man (10.1-2) bis (10.1-5) zusammen, so erhält man wegen $|\underline{\Omega} \times \underline{r}| = \Omega r \sin\vartheta$ mit einer noch unbekannten Proportionalitätskonstante A

$$d\underline{c} = A\frac{\underline{\Omega} \times \underline{r}}{r^3}dV. \tag{10.1-6}$$

Die Proportionalitätskonstante bestimmen wir, indem wir diese Formel auf einen einzelnen, unendlich langen, geraden Wirbelfaden in einer unendlich ausgedehnten wirbelfreien Strömung, also einen Potentialwirbelfaden, spezialisieren, dessen Geschwindigkeitsfeld wir ja bereits kennen: nach Aufgabe 2 von Lehreinheit 9.5 beträgt es für einen Wirbelfaden der Zirkulation Γ

$$\boxed{c_\varphi = \frac{\Gamma}{2\pi a},} \tag{10.1-7}$$

wenn a der senkrechte Abstand des Aufpunktes vom Wirbelfaden ist.

Dazu spezialisieren wir (10.1-6) auf den Fall, dass alle Wirbelstärke des Wirbelröhrenelements in einem Wirbelfadenelement in seiner Achse konzentriert ist. Da für das Wirbelröhrenelement sein Querschnitt $d\underline{A}$, seine Länge $d\underline{x}$ und seine Wirbelstärke $\underline{\Omega}$ parallel sind, gilt für das Wirbelröhrenelement

$$\underline{\Omega}\,dV = \underline{\Omega}\,d\underline{A} \cdot d\underline{x} = \underline{\Omega} \cdot d\underline{A}d\underline{x}.$$

Führen wir jetzt den Grenzübergang vom Wirbelröhrenelement zum Wirbelfadenelement aus, so gilt mit (9.1-4)

$$\underline{\Omega}\, dV = \Gamma d\underline{x}$$

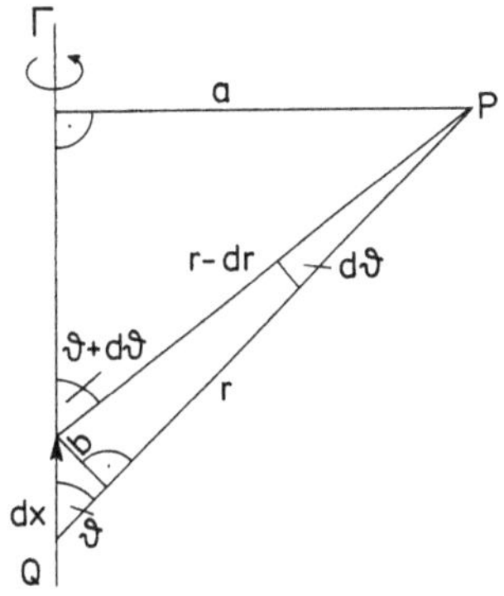

und statt (10.1-6)

$$d\underline{c} = A\Gamma \frac{d\underline{x} \times \underline{r}}{r^3} \qquad (10.1\text{-}8)$$

oder wegen $|d\underline{x} \times \underline{r}| = dx\, r\, \sin\vartheta$

$$c_r = 0, \quad c_\vartheta = 0, \quad dc_\varphi = A\Gamma \frac{\sin\vartheta\, dx}{r^2}.$$

Aus der nebenstehenden Skizze liest man ab:

$$b = \sin\vartheta\, dx = \sin(d\vartheta)(r - dr).$$

Da man für kleines Argument den Sinus durch sein Argument ersetzen kann, folgt bei Vernachlässigung quadratisch kleiner Größen

$$\sin\vartheta\, dx = r\, d\vartheta,$$

$$dc_\varphi = A\Gamma \frac{d\vartheta}{r}.$$

Darin ist r noch eine Funktion von ϑ; aus der Skizze liest man ab:

$$a/r = \sin\vartheta,$$

somit ist

$$dc_\varphi = A\frac{\Gamma}{a}\sin\vartheta\, d\vartheta, \quad c_\varphi = A\frac{\Gamma}{a}\int_0^\pi \sin\vartheta\, d\vartheta = A\frac{\Gamma}{a}(-\cos\vartheta)_0^\pi = \frac{2A\Gamma}{a}.$$

Ein Vergleich mit (10.1-7) ergibt $A = 1/4\pi$.

Wir erhalten also nach (10.1-6) für den Anteil $d\underline{c}(\underline{x}_P, t)$ der Geschwindigkeit im Aufpunkt P, der von der Wirbelstärke $\underline{\Omega}(\underline{x}_Q, t)$ eines Wirbelröhrenelements dV_Q um den Quellpunkt Q induziert wird,

$$d\underline{c}(\underline{x}_P, t) = \frac{1}{4\pi}\frac{\underline{\Omega}(\underline{x}_Q, t) \times \underline{r}}{r^3} dV_Q \qquad (10.1\text{-}9)_1$$

oder für die gesamte Geschwindigkeit im Aufpunkt

$$\underline{c}(\underline{x}_P, t) = \frac{1}{4\pi} \int \frac{\underline{\Omega}(\underline{x}_Q, t) \times \underline{r}}{r^3} dV_Q. \qquad (10.1\text{-}9)_2$$

Ist speziell die gesamte Wirbelstärke in einem (nicht notwendig geraden) Wirbelfaden mit der Zirkulation Γ konzentriert, erhalten wir nach (10.1-8)

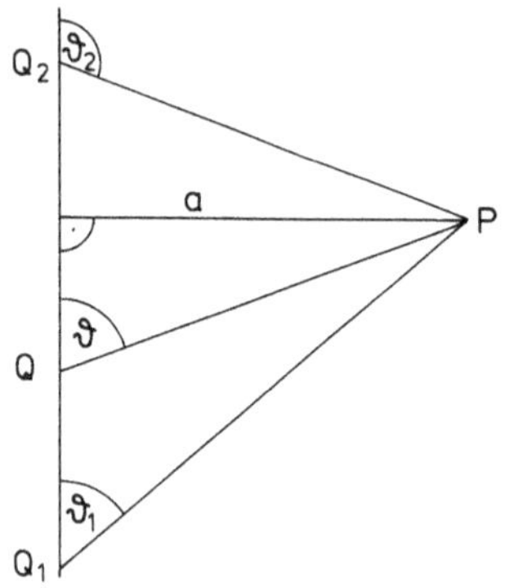

$$d\underline{c}(\underline{x}_P) = \frac{\Gamma}{4\pi} \frac{d\underline{x}_Q \times \underline{r}}{r^3}, \qquad \underline{c}(\underline{x}_P, t) = \frac{\Gamma}{4\pi} \int \frac{d\underline{x}_Q \times \underline{r}}{r^3}. \qquad (10.1\text{-}10)$$

Speziell für das Stück eines geraden Wirbelfadens der Zirkulation Γ zwischen den Punkten Q_1 und Q_2 erhalten wir

$$dc_\varphi = \frac{\Gamma}{4\pi a} \sin\vartheta \, d\vartheta, \qquad c_\varphi = \frac{\Gamma}{4\pi a}(\cos\vartheta_1 - \cos\vartheta_2). \qquad (10.1\text{-}11)$$

Für den unendlich langen, geraden Wirbelfaden folgt daraus mit $\vartheta_1 = 0$, $\vartheta_2 = \pi$ wieder (10.1-7).

Die Gleichungen (10.1-9) bis (10.1-11) sind verschiedene Formulierungen des Biot-Savartschen Gesetzes.

Aufgabe 1

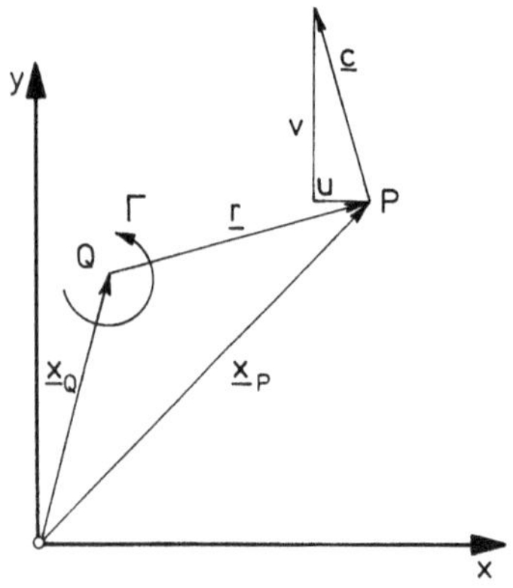

Berechnen Sie die Koordinaten u und v der Geschwindigkeit, die von einem (unendlich langen) geraden Wirbelfaden in z-Richtung mit den Koordinaten $(x_Q, y_Q, 0)$ und der Zirkulation Γ im Punkte $(x_P, y_P, 0)$ induziert wird

A. aus dem komplexen Potential (9.5-4),

B. aus dem Biot-Savartschen Gesetz (10.1-7).

Aufgabe 2

Zwei Wirbelfäden parallel zur z-Achse durch die Punkte $(-L, 0)$ und $(L, 0)$ der x, y-Ebene mit derselben Zirkulation Γ induzieren in der x, y-Ebene ein Geschwindigkeitsfeld.

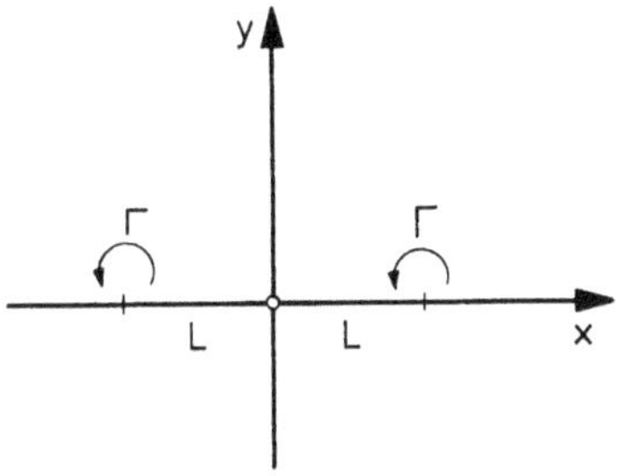

A. Berechnen und skizzieren Sie die induzierte Geschwindigkeit längs der x-Achse!
B. Mit welcher Geschwindigkeit und auf welcher Bahn bewegen sich die Wirbel infolge gegenseitiger Induktion?
   Lösungshinweis: Ein Wirbelfadenelement induziert in seiner eigenen Achse grundsätzlich keine Geschwindigkeit. Bei einem geraden Wirbelfaden ist deshalb die Induktionswirkung eines Elementes auf alle übrigen Elemente des Wirbelfadens null. Jeder der beiden Wirbelfäden schwimmt also in dem Geschwindigkeitsfeld, das der andere induziert.
C. Skizzieren Sie das Stromlinienfeld zu einem festen Zeitpunkt!

Aufgabe 3

Wie in der vorigen Aufgabe gehe durch den Punkt $(L, 0)$ ein Wirbelfaden der Zirkulation Γ, durch den Punkt $(-L, 0)$ gehe aber diesmal ein Wirbelfaden mit der entgegengesetzten Zirkulation $-\Gamma$. Bestimmen Sie analog zur vorigen Aufgabe

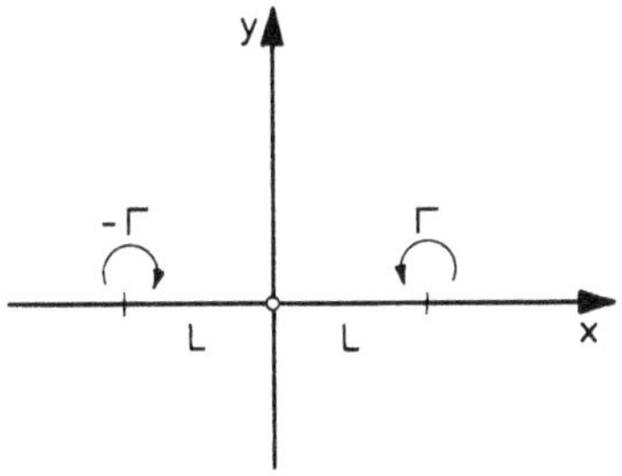

A. die induzierte Geschwindigkeit längs der x-Achse,
B. die Bahn und die Geschwindigkeit beider Wirbel infolge gegenseitiger Induktion und
C. skizzieren Sie das Stromlinienbild!

Aufgabe 4

Ein unendlich langer Wirbelfaden mit der Zirkulation $\Gamma < 0$ bewegt sich in einem reibungsfreien Fluid wie skizziert mit konstanter Geschwindigkeit $-u_0$ auf eine ebene Wand zu. Zur Zeit $t = 0$ befindet er sich im Punkt (x_0, y_0).

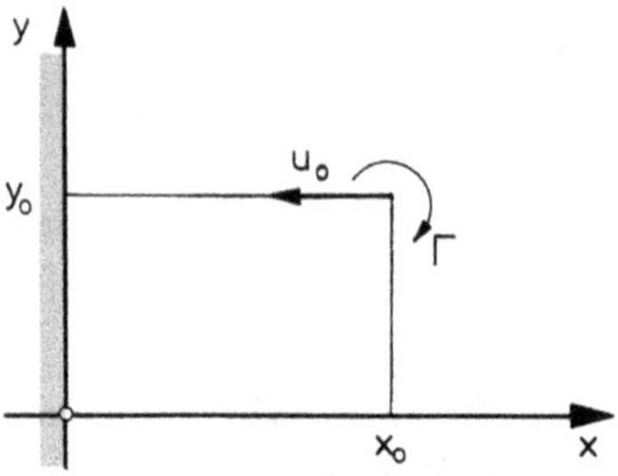

A. Bestimmen Sie den Wandabstand x des Wirbelfadens als Funktion der Zeit!
B. Bestimmen Sie die Koordinate v der Geschwindigkeit als Funktion der Zeit!
C. Skizzieren Sie qualitativ die Bahnkurve des Wirbelfadens!

Lösungshinweis: In einem reibungsfreien Fluid muss eine Wand Stromlinie sein. Man erreicht ein solches Stromlinienbild, indem man den Wirbel an der Wand spiegelt, d. h. die Wand durch einen Wirbel mit entgegengesetzt gleicher Zirkulation ersetzt, der die spiegelbildliche Geschwindigkeit $+u_0$ in x-Richtung hat und sich zur Zeit $t = 0$ im Punkt $(-x_0, y_0)$ befindet. Die Bewegung des tatsächlich vorhandenen Wirbels unter dem Einfluss der Wand berechnet sich dann aus der wechselseitigen Induktion des reellen und des virtuellen Wirbels.[1]

Aufgabe 5

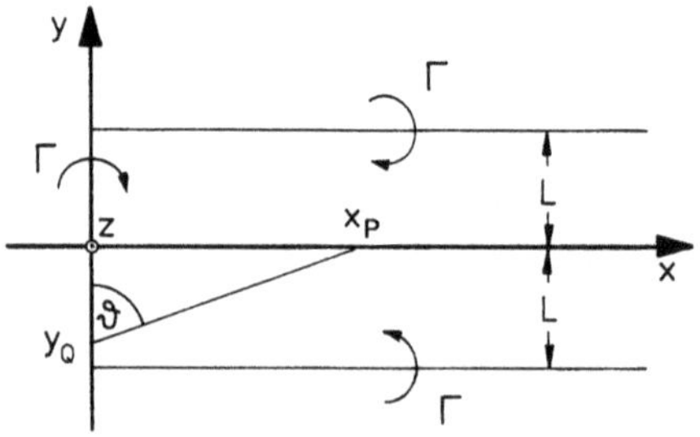

Gegeben ist ein sich bis ins Unendliche erstreckender Hufeisenwirbel mit der konstanten Zirkulation Γ. Berechnen und skizzieren Sie die induzierten Geschwindigkeiten längs der x- und der y-Achse!

1 Man beachte den Bedeutungsunterschied der Gegensatzpaare virtuell – reell und ideal – real in der Physik: virtuell heißt „scheinbar (d. h. in Wirklichkeit *nicht*) vorhanden", reell demnach „wirklich vorhanden"; ideal heißt „gegenüber der Wirklichkeit idealisiert, z. B. vereinfacht (d. h. *so nicht*) vorhanden", real demnach „wirklich so vorhanden". In diesem Sinne spricht man z. B. von virtuellen oder reellen Wirbeln, aber von idealen und realen Gasen.

Zusatzaufgabe 1

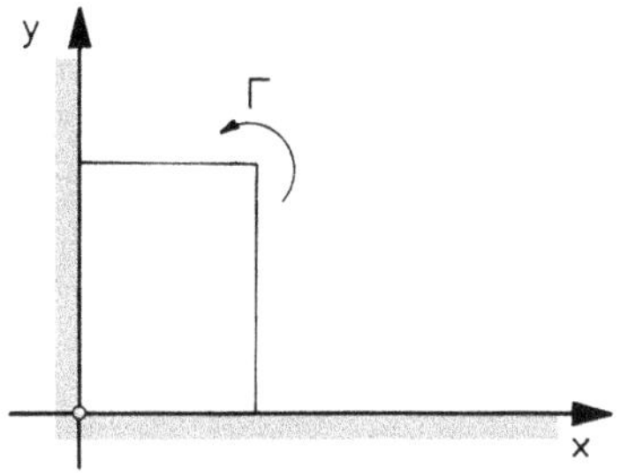

Ein unendlich langer Wirbelfaden mit der Zirkulation Γ befindet sich zur Zeit t in einer räumlichen Ecke im Punkt (x, y). Bestimmen Sie die Geschwindigkeit des Wirbelfadens zu diesem Zeitpunkt!

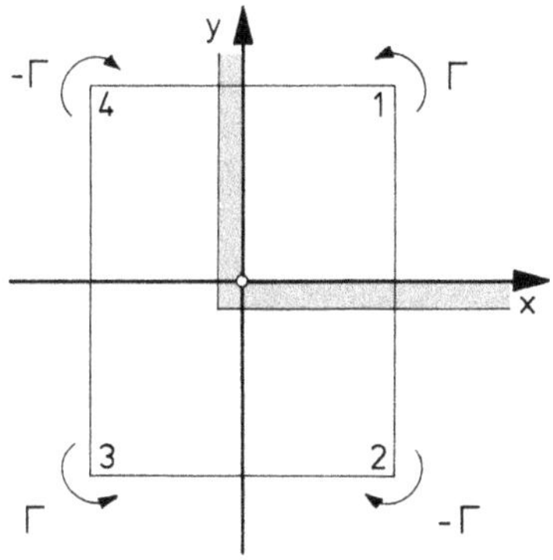

Lösungshinweis: Um den Wandeinfluss zu berücksichtigen, muss man in diesem Falle an beiden Wänden spiegeln. Zu dem reellen Wirbel treten dann drei virtuelle Wirbel gemäß nebenstehender Skizze. (Man kann sich überlegen, dass dieses Spiegelungsverfahren nur bei einer ebenen Wand oder zwei zueinander senkrechten ebenen Wänden funktioniert, wenn die beiden Wände eine Ecke mit einem Winkel $\alpha = \pi/n$ bilden, wobei n eine natürliche Zahl ist.)

Zusatzaufgabe 2

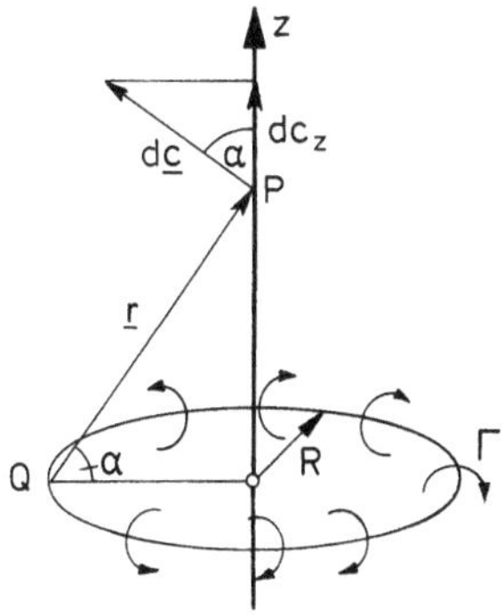

Berechnen Sie die von einem Ringwirbelfaden der konstanten Zirkulation Γ in seiner Achse induzierte Geschwindigkeit c_z!

LE 10.2 Die ebene Wirbelschicht

In der letzten Lehreinheit haben wir das Biot-Savartsche Gesetz für eine räumlich verteilte Wirbelstärke und für den Spezialfall behandelt, dass die Wirbelstärke auf einer Kurve konzentriert ist. Jetzt wollen wir eine Wirbelschicht untersuchen, also den Fall, dass die Wirbelstärke auf einer Fläche konzentriert ist. Wir beschränken uns dabei auf die ebene Wirbelschicht, bei der diese Fläche eine Ebene ist und die Wirbelstärke in dieser Ebene überall in dieselbe Richtung weist.

Wir wollen das Koordinatensystem so legen, dass die Wirbelschicht in der x, y-Ebene liegt und die Wirbelstärke in die z-Richtung weist. Die Wirbelstärke sei zunächst noch nicht auf eine Fläche, sondern in einer dünnen Schicht der Dicke dy verteilt. Dann ist nach (9.1-3)

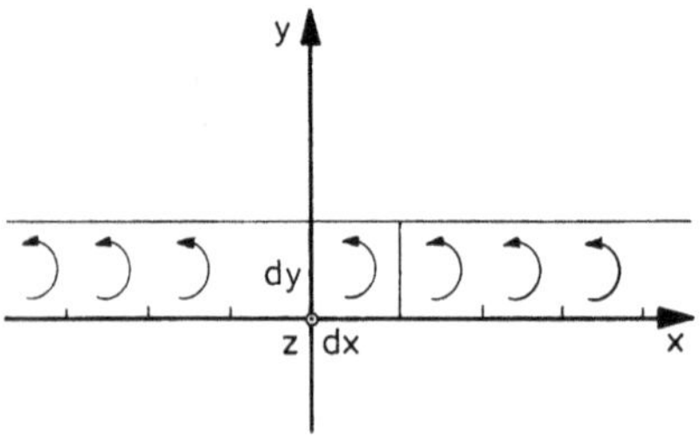

$$\underline{\Omega}\, dV = \Omega\, dx\, dy\, dz\, \underline{e}_z = d\Gamma\, dz\, \underline{e}_z,$$
$$\Omega\, dV = \Omega\, dx\, dy\, dz = d\Gamma\, dz.$$

Führen wir jetzt den Grenzübergang $dy \to 0$ aus und soll von der dann auf eine Fläche konzentrierten Wirbelstärke eine endliche Induktionswirkung ausgehen, so muss gleichzeitig Ω so gegen unendlich gehen, dass Ω dy endlich bleibt. Mit

$$\gamma := \lim_{dy \to 0} \Omega\, dy \qquad (10.2\text{-}1)$$

erhalten wir $\Omega\, dV = \gamma\, dx\, dz$, und es gilt

$$\gamma = \frac{d\Gamma}{dx}. \qquad (10.2\text{-}2)$$

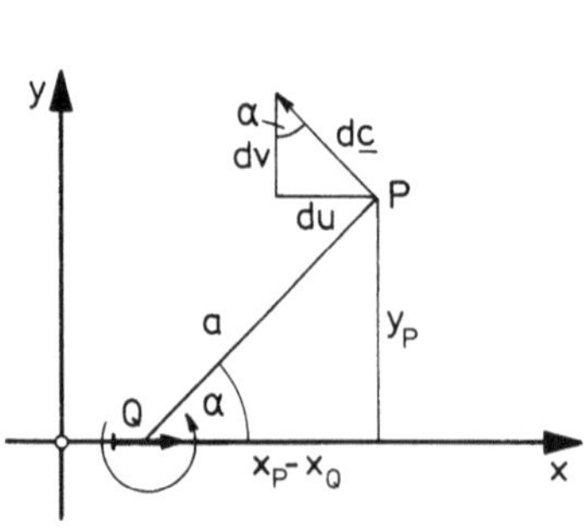

γ ist also die Zirkulation der Wirbelschicht pro Längeneinheit quer zur Richtung der Wirbelstärke. Wir können uns demnach die Wirbelschicht als eine kontinuierliche Folge von Potentialwirbeln vorstellen, wobei ein Element dx_Q der Wirbelschicht an der Stelle x_Q die Zirkulation $d\Gamma = \gamma(x_Q)dx_Q$ hat. Von einem solchen Wirbelfaden wird im Punkte P nach (10.1-7) die Geschwindigkeit

$$dc = \frac{d\Gamma}{2\pi a}, \quad a = \sqrt{(x_P - x_Q)^2 + y_P^2}$$

mit den Koordinaten $du = -\sin\alpha\, dc$, $dv = \cos\alpha\, dc$ induziert. Mit $\sin\alpha = y_P/a$, $\cos\alpha = (x_P - x_Q)/a$ folgt

$$
\begin{aligned}
du(x_P, y_P) &= \frac{\gamma(x_Q)}{2\pi} \frac{-y_P}{(x_p - x_Q)^2 + y_P^2} dx_Q, \\
dv(x_P, y_P) &= \frac{\gamma(x_Q)}{2\pi} \frac{x_P - x_Q}{(x_p - x_Q)^2 + y_P^2} dx_Q.
\end{aligned}
\tag{10.2-3}
$$

Reicht die Wirbelschicht von $x_Q = a$ bis $x_Q = b$, so ist die insgesamt induzierte Geschwindigkeit

$$
\begin{aligned}
u(x_P, y_P) &= \frac{1}{2\pi} \int_a^b \gamma(x_Q) \frac{-y_P}{(x_p - x_Q)^2 + y_P^2} dx_Q, \\
v(x_P, y_P) &= \frac{1}{2\pi} \int_a^b \gamma(x_Q) \frac{x_P - x_Q}{(x_p - x_Q)^2 + y_P^2} dx_Q.
\end{aligned}
\tag{10.2-4}
$$

Die einfache Diskontinuitätsfläche

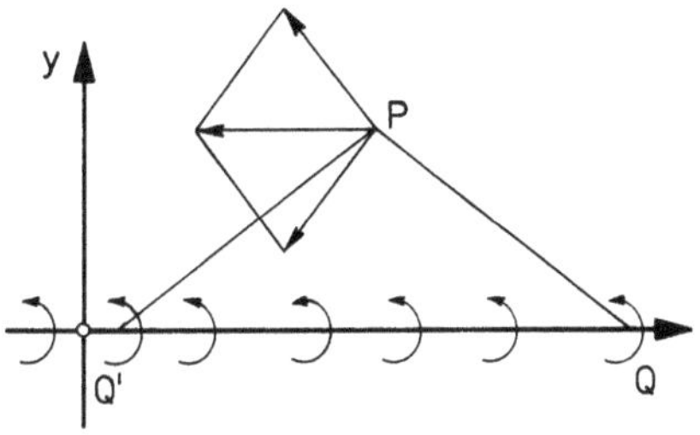

Wir betrachten als einfachstes Beispiel den Fall, dass sich die Wirbelschicht von $x_Q = -\infty$ bis $x_Q = +\infty$ erstreckt und dass die Zirkulation pro Längeneinheit konstant ist. Dann setzen sich die von zwei zu P symmetrischen Punkten Q und Q' induzierten Geschwindigkeiten jeweils so zusammen, dass die Resultierende parallel zur Wirbelschicht ist. v ist also null. Für u erhalten wir nach (10.2-4)

$$
u(x_P, y_P) = -\frac{\gamma y_P}{2\pi} \int_{-\infty}^{+\infty} \frac{dx_Q}{(x_p - x_Q)^2 + y_P^2} = -\frac{\gamma}{2\pi} \int \frac{d(\frac{x_Q - x_P}{y_P})}{(\frac{x_Q - x_P}{y_P})^2 + 1}.
$$

Dabei ist in der neuen Variablen für $y_P > 0$ von $-\infty$ bis $+\infty$ und für $y_P < 0$ von $+\infty$ bis $-\infty$ zu integrieren. Im ersten Fall erhalten wir

$$
u(x_P, y_P) = -\frac{\gamma}{2\pi} \arctan \frac{x_Q - x_P}{y_P} \bigg|_{-\infty}^{+\infty} = -\frac{\gamma}{2},
$$

im zweiten Fall das Negative davon:

$$\boxed{u(x_P, y_P) = \begin{cases} -\frac{\gamma}{2} & \text{für } y_P > 0, \\ +\frac{\gamma}{2} & \text{für } y_P < 0. \end{cases}} \qquad (10.2\text{-}5)$$

Die unendlich ausgedehnte, ebene Wirbelschicht konstanter Zirkulation pro Längeneinheit induziert also eine Diskontinuitätsfläche der Geschwindigkeit, sie stellt also anschaulich eine Art Rollenlager dar, das sich mit der mittleren Geschwindigkeit der Strömung oberhalb und unterhalb der Diskontinuitätsfläche bewegt, und der Geschwindigkeitssprung zwischen beiden Strömungen ist gerade gleich der Zirkulation pro Längeneinheit der Wirbelschicht.

Die wechselseitigen Induktionswirkungen der Wirbelfäden der Wirbelschicht aufeinander heben sich aus Symmetriegründen gerade auf. Bei einer kleinen Auslenkung eines Wirbelfadens aus der Schichtebene ist diese Symmetrie allerdings gestört, und eine genauere Betrachtung zeigt, dass die dann induzierte Geschwindigkeit den Wir- belfaden weiter auslenkt. Die ebene Wirbelschicht befindet sich also in einem labilen (instabilen) Gleichgewicht. Da kleine Störungen in der Natur unvermeidlich sind, bleibt eine ebene Wirbelschicht (auch ohne Berücksichtigung der Reibung) nicht erhalten, sondern rollt sich zu diskreten Wirbeln auf,[2] vgl. obige Skizze. Untersuchungen dieser Art sind die Domäne der hydrodynamischen Stabilitätstheorie. Die tatsächlich vorhandene Reibung hat zur Folge, dass die Wirbelstärke aus der Schicht diffundiert, der Geschwindigkeitssprung also in ein stetiges Geschwindigkeitsprofil, eine freie Scherschicht oder Grenzschicht (frei im Gegensatz zu den Wandgrenzschichten) umgewandelt wird. Eine solche freie Scherschicht ist ebenfalls instabil, sie rollt sich also auch zu diskreten Wirbeln auf.

Der ebene Freistrahl

Wir betrachten als nächstes zwei parallele Wirbelschichten entgegengesetzt gleicher Zirkulation pro Längeneinheit gemäß nebenstehender Skizze. Im Außenraum heben sich die entgegengesetzt gleichen Induktionswirkungen der beiden

2 Vgl. Aufgabe 2 von Lehreinheit 4.3 und Aufgabe 2 von Lehreinheit 6.1.

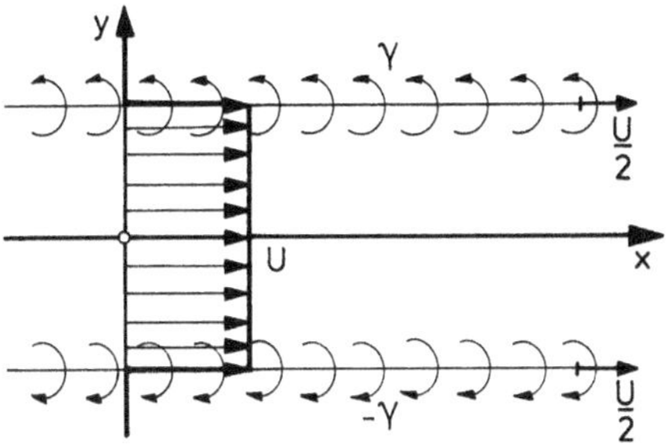

Wirbelschichten gerade auf, so dass das Fluid dort in Ruhe ist. Im Innenraum zwischen den beiden Wirbelschichten addieren sich die Induktionswirkungen, so dass dort die doppelte Geschwindigkeit $U = \gamma$ herrscht. Wir erhalten also einen ebenen Freistrahl. Die obere Wirbelschicht bewegt sich aufgrund der Induktionswirkung der unteren mit der Geschwindigkeit $U/2$ nach rechts, die untere Wirbelschicht aufgrund der Induktionswirkung der oberen mit derselben Geschwindigkeit ebenfalls nach rechts. Jede Wirbelschicht bewegt sich also wieder wie ein Rollenlager mit der mittleren Geschwindigkeit der beiden Strömungen beiderseits der Schicht. Aufgrund der Instabilität der beiden Wirbelschichten rollt sich jede zu einer Reihe diskreter Wirbel auf.

Aufgabe 1

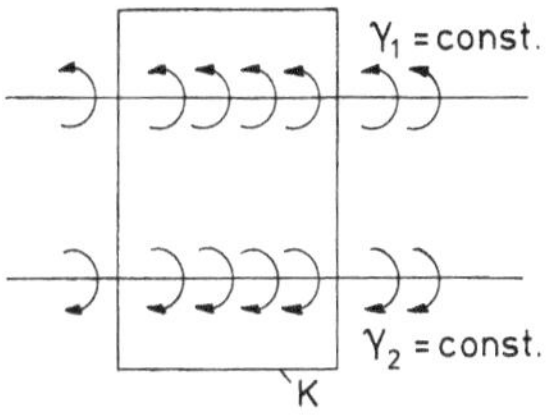

Zwei parallele Wirbelschichten mit $\gamma_1 = -\gamma_2$ erzeugen einen ebenen Freistrahl. Gilt für die Zirkulation Γ längs der rechteckigen Kurve K

A. $\Gamma > 0$, □

B. $\Gamma = 0$, □

C. $\Gamma < 0$? □

Aufgabe 2

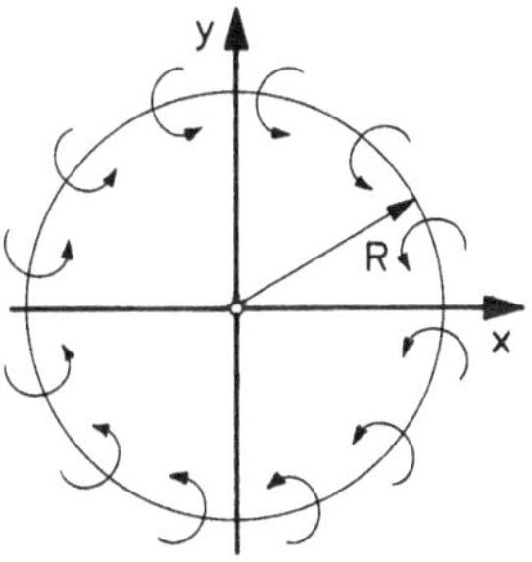

Eine kreiszylindrische Wirbelschicht mit dem Radius R und der konstanten Zirkulation pro Längeneinheit $\gamma = d\Gamma/R\,d\varphi$ induziert aus Symmetriegründen ein Geschwindigkeitsfeld, das in Zylinderkoordinaten nur eine von null verschiedene Koordinate $c_\varphi = c_\varphi(r)$ hat. Das Biot-Savartsche Gesetz (das wir für den hier benötigten Fall einer zylindrischen Wirbelschicht nicht hergeleitet haben) ergibt, dass die induzierte Geschwindigkeit im Innern des Kreiszylinders null und im Außenraum so groß ist, als ob die gesamte Zirkulation der Wirbelschicht in einem Wirbelfaden in der Zylinderachse konzentriert wäre.

A. Wie groß muss dann die Zirkulation Γ_1 eines zusätzlichen Wirbelfadens in der Zylinderachse sein, damit die Geschwindigkeit im Außenraum verschwindet?
B. Wie groß ist dann die induzierte Geschwindigkeit im Innern des Kreises?
C. Wie groß ist der Geschwindigkeitssprung in der Wirbelschicht?

LE 10.3 Der Thomsonsche Satz

Der Thomsonsche Satz ist eine Aussage über die zeitliche Änderung der Zirkulation längs einer geschlossenen, materiellen Kurve (also einer Kurve, die im Laufe der Bewegung immer aus denselben Teilchen besteht).

Der allgemeine Thomsonsche Satz

Wir setzen voraus, dass die betrachtete materielle Kurve eine einfach zusammenhängende Fläche umschließt, auf der die Geschwindigkeit stetig ist. Dann gilt

$$\frac{d\Gamma}{dt} = \frac{d}{dt}\oint_{\tilde{C}} \underline{c}\cdot d\underline{x} = \oint \frac{D}{Dt}(\underline{c}\cdot d\underline{x}) = \oint \frac{D\underline{c}}{Dt}\cdot d\underline{x} + \oint \underline{c}\cdot\frac{D}{Dt}d\underline{x}.$$

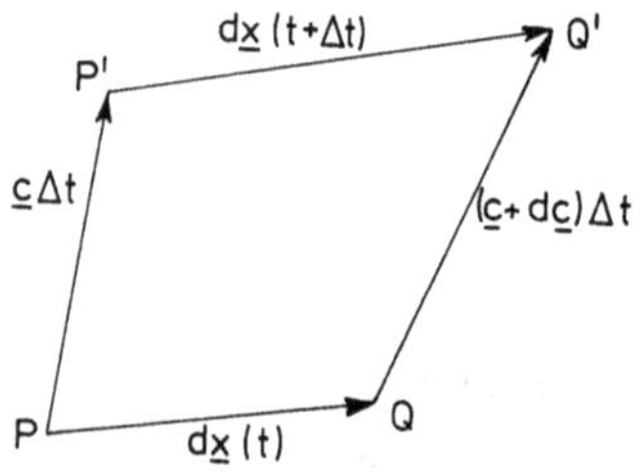

Dabei haben wir wieder (wie bei der Ableitung von (3.4-3)) berücksichtigt, dass wir bei der Integration über einen *materiellen Bereich* die zeitliche Ableitung unter das Integral ziehen können, wenn wir sie für ein festes Teilchen, d. h. als *substantielle Ableitung* nehmen. Für das letzte Integral benötigen wir die substantielle Ableitung eines materiellen Kurvenelements; wir können sie aus nebenstehender Skizze ablesen. Sie zeigt die Lage eines materiellen Kurvenelements $d\underline{x}$ zu den Zeiten t und $t + \Delta t$. Der Anfangspunkt P dieses Kurvenelements legt in der Zeit Δt die Strecke $\underline{c}\Delta t$ zurück, der Endpunkt Q die Strecke $(\underline{c} + d\underline{c})\Delta t$. Aus der Figur liest man ab

$$\underline{c}\Delta t + d\underline{x}(t + \Delta t) = d\underline{x}(t) + (\underline{c} + d\underline{c})\Delta t. \qquad (10.3\text{-}1)$$

Nun ist definitionsgemäß

$$\frac{D}{Dt}d\underline{x} = \lim_{\Delta t \to 0} \frac{d\underline{x}(t + \Delta t) - d\underline{x}(t)}{\Delta t}.$$

Setzt man darin (10.3-1) ein, so erhält man

$$\frac{D}{Dt}d\underline{x} = d\underline{c}. \tag{10.3-2}$$

Somit ist

$$\frac{d\Gamma}{dt} = \oint \frac{D\underline{c}}{Dt} \cdot d\underline{x} + \oint \underline{c} \cdot d\underline{c} = \oint \frac{D\underline{c}}{Dt} \cdot d\underline{x} + \oint d\left(\frac{c^2}{2}\right).$$

Unter der eingangs gemachten Voraussetzung ist $\underline{c}$ eindeutig, und das zweite Integral verschwindet. Wir erhalten also

$$\frac{d\Gamma}{dt} = \oint \frac{D\underline{c}}{Dt} \cdot d\underline{x}. \tag{10.3-3}$$

Diese Beziehung nennt man den (allgemeinen) Thomsonschen Satz. Wie die Kontinuitätsgleichung ist sie eine rein kinematische Beziehung: Sie gilt für jede Bewegung unabhängig von deren Ursache.

Man nennt eine Strömung zirkulationserhaltend, wenn sich darin die Zirkulation längs jeder materiellen Kurve nicht ändert, also beide Seiten von (10.3-3) null sind. Ein geschlossenes Linienintegral, das eine einfach zusammenhängende Fläche umschließt, verschwindet, wenn der Integrand als Gradient geschrieben werden kann; das ist genau dann der Fall, wenn der Integrand wirbelfrei ist. Aus dem Thomsonschen Satz folgt demnach:

Eine Strömung ist genau dann zirkulationserhaltend, wenn ihre substantielle Beschleunigung wirbelfrei ist.

Der spezielle Thomsonsche Satz

Wir wollen untersuchen, wann ein inkompressibles newtonsches Fluid zirkulationserhaltend ist. Mit der Navier-Stokesschen Gleichung (8.3-3) folgt aus (10.3-3)

$$\frac{d\Gamma}{dt} = \oint \underline{f} \cdot d\underline{x} + \nu \oint \Delta\underline{c} \cdot d\underline{x}. \tag{10.3-4}$$

(Der Druckterm tritt nicht auf, da das geschlossene Kurvenintegral eines Gradienten null ist.) Die rechte Seite dieser Gleichung verschwindet, wenn die Kraftdichte wirbelfrei und das Fluid reibungsfrei ist. Es gilt also:

Die Bewegung eines reibungsfreien, inkompressiblen Fluids in einem äußeren Kraftfeld, dessen Kraftdichte wirbelfrei ist, ist zirkulationserhaltend.

In diesem Falle ist

$$\frac{d\Gamma}{dt} = 0. \qquad (10.3\text{-}5)$$

Diese Gleichung nennt man auch den speziellen Thomsonschen Satz; wichtig sind vor allem die Voraussetzungen, unter denen er gilt.

Umgekehrt gesagt: Die Zirkulation längs einer geschlossenen materiellen Kurve, die eine einfach zusammenhängende Fläche umschließt, wird sich im Allgemeinen zeitlich ändern

- bei veränderlicher Dichte (Anwendungen in der Gasdynamik, in der Meteorologie und in der Ozeanographie),
- unter dem Einfluss eines äußeren Kraftfelds mit wirbelbehafteter Kraftdichte (Anwendungen in der Magnetohydrodynamik) und
- in reibungsbehafteten Fluiden.

Wir notieren noch eine praktisch wichtige Folgerung: In einer Potentialströmung ist die Zirkulation längs einer geschlossenen Linie, die eine einfach zusammenhängende Fläche umschließt, stets null. Ist das Fluid inkompressibel und reibungsfrei und bewegt es sich in einem äußeren Kraftfeld mit wirbelfreier Kraftdichte, so bleibt sie nach dem Thomsonschen Satz auch im weiteren Verlauf der Strömung stets null. Ist also die Strömung in einem materiellen Bereich eine Potentialströmung, so bleibt sie es unter diesen Voraussetzungen auch.

Das gilt allerdings nicht, wenn in dem betrachteten Bereich eine Diskontinuitätsfläche (etwa eine Freistrahlgrenze) liegt, welche die materiellen Kurven auseinanderreißt; der Thomsonsche Satz gilt nur für geschlossene materielle Kurven, die auch geschlossen bleiben. Ein Beispiel dafür ist der folgende Gedankenversuch:

Das Wasser in dem oben skizzierten Becken sei für Zeiten $t < t_0$ in Ruhe. Von der Zeit $t = t_0$ an wird Wasser seitlich eingeleitet, so dass sich ein Freistrahl ausbildet. Wie wir in der vorigen Lehreinheit gesehen haben, wird dabei Wirbelstärke gebildet. Gleichzeitig wird die skizzierte bis dahin geschlossene materielle Kurve auseinandergerissen, so dass die Voraussetzungen des Thomsonschen Satzes nicht mehr erfüllt sind.

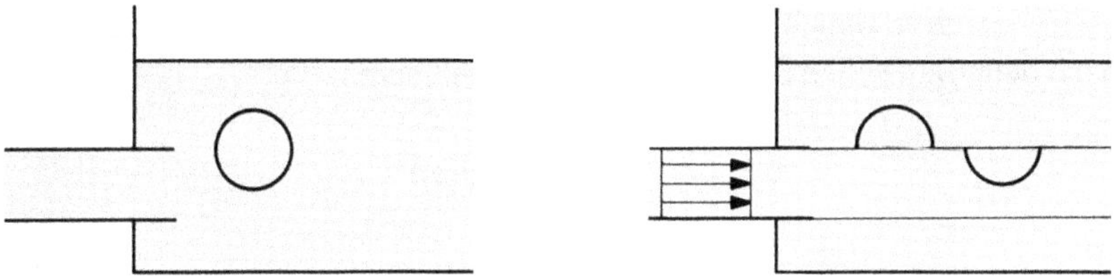

zu einem Zeitpunkt $t < t_0$ zu einem Zeitpunkt $t > t_0$

Aufgabe 1

Wann wird eine Strömung zirkulationserhaltend genannt?

Aufgabe 2

Welche Voraussetzungen sind hinreichend dafür, dass eine Strömung zirkulationserhaltend ist?

Die Massenkraftdichte $\underline{f}$

A. muss ein Potential besitzen, □

B. darf kein Potential besitzen. □

Die kinematische Zähigkeit ν muss

C. null sein, □

D. von null verschieden sein. □

Die Dichte ρ

E. muss konstant sein, □

F. kann variabel sein. □

LE 10.4 Die Helmholtzschen Wirbelsätze

In dieser Lehreinheit wollen wir drei weitere allgemeine Aussagen über Wirbelströmungen kennen lernen, die auf Helmholtz zurückgehen.

Der 1. Helmholtzsche Wirbelsatz

Da $\underline{\Omega} = \text{rot}\,\underline{c}$ ist und die Divergenz jeder Rotation verschwindet, vgl. die Zusatzaufgabe, gilt für jede Strömung

$$\text{div}\,\underline{\Omega} = 0. \tag{10.4-1}$$

Integriert man diese Gleichung über ein beliebiges Volumen und formt das Integral nach dem Gaußschen Satz (A 47) um, so erhält man

$$0 = \int \operatorname{div} \underline{\Omega}\, dV = \oint \underline{\Omega} \cdot d\underline{A},$$

$$\oint \underline{\Omega} \cdot d\underline{A} = 0. \tag{10.4-2}$$

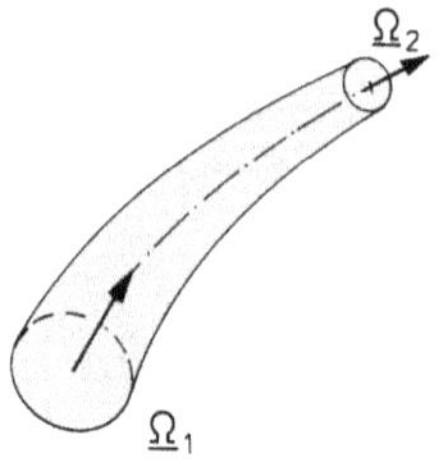

Wir wollen diese Formel auf den Abschnitt einer Wirbelröhre anwenden. Dann liefert der Mantel keinen Beitrag zum Oberflächenintegral, weil auf dem Mantel $\underline{\Omega}$ und $d\underline{A}$ stets aufeinander senkrecht stehen. Nach (10.4-2) müssen deshalb die Beiträge der beiden Endflächen dem Betrage nach gleich sein. Da das Flächenintegral $\int \underline{\Omega} \cdot d\underline{A}$ nach (9.1-3) gleich der Zirkulation längs der Randkurve der Fläche ist, gilt:

1. Die Zirkulation längs der Randkurve einer Fläche, die ganz auf dem Mantel einer Wirbelröhre liegt, verschwindet.
2. Die Zirkulation um verschiedene Querschnitte einer Wirbelröhre ist gleich.

Für verschiedene Querschnitte 1 und 2 derselben Wirbelröhre gilt also (zum selben Zeitpunkt)

$$\Gamma_1 = \Gamma_2. \tag{10.4-3}$$

Diese beiden Aussagen, insbesondere die zweite, nennt man den (1.) Helmholtzschen Wirbelsatz. Wie der allgemeine Thomsonsche Satz sind beide rein kinematische Aussagen, d. h. sie gelten für jede Strömung ohne Rücksicht auf deren Ursache. Die Analogie der Gleichungen (10.4-1) und (10.4-2) zur Kontinuitätsgleichung (3.5-14) und (3.5-13) für inkompressible Fluide ist offenkundig, man nennt diesen Satz deshalb auch die Kontinuitätsgleichung für die Wirbelstärke oder besser den Satz von der räumlichen Konstanz der Zirkulation.

Man kann also einer Wirbelröhre eine Zirkulation zuordnen wie einer Stromröhre in einem inkompressiblen Fluid einen Volumenstrom; und diese Zirkulation ist längs der Wirbelröhre konstant. Auch die Zirkulation eines Wirbelfadens kann sich längs des Wirbelfadens nicht ändern. Das bedeutet, dass Wirbelröhren und Wirbelfäden im Strömungsfeld nicht enden können: Entweder sie laufen in sich zurück wie die Rauchringe eines Zigarettenrauchers, oder sie enden erst an der Grenze des Fluids (an einer Wand oder einer freien Oberfläche), oder sie erstrecken sich wie die Wirbelfäden unserer Übungsaufgaben bis ins Unendliche.

Die beiden anderen Helmholtzschen Wirbelsätze

Für zirkulationserhaltende Strömungen, also für Strömungen, für die der spezielle Thomsonsche Satz (10.3-5) gilt, lassen sich aus den beiden Teilen des 1. Helmholtzschen Wirbelsatzes anschauliche Folgerungen ziehen.

In jeder Strömung verschwindet die Zirkulation längs der Randkurve jeder Fläche, die ganz auf dem Mantel einer Wirbelröhre liegt. In einer zirkulationserhaltenden Strömung behalten die Teilchen aller solcher Kurven diese Eigenschaft, d. h. die Teilchen, die einmal den Mantel einer Wirbelröhre gebildet haben, tun dies auch weiterhin. Durch den Mantel einer Wirbelröhre tritt also (in zirkulationserhaltenden Strömungen) keine Materie, die Wirbelröhre schwimmt mit der Strömung mit. Das bedeutet auch, dass die vom Mantel einer Wirbelröhre umschlossenen Teilchen in dieser Wirbelröhre bleiben. Dafür sagt man auch:

Wirbel haften an der Materie.

Da man jede Wirbellinie als Schnittkurve zweier Wirbelröhren auffassen kann, gilt auch:

Teilchen, die einmal eine Wirbellinie gebildet haben, tun das auch weiterhin.

Alle diese Aussagen nennt man den 2. Helmholtzschen Wirbelsatz oder den Satz von der Erhaltung der Wirbellinien.

In jeder Strömung ist die Zirkulation um verschiedene Querschnitte einer Wirbelröhre gleich, wir können also der Wirbelröhre insgesamt eine Zirkulation zuordnen. In einer zirkulationserhaltenden Strömung wird eine Wirbelröhre zu jeder Zeit aus denselben Teilchen gebildet, nach dem speziellen Thomsonschen Satz ändert sich diese Zirkulation deshalb nicht:

Die Zirkulation einer Wirbelröhre bleibt zeitlich konstant.

Diese Aussage nennt man den 3. Helmholtzschen Wirbelsatz oder den Satz von der zeitlichen Konstanz der Zirkulation.

Aufgabe 1

Wir betrachten eine Wirbelröhre, deren Querschnitt so klein ist, dass wir die Wirbelstärke über den Querschnitt als konstant ansehen können. Wie ändert sich dann der Betrag Ω der Wirbelstärke längs einer solchen Wirbelröhre, wenn sich ihr Querschnitt verengt, also $A_1 > A_2$ ist?

A. $\Omega_1 < \Omega_2$ □

B. $\Omega_1 > \Omega_2$ □

C. $\Omega_1 = \Omega_2$ □

Aufgabe 2

A. Unter welcher Voraussetzung haften Wirbel an der Materie?

B. Was ist der Unterschied zwischen dem speziellen Thomsonschen und dem 3. Helmholtzschen Satz ?

Zusatzaufgabe

Zeigen Sie, dass für ein beliebiges Vektorfeld $\underline{a}(\underline{x})$ die Gleichung $\operatorname{div}\operatorname{rot}\underline{a} = 0$ gilt! Lösungshinweis: Übersetzen Sie die zu beweisende Gleichung in die Koordinatenschreibweise!

LE 10.5 Rankinewirbel und Hamel-Oseen-Wirbel

Wir haben bereits den Potentialwirbel oder geraden Wirbelfaden als Modell eines einzelnen Wirbels in einem unendlich ausgedehnten Fluid kennen gelernt. In dieser Lehreinheit wollen wir zwei physikalisch realistischere Modelle eines Einzelwirbels diskutieren.

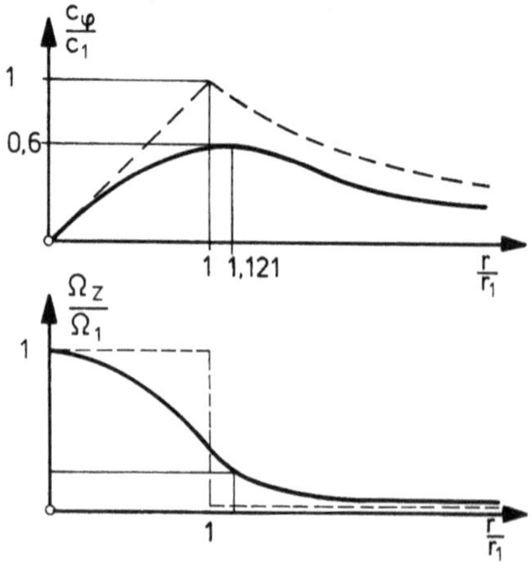

Während die Wirbelfäden der Potentialtheorie außerhalb des Strömungsfeldes (z. B. im Inneren eines umströmten Zylinders) liegen, also nicht wirklich vorhanden sind (virtuelle Wirbelfäden), liegen die Wirbelfäden, die wir in den Aufgaben der Lehreinheit 10.1 untersucht haben, (bis auf die durch Spiegelung entstandenen) im Strömungsfeld, sind also wirklich vorhanden (reelle Wirbelfäden). Das Geschwindigkeitsfeld solcher reeller Wirbelfäden kann nun in unmittelbarer Nähe des Wirbelfadens nicht dem

Gesetz (10.1-7) des Potentialwirbels entsprechen, da beliebig große Geschwindigkeiten in einer Strömung in Wirklichkeit nicht auftreten können. Hinzu kommt, dass die kinetische Energie eines endlichen Volumens, das einen Potentialwirbel umschließt, unendlich ist, vgl. Teil A der Aufgabe. Rankine hat deshalb angenommen, dass im Inneren eines reellen Wirbelfadens stets ein Wirbelkern existiert, in dem das Fluid wie ein starrer Körper rotiert. Einen solchen Wirbel, der für $r < r_1$ wie ein starrer Körper mit konstanter Winkelgeschwindigkeit und für $r > r_1$ wie ein Potentialwirbel nach (10.1-7) rotiert, nennt man einen Rankinewirbel. Seine Geschwindigkeits- und Wirbelstärkeverteilung ist in der obigen Abbildung gestrichelt aufgetragen. Bezeichnet man die konstante Wirbelstärke des Wirbelkerns mit Ω_0, so ist nach (9.1-5)

$$c_\varphi(r) = \begin{cases} \frac{\Omega_0}{2} r & \text{für } r \le r_1, \\ \frac{\Omega_0}{2} \frac{r_1^2}{r} & \text{für } r \ge r_1, \end{cases} \tag{10.5-1}$$

und für die Zirkulation längs eines Kreises vom Radius r um die Wirbelachse gilt

$$\Gamma(r) = \begin{cases} \pi r^2 \Omega_0 & \text{für } r \le r_1, \\ \pi r_1^2 \Omega_0 & \text{für } r \ge r_1. \end{cases} \tag{10.5-2}$$

Für die maximale Geschwindigkeit c_1 erhält man

$$c_1 := c_\varphi(r_1) = \frac{\Omega_0 r_1}{2} = \frac{\Gamma(r_1)}{2\pi r_1}. \tag{10.5-3}$$

Der Rankinewirbel ist (wie seine beiden Bestandteile für $r \lessgtr r_1$) eine exakte Lösung der Navier-Stokesschen Gleichung, wie wir in Teil B und C der Aufgabe 2 von Lehreinheit 8.4 gezeigt haben. Er besitzt allerdings einen ausgezeichneten Radius, nämlich den Radius r_1 des Wirbelkerns, der physikalisch nicht begründet ist; und dort hat das Geschwindigkeitsprofil einen Knick und das Profil der Wirbelstärke einen Sprung, was physikalisch ebenfalls unrealistisch ist. Hamel und Oseen haben nun eine exakte Lösung der Navier-Stokesschen Gleichung ohne derartige Unstetigkeiten angegeben, welche die beiden Bestandteile des Rankinewirbels für $r = 0$ als Tangente und für $r \to \infty$ als Asymptote hat. Sie stellt ebenfalls eine Strömung mit konzentrischen Kreisen als Stromlinien dar; man nennt sie einen Hamel-Oseen-Wirbel. Ihre Geschwindigkeits- und Wirbelstärkeverteilung ist in die Abbildung auf der vorigen Seite als ausgezogene Linie eingetragen.

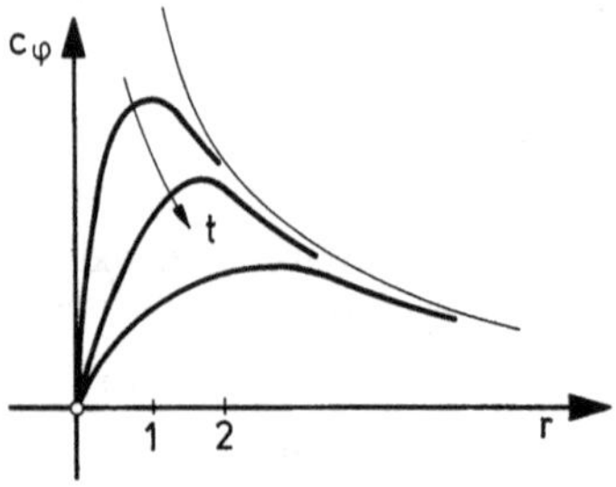

Das Geschwindigkeitsprofil des Hamel-Oseen-Wirbels lautet

$$c_\varphi(r,t) = \frac{\Gamma_0}{2\pi r}\left(1 - e^{-\frac{r^2}{4\nu t}}\right). \tag{10.5-4}$$

Dabei ist der Nullpunkt der Zeitskala gerade so gewählt, dass das Geschwindigkeitsfeld für $t = 0$ einen Potentialwirbelfaden der Zirkulation Γ_0 darstellt. Für $t > 0$ wird das Geschwindigkeitsprofil im Laufe der Zeit immer flacher und breiter, für $t < 0$ hat es keine physikalische Bedeutung.

Man kann alle Lösungskurven von (10.5-4) durch eine Variablentransformation zur Deckung bringen.[3] Dazu führt man die neuen Variablen

$$\begin{aligned} \xi &= \frac{r}{r_1}, \quad r_1(t) = 2\sqrt{\nu t} \\ \eta &= \frac{c_\varphi}{c_1}, \quad c_1(t) = \frac{\Gamma_0}{2\pi r_1(t)} = \frac{\Gamma_0}{4\pi\sqrt{\nu t}} \end{aligned} \tag{10.5-5}$$

ein. Die Gleichug (10.5-4) nimmt dann die Form

$$\eta = \frac{1}{\xi}\left(1 - e^{-\xi^2}\right) \tag{10.5-6}$$

an, vgl. die Zusatzaufgabe; diese Funktion ist in die Skizze des Rankinewirbels auf Lehreinheit 10.5 als ausgezogene Linie eingetragen. $r_1(t)$ stellt also anschaulich den Wirbelkernradius desjenigen Rankinewirbels dar, der den Hamel-Oseen-Wirbel zur Zeit t approximiert, und $c_1(t)$ ist die maximale Geschwindigkeit dieses Rankinewirbels.

Für die Wirbelstärkeverteilung des Hamel-Oseen-Wirbels erhält man aus (10.5-4) nach (A 58)

$$\Omega_z(r,t) = \frac{\Gamma_0}{4\pi\nu t} e^{-\frac{r^2}{4\nu t}}, \tag{10.5-7}$$

für die Zirkulation längs der Stromlinie mit dem Radius r aus (10.5-4)

$$\Gamma(r,t) = \Gamma_0\left(1 - e^{-\frac{r^2}{4\nu t}}\right). \tag{10.5-8}$$

Der Hamel-Oseen-Wirbel ist also ein Beispiel für eine Strömung, in der die Wirbelstärke eines Teilchens nach der Wirbeltransportgleichung (9.2-11) durch Diffusion abnimmt.[4] Damit nimmt zugleich die Zirkulation längs einer Stromlinie (die ja in diesem Falle zugleich eine

---

3 Eine Variablentransformation, durch die sich die Anzahl der Variablen einer Funktion reduziert wie hier beim Übergang von $c_\varphi = c_\varphi(r,t)$ auf $\eta = (\xi)$, nennt man eine Ähnlichkeitstransformation oder einen Ähnlichkeitsansatz. Darin treten die ursprünglichen Variablen nur in einer festen Kombination auf, hier in der Form $\xi = r/(2\sqrt{\nu t})$. Deshalb nennt man Lösungen einer Differentialgleichung, in denen Variable nur in einer festen Kombination vorkommen, ähnliche Lösungen.

4 Da in diesem Falle die konvektive Ableitung der Wirbelstärke verschwindet, ändert sich die Wirbelstärke für einen Punkt genauso wie die Wirbelstärke eines Teilchens, das einmal in diesem Punkt war.

materielle Kurve ist) nach dem Thomsonschen Satz (10.3-4) ab, und zwar erhält man aus (10.5-8) durch partielle Differentiation nach der Zeit

$$\frac{d\Gamma}{dt} = -\frac{\Gamma_0 r^2}{4\nu t^2} e^{-\frac{r^2}{4\nu t}}. \tag{10.5-9}$$

Aus (10.5-8) folgt $\Gamma(\infty, t) = \Gamma_0$, die Zirkulation für die unendlich ferne Stromlinie und damit nach (9.1-3) das Flächenintegral der Wirbelstärke über die gesamte Ebene bleibt zeitlich konstant und ist damit gleich der Zirkulation des Potentialwirbels, aus dem der Hamel-Oseen-Wirbel zur Zeit $t = 0$ hervorgegangen ist.
Die kinetische Energie des Hamel-Oseen-Wirbels ist für ein endliches Volumen um seine Achse endlich. Da er für große r asymptotisch gegen den Potentialwirbel geht, ist seine kinetische Energie (pro Längeneinheit) über die gesamte Ebene allerdings auch unendlich groß.

Aufgabe

Berechnen Sie die kinetische Energie der Strömung eines Potentialwirbels

A. für ein zylindrisches Volumen der Höhe b und des Radius R mit dem Potentialwirbel als Achse;
B. für den Außenraum dieses Zylinders der Höhe b zwischen dem Radius R und dem Unendlichen.

Zusatzaufgabe

Leiten Sie die Geschwindigkeitsverteilung (10.5-6) des Hamel-Oseen-Wirbels in den Ähnlichkeitsvariablen ξ und η nach (10.5-5) her und zeigen Sie, dass dieses Geschwindigkeitsprofil das Geschwindigkeitsprofil des Rankinewirbels in entsprechend dimensionsloser Darstellung für $\xi = 0$ zur Tangente und für $\xi \to \infty$ zur Asymptote hat!

LE 10.6 Die Umströmung eines Tragflügels endlicher Spannweite

Die Berechnung der Umströmung eines unendlich langen Tragflügels war das Hauptziel unserer Beschäftigung mit den ebenen Potentialströmungen in den Lehreinheiten 9.4 bis 9.9. Wir haben jetzt das Rüstzeug, um die Grundgedanken der Theorie des endlichen Tragflügels zu verstehen.

Das Wirbelsystem

Bei einem Tragflügel endlicher Spannweite kann man nur in seiner Mitte eine nahezu ebene Strömung erwarten, während die Strömung an den Tragflügelenden dreidimensional ist. Da auf der Tragflügelunterseite Überdruck und auf der Tragflügeloberseite Unterdruck herrscht, werden die seitlichen Flügelränder umströmt. Demzufolge werden die Druckunterschiede zwischen Unter- und Oberseite des Flügels abgeschwächt. Die Profile (Flügelschnitte) in Randnähe tragen daher zum Gesamtauftrieb weniger bei als in ebener Strömung. Entsprechend erreicht der Auftrieb pro Längeneinheit des Flügels in der Flügelmitte sein Maximum und nimmt zu den Rändern hin auf null ab, da dort jeder Druckunterschied sofort ausgeglichen würde. Nach dem Kutta-Joukowskyschen Auftriebssatz muss dann auch die Zirkulation um einen Flügelquerschnitt zu den Rändern hin auf null abnehmen.

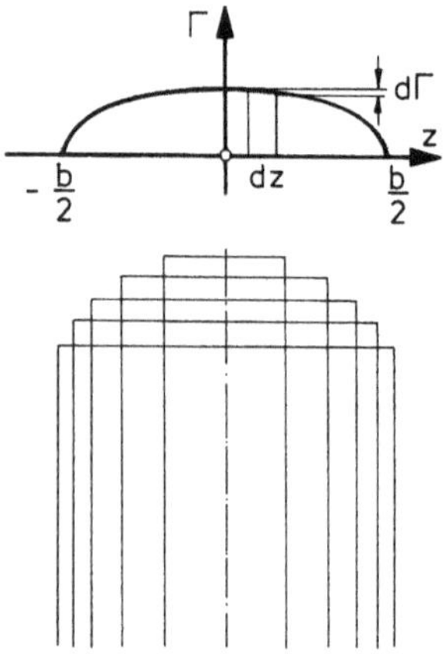

Die Grundidee der Tragflügeltheorie von Prandtl und Lanchester besteht nun darin, auch die (nicht mehr ebene) Umströmung eines Tragflügels endlicher Spannweite nach der Singularitätenmethode zu berechnen. Dazu muss man sich die Zirkulation um jeden Flügelquerschnitt durch einen Wirbelfaden entsprechender Zirkulation im Flügel induziert denken. Da diese Zirkulation zu den Rändern hin abnimmt, besteht zwischen zwei Flügelquerschnitten im Abstand dz eine Zirkulationsdifferenz $d\Gamma$. Diese Zirkulationsdifferenz kann nach dem 1. Helmholtzschen Wirbelsatz nicht verschwinden, man setzt deshalb an dieser Stelle einen nach hinten abgehenden Wirbelfaden der Zirkulation $d\Gamma$ an. Auf diese Weise erhält man ein Wirbelsystem, das aus unendlich vielen Hufeisenwirbeln mit differentieller Zirkulation besteht. Die zum Tragflügel parallelen Mittelteile dieser Hufeisenwirbel nennt man zusammen auch den tragenden Wirbel; die zum Tragflügel senkrechten Seitenteile der Hufeisenwirbel bilden zusammen eine Wirbelschicht. Man kann das Wirbelsystem, das die Umströmung eines Tragflügels endlicher Spannweite induziert, statt aus unendlich vielen Hufeisenwirbeln also auch aus einem (virtuellen) tragenden Wirbel in der Tragflügelachse und einer von diesem tragenden Wirbel nach hinten abgehenden (reellen) Wirbelschicht zusammensetzen. So wie die Zirkulation des tragenden Wirbels zu den Rändern hin im Allgemeinen nichtlinear abnimmt, ist auch die Zirkulation pro Längeneinheit der Wirbelschicht im Allgemeinen nicht konstant.

$$\begin{aligned} &\operatorname{div}\underline{c} = 0, \quad \frac{\partial \underline{c}}{\partial t} + \underline{c}\cdot\operatorname{grad}\underline{c} = \underline{f} - \frac{1}{\rho}\operatorname{grad}p + \nu\Delta\underline{c}, \\ &\frac{\partial c_i}{\partial x_i} = 0, \quad \frac{\partial c_i}{\partial t} + c_j\frac{\partial c_i}{\partial x_j} = f_i - \frac{1}{\rho}\frac{\partial p}{\partial x_i} + \nu\frac{\partial^2 c_i}{\partial x_j^2} \end{aligned} \tag{8.3-4}$$

ermöglicht also zusammen mit geeigneten Randbedingungen grundsätzlich die Berechnung der Strömung; dabei sind die beiden Materialkonstanten ρ und ν und die Kraftdichte $\underline{f}$ als gegeben anzusehen. Praktisch sind die mathematischen Schwierigkeiten insbesondere aufgrund der Nichtlinearität der konvektiven Beschleunigung $\underline{c}\cdot\operatorname{grad}\underline{c}$ meist äußerst groß; geschlossene analytische Lösungen existieren fast nur für Fälle, in denen dieser Term verschwindet.

Als Folge der intermolekularen Kräfte zwischen Molekülen beiderseits einer Grenzfläche und der Bewegung von Molekülen über die Grenzfläche gilt:

An einer Grenzfläche sind Geschwindigkeit und Spannungsvektor stetig.[4]

Diese Stetigkeitsbedingungen liefern die Randbedingungen für das obige Differentialgleichungssystem.[5]

In einem reibungsfreien Fluid tritt an die Stelle der Navier-Stokesschen Gleichung die Eulersche Bewegungsgleichung; dabei fällt das Glied mit der höchsten Ableitung von $\underline{c}$ fort. Das hat mathematisch zur Folge, dass sich die Anzahl der Randbedingungen, an die die Lösung des Differentialgleichungssystems angepasst werden kann, verringert; in diesem Falle kann man nur noch die Stetigkeit der Normalkoordinate der Geschwindigkeit fordern. In reibungsfreien inkompressiblen Fluiden können deshalb Diskontinuitätsflächen (der Tangentialkoordinaten) der Geschwindigkeit auftreten, z. B. bei der unstetigen Erweiterung eines Rohres, vgl. den Abschnitt über Ablösung in Lehreinheit 5.4. Für den Spannungsvektor gilt in einem reibungsfreien Fluid $\underline{\sigma} = -p\underline{n}$, die Stetigkeit des Spannungsvektors vereinfacht sich dann also zur Stetigkeit des Druckes.

---

4 Bei Berücksichtigung der Grenzflächenspannung ist die Differenz der Normalspannungen auf beiden Seiten der Grenzfläche gleich dem durch die Grenzflächenspannung hervorgerufenen Krümmungsdruck (1.10-2) oder (1.10-4).

5 Die Randbedingungen müssen für die Navier-Stokesschen Gleichungen im Allgemeinen auf der gesamten Oberfläche des Integrationsgebiets gegeben sein. Die Vorgabe von Randbedingungen auf Teilen des Randes ist oft nur näherungsweise möglich, man denke z. B. an die Geschwindigkeit im Nachlauf eines umströmten Körpers. Nur wenn (wie bei allen folgenden Beispielen) die Geschwindigkeit nur von einer Ortskoordinate abhängt, reichen Randbedingungen an der physikalischen Begrenzung der Strömung in der Regel aus.

dem Tragflügel null war und nach dem speziellen Thomsonschen Satz null bleibt. Das bedeutet, dass die Kuttasche Abflussbedingung zunächst nicht erfüllt ist, der hintere Staupunkt der Tragflügelumströmung liegt wie in der Skizze auf Lehreinheit 9.8 auf der Flügeloberseite, und die Flügelhinterkante wird von unten her umströmt. Bei der Umströmung einer solchen scharfen Kante tritt aber hinter der Kante, wie in Lehreinheit 5.4 erläutert, ein starker Druckanstieg auf, den die Strömung nicht überwinden kann, d. h. die Strömung reißt nach kürzester Zeit an der Hinterkante ab und bildet ein stark rotationsbehaftetes Totwassergebiet. Der spezielle Thomsonsche Satz gilt jetzt nur noch längs einer materiellen Kurve *ABCDEFA*, die den Tragflügel und das Totwassergebiet weit genug umschließt. Die Zirkulation längs der nur das Totwassergebiet umschließenden Linie *BCDEB*[5] ist von null verschieden und positiv, die Zirkulation längs der nur den Tragflügel umschließenden Linie *ABEFA* ist deshalb ebenfalls von null verschieden und negativ gleich der Zirkulation längs der Kurve *BCDEB* und im Übrigen offenbar gerade so groß, das die Kuttasche Abflussbedingung für die Geschwindigkeit des Tragflügels erfüllt ist. Dabei ist der Totwasserwirbel ein reeller Wirbel, der nach dem zweiten Helmholtzschen Wirbelsatz an der Materie haftet, d. h. als so genannter Anfahrwirbel am Startort des Tragflügels zurückbleibt. Der tragende Wirbel des Tragflügels dagegen ist ein virtueller Wirbel, der sich mit dem Tragflügel mitbewegt.

Bisher haben wir einen unendlich langen Tragflügel betrachtet; in diesem Falle sind beide Wirbel ebenfalls unendlich lang. Bei einem Tragflügel endlicher Länge dagegen werden der Anfahrwirbel und der tragende Wirbel durch die sich an der Tragflügelhinterkante bildende reelle Wirbelschicht bzw. die sich daraus aufrollenden reellen Wirbel zu einem Wirbelring geschlossen.

Die in Wirklichkeit vorhandene Zähigkeit der Luft hat vor allem zur Folge, dass sich der Anfahrwirbel mit der Zeit durch Diffusion und Dissipation der Wirbelstärke auflöst. Dasselbe geschieht natürlich mit den seitlichen Wirbeln weit genug hinter dem Tragflügel.

Der induzierte Widerstand

Wir haben gesehen, dass an der Hinterkante eines Tragflügels endlicher Spannweite ständig Wirbelstärke erzeugt und damit Arbeit geleistet wird. Diese Arbeit

5 Das Kurvenstück *BE* ist nicht materiell, die Zirkulation ist aber nicht nur längs einer materiellen Kurve definiert.

muss der Tragflügelumströmung in Gestalt der Überwindung eines Strömungswiderstandes entzogen werden. Im Gegensatz zum Tragflügel unendlicher Spannweite tritt beim endlichen Tragflügel also auch in einem reibungsfreien Fluid ein Widerstand auf, den man als induzierten Widerstand bezeichnet und mit Hilfe des soeben behandelten Wirbelmodells berechnen kann.

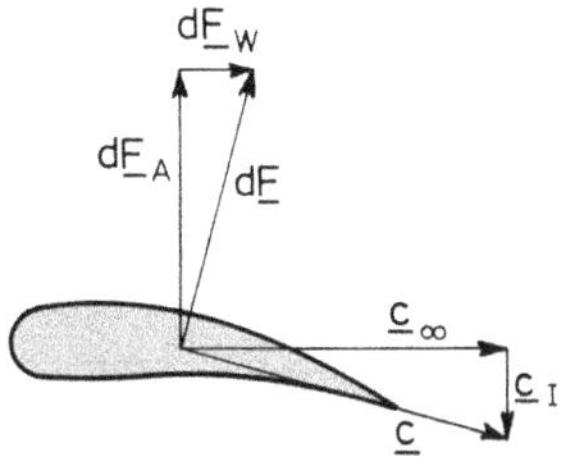

Die nach hinten abgehenden Wirbelfäden induzieren am Ort des Tragflügels eine Abwärtsgeschwindigkeit $\underline{c}_I$. Demzufolge setzt sich die resultierende Anströmgeschwindigkeit $\underline{c}$ am Ort des Tragflügels aus der Geschwindigkeit $\underline{c}_\infty$ im Unendlichen und dieser induzierten Abwärtsgeschwindigkeit c_I zusammen, wobei im Allgemeinen $c_I \ll c_\infty$ ist. Nach dem Kutta-Joukowskyschen Satz (9.9-8) steht die resultierende Kraft $d\underline{F}$ für jeden Flügelschnitt senkrecht auf der resultierenden Anströmgeschwindigkeit $\underline{c}$ am Ort des Tragflügels, und ihr Betrag ist nach (9.9-9)

$$dF = \rho c \Gamma(z) dz. \tag{10.6-1}$$

Aus dieser Gleichung und der obigen Skizze folgt dann für den Auftriebsanteil dF_A und den Widerstandanteil dF_W der resultierenden Kraft

$$dF_A = \rho c_\infty \Gamma(z) dz, \quad dF_W = \rho c_I(z) \Gamma(z) dz, \tag{10.6-2}$$

oder über den Flügel der Spannweite b integriert,

$$F_A = \rho c_\infty \int_{-\frac{b}{2}}^{+\frac{b}{2}} \Gamma(z) dz, \quad F_W = \rho \int_{-\frac{b}{2}}^{+\frac{b}{2}} c_I(z) \Gamma(z) dz. \tag{10.6-3}$$

Den auf diese Weise errechneten Widerstand F_W nennt man den induzierten Widerstand.

Das einfachste Wirbelmodell ist der Hufeisenwirbel mit konstanter Zirkulation Γ_0. Das von einem solchen Wirbelsystem induzierte Geschwindigkeitsfeld haben wir in Aufgabe 5 von Lehreinheit 10.1 berechnet. Die am Ort des Tragflügels induzierte Geschwindigkeit ergibt sich danach zu

$$c_I = \frac{\Gamma_0}{4\pi} \frac{b}{(\frac{b}{2})^2 - z^2}. \tag{10.6-4}$$

Die induzierte Geschwindigkeit wird demnach an den Tragflügelenden $z = \pm b/2$ unendlich groß. Dieses Wirbelmodell lässt also keine quantitative Berechnung des induzierten Widerstandes zu; wie Prandtl gezeigt hat, beschreibt es aber die Strömung in großer Entfernung vom Flügel bereits richtig.

Praktisch wichtig ist die elliptische Zirkulationsverteilung

$$\Gamma(z) = \Gamma_0 \sqrt{1 - \left(\frac{2z}{b}\right)^2}. \tag{10.6-5}$$

Man kann zeigen,[6] dass diese Zirkulationsverteilung bei elliptischem Flügelgrundriss auftritt und dass dafür bei gegebenem Gesamtauftrieb und gegebener Flügellänge der induzierte Widerstand ein Minimum wird. Die am Ort des Flügels induzierte Abwärtsgeschwindigkeit c_I ist in diesem Falle über die Flügellänge konstant,

$$c_I = \frac{\Gamma_0}{2b}, \tag{10.6-6}$$

und für Auftrieb und induzierten Widerstand erhält man

$$F_A = \frac{\pi}{4}\rho c_\infty \Gamma_0 b, \quad F_W = \frac{\pi}{8}\rho \Gamma_0^2. \tag{10.6-7}$$

Üblicherweise macht man beide Größen mit dem dynamischen Druck $\frac{\rho}{2}c_\infty^2$ und der Flügelfläche A dimensionslos:

$$F_A = \zeta_A \frac{\rho}{2} c_\infty^2 A, \quad F_W = \zeta_W \frac{\rho}{2} c_\infty^2 A. \tag{10.6-8}$$

Die auf diese Weise definierten dimensionslosen Größen ζ_A und ζ_W nennt man Auftriebsbeiwert und Widerstandsbeiwert. Für die elliptische Zirkulationsverteilung erhält man

$$\zeta_A = \frac{\pi}{2}\frac{\Gamma_0}{c_\infty b}\Lambda, \quad \zeta_W = \frac{\pi}{4}\left(\frac{\Gamma_0}{c_\infty b}\right)^2 \Lambda \quad \text{mit} \quad \Lambda = \frac{b^2}{A}. \tag{10.6-9}$$

6 Zum Beispiel E. Truckenbrodt: Fluidmechanik, Bd. 1, Berlin usw.: Springer 1995.

Den Parameter Λ nennt man das Seitenverhältnis oder die Streckung des Flügels.[7] Eliminiert man aus (10.6-9) $\Gamma_0/c_\infty b$, so erhält man

$$\zeta_W = \frac{\zeta_A^2}{\pi\Lambda}. \tag{10.6-10}$$

Die dazu inverse Funktion $\zeta_A = \sqrt{\pi\Lambda\zeta_W}$ trägt man üblicherweise als Polardiagramm auf. Kurvenparameter im Polardiagramm ist $\Gamma_0/c_\infty b$. Da die Maximalzirkulation Γ_0 für ein bestimmtes Profil eine eindeutige Funktion des Anstellwinkels α (des Winkels zwischen Profilsehne und Anströmgeschwindigkeit) ist, kann man stattdessen auch den Anstellwinkel im Polardiagramm als Kurvenparameter verwenden.

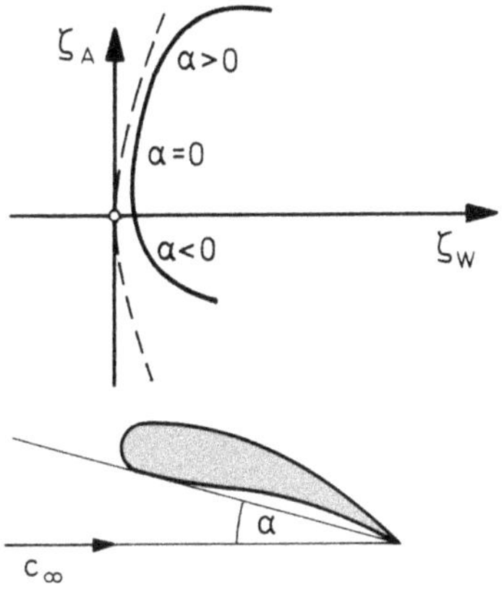

In der nebenstehenden Skizze ist außer der Parabel des induzierten Widerstandes (gestrichelt) auch eine typische gemessene Polare (ausgezogen) eingezeichnet. In der Nähe der ζ_W-Achse ist sie gegenüber der Parabel des induzierten Widerstandes um einen nahezu konstanten Betrag nach rechts verschoben; diese Verschiebung berücksichtigt den Reibungswiderstand, der Reibungswiderstand ist also in diesem Bereich nahezu unabhängig vom Anstellwinkel. Ein typisches Tragflügelprofil hat für den Anstellwinkel null bereits einen positiven Auftrieb. Mit zunehmendem Anstellwinkel steigt der Auftrieb zunächst sehr viel stärker als der Widerstand, bis die Strömung abreißt; dann steigt der Widerstand stark an, und der Auftrieb sinkt. Aus der Polaren kann man für jeden Anstellwinkel die Gleitzahl

$$\epsilon := \frac{F_W}{F_A} = \frac{\zeta_W}{\zeta_A} \tag{10.6-11}$$

des untersuchten Tragflügelprofils ermitteln. Durch Vergleich der Polaren verschiedener Tragflügel kann man mit einem Blick deren Auftriebseigenschaften erkennen.

Als zeitgemäße Erklärungsversuche für den dynamischen Auftrieb von Tragflügeln wird hier erneut auf https://youtu.be/skpfP01QBU0 und https://youtu.be/TIgW5ENpAhM verwiesen.

7 Man kann sich Λ als das geometrische Seitenverhältnis eines rechteckigen Flügels gleicher Fläche und gleicher Spannweite veranschaulichen.

Aufgabe 1

Sind der tragende Wirbel und die vom Tragflügel ausgehende Wirbelschicht in der Strömung tatsächlich vorhanden?

Aufgabe 2

Nach dem Polardiagramm verschwindet der induzierte Widerstand für den Anstellwinkel, für den der Auftrieb verschwindet. Wie kann man sich das veranschaulichen?

Kapitel 11
Dimensionsanalyse und Ähnlichkeitslehre

Wenn man ein physikalisches Phänomen experimentell oder theoretisch untersuchen will, so besteht die Aufgabe formal oft darin, eine bestimmte physikalische Größe in Abhängigkeit von anderen physikalischen Größen zu messen oder zu berechnen, m. a. W. man weiß zu Beginn des Versuches oder der Rechnung bereits, von welchen Variablen die gesuchte Größe abhängt. In einem solchen Falle liefert die Dimensionsanalyse ein Rechenverfahren, mit dessen Hilfe man die Anzahl der Variablen des Problems in der Regel reduzieren kann.

Es liegt auf der Hand, dass eine Reduktion der Anzahl der Variablen vor allem für die experimentelle Untersuchung eines Problems von großem Vorteil ist. Sie gibt Hinweise, auf welche Abhängigkeiten man sich bei Messungen konzentrieren und wie man Messwerte ordnen und auftragen soll. Vor jeder Messung sollte deshalb eine Dimensionsanalyse stehen, so wie zu jeder Auswertung von Messungen eine Fehlerrechnung gehört.

Eine andere wichtige Anwendung der Dimensionsanalyse ist die Modellversuchstechnik. In der Technik ist es häufig sinnvoll oder sogar notwendig, Versuche nicht im Originalmaßstab, sondern an einem verkleinerten oder vergrößerten Modell vorzunehmen. Versuche im verkleinerten Maßstab legen sich meist nahe, weil sie billiger sind; Versuche im vergrößerten Maßstab empfehlen sich vor allem dort, wo sich die Vorgänge in der Originalausführung auf so kleinem Raum abspielen, dass genaue Messungen schwierig (und damit wieder teuer) sind. Dabei ist jeweils die Frage zu klären, wie die Messergebnisse vom Modell auf die Hauptausführung übertragen werden können. Es werde etwa bei einem Windkanalversuch an einer Windkanalwaage eine bestimmte Widerstandskraft gemessen, welche Widerstandskraft ist dann an dem untersuchten Flugzeug in Originalgröße durch die Motoren zu überwinden?

Das ist die Grundaufgabe der Ähnlichkeitslehre. Untersucht man sie näher, so stellt sich zunächst heraus, dass es für die Übertragbarkeit von Messergebnissen vom Modell auf die Hauptausführung nicht ausreicht, dass das Modell eine genaue Verkleinerung oder Vergrößerung der Hauptausführung ist, dass beide also geometrisch ähnlich sind. Es müssen daneben noch andere Bedingungen erfüllt sein, die eine Folge davon sind, dass man zur Messung physikalischer Größen außer der Länge noch andere Grundgrößen benötigt. Sind alle diese Bedingungen erfüllt, so nennt man Modell und Hauptausführung physikalisch ähnlich. Die Herleitung der Bedingungen für physikalische Ähnlichkeit und die Angabe der Rechenvorschrift, wie man dann Messgrößen vom Modell auf die Hauptausführung umrechnet, ist der Gegenstand der Ähnlichkeitslehre.

https://doi.org/10.1515/9783110641455-011

Wir wollen uns in diesem Kapitel zunächst mit der Dimensionsanalyse (Lehreinheit 11.1) und anschließend mit der Ähnlichkeitslehre (Lehreinheit 11.2) beschäftigen.

LE 11.1 Dimensionsanalyse

In dieser Lehreinheit wollen wir untersuchen, was sich über eine physikalische Größe sagen lässt, wenn man nur weiß, von welchen anderen physikalischen Größen sie abhängt.

Wir werden dabei die Tatsache ausnutzen, dass alle Glieder einer physikalischen Gleichung dieselbe Dimension haben müssen, dass also z. B. eine Kraft nie gleich, sondern höchstens proportional einer Beschleunigung sein kann und dass in diesem Falle die Proportionalitätskonstante die Dimension einer Masse haben muss, weil das Produkt aus Masse und Beschleunigung die Dimension einer Kraft hat. Man bezeichnet diese Eigenschaft physikalischer Gleichungen als dimensionelle Homogenität.

Die Aufgabe

Wir nehmen also an, dass eine gesuchte physikalische Größe A nur eine Funktion der n Größen $E_1, E_2, \ldots, E_n$ sei. Diese Größen wollen wir Einstellgrößen nennen, weil man sie unabhängig voneinander wählen oder einstellen kann und damit dann die Größe A eindeutig bestimmt sein soll: Es sei also

$$A = f(E_1, E_2, \ldots, E_n). \tag{11.1-1}$$

Dann stellt die Dimensionsanalyse ein Rechenverfahren (einen Algorithmus) bereit, diese Beziehung durch eine andere Beziehung

$$\Pi = f(P_1, P_2, \ldots, P_m) \tag{11.1-2}$$

zu ersetzen, wobei die Größen $P_1, P_2, \ldots, P_m$ dimensionslose Potenzprodukte der Einstellgrößen und Π ein dimensionsloses Potenzprodukt von A und den Einstellgrößen ist:

$$\begin{aligned} P_1 &= \pi_1 E_1^{\alpha_1} E_2^{\beta_1} \ldots E_n^{\nu_1}, \\ P_2 &= \pi_2 E_1^{\alpha_2} E_2^{\beta_2} \ldots E_n^{\nu_2}, \\ &\ldots \end{aligned} \tag{11.1-3}$$

$$P_m = \pi_m E_1^{\alpha_m} E_2^{\beta_m} \dots E_n^{\nu_m},$$
$$\Pi = \pi E_1^{\alpha} E_2^{\beta} \dots E_n^{\nu} A^{\rho}.$$

Darin stellen alle kleinen griechischen Buchstaben (unbenannte) Zahlen dar. Die Größen $P_1, P_2, \dots, P_m$ heißen Parameter, und der entscheidende Vorteil von (11.1-2) gegenüber (11.1-1) besteht darin, dass die Anzahl m der Parameter höchstens gleich und im Allgemeinen kleiner als die Anzahl n der Einstellgrößen ist:[1]

$$m \leq n. \tag{11.1-4}$$

Der dimensionsanalytische Algorithmus

Wie man eine Dimensionsanalyse ausführt, also eine Beziehung der Form (11.1-1) in eine Beziehung der Form (11.1-2) umformt, wollen wir an einem Beispiel erläutern: Es soll der Strömungswiderstand F_W einer Kugel gemessen werden, und wir setzen voraus, dass er durch den Kugeldurchmesser D, die Anströmgeschwindigkeit c, die Dichte ρ und die kinematische Zähigkeit ν des Fluids vollständig bestimmt ist, dass also

$$F_W = f(D, c, \rho, \nu) \tag{11.1-5}$$

gilt.

Man bestimmt dann zunächst die Dimension aller vorkommenden Größen relativ zu den üblichen Grundgrößen wie Länge, Zeit, Masse:

$$[D] = L^1 T^0 M^0$$
$$[c] = L^1 T^{-1} M^0$$
$$[\rho] = L^{-3} T^0 M^1$$
$$[\nu] = L^2 T^{-1} M^0$$
$$[F_W] = L^1 T^{-2} M^1.$$

1 Das Gleichheitszeichen gilt nur für den Fall, dass bereits in der Ausgangsgleichung alle Größen dimensionslos sind. Von diesem trivialen Fall abgesehen, wird durch die Dimensionsanalyse also eine Ähnlichkeitstransformation ausgeführt.

Am einfachsten schreibt man diese Dimensionsgleichungen in Form einer Dimensionsmatrix:

	L	T	M
D	1	0	0
c	1	−1	0
ρ	−3	0	1
v	2	−1	0
F_W	1	−2	1

(11.1-6)

Diese Dimensionsmatrix nennt man auch *allgemeine* Dimensionsmatrix, weil sie die Dimension der Größen des Problems in Bezug auf die *allgemeinen* Grundgrößen L, T, M usw. angibt.

Dann ordnet man diese Dimensionsmatrix in eine so genannte natürliche Dimensionsmatrix um, indem man statt der allgemeinen Grundgrößen L, T, M einen geeigneten Satz von Einstellgrößen zu Grundgrößen wählt, in unserem Beispiel etwa D, c, ρ. Diese Größen nennt man natürliche Grundgrößen.[2] Wir suchen also die Exponenten α_ν und β_ν der Gleichungen

$$[v] = D^{\alpha_1} c^{\alpha_2} \rho^{\alpha_3}$$
$$[F_W] = D^{\beta_1} c^{\beta_2} \rho^{\beta_3}.$$

Man kann z. B. die α_ν bestimmen, indem man v, D, c und ρ als Potenzprodukte der allgemeinen Grundgrößen L, T und M einsetzt:

$$L^2 T^{-1} = L^{\alpha_1} L^{\alpha_2} T^{-\alpha_2} L^{-3\alpha_3} M^{\alpha_3}.$$

Durch Koeffizientenvergleich erhält man für die α_ν das lineare Gleichungssystem

$$\alpha_1 + \alpha_2 - 3\alpha_3 = 2,$$

2 In der Theorie der Dimensionsanalyse beweist man, dass die Anzahl der natürlichen Grundgrößen gleich dem Rang der allgemeinen Dimensionsmatrix ist. Notwendig und hinreichend dafür, dass ein Satz von Einstellgrößen einen Satz von natürlichen Grundgrößen darstellt, ist, dass die zugehörige Untermatrix der allgemeinen Dimensionsmatrix, hier also

	L	T	M
D	1	0	0
c	1	−1	0
ρ	−3	0	1

denselben Rang wie die allgemeine Dimensionsmatrix selbst hat.

$$0 - \alpha_2 + 0 = -1,$$
$$0 + 0 + \alpha_3 = 0,$$

das wir auch

$$\begin{pmatrix} 1 \\ 0 \\ 0 \end{pmatrix} \alpha_1 + \begin{pmatrix} 1 \\ -1 \\ 0 \end{pmatrix} \alpha_2 + \begin{pmatrix} -3 \\ 0 \\ 1 \end{pmatrix} \alpha_3 = \begin{pmatrix} 2 \\ -1 \\ 0 \end{pmatrix}$$

schreiben können. Ein Vergleich mit der allgemeinen Dimensionsmatrix zeigt, dass die gesuchten Exponenten α_ν gerade die Koeffizienten sind, mit denen man die Zeilen der zu natürlichen Grundgrößen gewählten Einstellgrößen gewählten Einstellgrößen multiplizieren muss, damit man die Zeile der gesuchten Größe als Linearkombination der anderen erhält:

	L	**T**	**M**		
D	1	0	0	α_1	β_1
c	1	−1	0	α_2	β_2
ρ	−3	0	1	α_3	β_3
v	2	−1	0	*	
F_W	1	−2	1		*

Häufig (nämlich wenn diese Matrix einige Nullen enthält) lassen sich diese Koeffizienten ohne förmliche Aufstellung des linearen Gleichungssystems durch „scharfes Hinsehen“ ermitteln.[3] So liest man in unserem Falle aus der dritten Spalte der Dimensionsmatrix sofort $\alpha_3 = 0$ ab: Die dritte Spalte entspricht ja der Gleichung $0 \cdot \alpha_1 + 0 \cdot \alpha_2 + 1 \cdot \alpha_3 = 0$. Analog folgt aus der zweiten Spalte $\alpha_2 = 1$. Damit ergibt die erste Spalte $\alpha_1 = 1$: Sie entspricht nämlich der Gleichung $1 \cdot \alpha_1 + 1 \cdot 1 - 3 \cdot 0 = 2$. Entsprechend folgt zur Bestimmung der Dimension von F_W in Bezug auf D, c und ρ aus der dritten Spalte $\beta_3 = 1$, aus der zweiten $\beta_2 = 2$ und damit aus der ersten $\beta_1 = 2$. Damit ist

$$[v] = D^1 c^1,$$
$$[F_W] = D^2 c^2 \rho^1,$$

3 Das geht immer dann, wenn in der Untermatrix, die zu den gewählten natürlichen Grundgrößen gehört, eine Spalte nur ein von null verschiedenes Element enthält, eine weitere nur zwei von null verschiedene Elemente, usw.; dann lassen sich nämlich die Gleichungen des linearen Gleichungssystems nacheinander lösen. Ist das nicht der Fall, dann bringe man die Dimensionsmatrix mit Hilfe des Gaußschen Algorithmus zunächst auf diese Form.

und die Dimensionsmatrix (11.1-6) lautet, auf natürliche Grundgrößen bezogen,

	D	c	ρ
D	1	0	0
c	0	1	0
ρ	0	0	1
v	1	1	0
F_W	2	2	1

oder kürzer

	D	c	ρ
v	1	1	0
F_W	2	2	1

. (11.1-7)

In dieser Form wollen wir sie im Unterschied zu der allgemeinen Dimensionsmatrix (11.1-6) die natürliche Dimensionsmatrix nennen. Misst man in der Ausgangsgleichung (11.1-5) alle Größen statt in allgemeinen in den gewählten natürlichen Grundgrößen, so lautet sie

$$\frac{F_W}{D^2c^2\rho} = f\left(\frac{D}{D}, \frac{c}{c}, \frac{\rho}{\rho}, \frac{v}{Dc}\right),$$

oder da die ersten drei Größen in der Klammer eins, d. h. keine Variablen mehr sind,

$$\frac{F_W}{D^2c^2\rho} = f\left(\frac{v}{Dc}\right), \tag{11.1-8}$$

der dimensionslose (d. h. auf natürliche Grundgrößen bezogene) Widerstand hängt also nur noch von der dimensionslosen Zähigkeit ab. Gleichung (11.1-8) ist das Ergebnis der Dimensionsanalyse von (11.1-5).

Von den vier Einstellgrößen D, c, ρ und v in (11.1-5) hätten wir statt D, c und ρ auch D, v und ρ oder c, v und ρ als natürliche Grundgrößen wählen können.[4] In beiden Fällen hätten wir als Ergebnis der Dimensionsanalyse statt (11.1-8)

$$\frac{F_W}{\rho v^2} = f\left(\frac{Dc}{v}\right) \tag{11.1-9}$$

erhalten, vgl. Aufgabe 1.

4 Nicht dagegen D, c und v, vgl. die Fußnote 2.

Mit Hilfe der Dimensionsanalyse lässt sich also für unser Beispiel die Anzahl der Variablen von 4 auf 1 reduzieren. Offenbar gilt allgemein zwischen der Anzahl n der Einstellgrößen, der Anzahl r der benötigten natürlichen Grundgrößen und der Anzahl m der Parameter die Beziehung

$$\boxed{m = n - r.} \tag{11.1-10}$$

Zusammenfassung

Man kann den Grundgedanken der Dimensionsanalyse auch folgendermaßen beschreiben: Statt alle vorkommenden Größen in einem Einheitensystem zu messen, das mit dem vorliegenden Problem nichts zu tun hat, und damit z. B. die Bezugsgrößen Meter, Sekunde und Kilogramm von außen in das Problem hineinzutragen, wählt man Größen zu Bezugsgrößen, die im Problem selbst vorkommen, hier z. B. den Kugeldurchmesser D, die Anströmgeschwindigkeit c und die Dichte ρ des strömenden Mediums. Man spricht dann von einem natürlichen oder dem Problem angepassten Einheitensystem. Durch die Dimensionsanalyse werden also problemfremde Bezugsgrößen durch problemeigene ersetzt, d. h. es werden redundante Informationen aus dem Problem eliminiert:

Eine Größe dimensionslos machen heißt, sie statt in problemunabhängigen in problembezogenen Einheiten zu messen.

Vom Dimensionslosmachen im Sinne der Dimensionsanalyse zu unterscheiden sind andere Ähnlichkeitstransformationen wie die Einführung der Größen ξ und η durch (10.5-5), wobei andere Eigenschaften der zu untersuchenden Gleichung als ihre dimensionslose Homogenität ausgenutzt werden.

Die Praxis der dimensionslosen Auftragung von Messergebnissen ist sehr viel älter als die Einsicht in diese Zusammenhänge. Das hat zur Folge, dass konventionell häufig Größen aufgetragen werden, die mit den nach dem vorstehenden Rechenverfahren ermittelten nicht identisch, aber ihnen gleichwertig sind. So pflegt man den Kugelwiderstand, vgl. das Diagramm auf Tabelle 11, in der Form $\zeta_W = f(\mathrm{Re})$, d. h. nach (10.6-8)

$$\frac{F_W}{\frac{\pi D^2}{4}\frac{\rho}{2}c^2} = f\left(\frac{Dc}{\nu}\right) \tag{11.1-11}$$

aufzutragen. Dagegen ist natürlich nichts zu sagen.

Die anschauliche Interpretation von dimensionslosen Kennzahlen am Beispiel der Reynoldszahl

Es ist üblich, den häufig vorkommenden dimensionslosen Kombinationen physikalischer Größen Namen zu geben. So nennt man bekanntlich die Kombination Dc/ν eine Reynoldszahl. Das ist eine Hilfe, wenn man sich auf diese Weise einprägt, dass sich eine Länge, eine Geschwindigkeit und eine kinematische Zähigkeit stets auf diese Weise zu einer dimensionslosen Größe kombinieren lassen. Physikalisch stellt eine Reynoldszahl je nachdem, welche beiden von den drei Größen D, c und ν zu natürlichen Grundgrößen gewählt wurden, eine in natürlichen Einheiten gemessene Länge, eine in natürlichen Einheiten gemessene Geschwindigkeit oder das Reziproke einer in natürlichen Einheiten gemessenen Zähigkeit dar. Bedenklich ist es dagegen, mit einer Reynoldszahl stets das Verhältnis von Trägheitskräften zu Zähigkeitskräften[5] zu verbinden. Das kann für bestimmte Strömungen zutreffen; vor der Auffassung, das sei generell so, kann man nur warnen.

Zur Illustration verweisen wir auf drei Beispiele, von denen wir zwei bereits behandelt haben, während wir das dritte im nächsten Kapitel kennen lernen werden.

- In einer Rohrströmung (Lehreinheit 5.1) ist das Verhältnis von Trägheitstermen zu Zähigkeitstermen unabhängig von der Reynoldszahl stets null.
- Bei der Schleichströmung durch ein ebenes Gleitlager (Lehreinheit 8.6) treten drei verschiedene Längen als Einstellgrößen auf: Die Länge L des Gleitschuhs und die Spalthöhen h_1 und h_2 an seinen beiden Enden. Da h_1 und h_2 von derselben Größenordnung h sind, können wir zwei Reynoldszahlen verschiedener Größenordnung bilden, nämlich UL/ν und Uh/ν. Das Verhältnis der Trägheitsglieder zu den Zähigkeitsgliedern wird jedoch nach (8.6-12) durch

  $$P = \frac{Uh^2}{\nu L} = \frac{Uh}{\nu}\frac{h}{L} = \frac{UL}{\nu}\left(\frac{h}{L}\right)^2$$

  beschrieben.
- Bei der Umströmung eines Profils gilt die Grenzschichttheorie zwar nur, wenn (u. a.) die Reynoldszahl groß ist (vgl. Lehreinheit 12.2), aber das Verhältnis von Trägheitstermen zu Zähigkeitstermen ist dann nur in der Außenströmung unendlich, in der Grenzschicht dagegen von der Größenordnung 1.

5 Wir haben mit Rücksicht auf die Dimensionen der betreffenden Größen von Trägheitstermen und Zähigkeitstermen gesprochen.

Tabelle 9 enthält die in Strömungslehre und Strömungstechnik am häufigsten vorkommenden dimensionslosen Kennzahlen.

Aufgabe 1

Welches Ergebnis liefert die Dimensionsanalyse von (11.1-5), wenn man
A. D, ν und ρ oder
B. c, ν und ρ

als natürliche Grundgrößen wählt?

Aufgabe 2

Der Strömungswiderstand F_W eines Schiffes soll in einem Schleppkanal untersucht werden. Nehmen Sie an, dass F_W von der Länge Λ des Schiffes, der Anströmgeschwindigkeit c, der Dichte ρ und der kinematischen Zähigkeit ν des Wassers und von der Fallbeschleunigung g abhängt.
A. Wie lautet in diesem Fall die Gleichung (11.1-1)?
B. Bestimmen Sie die allgemeine Dimensionsmatrix!
C. Wählen Sie Λ, c und ρ zu natürlichen Grundgrößen und ermitteln Sie die Dimension der drei übrigen vorkommenden Größen in Bezug auf die gewählten natürlichen Grundgrößen!
D. Wie lautet das Ergebnis der Dimensionsanalyse?

Aufgabe 3

Der Volumenstrom durch ein rundes Rohr (Hagen-Poiseuillesches Gesetz (5.1-4)) soll dimensionsanalytisch untersucht werden.
A. Gehen Sie dazu von dem Ansatz $\dot{V} = f(R, \eta, -\frac{dp}{dx})$ aus!
B. Gehen Sie dazu von dem Ansatz $\dot{V} = f(R, \nu, -\frac{dp}{dx})$ aus!

Zusatzaufgabe

In Aufgabe 2 von Lehreinheit 8.6 haben wir ein ebenes Gleitlager berechnet. Wie groß sind für dieses Gleitlager
A. $\mathrm{Re}_1 = UL/\nu$,

B. $\mathrm{Re}_2 = Uh/\nu$,
C. $P = Uh^2/\nu L$,
wenn $\nu = 4 \cdot 10^{-5}\ \mathrm{m^2/s}$ ist?

LE 11.2 Ähnlichkeitslehre

In dieser Lehreinheit wollen wir untersuchen, unter welchen Bedingungen sich Messergebnisse von einem Modell auf eine Hauptausführung übertragen lassen, m. a. W. unter welchen Bedingungen zwei Versuchsanordnungen physikalisch ähnlich sind und wie man dann Messwerte von der einen auf die andere Anordnung umrechnet.

Die Modellgesetze

Wir knüpfen an das Beispiel der vorigen Lehreinheit an, nehmen also an, dass wir den Strömungswiderstand einer Kugel im Modellversuch bestimmen wollen.

Im Windkanal sei unter bestimmten Versuchsbedingungen ein bestimmter Widerstand gemessen worden. Wir haben damit einen Punkt der dimensionslosen Kurve (11.1-8) gemessen. Derselbe Punkt beschreibt auch einen Strömungszustand der Hauptausführung, nämlich den, für den der Parameter $\mathrm{Re} = Dc/\nu$ denselben Wert wie beim Modellversuch hat. Wenn wir alle Größen im Modellversuch mit dem Index M und alle Größen in der Hauptausführung mit dem Index H kennzeichnen, muss also

$$\frac{D_M c_M}{\nu_M} = \frac{D_H c_H}{\nu_H} \tag{11.2-1}$$

gelten, wenn wir vom Modellversuch auf die Hauptausführung schließen wollen. Zwischen den Strömungswiderständen in Modell und Hauptausführung gilt dann die Beziehung

$$\frac{F_{WM}}{D_M^2 c_M^2 \rho_M} = \frac{F_{WH}}{D_H^2 c_H^2 \rho_H}. \tag{11.2-2}$$

Dafür können wir auch schreiben

$$\frac{F_{WM}}{F_{WH}} = \left(\frac{D_M}{D_H}\right)^2 \left(\frac{c_M}{c_H}\right)^2 \frac{\rho_M}{\rho_H}. \tag{11.2-3}$$

In dieser Form stehen auf der rechten Seite gerade die Verhältnisse der gewählten natürlichen Grundgrößen in Modell und Hauptausführung. Sie sind Quotienten von Einstellgrößen, also frei wählbar. Zusammen legen sie den (physikalischen[6]) Modellmaßstab fest, und das Verhältnis der Strömungswiderstände in Modell und Hauptausführung hängt allein von diesem Modellmaßstab ab. Wir führen für die Grundgrößenverhältnisse neue Bezeichnungen ein:

$$\lambda_D = \frac{D_M}{D_H}, \quad \lambda_c = \frac{c_M}{c_H}, \quad \lambda_\rho = \frac{\rho_M}{\rho_H}; \tag{11.2-4}$$

dann gilt

$$\frac{F_{WM}}{F_{WH}} = \lambda_D^2 \lambda_c^2 \lambda_\rho. \tag{11.2-5}$$

Wenn wir von dem behandelten Beispiel abstrahieren, erhalten wir also die folgenden Ergebnisse:

---

1. Damit man Messergebnisse vom Modell auf die Hauptausführung übertragen kann, müssen beide in allen Parametern des Problems übereinstimmen; man nennt dann die beiden Ausführungen physikalisch ähnlich.
2. Das Maßstabsverhältnis zwischen Modell und Hauptausführung wird durch das Größenverhältnis eines Satzes natürlicher Grundgrößen festgelegt.
3. Bei physikalischer Ähnlichkeit sind auch alle übrigen Größen, wenn man sie in natürlichen Einheiten misst, in Modell und Hauptausführung gleich.

Reynoldsähnlichkeit

Wir betrachten eine Strömung mit einer Länge D, einer Geschwindigkeit c, einer Dichte ρ und einer kinematischen Zähigkeit ν als Einstellgrößen. Aus diesen vier Größen lässt sich als Parameter nur die Reynoldszahl

$$\mathrm{Re} = \frac{Dc}{\nu} \tag{11.2-6}$$

(oder eine Funktion dieser Reynoldszahl, z. B. ihr Reziprokes oder ihr Quadrat) bilden; solche Strömungen sind also einparametrig. Damit physikalische Ähnlichkeit herrscht, müssen Modell und Hauptausführung in dieser Reynoldszahl übereinstimmen; wenn diese Bedingung erfüllt ist, spricht man auch von Reynoldsähnlichkeit.

Die Dichte lässt sich mit den übrigen Einstellgrößen nicht zu einer dimensionslosen Größe kombinieren; man sagt dafür auch, sie sei von den übrigen

---

6 im Gegensatz zum geometrischen Modellmaßstab D_M/D_H.

Einstellgrößen dimensionell unabhängig. Die Dichte ist deshalb notwendigerweise eine natürliche Grundgröße; sie gehört zu jedem möglichen Satz natürlicher Grundgrößen. Damit hat das Verhältnis λ_ρ der Dichten von Hauptausführung und Modell keinen Einfluss auf die physikalische Ähnlichkeit.

Als weitere natürliche Grundgrößen kann man jedes Paar der drei Größen D, c und ν wählen, aus denen die Reynoldszahl gebildet wird. Welchen Satz von natürlichen Grundgrößen man wählt, hängt von den Versuchsbedingungen ab.

In der Praxis wird man meist zunächst das Modellfluid festlegen. Die Hauptausführung sei etwa eine Luftströmung, dann können wir wählen, ob der Modellversuch auch in Luft oder z. B. in Wasser ausgeführt werden soll. Damit sind λ_ρ und λ_ν festgelegt. Wir können nach den obigen Überlegungen dann noch entweder das geometrische Größenverhältnis λ_D oder das Geschwindigkeitsverhältnis λ_c wählen; das andere dieser beiden Größenverhältnisse ist dann durch die Forderung der Reynoldsähnlichkeit bestimmt.

Wenn wir beispielsweise den Modellmaßstab durch λ_ρ, λ_ν und λ_D festgelegt haben, haben wir als natürliche Grundgrößen ρ, ν und D gewählt. Für eine Reihe von anderen Größenverhältnisse erhalten wir dann die folgende Tabelle (Tabelle 11.1):

Tab. 11.1

Medium der Hauptausführung			**Luft**		
Modellmedium			**Wasser** $\lambda_\rho = 833$, $\lambda_\nu = 0{,}0667$		**Luft** $\lambda_\rho = 1$, $\lambda_\nu = 1$
Längenverhältnis			$\lambda_D = 1$	$\lambda_D = 0{,}25$	$\lambda_D = 0{,}25$
Größe	**Dimension**	**Größenverhältnis**			
Geschwindigkeit	$c \sim \nu D^{-1}$	$\lambda_c = \lambda_\nu \lambda_D^{-1}$	$\lambda_c = 0{,}0667$	$\lambda_c = 0{,}267$	$\lambda_c = 4$
Volumenstrom	$\dot{V} \sim \nu D$	$\lambda_{\dot{V}} = \lambda_\nu \lambda_D$	$\lambda_{\dot{V}} = 0{,}0667$	$\lambda_{\dot{V}} = 0{,}0167$	$\lambda_{\dot{V}} = 0{,}25$
Druck	$p \sim \rho \nu^2 D^{-2}$	$\lambda_p = \lambda_\rho \lambda_\nu^2 \lambda_D^{-2}$	$\lambda_p = 3{,}70$	$\lambda_p = 59{,}2$	$\lambda_p = 16$
Kraft	$F \sim \rho \nu^2$	$\lambda_F = \lambda_\rho \lambda_\nu^2$	$\lambda_F = 3{,}70$	$\lambda_F = 3{,}70$	$\lambda_F = 1$
Moment	$M \sim \rho \nu^2 D$	$\lambda_M = \lambda_\rho \lambda_\nu^2 \lambda_D$	$\lambda_M = 3{,}70$	$\lambda_M = 0{,}926$	$\lambda_M = 0{,}25$
Leistung	$P \sim \rho \nu^3 D^{-1}$	$\lambda_P = \lambda_\rho \lambda_\nu^3 \lambda_D^{-1}$	$\lambda_P = 0{,}247$	$\lambda_P = 0{,}987$	$\lambda_P = 4$
Drehzahl	$n \sim \nu D^{-2}$	$\lambda_n = \lambda_\nu \lambda_D^{-2}$	$\lambda_n = 0{,}0667$	$\lambda_n = 1{,}067$	$\lambda_n = 16$

Dabei ist das Geschwindigkeitsverhältnis λ_c einzustellen, damit physikalische Ähnlichkeit vorliegt; die anderen Größen ergeben sich dann von selbst.

Mehrparametrige Probleme

In vielen Problemen der Strömungsmechanik kommen neben einer Länge, einer Geschwindigkeit, der Dichte und der kinematischen Zähigkeit des Fluids noch andere Einstellgrößen vor, etwa die Fallbeschleunigung, eine Oberflächenspannung oder (in der Gasdynamik) eine Schallgeschwindigkeit. Dann treten neben einer Reynoldszahl noch andere Parameter auf, z. B. in Aufgabe 2 der vorigen Lehreinheit eine Froudezahl. In der Modellversuchspraxis ist es aber häufig praktisch unmöglich, mehrere Parameter gleichzeitig in beiden Ausführungen gleich zu machen. Wir nehmen als Beispiel dafür wieder den Schleppversuch der eben zitierten Aufgabe. In der Praxis muss man im Modellversuch dasselbe Fluid verwenden wie in der Hauptausführung, nämlich Wasser. Damit sind λ_ν und λ_ρ festgelegt. Wir können dann beispielsweise noch den Längenmaßstab frei wählen; durch die Forderung nach gleicher Reynoldszahl ist damit das Geschwindigkeitsverhältnis festgelegt. Die Forderung nach gleicher Froudezahl führt dann auf ein bestimmtes Verhältnis der Fallbeschleunigungen. In der Praxis kann man aber die Fallbeschleunigung im Modell nicht variieren, λ_g ist also zu 1 vorgegeben. Damit führt also die Froudeähnlichkeit auf ein anderes Geschwindigkeitsverhältnis als die Reynoldsähnlichkeit, beide Forderungen sind also in der Praxis nicht gleichzeitig zu erfüllen. Man kann also, streng genommen, nur entweder den Einfluss der Schwerkraft (über den Wellenwiderstand) oder den Einfluss der Zähigkeit (über den Reibungswiderstand) im Modell untersuchen, muss also entscheiden, welcher Einfluss im konkreten Fall überwiegt und im Übrigen dafür sorgen, dass der Unterschied in der anderen Kennzahl ein bestimmtes Maß nicht übersteigt.

Beispiel

Für eine Strömungsmaschine werden die Kennfelddaten experimentell ermittelt. Die dimensionsanalytischen Zusammenhänge ermöglichen, dass nicht jede Drehzahl der Strömungsmaschine vermessen werden muss. Tragen Sie die Werte der Tabelle in einem dimensionsbehaftetem Diagramm auf. Führen Sie für die Druckerhöhung einer Pumpe oder eines Verdichters eine Dimensionsanalyse durch. Ermitteln Sie zunächst, von welchen Größen die Druckerhöhung abhängt und eliminieren Sie durch geschickte Kombination der Einflussgrößen die Dichte derart, dass die weiteren Verrechnungen nur noch für inkompressible Medien gelten.

Stellen Sie die Dimensionsmatrix auf und führen Sie nach erfolgter Normierung gemäß VDI 2044 (2002) die Druck- und die Lieferzahl auf!

$$\psi = \frac{Y \cdot 2}{U^2} = \frac{Y \cdot 2}{\pi^2\, n^2\, D^2} \quad \text{Druckzahl}$$

$$\varphi = \frac{\dot{V}}{U\,A} = \frac{\dot{V}\cdot 4}{\pi^2\,n\,D^3} \quad \text{Liefer- oder Volumenzahl}$$

Der Durchmesser des Laufrads des Radialventilators betrage 0,58 m, das Strömungsmedium sei Luft bei Umgebungsbedingungen. Ermitteln Sie die korrespondierenden Werte für $n = 2500\,\frac{1}{\text{min}}$!

$[\frac{m^3}{s}]$ $\dot{V}$	[Pa] Δp	$[\frac{1}{\text{min}}]$ n
0.020	5500	3000
0.125	5800	3000
0.250	5850	3000
0.350	5600	3000
0.450	5250	3000
0.550	4500	3000
0.013	2450	2000
0.085	2550	2000
0.165	2600	2000
0.230	2500	2000
0.300	2300	2000
0.370	2000	2000

Lösung

Die Druckerhöhung Δp einer Pumpe oder eines Verdichters hängt ab von den Parametern

- Volumenstrom $\dot{V}$,
- Durchmesser D des Laufrades,
- Dichte ρ des Fördermediums,
- Zähigkeit des Fördermediums, die kinematische Zähigkeit ν wird hier gewählt,
- Drehzahl n der Maschine,

$$\Delta p = f(\dot{V}, D, \rho, \nu, n)$$

Wir haben somit eine Relevanzliste des Problems und bestimmen nun die Dimension aller vorkommenden Größen:

$$[\Delta p] = M^1\,L^{-1}\,T^{-2} \quad M \mathrel{\hat{=}} [\text{kg}] \quad L \mathrel{\hat{=}} [\text{m}] \quad T \mathrel{\hat{=}} [\text{s}]$$
$$[\dot{V}] = L^3\,T^{-1}$$

$$[D] = L$$
$$[\rho] = M^1\,L^{-3}$$
$$[\nu] = L^2\,T^{-1}$$
$$[n] = T^{-1}$$

Mit der Beschränkung auf hydraulische Strömungsmaschinen (ρ = const) lässt sich über den Quotienten aus Druck und Dichte die Masse eliminieren, so dass die Dimensionsmatrix

	L [m]	***T*** [s]	***M*** [kg]
n	0	−1	0
D	1	0	0
$\dot{V}$	3	−1	0
ν	2	−1	0
$\Delta p/\rho$	2	−2	0

den Rang 2 hat, d. h. mit zwei Größen lassen sich alle Zeilen per Linearkombination ausdrücken. Zwei Größen sind nun zu so genannten natürlichen Grundgrößen, zu problembezogenen Einheiten, zu wählen.

(a) Aus reiner Sicht der Dimensionsanalyse wäre es sinnvoll, D und ν zu wählen. $\dot{V}$ und n blieben dann so genannte Einstellgrößen, die sich im Experiment auch tatsächlich variieren ließen. Ziel ist die Auftragung $\Delta p/\rho$ über $\dot{V}$ in Abhängigkeit des Scharparameters n. D und ν sind durch die Geometrie eines Laufrades, das für ein Fördermedium bestimmt ist, bereits festgelegt. Die Dimensionsmatrix verändert sich somit zu

	D	ν
$\Delta p/\rho$	−2	2
$\dot{V}$	1	1
n	−2	1

und der funktionale Zusammenhang lässt sich dann schreiben als

$$\frac{\Delta p\,D^2}{\rho\ \ \nu^2} = f\left(\frac{\dot{V}}{\nu\,D}, \frac{n\,D^2}{\nu}\right).$$

(b) Historisch gewachsen ist eine Normierung mittels n und D als natürliche Grundgrößen. Der Grund dafür ist, dass ν für eine Strömungsmaschine festgelegt ist, beispielsweise für Wasser oder Luft als Fördermedium. Ähnliche

Versuche lassen sich somit bei Variation von n und D durchführen. Variiert man ν, gelten schon alleine aus Festigkeitsgründen ganz andere Auslegungskriterien. Zudem lässt sich experimentell bestimmen, dass das Problem unabhängig von der Reynoldszahl ist, so dass ν als natürliche Grundgröße ungeeignet ist. Als Dimensionsmatrix ergibt sich also

	D	**n**
$\Delta p/\rho$	2	2
$\dot{V}$	1	3
ν	1	2

oder als funktionaler Zusammenhang geschrieben:

$$\underbrace{\frac{\Delta p}{\rho\, n^2\, D^2}}_{①} = f\left(\underbrace{\frac{\dot{V}}{n\, D^3}}_{②}, \underbrace{\frac{\nu}{n\, D^2}}_{③}\right).$$

Für die drei normierten Parameter sind nun in der Praxis folgende Skalierungen üblich:
Für ③:

$$U = \omega \cdot r = \omega \frac{D}{2} = 2\pi\, n\, \frac{D}{2} = \pi\, D\, n$$

woraus folgt

$$\frac{\nu}{n\, D^2} \sim \frac{\nu}{U \cdot D} \sim \frac{1}{\mathrm{Re}}.$$

Für ②:

$$\frac{\dot{V}}{n\, D^3} \sim \frac{\dot{V}}{U \cdot A} = \varphi,$$

diese Größe wird Lieferzahl genannt.
Für ①:

$$\frac{\Delta p}{\rho\, n^2\, D^2} \sim \frac{\Delta p}{\rho\, U^2} \sim \frac{\Delta p}{\rho \frac{U^2}{2}} = \psi,$$

diese Größe wird Druckzahl genannt. Zusammengefasst gilt

$$\psi = f\left(\varphi, \frac{1}{\mathrm{Re}}\right).$$

Für den dimensionslosen Druck verwendet man in der Praxis also die Druckzahl ψ und für den dimensionslosen Volumenstrom die Lieferzahl φ. Zu berücksichtigen sind stets Skalierungsfaktoren wie z. B. π, die die Dimension nicht verändern, jedoch den absoluten Wertebereich beeinflussen. Diese Faktoren sind branchenabhängig und unterscheiden sich für radiale und axiale Maschinen.

$$\psi = \frac{\frac{\Delta p}{\rho}}{\frac{U^2}{2}} = \frac{\Delta p \cdot 2}{\rho\, \pi^2\, n^2\, D^2} = \frac{Y \cdot 2}{U^2} = \frac{Y \cdot 2}{\pi^2\, n^2\, D^2} \quad \text{Druckzahl}$$

$$\varphi = \frac{\dot{V}}{U\, A} = \frac{\dot{V}}{\pi\, D\, n\, \frac{D^2}{4}\, \pi} = \frac{\dot{V} \cdot 4}{\pi^2\, D^3\, n} = \frac{c_{ax}\, A}{U\, \pi\, D\, b} = \frac{c_{ax}\, A}{U\, A} = \frac{c_{ax}}{U} \quad \text{Liefer- oder Volumenzahl}$$

$A \mathrel{\hat{=}}$ durchströmte Laufradfläche (für Radialmaschine $\pi \cdot D \cdot b$, mit der Breite b des Laufrads) oder der Rohrkreisfläche.
$c_{ax} \mathrel{\hat{=}}$ axiale Strömungsgeschwindigkeit

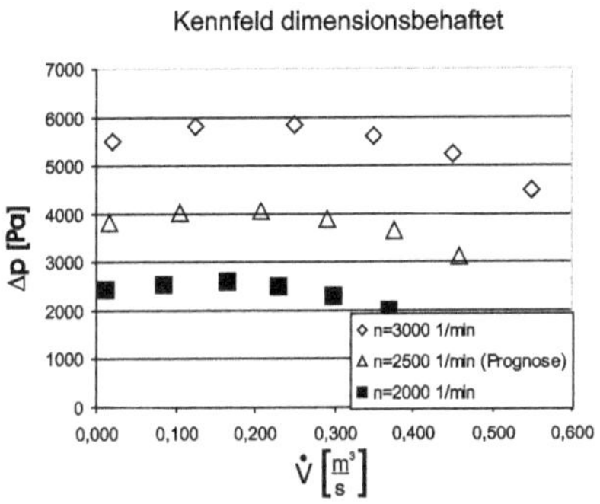

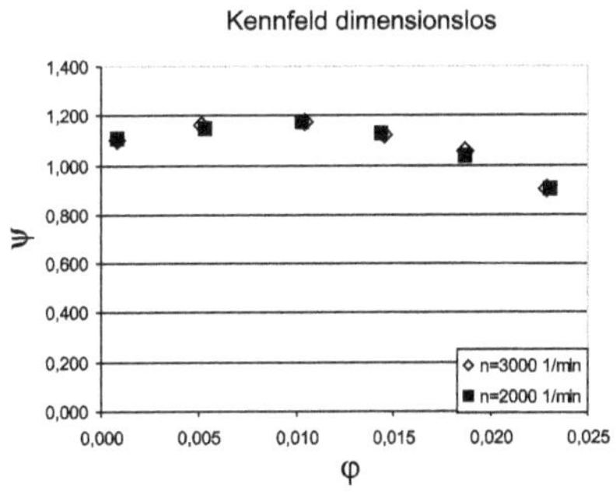

Aufgabe 1

Der Fahrtwiderstand eines Automobils soll im Windkanal untersucht werden. Die Fahrgeschwindigkeit betrage $c = 108$ km/h, die Wagenhöhe $H = 1{,}5$ m. Ein vorhandener Windkanal bietet die Möglichkeit, ein geometrisch ähnliches Modell von 1 m Höhe einzubauen.

A. Mit welcher Geschwindigkeit muss das Modell im Windkanal angeströmt werden, damit die Windkanalmessungen auf die Hauptausführung übertragbar sind?
B. Wie verhält sich dann der im Windkanal gemessene Strömungswiderstand zu dem in der Hauptausführung auftretenden?

C. Im Modellversuch tritt eine unerwünschte Schwingung von 70 Hz auf. Welche Frequenz ist in der Hauptausführung zu erwarten?

Aufgabe 2

Bei dem Schleppversuch der Aufgabe 2 der vorigen Lehreinheit wird ein gegenüber der Hauptausführung auf ein Fünfzigstel verkleinertes Schiffsmodell untersucht.

A. Wie groß ist das Geschwindigkeitsverhältnis λ_c, wenn Froudeähnlichkeit vorausgesetzt wird?
B. Wir groß ist dann das Verhältnis der Strömungswiderstände?
C. Wie groß ist dann das Verhältnis der Reynoldszahlen?

Kapitel 12
Grenzschichttheorie

Ein umströmter Körper (z. B. ein Flugzeug, ein Auto oder auch ein Schiff), setzt der Umströmung durch ein Fluid bekanntlich einen Widerstand entgegen, dessen physikalische Ursache darin zu sehen ist, dass das Fluid an der Körperoberfläche durch Wandhaftung auf null abgebremst wird. Die Aufgabe, diesen Widerstand zu berechnen, haben wir prinzipiell bereits in Kapitel 8 gelöst: Wir brauchen dazu nur die Navier-Stokessche Gleichung unter Berücksichtigung der Wandhaftbedingung zu lösen; aus dem Geschwindigkeitsfeld können wir die Wandschubspannung und daraus durch Integration über die Körperoberfläche die Reibungskraft berechnen. Praktisch ist dieser Weg wegen der mathematischen Kompliziertheit dieses Randwertproblems nicht oder nur mit erheblichem numerischem Aufwand gangbar.

Die entscheidende Idee zur Überwindung dieser Schwierigkeit jedenfalls in vielen praktisch wichtigen Fällen veröffentlichte Ludwig Prandtl im Jahre 1904 mit der Grenzschichttheorie. Er erkannte, dass sich das Strömungsfeld der Umströmung eines Körpers unter bestimmten Bedingungen aufteilen lässt in eine Wirbelströmung in einer schmalen Schicht (der Grenzschicht) um den Körper herum und im Nachlauf des Körpers und in eine Potentialströmung im übrigen Strömungsfeld. Da sich in einer Potentialströmung die Zähigkeit eines newtonschen Fluids nicht auswirkt, braucht man für den gesamten Außenbereich statt der Navier-Stokesschen Gleichung nur die Laplacesche Differentialgleichung für Potentialströmungen zu lösen. Für die Grenzschicht hat Prandtl außerdem eine Näherungslösung der Navier-Stokesschen Gleichung angegeben, die man die Prandtlsche Grenzschichtgleichung nennt, ähnlich wie das Stokes für den Fall der schleichenden Strömung gelungen ist. Mit den Grundlagen dieser Grenzschichttheorie wollen wir uns in diesem Kapitel beschäftigen.

Dazu wollen wir uns zunächst mit der Grundidee von Prandtl etwas näher vertraut machen (Lehreinheit 12.1) und dann die Prandtlschen Grenzschichtgleichungen herleiten und diskutieren (Lehreinheiten 12.2 und 12.3). Weiter werden wir uns mit der Frage beschäftigen, wie man die Dicke der Grenzschicht sinnvoll definiert (Lehreinheit 12.4) und die allgemeinen Formeln für die Wandschubspannung und den Reibungswiderstand bereitstellen (Lehreinheit 12.5). Schließlich wollen wir die Ergebnisse der Grenzschichttheorie für den einfachsten Fall, die längs angeströmte ebene Platte, kennen lernen (Lehreinheit 12.6).

https://doi.org/10.1515/9783110641455-012

LE 12.1 Grenzschichten

Wir wollen uns die Grundidee der Prandtlschen Grenzschichttheorie an einem Gedankenversuch klarmachen. Da uns die Wärmeleitung anschaulicher ist als die Wirbeldiffusion, tun wir dies zunächst an einer Temperaturgrenzschicht und erst danach an einer Strömungsgrenzschicht.

Die Temperaturgrenzschicht

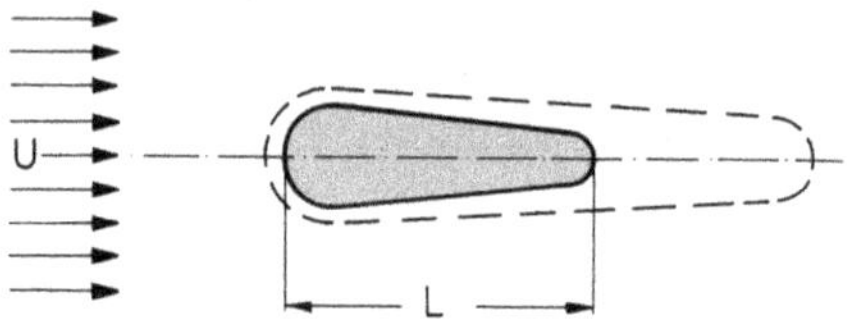

Wir betrachten einen längs angeströmten Stromlinienkörper, dessen Oberflächentemperatur durch Heizung höher gehalten wird als die Temperatur des Fluids weit vor dem Körper. Dann wird sich die Temperatur der Fluidteilchen in der Nähe der Körperoberfläche durch Wärmeleitung erhöhen, und gleichzeitig werden die aufgeheizten Fluidteilchen von der Strömung nach hinten abgeschwemmt; eine typische Isotherme wird dann qualitativ den in der nebenstehenden Skizze gestrichelten Verlauf haben. Im stationären Fall beschränkt sich also die Wirkung der geheizten Oberfläche aufgrund des Zusammenwirkens von Diffusion und Konvektion auf eine schmale Schicht in der Nähe der Körperoberfläche (eine Wandgrenzschicht) und im Nachlauf des Körpers (eine freie Grenzschicht).

Wir wollen eine Dimensionsanalyse für die typische Dicke der Grenzschicht vornehmen. Als typische Dicke können wir beispielsweise den Wandabstand derjenigen Isotherme an der Hinterkante des Stromlinienkörpers wählen, deren Temperatur sich von der Temperatur der Anströmung nur noch um 1 % der Temperaturdifferenz zwischen Körperoberfläche und Anströmung unterscheidet. Es ist plausibel, dass dieser Abstand δ_0 eine Funktion der Körperlänge L, der Anströmgeschwindigkeit U und der Temperaturleitfähigkeit $a = \lambda/\rho c_P$ sein wird; darin ist λ die Wärmeleitfähigkeit, ρ die Dichte und c_P die isobare spezifische Wärmekapazität. Aus diesen Einstellgrößen lässt sich als Parameter die Pécletzahl

$$Pe = \frac{UL}{a} \tag{12.1-1}$$

bilden, und es gilt

$$\frac{\delta_0}{L} = f(Pe). \tag{12.1-2}$$

Die Anschauung lehrt, dass die Dicke δ_0 der Temperaturgrenzschicht umso größer sein wird, je kleiner – bei konstanter Länge L und Temperaturleitfähigkeit a – die Anströmgeschwindigkeit U ist. Das bedeutet, dass die dimensionslose Dicke δ_0/L der Temperaturgrenzschicht umso größer sein wird, je kleiner die Pécletzahl ist.

Die Strömungsgrenzschicht

Wir betrachten jetzt für dieselbe Konfiguration (bei ungeheiztem Körper) das Feld der Wirbelstärke. Dabei wollen wir die Anströmung als wirbelfrei ansehen.

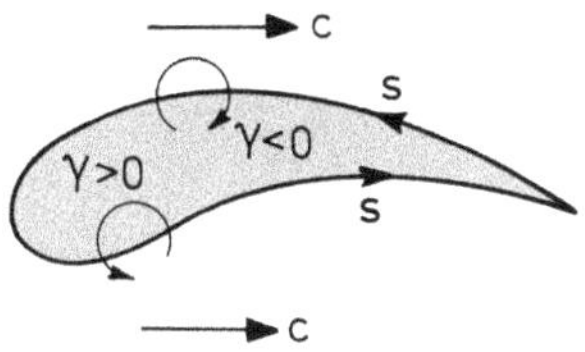

In einem reibungsfreien Fluid wird sich dann nach dem speziellen Thomsonschen Satz die Potentialströmung um den Stromlinienkörper ausbilden. Diese Potentialströmung erfüllt jedoch die Wandhaftbedingung nicht. Da eine Wirbelschicht einen Geschwindigkeitssprung induziert, kann man die Wandhaftbedingung erfüllen, wenn man zusätzlich an der Wand eine Wirbelschicht anbringt, deren Zirkulation pro Längeneinheit an jeder Stelle gerade gleich der Geschwindigkeit der Potentialströmung an der Wand ist: Wir betrachten beispielsweise die Umströmung eines ebenen Tragflügels; dann ergibt sich für die Zirkulation längs einer geschlossenen Linie um den Tragflügel aus der Zirkulation γ pro Längeneinheit der Wirbelschicht und aus der Geschwindigkeit c der Potentialströmung derselbe Wert

$$\Gamma = \oint \gamma(s)\, ds = \oint c(s)\, ds. \tag{12.1-3}$$

Darin ist s die Koordinate, welche die Körperkontur im mathematisch positiven Sinn durchläuft.

Haftet also das betrachtete Fluid an festen Wänden, so bildet sich zusammen mit der Potentialströmung eine Wirbelschicht aus. Da die Wirbelstärke in einem reibungsfreien Fluid nach dem 2. Helmholtzschen Wirbelsatz an der Materie haftet, d. h. sich nicht auf benachbarte Teilchen verteilt, bleibt die Wirbelschicht im weiteren Verlauf der Strömung unverändert. Im Übrigen macht es nach (12.1-3) für das Strömungsfeld und damit auch für die von der Strömung auf den Tragflügel ausgeübte Kraft bei einem reibungsfreien Fluid keinen Unterschied, ob man die Erfüllung der Wandhaftbedingung und damit die Existenz der Wirbelschicht annimmt oder nicht.

Auch in einem newtonschen Fluid kann man die Bewegungsgleichung durch die Potentialströmung und die Wandhaftbedingung durch eine Wirbelschicht erfüllen. Anders als in einem reibungsfreien Fluid haftet die Wirbelstärke aber nicht an der Materie, sondern verteilt sich auf die in der Nähe der Wand strömenden Teilchen. Es spielt sich damit für die Wirbelstärke in der Nähe der Wand derselbe Vorgang ab wie im Falle der geheizten Oberfläche für die Temperatur: Einerseits diffundiert Wirbelstärke von der Körperoberfläche in die Strömung, andererseits wird Wirbelstärke durch Konvektion nach hinten abgeschwemmt. Es bildet sich also eine wirbelbehaftete Grenzschicht in einer wirbelfreien Strömung aus; eine typische Linie konstanter Wirbelstärke zeigt wieder qualitativ den in die erste Skizze dieser Lehreinheit eingestrichelten Verlauf einer Wandgrenzschicht um den Körper herum und einer freien Grenzschicht in seinem Nachlauf.

In der Dimensionsanalyse für eine typische Grenzschichtdicke ist im Vergleich zur Temperaturgrenzschicht nur die Temperaturleitfähigkeit a durch die dimensionsgleiche kinematische Zähigkeit ν zu ersetzen, wir erhalten also als dimensionslose Größe statt der Pécletzahl die Reynoldszahl

$$\mathrm{Re} = \frac{UL}{\nu}. \tag{12.1-4}$$

Die kinematische Zähigkeit ν stellt also die Leitfähigkeit (man sagt auch Diffusivität oder Konduktivität) für die Wirbelstärke dar, und für die dimensionslose Grenzschichtdicke δ_0/L gilt

$$\frac{\delta_0}{L} = f(\mathrm{Re}). \tag{12.1-5}$$

Analog zur Temperaturgrenzschicht überlegt man sich, dass δ_0/L umso größer sein wird, je kleiner die Reynoldszahl ist, d. h. je kleiner die Anströmgeschwindigkeit U, je kleiner die Körperlänge L und je größer die kinematische Zähigkeit ν ist.

Wenn in einer reibungsbehafteten Strömung ständig Wirbelstärke von der Körperoberfläche in die Strömung diffundiert und dann durch Konvektion nach hinten abgeschwemmt wird, so bedeutet das:

Zur Aufrechterhaltung der Wandhaftung muss in einer reibungsbehafteten Strömung an einer Wand ständig Wirbelstärke erzeugt werden.

Wie bei der Erzeugung der Wirbelzöpfe hinter einem endlichen Tragflügel ist dabei Arbeit aufzuwenden, und diese Arbeit muss der Tragflügelumströmung in Gestalt der Überwindung eines Strömungswiderstandes entzogen werden.

Die Umströmung eines Körpers in einem newtonschen Fluid zerfällt also in die wirbelfreie Außenströmung und die wirbelbehaftete Grenzschicht.

- Da die Außenströmung wirbelfrei ist, können sich dort die Zähigkeit und auch die Wandhaftung nicht auswirken. Das Strömungsfeld wird also allein durch die Verdrängungswirkung des umströmten Körpers bestimmt; die Geschwindigkeit fällt mit zunehmendem Abstand von der Körperoberfläche auf die Anströmgeschwindigkeit U ab. Die Außenströmung lässt sich also nach den in Kapitel 9 behandelten Methoden für Potentialströmungen berechnen.
- In der Grenzschicht vermittelt die Wirbelstärke über die Zähigkeit den Übergang von der Verdrängungsströmung auf die Wand, wo die Geschwindigkeit verschwindet. Wir müssen hier grundsätzlich mit den in Kapitel 8 behandelten Gleichungen und Methoden arbeiten, insbesondere mit der Navier-Stokesschen Gleichung. Wir werden jedoch sehen, dass sich die Navier-Stokessche Gleichung unter bestimmten, praktisch meist erfüllten Bedingungen innerhalb der Grenzschicht näherungsweise durch eine einfachere Gleichung ersetzen lässt, so dass auch hier eine Vereinfachung eintritt.

Schematisch lassen sich die Überlegungen dieses Abschnitts folgendermaßen zusammenfassen:

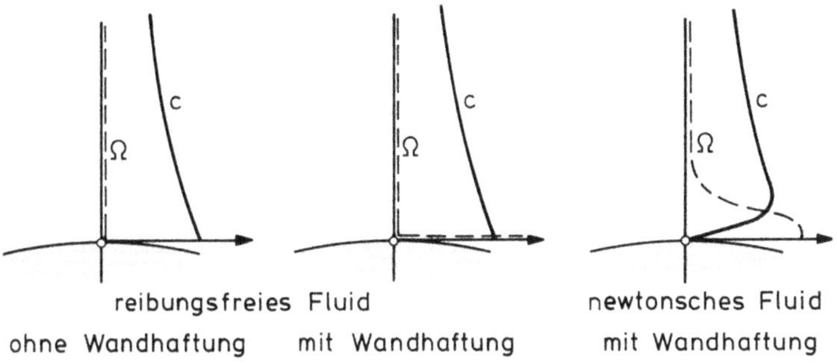

Aufgabe 1

Wie kann man sich den Strömungswiderstand eines Körpers erklären?

Aufgabe 2

A. Was ist der Grundgedanke des Prandtlschen Grenzschichtkonzeptes?
B. Welche Gleichung beschreibt die Außenströmung und welche die Grenzschichtströmung?

Aufgabe 3

Skizzieren Sie die Temperaturgrenzschichten bei der Umströmung eines erwärmten Stromlinienkörpers

A. für eine große Pécletzahl,

B. für eine kleine Pécletzahl!

LE 12.2 Die Prandtlschen Grenzschichtgleichungen (Teil 1)

Wir wollen uns jetzt der Frage zuwenden, wie sich die Navier-Stokessche Gleichung vereinfachen lässt, wenn die Reynoldszahl groß genug und damit die Grenzschicht schmal genug ist.

Herleitung der Grenzschichtgleichungen

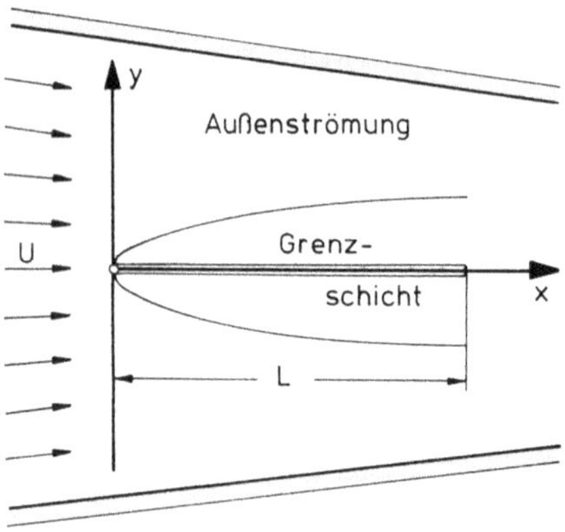

Wir betrachten zunächst eine ebene Platte der Länge L, die in einer konvektiv beschleunigten Strömung parallel zu ihrer Ebene von einem inkompressiblen newtonschen Fluid bei Abwesenheit äußerer Kräfte stationär mit der Geschwindigkeit U angeströmt wird. Dann lautet das Differentialgleichungssystem (8.3-4)

$$\begin{aligned}
&\frac{\partial u}{\partial x} + \frac{\partial v}{\partial y} = 0, \\
&u\frac{\partial u}{\partial x} + v\frac{\partial u}{\partial y} = -\frac{1}{\rho}\frac{\partial p}{\partial x} + \nu\left(\frac{\partial^2 u}{\partial x^2} + \frac{\partial^2 u}{\partial y^2}\right), \\
&u\frac{\partial v}{\partial x} + v\frac{\partial v}{\partial y} = -\frac{1}{\rho}\frac{\partial p}{\partial y} + \nu\left(\frac{\partial^2 v}{\partial x^2} + \frac{\partial^2 v}{\partial y^2}\right).
\end{aligned} \qquad (12.2\text{-}1)$$

Wir beschränken uns jetzt auf die Strömung in der Grenzschicht der Platte und wollen dort die Größenordnung der einzelnen Glieder dieses Gleichungssystems relativ zueinander abschätzen. Dazu müssen wir einige Größenordnungsannahmen machen:

1. Die x-Koordinate variiert in der Grenzschicht zwischen null an der Plattenvorderkante und (unter Einbeziehung des Nachlaufs) vielleicht dem Fünffachen der Plattenlänge L; man sagt dafür x sei von der Größenordnung L und schreibt diese Aussage

$$x = O(L). \tag{12.2-2}$$

2. Ist δ_0 eine typische Grenzschichtdicke (etwa die Grenzschichtdicke an der Plattenhinterkante), so gilt entsprechend für die y-Koordinate

$$y = O(\delta_0). \tag{12.2-3}$$

3. Die x-Koordinate der Geschwindigkeit variiert zwischen null an der Platte und der Geschwindigkeit der Außenströmung am Grenzschichtrand; die ist an der Plattenvorderkante etwa gleich der Anströmgeschwindigkeit U und an der Plattenhinterkante wegen der Verkleinerung des Strömungsquerschnitts vielleicht doppelt so groß, es gilt also

$$u = O(U). \tag{12.2-4}$$

4. Wir nehmen weiter an, dass die partiellen Ableitungen der Geschwindigkeitskoordinaten von derselben Größenordnung sind wie die entsprechenden Differenzenquotienten, dass also gilt

$$\begin{aligned}
&\frac{\partial u}{\partial x} = O\left(\frac{U}{L}\right), \quad \frac{\partial u}{\partial y} = O\left(\frac{U}{\delta_0}\right), \quad \frac{\partial^2 u}{\partial x^2} = O\left(\frac{U}{L^2}\right),\\
&\frac{\partial^2 u}{\partial y^2} = O\left(\frac{U}{\delta_0^2}\right),\\
&\frac{\partial v}{\partial x} = O\left(\frac{v_{\max}}{L}\right), \quad \frac{\partial v}{\partial y} = O\left(\frac{v_{\max}}{\delta_0}\right), \quad \frac{\partial^2 v}{\partial x^2} = O\left(\frac{v_{\max}}{L^2}\right),\\
&\frac{\partial^2 v}{\partial y^2} = O\left(\frac{v_{\max}}{\delta_0^2}\right).
\end{aligned} \tag{12.2-5}$$

Diese Bedingungen sind bei Funktionen, die im betrachteten Intervall monoton verlaufen, stets erfüllt. Wir wollen uns das für einige Ableitungen für den Spezialfall plausibel machen, dass in der Außenströmung überall und damit auch am Rande der Grenzschicht die Anströmgeschwindigkeit U herrscht.

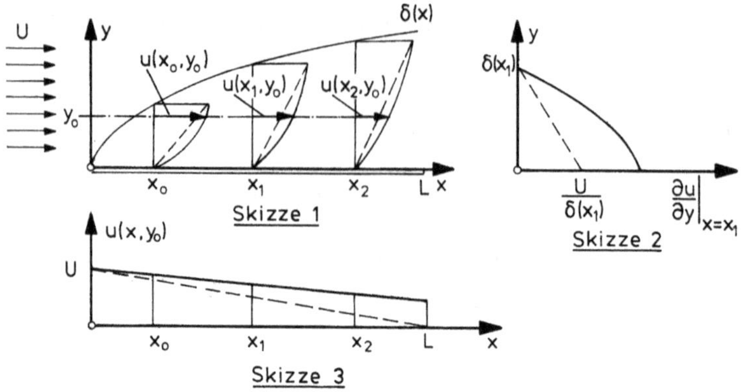

In Skizze 1 ist qualitativ der Verlauf der Grenzschichtdicke $\delta(x)$ bis zur Plattenhinterkante eingetragen; dabei ist der Maßstab der y-Achse gegenüber dem der x-Achse aus zeichnerischen Gründen stark überhöht. Außerdem ist für drei Werte x_0, x_1 x_2 das Geschwindigkeitsprofil der Grenzschicht skizziert. Die Steigung der Tangente an ein solches Geschwindigkeitsprofil stellt den Wert der Ableitung $\partial u/\partial y$ im betrachteten Punkt des Strömungsfeldes dar. Die Steigung der jeweils in das Profil eingestrichelten Sekante beträgt U/δ. Wie man sieht, sind beide von derselben Größenordnung U/δ_0.
In Skizze 1 ist außerdem in jedes der drei Geschwindigkeitsprofile für eine feste Ordinate y_0 die Geschwindigkeit u eingetragen. Da jeweils am Rande der Grenzschicht die Anströmgeschwindigkeit U erreicht wird, nimmt $u(x, y_0)$ mit wachsendem x ab. In Skizze 3 ist $u(x, y_0)$ über x aufgetragen; die Steigung dieser Kurve ist $\partial u/\partial x$. Außerdem ist eine Gerade mit der Steigung $-U/L$ eingestrichelt. Man sieht, dass beide von derselben Größenordnung sind.
In Skizze 2 ist für das mittlere Geschwindigkeitsprofil (also für $x = x_1$) aus Skizze 1 die Steigung $\partial u/\partial y$ über y aufgetragen; zum leichteren Vergleich mit Skizze 1 sind dabei Abszissen- und Ordinatenachse vertauscht: An der Wand $y = 0$ hat die Steigung ihren Maximalwert; sie nimmt bis zum Grenzschichtrand $y = \delta(x_1)$ monoton auf null ab. Die Steigung dieser Kurve (über der Ordinatenachse) ist $\partial^2 u/\partial y^2$; die Steigung der eingestrichelten Sekante ist $-U/\delta^2(x_1)$.

5. Die Ausdehnung der Grenzschicht in y-Richtung ist sehr viel kleiner als ihre Ausdehnung in x-Richtung. Wir nennen das Verhältnis δ_0/L der beiden charakteristischen Längen ϵ, dann soll also gelten

$$\boxed{\epsilon := \frac{\delta_0}{L} \ll 1.} \tag{12.2-6}$$

6. In der Grenzschicht stehen Konvektion und Diffusion von Wirbelstärke im Gleichgewicht. Das bedeutet, dass die entsprechenden Glieder in der Wirbeltransportgleichung (9.2-11) von derselben (endlichen[1]) Größenordnung sind.

1 In der Außenströmung, in der die Wirbelstärke ja null ist, sind sie natürlich sämtlich null.

Mit diesen Annahmen wollen wir jetzt in eine Reihe von Gleichungen eingehen, aus denen wir auf diese Weise weitere Größenordnungsaussagen gewinnen können. Wenn wir außerdem in einer Gleichung alle Glieder weglassen, die im Vergleich zu anderen Gliedern dieser Gleichung von kleinerer Größenordnung sind, erhalten wir jeweils die Näherungsform der untersuchten Gleichung für eine Grenzschicht.

Wir beginnen mit der Kontinuitätsgleichung $(12.2\text{-}1)_1$.

$$\begin{array}{ccc} \dfrac{\partial u}{\partial x} & + \dfrac{\partial v}{\partial y} & = 0 \\ \dfrac{U}{L} & \dfrac{v_{\max}}{\delta_0} & \end{array}$$

Da beide Terme dieselbe Größenordnung haben müssen, folgt

$$O\left(\frac{U}{L}\Big/\frac{v_{\max}}{\delta_0}\right) = O\left(\frac{U\delta_0}{v_{\max}L}\right) = 1$$

oder mit (12.2-6)

$$v = O(\epsilon U). \qquad (12.2\text{-}7)$$

Wir fragen weiter nach der Größenordnung der Wirbelstärke. In einer ebenen Strömung ist nach (9.2-7)

$$\begin{array}{cccc} \Omega = \dfrac{\partial v}{\partial x} & - & \dfrac{\partial u}{\partial y} & \\ \dfrac{\epsilon U}{L} & & \dfrac{U}{\delta_0} & = \dfrac{U}{\epsilon L} \end{array}$$

Nach (12.2-6) ist $\epsilon U/L \ll U/\epsilon L$, in der Grenzschicht gilt also näherungsweise

$$\Omega = -\frac{\partial u}{\partial y}, \qquad (12.2\text{-}8)$$

und es ist

$$\Omega = O\left(\frac{U}{\epsilon L}\right). \qquad (12.2\text{-}9)$$

Für die Zirkulation pro Längeneinheit in der Grenzschicht erhalten wir mit (10.2-1) und (12.2-8)

$$\gamma(x) = \int_0^{\delta(x)} \Omega \, dy = -\int_0^{\delta(x)} \frac{\partial u}{\partial y} \, dy = -u\big(x, \delta(x)\big) + u(x, 0).$$

Da die Geschwindigkeit $u(x,0)$ an der Wand infolge der Wandhaftung null ist, folgt

$$\gamma(x) = -u\big(x, \delta(x)\big). \tag{12.2-10}$$

Die Grenzschicht entspricht also einer Wirbelschicht, die gerade denjenigen Geschwindigkeitssprung induziert, der zwischen Außenströmung und ruhender Wand zu überwinden ist.

Wir untersuchen als nächstes die Wirbeltransportgleichung (9.2-10) für eine stationäre Strömung:

$$\begin{array}{ccccccc} u\dfrac{\partial \Omega}{\partial x} & + & v\dfrac{\partial \Omega}{\partial y} & = & \nu\Bigg(\dfrac{\partial^2 \Omega}{\partial x^2} & + & \dfrac{\partial^2 \Omega}{\partial y^2}\Bigg) \\ U\dfrac{U}{\epsilon L^2} & & \epsilon U\dfrac{U}{\epsilon L \delta_0} = \dfrac{U^2}{\epsilon L^2} & & \nu \quad \dfrac{U}{\epsilon L^3} & & \dfrac{U}{\epsilon L \delta_0^2} = \dfrac{U}{\epsilon^3 L^3} \end{array}$$

Die beiden Konvektionsterme auf der linken Seite sind demnach beide von derselben Größenordnung $U^2/\epsilon L^2$; für die beiden Diffusionsterme auf der rechten Seite gilt wegen (12.2-6) $\nu U/\epsilon L^3 \ll \nu U/\epsilon^3 L^3$. Die Wirbeltransportgleichung vereinfacht sich also in der Grenzschicht zu

$$u\frac{\partial \Omega}{\partial x} + v\frac{\partial \Omega}{\partial y} = \nu\frac{\partial^2 \Omega}{\partial y^2}. \tag{12.2-11}$$

Nach unserer 6. Voraussetzung sollen in (12.2-11) die linke und die rechte Seite von derselben Größenordnung sein, es gilt also

$$O\bigg(\frac{U^2}{\epsilon L^2} \Big/ \frac{\nu U}{\epsilon^3 L^3}\bigg) = O\bigg(\frac{UL}{\nu}\epsilon^2\bigg) = 1,$$

d. h.

$$\nu = O(\epsilon^2 UL) = O\bigg(\frac{\delta_0^2 U}{L}\bigg), \quad \delta_0 = \epsilon L = O\bigg(\sqrt{\frac{\nu L}{U}}\bigg). \tag{12.2-12}$$

Wir erhalten also wie in (8.4-9) für das 2. Stokessche Problem (also eine exakte Lösung der Navier-Stokesschen Gleichung) $\delta \sim \sqrt{\nu}$. Dieselbe Proportionalität ergibt sich auch für andere exakte Lösungen der Navier-Stokesschen Gleichung, die Grenzschichtcharakter aufweisen. Sie ist offenbar charakteristisch für Grenzschichtströmungen.

Unter Einführung der Reynoldszahl nach (12.1-4) können wir statt (12.2-12) auch

$$\boxed{\mathrm{Re} = O\bigg(\frac{1}{\epsilon^2}\bigg) \gg 1,} \quad \boxed{\epsilon = \frac{\delta_0}{L} = O\bigg(\frac{1}{\sqrt{\mathrm{Re}}}\bigg) \ll 1} \tag{12.2-13}$$

schreiben. Notwendige Voraussetzung für das Auftreten einer Grenzschichtströmung für die hier untersuchte Konfiguration ist also, dass die Reynoldszahl nach (12.1-4) groß gegen eins ist; die Größenordnung der Grenzschichtdicke ergibt sich dann aus $(12.2\text{-}13)_2$: Die mit der Plattenlänge dimensionslos gemachte Grenzschichtdicke an der Plattenhinterkante ist von der Größenordnung $1/\sqrt{\mathrm{Re}}$.

Wir wollen jetzt die Navier-Stokessche Gleichung $(12.2\text{-}1)_{2,3}$ untersuchen:

$$
\begin{array}{lllll}
u\dfrac{\partial u}{\partial x} + & v\dfrac{\partial u}{\partial y} = & -\dfrac{1}{\rho}\dfrac{\partial p}{\partial x} + & \nu & \left(\dfrac{\partial^2 u}{\partial x^2} + \dfrac{\partial^2 u}{\partial y^2}\right) \\
U\dfrac{U}{L} & \epsilon U\dfrac{U}{\epsilon L} & & \epsilon^2 UL & \dfrac{U}{L^2} \quad \dfrac{U}{\epsilon^2 L^2} \\
u\dfrac{\partial v}{\partial x} + & v\dfrac{\partial v}{\partial y} = & -\dfrac{1}{\rho}\dfrac{\partial p}{\partial y} + & \nu & \left(\dfrac{\partial^2 v}{\partial x^2} + \dfrac{\partial^2 v}{\partial y^2}\right) \\
U\dfrac{\epsilon U}{L} & \epsilon U\dfrac{\epsilon U}{\epsilon L} & & \epsilon^2 UL & \dfrac{\epsilon U}{L^2} \quad \dfrac{\epsilon U}{\epsilon^2 L^2}
\end{array}
$$

Aus unserer bisherigen Kenntnis von Größenordnungen können wir jetzt mehrere Schlüsse ziehen:

- In den Reibungsgliedern ist $\partial^2 u/\partial x^2 \ll \partial^2 u/\partial y^2$ und $\partial^2 v/\partial x^2 \ll \partial^2 v/\partial y^2$, wir können also in der Grenzschicht (wie bereits in der Wirbeltransportgleichung) die Glieder mit den zweiten Ableitungen nach x vernachlässigen.
- Die beiden Trägheitsglieder und das übrig bleibende Reibungsglied sind jeweils von derselben Größenordnung. Unsere Voraussetzung, dass in der Grenzschicht Konvektion und Diffusion der Wirbelstärke von derselben Größenordnung sind, hat also zur Folge, dass dort auch Konvektion und Diffusion der Geschwindigkeit von derselben Größenordnung sind.
- Da in einer Gleichung ein Glied nicht von größerer Größenordnung sein kann als alle übrigen, kann das Druckglied jeweils höchstens von derselben Größenordnung wie die Trägheits- und Reibungsglieder sein:

$$\frac{1}{\rho}\frac{\partial p}{\partial x} \le O\left(\frac{U^2}{L}\right), \quad \frac{1}{\rho}\frac{\partial p}{\partial y} \le O\left(\frac{\epsilon U^2}{L}\right). \qquad (12.2\text{-}14)$$

- Alle Glieder der y-Koordinate der Navier-Stokesschen Gleichung sind von um den Faktor ϵ kleinerer Größenordnung als die entsprechenden Glieder der x-Koordinate der Navier-Stokesschen Gleichung. Wir können also im Rahmen unserer Näherung die ganze y-Koordinate der Navier-Stokesschen Gleichung vernachlässigen, wenn wir nicht eine Angabe über $\partial p/\partial y$ benötigten. So entnehmen wir ihr im Rahmen unserer Näherung

$$\boxed{\frac{\partial p}{\partial y} = 0,} \quad \boxed{p = p(x).} \tag{12.2-15}$$

Wir wollen uns diese Aussage auch in Worten einprägen:

Der Druck in der Grenzschicht ändert sich quer zur Grenzschicht nicht.

Man sagt auch:

Der Druck in der Grenzschicht wird von der Außenströmung aufgeprägt.

In der Außenströmung herrscht Potentialströmung. Dort gilt also die Bernoullische Gleichung $c^2/2 + p/\rho = \text{const}$. Im Rahmen der Grenzschichtnäherung können wir am Rande der Grenzschicht den Geschwindigkeitsbetrag c durch die x-Koordinate u der Geschwindigkeit ersetzen. Wir wollen u am Grenzschichtrand mit u_δ bezeichnen; ist $\delta(x)$ die Grenzschichtdicke an der Stelle x, so gilt also

$$u_\delta(x) := u(x, \delta(x)). \tag{12.2-16}$$

Die Bernoullische Gleichung lautet damit am Rande der Grenzschicht in Grenzschichtnäherung $u_\delta^2/2 + p/\rho = \text{const}$ oder, nach x differenziert,

$$\boxed{u_\delta \frac{du_\delta}{dx} = -\frac{1}{\rho}\frac{dp}{dx}.} \tag{12.2-17}$$

Da sich der Druck in der Grenzschicht quer zur Grenzschicht nicht ändert, ist dieses dp/dx gleich dem $\partial p/\partial x$ im Druckglied der Navier-Stokesschen Gleichung $(12.2\text{-}1)_2$. Das Differentialgleichungssystem (12.2-1) vereinfacht sich also unter unseren sechs Voraussetzungen in der Grenzschicht zu

$$\boxed{\begin{aligned} &\frac{\partial u}{\partial x} + \frac{\partial v}{\partial y} = 0, \\ &u\frac{\partial u}{\partial x} + v\frac{\partial u}{\partial y} = u_\delta \frac{du_\delta}{dx} + \nu \frac{\partial^2 u}{\partial y^2}. \end{aligned}} \tag{12.2-18}$$

Das sind die Prandtlschen Grenzschichtgleichungen zur Berechnung der beiden Geschwindigkeitskoordinaten u und v in der Grenzschicht bei gegebener Außenströmung. Dazu kommen die Gleichungen (12.2-17) und (12.2-15) zur Berechnung des Druckverlaufs in der Grenzschicht.

Obwohl unter unseren Voraussetzungen die Zähigkeit in der Strömung sehr klein ist (sie ist nach (12.2-12) bzw. (12.2-13) sogar von zweiter Ordnung in ϵ), können wir in der Grenzschicht nicht alle Reibungsglieder vernachlässigen; das hatten wir bereits in Lehreinheit 8.5 überlegt.

Da es sich um eine ebene Strömung handelt, können wir das Differentialgleichungssystem durch Einführung einer Stromfunktion nach (9.2-3) auf eine einzige Differentialgleichung reduzieren. Sie lautet:

$$\frac{\partial\Psi}{\partial y}\frac{\partial^2\Psi}{\partial x\partial y} - \frac{\partial\Psi}{\partial x}\frac{\partial^2\Psi}{\partial y^2} = u_\delta\frac{du_\delta}{dx} + \nu\frac{\partial^3\Psi}{\partial y^3}. \tag{12.2-19}$$

Das ist eine Differentialgleichung dritter Ordnung in Ψ, sie steht also zwischen der Gleichung (9.2-12), die man analog aus der Navier-Stokesschen Gleichung erhält und die von vierter Ordnung in Ψ ist, und der Gleichung, die sich entsprechend aus der Eulerschen Gleichung ergibt und die von zweiter Ordnung in Ψ ist (man erhält sie, indem man in (9.2-12) $\nu = 0$ setzt).

Das Randwertproblem

Zur Berechnung der Strömung um die Platte können wir nun folgendermaßen vorgehen: Wir berechnen zunächst die Potentialströmung um die Platte. Wir kennen dann das Geschwindigkeitsfeld außerhalb der Grenzschicht und damit auch u_δ an ihrem Rande und außerdem das Druckfeld in der gesamten Strömung. Die Gleichungen (12.2-18) stellen dann ein inhomogenes nichtlineares partielles Differentialgleichungssystem zur Berechnung der Geschwindigkeitskoordinaten u und υ in der Grenzschicht dar.

Um dieses Differentialgleichungssystem lösen zu können, benötigen wir noch Randbedingungen. Eine mathematische Untersuchung zeigt, dass wir an der Wand das Verschwinden von u und υ und am Rande der Grenzschicht $u = u_\delta$ fordern können und außerdem das Geschwindigkeitsprofil am Beginn der Grenzschicht vorgeben müssen:

$$u(x,0) = 0 \quad \upsilon(x,0) = 0, \quad u(x,\delta(x)) = u_\delta(x), \quad u(0,y) = u_0(y). \tag{12.2-20}$$

Die Geschwindigkeitskoordinate v am Rande der Grenzschicht ergibt sich dann durch Integration der Kontinuitätsgleichung $(12.2\text{-}18)_1$:

$$\int_0^{\delta(x)} \frac{\partial u}{\partial x}\,dy = -\int_0^{\delta(x)} \frac{\partial v}{\partial y}\,dy = -v(x,\delta(x)) + v(x,0)$$

$$v(x,\delta(x)) = -\int_0^{\delta(x)} \frac{\partial u}{\partial x}\,dy \qquad (12.2\text{-}21)$$

Während wir für ebene Strömungen bei der Navier-Stokesschen Gleichung zwei Bedingungen auf dem Rand (z. B. das Verschwinden der Tangential- und der Normalkoordinate der Geschwindigkeit an einer ruhenden Wand) und bei der Eulerschen Gleichung eine Bedingung auf dem Rand (z. B. das Verschwinden der Normalkoordinate der Geschwindigkeit an einer ruhenden Wand) vorgeben konnten, benötigen wir bei den Grenzschichtgleichungen an der Wand zwei Bedingungen, am äußeren Rand und in der Anströmung eine Bedingung und im Nachlauf gar keine. Die Grenzschichtgleichungen stehen also auch in dieser Hinsicht zwischen der Navier-Stokesschen und der Eulerschen Gleichung.

Aufgabe

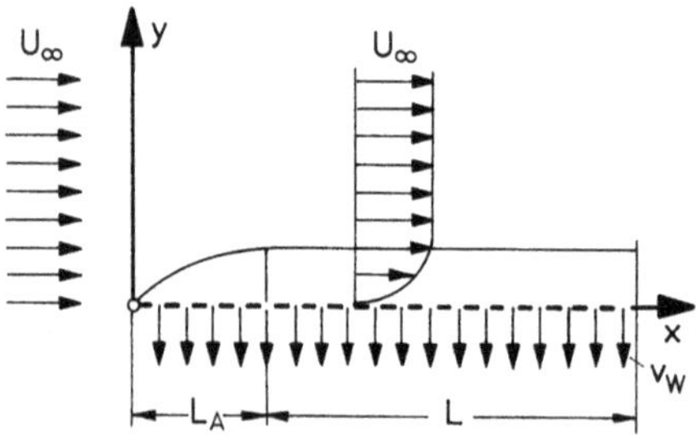

Wenn man an einer längs angeströmten, ebenen Platte an der Wand mit der konstanten Normalgeschwindigkeit $-v_W < 0$ absaugt, stellt sich nach einer Anlaufstrecke L_A eine Strömung mit konstanter Grenzschichtdicke ein. Für $L > L_A$ ist die Geschwindigkeit dann unabhängig von x. Berechnen Sie unter diesen Annahmen das Geschwindigkeitsprofil $u(y)/U_\infty$ für $x > L_A$!

LE 12.3 Die Prandtlschen Grenzschichtgleichungen (Teil 2)

In dieser Lehreinheit wollen wir uns weiter mit den Prandtlschen Grenzschichtgleichungen beschäftigen. Die Überlegungen der letzten Lehreinheit waren auf die Strömung längs einer unendlich dünnen, ebenen Platte beschränkt; wir wollen jetzt untersuchen, unter welchen Bedingungen sie sich auf die Strömung längs gekrümmter Wände, also auf die Umströmung von ebenen Körpern endlicher Dicke, übertragen lassen. Außerdem wollen wir den Zusammenhang zwischen dem Druckgradienten und der Form des Geschwindigkeitsprofils in der Grenzschicht kennen lernen. Schließlich wollen wir eine Ähnlichkeitstransformation der Grenzschichtgleichungen und die Grenzschichtgleichungen für instationäre Strömungen behandeln.

Der Einfluss der Wandkrümmung

Längs einer gekrümmten Wand verwendet man in der Grenzschicht zweckmäßigerweise krummlinige Koordinaten: Als x-Achse wählen wir die Körperkontur, als x-Koordinate also die Bogenlänge längs der Körperkontur. Die y-Richtung steht überall auf der Körperkontur senkrecht. Die so eingeführten Koordinaten nennt man auch Grenzschichtkoordinaten.

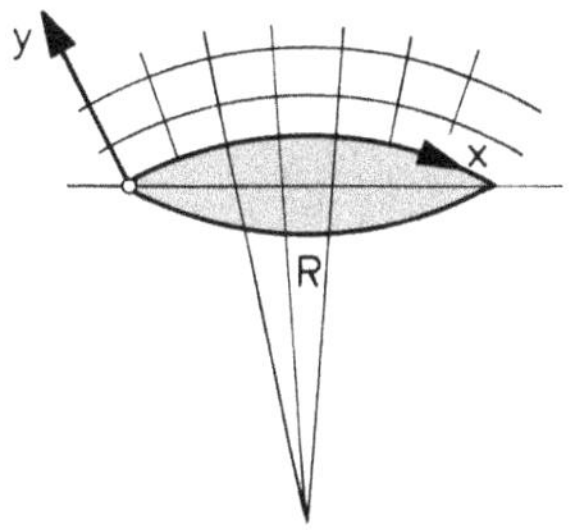

Die Vermutung liegt nahe, dass man bei hinreichend schwacher Krümmung der Wand (d. h. bei hinreichend großem Krümmungsradius R) in diesen Grenzschichtkoordinaten dieselben Grenzschichtgleichungen (12.2-18) erhält wie längs einer ebenen Wand in kartesischen Koordinaten. Das ist auch der Fall, und zwar müssen dazu zusätzlich zu den Voraussetzungen 1 bis 6 der vorigen Lehreinheit die folgenden Bedingungen erfüllt sein:

- Das Verhältnis der Grenzschichtdicke $\delta(x)$ zum Krümmungsradius $R(x)$ der Wand ist von der Größenordnung ϵ:

$$\frac{\delta(x)}{R(x)} = O(\epsilon). \tag{12.3-1}$$

- Die Änderung des Krümmungsradius mit der Körperkontur ist von der Größenordnung 1:

$$\frac{dR}{dx} = O(1). \tag{12.3-2}$$

Wenn diese beiden Gleichungen gelten, wollen wir von einer schwach gekrümmten Wand sprechen. Die Grenzschichtgleichungen lauten dann[2]

$$\begin{aligned} \frac{\partial u}{\partial x} + \frac{\partial v}{\partial y} &= 0, \\ u\frac{\partial u}{\partial x} + v\frac{\partial u}{\partial y} &= -\frac{1}{\rho}\frac{\partial p}{\partial x} + \nu\frac{\partial^2 u}{\partial y^2}, \\ \frac{1}{\rho}\frac{\partial p}{\partial y} &= \frac{u^2}{R}. \end{aligned} \tag{12.3-3}$$

Sie unterscheiden sich von den Grenzschichtgleichungen für ebene Wände vor allem durch die dritte Gleichung, die im Wesentlichen mit der radialen Druckgleichung (4.2-6) übereinstimmt[3] und wie diese besagt, dass die zur Strömung längs gekrümmter Stromlinien erforderliche Zentripetalbeschleunigung durch einen Druckgradienten längs zur Strömungsrichtung bewirkt werden muss. Anders als bei einer ebenen Wand ist also unter unseren Voraussetzungen der Druckgradient quer zur Strömungsrichtung von derselben Größenordnung wie der Druckgradient längs der Wand. Da die Grenzschicht aber schmal ist, kann man den Druckunterschied zwischen dem Rand der Grenzschicht und der Wand trotzdem vernachlässigen, in der Grenzschicht gilt

$$p(x, y) = p(x, \delta(x))[1 - O(\epsilon)],$$

und wir können statt des Gleichungssystems (12.3-3) wieder die Grenzschichtgleichungen (12.2-18) verwenden.

Wir wollen im Folgenden stets voraussetzen, dass die Grenzschichtgleichungen in der Form (12.2-18) gelten; wir wollen uns also auf Strömungen längs ebener oder schwach gekrümmter Wände beschränken.

Dass die Grenzschichtgleichungen für die Strömung längs schwach gekrümmter Wände die Form (12.3-3) annehmen, kann man sich folgendermaßen plausibel machen: Wenn sich der Krümmungsradius längs der Körperkontur nicht zu schnell ändert, fällt das oben eingeführte Grenzschichtkoordinatensystem in der Umgebung eines wandnahen Punktes (x, y) angenähert mit einem lokalen Polarkoordinatensystem zusammen, dessen Ursprung im Krümmungsmittelpunkt der Körperkontur liegt. Zwischen den Grenzschichtkoordinaten (x, y) und diesen Polarkoordinaten (r, φ) gelten dann wegen $dx = r\,d\varphi$, $dy = dr$ die

2 Ein Beweis findet sich z. B. in Modern Developments in Fluid Dynamics, hrg. v. S. Goldstein, Bd. 1, S. 119 f. New York: Dover Publications 1965 (Originalausgabe: Oxford: Claredon Press 1938).

3 In der radialen Druckgleichung (4.2-6) ist die n-Richtung zum Krümmungsmittelpunkt hin gerichtet, in (12.3-3$_3$) weist die y-Richtung vom Krümmungsmittelpunkt weg.

folgenden Transformationsgleichungen:

$$\frac{\partial}{\partial x} = \frac{1}{r}\frac{\partial}{\partial \varphi}, \quad \frac{\partial}{\partial y} = \frac{\partial}{\partial r}, \qquad (12.3\text{-}4)$$
$$u = c_\varphi, \quad v = c_r.$$

Außerdem gilt $r = R + y$, wofür wir wegen $\delta \ll R$ näherungsweise $r = R$ schreiben können. Wir wollen jetzt das Gleichungssytem (8.3-5) aus Kontinuitätsgleichung und Navier-Stokesscher Gleichung von Zylinderkoordinaten nach (12.3-4) auf Grenzschichtkoordinaten umschreiben und unter jedem Term wieder, soweit bekannt, seine Größenordnung notieren. Dabei fallen einige Glieder weg, weil wir weiter voraussetzen, dass unsere Strömung stationär und eben ist. Wir erhalten:

$$\begin{array}{ccc} \dfrac{\partial v}{\partial y} + & \dfrac{v}{R} + & \dfrac{\partial u}{\partial x} = 0 \\ \dfrac{\epsilon U}{\epsilon L} & \dfrac{\epsilon U}{L} & \dfrac{U}{L} \end{array}$$

$$\begin{array}{cccccccccc} v\dfrac{\partial v}{\partial y} & +u\dfrac{\partial v}{\partial x} & -\dfrac{u^2}{R} & = -\dfrac{1}{\rho}\dfrac{\partial p}{\partial y} + & \nu\Big(& \dfrac{\partial^2 v}{\partial y^2} & + \dfrac{1}{R}\dfrac{\partial v}{\partial y} & - \dfrac{v}{R^2} & + \dfrac{\partial^2 v}{\partial x^2} & - \dfrac{2}{R}\dfrac{\partial u}{\partial x}\Big) \\ \epsilon U\dfrac{\epsilon U}{\epsilon L} & U\dfrac{\epsilon U}{L} & \dfrac{U^2}{L} & & \epsilon^2 UL & \dfrac{\epsilon U}{\epsilon^2 L^2} & \dfrac{1}{L}\dfrac{\epsilon U}{\epsilon L} & \dfrac{\epsilon U}{L^2} & \dfrac{\epsilon U}{L^2} & \dfrac{1}{L}\dfrac{U}{L} \\ v\dfrac{\partial u}{\partial y} & +u\dfrac{\partial u}{\partial x} & +\dfrac{vu}{R} & = -\dfrac{1}{\rho}\dfrac{\partial p}{\partial x} + & \nu\Big(& \dfrac{\partial^2 u}{\partial y^2} & + \dfrac{1}{R}\dfrac{\partial u}{\partial y} & - \dfrac{u}{R^2} & + \dfrac{\partial^2 u}{\partial x^2} & + \dfrac{2}{R}\dfrac{\partial v}{\partial x}\Big) \\ \epsilon U\dfrac{U}{\epsilon L} & U\dfrac{U}{L} & \dfrac{\epsilon U^2}{L} & & \epsilon^2 UL & \dfrac{U}{\epsilon^2 L^2} & \dfrac{1}{L}\dfrac{U}{\epsilon L} & \dfrac{U}{L^2} & \dfrac{U}{L^2} & \dfrac{1}{L}\dfrac{\epsilon U}{L} \end{array}$$

Berücksichtigt man jeweils nur die (von ϵ freien) Terme von der größten Größenordnung, so erhält man die Gleichungen (12.3-3).

Der Zusammenhang zwischen dem Druckgradienten und der Form des Geschwindigkeitsprofils

Wir setzen die Randbedingungen $(12.2\text{-}20)_{1,2}$ an der Wand in die Grenzschichtgleichung $(12.2\text{-}18)_2$ ein. Wenn wir dabei die Wand ($y = 0$) mit dem Index W kennzeichnen, erhalten wir mit (12.2-17)

$$\nu\frac{\partial^2 u}{\partial y^2}\bigg|_W = \frac{1}{\rho}\frac{dp}{dx} = -u_\delta\frac{du_\delta}{dx}. \qquad (12.3\text{-}5)$$

Diese Beziehung nennt man die (1.) Wandbindung; sie verknüpft die Krümmung des Geschwindigkeitsprofils an der Wand mit dem Druckgradienten an der Wand, der ja gleich dem Druckgradienten in der Grenzschicht bzw. gleich dem Druckgradienten der Außenströmung am Rande der Grenzschicht ist.

Wir wollen jetzt die Entwicklung des Geschwindigkeitsprofils in der Grenzschicht längs einer schwach gekrümmten Wand verfolgen, wo der Druck in der

Außenströmung aufgrund der Verdrängungswirkung der Wand zunächst abfällt und dann wieder ansteigt:

$\dfrac{dp}{dx} < 0$	$\dfrac{dp}{dx} = 0$	$\dfrac{dp}{dx} > 0$
$\dfrac{du_\delta}{dx} > 0$	$\dfrac{du_\delta}{dx} = 0$	$\dfrac{du_\delta}{dx} < 0$
$\left.\dfrac{\partial^2 u}{\partial y^2}\right\|_w < 0$	$\left.\dfrac{\partial^2 u}{\partial y^2}\right\|_w = 0$	$\left.\dfrac{\partial^2 u}{\partial y^2}\right\|_w > 0$
konvex	Wendepunkt	konkav

| $\left.\dfrac{\partial u}{\partial y}\right\|_w > 0$ | $\left.\dfrac{\partial u}{\partial y}\right\|_w > 0$ | $\left.\dfrac{\partial u}{\partial y}\right\|_w > 0$ $\quad \left.\dfrac{\partial u}{\partial y}\right\|_w = 0$ $\quad \left.\dfrac{\partial u}{\partial y}\right\|_w < 0$ |

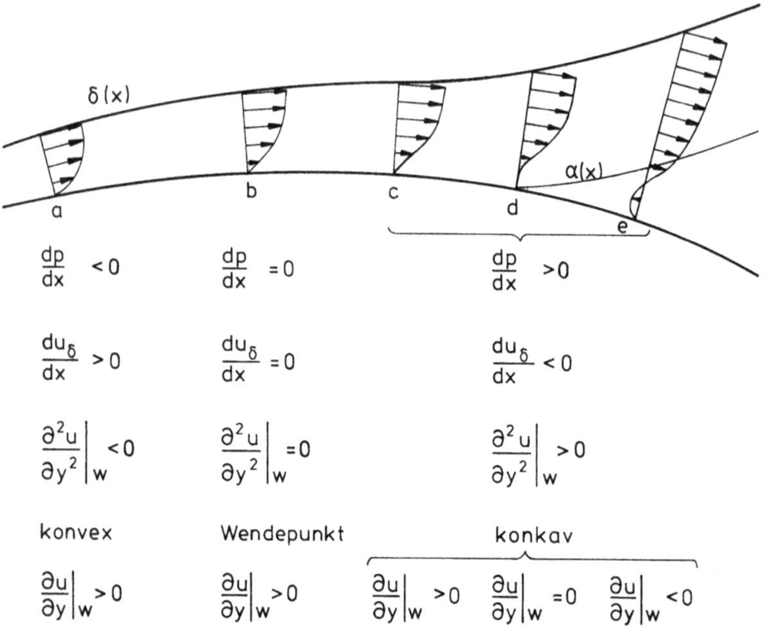

Im Druckabfallgebiet (Profil a) steigt u_δ, und das Geschwindigkeitsprofil ist an der Wand konvex gekrümmt. An der Stelle, wo der Druckgradient verschwindet (Profil b), erreicht u_δ sein Maximum und der Druck sein Minimum; das Geschwindigkeitsprofil hat dort an der Wand einen Wendepunkt. Im Druckanstiegsgebiet (Profile c bis e) fällt u_δ, und das Geschwindigkeitsprofil ist an der Wand konkav gekrümmt. Zunächst (Profil c) ist die Steigung des Geschwindigkeitsprofils wie bisher (Profile a und b) positiv. An der Stelle d, wo die Steigung des Geschwindigkeitsprofils und damit die Wandschubspannung null sind, löst sich die Strömung von der Wand ab; man nennt diese Stelle den Ablösepunkt. Weiter stromab (Profil e) ist die Steigung des Geschwindigkeitsprofils an der Wand negativ, d. h. in der Nähe der Wand herrscht Rückströmung. Die Grenze des Ablösegebietes ist in der Skizze mit $\alpha(x)$ gekennzeichnet, für sie gilt

$$\int_0^{\alpha(x)} u(y)\,dy = 0. \tag{12.3-6}$$

Schon kurz vor dem Ablösepunkt wird die Grenzschicht im Allgemeinen so dick, dass die Grenzschichttheorie nicht mehr gilt, insbesondere wird der Druck an der

Körperoberfläche vom Ablösepunkt an nicht mehr durch die Außenströmung aufgeprägt, sondern bleibt ungefähr konstant.

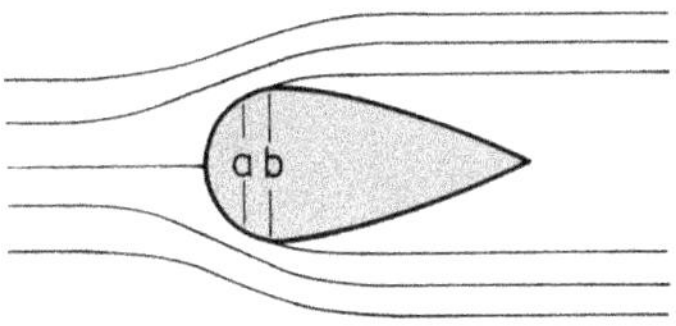

Das Druckminimum liegt an der Stelle, wo die Verdrängungswirkung am größten, d. h. wo der Abstand zwischen der Wandstromlinie bzw. bei Ablösung der Ablösestromlinie und einer benachbarten Stromlinie am kleinsten ist. Dort ist nach der Kontinuitätsgleichung die Geschwindigkeit am größten und deshalb (bei Vernachlässigung der Reibung) nach der Bernoullischen Gleichung der Druck am kleinsten. Bei einem Rotationskörper liegt das Druckminimum bei anliegender Strömung im Hauptspantquerschnitt (Querschnitt b in nebenstehender Skizze). Die Strömung löst deshalb zunächst kurz hinter dem Hauptspantquerschnitt ab. Unter Berücksichtigung der Ablösestromlinie liegt das Druckminimum dann, wie nebenstehender Skizze zu entnehmen ist, vor dem Hauptspantquerschnitt (im Querschnitt a obiger Skizze), und der Ablösepunkt verschiebt sich nach vorn vor den Hauptspantquerschnitt.

Die Mises-Transformation

Wir wollen die Grenzschichtgleichungen (12.2-18) in dimensionsloser Form schreiben. Wir verwenden dazu die Länge L des umströmten Körpers, die Anströmgeschwindigkeit U und die Dichte ρ des Fluids als natürliche Grundgrößen. Bezeichnen wir die auf diese Weise eingeführten dimensionslosen Größen mit einer Tilde, so ist

$$\tilde{x} = \frac{x}{L}, \quad \tilde{y} = \frac{y}{L}, \quad \tilde{u} = \frac{u}{U}, \quad \tilde{v} = \frac{v}{U}$$
$$\tilde{u}_\delta = \frac{u_\delta}{U}, \quad \tilde{\Psi} = \frac{\Psi}{UL}, \quad \tilde{p} = \frac{p}{\rho U^2} \tag{12.3-7}$$
$$\tilde{\rho} = \frac{\rho}{\rho} = 1, \quad \tilde{\nu} = \frac{\nu}{UL} = \frac{1}{\mathrm{Re}}.$$

Mit diesen Größen nehmen die Grenzschichtgleichungen (12.2-18) die Form

$$\frac{\partial \tilde{u}}{\partial \tilde{x}} + \frac{\partial \tilde{v}}{\partial \tilde{y}} = 0,$$
$$\tilde{u}\frac{\partial \tilde{u}}{\partial \tilde{x}} + \tilde{v}\frac{\partial \tilde{u}}{\partial \tilde{y}} = \tilde{u}_\delta \frac{d\tilde{u}_\delta}{d\tilde{x}} + \frac{1}{\mathrm{Re}}\frac{\partial^2 \tilde{u}}{\partial \tilde{y}^2} \tag{12.3-8}$$

an.

Richard von Mises hat eine andere Ähnlichkeitstransformation angegeben, welche die Abhängigkeit von der kinematischen Zähigkeit (bzw. in dimensionsloser Darstellung die Abhängigkeit von der Reynoldszahl) eliminiert. Kennzeichnen wir die neuen Größen mit einem

Dach, so lauten die Transformationsgleichungen[4]

$$\begin{aligned} &\hat{x} = \tilde{x}, \quad \hat{y} = \sqrt{\mathrm{Re}}\,\tilde{y}, \quad \hat{u} = \tilde{u}, \quad \hat{v} = \sqrt{\mathrm{Re}}\,\tilde{v}, \\ &\hat{u}_\delta = \tilde{u}_\delta, \quad \hat{\Psi} = \sqrt{\mathrm{Re}}\,\tilde{\Psi}, \quad \hat{p} = \tilde{p}. \end{aligned} \tag{12.3-9}$$

In diesen Größen lauten die Grenzschichtgleichungen (12.2-18) oder (12.3-8)

$$\begin{aligned} &\frac{\partial \hat{u}}{\partial \hat{x}} + \frac{\partial \hat{v}}{\partial \hat{y}} = 0, \\ &\hat{u}\frac{\partial \hat{u}}{\partial \hat{x}} + \hat{v}\frac{\partial \hat{u}}{\partial \hat{y}} = \hat{u}_\delta \frac{d\hat{u}_\delta}{d\hat{x}} + \frac{\partial^2 \hat{u}}{\partial \hat{y}^2}. \end{aligned} \tag{12.3-10}$$

Die Differentialgleichung (12.2-19) für die Stromfunktion erhält die Form

$$\frac{\partial \hat{\Psi}}{\partial \hat{y}}\frac{\partial^2 \hat{\Psi}}{\partial \hat{x}\partial \hat{y}} - \frac{\partial \hat{\Psi}}{\partial \hat{x}}\frac{\partial^2 \hat{\Psi}}{\partial \hat{y}^2} = \hat{u}_\delta \frac{d\hat{u}_\delta}{d\hat{x}} + \frac{\partial^3 \hat{\Psi}}{\partial \hat{y}^3}. \tag{12.3-11}$$

Die Mises-Transformation (12.3-9) hat auch zur Folge, dass $\hat{x}$, $\hat{y}$, $\hat{u}$ und $\hat{v}$ alle von der Größenordnung 1 sind. Das bedeutet z. B. für numerische Rechnungen, dass man ein äquidistantes Raster verwenden kann.

Instationäre Strömungen

Bei instationären Strömungen muss man zusätzlich eine Voraussetzung über die Größenordnung der lokalen Beschleunigung machen. Im Allgemeinen kann man annehmen, dass die lokale Beschleunigung in der Grenzschicht von derselben Größenordnung wie die zugehörige konvektive Beschleunigung ist. Statt (12.2-18) erhält man dann die Grenzschichtgleichungen

$$\begin{aligned} &\frac{\partial u}{\partial x} + \frac{\partial v}{\partial y} = 0, \\ &\frac{\partial u}{\partial t} + u\frac{\partial u}{\partial x} + v\frac{\partial u}{\partial y} = u_\delta \frac{du_\delta}{dx} + \nu\frac{\partial^2 u}{\partial y^2}. \end{aligned} \tag{12.3-12}$$

Aufgabe 1

Wann kann in einer Wandgrenzschicht Ablösung auftreten?

A. bei beschleunigter Strömung
B. bei gleichförmiger Strömung
C. bei verzögerter Strömung

4 Im Gegensatz zur Einführung der geschweiften Größen durch (12.3-7) nutzt diese Ähnlichkeitstransformation wie (10.5-5) nicht die dimensionelle Homogenität des zu untersuchenden Gleichungssystems aus. Man erkennt das schon daran, das die Ausgangsgrößen der Transformation bereits dimensionslos sind.

Aufgabe 2

A. Welchen Wert hat die Steigung $\partial u/\partial y|_W$ der Längsgeschwindigkeit u an der Wand im Ablösepunkt?
B. Leiten Sie aus der Prandtlschen Grenzschichtgleichung $\partial^2 u/\partial y^2|_W$ und $\partial^3 u/\partial y^3|_W$ her!
C. An welcher Stelle oder unter welcher Bedingung ist $\partial^2 u/\partial y^2|_W$ null?

Aufgabe 3

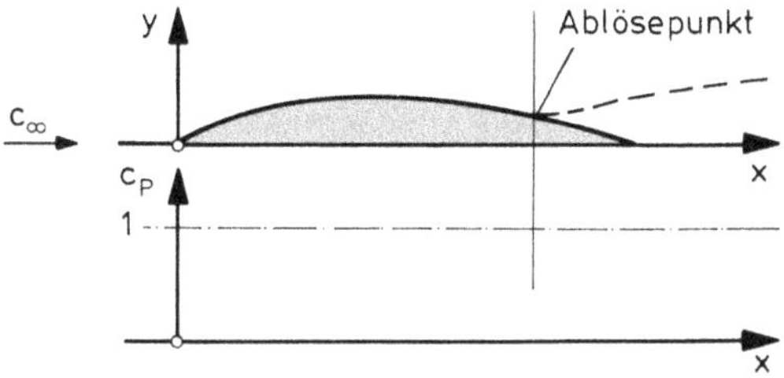

Tragen Sie qualitativ den Verlauf des Druckkoeffizienten $c_P(x) := 2[p(x) - p_\infty]/\rho c_\infty^2$ bis zum Ablösepunkt in das nebenstehende Diagramm ein!

LE 12.4 Grenzschichtdicken

Was soll man unter der Dicke einer Grenzschicht quantitativ verstehen? Da der Übergang von der wirbelbehafteten Grenzschicht in die wirbelfreie Außenströmung natürlich kontinuierlich erfolgt, haftet jeder Definition einer Grenzschichtdicke eine gewisse Willkür an. Deshalb werden verschiedene Grenzschichtdicken nebeneinander verwendet, von denen wir die wichtigsten in dieser Lehreinheit kennen lernen wollen.

Die 99 %-Dicke

Es ist anschaulich klar, dass die Dicke der Grenzschicht, wie auch immer man sie definiert, längs der Körperoberfläche in Strömungsrichtung variiert (in der Regel zunimmt). Jede Grenzschichtdicke ist also eine Funktion von x. Man könnte beispielsweise für jedes x den Wandabstand nehmen, wo die Geschwindigkeit 99 % der Geschwindigkeit erreicht hat, die in einer Potentialströmung ohne Grenzschicht an dieser Stelle der Körperkontur herrschen würde. Diese so genannte 99 %-Dicke entspricht am ehesten unserer anschaulichen Vorstellung von der Dicke einer Grenzschicht, wir wollen sie mit δ bezeichnen. Dabei ist die Festlegung auf 99 % offenbar recht willkürlich. Man verwendet deshalb daneben auch andere Maße für die Dicke einer Grenzschicht, die sich für die Strömungen längs einer ebenen Platte ohne Druckgradienten auch anschaulich deuten lassen. Wir wollen sie uns deshalb zunächst für diesen Spezialfall hinschreiben und veranschaulichen, sie dann aber auf Strömungen längs einer ebenen oder schwach gekrümmten Wand mit beliebigem Druckgradienten verallgemeinern.

Die Verdrängungsdicke

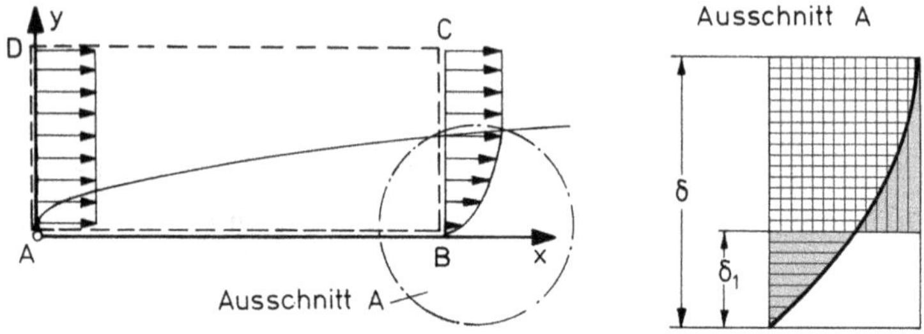

Wir wollen die Kontinuitätsgleichung (3.5-13) auf das oben skizzierte quaderförmige Kontrollvolumen in der Strömung längs einer ebenen Platte ohne Druckgradienten anwenden. Die Länge des Kontrollvolumens von der Plattenvorderkante A bis zur Stelle B sei x, seine Breite quer zur Zeichenebene sei b und seine Höhe sei h, wobei die obere Begrenzungsfläche DC ganz außerhalb der Grenzschicht liegen soll. Dann tritt durch die vordere Fläche AD der Volumenstrom $\dot{V}_{AD} = Ubh$ in das Kontrollvolumen ein, und ohne Wandhaftung würde derselbe Volumenstrom durch die hintere Fläche BC aus dem Kontrollvolumen wieder austreten. Infolge der Wandhaftung bildet sich jedoch an der Stelle x ein Grenzschichtprofil u aus, und es tritt nur der Volumenstrom $\dot{V}_{BC} = b\int_0^h u\,dy$ durch die Fläche BC aus. Die Differenz beider nennt man den durch die Grenzschicht hervorgerufenen Volumenstromverlust

$$\dot{V}_V = \dot{V}_{AD} - \dot{V}_{BC} = b\int_0^h (U-u)\,dy.$$

Da außerhalb der Grenzschicht $u = U$ ist, verschwindet dort der Integrand, und wir können die Integration auch bis ins Unendliche erstrecken:

$$\dot{V}_V = b\int_0^\infty (U-u)\,dy. \tag{12.4-1}$$

Man kann nun fragen, um welchen Abstand δ_1 man die Platte an der Stelle x in die Strömung hinein verschieben müsste, damit in einer Potentialströmung ohne Grenzschicht derselbe Volumenstrom durch die hintere Fläche aus dem Kontrollvolumen austritt wie bei der wirklichen Lage der Platte unter Berücksichtigung der Grenzschicht. Dieser Volumenstrom entspricht der senkrecht schraffierten Fläche (vgl. Ausschnitt A der Abbildung auf Seite 370), der tatsächlich austretende Volumenstrom der waagerecht schraffierten Fläche. Beide Flächen sind konstruktionsgemäß gleich, mit Hilfe von δ_1 lässt sich der Volumenstromverlust also

$$\dot{V}_V = bU\delta_1 \tag{12.4-2}$$

schreiben, und durch Vergleich mit (12.4-1) erhält man

$$\delta_1(x) = \int_0^\infty \left[1 - \frac{u(x,y)}{U}\right] dy. \tag{12.4-3}$$

Die auf diese Weise definierte Länge δ_1 stellt also ein Maß für die Verdrängungswirkung der Grenzschicht dar und heißt deshalb Verdrängungsdicke. Die Linie im Abstand δ_1 von der Wand (vgl. Ausschnitt A der Abbildung auf Lehreinheit 12.4) schneidet offenbar das Geschwindigkeitsprofil so, dass die beiden grau gerasterten Flächen gleich groß sind. Daraus folgt sofort, dass im Abstand δ_1 von der Wand die Geschwindigkeit der Außenströmung bei der Plattenströmung auch nicht angenähert erreicht ist; δ_1 ist in diesem Falle ungefähr ein Drittel von δ.

Man verallgemeinert nun die Formel (12.4-3) auf die Strömung längs einer ebenen oder schwach gekrümmten Wand mit einem Druckgradienten, indem man darin die Anströmgeschwindigkeit U durch die Geschwindigkeit u_δ am Rande der Grenzschicht ersetzt; die Integration ist dann von der Wand bis zu diesem Rand der Grenzschicht, d. h. bis zur 99 %-Dicke δ zu erstrecken. Damit erhält man als allgemeine Definition der Verdrängungsdicke

$$\boxed{\delta_1(x) = \int_0^{\delta(x)} \left[1 - \frac{u(x,y)}{u_\delta(x)}\right] dy.} \tag{12.4-4}$$

Da $u(x,y)$ u. a. von der Reynoldszahl abhängt, ist auch die Verdrängungsdicke nach (12.4-4) eine Funktion der Reynoldszahl. Man kann diese Abhängigkeit durch die Einführung der überdachten Größen unter dem Integral eliminieren und erhält dann eine überdachte Verdrängungsdicke

$$\hat{\delta}_1(\hat{x}) := \frac{\delta_1}{L}\sqrt{\mathrm{Re}} = \int_0^{\hat{\delta}(\hat{x})} \left[1 - \frac{\hat{u}(\hat{x},\hat{y})}{\hat{u}_\delta(\hat{x})}\right] d\hat{y}. \tag{12.4-5}$$

Die so dimensionslos gemachte Verdrängungsdicke hängt nur noch von der dimensionslosen Lauflänge und der dimensionslosen Geschwindigkeit am Rande der Grenzschicht ab.

Die Impulsverlustdicke

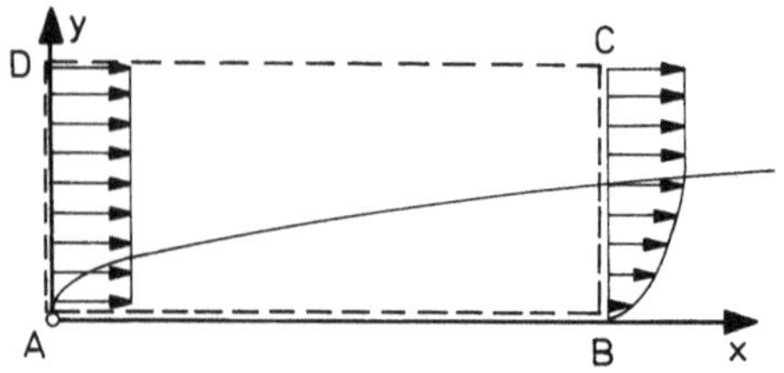

Wir wollen jetzt auf dasselbe Kontrollvolumen wie im vorigen Abschnitt den Impulssatz (6.2-2) anwenden.[5] Da der Druck im ganzen Strömungsfeld konstant ist, fallen alle Druckterme heraus. Die Volumenkräfte können wir vernachlässigen. Wir wollen die x-Koordinate des durch die Fläche AD eintretenden Impulsstroms mit $\dot{I}_{AD}$ bezeichnen, die x-Koordinate des durch die Fläche BC austretenden Impulsstroms mit $\dot{I}_{BC}$ und die x-Koordinate des mit dem Volumenstromverlust durch die Fläche DC austretenden Impulsstroms mit $\dot{I}_{DC}$. Dann ergibt die x-Koordinate des Impulssatzes (6.2-2) für die Reibungskraft F_W auf die Fläche AB der Platte

$$F_W = \dot{I}_{AD} - \dot{I}_{BC} - \dot{I}_{DC}.$$

Bezeichnen wir die Differenz zwischen dem in das Kontrollvolumen eintretenden Impulsstrom und den aus dem Kontrollvolumen austretenden Impulsströmen als Impulsstromverlust $\dot{I}_V$, so ist die Reibungskraft auf die Platte gerade gleich diesem Impulsstromverlust.[6] Nun ist

$$\dot{I}_{AD} = \rho U^2 bh, \quad \dot{I}_{BC} = \rho b \int_0^h u^2\, dy, \quad \dot{I}_{DC} = \rho U \dot{V}_V = \rho b U \int_0^h (U-u)\, dy.$$

Einsetzen ergibt

$$F_W = \dot{I}_V = \rho b \int_0^h u(U-u)\, dy.$$

5 Vgl. auch die Zusatzaufgabe von Lehreinheit 6.3.

6 Nach unserer Definition ist $\dot{V}_V = \dot{V}_{AD} - \dot{V}_{BC}$, aber $\dot{I}_V = \dot{I}_{AD} - \dot{I}_{BC} - \dot{I}_{DC}$!

Da der Integrand wieder außerhalb der Grenzschicht verschwindet, können wir die Integration wieder bis ins Unendliche erstrecken und erhalten damit

$$F_W = \dot{I}_V = \rho b \int_0^\infty u(U - u)\, dy. \tag{12.4-6}$$

Man führt nun in Analogie zu (12.4-2) eine Impulsverlustdicke δ_2 ein:

$$\dot{I}_V = \rho b U^2 \delta_2. \tag{12.4-7}$$

Dann erhält man für die Impulsverlustdicke

$$\delta_2(x) = \int_0^\infty \frac{u(x,y)}{U}\left[1 - \frac{u(x,y)}{U}\right] dy. \tag{12.4-8}$$

Die auf diese Weise definierte Länge δ_2 stellt nach (12.4-7) ein Maß für den durch die Wandhaftung hervorgerufenen Impulsverlust, oder, was dasselbe ist, für die durch die Wandhaftung von der Strömung auf die Platte ausgeübte Reibungskraft dar. Die beiden letzten Formeln zeigen, dass man, um diese Reibungskraft aus dem Geschwindigkeitsfeld zu bestimmen, nur das Geschwindigkeitsprofil an der Plattenhinterkante auszumessen braucht.[7] Im Übrigen gibt es für die Impulsverlustdicke leider keine geometrische Interpretation, wie wir sie für die Verdrängungsdicke mit den beiden grau gerasterten Flächen gegeben haben. Die Impulsverlustdicke ist für die Plattenströmung nur etwa ein Achtel der 99 %-Dicke.

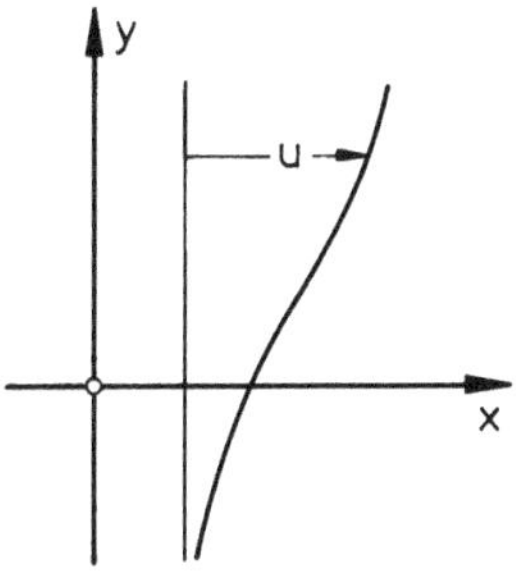

Die Impulsverlustdicke hat gegenüber der Verdrängungsdicke den Vorteil, dass sie sich auf freie Grenzschichten ohne Druckgradienten erweitern lässt, indem man die untere Integrationsgrenze durch $-\infty$ ersetzt:

$$\delta_2(x) = \int_{-\infty}^{+\infty} \frac{u(x,y)}{U}\left[1 - \frac{u(x,y)}{U}\right] dy. \tag{12.4-9}$$

Für $y \to -\infty$ geht der erste Faktor des Integranden gegen null, für $y \to +\infty$ der zweite.

Auch die Impulsverlustdicke verallgemeinert man auf die Strömung längs einer ebenen oder schwach gekrümmten Wand mit einem Druckgradienten, indem

7 Vgl. das analoge Ergebnis der Zusatzaufgabe von Lehreinheit 6.3.

man in (12.4-8) die Anströmgeschwindigkeit U durch die Geschwindigkeit u_δ am Rande der Grenzschicht und die obere Integrationsgrenze durch die 99 %-Dicke δ ersetzt. Die allgemeine Definition der Impulsverlustdicke lautet dann

$$\boxed{\delta_2(x) = \int_0^{\delta(x)} \frac{u(x,y)}{u_\delta(x)}\left[1 - \frac{u(x,y)}{u_\delta(x)}\right] dy.} \tag{12.4-10}$$

Auch bei der Impulsverlustdicke kann man die Abhängigkeit von der Reynoldszahl durch die Einführung überdachter Größen eliminieren. Man erhält dann

$$\hat{\delta}_2(\hat{x}) := \frac{\delta_2}{L}\sqrt{\mathrm{Re}} = \int_0^{\hat{\delta}(\hat{x})} \frac{\hat{u}(\hat{x},\hat{y})}{\hat{u}_\delta(\hat{x})}\left[1 - \frac{\hat{u}(\hat{x},\hat{y})}{\hat{u}_\delta(\hat{x})}\right] d\hat{y}. \tag{12.4-11}$$

Der Formparameter

Das Verhältnis der Verdrängungsdicke δ_1 zur Impulsverlustdicke δ_2 nennt man den Formparameter

$$H_{12}(x) := \frac{\delta_1}{\delta_2}. \tag{12.4-12}$$

Er ist ein Maß für die Profilform.
Durch Vergleich mit (12.4-5) und (12.4-11) sieht man, dass H_{12} unabhängig von der Reynoldszahl ist, obwohl δ_1 und δ_2 beide von der Reynoldszahl abhängen:

$$H_{12}(x) = \frac{\delta_1}{\delta_2} = \frac{\hat{\delta}_1}{\hat{\delta}_2}. \tag{12.4-13}$$

Aufgabe

Bestimmen Sie für die Grenzschicht der Aufgabe von Lehreinheit 12.2 im Abstand $L > L_A$ von der Vorderkante der Platte

A. die Verdrängungsdicke,
B. die Impulsverlustdicke.

Zusatzaufgabe

Bestimmen Sie für die Grenzschicht der vorigen Aufgabe den Formparameter!

LE 12.5 Wandschubspannung und Reibungswiderstand

Wir haben zu Beginn dieses Kapitels gesagt, Ziel der Grenzschichttheorie ist die Berechnung des Reibungswiderstandes eines umströmten Körpers. Auf diese Aufgabe kommen wir jetzt zurück.

Die Wandschubspannung

Aus dem Newtonschen Schubspannungsansatz (8.2-6) folgt

$$\tau_{xy} = \eta\left(\frac{\partial u}{\partial y} + \frac{\partial v}{\partial x}\right).$$

Für die Wandschubspannung

$$\tau_W(x) := \tau_{xy}(x,0) \tag{12.5-1}$$

erhalten wir damit (ohne Grenzschichtnäherung)

$$\boxed{\tau_W(x) = \eta \left.\frac{\partial u}{\partial y}\right|_W.} \tag{12.5-2}$$

Wir definieren eine überdachte Wandschubspannung $\hat{\tau}_W$ durch die Gleichung

$$\hat{\tau}_W(\hat{x}) := \left.\frac{\partial \hat{u}}{\partial \hat{y}}\right|_W. \tag{12.5-3}$$

Mit (12.5-2) und (12.3-7) folgt

$$\hat{\tau}_W = \sqrt{\mathrm{Re}}\frac{\tau_W}{\rho U^2} = \sqrt{\mathrm{Re}}\,\tilde{\tau}_W. \tag{12.5-4}$$

Nach der obigen Größenordnungsabschätzung ist $\tau_W = O(\eta U/\epsilon L)$. Setzt man das in (12.5-4) ein, so ergibt sich $\hat{\tau}_W = O(1)$. Die Mises-Transformation führt also wieder auf eine Größe der Größenordnung 1.

Der Reibungswiderstand

Für den Reibungswiderstand eines Körpers der Breite b und der Länge L gilt dann

$$\boxed{F_W = b\int_0^L \tau_W(x)\,dx.} \tag{12.5-5}$$

Wir definieren einen überdachten Reibungswiderstand $\hat{F}_W$ durch die Gleichung

$$\hat{F}_W = \int_0^1 \hat{\tau}_W(\hat{x})\,d\hat{x}. \tag{12.5-6}$$

Mit (12.5-5) und (12.3-7) folgt

$$\hat{F}_W = \sqrt{\mathrm{Re}}\frac{F_W}{\rho U^2 bL}. \tag{12.5-7}$$

Die so definierte Größe $\hat{F}_W$ ist wieder von der Größenordnung 1. Üblicherweise arbeitet man statt mit F_W mit dem Widerstandsbeiwert ζ_W, der nach (10.6-8) in unserem Falle durch

$$F_W = \zeta_W \frac{\rho}{2} U^2 bL \tag{12.5-8}$$

definiert ist. Damit ergibt sich

$$\zeta_W = \frac{2}{\sqrt{\mathrm{Re}}}\hat{F}_W = \frac{2}{\sqrt{\mathrm{Re}}}\int_0^1 \hat{\tau}_W(\hat{x})\,d\hat{x}. \tag{12.5-9}$$

Der Impulssatz der Grenzschichttheorie

Für die Strömung längs einer ebenen Platte ohne Druckgradienten folgt aus (12.4-6), (12.4-7) und (12.5-5)

$$\int_0^L \tau_W(x)\,dx = \rho U^2 \delta_2(L).$$

Da $\delta_2(0) = 0$ ist, können wir dafür auch

$$\int_0^L \tau_W(x)\,dx = \rho U^2[\delta_2(L) - \delta_2(0)]$$

schreiben, und daraus folgt durch Differentiation nach x und Division durch ρ

$$\frac{\tau_W}{\rho} = U^2\frac{d\delta_2}{dx}. \tag{12.5-10}$$

Diese Gleichung nennt man den Impulssatz für die Plattengrenzschicht.

Wir wollen (12.5-10) für Grenzschichtströmungen längs einer ebenen oder schwach gekrümmten Wand mit einem Druckgradienten verallgemeinern. Dazu setzen wir den Impulssatz (6.2-2) auf ein infinitesimales Kontrollvolumen der Länge dx, der Breite b und der Höhe δ an: Der durch die Fläche AD eintretende Volumenstrom ist

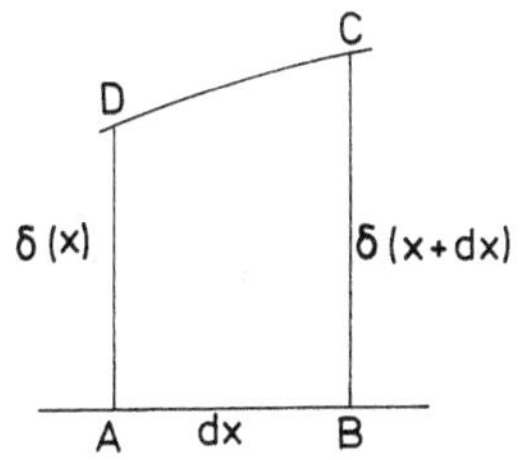

$$\dot{V}_{AD} = b \int_0^{\delta(x)} u(x,y)\,dy,$$

der durch die Fläche BC austretende Volumenstrom ist

$$\dot{V}_{BC} = b \int_0^{\delta(x+dx)} u(x+dx,y)\,dy,$$

die Differenz beider, zugleich der durch die Fläche DC austretende Volumenstrom, ist

$$\dot{V}_{DC} = \dot{V}_{AD} - \dot{V}_{BC} = -b\frac{d}{dx}\left\{\int_0^{\delta(x)} u(x,y)\,dy\right\} dx.$$

Entsprechend ist der durch die Fläche AD eintretende erweiterte Impulsstrom in x-Richtung nach (6.1-7)

$$J_{AD} = b \int_0^{\delta(x)} \left[\rho u^2(x,y) + p(x) - p_0\right] dy,$$

der durch die Fläche BC austretende erweiterte Impulsstrom in x-Richtung ist

$$J_{BC} = b \int_0^{\delta(x+dx)} \left[\rho u^2(x+dx,y) + p(x+dx) - p_0\right] dy,$$

und der durch die Fläche DC austretende erweiterte Impulsstrom in x-Richtung ist (unter Vernachlässigung des von zweiter Ordnung kleinen Druckanteils)

$$J_{DC} = \rho u_\delta \dot{V}_{DC} = -b\rho u_\delta \frac{d}{dx}\left\{\int_0^{\delta(x)} u(x,y)\,dy\right\} dx.$$

Die x-Koordinate des Impulssatzes (6.2-2) ergibt dann (unter Vernachlässigung der Gewichtskraft auf das Fluid im Kontrollraum) mit $R_{Wx} = b\tau_W\,dx$

$$b\tau_W\,dx = J_{AD} - J_{BC} - J_{DC} = -b\frac{d}{dx}\left\{\int_0^{\delta(x)} \left[\rho u^2(x,y) + p(x)\right] dy\right\} dx + b\rho u_\delta \frac{d}{dx}\left\{\int_0^{\delta(x)} u(x,y)\,dy\right\} dx$$

oder nach Division durch $\rho b\,dx$

$$\frac{\tau_W}{\rho} = -\frac{d}{dx}\int_0^{\delta} u^2\,dy - \frac{1}{\rho}\frac{dp}{dx}\int_0^{\delta} dy + u_\delta \frac{d}{dx}\int_0^{\delta} u\,dy.$$

Nun ist nach der Produktenregel

$$u_\delta \frac{d}{dx}\int_0^{\delta} u\,dy = \frac{d}{dx}\int_0^{\delta} u_\delta u\,dy - \frac{du_\delta}{dx}\int_0^{\delta} u\,dy,$$

und nach (12.2-17) ist

$$-\frac{1}{\rho}\frac{dp}{dx}\int_0^{\delta} dy = \frac{du_\delta}{dx}\int_0^{\delta} u_\delta\,dy.$$

Damit erhält man

$$\frac{\tau_W}{\rho} = \frac{d}{dx}\int_0^{\delta} u(u_\delta - u)\,dy + \frac{du_\delta}{dx}\int_0^{\delta}(u_\delta - u)\,dy.$$

Mit den allgemeinen Definitionen (12.4-4) und (12.4-10) der Verdrängungsdicke und der Impulsverlustdicke folgt

$$\frac{\tau_W}{\rho} = \frac{d}{dx}\left(u_\delta^2\delta_2\right) + \frac{du_\delta}{dx}u_\delta\delta_1. \qquad (12.5\text{-}11)$$

Diese Gleichung nennt man den Impulssatz der Grenzschichttheorie.

Aufgabe 1

Was bedeutet physikalisch die Stelle in der Strömung, wo die Wandschubspannung null ist?

Aufgabe 2

Bestimmen Sie für die Strömung der Aufgabe von Lehreinheit 12.2

A. die Wandschubspannung,

B. für eine Platte der Länge $L \gg L_A$ unter Vernachlässigung der Anlaufstrecke die Kraft auf die Platte!

Zusatzaufgabe

Bestimmen Sie für die Strömung der vorigen Aufgabe den Widerstandsbeiwert ζ_W!

LE 12.6 Die Plattenströmung

Das einfachste praktisch wichtige Anwendungsbeispiel in der Grenzschichttheorie ist die von Blasius 1908 behandelte stationäre Umströmung einer einseitig unendlichen, längs angeströmten ebenen Platte.

Die Platte erstrecke sich von $x = 0$ unbegrenzt in die positive x-Richtung. Die Anströmgeschwindigkeit ist gleichzeitig auch die Geschwindigkeit der Außenströmung. Deshalb ist nach (12.2-17) längs der gesamten Platte $dp/dx = 0$.

Es handelt sich also hier um einen besonders einfachen Fall:

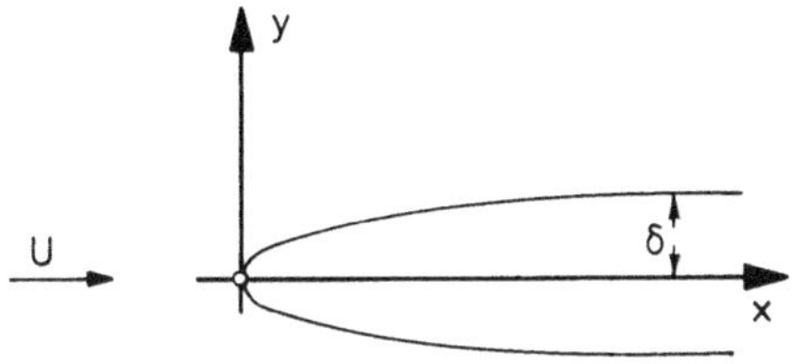

- Da $dp/dx = 0$ ist, fällt in den Grenzschichtgleichungen (12.2-18) das explizit von x abhängige inhomogene Glied fort.
- Es gibt keine charakteristische Länge L.

Das legt die Vermutung nahe, dass die Geschwindigkeitsprofile $u(x, y)$ ähnlich sind, d. h. in geeignet transformierten Variablen unabhängig von x aufeinander fallen. In einer gewissen Analogie zu $\hat{y}$ (nämlich indem wir in der Definition $(12.3\text{-}9)_2$ von $\hat{y}$ für L jeweils x setzen), führen wir die Ähnlichkeitsvariable

$$\eta = \frac{y}{x}\sqrt{\frac{Ux}{\nu}} = y\sqrt{\frac{U}{\nu x}} \tag{12.6-1}$$

ein (dieses η hat natürlich nichts mit der dynamischen Zähigkeit zu tun) und machen damit den Ähnlichkeitsansatz[8]

$$u(x, y) = UF(\eta). \tag{12.6-2}$$

Nach (9.2-3) erhält man dann für die Stromfunktion

$$\Psi(x, y) = \int u(x, y)\,dy = U\int F(\eta)\,dy = U\sqrt{\frac{\nu x}{U}}\int F(\eta)\,d\eta \quad \text{oder mit}$$

$$f(\eta) = \int F(\eta)\,d\eta \tag{12.6-3}$$

$$\Psi(x, y) = \sqrt{\nu x U} f(\eta). \tag{12.6-4}$$

Geht man mit diesem Ansatz in (12.2-19) ein, so erhält man, wenn man Ableitungen von f nach η mit einem Strich bezeichnet, vgl. die Zusatzaufgabe,

$$2f''' + ff'' = 0. \tag{12.6-5}$$

Diese Gleichung heißt Blasiussche Differentialgleichung der Plattengrenzschicht. Da darin x und y nur noch implizit in der neuen Variablen η auftreten, war der Ähnlichkeitsansatz (12.6-2) bzw. (12.6-4) gerechtfertigt.

8 Zum Begriff Ähnlichkeitsansatz vgl. die Fußnote 3 auf Lehreinheit 10.5.

Um die Randbedingungen für (12.6-5) zu ermitteln, müssen wir u und v durch f ausdrücken. Aus (12.6-2) und (12.6-3) folgt

$$u(x,y) = Uf'(\eta). \tag{12.6-6}$$

Für v erhalten wir aus $(9.2\text{-}3)_2$ mit (12.6-4), vgl. Aufgabe 1,

$$v(x,y) = \frac{1}{2}\sqrt{\frac{U\nu}{x}}(\eta f' - f). \tag{12.6-7}$$

Man identifiziert die Wand mit $\eta = 0$ und den Grenzschichtrand mit $\eta = \infty$; dann lauten die Randbedingungen (12.2-20)

$$f(0) = f'(0) = 0, \quad f'(\infty) = 1. \tag{12.6-8}$$

Zur Lösung dieses Randwertproblems entwickelte Blasius die Funktion f im wandnahen Bereich in eine Potenzreihe, setzte zur Anpassung an die Außenströmung für f eine asymptotische Entwicklung für große η an und fügte beide Lösungen an einer passenden Stelle zusammen; heute würde man das Randwertproblem mit einer geeigneten numerischen Methode auf einem Computer lösen. Das so ermittelte Geschwindigkeitsprofil ist auf der nächsten Seite aufgetragen. Nach (12.3-5) hat das Geschwindigkeitsprofil der Plattengrenzschicht übrigens für alle x an der Wand einen Wendepunkt.

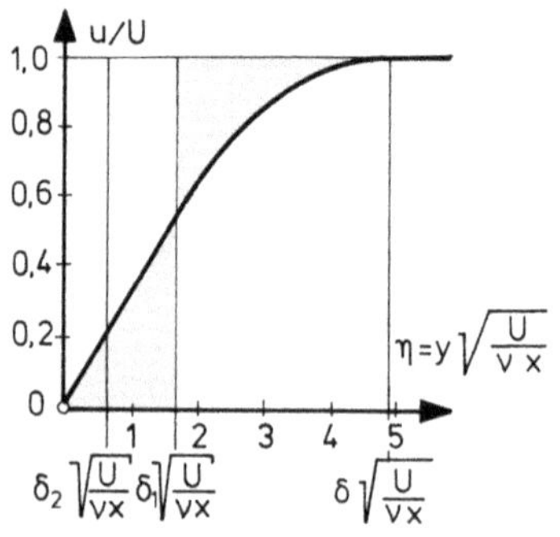

Da die einseitig unendliche Platte keine charakteristische Länge hat, wählt man im Allgemeinen die Anströmgeschwindigkeit U sowie die kinematische Zähigkeit ν und die Dichte ρ des Fluids zu natürlichen Grundgrößen. Die damit dimensionslos gemachte Lauflänge x hat die Form einer Reynoldszahl und wird deshalb Re_x genannt:

$$\boxed{\mathrm{Re}_x := \frac{Ux}{\nu}.} \tag{12.6-9}$$

Für die wichtigsten Kenngrößen der Plattengrenzschicht, nämlich Verdrängungsdicke δ_1, Impulsverlustdicke δ_2 und Wandschubspannung τ_W an der Stelle x und den Reibungswiderstand F_W der Platte zwischen der Vorderkante $x = 0$ und der Stelle $x = L$ erhält man dann in dimensionsloser Darstellung, vgl. Aufgabe 2,

$$\boxed{\frac{\delta_1}{x} \sim \frac{\delta_2}{x} \sim \frac{\tau_W}{\rho U^2} \sim \mathrm{Re}_x^{-1/2}, \qquad \frac{F_W}{\rho U^2 bL} \sim \mathrm{Re}^{-1/2}.} \tag{12.6-10}$$

In dimensionsbehafteter Darstellung folgt daraus (hinsichtlich der Proportionalitätskonstanten ohne Herleitung)

$$\begin{aligned} \delta_1 &= 1{,}73\, \nu^{1/2} U^{-1/2} x^{1/2}, \\ \delta_2 &= 0{,}664\, \nu^{1/2} U^{-1/2} x^{1/2}, \\ H_{12} &= 2{,}6\,, \\ \tau_W &= 0{,}332 \rho \nu^{1/2} U^{3/2} x^{-1/2}, \\ F_W &= 1{,}328 \rho \nu^{1/2} U^{3/2} L^{1/2} \quad \text{für die beidseitig benetzte Platte.} \end{aligned} \tag{12.6-11}$$

Man beachte, dass danach τ_W in Grenzschichtnäherung für $x \to 0$ gegen unendlich geht, was physikalisch sicher unsinnig ist. Das deutet darauf hin, dass in der Nähe der Plattenvorderkante die Voraussetzungen der Grenzschichttheorie nicht erfüllt sind.

Verdrängungsdicke und Impulsverlustdicke sind in der Skizze der dimensionslosen Plattengrenzschicht eingetragen. Man sieht deutlich den Größenunterschied zwischen dem Wandabstand des Grenzschichtrandes, wo die Geschwindigkeit annähernd die Anströmgeschwindigkeit erreicht hat ($\eta = 5$), der Verdrängungsdicke ($\eta = 1{,}73$) und der Impulsverlustdicke ($\eta = 0{,}664$).

Aufgabe 1

Leiten Sie aus $(9.2\text{-}3)_2$ mit (12.6-4) die Formel (12.6-7) ab!

Aufgabe 2

Leiten Sie aus den Definitionsgleichungen von δ_1 und δ_2 sowie aus den Formeln für τ_W und F_W unter Verwendung von (12.6-6) die Proportionalitäten (12.6-10) ab!

Aufgabe 3

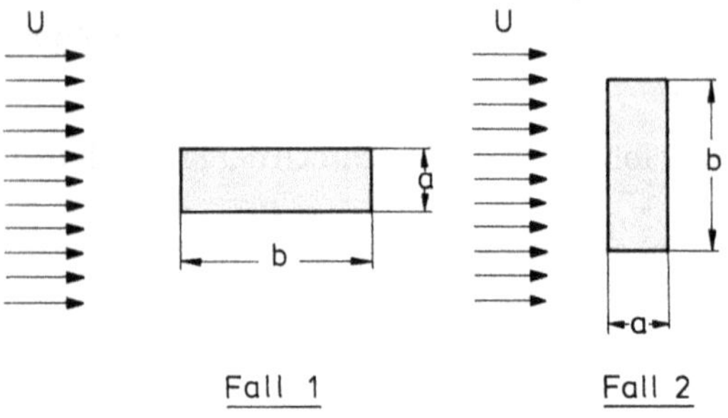

Eine unendlich dünne, ebene, rechteckige Platte wird mit der konstanten Geschwindigkeit U so angeströmt, dass das eine Mal die kürzere Seite a und das andere Mal die längere Seite b senkrecht zur Anströmrichtung liegt. Ist dann der Reibungswiderstand der Platte

A. im Falle 1 größer als im Falle 2, □
B. im Falle 2 größer als im Falle 1 oder □
C. in beiden Fällen gleich groß? □

Zusatzaufgabe

Leiten Sie die Blasiussche Differentialgleichung (12.6-5) der Plattengrenzschicht ab, indem Sie mit dem Ähnlichkeitsansatz (12.6-4) in die Gleichung (12.2-19) für die Stromfunktion eingehen!

Kapitel 13
Turbulente Strömungen

Wenn wir die Geschwindigkeit oder den Druck in einer Strömung mit einem Messgerät genügend hoher zeitlicher Auflösung messen, beobachten wir praktisch immer kleine, unregelmäßige Schwankungen, die sich im Einzelnen nicht durch äußere Einflüsse erklären lassen. Diese Erscheinungen nennt man Turbulenz. Obwohl die turbulenten Schwankungen in der Regel im Vergleich zur gesamten Geschwindigkeit oder zum gesamten Druck klein sind, können sie erhebliche Auswirkungen z. B. auf das Geschwindigkeitsprofil in einer Rohrströmung haben. Mit diesen Auswirkungen der kleinen Geschwindigkeits- und Druckschwankungen wollen wir uns in diesem Kapitel beschäftigen.

Wir haben bereits in Lehreinheit 5.1 am Beispiel der Rohrströmung dargestellt, dass für dieselbe Strömungskonfiguration[1] verschiedene Strömungszustände auftreten können, die wir als laminar und turbulent unterschieden haben. Dort haben wir auch schon die wichtigsten Unterschiede zwischen der laminaren und der turbulenten Rohrströmung behandelt. Wir wollen uns am Anfang dieses Kapitels noch einmal mit dem Auftreten verschiedener Strömungszustände bei derselben Strömungskonfiguration und mit den Ursachen dafür beschäftigen (Lehreinheit 13.1) und anschließend die Grundgleichungen für turbulente Strömungen herleiten (Lehreinheiten 13.2 und 13.3). Danach wollen wir uns turbulenten Grenzschichten zuwenden (Lehreinheit 13.4), und schließlich wollen wir uns mit der Berechnung der turbulenten Rohrströmung und der turbulenten Plattengrenzschicht beschäftigen (Lehreinheiten 13.5 und 13.6).

LE 13.1 Laminare, periodische und turbulente Strömungen

Bei den bisher betrachteten Strömungen wurden das Geschwindigkeits- und Druckfeld in der Regel allein durch äußere Einflüsse bestimmt: durch die Verdrängungswirkung von Wänden, durch die Wandhaftung, durch von außen aufgeprägte Druckgradienten und Kraftfelder. Mit der turbulenten Rohrströmung haben wir in Lehreinheit 5.1 aber auch schon eine Strömung kennen gelernt, für die das nicht gilt: Die darin auftretenden Geschwindigkeitsschwankungen lassen sich im Einzelnen nicht allein auf äußere Einflüsse zurückführen. Es zeigt sich nun, dass das Auftreten solcher verschiedenen Strömungszustände nicht auf die Rohrströmung beschränkt ist, sondern bei praktisch allen Strömungskonfigurationen zu beobachten ist. Wir wollen in dieser Lehreinheit zunächst als ein weiteres Beispiel die

1 Zum Beispiel die Rohrströmung, die Strömung zwischen rotierenden Zylindern oder die Umströmung einer Kugel wollen wir jeweils als eine Strömungskonfiguration bezeichnen.

https://doi.org/10.1515/9783110641455-013

verschiedenen Strömungszustände kennen lernen, die bei der Umströmung eines Kreiszylinders auftreten können, und uns anschließend allgemein mit diesem Phänomen beschäftigen.

Die Umströmung eines Kreiszylinders

Bei der Umströmung eines Kreiszylinders kann man je nach der Feinheit der Untersuchungsmethoden mehr oder weniger viele Strömungszustände beobachten.

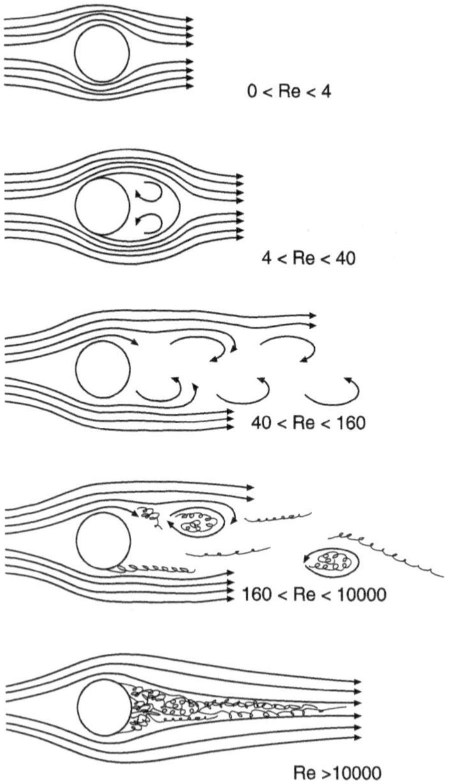

Bei relativ grober Betrachtung lassen sich, abhängig von der mit Zylinderdurchmesser und Anströmgeschwindigkeit gebildeten Reynoldszahl, vier Strömungszustände unterscheiden:

- Im Bereich Re < 4 folgt die Strömung qualitativ dem Stromlinienbild der Potentialströmung.[2]
- Im Bereich von etwa 4 < Re < 40 löst sich die Zylindergrenzschicht ab; es entsteht ein längliches Totwasser hinter dem Zylinder, in dem sich durch Reibung zwei Totwasserwirbel ausbilden.
- Im Bereich von etwa 40 < Re < 160 lösen sich abwechselnd oben und unten Wirbel vom Zylinder ab; hinter dem Zylinder entsteht also eine charakteristische Konfiguration von Wirbeln, die man eine Kármánsche Wirbelstraße nennt.
- Im Bereich von etwa 160 < Re < 10000 werden die sich periodisch ablösenden Wirbel nach und nach von einer unregelmäßigen Bewegung verdeckt; die Periodizität bleibt aber bis hin zu hohen Reynoldzahlen vorhanden. Dieser

2 Wir haben es allerdings nicht mit einer Potentialströmung, sondern mit einer Schleichströmung zu tun.

Reynoldzahlbereich ist in der Praxis für strömungsinduzierte Schwingungen besonders relevant.

- Für Re > 10000 entsteht hinter dem Zylinder eine weitgehend unregelmäßige Bewegung mit starker Querdiffusion.

Einteilung der Strömungszustände

Wir können die bei der Rohrströmung und bei der Zylinderumströmung beobachteten Strömungszustände in drei Klassen einteilen, und diese Dreiteilung bewährt sich auch bei anderen Strömungskonfigurationen:

- Die laminaren Strömungen: Der Farbfadenversuch zeigt *keine* Schwankungen, die nicht unmittelbar durch die Randbedingungen aufgeprägt sind: Farbfäden bleiben erhalten. Dazu gehören die laminare Rohrströmung und die beiden Strömungszustände der Zylinderumströmung für Re < 40.
- die periodischen Strömungen: Der Farbfadenversuch zeigt *regelmäßige* (periodische) Schwankungen, die nicht unmittelbar durch die Randbedingungen aufgeprägt werden. Periodische Strömungen stehen also zwischen den laminaren und den turbulenten Strömungen. Dazu gehört die Kármánsche Wirbelstraße. Genauere Untersuchungen zeigen, dass häufig zwischen den laminaren und den turbulenten Strömungszuständen periodische Strömungszustände liegen, auch wenn sie meist nicht so augenfällig sind wie bei der Zylinderumströmung.
- die turbulenten Strömungen: Der Farbfadenversuch zeigt *unregelmäßige* Schwankungen, die nicht unmittelbar durch die Randbedingungen aufgeprägt sind; infolgedessen lösen sich Farbfäden durch Querdiffusion schnell auf. Dazu gehören die turbulente Rohrströmung und die Zylinderumströmung für Re > 160.

Die hydrodynamische Stabilitätstheorie

Wir erklären uns heute das Auftreten verschiedener Strömungszustände bei einer Strömungskonfiguration als Stabilitätsphänomen: Auch in laminaren Strömungen kann man bei genügender Präzision der Messung meist kleine unregelmäßige Schwankungen etwa aufgrund von Einlaufstörungen feststellen. Für hinreichend kleine Werte des entsprechenden Strömungsparameters (häufig einer Reynoldszahl) ist die Strömung stabil gegen diese Schwankungen, d. h. die Schwankungen klingen ab, oder wenn sie ständig neu erzeugt werden, so bleiben sie so klein, dass sie z. B. bei einem Farbfadenversuch nicht zu einer Auflösung des Farbfadens führen. Solche Strömungen sind laminar. Im Allgemeinen bleibt eine Strömung bis zu um so größeren Werten des entsprechenden Strömungsparameters laminar, je kleiner die vorhandenen Störungen sind. Das erklärt, weshalb man die kritische Reynoldszahl einer Rohrströmung erhöhen kann, wenn man Störungen vermeidet. Ist die Strömung dagegen instabil gegen die vorhandenen Störungen, so führt das zu einem neuen Strömungszustand. Dabei bildet sich meist zunächst ein periodischer Strömungszustand aus, der für einen bestimmten Bereich des entsprechenden Strömungsparameters seinerseits stabil gegen die vorhandenen Störungen ist. Wird auch diese Grenze überschritten, kann ein weiterer, komplizierter periodischer Strömungszustand auftreten, schließlich wird die Strömung jedoch turbulent.

Aufgabe 1

A. Was versteht man unter Turbulenz?
B. Kann man Turbulenz auch in einer laminaren Strömung beobachten?

Aufgabe 2

Beschreiben Sie den Unterschied zwischen einer laminaren, einer turbulenten und einer periodischen Strömung bei einem Farbfadenversuch!

LE 13.2 Die Reynoldssche Gleichung

Bei einer turbulenten Strömung interessiert meist nicht das Geschwindigkeitsfeld unter Einschluss der turbulenten Schwankungen, sondern nur das Feld der Mittelwerte. Wir zerlegen deshalb Geschwindigkeit und Druck in Mittelwert und Schwankung und leiten Gleichungen für die Mittelwerte ab. Auf diese Weise gewinnt man aus der Navier-Stokesschen Gleichung die Reynoldssche Gleichung.

Mittelwert und Schwankungen

Wir beschränken uns zunächst auf im Mittel stationäre Strömungen, d. h. auf Strömungen mit stationären Randbedingungen.[3] Dann zeigt die nebenstehende

3 Instationär wären die Randbedingungen z. B. für eine Rohrströmung bei Öffnung oder Schließung eines Ventils oder bei zeitlich veränderlichem Rohrquerschnitt.

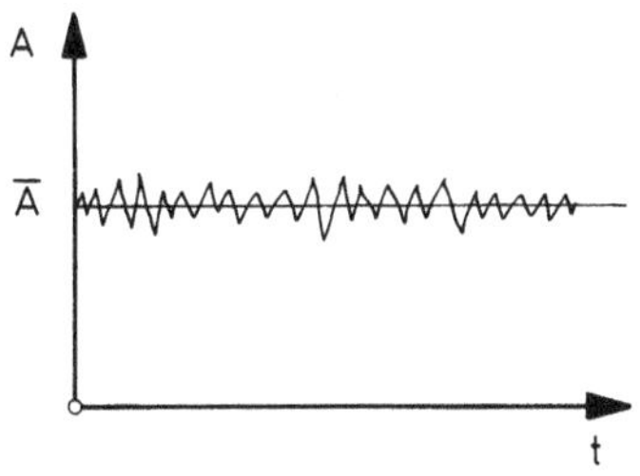

Skizze den prinzipiellen zeitlichen Verlauf einer unregelmäßig schwankenden Größe $A(t)$, wie ihn ein Messgerät für eine Geschwindigkeitskoordinate oder den Druck in einer solchen Strömung aufzeichnet. Der Mittelwert $\overline{A}$ ist dann definiert durch

$$\overline{A} := \lim_{\tau \to \infty} \frac{1}{\tau} \int_0^{\tau} A(t)\,dt. \tag{13.2-1}$$

Dabei braucht man das Mittelungsintervall τ in der Praxis natürlich nur so groß zu nehmen, dass sich $\overline{A}$ bei einer Vergrößerung nicht mehr ändert.

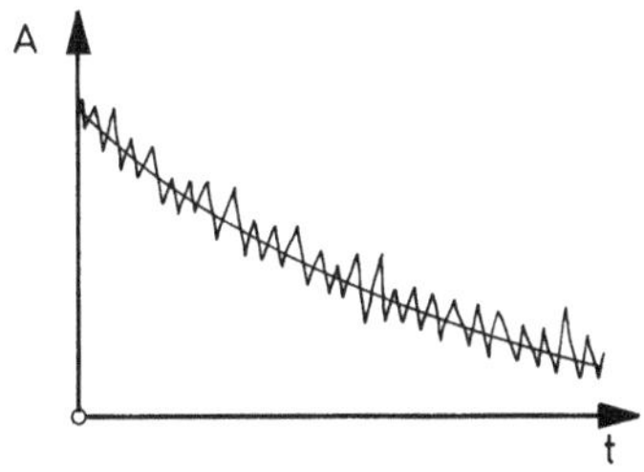

In einer im Mittel instationären Strömung hat eine unregelmäßig schwankende Größe $A(t)$ prinzipiell den nebenstehend skizzierten Verlauf. In diesem Falle gilt

$$\overline{A} := \frac{1}{\Delta\tau} \int_{\tau}^{\tau+\Delta\tau} A(t)\,dt, \tag{13.2-2}$$

wobei das Integrationsintervall $\Delta\tau$ so groß zu wählen ist, dass die kleinen, unregelmäßigen Schwankungen herausgemittelt werden, zugleich jedoch so klein, dass die langsame, durch die Randbedingungen aufgeprägte zeitliche Änderung erhalten bleibt. In diesem Falle ist also eine Mittelung nur möglich, wenn die Frequenzen der schnellen und der langsamen Schwankungen deutlich voneinander getrennt sind.

In beiden Fällen definiert man die Schwankungen A' als die Differenz aus dem Momentanwert A und dem Mittelwert $\overline{A}$, es gilt also stets

$$A = \overline{A} + A'. \tag{13.2-3}$$

Für das Rechnen mit den Mittelwerten zweier Größen A und B gelten dann aufgrund der Gleichungen (13.2-1) bis (13.2-3) die folgenden Regeln

$$\begin{gathered} \overline{\overline{A}} = \overline{A}, \quad \overline{A'} = 0, \quad \overline{\overline{A}B} = \overline{A}\,\overline{B}, \\ \overline{A + B} = \overline{A} + \overline{B}, \quad \overline{\frac{\partial A}{\partial t}} = \frac{\partial \overline{A}}{\partial t}, \quad \overline{\frac{\partial A}{\partial x_i}} = \frac{\partial \overline{A}}{\partial x_i}. \end{gathered} \tag{13.2-4}$$

Für den Mittelwert $\overline{AB}$ eines Produktes AB erhält man mit (13.2-4)

$$\begin{aligned}\overline{(\overline{A}+A')(\overline{B}+B')} &= \overline{\overline{A}\,\overline{B}+A'\overline{B}+\overline{A}B'+A'B'} = \overline{\overline{A}\,\overline{B}}+\overline{A'\overline{B}}+\overline{\overline{A}B'}+\overline{A'B'}\\ &= \overline{A}\,\overline{B}+\overline{A'B'},\\ \overline{AB} &= \overline{A}\,\overline{B}+\overline{A'B'}.\end{aligned} \tag{13.2-5}$$

Es ist also zwar $\overline{A'}=0$ und $\overline{B'}=0$, aber $\overline{A'B'}$ ist im Allgemeinen ungleich null.

Herleitung der Reynoldsschen Gleichung

Wir machen den Ansatz

$$\underline{c}=\overline{\underline{c}}+\underline{c}', \quad p=\overline{p}+p' \tag{13.2-6}$$

und gehen damit in das Gleichungssystem (8.3-4) für ein inkompressibles newtonsches Fluid ein. Unter Beachtung der Rechenregeln für Mittelwerte erhalten wir dann zunächst für die Kontinuitätsgleichung $(8.3\text{-}4)_1$

$$\frac{\partial \overline{c}_i}{\partial x_i}+\frac{\partial c_i'}{\partial x_i}=0. \tag{13.2-7}$$

Mittelung ergibt

$$\boxed{\frac{\partial \overline{c}_i}{\partial x_i}=0,} \tag{13.2-8}$$

und durch Subtraktion von (13.2-8) von der ungemittelten Gleichung (13.2-7) folgt natürlich auch

$$\frac{\partial c_i'}{\partial x_i}=0. \tag{13.2-9}$$

Für den Mittelwert der Geschwindigkeit und auch für die Geschwindigkeitsschwankungen gilt die Kontinuitätsgleichung also in derselben Form wie für die Momentanwerte der Geschwindigkeit.

Wir werden sehen, dass das bei der Bewegungsgleichung anders ist. Dazu setzen wir den Ansatz (13.2-6) in die Navier-Stokessche Gleichung $(8.3\text{-}4)_2$ ein. Dann erhalten wir[4]

$$\frac{\partial \overline{c}_i}{\partial t} + \frac{\partial c_i'}{\partial t} + \overline{c}_j \frac{\partial \overline{c}_i}{\partial x_j} + c_j' \frac{\partial \overline{c}_i}{\partial x_j} + \overline{c}_j \frac{\partial c_i'}{\partial x_j} + c_j' \frac{\partial c_i'}{\partial x_j} = f_i - \frac{1}{\rho}\frac{\partial \overline{p}}{\partial x_i} - \frac{1}{\rho}\frac{\partial p'}{\partial x_i} + \nu \frac{\partial^2 \overline{c}_i}{\partial x_j^2} + \nu \frac{\partial^2 c_i'}{\partial x_j^2}.$$

Mittelung mit den Rechenregeln (13.2-4) und (13.2-5) ergibt

$$\frac{\partial \overline{c}_i}{\partial t} + \overline{c}_j \frac{\partial \overline{c}_i}{\partial x_j} + \overline{c_j' \frac{\partial c_i'}{\partial x_j}} = f_i - \frac{1}{\rho}\frac{\partial \overline{p}}{\partial x_i} + \nu \frac{\partial^2 \overline{c}_i}{\partial x_j^2}.$$

Um diese Gleichungen besser interpretieren zu können, wollen wir den Zusatzterm $\overline{c_j' \frac{\partial c_i'}{\partial x_j}}$ umformen. Dazu addieren wir $\overline{c_i' \frac{\partial c_j'}{\partial x_j}}$, was wegen (13.2-9) null ist:

$$\overline{c_j' \frac{\partial c_i'}{\partial x_j}} + \overline{c_i' \frac{\partial c_j'}{\partial x_j}} = \frac{\partial \overline{c_j' c_i'}}{\partial x_j}.$$

Damit erhalten wir

$$\boxed{\frac{\partial \overline{c}_i}{\partial t} + \overline{c}_j \frac{\partial \overline{c}_i}{\partial x_j} = f_i - \frac{1}{\rho}\frac{\partial \overline{p}}{\partial x_i} + \nu \frac{\partial^2 \overline{c}_i}{\partial x_j^2} - \frac{\partial}{\partial x_j}\overline{c_j' c_i'}.} \qquad (13.2\text{-}10)$$

Diese Gleichung nennt man die Reynoldssche Gleichung oder auch die *Reynolds-Averaged Navier-Stokes-Gleichung (RANS)*. Sie stellt die Bewegungsgleichung für die Mittelwerte der Strömungsgrößen in einer turbulenten Strömung dar, so wie die Navier-Stokessche Gleichung die Bewegungsgleichung für die Momentanwerte darstellt. Die Gleichungen (13.2-8) und (13.2-10) entsprechen also praktisch für eine turbulente Strömung dem Gleichungssytem (8.3-4) für eine laminare Strömung.

Die Reynoldssche Gleichung und die Navier-Stokessche Gleichung unterscheiden sich durch den Term $-\partial \overline{c_j' c_i'} / \partial x_j$. Wie dieser Term, der ja nach (A 33) mathematisch eine Divergenz darstellt, physikalisch zu interpretieren ist, erkennt man am einfachsten, wenn man sich klarmacht, dass nach (8.3-2) und (8.2-1) auch der Reibungsterm $\nu \partial^2 c_i / \partial x_j^2$ in der Navier-Stokesschen Gleichung als eine Divergenz darstellbar ist, nämlich als Divergenz des durch ρ dividierten

4 Die Kraftdichte f_i ist unabhängig von der Strömung (z. B. im Schwerefeld die Fallbeschleunigung); sie ist deshalb nicht in Mittelwert und Schwankungen zu zerlegen.

Zähigkeitsspannungstensors $\underline{\underline{\tau}}$. Wir können also für (13.2-10) auch schreiben

$$\frac{\partial \bar{c}_i}{\partial t} + \bar{c}_j \frac{\partial \bar{c}_i}{\partial x_j} = f_i - \frac{1}{\rho}\frac{\partial \bar{p}}{\partial x_i} + \frac{1}{\rho}\frac{\partial}{\partial x_j}\left(\bar{\tau}_{ji} - \rho \overline{c_j' c_i'}\right).$$

Die turbulenten Geschwindigkeitsschwankungen c_i' wirken sich also auf die mittlere Geschwindigkeit $\bar{c}_i$ durch das Auftreten eines zusätzlichen Spannungstensors

$$\boxed{\tau_{Tij} = -\rho \overline{c_i' c_j'},} \quad \boxed{\underline{\underline{\tau}}_T = \rho \overline{\underline{c}' \underline{c}'}} \tag{13.2-11}$$

aus. Man nennt diese Spannungen Reynoldsspannungen oder turbulente Zusatzspannungen. Die Reynoldssche Gleichung (13.2-10) lässt sich also auch

$$\begin{aligned} \frac{\partial \bar{c}_i}{\partial t} + \bar{c}_j \frac{\partial \bar{c}_i}{\partial x_j} &= f_i - \frac{1}{\rho}\frac{\partial \bar{p}}{\partial x_i} + \frac{1}{\rho}\frac{\partial}{\partial x_j}\left(\bar{\tau}_{ji} + \tau_{Tji}\right), \\ \frac{\partial \underline{\bar{c}}}{\partial t} + \underline{\bar{c}} \cdot \operatorname{grad} \underline{\bar{c}} &= \underline{f} - \frac{1}{\rho}\operatorname{grad} \bar{p} + \frac{1}{\rho}\operatorname{div}\left(\underline{\underline{\bar{\tau}}} + \underline{\underline{\tau}}_T\right) \end{aligned} \tag{13.2-12}$$

schreiben.

Eine Visualisierung ein und der selben Strömung bei Verwendung verschiedener so genannter Turbulenzmodelle wird am Ende diese Kapitels in der Lehreinheit 13.7 gezeigt.

Zähigkeitsspannungstensor und Reynoldsspannungstensor

Wir haben bereits früher darauf hingewiesen, dass auch in einer laminaren Strömung mit einem Messgerät von genügend hoher zeitlicher Auflösung kleine turbulente Schwankungen beobachtet werden können. Streng genommen tritt also auch in einer laminaren Strömung ein Reynoldsspannungstensor auf. Infolge der Stabilität der Strömung gegen die turbulenten Schwankungen bleiben die Schwankungen jedoch so klein, dass der Reynoldsspannungstensor gegenüber dem mittleren Zähigkeitsspannungstensor vernachlässigbar, also $\underline{\underline{\tau}}_T \ll \underline{\underline{\bar{\tau}}}$ ist; das hat zur Folge, dass man statt mit der Reynoldsschen Gleichung mit der Navier-Stokesschen Gleichung rechnen kann. Umgekehrt ist in vielen turbulenten Strömungen $\underline{\underline{\tau}}_T \gg \underline{\underline{\bar{\tau}}}$, so dass man dort die Zähigkeitsspannungen vernachlässigen kann: Turbulente Strömungen kann man häufig als reibungsfrei behandeln. Häufig sind aber in turbulenten Strömungen auch beide Terme von derselben Größenordnung, so dass man mit der vollständigen Reynoldsschen Gleichung rechnen muss.

Man hat die turbulente Schwankungsbewegung in einem Fluid oft in Analogie zu der ebenfalls ungeordneten Bewegung der einzelnen Moleküle beschrieben. Diese Analogie besteht tatsächlich: So wie die thermische Bewegung der einzelnen Moleküle die Zähigkeitsspannungen zur Folge hat,[5] wirkt sich die turbulente Schwankungsbewegung in den Reynoldsspannungen aus. Während Zähigkeitsspannungen und Reynoldsspannungen in einer Strömung von derselben Größenordnung sein können, besteht bei den sie verursachenden Geschwindigkeitsschwankungen stets ein wesentlicher Unterschied in der Größenordnung. Bei der thermischen Bewegung ist die Geschwindigkeit von Molekül zu Molekül verschieden, sie ändert sich also etwa über eine Länge von etwa 10^{-9} m. Bei der turbulenten Schwankungsbewegung kann die entsprechende Länge in der Größenordnung von Millimetern liegen, bei ozeanischer oder atmosphärischer Turbulenz auch weit darüber. Die Wärmebewegung der Moleküle ist also im Sinne der Kontinuumstheorie ein mikroskopisches Phänomen, die Turbulenz ein makroskopisches Phänomen.[6]

Die Diskussion der Bilanzgleichung der Turbulenzenergie ergibt, dass die Reynoldsspannungen Turbulenzenergie produzieren und die molekulare Zähigkeit Turbulenzenergie dissipiert. Da die Turbulenzenergie nicht ständig wachsen kann, setzen die turbulenten Schwankungen molekulare Schwankungen voraus.

Der Turbulenzgrad

Wir wollen die mittlere spezifische kinetische Energie $\frac{1}{2}\overline{c_i^2}$ berechnen. Nach den Regeln (13.2-4) und (13.2-5) für das Rechnen mit Mittelwerten ist

$$\frac{1}{2}\overline{c_i^2} = \frac{1}{2}\overline{(\bar{c}_i + c_i') + (\bar{c}_i + c_i')} = \frac{1}{2}\bar{c}_i^2 + \frac{1}{2}\overline{c_i'^2},$$

ausgeschrieben

$$\frac{1}{2}\overline{c_i^2} = \frac{1}{2}(\bar{u}^2 + \bar{v}^2 + \bar{w}^2) + \frac{1}{2}(\overline{u'^2} + \overline{v'^2} + \overline{w'^2}).$$

Die mittlere spezifische kinetische Energie $\overline{c_i^2}/2$ einer Bewegung setzt sich also additiv zusammen aus der spezifischen kinetischen Energie $\bar{c}_i^2/2$ der mittleren Bewegung und der mittleren spezifischen kinetischen Energie $\overline{c_i'^2}/2$ der Schwankungs-

5 Vgl. die Erklärung der Zähigkeit von Gasen auf Lehreinheit 1.7.

6 Zu den Begriffen mikroskopisch und makroskopisch vgl. Lehreinheit 1.3.

bewegung. Die Wurzeln aus den Quadratsummen stellen mittlere Geschwindigkeitsbeträge dar: Man nennt

$$\overline{c} := \sqrt{\overline{u}^2 + \overline{v}^2 + \overline{w}^2} \tag{13.2-13}$$

den Betrag der mittleren Geschwindigkeit und

$$\overline{|c'|} := \sqrt{\overline{u'^2} + \overline{v'^2} + \overline{w'^2}} \tag{13.2-14}$$

den mittleren Betrag oder quadratischen Mittelwert der Schwankungsgeschwindigkeit. Das Verhältnis der beiden Beträge stellt ein Maß für die relative Größe der Geschwindigkeitsschwankungen in einer Strömung dar; statt des Verhältnisses $\overline{|c'|}/\overline{c}$ selbst verwendet man in der Regel den Turbulenzgrad

$$\mathrm{Tu} := \frac{1}{\sqrt{3}} \frac{\overline{|c'|}}{\overline{c}} = \sqrt{\frac{\overline{u'^2} + \overline{v'^2} + \overline{w'^2}}{3(\overline{u}^2 + \overline{v}^2 + \overline{w}^2)}}. \tag{13.2-15}$$

Für den in der Praxis häufig angewendeten Sonderfall $\overline{v} = 0, \overline{w} = 0$ bei isotroper Turbulenz $u' = v' = w'$ gilt

$$\mathrm{Tu} = \frac{\sqrt{\overline{u'^2}}}{\overline{u}} \tag{13.2-16}$$

Dieser Wert wird dann in der Regel in Prozent verrechnet und angegeben.

Aufgabe 1

Wie die Navier-Stokes-Gleichung gilt auch die Bernoulli-Gleichung der Stromfadentheorie für einen horizontalen Stromfaden

$$\int_{(1)}^{(2)} \frac{\partial c}{\partial t} ds + \frac{c^2}{2} + \frac{p}{\rho} = \mathrm{const}$$

in einer turbulenten Strömung für die Momentanwerte von Geschwindigkeit und Druck. Welche Beziehung erhält man daraus durch Mittelung für eine im Mittel stationäre Strömung?

Aufgabe 2

Wie ändert sich die Anzeige eines Prandtlschen Staurohrs, wenn bei gleich bleibenden mittleren Größen die Schwankungen in einer Strömung zunehmen?

Lösungshinweis: Wir können in turbulenter Strömung in erster Nähe annehmen, dass der am Umfang des Prandtlschen Staurohrs gemessene Druck gleich dem Druck p_∞ der ungestörten Anströmung ist.

LE 13.3 Wirbelzähigkeit, Mischungsweganssatz, Ähnlichkeitshypothese

So wie die Berücksichtigung der Reibung in Form des Zähigkeitsspannungstensors neue Unbekannte in die Bewegungsgleichung brachte und damit als zusätzliche Gleichung den Newtonschen Schubspannungsansatz erforderlich machte, führt auch die Berücksichtigung der Turbulenz in Gestalt des Tensors der Reynoldsspannungen neue Unbekannte ein. Zur Lösung der Reynoldsschen Gleichung benötigen wir also als weitere Gleichung einen Ansatz, der die Reynoldsspannungen mit den mittleren Strömungsgrößen verknüpft.

Trotz umfangreicher Bemühungen, die zu einer eigenen Teildisziplin, der statistischen Turbulenztheorie, geführt haben, existiert ein physikalisch befriedigender und praktisch brauchbarer allgemeiner Ansatz für die Reynoldsspannungen, der etwa dem allgemeinen Newtonschen Schubspannungsansatz entspräche, bisher noch nicht. So ist man bis jetzt auf verschiedene vereinfachende Modellvorstellungen für verschiedene Gruppen von Strömungen angewiesen, die jeweils zu semiempirischen Formeln führen.

In dieser Lehreinheit wollen wir uns mit zwei Modellen für einfache Scherströmungen beschäftigen. Sie sind deshalb von praktischer Bedeutung, weil eine Reihe von technisch wichtigen Strömungen wie die Rohrströmung, die Strömung zwischen zwei parallelen Platten und näherungsweise Grenzschichtströmungen längs ebener oder schwach gekrümmter Wände einfache Scherströmungen sind.

Die Wirbelzähigkeit

Boussinesq hat 1877 in formaler Analogie zum Newtonschen Schubspannungsansatz (1.7-4) für die turbulente Schubspannung in einer einfachen Scherströmung den Ansatz

$$\tau_T = \rho\epsilon\frac{d\overline{u}}{dy} \tag{13.3-1}$$

vorgeschlagen. Die auf diese Weise definierte Größe ϵ nennt man Wirbelzähigkeit. Sie hat die Dimension der kinematischen Zähigkeit, ist aber keine Materialkonstante, sondern eine Funktion des Ortes.

Der Boussinesqsche Ansatz allein stellt allerdings insofern noch keinen Fortschritt dar, da er nur die Unbekannte τ_T durch die neue Unbekannte ϵ ersetzt. Man ergänzt ihn deshalb häufig durch die folgenden zusätzlichen Annahmen:

- Die Wirbelzähigkeit in einem Punkt des Strömungsfeldes lässt sich als Funktion einer lokalen charakteristischen Länge L^* (in der Nähe einer Wand etwa des Wandabstandes) und einer lokalen charakteristischen Geschwindigkeit U^* darstellen. Eine Dimensionsanalyse ergibt dann

$$\epsilon = \kappa L^* U^*, \tag{13.3-2}$$

  wobei κ dimensionslos ist, gewissermaßen eine reziproke turbulente Reynoldszahl.
- Bei geeigneter Wahl von L^* und U^* ist κ eine Konstante, d. h. (im Gegensatz zu L^* und U^*) keine Funktion des Ortes.

Diese beiden Annahmen zusammen mit der Wahl von L^* und U^* bezeichnet man als Ähnlichkeitshypothese.

Boussinesqscher Ansatz und Ähnlichkeitshypothese führen die turbulente Schubspannung bis auf die experimentell zu bestimmende Konstante κ auf mittlere Strömungsgrößen zurück, stellen also eine semiempirische Theorie dar.

Der Mischungswegansatz

Geoffrey Ingram Taylor (1915) und Ludwig Prandtl (1925) versuchten unabhängig voneinander, aus der Analogie zwischen Turbulenz und Wärmebewegung zu einem Ansatz für die turbulente Schubspannung zu kommen. Sie stellten sich vor, dass sich die Volumenelemente in einer turbulenten Strömung ständig neu zu größeren Bereichen formieren, die sich für eine gewisse Zeit und damit über eine gewisse Strecke mit derselben Geschwindigkeit bewegen und danach wieder zerfallen bzw. sich neu gruppieren. Diese Bereiche bezeichnete Prandtl als Turbulenzballen, und die Strecke, über die solche Turbulenzballen im Mittel erhalten bleiben, nannte er den Mischungsweg. Viele experimentelle Untersuchungen haben gezeigt, dass diese Modellvorstellung für turbulente Strömungen in sehr viel stärkerem Maße idealisiert ist als für die thermische Bewegung in der kinetischen Gastheorie. Trotzdem lässt sich daraus ein in vielen Fällen brauchbarer Ansatz für die turbulente Schubspannung gewinnen.

Dazu betrachten wir eine einfache Scherströmung mit dem mittleren Geschwindigkeitsprofil $\overline{u} = \overline{u}(y)$ und nehmen an, dass sich ein Turbulenzballen aufgrund der turbulenten

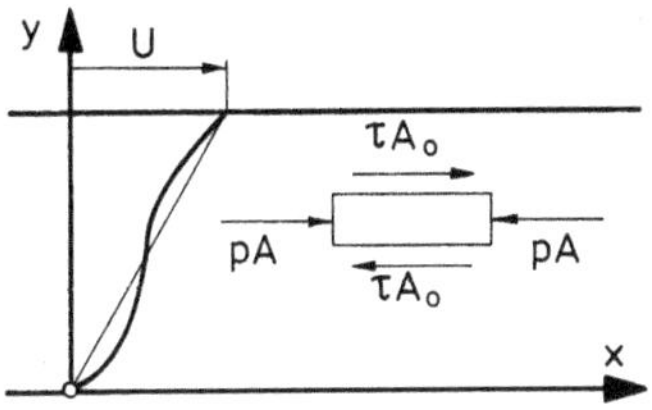

Querbewegung von der Schicht $y = y_1$ um die Strecke l_1 bis zur Schicht $y = y_2$ bewegt. Wenn er während dieser Zeit seine ursprüngliche Geschwindigkeit $\bar{u}_1$ in x-Richtung beibehält, bewirkt er in der Schicht $y = y_2$ eine Geschwindigkeitsschwankung

$$u_2' = -l_1 \left.\frac{d\bar{u}}{dy}\right|_{y=y_1}.$$

Prandtl verallgemeinerte dieses Ergebnis zu

$$|u'| = l_1 \left|\frac{d\bar{u}}{dy}\right|. \tag{13.3-3}$$

Weiter nahm er an, dass v' von derselben Größenordnung wie u' ist:

$$|v'| = l_2 \left|\frac{d\bar{u}}{dy}\right|. \tag{13.3-4}$$

Das Produkt $u'v'$ hat offenbar stets das umgekehrte Vorzeichen wie $d\bar{u}/dy$: Ist (wie in unserer Skizze) $d\bar{u}/dy > 0$, so ist $u' < 0$ für $v' > 0$ und $u' > 0$ für $v' < 0$. Ist dagegen $d\bar{u}/dy < 0$, so gelangt ein Turbulenzballen für $v' > 0$ in ein Gebiet kleinerer mittlerer Geschwindigkeit, dann ist also $u' > 0$; und für $v' < 0$ ist entsprechend $u' < 0$. Damit kommt Prandtl für $\tau_T = -\rho\overline{u'v'}$ mit $l_m^2 = \overline{l_1 l_2}$ auf den Ansatz

$$\tau_T = \rho l_m^2 \left|\frac{d\bar{u}}{dy}\right| \frac{d\bar{u}}{dy}. \tag{13.3-5}$$

Darin ist dann l_m der Mischungsweg.

Auch der Mischungsweganasatz ersetzt die Unbekannte τ_T durch eine neue Unbekannte, nämlich l_m. Man ergänzt ihn wieder durch eine Ähnlichkeitshypothese:

– Der Mischungsweg in einem Punkt des Strömungsfeldes lässt sich als Funktion einer lokalen charakteristischen Länge L^* darstellen:

$$l_m = \lambda L^*. \tag{13.3-6}$$

– Bei geeigneter Wahl von L^* ist λ eine Konstante, d. h. (im Gegensatz zu L^*) keine Funktion des Ortes.

Mischungsweganasatz und Ähnlichkeitshypothese zusammen stellen ebenfalls eine semiempirische Theorie mit λ als experimentell zu bestimmender Konstante dar.

Wirbelzähigkeit und Mischungsweg hängen im Übrigen über die Beziehung

$$\epsilon = l_m^2 \left|\frac{d\bar{u}}{dy}\right| \tag{13.3-7}$$

zusammen, wie ein Vergleich von (13.3-1) und (13.3-5) zeigt.

Beide Ansätze führen (wenn man ϵ bzw. l_m als endlich voraussetzt) zu dem Ergebnis, dass die turbulente Schubspannung für $d\bar{u}/dy = 0$, also etwa in der Achse einer Rohrströmung oder eines Freistrahls, verschwindet. Das ist in der Regel aus Symmetriegründen auch der

Fall.[7] Der Mischungsweganansatz ergibt darüber hinaus, dass die turbulente Schubspannung an solchen Stellen quadratisch verschwindet. Das ist im Allgemeinen nicht der Fall; der Mischungsweganansatz ist deshalb nur für Bereiche brauchbar, wo $d\overline{u}/dy \neq 0$ ist.

Aufgabe

Was ist der wesentliche Unterschied zwischen der kinematischen Zähigkeit ν im Newtonschen Schubspannungsansatz und der Wirbelzähigkeit ϵ im Boussinesqschen Ansatz?

Zusatzaufgabe

Sowohl der Wirbelzähigkeitsansatz als auch der Mischungsweganansatz können für sich allein die Reynoldsspannungen nicht auf mittlere Strömungsgrößen zurückführen. Welche zusätzlichen Annahmen sind dazu nötig?

LE 13.4 Turbulente Wandgrenzschichten

Wir wollen die Grenzschichtgleichungen auf turbulente Strömungen erweitern und einige wichtige allgemeine Aussagen über ihre Lösung für Wandgrenzschichten kennen lernen.

Die Grenzschichtgleichungen für turbulente Strömungen

Für turbulente Grenzschichtströmungen muss man die Grenzschichtnäherung der Gleichungen (13.2-8) und (13.2-10) ermitteln. Dazu benötigt man noch die Annahmen über die Größenordnungen der Reynoldsspannungen, und zwar nimmt man an, dass sie von der Größenordnung $\epsilon\rho U^2$ oder kleiner sind. Hier ist ϵ im Sinne von (12.2-6) eine kleine Größe und nicht die Wirbelzähigkeit. Wie bei der Grenzschichtnäherung für laminare Strömungen vernachlässigt man die Volumenkräfte und berücksichtigt nur die Terme der größten Größenordnung. Dann erhält man

$$\frac{\partial \overline{u}}{\partial x} + \frac{\partial \overline{v}}{\partial y} = 0,$$

7 Bei asymmetrischen Geschwindigkeitsprofilen ist der Wirbelzähigkeitsansatz dagegen in der Nähe der Schicht, wo $d\overline{u}/dy = 0$ ist, nicht verwendbar.

$$\overline{u}\frac{\partial \overline{u}}{\partial x} + \overline{v}\frac{\partial \overline{u}}{\partial y} = -\frac{1}{\rho}\frac{\partial \overline{p}}{\partial x} + \nu\frac{\partial^2 \overline{u}}{\partial y^2} - \frac{\partial \overline{u'v'}}{\partial y}.$$

Im Allgemeinen klammert man bei den beiden letzten Termen $\frac{1}{\rho}\frac{\partial}{\partial y}$ aus, dann lauten sie

$$\frac{1}{\rho}\frac{\partial}{\partial y}\left(\eta\frac{\partial \overline{u}}{\partial y} - \rho\overline{u'v'}\right).$$

Die Klammer stellt die insgesamt das Geschwindigkeitsfeld beeinflussende Schubspannung dar; sie zerfällt in die auf molekularen Impulsaustausch zurückführbare molekulare Schubspannung

$$\boxed{\tau_M = \eta\frac{\partial \overline{u}}{\partial y}} \tag{13.4-1}$$

und die auf turbulenten Impulsaustausch zurückführbare turbulente Schubspannung

$$\boxed{\tau_T = -\rho\overline{u'v'}.} \tag{13.4-2}$$

Damit lauten die Grenzschichtgleichungen für turbulente Strömungen

$$\boxed{\begin{aligned} &\frac{\partial \overline{u}}{\partial x} + \frac{\partial \overline{v}}{\partial y} = 0, \\ &\overline{u}\frac{\partial \overline{u}}{\partial x} + \overline{v}\frac{\partial \overline{u}}{\partial y} = -\frac{1}{\rho}\frac{\partial \overline{p}}{\partial x} + \frac{1}{\rho}\frac{\partial \tau}{\partial y} \end{aligned}} \tag{13.4-3}$$

mit

$$\boxed{\tau = \tau_M + \tau_T.} \tag{13.4-4}$$

Die Wandhaftbedingung liefert als Randbedingung für $y = 0$

$$\overline{u} = 0, \quad \overline{v} = 0, \quad u' = 0, \quad v' = 0. \tag{13.4-5}$$

Das bedeutet, dass die turbulente Schubspannung an der Wand verschwindet; für die Wandschubspannung in turbulenter Strömung gilt also

$$\boxed{\tau_W = \eta\left.\frac{\partial \overline{u}}{\partial y}\right|_{y=0}.} \tag{13.4-6}$$

Als Randbedingung für $y = \delta$, also am äußeren Rand der Grenzschicht, setzt man an:

$$\overline{u} = u_\delta, \quad u' = 0, \quad v' = 0. \tag{13.4-7}$$

Das Dreischichtenmodell der Wandgrenzschicht

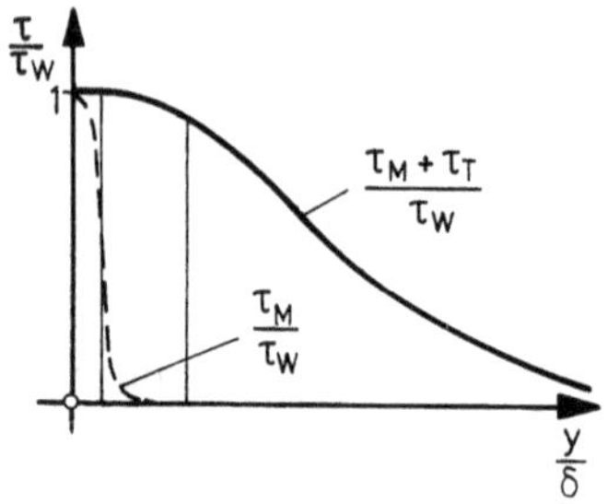

Für den Rest dieser Lehreinheit beschränken wir uns auf Grenzschichten ohne Druckgradienten.

Die nebenstehende Skizze zeigt dann schematisch den für eine Wandgrenzschicht typischen Verlauf der gesamten Schubspannung und ihres molekularen Anteils, wie sich beides aus Messungen ergibt. Von daher legt es sich nahe, in einer Wandgrenzschicht drei Bereiche zu unterscheiden:

- den wandnächsten Bereich, den man auch die zähe Unterschicht nennt, wo die Schubspannung nicht vom Wandabstand abhängt und der turbulente Anteil gegenüber dem molekularen vernachlässigt werden kann. Die zähe Unterschicht macht etwa 2 % der Grenzschichtdicke aus:

$$\tau = \tau_W(x), \quad \tau_M \gg \tau_T; \tag{13.4-8}$$

- den wandnahen Bereich, wo die Schubspannung auch noch mit guter Näherung unabhängig vom Wandabstand ist, aber der molekulare Anteil gegenüber dem turbulenten vernachlässigt werden kann. Die wandnahe Schicht macht etwa 18 % der Grenzschichtdicke aus:

$$\tau = \tau_W(x), \quad \tau_T \gg \tau_M; \tag{13.4-9}$$

- den Außenbereich, wo die Schubspannung mit wachsendem Wandabstand monoton gegen null geht. Diese äußere Schicht macht etwa 80 % der Grenzschichtdicke aus. Auch dort ist natürlich der molekulare Anteil der Schubspannung gegenüber dem turbulenten vernachlässigbar, es gilt also

$$\tau = \tau(x, y), \quad \tau_T \gg \tau_M. \tag{13.4-10}$$

Der Wandbereich

Den wandnächsten und den wandnahen Bereich fasst man oft als Wandbereich zusammen. Während das Geschwindigkeitsprofil im Außenbereich wesentlich von der Außenströmung abhängt, ist deren Einfluss im wandnahen und wandnächsten Bereich vernachlässigbar. Das hat zur Folge, dass man in diesen beiden Bereichen universelle, d. h. von der Außenströmung unabhängige Geschwindigkeitsprofile angeben kann. Diese Geschwindigkeitsprofile wollen wir im Folgenden berechnen.

In beiden Bereichen legt sich für $\overline{u}$ der Ansatz

$$\overline{u} = f(y, \tau_W, \rho, \nu) \tag{13.4-11}$$

nahe. Wir wollen ihn dimensionsanalytisch untersuchen. Die allgemeine Dimensionsmatrix lautet:

	L	**T**	**M**
y	1	0	0
τ_W	−1	−2	1
ρ	−3	0	1
ν	2	−1	0
$\overline{u}$	1	−1	0

Da $\overline{u}$ dimensionell von M unabhängig ist, können τ_W und ρ in die Gleichung für $\overline{u}$ nur als Quotient eingehen. Es ist üblich, statt des Quotienten τ_W/ρ dessen Wurzel einzuführen, welche die Dimension einer Geschwindigkeit hat. Damit der Radikand positiv ist, muss man von τ_W den Betrag nehmen. Die so definierte Größe nennt man die Schubspannungsgeschwindigkeit

$$\boxed{u_\tau := \sqrt{\frac{|\tau_W|}{\rho}}.} \tag{13.4-12}$$

Die allgemeine Dimensionsmatrix vereinfacht sich damit zu:

	L	**T**
y	1	0
u_τ	1	−1
ν	2	−1
$\overline{u}$	1	−1

Wählt man u_τ und ν zu natürlichen Grundgrößen, erhält man als natürliche Dimensionsmatrix

	u_τ	ν
y	-1	1
$\overline{u}$	1	0

Als Ergebnis der Dimensionsanalyse vereinfacht sich also der Ansatz (13.4-11) zu[8]

$$\boxed{\frac{\overline{u}}{u_\tau} = f\left(\frac{yu_\tau}{\nu}\right).} \tag{13.4-13}$$

Im wandnächsten Bereich gilt nach (13.4-8) $\tau_M = \tau_W$. Mit (13.4-1) ergibt sich die Gleichung

$$\rho\nu\frac{\partial\overline{u}}{\partial y} = \tau_W.$$

In Ablösegebieten sind die Voraussetzungen der Grenzschichttheorie ohnehin nicht erfüllt, wir können also $\tau_W > 0$ voraussetzen. Dann erhalten wir mit (13.4-12)

$$\frac{\partial\overline{u}}{\partial y} = \frac{u_\tau^2}{\nu}, \quad \overline{u} = \frac{u_\tau^2}{\nu}y + C(x).$$

Die Randbedingung (13.4-5) ergibt[9] $C(x) = 0$, und damit erhalten wir in Übereinstimmung mit (13.4-13)

$$\boxed{\frac{\overline{u}}{u_\tau} = \frac{yu_\tau}{\nu},} \tag{13.4-14}$$

in der zähen Unterschicht steigt die mittlere Geschwindigkeit also linear mit dem Wandabstand an.

Im wandnahen Bereich gilt nach (13.4-9) $\tau_T = \tau_W$. Mit dem Wirbelzähigkeitsansatz (13.3-1) folgt daraus

$$\rho\epsilon\frac{\partial\overline{u}}{\partial y} = \tau_W.$$

8 Die Dimensionsanalyse führt damit zugleich auf eine Ähnlichkeitstransformation für die Ortskoordinaten x und y: $\overline{u}$ ist zwar eine Funktion von x und y, die Größe $\overline{u}(x,y)/u_\tau(x)$ hängt jedoch nur von der Kombination $yu_\tau(x)$ ab.

9 Zu demselben Ergebnis führt die Überlegung von Fußnote 8.

Wir nehmen y als lokale charakteristische Länge und u_τ als lokale charakteristische Geschwindigkeit im Sinne der Ähnlichkeitshypothese an, dann ergibt (13.3-2)

$$\epsilon = \kappa y u_\tau . \tag{13.4-15}$$

Wir können wieder $\tau_W > 0$ voraussetzen, damit erhalten wir mit (13.4-12)

$$\kappa y u_\tau \frac{\partial \overline{u}}{\partial y} = u_\tau^2 .$$

Trennung der Variablen ergibt zunächst

$$d\overline{u} = \frac{u_\tau}{\kappa} \frac{dy}{y}$$

oder in dimensionslosen Größen nach (13.4-13)

$$d\left(\frac{\overline{u}}{u_\tau}\right) = \frac{1}{\kappa} \frac{d(\frac{y u_\tau}{\nu})}{\frac{y u_\tau}{\nu}} .$$

Durch Integration erhält man daraus[10]

$$\boxed{\frac{\overline{u}}{u_\tau} = \frac{1}{\kappa} \ln \frac{y u_\tau}{\nu} + C.} \tag{13.4-16}$$

Diese Gleichung nennt man das logarithmische Wandgesetz. Die beiden Konstanten κ und C muss man experimentell bestimmen, ebenso den Gültigkeitsbereich in y. Für viele Konfigurationen gilt

$$\kappa = 0{,}4 , \quad C = 5. \tag{13.4-17}$$

κ nennt man häufig Kármánkonstante.

Im gesamten Wandbereich spielt die Grenzschichtdicke und damit die Aufteilung der Strömung in wirbelbehaftete Grenzschicht und wirbelfreie Außenströmung keine Rolle. Die hier abgeleiteten Gleichungen gelten also auch im wandnahen Bereich von turbulenten Parallelströmungen ohne Grenzschichtcharakter,

10 Die Einführung dimensionsloser Größen vor der Integration ist erforderlich, weil der Logarithmus wie alle mathematischen Funktionen nur für dimensionslose Größen definiert ist. Dass C eine Konstante und keine Funktion von x ist, folgt wieder aus der Fußnote 8 der vorigen Seite.

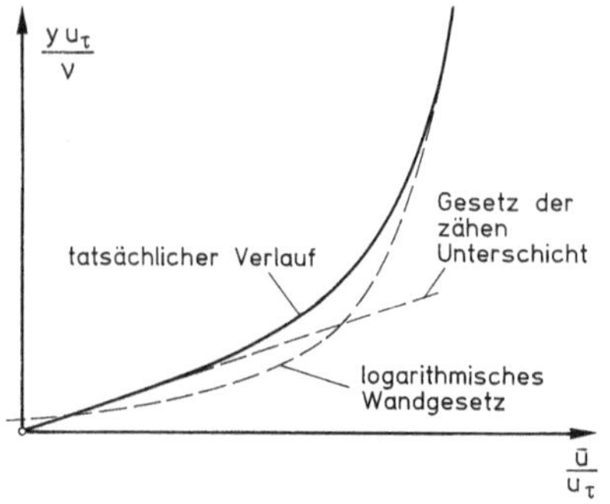

z. B. für die turbulente Rohrströmung oder die turbulente Strömung zwischen zwei parallelen Platten (Kanalströmung).

Die Skizze soll den Zusammenhang zwischen dem Geschwindigkeitsprofil (13.4-14) in der zähen Unterschicht und dem Geschwindigkeitsprofil (13.4-16) im wandnahen Bereich veranschaulichen. Würde das logarithmische Wandgesetz bis an die Wand gelten, so müsste die Geschwindigkeit an der Wand negativ unendlich sein. Das logarithmische Wandgesetz berücksichtigt aber nur den turbulenten Anteil der Schubspannung. Man erkennt daran, dass zur Erfüllung der Wandhaftbedingung in der wandnächsten Schicht die molekulare Schubspannung dominieren muss.

Der Außenbereich

Führt man im Außenbereich den Wirbelzähigkeitsansatz ein, so nimmt man in der Regel die Grenzschichtdicke δ als lokale charakteristische Länge und die Geschwindigkeit u_δ am Grenzschichtrand als lokale charakteristische Geschwindigkeit:

$$\epsilon = \kappa \delta u_\delta . \tag{13.4-18}$$

Ohne Annahmen über die Abhängigkeit von τ vom Wandabstand lässt sich daraus das Geschwindigkeitsprofil allerdings nicht berechnen.

Eine Vielzahl von Experimenten ergibt, dass man für die Geschwindigkeit in der Außenströmung statt (13.4-13) in der Regel den Ähnlichkeitsansatz

$$\frac{u_\delta - \bar{u}}{u_\tau} = f\left(\frac{y}{\delta}\right) \tag{13.4-19}$$

machen kann.

Die Gesamtzähigkeit

Wenn man den Wirbelzähigkeitsansatz (13.3-1) verwendet, führt man häufig die Summe aus kinematischer und Wirbelzähigkeit als effektive oder Gesamtzähigkeit

ν_{ges} ein:

$$\nu_{\text{ges}} = \nu + \epsilon, \quad \tau = \rho \nu_{\text{ges}} \frac{\partial \overline{u}}{\partial y}. \tag{13.4-20}$$

Für diese Gesamtzähigkeit gilt dann offenbar
- in der zähen Unterschicht

$$\nu_{\text{ges}} = \nu = \text{const}, \tag{13.4-21}$$

- im wandnahen Bereich

$$\nu_{\text{ges}} = \epsilon(x, y) = \kappa y u_\tau(x), \tag{13.4-22}$$

- im Außenbereich

$$\nu_{\text{ges}} = \epsilon(x) = \kappa \delta(x) u_\delta(x). \tag{13.4-23}$$

Aufgabe 1

Wie unterscheiden sich im Dreischichtenmodell für die Wandgrenzschicht die drei Bereiche?

Aufgabe 2

A. Was versteht man unter der Schubspannungsgeschwindigkeit, und wie kommt man dazu, sie einzuführen?
B. Was versteht man unter einem universellen Geschwindigkeitsprofil?
C. Unter welchen Voraussetzungen gilt das logarithmische Wandgesetz?
D. Wie sieht das Geschwindigkeitsprofil in der zähen Unterschicht aus?

LE 13.5 Die turbulente Rohrströmung

Mit den qualitativen Unterschieden zwischen der laminaren und der turbulenten Rohrströmung haben wir uns bereits in Lehreinheit 5.1 beschäftigt; dort haben wir auch die laminare Rohrströmung (Hagen-Poiseuille-Strömung) berechnet. In dieser Lehreinheit wollen wir eine Formel für das Geschwindigkeitsprofil der turbulenten Rohrströmung gewinnen. Wir stellen zwei Formeln vor, die nebeneinander verwendet werden: Das semiempirische logarithmische Gesetz und das 1/7-Potenz-Gesetz, das im wesentlichen aus Messergebnissen folgt, also rein empirisch anzusehen ist.

Das logarithmische Gesetz

Bei der Ableitung des Geschwindigkeitsprofils der Hagen-Poiseuille-Strömung in Lehreinheit 5.1 sind wir von der Formel (5.1-1) ausgegangen. Dieselbe Überlegung führt für die turbulente Rohrströmung auf die Beziehung

$$\tau = -\frac{\Delta p_V}{L}\frac{r}{2}. \tag{13.5-1}$$

Darin ist Δp_V der Druckabfall längs der Länge L, und τ ist die gesamte Schubspannung, setzt sich also aus einem molekularen und einem turbulenten Anteil zusammen. In einer rotationssymmetrischen Parallelströmung gelten für beide Anteile aus Symmetriegründen entsprechende Beziehungen wie in einer Grenzschicht, wir können also in Analogie zu (13.4-1) und (13.4-2)

$$\tau = \eta\frac{d\overline{u}}{dr} - \rho\overline{u'v'} \tag{13.5-2}$$

schreiben. An der Rohrwand, also für $r = R$, folgt aus (13.5-1)

$$\tau_W = -\frac{\Delta p_V}{L}\frac{R}{2}, \quad |\tau_W| = \frac{\Delta p_V}{L}\frac{R}{2} \quad \text{und mit (13.4-12)}$$
$$\frac{\Delta p_V}{L} = \frac{2\rho u_\tau^2}{R}. \tag{13.5-3}$$

Setzt man (13.5-2) und (13.5-3) in (13.5-1) ein und dividiert durch ρ, so erhält man

$$\nu\frac{d\overline{u}}{dr} - \overline{u'v'} = -u_\tau^2\frac{r}{R}. \tag{13.5-4}$$

In der Rohrmitte, also für $r = 0$, muss $d\overline{u}/dr$ aus Symmetriegründen verschwinden; dann verschwindet dort auch $\overline{u'v'}$, was einen Wirbelzähigkeitsansatz nach (13.3-1) ermöglicht. Wir schreiben also

$$(\nu + \epsilon)\frac{d\overline{u}}{dr} = -u_\tau^2\frac{r}{R}. \tag{13.5-5}$$

Für die Wirbelzähigkeit ϵ setzen wir die Ähnlichkeitshypothese (13.3-2) voraus und treffen für U^* und L^* die folgenden Annahmen:

– Die lokale charakteristische Geschwindigkeit U^* sei über den ganzen Querschnitt konstant gleich der Schubspannungsgeschwindigkeit

$$U^* = u_\tau. \tag{13.5-6}$$

– Die lokale charakteristische Länge L^* sei in Wandnähe gleich dem Wandabstand $z = R - r$ und im Übrigen aus Symmetriegründen eine gerade Funktion in r. Die einfachste Funktion mit diesen beiden Eigenschaften ist, vgl. Aufgabe 1,

$$L^* = \frac{R}{2}\left[1 - \left(\frac{r}{R}\right)^2\right]. \tag{13.5-7}$$

Damit folgt aus (13.5-5)

$$\left\{\nu + \kappa u_\tau \frac{R}{2}\left[1 - \left(\frac{r}{R}\right)^2\right]\right\}\frac{d\overline{u}}{dr} = -u_\tau^2 \frac{r}{R}.$$

Trennung der Variablen ergibt

$$d\overline{u} = -\frac{u_\tau^2 \frac{r}{R}\,dr}{\nu + \kappa u_\tau \frac{R}{2}[1 - (\frac{r}{R})^2]}, \quad d\left(\frac{\overline{u}}{u_\tau}\right) = -\frac{\frac{u_\tau R}{\nu}\frac{r}{R}d(\frac{r}{R})}{1 + \kappa\frac{u_\tau R}{\nu}\frac{1}{2}[1 - (\frac{r}{R})^2]}$$

oder mit $\xi = \frac{1}{2}[1 - (\frac{r}{R})^2]$, $d\xi = -\frac{r}{R}d(\frac{r}{R})$

$$d\left(\frac{\overline{u}}{u_\tau}\right) = \frac{u_\tau R}{\nu}\frac{d\xi}{1 + \kappa\frac{u_\tau R}{\nu}\xi}.$$

Durch Integration erhält man

$$\frac{\overline{u}}{u_\tau} = \frac{1}{\kappa}\ln\left(1 + \kappa\frac{u_\tau R}{\nu}\xi\right) + C = \frac{1}{\kappa}\ln\left\{1 + \kappa\frac{u_\tau R}{\nu}\frac{1}{2}\left[1 - \left(\frac{r}{R}\right)^2\right]\right\} + C.$$

Aus der Randbedingung $\overline{u} = 0$ für $r = R$ folgt $C = 0$, somit erhält man als Geschwindigkeitsprofil

$$\frac{\overline{u}}{u_\tau} = \frac{1}{\kappa}\ln\left\{1 + \kappa\frac{u_\tau R}{\nu}\frac{1}{2}\left[1 - \left(\frac{r}{R}\right)^2\right]\right\}. \tag{13.5-8}$$

Das ist das gesuchte logarithmische Gesetz für die Geschwindigkeitsverteilung in der (hydraulisch glatten) turbulenten Rohrströmung.

Analoge Überlegungen wie hier für die turbulente Rohrströmung lassen sich auch für die turbulente Strömung zwischen zwei parallelen Platten anstellen. Man erhält für das Geschwindigkeitsprofil eine Formel, die aus (13.5-8) hervorgeht, wenn man den Rohrradius R durch die halbe Kanalbreite und die radiale Koordinate r durch die von der Kanalmitte aus gemessene kartesische Koordinate y ersetzt.

Näherungsformeln für den Wandbereich

Wir wollen den Verlauf dieses Geschwindigkeitsprofils in Wandnähe untersuchen. Dazu benötigen wir die Größenordnung der beiden Parameter κ und $u_\tau R/\nu$. Für κ müssen wir eine Annahme machen; wir nehmen an, dass $\kappa = O(1)$ gilt. Die Größenordnung von $u_\tau R/\nu$ können wir abschätzen. Nach (13.4-12) ist

$$\frac{u_\tau R}{\nu} = \sqrt{\frac{|\tau_W|}{\rho}}\frac{R}{\nu},$$

und nach (13.4-6) gilt sicher

$$|\tau_W| > \eta \frac{c}{R},$$

wobei

$$c = \frac{1}{\pi R^2}\int_0^R \overline{u}(r)\cdot 2\pi r\,dr \tag{13.5-9}$$

die über den Rohrquerschnitt gemittelte mittlere Geschwindigkeit im Sinne der Stromfadentheorie ist. Damit erhalten wir

$$\frac{u_\tau R}{\nu} > \sqrt{\nu \frac{c}{R}}\frac{R}{\nu} = \frac{1}{\sqrt{2}}\sqrt{\frac{cD}{\nu}}.$$

Für eine turbulente Rohrströmung ist die Reynoldszahl $cD/\nu > 2300$, damit ist $u_\tau R/\nu > 35$, und die Annahme

$$\kappa \frac{u_\tau R}{\nu} \gg 1 \tag{13.5-10}$$

ist gerechtfertigt.

Wir führen im Geschwindigkeitsprofil (13.5-8) zweckmäßig statt r den Wandabstand $z = R - r$ als Variable ein, dann erhalten wir

$$\frac{\overline{u}}{u_\tau} = \frac{1}{\kappa}\ln\left[1 + \kappa\frac{u_\tau R}{\nu}\frac{z}{R}\left(1 - \frac{1}{2}\frac{z}{R}\right)\right]. \tag{13.5-11}$$

Im wandnächsten Bereich $z/R \ll (\kappa u_\tau R/\nu)^{-1} \ll 1$ folgt durch Reihenentwicklung, vgl. Aufgabe 2,

$$\frac{\overline{u}}{u_\tau} = \frac{u_\tau z}{\nu} \tag{13.5-12}$$

in Übereinstimmung mit (13.4-14). Für den wandnahen Bereich $(\kappa u_\tau R/\nu)^{-1} \ll z/R \ll 1$ schreiben wir (13.5-11) um, indem wir vom Argument des Logarithmus den Faktor $u_\tau z/\nu$ abspalten. Wir erhalten dann

$$\frac{\overline{u}}{u_\tau} = \frac{1}{\kappa} \ln \frac{u_\tau z}{\nu} + \frac{1}{\kappa} \ln \left\{ \kappa \left(1 + \frac{1}{\kappa \frac{u_\tau z}{\nu}} - \frac{1}{2} \frac{z}{R} \right) \right\}. \tag{13.5-13}$$

Darin ist voraussetzungsgemäß $\kappa \frac{u_\tau z}{\nu} \gg 1$ und $\frac{z}{R} \ll 1$, der zweite Term ist also näherungsweise gleich $\frac{1}{\kappa} \ln \kappa$ und damit näherungsweise konstant. Im Rahmen dieser Näherung erhalten wir

$$\frac{\overline{u}}{u_\tau} = \frac{1}{\kappa} \ln \frac{u_\tau z}{\nu} + C \tag{13.5-14}$$

in Übereinstimmung mit (13.4-16).

Die Rohrreibungszahl

Aus dem Geschwindigkeitsprofil können wir (ähnlich wie in Lehreinheit 5.3 für die laminare Rohrströmung) die Rohrreibungszahl λ berechnen. Aus (5.3-1) und (13.5-3) folgt

$$\frac{\Delta p_V}{\rho} = \lambda \frac{L}{D} \frac{c^2}{2} = \frac{2 L u_\tau^2}{R},$$

$$\lambda = 8 \left(\frac{u_\tau}{c} \right)^2. \tag{13.5-15}$$

Aus (13.5-8) erhalten wir für $r = 0$

$$\frac{\overline{u}_{\max}}{u_\tau} = \frac{1}{\kappa} \ln \left(1 + \frac{\kappa}{2} \frac{u_\tau R}{\nu} \right) \tag{13.5-16}$$

oder mit $\overline{u}_{\max} \sim c$

$$\frac{1}{\sqrt{\lambda}} \sim \frac{c}{u_\tau} \sim \ln \left(1 + \frac{\kappa}{2} \frac{u_\tau R}{\nu} \right).$$

Spalten wir vom Argument des Logarithmus den Faktor $\sqrt{\lambda} c D/\nu = \sqrt{8} u_\tau 2R/\nu$ ab, so erhält man

$$\frac{1}{\sqrt{\lambda}} \sim \ln \left(\sqrt{\lambda} \frac{cD}{\nu} \right) + \ln \left(\frac{\kappa \sqrt{2}}{16} + \frac{\sqrt{2}}{8} \frac{\nu}{u_\tau R} \right).$$

Wegen (13.5-10) und $\kappa = O(1)$ ist der zweite Term unter dem zweiten Logarithmus klein gegen den ersten Term, wir können ihn also näherungsweise gegen den ersten Term vernachlässigen und gelangen damit zu der Formel

$$\frac{1}{\sqrt{\lambda}} = C_1 \ln\left(\sqrt{\lambda}\frac{cD}{\nu}\right) - C_2. \tag{13.5-17}$$

(Da $\kappa\sqrt{2}/16 < 1$ ist, ist sein Logarithmus negativ; C_2 ist also positiv.) Bis auf die empirisch zu ermittelnden Zahlenwerte der beiden Konstanten haben wir damit die Formel (5.3-5) für hydraulisch glatte Rohre hergeleitet.

Das 1/7-Potenz-Gesetz

Im Bereich $3 \cdot 10^3 < cD/\nu < 10^5$ fand Blasius experimentell für hydraulisch glatte Rohre

$$\lambda = 0{,}3164\left(\frac{cD}{\nu}\right)^{-1/4}. \tag{13.5-18}$$

Setzt man das in (13.5-15) ein, so erhält man

$$\begin{aligned} 0{,}3164\left(\frac{\nu}{cD}\right)^{1/4} = 8\left(\frac{u_\tau}{c}\right)^2, \quad \left(\frac{c}{u_\tau}\right)^{7/4} &= \frac{8}{0{,}3164}\left(\frac{u_\tau D}{\nu}\right)^{1/4}, \\ \frac{c}{u_\tau} &= 6{,}992\left(\frac{u_\tau R}{\nu}\right)^{1/7}, \\ \frac{c}{u_\tau} &= 7\left(\frac{u_\tau R}{\nu}\right)^{1/7}. \end{aligned} \tag{13.5-19}$$

Aus Experimenten weiß man weiter, dass für $cD/\nu = 10^5$, $\overline{u}_{\max}/c = 1{,}25$ ist; damit ist

$$\frac{\overline{u}_{\max}}{u_\tau} = 8{,}75\left(\frac{u_\tau R}{\nu}\right)^{1/7}. \tag{13.5-20}$$

Dieses aus Messwerten gewonnene Ergebnis führt mit $z = R - r$ zu dem Ansatz

$$\frac{\overline{u}(z)}{u_\tau} = 8{,}75\left(\frac{u_\tau z}{\nu}\right)^{1/7}, \tag{13.5-21}$$

oder durch (13.5-20) dividiert,

$$\frac{\overline{u}(z)}{\overline{u}_{\max}} = \left(\frac{z}{R}\right)^{1/7} . \qquad (13.5\text{-}22)$$

Die Beziehungen (13.5-21) und (13.5-22) nennt man das 1/7-Potenz-Gesetz der Geschwindigkeitsverteilung im Rohr.

Es ist so konstruiert, dass es in der Rohrmitte (für $r = 0$) und an der Rohrwand (für $r = R$) richtige Ergebnisse liefert. Für $0 < r < R$ stimmt es relativ gut mit den Messwerten überein. Man kann diese Übereinstimmung noch verbessern, wenn man statt (13.5-21)

$$\frac{\overline{u}(z)}{u_\tau} = k\left(\frac{u_\tau z}{\nu}\right)^{\frac{1}{n}} \qquad (13.5\text{-}23)$$

und die beiden Konstanten k und n in Abhängigkeit von der Reynoldszahl cD/ν aus Messungen entnimmt:

Re	**$4 \cdot 10^3$**	**$1{,}1 \cdot 10^5$**	**$3 \cdot 10^5$**	**$8{,}5 \cdot 10^5$**	**$2 \cdot 10^6$**
k	7,75	8,74	9,71	10,6	11,5
n	6	7	8	9	10

Wir haben in dieser Lehreinheit zwei Formeln für die Geschwindigkeitsverteilung in der (hydraulisch glatten) turbulenten Rohrströmung hergeleitet: das logarithmische Gesetz (13.5-8) und das Potenzgesetz (13.5-21) bzw. (13.5-23). Das logarithmische Gesetz ist eine semiempirische Formel, d. h. es wurde unter Verwendung plausibler Ansätze und unter Rückgriff auf Messungen zur Bestimmung der Konstante κ gewonnen; das Potenzgesetz ist eine empirische Formel, d. h. es wurde ohne wesentliche theoretische Annahmen durch Interpolation aus Messergebnissen gewonnen. Wie wenig physikalische Realität hinter einer solche Interpolationsformel steht, selbst wenn sie den Geschwindigkeitsverlauf relativ gut approximiert, erkennt man schon daraus, dass das Potenzgesetz in der Rohrmitte einen Knick und an der Wand eine unendlich große Steigung hat, während das logarithmische Gesetz in der Mitte eine stetige Tangente hat und die richtige Wandschubspannung ergibt.

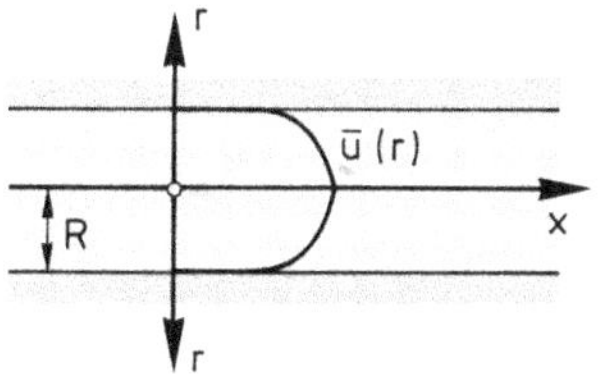

Aufgabe 1

In dem Ansatz $L^* = A + Br + Cr^2$ sind die Konstante A, B und C so zu bestimmen, dass L^* eine gerade Funktion in r ist und für kleine Wandabstände $z = R - r$ (d. h. für $z/R \ll 1$) $L^* = z$ gilt.

Aufgabe 2

Leiten Sie die Näherungsformel (13.5-12) von (13.5-11) für $z/R \ll (\kappa u_\tau R/\nu)^{-1} \ll 1$ ab!

Aufgabe 3

A. Für die laminare ebene Couette-Strömung gilt $\tau = \text{const} = \tau_W$. Gilt das auch für die turbulente ebene Couette-Strömung?
Lösungshinweis: Setzen Sie analog zur Rohrströmung in Lehreinheit 5.1 das Kräftegleichgewicht zwischen Druck- und Reibungskräften für einen infinitesimalen Quader in der Couette-Strömung an!

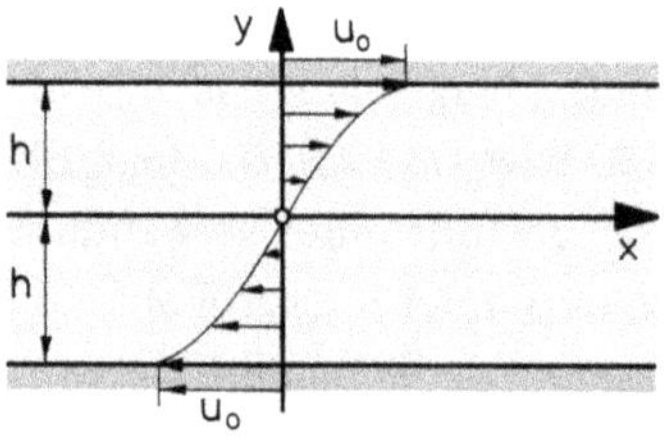

B. Wir machen für die turbulente ebene Couette-Strömung den Wirbelzähigkeitsansatz, es soll also gelten:

$$\tau = \rho \nu_{\text{ges}} \frac{d\bar{u}}{dy}.$$

Für das Geschwindigkeitsprofil setzen wir an:

$$\frac{\bar{u}}{u_0} = \tan\left(\frac{\pi y}{4h}\right).$$

Berechnen Sie daraus die Wirbelzähigkeit ϵ!

LE 13.6 Die turbulente Plattenströmung

In Lehreinheit 12.6 haben wir die Plattenströmung bei laminarer Grenzschicht behandelt. In dieser Lehreinheit wollen wir uns mit der Plattenströmung bei turbulenter Grenzschicht beschäftigen.

Instabilität und Umschlag

Wie bei der Herleitung der Grundgleichungen für turbulente Wandgrenzschichten in Lehreinheit 13.4 nehmen wir zunächst an, dass die Außenströmung schwankungsfrei ist. Dann ist die Grenzschicht kurz hinter der Plattenvorderkante zunächst laminar. Ungefähr von einer dimensionslosen Lauflänge

$$\mathrm{Re}_x := \frac{Ux}{\nu} = 5 \cdot 10^5 \tag{13.6-1}$$

an wird die Grenzschicht turbulent. Enthält die Außenströmung turbulente Schwankungen, so verringert sich diese dimensionslose kritische Lauflänge, d. h. das Umschlaggebiet rückt näher an die Plattenvorderkante, und zwar um so weiter, je stärker turbulent die Außenströmung ist.

Die hydrodynamische Stabilitätstheorie liefert übrigens für die dimensionslose Lauflänge x, von der an die Strömung bei schwankungsfreier Außenströmung auch gegen beliebig kleine Störungen in der Grenzschicht instabil ist, den Wert

$$\mathrm{Re}_x := \frac{Ux}{\nu} = 6 \cdot 10^4 . \tag{13.6-2}$$

Von dieser Lauflänge an werden also selbst kleinste Störungen angefacht; offenbar dauert es dann noch bis zu der experimentell durch (13.6-1) gegebenen Lauflänge, bis die Störungen so stark angefacht sind, dass die Strömung umschlägt. Man bezeichnet entsprechend den durch (13.6-2) theoretisch bestimmten Punkt als Instabilitätspunkt und den durch (13.6-1) experimentell bestimmten Punkt als Umschlagpunkt. Da sich der laminar-turbulente Umschlag nicht an einem Punkt, sondern über eine bestimmte Lauflänge vollzieht, in dem die Strömung stellenweise schon turbulent, stellenweise aber noch laminar ist (man spricht deshalb in diesem Bereich von intermittierender Turbulenz), spricht man allerdings besser von einem Umschlaggebiet als von einem Umschlagpunkt.

Das 1/7-Potenz-Gesetz

Zur Berechnung der turbulenten Plattengrenzschicht nimmt Prandtl an, dass in der Plattengrenzschicht dasselbe 1/7-Potenzgesetz gilt wie in der turbulenten Rohrströmung. Er macht also für die turbulente Plattengrenzschicht in Analogie zu (13.5-20) und (13.5-21) die Ansätze

$$\frac{U}{u_\tau(x)} = 8{,}75 \left(\frac{u_\tau(x)\delta(x)}{\nu} \right)^{1/7} , \tag{13.6-3}$$

$$\frac{\overline{u}(x,y)}{u_\tau(x)} = 8{,}75\left(\frac{u_\tau(x)y}{\nu}\right)^{1/7}; \qquad (13.6\text{-}4)$$

er ersetzt also in den Ansätzen für die Rohrströmung die Geschwindigkeit $\overline{u}_{\max}$ in der Rohrachse durch die Geschwindigkeit U der Außenströmung, den Rohrradius R durch die Grenzschichtdicke $\delta(x)$ und den Wandabstand $R - r$ in der Rohrströmung durch den Wandabstand y in der Plattengrenzschicht. Außerdem ist zu beachten, dass in der Rohrströmung u_τ unabhängig von x und damit konstant ist (wie alle mittleren Strömungsgrößen), während es in der Plattenströmung eine Funktion von x ist. Dividiert man (13.6-4) durch (13.6-3), so erhält man analog zu (13.5-22)

$$\frac{\overline{u}(x,y)}{U} = \left(\frac{y}{\delta(x)}\right)^{1/7}. \qquad (13.6\text{-}5)$$

Sieht man $u_\tau(x)y$ als neue unabhängige Variable an, so ist der Ansatz (13.6-4) ebenso wie der Ansatz (12.6-6) für das Geschwindigkeitsprofil der laminaren Plattengrenzschicht ein Ähnlichkeitsansatz. Dass die Geschwindigkeitsprofile auch in der turbulenten Plattengrenzschicht ähnlich sind, ist plausibel, weil auch in der turbulenten Plattengrenzschicht $dp/dx = 0$ ist und keine charakteristische Länge existiert. Im Übrigen entspricht der Ansatz (13.6-4) für die gesamte Dicke der Grenzschicht der Bedingung (13.4-13) für den Wandbereich der Grenzschicht; auch das ist plausibel, weil die Außenströmung bei der Plattengrenzschicht unabhängig von x ist und es damit keinen mit x veränderlichen Einfluss der Außenströmung auf die Grenzschicht gibt. Der Ansatz (13.6-4) hat aber auch die beiden Mängel des 1/7-Potenz-Gesetzes für die Rohrströmung, nämlich einen Knick am Grenzschichtrand und unendlich große Wandschubspannung.

Analog zu der Funktion $f(\eta)$ beim Ähnlichkeitsansatz (12.6-6) für die laminare Plattengrenzschicht bleibt in (13.6-5) noch die Funktion $\delta(x)$ zu bestimmen. Wir gehen dazu vom Impulssatz (12.5-10) für die Plattengrenzschicht aus, der nach seiner Herleitung auch für die turbulente Plattengrenzschicht gilt. Wir wollen darin sowohl δ_2 als auch τ_W auf δ zurückführen und damit eine Differentialgleichung für $\delta(x)$ gewinnen. Geht man mit (13.6-5) in die Definition (12.4-8) von δ_2 ein, so erhält man, vgl. Aufgabe 1,

$$\delta_2 = \frac{7}{72}\delta. \qquad (13.6\text{-}6)$$

τ_W können wir nicht nach seiner Definition (13.4-6) aus (13.6-5) berechnen, weil (13.6-5), wie bereits erwähnt, auf eine unendlich große Wandschubspannung führt, was physikalisch unsinnig ist. Wir können jedoch (13.6-3) nach u_τ auflösen und daraus nach (13.4-12) einen Wert für τ_W bestimmen. Das führt, vgl. Zusatzaufgabe 1, auf die Beziehung

$$\tau_W = 0{,}0225\,\rho U^2\left(\frac{\nu}{U\delta}\right)^{1/4}. \tag{13.6-7}$$

Setzt man (13.6-6) und (13.6-7) in den Impulssatz (12.5-10) ein, so erhält man

$$0{,}0225\left(\frac{\nu}{U\delta}\right)^{1/4} = \frac{7}{72}\frac{d\delta}{dx}. \tag{13.6-8}$$

Das ist eine gewöhnliche Differentialgleichung für $\delta(x)$. Ihre Lösung für die Randbedingung $\delta(0) = 0$ ist, vgl. Zusatzaufgabe 2,

$$\frac{\delta}{x} = 0{,}371\left(\frac{Ux}{\nu}\right)^{-1/5}. \tag{13.6-9}$$

Mit Hilfe dieses Ergebnisses lässt sich das Analogon zu (12.6-10) berechnen. Wir führen dazu wieder die beiden Reynoldszahlen

$$\mathrm{Re}_x := \frac{Ux}{\nu}, \qquad \mathrm{Re} := \frac{UL}{\nu} \tag{13.6-10}$$

ein, dann ergibt sich, vgl. Zusatzaufgabe 3,

$$\boxed{\frac{\delta_1}{x} \sim \frac{\delta_2}{x} \sim \frac{\tau_W}{\rho U^2} \sim \mathrm{Re}_x^{-1/5}, \qquad \frac{F_W}{\rho U^2 bL} \sim \mathrm{Re}^{-1/5}} \tag{13.6-11}$$

oder mit den Proportionalitätskonstanten

$$\begin{aligned} \delta_1 &= 0{,}0437\,\nu^{1/5}U^{-1/5}x^{4/5}, \\ \delta_2 &= 0{,}0361\,\nu^{1/5}U^{-1/5}x^{4/5}, \\ H_{12} &= 1{,}21\,, \\ \tau_W &= 0{,}0289\,\rho\nu^{1/5}U^{9/5}x^{-1/5}, \\ F_W &= 0{,}0722\,b\rho\nu^{1/5}U^{9/5}L^{4/5} \quad \text{für die beidseitig benetzte Platte.} \end{aligned} \tag{13.6-12}$$

Die Formeln (13.6-9) bis (13.6-12) setzen voraus, dass die Grenzschicht von der Plattenvorderkante $x = 0$ an turbulent ist. Praktisch ist das meist nicht der Fall,

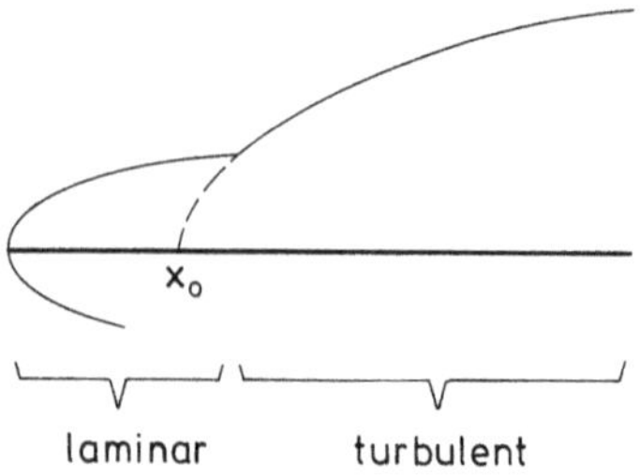

und man muss dann von einem virtuellen Ursprung x_0 an rechnen, d. h. in diesen Formeln x durch $x - x_0$ ersetzen.

Für die Dicke δ_z der zähen Unterschicht erhält man aus Messungen

$$\boxed{\frac{u_\tau \delta_z}{\nu} \approx 10.} \tag{13.6-13}$$

Aufgabe 1

Berechnen Sie die Verdrängungsdicke δ_1 und die Impulsverlustdicke δ_2 als Funktion der Grenzschichtdicke δ für den Ansatz (13.6-5) für das Geschwindigkeitsprofil der turbulenten Plattengrenzschicht!

Lösungshinweis: In den Definitionen (12.4-3) und (12.4-8) für δ_1 und δ_2 muss man für das hier einzusetzende Geschwindigkeitsprofil als obere Grenze des Integrals $\delta(x)$ nehmen, weil das Geschwindigkeitsprofil so angesetzt ist, dass der Integrand für $y = \delta(x)$ verschwindet und für $y > \delta(x)$ beliebig groß wird.

Aufgabe 2

A. Wie lautet die Lösung von Aufgabe 3 von Lehreinheit 12.6, wenn die Grenzschicht turbulent ist?
B. Wie groß ist das Verhältnis F_{W2}/F_{W1} bei laminarer und bei turbulenter Grenzschicht? In welchem Fall ist der Unterschied zwischen Quer- und Längsanströmung größer?

Aufgabe 3

Wie ändert sich die Dicke δ_z der zähen Unterschicht mit der Lauflänge x?

Zusatzaufgabe 1

Leiten Sie die Formel (13.6-7) her, indem Sie (13.6-3) unter Berücksichtigung von (13.4-12) nach τ_W auflösen!

Zusatzaufgabe 2

Lösen Sie die Differentialgleichung (13.6-8) für die Randbedingung $\delta(0) = 0$!

Zusatzaufgabe 3

Beweisen Sie die Formel (13.6-11) mit Hilfe der zuvor abgeleiteten Beziehungen!

LE 13.7 Turbulenzmodelle für die numerische Simulation

In dieser Lehreinheit wird ein Überblick gegeben, welche möglichen Turbulenzmodelle für die Reynoldsspannungen bei ein und der selben Rechnung zu welchen Ergebnissen führen. Dem Grunde nach ist das natürlich kein Grundlagenwissen mehr, allerdings deutet alles darauf hin, dass in Zukunft der Konstruktions- oder allgemeine Berechnungsingenieur auch die numerischen Berechnungen zur Strömungssimulation durchführt. Viele Jahre hätten wir das SST-Turbulenzmodell als sehr präzise empfohlen. Inzwischen gehen die Entwicklungen wider Erwarten weiter. Eine Empfehlung für ein geeignetes Turbulenzmodell fällt immer schwerer. Der theoretische und analytische Hintergrund zu dieser abschließende Lehreinheit zum Thema Turbulenz findet sich in der Lehreinheit 13.2 zur Reynoldschen Gleichung oder Reynolds-Averaged Navier-Stokes-Gleichung.

Anwendungen in der Workbench mit ANSYS CFX – Periodic Hill Flow

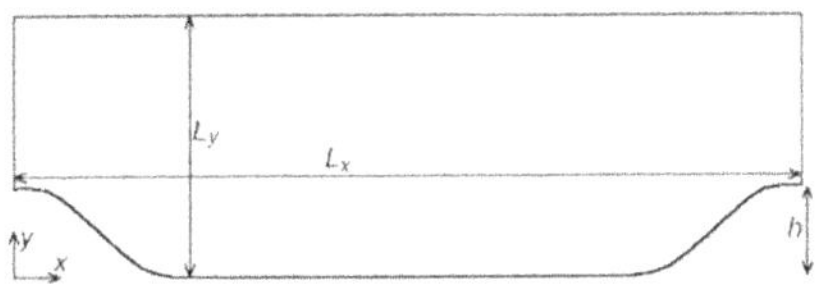

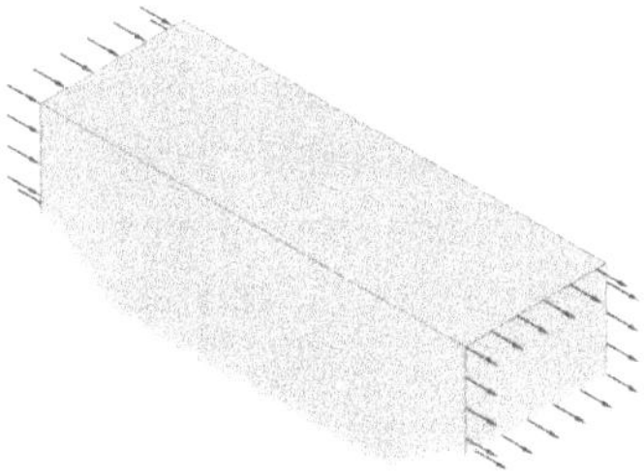

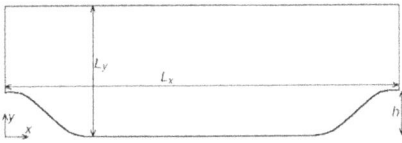

Geometrical Parameters:

- Hill height: h=28mm
- Hill crests are separated by: L_x=9h
- Channel height: L_y=3.035h (=L_z)
- Hill geometry is given as a series of spline functions
- Number of Elements (Hexahedra): 1547768

- http://cfd.mace.manchester.ac.uk/ercoftac/doku.php?id=cases:case081
- https://turbmodels.larc.nasa.gov/Other_LES_Data/2dhill_periodic.html

Modelliert wurde hier exemplarisch ein so genannter „Periodic Hill Flow“ als international vorgegebener Testfall zum Vergleich numerischer Modelle für dreidimensionale Strömungen. Die gezeigten Simulationsergebnisse wurden von unserem Mitarbeiter Tobias Pohlmann mit einer Vollversion ANSYS CFX erstellt. Folgende Turbulenzmodelle stehen in der Workbench bei Auswahl des Lösers CFX zur Verfügung:

(1) Wirbelviskositäts- oder Nullgleichungsmodell,
(2) Wirbelviskositätsmodell oder Eingleichungsmodell (Menter's Eddy Viscosity Transport Equation),
(3) Wirbelviskositätsmodell oder Eingleichungsmodell (Spalart Allmaras),
(4) Wirbelviskositätsmodell oder Zweigleichungsmodell (k-ϵ),
(5) Wirbelviskositätsmodell oder Zweigleichungsmodell (RNG k-ϵ (RNG = Re-Normalisation Group)),
(6) Nicht-lineares-Wirbelviskositätsmodell oder Zweigleichungsmodell (EARSM k-ϵ (Explicit Algebraic Reynolds Stress Model)),
(7) Wirbelviskositätsmodell oder Zweigleichungsmodell (Wilcox's k-ω Model),
(8) Nicht-lineares-Wirbelviskositätsmodell oder Zweigleichungsmodelle (EARSM Baseline (Explicit Algebraic Reynolds Stress Model, von Menter entwickelte Variante des k-ω-Modells),
(9) Wirbelviskositätsmodell oder Zweigleichungsmodelle, Menter's Shear Stress Transport Model (SST),
(10) Wirbelviskositätsmodell oder Zweigleichungsmodelle, Menter's GEKO (Generalized k-ω Model),
(11) Reynolds Spannungsmodell oder Mehrgleichungsmodell, SSG Reynolds Stress Model,
(12) Reynolds Spannungsmodell oder Mehrgleichungsmodell: Wilcox's ω-Reynolds Stress Model,
(13) Reynolds Spannungsmodell oder Mehrgleichungsmodell: Baseline Reynolds Stress Model, (von Menter entwickelte Variante des k-ω-Modells)

Gezeigt werden soll im Folgenden lediglich, welchen Einfluss allein das Turbulenzmodell auf die Topologie der Strömung hat. Vergleichbaren Einfluss haben darüber hinaus die Diskretisierung respektive Auflösung in Zeit und Raum. Es ist so gesehen mit den zeitgemäßen numerischen Methoden auch für einen Anfänger sehr einfach, eine Strömung numerisch zu simulieren. Es erfordert allerdings Erfahrung und Expertenwissen, Simulationsergebnisse sinnvoll zu bewerten. Mit numerischen Rechnungen lassen sich Darstellungen generieren, die sich dagegen im Experiment aufgrund von Zugänglichkeit (eine Messsonde oder auch ein berührungsloser Laserstrahl können nicht beliebige Orte erreichen) nicht abbilden lassen. Das ist ein zentraler Vorteil. Hinsichtlich der Abbildung der Realität und der absoluten Genauigkeit einer Simulation ist es sehr schwierig, über richtig und falsch zu urteilen. Eine individuelle Bewertung der Simulationsparameter und dem jeweiligen Turbulenzmodell ist zum Beispiel mittels CFD-Berechnung einer Normmessblende gemäß DIN EN ISO 5167 (siehe auch Lehreinheit 15.7) möglich. Für die Simulationsberechnungen bei verschiedenen Volumenströmen können mittels der Berechnungsvorschrift der Norm die Drücke in den Kammern der Blende bestimmt werden, ohne dass eine Messung durchzuführen ist.

Die Simulationsergebnisse stammen alle jeweils aus ANSYS-CFX-Rechnungen mit Reynolds-Averaged Navier-Stokes-Verfahren (RANS) bei einer Reynoldszahl von 14995.

(1) *Wirbelviskositäts- oder Nullgleichungsmodell*

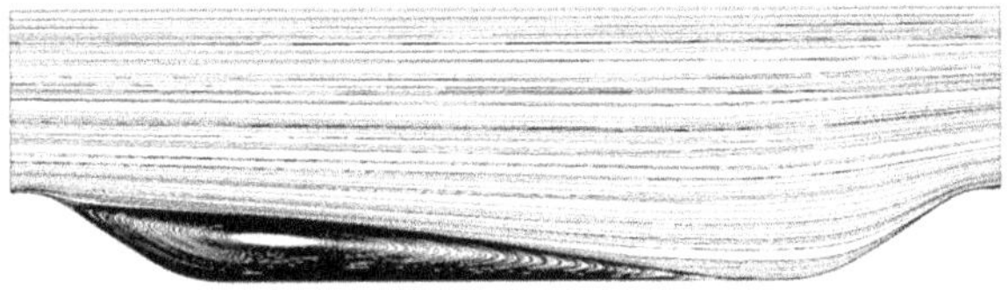

(2) *Wirbelviskositätsmodell oder Eingleichungsmodell (Menter's Eddy Viscosity Transport Equation)*

(3) *Wirbelviskositätsmodell oder Eingleichungsmodell (Spalart Allmaras)*

(4) *Wirbelviskositätsmodell oder Zweigleichungsmodell (k-ϵ)*

(5) *Wirbelviskositätsmodell oder Zweigleichungsmodell (RNG k-ϵ (RNG = Re-Normalisation Group)*

(6) *Nicht-lineares-Wirbelviskositätsmodell oder Zweigleichungsmodell (EARSM k-ϵ (Explicit Algebraic Reynolds Stress Model))*

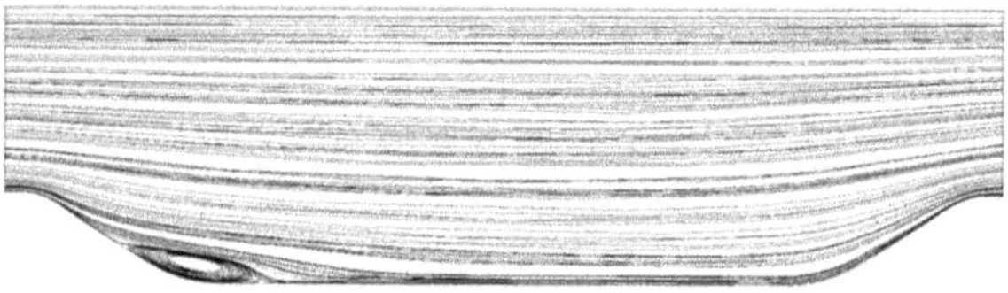

(7) *Wirbelviskositätsmodell oder Zweigleichungsmodell (Wilcox's k-ω Model)*

(8) *Nicht-lineares-Wirbelviskositätsmodell oder Zweigleichungsmodell (EARSM Baseline (Explicit-Algebraic Reynolds-Stress Model, von Menter entwickelte Variante des k-ω-Modells)*

(9) *Wirbelviskositätsmodell oder Zweigleichungsmodell, Menter's Shear Stress Transport Model (SST)*

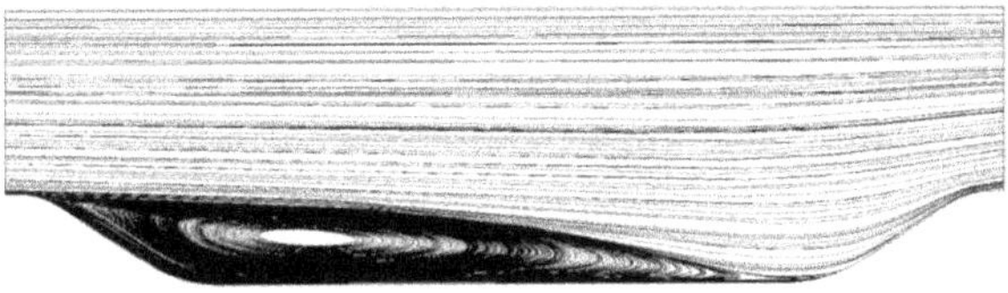

(10) *Wirbelviskositätsmodell oder Zweigleichungsmodell, Menter's GEKO (Generalized k-ω Model)*

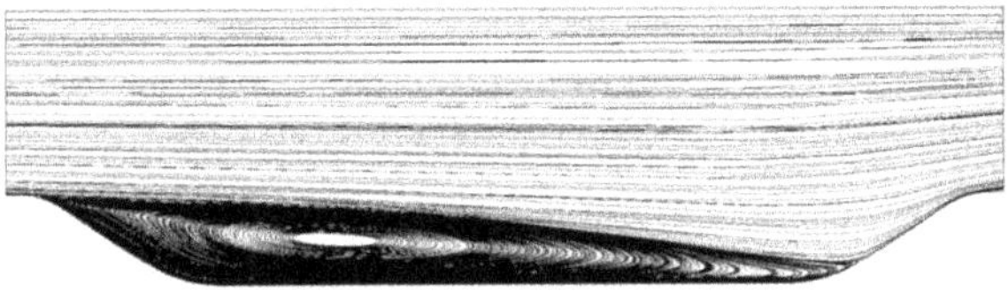

(11) *Reynolds Spannungsmodell oder Mehrgleichungsmodell, SSG Reynolds Stress Model*

(12) *Reynolds Spannungsmodell oder Mehrgleichungsmodell: Wilcox's ω-Reynolds Stress Model*

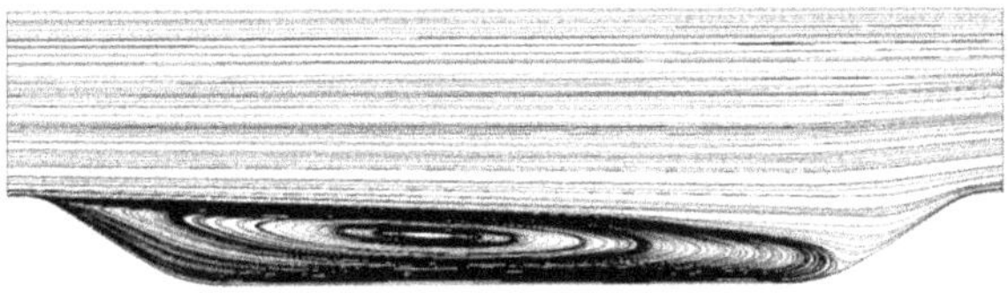

(13) *Reynolds Spannungsmodell oder Mehrgleichungsmodell: Baseline Reynolds Stress Model, (Baseline von Menter entwickelte Variante des k-ω-Modells)*

Kapitel 14
Umströmung von Körpern

In diesem Kapitel wollen wir uns noch einmal mit den Phänomenen beschäftigen, die bei der Umströmung von Körpern durch ein inkompressibles newtonsches Fluid auftreten. Das ist nicht nur für die Berechnung des Fahrtwiderstandes von Fahrzeugen, sondern etwa auch für die Bauwerksaerodynamik wichtig, welche die Windkräfte auf Bauwerke, aber auch z. B. die Zugbelästigung in der Nähe von Bauwerken untersucht.

Wir beginnen mit einer zusammenfassenden Darstellung der Kräfte auf umströmte Körper (Lehreinheit 14.1). Anschließend diskutieren wir den Widerstandsbeiwert einiger geometrisch einfacher Körper (Kreisscheibe, Kugel, Zylinder; Lehreinheit 14.2) und behandeln die technisch wichtige Aufgabe, für bestimmte Bedingungen den Körper geringsten Strömungswiderstandes zu finden (Lehreinheit 14.3). Der Auftrieb oder genauer spezifiziert der hydrodynamische Auftrieb des Tragflügels soll noch einmal anschaulich und im Vergleich zum Magnus-Effekt angesprochen und strömungstechnisch visualisiert werden (Lehreinheit 14.4).

Danach geben wir eine Einführung in die Bauwerksaerodynamik (Lehreinheit 14.5), und schließlich beschreiben wir die wichtigsten Vorrichtungen, mit denen die Strömung in Windkanälen vergleichmäßigt und ihr Turbulenzgrad reduziert werden kann (Lehreinheit 14.6).

LE 14.1 Kräfte auf umströmte Körper

Mit den Kräften, die von einem Fluid auf einen festen Körper ausgeübt werden, haben wir uns bereits mehrfach beschäftigt: Im Rahmen der Hydrostatik haben wir in den Lehreinheiten 2.4 bis 2.7 die Kräfte untersucht, die ein Körper in einem ruhenden Fluid erfährt. Die Kräfte auf umströmte Körper haben wir dann in Lehreinheit 6.1 mit Hilfe des Impulssatzes berechnet. In Lehreinheit 8.6 sind wir auf die Kräfte eingegangen, die in Schleichströmungen entstehen. Die Lehreinheiten 9.9 und 10.6 enthielten die Theorie von Auftrieb und Widerstand in reibungsfreien Fluiden. Hauptaufgabe der Grenzschichttheorie in Kapitel 12 war dann die Berechnung des Reibungswiderstandes in einer reibungsbehafteten Strömung. Der Reibungswiderstand macht aber auch in einem reibungsbehafteten Fluid nur einen Teil des Strömungswiderstandes aus, unter Umständen nicht einmal den entscheidenden. Mit diesen Zusammenhängen wollen wir uns in dieser Lehreinheit beschäftigen.

Die Kraft $\underline{F}$ auf einen Körper ergibt sich formal als die Summe einer Volumenkraft $\underline{F}_V$ und einer Oberflächenkraft $\underline{F}_O$. Vgl. (1.4-8):

$$\underline{F} = \underline{F}_V + \underline{F}_O. \tag{14.1-1}$$

https://doi.org/10.1515/9783110641455-014

Die Volumenkraft ist unabhängig von der Umströmung des Körpers. In vielen uns praktisch interessierenden Fällen rührt sie allein von der Schwerkraft her, ist also gleich dem Gewicht $\underline{G}$ des Körpers,

$$\underline{F}_V = \underline{G}; \tag{14.1-2}$$

sie soll im Folgenden außer Betracht bleiben. Die Kraft auf einen Körper ist dann gleich der Oberflächenkraft, und die lässt sich formal als Integral des Spannungsvektors über die Oberfläche schreiben, vgl. (1.4-12):

$$\underline{F} = \oint \underline{\sigma}\, dA. \tag{14.1-3}$$

Für viele praktische Zwecke empfiehlt es sich, den Spannungsvektor in jedem Punkt der Oberfläche aufzuspalten in eine Komponente $\underline{\sigma}_N$ normal und eine Komponente $\underline{\sigma}_T$ tangential zu dem Flächenelement, auf das der Spannungsvektor wirkt:

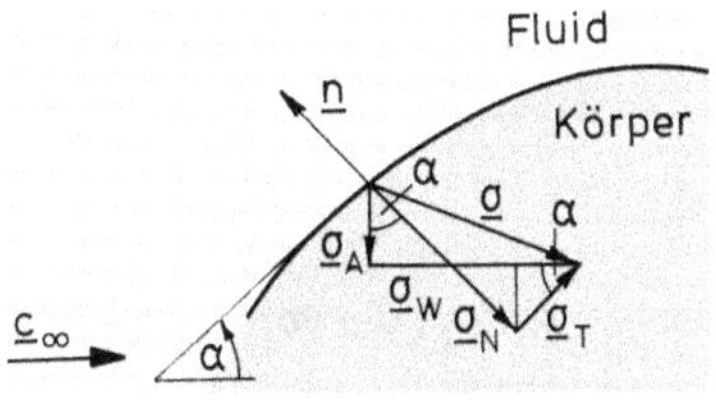

$$\underline{\sigma} = \underline{\sigma}_N + \underline{\sigma}_T. \tag{14.1-4}$$

Der Betrag von $\underline{\sigma}_N$ ergibt sich nach (8.1-1) mit (8.2-7) korrekt zu

$$\sigma_N = \left| -p + 2\eta \frac{\partial c_N}{\partial n} \right|,$$

wenn n die Koordinate normal zur Körperoberfläche nach außen und c_N die Geschwindigkeitskoordinate in dieser Richtung ist. In den meisten Fällen ist der zweite Term gegenüber dem Druck jedoch zu vernachlässigen, so dass der Betrag von $\underline{\sigma}_N$ in guter Näherung gleich dem Druck ist. Der Betrag von $\underline{\sigma}_T$ ist gleich der Wandschubspannung τ_W. Damit erhalten wir

$$\sigma_N = p, \quad \sigma_T = \tau_W. \tag{14.1-5}$$

Man nennt deshalb das Oberflächenintegral von $\underline{\sigma}_N$ die Druckkraft $\underline{F}_P$ und das Oberflächenintegral von $\underline{\sigma}_T$ die Reibungskraft $\underline{F}_R$:

$$\underline{F} = \underbrace{\oint \underline{\sigma}_N\, dA}_{\underline{F}_P} + \underbrace{\oint \underline{\sigma}_T\, dA}_{\underline{F}_R}. \tag{14.1-6}$$

Statt in seine Komponenten normal und tangential zum Flächenelement kann man den Spannungsvektor in jedem Punkte der Oberfläche auch in eine Komponente $\underline{\sigma}_W$ parallel zur Anströmgeschwindigkeit $\underline{c}_\infty$ und eine Komponente $\underline{\sigma}_A$ senkrecht dazu zerlegen. Das Oberflächenintegral von $\underline{\sigma}_W$ stellt dann offenbar den Widerstand $\underline{F}_W$ und das Oberflächenintegral von $\underline{\sigma}_A$ den Auftrieb $\underline{F}_A$ des umströmten Körpers dar:

$$\underline{F} = \underbrace{\oint \underline{\sigma}_W \, dA}_{\underline{F}_W} + \underbrace{\oint \underline{\sigma}_A \, dA}_{\underline{F}_A} . \tag{14.1-7}$$

Wir interessieren uns für den Betrag der Widerstandskraft. Es sei α, wie in der Skizze angegeben, der Winkel zwischen Körperkontur und Anströmrichtung, und zwar von der Anströmrichtung aus im mathematisch positiven Sinn positiv gerechnet; dann ergibt sich aus der Skizze auf der vorigen Seite $\sigma_W = \sigma_N \sin\alpha + \sigma_T \cos\alpha$. Mit (14.1-5) und (14.1-7) folgt daraus

$$F_W = \underbrace{\oint p \sin\alpha \, dA}_{F_{WP}} + \underbrace{\oint \tau_W \cos\alpha \, dA}_{F_{WR}} . \tag{14.1-8}$$

Die Widerstandskraft F_W setzt sich also aus einem Anteil F_{WP}, der vom Druck herrührt, und einem Anteil F_{WR}, der von der Wandschubspannung herrührt, zusammen. Man nennt F_{WP} den Druckwiderstand und F_{WR} den Reibungswiderstand. Statt vom Druckwiderstand spricht man auch vom Formwiderstand, da nach der Grenzschichttheorie die Druckverteilung allein von der Außenströmung und damit von der Form des umströmten Körpers abhängt (obwohl der Reibungswiderstand natürlich ebenfalls von der Form des umströmten Körpers abhängt).

Die Aufspaltung des Widerstandes in Druckwiderstand und Reibungswiderstand ist für die Berechnung des Widerstandes von Bedeutung: Der Druckwiderstand ergibt sich aus der Potentialtheorie (ggf. unter Berücksichtigung von Ablösegebieten), der Reibungswiderstand aus einer Grenzschichtrechnung. Technisch interessant ist natürlich nur der gesamte Widerstand.

Beide Anteile sind gekoppelt: Wenn man den einen Anteil ändert, ändert sich im Allgemeinen auch der andere. Bekannt ist eine Versuchsreihe von Eiffel, der den Widerstand von Zylindern desselben Grundkreisdurchmessers d und verschiedener Länge L im Windkanal gemessen und durch den Widerstandsbeiwert (vgl. (10.6-8))

$$\zeta_W = \frac{F_W}{\frac{\varrho}{2} c_\infty^2 A} \tag{14.1-9}$$

charakterisiert hat. (A ist im Allgemeinen die Fläche des Hauptspantquerschnitts.) Die Dimensionsanalyse ergibt, dass ζ_W eine Funktion der Reynoldszahl $c_\infty d/\nu$ und des Längenverhältnisses L/d ist. Eiffel fand, dass ζ_W für Reynoldszahlen über 3000 nur noch vom Längenverhältnis abhängt, und zwar erhielt er für

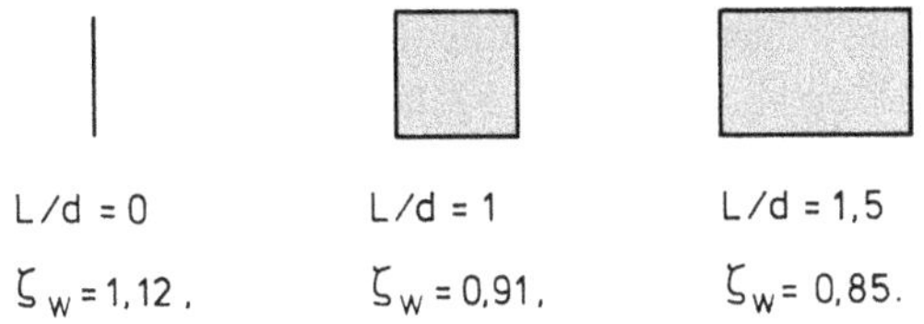

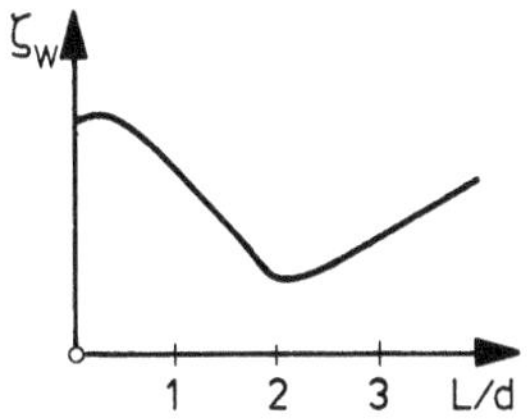

Eine systematische Versuchsreihe zeigt, dass der Widerstandsbeiwert für wachsendes L/d vom Anfangswert für $L/d = 0$ an zunächst etwas ansteigt, dann bis etwa $L/d = 2$ ungefähr auf die Hälfte fällt und von da an wieder steigt. Für $L/d = 0$ ist offenbar kein Reibungswiderstand vorhanden, da es keine Wand parallel zur Anströmrichtung gibt. Es ist plausibel, dass der Reibungswiderstand mit wachsendem L/d kontinuierlich steigt. Der Abfall des Widerstandsbeiwerts für Werte von L/d zwischen etwa 0,5 und 2 kann nur dadurch zustande kommen, dass in diesem Bereich der Druckwiderstand stärker abnimmt, als der Reibungswiderstand zunimmt. Als Faustregel kann gelten, dass bei stumpfen Körpern der Reibungswiderstand um eine Größenordnung kleiner als der Druckwiderstand ist.

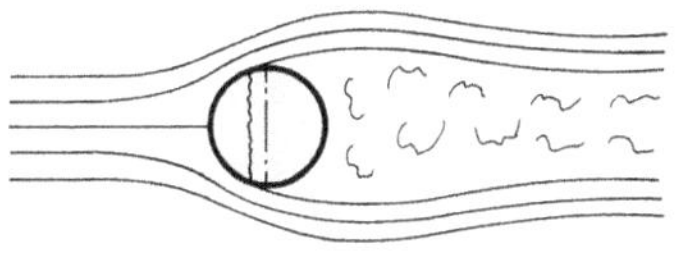

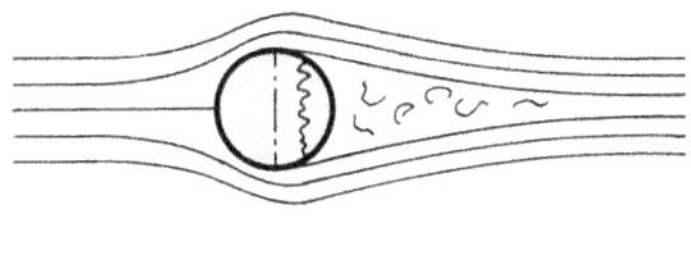

Ähnliches beobachtet man, wenn man die Grenzschicht eines stumpfen Körpers etwa einer Kugel, künstlich turbulent macht: Bei hinreichend kleiner Reynoldszahl $c_\infty d/\nu$ ist die Kugelgrenzschicht laminar und löst noch vor dem Hauptspantquerschnitt ab.[1] Prandtl hat nun in einem berühmt gewordenen Versuch die Grenzschicht dadurch künstlich turbulent gemacht, dass er kurz vor dem Druckminimum einen Drahtring (einen so genannten Stolperdraht) auf der Kugel angebracht hat. Die turbulent gewordene

1 Vgl. die Ausführungen über das Druckminimum bei der Umströmung von Körpern auf Lehreinheit 12.3.

Grenzschicht nimmt durch Queraustausch mit der Außenströmung Fluidteilchen höherer Geschwindigkeit aus der Außenströmung auf und kann deshalb einen viel größeren Druckanstieg überwinden, bevor sie sich ablöst. Natürlich ist im zweiten Fall der Reibungswiderstand größer als im ersten Fall, einmal weil die Wandschubspannung in der turbulenten Grenzschicht stärker wächst, zum anderen, weil die Lauflänge bis zur Ablösestelle größer ist. Trotzdem ist der Gesamtwiderstand im zweiten Falle merklich kleiner, was wieder bedeutet, dass der Druckwiderstand stärker sinkt, als der Reibungswiderstand steigt. Dass der Druckwiderstand im zweiten Fall kleiner ist, als im ersten, ist plausibel: Der Druck im Totwasser ist jeweils nahezu konstant und damit ungefähr gleich dem Druck an der Ablösestelle. Das bedeutet, dass bei turbulenter Grenzschicht durch die Verschiebung des Ablösepunktes hinter dem Hauptspantquerschnitt ein gewisser Druckrückgewinn auf der Kugelhinterseite stattfindet, der den Druckwiderstand natürlich verringert.

Aufgabe 1

Der Widerstandsbeiwert ζ_W einer Kugel wird bei einer kritischen Reynoldszahl plötzlich kleiner. Was ist die Ursache dafür?

A. Der Reibungswiderstand wird infolge des laminar-turbulenten Umschlags der Grenzschicht kleiner. □
B. Die Rauigkeit der Körperoberfläche hat keinen Einfluss mehr. □
C. Der Druckwiderstand wird geringer. □

Aufgabe 2

Ein Pkw fährt mit einer Geschwindigkeit von 120 km/h. Berechnen Sie die zur Überwindung des Luftwiderstandes erforderliche Leistung, wenn der Hauptspantquerschnitt 2 m^2 und der Widerstandsbeiwert 0,4 beträgt!

LE 14.2 Der Widerstandsbeiwert von Kreisscheibe, Kugel und Zylinder

Diese Lehreinheit ist dem Strömungswiderstand von drei geometrisch einfachen und technisch wichtigen Körpern gewidmet: der in Achsrichtung angeströmten, unendlich dünnen Kreisscheibe, der Kugel und dem senkrecht zu seiner Achse angeströmten Kreiszylinder unendlicher oder endlicher Länge. In allen diesen Fällen lässt sich der Widerstand nur experimentell ermitteln, die Ergebnisse lassen sich aber bis zu einem gewissen Grade anschaulich interpretieren.

Wir wollen uns zunächst überlegen, von welchen Parametern im Sinne der Dimensionsanalyse der Widerstand abhängt. Kreisscheibe und Kugel sind durch nur eine Lauflänge festgelegt, damit hängt der Widerstandsbeiwert, vgl. die Formeln (11.1-5) und (11.1-8) nur von einer Reynoldszahl ab. Ein Zylinder wird durch zwei Längen bestimmt, nämlich von seinem Durchmesser und seiner Höhe. Damit hängt sein Widerstandsbeiwert außer von einer Reynoldszahl noch vom Verhältnis dieser beiden Längen ab. Diagramm 2 im Anhang enthält die gemessenen und (dünn gezeichnet) einige berechnete Werte des Widerstandsbeiwertes einer Kreisscheibe, einer Kugel, eines unendlich langen Zylinders und eines Zylinders mit dem Längenverhältnis Länge: Durchmesser = 5 in doppelt logarithmischer Darstellung über einer Reynoldszahl. Die Reynoldszahl ist in allen Fällen mit dem jeweiligen Durchmesser gebildet worden, die Bezugsfläche A für die Bildung eines Widerstandsbeiwertes ist jeweils der Hauptspantquerschnitt, für Kreisscheibe und Kugel also $\pi D^2/4$, für den unendlich langen Zylinder und für den Zylinder endlicher Länge LD.[2]

Die Kreisscheibe

Der Verlauf des Widerstandsbeiwertes über der Reynoldszahl ist für die senkrecht angeströmte Kreisscheibe am einfachsten. Es gibt den Bereich der Schleichströmung etwa für Re < 1, wo Lamb[3] die Formel

$$\zeta_W = \frac{64}{\pi \mathrm{Re}} = \frac{20{,}4}{\mathrm{Re}} \qquad (14.2\text{-}1)$$

errechnet hat, den Bereich der voll turbulenten Strömung etwa von Re = 1000 an, wo ζ_W konstant, und zwar nach Eiffel

$$\zeta_W = 1{,}12 \qquad (14.2\text{-}2)$$

ist, und dazwischen einen Übergangsbereich mit einer Spitze, die auf eine Änderung in der Form der Wirbelablösung hinter der Scheibe zurück geht.

2 Für den unendlich langen Zylinder hat natürlich nicht der Widerstand, sondern nur der Widerstand pro Längeneinheit einen endlichen Wert.

3 Quelle siehe Literaturverzeichnis zu den Tabellen im Anhang.

Ein Verlauf von der Form $\zeta_W \sim 1/\mathrm{Re}$ ist offenbar typisch für eine laminare Strömung, in der die Trägheitskräfte null (Rohrströmung, vgl. (5.3-3)) oder vernachlässigbar sind (Schleichströmungen, vgl. (8.6-5)), wo also der Druckterm und die Reibungsterme in der Navier-Stokesschen Gleichung im Gleichgewicht stehen. Ein Verlauf von der Form $\zeta_W = \mathrm{const}$ ist typisch für eine turbulente Strömung, in der sich der Ablösepunkt mit wachsender Reynoldszahl nicht oder nicht mehr ändert. Hat der umströmte Körper (wie die senkrecht angeströmte Kreisscheibe) eine scharfe Kante, so löst die Strömung stets an dieser Stelle ab, und der Widerstandsbeiwert ist für einen sehr großen Reynoldszahlbereich konstant.

Die Kugel

Auch bei der Kugel gibt es für genügend kleine Reynoldszahlen den Bereich der Schleichströmung, wo $\zeta_W \sim 1/\mathrm{Re}$ ist. Wie bereits in Lehreinheit 8.6 dargestellt, gilt die von Stokes[4] errechnete Formel

$$\zeta_W = \frac{24}{\mathrm{Re}} \tag{14.2-3}$$

etwa für $\mathrm{Re} < 1$. Oseen[4] hat die verbesserte Formel

$$\zeta_W = \frac{24}{\mathrm{Re}}\left(1 + \frac{3}{16}\mathrm{Re}\right) \tag{14.2-4}$$

abgeleitet, die mit den experimentellen Ergebnissen etwa bis $\mathrm{Re} = 5$ gut übereinstimmt. Abraham[5] gibt die Formel

$$\zeta_W = \frac{24}{\mathrm{Re}}(1 + 0{,}110\sqrt{\mathrm{Re}})^2 \tag{14.2-5}$$

an, die den Kugelwiderstand bis $\mathrm{Re} = 6000$ gut wiedergibt.

Wie die Kurve in Diagramm 2 im Anhang zeigt, steigt der Widerstandsbeiwert oberhalb dieser Reynoldszahl wieder schwach an. Auffallend ist, das er bei $\mathrm{Re} = 3{,}8 \cdot 10^5$ plötzlich stark abfällt; danach steigt er wieder an und ist für $\mathrm{Re} > 10^6$ konstant und ungefähr gleich 0,2. Prandtl konnte zeigen, dass der starke Widerstandsabfall bei $\mathrm{Re} = 3{,}8 \cdot 10^5$ darauf zurückzuführen ist, dass die Grenzschicht turbulent wird und deshalb, wie in der vorigen Lehreinheit erklärt, sehr

4 Quelle siehe Literaturverzeichnis zu den Tabellen im Anhang.
5 The Physics of Fluids 13 (1970), S. 2194.

viel länger an der Körperkontur anliegt. Man nennt die Umströmung mit laminarer Grenzschicht unterkritisch und die Umströmung mit turbulenter Grenzschicht überkritisch. Nach der hydrodynamischen Stabilitätstheorie ist plausibel, dass der Umschlag bei um so kleinerer Reynoldszahl erfolgt, je größer die turbulenten Schwankungen in der Strömung sind. Bevor man den Turbulenzgrad (13.2-15) eines Windkanals mit Hitzdrahtanemometern genau messen konnte, benutzte man deshalb die Reynoldszahl $\mathrm{Re}_{\mathrm{krit}}$, bei der man den Druckabfall des Widerstandsbeiwertes einer Kugel beobachtete, als Maß für die Turbulenz einer Windkanalströmung. Man definierte zu diesem Zweck den Turbulenzfaktor

$$\varphi = \frac{3{,}8 \cdot 10^5}{\mathrm{Re}_{\mathrm{krit}}}. \qquad (14.2\text{-}6)$$

Der Wert $\varphi = 1$ ergibt sich für eine durch ruhende Luft geschleppte Kugel, also für den Turbulenzgrad null. Der Turbulenzfaktor eines Windkanals ist demnach stets größer als eins und um so größer, je stärker die Windkanalturbulenz ist.

Der unendlich lange Zylinder

Der Widerstandsbeiwert des unendlich langen Zylinders zeigt qualitativ denselben Verlauf wie für die Kugel, allerdings gibt es keine Lösung der Stokesschen Gleichung für die Schleichströmung. In der Oseenschen Näherung fand Lamb[6] die Formel

$$\zeta_W = \frac{8\pi}{\mathrm{Re}(\ln 8 + \frac{1}{2} - \gamma - \ln \mathrm{Re})} = \frac{25{,}13}{\mathrm{Re}(2{,}002 - \ln \mathrm{Re})}; \qquad (14.2\text{-}7)$$

die darin auftretende Eulersche Konstante γ hat näherungsweise den Wert $\gamma = 0{,}5777$. Auch beim Zylinder fällt der Widerstandsbeiwert in der Nähe von $\mathrm{Re} = 4 \cdot 10^5$ stark ab, weil die Grenzschicht turbulent wird, der Ablösepunkt nach hinten wandert und der Druckwiderstand sich dabei stärker verringert, als der Reibungswiderstand ansteigt.

Die unterschiedliche Druckverteilung bei unterkritischer und überkritischer Druckverteilung wird auch durch das folgende Diagramm bestätigt, das den Druckverlauf auf der Zylinderoberfläche in Abhängigkeit vom Winkel φ zeigt:[7]

6 Quelle siehe Literaturverzeichnis zu den Tabellen im Anhang.

7 Messungen von Flachsbart, zitiert nach dem Handbuch der Experimentalphysik, Band *IV*/2. Leipzig: Akademische Verlagsgesellschaft 1932.

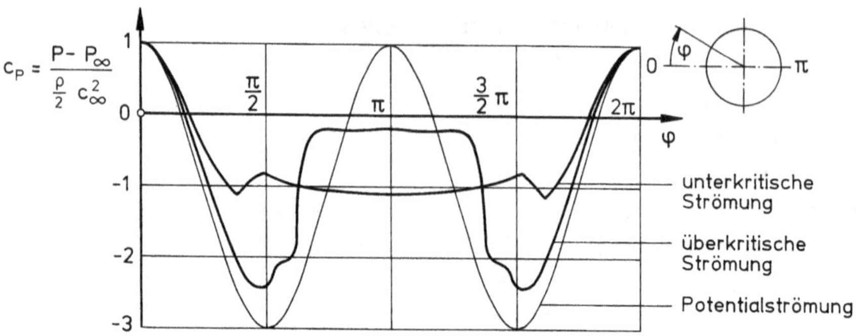

Der Zylinder endlicher Länge

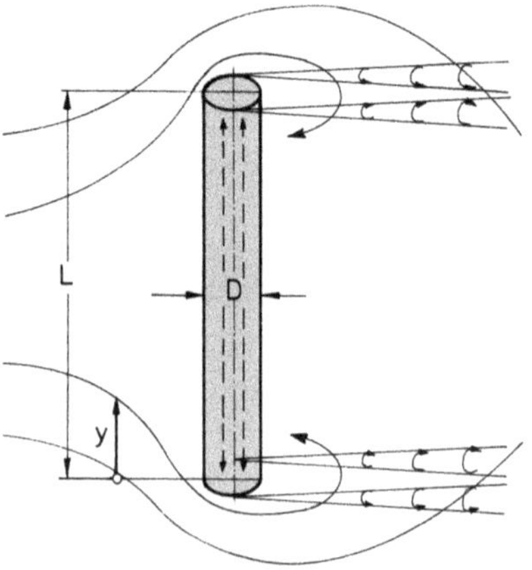

Beim Zylinder endlicher Länge tritt zusätzlich eine Umströmung der Endflächen auf. Dabei bilden sich an den seitlichen Rändern der Endflächen jeweils zwei Wirbelzöpfe aus, deren Ursache eine (in die auf der nächsten Seite stehende Skizze eingestrichelte) Ausgleichsströmung längs des Zylinders zu den Endflächen hin ist, vgl. die ähnliche Erscheinung bei Tragflügeln endlicher Spannweite (Lehreinheit 10.6). Man nennt diese Wirbelzöpfe häufig Tütenwirbel, weil sich ihr Durchmesser stromab durch Wirbeldiffusion vergrößert und sie damit die Form von Spitztüten annehmen. Ähnlich wie die Wirbelzöpfe beim Tragflügel endlicher Länge induzieren die Tütenwirbel in der Zeichenebene der nebenstehenden Skizze hinter dem Zylinder eine Strömung zur Mitte hin; das führt im unterkritischen Strömungsbereich dazu, dass das Totwasser schmaler und der Druck auf der Zylinderrückseite höher ist als beim unendlich langen Zylinder: Das Totwasser wird gleichsam von den Enden her aufgefüllt.

Verhindert man die Umströmung der Endflächen durch große Endscheiben, so wird auch der endliche Zylinder im Wesentlichen zweidimensional umströmt, wie man durch Messung des Druckverlauf bestätigen kann. Der Widerstandsbeiwert wird also durch die Endscheiben vergrößert. Natürlich trägt dazu auch die Grenzschicht an den Endscheiben bei, der entscheidende Faktor ist jedoch die Erhöhung des Druckwiderstandes des Zylinders.

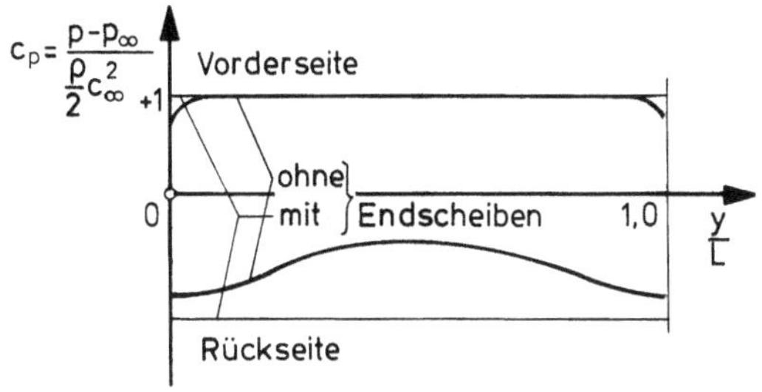

Aufgabe 1

Warum hat eine in ruhender Luft frei fallende Kugel einen anderen Widerstandsbeiwert als eine bei derselben Reynoldszahl im Windkanal angeströmte Kugel?

Aufgabe 2

Zwei Zylinder mit dem Längenverhältnis $L/D = 1$ werden in zwei verschiedenen Lagen im Windkanal untersucht. Im Fall 1 stehen sie aufeinander, im Fall 2 stehen sie senkrecht zur Anströmrichtung nebeneinander, und zwar so weit voneinander entfernt, dass ihre wechselseitige Beeinflussung vernachlässigbar ist. Welche der folgenden Aussagen ist dann richtig?

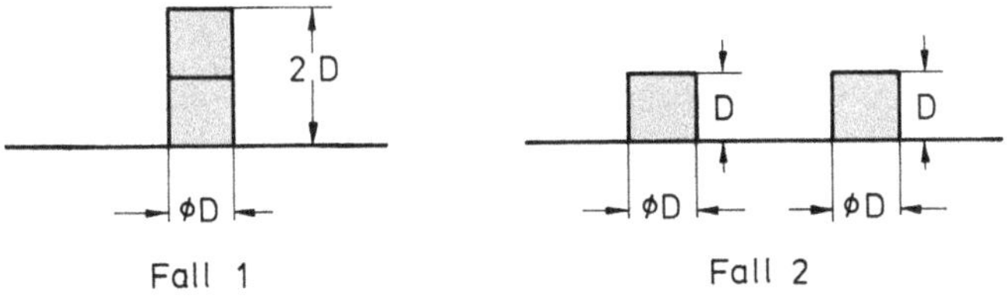

A. Beide Widerstandsbeiwerte sind gleich. ☐
B. Der Widerstandsbeiwert der Anordnung 1 ist größer. ☐
C. Der Widerstandsbeiwert der Anordnung 2 ist größer. ☐

Begründen Sie Ihre Entscheidung!

Aufgabe 3

Eine Metallkugel mit einem Durchmesser D sinkt in einem Wasserbehälter zu Boden. Dabei erreicht sie nach kurzer Anlaufzeit eine konstante Geschwindigkeit c. Berechnen Sie diese Geschwindigkeit

A. für den Fall der Schleichströmung mit $\zeta_W = 24/\mathrm{Re}$ nach (14.2-4) und
B. für den Fall der überkritischen Strömung mit $\zeta_W = 0{,}5 = \text{const}$!

LE 14.3 Körper geringsten Widerstandes

Eine technisch wichtige Aufgabe besteht darin, eine Fläche oder ein Volumen so zu verkleiden, dass der Strömungswiderstand ein Minimum wird. Mit dieser Aufgabe wollen wir uns in dieser Lehreinheit beschäftigen.

Dabei müssen verschiedene Probleme unterschieden werden:

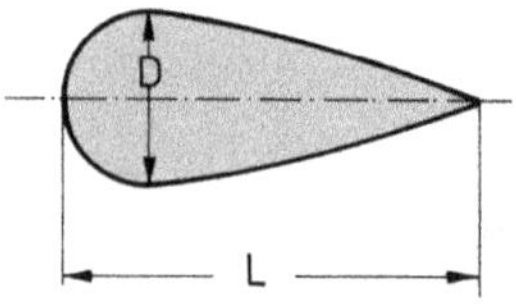

– Eine gegebene Fläche senkrecht zur Anströmrichtung soll so verkleidet werden, dass der Widerstand bei ihrer Umströmung minimiert wird. Ein Beispiel dafür wäre eine Verstrebung im Flugzeugbau. In diesem Falle erhält man relativ kurze Körper. Der auf den Hauptspantquerschnitt bezogene minimale Widerstandsbeiwert eines rotationssymmetrischen Körpers ist bei

$$c_\infty D/\nu = 2 \cdot 10^5$$
$$\zeta_W = 0{,}05 \quad \text{für} \quad L/D = 2 \ldots 2{,}5\,. \tag{14.3-1}$$

– Ein gegebenes Volumen V soll den geringsten möglichen Widerstand haben. Beispiele dafür sind Luftschiffe, Unterwasserfahrzeuge oder Flugzeugrümpfe. In diesem Fall liegt der Hauptspantquerschnitt nicht von vornherein fest. Die charakteristische Fläche ist aus dimensionsanalytischen Gründen $A = V^{2/3}$, die charakteristische Länge $D = V^{1/3}$. Für $c_\infty D/\nu = 2 \cdot 10^5$ erhält man als minimalen Widerstandsbeiwert

$$\zeta_W = 0{,}08 \quad \text{für} \quad L/D = 4{,}5 \ldots 5\,. \tag{14.3-2}$$

Bei solchen Körpern entfällt etwa ein Viertel des Gesamtwiderstandes auf den Druckwiderstand. Im modernen Flugzeugbau geht man von einer zylindrischen Rumpfröhre aus und versucht, den Strömungswiderstand durch geeignet geformte Bug- und Heckteile zu minimieren.

In der Umgangssprache wird ein Körper geringsten Widerstandes häufig Stromlinienkörper oder Tropfenkörper genannt. Beide Bezeichnungen sind nicht besonders glücklich. Der Begriff Stromlinienkörper suggeriert vom Wortsinn her einen Körper, an dem keine Ablösung auftritt. Auch ein solcher Körper ist vorne abgerundet und läuft hinten in eine Spitze aus, das Verhältnis von Länge zu Durchmesser ist aber größer als beim Körper geringsten Widerstandes. Ein fallender Flüssigkeitstropfen dagegen ist im zeitlichen Mittel kugelförmig.

Aufgabe 1

Wie groß ist das Längenverhältnis L/d für den Rotationskörper geringsten Widerstandes?

Aufgabe 2

Warum besitzt ein Rotationskörper, von dem sich die Strömung nicht ablöst, (Stromlinienkörper) einen größeren Widerstand als der Körper geringsten Widerstandes?

LE 14.4 Der hydrodynamische Auftrieb eines Tragflügels

Die bis hierher erbrachten Beschreibungen des hydrodynamsichen Auftriebs benutzten komplexe mathematische Modelle mit Singularitäten und Wirbelsystemen, die teilweise nur fiktiv (virtuell) vorhanden sind. Hier bzw. als YouTube-Filme werden anschauliche Erklärungsversuche zum Auftrieb am Tragflügel unternommen.

Im Kapitel 10 Wirbelströmungen wurde eine fiktive mathematische Erklärung zum hydrodynamischen Auftrieb eines Tragflügels gegeben. Nach einer anschaulichen Interpretation der verwendeten Begriffe, wie der virtuellen Wirbelstärke, wurde mit der Aufgabe 1 in der Lehreinheit 10.6 gefragt. Verdeutlicht werden sollte, dass der tragende Wirbel im Inneren eines Tragflügels, also außerhalb der Strömung angenommen wird. Er ist, wie die Singularitäten der Potentialtheorie, nicht wirklich vorhanden (virtuell). Es handelt sich um ein rein mathematisches Modell zur Erklärung des Auftriebs, was in den Jahren zu Beginn des 20. Jahrhunderts von fundamentaler Bedeutung war, um eine ingenieurwissenschaftliche Grundlage zur Dimensionierung von Flugzeugen zu schaffen. Die Wirbelstärke stromab des Tragflügels ist dagegen wirklich vorhanden (reell). Die beiden Wirbelschleppen, zu denen sich die beiden Wirbelzöpfe hinter einem Flugzeug aufrollen, können anderen Flugzeugen durchaus gefährlich werden. Diese reellen Wirbelwalzen links und rechts auf jeder Seite eines Flugzeugrumpfes begrenzen die Frequenz hintereinander startender Flugzeuge auf jedem Verkehrsflughafen der Welt erheblich.

Im Vergleich zum virtuellen Wirbel im Inneren eines Tragflügels ist ein rotierender Zylinder dem Kern einer Wirbelwalze vergleichbar, vgl. Lehreinheit 10.5. Wir sprechen hier in der dreidimensionalen Vorstellung von einem Zylinder und einer Wirbelwalze. Zweidimensional kann man diesen so genannten Magnus-Effekt sehr gut numerisch mit Hilfe der CFD am Beispiel eines rotierenden Kreises veranschaulichen, siehe https://youtu.be/TIgW5ENpAhM.

Die Strömung um eine tragflügelähnliche Struktur lässt sich recht einfach und anschaulich mit Hilfe der Umströmung eines Halbkreises visualisieren, was in selbigem Film mit Hilfe der Software ANSYS Workbench und dem Löser CFX demonstriert wird. Als Wiederholung lohnt es sich, die anschauliche Erklärung des Auftriebs mit Hilfe der radialen Druckgleichung (4.2-6) noch einmal Revue passieren zu lassen (https://youtu.be/skpfP01QBU0).

LE 14.5 Bauwerksaerodynamik

Die Bauwerksaerodynamik beschäftigt sich ganz allgemein mit der Umströmung von Bauwerken.

Bauwerke sind außer Gebäuden auch Schornsteine, Masten, Brücken, Dämme, Schiffe oder auch im Freien stehende Großplastiken. Das technische Problem ist häufig die Bestimmung der Windkraft bei extremen Windstärken. Dabei ist nicht nur an die statische Belastung zu denken, sondern z. B. bei Türmen oder Brücken auch an die – bei bestimmten Windstärken oft sehr viel größere – Belastung durch Schwingungen, z. B. durch Bildung einer Kármánschen Wirbelstraße (vgl. Lehreinheit 13.1) oder durch Anregung der Eigenschwingungen des Bauwerkes. Daneben spielen aber auch noch andere Probleme eine Rolle, z. B.

- die Vermeidung von Windbelästigung, etwa in Passagen unter Hochhäusern oder vor Schaufenstern und Eingängen;
- die Ausbreitung von Schadstoffen aus Schornsteinen, nicht nur bei Kraftwerken und Industrieanlagen, sondern z. B. auch die Vermeidung der Belästigung durch Schornsteinabgase auf den Decks von Passagierschiffen;
- die zu erwartende Geruchsbelästigung bei der Anlage von Mülldeponien unter Berücksichtigung der Geländeform und der normalen, aber auch der nur selten auftretenden Windrichtungen.

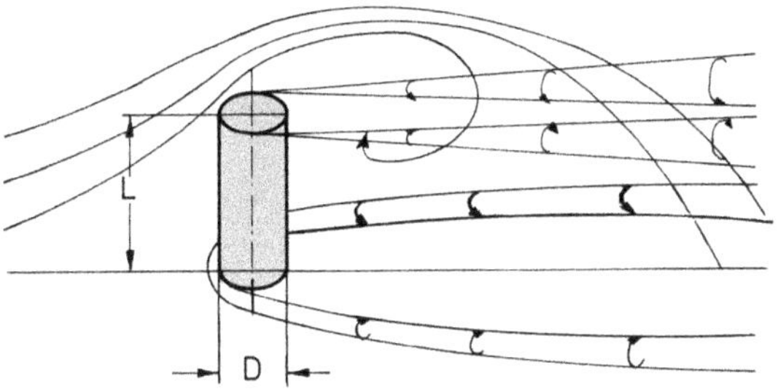

Ein einfaches Modell für viele umströmte Bauwerke ist ein Kreiszylinder endlicher Länge auf einer großen ebenen Platte. Hierbei tritt ein theoretisch schwer zu erfassendes Zusammenspiel zwischen der Plattengrenzschicht und der Zylinderumströmung auf. Ein qualitatives Bild der Umströmung eines solchen Zylinderstumpfes für Längenverhältnisse $L/D > 4$ zeigt die unten stehende Skizze. Gezeichnet ist zunächst das Stromlinienbild in der Meridianebene des Zylinders. Auf der Vorderseite des Zylinders tritt in der unteren Hälfte ein Staupunkt auf. Die Stromlinien unterhalb der Staupunktstromlinie rollen sich vor dem Zylinder zu einem Fußwirbelsystem auf, die Stromlinien oberhalb der Staupunktstromlinie umströmen die Endfläche des Zylinders. Dabei bildet sich qualitativ dieselbe Überkopfströmung aus wie an den Endflächen eines frei in der Strömung hängenden Zylinders endlicher Länge, vgl. Lehreinheit 14.2. Experimente zeigen, dass sich das Fußwirbelsystem und das Kopfwirbelsystem für Längenverhältnisse $L/D > 4$ im Wesentlichen nicht gegenseitig beeinflussen; für kürzere Zylinder sind die Strömungsverhältnisse nicht so übersichtlich.

Aufgabe 1

Ein kreiszylindrischer Körper wird senkrecht zu seiner Achse mit einer stationären Geschwindigkeit angeströmt. Ist die Strömung hinter dem Körper im Mittel stets stationär?

Aufgabe 2

Ein quaderförmiger Körper liegt auf einer ebenen Wand und wird mit konstanter Geschwindigkeit U angeströmt. Bei welcher Lage des Körpers ergibt sich für die Druckdifferenz am rechten Schenkel des Manometers eine

	A	B	C	D
Nullanzeige?				
negative Anzeige?				
positive Anzeige?				

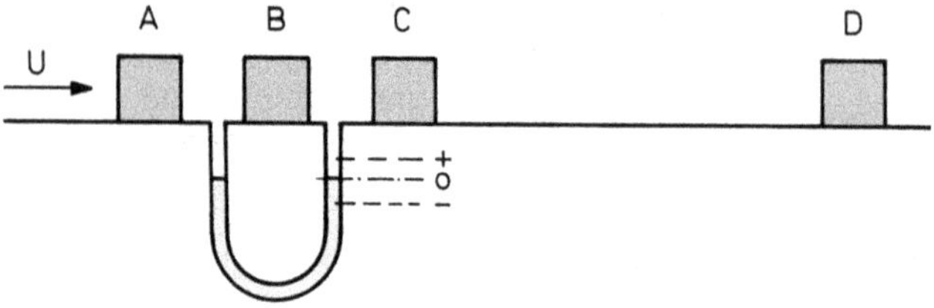

Aufgabe 3

Berechnen Sie die Kraft auf einen 50 m hohen Schornstein mit einem mittleren Durchmesser von 3 m. Da die Höhe über 20 m beträgt, soll mit einer Windgeschwindigkeit von $u = 40$ m/s (entspricht nach DIN 1055 einem Orkan) gerechnet werden, die zur Sicherheit auf der ganzen Länge in Rechnung gestellt werden soll.

Lösungshinweis: Den Widerstandsbeiwert entnehmen Sie Tabelle 11.

LE 14.6 Windkanaleinbauten

In dieser Lehreinheit wollen wir die Wirkungsweise von Vorrichtungen kennen lernen, die man in Unterschallwindkanäle einbaut, um das Geschwindigkeitsprofil gleichmäßiger zu machen und die turbulenten Schwankungen zu dämpfen.

Düse

Die Windkanaldüse hat zunächst die Aufgabe, die Strömung auf die im Messquerschnitt benötigte Geschwindigkeit zu beschleunigen. Die folgenden Betrachtungen zeigen, dass dabei Geschwindigkeitsunterschiede in Hauptströmungsrichtung verringert, aber Geschwindigkeiten quer dazu (z. B. ein vom Ventilator erzeugter Drall in der Strömung) vergrößert werden.

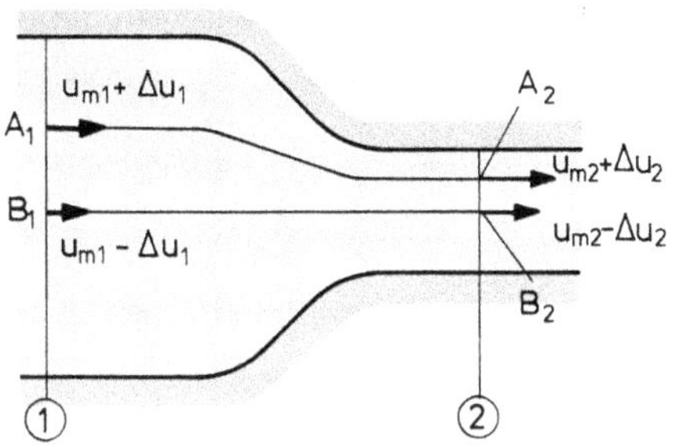

Wir betrachten die Strömung längs zweier Stromlinien A und B zwischen zwei Querschnitten 1 und 2. Im Querschnitt 1 sei die mittlere Geschwindigkeit u_{m1}, im Querschnitt 2 sei sie u_{m2}. Die Geschwindigkeit in Strömungsrichtung im Punkte A_1 sei $u_{m1} + \Delta u_1$, zum Ausgleich dafür herrsche im Punkte B_1 die Geschwindigkeit $u_{m1} - \Delta u_1$. Entsprechend herrsche im Punkte A_2 die Geschwindigkeit $u_{m2} + \Delta u_2$ und im Punkte B_2 die Geschwindigkeit $u_{m2} - \Delta u_2$. Die Stromlinien seien in beiden Querschnitten nicht gekrümmt, dann ist der Druck quer zu den Stromlinien konstant, und der Druckabfall $p_1 - p_2$ zwischen beiden Querschnitten ist längs beider Stromlinien derselbe. Dann ergibt die Bernoullische Gleichung (4.3-2) für reibungsfreie stationäre Strömungen:

$$\text{für die Stromlinie } A: \frac{(u_{m1} + \Delta u_1)^2}{2} + \frac{p_1}{\rho} = \frac{(u_{m2} + \Delta u_2)^2}{2} + \frac{p_2}{\rho},$$

$$\text{für die Stromlinie } B: \frac{(u_{m1} - \Delta u_1)^2}{2} + \frac{p_1}{\rho} = \frac{(u_{m2} - \Delta u_2)^2}{2} + \frac{p_2}{\rho}.$$

Daraus folgt

$$p_1 - p_2 = \frac{\rho}{2}[(u_{m2} + \Delta u_2)^2 - (u_{m1} + \Delta u_1)^2] = \frac{\rho}{2}[(u_{m2} - \Delta u_2)^2 - (u_{m1} - \Delta u_1)^2]$$

und weiter nach elementarer Umrechnung

$$u_{m1}\Delta u_1 = u_{m2}\Delta u_2.$$

Die Kontinuitätsgleichung liefert

$$u_{m1}A_1 = u_{m2}A_2.$$

Für eine Düse ist

$$\frac{A_2}{A_1} = m < 1,$$

damit erhält man

$$\frac{\Delta u_2}{\Delta u_1} = \frac{u_{m1}}{u_{m2}} = \frac{A_2}{A_1} = m < 1, \tag{14.6-1}$$

die Geschwindigkeitsunterschiede verringern sich also durch die Kontraktionswirkung der Düse im selben Verhältnis, in dem sich die mittlere Geschwindigkeit vergrößert.

Übertragen wir diese Betrachtungen in einer quasistationären Näherung auf die turbulenten u'-Schwankungen, so können wir $\Delta u = \sqrt{\overline{u'^2}}$ und $u_m = \overline{u}$ setzen, und wir erhalten

$$\frac{\sqrt{\overline{u_2'^2}}}{\sqrt{\overline{u_1'^2}}} = m, \qquad \frac{\sqrt{\overline{u_2'^2}}/\overline{u}_2}{\sqrt{\overline{u_1'^2}}/\overline{u}_1} = m^2. \tag{14.6-2}$$

Die turbulenten Längsschwankungen verringern sich also mit dem Kontraktionsverhältnis, der von ihnen herrührende Anteil des Turbulenzgrades (13.2-15) sogar mit dem Quadrat des Kontraktionsverhältnisses.

Im Gegensatz zu Geschwindigkeitsunterschieden in Strömungsrichtung werden Geschwindigkeitskomponenten quer zur Strömungsrichtung häufig durch eine Düse verstärkt. Denkt man sich solche Geschwindigkeitskomponenten durch in Strömungsrichtung verlaufende Wirbelfäden induziert und die Düsenwand als Berandung einer Wirbelröhre, so wird die Wirbelstärke durch die Kontraktion nach dem 1. Helmholtzschen Wirbelsatz (10.4-3) verstärkt und damit die induzierte Geschwindigkeit vergrößert.

Siebe

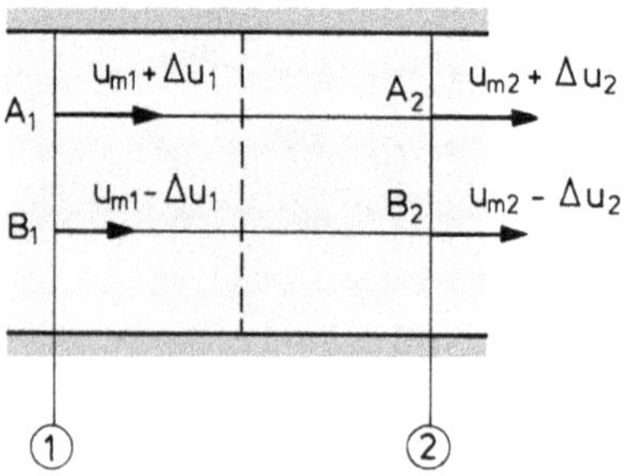

Auch Siebe gleichen Geschwindigkeitsunterschiede in Strömungsrichtung aus, wie man auf dieselbe Weise wie bei der Düse einsehen kann. Wieder ist der Druckabfall $p_1 - p_2$ zwischen beiden Querschnitten auf beiden Stromlinien gleich, wir müssen aber wegen des Druckverlustes am Sieb die Bernoullische Gleichung (5.2-1) für verlustbehaftete Strömungen verwenden. Wir erhalten dann

$$\text{für die Stromlinie } A: \frac{(u_{m1} + \Delta u_1)^2}{2} + \frac{p_1}{\rho} = \frac{(u_{m2} + \Delta u_2)^2}{2}(1 + \zeta) + \frac{p_2}{\rho},$$

$$\text{für die Stromlinie } B: \frac{(u_{m1} - \Delta u_1)^2}{2} + \frac{p_1}{\rho} = \frac{(u_{m2} - \Delta u_2)^2}{2}(1 + \zeta) + \frac{p_2}{\rho}.$$

Daraus folgt

$$p_1 - p_2 = \frac{\rho}{2}\left[(1+\zeta)(u_{m2}+\Delta u_2)^2 - (u_{m1}+\Delta u_1)^2\right]$$
$$= \frac{\rho}{2}\left[(1+\zeta)(u_{m2}-\Delta u_2)^2 - (u_{m1}-\Delta u_1)^2\right]$$

und daraus

$$(1+\zeta)u_{m2}\Delta u_2 = u_{m1}\Delta u_1.$$

Die Kontinuitätsgleichung liefert diesmal $u_{m1} = u_{m2}$, und damit erhalten wir

$$\frac{\Delta u_2}{\Delta u_1} = \frac{1}{1+\zeta} < 1. \tag{14.6-3}$$

Werden n Siebe mit demselben Widerstandsbeiwert ζ nacheinander durchströmt, so ergibt sich

$$\frac{\Delta u_2}{\Delta u_1} = \frac{1}{(1+\zeta)^n}. \tag{14.6-4}$$

Der Widerstandsbeiwert ζ' der n Siebe zusammen ist nach (5.4-2) offenbar $\zeta' = n\zeta$. Nun ist nach der Bernoullischen Ungleichung

$$\frac{1}{(1+\zeta)^n} < \frac{1}{1+n\zeta},$$

die vergleichmäßigende Wirkung von n hintereinander eingebauten Sieben mit dem Widerstandsbeiwert ζ ist also größer als die Wirkung eines Siebes mit dem Widerstandsbeiwert $n\zeta$.

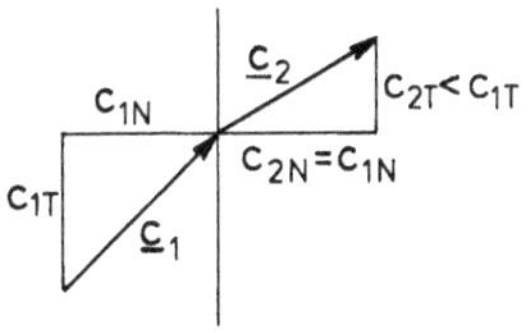

Auch auf die Geschwindigkeitskomponente quer zur Strömungsrichtung, also parallel zum Sieb, wirkt ein Sieb dämpfend: Der Geschwindigkeitsvektor wird beim Durchströmen eines Siebes ähnlich wie ein Lichtstrahl beim Eintritt in ein optisch dichteres Medium zur Normalenrichtung hin abgelenkt.

Gleichrichter

Um Geschwindigkeitskomponenten quer zur Strömungsrichtung, also einen vom Ventilator herrührenden Drall oder Sekundärströmungen aufgrund von Umlenkungen zu dämpfen, baut man vor der Messstrecke Gleichrichter ein; das sind z. B. wabenartig zusammengesetzte Bleche oder auch einfach Strohhalme.

Auch Gleichrichter verringern in gewissem Maße Geschwindigkeitsunterschiede in Strömungsrichtung, ihre Wirkung in dieser Hinsicht ist jedoch meist geringer als die von Sieben.

Aufgabe 1

Geben Sie die Vor- und Nachteile bei der Verwendung von Gleichrichter, Sieb und Düse an!

Aufgabe 2

Welchen Einfluss haben Gleichrichter, Sieb und Düse auf den Turbulenzgrad in einem Windkanal?

Kapitel 15
Strömungsmesstechnik

Dieses Kapitel soll eine Einführung in die wichtigsten Messmethoden der Strömungstechnik geben. Es behandelt Geräte zur Druckmessung (Lehreinheiten 15.1 und 15.2), zur Geschwindigkeitsmessung (Lehreinheiten 15.3 bis 15.6), zur Volumenstrommessung (Lehreinheit 15.7) und zur Zähigkeitsmessung (Lehreinheit 15.8).

LE 15.1 Das Pitotrohr

Ein Pitotrohr ist ein dünnes, in Strömungsrichtung in die Strömung gehaltenes Röhrchen, das an der einen (der Strömung entgegen gerichteten) Seite offen und an der an deren Seite an ein Manometer (Druckmessgerät) angeschlossen ist. Wir wollen untersuchen, was dieses einfache Messgerät misst.

Methode

Es zeigt sich, dass ein solches Röhrchen umströmt wird, als ob es vorne geschlossen wäre. Vor der Öffnung bildet sich also ein Staupunkt. Wir setzen die Bernoullische Gleichung (4.3-2) zwischen diesem Staupunkt P_0 und einem Punkt P_1 auf der Stromlinie durch den Staupunkt an, der so weit stromauf liegt, dass der Einfluss der Röhrchens auf die Strömung in P_1 vernachlässigbar ist. Wir erhalten dann

$$p_1 + \frac{\rho}{2}c_1^2 = p_0.$$

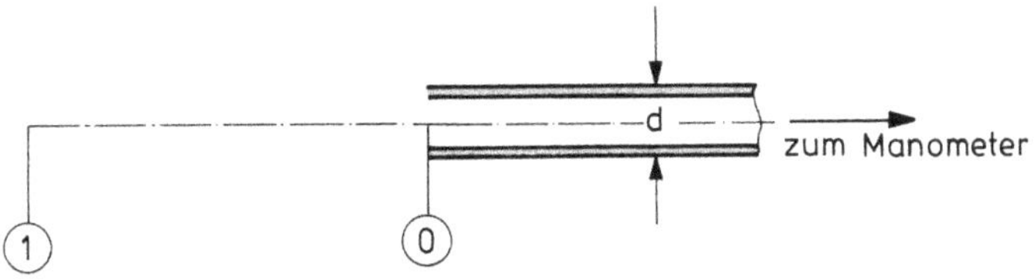

In der Messtechnik nennt man den Druck p auch den statischen Druck, die Größe $\rho c^2/2$ den dynamischen Druck und die Summe beider den Gesamtdruck. Bei Vernachlässigung des Einflusses der Schwerkraft ist der Gesamtdruck offenbar längs einer Stromlinie konstant und gleich dem Druck p_0 im Staupunkt. Wir können also den vom Pitotrohr gemessenen Druck p_{ges} (häufig schreibt man auch p_{tot}) interpretieren als die Summe aus dem statischen Druck p (zur Unterscheidung vom

https://doi.org/10.1515/9783110641455-015

Gesamtdruck schreibt man auch p_{stat}) und dem dynamischen Druck $\rho c^2/2$, die am Messort (der Öffnung des Pitotrohrs) herrschen würde, wenn das Pitotrohr nicht da wäre:

$$\underbrace{p_{ges}}_{\text{Gesamtdruck}} = \underbrace{p}_{\text{statischer Druck}} + \underbrace{\frac{\rho}{2}c^2}_{\text{dynamischer Druck}}. \tag{15.1-1}$$

Das Pitotrohr misst demnach den Gesamtdruck an seiner Öffnung.

Das Pitotrohr ist an seinem anderen Ende über einen Schlauch mit einem Manometer, im einfachsten Falle mit einem U-Rohr-Manometer verbunden. Man kann an dieser Anordnung gut die drei Teile erkennen, aus denen sich ein (pneumatisches) Messverfahren zusammensetzt:

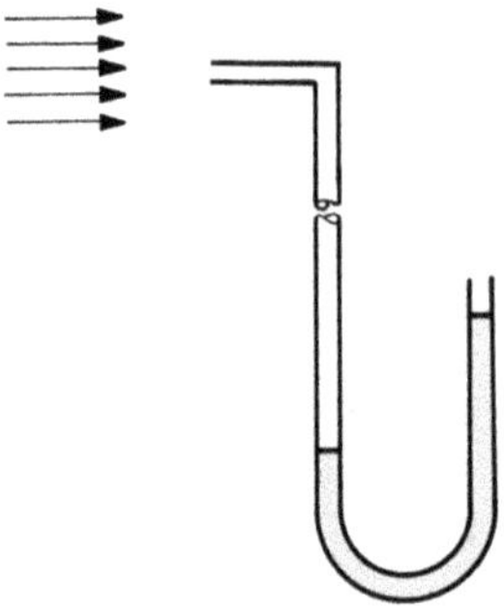

- den Messaufnehmer oder die Sonde (in unserem Fall das Pitotrohr), die die Messgröße aufnehmen;
- den Schlauch als Messwertübertrager, der Schwankungen ggf. auch dämpft;
- das Druckmessgerät, an dem man den Messwert ablesen kann, und zwar hier an einem U-Rohr-Manometer als Höhendifferenz zweier Menisken.

Einflüsse auf die Messung

Zähigkeitseinfluss

Bei der Anwendung der Bernoullischen Gleichung wird zähigkeitsfreie Strömung vorausgesetzt. Versuche zeigen, dass der Einfluss der Zähigkeit für $cd/\nu > 300$ vernachlässigbar ist; darin ist d der Außendurchmesser des Pitotrohrs. Für kleinere Werte dieser Reynoldszahl zeigt das Pitotrohr einen zu großen Wert an, d. h. der vom Pitotrohr angezeigte Wert ist größer als der Gesamtdruck, der am Messort bei Abwesenheit des Pitotrohrs herrschen würde.

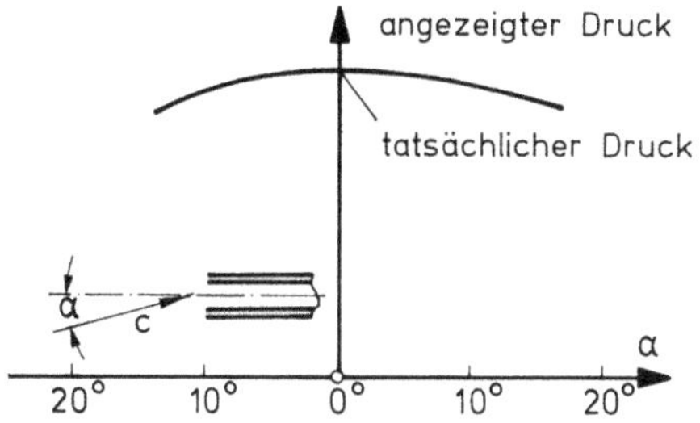

Richtcharakteristik

Ein Pitotrohr hat eine Richtcharakteristik, die stark von seiner Nasenform abhängt (rund, eckig usw.). Für fehlerfreie Messungen muss die Sonde bis auf etwa 10° genau mit der Anströmrichtung ausgerichtet sein. Die nebenstehende Skizze zeigt das Verhältnis des angezeigten zum tatsächlichen Gesamtdruck in Abhängigkeit vom Winkel zwischen der Strömungsrichtung und der Achse des Pitotrohrs.

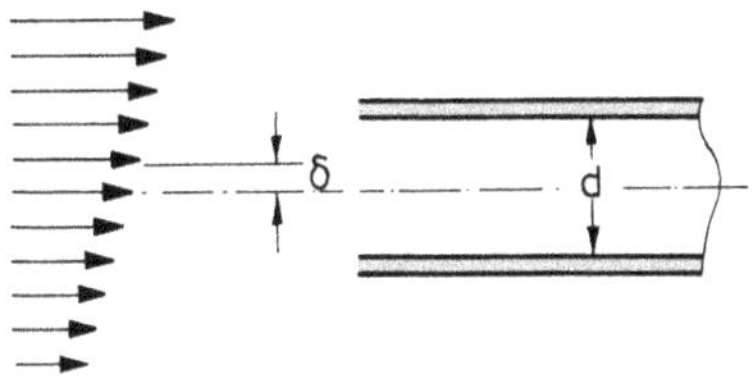

Geschwindigkeitsprofil

Werden Messungen in einer Scherschicht durchgeführt, wird ein, bezogen auf die Rohrmitte als Messort, zu hoher Messwert angezeigt. Dies ist u. a. eine Folge der Integration des Geschwindigkeitsprofils über den Messquerschnitt. Der Messwert muss einem Ort zugeordnet werden, der um das Maß δ seitlich der Sondenachse im Gebiet höherer Strömungsgeschwindigkeit liegt. Für inkompressible Strömungen ist $\delta/d \approx$ 0,15–0,18.

Turbulenz

Turbulenz hat auf die Anzeige eines Pitotrohrs im Prinzip denselben Einfluss wie auf die Anzeige eines Prandtlschen Staurohrs, den wir bereits in Aufgabe 2 von Lehreinheit 13.2 untersucht haben. Ein Pitotrohr zeigt also in einer turbulenten Strömung (sofern die Geschwindigkeit der Querschwankungen nicht zu groß ist) einen höheren Druck als den mit dem mittleren Druck und der mittleren Geschwindigkeit gebildeten Gesamtdruck an.

Aufgabe 1

Wie kann man mit einem Pitotrohr die Strömungsrichtung bestimmen?

Aufgabe 2

Starke turbulente Querschwankungen können dazu führen, dass der Vektor der Momentangeschwindigkeit gegen die Achse des Pitotrohrs geneigt ist. Welchen Einfluss hat das auf die Anzeige des Pitotrohrs?

Aufgabe 3

Wie könnte man die Richtcharakteristik eines Pitotrohrs über einem größeren Winkelbereich flach halten?

LE 15.2 Die (statische) Drucksonde

Als eine Sonde zur Messung des (statischen) Druckes in einer Strömung wollen wir ein vorne geschlossenes Röhrchen mit seitlichen Öffnungen diskutieren.

Hält man ein vorn geschlossenes, aber mit seitlichen Öffnungen versehenes Röhrchen parallel in ein strömendes Medium, dann wird sich im nach hinten verschlossenen Teil näherungsweise der Druck aufbauen, der am Ort der Öffnungen im Fluid bei Abwesenheit des Röhrchens vorhanden wäre. Warum näherungsweise? Da das Röhrchen einen von null verschiedenen Durchmesser hat und damit eine Verdrängungswirkung mit Strömungsbeschleunigung und anschließender Verzögerung auftritt (vgl. Aufgabe 3 von Lehreinheit 9.10), wird am Messort ein etwas zu kleiner Druck gemessen. Ein typischer Verlauf des Druckes längs der Verzweigungsstromlinie ist in nachfolgender Skizze dargestellt.

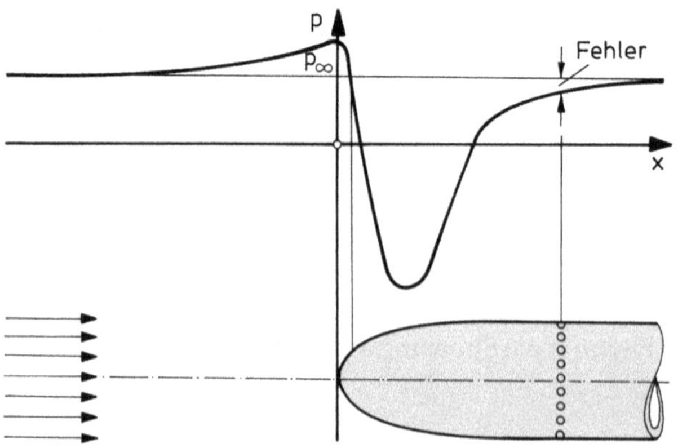

Man erkennt, dass es nur eine Stelle am Rohr (im Bereich der Nase) gibt, wo der Druck der ungestörten Anströmung vorhanden ist. Das ist aber genau der Bereich, der sehr empfindlich auf Änderungen der Strömungsrichtung reagiert. (Man stelle sich vor, das Rohr sei um einen Winkel α nach oben um die Nasenvorderkante geneigt. Dann müsste bei nicht einmal großen Winkeln α die Druckbohrung in die Nähe der Nasenspitze verschoben werden.) Man legt deshalb die Bohrungen weiter nach rechts in den zylindrischen Teil der Sonde. Allerdings macht man dann den schon oben erwähnten Fehler, denn auch weiter stromab wird der statische Druck der Anströmung nicht ganz erreicht. Jedoch kann dieser kleine Fehler durch geeignete Anbringung der Halterung, die man ohnehin benötigt, korrigiert werden, vgl. die nachfolgende Skizze. Der genaue Ort der Bohrungen wird immer durch Modellversuche festgelegt. Die Bohrungen müssen senkrecht zur Oberfläche, scharfkantig, nicht zu groß und ohne Grat oder Verrundung sein.

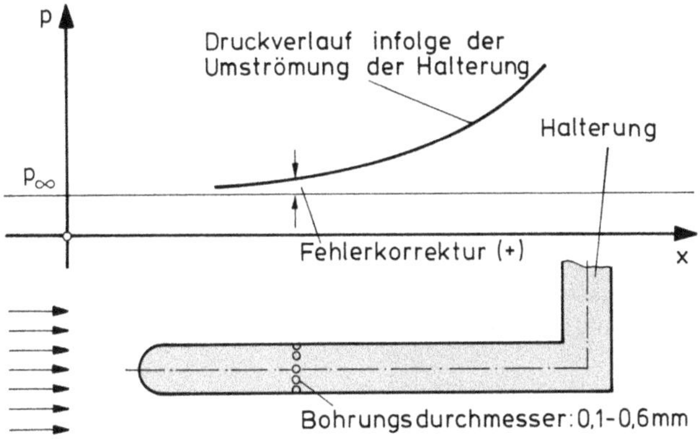

Statische Drucksonden sind sehr viel anstellwinkelempfindlicher als Gesamtdrucksonden. Auch hier gibt es Turbulenzeinflüsse, wobei der Einfluss der Schwankungen senkrecht zur Hauptströmungsrichtung überwiegt.

Aufgabe 1

Wie wird die Druckmessung verfälscht, wenn die Bohrung durch den Bohrvorgang einen Grat

A. vor der Bohrung   B. hinter der Bohrung

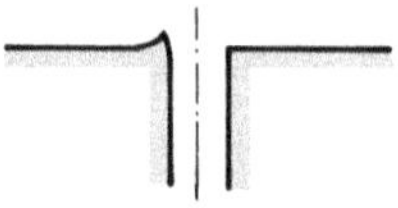

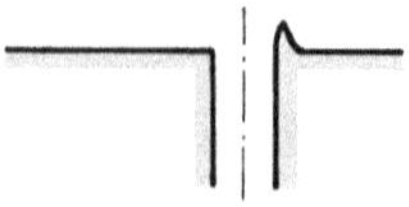

aufweist?

Aufgabe 2

Warum reagieren statische Drucksonden sehr empfindlich auf Änderungen der Anströmrichtung?

LE 15.3 Das Prandtlsche Staurohr

Häufig will man nicht den Druck, sondern die Geschwindigkeit in der Strömung messen. Man kann dazu sowohl den Gesamtdruck als auch den statischen Druck messen. Die Differenz beider, die man mit einem Manometer messen kann, ergibt den dynamischen Druck, aus dem bei bekannter Dichte des strömenden Mediums die Geschwindigkeit berechnet wird. Eine typische Ausführung einer Sonde, mit der man Gesamtdruck und statischen Druck messen kann, ist das Prandtlsche Staurohr (Prandtlrohr), das wir bei inkompressibler Strömung bereits aus Aufgabe 5 von Lehreinheit 4.3, bei kompressibler Strömung aus Aufgabe 4 von Lehreinheit 7.2 und bei turbulenter Strömung aus Aufgabe 2 von Lehreinheit 13.2 kennen.

Auf der folgenden Seite ist die Konstruktionszeichnung eines Prandtlschen Staurohrs und seine Verbindung mit einem U-Rohr-Manometer dargestellt. Die Druckdifferenz zwischen den beiden Schenkeln ist gerade der dynamische Druck $\rho c^2/2$. Ist $\rho_M > \rho$ die Dichte der Sperrflüssigkeit des Manometers, so erhält man mit Hilfe der Hydrostatik für den Druck im Querschnitt A–A in den beiden Schenkeln

$$p + \rho g h_1 + \rho_M g \Delta h = p_{\text{ges}} + \rho g (h_1 + \Delta h)$$

und daraus mit (15.1-1)

$$c = \sqrt{2g\Delta h\left(\frac{\rho_M}{\rho} - 1\right)}. \qquad (15.3\text{-}1)$$

Aufgabe 1

A. Wie kann man mit einem Prandtlrohr den Gesamtdruck messen?
B. Wie kann man mit einem Prandtlrohr den (statischen) Druck messen?

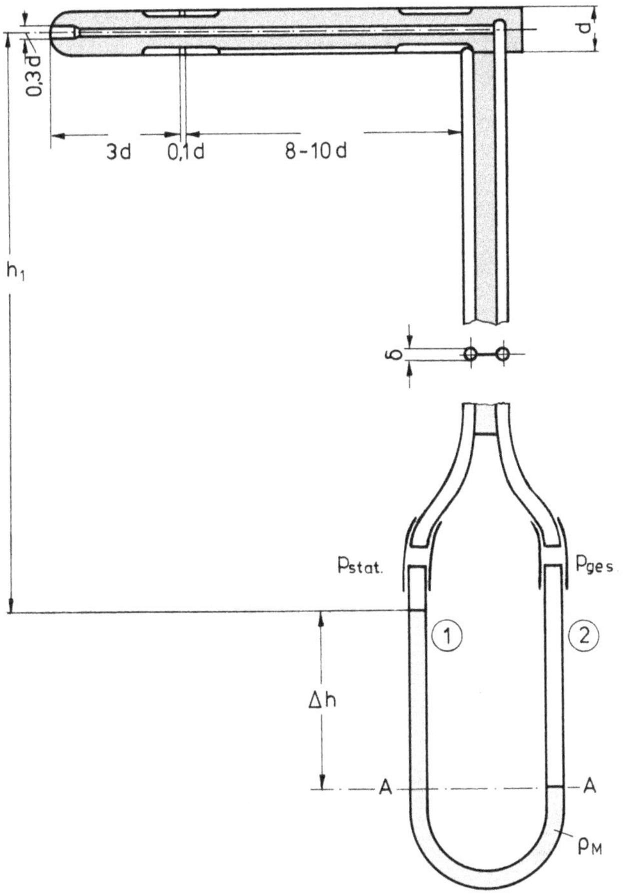

LE 15.4 Hitzdrahtanemometrie

Die bisher besprochenen Messgeräte sind nicht in der Lage, schnellen zeitlichen Schwankungen zu folgen, sondern messen in solchen Fällen einen bestimmten Mittelwert, wie wir das z. B. für das Pitotrohr in einer turbulenten Strömung in Lehreinheit 15.1 besprochen haben. Mit dem Hitzdrahtanemometer lernen wir ein Gerät kennen, das ein sehr hohes zeitliches Auflösungsvermögen besitzt und deshalb auch zur Messung turbulenter Geschwindigkeitsschwankungen geeignet ist.

Ein Hitzdrahtanemometer besteht aus einer Hitzdrahtsonde, d. h. einer Vorrichtung, die einen Metallfaden sehr geringen Durchmessers (5 µm) hält, und einer Stromversorgung, die den dünnen Draht auf eine bestimmte mittlere Temperatur aufheizt. Das Messprinzip beruht nun darauf, dass dieser Metallfaden in einem strömenden Fluid Wärme verliert. Da der Metallfaden sehr dünn ist, hat er auch eine geringe Wärmekapazität und kann damit in Verbindung mit einer Regelelektronik sehr schnelle Änderungen wahrnehmen. Ein typischer Sondenkopf für Unterschallströmungen ist unten skizziert.

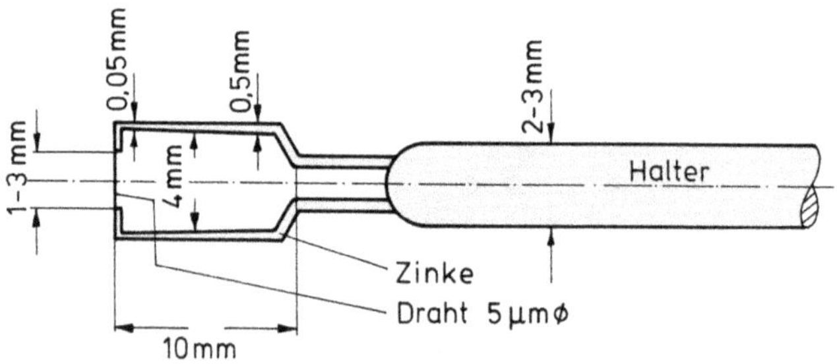

Wird der Draht durch den elektrischen Strom von einer Temperatur T_0 im ungeheizten Zustand auf eine Temperatur T_W aufgeheizt, so hat sich sein Widerstand von R_0 auf R_W verändert, und zwar gilt

$$R_W = R_0[1 + \alpha_R(T_W - T_0)]. \tag{15.4-1}$$

α_R ist dabei der Temperaturkoeffizient des Widerstandes. Bezeichnet man die Stromstärke im Hitzdraht mit I, so ist die Wärmezufuhr im Hitzdraht gleich I^2R_W. Andererseits ist die durch das Fluid in der Zeiteinheit abgeführte Wärmemenge eine Funktion der Geschwindigkeit und der Temperaturdifferenz $T_W - T_0$, so dass im stationären Zustand bei einem Gas unter bestimmten vereinfachenden Annahmen und fester Orientierung der Sonde eine Beziehung von der Form

$$I^2R_W = f(c, T_W - T_0) \tag{15.4-2}$$

bestehen muss. Für den inkompressiblen Fall und unter der Annahme, dass die Drahttemperatur elektronisch konstant gehalten wird, (die Regelgröße ist ein Maß für die Fluktuation) und auch die Fluidtemperatur unverändert ist, gilt mit guter

Näherung die so genannte Kingsche Formel

$$I^2 = A + B\sqrt{c}. \tag{15.4-3}$$

Darin müssen die Konstanten A und B durch Kalibrierung gefunden werden.

Aufgabe 1

Ein Vorteil des Hitzdrahtmanometers gegenüber dem Prandtlrohr ist seine hohe zeitliche Auflösung. Nennen Sie einige Nachteile des Hitzdrahtanemometers!

Aufgabe 2

Kann man mit einem Hitzdrahtanemometer auch die Temperatur(schwankungen) in der Strömung messen?

LE 15.5 Laser-Doppler-Anemometry

Die bisher besprochenen Messgeräte zur Geschwindigkeitsmessung erfordern einen Eingriff in die Strömung – die Messsonde muss intrusiv an den Ort der Messung gebracht werden. In dieser und der folgenden Lehreinheit lernen wir optische, berührungslose Messverfahren kennen, die die Strömung nicht beeinflussen.

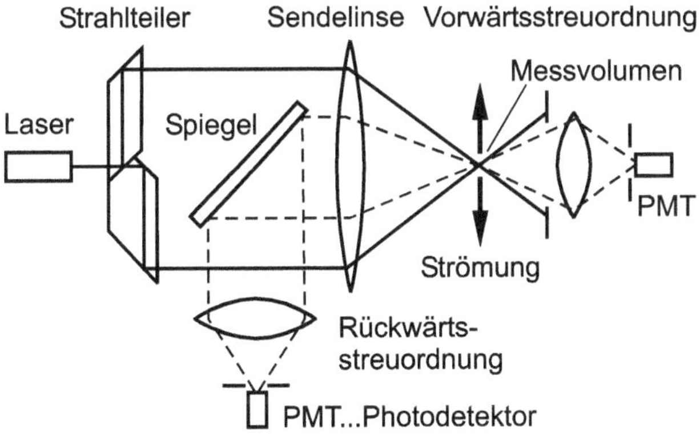

Die Laser-Doppler-Anemometry ist ein optisches und damit berührungsfreies Messverfahren zur lokalen Geschwindigkeitsmessung. Das Verfahren beruht auf dem Doppler-Effekt: Eine kohärentes Lichtwelle, die an einer bewegten Grenzfläche gestreut wird, erfährt eine Frequenzverschiebung. Die Frequenzverschiebung ist von der Geschwindigkeit abhängig. In der Praxis wird mit zwei gekreuzten Laserstrahlen ein Messvolumen von ca. $1\,mm^3$ gebildet. Im Fluid suspendierte Teilchen streuen das von den Lasern ausgesendete Licht. Da die beiden Strahlen unterschiedliche Einstrahlrichtungen aufweisen, wird das gestreute Licht durch den Doppler Effekt mit unterschiedlichen Beträgen frequenzverschoben. Über einen Photomultiplier (Empfänger, PMT) wird die Frequenzdifferenz gemessen und daraus die Geschwindigkeit bestimmt. In der Abbildung sind zwei Möglichkeiten der Anordnung des Empfängers gegeben:

- *Vorwärtsstreuungsanordnung*: Der Empfänger ist dem Sender gegenüber angeordnet. Die empfangene Streulichtintensität, die zudem von Laserleistung und Partikelgröße abhängt, ist hoch. Damit ergibt sich ein sehr gutes Signal-Rausch-Verhältnis des empfangenen Signals. Der Nachteil ist, dass das Strömungsfeld zwischen beiden Teilen des LDA-Anemometers liegen und von beiden Seiten optisch zugänglich sein muss.
- *Rückwärtsstreuungsanordung*: Diese Anordnung erlaubt einen sehr kompakten Aufbau des LDA-Anemometers und wird heutzutage bei fast allen kommerziellen Geräten angewandt. Das Strömungsfeld muss nur von einer Seite optisch zugänglich sein und der Abstand zwischen Anemometer und Messvolumen kann bis zu einigen Meter betragen. Empfänger- und Sendeoptik können zudem in einem Sensor untergebracht werden. Der Nachteil ist, dass die Streulichtintensität nur etwas 0.1 % im Vergleich zur Vorwärtsstreuung beträgt.

Aufgabe 1

Ein Vorteil der LDA-Messtechnik liegt darin, dass die Strömung nicht beeinflusst wird, da keine Sonde intrusiv an den Ort der Messung gebracht werden muss. Nennen Sie einige Nachteile der Methode!

Aufgabe 2

Was begrenzt die maximal zu messende Geschwindigkeit bei der LDA-Messtechnik?

LE 15.6 Particle-Image-Velocimetry

Alle in den vorangegangenen Lehreinheiten gezeigten Verfahren lieferten punktuelle Daten der Geschwindigkeit an einem Ort der Strömung. Die Particle-Image-Velocimetry ermöglicht es uns, Geschwindigkeiten in einer Ebene der Strömung simultan zu erfassen.

Die Particle-Image-Velocimetry stellt ein optisches Messverfahren zur flächigen Geschwindigkeitsbestimmung dar. Hierbei wird als Lichtquelle ein Laserstrahl verwendet, der über ein System von optischen Linsen zu einem Lichtschnitt aufgeweitet wird und die Bildebene der Messung definiert. Im Fluid suspendierte Teilchen werden in der Messebene beleuchtet und damit sichtbar. Der Grundgedanke dieser Messung ist, die Position der Teilchen an zwei unmittelbar aufeinander folgenden Zeipunkten t_1 und t_2 mit Hilfe einer digitalen Kamera zu erfassen. Da sich die Partikel in der Zeit Δt zwischen den beiden Aufnahmen bewegt haben, ist es möglich, aus der Ortsverschiebung und der Zeit zwischen zwei Aufnahmen die Geschwindigkeit $u(x) = \Delta x/\Delta t$ über Korrelationstechniken zu bestimmen. Als Lichtquelle werden oft gepulste Nd:YAG-Festkörperlaser verwendet, die aus mit dem Metall Neodym dotiertem Yttrium-Aluminium-Granat (YAG) bestehen. Der Laser emittiert infrarote Strahlung mit der Wellenlänge $\lambda = 1064$ nm. Das nicht sichtbare infrarote Licht wird mit optischen Methoden in der Frequenz verdoppelt: Mit $\lambda = c/f$ halbiert sich damit die Wellenlänge auf $\lambda = 532$ nm in den sichtbaren grünen Bereich.

Aufgabe 1

Was begrenzt die maximal zu messende Geschwindigkeit bei der PIV-Messtechnik?

LE 15.7 Volumenstrommessung

Zur Bestimmung des Volumenstroms durch eine Rohrleitung kann natürlich das Geschwindigkeitsprofil ausgemessen werden und durch Integration über die Querschnittsfläche der Volumenstrom direkt bestimmt werden. Dieses Verfahren ist jedoch, gemessen an der gesuchten Information, sehr aufwendig. Wir wollen in dieser Lehreinheit einige Methoden kennen lernen, wie der Volumenstrom durch eine Rohrleitung durch eine einzige Messung indirekt bestimmt werden kann.

Messprinzipien

Bei der Volumenstrommessung werden folgende Messprinzipien unterschieden:
- Durchflussmessung mit Drosselgeräten zur Erzeugung eines Differenzdrucks (Wirkdruck): Düsen und Blenden.
- Schwebekörper-Durchflussmesser.
- Volumetrische Volumenstrommessung. Hier unterscheidet man *unmittelbare* Volumenzähler mit konstantem Messkammervolumen (z. B. Trommelmesser, Kippmesser) oder variablem Messkammervolumen (z. B. Kolbenzähler, Ovalradzähler, Gaszähler, Ringkolbenzähler). Es werden während der Messung fortlaufend kleine Volumeneinheiten des zu messenden Fluids in Messkammern abgetrennt. Mit Hilfe eines Zählwerks wird die Anzahl der Volumeneinheiten bestimmt und daraus der Volumenstrom berechnet. *Mittelbare* Volumenzähler führen die Volumenstrommessung auf eine Weg-, Geschwindigkeits- oder Drehzahlmessung zurück. Zu dieser Gruppe gehören z. B. Flügelradzähler und Woltmannzähler.
- Magnetisch-induktive Durchflussmessung: Ein elektrisch leitendes Fluid strömt durch ein Magnetfeld. Aufgrund des Faradayschen Induktionsgesetzes wird dabei eine Spannung induziert, die als Maß für die Geschwindigkeit des Fluids und damit des Volumenstroms gilt.
- Ultraschall-Durchflussmessung: Die Geschwindigkeit des Fluids wird mit Hilfe akustischer Wellen gemessen. Hierbei kann zum einen der Dopplereffekt ausgenutzt werden, zum anderen kann die Laufzeitänderung der Ultraschallwelle in einem definierten Rohrstück durch die überlagerte Strömung durch Messung der Laufzeit entgegen und in Strömungsrichtung gemessen werden.
- Wirbelfrequenz-Durchflussmessung: Bei dieser Art der Volumenstrommessung wird der Effekt von Strömungen ausgenutzt, diskrete Wirbelfrequenzen im Nachlauf von Störkörpern, wie z. B. einem Zylinder oder einer Stauscheibe, zu erzeugen. Der Zusammenhang zwischen der Frequenz f der Wirbelablösung, dem Durchmesser D des Störkörpers und der Geschwindigkeit des Fluids U ist dabei über eine dimensionslose Kennzahl, die Strouhal-Zahl $St = f\,D/U$, gegeben. Die Frequenz der periodischen Wirbelablösung lässt sich beispielsweise über instationäre Druckmessungen erfassen.

Einlaufdüsen

Strömungsgünstige Rohreinläufe werden in der Regel als so genannte Viertelkreiseinlaufdüse ausgelegt (siehe auch DIN EN ISO 5108). Eine Viertelkreisdüse kann in der Praxis auch dazu eingesetzt werden, den Massenstrom zu messen, sofern

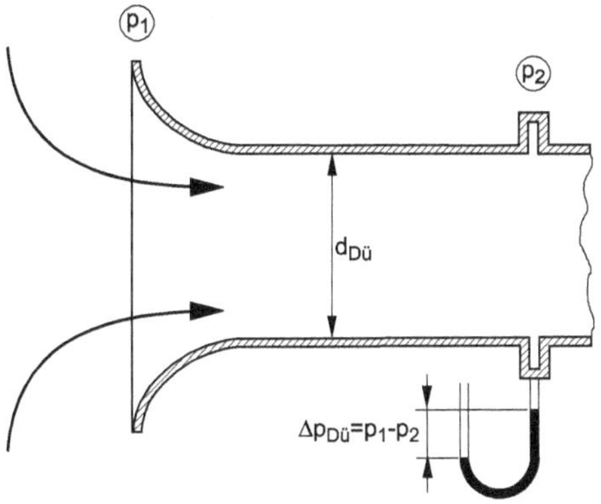

die Zuströmung ungestört ist und die Druckdifferenz abhängig von den verwendeten Druckwandlern genügend genau bestimmt werden kann.

Die mittlere Strömungsgeschwindigkeit lässt sich gemäß der Bernoulli-Gleichung aus dem Unendlichen zur Position der Druckentnahme ermitteln:

$$\frac{c_\infty^2}{2} + \frac{p_\infty}{\rho} = \frac{c_1^2}{2} + \frac{p_1}{\rho}, \quad \text{mit } c_\infty = 0.$$

Da Reibungseffekte in der obigen Gleichung nicht berücksichtigt wurden, wäre die hiernach berechnete Geschwindigkeit c_1 größer als die tatsächliche Geschwindigkeit im Rohr. Daher ist zur Berechnung des Volumenstroms ein Durchflussfaktor der Düse zu berücksichtigen:

$$\dot{V} = \alpha_{\text{Duese}} A_{\text{Rohr}} c_1. \tag{15.7-1}$$

Der Durchflussfaktor α einer Düse ist experimentell über eine Kalibrierung zu bestimmen und liegt in der Regel zwischen 0,96 und 0,98.

Messblenden

Das Messprinzip beruht auf dem Einbau eines Drosselgerätes, also einer Blende oder einer Düse, in einer voll durchströmten Rohrleitung. Der Einbau des Drosselgerätes erzeugt eine Differenz der statischen Drücke stromauf und stromab des Drosselgerätes. Zur Ermittlung des Volumenstroms wird die Druckänderung $p_1 - p_2$ als so genannte Wirkdruckdifferenz gemessen. Auf Grundlage der Kontinuitäts- und der Bernoulli-Gleichung kann dann der Durchfluss bestimmt werden. Die Druckentnahme an der Blende erfolgt entweder über Einzel-Druckentnahmen oder ringförmige Schlitze. Beim Durchströmen der Blende reißt die Strömung an der scharfen Kante ab. Der Strahl verjüngt sich weiterhin stromab; der kleinste Strahlquerschnitt ist also nicht derjenige der Blende. Sowohl die Strahleinschnürung als auch die Reibungsverluste müssen also berücksichtigt werden.

Zunächst wird eine inkompressible Strömung vorausgesetzt, die später mittels eines Expansionskoeffizienten auf eine kompressible Strömung verallgemeinert wird. Zur präzisen Messung der Geschwindigkeit ist ein voll ausgebildetes ungestörtes turbulentes Rohrströmungsprofil Voraussetzung.

Wir wenden zunächst die Kontinuitätsgleichung an:

$$\dot{V} = c_1 A_1 = c_2 A_2 = c_{Bl} A_{Bl} = \mu c_2 A_{Bl},$$

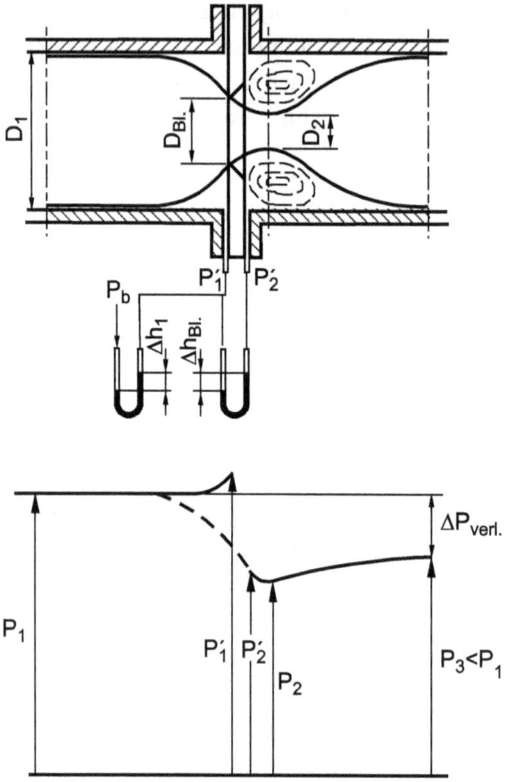

wobei $\mu = A_2/A_{Bl}$ der Kontraktionsfaktor ist, der das Zusammenschnüren des Strahls berücksichtigt. Die Bernoulligleichung von 1 nach 2 lautet:

$$\frac{c_1^2}{2} + \frac{p_1}{\rho} = \frac{c_2^2}{2} + \frac{p_2}{\rho}. \quad (15.7\text{-}2)$$

Die Geschwindigkeit c_1 lässt sich mit Hilfe des Öffnungsverhältnisses

$$\beta = A_{Bl}/A_1 \quad (15.7\text{-}3)$$

eliminieren:

$$c_1 = c_2 \frac{A_2}{A_1} = c_2 \frac{A_2}{A_{Bl}} \beta = c_2 \mu \beta.$$

Eingesetzt in die Bernoulligleichung folgt

$$\frac{c_2^2 \mu^2 \beta^2}{2} + \frac{p_1}{\rho} = \frac{c_2^2}{2} + \frac{p_2}{\rho}$$

$$\Rightarrow \quad c_2 = \sqrt{\frac{2(p_1 - p_2)}{\rho(1 - \mu^2 \beta^2)}}.$$

Damit ergibt sich für den Volumenstrom:

$$\dot{V} = \mu A_{Bl} \sqrt{\frac{2(p_1 - p_2)}{\rho(1 - \mu^2 \beta^2)}}. \quad (15.7\text{-}4)$$

Es handelt sich hierbei um einen theoretischen Volumenstrom, da die Bernoulligleichung ohne die Berücksichtigung von Verlusten verwendet wurde. Der tatsächliche Volumenstrom ist demzufolge kleiner als dieser theoretische. In der Praxis ist es schwierig, den Ort der Druckentnahme 2 in Abhängigkeit vom Kontraktionsfaktor festzulegen, daher verwendet man die Druckentnahmestellen $1'$ und $2'$ unmittelbar vor und hinter der Blende. Diese Verschiebung berücksichtigt man durch einen Faktor φ

$$\dot{V} = \mu\varphi \frac{1}{\sqrt{1-\mu^2\beta^2}} A_{Bl} \sqrt{\frac{2}{\rho}(p_1' - p_2')}. \tag{15.7-5}$$

Fasst man die dimensionslosen Größen zusammen zu einer Durchflusszahl α

$$\alpha = \mu\varphi \frac{1}{\sqrt{1-\mu^2\beta^2}}, \tag{15.7-6}$$

so erhält man

$$\dot{V} = \alpha A_{Bl} \sqrt{\frac{2}{\rho}(p_1' - p_2')} = \alpha A_{Bl} \sqrt{\frac{2}{\rho}\Delta p_{Bl}}, \tag{15.7-7}$$

wobei Δp_{Bl} als Wirkdruckdifferenz bezeichnet wird. Die Durchflusszahl ist experimentell zu bestimmen. Die Dimensionsanalyse ergibt:

$$\alpha = \alpha\left(\frac{cD}{\nu}, \frac{A_{Bl}}{A_1}, \frac{\hat{\epsilon}}{D}\right). \tag{15.7-8}$$

$\hat{\epsilon}$ ist die Oberflächenrauhigkeit der durchströmten Ringfläche. Da die Durchflußzahl eine Funktion der Reynoldszahl ist, ist sie iterativ zu bestimmen.

Bei kompressiblen Fluiden wird der Einfluss der zwischen den beiden Druckmessstellen der Blende auftretenden Dichteänderungen durch Einführung einer Expansionszahl ϵ berücksichtigt. Damit folgt für den Volumenstrom und Massenstrom

$$\dot{V} = \epsilon\alpha A_{Bl} \sqrt{\frac{2}{\rho_1'}\Delta p_{Bl}}, \tag{15.7-9}$$

$$\dot{m} = \rho_1'\dot{V} = \epsilon\alpha A_{Bl}\sqrt{2\rho_1'\Delta p_{Bl}}, \tag{15.7-10}$$

mit $\rho_1' = \frac{p_1'}{RT_1'}$ für Gase. Die Expansionszahl ist eine Funktion des Öffnungsverhältnisses, eines repräsentativen Druckverhältnisses und des Isentropenexponenten.

Die industrielle Durchflussmessung nach DIN

Messblenden und Normdüsen müssen nach DIN EN ISO 5167 gefertigt werden. Die nebenstehende Skizze zeigt eine solche Blende. Zu beachten ist, dass der innerhalb des Rohrs liegende Teil der Blende kreisförmig und konzentrisch zur Rohrachse sein muss. Stirn- und Rückseite der Blende müssen eben und parallel zueinander sein. Die Einlaufkante ist scharf zu wählen, darf also keinen Grat und keine Rundung aufweisen. Überschreitet die Dicke der Blende die in der Norm angegebene Dicke e, so muss die Blende an der Rückseite abgeschrägt werden. Der Abschrägwinkel α muss $45^\circ \pm 15^\circ$ betragen. Die Berechnung des Volumen- und Massenstroms basiert auf den o.g. Gleichungen. Unter Berücksichtigung der Kompressibilität mit Hilfe der Expansionszahl ϵ berechnet sich der Massenstrom mit

$$\dot{m} = \frac{C}{\sqrt{1-\beta^4}}\epsilon_1 \frac{\pi}{4} d^2 \sqrt{2\Delta p \rho_1}. \tag{15.7-11}$$

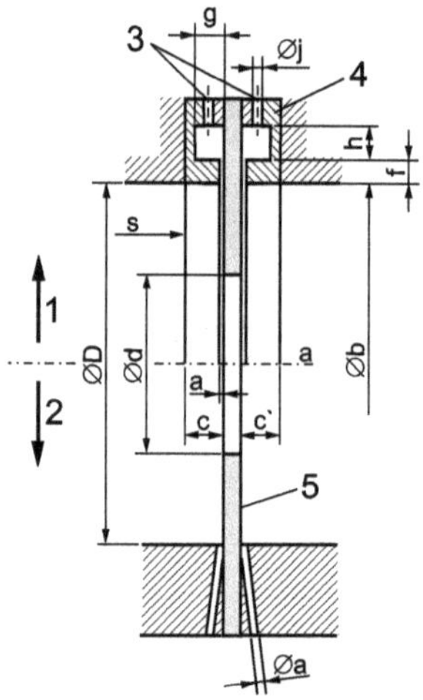

Legende
1 Fassungsring mit ringförmigem Schlitz
2 Einzel-Druckentnahmen
3 Druckentnahmen
4 Blende

a Strömungsrichtung

f Schlitztiefe
c Breite des Fassungsringes im Einlauf
c` Breite des Fassungsringes im Auslauf
b Durchmesser des Fassungsringes
a Schlitzweite oder Durchmesser der Einzel-Druckentnahme
s Abstand zwischen dem Durchmessersprung stromaufwärts und der Vorderkante des Fassungsringes
g,h Maße der Ringkammer
Øj Durchmesser der Druckentnahme aus der Ringkammer

Der Volumenstrom ergibt sich durch Division durch die Dichte ρ.

$$\dot{V} = \frac{\dot{m}}{\rho} = \frac{C}{\sqrt{1-\beta^4}}\epsilon_1 \frac{\pi}{4} d^2 \sqrt{\frac{2}{\rho_1}\Delta p}. \tag{15.7-12}$$

Die Strahleinschnürung wie auch die Reibungsverluste werden hier über den Durchflusskoeffizienten C erfasst. Wie im vorherigen Kapitel gesagt, ist C eine Funktion der Reynoldszahl und muss iterativ gemäß DIN EN 5167-2[1] bestimmt werden:

$$C = 0{,}5961 + 0{,}0261\,\beta^2 - 0{,}216\,\beta^8 + 0{,}000512\left(\beta\frac{10^6}{\mathrm{Re}_{D_1}}\right) + \cdots$$

$$+ \cdots + \left(0{,}0188 + 0{,}0063\left(\frac{19000\,\beta}{\mathrm{Re}_{D_1}}\right)^{0{,}8}\right)\beta^{3{,}5}\left(\frac{10^6}{\mathrm{Re}_{D_1}}\right)^{0{,}3}. \tag{15.7-13}$$

Die Expansionszahl ϵ_1 berechnet sich gemäß

$$\epsilon_1 = 1 - (0{,}351 + 0{,}256\beta^4 + 0{,}93\beta^8)\left[1 - \frac{p_2}{p_1}^{\frac{1}{\kappa}}\right]. \tag{15.7-14}$$

Für den Einsatz der Messblende gilt eine untere Grenze der Reynoldszahl, die abhängig vom Durchmesserverhältnis β der Blende überschritten sein muss:

$$Re > 16000\,\beta^2. \tag{15.7-15}$$

Bei Normdüsen tritt der Strahl ohne nachfolgende Kontraktion aus. Der Durchflusskoeffizient C ist deshalb größer. Die Druckdifferenz ist aber geringer als bei der Blende, was höhere Anforderungen an die Druckmesstechnik stellt. Die Düse ist weniger korrosionsempfindlich als die Blende mit ihrer scharfen Kante, was eine Rolle bei verschmutzten Fluiden spielt.

Venturirohre

Das Messprinzip des Venturirohrs basiert ebenfalls auf der Messung des Wirkdrucks in einer Rohrleitung. Anders jedoch als bei der klassischen Blendenmessung wird im Venturirohr durch Verkleinerung des Durchmessers die Strömung

1 Das Bild ist DIN EN ISO 5167-2, Durchflussmessung von Fluiden mit Drosselgeräten in voll durchströmten Leitungen mit Kreisquerschnitt – Teil 2: Blenden, mit freundlicher Genehmigung des Beuth-Verlags, www.beuth.de, entnommen.

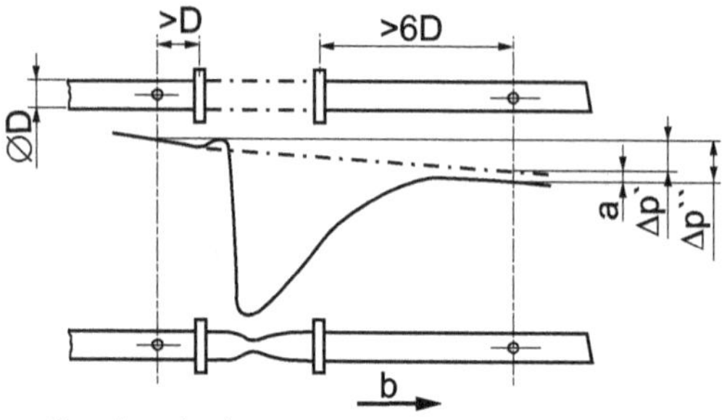

a Druckverlust
b Strömungsrichtung

beschleunigt und danach wieder verzögert mit entsprechendem Druckrückgewinn. Der Vorteil dieser Messmethode ist die größere Wirkdruckdifferenz Δp gegenüber der Einlaufdüse bei gleichzeitig geringerem Druckverlust gegenüber der Messblende. Die Anforderungen an die Drucksmesstechnik sind geringer als bei der Einlaufdüse.

Der Volumenstrom berechnet sich gemäß DIN EN 5167:

$$\dot{V} = \frac{C_{\text{Venturi}}}{\sqrt{1-\beta^4}}\,\epsilon_1 \frac{\pi}{4}\, d^2_{\text{Venturi}} \sqrt{\frac{2}{\rho}\,\Delta p_{\text{Venturi}}}, \tag{15.7-16}$$

mit der Expansionszahl ϵ_1 nach (15.7-14), dem Öffnungsverhältnis β (15.7-3) des Venturirohrs und dem Durchflusskoeffizienten

$$C_{\text{Venturi}} = 0{,}9858 - 0{,}196\,\beta^{4,5}, \tag{15.7-17}$$

der nur vom Öffnungsverhältnis des Venturirohres abhängt.

Coriolis-Massenstrommessung

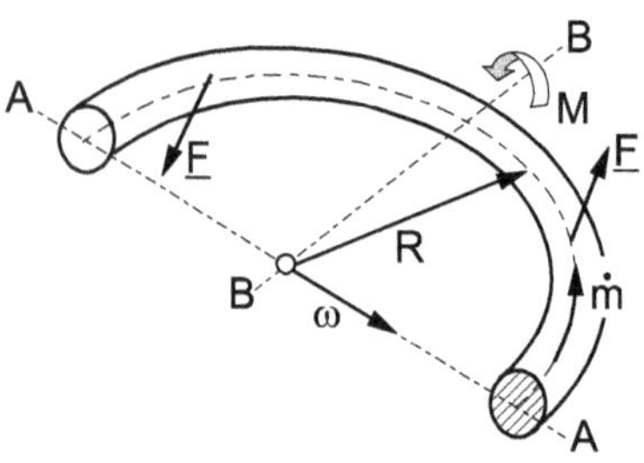

Zur Messung von Massenströmen kann auch die Coriolisbeschleunigung genutzt werden. Coriolis-Durchflussmesser messen den Massenstrom direkt und sind damit unabhängig von Änderungen der Dichte, Viskosität und Temperatur des Fluides. Das ermöglicht sehr genaue Durchflussmessungen. Das Messgerät besteht im einfachsten Fall aus einem metallischen Rohr in Halbkreisform. Dieses wird in eine sinusförmige Schwingung versetzt. Die Corioliskraft verursacht im Messrohr eine Verformung, die proportional zum Massenstrom ist. Die Verformung kann auf optischem oder induktivem Weg gemessen werden.

An einem um die Achse A-A rotierenden Rohrbogen wirkt auf die bewegte Masse $dm = \rho dV = \rho Ar \cos\varphi d\varphi$ die Kraft:

$$dF = 2dm(\underline{\omega} \times \underline{c}). \tag{15.7-18}$$

Die Corioliskraft steht senkrecht zur Drehachse A-A. Ihr Betrag ist

$$|dF| = 2dm\omega c \cos\varphi. \tag{15.7-19}$$

Sie bewirkt ein Drehmoment um die Achse B-B:

$$|dM| = |dF|R| \cos\varphi|. \tag{15.7-20}$$

Integration über den Halbkreis und Einsetzen des Massenstroms $d\dot{m} = \rho cA$ ergibt das angreifende Drehmoment:

$$|M| = \int_0^\pi dM = \int_0^\pi 2\dot{m}\omega R^2 \cos^2\varphi d\varphi = 2\dot{m}\omega R^2 \frac{1}{2}(\varphi + \sin\varphi\cos\varphi) = \pi\dot{m}\omega R^2. \tag{15.7-21}$$

Das gemessene Drehmoment ist also proportional dem Massenstrom.

Schwebekörper, Rotameter

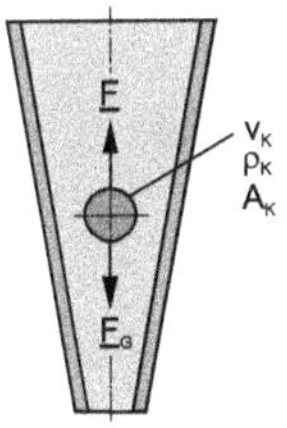

Das Messprinzip basiert hierbei auf dem Strömungswiderstand eines angeströmten Körpers. In einem vertikalen konischen Messrohr befindet sich ein speziell geformter Schwebekörper, der von unten vom Messmedium angeströmt wird. Der Körper erfährt bei der Durchströmung des Rohres eine Kraft F nach oben. Hierbei wird der Schwebekörper angehoben, bis ein Ringspalt zwischen Schwebekörper und Rohrwand entsteht. Im stationären Fall steht die Kraft F durch die Strömung im Gleichgewicht mit der Gewichtskraft F_G des Schwebekörpers im Gleichgewicht. Die Kraft F setzt sich zusammen aus der Widerstandskraft

$$F_W = \zeta A_K \frac{\rho}{2} c^2 \tag{15.7-22}$$

und der Auftriebskraft

$$F_A = V_K \rho g. \tag{15.7-23}$$

Hierbei ist V_K das Volumen, A_K die Fläche des Hauptspantquerschnitts und ζ_W der Widerstandsbeiwert des Schwebekörpers und ρ die Dichte des Fluids. Das Gewicht des Schwebekörpers ist

$$F_G = V_K \rho_K g, \tag{15.7-24}$$

wenn ρ_K seine Dichte ist. Die Gleichgewichtsbedingung lautet dann

$$\zeta A_K \frac{\rho}{2} c^2 + V_K \rho g = V_K \rho_K g. \tag{15.7-25}$$

Unter der vereinfachten Annahme, dass der Schwebekörper eine Kugel mit Durchmesser d sei, ergibt sich mit $A_K = \frac{\pi}{4} d^2$ und $V_K = \frac{\pi}{6} d^3$ für die Geschwindigkeit

$$c = \sqrt{\frac{4gd}{3\zeta_W}\left(\frac{\rho_K}{\rho} - 1\right)}. \tag{15.7-26}$$

Für den Volumenstrom folgt mit $A(h) = A_{\text{Rohr}} - A_K$

$$\dot{V} = A(h)\sqrt{\frac{4gd}{3\zeta_W}\left(\frac{\rho_K}{\rho} - 1\right)}. \tag{15.7-27}$$

Die entsprechende Höhenstellung kann damit einem Durchfluss zugeordnet werden. Da ζ_w eine Funktion der Reynoldszahl ist, muss die Funktion $\dot{V} = \dot{V}(h)$ durch Eichung ermittelt werden.

Aufgabe 1

Stellen Sie Vor- und Nachteile der Messung des Volumenstroms mit Hilfe einer Blende und mit Hilfe einer Einlaufdüse dar.

Aufgabe 2

A. Wie kann man sich erklären, dass bei gleicher Kontraktion die Messblende eine höhere Druckdifferenz als die Normdüse aufweist?
B. Welche Vor- und Nachteile hat die größere Druckdifferenz?

Aufgabe 3

Welche der vorgestellten Techniken zur Messung des Massenstroms hat den breitesten Anwendungsbereich?

LE 15.8 Viskosimetrie

In dieser Lehreinheit soll auf Messmethoden zur Bestimmung der Viskosität hingewiesen werden.

Das Ausflussviskosimeter

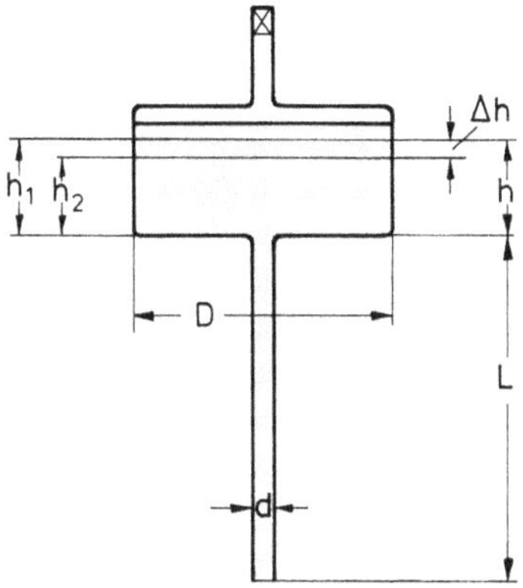

In der Lehreinheit 5.1 wurde das Hagen-Poiseuillesche Gesetz hergeleitet, das für ein newtonsches Fluid einen Zusammenhang zwischen dem Volumenstrom und dem Druckgradienten im horizontal angeordneten, laminar durchströmten, zylindrischen Rohr liefert. Da dieses Gesetz die Zähigkeit η enthält, kann, darauf aufbauend, ein Methode zur Zähigkeitsmessung entwickelt werden.

Praktisch benutzt man ein dünnes, senkrechtes Rohr, oberhalb dessen ein Behälter mit zwei Markierungen angebracht ist. Für diesen Fall ist das Hagen-Poiseuillesche Gesetz in der Form (5.1-4) nicht anwendbar, da als treibende Kraft die Schwerkraft auftritt. Wir nehmen an,

- dass der Duchmesser d der Messkapillare klein gegen den Behälterdurchmesser D und der Einlauf in die Kapillare gut gerundet ist, dann brauchen wir als Verlust nur den Rohrreibungsverlust in der Kapillare anzusetzen.
- dass die Spiegelabsenkung Δh während der Messung klein gegen die Spiegelhöhe h ist, dann können wir quasistationär rechnen;
- dass das Gerät so dimensioniert ist, dass die Reynoldszahl der Strömung in der Kapillare klein ist.

Dann ergibt die Bernoullische Gleichung, vgl. Aufgaben 1 und 2, mit ausreichender Näherung

$$\dot{V} = \frac{\pi R^4 g}{8\nu}\left(1 + \frac{h}{L}\right). \qquad (15.8\text{-}1)$$

Wenn A der Querschnitt des Behälters ist, gilt $\dot{V} = -A\frac{dh}{dt}$. Damit erhält man

$$-A\frac{dh}{dt} = \frac{\pi R^4 g}{8\nu}\left(1 + \frac{h}{L}\right), \quad -\frac{dh}{h+L} = \frac{\pi R^4 g}{8\nu LA}dt,$$

$$-\ln(h+L)|_{t_1}^{t_2} = \frac{\pi R^4 g}{8\nu LA}\Delta t, \quad \ln\frac{h_1+L}{h_2+L} = \frac{\pi R^4 g\Delta t}{8\nu LA},$$

$$\nu = \frac{\pi R^4 g\Delta t}{8LA\ln\frac{h_1+L}{h_2+L}}. \qquad (15.8\text{-}2)$$

Man kann auf diese Weise also die kinematische Zähigkeit ν (bei Kenntnis der Dichte ρ auch die dynamische Zähigkeit η) eines newtonschen Fluids bestimmen. Da die Zähigkeit von der Temperatur abhängt, werden Messungen mit diesen Kapillarviskosimetern in thermostatisierten Wasserbecken durchgeführt.

Das Couette-Viskosimeter

Ein anderes Gerät zur Messung von Viskositäten ist das in Aufgabe 2 von Lehreinheit 8.4 beschriebene Couette-Viskosimeter. Wenn der Abstand $R_2 - R_1$ der beiden Zylinder klein gegen den Zylinderradius R_1 ist, kann man die Schubspannung $\tau_{r\varphi}$ im Spalt als konstant ansehen, d. h. im Spalt tritt dann eine einfache Scherströmung mit konstanter Schubspannung auf. Mit einem solchen Viskosimeter kann man den Zusammenhang zwischen Schubspannung und Schergeschwindigkeit (also das Stoffgesetz) auch bei nichtnewtonschen Fluiden untersuchen.

Aufgabe 1

Leiten Sie mit Hilfe der Bernoullischen Gleichung die Formel (15.8-1) für den Volumenstrom durch ein Ausflussviskosimeter ab!

Aufgabe 2

Vergleichen Sie die Formel (15.8-1) mit dem Hagen-Poiseuilleschen Gesetz (5.1-4) und versuchen Sie, den Unterschied anschaulich zu interpretieren!

Feedback

FB 1.1 Feste Körper, Flüssigkeiten, Gase (Teil 1)

Aufgabe 1

In kristallinen wie in amorphen Festkörpern sind Platzwechsel der Moleküle so selten, dass der Zusammenhalt des Molekülverbandes (und damit die Gestalt des festen Körpers) gewahrt bleibt; in Flüssigkeiten sind sie so häufig, dass die Flüssigkeit sich der Gestalt eines Gefäßes schnell anpasst.

Aufgabe 2

In amorphen Festkörpern und in Flüssigkeiten sind die Moleküle unregelmäßig verteilt, in kristallinen Festkörpern bilden sie ein räumlich geordnetes Gitter.

FB 1.2 Feste Körper, Flüssigkeiten, Gase (Teil 2)

Aufgabe 1

A. 10^{-15} bis 10^{-14} m. B. 10^{-10} m. C. 10^{-10} m. D. 10^{-10} E. 10^{-9} m.
F. 10^{-7} m.

Aufgabe 2

Da der äußere Luftdruck mit der Höhe abnimmt, siedet Wasser auf einem Berg normalerweise bei niedrigerer Temperatur als im Tal: In 1500 (2000) m Höhe beträgt der mittlere atmosphärische Luftdruck 900 (800) hPa statt 1013 hPa am Meeresspiegel. Bei 900 (800) hPa siedet Wasser bei 96 (93) °C (vgl. Tabelle 6).

Aufgabe 3

Auch an der Oberfläche eines festen Körpers kommt es vor, dass einzelne Moleküle im Verlauf ihrer unregelmäßigen Schwankungen so weit nach außen schwingen, dass sie sich aus dem Kraftfeld der übrigen Moleküle lösen. Diesen Übergang aus dem festen direkt in den gasförmigen Zustand wie auch den umgekehrten Vorgang

https://doi.org/10.1515/9783110641455-016

nennt man Sublimation; natürlich ist der Dampfdruck über Eis sehr viel niedriger als über Wasser, vgl. Tabelle 6. Das allmähliche Verschwinden einer Schneedecke bei Temperaturen unter dem Gefrierpunkt geht auf Sublimation zurück.

FB 1.3 Fluide

Aufgabe 1

Alle Aussagen sind richtig. A, B und C beschreiben gerade das physikalische Modell eines Kontinuums, während D eine zusätzliche Eigenschaft des Modellmediums Fluid darstellt.

Aufgabe 2

Richtig ist die Antwort B: an einer Diskontinuitätsfläche brauchen sich nicht alle Feldgrößen unstetig zu ändern.

Aufgabe 3

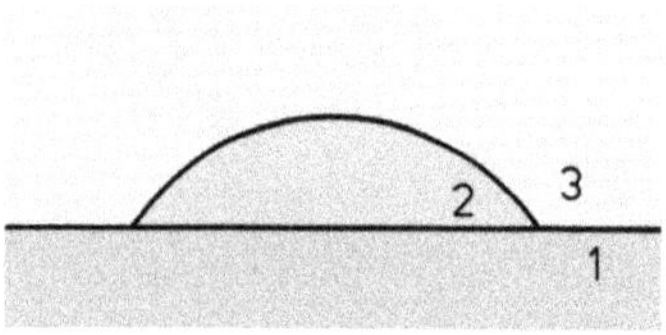

Würde ein ruhendes Fluid nur einen Teil des Bodens bedecken, so müsste seine freie Oberfläche zumindest stellenweise gegen die Waagerechte geneigt sein. Die auch an den Teilchen in der Oberfläche angreifende Schwerkraft hätte dann dort eine Komponente tangential zur Oberfläche, d. h. an der Oberfläche griffe eine Schubspannung an. Das ist aber für ein ruhendes Fluid definitionsgemäß ausgeschlossen.

FB 1.4 Extensive und intensive Größen

Aufgabe 1

A. Richtig.
B. Viele intensive Größen lassen sich als Dichtegrößen schreiben. Es gibt aber auch andere, beispielsweise die Temperatur.

Aufgabe 2

Richtig ist B: Nach dem Wechselwirkungsgesetz treten Kräfte immer als Paar zweier negativ gleicher Kräfte auf. Bezeichnet man eine von beiden durch einen Namen oder ein Symbol, so muss man ausdrücklich festlegen, welche von beiden gemeint ist. Hier haben wir diejenige Kraft mit $\underline{F}_O$ bezeichnet, die von der Umgebung auf die Oberfläche der betrachteten Fluidmenge wirkt.

Aufgabe 3

Richtig ist A: Da ein Fluid (vgl. Lehreinheit 1.3) in der Ruhe keine Schubspannung aufnehmen kann, muss der Spannungsvektor auf dem Flächenelement senkrecht stehen, d. h. zu dessen Normalenvektor parallel sein.

FB 1.5 Der Druck

Aufgabe 1

In y-Richtung ergibt sich

$$\sigma_y \, dx \, dz - \sigma_\alpha \frac{dy}{\cos\alpha} \, dz \sin\alpha + \rho f_y \frac{1}{2} \, dx \, dy \, dz = 0$$

und mit $\tan\alpha = dx/dy$

$$\sigma_y - \sigma_\alpha + \rho f_y \frac{1}{2} \, dy = 0.$$

Für $dy \to 0$ folgt daraus $\sigma_\alpha = \sigma_y$.

Aufgabe 2

Richtig ist B: Der Druck ist ein Skalar, hat also keine Richtung und kann deshalb nicht auf einem Vektor senkrecht stehen.

Zusatzaufgabe

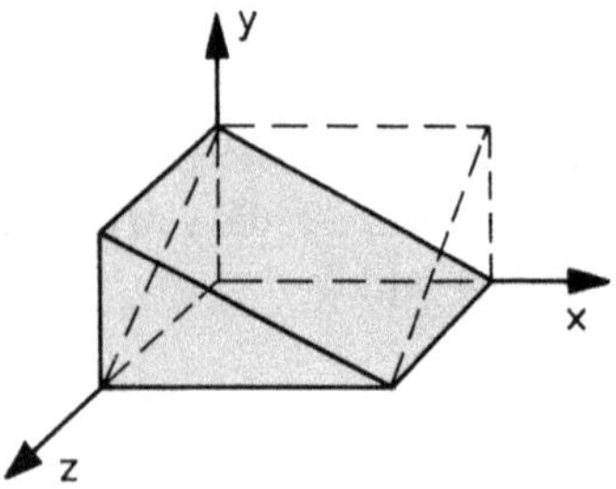

An dem nebenstehend punktiert eingezeichneten Prisma lässt sich $\sigma_y = \sigma_z$ zeigen. Da für das ausgezogen gezeichnete Prisma $\sigma_x = \sigma_y$ gilt und σ_y für beide Prismen gleich ist, folgt aus beiden Figuren zusammen $\sigma_x = \sigma_y = \sigma_z$.

FB 1.6 Die thermische Zustandsgleichung

Aufgabe 1

A. Nein, diese Abhängigkeit gilt für viele Stoffe und wird thermische Zustandsgleichung genannt.
B. Richtig.

Aufgabe 2

A. Nein, dieser Ansatz gilt für inkompressible Fluide.
B. Richtig.

Aufgabe 3

A. Nein, bei geringeren Geschwindigkeitsdifferenzen treten auch nur geringe Dichtedifferenzen auf, die häufig vernachlässigt werden können.
B. Richtig, einer Geschwindigkeitsdifferenz von 50 m/s entspricht z. B. eine relative Dichtedifferenz von nur ca. 1 %.

FB 1.7 Die Zähigkeit

Aufgabe 1

A. Elastisch.
B. Ideal elastisch oder ein Hooke-Medium.

C. Viskos oder zäh.
D. Linear viskos, ein Newton-Medium oder ein newtonsches Fluid.

Aufgabe 2

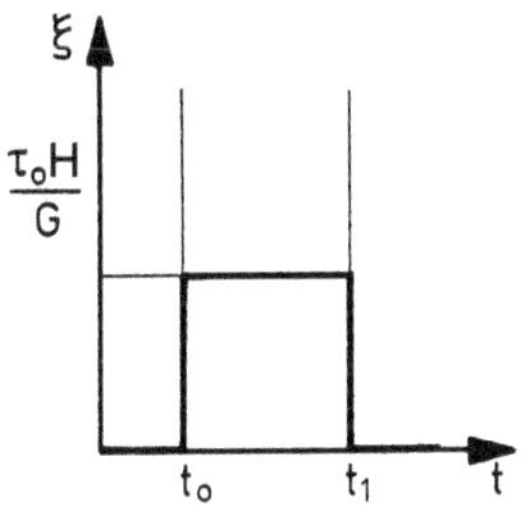

A. Für ein Hooke-Medium folgt aus (1.7-2)

$$\xi = \frac{\tau H}{G}.$$

Für $t < t_0$ ist $\tau = 0$ und damit $\xi = 0$; für $t_0 < t < t_1$ ist $\tau = \tau_0$ und damit $\xi = \tau_0 H/G$; für $t > t_1$ ist wieder $\tau = 0$ und damit auch wieder $\xi = 0$.

B. Für ein newtonsches Fluid folgt aus (1.7-4)

$$\frac{du}{dy} = \frac{\tau}{\eta}.$$

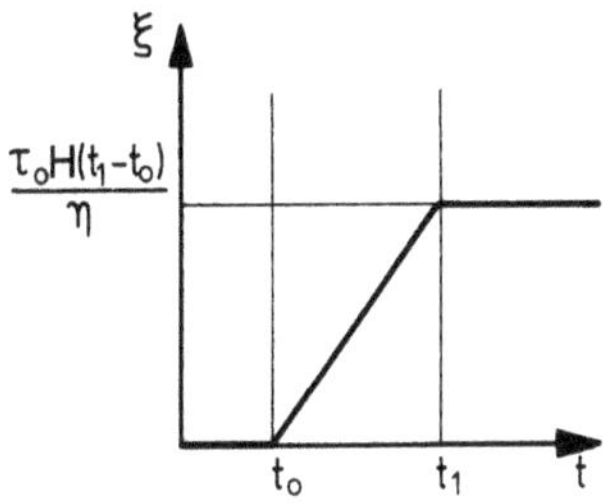

Für örtlich konstantes τ erhält man daraus

$$u = \frac{\tau}{\eta} y + A$$

mit A als Integrationskonstante. Wenn die untere Platte ruht, ist für $y = 0$ auch $u = 0$ und damit $A = 0$; die obere Platte hat damit die Geschwindigkeit

$$U \equiv \frac{d\xi}{dt} = \frac{\tau H}{\eta}.$$

Für $t < t_0$ ist $\tau = 0$ und damit $U = 0$ und $\xi = \text{const}$, wir setzen $\xi = 0$. Für $t_0 < t < t_1$ ist $\tau = \tau_0$; da τ_0 zeitlich konstant ist, folgt

$$\xi = \frac{\tau H}{\eta} t + B$$

mit B als Integrationskonstante. Für $t = t_0$ ist $\xi = 0$, also ist $B = -\tau H t_0/\eta$. Die maximale Verschiebung wird für $t = t_1$ erreicht und beträgt

$$\xi = \frac{\tau H}{\eta}(t_1 - t_0).$$

Für $t > t_1$ ist wieder $\tau = 0$ und damit $U = 0$ und $\xi = \text{const}$, d. h. ξ ändert sich zeitlich nicht.

Aufgabe 3

Nein; denn die Temperatur ist der mittleren kinetischen Energie der *Schwankungsbewegung* der Moleküle proportional, die man deshalb auch thermische Bewegung nennt, und die ändert sich nicht, wenn man zu der momentanen Geschwindigkeit jedes Moleküls dieselbe (makroskopische) Geschwindigkeit addiert.

FB 1.8 Nicht-newtonsche Fluide

Aufgabe 1

A. Bei einem viskosen Fluid hängt bei einer einfachen Scherung die Schubspannung nur von der jeweiligen Schergeschwindigkeit ab.
B. Ein newtonsches Fluid ist ein viskoses Fluid, bei dem die Schubspannung der Schergeschwindigkeit proportional ist.
C. Ein Bingham-Medium ist ein Medium, bei dem die Schubspannung eine inhomogene lineare Funktion der Schergeschwindigkeit ist: Damit es überhaupt zu einer Strömung kommt, muss die angelegte Schubspannung einen endlichen Wert, die Fließspannung, übersteigen. Bei höheren Schubspannungen ist die Differenz aus Schubspannung und Fließspannung proportional der Schergeschwindigkeit.
D. Ein strukturviskoses Fluid ist ein viskoses Fluid, dessen Schubspannung mit steigender Schergeschwindigkeit immer schwächer steigt, m.a.W. dessen Viskosität mit steigender Schergeschwindigkeit abnimmt. Sein rheologisches Verhalten wird im $\dot{\beta}, \tau$-Diagramm also durch eine konvexe Kurve beschrieben.
E. Bei einem elastoviskosen Fluid hängt die Schubspannung von den Schergeschwindigkeiten zu allen vergangenen Zeiten ab.
F. Ein thixotropes Fluid ist ein elastoviskoses Fluid mit folgendem Verhalten: Prägt man dem bisher spannungsfreien Medium eine zeitlich konstante Schergeschwindigkeit auf, so nimmt die Schubspannung (abgesehen von einer sehr kurzen Anlaufphase) mit der Zeit ab. Anders ausgedrückt: Rührt man das Fluid mit gleichmäßiger Winkelgeschwindigkeit, so ist es zunächst sehr zäh und wird mit der Zeit dünnflüssiger.
G. Ein elastoviskoses Fluid nennt man auch Fluid mit Gedächtnis.

Aufgabe 2

Strukturviskoses Verhalten tritt z. B. bei Fluiden mit Kettenmolekülen auf: Je größer die aufgeprägte (zeitlich konstante) Schergeschwindigkeit ist, desto mehr richten sich die Kettenmoleküle in Strömungsrichtung aus; deshalb nimmt die zugehörige Schubspannung *mit wachsender Schergeschwindigkeit schwächer zu.* Bei thixotropem Verhalten wird die Flüssigkeitsstruktur durch die Wirkung einer Schergeschwindigkeit mit der Zeit zerstört, deshalb nimmt die Schubspannung bei (zeitlich konstanter) Schergeschwindigkeit *mit der Zeit ab.*

Aufgabe 3

A. Mörtel, Zahnpasta.
B. Wasser, Öl, Alkohol, Benzin, Quecksilber, Luft.
C. Viele Farben und Lacke.
D. Nasser Sand.
E. Kautschuk, Seifenlösung.

Zusatzaufgabe

Die allgemeine Lösung der Differentialgleichung (1.8-7) für konstantes $\dot{\beta}$ lautet

$$\tau(t) = \tau_0 e^{-\frac{t}{\eta/G}} + \eta\dot{\beta}. \tag{a}$$

Mit Hilfe der Randbedingung $\tau = 0$ für $t = 0$ lässt sich die Integrationskonstante τ_0 bestimmen, und man erhält als Lösung

$$\tau(t) = \eta\dot{\beta}\left(1 - e^{-\frac{t}{\eta/G}}\right). \tag{b}$$

Im stationären Zustand, d. h. für $\tau \gg \eta/G$, verhält sich ein Maxwell-Fluid wie ein newtonsches, aber die der aufgeprägten Schergeschwindigkeit entsprechende „stationäre" Schubspannung wird nicht (wie bei einem newtonschen Fluid) momentan erreicht. Die für instationäre Anpassung charakteristische Zeit ist η/G; man nennt sie die Relaxationszeit des Fluids.

FB 1.9 Die Grenzflächenspannung (Teil 1)

Aufgabe 1

A. Nein, lesen Sie noch einmal den Abschnitt über die spezifische Oberflächenenergie!
B. Richtig.

Aufgabe 2

A. Richtig.
B. Nein. Die Resultierende der intermolekularen Kräfte auf ein Molekül in einer Grenzfläche steht zwar senkrecht auf der Grenzfläche, und diese Kraft ist die physikalische Ursache der Grenzflächenspannung. Die Grenzflächenspannung selbst ist aber anders definiert. Lesen Sie noch einmal den Abschnitt über die Grenzflächenspannung!

Aufgabe 3

Zwei Gase mischen sich, die Grenzflächenspannung zwischen ihnen ist also negativ (und in ihrer Größe nicht messbar).

FB 1.10 Die Grenzflächenspannung (Teil 2)

Aufgabe 1

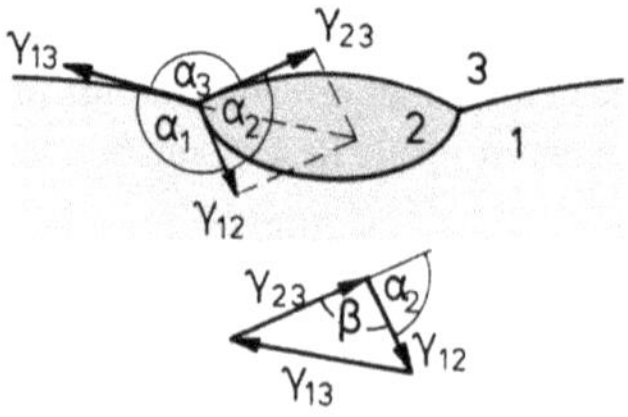

Nach dem Kosinussatz der ebenen Trigonometrie ist

$$\gamma_{13}^2 = \gamma_{23}^2 + \gamma_{12}^2 - 2\cos\beta\gamma_{23}\gamma_{12},$$

$$\cos\alpha_2 = -\cos\beta = \frac{\gamma_{13}^2 - \gamma_{23}^2 - \gamma_{12}^2}{2\gamma_{23}\gamma_{12}}.$$

Mit den Zahlenwerten von Tabelle 7 folgt $\alpha_2 = 56°$.

Aufgabe 2

Richtig ist B: Nach (1.10-3) herrscht in der kleineren Seifenblase ein größerer Überdruck als in der größeren. Durch Druckausgleich gelangt Luft von der kleineren in die größere, sie wird also aufgeblasen, wobei ihr Innendruck paradoxerweise sinkt. Im Gleichgewicht ist die kleinere Seifenblase zu einer Kugelkalotte mit dem gleichen Krümmungsradius wie die große Seifenblase geschrumpft.

Aufgabe 3

Mit $\gamma = 0{,}073\,\mathrm{N/m}$ folgt aus (1.10-2)

$$\Delta p = 292\,\mathrm{N/m^2} = 2{,}92 \cdot 10^{-3}\,\mathrm{bar}.$$

Zusatzaufgabe

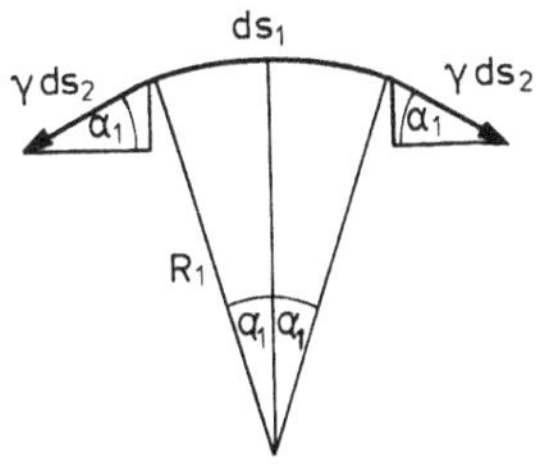

Für kleines α_1 erhält man für die Resultierende der beiden Kräfte vom Betrage γds_2

$$dF_1 = 2\gamma\, ds_2 \alpha_1;$$

Mit $2\alpha_1 = ds_1/R_1$ folgt

$$dF_1 = \frac{\gamma\, ds_1\, ds_2}{R_1}.$$

Entsprechend folgt für die Resultierende der beiden Kräfte vom Betrage $\gamma\, ds_1$

$$dF_2 = \frac{\gamma\, ds_1\, ds_2}{R_2}.$$

Die Summe dieser beiden Kräfte muss gleich der Druckkraft

$$dF = \Delta p\, ds_1\, ds_2$$

auf das Flächenelement sein.

FB 2.1 Das Eulersche Grundgesetz der Hydrostatik

Aufgabe 1

Die Vektorgleichung (2.1-7) ist in kartesischen Koordinaten gleichwertig mit den Koordinatengleichungen

$$\rho f_x = \frac{\partial p}{\partial x}, \quad \rho f_y = \frac{\partial p}{\partial y}, \quad \rho f_z = \frac{\partial p}{\partial z},$$

die Vektorgleichung (2.1-8) mit den Koordinatengleichungen

$$\frac{\partial \rho f_z}{\partial y} - \frac{\partial \rho f_y}{\partial z} = 0, \quad \frac{\partial \rho f_x}{\partial z} - \frac{\partial \rho f_z}{\partial x} = 0, \quad \frac{\partial \rho f_y}{\partial x} - \frac{\partial \rho f_x}{\partial y} = 0.$$

Man findet diese Lösung folgendermaßen: Die kartesischen Koordinaten eines Gradienten entnimmt man (A 30). Die kartesischen Koordinaten einer Rotation erhält man aus (A 35) folgendermaßen: Um die x-Koordinate zu erhalten, setzt man in $\epsilon_{ijk}\partial \rho f_k/\partial x_j$ den freien Index $i = 1$:

$$\epsilon_{1jk}\frac{\partial \rho f_k}{\partial x_j}.$$

Über die beiden gebundenen Indizes j und k ist von 1 bis 3 zu summieren; da aber alle Koordinaten eines ϵ-Tensors mit mindestens zwei gleichen Indizes verschwinden, bleiben von den neun Summanden dieser Doppelsumme nur zwei übrig:

$$\epsilon_{1jk}\frac{\partial \rho f_k}{\partial x_j} = \epsilon_{123}\frac{\partial \rho f_3}{\partial x_2} + \epsilon_{132}\frac{\partial \rho f_2}{\partial x_3}.$$

Nach (A 12) ist $\epsilon_{123} = 1$, $\epsilon_{132} = -1$, man erhält also

$$(\mathrm{rot}(\rho f))_x = \frac{\partial \rho f_z}{\partial x_y} - \frac{\partial \rho f_y}{\partial x_z}.$$

Die y-Koordinate und die z-Koordinate der Rotation erhält man aus der x-Koordinate durch zyklische Vertauschung oder, indem man in $\epsilon_{ijk}\,\partial \rho f_k/\partial x_j$ den freien Index i nacheinander gleich 2 und 3 setzt und analog argumentiert.

Aufgabe 2

Beide Aussagen sind richtig. Sie sind im Übrigen mathematisch gleichwertig: Jedes rotorfreie Vektorfeld lässt sich als Gradient eines Skalarfeldes schreiben.

Zusatzaufgabe 1

Nach (A 30) und (A 35) lautet rot grad φ in Koordinatenschreibweise

$$\epsilon_{ijk}\frac{\partial}{\partial x_j}\frac{\partial \varphi}{\partial x_k} = \epsilon_{ijk}\frac{\partial^2 \varphi}{\partial x_j \partial x_k},$$

das ist aber nach (A 26) null.

Zusatzaufgabe 2

Mit Hilfe des Gaußschen Satzes (A 46) lässt sich die Gleichgewichtsbedingung

$$\int (\rho \underline{f} - \operatorname{grad} p)\, dV = \underline{0}$$

schreiben. Da das für ein beliebiges Volumen gilt, muss der Integrand null sein.

FB 2.2 Das Eulersche Grundgesetz der Hydrostatik bei barotroper Schichtung

Aufgabe 1

A. Nein, aber wenn sie rotorfrei ist, *hat* sie ein Potential.
B. Nein, sondern die Größe, deren Gradient gebildet wird, nennt man unter bestimmten Bedingungen (unter welchen? vgl. C) ein Potential.
C. Richtig.

Aufgabe 2

Offenbar rechnet man zweckmäßig in Zylinderkoordinaten.

A. Die Bedingung für die Existenz eines Potentials lautet $\operatorname{rot} \underline{f} = \underline{0}$. In Zylinderkoordinaten ist diese Gleichung nach (A 58) gleichwertig mit den Koordinatengleichungen

$$\frac{1}{r}\frac{\partial f_z}{\partial \varphi} - \frac{\partial f_\varphi}{\partial z} = 0, \quad \frac{\partial f_r}{\partial z} - \frac{\partial f_z}{\partial r} = 0, \quad \frac{\partial f_\varphi}{\partial r} - \frac{1}{r}\frac{\partial f_r}{\partial \varphi} + \frac{f_\varphi}{r} = 0.$$

Setzt man $f_r = \omega^2 r, f_\varphi = 0, f_z = -g$, so sieht man, dass alle drei Gleichungen erfüllt sind.

B. Die Bestimmungsgleichung für das Potential lautet $\underline{f} = -\operatorname{grad} U$, in Zylinderkoordinaten mit (A 56)

$$\omega^2 r = -\frac{\partial U}{\partial r}, \tag{a}$$

$$0 = -\frac{1}{r}\frac{\partial U}{\partial \varphi}, \tag{b}$$

$$-g = -\frac{\partial U}{\partial z}. \tag{c}$$

Integration z. B. von (a) ergibt $U = -\frac{\omega^2 r^2}{2} + F(\varphi, z)$, Ausnutzung von (b) und (c) ergibt

$$U = -\frac{\omega^2 r^2}{2} + gz + k$$

oder unter Weglassung der physikalisch und technisch bedeutungslosen Konstanten

$$U = -\frac{\omega^2 r^2}{2} + gz.$$

Aufgabe 3

A. Aus der thermischen Zustandsgleichung (1.6-2) für ein ideales Gas folgt $\rho = p/RT$, wobei Isothermie bedeutet, dass hier T konstant ist. Setzt man das in (2.2-6) ein, so erhält man mit

$$z_1 = 0, \quad z_2 = H, \quad p_1 = p_0, \quad p_2 = p(H)$$

$$gH + RT \int_{p_0}^{p(H)} \frac{dp}{p} = 0, \quad -\frac{gH}{RT} = \ln \frac{p(H)}{p_0},$$

$$p(H) = p_0 e^{-\frac{gH}{RT}}. \tag{a}$$

B. Mit $g = 9{,}81\,\mathrm{m/s^2}$, $R = 287\,\mathrm{J/kg^1\,K^1}$ und $T = 293\,\mathrm{K}$ erhalten wir aus (a) $H = 261\,\mathrm{m}$.

Zusatzaufgabe

Mit $\rho/\rho_0 = (p/p_0)^{1/\kappa}$ folgt aus (2.2-6) für dieselben Randbedingungen wie in Aufgabe 3

$$gH + \frac{p_0^{1/\kappa}}{\rho_0} \int_{p_0}^{p(H)} p^{-1/\kappa}\, dp = 0,$$

$$p(H) = p_0 \left(1 - \frac{\kappa - 1}{\kappa} \frac{\rho_0 gH}{p_0}\right)^{\frac{\kappa}{\kappa-1}}.$$

FB 2.3 Das Eulersche Grundgesetz der Hydrostatik für inkompressible Fluide

Aufgabe 1

A. Falsch, nur ein Vektor kann ein Potential besitzen.
B. Falsch, vgl. D.
C. Richtig.
D. Richtig.

Aufgabe 2

A. Falsch, das ist der *Überdruck* in 10 m Wassertiefe, gefragt war aber nach dem *Druck* (einschließlich des äußeren Luftdrucks).
B. Richtig 28,7 PSI; das erhält man, wenn man die Summe aus dem Umgebungsdruck von 10^3 hPa und dem hydrostatischen Überdruck von 10 m Wassersäule nach Tabelle 8 in PSI umrechnet.
C. Richtig.

Aufgabe 3

Im tiefsten Punkt des U-Rohrs herrscht nach (2.3-5), wenn man den linken Schenkel betrachtet, der Druck $p = p_0 + \rho g h_0$, und wenn man den rechten Schenkel betrachtet, der Druck $p = p_1 + \rho g h_1$. Da beide Drücke gleich sein müssen, folgt $p_0 + \rho g h_0 = p_1 + \rho g h_1$,

$$h_0 - h_1 = \frac{p_1 - p_0}{\rho g}.$$

Aufgabe 4

Die Druckverteilung errechnet sich aus (2.3-3); nach Aufgabe 2 von Lehreinheit 2.2 ist $U = -\omega^2 r^2/2 + gz$. Wählen wir als P_1 den tiefsten Punkt der Wasseroberfläche, also $r_1 = 0$, $z_1 = z_0$, $p_1 = p_0$, und als P_2 einen beliebigen Punkt im Fluid, so folgt

$$-\frac{\omega^2 r^2}{2} + gz - gz_0 + \frac{p - p_0}{\rho} = 0,$$

$$p = p_0 - \rho g(z - z_0) + \frac{\rho}{2}\omega^2 r^2.$$

Aufgabe 5

A. Die Koordinate $g \sin\alpha$ der Fallbeschleunigung in Richtung der schiefen Ebene beschleunigt die Lore; ihre Geschwindigkeit ist also $c = gt \sin\alpha$.

B. In einem mit der Beschleunigung $g \sin\alpha$ in Richtung der schiefen Ebene beschleunigten Bezugssystem wirkt zusätzlich zur Fallbeschleunigung g senkrecht nach unten die Trägheitsbeschleunigung $\sin\alpha$ entgegen der Richtung der schiefen Ebene. Vektorielle Addition dieser beiden Beschleunigungen ergibt als resultierende Kraftdichte $g \cos\alpha$ senkrecht zur schiefen Ebene.

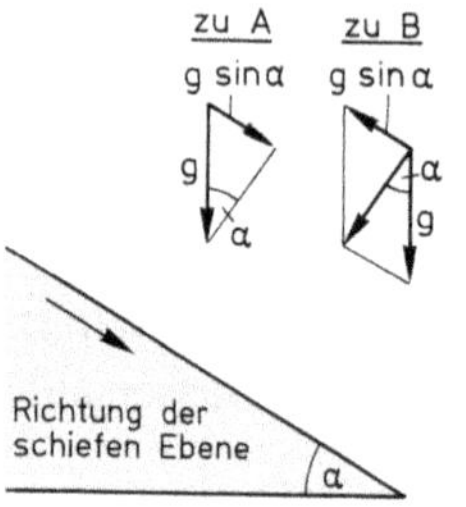

C. Auf der Wasseroberfläche ist $p = p_0 = \text{const}$, sie steht also nach dem hydrostatischen Grundgesetz (2.3-2) auf der resultierenden Kraftdichte senkrecht, d. h. es ist $\varphi = 0$.

D. Für den Überdruck gilt die hydrostatische Druckverteilung (2.3-5). Die wirksame Kraftdichte ist hier $g \cos\alpha$, die Wassertiefe ist in Richtung der wirksamen Kraftdichte zu messen, sie beträgt also V/A. Damit ist $p - p_0 = \rho g \cos\alpha\, V/A$.

Zusatzaufgabe

Um den Flüssigkeitsspiegel in einer Kapillare vom Radius r um dh zu erhöhen, ist die Masse $\rho\pi r^2\, dh$ um die Höhe h gegen die Schwerkraft zu heben, d. h. die Arbeit $\rho g \pi r^2\, dh\, h$ zu leisten. Dabei verkleinert sich die benetzte Oberfläche um $2\pi r\, dh$, d. h. es wird die Energie $2\pi r\, dh\, \gamma$ gewonnen. Im Gleichgewicht ist die Kapillarerhebung h gerade so groß, dass beide Energien gleich sind. Daraus folgt

$$\gamma = \frac{\rho g h r}{2}.$$

FB 2.4 Kräfte auf Behälterwände

Aufgabe 1

A. Nein, die Vektoren $d\underline{A}$ und $\underline{n}$ sind bei uns in beiden Fällen gleich definiert, nämlich aus dem betrachteten Fluidvolumen heraus.

B. Ja, in Gleichung (1.5-3) ist $\underline{F}$ die von außen auf das Fluidvolumen wirkende Kraft, in Gleichung (2.4-1) ist $d\underline{F}$ die von der Flüssigkeit auf den Behälter ausgeübte Kraft.

Aufgabe 2

A. Da p_I = const ist, gilt $p_I \int d\underline{A} = p_I A\underline{n} = p_I A\underline{e}_y$. Jedoch haben wir hierbei den Umgebungsdruck, welcher auch auf den Deckel wirkt, nicht berücksichtigt.
B. Richtig.

FB 2.5 Die Vertikalkraft

Aufgabe 1

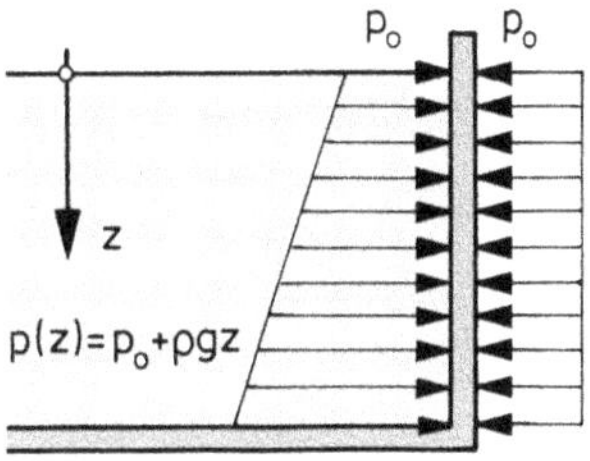

Das Volumen der auf dem Boden lastenden Flüssigkeit ist das Volumen eines Zylinders der Höhe h und des Grundkreisdurchmessers d. Es beträgt $V = \frac{\pi d^2}{4} h$. Das Gewicht dieser Flüssigkeit ist $G = \rho g V$, d. h. es ist $F_z = \rho g \frac{\pi d^2}{4} h$. Den Druckverlauf in Abhängigkeit von z zeigt die nebenstehende Skizze.

Aufgabe 2

A. Richtig. Sie haben das hydrostatische Paradoxon verstanden.
B. Falsch. Schauen Sie sich nochmals das hydrostatische Paradoxon an!

Aufgabe 3

Das im Sinne des Satzes über die Vertikalkraft auf der Halbkugelschale lastende Flüssigkeitsvolumen wird begrenzt von der Halbkugelschale, der Ebene des Wasserspiegels und einem Zylindermantel, dessen Mantellinien senkrecht verlaufen und durch die Randkurve der Halbkugelschale gehen. Richtig ist also C. Das Volumen der Halbkugel ist $V_H = 2\pi R^3/3$, das Volumen des Zylinders ist $V_Z = \pi R^2 h$, das auf der Halbkugelschale lastende Flüssigkeitsvolumen also $V_Z - V_H = \pi R^2 h - 2\pi R^3/3$. Die Gewichte erhält man, indem man die Volumina mit ρg multipliziert, wobei ρ die Dichte der Flüssigkeit ist.

FB 2.6 Die Horizontalkraft

Aufgabe 1

Die Kraft hat im vorgegebenen Koordinatensystem nur eine Horizontalkomponente $F_x \underline{e}_x$. Die Projektion A_x der Fläche ist gleich der Fläche $A = bh$ selber, der Flächenschwerpunkt ist der Mittelpunkt dieses Rechtecks. Der Überdruck im Flächenschwerpunkt ist $p_S - p_0 = \rho g \frac{h}{2}$, der Betrag der Horizontalkraft also

$$F_H = \frac{1}{2}\rho g h^2 b.$$

Von den Koordinaten der Angriffslinie liegt y_M aus Symmetriegründen auf der Mittellinie und z_M auf zwei Dritteln der Tiefe, vgl. die Lösungshinweise am Ende der Lehreinheit. Es ist also

$$y_M = a + \frac{b}{2}, \quad z_M = \frac{2h}{3}.$$

Aufgabe 2

A. Die seitliche Projektion A_x der Fläche ist wieder gleich der Fläche selber, der Überdruck im Flächenschwerpunkt ist $\rho g z_S$, die Seitendruckkraft also

$$F_x = \rho g z_S A_x = 10^5\,\mathrm{N}.$$

B. Das Flächenträgheitsmoment I_{yyS} errechnet sich nach (2.6-6) mit $\zeta = z - z_S$ zu

$$I_{yyS} = \int_{-h/2}^{h/2} \zeta^2 b\, d\zeta = \frac{bh^3}{12}.$$

Nach $(2.6\text{-}7)_2$ ist

$$e = z_M - z_S = \frac{I_{yyS}}{z_S A_x} = \frac{h^2}{12 z_S} = 6{,}7\,\mathrm{cm}.$$

Aufgabe 3

Der Betrag der Vertikalkraft ist gleich dem Gewicht der auf dem Zylindermantel lastenden Flüssigkeitsmenge. Ihr Volumen ist $V = RLh - \pi R^2 L/4$, vgl. Aufgabe 3 von Lehreinheit 2.5. Damit erhalten wir für den Betrag der Vertikalkraft

$$F_V = \rho g\left(RLh - \frac{\pi R^2 L}{4}\right).$$

Der Betrag der Horizontalkraft ist gleich der seitlichen Projektion des Zylindermantels, multipliziert mit dem hydrostatischen Überdruck im Schwerpunkt dieser Projektion. Die Größe der Projektion ist RL, der Überdruck in ihrem Schwerpunkt $\rho g(h - R/2)$. Damit ist

$$F_H = \rho g RL\left(h - \frac{R}{2}\right).$$

Daraus bestimmt sich der Betrag der resultierenden Kraft zu

$$F = \sqrt{F_V^2 + F_H^2} = \rho g RL\sqrt{\left(h - \frac{\pi R}{4}\right)^2 + \left(h - \frac{R}{2}\right)^2}.$$

Die Richtung der resultierenden Kraft ergibt sich aus

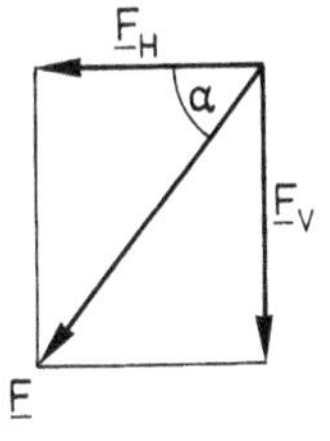

$$\tan\alpha = \frac{F_V}{F_H} = \frac{h - \frac{\pi R}{4}}{h - \frac{R}{2}}.$$

Die Angriffslinie der resultierenden Kraft geht durch die Zylinderachse, vgl. die Lösungshinweise. Das bedeutet, dass das resultierende Moment um die Zylinderachse null ist.

Zusatzaufgabe

A. Die Vertikalkraft ist gleich dem Gewicht der Flüssigkeit über der Parabelfläche; nach $(2.4\text{-}3)_3$ mit (2.5-1) ergibt sich

$$F_V = \rho g \int_0^L zb\,dx = \frac{2}{3}\rho g b L^2.$$

Die seitliche Projektion der Parabelfläche ist bL, der Überdruck in ihrem Schwerpunkt $\rho g L/2$, damit erhalten wir für die Horizontalkraft

$$F_H = \frac{1}{2}\rho g b L^2.$$

Der Betrag der resultierenden Kraft ist demnach

$$F = \sqrt{F_H^2 + F_V^2} = \frac{5}{6}\rho g b L^2,$$

ihr Neigungswinkel α bestimmt sich aus

$$\tan\alpha = \frac{F_V}{F_H} = \frac{4}{3}.$$

B. Für die Koordinate x_M der Angriffslinie der Vertikalkraft gilt

$$x_M \int z\,dA_z = \int xz\,dA_z, \quad dA_z = b\,dx,$$

$$x_M b \int_0^L \left(L - \frac{x^2}{2}\right) dx = b \int_0^L x\left(L - \frac{x^2}{L}\right) dx,$$

$$x_M\left(L^2 - \frac{L^2}{3}\right) = \frac{L^3}{2} - \frac{L^3}{4}, \quad x_M = \frac{3}{8}L.$$

Die Koordinate z_M der Angriffslinie der Horizontalkraft liegt nach den Lösungshinweisen am Ende der Lehreinheit auf zwei Dritteln der Tiefe:

$$z_M = \frac{2}{3}L.$$

Die Gleichung der Angriffslinie lautet nach einer Formel der analytischen Geometrie in unserem Koordinatensystem

$$z - z_M = (x - x_M)\tan\alpha, \quad z = \frac{2}{3}L + \frac{4}{3}\left(x - \frac{3}{8}L\right).$$

Durch Gleichsetzen mit der Parabelgleichung erhält man

$$L - \frac{X^2}{L} = \frac{2}{3}L + \frac{4}{3}\left(X - \frac{3}{8}L\right)$$

und daraus

$$X = \left(-\frac{2}{3} + \frac{1}{6}\sqrt{46}\right)L, \quad Z = \left(-\frac{13}{18} + \frac{2}{9}\sqrt{46}\right)L.$$

FB 2.7 Der hydrostatische Auftrieb

Aufgabe 1

Richtig ist A: Wenn man einen Finger in das Wasser eintaucht, steigt der Wasserspiegel und damit der hydrostatische Druck am Boden des Gefäßes.

Aufgabe 2

Der Körper taucht so tief ein, dass sein Gewicht $\rho_K g V_K$ gerade gleich dem Gewicht $\rho_F g V_F$ der von ihm verdrängten Flüssigkeitsmenge ist. Soll das Gefäß nicht überlaufen, muss $V_F \leq A(H - h)$ sein. Es gilt also $\rho_K g V_K = \rho_F g V_F \leq \rho_F g A(H - h)$, $V_K \leq \frac{\rho_F}{\rho_K} A(H - h)$.

Aufgabe 3

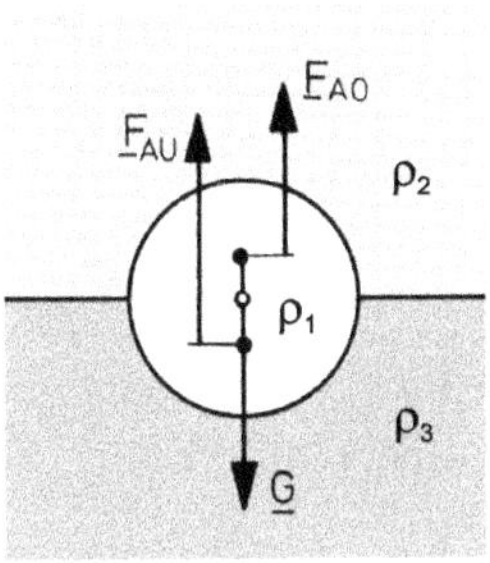

Zwischen dem Auftrieb F_{AO} der oberen Halbkugel in der oberen Flüssigkeit, dem Auftrieb F_{AU} der unteren Halbkugel in der unteren Flüssigkeit und dem Gewicht G der Kugel muss Gleichgewicht herrschen:

$$G = F_{AO} + F_{AU},$$

$$\rho_1 V g = \rho_2 \frac{V}{2} g + \rho_3 \frac{V}{2} g,$$

$$\rho_1 = \frac{1}{2}(\rho_2 + \rho_3).$$

Aufgabe 4

A. Der Betrag der Vertikalkraft ist gleich dem Gewicht der von der Halbkugel verdrängten oder in der Halbkugel enthaltenen Wassermenge:

$$\text{Fall 1:} \quad \underline{F}_V = -\rho g \frac{2\pi}{3} R^3 \underline{e}_z,$$

$$\text{Fall 2:} \quad \underline{F}_V = \rho g \frac{2\pi}{3} R^3 \underline{e}_z.$$

Die Horizontalkraft ist in beiden Fällen dieselbe und ergibt sich aus seitlicher Projektion und Überdruck im Schwerpunkt der Projektion zu

$$\text{Fälle 1 und 2:} \quad \underline{F}_H = \rho g H \pi R^2 \underline{e}_x.$$

Der Betrag der resultierenden Kraft ist auch in beiden Fällen gleich und zwar ist

$$F = \pi \rho g R^2 \sqrt{\frac{4R^2}{9} + H^2}.$$

B. Aus $\tan\alpha = -F_z/F_x$ folgt

$$\text{Fall 1:} \quad \tan\alpha = 2R/3H,$$

$$\text{Fall 2:} \quad \tan\alpha = -2R/3H.$$

C. Die Angriffslinie muss nach den Lösungshinweisen am Ende von Lehreinheit 2.6 in beiden Fällen durch den Mittelpunkt der Halbkugel gehen.

Zusatzaufgabe 1

A. Das Gewicht des Tauchers mit der eingeschlossenen Luftmenge ist $G+gm$, die Auftriebskraft ist $\rho_W gm/\rho_L(z)$, wenn $\rho_L(z)$ die Dichte der Luft in der Tiefe z ist. Im Gleichgewicht gilt

$$G + gm = \rho_W gm/\rho_L(z).$$

Nach (1.6-2) und (2.3-5) gilt

$$\frac{p_L(z)}{\rho_L(z)} = RT, \quad p_L(z) = p_0 + \rho_W gz,$$

damit erhält man als Gleichgewichtsbedingung

$$G + gm = \frac{\rho_W gmRT}{p_0 + \rho_W gz}.$$

B. Steigt der Taucher aus der Gleichgewichtslage ein kleines Stück auf, verringert sich z, und der Auftrieb steigt und lässt den Taucher weiter aufsteigen. Sinkt der Taucher aus der Gleichgewichtslage, so vergrößert sich z, und der Auftrieb sinkt und lässt den Taucher weiter sinken. Das Gleichgewicht ist also labil.

FB 3.1 Lagrangesche und Eulersche Darstellung

Aufgabe 1

Richtig sind F und I.

Aufgabe 2

Die lokale Ableitung einer Feldgröße ψ ist die zeitliche Änderung von ψ an einem festen Ort, also

$$\frac{\partial \psi}{\partial t} := \left(\frac{\partial \psi}{\partial t}\right)_{x,y,z}.$$

Im Gegensatz dazu beschreibt die substantielle Ableitung die zeitliche Änderung von ψ für ein festes Teilchen, also

$$\frac{D\psi}{Dt} := \left(\frac{\partial \psi}{\partial t}\right)_{x_0,y_0,z_0,t_0}.$$

FB 3.2 Transportgleichung, Geschwindigkeit, Beschleunigung

Aufgabe 1

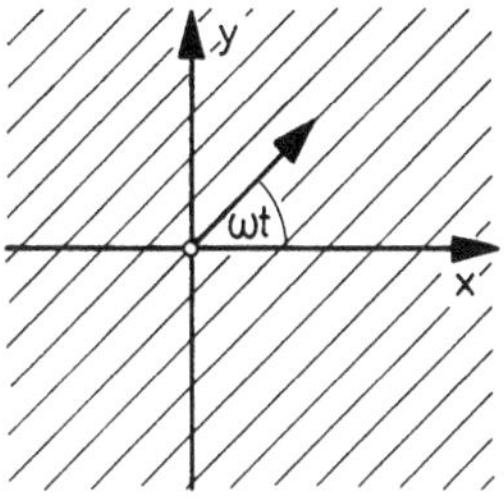

Nach (3.2-1) ist mit (3.1-10)

$$\underline{c} := \frac{D\underline{x}}{Dt} = \left(\frac{\partial \underline{x}}{\partial t}\right)_{x_0,y_0,z_0,t_0} = c\cos\omega t\ \underline{e}_x - c\sin\omega t\ \underline{e}_y.$$

Die Bahnlinien gehören also zu einem gleichförmigen Geschwindigkeitsfeld, das sich mit der Winkelgeschwindigkeit ω im mathematisch negativen Sinne dreht.

Aufgabe 2

Richtig sind A2, B3 und C1.

FB 3.3 Stromlinien, Bahnlinien, Streichlinien

Aufgabe 1

Nach (A 27) lautet $\underline{c} \times d\underline{x} = \underline{0}$ in Koordinatenschreibweise $\epsilon_{ijk} c_j dx_k = 0$. Die zugehörigen Koordinatengleichungen in kartesischen Koordinaten sind deshalb, vgl. die Erläuterungen zu Aufgabe 1 von Lehreinheit 2.1,

$$c_2 dx_3 - c_3 dx_2 = 0, \quad c_3 dx_1 - c_1 dx_3 = 0, \quad c_1 dx_2 - c_2 dx_1 = 0.$$

Dividiert man die erste dieser Gleichungen durch $c_2 c_3$, die zweite durch $c_3 c_1$ und die dritte durch $c_1 c_2$, so erhält man $dx/u = dy/v = dz/w$.

Aufgabe 2

Richtig sind A3, B2, C1.

Aufgabe 3

A. Nein.
B. Richtig.

C. Teilweise richtig: Bei stationären Strömungen fallen Stromlinien, Bahnlinien und Streichlinien zwar immer zusammen, es gibt aber auch instationäre Strömungen, bei denen das der Fall ist, z. B. die Strömung in einem geraden Rohr, wenn ein Schieber geöffnet oder geschlossen wird.

Aufgabe 4

A. Die Differentialgleichung für die Stromlinien lautet nach $(3.3\text{-}1)_2$

$$\frac{dy}{dx} = \frac{v}{u} = -\tan \omega t, \tag{a}$$

ihre allgemeine Lösung ist

$$y = -x \tan \omega t + k. \tag{b}$$

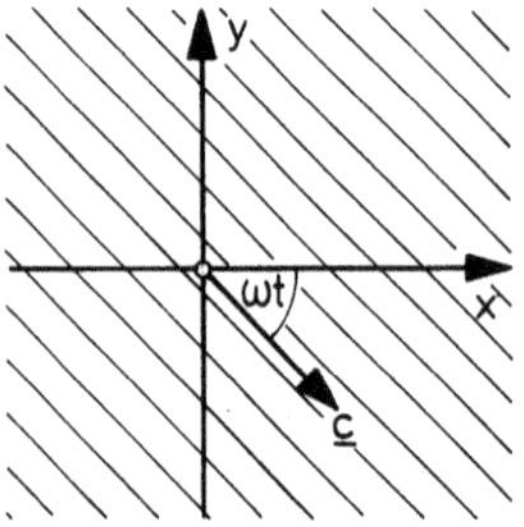

Die Integrationskonstante k ist Scharparameter. Die Stromlinien sind also Parallelen, welche die x-Achse zur Zeit t unter dem Winkel $-\omega t$ schneiden. Für $\omega t = \pi/4$ ergibt sich die nebenstehende Skizze.

Die Stromlinien durch den Ursprung haben die Gleichung $y = -x \tan \omega t$. Speziell für $t = 0$ erhält man

$$y = 0. \tag{c}$$

B. Die Differentialgleichungen für die Bahnlinien lauten nach (3.3-4)

$$\begin{aligned} \frac{dx}{dt} &= u = c \cos \omega t, \\ \frac{dy}{dt} &= v = -c \sin \omega t, \end{aligned} \tag{d}$$

vgl. die Lösung der Aufgabe 1 von Lehreinheit 3.2. Ihre allgemeinen Lösungen sind

$$x = \frac{c}{\omega} \sin \omega t + k_1, \quad y = \frac{c}{\omega} \cos \omega t + k_2. \tag{e}$$

Wieder bilden die Integrationskonstanten k_1 und k_2 den Scharparameter. Wir erhalten die Gleichung der Bahnlinien, indem wir (e) für die Zeit $t = t_0$ hinschreiben:

$$x_0 = \frac{c}{\omega} \sin \omega t_0 + k_1, \qquad y_0 = \frac{c}{\omega} \cos \omega t_0 + k_2, \tag{f}$$

aus (e) und (f) die Größen k_1 und k_2 eliminieren:

$$x = x_0 + \frac{c}{\omega}(\sin \omega t - \sin \omega t_0), \qquad y = y_0 + \frac{c}{\omega}(\cos \omega t - \cos \omega t_0), \tag{g}$$

vgl. Aufgabe 1 von Lehreinheit 3.2, und aus dieser Parameterdarstellung den Kurvenparameter t eliminieren:

$$\Big[x - \underbrace{\Big(x_0 - \frac{c}{\omega} \sin \omega t_0\Big)}_{x_B}\Big]^2 + \Big[y - \underbrace{\Big(y_0 - \frac{c}{\omega} \cos \omega t_0\Big)}_{y_B}\Big]^2 = \frac{c^2}{\omega^2}. \tag{h}$$

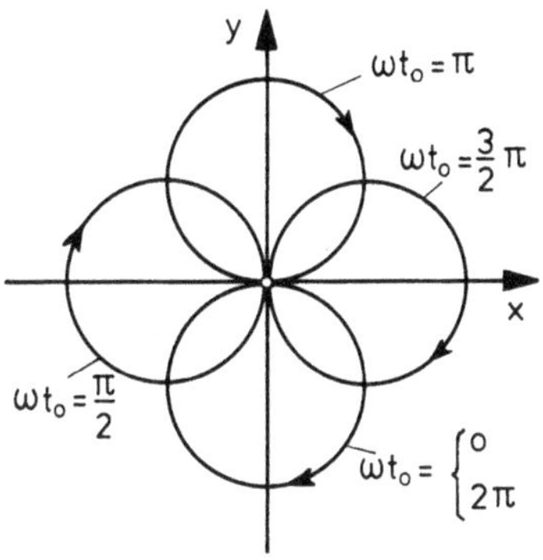

Die Bahnlinien sind also Kreise vom Radius c/ω um den Mittelpunkt (x_B, y_B). (Die den Schornstein verlassenden Abgase werden demnach unter der vereinfachenden Voraussetzung, dass sie gegenüber dem Wind nicht zurückbleiben, von einem gleichmäßig drehenden Wind auf einer Kreisbahn an den Ort des Schornsteins zurückgebracht.) Die Skizze zeigt die Bahnlinien von Teilchen, die zu verschiedenen Zeiten den Schornstein verlassen.

Die Bahnlinie des Teilchens, das zur Zeit $t_0 = 0$ den Schornstein verlässt, hat die Gleichung

$$x^2 + \Big(y + \frac{c}{\omega}\Big)^2 = \frac{c^2}{\omega^2}. \tag{i}$$

C. Die Gleichung der Streichlinien erhält man, indem man aus (g) den Kurvenparameter t_0 eliminiert:

$$\Big[x - \underbrace{\Big(x_0 + \frac{c}{\omega} \sin \omega t\Big)}_{x_S}\Big]^2 + \Big[y - \underbrace{\Big(y_0 + \frac{c}{\omega} \cos \omega t\Big)}_{y_S}\Big]^2 = \frac{c^2}{\omega^2}. \tag{j}$$

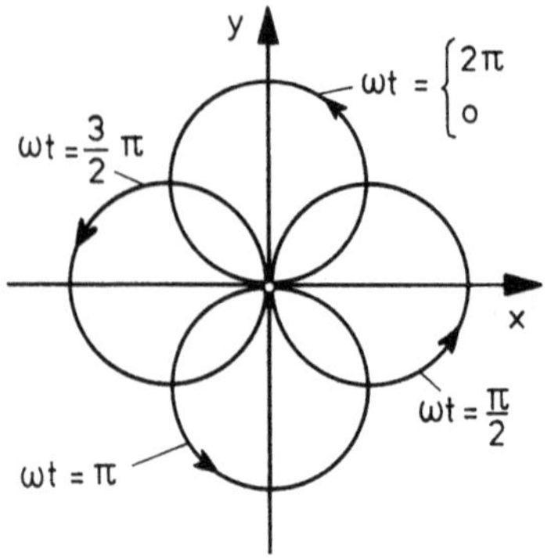

Auch die Streichlinien sind also Kreise vom Radius c/ω um den Mittelpunkt (x_S, y_S). (Die vom Schornstein ausgehenden Rauchfahnen sind Kreise.) Die Skizze zeigt die Streichlinie durch den Schornstein zu verschiedenen Zeiten.
Zur Zeit $t = 0$ hat die Streichlinie durch den Schornstein die Gleichung

$$x^2 + \left(y - \frac{c}{\omega}\right)^2 = \frac{c^2}{\omega^2}. \qquad \text{(k)}$$

D.

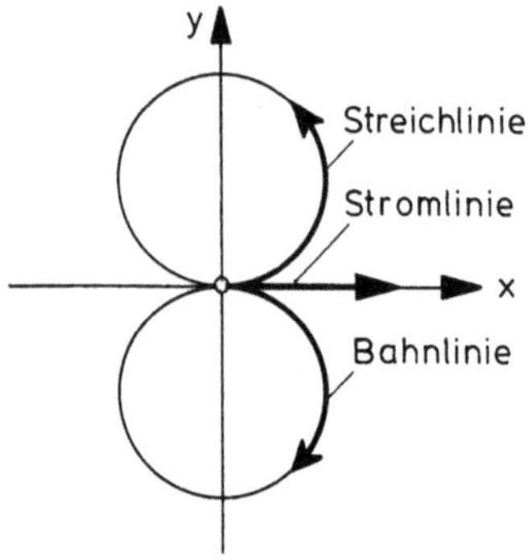

Zusatzaufgabe

A. Nach (3.3-1) gilt

$$\frac{dx}{x+t} = \frac{dy}{-y+t}. \qquad \text{(a)}$$

Die allgemeine Lösung dieser Differentialgleichung ist

$$(x+t)(-y+t) = C. \qquad \text{(b)}$$

Für $x = -1$, $y = -1$, $t = 0$ hat die Integrationskonstante C den Wert -1; damit lautet die Gleichung der gesuchten Stromlinie

$$y = \frac{1}{x}. \qquad \text{(c)}$$

B. Nach (3.3-4) gilt

$$\frac{dx}{dt} = x + t, \quad \frac{dy}{dt} = -y + t. \qquad \text{(d)}$$

Die allgemeine Lösung dieser beiden Differentialgleichungen ist[1]

$$x = C_1 e^t - t - 1, \quad y = C_2 e^{-t} + t - 1. \tag{e}$$

Für ein Teilchen, das zur Zeit $t = t_0$ am Ort (x_0, y_0) ist, haben die Integrationskonstanten den Wert

$$C_1 = (x_0 + t_0 + 1)e^{-t_0}, \quad C_2 = (y_0 - t_0 + 1)e^{t_0}.$$

Damit lautet die Gleichung (3.1-3) für das gegebene Geschwindigkeitsfeld

$$\begin{aligned} x &= (x_0 + t_0 + 1)e^{(t-t_0)} - t - 1, \\ y &= (y_0 - t_0 + 1)e^{-(t-t_0)} + t - 1. \end{aligned} \quad \boxed{\underline{x} = \underline{x}(\underline{x}_0, t_0, t)} \tag{f}$$

Die gesuchte Bahnlinie erhält man daraus, indem man darin $x_0 = -1, y_0 = -1, t_0 = 0$ setzt und t eliminiert:

$$x = -t - 1, \quad y = t - 1.$$

Addition ergibt

$$y = -x - 2. \tag{g}$$

Die gesuchte Streichlinie erhält man aus (f), indem man darin $x_0 = -1, y_0 = -1, t = 0$ setzt und t_0 eliminiert:

$$x + 1 = t_0 e^{-t_0}, \quad y + 1 = -t_0 e^{t_0}.$$

Multiplikation ergibt

$$(x+1)(y+1) = -t_0^2, \quad t_0 = \sqrt{-(x+1)(y+1)}.$$

Durch Einsetzen von t_0 erhält man als implizite Gleichung der Streichlinie

$$x + 1 = \sqrt{-(x+1)(y+1)}\, e^{-\sqrt{-(x+1)(y+1)}}. \tag{h}$$

C. Die Form (3.1-3) der Bewegung haben wir bereits als Gleichung (f) unter B bestimmt. Die Form (3.1-4) ergibt sich daraus durch Auflösen nach x_0 und y_0:

$$\begin{aligned} x_0 &= (x + t + 1)e^{-(t-t_0)} - t_0 - 1, \\ y_0 &= (y - t + 1)e^{(t-t_0)} + t_0 - 1. \end{aligned} \quad \boxed{\underline{x}_0 = \underline{x}_0(\underline{x}, t_0, t)} \tag{i}$$

D. Die Eulersche Darstellung der Geschwindigkeit ist durch die Aufgabe gegeben:

$$\begin{aligned} u &= x + t, \\ v &= -y + t. \end{aligned} \quad \boxed{\underline{c} = \underline{c}(\underline{x}, t)} \tag{j}$$

---

1 Lösungsweg: Die homogene Gleichung $dx/dt = x$ hat die allgemeine Lösung $x_H = C_1 e^t$. Eine Lösung der vollständigen (inhomogenen) Gleichung erhält man aus dem Ansatz $x_I = \alpha t + \beta$ zu $x_I = -t - 1$. Dann ist $x = x_H + x_I$ die gesuchte allgemeine Lösung der inhomogenen Gleichung.

Die Lagrangesche Darstellung erhält man entweder, indem man (f) in (j) einsetzt, oder durch substantielle Ableitung von (f):

$$u = (x_0 + t_0 + 1)e^{(t-t_0)} - 1, \qquad \boxed{\underline{c} = \underline{c}(\underline{x}_0, t_0, t)} \tag{k}$$
$$v = -(y_0 - t_0 + 1)e^{-(t-t_0)} + 1.$$

Wenn man umgekehrt in (k) wieder (i) einsetzt, muss t_0 herausfallen, und man erhält (j).

FB 3.4 Die Kontinuitätsgleichung (Teil 1)

Aufgabe 1

Für ein materielles Volumen $\tilde{V}$ gilt:

$$\frac{d}{dt}\int_{\tilde{V}} \rho \, dV = 0, \tag{3.4-2}$$

für ein raumfestes Volumen V

$$\frac{d}{dt}\int_{V} \rho \, dV = -\oint \rho \underline{c} \cdot d\underline{A}, \tag{3.4-4}$$

d. h. für ein materielles Volumen ist die zeitliche Änderung der Masse null, während für ein raumfestes Volumen die zeitliche Änderung der Masse gerade gleich dem Zufluss an Masse durch die Oberfläche des Volumens ist.

Aufgabe 2

Wenn man in (3.4-8) $\rho = \frac{1}{v}$ substituiert, erhält man $\frac{D\frac{1}{v}}{Dt} + \frac{1}{v}\operatorname{div}\underline{c} = 0$. Mit $\frac{D\frac{1}{v}}{Dt} = \frac{d\frac{1}{v}}{dv}\frac{Dv}{Dt} = -\frac{1}{v^2}\frac{Dv}{Dt}$ folgt (3.4-9).

Zusatzaufgabe

Multipliziert man (3.4-8) mit dV und subtrahiert diese Gleichung von (3.4-3), so folgt (3.4-10). Integriert man (3.4-10) über ein Volumen, so folgt

$$\int \frac{D}{Dt}\, dV = \int \operatorname{div}\underline{c}\, dV.$$

Vertauschung von Integration und Differentiation auf der linken Seite (vgl. die Herleitung von (3.4-3)) und Anwendung des Gaußschen Satzes auf der rechten Seite ergibt (3.4-11).

FB 3.5 Die Kontinuitätsgleichung (Teil 2)

Aufgabe 1

Richtig sind A und C. Wenn Sie B oder D gewählt haben, haben Sie wahrscheinlich an die Änderung von Druck und Geschwindigkeit *quer* zur Strömungsrichtung gedacht.

Aufgabe 2

A. Nein, für kompressible Fluide lautet sie $\frac{\partial \rho}{\partial t} + \mathrm{div}(\rho \underline{c}) = 0$.
B. Richtig.
C. Nein, für stationäre Strömungen gilt $\mathrm{div}(\rho \underline{c}) = 0$.
D. Nein, für instationäre Strömungen gilt im Allgemeinen $\frac{\partial \rho}{\partial t} + \mathrm{div}\, \rho \underline{c} = 0$.

Aufgabe 3

Die Kontinuitätsgleichung für eine inkompressible Strömung lautet nach (3.5-14) in kartesischen Koordinaten

$$\frac{\partial u}{\partial x} + \frac{\partial v}{\partial y} + \frac{\partial w}{\partial z} = 0;$$

diese Gleichung ist für das Geschwindigkeitsfeld der Aufgabe erfüllt.

FB 4.1 Der Impulssatz

Aufgabe 1

Die Voraussetzung ist, dass der Spannungsvektor $\underline{\sigma} = -p\underline{n}$ ist, also nur eine Normalkomponente enthält, m.a.W. dass das Fluid keine Schubspannungen aufnehmen kann. Das ist in der Ruhe definitionsgemäß für alle Fluide der Fall (vgl. Lehreinheit 1.3); Fluide, für die das auch in der Bewegung gilt, nennt man reibungsfrei.

Aufgabe 2

Die Formel folgt aus

$$\frac{d}{dt}\int\limits_{\tilde{V}} \rho\frac{c^2}{2}\,dV = \int \frac{D}{Dt}\left(\rho\frac{c^2}{2}\,dV\right),$$

wenn man unter dem Integral die Produktenregel anwendet und (3.4-3) berücksichtigt.

Zusatzaufgabe

Der Beweis von (4.1-9) verläuft genauso wie für (4.1-4): Es gilt

$$\frac{d}{dt}\int \rho\psi dV = \int \frac{D}{Dt}(\rho\psi\,dV) = \int \frac{D\psi}{Dt}\rho\,dV + \int \psi\frac{D}{Dt}(\rho\,dV).$$

Der letzte Term verschwindet nach (3.4-3).
Der Beweis von (4.1-10) verläuft wie für (4.1-5): Es ist $\rho\frac{D\psi}{Dt} = \rho(\frac{\partial\psi}{\partial t} + c_k\frac{\partial\psi}{\partial x_k})$. Addition von $\psi(\frac{\partial\rho}{\partial t} + \frac{\partial\rho c_k}{\partial x_k})$, was wegen (3.4-7) null ist, ergibt $\rho\frac{D\psi}{Dt} = \frac{\partial\rho\psi}{\partial t} + \frac{\partial c_k\rho\psi}{\partial x_k}$. Integration über ein Volumen führt wegen (4.1-9) auf (4.1-10), wenn man noch $\rho\psi$ durch ψ substituiert. Alle Schritte gelten genauso, wenn ψ kein Skalar, sondern eine beliebige Koordinate $\psi_{m\ldots n}$ eines Tensors beliebiger Stufe ist.

FB 4.2 Die Eulersche Bewegungsgleichung in Bahnlinienkoordinaten. Die radiale Druckgleichung

Aufgabe 1

Die Gleichung $(4.2\text{-}5)_1$ gilt stets auch in Stromlinienkoordinaten. Die Gleichungen $(4.2\text{-}5)_{2,3}$ gelten in Stromlinienkoordinaten nur, wenn Stromlinien und Bahnlinien zusammenfallen, also in richtungsstationären Strömungen, vgl. Lehreinheit 3.3.

Aufgabe 2

Der Normalenvektor $\underline{e}_N$ zeigt zum Mittelpunkt des Kreises, deshalb gilt $\frac{\partial p}{\partial n} = -\frac{\partial p}{\partial R}$. Setzt man das und $c = k/R$ in (4.2-6) ein, so folgt durch Integration mit der Randbedingung $p = p_0$ für $R = R_0$

$$p(R) = p_0 + \frac{\rho k^2}{2}\left(\frac{1}{R_0^2} - \frac{1}{R^2}\right).$$

Der Druck wächst quer zu den Stromlinien mit zunehmendem Krümmungsradius!

Aufgabe 3

Richtig ist C: Der Druck wächst quer zu den Stromlinien mit zunehmendem Krümmungsradius, vgl. Aufgabe 2.

FB 4.3 Die Bernoullische Gleichung für inkompressible Fluide (Teil 1)

Aufgabe 1

A. Nach der Torricellischen Ausflussformel (4.3-3) ergibt sich (unabhängig von der Richtung der Ausflussgeschwindigkeit)

$$c_2 = \sqrt{2gH}. \tag{a}$$

B. Überall auf der Oberfläche des Wasserstrahls herrscht der äußere Luftdruck p_0. Die Bernoullische Gleichung $(4.3\text{-}2)_2$ ergibt dann zwischen der Ausflussöffnung 2 und dem höchsten Punkt 3 des Wasserstrahls

$$\frac{c_2^2}{2} = \frac{c_3^2}{2} + gz_3.$$

Die Geschwindigkeit c_3 im höchsten Punkt ist null (sonst würde das Wasser ja höher steigen), also folgt mit (a)

$$z_3 = H. \tag{b}$$

Das ist auch plausibel; in der Höhe des Wasserspiegels ist nämlich die gesamte kinetische Energie wieder in potentielle Energie zurückverwandelt.

Aufgabe 2

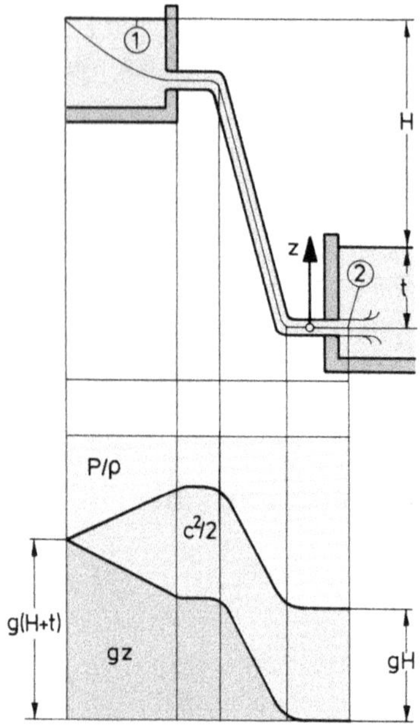

Wir legen den Nullpunkt der z-Achse in den tiefsten Punkt des Stromfadens, dann ist in der Bernoullischen Gleichung (4.3-2) $c_1 = 0$, $z_1 = H + t$, $p_1 = p_0$, $z_2 = 0$, $p_2 = p_0 + \rho g t$. Daraus folgt

$$c_2 = \sqrt{2gH},$$

d. h. die Torricellische Formel mit der Differenz aus Ober- und Unterwasser als charakteristischer Höhe.

Aufgabe 3

Die Kontinuitätsgleichung (3.5-16) und Bernoullische Gleichung (4.3-2) ergeben

$$c_1 A_1 = c_2 A_2, \quad \frac{c_1^2}{2} + \frac{p_1}{\rho} = \frac{c_2^2}{2} + \frac{p_2}{\rho}.$$

Weiter gilt $p_2 = p_0 - \rho' g h$. Daraus errechnet sich

$$h = \frac{\rho c_1^2}{2\rho' g}\left[\left(\frac{A_1}{A_2}\right)^2 - 1\right] + \frac{p_0 - p_1}{\rho' g}.$$

Aufgabe 4

A.

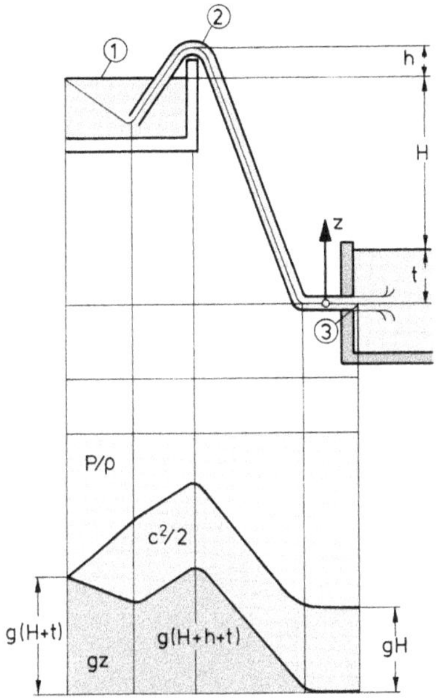

B. Der Druck ist im Querschnitt 2 am niedrigsten, folglich wird dort zuerst der Dampfdruck des Wassers unterschritten.

C. Die Bernoullische Gleichung zwischen den Querschnitten 2 und mit $c_2 = c_3$, $z_2 - z_3 = h + H + t$, $p_3 = p_0 + \rho g t$ ergibt

$$p_2 = p_0 - \rho g(h + H).$$

Aus $p_2 > p_S$ folgt dann

$$h < \frac{p_0 - p_S}{\rho g} - H.$$

Aufgabe 5

A. Die Bernoullische Gleichung zwischen den Querschnitten 2 und 3 lautet

$$\frac{c_3^2 - c_2^2}{2} + \frac{p_3 - p_2}{\rho} = 0.$$

Mit $c_2 = 0$, $c_3 = c_\infty$, $p_2 = p_0$ und $p_3 = p_\infty$ folgt

$$c_\infty = \sqrt{\frac{2}{\rho}(p_0 - p_\infty)}.$$

B. Nach (2.3-4) ist $p_0 - p_\infty = \rho' g H$, damit ergibt sich

$$c_\infty = \sqrt{2\frac{\rho'}{\rho} g H}.$$

Aufgabe 6

Es gilt

$$\frac{c_1^2}{2} + gz_1 + \frac{p_1}{\rho} = \frac{c_2^2}{2} + gz_2 + \frac{p_2}{\rho},$$
$$\frac{c_1^2}{2} + gz_1 + \frac{p_1}{\rho} = \frac{c_3^2}{2} + gz_3 + \frac{p_3}{\rho},$$
$$\frac{c_1^2}{2} + gz_1 + \frac{p_1}{\rho} = \frac{c_2^4}{2} + gz_4 + \frac{p_4}{\rho}.$$

Mit $c_1 = 0$, $z_1 = h$, $p_1 = p_I$, $z_2 = a$, $z_3 = 2a$, $z_4 = 3a$, $p_2 = p_3 = p_4 = p_0$ folgt

$$c_2 = \sqrt{2\frac{p_I - p_0}{\rho} + 2g(h-a)},$$
$$c_3 = \sqrt{2\frac{p_I - p_0}{\rho} + 2g(h-2a)},$$
$$c_4 = \sqrt{2\frac{p_I - p_0}{\rho} + 2g(h-3a)}.$$

Die Geschwindigkeit c in der Zuleitung ergibt sich aus der Kontinuitätsbedingung $cA' = c_2 A + c_3 A + c_4 A$ zu

$$c = \frac{A}{A'}(c_2 + c_3 + c_4).$$

FB 4.4 Die Bernoullische Gleichung für inkompressible Fluide (Teil 2)

Aufgabe 1

Es gilt

$$\frac{p_0}{\rho} + gh = \frac{p_3}{\rho} + \frac{c_3^2}{2} + \int_{(0)}^{(3)} \frac{\partial c}{\partial t}\, ds. \qquad \text{(a)}$$

Mit dem Querschnitt 3 als Referenzquerschnitt folgt

$$\dot{V}(t) = c(s,t)A(s) = c_3(t)A_3, \quad c(s,t) = c_3(t)\frac{A_3}{A(s)}, \quad \frac{\partial c}{\partial t} = \frac{dc_3}{dt}\frac{A_3}{A(s)},$$

$$\int_{(0)}^{(3)} \frac{\partial c}{\partial t}\, ds = \frac{dc_3}{dt}\int_{(0)}^{(3)} \frac{A_3}{A(s)}\, ds. \qquad \text{(b)}$$

Wenn man den Punkt $s = 0$ in den Querschnitt 2 legt, gilt weiter

$$A(s) = \begin{cases} \infty & \text{für } (0)\dots(1), \quad \text{d. h.} \quad s \le -L, \\ A_0 & \text{für } (1)\dots(2), \quad \text{d. h.} \quad -L \le s \le 0, \\ A_0(1-\frac{s}{2l})^2 & \text{für } (2)\dots(3), \quad \text{d. h.} \quad 0 \le s \le 1. \end{cases} \qquad \text{(c)}$$

Wir berechnen als nächstes c_3 und $\frac{dc_3}{dt}$: Aus

$$\dot{V}(t) = \dot{V}_0 \cos\left(\frac{\pi}{2}\frac{t}{T}\right) = c_3 A_3,$$

$$\dot{V}_0 = c_{30}A_3 = c_{40}A_4, \quad c_{40} = \sqrt{2gh}, \quad A_4 = mA_3 \quad \text{folgt}$$

$$c_3 = m\sqrt{2gh}\cos\left(\frac{\pi}{2}\frac{t}{T}\right), \quad \frac{dc_3}{dt} = -m\sqrt{2gh}\frac{\pi}{2T}\sin\left(\frac{\pi}{2}\frac{t}{T}\right). \qquad \text{(d)}$$

Wir berechnen weiter die induzierte Länge: Mit (c) folgt

$$\int_{(0)}^{(3)} \frac{A_3}{A(s)}\, ds = \underbrace{\int_{(0)}^{(1)} \frac{A_3}{\infty}\, ds}_{0} + \underbrace{\int_{(1)}^{(2)} \frac{A_3}{A_0}\, ds}_{I_1} + \underbrace{\int_{(2)}^{(3)} \frac{A_3}{A_0(1-\frac{s}{2l})^2}\, ds}_{I_2}.$$

Aus (c) folgt weiter $A_3 = \frac{1}{4}A_0$ und damit

$$I_1 = \frac{1}{4}L,$$

$$I_2 = \frac{1}{4}\int_0^1 \frac{ds}{(1-\frac{s}{2l})^2} \quad \text{und mit} \quad u := 1 - \frac{s}{2l}, \quad du = -\frac{1}{2l}\,ds$$

$$I_2 = \frac{1}{4}\int_1^{\frac{1}{2}} (-2l)\frac{du}{u} = \frac{l}{2}\frac{1}{u}\Big|_1^{\frac{1}{2}} = l - \frac{1}{2}l = \frac{1}{2}l,$$

$$\int_{(0)}^{(3)} \frac{A_3}{A(s)}\,ds = \frac{1}{4}L + \frac{1}{2}l = \frac{1}{4}L\left(1 + \frac{2l}{L}\right). \tag{e}$$

Damit erhalten wir schließlich für p_3 aus (a) mit (b), (d) und (e)

$$p_3 = p_0 + \rho g h - \frac{\rho}{2}m^2 \cdot 2gh\cos^2\left(\frac{\pi}{2}\frac{t}{T}\right) + \frac{\pi m}{2T}\sqrt{2gh}\frac{L}{4}\left(1 + \frac{2l}{L}\right)\sin\left(\frac{\pi}{2}\frac{t}{T}\right),$$

$$p_{3\max} = p_0 + \rho g h + \frac{\pi m L}{8T}\sqrt{2gh}\left(1 + \frac{2l}{L}\right). \tag{f}$$

Der maximale Druck im Querschnitt 3 vor der Düse setzt sich also zusammen aus dem äußeren Luftdruck, dem hydrostatischen Druck zwischen Oberwasser und Düse und einem Anteil, der von der Verzögerung der Strömung im Rohr herrührt. In der Praxis dürfte $L \gg 1$ und damit der Beitrag der Rohrverengung vor dem Ausfluss gegenüber dem Beitrag des Fallrohrs vernachlässigbar sein, obwohl er, bezogen auf die Länge des Abschnitts, nach (e) doppelt so groß ist.

Aufgabe 2

Es gilt analog zur quasistationären Behandlung des Ausflussproblems im Text dieser Lehreinheit mit $z_2 = 0$

$$c_2^2 - c_1^2 = 2gz_1, \quad c_1\pi r_1^2 = c_2\pi r_2^2.$$

In diesem Falle ist c_1 = const. Wenn man aus beiden Gleichungen c_2 eliminiert, erhält man die Gleichung der Kurve, welche die Form der Wasseruhr festlegt, für bekanntes c_1 und r_2 als Beziehung zwischen z_1 und r_1:

$$z_1 = \frac{c_1^2}{2g}\left[\left(\frac{r_1}{r_2}\right)^4 - 1\right].$$

FB 5.1 Die Rohrströmung

Aufgabe 1

Aus $\mathrm{Re} = cD/\nu$ und $\dot{V} = c\pi D^2/4$ folgt $\mathrm{Re} = 4\dot{V}/\pi\nu D$. Um bei konstantem Volumenstrom die Reynoldszahl unter den kritischen Wert zu senken, muss man also den Rohrdurchmesser erhöhen.

Aufgabe 2

A. Aus $\mathrm{Re} = cD/\nu$ und $\dot{V} = c\pi D^2/4$ folgt $\dot{V} = \mathrm{Re}\,\pi\nu D/4$. Für laminare Strömung ist $\mathrm{Re} \leq 2300$; aus Tabelle 1 folgt $\nu = 1{,}0 \cdot 10^{-6}\,\mathrm{m^2/s}$, damit ist der maximale Volumenstrom $\dot{V} = 1{,}8 \cdot 10^{-4}\,\mathrm{m^3/s} = 0{,}65\,\mathrm{m^3/h}$.

B. Nach (5.1-8) ist

$$\Delta p_V = \frac{8\eta c L}{R^2} = \frac{8\eta \dot{V} L}{\pi R^4} = 0{,}73\,\mathrm{Pa}.$$

FB 5.2 Die Bernoullische Gleichung mit Strömungsverlusten und Energiezufuhr

Aufgabe 1

A. Das ist richtig, aber keine Antwort auf die gestellte Frage.

B. Ja: Die Geschwindigkeit und damit die spezifische kinetische Energie in einer Rohrströmung werden allein durch die Kontinuitätsgleichung (3.5-16) bestimmt, und in die geht die Zähigkeit des Fluids nicht ein.

C. Nein, siehe B.

Aufgabe 2

Bei gleichem Querschnitt der Ausflussöffnung sind die Massenströme gleich, wenn die Ausflussgeschwindigkeiten gleich sind. Für den linken Behälter gilt nach der Torricellischen Ausflussformel (4.3-3)

$$c = \sqrt{2gh}. \tag{a}$$

Für den rechten Behälter lautet die Bernoullische Gleichung (5.2-1)

$$\frac{c_1^2}{2} + g(h+L) + \frac{p_1}{\rho} = \frac{c_2^2}{2} + \frac{p_2}{\rho} + \frac{\Delta p_V}{\rho}. \tag{b}$$

Darin können wir $c_1 = 0$ und $p_1 = p_2$ setzen. Mit (5.1-8) folgt

$$g(h+L) = \frac{c_2^2}{2} + \frac{32\eta c_2 L}{\rho d^2},$$

und wenn man darin η nach (5.1-9) durch Re ersetzt,

$$g(h+L) = \frac{c_2^2}{2} + \frac{32 c_2^2 L}{d\mathrm{Re}}. \tag{c}$$

Da die Ausflussgeschwindigkeit c_2 in beiden Fällen gleich sein soll, können wir $c_2^2 = 2gh$ setzen und erhalten

$$d = \frac{64h}{\mathrm{Re}}. \tag{d}$$

FB 5.3 Druckverluste durch Reibung

Aufgabe 1

Nach Aufgabe 2 von Lehreinheit 5.1 ist die Strömung für einen Volumenstrom von mehr als etwa $0{,}65\,\mathrm{m^3/h}$ turbulent. Die Rohrreibungszahl ergibt sich dann aus Diagramm 1 für

$$\mathrm{Re} = \frac{cD}{\nu} = \frac{4\dot V}{\pi D \nu} = 10^6, \quad \frac{\epsilon}{D} = 10^{-3} \quad \text{zu} \quad \lambda = 0{,}02.$$

Nach (5.3-1) ist dann

$$\Delta p_V = \lambda \frac{L}{D}\frac{\rho c^2}{2} = \frac{8\lambda L \rho \dot V^2}{\pi^2 D^5} = 10^5\,\mathrm{Pa}.$$

Aufgabe 2

Ein Kreis mit dem Durchmesser D hat die Fläche $A = \pi D^2/4$. Ein Quadrat mit derselben Fläche hat dann die Seitenlänge $a = \sqrt{A} = D\sqrt{\pi}/2$, ein Rechteck derselben Fläche mit der Breite B hat die Höhe $H = A/B = \pi D^2/4B$.

Damit beträgt der hydraulische Durchmesser mit $D = 100\,\text{mm}$ und $B = 100\,\text{mm}$

A. für das Rohr mit quadratischem Querschnitt

$$D_{\text{hydr}} = \frac{4a^2}{4a} = a = \frac{\sqrt{\pi}}{2} D = 88{,}6\,\text{mm}, \tag{a}$$

B. für das offene Gerinne

$$D_{\text{hydr}} = \frac{4BH}{B + 2H} = \frac{2\pi BD^2}{2B^2 + \pi D^2} = 122\,\text{mm}. \tag{b}$$

Aus (5.3-1) und (5.3-3) folgt mit (5.1-9)

$$\Delta p_V = \frac{32\eta c_L}{D^2}, \tag{c}$$

vgl. (5.1-8). Für gleichen Querschnitt und gleichen Volumenstrom ist auch die mittlere Geschwindigkeit gleich, in (c) ist also nur für D jeweils der hydraulische Durchmesser zu setzen. Es folgt also

A. für das Rohr mit quadratischem Querschnitt

$$\Delta p_V = 0{,}930\,\text{Pa}, \tag{d}$$

B. für das offene Gerinne

$$\Delta p_V = 0{,}490\,\text{Pa}. \tag{e}$$

Der Druckabfall ist also bei quadratischem Querschnitt bei gleichem Rohrquerschnitt und gleichem Volumenstrom um 27 % höher und im offenen Gerinne um 33 % geringer.

FB 5.4 Druckverluste durch Einbauten (Teil 1)

Aufgabe 1

A. Die Bernoullische Gleichung zwischen den Querschnitten 1 und 3 ergibt

$$\frac{c_1^2}{2} + g(H + L \sin\alpha) = \frac{c_3^2}{2}\left(1 + \lambda \frac{L}{D_3} + \zeta\right),$$

aus der Kontinuitätsgleichung folgt

$$\dot{V} = c_1 \frac{\pi D_1^2}{4} = c_3 \frac{\pi D_3^2}{4}.$$

Eliminiert man daraus c_1 und löst nach c_3 auf, so erhält man

$$c_3 = \sqrt{\frac{2g(H + L\sin\alpha)}{1 + \lambda\frac{L}{D_3} + \zeta - (\frac{D_3}{D_1})^4}} \tag{a}$$

$$\mathrm{Re} = \frac{c_3 D_3}{\nu}, \tag{b}$$

$$\dot{V} = \frac{\pi c_3 D_3^2}{4}. \tag{c}$$

B. Tabelle 11 ergibt für eine unstetige Verengung mit $D_3/D_1 = 0{,}1$, d. h. $A_2/A_1 = 0{,}01$, die Druckverlustzahl $\zeta = 0{,}6$. Wir setzen $\lambda = 0{,}03$ und erhalten damit aus (a) $c_3 = 5{,}46\,\mathrm{m/s}$ und aus (b) $\mathrm{Re} = 5{,}46 \cdot 10^5$. Mit $\epsilon/D_3 = 10^{-3}$ erhalten wir dann aus Diagramm 1 den Wert $\lambda = 0{,}02$. Mit diesem verbesserten λ-Wert folgt aus (a) und (b) $c_3 = 6{,}18\,\mathrm{m/s}$ und $\mathrm{Re} = 6{,}18 \cdot 10^5$. Gehen wir damit wieder in das Diagramm 1 ein, so sehen wir, dass sich der λ-Wert im Rahmen unserer Genauigkeit nicht mehr ändert. Für den Volumenstrom erhalten wir dann

$$\dot{V} = 0{,}0485\,\mathrm{m^3/s} = 175\,\mathrm{m^3/h}.$$

Die relative Ungenauigkeit der λ- und ζ-Werte wirkt sich auf die erreichbare Genauigkeit der Ergebnisse aus: λ ist auf etwa $\pm 0{,}005$ genau abzulesen, damit ist $\lambda L/D_3$ auf $\pm 0{,}5$ genau. ζ ist in unserem Falle etwa auf $\pm 0{,}05$ genau. Berücksichtigen wir nur den Fehler von λ, so ist der relative Fehler des Nenners unter der Wurzel 14 %, d. h. der relative Fehler von c_3 beträgt 7 %; c_3 ist also nur auf 0,4 m/s genau.

Aufgabe 2

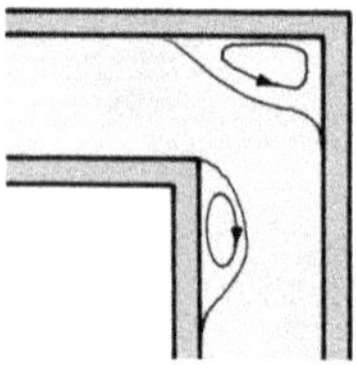

An der äußeren Wand des rechteckigen Rohrkrümmers steigt der Druck infolge der Stauwirkung der Wand; das führt zur Ablösung vor der Umlenkung. An der inneren Wand löst sich die Strömung an der Umlenkkante wie an jeder konvexen Kante ab.

FB 5.5 Druckverluste durch Einbauten (Teil 2)

Aufgabe 1

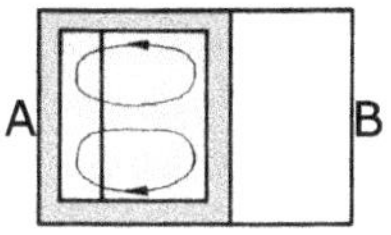

Bodenflächen sind beim Krümmer mit quadratischem Querschnitt die ebenen Seitenflächen. Die Sekundärströmung verläuft also längs dieser Seitenflächen zum Krümmungsmittelpunkt der Stromlinien hin, sie wird durch eine Strömung vom Krümmungsmittelpunkt der Stromlinien weg in der Mittelebene des Krümmers geschlossen.

Aufgabe 2

In einer Flusskrümmung bildet sich eine Sekundärströmung aus, die am Grund des Flusses zum Krümmungsmittelpunkt hin gerichtet ist und Material vom äußeren zum inneren Rand des Flussbettes transportiert. Damit verstärkt sich die Krümmung des Flusslaufs.

FB 5.6 Rohrleitungsberechnung

Aufgabe

A. Nach (5.6-4) ist mit $p_e = p_a, A_e \to \infty$, wenn die Druckverlustzahl der Knie mit ζ_K und die der Blende mit ζ_B bezeichnet wird,

$$A = \rho g(z_a - z_e), \quad a = \frac{8\rho}{\pi^2 D^4}\left(1 + \lambda\frac{L}{D} + \zeta_K + \zeta_B\right), \tag{a}$$

$$\Delta p = A + a\dot{V}^2. \tag{b}$$

Für das Zahlenbeispiel erhält man $\zeta_K = 0{,}15$, $\zeta_B = 28$ und $\lambda = 0{,}02$. Damit sind $A = 294\,\text{hPa}$, $a = 25{,}32 \cdot 10^7\,\text{kg/m}^7$ und $\Delta p = 6620\,\text{hPa}$.

B. Aus $B - b\dot{V}^2 = A + a\dot{V}^2$ folgt

$$\dot{V} = \sqrt{\frac{B - A}{a + b}}, \tag{c}$$

$$P = \dot{V}(B - b\dot{V}^2). \tag{d}$$

Für das Zahlenbeispiel ergibt sich $\dot{V} = 0{,}0428\,\text{m}^3/\text{s}$, d. h. der von der Pumpe geförderte Volumenstrom ist etwas geringer als unter A vorgegeben; der Unterschied ist jedoch so gering, dass eine neue Berechnung von a aufgrund der veränderten Reynoldszahl und der damit verbundenen Änderung der Rohrreibungszahl, d. h. eine Iteration von $\dot{V}$, nicht erforderlich ist. Die von der Pumpe bei diesem Volumenstrom abgegebene Leistung beträgt 21,1 kW.

C. Nein, weil $\dot{V}$ und damit die Reynoldszahl gegeben sind.

D. Ja, denn $\dot{V}$ und damit die Reynoldszahl sollen berechnet werden.

FB 6.1 Der Impulssatz für einen Stromfaden (Teil 1)

Aufgabe 1

Für den Freistrahl zwischen den Querschnitten 1 und 2 lautet der Impulssatz in der Form (6.1-9)

$$\underline{R}_W = \underline{F}_V + [\dot{m}c_1 + (p_1 - p_0)A_1]\underline{e}_1 - [\dot{m}c_2 + (p_2 - p_0)A_2]\underline{e}_2.$$

Mit $\underline{F}_V = 0$, $p_1 = p_2 = p_0$, $\underline{e}_1 = (\cos\alpha_1, \sin\alpha_1)$ und $\underline{e}_2 = (\cos\alpha_2, \sin\alpha_2)$ erhalten wir

$$R_{Wx} = \dot{m}(c_1\cos\alpha_1 - c_2\cos\alpha_2) = 0, \qquad \text{(a)}$$

$$R_{Wy} = \dot{m}(c_1\sin\alpha_1 - c_2\sin\alpha_2) = G. \qquad \text{(b)}$$

Wir sehen, dass die x-Koordinaten der Geschwindigkeiten $\underline{c}_1$ und $\underline{c}_2$ gleich groß sein müssen, damit auf die Kugel keine Kraft in x-Richtung wirkt. Aus (a) und (b) ergeben sich die beiden gesuchten Größen zu

$$c_2 = \sqrt{c_1^2 - \frac{2G\sin\alpha_1}{\rho A_1} + \frac{G^2}{\rho^2 c_1^2 A_1^2}}, \qquad \tan\alpha_2 = \tan\alpha_1 - \frac{G}{\rho c_1^2 A_1 \cos\alpha_1}.$$

Aufgabe 2

A. Für den Kontrollraum zwischen den Querschnitten 1 und 3 des Rohres setzen wir den Impulssatz in der Form (6.1-4) an; seine x-Koordinate lautet

$$R_{Mx} = [\dot{m}c_1 + p_1 A_1] - [\dot{m}c_3 + p_3 A_3]. \qquad \text{(a)}$$

Die Stromlinien treten parallel in den erweiterten Teil des Rohres ein, oberhalb und unterhalb des Strahles ist die Flüssigkeit in Ruhe. Nach der radialen Druckgleichung (4.2-6) ist dann unter Vernachlässigung des hydrostatischen Überdrucks der Druck über den gesamten Querschnitt 2 konstant; und zwar ist nach der Bernoullischen Gleichung (4.3-2) zwischen dem Querschnitt 1 und dem Strahl im Querschnitt 2 $p_2 = p_1$. Da die Strömung reibungsfrei ist, steht die Reaktionskraft überall auf dem Mantel senkrecht, in x-Richtung liefert also nur die Kraft auf die Kreisringfläche im Querschnitt 2 einen Beitrag, und der ist

$$R_{Mx} = -p_1(A_3 - A_1).$$

Deshalb gilt für die x-Koordinate (a) des Impulssatzes mit $\dot{m} = \rho c_3 A_3$

$$-p_1(A_3 - A_1) = \rho c_3 A_3 c_1 + p_1 A_1 - \rho c_3 A_3 c_3 - p_3 A_3.$$

Daraus erhalten wir für den Druckabfall zwischen den Querschnitten 1 und 3

$$p_3 - p_1 = \rho c_3(c_1 - c_3). \tag{b}$$

B. Die Bernoullische Gleichung (5.2-1) zwischen den Querschnitten 1 und 3 lautet

$$\frac{c_1^2}{2} + \frac{p_1}{\rho} = \frac{c_3^2}{2} + \frac{p_3}{\rho} + \frac{\Delta p_V}{\rho}. \tag{c}$$

Mit (b) erhält man daraus

$$\Delta p_V = \rho \frac{(c_1 - c_3)^2}{2}, \tag{d}$$

und mit (5.4-1) folgt daraus $\zeta = (\frac{c_1}{c_3} - 1)^2$ oder wegen $c_1 A_1 = c_2 A_2$

$$\zeta = \left(\frac{A_2}{A_1} - 1\right)^2. \tag{e}$$

Man beachte, dass die Strömung zwar als reibungsfrei, nicht aber als verlustfrei vorausgesetzt wurde. Bei verlustfreier Strömung erhielte man aus der Bernoullischen Gleichung (4.3-2) ohne Verlustglied

$$p_{3id} - p_1 = \rho \frac{c_1^2 - c_3^2}{2}, \tag{f}$$

und natürlich gilt

$$p_3 - p_1 = (p_{3id} - p_1) - \Delta p_V : \tag{g}$$

Der reale Druckrückgewinn aufgrund der Querschnittserweiterung ist gleich dem idealen Druckrückgewinn, vermindert um den Druckverlust. Physikalisch rührt dieser Druckverlust von der Verwirbelung der Diskontinuitätsfläche und der Vergleichmäßigung des Geschwindigkeitsprofils durch turbulenten Queraustausch her.

Aufgabe 3

Da auf der gesamten Oberfläche des betrachteten Volumens der äußere Luftdruck p_0 herrscht, verschwinden im Impulssatz (6.1-9) sowohl die Kraft auf den Mantel als auch die Kräfte auf die Endflächen, und man erhält:

$$\underline{0} = \underline{F}_V + \dot{m}c_1\underline{e}_1 - \dot{m}c_2\underline{e}_2. \tag{a}$$

Mit $\underline{F}_V = -\rho gV\underline{e}_1$, $\underline{e}_2 = \underline{e}_1$ und $\dot{m} = \rho c_1 A_1$ folgt aus (a)

$$\rho gV = \rho c_1 A_1(c_1 - c_2). \tag{b}$$

Die Geschwindigkeit c_2 können wir aus der Gleichung (b) mit Hilfe der Bernoullischen Gleichung (4.3-2)

$$\frac{c_1^2}{2} + \frac{p_1}{\rho} = \frac{c_2^2}{2} + \frac{p_2}{\rho} + gH \tag{c}$$

eliminieren, wobei darin $p_1 = p_2 = p_0$ ist. Damit ergibt sich das gesuchte Volumen zu

$$V = \frac{A_1 c_1}{g}\left(c_1 - \sqrt{c_1^2 - 2gH}\right). \tag{d}$$

FB 6.2 Der Impulssatz für einen Stromfaden (Teil 2)

Aufgabe 1

A. Der Impulssatz in der Form (6.2-2) ergibt

$$\underline{R}_W = \dot{m}\underline{c}_1 - \epsilon\dot{m}\underline{c}_2 - (1-\epsilon)\dot{m}\underline{c}_3. \tag{a}$$

Aus der Bernoullischen Gleichung erhalten wir mit $p_1 = p_2 = p_3 = p_0$ bei Vernachlässigung des Höhenunterschiedes $c_1 = c_2 = c_3 = c$. Setzen wir $\underline{c}_1 = (0, -c)$, $\underline{c}_2 = (c, 0)$ und $\underline{c}_3 = (-c\sin\alpha, -c\cos\alpha)$, so ergibt sich aus (a) in dem gewählten Koordinatensystem

$$R_{Wx} = -\epsilon \dot{m} c + (1-\epsilon)\dot{m} c \sin\alpha = 0, \quad \text{(b)}$$

$$R_{Wy} = -\dot{m} c + (1-\epsilon)\dot{m} c \cos\alpha. \quad \text{(c)}$$

Aus (b) erhalten wir

$$\sin\alpha = \frac{\epsilon}{1-\epsilon}. \quad \text{(d)}$$

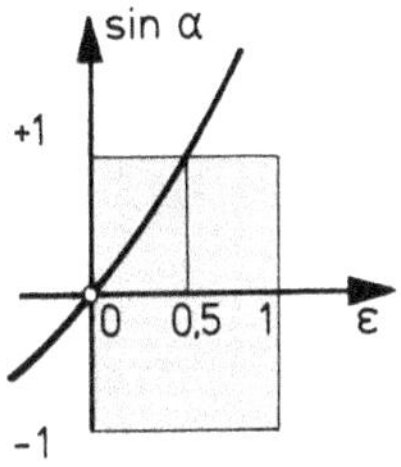

Der Verlauf von $\sin\alpha = f(\epsilon)$ ist nebenstehend aufgetragen. Seiner Bedeutung nach muss ϵ zwischen 0 und 1 liegen, und $\sin\alpha$ muss zwischen −1 und +1 liegen. Die Kurve zeigt, dass dann ϵ zwischen 0 und 0,5 liegen muss: Für $\epsilon = 0{,}5$ ist $\alpha = 90°$.

B. Aus (c) erhalten wir die Reaktionswandkraft

$$R_{Wy} = -\dot{m} c(1 - \sqrt{1-2\epsilon}). \quad \text{(e)}$$

Aufgabe 2

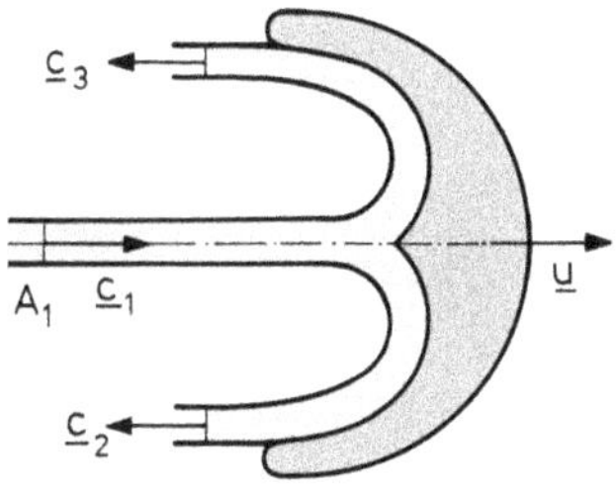

Wir wählen den mit der Schaufel mitbewegten Kontrollbereich wie auf der nächsten Seite skizziert. In diesem Kontrollbereich ist die Strömung stationär. Wir wollen die Massenströme und die Geschwindigkeiten im mitbewegten System mit einem Strich versehen, da sie sich von den entsprechenden Größen im ruhenden System unterscheiden, und zwar ist

$$c_1' = c_1 - u, \quad c_2' = c_2 + u, \quad c_3' = c_3 + u, \quad \text{(a)}$$

$$\dot{m}_1' = \rho c_1' A_1, \quad \dot{m}_2' = \rho c_2' A_2, \quad \dot{m}_3' = \rho c_3' A_3. \quad \text{(b)}$$

Aus dem Impulssatz (6.2-2) und der Kontinuitätsgleichung (3.5-12) folgt wegen $p_1 = p_2 = p_3 = p_0$

$$\underline{R}_W = \dot{m}_1' \underline{c}_1' - \dot{m}_2' \underline{c}_2' - \dot{m}_3' \underline{c}_3', \quad \text{(c)}$$

$$\dot{m}_1' = \dot{m}_2' + \dot{m}_3'. \quad \text{(d)}$$

Die freien Strahloberflächen liefern keinen Beitrag zu R_W, d. h. R_W ist gleich der Reaktion auf die Schaufel. Schließlich gilt zwischen den Querschnitten 1 und 2 sowie zwischen den Querschnitten 1 und 3 die reibungslose, stationäre Bernoullische Gleichung (4.3-2), und daraus folgt

$$c_1' = c_2' = c_3'. \tag{e}$$

Mit (d) und (e) erhält man für die x-Koordinate von (c)

$$R_W = 2\dot{m}_1' c_1' \tag{f}$$

und mit (b) und (a) schließlich

$$R_W = 2\rho(c_1 - u)^2 A_1. \tag{g}$$

FB 6.3 Der Impulssatz für einen Stromfaden (Teil 3)

Aufgabe

A. Aus (6.3-1) erhalten wir für die Koordinate der Reaktionswandkraft in Strömungsrichtung mit $c_1 = c_2$, $A_1 = A_2 = A$ und $p_2 = p_0$

$$R_{Wx} = (p_1 - p_0)A - \frac{d\dot{m}}{dt}L \tag{a}$$

und hieraus als Differentialgleichung zur Berechnung von $m(t)$

$$\frac{d\dot{m}}{dt} = \frac{p_1 - p_0}{L}A - \frac{R_{Wx}}{L}, \tag{b}$$

d. h. $d\dot{m}/dt$ ist zeitlich konstant. Daraus folgt unter Berücksichtigung der Anfangsbedingung $\dot{m}(0) = \dot{m}_0$ und der Endbedingung $\dot{m}(\tau) = 0$

$$\dot{m} = \dot{m}_0\left(1 - \frac{t}{\tau}\right). \tag{c}$$

B. Aus (a) erhalten wir mit (c)

$$R_{Wx} = (p_1 - p_0)A + \frac{\dot{m}_0}{\tau}L. \tag{d}$$

C. Zur Zeit $t < 0$ ist $\frac{d\dot{m}}{dt} = 0$ und damit nach (a)

$$R_{Wx} = (p_1 - p_0)A. \tag{e}$$

Zur Zeit $t > \tau$ ist $\dot{m} = 0$ und damit auch $\frac{d\dot{m}}{dt} = 0$, d. h. es gilt ebenfalls (e).

Zusatzaufgabe

Analog zum Beispiel 2 wählen wir als Kontrollraum das Volumen zwischen zwei seitlichen Ebenen parallel zur Zeichenebene in einem beliebigen Abstand b, dessen äußere Begrenzung quaderförmig ist und dessen innere Begrenzung durch die Oberfläche des umströmten Körpers zwischen den beiden seitlichen Ebenen gebildet wird. Dabei sollen die vier Begrenzungsflächen senkrecht zur x, y-Ebene wieder so weit vom Körper entfernt liegen, dass der Druck dort überall p_0 ist. Die Kräfte auf die beiden seitlichen Ebenen heben sich heraus, weil die Strömungsgrößen in entsprechenden Punkten gleich und die Flächenvektoren entgegengesetzt gleich sind. Dann ist der Strömungswiderstand des Körpers zwischen den beiden seitlichen Ebenen gleich der Reaktionswandkraft auf das Kontrollvolumen.
Die vordere Begrenzungsfläche habe die Höhe a, dann tritt durch diese Fläche der Volumenstrom

$$\dot{V}_E = u_\infty ab$$

in das Kontrollvolumen ein. Durch die hintere Begrenzungsfläche tritt entsprechend der Volumenstrom

$$\dot{V}_A = b \int_{-a/2}^{+a/2} u\,dy$$

aus dem Kontrollvolumen aus. Damit die Kontinuitätsgleichung erfüllt ist, muss durch die obere und untere Begrenzungsfläche zusammen der Volumenstrom

$$\dot{V}_M = b \int_{-a/2}^{+a/2} (u_\infty - u)\,dy$$

aus dem Kontrollvolumen austreten. Der Impulssatz ergibt also mit $\dot{I}_v = \rho c_v \dot{V}_v$ nach (6.2-2)

$$R_W = \dot{I}_E - \dot{I}_M - \dot{I}_A = \rho u_\infty^2 ab - \rho b \int_{-a/2}^{+a/2} u_\infty(u_\infty - u)\,dy - \rho b \int_{-a/2}^{+a/2} u^2\,dy = \rho b \int_{-a/2}^{+a/2} u(u_\infty - u)\,dy.$$

Mit wachsendem y geht u gegen u_∞; wir können also die Integration theoretisch von $-\infty$ bis $+\infty$ erstrecken und brauchen praktisch nur über die so genannte Nachlaufdelle zu integrieren, also über den Bereich, wo $u < u_\infty$ ist. Wir erhalten damit

$$R_W = \rho b \int_{-\infty}^{+\infty} u(u_\infty - u)\,dy.$$

FB 6.4 Der Drehimpulssatz

Aufgabe

A. Für die Kraft $\underline{R}_W$ auf das Rohrstück erhalten wir z. B. aus (6.1-9) mit $A_1 = A_2 = A$, $\underline{e}_1 = \underline{e}_2 = \underline{e}_y$ und $c_1 = c_2 = c$

$$\underline{R}_W = (p_1 - p_0)A\underline{e}_y. \tag{a}$$

1. Für verlustfreie Strömung ergibt die Bernoullische Gleichung (4.3-2) $p_1 = p_2$, d. h. es ist

$$\underline{R}_W = \underline{0}. \tag{b}$$

2. Tritt ein Druckverlust Δp_V auf, so ergibt die Bernoullische Gleichung (5.2-1) $p_2 - p_1 = \Delta p_V$, d. h. es ist

$$\underline{R}_W = \Delta p_V A \underline{e}_y. \tag{c}$$

B. Für das Moment $\underline{M}_W$ auf das Rohrstück erhalten wir analog aus (6.4-9) zunächst

$$\underline{M}_W = \underline{r}_1 \times [\dot{m}c + (p_1 - p_0)A]\underline{e}_y - \underline{r}_2 \times [\dot{m}c + (p_2 - p_0)A]\underline{e}_y$$

und daraus mit $\underline{r}_1 \times \underline{e}_y = -a\underline{e}_z$, $\underline{r}_2 \times \underline{e}_y = a\underline{e}_z$,

$$\underline{M}_W = -[2\dot{m}c + (p_1 - p_0)A + (p_2 - p_0)A]a\underline{e}_z. \tag{d}$$

1. Für verlustfreie Strömung folgt mit $p_1 = p_2 = p$

$$\underline{M}_W = -2[\dot{m}c + (p - p_0)A]a\underline{e}_z. \tag{e}$$

2. Für verlustbehaftete Strömung folgt mit $p_1 - p_2 = \Delta p_V$

$$\underline{M}_W = -[2\dot{m}c + 2(p_1 - p_0)A - \Delta p_V A]a\underline{e}_z. \tag{f}$$

Qualitativ lassen sich diese Ergebnisse auch ohne Rechnung gewinnen (oder zumindest nachträglich einsehen): Bei verlustfreier Strömung sind die Impulsströme und die Impulsmomentenströme aus Symmetriegründen im Eintrittsquerschnitt dem Betrage nach genauso groß wie im Austrittsquerschnitt; die Impulsströme sind gleich gerichtet und heben sich deshalb auf, die Impulsmomentenströme sind entgegengesetzt gerichtet und addieren sich deshalb zu einem Moment in Richtung der negativen z-Achse. Bei verlustbehafteter Strömung sind die Beträge im Austrittsquerschnitt wegen $p_2 < p_1$ kleiner als im Eintrittsquerschnitt. Es bleibt deshalb eine resultierende Kraft in Richtung des eintretenden Impulsstroms übrig, und das resultierende Moment wird dem Betrage nach kleiner.

FB 6.5 Die Eulersche Strömungsmaschinenhauptgleichung

Aufgabe 1

Aufgrund der Kontinuitätsgleichung muss sich die Strömröhre stromab aufweiten, da sich die Geschwindigkeit stromab um den Faktor 2/3 verringert. Gesucht ist in Prozent das Verhältnis der Durchmesseränderung zum Eintrittsdurchmesser:

$$\frac{(D_2 - D_1)}{D_1}100 = \frac{(\sqrt{A_2} - \sqrt{A_1})}{\sqrt{A_1}}100 = \frac{(\sqrt{3/1A_1} - \sqrt{A_1})}{\sqrt{A_1}}100 = (\sqrt{3} - 1)100 \approx 73\,\%.$$

Aufgabe 2

Die Leistung an der Welle beträgt $P_{\mathrm{Welle}} = 2{,}3/(0{,}98 \cdot 0{,}97) = 2{,}42\,\mathrm{MW}$. Die Winkelgeschwindigkeit beträgt $2\pi \cdot f = 2\pi \cdot 13{,}5/60 = 1{,}41\;1/\mathrm{s}$. Zur Bestimmung des Drehmoments ist die Leistung durch die Winkelgeschwindigkeit zu dividieren (6.5-3):

$$M = \frac{P_{\mathrm{elektrisch}}}{\Omega} = 1{,}71 \cdot 10^6\ \mathrm{Nm}.$$

Aufgabe 3

Die Leistung steigt mit der dritten Potenz der Geschwindigkeit, entsprechend muss das Geschwindigkeitsverhältnis verrechnet werden:

$$P \sim c^3 \quad \Longrightarrow \quad 2{,}3 \cdot \left(\frac{20}{12}\right)^3 = 10{,}6\ \mathrm{MW}.$$

Aufgabe 4

A. Kennfeld (schematisch)

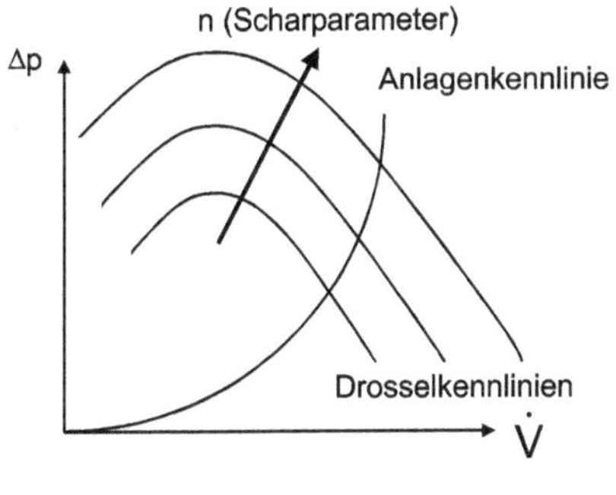

B. Bestpunkt = schaufelkongruente Strömung

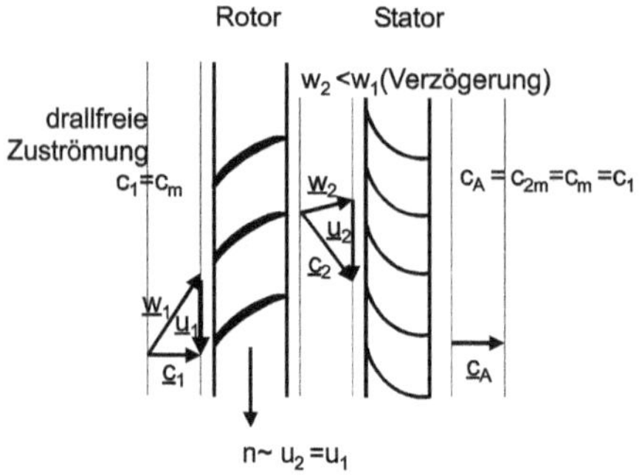

C. Drosselung = links vom Bestpunkt Entdrosseln = rechts vom Bestpunkt

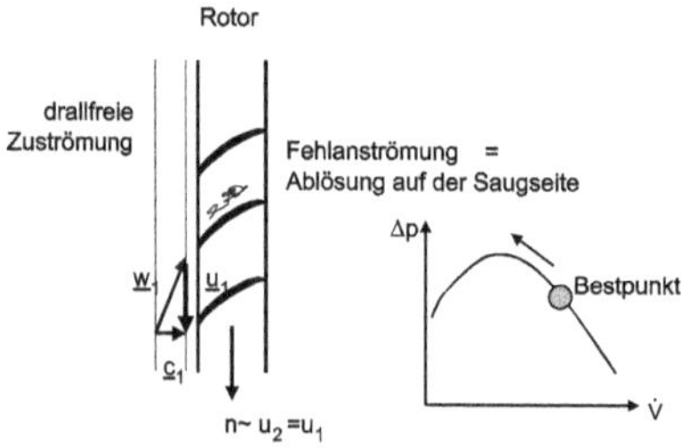

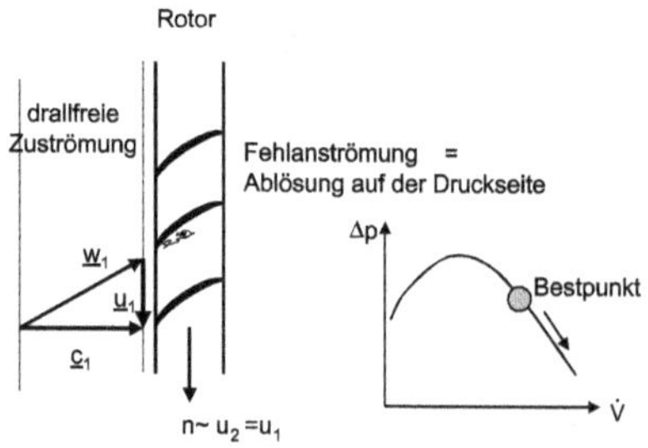

D. Die spezifische Stufenarbeit Y und die Druckerhöhung Δp einer Arbeitsmaschine hängen gemäß (6.5-7) über die Dichte des Strömungsmediums zusammen:

$$\frac{\Delta p}{\rho} = Y.$$

Mit der Eulerschen Strömungsmaschinenhauptgleichung in der Form (6.5-5) folgt unmittelbar der Zusammenhang zwischen der Druckerhöhung und den Umfangskomponenten der Strömung

$$\frac{\Delta p}{\rho} = Y = u(c_{2u} - c_{1u}).$$

Für die axiale Maschine spricht man bei der Differenz der Umfangskomponenten auch von der Umlenkung durch das Strömungsmaschinengitter.

FB 7.1 Der Energiesatz für ein materielles Volumen

Aufgabe 1

Vgl. (7.1-1) bis (7.1-4).

Aufgabe 2

Die Zunahme an innerer, kinetischer und potentieller Energie in einem materiellen Volumen ist gleich der Summe aus

- der über die Oberflächenkräfte zugeführten Leistung,
- der Wärmezufuhr im Innern, z. B. durch Absorption von Strahlung oder als Ergebnis chemischer Reaktionen, und
- der Wärmezufuhr durch Wärmeleitung über die Oberfläche des Volumens.

Zusatzaufgabe

Mit (7.1-6) gilt

$$\int \underline{c} \cdot \rho \underline{f} \, dV = -\int \rho \underline{c} \cdot \operatorname{grad} U \, dV. \tag{a}$$

Für die substantielle Ableitung von U gilt nach (3.2-6)

$$\frac{DU}{Dt} = \frac{\partial U}{\partial t} + \underline{c} \cdot \operatorname{grad} U. \tag{b}$$

Da U nur von $\underline{x}$ abhängt, ist $\partial U/\partial t = 0$, und wir erhalten für (a)

$$\int \underline{c} \cdot \rho \underline{f} \, dV = -\int \rho \frac{DU}{Dt} \, dV. \tag{c}$$

Nach der Produktenregel ist

$$\int \rho \frac{DU}{Dt} \, dV = \int \frac{D}{Dt}(\rho U \, dV) - \int U \frac{D}{Dt}(\rho \, dV). \tag{d}$$

Der zweite Term auf der rechten Seite verschwindet nach (3.4-3), und analog zur Herleitung von (3.4-3) kann man im ersten Term auf der rechten Seite Differentiation und Integration vertauschen, wenn man über ein *materielles* Volumen integriert; es ist also, vgl. auch (4.1-9),

$$\int \rho \frac{DU}{Dt} \, dV = \frac{d}{dt} \int_{\tilde{V}} \rho U \, dV. \tag{e}$$

Damit folgt aus (c)

$$\int \underline{c} \cdot \rho \underline{f} \, dV = -\frac{d}{dt} \int_{\tilde{V}} \rho U \, dV. \tag{f}$$

FB 7.2 Der Energiesatz für einen Stromfaden

Aufgabe 1

Man kann die Leistung der äußeren Kräfte auf einen Stromfadenabschnitt zerlegen in

- die Leistung der Volumenkräfte und
- die Leistung der Oberflächenkräfte.

Die Leistung der Oberflächenkräfte kann man weiter zerlegen in

- die Leistung der Druckkräfte und
- die Leistung der Reibungskräfte oder die Dissipationsleistung.

Die Leistung der Druckkräfte lässt sich schließlich zerlegen in

- die Volumenänderungsleistung, das ist die Leistung der Druckkräfte auf dem bewegten, nicht durchströmten Teil der äußeren Begrenzung,
- die technische Leistung, das ist die Leistung der Druckkräfte auf dem bewegten, nicht durchströmten Teil der inneren Berandung,
- die Leistung der Druckkräfte in den Endflächen.

Aufgabe 2

Um vom Energiesatz in der Form (7.1-5) zum Energiesatz in der Form (7.2-2) zu gelangen, sind folgende Voraussetzungen notwendig:

- Die einzige Volumenkraft ist die Schwerkraft.
- Das betrachtete Volumen ist ein Stromfadenabschnitt.

Um vom Energiesatz in der Form (7.2-2) zur kompressiblen Bernoullischen Gleichung (7.2-5) zu gelangen, müssen wir noch folgende Einschränkungen vornehmen:

- Die Strömung ist stationär.
- Der Mantel des Stromfadens ruht.
- Die Dissipationsleistung in den Endflächen ist vernachlässigbar.
- Es wird keine Wärme zu- oder abgeführt.

Aufgabe 3

Die Leistung der äußeren Kräfte insgesamt ist gleich $\int \underline{c} \cdot \rho \underline{f}\, dV + \oint \underline{c} \cdot \underline{\sigma}\, dA$; wenn also $\underline{c}$ gleich null ist (und das ist bei ruhenden Wänden wegen der Wandhaftbedingung der Fall), ist die Leistung der äußeren Kräfte (und damit auch die Dissipationsleistung) an der Wand null.

Aufgabe 4

Wir betrachten die Verzweigungsstromlinie, die sich im Staupunkt 1 verzweigt und an der Oberfläche des Staurohrs entlang verläuft. Im Punkt 2 sind die Stromlinien wieder als parallel anzusehen, d. h. dort herrscht unter der Voraussetzung reibungsloser Strömung dieselbe Geschwindigkeit, derselbe Druck und dieselbe Temperatur wie weit vor dem Staurohr, wir bezeichnen deshalb die Strömungsgrößen dort mit dem Index ∞. Im Staupunkt ist $c = 0$, wir bezeichnen die übrigen Größen dort mit dem Index 0. Da beide Punkte auf einer Stromlinie liegen, gilt (bei Vernachlässigung der Höhendifferenz) die Bernoullische Gleichung

$$h_\infty + \frac{c_\infty^2}{2} = h_0, \quad c_\infty^2 = 2(h_0 - h_\infty).$$

Mit der kalorischen Zustandsgleichung erhält man

$$c_\infty^2 = 2c_P(T_0 - T_\infty) = 2c_P T_0\left(1 - \frac{T_\infty}{T_0}\right).$$

Mit der Isentropengleichung

$$\frac{p_\infty}{T_\infty^{\frac{\kappa}{\kappa-1}}} = \frac{p_0}{T_0^{\frac{\kappa}{\kappa-1}}}, \quad \frac{p_\infty}{p_0} = \left(\frac{T_\infty}{T_0}\right)^{\frac{\kappa}{\kappa-1}}, \quad \frac{T_\infty}{T_0} = \left(\frac{p_\infty}{p_0}\right)^{\frac{\kappa-1}{\kappa}}$$

folgt für die Anströmgeschwindigkeit

$$c_\infty = \sqrt{2c_P T_0\left[1 - \left(\frac{p_\infty}{p_0}\right)^{\frac{\kappa-1}{\kappa}}\right]}.$$

FB 7.3 Gibbssche Gleichung und Entropieungleichung

Aufgabe 1

Es ist

$$dv = d\left(\frac{1}{\rho}\right) = \frac{d(1/\rho)}{d\rho}\,d\rho = -\frac{1}{\rho^2}\,d\rho.$$

Aufgabe 2

Ändern sich die Zustandsgrößen räumlich und zeitlich nicht, so spricht man vom thermodynamischen Gleichgewicht. Wenn sich die Zustandsgrößen im Strömungsfeld räumlich und zeitlich ändern, aber zwischen den Zustandsgrößen in einem beliebigen Punkt zu einer beliebigen Zeit dieselben Zustandsgleichungen gelten wie im thermodynamischen Gleichgewicht, so spricht man vom lokalen thermodynamischen Gleichgewicht.

Zusatzaufgabe 1

Aus (7.3-3) folgt

$$\left(\frac{\partial}{\partial v}\right)_s \left(\frac{\partial u}{\partial s}\right)_v = \left(\frac{\partial T}{\partial v}\right)_s, \quad \left(\frac{\partial}{\partial s}\right)_v \left(\frac{\partial u}{\partial v}\right)_s = -\left(\frac{\partial p}{\partial s}\right)_v,$$

es gilt also $\left(\frac{\partial T}{\partial v}\right)_s = -\left(\frac{\partial p}{\partial s}\right)_v$.

Zusatzaufgabe 2

Aus der Zustandsgleichung $u = u(s, v)$ kann man nach (7.3-3) $T = T(s, v)$ und $p = p(s, v)$ berechnen. Eliminiert man daraus s und löst nach v auf, so erhält man $v = v(T, p)$.

Zusatzaufgabe 3

Die differentielle Form der Entropieungleichung erhalten wir aus (7.3-12), indem wir auf der linken Seite die zeitliche Ableitung nach (4.1-9) unter das Integral ziehen und auf der rechten Seite das Oberflächenintegral nach dem Gaußschen Satz (A 47) in ein Volumenintegral umwandeln:

$$\int \rho \frac{Ds}{Dt}\, dV \geq \int \left(\frac{\rho w}{T} - \operatorname{div} \frac{\underline{\underline{q}}}{T} \right) dV.$$

Da diese Ungleichung für jedes beliebige Volumen gelten muss, gilt

$$\rho \frac{Ds}{Dt} \geq \frac{\rho w}{T} - \operatorname{div} \frac{\underline{\underline{q}}}{T}.$$

Das ist die gesuchte Entropieungleichung in differentieller Form.

FB 7.4 Ideale Gase. Die Strömungsberechnung für reibungsfreie ideale Gase

Aufgabe

Aus (7.4-8) erhalten wir sofort

$$\frac{dp}{p} = \frac{\kappa}{\kappa - 1} \frac{dT}{T} \tag{a}$$

und durch Integration – vgl. die Herleitung von (7.4-9) –

$$\frac{p}{T^{\frac{\kappa}{\kappa-1}}} = \text{const.}$$

Mit $(7.4\text{-}1)_4$ können wir dT/T aus (a) eliminieren und erhalten

$$\frac{dp}{p} = \kappa \frac{d\rho}{\rho} \tag{b}$$

und daraus durch Integration

$$\frac{p}{\rho^{\kappa}} = \text{const.}$$

Eliminieren wir aus (a) und (b) dp/p, so erhalten wir

$$\frac{1}{\kappa - 1} \frac{dT}{T} = \frac{d\rho}{\rho} \tag{c}$$

und daraus durch Integration

$$\frac{T}{\rho^{\kappa-1}} = \text{const.}$$

Zusatzaufgabe

A. Aus der Gibbsschen Gleichung $du = T\,ds - p\,dv$ erhalten wir durch partielle Differentiation nach T für konstantes v bzw. nach v für konstantes T

$$\left(\frac{\partial u}{\partial T}\right)_v = T\left(\frac{\partial s}{\partial T}\right)_v, \tag{a}$$

$$\left(\frac{\partial u}{\partial v}\right)_T = T\left(\frac{\partial s}{\partial v}\right)_T - p. \tag{b}$$

Lösen wir (a) und (b) nach $(\frac{\partial s}{\partial T})_v$ bzw. $(\frac{\partial s}{\partial v})_T$ auf, so erhalten wir

$$\left(\frac{\partial s}{\partial T}\right)_v = \frac{1}{T}\left(\frac{\partial u}{\partial T}\right)_v, \tag{c}$$

$$\left(\frac{\partial s}{\partial v}\right)_T = \frac{1}{T}\left(\frac{\partial u}{\partial v}\right)_T + \frac{p}{T}. \tag{d}$$

Durch Differentiation von (c) und (d) erhalten wir

$$\left(\frac{\partial}{\partial v}\right)_T\left(\frac{\partial s}{\partial T}\right)_v = \frac{1}{T}\frac{\partial^2 u}{\partial T \partial v}, \tag{e}$$

$$\left(\frac{\partial}{\partial T}\right)_v\left(\frac{\partial s}{\partial v}\right)_T = \frac{1}{T}\frac{\partial^2 u}{\partial T \partial v} - \frac{1}{T^2}\left(\frac{\partial u}{\partial v}\right)_T + \frac{1}{T}\left(\frac{\partial p}{\partial T}\right)_v - \frac{p}{T^2}. \tag{f}$$

Setzen wir (e) und (f) einander gleich, so ergibt sich die gesuchte Nebenbedingung zu

$$\left(\frac{\partial u}{\partial v}\right)_T = T\left(\frac{\partial p}{\partial T}\right)_v - p. \tag{g}$$

B. Aus der thermischen Zustandsgleichung $p(v, T) = \frac{RT}{v}$ erhalten wir

$$\left(\frac{\partial p}{\partial T}\right)_v = \frac{R}{v} = \frac{p}{T}.$$

Setzen wir dieses Ergebnis in (g) ein, so ergibt sich

$$\left(\frac{\partial u}{\partial v}\right)_T = 0.$$

Das aber bedeutet, dass u nur von T abhängt, also $u = u(T)$ gilt.

FB 7.5 Schallgeschwindigkeit und Schallausbreitung

Aufgabe 1

Aus (7.4-10) folgt formal $dp/d\rho = \kappa\, p/\rho$; da (7.4-10) nur längs einer Isentropen gilt, müssen wir genauer $(\partial p/\partial \rho)_s = \kappa\, p/\rho$ schreiben. Aus (7.4-1) erhalten wir weiter $\kappa\, p/\rho = \kappa RT$.

Aufgabe 2

Nach Tabelle 1 ist für Luft $R = 287$ J/kg K und $\kappa = 1{,}4$. Mit $T = (273 + 10)\,\mathrm{K} = 283\,\mathrm{K}$ erhalten wir $a = 337$ m/s.

Aufgabe 3

Nach Gleichung (7.5-7) gilt $c = a/\sin\alpha$. Mit $a = 343\,\mathrm{m/s}$ und $\sin 30^\circ = 0{,}5$ ergibt sich $c = 686\,\mathrm{m/s} = 2470\,\mathrm{km/h}$.

Aufgabe 4

Richtig ist B: Da die Temperatur mit zunehmender Höhe abnimmt, sinkt nach (7.5-6) mit zunehmender Höhe auch die Schallgeschwindigkeit. Bei konstanter Machzahl muss dann auch die Geschwindigkeit abnehmen.

FB 7.6 Die Bernoullische Gleichung für ein ideales Gas

Aufgabe 1

Bis auf D müssen alle Voraussetzungen erfüllt sein (vgl. auch Lehreinheit 7.2).

Aufgabe 2

Für $M = 1$ ist die Strömungsgeschwindigkeit gleich der Schallgeschwindigkeit, und Schallgeschwindigkeit, Druck und Dichte haben ihren kritischen Wert. Für $T_0 = 283\,\mathrm{K}$ ist $a_0 = 337\,\mathrm{m/s}$, vgl. Aufgabe 2 in Lehreinheit 7.5, und aus der thermischen Zustandsgleichung $(7.4\text{-}1)_2$ folgt $\rho_0 = 1{,}25\,\mathrm{kg/m^3}$. Wegen $\kappa = 1{,}4$ gilt (7.6-11), und man erhält $a^* = 308\,\mathrm{m/s}$, $p^* = 0{,}535\,\mathrm{bar}$ und $\rho^* = 0{,}792\,\mathrm{kg/m^3}$.

Aufgabe 3

Im Staupunkt nehmen alle Strömungsgrößen ihren Ruhewert an. Nach (7.6-5) bis (7.6-7) nehmen deshalb Druck, Dichte und Temperatur bei Annäherung an den Staupunkt zu.

FB 7.7 Isentrope stationäre Stromfadentheorie

Aufgabe 1

Richtig sind die Antworten B nach (7.6-3) und D: Isentrope Strömung bedeutet ja, dass die Entropie konstant bleibt. Der Druck kann sich ebenso wie die anderen Zustandsgrößen ändern, die Machzahl kann auch größer als eins werden, und die Temperatur nimmt z. B. nach (7.6-2) mit (7.5-6) mit steigender Geschwindigkeit ab.

Aufgabe 2

Nach (7.7-1) mit (7.7-4) folgt für die Ausströmgeschwindigkeit c_2

$$c_2 = \frac{\dot{m}}{\rho_2 A} = \frac{\dot{m} R T_2}{p_2 A}, \tag{a}$$

und aus (7.7-2) und (7.7-4) folgt für die Temperatur T_0 im Kessel

$$\frac{\kappa}{\kappa - 1} R T_0 = \frac{\kappa}{\kappa - 1} R T_2 + \frac{c_2^2}{2},$$

$$T_0 = T_2 + \frac{\kappa - 1}{2\kappa} \frac{\dot{m}^2 R T_2^2}{p_2^2 A^2}. \tag{b}$$

Mit der Isentropengleichung $(7.4\text{-}11)_2$ und (b) können wir dann den Kesseldruck bestimmen:

$$\frac{p_0}{p_2} = \left(\frac{T_0}{T_2}\right)^{\frac{\kappa}{\kappa-1}} = \left(1 + \frac{\kappa - 1}{2\kappa} \frac{\dot{m}^2 R T_2}{p_2^2 A^2}\right)^{\frac{\kappa}{\kappa-1}},$$

$$p_0 = p_2 \left(1 + \frac{\kappa - 1}{2\kappa} \frac{\dot{m}^2 R T_2}{p_2^2 A^2}\right)^{\frac{\kappa}{\kappa-1}}. \tag{c}$$

Aufgabe 3

A. Zum Beispiel aus der Bernoullischen Gleichung (7.2-5) folgt, dass die maximale Geschwindigkeit erreicht wird, wenn (bei Vernachlässigung der Änderung der potentiellen Energie) die spezifische Enthalpie voll in spezifische kinetische Energie umgesetzt wird, d. h. für $p_1 = 0$. Das ist auch aus (7.7-6) abzulesen: für $p_1 = 0$ erreicht c_1 seinen Maximalwert, und der beträgt

$$c_{1\max} = \sqrt{\frac{2\kappa}{\kappa - 1}\frac{p_0}{\rho_0}} = \sqrt{\frac{2}{\kappa - 1}}a_0.$$

Für Luft ist $\kappa = 1{,}4$ und damit ist für 20° nach Tabelle 1

$$c_{1\max} = \sqrt{5}a_0 = 767\,\text{m/s}.$$

B. Zum Beispiel nach der Darstellung der Bernoullischen Gleichung im c, a-Diagramm am Ende von Lehreinheit 7.6 ist für die maximale Geschwindigkeit die Schallgeschwindigkeit null und damit die Machzahl unendlich. Dasselbe folgt aus (7.7-7) für $p_1 = 0$.
C. Zum Beispiel nach (7.6-6) und (7.6-7) müssen dazu Druck und Dichte außerhalb des Kessels null sein, d. h. die Luft muss ins Vakuum ausströmen.

Diese Grenzwerte sind physikalisch nicht erreichbar: Wenn die Schallgeschwindigkeit gegen null geht, geht nach (7.7-5) auch die Temperatur gegen null, und im absoluten Nullpunkt ist kein Stoff gasförmig, geschweige denn ein ideales Gas.

FB 7.8 Die Flächen-Geschwindigkeits-Beziehung

Aufgabe 1

Gleichung (7.8-6) ergibt sich aus (7.8-4) und (7.8-5), (7.8-7) aus (7.8-6) und (7.4-10) und schließlich (7.8-8) aus (7.8-7) und (7.4-10).

Mit steigender Geschwindigkeit nehmen Dichte, Druck und Temperatur ab. Mit wachsendem Querschnitt nehmen Dichte, Druck und Temperatur in einer Unterschallströmung zu und in einer Überschallströmung ab.

Aufgabe 2

A. Die maximale Austrittsgeschwindigkeit ist bei einer konvergenten Mündung die kritische Schallgeschwindigkeit, die sich z. B. durch Gleichsetzen von (7.6-3) und (7.6-4) ergibt:

$$c_1 = c^* = a^* = \sqrt{\frac{2\kappa R T_0}{\kappa + 1}}.$$

B. Aus (7.6-8) und (7.6-9) folgen

$$T_1 = T^* = \frac{2T_0}{\kappa + 1}, \quad p_1 = p^* = \left(\frac{2}{\kappa + 1}\right)^{\frac{\kappa}{\kappa-1}} p_0.$$

C. Aus (6.1-9) folgt bei Vernachlässigung der Gewichtskraft und weil es keinen Eintrittsquerschnitt gibt

$$\underline{R}_W = -[\dot{m}c^* + (p^* - p_A)A_1]\underline{e}_x.$$

Mit $\dot{m} = \rho^* c^* A_1$ folgt

$$\underline{R}_W = -[\rho^* c^{*2} + p^* - p_A]A_1\underline{e}_x = -\left[\frac{\rho^*}{\rho_0}\rho_0 \frac{2\kappa R T_0}{\kappa + 1} + \frac{p^*}{p_0}p_0 - p_A\right]A_1\underline{e}_x.$$

Mit (7.6-9), (7.6-10) und (7.7-4) folgt nach kurzer Zwischenrechnung

$$\underline{R}_W = -\left[p_0(\kappa + 1)\left(\frac{2}{\kappa + 1}\right)^{\frac{\kappa}{\kappa-1}} - p_A\right]A_1\underline{e}_x.$$

Aufgabe 3

A. Aus der Kontinuitätsgleichung (7.7-1) folgt

$$\dot{m} = \rho^* c^* A^*. \tag{a}$$

Sind die kritischen Zustandsgrößen p^* und T^* bekannt, so erhalten wir die kritische Dichte ρ^* aus $(7.7\text{-}4)_1$ und die kritische Geschwindigkeit $c^* = a^*$ aus $(7.7\text{-}5)_1$. Setzen wir beides in (a) ein, so folgt für den Massenstrom

$$\dot{m} = p^* A^* \sqrt{\frac{\kappa}{RT^*}}. \tag{b}$$

B. Die Bernoullische Gleichung $(7.7\text{-}2)_1$ ergibt mit $(7.7\text{-}5)_1$ zwischen dem Austrittsquerschnitt 2 und dem engsten Querschnitt

$$\frac{a_2^2}{\kappa - 1} + \frac{c_2^2}{2} = \frac{\kappa + 1}{2(\kappa - 1)}a^{*2}, \quad \frac{c_2^2}{a_2^2} = \frac{\kappa + 1}{\kappa - 1}\frac{a^{*2}}{a_2^2} - \frac{2}{\kappa - 1},$$

$$M_2 = \sqrt{\frac{\kappa + 1}{\kappa - 1}\frac{T^*}{T_2} - \frac{2}{\kappa - 1}}.$$

C. Aus $m = \rho_2 c_2 A_2 = \rho^* c^* A^*$ folgt mit (7.4-11)

$$\frac{A_2}{A^*} = \frac{\rho^*}{\rho_2}\frac{c^*}{c_2} = \left(\frac{T^*}{T_2}\right)^{\frac{1}{\kappa-1}} \frac{a^*}{M_2 a_2} \quad \text{und mit} \quad \frac{a^*}{a_2} = \sqrt{\frac{T^*}{T_2}}$$

$$\frac{A_2}{A^*} = \frac{1}{M_2}\left(\frac{T^*}{T_2}\right)^{\frac{\kappa+1}{2(\kappa-1)}}.$$

FB 7.9 Die Durchflussfunktion

Aufgabe

Nach (7.9-7) ist die Fläche im engsten Querschnitt

$$A^* = \frac{\dot{m}}{\Psi^*(\kappa)\sqrt{\frac{2\kappa}{\kappa-1}\frac{p_0^2}{RT_0}}}, \tag{a}$$

nach (7.9-2) ist der erforderliche Außendruck

$$p_A = p_0\left(1 + \frac{\kappa-1}{2}M_A^2\right)^{-\frac{\kappa}{\kappa-1}}. \tag{b}$$

Der zugehörige Außenquerschnitt ergibt sich nach (7.9-6) zu

$$A_A = \frac{A^*\Psi^*(\kappa)}{\Psi(\frac{p_A}{p},\kappa)}. \tag{c}$$

Zahlenbeispiel: Mit $\Psi^*(1{,}4) = 0{,}259$ erhalten wir nach (a) $A^* = 2{,}97\,\text{cm}^2$. Der erforderliche Außendruck ist nach (b) $p_A = 3{,}61$ bar. Für die Durchflussfunktion im Austrittsquerschnitt ergibt sich aus (7.9-3) $\Psi_A = 0{,}243$, für die Fläche des Austrittsquerschnittes nach (7.9-6) $A_A = 3{,}17\,\text{cm}^2$.

FB 7.10 Der senkrechte Verdichtungsstoß

Aufgabe 1

Nein; denn die Strömung durch einen Verdichtungsstoß ist anisentrop. Bei schwachen Verdichtungsstößen ($m = M_1^2 - 1 \ll 1$) ist die Entropiezunahme allerdings sehr gering (von dritter Ordnung in m, vgl. (7.10-10)), so dass sich in diesem Fall das Verhältnis p_2/p_1 mit der Isentropengleichung in guter Näherung berechnen lässt.

Aufgabe 2

Nach (7.10-9) werden Geschwindigkeit und Machzahl beim Durchgang durch einen Verdichtungsstoß kleiner, während Schallgeschwindigkeit, Temperatur, Druck, Dichte und spezifische Entropie zunehmen. Die spezifische Enthalpie nimmt ebenfalls zu; das folgt z. B. aus (7.4-3), da die Temperatur steigt, oder aus der Bernoullischen Gleichung (7.2-5), da die Geschwindigkeit fällt.

Zusatzaufgabe 1

Nach (7.10-12) bleibt die Ruhetemperatur gleich, nach (7.6-3) damit auch die Ruhenthalpie. Ruhedruck und Ruhedichte nehmen nach (7.10-12) ab.

Zusatzaufgabe 2

Die erste Identität von (7.10-4) folgt aus (7.10-3). Zum Beweis der zweiten Identität von (7.10-4) müssen wir aus (7.10-1) und (7.10-2) $c_2/c_1 = \rho_1/\rho_2$ als Funktion von m bzw. M_1^2 herleiten. Dazu eliminieren wir daraus zunächst p_2. Mit der Abkürzung

$$C = \frac{c_2}{c_1} = \frac{\rho_1}{\rho_2} \tag{a}$$

folgt aus (7.10-1) mit (7.10-3)

$$p_2 = p_1 + \rho_1 c_1^2 \left(1 - \frac{\rho_2 c_2}{\rho_1 c_1} \frac{c_2}{c_1}\right) = p_1 + \rho_1 c_1^2 (1 - C). \tag{b}$$

Setzt man das in (7.10-2) ein, so erhält man

$$\frac{\kappa}{\kappa - 1} \frac{p_1}{\rho_1} + \frac{c_1^2}{2} = \frac{\kappa}{\kappa - 1} \frac{p_1}{\rho_1} C + \frac{\kappa}{\kappa - 1} c_1^2 C(1 - C) + \frac{c_1^2}{2} C^2,$$

oder durch $a_1^2 = \kappa p_1/\rho_1$ dividiert,

$$\frac{1}{\kappa - 1} + \frac{M_1^2}{2} = \frac{1}{\kappa - 1} C + \frac{\kappa}{\kappa - 1} M_1^2 C(1 - C) + \frac{M_1^2}{2} C^2.$$

Das ist bereits die gesuchte Gleichung $C = C(M_1^2)$ in impliziter Form. Sie muss neben der gesuchten Lösung für das Geschwindigkeitsverhältnis beim Verdichtungsstoß auch die triviale Lösung $C = 1$ enthalten, d. h. $1 - C$ muss als Faktor abspaltbar sein:

$$(1 - C)\left(\frac{1}{\kappa - 1} + \frac{M_1^2}{2}(1 + C) - \frac{\kappa}{\kappa - 1} M_1^2 C\right) = 0.$$

Man erhält (7.10-4), indem man die zweite Klammer gleich null setzt, diese Gleichung nach C auflöst und $M_1^2 = m + 1$ einsetzt.
Zum Beweis von (7.10-5) dividiere man (b) durch p_1 und setze (7.10-4) ein. Gleichung (7.10-6) erhält man mit (7.10-4) und (7.10-5) aus

$$\frac{T_2}{T_1} = \left(\frac{a_2}{a_1}\right)^2 = \frac{p_2}{p_1}\frac{\rho_1}{\rho_2}.$$

Gleichung (7.10-7) folgt mit (7.10-4) und (7.10-6) aus

$$\frac{M_2}{M_1} = \frac{c_2}{c_1}\frac{a_1}{a_2}.$$

Zum Beweis von (7.10-8) setze man in (7.4-7) die Formeln (7.10-6) und (7.10-5) ein und berücksichtige (7.4-4).

Zusatzaufgabe 3

A. Man erhält (7.10-10), wenn man für die Logarithmen in (7.10-8) die logarithmische Reihe

$$\ln(1+\alpha) = \alpha - \frac{\alpha^2}{2} + \frac{\alpha^3}{3} + O\left(\alpha^4\right) \tag{a}$$

einsetzt.

B. Gleichung (7.10-8) hat die Form $s_2 - s_1 = f(m)$. Die Reihenentwicklung (7.10-10) zeigt, dass $f(m)$ an der Stelle $m = 0$ einen Sattelpunkt hat und dass in der Umgebung dieses Punktes für $m \gtrless 0$ auch $s_2 - s_1 \gtrless 0$ ist. Durch Nullsetzen von $f'(m)$ zeigt man, dass $f(m)$ an keiner anderen Stelle eine waagerechte Tangente hat, d. h. $f(m)$ steigt monoton.

C. Für $m \gg 1$ kann man $\ln(1+\alpha)$ näherungsweise durch $\ln\alpha$ ersetzen. Setzt man das in (7.10-8) ein, erhält man nach einer elementaren Zwischenrechnung

$$s_2 - s_1 = \frac{R}{\kappa - 1}\left(\ln m + \ln\left[2\kappa(\kappa-1)^\kappa\right] - (\kappa+1)\ln(\kappa+1)\right). \tag{b}$$

Zusatzaufgabe 4

A. Nach (7.4-7) ist

$$s_{02} - s_{01} = c_p \ln\frac{T_{02}}{T_{01}} - R\ln\frac{p_{02}}{p_{01}}.$$

Nun ist $s_1 = s_{01}$, da die Strömung zwischen dem Ruhzustand und dem Zustand vor dem Stoß isentrop ist; entsprechend ist $s_2 = s_{02}$. Außerdem ist die Ruhetemperatur vor und hinter dem Stoß gleich. Damit folgt (7.10-13).

B. Aus (7.10-8) folgt

$$s_2 - s_1 = R\ln\left[\left(1+\frac{2\kappa}{\kappa+1}m\right)^{\frac{1}{\kappa-1}}\right] + R\ln\left[\left(\frac{(\kappa+1)+(\kappa-1)m}{(\kappa+1)(1+m)}\right)^{\frac{\kappa}{\kappa-1}}\right]$$

$$= R\ln\left[\left(1+\frac{2\kappa}{\kappa+1}m\right)^{\frac{1}{\kappa-1}}\left(1-\frac{2}{\kappa+1}\frac{m}{1+m}\right)^{\frac{\kappa}{\kappa-1}}\right]$$

und daraus durch Vergleich mit (7.10-13) die Beziehung (7.10-11).

FB 7.11 Der schiefe Verdichtungsstoß

Aufgabe

A. Es gilt $c_1^2 = c_{1N}^2 + c_{1T}^2$ und $c_2^2 = c_{2N}^2 + c_{2T}^2$. Wegen $c_{1T} = c_{2T}$ und $c_{1N} > c_{2N}$ folgt $c_1 > c_2$.

B. Für $(7.11\text{-}4)_2$ können wir mit (7.5-6) auch

$$\frac{c_{1N}^2}{2} + \frac{a_1^2}{\kappa-1} = \frac{c_{2N}^2}{2} + \frac{a_2^2}{\kappa-1}$$

schreiben. Aus $c_{1N} > c_{2N}$ folgt dann $a_1 < a_2$.

C. $c_1 > c_{1N}$; es gilt ja $c_1^2 = c_{1N}^2 + c_{1T}^2$.

D. $c_{1N} > a_1$, vgl. den Merksatz der Lehreinheit.

E. $c_{1N} > c_{2N}$, vgl. den Merksatz der Lehreinheit.

F. $c_{2N} < a_2$, vgl. den Merksatz der Lehreinheit.

G. $c_{1T} \gtreqless a_1$; c_{1T} und a_1 sind völlig unabhängig voneinander.

H. $c_{1T} = c_{2T}$, vgl. (7.11-3).

I. $c_{1T} \gtreqless c_{1N}$, auch c_{1T} und c_{1N} sind voneinander unabhängig.

FB 7.12 Die Lavaldüse

Aufgabe 1

Sowohl wenn im Endquerschnitt der Düse Überschallgeschwindigkeit herrscht als auch wenn im divergenten Teil der Düse ein Verdichtungsstoß auftritt, muss $p_1 > p_A > p_2$ sein, und für $p_A < p_1$ sind der Massenstrom und der Druck im engsten Querschnitt unabhängig vom Außendruck.

Aufgabe 2

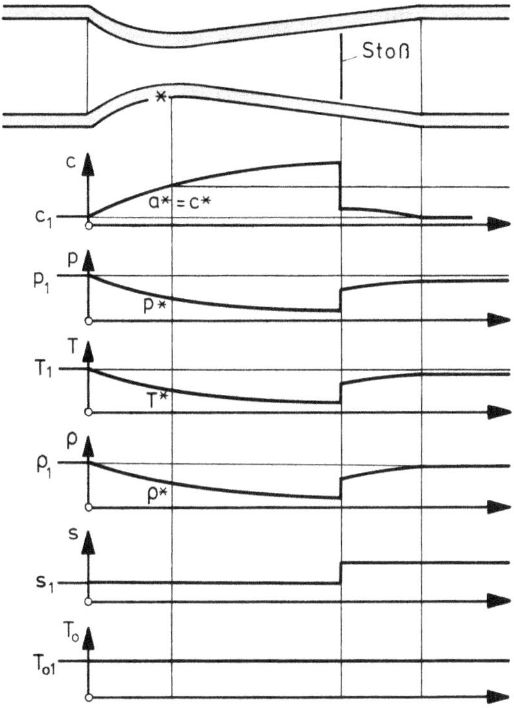

Aufgabe 3

A. $p_0 > p_A > p_1$: In der gesamten Lavaldüse herrscht (isentrope) Unterschallströmung ($M < 1$). Im konvergenten Teil wird die Strömung beschleunigt, im divergenten Teil verzögert. Der Massenstrom nimmt mit abnehmendem Außendruck p_A zu.

B–G. $p_A \leq p_1$: Im konvergenten Teil der Lavaldüse herrscht Unterschallgeschwindigkeit, die Strömung wird isentrop beschleunigt. Im engsten Querschnitt wird Schallgeschwindigkeit ($M = 1$) erreicht. Der Massenstrom ist unabhängig vom Außendruck p_A. Für den divergenten Teil der Lavaldüse sind folgende Fälle möglich:

B. $p_A = p_1$: Im divergenten Teil wird die Strömung isentrop auf Unterschallströmung verzögert.

C. $p_1 > p_A > p_2$: Im divergenten Teil wird die Strömung zunächst isentrop auf Überschallströmung ($M > 1$) beschleunigt, dann durch einen senkrechten

Verdichtungsstoß anisentrop in Unterschallströmung überführt und von da an isentrop verzögert.

D. $p_A = p_2$: Im divergenten Teil wird die Strömung isentrop auf Überschallgeschwindigkeit beschleunigt, im Austrittsquerschnitt wird sie durch einen Verdichtungsstoß in Unterschallgeschwindigkeit überführt und an den Außendruck angepasst.

E. $p_2 > p_A > p_3$: Im divergenten Teil wird die Strömung isentrop auf Überschallgeschwindigkeit beschleunigt, außerhalb der Düse wird sie durch schiefe Verdichtungsstöße in Unterschallströmung überführt und an den Außendruck angepasst.

F. $p_A = p_3$: Im divergenten Teil wird die Strömung isentrop auf Überschallströmung beschleunigt; im Austrittsquerschnitt hat sie gerade den Außendruck erreicht.

G. $p_A < p_3$: Im divergenten Teil wird die Strömung isentrop auf Überschallströmung beschleunigt, außerhalb der Düse wird sie weiter isentrop beschleunigt (Nachexpansion), bis sie an den Außendruck angepasst ist.

FB 7.13 Thermodynamische Wirkungsgrade

Aufgabe 1

Gemäß (6.5-4) gilt $P = \dot{m}\,Y$. Für inkompressible Medien gilt gemäß (3.5-10) $\dot{m} = \rho\dot{V}$ und gemäß (5.2-1) $Y = \frac{\Delta p}{\rho}$. Ineinander eingesetzt ergibt sich $P_{\text{Strömung}} = \Delta p\dot{V}$.

Aufgabe 2

Aus (7.13-3) folgt mit (7.4-3) $\eta_{\text{isentrop,Verdichtung}} = \frac{h_{2,s}-h_1}{h_2-h_1} = \frac{T_{2,s}-T_1}{T_2-T_1}$. Mit (7.4-11) $T_{2,s} = T_1(\frac{p_2}{p_1})^{\frac{\kappa-1}{\kappa}}$ ergibt sich für den isentropen Wirkungsgrad

$$\eta_{\text{isentrop,Verdichtung}} = \frac{T_1[(\frac{p_2}{p_1})^{\frac{\kappa-1}{\kappa}} - 1]}{T_2 - T_1}.$$

Beachte: $\frac{\kappa-1}{\kappa} = \frac{R}{c_p}$.

Aufgabe 3

$$\ln\frac{T_2}{T_1} = \ln\left[\left(\frac{p_2}{p_1}\right)^{\frac{\kappa-1}{\kappa\,\eta_{\text{polytrop}}}}\right] = \ln\left[\left(\frac{p_2}{p_1}\right)^{\frac{R}{c_P\,\eta_{\text{polytrop}}}}\right]$$

$$\Leftrightarrow \quad \ln\frac{T_2}{T_1} = \frac{R}{c_P\,\eta_{\text{polytrop}}}\ln\frac{p_2}{p_1}$$

$$\Leftrightarrow \quad \eta_{\text{polytrop}} = \frac{R\ln\frac{p_2}{p_1}}{c_P\ln\frac{T_2}{T_1}}\,.$$

Aufgabe 4

Unter Verwendung der Lösung von Aufgabe 2 können die gegebenen Zustandswerte zur Berechnung des isentropen Wirkungsgrads entsprechend eingesetzt und verrechnet werden. Der polytrope Wirkungsgrad (7.13-5) ist vom Zahlenwert größer als der isentrope. Beachten Sie bei der Verrechnung des Drucks, dass die Werte als Absolutgrößen verrechnet werden müssen $p_1 = 64000$ Pa, $p_2 = 97000$ Pa,

$$\eta_{\text{polytrop}} = 0{,}919 \quad > \quad \eta_{\text{isentrop}} = 0{,}914.$$

FB 8.1 Der Spannungstensor

Aufgabe 1

Eine Feldgröße ist nach Lehreinheit 1.3 eine intensive Größe, die nur von Ort und Zeit abhängt.

A. Demnach ist der Spannungsvektor keine Feldgröße, weil er außer von Ort und Zeit noch vom Normalenvektor $\underline{n}$ der Fläche abhängt, an der er angreift.
B. Der Spannungstensor dagegen ist eine Feldgröße.
C. Spannungsvektor und Spannungstensor haben beide dieselbe Dimension, nämlich wie der Druck die Dimension Kraft durch Fläche. Sie unterscheiden sich voneinander und vom Druck durch die tensorielle Stufe: Der Druck ist ein Skalar, der Spannungsvektor ein Vektor und der Spannungstensor ein Tensor (genauer: ein Tensor zweiter Stufe).

Aufgabe 2

Für ein ruhendes oder ein reibungsfreies Fluid gilt nach (1.5-2) $\underline{\sigma} = -p\underline{n}$, in kartesischen Koordinaten $\sigma_x = -pn_x$, $\sigma_y = -pn_y$, $\sigma_z = -pn_z$. Koeffizientenvergleich mit (8.1-6) ergibt unter Berücksichtigung von (8.1-7)

$$\underline{\underline{\pi}} = \begin{pmatrix} -p & 0 & 0 \\ 0 & -p & 0 \\ 0 & 0 & -p \end{pmatrix},$$

d. h. $\underline{\underline{\pi}} = -p\underline{\underline{\delta}}$.

Zusatzaufgabe

Die zu beweisende Gleichung lautet in Koordinatenschreibweise $n_i\pi_{ij} = \pi_{ji}n_i$. Da in Koordinatenschreibweise die Reihenfolge der Faktoren beliebig ist, können wir dafür auch $n_i\pi_{ij} = n_i\pi_{ji}$ schreiben. Für beliebiges n_i gilt das genau dann, wenn $\pi_{ij} = \pi_{ji}$ ist.

FB 8.2 Der allgemeine Newtonsche Schubspannungsansatz

Aufgabe 1

Aus (8.2-1) folgt $\underline{\underline{\tau}} = \underline{\underline{\pi}} + p\underline{\underline{\delta}}$. Da beide Tensoren auf der rechten Seite symmetrisch sind (zu $\underline{\underline{\pi}}$ vgl. (8.1-2)), muss auch deren Summe symmetrisch sein.

Aufgabe 2

Aus (8.2-7) liest man ab

$$\pi_{xx} = -p + 2\eta\frac{\partial c_x}{\partial x}, \quad \pi_{yy} = -p + 2\eta\frac{\partial c_y}{\partial y}, \quad \pi_{zz} = -p + 2\eta\frac{\partial c_z}{\partial z},$$

$$\pi_{xy} = \pi_{yx} = \eta\left(\frac{\partial c_x}{\partial y} + \frac{\partial c_y}{\partial x}\right), \quad \pi_{yz} = \pi_{zy} = \eta\left(\frac{\partial c_y}{\partial z} + \frac{\partial c_z}{\partial y}\right),$$

$$\pi_{zx} = \pi_{xz} = \eta\left(\frac{\partial c_z}{\partial x} + \frac{\partial c_x}{\partial z}\right).$$

Aufgabe 3

Aus (8.2-8) erhält man

$$\tau_{rr} = \tau_{\varphi\varphi} = \tau_{zz} = \tau_{r\varphi} = \tau_{\varphi z} = 0, \quad \tau_{rz} = \eta \frac{dc_z}{dr}.$$

Vergleichen Sie den Ansatz für die Schubspannung zur Ableitung des Hagen-Poiseuilleschen Gesetzes vor der Formel (5.1-2) mit diesem Ergebnis!

Aufgabe 4

A. Man nennt ein Medium isotrop, wenn es darin, anders als etwa in Kristallen, bei Abwesenheit äußerer Einflüsse keine ausgezeichnete Richtung gibt.
B. Man nennt einen Tensor isotrop, wenn seine Koordinaten (wie z. B. beim Einheitstensor) unabhängig von der Orientierung des Koordinatensystems sind.
C. In einem isotropen Medium müssen sich alle Materialeigenschaften durch Skalare oder isotrope Tensoren beschreiben lassen.

Zusatzaufgabe

Mit

$$\frac{\partial c_i}{\partial x_j} = -K\delta_{ij}$$

lautet der Zähigkeitsspannungstensor nach (8.4-2)

$$\tau_{ij} = -2\eta K\delta_{ij} - 3\eta' K\delta_{ij}.$$

Soll dafür $\tau_{ij} = 0$ sein, so folgt

$$\eta' = -\frac{2}{3}\eta.$$

FB 8.3 Die Navier-Stokessche Gleichung

Aufgabe 1

Aus (8.3-4) liest man ab

$$\frac{\partial u}{\partial x} + \frac{\partial v}{\partial y} + \frac{\partial w}{\partial z} = 0,$$

$$\frac{\partial u}{\partial t}+u\frac{\partial u}{\partial x}+v\frac{\partial u}{\partial y}+w\frac{\partial u}{\partial z}=f_x-\frac{1}{\rho}\frac{\partial p}{\partial x}+\nu\left(\frac{\partial^2 u}{\partial x^2}+\frac{\partial^2 u}{\partial y^2}+\frac{\partial^2 u}{\partial z^2}\right),$$
$$\frac{\partial v}{\partial t}+u\frac{\partial v}{\partial x}+v\frac{\partial v}{\partial y}+w\frac{\partial v}{\partial z}=f_y-\frac{1}{\rho}\frac{\partial p}{\partial y}+\nu\left(\frac{\partial^2 v}{\partial x^2}+\frac{\partial^2 v}{\partial y^2}+\frac{\partial^2 v}{\partial z^2}\right),$$
$$\frac{\partial w}{\partial t}+u\frac{\partial w}{\partial x}+v\frac{\partial w}{\partial y}+w\frac{\partial w}{\partial z}=f_z-\frac{1}{\rho}\frac{\partial p}{\partial z}+\nu\left(\frac{\partial^2 w}{\partial x^2}+\frac{\partial^2 w}{\partial y^2}+\frac{\partial^2 w}{\partial z^2}\right).$$

Aufgabe 2

Für ein reibungsfreies Fluid hat der Spannungstensor nach Aufgabe 2 von Lehreinheit 8.1 die Form

$$\pi_{ij}=-p\delta_{ij}. \tag{a}$$

Für den Impulssatz (8.3-2) benötigen wir $\partial\pi_{ji}/\partial x_j$. Aus (a) folgt

$$\frac{\partial\pi_{ji}}{\partial x_j}=-\frac{\partial p}{\partial x_j}\delta_{ij}=-\frac{\partial p}{\partial x_i}.$$

Setzt man das in (8.3-2) ein, so erhalten wir

$$\rho\frac{Dc_i}{Dt}=\rho f_i-\frac{\partial p}{\partial x_i}.$$

Aufgabe 3

Setzt man die Gültigkeit des Cauchyschen Axioms voraus, kann man im Impulssatz den Spannungsvektor durch den Spannungstensor ersetzen. Dann lässt sich der Impulssatz in differentieller Form schreiben. Setzt man für den Spannungstensor den Newtonschen Schubspannungsansatz für ein isotropes Fluid ein, so erhält man die Navier-Stokessche Gleichung.

Zusatzaufgabe

A. Wenn man in (6.4-3) $\underline{\sigma}$ nach (8.1-1) einsetzt, erhält man

$$\frac{d}{dt}\int_{\hat{V}}\underline{r}\times\rho\underline{c}\,dV=\int\underline{r}\times\rho\underline{f}\,dV+\oint\underline{r}\times(d\underline{A}\cdot\underline{\underline{\pi}}).$$

Für die linke Seite kann man

$$\int \underline{r} \times \rho \frac{D\underline{c}}{Dt}\, dV$$

schreiben, vgl. die Zusatzaufgabe von Lehreinheit 6.4. Um zu sehen, wie man auf das Oberflächenintegral den Gaußschen Satz anwenden kann, übersetzt man es am einfachsten in Koordinatenschreibweise. Dann lautet es

$$\oint \epsilon_{ijk} r_j \, dA_l \pi_{lk},$$

und das ist nach (A 46) gleich

$$\int \frac{\partial \epsilon_{ijk} r_j \pi_{lk}}{\partial x_l}\, dV.$$

Wollte man das in die symbolische Schreibweise zurückübersetzen, müsste man für den Integranden $\mathrm{div}(\underline{r} \times \underline{\underline{\pi}}^T)^T$ schreiben. Wir ziehen es vor, in Koordinatenschreibweise weiterzurechnen und erhalten dann als differentielle Formulierung des Drehimpulssatzes

$$\epsilon_{ijk} r_j \rho \frac{Dc_k}{Dt} = \epsilon_{ijk} r_j \rho f_k + \epsilon_{ijk} \frac{\partial r_j \pi_{lk}}{\partial x_l}. \qquad \text{(a)}$$

Dabei haben wir im letzten Term den ϵ-Tensor vor die Differentiation gezogen; das ist möglich, weil er örtlich konstant ist.

B. Multipliziert man den Impulssatz (8.3-2) von links vektoriell mit $\underline{r}$, so erhält man

$$\epsilon_{ijk} r_j \rho \frac{Dc_k}{Dt} = \epsilon_{ijk} r_j \rho f_k + \epsilon_{ijk} r_j \frac{\partial \pi_{lk}}{\partial x_l}.$$

Subtrahiert man diese Gleichung von (a), so bleibt

$$\epsilon_{ijk} \frac{\partial r_j}{\partial x_l} \pi_{lk} = 0$$

übrig. Bezeichnet man den (konstanten) Ortsvektor zum Aufpunkt der Momentenbildung mit $\underline{a}$, so ist $r_j = x_j - a_j$ und damit $\partial r_j / \partial x_l = \delta_{jl}$, d. h. es ist

$$\epsilon_{ijk} \frac{\partial r_j}{\partial x_l} \pi_{lk} = \epsilon_{ijk} \delta_{jl} \pi_{lk} = \epsilon_{ilk} \pi_{lk} = 0.$$

Daraus folgt

$$\epsilon_{123} \pi_{23} + \epsilon_{132} \pi_{32} = 0, \pi_{23} - \pi_{32} = 0,$$

$$\epsilon_{231} \pi_{31} + \epsilon_{213} \pi_{13} = 0, \pi_{31} - \pi_{13} = 0,$$

$$\epsilon_{312} \pi_{12} + \epsilon_{321} \pi_{21} = 0, \pi_{12} - \pi_{21} = 0,$$

d. h. π_{rr} ist symmetrisch.

Für ein reibungsfreies Fluid ist der Spannungstensor nach Aufgabe 2 von Lehreinheit 8.1 ohne Ausnutzung des Drehimpulssatzes stets symmetrisch. Das hat zur Folge, dass der Drehimpulssatz identisch erfüllt ist, d. h. er ist für ein reibungsfreies Fluid kein unabhängiges Axiom, sondern lässt sich aus dem Impulssatz herleiten, vgl. die Zusatzaufgabe zu Lehreinheit 6.4.

FB 8.4 Lösungen der Navier-Stokesschen Gleichung

Aufgabe 1

A. Wir wählen ein kartesisches Koordinatensystem, dessen x-Achse in der schiefen Ebene längs der Falllinie und dessen y-Achse senkrecht zu der schiefen Ebene verläuft.

Dann verursacht die x-Koordinate der Fallbeschleunigung eine Strömungsgeschwindigkeit $u = c_x$ und die y-Koordinate der Fallbeschleunigung einen hydrostatischen Druckgradienten $\partial p/\partial y$. Da längs der Oberfläche der Strömung der äußere Luftdruck p_0 herrscht, muss $\partial p/\partial x = 0$ sein. Außerdem müssen Geschwindigkeit und Druckgradient unabhängig von x, z und t sein, da es keine ausgezeichneten Werte dieser Variablen gibt. Wir erhalten also als Ergebnis der Symmetriebetrachtung

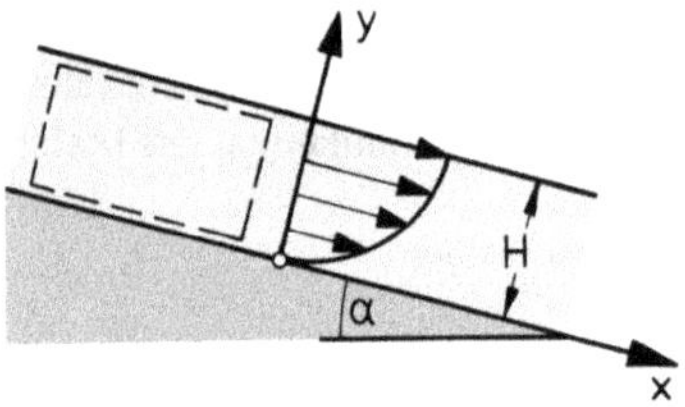

$$u = u(y), \quad v = 0, \quad w = 0, \quad \frac{\partial p}{\partial x} = 0, \quad \frac{\partial p}{\partial y} = f(y), \quad \frac{\partial p}{\partial z} = 0.$$

Die Kontinuitätsgleichung $(8.3\text{-}4)_1$ und die Navier-Stokessche Gleichung $(8.3\text{-}4)_2$ in z-Richtung sind damit identisch erfüllt, und in x-Richtung und y-Richtung erhalten wir

$$g \sin\alpha + \nu \frac{d^2 u}{dy^2} = 0, \tag{a}$$

$$-g \cos\alpha - \frac{1}{\rho}\frac{dp}{dy} = 0. \tag{b}$$

Integration von (a) ergibt

$$\frac{du}{dy} = -\frac{g \sin\alpha}{\nu} y + A, \tag{c}$$

$$u = -\frac{g \sin\alpha}{2\nu} y^2 + Ay + B. \tag{d}$$

Als Randbedingung haben wir an der Wand ($y = 0$) Wandhaftung, also $u = 0$, und an der Oberfläche ($y = H$) Stetigkeit der Schubspannung, d. h. $\tau = \eta\, du/dy = 0$, da die Schubspannung in der Luft wegen der Reibungsfreiheit der Luft null sein muss. Damit erhalten wir aus (c) $A = (gH \sin\alpha)/\nu$ und aus

(d) $B = 0$, die Geschwindigkeitsverteilung lautet also

$$u = \frac{gH^2 \sin\alpha}{\nu}\left[\frac{y}{H} - \frac{1}{2}\left(\frac{y}{H}\right)^2\right], \quad \upsilon = 0, \quad w = 0.$$

Für die Druckverteilung folgt durch Integration von (b)

$$p = -\rho g \cos\alpha y + A$$

mit der Randbedingung $p = p_0$ für $y = H$, d. h.

$$A = p_0 + \rho g H \cos\alpha,$$

$$p = p_0 + \rho g H \cos\alpha\left(1 - \frac{y}{H}\right). \tag{e}$$

B. Der aus dem Fluid heraus gerichtete Normalenvektor der Platte ist im gewählten Koordinatensystem $\underline{n} = -\underline{e}_y$, der Spannungsvektor der Kraft auf die Flüssigkeit ist also $\underline{\sigma}(-\underline{e}_y)$, der Spannungsvektor der Kraft von der Flüssigkeit auf die Platte $-\underline{\sigma}(-\underline{e}_y)$, und das ist nach (8.1-4) gleich $\underline{\sigma}(\underline{e}_y)$. Die Koordinaten dieses Vektors sind nach (8.1-7)

$$\underline{\sigma}(\underline{e}_y) = (\pi_{yx}, \pi_{yy}, \pi_{yz}).$$

Das ist nach (8.2-7) mit (c) und (e) an der Wand, d. h. für $y = 0$,

$$\begin{aligned} \pi_{yx}|_W &= \eta \left.\frac{du}{dy}\right|_W = \rho g H \sin\alpha > 0, \\ \pi_{yy}|_W &= -p|_W = -(p_0 + \rho g H \cos\alpha) < 0, \\ \pi_{yz}|_W &= 0. \end{aligned} \tag{f}$$

Dies entspricht der Anschauung, wonach der Spannungsvektor der Reaktionskraft eine positive x-Koordinate (Schubspannung in Strömungsrichtung), eine negative y-Koordinate (infolge des hydrostatischen Überdrucks) und eine verschwindende z-Koordinate (aus Symmetriegründen) haben muss. Zur Berechnung der Reaktionswandkraft ist noch zu berücksichtigen, dass auf die Platte von unten der äußere Luftdruck p_0 in der positiven y-Richtung wirkt, der Spannungsvektor der Reaktionswandkraft hat demnach die Koordinaten

$$\underline{\sigma} = (\rho g H \sin\alpha, -\rho g H \cos\alpha, 0). \tag{g}$$

Sein Betrag ist also gleich $\rho g H$, d. h. gleich dem hydrostatischen Überdruck für die Höhe senkrecht zur Platte, seine Richtung ist jedoch nicht senkrecht zur Platte, sondern die Richtung der Schwerkraft.
Wenn man berücksichtigt, dass aus Symmetriegründen der Spannungsvektor längs der Platte konstant ist, erhält man dasselbe Ergebnis sofort aus dem Impulssatz in der Form (6.1-9), der sich in unserem Fall auf $\underline{R}_W = \underline{F}_V$ reduziert. (Dieses Beispiel illustriert deutlich den großen Vorteil der integralen Form des Impulssatzes gegenüber der differentiellen Form in den Fällen, wo man die integrale Form anwenden kann.)

C. Es ist

$$\frac{\dot{V}}{b} = \int_0^H u(y)\, dy.$$

Nach einfacher Zwischenrechnung erhält man

$$\frac{\dot{V}}{b} = \frac{gH^3 \sin\alpha}{3\nu}, \qquad H = \sqrt[3]{\frac{3\nu\dot{V}}{bg\sin\alpha}}.$$

Aufgabe 2

A. Wir wählen ein Zylinderkoordinatensystem, dessen Achse mit der Achse der beiden Zylinder zusammenfällt.
Als einzige Ursache für das Auftreten einer Strömung haben wir die Bewegung der beiden Zylinder, wir können deshalb $c_r = 0$, $c_\varphi \neq 0$, $c_z = 0$ ansetzen. Da es keine ausgezeichneten Werte von φ, z und t gibt, folgt $c_\varphi = c_\varphi(r)$. Als Ursache für das Auftreten eines Druckgradienten haben wir nur die Krümmung der Stromlinien, d. h. es ist

$$\frac{\partial p}{\partial r} = f(r), \quad \frac{\partial p}{\partial \varphi} = 0, \quad \frac{\partial p}{\partial z} = 0.$$

Die Kraftdichte können wir wieder als für das Problem unwesentlich vernachlässigen. Mit diesen Ansätzen sind die erste und die letzte Gleichung (8.3-5) identisch erfüllt, $(8.3\text{-}5)_2$ ergibt die radiale Druckgleichung

$$\frac{c_\varphi^2}{r} = \frac{1}{\rho}\frac{dp}{dr}, \tag{a}$$

und $(8.3\text{-}5)_3$ ergibt für c_φ die Differentialgleichung

$$\frac{d^2c_\varphi}{dr^2}+\frac{1}{r}\frac{dc_\varphi}{dr}-\frac{c_\varphi}{r^2}=0,\quad \frac{d^2c_\varphi}{dr^2}+\frac{d}{dr}\left(\frac{c_\varphi}{r}\right)=0,\quad \frac{dc_\varphi}{dr}+\frac{c_\varphi}{r}=A,$$

$$\frac{1}{r}\frac{d}{dr}(rc_\varphi)=A,\quad rc_\varphi=\frac{A}{2}r^2+B,$$

$$c_\varphi=\frac{A}{2}r+\frac{B}{r}. \tag{b}$$

B. Fehlt der innere Zylinder, muss $B=0$ sein, da c_φ sonst in der Achse unendlich wäre. Für $r=R$ ergibt die Wandhaftbedingung $\omega R=AR/2$, wir erhalten also die starre Drehung

$$c_\varphi=\omega r \tag{c}$$

und aus (a), wenn p_0 der Druck in der Achse ist,

$$p=p_0+\frac{\rho\omega^2r^2}{2}, \tag{d}$$

vgl. Aufgabe 4 in Lehreinheit 2.3. (Dort ist zusätzlich die hydrostatische Druckverteilung berücksichtigt.)

C. Fehlt der äußere Zylinder, muss $A=0$ sein, da c_φ sonst im Unendlichen unendlich wird. Für $r=R$ ergibt die Wandhaftbedingung $\omega R=B/R$, damit erhalten wir den so genannten Potentialwirbel

$$c_\varphi=\frac{\omega R^2}{r} \tag{e}$$

und aus (a), wenn wir den Druck im Unendlichen mit p_∞ bezeichnen,

$$p=p_\infty-\frac{\rho}{2}\frac{\omega^2R^4}{r^2}. \tag{f}$$

Wir werden auf diese Strömung im nächsten Kapitel noch zurückkommen.

D. Die Länge der Zylinder sei L, dann ist die Schubspannung auf dem inneren Zylinder $\pi_{r\varphi}(R_1)$, die zugehörige Reibungskraft $2\pi R_1L\pi_{r\varphi}(R_1)$ und das Moment dieser Kraft um die Zylinderachse

$$M=2\pi R_1^2L\pi_{r\varphi}(R_1). \tag{g}$$

Nach (8.2-8) ist bei Berücksichtigung der Symmetrien unseres Problems

$$\pi_{r\varphi}=\eta\left(\frac{\partial c_\varphi}{\partial r}-\frac{c_\varphi}{r}\right). \tag{h}$$

Mit (b) folgt $\pi_{r\varphi} = -2\eta B/r^2$,

$$M = -4\pi L\eta B. \tag{i}$$

Wir müssen jetzt also noch die Integrationskonstante B für unsere Randbedingungen bestimmen (die Integrationskonstante A geht in unsere Lösung nicht ein). Die Randbedingungen ergeben

$$0 = \frac{A}{2}R_1 + \frac{B}{R_1}, \quad \omega R_2 = \frac{A}{2}R_2 + \frac{B}{R_2}.$$

Eliminiert man daraus $A/2$, so erhält man

$$B = -\omega\frac{R_1^2R_2^2}{R_2^2 - R_1^2} \tag{j}$$

und damit aus (i)

$$M = 4\pi\omega L\eta\frac{R_1^2R_2^2}{R_2^2 - R_1^2}, \quad \eta = \frac{M(R_2^2 - R_1^2)}{4\pi\omega LR_1^2R_2^2}. \tag{k}$$

Aufgabe 3

A. Aus Symmetriegründen können wir ansetzen

$$u = u(y), \quad v = 0, \quad w = 0, \quad \frac{\partial p}{\partial x} = \text{const}, \quad \frac{\partial p}{\partial y} = 0, \quad \frac{\partial p}{\partial z} = 0.$$

Damit erhalten wir aus dem Gleichungssystem (8.3-4) als einzige nicht identisch erfüllte Gleichung

$$\frac{dp}{dx} = \eta\frac{d^2u}{dy^2}$$

und die Randbedingungen $u(0) = 0$, $u(H) = U$. Die Lösung dieses Randwertproblems ist

$$u(y) = U\frac{y}{H} - \frac{H^2}{2\eta}\frac{dp}{dx}\frac{y}{H}\left(1 - \frac{y}{H}\right). \tag{a}$$

Für die Schubspannung erhalten wir

$$\pi_{yx} = \eta\frac{du}{dy} = \eta\frac{U}{H} - H\frac{dp}{dx}\left(\frac{1}{2} - \frac{y}{H}\right). \tag{b}$$

1. Ebene Couette-Strömung ($U > 0$, $dp/dx = 0$):

$$u(y) = U\frac{y}{H}, \qquad \pi_{yx} = \eta\frac{U}{H} = \text{const.} \tag{c}$$

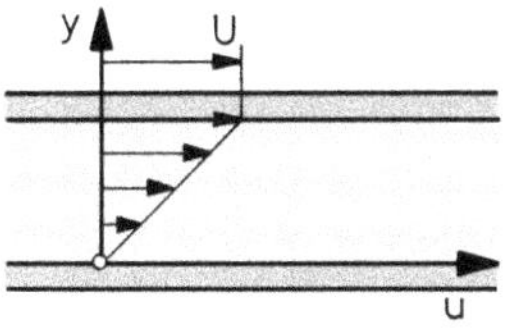

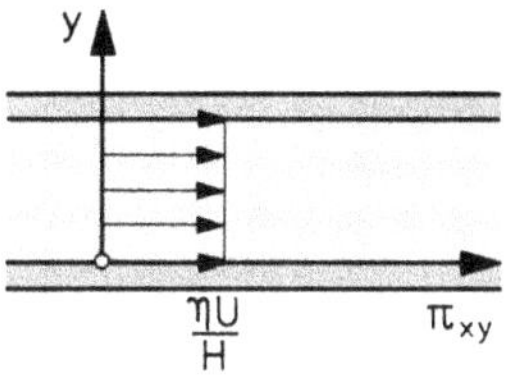

2. Ebene Hagen-Poiseuille-Strömung ($U = 0$, $dp/dx < 0$)

$$u(y) = -\frac{H^2}{2\eta}\frac{dp}{dx}\frac{y}{H}\left(1 - \frac{y}{H}\right), \qquad \pi_{yx} = -H\frac{dp}{dx}\left(\frac{1}{2} - \frac{y}{H}\right). \tag{d}$$

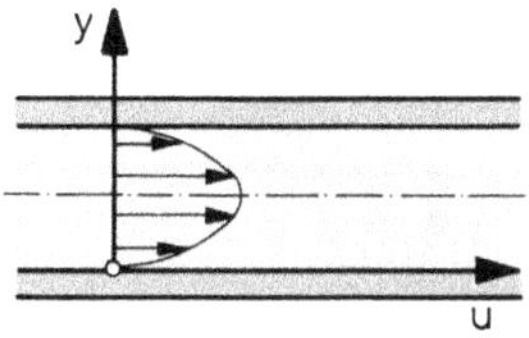

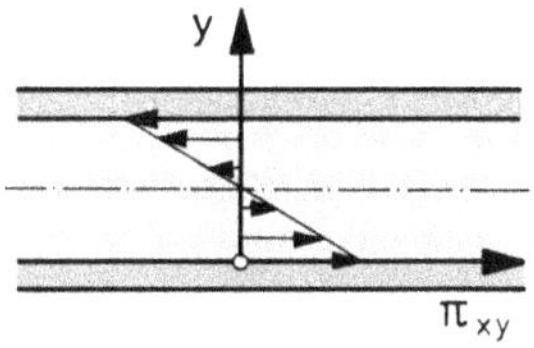

3. Allgemeine ebene Kanalströmung ($U > 0$, $dp/dx \lessgtr 0$)
   Es gelten die Formeln (a) und (b).

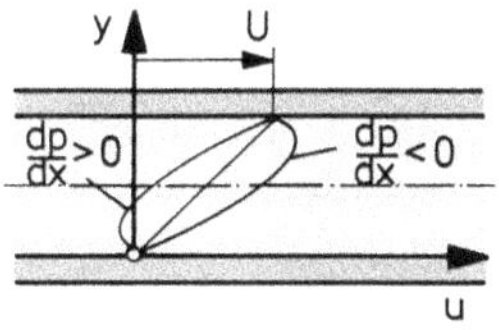

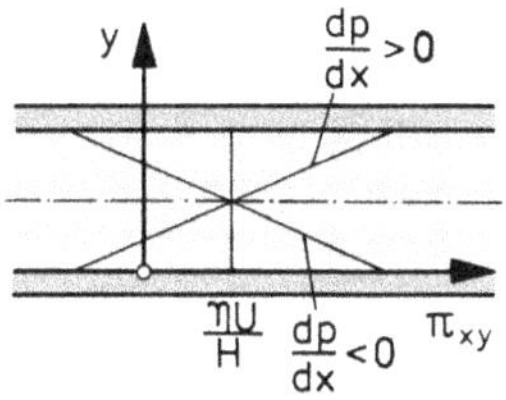

Geschwindigkeits- und Schubspannungsprofil sind (je nach Vorzeichen des Druckgradienten) die additive oder subtraktive Überlagerung der Fälle 1 und 2. Die Schubspannung in der Kanalmitte ist unabhängig vom Druckgradienten; die Schubspannung verschwindet, wo das Geschwindigkeitsprofil ein Extremum hat.

B. Für den Volumenstrom $\dot{V}$ bei einer Kanalbreite b erhält man

$$\dot{V} = b\int_0^H u(y)\,dy = bH\frac{1}{2}\left(U - \frac{H^2}{6\eta}\frac{dp}{dx}\right), \tag{e}$$

er verschwindet also für

$$U = \frac{H^2}{6\eta}\frac{dp}{dx}.$$

C. Nach (5.4-1) ist

$$\zeta = \frac{\Delta p_V}{\rho c^2/2},$$

dabei ist $\Delta p_V = L|\frac{dp}{dx}|$ und $c = \frac{\dot{V}}{bH}$. Für $U = 0$ folgt aus (e) $|\frac{dp}{dx}| = \frac{\dot{V}}{bH}\frac{12\eta}{H^2} = c\frac{12\eta}{H^2}$,

$$\zeta = \frac{\Delta p_V}{\rho c^2/2} = \frac{24\nu}{cH}\frac{L}{H}.$$

FB 8.5 Näherungsgleichungen

Aufgabe 1

Man kann entweder die exakten Gleichungen näherungsweise lösen oder aus den exakten Gleichungen zunächst Näherungsgleichungen gewinnen.

Aufgabe 2

Durch die Vernachlässigung sämtlicher Reibungsglieder erniedrigt sich die Ordnung des Differentialgleichungssystems; damit lässt sich die Randbedingung der Wandhaftung in der Regel nicht mehr erfüllen. (Eine Ausnahme bildet z. B. die in Aufgabe 2C von Lehreinheit 8.4 behandelte Strömung in der Umgebung eines rotierenden Zylinders, die eine exakte Lösung der Navier-Stokesschen Gleichung und der Eulerschen Bewegungsgleichung ist.)

Aufgabe 3

Bei Schleichströmungen kann man in der Navier-Stokesschen Gleichung die Trägheitsglieder gegenüber den Reibungsgliedern vernachlässigen.

FB 8.6 Schleichströmungen

Aufgabe 1

Schreibt man $\ln k = \ln[1 + (k - 1)]$ und entwickelt den Logarithmus in eine Reihe, so erhält man $F_D = 0$. Damit das Lager Druckkräfte aufnehmen kann, muss der Gleitschuh also gegen die Führung geneigt sein.

Aufgabe 2

A. $\frac{F_D}{b} = 63\,600\,\mathrm{N/m}$

B. $p = 636\,000\,\mathrm{Pa} = 6{,}36\,\mathrm{bar}$

C. $\frac{F_R}{b} = 309\,\mathrm{N/m}$

D. $F_R/F_D = 4{,}86 \cdot 10^{-3}$

Zusatzaufgabe

Nimmt man von $(8.6\text{-}1)_2$ die Divergenz, so erhält man wegen (3.5-14)

$$\frac{\partial^2 p}{\partial x_i^2} = \eta \frac{\partial^3 c_i}{\partial x_i \partial x_j^2} = \eta \frac{\partial^2}{\partial x_j^2} \frac{\partial c_i}{\partial x_i} = 0.$$

FB 9.1 Wirbelstärke und Zirkulation

Aufgabe 1

A. Das Geschwindigkeitsfeld von Aufgabe 2C von Lehreinheit 8.4 lautet in Zylinderkoordinaten

$$c_r = 0, \quad c_\varphi = \frac{\omega R^2}{r}, \quad c_z = 0.$$

Nach (A 58) folgt daraus $\Omega_r = 0$, $\Omega_\varphi = 0$, $\Omega_z = 0$.

B. Das Geschwindigkeitsfeld der Hagen-Poiseuille-Strömung ist nach (5.1-3) in Zylinderkoordinaten

$$c_r = 0, \quad c_\varphi = 0, \quad c_z = \frac{R^2}{4\eta}\left(-\frac{dp}{dz}\right)\left[1 - \left(\frac{r}{R}\right)^2\right].$$

Nach (A 58) folgt daraus

$$\Omega_r = 0, \quad \Omega_\varphi = \left(-\frac{dp}{dz}\right)\frac{r}{2\eta}, \quad \Omega_z = 0.$$

Aufgabe 2

Das Geschwindigkeitsfeld eines mit der Winkelgeschwindigkeit ω starr rotierenden Körpers lässt sich bei geeigneter Wahl des Koordinatensystems in Zylinderkoordinaten

$$c_r = 0, \quad c_\varphi = \omega r, \quad c_z = 0$$

schreiben, vgl. Aufgabe 2 von Lehreinheit 2.2. Nach (A 58) folgt daraus

$$\Omega_r = 0, \quad \Omega_\varphi = 0, \quad \Omega_z = 2\omega.$$

Zusatzaufgabe

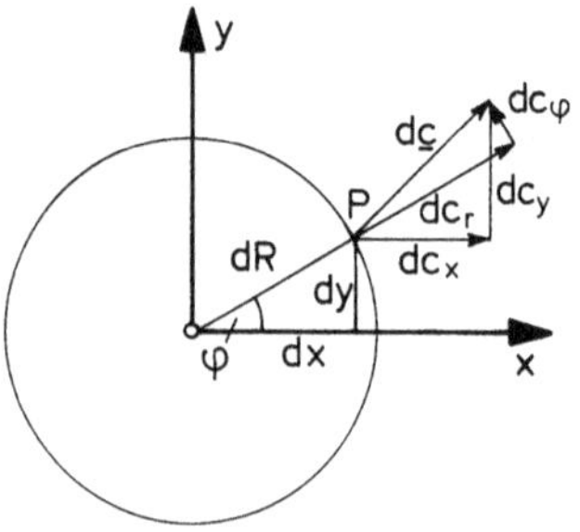

Wir wählen den Mittelpunkt des Kreises als Ursprung und seine Achse als z-Achse, dann liegt der Kreis in der x, y-Ebene eines kartesischen oder in der r, φ-Ebene eines Zylinderkoordinatensystems. Wir betrachten einen beliebigen Punkt P in der x, y-Ebene in der Nähe des Ursprungs. Sein Ortsvektor sei $d\underline{x}$ mit den kartesischen Koordinaten $dx, dy, dz = 0$ und dem Betrag $dR = \sqrt{dx^2 + dy^2}$. Dann ist die Geschwindigkeit im Punkte P relativ zur Geschwindigkeit im Ursprung

$$dc_i = c_i(d\underline{x}, t) - c_i(\underline{0}, t) = \frac{\partial c_i}{\partial x_j}\, dx_j.$$

Sie hat die kartesischen Koordinaten dc_x, dc_y, dc_z und die Zylinderkoordinaten dc_r, dc_φ, dc_z. Für die gesuchte Winkelgeschwindigkeit im Punkte P um die Kreisachse gilt

$$\omega = \frac{dc_\varphi}{dR}.$$

Nach (A 53) ist

$$dc_\varphi = -dc_x \sin\varphi + dc_y \cos\varphi = -\left(\frac{\partial c_x}{\partial x}\, dx + \frac{\partial c_x}{\partial y}\, dy\right)\sin\varphi + \left(\frac{\partial c_y}{\partial x}\, dx + \frac{\partial c_y}{\partial y}\, dy\right)\cos\varphi.$$

Für alle Punkte des Kreises durch P gilt $dx = dR\cos\varphi$, $dy = dR\sin\varphi$. Damit erhält man

$$\omega = \frac{\partial c_y}{\partial x}\cos^2\varphi + \left(\frac{\partial c_y}{\partial y} - \frac{\partial c_x}{\partial x}\right)\sin\varphi\cos\varphi - \frac{\partial c_x}{\partial y}\sin^2\varphi.$$

Mittelwertbildung über den gesamten Kreis ergibt

$$\overline{\omega} = \frac{1}{2\pi}\int_0^{2\pi} \omega\, d\varphi = \frac{1}{2}\left(\frac{\partial c_y}{\partial x} - \frac{\partial c_x}{\partial y}\right).$$

Der gesuchte Mittelwert der Winkelgeschwindigkeit ist also gerade gleich der z-Koordinate (allgemeiner gesprochen: der Koordinate in Richtung der Kreisachse) der Winkelgeschwindigkeit (9.1-5) im Mittelpunkt des Kreises.

FB 9.2 Ebene Strömungen

Aufgabe 1

A. Für $P_1 = (1,1)$ erhalten wir $k = a$, und damit ist

$$\Psi = \frac{3}{2}ax^2y^2 - \frac{a}{4}(x^4 + y^4) + a.$$

B. Nach (9.2-3) ist

$$u = \frac{\partial\Psi}{\partial y} = 3ax^2y - ay^3, \quad v = -\frac{\partial\Psi}{\partial x} = -3axy^2 + ax^3.$$

C. Der Geschwindigkeitsbetrag ist

$$c = \sqrt{u^2 + v^2} = a(x^2 + y^2)^{3/2}.$$

D. Nach (9.2-5) ergibt sich der Volumenstrom pro Breiteneinheit zu

$$\frac{\dot{V}}{b} = \Psi(1,1) - \Psi(0,0) = a.$$

E. Nach (9.2-7) ist

$$\Omega = \frac{\partial v}{\partial x} - \frac{\partial u}{\partial y} = 0.$$

Aufgabe 2

Da Ψ längs der Stromlinien konstant ist, ist $\partial\Psi/\partial s = 0$. Man kann dieses Ergebnis auch erhalten, indem man ganz analog zu der Ableitung von (9.2-4) vorgeht.

Aufgabe 3

Bei der ebenen Schleichströmung können die Trägheitsglieder vernachlässigt werden, also folgt aus (9.2-10)

$$\frac{\partial^2\Omega}{\partial x^2}+\frac{\partial^2\Omega}{\partial y^2}=0.$$

FB 9.3 Wirbelfreie Strömungen (Potentialströmungen)

Aufgabe 1

A. Die Gleichung (a) ist aus (4.3-1) und (5.2-1) kombiniert. Sie gilt also nur für inkompressible Fluide längs eines Stromfadens, aber auch für instationäre wirbelbehaftete Strömungen und für reibungsbehaftete Fluide. Richtig sind demnach 2 und 5.
Die Gleichung (b) ist aus (7.2-5), (7.4-3) und (7.4-1) zusammengesetzt. Sie gilt also nur für ideale Gase (streng genommen bei Vernachlässigung der Dissipationsleistung in den Endflächen des Stromfadenabschnitts) und nur für stationäre Strömungen längs eines Stromfadens, aber auch für wirbelbehaftete Strömungen. Richtig sind demnach 1 und 5.
Die Gleichung (c) entspricht (9.3-9). Sie gilt also nur für wirbelfreie Strömungen inkompressibler newtonscher Fluide (d. h. nicht nur für reibungsfreie Fluide), aber nicht nur für stationäre Strömungen und nicht nur längs eines Stromfadens. Richtig sind demnach 2 und 4.

B. Die Gleichungen (a) und (c) sind aus der Impulsbilanz gewonnen worden, die Gleichung (b) aus der Energiebilanz.

Aufgabe 2

A und B. Nein, vgl. die Ausführungen der Lehreinheit.

C. Ja. Ist das Geschwindigkeitsfeld bekannt, ergibt sich die Schubspannung daraus nach dem Newtonschen Schubspannungsansatz (8.2-6).

D. Nein, die Dichte ist in einem inkompressiblen Fluid konstant.

Zusatzaufgabe 1

In Koordinatenschreibweise wird $\underline{A} \times \operatorname{rot} \underline{A}$ zu $\epsilon_{ijk} A_j \epsilon_{kmn} \frac{\partial A_n}{\partial x_m}$, und dafür können wir mit Hilfe des Entwicklungssatzes (A 23) schreiben:

$$\epsilon_{ijk}\epsilon_{kmn}A_j\frac{\partial A_n}{\partial x_m} = (\delta_{im}\delta_{jn} - \delta_{in}\delta_{jm})A_j\frac{\partial A_n}{\partial x_m} = A_j\frac{\partial A_j}{\partial x_i} - A_j\frac{\partial A_i}{\partial x_j} = \frac{\partial}{\partial x_i}\frac{A_j^2}{2} - A_j\frac{\partial A_i}{\partial x_j}.$$

In symbolische Schreibweise zurückübersetzt, ergibt das

$$\operatorname{grad}\frac{A^2}{2} - \underline{A} \cdot \operatorname{grad} \underline{A}.$$

Entsprechend ergibt rot rot $\underline{A}$ in Koordinatenschreibweise

$$\begin{aligned}\epsilon_{ijk}\frac{\partial}{\partial x_j}\epsilon_{kmn}\frac{\partial A_n}{\partial x_m} &= \epsilon_{ijk}\epsilon_{mnk}\frac{\partial^2 A_n}{\partial x_j \partial x_m} = (\delta_{im}\delta_{jn} - \delta_{in}\delta_{jm})\frac{\partial^2 A_n}{\partial x_j \partial x_m} = \frac{\partial^2 A_j}{\partial x_j \partial x_i} - \frac{\partial^2 A_i}{\partial x_j^2} \\ &= \frac{\partial}{\partial x_i}\frac{\partial A_j}{\partial x_j} - \frac{\partial^2 A_i}{\partial x_j^2},\end{aligned}$$

und das ist zurückübersetzt grad div $\underline{A} - \Delta\underline{A}$.

Zusatzaufgabe 2

Wir erhalten zunächst

$$\operatorname{rot}\frac{\partial \underline{c}}{\partial t} + \operatorname{rot}\operatorname{grad}\left(\frac{c^2}{2} + \frac{p}{\rho}\right) - \operatorname{rot}(\underline{c} \times \underline{\Omega}) = \operatorname{rot}\underline{f} + \nu \operatorname{rot}\Delta\underline{c}.$$

Die Rotation eines Gradienten verschwindet, die restlichen Terme übersetzen wir in Koordinatenschreibweise:

$$\epsilon_{ijk}\frac{\partial^2 c_k}{\partial x_j \partial t} - \epsilon_{ijk}\frac{\partial}{\partial x_j}\epsilon_{kmn}c_m\Omega_n = \epsilon_{ijk}\frac{\partial f_k}{\partial x_j} + \nu\epsilon_{ijk}\frac{\partial^3 c_k}{\partial x_j \partial x_m^2}.$$

Der zweite Term ergibt analog zur vorigen Zusatzaufgabe

$$\begin{aligned}\epsilon_{ijk}\frac{\partial}{\partial x_j}\epsilon_{kmn}c_m\Omega_n &= \epsilon_{ijk}\epsilon_{kmn}\frac{\partial c_m\Omega_n}{\partial x_j} = (\delta_{im}\delta_{jn} - \delta_{in}\delta_{jm})\frac{\partial c_m\Omega_n}{\partial x_j} = \frac{\partial c_i\Omega_j}{\partial x_j} - \frac{\partial c_j\Omega_i}{\partial x_j} \\ &= \frac{\partial c_i}{\partial x_j}\Omega_j + c_i\frac{\partial \Omega_j}{\partial x_j} - \frac{\partial c_j}{\partial x_j}\Omega_i + c_j\frac{\partial \Omega_i}{\partial x_j} = \Omega_j\frac{\partial c_i}{\partial x_j} + c_j\frac{\partial \Omega_i}{\partial x_j},\end{aligned}$$

da sowohl div $\underline{c}$ als auch div $\underline{\Omega}$ = div rot $\underline{c}$ verschwinden. Vertauscht man noch im ersten und letzten Term die Reihenfolge der Differentiation, so erhält man

$$\frac{\partial}{\partial t}\epsilon_{ijk}\frac{\partial c_k}{\partial x_j} + c_j\frac{\partial \Omega_i}{\partial x_j} = \Omega_j\frac{\partial c_i}{\partial x_j} + \epsilon_{ijk}\frac{\partial f_k}{\partial x_j} + \nu\frac{\partial^2}{\partial x_m^2}\epsilon_{ijk}\frac{\partial c_k}{\partial x_j},$$

$$\frac{D\Omega_i}{Dt} = \Omega_j\frac{\partial c_i}{\partial x_j} + \epsilon_{ijk}\frac{\partial f_k}{\partial x_j} + \nu\frac{\partial^2 \Omega_i}{\partial x_k^2}$$

oder in symbolischer Schreibweise

$$\frac{D\underline{\Omega}}{Dt} = \underline{\Omega} \cdot \operatorname{grad}\underline{c} + \operatorname{rot}\underline{f} + \nu\Delta\underline{\Omega}.$$

FB 9.4 Die Grundgleichungen für ebene Potentialströmungen

Aufgabe 1

Die linke Seite von (9.4-6) lautet ausgeschrieben

$$\frac{\partial\Phi}{\partial x}\frac{\partial\Psi}{\partial x}+\frac{\partial\Phi}{\partial y}\frac{\partial\Psi}{\partial y}.$$

Setzen wir hierin (9.4-5) ein, so erhalten wir das gesuchte Ergebnis.

Aufgabe 2

A. Damit Φ eine Potentialfunktion ist, muss nach (9.4-3)

$$\frac{\partial^2\Phi}{\partial x^2}+\frac{\partial^2\Phi}{\partial y^2}=0$$

sein. Diese Bedingung ergibt $b=-a$, also

$$\Phi=a(x^3y-xy^3). \qquad \text{(a)}$$

B. Nach $(9.4\text{-}5)_1$ muss gelten

$$\frac{\partial\Phi}{\partial x}=3ax^2y-ay^3=\frac{\partial\Psi}{\partial y}.$$

Hieraus erhalten wir

$$\Psi=\frac{3}{2}ax^2y^2-\frac{a}{4}y^4+f(x). \qquad \text{(b)}$$

Nach $(9.4\text{-}5)_2$ muss gelten

$$\frac{\partial\Phi}{\partial y}=ax^3-3axy^2=-\frac{\partial\Psi}{\partial x}. \qquad \text{(c)}$$

Aus (b) folgt $\frac{\partial\Psi}{\partial x}=3axy^2+f'(x)$ und durch Vergleich mit (c) $f'(x)=-ax^3$ und daraus $f=-\frac{a}{4}x^4+k$. Setzen wir das in (b) ein, so erhalten wir schließlich

$$\Psi=\frac{3}{2}ax^2y^2-\frac{a}{4}(x^4+y^4)+k.$$

Dies ist die Stromfunktion, die wir schon in Aufgabe 1 der Lehreinheit 9.2 untersucht haben.

C. Den Geschwindigkeitsvektor $\underline{c} = (u, v)$ berechnen wir aus (9.4-1) zu

$$u = \frac{\partial \Phi}{\partial x} = 3ax^2y - ay^3,$$
$$v = \frac{\partial \Phi}{\partial y} = ax^3 - 3axy^2.$$

FB 9.5 Anwendung der Funktionentheorie (Teil 1)

Aufgabe 1

A. Mit (A 72) und (A 74) erhält man

$$W(z) = Az^n = Ar^n e^{in\varphi} = Ar^n(\cos n\varphi + i \sin n\varphi),$$
$$\Phi(r, \varphi) = Ar^n \cos n\varphi, \quad \Psi(r, \varphi) = Ar^n \sin n\varphi.$$

Speziell ist

$$\begin{aligned}
&\text{für } n = 4 && \Phi = Ar^4 \cos 4\varphi, && \Psi = Ar^4 \sin 4\varphi,\\
&\text{für } n = 2 && \Phi = Ar^2 \cos 2\varphi, && \Psi = Ar^2 \sin 2\varphi,\\
&\text{für } n = 1 && \Phi = Ar \cos \varphi, && \Psi = Ar \sin \varphi,\\
&\text{für } n = \frac{2}{3} && \Phi = Ar^{2/3} \cos \frac{2}{3}\varphi, && \Psi = Ar^{2/3} \sin \frac{2}{3}\varphi,\\
&\text{für } n = \frac{1}{2} && \Phi = Ar^{1/2} \cos \frac{\varphi}{2}, && \Psi = Ar^{1/2} \sin \frac{\varphi}{2}.
\end{aligned}$$

B. Nach (9.5-1) ist

$$u - iv = \frac{dW}{dz} = nAz^{n-1} = nAr^{n-1}\{\cos[(n-1)\varphi] + i \sin[(n-1)\varphi]\}.$$

Somit ist

$$\begin{aligned}
&\text{für } n = 4 && u = 4Ar^3 \cos 3\varphi, && v = -4Ar^3 \sin 3\varphi,\\
&\text{für } n = 2 && u = 2Ar \cos \varphi, && v = -2Ar \sin \varphi,\\
&\text{für } n = 1 && u = A, && v = 0,\\
&\text{für } n = \frac{2}{3} && u = \frac{2}{3}Ar^{-1/3} \cos \frac{\varphi}{3}, && v = \frac{2}{3}Ar^{-1/3} \sin \frac{\varphi}{3},\\
&\text{für } n = \frac{1}{2} && u = \frac{1}{2}Ar^{-1/2} \cos \frac{\varphi}{2}, && v = \frac{1}{2}Ar^{-1/2} \sin \frac{\varphi}{2}.
\end{aligned}$$

C.

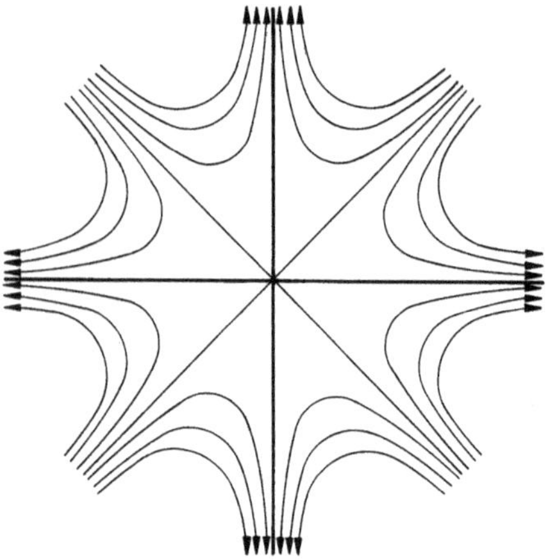

Man bestimmt am einfachsten zunächst die Stromlinie $\Psi(r,\varphi) = 0$. Offenbar ist Ψ gerade für die φ-Werte null, für die das Argument des Sinus 0, π, 2π, usw. ist. Für $n = 4$ erhält man also das nebenstehende Stromlinienbild. Da eine Potentialströmung längs einer Wand gleitet, kann man in einem solchen Stromlinienbild jede Stromlinie durch eine feste Wand ersetzen. Man kann diese Strömung also auch als Strömung in eine 90°-Ecke oder als eine 45°-Umlenkung interpretieren:

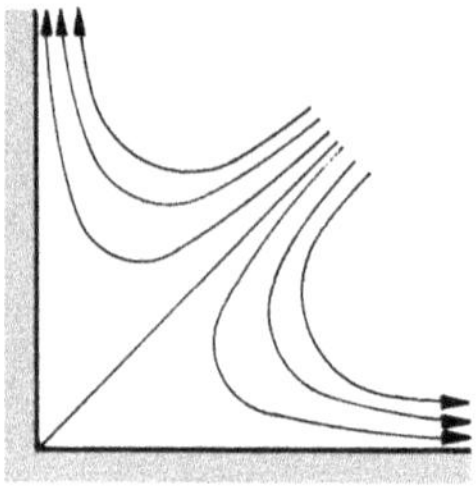

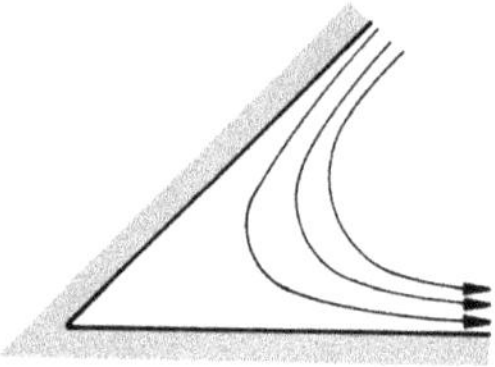

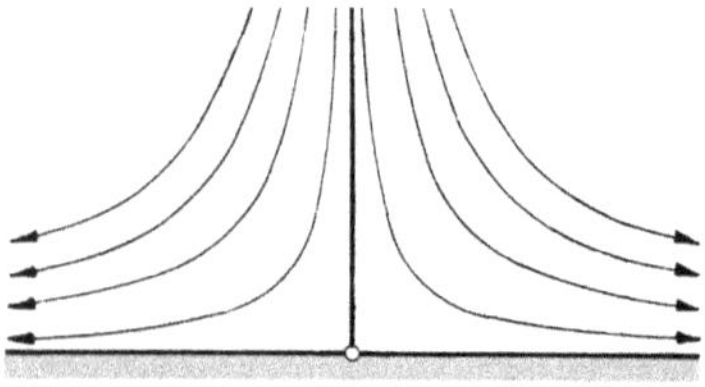

Für $n = 2$ erhält man das nebenstehende Stromlinienbild, das man z. B. als ebene Staupunktsströmung interpretieren kann.

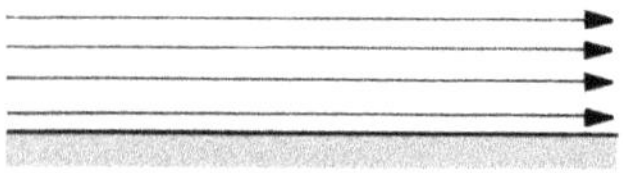

Für $n = 1$ erhält man eine gleichförmige Parallelströmung. Sie lässt sich z. B. als Strömung parallel zu einer ebenen Wand interpretieren.

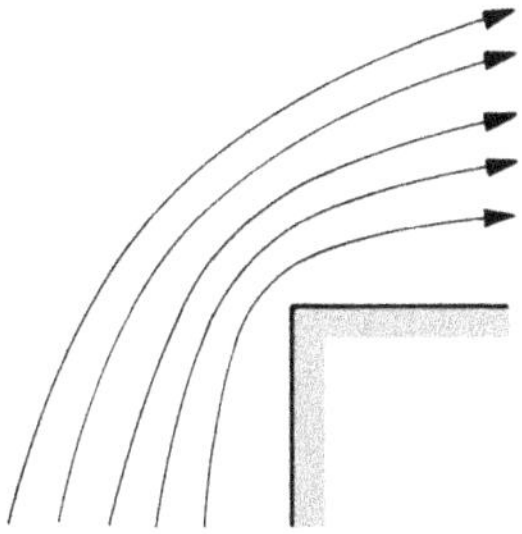

Für $n = 2/3$ tritt das Problem auf, dass das komplexe Potential und damit auch das Geschwindigkeitspotential, die Stromfunktion und die Geschwindigkeit selbst nach einem vollen Umlauf um den Ursprung, d. h. nach Erhöhung von φ um 2π, nicht denselben Wert annehmen. In der Mathematik verteilt man dann die Funktion auf mehrere Riemannsche Blätter, physikalisch müssen wir uns für ein Riemannsches Blatt oder Teile davon entscheiden. In unserem Fall können wir die Strömung als 270°-Umlenkung auffassen.

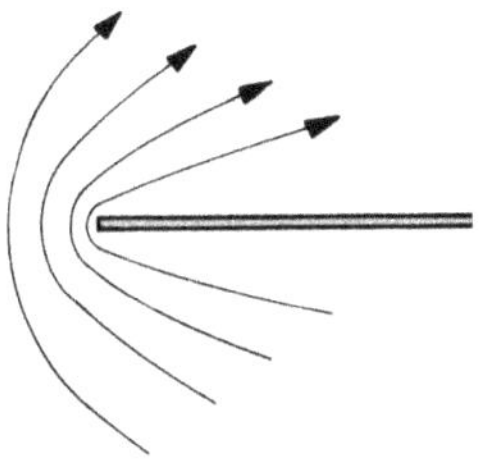

Für $n = 1/2$ verteilt sich die Strömung ebenfalls auf mehrere Riemannsche Blätter. Sie lässt sich physikalisch als 360°-Umlenkung interpretieren.

Aufgabe 2

Aus (9.5-1) folgt mit (9.5-4)

$$u - iv = \frac{dW}{dz} = -\frac{i\Gamma}{2\pi}\frac{1}{z} = -\frac{i\Gamma}{2\pi r}(\cos\varphi - i\sin\varphi) = -\frac{\Gamma}{2\pi r}\sin\varphi - i\frac{\Gamma}{2\pi r}\cos\varphi,$$
$$u = -\frac{\Gamma}{2\pi r}\sin\varphi, \quad v = \frac{\Gamma}{2\pi r}\cos\varphi.$$

Für den Betrag der Geschwindigkeit erhalten wir

$$c = \frac{\Gamma}{2\pi r}.$$

Aufgabe 3

A. Aus $W = i\,m \ln \frac{z}{a}$ erhalten wir nach (9.5-1)

$$u - iv = \frac{dW}{dz} = i\,m\frac{1}{z} = -\frac{i\,m}{r}e^{-i\varphi}.$$

Die Zerlegung in Real- und Imaginärteil ergibt

$$u = -\frac{m}{r}\sin\varphi \quad \text{und} \quad v = \frac{m}{r}\cos\varphi.$$

Der Geschwindigkeitsbetrag c ist dann

$$c = \sqrt{u^2 + v^2} = \frac{m}{r}.$$

B. Für $r \to \infty$ ist $c = c_\infty = 0$.

C. Mit Hilfe der Bernoullischen Gleichung, angesetzt zwischen einem beliebigen Punkt der Oberfläche und einem Punkt der Oberfläche im Unendlichen, ergibt sich

$$\frac{p_0}{\rho} + \frac{c^2}{2} + gz = \frac{p_0}{\rho} + \frac{c_\infty^2}{2} + gz_\infty.$$

Wir setzen $z^*(r) = z - z_\infty$ und erhalten damit für die Flüssigkeitsoberfläche

$$z^*(r) = -\frac{c^2}{2g} = -\frac{m^2}{2gr^2}.$$

D. Die Zirkulation Γ ist nach (9.1-2) $\Gamma = \oint \underline{c}\cdot d\underline{x}$. Mit $dx = r\,d\varphi$ und $c = m/r$ erhalten wir

$$\Gamma = m\int_0^{2\pi} d\varphi = 2\pi m.$$

Zusatzaufgabe

Nach (A 74) ist

$$W(z) = \Phi(x,y) + i\Psi(x,y) = a\left(x^3y - xy^3\right) + ia\left(\frac{3}{2}x^2y^2 - \frac{1}{4}x^4 - \frac{1}{4}y^4\right) + ik$$
$$= a\left(-\frac{i}{4}x^4 + x^3y + \frac{3i}{2}x^2y^2 - xy^3 - \frac{i}{4}y^4\right) + ik.$$

Wollte man formal vorgehen, müsste man hierin

$$x = \frac{1}{2}(z + \bar{z}), \quad y = -\frac{i}{2}(z - \bar{z})$$

einsetzen, wobei $\bar{z}$ konstruktionsgemäß herausfallen müsste. Stellt man das von vornherein in Rechnung, so kann der Term $-ix^4/4$ nur aus $-iz^4/4 = -i(x+iy)^4/4$ entstanden sein. Durch

Ausrechnen dieser vierten Potenz nach dem binomischen Satz überzeugt man sich leicht davon, dass die Klammer bei a gleich $-iz^4/4$ ist. Also ist das komplexe Potential

$$W(z) = -\frac{ia}{4}z^4 + ik.$$

FB 9.6 Anwendung der Funktionentheorie (Teil 2)

Aufgabe 1

A. Bei einem Potentialwirbel ist im Ursprung die Bedingung $\operatorname{rot}\underline{c} = \underline{0}$ verletzt.
B. Bei einer Quell- oder Senkenströmung ist im Ursprung die Bedingung $\operatorname{div}\underline{c} = 0$ verletzt.

Aufgabe 2

A. Die Koordinaten des Geschwindigkeitsvektors erhalten wir aus

$$u - iv = \frac{dW}{dz} = \frac{B}{z} = \frac{B}{r}e^{-i\varphi} = \frac{B}{r}\cos\varphi - i\frac{B}{r}\sin\varphi \quad \text{zu}$$
$$u = \frac{B}{r}\cos\varphi, \quad v = \frac{B}{r}\sin\varphi.$$

Der Geschwindigkeitsbetrag ist dann $c = B/r$.

B. Die Quellstärke $Q = \dot{V}/L$ erhalten wir aus

$$\dot{V} = \oint \underline{c} \cdot d\underline{A} = c(r)Lr\int_0^{\pi} d\varphi = BL\pi \quad \text{zu}$$

$$Q = \pi B.$$

C. Die Strömungsgeschwindigkeit ist damit

$$c = \frac{Q}{\pi r}.$$

D. Die Bernoullische Gleichung ergibt

$$\frac{p}{\rho} + \frac{c^2}{2} = \frac{p_\infty}{\rho} + \frac{c_\infty^2}{2}.$$

Für $r \to \infty$ geht $c \to 0$, also ist

$$p - p_\infty = -\rho \frac{c^2}{2} = -\frac{\rho}{2}\left(\frac{Q}{\pi r}\right)^2.$$

Zusatzaufgabe

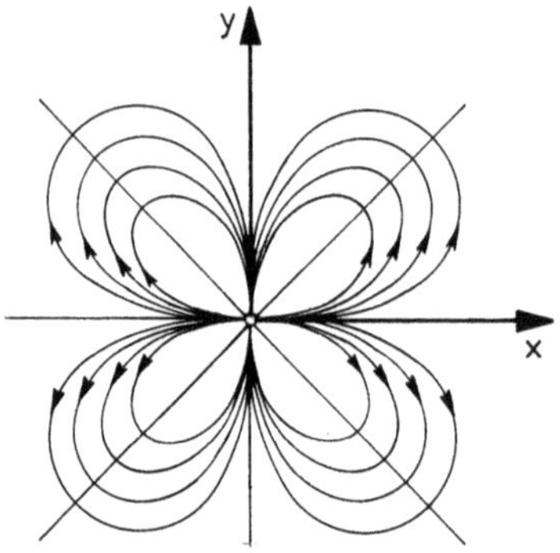

Wir überlagern einen Dipol im Punkt $(-x_0, 0)$ mit dem Dipolmoment M und einen Dipol im Punkt $(x_0, 0)$ mit dem Dipolmoment $-M$:

$$\begin{aligned} W(z) &= \frac{M}{2\pi}\frac{1}{z + x_0} + \frac{-M}{2\pi}\frac{1}{z - x_0} \\ &= \frac{M}{2\pi}\left(\frac{1}{z + x_0} - \frac{1}{z - x_0}\right) \\ &= \frac{M}{2\pi}\frac{-2x_0}{(z + x_0)(z - x_0)}. \end{aligned}$$

Für $x_0 \to 0$, $2x_0 M \to D$ erhalten wir

$$W(z) = -\frac{D}{2\pi}\frac{1}{z^2},$$

wobei D analog Quadrupolmoment genannt wird. Das Stromlinienbild eines Quadrupols sieht wie nebenstehend aus.

FB 9.7 Die Umströmung eines Kreiszylinders

Aufgabe 1

A. Den Staupunkt erhalten wir aus der Bedingung $u = 0$, $v = 0$, d. h. $dW/dz = 0$. Aus

$$\frac{dW}{dz} = c_\infty\left(1 + \frac{L}{\pi}\frac{1}{z}\right) = 0 \tag{a}$$

folgt

$$z_S = x_S + i\,y_S = -\frac{L}{\pi}, \quad \text{d. h.} \quad x_S = -\frac{L}{\pi}, \quad y_S = 0.$$

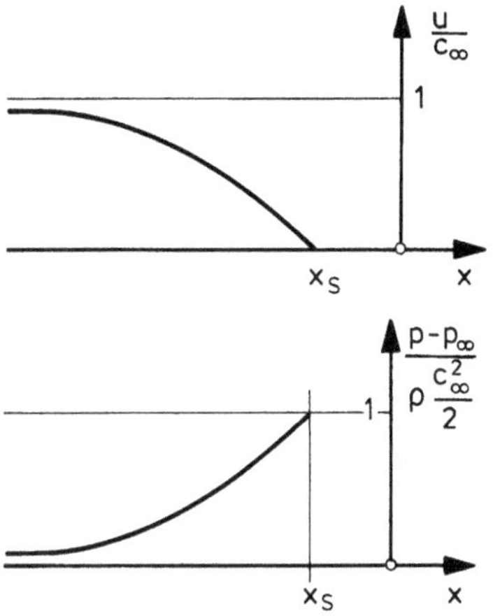

B. Der Geschwindigkeitsverlauf längs der x-Achse ergibt sich aus (a) mit $y = 0$ zu

$$u = c_\infty\left(1 + \frac{L}{\pi}\frac{1}{x}\right). \tag{b}$$

Der Druckverlauf längs der x-Achse ergibt sich aus der Bernoullischen Gleichung

$$\frac{p}{\rho} + \frac{u^2}{2} = \frac{p_\infty}{\rho} + \frac{c_\infty^2}{2}$$

zu

$$\frac{p - p_\infty}{\rho\frac{c_\infty^2}{2}} = 1 - \frac{u^2}{c_\infty^2} = -\frac{L}{\pi x}\left(2 + \frac{L}{\pi x}\right).$$

C. Die Bestimmungsgleichung für den gesuchten Abstand x ist $u/c_\infty = 0{,}99$ oder mit (b)

$$1 + \frac{L}{\pi x} = 0{,}99\,,$$
$$x = -\frac{100L}{\pi}.$$

Aufgabe 2

A. Nach (9.5-4) erhalten wir für das komplexe Potential der beiden Potentialwirbel und damit für die Düsenströmung

$$W(z) = -i\frac{\Gamma}{2\pi}\left(\ln\frac{z - iL}{a} - \ln\frac{z + iL}{a}\right) = -i\frac{\Gamma}{2\pi}\ln\frac{z - iL}{z + iL}.$$

B. Aus $u - iv = \frac{dW}{dz} = -i\frac{\Gamma}{2\pi}\left(\frac{1}{z-iL} - \frac{1}{z+iL}\right)$,

$$u - iv = \frac{\Gamma}{\pi}\frac{L}{z^2 + L^2} \tag{a}$$

erhalten wir für $y = 0$

$$u(x,0) = \frac{\Gamma}{\pi}\frac{L}{x^2 + L^2}, \quad u(0,0) = \frac{\Gamma}{L\pi}, \quad \frac{u(x,0)}{u(0,0)} = \frac{1}{1 + (\frac{x}{L})^2}.$$

C. Setzen wir in (a) $x = 0$, so ergibt sich

$$u(0,y) = \frac{\Gamma}{\pi}\frac{L}{L^2 - y^2}, \qquad \frac{u(0,y)}{u(0,0)} = \frac{1}{1 - (\frac{y}{L})^2}.$$

Siehe auch Lehreinheit 10.1.

FB 9.8 Die Methode der konformen Abbildung

Aufgabe

A. Setzen wir $z = ae^{i\varphi}$ in (9.8-6) ein, so erhalten wir

$$\zeta = ae^{i\varphi} - ae^{-i\varphi} = 2ia\sin\varphi. \tag{a}$$

Die Zerlegung $\zeta = \xi + i\eta$ in Real- und Imaginärteil ergibt

$$\xi = 0, \quad \eta = 2a\sin\varphi. \tag{b}$$

Der Kreis mit dem Radius a um den Ursprung in der z-Ebene wird also auf ein doppelt durchlaufenes Stück der η-Achse zwischen $\eta = 2a$ und $\eta = -2a$ abgebildet.

B. Die Geschwindigkeit errechnet sich nach (9.8-3). In unserem Falle ist

$$\frac{dW}{dz} = c_\infty\left(1 - \frac{a^2}{z^2}\right), \quad \frac{d\zeta}{dz} = 1 + \frac{a^2}{z^2}, \quad u - iv = \frac{dW}{d\zeta} = c_\infty\frac{z^2 - a^2}{z^2 + a^2}.$$

Die Platte $\zeta = 2ia\sin\varphi$ in der ζ-Ebene entspricht dem Kreis $z = ae^{i\varphi}$ in der z-Ebene, längs der Platte ist also

$$u - iv = c_\infty\frac{e^{2i\varphi} - 1}{e^{2i\varphi} + 1} = c_\infty\frac{e^{i\varphi} - e^{-i\varphi}}{e^{i\varphi} + e^{-i\varphi}} = c_\infty\frac{2i\sin\varphi}{2\cos\varphi} = ic_\infty\tan\varphi,$$
$$u = 0, \quad v = -c_\infty\tan\varphi, \quad c = c_\infty\tan\varphi.$$

Um c als Funktion von η zu erhalten, schreiben wir dafür

$$c = c_\infty\frac{2a\sin\varphi}{\sqrt{4a^2 - 4a^2\sin^2\varphi}}.$$

Mit (b) folgt daraus

$$c(\eta) = c_\infty \frac{\eta}{\sqrt{4a^2 - \eta^2}}. \tag{c}$$

An den beiden Kanten $\eta = \pm 2a$ geht die Geschwindigkeit demnach gegen unendlich.

C. Der Druckverlauf $p(\eta)$ längs der Platte folgt aus der Bernoullischen Gleichung

$$\frac{p(\eta)}{\rho} + \frac{c^2(\eta)}{2} = \frac{p_\infty}{\rho} \frac{c_\infty^2}{2}.$$

Wir erhalten

$$p(\eta) - p_\infty = \frac{\rho}{2} c_\infty^2 \left(1 - \frac{\eta^2}{4a^2 - \eta^2}\right),$$

$$p(\eta) = \frac{\rho}{2} c_\infty^2 \frac{4a^2 - 2\eta^2}{4a^2 - \eta^2} + p_\infty. \tag{d}$$

An den beiden Kanten $\eta = \pm 2a$ geht der Druck demnach gegen minus unendlich. Das ist physikalisch insofern plausibel, als dort die Richtung der Geschwindigkeit beim Wechsel von der Plattenvorderseite zur Plattenrückseite um 180° umgelenkt werden muss. Nach der Bernoullischen Gleichung erfordert ein negativ unendlicher Druck eine unendlich große Geschwindigkeit.

Zusatzaufgabe 1

A. Wenn wir (9.8-6) nach z auflösen, erhalten wir

$$z(\zeta) = \frac{\zeta}{2} \pm \sqrt{\frac{\zeta^2}{4} + a^2}. \tag{a}$$

Setzen wir

$$z_1 = r_1 e^{i\varphi_1} = \frac{\zeta}{2} + \sqrt{\frac{\zeta^2}{4} + a^2}, \quad z_2 = r_2 e^{i\varphi_2} = \frac{\zeta}{2} - \sqrt{\frac{\zeta^2}{4} + a^2}, \tag{b}$$

so ist

$$z_1 z_2 = \left(\frac{\zeta}{2} + \sqrt{\frac{\zeta^2}{4} + a^2}\right)\left(\frac{\zeta}{2} - \sqrt{\frac{\zeta^2}{4} + a^2}\right) = -a^2,$$

$$r_1 r_2 \left[\cos(\varphi_1 + \varphi_2) + i \sin(\varphi_1 + \varphi_2)\right] = -a^2,$$

$$r_1 r_2 \cos(\varphi_1 + \varphi_2) = -a^2, \quad \sin(\varphi_1 + \varphi_2) = 0.$$

Aus der zweiten Gleichung folgt $\varphi_1+\varphi_2 = 0; \pi$. Für $\varphi_1+\varphi_2 = 0$ ergibt die erste Gleichung $r_1 r_2 = -a^2$; das ist ein Widerspruch, da a reell vorausgesetzt wurde und r_1 und r_2 als Beträge komplexer Zahlen positiv sind. Also muss $\varphi_1 + \varphi_2 = \pi$ sein, und wir erhalten die Beziehungen

$$r_1 r_2 = a^2, \quad \varphi_1 + \varphi_2 = \pi. \tag{c}$$

Die erste dieser Gleichungen besagt, dass von den zwei Punkten z_1 und z_2 jeweils einer innerhalb und der andere außerhalb des Kreises $z = ae^{i\varphi}$ liegt. Sowohl der Außenraum als auch der Innenraum dieses Kreises werden also durch (9.8-6) auf die gesamte ζ-Ebene abgebildet. Physikalisch interessiert uns natürlich die Abbildung des Außenraums.

B. Setzen wir (a) in $W(z) = c_\infty(z + a^2/z)$ ein, so erhalten wir nach elementarer Zwischenrechnung

$$W(\zeta) = \pm c_\infty \sqrt{\zeta^2 + 4a^2}. \tag{d}$$

Für $z \to \infty$ geht (9.8-6) in die identische Abbildung $\zeta = z$ und damit $W(\zeta)$ in $W(z)$ über. Das ist auch sinnvoll, weil die Anströmung weitab vom Körper in beiden Ebenen dieselbe sein soll. Diese Bedingung ist erfüllt, wenn wir in (d) das + Zeichen wählen, in (b) liegt demnach z_1 außerhalb und z_2 innerhalb des Kreises.

Zusatzaufgabe 2

A. Aus (9.8-3) unter Verwendung des komplexen Strömungspotentials (9.7-12) der allgemeinsten Umströmung eines Kreises und der konformen Abbildung $\zeta = z + R^2/z$ erhält man

$$u - iv = \frac{\frac{dW}{dz}}{\frac{d\zeta}{dz}} = \frac{c_\infty(e^{-i\alpha} - \frac{R^2}{z^2} e^{i\alpha}) - \frac{i\Gamma}{2\pi}\frac{1}{z}}{1 - \frac{R^2}{z^2}}. \tag{a}$$

B. Wir sehen, dass für $z = \pm R$ in (a) der Nenner null wird. Damit die Geschwindigkeit an der Hinterkante nicht unendlich wird, muss in (a) für $z = R$ auch der Zähler null werden. Daraus folgt

$$c_\infty\left(e^{-i\alpha} - e^{i\alpha}\right) - \frac{i\Gamma}{2\pi}\frac{1}{R} = 0,$$
$$\Gamma = -4\pi c_\infty R \sin\alpha. \tag{b}$$

C. Um die Koordinaten der Geschwindigkeit an der Platte selbst zu erhalten, setzen wir $z = Re^{i\varphi}$ und (b) in (a) ein. Nach elementarer Zwischenrechnung erhält man

$$u = c_\infty \frac{\sin(\varphi - \alpha) + \sin\alpha}{\sin\varphi}, \quad v = 0. \tag{c}$$

Die Geschwindigkeit ist also parallel zur Platte, und wir erhalten die Geschwindigkeit an der Plattenoberseite für $0 \le \varphi \le \pi$ und an der Plattenunterseite für $\pi \le \varphi \le 2\pi$.

FB 9.9 Kräfte auf umströmte Körper

Aufgabe

A. Wir verwenden den Impulssatz z. B. in der Form (6.1-4). Die Mantelkräfte auf die Flächen AB und CD heben sich aus Symmetriegründen heraus, die Reaktionskraft $\underline{R}_M$ ist also gleich der gesuchten Kraft $\underline{F}$ auf die Schaufel. Mit $A_1 = A_2 = bt$ erhalten wir bei Vernachlässigung der Volumenkraft

$$F_x = \dot{m}(u_1 - u_2) + (p_1 - p_2)bt, \quad F_y = \dot{m}(v_1 - v_2). \tag{a}$$

Aus der Kontinuitätsgleichung $\dot{m} = \text{const}$ folgt

$$u_1 = u_2 = u, \quad \dot{m} = \rho ubt. \tag{b}$$

Aus der Bernoullischen Gleichung (4.3-2) folgt wegen (b)

$$p_1 - p_2 = \frac{\rho}{2}(v_2^2 - v_1^2) = \frac{\rho}{2}(v_2 - v_1)(v_2 + v_1). \tag{c}$$

Setzt man (b) und (c) in (a) ein, so folgt

$$F_x = \rho(v_2 - v_1)\frac{v_1 + v_2}{2}bt, \quad F_y = -\rho(v_2 - v_1)ubt. \tag{d}$$

B.

$$\frac{F_x}{F_y} = -\frac{v_1 + v_2}{2u} = -\frac{v_1 + v_2}{u_1 + u_2},$$

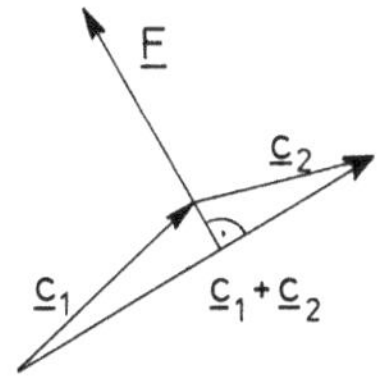

$\underline{F}$ steht also auf $\underline{c}_1 + \underline{c}_2$ senkrecht.

C. Für $\underline{c}_\infty$ ist vermutlich der Mittelwert aus Anströmgeschwindigkeit und Abströmgeschwindigkeit einzusetzen:

$$F_x + iF_y = -i\rho b\left(\frac{u_1 + u_2}{2} + i\frac{v_1 + v_2}{2}\right)\Gamma. \tag{e}$$

D. Wir benötigen zunächst die Zirkulation längs der Kurve $ABCD$. Die Anteile längs AB und CD heben sich aus Symmetriegründen heraus; damit erhalten wir

$$\Gamma = (v_2 - v_1)t. \tag{f}$$

Setzen wir das in (e) ein und berücksichtigen $u_1 = u_2 = u$, so erhalten wir (d). Damit ist die Vermutung (e) bestätigt.

Zusatzaufgabe

Wenn wir im Kutta-Joukowskyschen Auftriebssatz

$$u_\infty = c_\infty \cos\alpha, \quad v_\infty = c_\infty \sin\alpha \quad \text{und} \quad \Gamma = -4\pi R c_\infty \sin\alpha$$

setzen, erhalten wir nach (9.9-8) und (9.9-9)

$$F_\xi = -4\pi\rho b R c_\infty^2 \sin^2\alpha, \quad F_\eta = 4\pi\rho b R c_\infty^2 \sin\alpha\cos\alpha, \quad F = 4\pi\rho b R c_\infty^2 \sin\alpha.$$

Die resultierende Kraft steht also auf der Anströmrichtung senkrecht, wie es der Kutta-Joukowskysche Satz verlangt. Das erscheint zunächst widersprüchlich: Da für ein reibungsfreies Fluid die Kraft auf jedem Oberflächenelement senkrecht steht, erwartet man, dass die resultierende Kraft auf der Platte senkrecht steht. Tatsächlich ergibt eine Integration des Druckes über die Plattenoberfläche zunächst nur F_η. Eine sorgfältige Untersuchung zeigt, dass der negativ unendliche Druck an der Plattenvorderkante zu der zusätzlichen Kraft F_ξ führt.

FB 9.10 Rotationssymmetrische Potentialströmungen

Aufgabe 1

Da Φ und Ψ wegen der Rotationssymmetrie nur von r und z abhängen können, erhalten wir für $\operatorname{grad}\Phi \cdot \operatorname{grad}\Psi$ mit (A 56)

$$\frac{\partial\Phi}{\partial r}\frac{\partial\Psi}{\partial r} = \frac{\partial\Phi}{\partial z}\frac{\partial\Psi}{\partial z}.$$

Setzen wir $\partial\Phi/\partial r$ und $\partial\Phi/\partial z$ nach (9.10-10) ein, so ergibt sich $\operatorname{grad}\Phi \cdot \operatorname{grad}\Psi = 0$.

Aufgabe 2

A. Für den Halbraum gilt $Q = 2\pi R^2 c(R)$, also ist

$$c(R) = \frac{Q}{2\pi R^2}.$$

B. Aus der Bernoullischen Gleichung

$$\frac{c^2(R) - c_1^2}{2} + \frac{p(R) - p_1}{\rho} = 0$$

folgt

$$p(R) = p_1 + \frac{\rho}{2}(c_1^2 - c^2) = p_1 + \frac{\rho}{2}\frac{Q^2}{4\pi^2}\left(\frac{1}{R_1^4} - \frac{1}{R^4}\right).$$

Aufgabe 3

A. Das Geschwindigkeitspotential und die Stromfunktion erhalten wir durch Überlagerung aus (9.10-12) und (9.10-14) zu

$$\Phi = \Phi_1 + \Phi_2 = c_\infty z - \frac{Q}{4\pi}\frac{1}{\sqrt{r^2+z^2}}, \tag{a}$$

$$\Psi = \Psi_1 + \Psi_2 = c_\infty \frac{r^2}{2} - \frac{Q}{4\pi}\frac{z}{\sqrt{r^2+z^2}}. \tag{b}$$

B. Die Geschwindigkeitskoordinaten ergeben sich aus (a) mit (9.10-6) oder aus (b) mit (9.10-7) zu

$$c_r = \frac{\partial\Phi}{\partial r} = \frac{Qr}{4\pi(r^2+z^2)^{3/2}}, \tag{c}$$

$$c_z = \frac{\partial\Phi}{\partial z} = c_\infty + \frac{Q}{4\pi}\frac{r}{(r^2+z^2)^{3/2}}; \tag{d}$$

Daraus folgt für den Geschwindigkeitsbetrag

$$c = \sqrt{c_r^2 + c_z^2} = \sqrt{\left(\frac{Q}{4\pi}\right)^2 \frac{1}{R^4} + c_\infty \frac{Q}{2\pi}\frac{z}{R^3} + c_\infty^2}, \tag{e}$$

wobei wir die Abkürzung $R = \sqrt{r^2+z^2}$ eingeführt haben.

C. Die Koordinaten (r_0, z_0) des Staupunktes erhalten wir aus den Bedingungen $c_r = 0$, $c_z = 0$. Aus (c) folgt damit

$$r_0 = 0, \tag{f}$$

was wir auch aus Symmetriegründen sofort hätten ansetzen können. Setzt man das in (d) ein, so muss man beachten, dass die Wurzel im Nenner positiv zu nehmen ist:

$$0 = c_\infty + \frac{Q}{4\pi}\frac{z_0}{|z_0|^3} = c_\infty + \frac{Q}{4\pi z_0 |z_0|}, \quad z_0|z_0| = -\frac{Q}{4\pi c_\infty} < 0,$$

$$z_0 = -\sqrt{\frac{Q}{4\pi c_\infty}}. \tag{g}$$

D. Als Gleichung der Körperkontur erhält man aus (b)

$$c_\infty \frac{r^2}{2} - \frac{Q}{4\pi}\frac{z}{\sqrt{r^2+z^2}} = c_\infty \frac{r_0^2}{2} - \frac{Q}{4\pi}\frac{z_0}{\sqrt{r_0^2+z_0^2}}$$

und mit (f) und (g)

$$c_\infty \frac{r^2}{2} - \frac{Q}{4\pi} \frac{z}{\sqrt{r^2+z^2}} = \frac{Q}{4\pi}.$$

Für $z \to \infty$ geht $z/\sqrt{r^2+z^2} \to 1$, es folgt also

$$r_\infty = \sqrt{\frac{Q}{\pi c_\infty}}.$$

E. Aus der Bernoullischen Gleichung

$$\frac{p}{\rho} + \frac{c^2}{2} = \frac{p_\infty}{\rho} + \frac{c_\infty^2}{2}$$

folgt mit (e)

$$p = p_\infty - \frac{\rho}{2}\left[\frac{c_\infty Q}{2\pi}\frac{z}{R^3} + \left(\frac{Q}{4\pi}\right)^2 \frac{1}{R^4}\right].$$

FB 9.11 Die Singularitätenmethode

Aufgabe 1

Durch Überlagerung eines Dipolfadens und eines Potentialwirbelfadens in der Achse des Kreiszylinders und einer Parallelströmung, die man sich wiederum aus einer Quelle im negativ Unendlichen und einer gleich starken Senke im positiv Unendlichen entstanden denken kann.

Aufgabe 2

A. Die Ergiebigkeiten Q_1 und Q_2 müssen negativ gleich sein.

B.

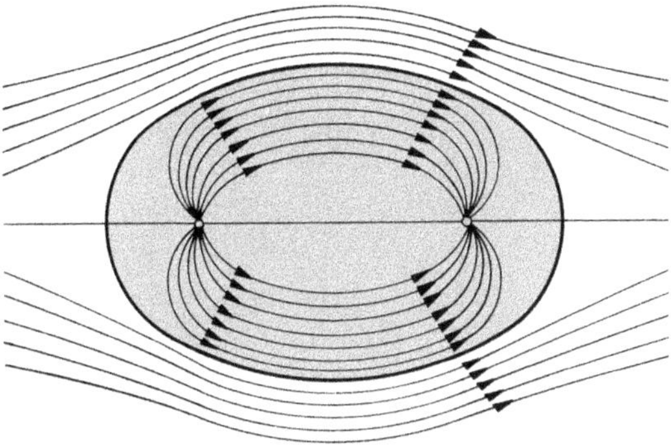

FB 10.1 Das Biot-Savartsche Gesetz

Aufgabe 1

A. Aus (9.5-4) folgt mit (9.5-1)

$$\begin{aligned} u - iv &= -\frac{i\Gamma}{2\pi}\frac{1}{z_P - z_Q} = -\frac{i\Gamma}{2\pi}\frac{1}{(x_P - x_Q) + i(y_P - y_Q)} \\ &= -\frac{i\Gamma}{2\pi}\frac{(x_P - x_Q) - i(y_P - y_Q)}{(x_P - x_Q)^2 + (y_P - y_Q)^2}, \\ u &= \frac{\Gamma}{2\pi}\frac{-(y_P - y_Q)}{(x_P - x_Q)^2 + (y_P - y_Q)^2}, \\ v &= \frac{\Gamma}{2\pi}\frac{x_P - x_Q}{(x_P - x_Q)^2 + (y_P - y_Q)^2}. \end{aligned}$$

B. Aus (10.1-7) folgt unter Beachtung der Skizze zur Aufgabe

$$c = \frac{\Gamma}{2\pi r}, \quad r = \sqrt{(x_P - x_Q)^2 + (y_P - y_Q)^2},$$
$$u = -c\sin\alpha, \quad \sin\alpha = \frac{y_P - y_Q}{r}, \quad v = c\cos\alpha, \quad \cos\alpha = \frac{x_P - x_Q}{r}.$$

Damit erhält man dasselbe Ergebnis wie unter A.

Aufgabe 2

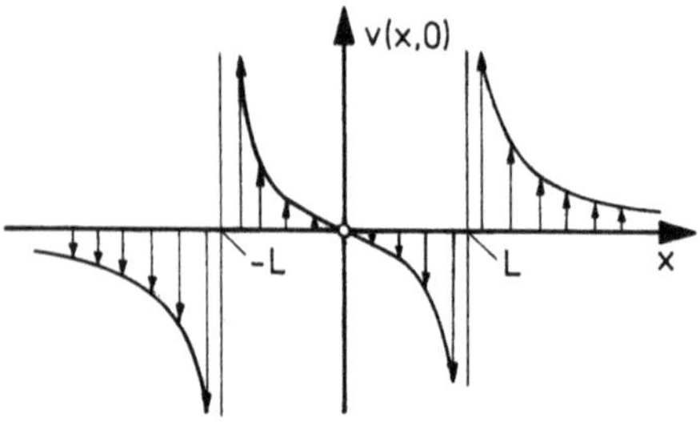

A. Aus dem Ergebnis der vorigen Aufgabe erhalten wir für den rechten Wirbelfaden

$$y_P - y_Q = 0, \quad x_P - x_Q = x - L,$$
$$u(x,0) = 0, \quad \upsilon(x,0) = \frac{\Gamma}{2\pi}\frac{1}{x-L}$$

und für den linken Wirbelfaden

$$y_P - y_Q = 0, \quad x_P - x_Q = x + L,$$
$$u(x,0) = 0, \quad \upsilon(x,0) = \frac{\Gamma}{2\pi}\frac{1}{x+L}.$$

Die von beiden Wirbeln entlang der x-Achse induzierte Geschwindigkeit ist damit

$$\upsilon(x,0) = \frac{\Gamma}{2\pi}\left(\frac{1}{x-L} + \frac{1}{x+L}\right) = \frac{\Gamma}{\pi}\frac{x}{x^2 - L^2}.$$

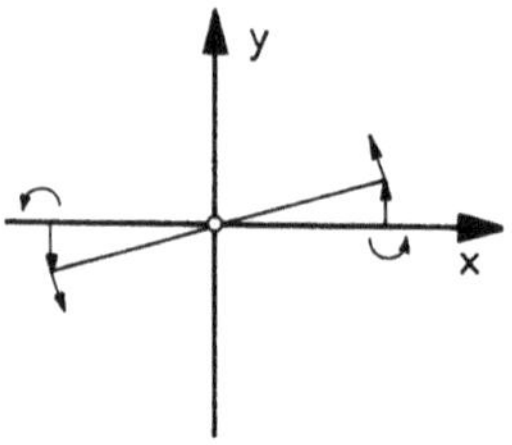

B. Am Ort des rechten Wirbels induziert der linke Wirbel nach (10.1-7) die Aufwärtsgeschwindigkeit $c = \Gamma/4\pi L$; am Ort des linken Wirbels induziert der rechte Wirbel die Abwärtsgeschwindigkeit $c = \Gamma/4\pi L$. Nach der Zeit dt hat der rechte Wirbel die Position mit den Koordinaten $x = L$, $y = \Gamma\, dt/4\pi L$ und der linke Wirbel die Position mit den Koordinaten $x = -L$, $y = -\Gamma\, dt/4\pi L$. Die Geschwindigkeit der beiden Wirbel zu diesem Zeitpunkt ist genauso groß wie vorher, steht aber auf der neuen Verbindungslinie der beiden Wirbel senkrecht. Infolge der gegenseitigen Induktion führen beide Wirbel also eine Kreisbewegung um den Ursprung mit der Umfangsgeschwindigkeit $c = \Gamma/4\pi L$ aus.

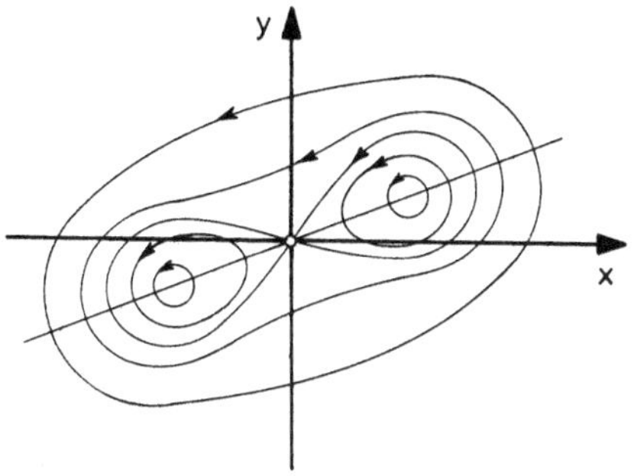

C. Durch die Bewegung der Wirbel wird ein instationäres Strömungsfeld erzeugt. Für einen bestimmten Zeitpunkt erhalten wir das nebenstehend skizzierte Stromlinienbild. Das Stromlinienbild für einen beliebigen Zeitpunkt geht daraus durch Drehung um den Ursprung hervor.

Aufgabe 3

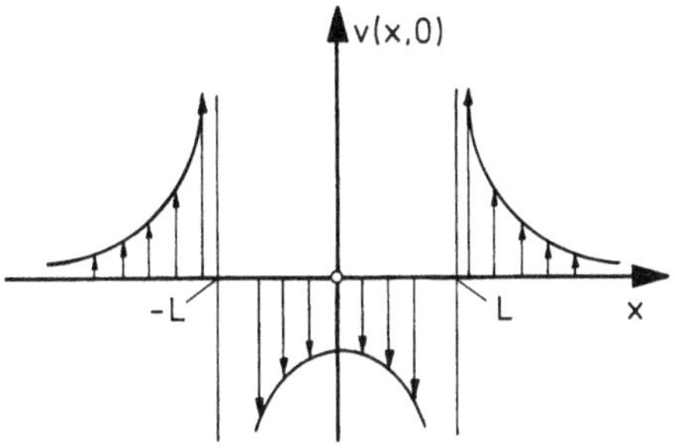

A. Die von beiden Wirbeln entlang der x-Achse induzierte Geschwindigkeit errechnet sich wie in der vorigen Aufgabe zu

$$u(x,0) = 0,$$

$$v(x,0) = \frac{\Gamma}{2\pi}\left(\frac{1}{x-L} - \frac{1}{x+L}\right) = \frac{\Gamma}{\pi}\frac{L}{x^2 - L^2}.$$

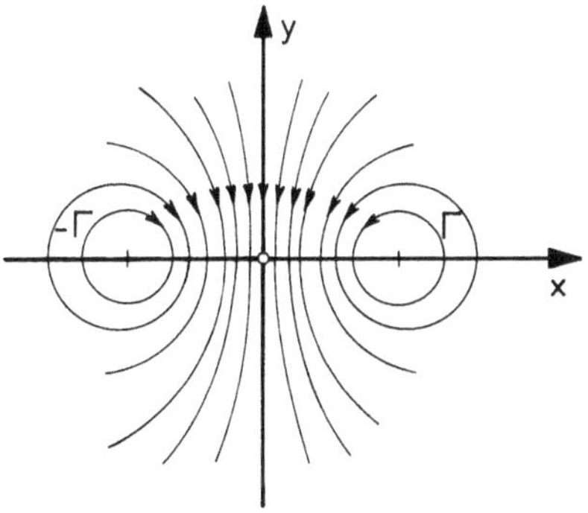

B. Jeder Wirbel induziert am Ort des anderen Wirbels die Geschwindigkeit $v(L,0) = -\Gamma/4\pi L$. Beide Wirbel bewegen sich infolge dieser gegenseitigen Induktion mit dieser Geschwindigkeit entgegen der y-Richtung. Auch diese Wirbelanordnung führt also zu einem instationären Strömungsfeld.

C. Das Stromlinienbild zu einem bestimmten Zeitpunkt sieht wie nebenstehend aus.

Aufgabe 4

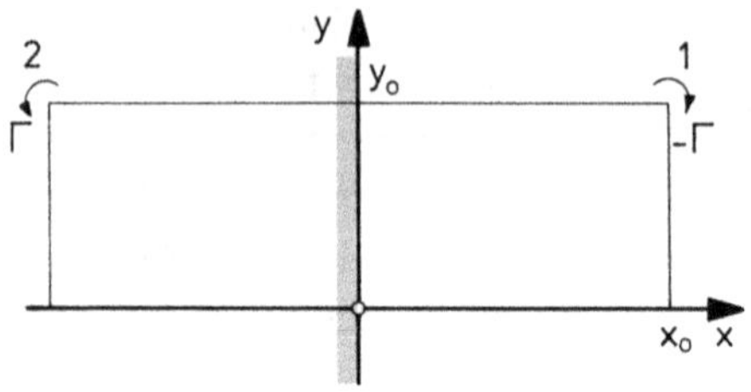

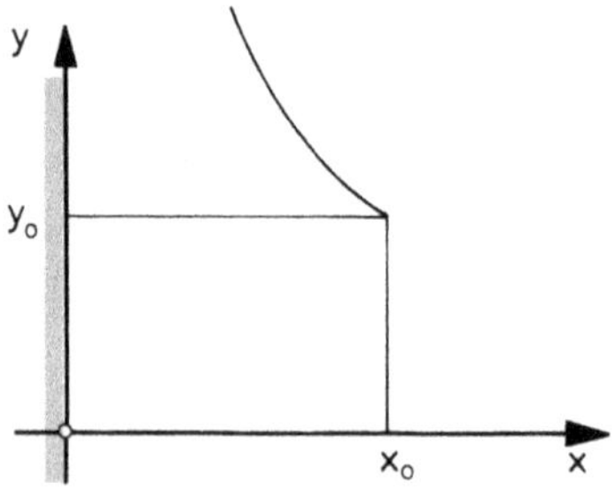

A. Aus $u = u_0$ = const erhalten wir durch Integration über die Zeit

$$x(t) = -u_0 t + x_0 \quad \text{mit} \quad x(0) = x_0.$$

B. Durch Induktion des virtuellen Wirbelfadens 2 auf den reellen Wirbelfaden 1 erhalten wir nach (10.1-7) mit $a = 2x$

$$v(t) = \frac{\Gamma}{2\pi}\frac{1}{2x} = \frac{\Gamma}{4\pi}\frac{1}{-u_0 t + x_0}.$$

C. Je näher der Wirbel der Wand kommt, desto größer wird v, d. h. der Wirbel bewegt sich mit gegen unendlich gehender Geschwindigkeit auf einer Bahn, welche die Wand zur Asymptote hat.

Aufgabe 5

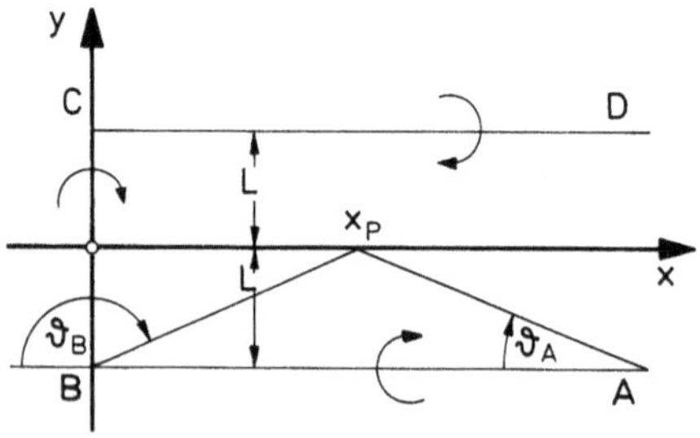

Die auf der x-Achse induzierten Geschwindigkeiten haben nur eine Komponente in die negative z-Richtung. Wir erhalten die resultierende Geschwindigkeit durch Superposition der von den einzelnen Teilstücken AB, BC und CD des Hufeisenwirbels induzierten Geschwindigkeiten. Aus (10.1-11) erhalten wir für die vom Wirbelfaden AB in einem beliebigen Aufpunkt x_P induzierte Geschwindigkeit

$$c_\varphi = \frac{\Gamma}{4\pi L}(\cos\vartheta_A - \cos\vartheta_B).$$

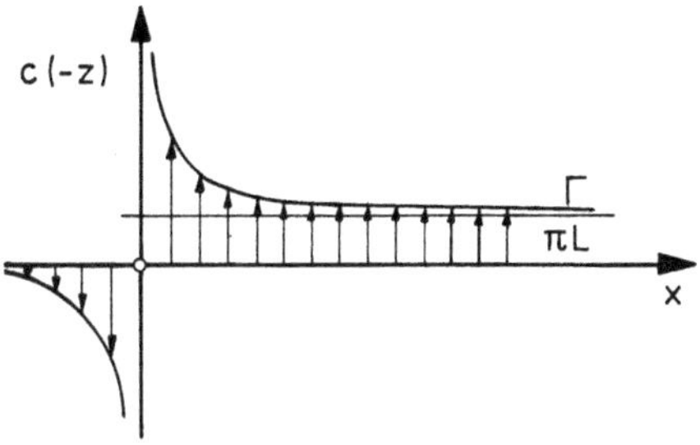

Mit $\vartheta_A \to 0$, $\cos\vartheta_A = 1$ und $\cos\vartheta_B = -\frac{x}{\sqrt{x^2+L^2}}$ ergibt sich für den Wirbelfaden AB

$$c_{AB} = \frac{\Gamma}{4\pi L}\left(1 + \frac{x}{\sqrt{x^2+L^2}}\right).$$

Analog erhalten wir für die Wirbelfäden BC und CD

$$c_{BC} = \frac{\Gamma}{4\pi x}\left(\frac{L}{\sqrt{x^2+L^2}} + \frac{L}{\sqrt{x^2+L^2}}\right) \quad \text{und}$$

$$c_{CD} = \frac{\Gamma}{4\pi L}\left(\frac{x}{\sqrt{x^2+L^2}} + 1\right).$$

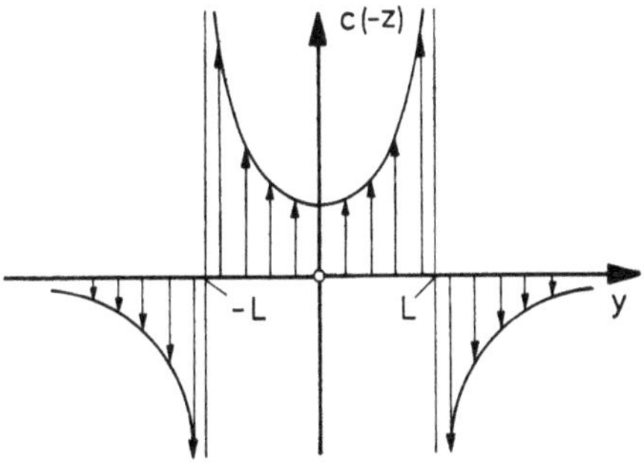

Die resultierende Geschwindigkeit längs der x-Achse ist damit

$$c = c_{AB} + c_{BC} + c_{CD} = \frac{\Gamma}{2\pi L}\left(1 + \frac{\sqrt{x^2+L^2}}{x}\right).$$

Die Geschwindigkeit auf der y-Achse hat gleichfalls nur eine Komponente in z-Richtung und wird nur von den Wirbelfäden AB und CD induziert, da der Wirbelfaden BC auf sich selbst keine Geschwindigkeit induziert. Aus Gleichung (10.1-11) erhält man

$$c_{AB} = \frac{\Gamma}{4\pi(y+L)}, \quad c_{CD} = \frac{\Gamma}{4\pi(L-y)}.$$

Die resultierende Geschwindigkeit längs der y-Achse wird damit

$$c = c_{AB} + c_{CD} = \frac{\Gamma}{2\pi L}\frac{L^2}{L^2-y^2}.$$

Zusatzaufgabe 1

Nach (10.1-7) sind die am Ort des reellen Wirbels von den virtuellen Wirbeln induzierten Geschwindigkeiten in x-Richtung:

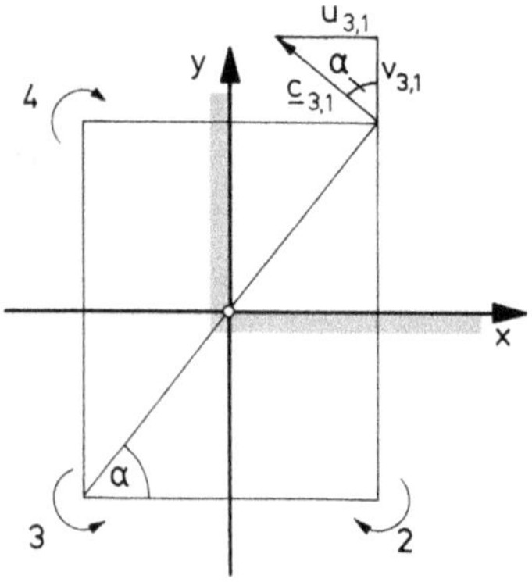

Wirbel 2: $u_{2,1} = \frac{\Gamma}{2\pi} \frac{1}{2y}$,

Wirbel 3: $u_{3,1} = -\frac{\Gamma}{2\pi} \frac{1}{\sqrt{4x^2 + 4y^2}} \underbrace{\frac{2y}{\sqrt{4x^2 + 4y^2}}}_{\sin\alpha}$,

Wirbel 4: $u_{4,1} = 0$.

Die in y-Richtung induzierten Geschwindigkeiten sind:

Wirbel 2: $v_{2,1} = 0$,

Wirbel 3: $v_{3,1} = \frac{\Gamma}{2\pi} \frac{1}{\sqrt{4x^2 + 4y^2}} \underbrace{\frac{2x}{\sqrt{4x^2 + 4y^2}}}_{\cos\alpha}$,

Wirbel 4: $v_{4,1} = -\frac{\Gamma}{2\pi} \frac{1}{2x}$.

Durch Superposition erhalten wir als die Geschwindigkeit des Wirbels infolge des Einflusses der beiden Wände

$$u = u_{2,1} + u_{3,1} + u_{4,1} = \frac{\Gamma}{4\pi} \frac{1}{x^2 + y^2} \frac{x^2}{y},$$

$$v = v_{2,1} + v_{3,1} + v_{4,1} = \frac{\Gamma}{4\pi} \frac{1}{x^2 + y^2} \left(-\frac{y^2}{x}\right).$$

Zusatzaufgabe 2

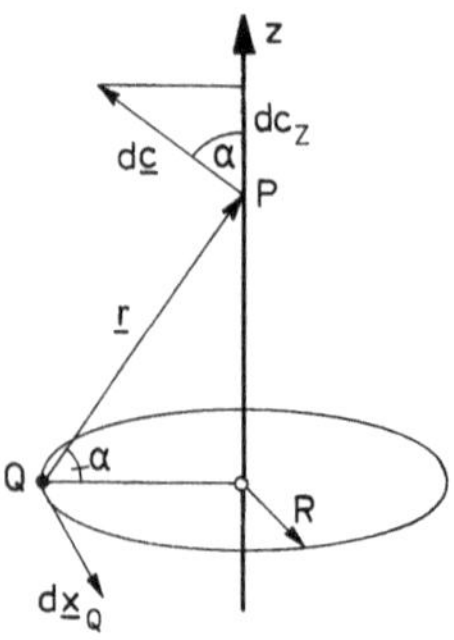

Aus Symmetriegründen ist auf der Achse nur c_z von null verschieden. Die Geschwindigkeit dc, die ein Element des Ringwirbelfadens im Aufpunkt P induziert, ist durch (10.1-10) gegeben. Der Beitrag dieser Geschwindigkeit zu c_z ist $dc_z = dc \cos\alpha$ mit $\cos\alpha = R/\sqrt{R^2 + z^2}$. Damit ist

$$c_z = \frac{\Gamma}{4\pi} \frac{R}{\sqrt{R^2 + z^2}} \int \frac{|d\underline{x}_Q \times \underline{r}|}{r^3}.$$

Mit $|d\underline{x}_Q \times \underline{r}| = r\,dx_Q$, $dx_Q = R\,d\varphi$, $r = \sqrt{R^2 + z^2}$ und Integration über φ von 0 bis 2π erhalten wir

$$c_z = \frac{\Gamma}{2} \frac{R^2}{(R^2 + z^2)^{3/2}}.$$

FB 10.2 Die ebene Wirbelschicht

Aufgabe 1

Richtig ist B. Man erkennt das einmal daraus, dass $\underline{c} \cdot d\underline{x}$ längs des gesamten Integrationsweges verschwindet. Zum selben Ergebnis führt die Überlegung, dass die gesamte vom Integrationsweg umschlossene Zirkulation null ist, weil die Anteile der beiden Wirbelschichten negativ gleich sind.

Aufgabe 2

A. Die gesamte Zirkulation der Wirbelschicht beträgt $\Gamma = \int_0^{2\pi} \gamma R \, d\varphi = 2\pi\gamma R$. Damit die Wirkung der Wirbelschicht im Außenraum aufgehoben wird, muss also in der Achse ein Wirbelfaden der Zirkulation

$$\Gamma_1 = -2\pi\gamma R \tag{a}$$

angebracht werden.

B. Der Wirbel (a) induziert nach (10.1-7) im Innenraum die Geschwindigkeit

$$c_\varphi = -\gamma \frac{R}{r}. \tag{b}$$

C. Für $r = R$ folgt aus (b) $c_\varphi = -\gamma$. Da außerhalb der Wirbelschicht $c_\varphi = 0$ ist, entspricht die Wirbelschicht einem Geschwindigkeitssprung

$$\Delta c_\varphi = \gamma. \tag{c}$$

FB 10.3 Der Thomsonsche Satz

Aufgabe 1

Wenn sich die Zirkulation längs einer materiellen Kurve nicht ändert.

Aufgabe 2

Hinreichend für $d\Gamma/dt = 0$ ist, dass die Bedingungen A, C und E zugleich erfüllt sind.

FB 10.4 Die Helmholtzschen Wirbelsätze

Aufgabe 1

Richtig ist A, denn aus (10.4-2) folgt in diesem Fall (in Analogie zum Volumenstrom (3.5-16) durch einen Stromfaden) $\Omega_1 A_1 = \Omega_2 A_2$.

Aufgabe 2

A. Wenn die Strömung zirkulationserhaltend ist.

B. Der spezielle Thomsonsche Satz sagt etwas über die zeitliche Änderung der Zirkulation längs einer *materiellen Kurve* aus, der 3. Helmholtzsche Satz hingegen über die zeitliche Änderung der Zirkulation einer *Wirbelröhre*. Beide Sätze hängen insofern zusammen, als unter ihren Gültigkeitsbedingungen eine Wirbelröhre stets aus denselben Teilchen besteht.

Zusatzaufgabe

Nach (A 35) und (A 33) lautet div rot $\underline{a}$ in Koordinatenschreibweise

$$\frac{\partial}{\partial x_i}\epsilon_{ijk}\frac{\partial a_k}{\partial x_j} = \epsilon_{ijk}\frac{\partial^2 a_k}{\partial x_i \partial x_j},$$

das ist aber nach (A 26) null. (Vergleichen Sie diese Aufgabe mit Zusatzaufgabe 1 von Lehreinheit 2.1!)

FB 10.5 Rankinewirbel und Hamel-Oseen-Wirbel

Aufgabe

Nach (7.1-2) ist mit (10.1-7) und $dV = dr \cdot r\,d\varphi \cdot dz$

$$E_K = \int \frac{\rho}{2} c^2\, dV = \iint \frac{\rho}{2}\frac{\Gamma^2}{4\pi^2 r^2} br\, d\varphi\, dr.$$

Bei Integration über φ von 0 bis 2π und über r von r_1 bis r_2 erhält man

$$E_K = \frac{\rho b \Gamma^2}{4\pi} \ln\frac{r_2}{r_1}.$$

A. Für $r_1 = 0$, $r_2 = R$ wird E_K unendlich.

B. Für $r_1 = R$, $r_2 = \infty$ wird E_K ebenfalls unendlich.

Zusatzaufgabe

Führt man in (10.5-4) zunächst r_1 ein, so erhält man

$$c_\varphi = \frac{\Gamma_0}{2\pi r_1}\frac{r_1}{r}\left[1 - e^{-(\frac{r}{r_1})^2}\right] \tag{a}$$

und daraus (10.5-6). In entsprechend dimensionsloser Darstellung lautet (10.5-1)

$$\eta = \xi \quad \text{für} \quad \xi \leq 1 \quad \text{und} \quad \eta = 1/\xi \quad \text{für} \quad \xi \geq 1. \tag{b}$$

Durch Differentiation von (10.5-6) erhält man

$$\frac{d\eta}{d\xi} = \frac{e^{-\xi^2} - 1}{\xi^2} + 2e^{-\xi^2}. \tag{c}$$

Für $\xi = 0$ folgt aus (b) und (c) $d\eta/d\xi = 1$, beide Kurven tangieren sich also im Ursprung. Für $\xi \to \infty$ geht (10.5-6) gegen $\eta = 1/\xi$, (b) ist also Asymptote.

FB 10.6 Die Umströmung eines Tragflügels endlicher Spannweite

Aufgabe 1

Der tragende Wirbel wird im Innern des Tragflügels, also außerhalb der Strömung angenommen; er ist wie die Singularitäten der Potentialtheorie nicht wirklich vorhanden (virtuell). Die Wirbelstärke hinter dem Tragflügel ist dagegen wirklich vorhanden (reell); die beiden Wirbelschleppen, zu denen sie sich hinter einem Flugzeug aufrollt, können anderen Flugzeugen durchaus gefährlich werden.

Aufgabe 2

Wenn der Auftrieb um ein Tragflügelprofil verschwindet, verschwindet auch die Zirkulation des tragenden Wirbels und damit die Wirbelschicht, deren Induktionswirkung auf den induzierten Widerstand führt. Dann sind auch die Druckkräfte auf Ober- und Unterseite des Tragflügels gleich, so dass keine Ausgleichsströmung um die Flügelränder auftritt.

FB 11.1 Dimensionsanalyse

Aufgabe 1

A.

	L	T	M		
D	1	0	0	$\gamma_1 = -1$	$\delta_1 = 0$
c	1	−1	0	*	
ρ	−3	0	1	$\gamma_2 = 0$	$\delta_2 = 1$
v	2	−1	0	$\gamma_3 = 1$	$\delta_3 = 2$
F_W	1	−2	1		*

Wir gehen wieder von der allgemeinen Dimensionsmatrix aus und bestimmen zunächst die Dimension von c in Bezug auf die gewählten natürlichen Grundgrößen D, ρ und v. Die gesuchten Exponenten nennen wir γ_1, γ_2 und γ_3. Die dritte Spalte entspricht der Gleichung $0 \cdot \gamma_1 + 1 \cdot \gamma_2 + 0 \cdot \gamma_3 = 0$ und liefert damit $\gamma_2 = 0$, die zweite Spalte ergibt $\gamma_3 = 1$ und die erste $\gamma_1 = -1$.
Wir berechnen jetzt analog die Dimension von F_W in Bezug auf D, ρ und v und nennen die entsprechenden Exponenten δ_1, δ_2 und δ_3. Wir erhalten $\delta_2 = 1$, $\delta_3 = 2$ und $\delta_1 = 0$.
Damit lautet die natürliche Dimensionsmatrix:

	D	ρ	v
c	−1	0	1
F_W	0	1	2

Das Ergebnis der Dimensionsanalyse ist also

$$\frac{F_W}{v^2\rho} = f\left(\frac{Dc}{v}\right).$$

B.

	L	T	M		
D	1	0	0	*	
c	1	−1	0	$\alpha_1 = -1$	$\beta_1 = 0$
ρ	−3	0	1	$\alpha_2 = 0$	$\beta_2 = 1$
v	2	−1	0	$\alpha_3 = 1$	$\beta_3 = 2$
F_W	1	−2	1		*

Wir bestimmen zunächst die Dimension von D in Bezug auf c, ρ und v und nennen die entsprechenden Exponenten α_1, α_2 und α_3. Die dritte Spalte ergibt $\alpha_2 = 0$, die zweite $\alpha_1 = -\alpha_3$. Die erste Spalte entspricht der Gleichung $1 \cdot (-\alpha_3) - 3 \cdot 0 + 2 \cdot \alpha_3 = 1$

und liefert $\alpha_3 = 1$. Analog folgt $\beta_2 = 1$, $\beta_1 - \beta_3 = -2$ oder $\beta_1 = 2 - \beta_2$, $1 \cdot (2 - \beta_3) - 3 \cdot 1 + 2\beta_3 = 1$, d. h. $\beta_3 = 2$, $\beta_1 = 0$. Damit erhalten wir wieder

$$\frac{F_W}{\nu^2\rho} = f\left(\frac{Dc}{\nu}\right).$$

Aufgabe 2

A. $F_W = f(\Lambda, c, \rho, \nu, g)$

B.

	L	*T*	*M*
Λ	1	0	0
c	1	−1	0
ρ	−3	0	1
ν	2	−1	0
g	1	−2	0
F_W	1	−2	1

C.

	Λ	c	ρ
ν	1	1	0
g	−1	2	0
F_W	2	2	1

D.

$$\frac{F_W}{\lambda^2 c^2 \rho} = f\left(\frac{\nu}{\Lambda c}, \frac{g\Lambda}{c^2}\right)$$

So wie man einen Parameter der Form $\mathrm{Re} = \Lambda c/\nu$ eine Reynoldszahl nennt, bezeichnet man einen Parameter der Form $c^2/g\Lambda$ als Froudezahl (abgekürzt Fr). Bei unserer Wahl von natürlichen Grundgrößen stellt die Froudezahl eine in natürlichen Einheiten gemessene reziproke Fallbeschleunigung dar.

Aufgabe 3

A. Die beiden Dimensionsmatrizen sind:

	L	T	M
R	1	0	0
η	−1	−1	1
$-dp/dx$	−2	−2	1
$\dot{V}$	3	−1	0

	R	η	$-\frac{dp}{dx}$
$\dot{V}$	4	−1	1

Die Dimensionsanalyse liefert also

$$\frac{\dot{V}\eta}{R^4(-\frac{dp}{dx})} = \text{const} \quad \text{oder} \quad \dot{V} \sim \frac{R^4}{\eta}\left(-\frac{dp}{dx}\right).$$

Dieses Ergebnis stimmt bis auf den Zahlenfaktor $\pi/8$ mit (5.1-4) überein. Bei einem nullparametrigen Problem kann man offenbar allein durch Dimensionsanalyse das Ergebnis bis auf einen Zahlenfaktor bestimmen!

B. In diesem Fall sind die beiden Dimensionsmatrizen:

	L	T	M
R	1	0	0
v	2	−1	0
$-dp/dx$	−2	−2	1
$\dot{V}$	3	−1	0

	R	v	$-\frac{dp}{dx}$
$\dot{V}$	1	1	0

Die Dimensionsanalyse ergibt also

$$\frac{\dot{V}}{Rv} = \text{const} \quad \text{oder} \quad \dot{V} \sim Rv.$$

Das würde bedeuten, dass der Volumenstrom unabhängig vom Druckgradienten ist, was sicher falsch ist. Die Ursache für dieses falsche Ergebnis ist die falsche Wahl der Einstellgrößen; man erkennt aus diesem Beispiel, wie empfindlich die Dimensionsanalyse gegenüber der Wahl der Einstellgrößen sein kann.

Zusatzaufgabe

A. $\mathrm{Re}_1 = \frac{UL}{\nu} = 2{,}5 \cdot 10^4$.
B. $h = \frac{1}{2}(h_1 + h_2) = 0{,}15\,\mathrm{mm}$, $\mathrm{Re}_2 = \frac{UL}{\nu} = 37{,}5$.
C. $P = \frac{Uh^2}{\nu L} = 0{,}056$.
Alle drei dimensionslosen Größen sind also von unterschiedlicher Größenordnung, und die beiden Reynoldszahlen sind keineswegs klein gegen eins.

FB 11.2 Ähnlichkeitslehre

Aufgabe 1

A. Analog zum Beispiel der Lehreinheit 11.1 nehmen wir an, dass

$$F_W = f(H, c, \rho, \nu)$$

ist. Wir haben es also mit einem Problem mit einer Reynoldszahl als einzigem Parameter zu tun. Dann gilt

$$\frac{H_M c_M}{\nu_M} = \frac{H_H c_H}{\nu_H}$$

oder, vgl. auch die Tabelle 11.1,

$$c_M = c_H \frac{H_H}{H_M} \frac{\nu_M}{\nu_H} = 108\,\mathrm{km\,h^{-1}} \cdot 1 \cdot 1{,}5 = 162\,\mathrm{km/h} = 45\,\mathrm{m/s}.$$

B. Nach der Tabelle 11.1 gilt für das Kräfteverhältnis $\lambda_F = \lambda_\rho \lambda_\nu^2$. Da das Fluid in Modell und Hauptausführung gleich ist, sind demnach auch die Strömungswiderstände in Modell und Hauptausführung gleich. Anschaulich gesprochen: Damit die Strömung in Modell und Hauptausführung physikalisch ähnlich ist, muss bei gleichem Fluid die Anströmgeschwindigkeit bei einem verkleinerten Modell so stark erhöht werden, dass der Strömungswiderstand in beiden Fällen gleich ist.

C. Eine Frequenz hat wie eine Drehzahl in Bezug auf L, ν und ρ nach der Tabelle 11.1 die Dimension νL^{-2}, es gilt also

$$f_H = f_M / \lambda_\nu \lambda_L^{-2} = 70\,\mathrm{Hz} \cdot 1 \cdot 0{,}444 = 31{,}1\,\mathrm{Hz}.$$

Aufgabe 2

Bei Beschränkung auf Froudeähnlichkeit bleibt ν als Einstellgröße unberücksichtigt; Einstellgrößen sind also nur noch Λ, c, ρ und g. Davon ist ρ von den übrigen Einstellgrößen dimensionell unabhängig und damit natürliche Grundgröße, außerdem ist das Größenverhältnis λ_ρ durch die Versuchsbedingungen zu eins vorgegeben. Von den übrigen drei Einstellgrößen können wir zwei als natürliche Grundgrößen wählen; wir entscheiden uns für g und Λ, weil die zugehörigen Größenverhältnisse durch die Aufgabe festgelegt sind.

Damit ist der Modellmaßstab durch $\lambda_\Lambda = 0{,}02$, $\lambda_g = 1$, $\lambda_\rho = 1$ beschrieben. Damit Froudeähnlichkeit besteht, muss $c_M^2/\Lambda_M g_M = c_H^2 = \Lambda_H g_H$ sein.

A. Für das Geschwindigkeitsverhältnis λ_c gilt also

$$\lambda_c^2 = \lambda_\Lambda \lambda_g = 0{,}02, \qquad \lambda_c = 0{,}14\,.$$

B. In Bezug auf die gewählten natürlichen Grundgrößen Λ, g und ρ hat der Strömungswiderstand F_W die Dimension $\Lambda^3 g\rho$, für das Verhältnis der Strömungswiderstände gilt demnach

$$\lambda_F = \lambda_\Lambda^3 \lambda_g \lambda_\rho = 8 \cdot 10^{-6}.$$

C. Das Verhältnis der Reynoldszahlen ist $\lambda_{\text{Re}} = \lambda_\Lambda \lambda_c \lambda_\nu^{-1}$; damit tritt das bei der Beschränkung auf Froudeähnlichkeit vernachlässigte ν wieder als Einstellgröße auf. Das Größenverhältnis λ_ν ist also durch die Aufgabe gegeben; in unserem Falle ist es eins. Mit dem Ergebnis von A erhalten wir

$$\lambda_{\text{Re}} = \lambda_\Lambda \cdot \lambda_\Lambda^{1/2} \lambda_g^{1/2} \cdot \lambda_\nu^{-1} = 0{,}0028.$$

FB 12.1 Grenzschichten

Aufgabe 1

Der Strömungswiderstand entsteht dadurch, dass das Fluid an der Körperoberfläche durch die Wandhaftung auf null abgebremst wird (vgl. die Einleitung zum Kapitel 12).

Aufgabe 2

A. Der Grundgedanke besteht darin, das Strömungsfeld in die wirbelfreie Außenströmung und in die wirbelbehaftete Grenzschichtströmung zu zerlegen.
B. Die Außenströmung wird durch die Grundgleichung der Potentialströmung beschrieben. In der Grenzschicht müssen wir die Navier-Stokessche Gleichung ansetzen, aus der wir später die Grenzschichtgleichungen gewinnen werden.

Aufgabe 3

A.

B.

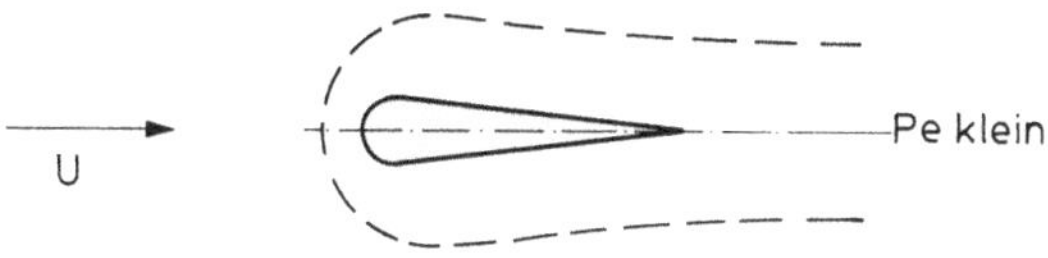

FB 12.2 Die Prandtlschen Grenzschichtgleichungen (Teil 1)

Aufgabe

Wenn die Geschwindigkeit und der Druck in der Grenzschicht unabhängig von x sind, lassen sich die Prandtlschen Grenzschichtgleichungen (12.2-18) weiter vereinfachen, nämlich zu

$$\frac{dv}{dy} = 0, \tag{a}$$

$$v\frac{du}{dy} = \nu\frac{d^2u}{dy^2}. \tag{b}$$

(Warum haben wir hier gewöhnliche Ableitungen mit einem geraden d geschrieben?) Aus (a) folgt $v = \text{const} = -v_W < 0$. Setzt man das in (b) ein, so erhält man für u die Differentialgleichung

$$u'' + \frac{v_W}{\nu} u' = 0. \tag{c}$$

Der Lösungsansatz $u(y) = Ae^{\lambda y}$ führt auf $\lambda^2 + \frac{v_W}{\nu}\lambda = 0$, $\lambda_1 = 0$, $\lambda_2 = -\frac{v_W}{\nu}$,

$$u(y) = A_1 e^{-\frac{v_W}{\nu} y} + A_2. \tag{d}$$

Die Konstanten A_1 und A_2 bestimmen wir mit Hilfe der Randbedingungen $u(0) = 0$ und $u(\infty) = U_\infty$. Damit erhalten wir aus (d) das gesuchte Geschwindigkeitsprofil

$$\frac{u(y)}{U_\infty} = 1 - e^{-\frac{v_W}{\nu} y}. \tag{e}$$

FB 12.3 Die Prandtlschen Grenzschichtgleichungen (Teil 2)

Aufgabe 1

Richtig ist C: Ablösung tritt nur bei Druckanstieg, also bei verzögerter Strömung auf.

Aufgabe 2

A. Im Ablösepunkt ist die Steigung $\partial u/\partial y$ des Geschwindigkeitsprofils an der Wand null.

B. An der Wand ist nach (12.2-20) $u = 0$ und $v = 0$. Setzt man dies in $(12.2\text{-}18)_2$ ein, so ergibt sich die Wandbindung (12.3-5)

$$\left.\frac{\partial^2 u}{\partial y^2}\right|_W = -\frac{u_\delta}{\nu}\frac{du_\delta}{dx}.$$

Differenziert man $(12.2\text{-}18)_2$ nach y, so erhält man

$$u\frac{\partial^2 u}{\partial x \partial y} + \frac{\partial u}{\partial y}\left(\frac{\partial u}{\partial x} + \frac{\partial v}{\partial y}\right) + v\frac{\partial^2 u}{\partial y^2} = \nu\frac{\partial^3 u}{\partial y^3}.$$

Nach $(12.2\text{-}18)_1$ verschwindet der zweite Term; an der Wand verschwinden auch der erste und der dritte Term. Damit erhält man $\partial^3 u/\partial y^3|_W = 0$.

C. Dort, wo $dp/dx = 0$ und damit nach (12.2-17) $du_\delta/dx = 0$ ist.

Aufgabe 3

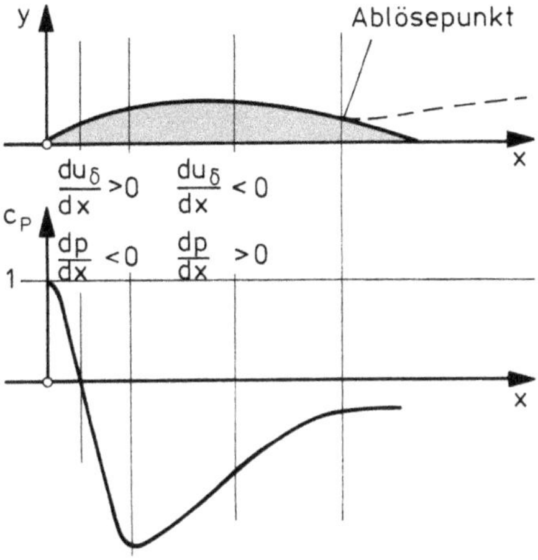

Im vorderen Staupunkt ($x = 0$) herrscht der Staudruck und damit $c_P = 1$. Hinter dem Staupunkt wächst u_δ aufgrund der Verdrängungswirkung des Profils, damit sinkt c_P und erreicht bald negative Werte, d. h. der Druck liegt dort unter p_∞. Noch vor dem Hauptspantquerschnitt wird das Druckminimum erreicht (vgl. Erläuterung im Text der Lehreinheit). Von da an steigt der Druck bis zum Ablösepunkt; dort liegt er erfahrungsgemäß wenig unter p_∞.

FB 12.4 Grenzschichtdicken

Aufgabe

A. Mit $u/U_\infty = 1 - e^{-\frac{v_W}{\nu}y}$ erhalten wir aus (12.4-3)

$$\delta_1(x) = \int_0^\infty \left(1 - \frac{u}{U_\infty}\right) dy = \frac{\nu}{v_W},$$

B. aus (12.4-8)

$$\delta_2(x) = \int_0^\infty \frac{u}{U_\infty}\left(1 - \frac{u}{U_\infty}\right) dy = \frac{1}{2}\frac{\nu}{v_W}.$$

Zusatzaufgabe

Mit (12.4-12) folgt aus dem Ergebnis der vorigen Aufgabe

$$H_{12} = \frac{\delta_1}{\delta_2} = 2.$$

FB 12.5 Wandschubspannung und Reibungswiderstand

Aufgabe 1

An dieser Stelle löst die Strömung von der Wand ab.

Aufgabe 2

A. Aus $u/U_\infty = 1 - e^{-\frac{v_W}{\nu}y}$ folgt

$$\frac{\partial u}{\partial y} = \frac{v_W}{\nu} U_\infty e^{-\frac{v_W}{\nu}y}. \qquad \text{(a)}$$

Nach (12.5-2) ist für $y = 0$

$$\tau_W = \eta \frac{v_W}{\nu} U_\infty = \rho v_W U_\infty. \qquad \text{(b)}$$

B. Die Kraft auf die Platte der Breite b und der Länge L ist mit (b) dann

$$F_W = b \int_0^L \tau_W \, dx = b\rho v_W U_\infty L. \qquad \text{(c)}$$

Zusatzaufgabe

Nach (12.5-8) erhalten wir mit dem Ergebnis der vorigen Aufgabe den Widerstandsbeiwert

$$\zeta_W = \frac{F_W}{\frac{\rho}{2} U_\infty^2 bL} = 2\frac{v_W}{U_\infty}.$$

FB 12.6 Die Plattenströmung

Aufgabe 1

$$\begin{aligned} v &= -\frac{\partial \Psi}{\partial x} = -\frac{\partial}{\partial x}\left(\sqrt{\nu x U} f(\eta)\right) = -\frac{\partial \sqrt{\nu x U}}{\partial x} f(\eta) - \sqrt{\nu x U} f' \frac{\partial \eta}{\partial x} \\ &= -\frac{1}{2}\sqrt{\frac{\nu U}{x}} f(\eta) - \sqrt{\nu x U} f' \left(-\frac{1}{2}\right)\frac{y}{x}\sqrt{\frac{U}{\nu x}} = \frac{1}{2}\sqrt{\frac{U\nu}{x}}(\eta f' - f). \end{aligned}$$

Aufgabe 2

Aus den Definitionen (12.4-3) und (12.4-8) der Grenzschichtdicken δ_1 und δ_2 folgt mit dem Ähnlichkeitsansatz (12.6-6) und (12.6-1)

$$\delta_1 = \int_0^\infty [1 - f'(\eta)]\, dy = \sqrt{\frac{\nu x}{U}} \int_0^\infty [1 - f'(\eta)]\, d\eta,$$

$$\delta_2 = \int_0^\infty f'(\eta)[1 - f'(\eta)]\, dy = \sqrt{\frac{\nu x}{U}} \int_0^\infty f'(\eta)[1 - f'(\eta)]\, d\eta.$$

Die beiden Integrale sind Zahlen; nennen wir sie C_1 und C_2, so folgt

$$\delta_1 = \sqrt{\frac{\nu x}{U}} C_1, \quad \frac{\delta_1}{x} = \frac{C_1}{\sqrt{\mathrm{Re}_x}} \sim \mathrm{Re}_x^{-1/2}, \quad \delta_2 = \sqrt{\frac{\nu x}{U}} C_2, \quad \frac{\delta_2}{x} = \frac{C_2}{\sqrt{\mathrm{Re}_x}} \sim \mathrm{Re}_x^{-1/2}.$$

Aus (12.5-2) folgt entsprechend

$$\tau_W = \eta U f''(0) \left.\frac{\partial \eta}{\partial y}\right|_W = \eta U f''(0) \sqrt{\frac{U}{\nu x}},$$

$$\frac{\tau_W}{\rho U^2} = f''(0) \sqrt{\frac{\nu}{Ux}} = \frac{f''(0)}{\sqrt{\mathrm{Re}_x}} \sim \mathrm{Re}_x^{-1/2}.$$

Für die beidseitig benetzte Platte folgt daraus mit (12.5-5)

$$F_W = 2b\eta U f''(0) \sqrt{\frac{U}{\nu}} \int_0^L x^{-1/2} dx = 2b\eta U f''(0) \sqrt{\frac{U}{\nu}} 2\sqrt{L},$$

$$\frac{F_W}{\rho U^2 bL} = 4f''(0) \sqrt{\frac{\nu}{UL}} = \frac{4f''(0)}{\sqrt{\mathrm{Re}}} \sim \mathrm{Re}^{-1/2}.$$

Aufgabe 3

Nach $(12.6\text{-}11)_5$ ist der Strömungswiderstand F_W einer Platte proportional der Breite und proportional der Wurzel aus der Länge. Damit erhalten wir im Falle 1 $F_{W1} \sim a\sqrt{b}$, im Falle 2 $F_{W_2} \sim b\sqrt{a}$. Wegen $b > a$ ist also $F_{W2} > F_{W1}$. Damit ist B richtig.

Zusatzaufgabe

$$\Psi = \sqrt{\nu x U} f, \quad u = \frac{\partial \Psi}{\partial y} = U f', \quad v = -\frac{\partial \Psi}{\partial x} = \frac{1}{2}\sqrt{\frac{U\nu}{x}}(\eta f' - f),$$

$$\frac{\partial^2 \Psi}{\partial x \partial y} = -\frac{U}{2x}\eta f'', \quad \frac{\partial^2 \Psi}{\partial y^2} = U\sqrt{\frac{U}{\nu x}} f'', \quad \frac{\partial^3 \Psi}{\partial y^3} = \frac{U^2}{\nu x} f'''.$$

Einsetzen in (12.2-19) ergibt (12.6-5).

FB 13.1 Laminare, periodische und turbulente Strömungen

Aufgabe 1

A. Als Turbulenz bezeichnet man die Erscheinung, dass in einer Strömung unregelmäßige Schwankungen auftreten, die im Einzelnen nicht durch äußere Einflüsse erklärt werden können.
B. Ja, jedoch werden die Schwankungen in einer laminaren Strömung gedämpft und bleiben deshalb so klein, dass ihr Einfluss z. B. auf das Geschwindigkeitsprofil vernachlässigbar ist.

Aufgabe 2

Bei laminarer Strömung vermischen sich die Fluidteilchen benachbarter Streichlinien nicht (genauer: nur sehr langsam durch molekulare Diffusion), Farbfäden bleiben deshalb erhalten. Bei turbulenter Strömung vermischen sich Fluidteilchen benachbarter Streichlinien durch turbulente Diffusion sehr schnell, Farbfäden lösen sich deshalb sehr schnell auf. Periodische Strömungen zeigen regelmäßige Schwankungen, die nicht von den Randbedingungen aufgeprägt sind; Farbfäden bleiben zwar weitgehend erhalten, zeigen aber diese periodischen Schwankungen.

FB 13.2 Die Reynoldssche Gleichung

Aufgabe 1

Für die Größe c^2 in der Bernoullischen Gleichung gilt

$$c^2 = u^2 + v^2 + w^2 = (\overline{u} + u')^2 + (\overline{v} + v')^2 + (\overline{w} + w')^2$$

$$= \overline{u}^2 + 2\overline{u}u' + u'^2 + \overline{v}^2 + 2\overline{v}v' + v'^2 + \overline{w}^2 + 2\overline{w}w' + w'^2.$$

Durch Mittelung erhält man daraus

$$\overline{c^2} = \overline{u}^2 + \overline{u'^2} + \overline{v}^2 + \overline{v'^2} + \overline{w}^2 + \overline{w'^2} = \overline{c}^2 + \overline{c'^2}.$$

Da die Strömung im Mittel stationär ist, verschwindet der Mittelwert von $\partial c/\partial t$. Der Mittelwert von p ist $\overline{p}$, damit erhält man durch Mittelung aus der Bernoullischen Gleichung die Beziehung

$$\frac{\overline{c}^2}{2} + \frac{\overline{c'^2}}{2} + \frac{\overline{p}}{\rho} = \text{const}$$

oder ausgeschrieben

$$\frac{\overline{u}^2 + \overline{v}^2 + \overline{w}^2}{2} + \frac{\overline{u'^2} + \overline{v'^2} + \overline{w'^2}}{2} + \frac{\overline{p}}{\rho} = \text{const}.$$

Aufgabe 2

Unter unseren Annahmen gilt

$$\frac{\overline{p}_0}{\rho} = \frac{\overline{c}_\infty^2}{2} + \frac{\overline{c_\infty'^2}}{2} + \frac{\overline{p}_\infty}{\rho}.$$

Wenn bei gleich bleibenden mittleren Größen die Schwankungen in einer Strömung zunehmen, steigt also die am Prandtlschen Staurohr gemessene Druckdifferenz. Bleiben die Schwankungen unberücksichtigt, werden zu große mittlere Geschwindigkeiten gemessen.

FB 13.3 Wirbelzähigkeitsansatz, Mischungsweganstz, Ähnlichkeitshypothese

Aufgabe

Die kinematische Zähigkeit ist eine (praktisch nur von der Temperatur abhängige) Materialkonstante, die Wirbelzähigkeit ist eine unbekannte Ortsfunktion.

Zusatzaufgabe

Zusätzlich zum Wirbelzähigkeitsansatz oder zum Mischungsweganssatz ist die Ähnlichkeitshypothese erforderlich. Sie besagt, dass die Wirbelzähigkeit bzw. der Mischungsweg, auf eine geeignet gewählte lokale charakteristische Länge (bei der Wirbelzähigkeit auch noch auf eine geeignet gewählte lokale charakteristische Geschwindigkeit) bezogen, örtlich konstant ist.

FB 13.4 Turbulente Wandgrenzschichten

Aufgabe 1

Das Dreischichtenmodell unterteilt die Strömung zunächst in einen Wandbereich und einen Außenbereich und den Wandbereich dann weiter in den wandnächsten Bereich, den man auch zähe Unterschicht nennt, und den wandnahen Bereich.

Im gesamten Wandbereich kann man die Schubspannung als konstant (und damit gleich der Wandschubspannung) annehmen, im Außenbereich nimmt die Schubspannung von ihrem Maximalwert an der Wand auf den Wert null am Rande der Grenzschicht ab.

In der zähen Unterschicht ist außerdem die molekulare Schubspannung groß gegen die turbulente, im wandnahen und im Außenbereich ist das umgekehrt.

Aufgabe 2

A. Die Dimensionsanalyse zeigt, dass Wandschubspannung und Dichte in die Gleichung für das Geschwindigkeitsprofil in der Grenzschicht nur als Quotient eingehen können. Dieser Quotient hat die Dimension des Quadrates einer Geschwindigkeit, seine Wurzel hat also die Dimension einer Geschwindigkeit. Man nennt sie die Schubspannungsgeschwindigkeit u_τ, vgl. (13.4-12).
B. Ein Geschwindigkeitsprofil in der Nähe einer Wand, das unabhängig von der Außenströmung ist.
C. Bei der Ableitung des logarithmischen Wandgesetzes wurde vorausgesetzt, dass die Schubspannung unabhängig vom Wandabstand gleich der Wandschubspannung ist und dass die molekulare Schubspannung gegenüber der turbulenten vernachlässigt werden kann.
D. In der zähen Unterschicht ist das Geschwindigkeitsprofil linear.

FB 13.5 Die turbulente Rohrströmung

Aufgabe 1

Damit L^* eine gerade Funktion in r, d. h. $L^*(-r) = L^*(r)$ ist, muss $B = 0$ sein. Zur Bestimmung von A und C führen wir $z = R - r$ als neue Variable ein; wir substituieren also $r = R - z$:

$$L^* = A + CR^2 - 2CRz + Cz^2.$$

Für kleine z soll $L^* = z$ sein, dazu muss $A + CR^2 = 0$ und $-2CR = 1$ sein. Daraus folgt

$$C = -\frac{1}{2R}, \quad A = -CR^2 = \frac{R}{2},$$

also

$$L^* = \frac{R}{2} - \frac{1}{2R}r^2 = \frac{R}{2}\left[1 - \left(\frac{r}{R}\right)^2\right] = z\left[1 - \frac{1}{2}\frac{z}{R}\right].$$

Aufgabe 2

Für $x \ll 1$ gilt die Reihenentwicklung

$$\ln(1 + x) = \frac{x}{1} - \frac{x^2}{2} + \frac{x^3}{3} - + \cdots$$

Aus $z/R \ll (\kappa u_\tau R/\nu)^{-1}$ folgt $\kappa u_\tau z/\nu \ll 1$ und damit aus (13.5-11)

$$\frac{\overline{u}}{u_\tau} = \frac{1}{\kappa}\frac{u_\tau R}{\nu}\frac{z}{R} = \frac{u_\tau z}{R}.$$

Aufgabe 3

A. Wir setzen das Kräftegleichgewicht für ein quaderförmiges Volumenelement an. Da ein Druckgradient von außen nicht aufgeprägt wird, d. h. $\partial p/\partial x = 0$ ist, sind die Druckkräfte auf die beiden Endflächen negativ gleich. Deshalb müssen auch die Tangentialkräfte auf der Oberseite und der Unterseite des Fluidelements negativ gleich sein. Das bedeutet, dass τ unabhängig von y

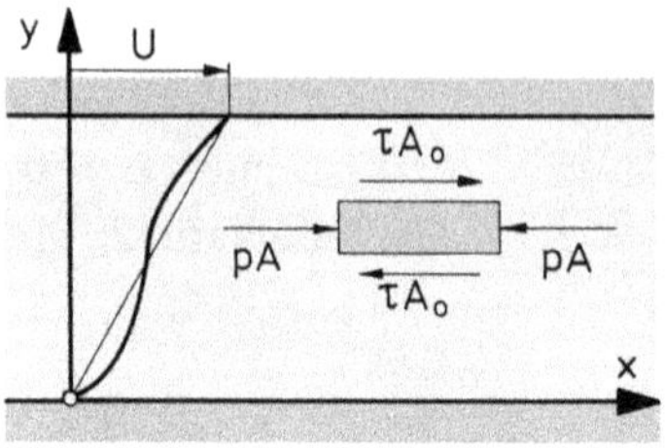

sein muss. (Das umgekehrte Vorzeichen hängt mit der unterschiedlichen Richtung der Flächennormalen zusammen: Würde man an das gezeichnete Volumenelement ein ebenso großes unten so anfügen, dass dessen Oberseite mit der Unterseite des ursprünglichen Volumenelements zusammenfällt, so würde an der Oberseite des neuen Volumenelements dieselbe Tangentialkraft τA_0 wieder nach rechts gerichtet sein.)

Die Schubspannung ist also auch in der turbulenten Couette-Strömung konstant und gleich der Wandschubspannung.

B. Für die Wandschubspannung gilt

$$\tau_W = \rho\nu \frac{d\overline{u}}{dy}\bigg|_{y=h},$$

damit gilt

$$\rho\nu \frac{d\overline{u}}{dy}\bigg|_{y=h} = \rho(\nu + \epsilon)\frac{d\overline{u}}{dy}.$$

Nach elementarer Rechnung erhält man

$$\epsilon = \nu\left[2\cos^2\left(\frac{\pi y}{4h}\right) - 1\right].$$

FB 13.6 Die turbulente Plattenströmung

Aufgabe 1

$$\delta_1 = \int_0^{\delta(x)} \left[1 - \left(\frac{y}{\delta(x)}\right)^{1/7}\right] dy = \delta(x) \int_0^1 \left[1 - \left(\frac{y}{\delta(x)}\right)^{1/7}\right] d\left(\frac{y}{\delta(x)}\right)$$

$$= \delta(x)\left[\frac{y}{\delta(x)} - \frac{7}{8}\left(\frac{y}{\delta(x)}\right)^{8/7}\right]_0^1 = \frac{1}{8}\delta(x),$$

$$\delta_2 = \int_0^{\delta(x)} \left(\frac{y}{\delta(x)}\right)^{1/7} \left[1 - \left(\frac{y}{\delta(x)}\right)^{1/7}\right] dy$$

$$= \delta(x) \int_0^1 \left[\left(\frac{y}{\delta(x)} \right)^{1/7} - \left(\frac{y}{\delta(x)} \right)^{2/7} \right] d\left(\frac{y}{\delta(x)} \right)$$

$$= \delta(x) \left[\frac{7}{8} \left(\frac{y}{\delta(x)} \right)^{8/7} - \frac{7}{9} \left(\frac{y}{\delta(x)} \right)^{9/7} \right]_0^1 = \frac{7}{72} \delta(x).$$

Aufgabe 2

A. Für eine von Anfang an turbulente Plattengrenzschicht ist im Falle 1 $F_{W1} \sim ab^{4/5}$ und im Falle 2 $F_W \sim ba^{4/5}$. Wegen $b > a$ ist also auch hier $F_{W2} > F_{W1}$.

B. Bei laminarer Grenzschicht ist $F_{W2}/F_{W1} = (b/a)^{1/2}$, bei turbulenter Grenzschicht ist $F_{W2}/F_{W1} = (b/a)^{1/5}$. Bei laminarer Grenzschicht ist dieses Verhältnis und damit der Unterschied zwischen Quer- und Längsanströmung größer.

Aufgabe 3

Mit (13.6-13), (13.4-12), $(13.6\text{-}12)_4$ ergibt sich

$$\delta_z = 10\, \nu u_\tau^{-1} \sim \nu \rho^{1/2} |\tau_W|^{-1/2} \sim \nu^{9/10} U^{-9/10} x^{1/10}.$$

In dimensionsloser Form erhält man

$$\frac{\delta_z}{x} \sim \left(\frac{Ux}{\nu} \right)^{-9/10}.$$

Zusatzaufgabe 1

$$U = 8{,}75\, u_\tau^{8/7} \delta^{1/7} \nu^{-1/7}, \quad u_\tau = \left(\frac{1}{8{,}75} \right)^{7/8} U^{7/8} \delta^{-1/8} \nu^{1/8},$$

$$\tau_W = \rho u_\tau^2 = \rho \left(\frac{1}{8{,}75} \right)^{7/4} U^{7/4} \delta^{-1/4} \nu^{1/4} = 0{,}0225\, \rho U^{7/4} \delta^{-1/4} \nu^{1/4}.$$

Zusatzaufgabe 2

$$\delta^{1/4} d\delta = \frac{72 \cdot 0{,}0225}{7} \left(\frac{\nu}{U} \right)^{1/4} dx, \quad \frac{4}{5} \delta^{5/4} = \frac{72 \cdot 0{,}0225}{7} \left(\frac{\nu}{U} \right)^{1/4} x + C.$$

Die Randbedingung ergibt $C = 0$.

$$\delta = \left(\frac{72 \cdot 0{,}0225 \cdot 5}{4 \cdot 7}\right)^{4/5} \nu^{1/5} U^{-1/5} x^{4/5} = 0{,}371\, x \left(\frac{Ux}{\nu}\right)^{-1/5}.$$

Zusatzaufgabe 3

Aus Aufgabe 1 folgt mit (13.6-9)

$$\frac{\delta_1}{x} \sim \frac{\delta}{x} \sim \left(\frac{Ux}{\nu}\right)^{-1/5}, \quad \frac{\delta_2}{x} \sim \frac{\delta}{x} \sim \left(\frac{Ux}{\nu}\right)^{-1/5}.$$

Aus (12.5-10) folgt dann mit $\delta_2 \sim \nu^{1/5} U^{-1/5} x^{4/5}$

$$\frac{\tau_W}{\rho U^2} \sim \nu^{1/5} U^{-1/5} x^{-1/5} = \left(\frac{Ux}{\nu}\right)^{-1/5}; \qquad \text{(a)}$$

man kann auch stattdessen von (13.6-7) ausgehen und erhält

$$\frac{\tau_W}{\rho U^2} \sim \left(\frac{U\delta}{\nu}\right)^{-1/4} = \left(\frac{Ux}{\nu}\right)^{-1/4} \left(\frac{\delta}{x}\right)^{-1/4} \sim \left(\frac{Ux}{\nu}\right)^{-1/4} \left(\frac{Ux}{\nu}\right)^{1/20} = \left(\frac{Ux}{\nu}\right)^{-1/5}.$$

Schließlich folgt aus (12.5-5) mit (a)

$$F_W \sim b\rho\nu^{1/5} U^{9/5} \int_0^L x^{-1/5} dx \sim b\rho\nu^{1/5} U^{9/5} L^{4/5}.$$

FB 14.1 Kräfte auf umströmte Körper

Aufgabe 1

Richtig ist C: Der Druckwiderstand nimmt aufgrund des laminar-turbulenten Umschlags der Grenzschicht stärker ab als der Reibungswiderstand zu.

Aufgabe 2

Die Leistung zur Überwindung des Strömungswiderstandes erhalten wir aus der Beziehung $P = cF_W$, und mit (14.1-9) ist

$$P = \zeta_W \frac{c^3}{2} \rho A = 17800\,\mathrm{Nm/s} = 17{,}8\,\mathrm{kW}.$$

FB 14.2 Der Widerstandsbeiwert von Kreisscheibe, Kugel und Zylinder

Aufgabe 1

In ruhender Luft treten keine turbulenten Schwankungen auf, der mit der Anströmgeschwindigkeit gebildete Turbulenzgrad ist in ruhender Luft also null, während er in einem Windkanal immer größer als null ist. Daher wird die Grenzschicht bei einer Kugel im Windkanal länger der Körperkontur folgen und damit der Druckwiderstand geringer sein als in ruhender Luft.

Aufgabe 2

Richtig ist B: Der Druckwiderstand ist in der Anordnung 2 geringer, da durch die Umströmung der beiden Endflächen der Druckrückgewinn größer ist, als wenn nur eine Endfläche umströmt wird.

Aufgabe 3

Da der Vorgang stationär erfolgt, müssen Gewichtskraft $\underline{F}_G$, Auftriebskraft $\underline{F}_A$ und Widerstandskraft $\underline{F}_W$ im Gleichgewicht sein:

$$\underline{F}_A + \underline{F}_W - \underline{F}_G = \underline{0}.$$

Die Dichte des Wassers sei ρ, die der Metallkugel ρ_K, dann ist

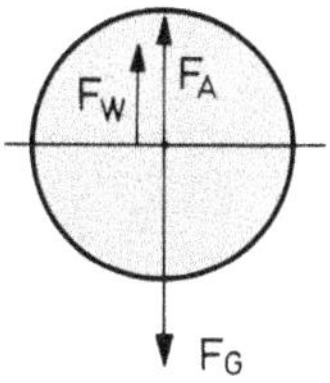

$$F_W = \zeta_W \frac{\rho}{2} c^2 \frac{\pi D^2}{4},$$

$$F_G = \rho_K \frac{\pi D^3}{6} g,$$

$$F_A = \rho \frac{\pi D^3}{6} g.$$

Daraus erhalten wir für die Sinkgeschwindigkeit

$$c^2 = \frac{4}{3} \frac{Dg}{\zeta_W} \frac{\rho_K - \rho}{\rho}. \qquad \text{(a)}$$

A. Für den Fall der Schleichströmung ergibt sich aus (a) mit $\zeta_W = 24/\mathrm{Re}$

$$c = \frac{1}{18}\frac{D^2 g}{\eta}(\rho_K - \rho).$$

B. Bei überkritischer Umströmung ergibt sich aus (a) mit $\zeta_W = 0{,}5$

$$c = \sqrt{\frac{8}{3}Dg\left(\frac{\rho_K - \rho}{\rho}\right)}.$$

FB 14.3 Körper geringsten Widerstandes

Aufgabe 1

Die Antwort hängt von den Umständen ab. Ist z. B. der Hauptspantquerschnitt vorgegeben, so hat der auf Lehrenheit 14.3 skizzierte Rotationskörper mit einem Längenverhältnis $L/d = 2 \ldots 2{,}5$ für gegebene Anströmgeschwindigkeiten den geringsten Widerstand. Ist dagegen das Volumen des Körpers vorgegeben, so hat ein Rotationskörper ähnlicher Form, aber mit einem Längenverhältnis $L/d = 4{,}5 \ldots 5$ den geringsten Widerstand. Sein Widerstands*beiwert* ist zwar größer, aber da sein Querschnitt kleiner ist, ist sein Widerstand trotzdem kleiner: Minimaler Widerstandsbeiwert bedeutet nicht notwendig minimalen Widerstand! Muss man Festigkeits-, Fertigungs- oder Betriebsgesichtspunkte berücksichtigen, kann man zu noch anderen Längenverhältnissen kommen.

Aufgabe 2

Damit die Strömung nicht abreißt, muss das Längenverhältnis L/d so groß sein, dass im Vergleich zum Rotationskörper mit minimalem Widerstandsbeiwert der Reibungswiderstand stärker zunimmt, als der Druckwiderstand durch Vermeidung der Ablösung abnimmt.

FB 14.4 Bauwerksaerodynamik

Aufgabe 1

Nein. Wenn sich hinter dem Körper eine Kármánsche Wirbelstraße bildet oder wenn der Körper zu Eigenschwingungen angeregt wird, ist die Strömung hinter dem Körper im Mittel nicht stationär.

Aufgabe 2

A. Der Druck im Totwasser ist ungefähr gleich dem Druck auf der Körperoberseite, also aufgrund der Verdrängungswirkung des Körpers kleiner als in der ungestörten Strömung. Die Folge davon ist eine negative Anzeige. Zum selben Ergebnis führt die Anwendung der radialen Druckgleichung auf die (vom Totwasser aus konkav gekrümmte) mittlere Begrenzungsstromlinie des Totwassers.

B. Der Aufstau vor dem Körper zusammen mit dem unter A erklärten Unterdruck dahinter führt zu einer positiven Anzeige.

C. Der Aufstau vor dem Körper führt zu einer negativen Anzeige.

D. Die Strömung wird durch den Körper noch nicht nennenswert beeinflusst, d. h. das U-Rohr zeigt keine Druckdifferenz an.

Aufgabe 3

Für die Wahl des Widerstandsbeiwertes ist die Reynoldszahl maßgebend. Mit $\nu = 15 \cdot 10^{-6}\,\mathrm{m^2/s}$ (aus Tabelle 1) erhalten wir $\mathrm{Re} = 8 \cdot 10^6$ und damit aus dem Diagramm 1 (für $L/d \to \infty$) einen Widerstandsbeiwert $\zeta \approx 0{,}4$, bezogen auf den Zylinderquerschnitt. Damit ergibt sich für die Widerstandskraft auf den Schornstein unter den hier gemachten vereinfachten Annahmen

$$F_W = \zeta \frac{\rho}{2} c^2 L d = 57\,600\,\mathrm{N}.$$

FB 14.5 Windkanaleinbauten

Aufgabe 1

Alle drei Vorrichtungen haben den Vorteil, das Geschwindigkeitsprofil gleichmäßiger zu machen und Geschwindigkeitsschwankungen in Hauptströmungsrichtung zu dämpfen; alle drei Vorrichtungen haben den Nachteil, einen Druckverlust zu verursachen.

Geschwindigkeitskomponenten quer zur Hauptströmungsrichtung werden durch einen Gleichrichter stark gedämpft, durch eine Düse verstärkt und durch ein Sieb schwach gedämpft.

Die mittlere Geschwindigkeit in Hauptströmungsrichtung wird durch eine Düse erhöht, während Siebe und Gleichrichter keinen Einfluss darauf haben.

Aufgabe 2

Alle drei Vorrichtungen verringern den Turbulenzgrad. Für Siebe und Gleichrichter leuchtet das unmittelbar ein, da Schwankungen gedämpft werden und sich die mittlere Geschwindigkeit nicht ändert. Für die Düse wurde in dieser Lehreinheit gezeigt, dass sich der von den turbulenten Längsschwankungen herrührende Anteil des Turbulenzgrades verringert. Für Querschwankungen gilt in erster grober Näherung, dass die Zirkulation $\Gamma \sim v\sqrt{A}$ konstant bleibt, also $\sqrt{\overline{v_1'^2}A_1} = \sqrt{\overline{v_2'^2}A_2}$ ist, und nach der Kontinuitätsgleichung ist $u_1A_1 = u_2A_2$. Durch Division erhält man

$$\frac{\sqrt{\overline{v_2'^2}}/\overline{u}_2}{\sqrt{\overline{v_1'^2}}/\overline{u}_1} = \sqrt{m},$$

der von den turbulenten Querschwankungen herrührende Anteil des Turbulenzgrades wird also ebenfalls gedämpft.

FB 15.1 Das Pitotrohr

Aufgabe 1

Mit Hilfe der Richtcharakteristik. Man neigt das Röhrchen durch Drehung um den Sondenschaft im Strömungsfeld so lange, bis der angezeigte Druck am Manometer um etwa 30–40 %, ausgehend von einem ungefähren Höchstdruck, abgesunken ist und notiert die zugehörige Winkelstellung (auf einer mit dem Pitotrohr verbundenen Teilkreisscheibe). Dann dreht man das Rohr in die entgegengesetzte Richtung, und zwar so lange, bis der gleiche Druckwert angezeigt wird. Unter Voraussetzung einer symmetrischen Richtcharakteristik (Rohr senkrecht abgeschnitten und gratfrei) liegt dann die Strömungsrichtung in der Mitte der beiden Winkelstellungen.

Aufgabe 2

Aufgrund der Richtcharakteristik zeigt das Pitotrohr u. U. einen zu kleinen Wert an. Die tatsächlichen Verhältnisse sind sehr verwickelt und noch nicht geklärt.

Aufgabe 3

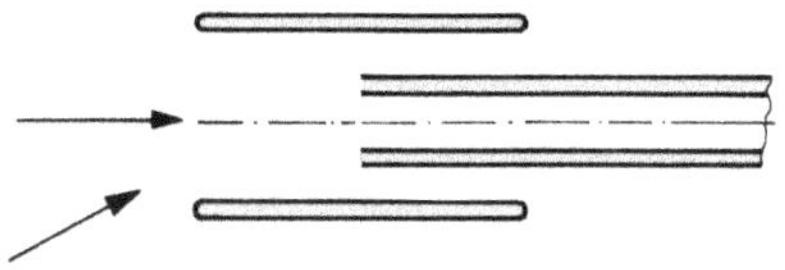

Durch einen Schirm.

FB 15.2 Die (statische) Drucksonde

Aufgabe 1

A. Durch die Umströmung des Grats entsteht eine Übergeschwindigkeit und damit nach der Bernoullischen Gleichung ein Unterdruck. Der Messwert ist also zu niedrig.
B. Durch den Aufstau vor dem Grat wird ein zu hoher Wert gemessen.

Aufgabe 2

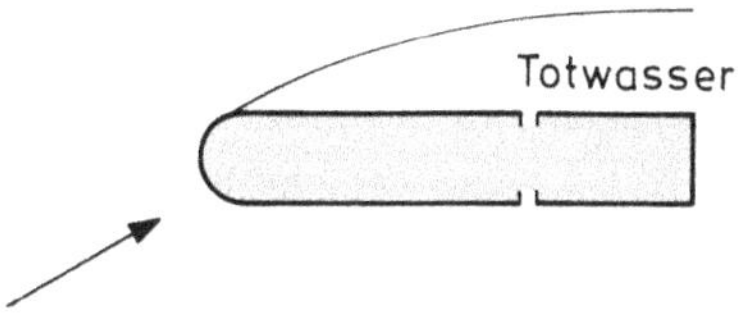

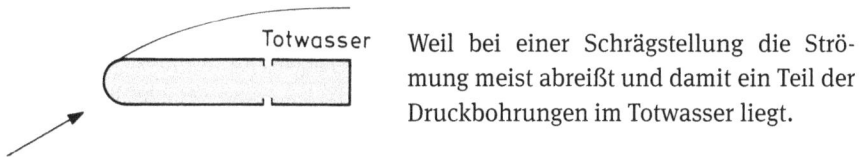

Weil bei einer Schrägstellung die Strömung meist abreißt und damit ein Teil der Druckbohrungen im Totwasser liegt.

FB 15.3 Das Prandtlsche Staurohr

Aufgabe 1

A. Man löst den Verbindungsschlauch am Schenkel 1. Wenn der äußere Luftdruck am Ort des Prandtlrohrs p_0 ist, erhält man im Querschnitt A–A

$$p_0 + \rho g h_1 + \rho_M g \Delta h = p_{ges} + \rho g (h_1 + \Delta h),$$

$$p_{ges} = p_0 + \rho_M g \Delta h \left(1 - \frac{\rho}{\rho_M}\right).$$

B. Man löst den Verbindungsschlauch am Schenkel 2 und verfährt analog zum Fall A.

FB 15.4 Hitzdrahtanemometrie

Aufgabe 1

- Die hohe Empfindlichkeit des Hitzdrahts gegen mechanische Zerstörung (bei der Montage, aber auch durch Staubpartikel in der Strömung) und gegen Durchschmoren bei Überhitzung.
- Die Notwendigkeit, den Hitzdraht zu kalibrieren.
- Der elektronische Aufwand zur Auswertung des Signals.

Aufgabe 2

Ja, je wärmer das strömende Medium ist, desto geringer ist bei gleicher Strömungsgeschwindigkeit die Kühlung durch Konvektion. In der Praxis wirken sich also Temperaturschwankungen als Störung der Geschwindigkeitsmessung aus.

FB 15.5 Laser-Doppler-Anemometry

Aufgabe 1

Ein Nachteil der Messtechnik ist, dass es notwendig ist, zur Streuung des Lichts Teilchen in die Strömung einzubringen. Diese können zur Verschmutzung der Strömungskanäle führen. Bei Geschwindigkeitsuntersuchungen in der Verbrennungstechnik können dazu diese Partikel verbrennen. Damit ist dort keine Datenaufnahme möglich. Ein weiterer Nachteil ist in der nicht kontinuierlichen Datenaufnahme zu sehen. Zur Spektralanalyse der Strömungs müssen hier spezielle Verfahren verwendet werden. Die maximal zu messende Frequenz ist außerdem durch die Frequenz der Durchgänge der Teilchen durch das Messvolumen begrenzt.

Aufgabe 2

Die Signalverarbeitung zur Messung der Frequenzdifferenz ist ein limitierender Faktor. Die maximal zu messende Geschwindigkeit hängt von der Wellenlänge des verwendeten Laserlichts ab.

FB 15.6 Particle-Image-Velocimetry

Aufgabe 1

Das Messprinzip basiert auf der Bestimmung der Ortsverschiebung innerhalb einer kurzen Zeitspanne Δt. Insbesondere bei dreidimensionalen Strömungen „wandert“ das beobachtete Teilchen unter Umständen aus der Messebene hinaus. Bei kurzen Distanzen und damit kurzen Zeiten kann dieser Effekt vermindert werden. Damit ist die maximal zu messende Geschwindigkeit durch den Zeitabstand zweier Laserpulse gegeben.

FB 15.7 Volumenstrommessung

Aufgabe 1

Die Normdüse hat im Vergleich zur Blende geringere Druckverluste. Sie ist zudem weniger korrosionsempfindlich. Nachteilig ist allerdings, dass sie sehr genau gefertigt werden muss.

Aufgabe 2

A. Die Normdüse hat eine strömungsmechanisch günstigere Form. Es gibt keine Ablösung. Ihr Druckverlustbeiwert ist deshalb kleiner als bei der Blende mit ihren großen Rezirkulationsgebieten.
B. Die größere Druckdifferenz vereinfacht die Messung, erhöht aber zugleich den Energieverlust in der Strömung.

Aufgabe 3

Die Messung des Massenstroms basierend auf dem Coriolis-Effekt ist äußerst genau. Die Messung des Massenstroms ist zudem unabhängig von Druck und Temperatur, so dass diese nicht zusätzlich bestimmt werden müssen. Das gemessene Moment ist direkt proportional zum Massenstrom. Das Messinstrument ist allerdings ungleich komplexer und aufwendiger zu bauen als beispielsweise eine Blende.

FB 15.8 Viskosimetrie

Aufgabe 1

Aus (5.2-1) folgt mit (5.3-1) und (5.3-3), wenn man die Bernoullische Gleichung zwischen dem Flüssigkeitsspiegel und der Ausflussöffnung am unteren Ende der Kapillare ansetzt,

$$g(h+L) = \frac{c^2}{2}\left(1 + \frac{64\nu}{cd}\frac{L}{d}\right),$$

oder wenn man in der Klammer die Eins gegen das zweite Glied vernachlässigt,

$$g(h+L) = \frac{32c\nu L}{d^2}.$$

Daraus folgt mit

$$\dot{V} = \frac{\pi d^2 c}{4} \quad \text{und} \quad d = 2R$$

das gesuchte Ergebnis.

Aufgabe 2

Um (15.8-1) mit (5.1-4) zu vergleichen, schreiben wir (15.8-1) in der Form

$$\dot{V} = \frac{\pi R^4}{8\eta}\left(\rho g + \frac{\rho g h}{L}\right).$$

An die Stelle des Druckgradienten $-dp/dx$ als der treibenden Kraft in (5.1-4) tritt hier also eine Summe aus zwei Anteilen, die beide auf das Fluid in der Kapillare wirken: Der erste ist die Volumenkraft pro Volumeneinheit aufgrund der Schwerkraft, der zweite ist der Druckgradient, der durch den hydrostatischen Überdruck im Eintrittsquerschnitt der Kapillare, dividiert durch die Länge der Kapillare, entsteht.

Anhang

1 Zum Rechnen mit Tensoren

1.1 Die Einsteinsche Summationskonvention

Beim Rechnen mit Tensoren und Matrizen hat sich eine von Einstein vorgeschlagene Verabredung bewährt, die man als Summationskonvention bezeichnet. Man kann sie in verschiedenen Varianten einführen; wir wollen sie in diesem Buch in der folgenden Form verwenden:

Über alle in einem Glied doppelt vorkommenden kleinen lateinischen Indizes außer x, y und z soll von eins bis drei summiert werden, ohne dass das durch ein Summationszeichen ausgedrückt wird.

Zum Beispiel $a_i b_i$ bedeutet deshalb $a_1 b_1 + a_2 b_2 + a_3 b_3$, und zwar unabhängig von der Bedeutung von a_i und b_i; beispielsweise braucht (a_1, a_2, a_3) keinen Vektor zu bilden.

Die Summationskonvention hat die folgenden Konsequenzen für die Verwendung kleiner lateinischer Buchstaben als Indizes:

- *Kleine lateinische Buchstaben dürfen als Indizes nur verwendet werden, wenn sie für die Werte* 1, 2 *und* 3 *stehen.*
  Wir schreiben deshalb z. B. für die spezifischen Wärmekapazitäten c_V und c_P mit großen Buchstaben als Indizes.
- *Ein kleiner lateinischer Index darf in einem Glied nur einmal oder zweimal vorkommen.*
  Kommt er einmal vor, nennt man ihn einen freien Index; kommt er zweimal vor, einen gebundenen Index. Ein freier Index nimmt nacheinander die Werte 1, 2 und 3 an, über einen gebundenen Index ist von 1 bis 3 zu summieren. Die Gleichung $a_{ij} b_j = c_i$ ist also eine Abkürzung für die drei Gleichungen

$$\begin{aligned} a_{11} b_1 + a_{12} b_2 + a_{13} b_3 &= c_1, \\ a_{21} b_1 + a_{22} b_2 + a_{23} b_3 &= c_2, \\ a_{31} b_1 + a_{32} b_2 + a_{33} b_3 &= c_3. \end{aligned}$$

  Natürlich können wir mit derselben Bedeutung auch $a_{ik} b_k = c_i$ oder $a_{mn} b_n = c_m$ schreiben, aber nicht $a_{ii} b_i = c_i$, denn dann kommt i in einem Glied dreimal vor, und das ist nicht definiert.
- *Alle Glieder einer Gleichung müssen in den freien Indizes übereinstimmen.*
  Auch die Schreibung $a_{ij} b_j = c_k$ ist also nicht zulässig.

https://doi.org/10.1515/9783110641455-017

Ist ein Index mit diesen Regeln nicht zu schreiben, werden wir auf griechische Indizes ausweichen. Beispielsweise bedeutet A_{ij} nach der Summationskonvention die Matrix

$$\begin{pmatrix} A_{11} & A_{12} & A_{13} \\ A_{21} & A_{22} & A_{23} \\ A_{31} & A_{32} & A_{33} \end{pmatrix}.$$

A_{pp} bedeutet dann die Summe der Elemente in der Hauptdiagonale; für ein beliebiges Element der Hauptdiagonale schreiben wir $A_{\alpha\alpha}$.

1.2 Punkte, Vektoren, Tensoren

Um einen Vektor (oder einen Tensor) zahlenmäßig anzugeben, benötigt man ein Koordinatensystem. Wir beschränken uns hier zunächst auf kartesische Koordinatensysteme, dann ist ein Koordinatensystem durch einen Ursprung und drei aufeinander senkrecht stehende Einheitsvektoren gegeben. Drei aufeinander senkrecht stehende Einheitsvektoren nennen wir eine (orthonormierte) Basis und bezeichnen sie mit $(\underline{e}_x, \underline{e}_y, \underline{e}_z)$ oder $(\underline{e}_1, \underline{e}_2, \underline{e}_3)$ oder kurz mit $\underline{e}_i$ (wobei statt i im Sinne der Summationskonvention natürlich auch ein anderer kleiner lateinischer Buchstabe außer x, y oder z stehen könnte.)

Kartesische Koordinatensysteme haben wir zuerst in der analytischen Geometrie zur zahlenmäßigen Beschreibung von Punkten im Raum kennen gelernt: In einem gegebenen Koordinatensystem können wir einen Punkt dann entweder durch seine Koordinaten x_i oder durch den Ortsvektor $\underline{x}$ vom Ursprung des Koordinatensystems zu diesem Punkt kennzeichnen, und es gilt mit verschiedenen Bezeichnungen:

$$\begin{aligned} \underline{x} &= x\underline{e}_x + y\underline{e}_y + z\underline{e}_z \\ &= x_1\underline{e}_1 + x_2\underline{e}_2 + x_3\underline{e}_3 \\ &= x_i\underline{e}_i. \end{aligned} \tag{A 1}$$

(Dabei haben wir im letzten Fall die Summationskonvention angewandt, worauf wir im Folgenden nicht mehr jedes Mal erneut hinweisen werden.)

Analog dazu gilt für einen Vektor $\underline{a}$ in einem gegebenen Koordinatensystem mit der Basis $\underline{e}_i$

$$\begin{aligned}\underline{a} &= a_x\underline{e}_x + a_y\underline{e}_y + a_z\underline{e}_z\\ &= a_1\underline{e}_1 + a_2\underline{e}_2 + a_3\underline{e}_3\\ &= a_i\underline{e}_i.\end{aligned} \tag{A 2}$$

Dabei wollen wir begrifflich zwischen den Komponenten und den Koordinaten eines Vektors unterscheiden: den Vektor $a_x\underline{e}_x$ nennen wir die x-Komponente von $\underline{a}$, die Größe a_x die x-Koordinate von $\underline{a}$ in dem gegebenen Koordinatensystem. Die Komponenten eines Vektors sind also selbst Vektoren, die Koordinaten nicht.[1]

Die Koordinaten eines Vektors hängen bekanntlich nur von der Basis des gewählten Koordinatensystems ab, die Koordinaten eines Punktes auch von seinem Ursprung. Ortsvektoren sind also keine Vektoren im strengen Sinne.

Sind A_i und B_i die Koordinaten zweier Vektoren $\underline{A}$ und $\underline{B}$ in Bezug auf ein Koordinatensystem und gilt die Beziehung

$$A_i = T_{ij}B_j \quad \text{oder} \quad A_i = B_jT_{ji}, \tag{A 3}$$

so sind die T_{ij} die Koordinaten eines Tensors $\underline{\underline{T}}$ (zweiter Stufe) in Bezug auf dieses Koordinatensystem. Man sagt dafür auch, der Tensor $\underline{\underline{T}}$ bilde den Vektor $\underline{B}$ auf den Vektor $\underline{A}$ ab.

Analog definiert man Tensoren höherer Stufe: Sind z. B. A_{ij} und B_i die Koordinaten eines Tensors $\underline{\underline{A}}$ und eines Vektors $\underline{B}$ und gilt

$$A_{ij} = T_{ijk}B_k, \tag{A 4}$$

so sind die T_{ijk} die Koordinaten eines Tensors dritter Stufe.

Man bezeichnet einen Skalar auch als Tensor nullter Stufe und einen Vektor als Tensor erster Stufe.

Die Stufe eines Tensors entspricht der Anzahl der Unterstreichungen des Tensors selbst und der Anzahl der Indizes seiner Koordinaten.

Einen Tensor, dessen sämtliche Koordinaten null sind, nennt man einen Nulltensor. Wir bezeichnen ihn durch 0, $\underline{0}$, $\underline{\underline{0}}$, usw.

1 Man unterscheide auch die x-Koordinate a_x vom Betrag $|a_x|$ der x-Komponente: Eine Vektorkoordinate kann negativ sein, der Betrag eines Vektors nicht.

Gelegentlich ist es nützlich, ein Symbol für einen Tensor beliebiger Stufe zu haben. Wir bezeichnen ihn dann durch $\underline{\underset{\vdots}{\underline{a}}}$ und seine Koordinaten durch $a_{i..j}$.

1.3 Symbolische und Koordinatenschreibweise

Wir haben die Tensoren selbst (die wir durch unterstrichene Buchstaben darstellen) und ihre kartesischen Koordinaten (die wir durch indizierte Buchstaben darstellen) unterschieden; ebenso kann man auch die Rechenoperationen für die Tensoren selbst und für ihre Koordinaten definieren. Man gelangt so zu zwei verschiedenen Darstellungen der Tensorrechnung, die wir als symbolische und als Koordinatenschreibweise unterscheiden wollen. Beide Schreibweisen haben ihre Vorteile. Uns erscheint es wichtig, beide Schreibweisen zu beherrschen und vor allem von der einen in die andere übersetzen zu können. Jede symbolisch geschriebene Gleichung lässt sich in die Koordinatenschreibweise übersetzen; umgekehrt ist das zwar nicht immer, aber doch in den meisten praktisch vorkommenden Fällen möglich. Wir halten es für optimal, von vornherein gewissermaßen zweisprachig aufzuwachsen, und werden deshalb alle Operationen in diesem Anhang und viele Gleichungen in diesem Buch in beiden Schreibweisen hinschreiben. Wir empfehlen dem Leser, das als Übersetzungsübung aufzufassen, d. h. diese Gleichungen besonders in der ihm weniger geläufigen Schreibweise aufzunehmen. Im Übrigen werden wir die jeweils zweckmäßigere Schreibweise verwenden, und das bedeutet in der Regel, Rechnungen in Koordinatenschreibweise auszuführen und die Ergebnisse in symbolischer Schreibweise zu notieren. Wir werden in Zukunft auch gelegentlich scheinbar ungenau z. B. vom Vektor a_i sprechen, schließlich sind auch die Koordinaten eines Vektors in einem nicht näher spezifizierten kartesischen Koordinatensystem ein Symbol für den Vektor selbst.

1.4 Gleichheit, Addition und Subtraktion von Tensoren. Transponierte, symmetrische und antimetrische Tensoren

Um mit Tensoren rechnen zu können, muss man Rechenoperationen für Tensoren definieren. Wir wollen in diesem Abschnitt zunächst die Gleichheit, die Addition und die Subtraktion von Tensoren definieren. Weiter unten werden wir dann die verschiedenen Arten der Multiplikation, die Differential- und die Integraloperationen für Tensoren erklären.

Zwei Tensoren sind gleich, wenn sie (im selben Koordinatensystem) in allen homologen (d. h. an gleicher Stelle stehenden) Koordinaten übereinstimmen.

Man addiert oder subtrahiert zwei Tensoren, indem man ihre homologen Koordinaten addiert bzw. subtrahiert. Das heißt, dass man nur Tensoren gleicher Stufe gleichsetzen, addieren oder subtrahieren kann.

So wie man die Koordinaten eines Vektors üblicherweise immer in der Reihenfolge (a_x, a_y, a_z) schreibt, ist es an dieser Stelle zweckmäßig, auch für die Matrix der Koordinaten eines Tensors zweiter Stufe eine Reihenfolge zu verabreden, und zwar soll bei uns der erste Index die Zeile und der zweite Index die Spalte der Matrix bedeuten. Wir schreiben also

$$a_{ij} := \begin{pmatrix} a_{11} & a_{12} & a_{13} \\ a_{21} & a_{22} & a_{23} \\ a_{31} & a_{32} & a_{33} \end{pmatrix} = \begin{pmatrix} a_{xx} & a_{xy} & a_{xz} \\ a_{yx} & a_{yy} & a_{yz} \\ a_{zx} & a_{zy} & a_{zz} \end{pmatrix}. \tag{A 5}$$

Zwei Tensoren zweiter Stufe, deren Koordinaten sich nur durch die Reihenfolge der Indizes unterscheiden, nennt man transponiert. Man bezeichnet sie mit demselben Buchstaben und kennzeichnet den einen davon durch ein T als oberen Index:

$$\boxed{a_{ij}^T = a_{ji}.} \tag{A 6}$$

Ein Tensor, der gleich seinem transponierten Tensor ist, heißt symmetrisch; für ihn gilt also

$$\underline{\underline{a}} = \underline{\underline{a}}^T, \quad a_{ij} = a_{ji}. \tag{A 7}$$

Ein Tensor, der negativ gleich seinem transponierten Tensor ist, heißt antimetrisch, antisymmetrisch, schiefsymmetrisch oder alternierend; für ihn gilt also

$$\underline{\underline{a}} = -\underline{\underline{a}}^T, \quad a_{ij} = -a_{ji}. \tag{A 8}$$

Man kann jeden Tensor zweiter Stufe eindeutig nach der Formel

$$a_{ij} = \underbrace{\frac{1}{2}(a_{ij} + a_{ji})}_{a_{(ij)}} + \underbrace{\frac{1}{2}(a_{ij} - a_{ji})}_{a_{[ij]}} \tag{A 9}$$

in einen symmetrischen Anteil $a_{(ij)}$ und einen antimetrischen Anteil $a_{[ij]}$ zerlegen. Bei Tensoren höherer Stufe spricht man analog von der Symmetrie oder Antimetrie in Bezug auf ein Indexpaar, $a_{(ijk)l}$ bedeutet, dass $a_{ijkl} = a_{kjil}$ ist.

1.5 δ-Tensor und ϵ-Tensor. Isotrope Tensoren

Wir benötigen im Folgenden noch zwei spezielle Tensoren, den δ-Tensor und den ϵ-Tensor.

Der δ-Tensor heißt auch Einheitstensor oder Fundamentaltensor; er ist ein Tensor zweiter Stufe und hat in jedem kartesischen Koordinatensystem die Koordinaten

$$\boxed{\delta_{ij} = \begin{cases} 1 & \text{für gleiche Indizes,} \\ 0 & \text{für ungleiche Indizes.} \end{cases}} \tag{A 10}$$

Er ist offenbar symmetrisch, d. h. es gilt

$$\delta_{ij} = \delta_{ji}. \tag{A 11}$$

Der ϵ-Tensor ist ein Tensor dritter Stufe und hat in jedem kartesischen Rechtssystem die Koordinaten

$$\boxed{\epsilon_{ijk} = \begin{cases} 1 & \text{für } ijk = 123 \text{ und seine zyklischen Permutationen} \\ & 231 \text{ und } 312, \\ -1 & \text{für } ijk = 321 \text{ und seine zyklischen Permutationen} \\ & 213 \text{ und } 132, \\ 0 & \text{für alle anderen Indexkombinationen, das sind alle,} \\ & \text{in denen eine Ziffer mindestens zweimal vorkommt.} \end{cases}} \tag{A 12}$$

In einem kartesischen Linkssystem haben alle Koordinaten des ϵ-Tensors definitionsgemäß das umgekehrte Vorzeichen. Der ϵ-Tensor ist offenbar antimetrisch in Bezug auf jedes Indexpaar, d. h. es gilt

$$\epsilon_{ijk} = \epsilon_{jki} = \epsilon_{kij} = -\epsilon_{kji} = -\epsilon_{jik} = -\epsilon_{ikj}. \tag{A 13}$$

Tensoren, die wie der δ-Tensor und der ϵ-Tensor die Eigenschaft haben, dass sich ihre Koordinaten bei einer Bewegung des Koordinatensystems nicht ändern, nennt man isotrop. Offenbar ist jeder Skalar isotrop. Man kann zeigen, dass es keinen isotropen Vektor außer dem Nullvektor gibt und dass die allgemeinsten isotropen Vektoren zweiter und dritter Stufe dir Koordinaten $A\delta_{ij}$ und $A\epsilon_{ijk}$ haben, wobei A ein beliebiger Skalar ist. Der allgemeinste isotrope Tensor vierter Stufe hat die Koordinaten

$$a_{ijkl} = A\delta_{ij}\delta_{kl} + B\delta_{ik}\delta_{jl} + C\delta_{il}\delta_{jk}, \tag{A 14}$$

wobei A, B und C beliebige Skalare sind.

1.6 Die tensorielle Multiplikation von Tensoren

Man definiert zwischen Tensoren drei verschiedene Produkte, die wir als tensorielles, skalares und vektorielles Produkt unterscheiden und jeweils dadurch definieren wollen, dass wir angeben, welche Rechenoperationen zwischen den Koordinaten der beiden Faktoren auszuführen sind.

Das tensorielle oder dyadische Produkt ist eine Verallgemeinerung des gewöhnlichen Produktes von zwei Skalaren, und wir wollen es wie dieses dadurch bezeichnen, dass wir die beiden Faktoren ohne Operationssymbol nebeneinander stellen. Es ist für Tensoren beliebiger Stufe definiert:

$$\boxed{\begin{array}{c} a\,b = A, \\ a\,\underline{b} = \underline{B}, \\ \underline{a}\,b = \underline{C}, \\ \underline{a}\,\underline{b} = \underline{\underline{D}}, \\ a\,\underline{\underline{b}} = \underline{\underline{E}}, \\ \underline{\underline{a}}\,b = \underline{\underline{F}}, \\ \underline{a}\,\underline{\underline{b}} = \underline{\underline{\underline{G}}}, \\ \underline{\underline{a}}\,\underline{b} = \underline{\underline{\underline{H}}}, \\ \text{usw.} \end{array}} \quad \boxed{\begin{array}{c} ab = A, \\ ab_i = B_i, \\ a_ib = C_i, \\ a_ib_j = D_{ij}, \\ ab_{ij} = E_{ij}, \\ a_{ij}b = F_{ij}, \\ a_ib_{jk} = G_{ijk}, \\ a_{ij}b_k = H_{ijk}, \\ \text{usw.} \end{array}} \tag{A 15}$$

Der Name tensorielles Produkt rührt daher, dass das tensorielle Produkt zweier Vektoren ein Tensor (zweiter Stufe) ist. Man erkennt aus den obigen Formeln folgende Eigenschaften des tensoriellen Produktes:

- Das tensorielle Produkt zweier Tensoren m-ter und n-ter Stufe ist ein Tensor $(m+n)$-ter Stufe.
- Die Reihenfolge der Indizes links und rechts muss zur Übersetzung gleich sein.

– In symbolischer Schreibweise ist das tensorielle Produkt nur in Bezug auf einen skalaren Faktor kommutativ, d. h. es ist $ab = ba$, $a\underline{b} = \underline{b}a$, $a\underline{\underline{b}} = \underline{\underline{b}}a$, usw.

Im Allgemeinen ist beispielsweise $\underline{a}\,\underline{b} \neq \underline{b}\,\underline{a}$:

$$\underline{a}\,\underline{b} = \underline{\underline{A}} \quad \text{bedeutet} \quad a_i b_j = A_{ij},$$

$$\underline{b}\,\underline{a} = \underline{\underline{B}} \quad \text{bedeutet} \quad b_m a_n = B_{mn}.$$

In Koordinatenschreibweise ist das tensorielle Produkt stets kommutativ, man kann also für die letzte Gleichung auch $a_n b_m = B_{mn}$ schreiben und darin dann zum besseren Vergleich mit der Gleichung darüber die Indizes umbenennen, also n durch i und m durch j ersetzen. Wir erhalten dann $a_i b_j = B_{ji}$, d. h. es ist $A_{ij} = B_{ji}$, die Tensoren $\underline{\underline{A}}$ und $\underline{\underline{B}}$ sind transponiert, es gilt $\underline{a}\,\underline{b} = (\underline{b}\,\underline{a})^T$.

Bei der Übersetzung in die symbolische Schreibweise muss man häufig vorher die Reihenfolge der Faktoren ändern oder den transponierten Tensor einführen, da zur Übersetzung die Reihenfolge der Indizes in allen Gliedern übereinstimmen muss. Hat man z. B. die Gleichung

$$a_j b_i c_k + d_k e_{ji} = f_{ijk},$$

so muss man zunächst die beiden Glieder auf der linken Seite umschreiben:

$$b_i a_j c_k + e^T_{ij} d_k = f_{ijk}$$

und erhält dann die Übersetzung

$$\underline{b}\,\underline{a}\,\underline{c} + \underline{\underline{e}}^T \underline{d} = \underline{\underline{\underline{f}}}.$$

In Verallgemeinerung von (A 2) gilt zwischen einem Tensor beliebiger Stufe und seinen Koordinaten in Bezug auf die Basis $\underline{e}_i$ eines Koordinatensystems die Beziehung

$$\boxed{\begin{aligned} &\underline{a} = a_i \underline{e}_i, \\ &\underline{\underline{a}} = a_{ij} \underline{e}_i \underline{e}_j, \\ &\underline{\underline{\underline{a}}} = a_{ijk} \underline{e}_i \underline{e}_j \underline{e}_k, \\ &\text{usw.} \end{aligned}} \tag{A 16}$$

Dabei ist beispielsweise $\underline{e}_i\underline{e}_j$ als tensorielles Produkt zu verstehen. Da i und j die Werte 1 bis 3 annehmen können, lässt sich $\underline{e}_i\underline{e}_j$ als dreireihige Matrix auffassen, deren Elemente Tensoren zweiter Stufe sind:

$$\underline{e}_i\underline{e}_j = \begin{pmatrix} \underline{e}_1\underline{e}_1 & \underline{e}_1\underline{e}_2 & \underline{e}_1\underline{e}_3 \\ \underline{e}_2\underline{e}_1 & \underline{e}_2\underline{e}_2 & \underline{e}_2\underline{e}_3 \\ \underline{e}_3\underline{e}_1 & \underline{e}_3\underline{e}_2 & \underline{e}_3\underline{e}_3 \end{pmatrix}. \tag{A 17}$$

So wie sich jeder Vektor $\underline{a}$ als lineare Kombination der drei Basisvektoren $\underline{e}_i$ mit den Koordinaten a_i als Koeffizienten schreiben lässt, kann man jeden Tensor $\underline{\underline{a}}$ zweiter Stufe als lineare Kombination der neun Basistensoren $\underline{e}_i\underline{e}_j$ mit den Koordinaten a_{ij} als Koeffizienten darstellen, und Analoges gilt für Tensoren höherer Stufe. Wie bei Vektoren unterscheiden wir auch bei Tensoren beliebiger Stufe zwischen Komponenten und Koordinaten: den Tensor $a_{xy}\underline{e}_x\underline{e}_y$ nennen wir z. B. die x, y-Komponente von $\underline{\underline{a}}$ im gegebenen Koordinatensystem, die Größe a_{xy} seine x, y-Koordinate. Die Komponenten eines Tensors sind selbst Tensoren, die Koordinaten nicht.

1.7 Die skalare Multiplikation von Tensoren

Das skalare oder innere Produkt zweier Tensoren bezeichnen wir mit einem Punkt zwischen den beiden Faktoren. Man erhält es aus dem entsprechenden tensoriellen Produkt, wenn man die beiden dem Punkt benachbarten Indizes gleichsetzt, d. h. darüber summiert. Es ist also für zwei Tensoren mindestens erster Stufe definiert:

$$\begin{array}{ll} \underline{a} \cdot \underline{b} = A, & a_i b_i = A, \\ \underline{a} \cdot \underline{\underline{b}} = \underline{B}, & a_i b_{ij} = B_j, \\ \underline{\underline{a}} \cdot \underline{b} = \underline{C}, & a_{ij} b_j = C_i, \\ \underline{\underline{a}} \cdot \underline{\underline{b}} = \underline{\underline{D}}, & a_{ij} b_{jk} = D_{ik}, \\ \underline{\underline{a}} \cdot \underline{\underline{\underline{b}}} = \underline{\underline{\underline{E}}}, & a_{ij} b_{jkl} = E_{ikl}, \\ \text{usw.} & \text{usw.} \end{array} \tag{A 18}$$

Sein Name rührt daher, dass das skalare Produkt zweier Vektoren ein Skalar ist. Aus den obigen Formeln erkennt man folgende Eigenschaften:

- Das skalare Produkt zweier Tensoren m-ter und n-ter Stufe ist ein Tensor $(m + n - 2)$-ter Stufe.
- Die Reihenfolge der freien Indizes links und rechts muss zur Übersetzung übereinstimmen.

– In symbolischer Schreibweise ist das skalare Produkt nur für zwei Vektoren kommutativ, d. h. es ist $\underline{a} \cdot \underline{b} = \underline{b} \cdot \underline{a}$.

In Koordinatenschreibweise ist auch das skalare Produkt stets kommutativ.

Wie man durch Übersetzung in die Koordinatenschreibweise leicht zeigen kann, gilt die Identität

$$(\underline{\underline{a}} \cdot \underline{\underline{b}})^T = \underline{\underline{b}}^T \cdot \underline{\underline{a}}^T, \quad (a_{ij} b_{jk})^T = b_{ij}^T a_{jk}^T. \tag{A 19}$$

Wenn man im tensoriellen Produkt zweier Tensoren je einen Koordinatenindex von beiden Faktoren gleichsetzt, so wird dadurch nach der Summationskonvention eine Rechenoperation definiert. Man nennt sie die Überschiebung der beiden Tensoren nach diesen beiden Indizes. Die Überschiebung ist nur in Koordinatenschreibweise definiert; sie bildet aus zwei Tensoren m-ter und n-ter Stufe einen Tensor $(m + n - 2)$-ter Stufe und ist ebenfalls stets kommutativ; es gilt beispielsweise $a_{ijk} b_{jl} = b_{jl} a_{ijk}$. Das skalare Produkt ist ein Spezialfall einer Überschiebung, nämlich eine Überschiebung nach zwei benachbarten Indizes.

Die Operation, die durch Gleichsetzen zweier Indizes desselben Tensors definiert wird, nennt man eine Verjüngung des Tensors nach diesen beiden Indizes. Auch die Verjüngung ist allgemein nur in Koordinatenschreibweise definiert und erniedrigt die Stufe des Ausgangstensors um zwei. Die einfachste Verjüngung, die Verjüngung eines Tensors zweiter Stufe, hat einen besonderen Namen: sie heißt die Spur des Tensors, und sie lässt sich auch in symbolischer Schreibweise ausdrücken:

$$\boxed{\operatorname{Sp} \underline{\underline{a}} = b,} \quad \boxed{a_{ii} = b.} \tag{A 20}$$

Die Überschiebung ist ein Spezialfall einer Verjüngung: die Überschiebung zweier Faktoren ist eine Verjüngung ihres Produkts.

Für eine Überschiebung mit dem δ-Tensor gilt

$$\boxed{A_{i\ldots jmp\ldots q} \delta_{mn} = A_{i\ldots jnp\ldots q},} \tag{A 21}$$

für ein skalares Produkt mit dem δ-Tensor

$$\underline{\underline{\underline{A}}} \cdot \underline{\underline{\delta}} = \underline{\underline{\delta}} \cdot \underline{\underline{\underline{A}}} = \underline{\underline{\underline{A}}}. \tag{A 22}$$

Eine der wichtigsten Formeln in Koordinatenschreibweise ist der so genannte Entwicklungssatz

$$\boxed{\begin{aligned} \epsilon_{ijk}\epsilon_{mnk} &= \epsilon_{ikj}\epsilon_{mkn} = \epsilon_{kij}\epsilon_{kmn} \\ &= \delta_{im}\delta_{jn} - \delta_{in}\delta_{jm}. \end{aligned}} \tag{A 23}$$

Wir wollen uns diese Formel auch in Worten einprägen: Die Überschiebung zweier ϵ-Tensoren nach zwei homologen Indizes ist gleich der Differenz zweier Tensoren, die beide das tensorielle Produkt zweier δ-Tensoren darstellen. Im ersten Term der Differenz (dem Minuenden) tragen die δ-Tensoren homologe Indizes der ϵ-Tensoren, im zweiten Term (dem Subtrahenden) nicht homologe Indizes. (Das Ergebnis der Überschiebung wird manchmal auch als zweireihige Determinante geschrieben.)

Das doppelte skalare oder doppelte innere Produkt bezeichnen wir mit zwei nebeneinander liegenden Punkten. Man erhält es, wenn man nach den beiden den Multiplikationspunkten benachbarten Indexpaaren überschiebt:

$$\boxed{\begin{aligned} \underline{\underline{a}}\cdot\cdot\,\underline{\underline{b}} &= A, \\ \underline{\underline{a}}\cdot\cdot\,\underline{\underline{\underline{b}}} &= \underline{A}, \\ \underline{\underline{\underline{a}}}\cdot\cdot\,\underline{\underline{b}} &= \underline{A}, \\ &\text{usw.} \end{aligned}} \quad \boxed{\begin{aligned} a_{ij}b_{ij} &= A, \\ a_{ij}b_{ijk} &= A_k, \\ a_{ijk}b_{jk} &= A_i, \\ &\text{usw.} \end{aligned}} \tag{A 24}$$

Entsprechend definiert man mehrfache skalare Produkte, z. B.

$$\underline{\underline{\underline{a}}}\cdots\underline{\underline{\underline{b}}} = a, \quad a_{ijk}b_{ijk} = A. \tag{A 25}$$

Die doppelte Überschiebung eines symmetrischen und eines antimetrischen Tensors verschwindet:

$$\boxed{a_{(ij)}b_{[ij]} = 0.} \tag{A 26}$$

Es gelten auch die Umkehrungen: Wenn die doppelte Überschiebung zweier Tensoren verschwindet und der eine symmetrisch (antimetrisch) ist und mit dieser Einschränkung beliebige Werte annehmen kann, so ist der andere antimetrisch (symmetrisch).

1.8 Die vektorielle Multiplikation von Tensoren

Das vektorielle oder äußere Produkt definieren wir hier für einen Vektor und einen Tensor mindestens erster Stufe durch die folgende doppelte Verschiebung mit einem ϵ-Tensor und bezeichnen es mit einem Kreuz:

$$\boxed{\begin{aligned} \underline{a} \times \underline{b} &= \underline{A}, \\ \underline{a} \times \underline{\underline{b}} &= \underline{\underline{B}}, \\ \underline{a} \times \underline{\underline{\underline{b}}} &= \underline{\underline{\underline{C}}}, \\ &\text{usw.} \end{aligned}} \quad \boxed{\begin{aligned} \epsilon_{ijk} a_j b_k &= A_i, \\ \epsilon_{ijk} a_j b_{kl} &= B_{il}, \\ \epsilon_{ijk} a_j b_{klm} &= C_{ilm}, \\ &\text{usw.} \end{aligned}} \tag{A 27}$$

Sein Name rührt daher, dass das vektorielle Produkt zweier Vektoren ein Vektor ist. Aus den obigen Formeln liest man die folgenden Eigenschaften ab:

- Das vektorielle Produkt eines Vektors und eines Tensors m-ter Stufe ist ein Tensor m-ter Stufe.
- Die Reihenfolge der freien Indizes links und rechts muss zur Übersetzung übereinstimmen.
- In symbolischer Schreibweise ist das vektorielle Produkt nicht kommutativ.

In der Koordinatenschreibweise ist das vektorielle Produkt der Spezialfall einer doppelten Überschiebung und damit stets kommutativ.

Eine beliebige Folge tensorieller, skalarer und vektorieller Produkte ist in symbolischer Schreibweise im Allgemeinen nicht assoziativ. Man muss also in der Regel Klammern setzen. In Koordinatenschreibweise ist jede Folge von Produkten assoziativ.

Man nennt häufig die Folge eines vektoriellen und eines skalaren Produktes zwischen drei Vektoren das Spatprodukt dieser drei Vektoren; wir wollen das Spatprodukt auch durch eckige Klammern bezeichnen:

$$\boxed{[\underline{a}, \underline{b}, \underline{c}] = \underline{a} \times \underline{b} \cdot \underline{c} = \underline{a} \cdot \underline{b} \times \underline{c} = A, \quad \epsilon_{ijk} a_i b_j c_k = A.} \tag{A 28}$$

(In diesem Falle braucht man keine Klammern zu setzen, da nur $(\underline{a} \times \underline{b}) \cdot \underline{c}$, nicht dagegen $\underline{a} \times (\underline{b} \cdot \underline{c})$ definiert ist.)

1.9 Gradient, vollständiges Differential

Wir betrachten im Folgenden Tensorfelder, d. h. Tensoren, deren Koordinaten Funktionen des Ortes sind. In Analogie zu den drei Produkten definieren wir für Tensorfelder drei Differentialoperationen.

Durch Ableitung eines Skalarfeldes $a(x, y, z)$ nach den Ortskoordinaten erhält man bekanntlich die Koordinaten $(\frac{\partial a}{\partial x})$, $(\frac{\partial a}{\partial y})$, $(\frac{\partial a}{\partial z})$ eines Vektorfeldes, das man das Gradientenfeld von a nennt. Man kann zeigen, dass allgemein die Ableitung der Koordinaten eines Tensorfeldes n-ter Stufe nach den Ortskoordinaten die Koordinaten eines Tensorfeldes $(n + 1)$-ter Stufe ergibt. Das auf diese Weise entstehende Tensorfeld nennen wir entsprechend das Gradientenfeld des ursprünglichen Tensorfeldes. Bereits für ein Vektorfeld ist das Gradientenfeld allerdings im Allgemeinen nicht symmetrisch: In einem Geschwindigkeitsfeld $\underline{c}$ etwa ist im Allgemeinen $\partial c_x/\partial y$ nicht dasselbe wir $\partial c_y/\partial x$. Wir müssen deshalb zur eindeutigen Definition des Gradienten eines Tensors noch eine Konvention über die Reihenfolge der Indizes treffen, und zwar verabreden wir:

Der erste Index eines Gradienten ist der Differentiationsindex[2]

Damit erhalten wir:

$$\begin{aligned} \operatorname{grad} a &= \frac{\partial a}{\partial x_k}\underline{e}_k, \\ \operatorname{grad} \underline{a} &= \frac{\partial a_i}{\partial x_k}\underline{e}_k\underline{e}_i, \\ \operatorname{grad} \underline{\underline{a}} &= \frac{\partial a_{ij}}{\partial x_k}\underline{e}_k\underline{e}_i\underline{e}_j, \\ &\text{usw.,} \end{aligned} \tag{A 29}$$

und in beiden Schreibweisen gilt

$$\begin{aligned} \operatorname{grad} a &= \underline{A}, & \frac{\partial a}{\partial x_k} &= A_k, \\ \operatorname{grad} \underline{a} &= \underline{\underline{A}}, & \frac{\partial a_i}{\partial x_k} &= A_{ki}, \\ \operatorname{grad} \underline{\underline{a}} &= \underline{\underline{\underline{A}}}, & \frac{\partial a_{ij}}{\partial x_k} &= A_{kij}, \\ &\text{usw.} & &\text{usw.} \end{aligned} \tag{A 30}$$

2 Als Differentiationsindex bezeichnen wir den Index der Größe, nach der differenziert wird, die also im „Differentialquotienten“ im Nenner steht. Da der Index an der Ergebnisgröße links steht, wird die Definition dieses Gradienten auch Links-Gradient genannt.

Leider ist die Definition des Gradienten in der Literatur nicht einheitlich: manchmal wird er so definiert, dass der Differentiationsindex an die letzte Stelle tritt. Dieser Unterschied wirkt sich in vielen Formeln aus. Beispielsweise ist das vollständige Differential (der örtliche Zuwachs) für Tensorkoordinaten

$$da = \frac{\partial a}{\partial x_k} dx_k, \quad da_i = \frac{\partial a_i}{\partial x_k} dx_k, \quad da_{ij} = \frac{\partial a_{ij}}{\partial x_k} dx_k, \quad \text{usw.}$$

Bei unserer Definition des Gradienten eines Tensors erhalten wir

$$\boxed{\begin{aligned} da &= d\underline{x} \cdot \operatorname{grad} a, \\ d\underline{a} &= d\underline{x} \cdot \operatorname{grad} \underline{a}, \\ d\underline{\underline{a}} &= d\underline{x} \cdot \operatorname{grad} \underline{\underline{a}}, \\ &\text{usw.} \end{aligned}} \qquad \boxed{\begin{aligned} da &= dx_k \frac{\partial a}{\partial x_k}, \\ da_i &= dx_k \frac{\partial a_i}{\partial x_k}, \\ da_{ij} &= dx_k \frac{\partial a_{ij}}{\partial x_k}, \\ &\text{usw.} \end{aligned}} \tag{A 31}$$

Definiert man den Gradienten so, dass der Differentiationsindex der letzte Index ist, so ändert sich in den obigen Formeln in symbolischer Schreibweise offenbar die Reihenfolge der Faktoren. (Wir werden uns im Folgenden an unsere Definition halten und auf Unterschiede aufgrund der anderen Definition nicht ausdrücklich hinweisen.)

1.10 Divergenz, Rotation, Laplace-Operator

Bei unserer Definition des Gradienten erhält man die Divergenz eines Tensorfeldes, wenn man im Gradienten des Tensorfeldes den Differentiationsindex und den ersten Index des Ausgangstensors gleichsetzt:

$$\boxed{\begin{aligned} \operatorname{div} \underline{a} &= \frac{\partial a_k}{\partial x_k}, \\ \operatorname{div} \underline{\underline{a}} &= \frac{\partial a_{ki}}{\partial x_k} \underline{e}_i, \\ \operatorname{div} \underline{\underline{\underline{a}}} &= \frac{\partial a_{kij}}{\partial x_k} \underline{e}_i \underline{e}_j, \\ &\text{usw.} \end{aligned}} \tag{A 32}$$

In einer Divergenz ist also der Differentiationsindex gleich dem ersten Index des Tensors, dessen Divergenz gebildet werden soll.

Die Divergenz eines Tensorfeldes n-ter Stufe ergibt ein Tensorfeld $(n-1)$-ter Stufe. In den beiden Schreibweisen erhält man

$$\begin{array}{|l|}\hline \operatorname{div}\underline{a} = A, \\ \operatorname{div}\underline{\underline{a}} = \underline{A}, \\ \operatorname{div}\underline{\underline{\underline{a}}} = \underline{\underline{A}}, \\ \text{usw.} \\ \hline\end{array} \quad \begin{array}{|l|}\hline \dfrac{\partial a_k}{\partial x_k} = A, \\ \dfrac{\partial a_{ki}}{\partial x_k} = A_i, \\ \dfrac{\partial a_{kij}}{\partial x_k} = A_{ij}, \\ \text{usw.} \\ \hline\end{array} \tag{A 33}$$

Die Rotation eines Tensorfeldes definieren wir folgendermaßen:

$$\begin{array}{|l|}\hline \operatorname{rot}\underline{a} = \epsilon_{ijk}\dfrac{\partial a_k}{\partial x_j}\underline{e}_i, \\ \operatorname{rot}\underline{\underline{a}} = \epsilon_{ijk}\dfrac{\partial a_{km}}{\partial x_j}\underline{e}_i\underline{e}_m, \\ \operatorname{rot}\underline{\underline{\underline{a}}} = \epsilon_{ijk}\dfrac{\partial a_{kmn}}{\partial x_j}\underline{e}_i\underline{e}_m\underline{e}_n, \\ \text{usw.} \\ \hline\end{array} \tag{A 34}$$

In einer Rotation ist also der erste Index des ϵ-Tensors ein freier Index, der zweite der Differentiationsindex und der dritte der erste Index des Tensors, dessen Rotation gebildet werden soll.

Die Rotation eines Tensorfeldes n-ter Stufe ergibt im Übrigen wieder ein Tensorfeld n-ter Stufe. In den beiden Schreibweisen erhält man

$$\begin{array}{|l|}\hline \operatorname{rot}\underline{a} = \underline{A}, \\ \operatorname{rot}\underline{\underline{a}} = \underline{\underline{A}}, \\ \operatorname{rot}\underline{\underline{\underline{a}}} = \underline{\underline{\underline{A}}}, \\ \text{usw.} \\ \hline\end{array} \quad \begin{array}{|l|}\hline \epsilon_{ijk}\dfrac{\partial a_k}{\partial x_j} = A_i, \\ \epsilon_{ijk}\dfrac{\partial a_{km}}{\partial x_j} = A_{im}, \\ \epsilon_{ijk}\dfrac{\partial a_{kmn}}{\partial x_j} = A_{imn}, \\ \text{usw.} \\ \hline\end{array} \tag{A 35}$$

Die formale Analogie zwischen den drei Multiplikationen und den drei Differentialoperationen erkennt man am einfachsten, wenn man den Operator

$$\nabla = \frac{\partial}{\partial x_i}\underline{e}_i \qquad \text{(A 36)}$$

einführt, den man bekanntlich „Nabla“ liest. Dann ist nämlich

$$\begin{aligned} \operatorname{grad} \underset{\overline{\underline{\vdots}}}{a} &= \nabla \underset{\overline{\underline{\vdots}}}{a}, \\ \operatorname{div} \underset{\overline{\underline{\vdots}}}{a} &= \nabla \cdot \underset{\overline{\underline{\vdots}}}{a}, \\ \operatorname{rot} \underset{\overline{\underline{\vdots}}}{a} &= \nabla \times \underset{\overline{\underline{\vdots}}}{a}. \end{aligned} \qquad \text{(A 37)}$$

Beim Rechnen mit diesem „symbolischen Vektor“ sind noch zusätzliche Vereinbarungen nötig, weil er eben doch kein Vektor ist, sondern sich nur in mancher Hinsicht wie einer verhält. Wir werden ihn deshalb nicht verwenden.

Die Divergenz eines Gradienten bezeichnet man als Laplace-Operator und schreibt dafür Δ:

$$\Delta \underset{\overline{\underline{\vdots}}}{a} := \operatorname{div} \operatorname{grad} \underset{\overline{\underline{\vdots}}}{a}. \qquad \text{(A 38)}$$

Der Laplace-Operator eines Tensorfeldes n-ter Stufe führt wieder auf ein Tensorfeld n-ter Stufe; es ist

$$\boxed{\begin{aligned} \Delta a &= \frac{\partial^2 a}{\partial x_k^2}, \\ \Delta \underline{a} &= \frac{\partial^2 a_i}{\partial x_k^2}\underline{e}_i, \\ \Delta \underline{\underline{a}} &= \frac{\partial^2 a_{ij}}{\partial x_k^2}\underline{e}_i\underline{e}_j, \\ &\text{usw.} \end{aligned}} \qquad \text{(A 39)}$$

Wir wollen an dieser Stelle anmerken, dass die von uns eingeführte Notation sowohl hinsichtlich der kleinen lateinischen Indizes als auch hinsichtlich der Unterstreichungen, welche die Stufe der Tensoren bezeichnen, zu Regeln führt, die alle Glieder einer richtig geschriebenen Gleichung erfüllen müssen. Für die Indexbilanz gelten die drei Regeln, die wir in Abschnitt 1.1 in Zusammenhang mit der Summationskonvention eingeführt haben. Für die Strichbilanz gilt: *Die*

Anzahl der Unterstreichungen muss unter Berücksichtigung des Einflusses der Rechensymbole in allen Gliedern einer Gleichung übereinstimmen. Dabei reduziert jeder Skalarproduktpunkt die tensorielle Stufe um zwei, jedes vektorielle Produkt und jede Divergenz reduzieren sie um eins, und jeder Gradient erhöht sie um eins. Die anderen Operationen, vor allem tensorielles Produkt und Rotation, ändern sie nicht.

1.11 Normalenvektor und Flächenvektor eines Flächenelements

Ein Flächenelement lässt sich durch seine Größe dA und seinen Normalenvektor $\underline{n}$ charakterisieren. Bei einer zweiseitigen Fläche ist der Normalenvektor vereinbarungsgemäß stets zur positiven Seite gerichtet, insbesondere gilt:

Der Normalenvektor einer geschlossenen Fläche (Oberfläche) ist immer nach außen gerichtet.

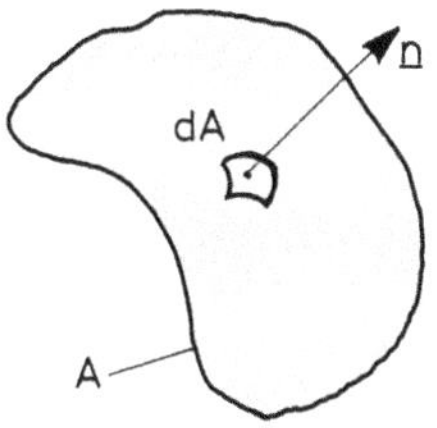

Das Produkt aus Normalenvektor und Größe eines Flächenelements nennt man seinen Flächenvektor $d\underline{A}$:

$$\boxed{d\underline{A} = \underline{n}\, dA.} \tag{A 40}$$

Damit gilt auch die Vereinbarung:

Der Flächenvektor eines Flächenelements einer geschlossenen Fläche ist immer nach außen gerichtet.

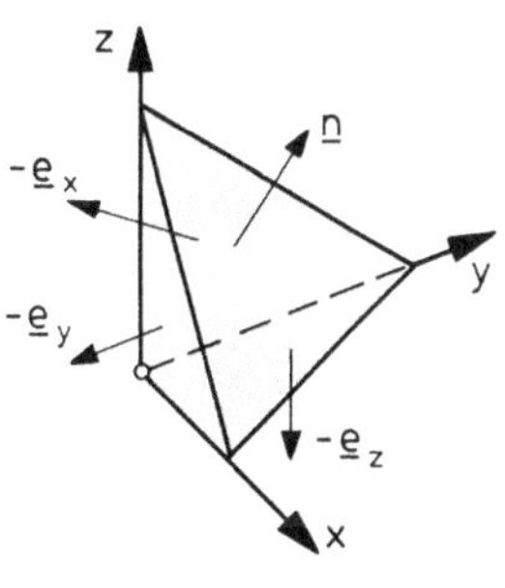

Für jede geschlossene Fläche verschwindet das Integral über den Flächenvektor aller Flächenelemente; dagegen ergibt das Integral über die Größe aller Flächenelemente den Flächeninhalt A:

$$\boxed{\oint d\underline{A} = \underline{0},} \quad \boxed{\oint dA = A.} \tag{A 41}$$

Wir betrachten ein infinitesimales Tetraeder, dessen eine Fläche beliebige Richtung hat und dessen andere Flächen auf den Koordinatenflächen senkrecht stehen; diese anderen Flächen sind dann, geometrisch gesprochen, die Projektionen der schrägen Fläche auf die Koordinatenflächen. Die schräge Fläche habe den (nach außen gerichteten) Normalenvektor $\underline{n}$ und die Größe dA. Die (nach außen gerichteten) Normalenvektoren der übrigen Flächen sind $-\underline{e}_x$, $-\underline{e}_y$ und $-\underline{e}_z$, ihre Größen nennen wir dA_x, dA_y und dA_z. Dann gilt nach (A 41)$_1$

$$\underline{n}\, dA - \underline{e}_x\, dA_x - \underline{e}_y\, dA_y - \underline{e}_z\, dA_z = \underline{0}$$

oder

$$d\underline{A} = dA_x \underline{e}_x + dA_y \underline{e}_y + dA_z \underline{e}_z : \tag{A 42}$$

Die Koordinaten des Flächenvektors eines beliebig orientierten Flächenelements sind gerade die Größen der Projektionen dieses Flächenelements auf die Koordinatenflächen.

Damit ist auch die Bezeichnung dA_x, dA_y und dA_z für die Größen der Projektionen gerechtfertigt. Nach (A 40) gilt für die Koordinaten des Flächenvektors

$$dA_x = n_x\, dA, \quad dA_y = n_y\, dA \quad dA_z = n_z\, dA. \tag{A 43}$$

1.12 Integrale von Tensorfeldern

Man kann ein Tensorfeld längs einer Kurve, über eine Fläche oder über ein Volumen integrieren. Bei Kurven- und Flächenintegralen muss man dann noch unterscheiden, ob die Integration über den Betrag des Kurven- oder Flächenelements (Integrale erster Art) oder über den Vektor des Kurven- oder Flächenelements (Integrale zweiter Art) genommen werden soll. Man kommt dann zu Formeln, die beispielsweise für Tensoren zweiter Stufe als Integranden folgendermaßen aussehen:

$$\boxed{\begin{array}{l} \int dx\, \underline{\underline{a}} = \underline{\underline{B}}, \\ \int d\underline{x}\, \underline{\underline{a}} = \underline{\underline{\underline{B}}}, \\ \int dA\, \underline{\underline{a}} = \underline{\underline{B}}, \\ \int d\underline{A}\, \underline{\underline{a}} = \underline{\underline{\underline{B}}}, \\ \int dV\, \underline{\underline{a}} = \underline{\underline{B}}, \end{array}} \quad \boxed{\begin{array}{l} \int dx\, a_{mn} = B_{mn}, \\ \int dx_i\, a_{mn} = B_{imn}, \\ \int dA\, a_{mn} = B_{mn}, \\ \int dA_i\, a_{mn} = B_{imn}, \\ \int dV\, a_{mn} = B_{mn}. \end{array}} \tag{A 44}$$

Dabei sind die Produkte aus dem Differential und dem Integranden tensorielle Produkte, natürlich kann man sie bei den Integralen zweiter Art auch durch skalare oder vektorielle Produkte ersetzen und gelangt dann beispielsweise zu den

Formeln

$$\int d\underline{x}\cdot\underline{\underline{a}} = \underline{A}, \quad \int dx_i a_{ij} = A_j,$$
$$\int d\underline{x}\times\underline{\underline{a}} = \underline{\underline{A}}, \quad \int \epsilon_{ijk} dx_j a_{km} = A_{im}. \qquad \text{(A 45)}$$

Statt eines Tensors zweiter Stufe kann in (A 44) oder in (A 45) als Integrand natürlich auch ein Tensor niedrigerer oder höherer Stufe stehen.

Wird ein Kurvenintegral über eine geschlossene Kurve (die Randkurve einer Fläche) oder ein Flächenintegral über eine geschlossene Fläche (die Oberfläche eines Volumens) genommen, so sprechen wir von einem Randkurvenintegral bzw. einem Oberflächenintegral und bezeichnen beide durch $\oint$.

In allen diesen Formeln haben wir das Differential zwischen das Integralzeichen und den Integranden geschrieben. Das ist nicht notwendig, nur muss man sich darüber im Klaren sein, dass z. B. $\int d\underline{x}\,\underline{a}$ und $\int \underline{a}\,d\underline{x}$ zwei verschiedene Tensoren ergibt, und zwar in diesem Falle zwei zueinander transponierte Tensoren. Wir haben für diese Übersicht die Differentiale vorangestellt, weil im Gaußschen und Stokesschen Satz alle Integrale (bei unserer Definition des Gradienten) diese Form haben. Im Text des Buches haben wir dort, wo es auf die Stellung des Differentials nicht ankommt, etwa bei Volumenintegralen oder in Koordinatenschreibweise, das Differential meist wie gewohnt hinter den Integranden geschrieben.

Wenn man das Tensorfeld über einen bestimmten räumlichen Bereich (z. B. eine bestimmte Kurve zwischen zwei Punkten P und Q) integriert, so hängt das Ergebnis wie bei jedem bestimmten Integral von der Integrationsvariablen nicht mehr ab. Eine solche Integration eines Tensorfeldes führt also auf einen Tensor, der keine Funktion des Ortes ist.

1.13 Gaußscher und Stokesscher Satz

Ein Tensorfeld $\underline{\underline{\underline{a}}}(\underline{x})$ sei in einem einfach zusammenhängenden Raum V mit der Oberfläche A differenzierbar, dann gilt der Gaußsche Satz:

$$\begin{array}{|c|}\hline \int dV \ \mathrm{grad}\, a = \oint d\underline{A}\, a, \\ \int dV \ \mathrm{grad}\, \underline{a} = \oint d\underline{A}\, \underline{a}, \\ \int dV \ \mathrm{grad}\, \underline{\underline{a}} = \oint d\underline{A}\, \underline{\underline{a}}, \\ \text{usw.} \\ \hline \end{array} \quad \begin{array}{|c|}\hline \int dV \frac{\partial a}{\partial x_i} = \oint dA_i\, a, \\ \int dV \frac{\partial a_m}{\partial x_i} = \oint dA_i\, a_m, \\ \int dV \frac{\partial a_{mn}}{\partial x_i} = \oint dA_i\, a_{mn}, \\ \text{usw.} \\ \hline \end{array} \qquad \text{(A 46)}$$

Man kann in diesen Formeln das tensorielle Produkt auf der rechten Seite durch ein skalares Produkt und damit gleichzeitig den Gradienten auf der linken Seite durch eine Divergenz ersetzen, indem man die Gleichungen (von der zweiten an) in Koordinatenschreibweise mit δ_{im} multipliziert:

$$\begin{aligned}
&\int dV \operatorname{div} \underline{a} = \oint d\underline{A} \cdot \underline{a}, \qquad && \int dV \frac{\partial a_i}{\partial x_i} = \oint dA_i \, a_i, \\
&\int dV \operatorname{div} \underline{\underline{a}} = \oint d\underline{A} \cdot \underline{\underline{a}}, \qquad && \int dV \frac{\partial a_{in}}{\partial x_i} = \oint dA_i \, a_{in}, \\
&\qquad \text{usw.} && \qquad \text{usw.}
\end{aligned} \tag{A 47}$$

Man kann in (A 46) auch das tensorielle Produkt auf der rechten Seite durch ein vektorielles Produkt und damit gleichzeitig den Gradienten auf der linken Seite durch eine Rotation ersetzen, indem man die Gleichungen (von der zweiten an) in Koordinatenschreibweise mit ϵ_{pim} multipliziert:

$$\begin{aligned}
&\int dV \operatorname{rot} \underline{a} = \oint d\underline{A} \times \underline{a}, \qquad && \int dV \, \epsilon_{pim} \frac{\partial a_m}{\partial x_i} = \oint \epsilon_{pim} \, dA_i \, a_m, \\
&\int dV \operatorname{rot} \underline{\underline{a}} = \oint d\underline{A} \times \underline{\underline{a}}, \qquad && \int dV \, \epsilon_{pim} \frac{\partial a_{mn}}{\partial x_i} = \oint \epsilon_{pim} \, dA_i \, a_{mn}, \\
&\qquad \text{usw.} && \qquad \text{usw.}
\end{aligned} \tag{A 48}$$

Auch die Formeln (A 47) und (A 48) sind Formulierungen des Gaußschen Satzes.

Ein Tensorfeld $\underline{\underset{\vdots}{\underline{a}}}(x)$ sei auf einer einfach zusammenhängenden Fläche A mit der Randkurve C differenzierbar, dann gilt der Stokessche Satz:

$$\boxed{\begin{aligned}
&\int d\underline{A} \times \operatorname{grad} a = \oint d\underline{x}\, a, \\
&\int d\underline{A} \times \operatorname{grad} \underline{a} = \oint d\underline{x}\, \underline{a}, \\
&\int d\underline{A} \times \operatorname{grad} \underline{\underline{a}} = \oint d\underline{x}\, \underline{\underline{a}}, \\
&\qquad \text{usw.}
\end{aligned}} \qquad \boxed{\begin{aligned}
&\int \epsilon_{ijk} dA_j \frac{\partial a}{\partial x_k} = \oint dx_i \, a, \\
&\int \epsilon_{ijk} dA_j \frac{\partial a_m}{\partial x_k} = \oint dx_i \, a_m, \\
&\int \epsilon_{ijk} dA_j \frac{\partial a_{mn}}{\partial x_k} = \oint dx_i \, a_{mn}, \\
&\qquad \text{usw.}
\end{aligned}} \tag{A 49}$$

Wenn man in diesen Formeln das tensorielle Produkt auf der rechten Seite durch ein skalares Produkt ersetzt, indem man sie (von der zweiten an) in Koordinatenschreibweise mit δ_{im} multipliziert, erhält man (unter Umbenennung der

Indizes)

$$\int d\underline{A}\cdot\operatorname{rot}\underline{a}=\oint d\underline{x}\cdot\underline{a},\qquad \int dA_i\epsilon_{ijk}\frac{\partial a_k}{\partial x_j}=\oint dx_i\,a_i,$$
$$\int d\underline{A}\cdot\operatorname{rot}\underline{\underline{a}}=\oint d\underline{x}\cdot\underline{\underline{a}},\qquad \int dA_i\epsilon_{ijk}\frac{\partial a_{km}}{\partial x_j}=\oint dx_i\,a_{im},\tag{A 50}$$
$$\text{usw.}\qquad\qquad\qquad \text{usw.}$$

Natürlich kann man in (A 49) das tensorielle Produkt auf der rechten Seite auch durch ein vektorielles Produkt ersetzen, indem man die Gleichungen (von der zweiten an) in Koordinatenschreibweise mit ϵ_{pim} multipliziert. Der dann auf der linken Seite entstehende Ausdruck lässt sich allerdings mit den bisher eingeführten Operationssymbolen nicht in symbolischer Schreibweise ausdrücken. Wir verzichten deshalb darauf, diese Formeln hier zu notieren.

1.14 Zylinderkoordinaten

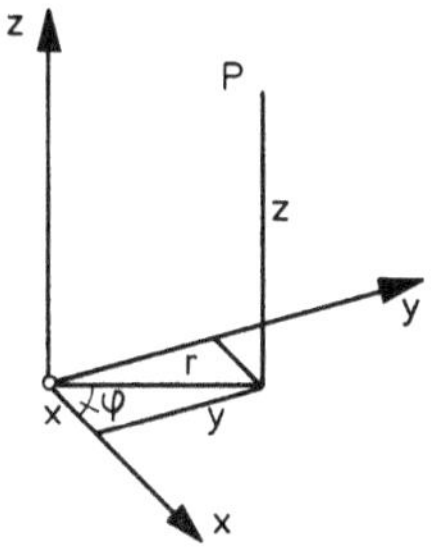

Von nichtkartesischen Koordinaten brauchen wir in diesem Buch nur die (physikalischen) Zylinderkoordinaten. Im Gegensatz zu den kartesischen Koordinaten ändern bei den Zylinderkoordinaten die Basisvektoren von Punkt zu Punkt ihre Richtung.

Wir beziehen ein Zylinderkoordinatensystem so auf ein kartesisches Koordinatensystem, dass beide mit dem Ursprung der z-Achse zusammenfallen. Dann gelten zwischen den kartesischen Koordinaten (x, y, z) eines beliebigen Punktes und seinen Zylinderkoordinaten (r, φ, z) die Beziehungen

$$x=r\cos\varphi,\qquad y=r\sin\varphi,\qquad r=\sqrt{x^2+y^2},\qquad \varphi=\arctan\frac{y}{x}.\tag{A 51}$$

Zwischen den Basisvektoren in einem beliebigen Punkt gilt

$$\underline{e}_r=\cos\varphi\;\underline{e}_x+\sin\varphi\;\underline{e}_y,\qquad \underline{e}_x=\cos\varphi\;\underline{e}_r-\sin\varphi\;\underline{e}_\varphi,$$
$$\underline{e}_\varphi=-\sin\varphi\;\underline{e}_x+\cos\varphi\;\underline{e}_y,\qquad \underline{e}_y=\sin\varphi\;\underline{e}_r+\cos\varphi\;\underline{e}_\varphi.\tag{A 52}$$

Zwischen den Koordinaten eines Vektors $\underline{a}$ in einem beliebigen Punkt gilt

$$a_r=a_x\cos\varphi+a_y\sin\varphi,\qquad a_x=a_r\cos\varphi-a_\varphi\sin\varphi,$$
$$a_\varphi=-a_x\sin\varphi+a_y\cos\varphi,\qquad a_y=a_r\sin\varphi+a_\varphi\cos\varphi.\tag{A 53}$$

Entsprechend gilt zwischen den Koordinaten eines Tensors $\underline{\underline{a}}$

$$\begin{aligned}
a_{rr} &= a_{xx}\cos^2\varphi + (a_{xy} + a_{yz})\cos\varphi\sin\varphi + a_{yy}\sin^2\varphi,\\
a_{r\varphi} &= a_{xy}\cos^2\varphi - (a_{xx} - a_{yy})\cos\varphi\sin\varphi - a_{yx}\sin^2\varphi,\\
a_{rz} &= a_{xz}\cos\varphi + a_{yz}\sin\varphi,\\
a_{\varphi r} &= a_{yx}\cos^2\varphi - (a_{xx} - a_{yy})\cos\varphi\sin\varphi - a_{xy}\sin^2\varphi,\\
a_{\varphi\varphi} &= a_{yy}\cos^2\varphi - (a_{xy} + a_{yx})\cos\varphi\sin\varphi + a_{xx}\sin^2\varphi,\\
a_{\varphi z} &= a_{yz}\cos\varphi - a_{xz}\sin\varphi,\\
a_{zr} &= a_{zx}\cos\varphi + a_{zy}\sin\varphi,\\
a_{z\varphi} &= a_{zy}\cos\varphi - a_{zx}\sin\varphi,\\
a_{zz} &= a_{zz};
\end{aligned} \tag{A 54}$$

$$\begin{aligned}
a_{xx} &= a_{rr}\cos^2\varphi - (a_{r\varphi} + a_{\varphi r})\cos\varphi\sin\varphi + a_{\varphi\varphi}\sin^2\varphi,\\
a_{xy} &= a_{r\varphi}\cos^2\varphi + (a_{rr} - a_{\varphi\varphi})\cos\varphi\sin\varphi - a_{\varphi r}\sin^2\varphi,\\
a_{xz} &= a_{rz}\cos\varphi - a_{\varphi z}\sin\varphi,\\
a_{yx} &= a_{\varphi r}\cos^2\varphi + (a_{rr} - a_{\varphi\varphi})\cos\varphi\sin\varphi - a_{r\varphi}\sin^2\varphi,\\
a_{yy} &= a_{\varphi\varphi}\cos^2\varphi + (a_{r\varphi} + a_{\varphi r})\cos\varphi\sin\varphi + a_{rr}\sin^2\varphi,\\
a_{yz} &= a_{\varphi z}\cos\varphi + a_{rz}\sin\varphi,\\
a_{zx} &= a_{zr}\cos\varphi - a_{z\varphi}\sin\varphi,\\
a_{zy} &= a_{z\varphi}\cos\varphi + a_{zr}\sin\varphi,\\
a_{zz} &= a_{zz}.
\end{aligned} \tag{A 55}$$

So wie wir die Koordinatenschreibweise eingeführt haben, gilt sie nur für kartesische Koordinaten, d. h. in einem Koordinatensystem, dessen Basis orthonormiert und unabhängig vom Ort ist. Die Basis der Zylinderkoordinaten ist zwar orthonormiert, aber von Ort zu Ort verschieden. Das bedeutet, dass alle Tensorgleichungen, die nur algebraische Operationen enthalten (d. h. Summen, Differenzen und tensorielle, skalare und vektorielle Produkte, aber keine Differentiationen oder Integrationen) in unserer Koordinatenschreibweise auch in Zylinderkoordinaten gelten, die Gleichungen (A 29) bis (A 39) und (A 44) bis (A 50) aber nicht.

Wir geben im Folgenden noch die wichtigsten Differentialoperationen in Zylinderkoordinaten an:

$$\operatorname{grad} a = \left(\frac{\partial a}{\partial r}, \frac{1}{r}\frac{\partial a}{\partial\varphi}, \frac{\partial a}{\partial z}\right). \tag{A 56}$$

$$\operatorname{div}\underline{a} = \frac{\partial a_r}{\partial r} + \frac{a_r}{r} + \frac{1}{r}\frac{\partial a_\varphi}{\partial \varphi} + \frac{\partial a_z}{\partial z}. \tag{A 57}$$

$$\operatorname{rot}\underline{a} = \left(\frac{1}{r}\frac{\partial a_z}{\partial \varphi} - \frac{\partial a_\varphi}{\partial z}, \frac{\partial a_r}{\partial z} - \frac{\partial a_z}{\partial r}, \frac{\partial a_\varphi}{\partial r} - \frac{1}{r}\frac{\partial a_r}{\partial \varphi} + \frac{a_\varphi}{r}\right). \tag{A 58}$$

$$\begin{aligned}
(\operatorname{grad}\underline{a})_{rr} &= \frac{\partial a_r}{\partial r},\\
(\operatorname{grad}\underline{a})_{r\varphi} &= \frac{\partial a_\varphi}{\partial r},\\
(\operatorname{grad}\underline{a})_{rz} &= \frac{\partial a_z}{\partial r},\\
(\operatorname{grad}\underline{a})_{\varphi r} &= \frac{1}{r}\frac{\partial a_r}{\partial \varphi} - \frac{a_\varphi}{r},\\
(\operatorname{grad}\underline{a})_{\varphi\varphi} &= \frac{1}{r}\frac{\partial a_\varphi}{\partial \varphi} + \frac{a_r}{r},\\
(\operatorname{grad}\underline{a})_{\varphi z} &= \frac{1}{r}\frac{\partial a_z}{\partial \varphi},\\
(\operatorname{grad}\underline{a})_{zr} &= \frac{\partial a_r}{\partial z},\\
(\operatorname{grad}\underline{a})_{z\varphi} &= \frac{\partial a_\varphi}{\partial z},\\
(\operatorname{grad}\underline{a})_{zz} &= \frac{\partial a_z}{\partial z}.
\end{aligned} \tag{A 59}$$

$$\begin{aligned}
(\underline{b}\cdot\operatorname{grad}\underline{a})_r &= b_r\frac{\partial a_r}{\partial r} + \frac{b_\varphi}{r}\frac{\partial a_r}{\partial \varphi} + b_z\frac{\partial a_r}{\partial z} - \frac{b_\varphi a_\varphi}{r},\\
(\underline{b}\cdot\operatorname{grad}\underline{a})_\varphi &= b_r\frac{\partial a_\varphi}{\partial r} + \frac{b_\varphi}{r}\frac{\partial a_\varphi}{\partial \varphi} + b_z\frac{\partial a_\varphi}{\partial z} + \frac{b_\varphi a_r}{r},\\
(\underline{b}\cdot\operatorname{grad}\underline{a})_z &= b_r\frac{\partial a_z}{\partial r} + \frac{b_\varphi}{r}\frac{\partial a_z}{\partial \varphi} + b_z\frac{\partial a_z}{\partial z}.
\end{aligned} \tag{A 60}$$

$$\begin{aligned}
(\operatorname{div}\underline{\underline{a}})_r &= \frac{\partial a_{rr}}{\partial r} + \frac{1}{r}\frac{\partial a_{\varphi r}}{\partial \varphi} + \frac{\partial a_{zr}}{\partial z} + \frac{a_{rr} - a_{\varphi\varphi}}{r},\\
(\operatorname{div}\underline{\underline{a}})_\varphi &= \frac{\partial a_{r\varphi}}{\partial r} + \frac{1}{r}\frac{\partial a_{\varphi\varphi}}{\partial \varphi} + \frac{\partial a_{z\varphi}}{\partial z} + \frac{a_{r\varphi} + a_{\varphi r}}{r},\\
(\operatorname{div}\underline{\underline{a}})_z &= \frac{\partial a_{rz}}{\partial r} + \frac{1}{r}\frac{\partial a_{\varphi z}}{\partial \varphi} + \frac{\partial a_{zz}}{\partial z} + \frac{a_{rz}}{r}.
\end{aligned} \tag{A 61}$$

$$\Delta a = \frac{\partial^2 a}{\partial r^2} + \frac{1}{r}\frac{\partial a}{\partial r} + \frac{1}{r^2}\frac{\partial^2 a}{\partial \varphi^2} + \frac{\partial^2 a}{\partial z^2}. \tag{A 62}$$

$$(\Delta a)_r = \frac{\partial^2 a_r}{\partial r^2} + \frac{1}{r}\frac{\partial a_r}{\partial r} - \frac{a_r}{r^2} + \frac{1}{r^2}\frac{\partial^2 a_r}{\partial \varphi^2} + \frac{\partial^2 a_r}{\partial z^2} - \frac{2}{r^2}\frac{\partial a_\varphi}{\partial \varphi},$$

$$(\Delta a)_\varphi = \frac{\partial^2 a_\varphi}{\partial r^2} + \frac{1}{r}\frac{\partial a_\varphi}{\partial r} - \frac{a_\varphi}{r^2} + \frac{1}{r^2}\frac{\partial^2 a_\varphi}{\partial \varphi^2} + \frac{\partial^2 a_\varphi}{\partial z^2} + \frac{2}{r^2}\frac{\partial a_r}{\partial \varphi}, \qquad \text{(A 63)}$$

$$(\Delta a)_z = \frac{\partial^2 a_z}{\partial r^2} + \frac{1}{r}\frac{\partial a_z}{\partial r} + \frac{1}{r^2}\frac{\partial^2 a_z}{\partial \varphi^2} + \frac{\partial^2 a_z}{\partial z^2}.$$

Für ein Flächenelement in Zylinderkoordinaten gilt

$$dA = r\ dr\ d\varphi. \qquad \text{(A 64)}$$

Man beachte bei allen Formeln in Zylinderkoordinaten die Einheitenkonsistenz der Gleichungen mit der dimensionslosen Koordinate φ, der stets ein r vorangestellt ist.

2 Kurven im Raum

Die Gleichung

$$\underline{x} = \underline{x}(t), \qquad \text{(A 65)}$$

in kartesischen Koordinaten

$$x = x(t), \quad y = y(t), \quad z = z(t), \qquad \text{(A 66)}$$

ordnet jedem Wert t einen Punkt $\underline{x}$ im Raum zu. Sind die drei Funktionen (A 66) stetige Funktionen von t, so stellt (A 65) oder (A 66) eine Kurve im Raum dar, und jedem Punkt der Kurve ist ein Wert von t zugeordnet. Man nennt t einen Kurvenparameter und die Gleichungen (A 65) oder (A 66) eine Parameterdarstellung der Kurve. Eliminiert man t einmal aus $z = z(t)$ und $x = x(t)$, das andere Mal aus $z = z(t)$ und $y = y(t)$, so erhält man zwei Gleichungen der Form

$$z = z(x), \quad z = z(y); \qquad \text{(A 67)}$$

diese beiden Gleichungen zusammen nennt man eine parameterfreie Darstellung der Kurve (A 65) oder (A 66).[3]

Die Gleichung

$$\underline{x} = \underline{x}(\underline{x}_0, t) \qquad \text{(A 68)}$$

3 Die beiden Gleichungen sind vom Typ $z = z(x, y)$ oder $f(x, y, z) = 0$; eine solche Gleichung stellt eine Fläche im Raum dar, zwei Gleichungen $f_1(x, y, z) = 0$ und $f_2(x, y, z) = 0$ zusammen stellen eine Kurve, nämlich die Schnittkurve der beiden Flächen dar.

gibt den Ort $\underline{x}$ an, an dem sich das Teilchen $\underline{x}_0$ (das ist das Teilchen, das zu einer zuvor gewählten festen Bezugszeit t_0 am Ort $\underline{x}_0$ war) zur Zeit t befindet. In kartesischen Koordinaten lautet (A 68)

$$x = x(x_0, y_0, z_0, t), \quad y = y(x_0, y_0, z_0, t), \quad z = z(x_0, y_0, z_0, t). \tag{A 69}$$

Gleichung (A 68) stellt für jedes $\underline{x}_0$ eine Raumkurve, d. h. für variables $\underline{x}_0$ eine Kurvenschar dar. Längs jeder dieser Kurven variiert t, d. h. t ist wieder ein Kurvenparameter; $\underline{x}_0$ nennt man einen Scharparameter. Gleichung (A 68) ist damit die Parameterdarstellung einer Kurvenschar. Eliminiert man daraus den Kurvenparameter, so erhält man zwei Gleichungen der Form

$$z = z(x, x_0, y_0, z_0), \quad z = z(y, x_0, y_0, z_0). \tag{A 70}$$

Diese beiden Gleichungen zusammen nennt man entsprechend eine parameterfreie Darstellung der Kurvenschar (A 68) oder (A 69).

3 Wiederholungen aus der Funktionentheorie

Die Funktionentheorie ist die Theorie der analytischen Funktionen:

Eine analytische Funktion ist eine differenzierbare komplexe Funktion einer komplexen Variablen.

Beispiele dafür sind $w = z^2$ und $w = i \ln z$.

Die komplexe Variable z lässt sich in den Realteil x und den Imaginärteil y aufspalten,

$$\boxed{z = x + iy,} \tag{A 71}$$

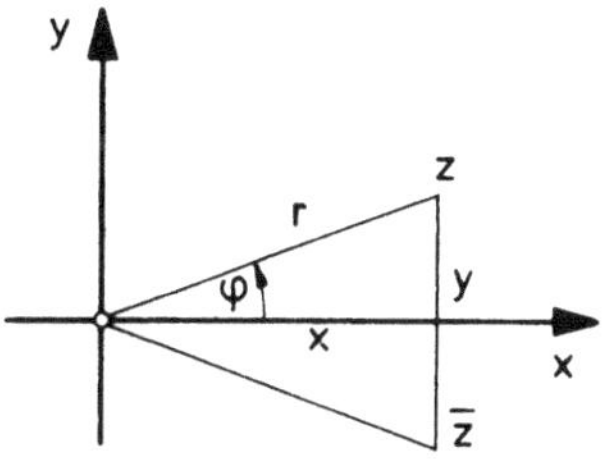

und als Punkt in der Gaußschen Zahlenebene darstellen. Führt man Zylinderkoordinaten ein, so gilt

$$\begin{aligned} z &= r\cos\varphi + ir\sin\varphi \\ &= r(\cos\varphi + i\sin\varphi) = re^{i\varphi}. \end{aligned} \tag{A 72}$$

Unter der zu z konjugiert komplexen Zahl $\bar{z}$ versteht man die Zahl, die man erhält, wenn man in der Gaußschen Zahlenebene z an der reellen Achse spiegelt:

$$\bar{z} = x - iy = r(\cos\varphi - i\sin\varphi) = re^{-i\varphi}. \tag{A 73}$$

Man bildet von einer Zahl die konjugiert komplexe Zahl, indem man in der Zerlegung in Real- und Imaginärteil i durch $-i$ ersetzt.

Eine analytische Funktion lässt sich in den Realteil Φ und den Imaginärteil Ψ aufspalten, wenn man die komplexe Variable z in Realteil und Imaginärteil aufspaltet. Für die beiden obigen Beispiele erhält man:

$$W = z^2 = (x+iy)^2 = x^2 + 2xiy + i^2y^2 = \underbrace{x^2 - y^2}_{\Phi(x,y)} + i\underbrace{2xy}_{\Psi(x,y)},$$

$$W = i\ln z = i\ln(re^{i\varphi}) = i(\ln r + i\varphi) = \underbrace{-\varphi}_{\Phi(x,y)} + i\underbrace{\ln r}_{\Psi(x,y)}.$$

Realteil und Imaginärteil einer analytischen Funktion sind also beides reelle Funktionen zweier reeller Variabler:

$$W(z) = \Phi(x,y) + i\Psi(x,y). \tag{A 74}$$

Umgekehrt lassen sich zwei beliebige reelle Funktionen zwei reeller Variabler im Allgemeinen nicht nach (A 74) zu einer analytischen Funktion zusammensetzen. Aus

$$z = x + iy, \quad \bar{z} = x - iy$$

folgt

$$x = \frac{1}{2}(z + \bar{z}), \quad y = -\frac{i}{2}(z - \bar{z}),$$

im Allgemeinen ist also $W = W(z,\bar{z})$ eine Funktion zweier konjugiert komplexer Variabler. Die Bedingung dafür, dass $W = W(z)$ ist, ist demnach $(\frac{\partial W}{\partial \bar{z}})_z = 0$. Nun ist $dW = (\frac{\partial W}{\partial x})_y dx + (\frac{\partial W}{\partial y})_x dy$, daraus folgt

$$\left(\frac{\partial W}{\partial \bar{z}}\right)_z = \left(\frac{\partial W}{\partial x}\right)_y \left(\frac{\partial x}{\partial \bar{z}}\right)_z + \left(\frac{\partial W}{\partial y}\right)_x \left(\frac{\partial y}{\partial \bar{z}}\right)_z = \left(\frac{\partial \Phi}{\partial x} + i\frac{\partial \Psi}{\partial x}\right)\frac{1}{2} + \left(\frac{\partial \Phi}{\partial y} + i\frac{\partial \Psi}{\partial y}\right)\frac{i}{2}.$$

Trennung in Real- und Imaginärteil ergibt die Cauchy-Riemannschen Differentialgleichungen

$$\frac{\partial \Phi}{\partial x} = \frac{\partial \Psi}{\partial y}, \quad \frac{\partial \Phi}{\partial y} = -\frac{\partial \Psi}{\partial x}. \tag{A 75}$$

Zwei Funktionen $\Phi(x,y)$ und $\Psi(x,y)$ lassen sich also genau dann nach (A 74) zu einer analytischen Funktion $W(z)$ zusammensetzen, wenn sie die Cauchy-Riemannschen Differentialgleichungen (A 75) erfüllen.

Jede analytische Funktion

$$\begin{aligned} \zeta &= \zeta(z), \\ \zeta &= \xi + i\eta, \quad z = x + iy, \\ \xi &= \xi(x,y), \quad \eta = \eta(x,y) \end{aligned} \tag{A 76}$$

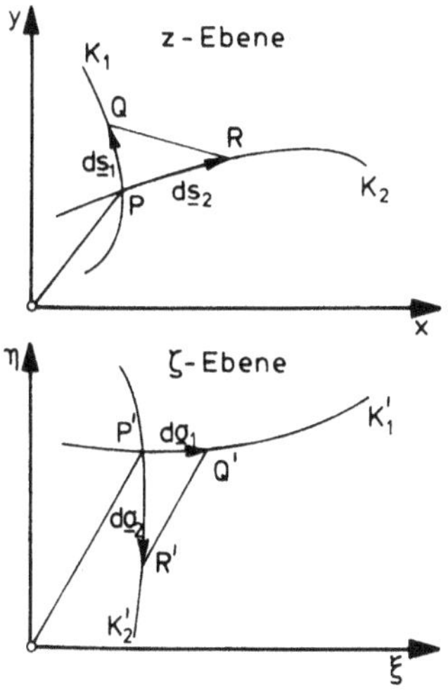

lässt sich als Abbildung einer z-Ebene auf eine ζ-Ebene interpretieren: durch (A 76) wird nämlich jeder komplexen Zahl z eine komplexe Zahl ζ zugeordnet und damit jedem Punkt der z-Ebene ein Punkt der ζ-Ebene. Man nennt eine solche Abbildung in einem Punkt P konform oder im Kleinen ähnlich, wenn sie folgende Eigenschaften hat:

- Die Winkel zwischen zwei beliebigen Kurven K_1 und K_2 durch den Punkt P und zwischen deren Bildern K_1' und K_2' durch den Punkt P' sind gleich. Man sagt dafür auch, die Funktion sei winkeltreu oder isogonal.
- Für zwei beliebige Kurvenelemente ds_1 längs K_1 und ds_2 längs K_2 vom Punkte P aus und für deren Bilder $d\sigma_1$ längs K_1' und $d\sigma_2$ längs K_2' vom Bildpunkt P' aus gilt

$$\frac{ds_1}{ds_2} = \frac{d\sigma_1}{d\sigma_2} = \lambda. \tag{A 77}$$

Man nennt λ das Längenverhältnis der beiden Kurvenelemente ds_1 und ds_2. Gleichung (A 77) besagt dann, dass Längenverhältnisse bei der Abbildung im Kleinen erhalten bleiben. („Im Kleinen“, weil eine entsprechende Beziehung für endliche Kurvenstücke nicht gilt.)

Beide Aussagen zusammen bedeuten, dass ein infinitesimales („kleines“) Dreieck PQR auf ein geometrisch ähnliches infinitesimales Dreieck $P'Q'R'$ abgebildet wird. Deshalb nennt man eine solche Abbildung auch im Kleinen ähnlich.

In der Funktionentheorie zeigt man, dass eine Abbildung $\zeta = \zeta(z)$ genau dann im Punkte P konform ist, wenn dort

- die Funktion $\zeta = \zeta(z)$ analytisch, d. h. eine differenzierbare komplexe Funktion einer komplexen Variablen ist und
- die Ableitung $d\zeta/dz \neq 0$ ist.

4 Tabellen und Diagramme

Legende zu Tabelle 1

M	molare Masse	[1]	bei 0 °C und 1013 hPa
ρ	Dichte	[2]	s. auch Tabelle 2
a	Schallgeschwindigkeit	[3]	s. auch Tabelle 3
λ	Wärmeleitfähigkeit	[4]	bei 0 °C
η	dynamische Zähigkeit	[5]	bei 110 °C und 1013 hPa
ν	kinematische Zähigkeit	[6]	bei −4 °C
c	spezifische Wärmekapazität	[7]	bei 1400 °C
c_p	isobare spezifische Wärmekapazität	[8]	s. auch Tabelle 3
R	spezifische Gaskonstante	[9]	s. auch Tabelle 4
κ	Isentropenexponent	[10]	s. auch Tabelle 5
α_V	Volumen-Ausdehnungskoeffizient	[11]	75 % SiO_2 + 15 % Na_2O + 10 % CaO
χ	Kompressibilität	[12]	bei 100 °C und 981 hPa

Tab. 1: Stoffwerte einiger typischer Stoffe. Wenn nichts anderes angegeben ist, gelten die Werte für eine Temperatur von 20 °C und einen Druck von 1000 hPa.

	M kg/kmol	ρ kg/m³	a m/s	$\lambda \cdot 10^3$ W/(m K)	$\eta \cdot 10^5$ kg/(m s)	$\nu \cdot 10^5$ m²/s	c_P J/(kg K)	R J/(kg K)	κ 1
Wasserstoff	2	0,089[1]	1 320	184	0,88	9,88	14 300	4 124	1,4
Helium	4	0,179[1]	971[4]	151	1,96	10,95	5 300	2 075	1,66
Wasserdampf	18	0,804[5]	413[5]	24,2[5]	1,20[5]	1,49	2 047[12]	465	1,33
Luft	29	1,20[2]	343,8	25,6	1,82[10]	1,52	1 005	287	1,4
Kohlendioxid	44	1,977[1]	275[4]	15,8	1,47	0,74	830	189	1,33
							c J/kg K	$\alpha_V \cdot 10^4$ 1/K	$\chi \cdot 10^{11}$ m²/N
Wasser	18	998,2[3]	1 484	598	100	0,10	4 190	1,8[8]	49[9]
Alkohol	46	790	1 213	22,2	120	0,15	2 500	11,1	
Benzol	78	900	1 324	13,9	65	0,072	1 710	11,6	90
Olivenöl	800–900	910		15,2	100 000	110	1 640	7,2	47
Quecksilber	200	13 600	1 451	8 330	150	0,011	125	1,8	4
Eis	18	920	3 232[6]	222			2 135	1,5	
Glas	60[11]	2 500	5 000	550	1 000 000[7]	400	789	0,3	1,9
Eisen	56	7 800	5 100	55 000			420	0,36	0,6

Quellen: [1, 2, 3, 4, 5, 6, 7, 8, 9, 10, 11, 12]. Die Quellenangaben beziehen sich auf das Literaturverzeichnis am Ende dieses Abschnitts.

Tab. 2: Dichte der Luft als Funktion von Druck und Temperatur.

Temperatur °C	Dichten in kg/m³ – Druck hPa 933	960	986	1013	1040
0	1,19	1,23	1,26	1,29	1,33
10	1,15	1,18	1,22	1,25	1,28
20	1,11	1,14	1,17	1,20	1,24
30	1,07	1,10	1,13	1,17	1,19

Quelle: [2].

Tab. 3: Dichte und Volumen-Ausdehnungskoeffizient des Wassers als Funktion der Temperatur bei 1000 hPa.

Temperatur °C	Dichte kg/m³	Volumen-Ausdehnungskoeffizient 1/K
0	999,87	–
4	1 000	–
10	999,73	–
20	998,23	$1{,}8 \cdot 10^{-4}$
40	992,24	7,8
60	983,24	17
80	971,83	28
100	958,38	42

Quellen: [2, 3].

Tab. 4: Kompressibilität des Wassers als Funktion des Druckes bei 18 °C .

Druck 10^5 Pa	Kompressibilität m^2/N
1–50	$49 \cdot 10^{-11}$
50–100	46
100–200	45
200–300	44
300–500	42
500–1 000	38
1 000–2 000	33
2 000–3 000	27

Quelle: [2].

Tab. 5: Dynamische Zähigkeit von Wasser und Luft als Funktion der Temperatur.

Temperatur °C	Zähigkeiten in kg/(m s) oder Pa s Wasser	Luft
0	$180 \cdot 10^{-5}$	$1{,}7 \cdot 10^{-5}$
20	100	1,8
40	60	1,9
60	50	2,0
80	40	2,1
100	30	2,2

Quellen: [3, 5].

Tab. 6: Dampfdruck von Wasser und Eis als Funktion der Temperatur.

Temperatur °C	Dampfdruck hPa
−20	1
−10	3
0	6
10	12
20	23
30	42
40	74
50	123
60	200
70	312
80	473
90	701
95	845
100	1013

Quelle: [9].

Tab. 7: Grenzflächenspannung bei 20 °C.

	Grenzflächenspannung N/m
Wasser–Luft	0,073
Benzol–Luft	0,028
Benzol–Wasser	0,033
Alkohol–Luft	0,025
Alkohol–Wasser	< 0
Olivenöl–Luft	0,032
Olivenöl–Wasser	0,018
Paraffinöl–Luft	0,031
Paraffinöl–Wasser	0,051
Quecksilber–Luft	0,47

Quellen: [1, 2, 8].

Tab. 8: Druckeinheiten.

	Pa	**bar**	**kp/m²**	**atm**	**Torr**	**PSI**
1 Pa = 1 N/m² = 1 kg/m s²	1	10^{-5}	0,102	$0{,}987 \cdot 10^{-5}$	$750 \cdot 10^{-5}$	$1{,}45 \cdot 10^{-4}$
1 bar = 10^6 dyn/cm²	10^5	1	$0{,}102 \cdot 10^5$	0,987	750	14,5
1 kp/m² = 1 mm WS	9,81	$0{,}981 \cdot 10^{-4}$	1	$0{,}968 \cdot 10^{-4}$	$736 \cdot 10^{-4}$	$1{,}42 \cdot 10^{-3}$
atm	$1{,}013 \cdot 10^5$	1,013	$1{,}033 \cdot 10^4$	1	760	14,7
1 Torr = 1 mm Hg	$1{,}333 \cdot 10^2$	$1{,}333 \cdot 10^{-3}$	13,6	$1{,}316 \cdot 10^{-3}$	1	$1{,}93 \cdot 10^{-2}$
1 PSI	6894,8	0,0689	703	0,0681	51,7	1

Quelle: [4].

Namen der Druckeinheiten

Pa	Pascal	atm	physikalische Atmosphäre
bar	Bar	Torr	Torr
kp/m²	Kilopond durch Quadratmeter	mm Hg	Millimeter Quecksilbersäule
mm WS	Millimeter Wassersäule	PSI	Pounds per Square Inch

Tab. 9: Häufig vorkommende Kennzahlen. Für viele Probleme in Strömungslehre und Strömungstechnik legen sich eine Länge L, eine Geschwindigkeit c und eine Dichte ρ als natürliche Grundgrößen nahe. Dann führen die folgenden Größen (sofern sie für das behandelte Problem eine Rolle spielen) zu folgenden Parametern.

Größe			Parameter	
Name	**Symbol**	**Dimension**	**Name**	**Definition**
kinematische Zähigkeit	ν	L^2T^{-1}	Reynoldszahl	$\mathrm{Re} = \frac{Lc}{\nu} = \frac{Lc\rho}{\eta}$
dynamische Zähigkeit	η	$L^{-1}T^{-1}M$		
Fallbeschleunigung	g	LT^{-2}	Froudezahl	$\mathrm{Fr} = \frac{c^2}{Lg}$
Druck	p	$L^{-1}T^{-2}M$	Eulerzahl	$\mathrm{Eu} = \frac{p}{\rho c^2}$
Elastizitätsmodul	E	$L^{-1}T^{-2}M$	Hookezahl	$\mathrm{Ho} = \frac{\rho c^2}{E}$
Schallgeschwindigkeit	a	LT^{-1}	Machzahl[1]	$\mathrm{Ma} = \frac{c}{a}$
Grenzflächenspannung	γ	MT^{-2}	Weberzahl	$\mathrm{We} = \frac{Lc^2\rho}{\gamma}$
Frequenz	f	T^{-1}	Strouhalzahl	$\mathrm{St} = \frac{Lf}{c}$
Winkelgeschwindigkeit	ω	T^{-1}	Rossbyzahl	$\mathrm{Ro} = \frac{c}{L\omega}$
mittlere freie Weglänge	λ	L	Knudsenzahl	$\mathrm{Kn} = \frac{\lambda}{L}$
Volumenstrom	$\dot{V}$	L^3T^{-1}	Durchflusskennzahl	$\varphi = \frac{\dot{V}}{L^2c}$
Kraft, Widerstand	F	$LT^{-2}M$	Newtonzahl	$\mathrm{Ne} = \frac{F}{L^2\rho c^2}$

Beim Vergleich mit anderer Literatur ist darauf zu achten, dass sich die Kennzahlen in verschiedenen Veröffentlichungen häufig durch Zahlenfaktoren unterscheiden. das kann zwei verschiedene Ursachen haben:

- Die natürlichen Grundgrößen wurden verschieden gewählt, z. B. als charakteristische Länge einmal ein Radius, das andere Mal ein Durchmesser.
- In die Definition der Kennzahl wurde ein Zahlenfaktor einbezogen, z. B. wurde statt c^2 die spezifische kinetische Energie $c^2/2$ oder statt L^2 die Kreisfläche πR^2 oder $\pi D^2/4$ gewählt.

[1] Die Machzahl wird besonders in der Gasdynamik, so auch im Kapitel 7 dieses Buches, mit M bezeichnet.

Tab. 10: Absolute Rauigkeiten für verschiedene Rohrmaterialien.

Rohrmaterial	**Rauigkeit**
Glasrohre, gezogene Messing-, Kupfer- und Bleirohre	technisch glatt $\epsilon = 0$ bis 1,5 μm
handelsübliche Stahlrohre schmiedeeiserne Rohre	$\epsilon = 45$ μm
Rohre aus Gusseisen mit Asphaltüberzug	$\epsilon = 125$ μm
Eisenrohre mit galvanisiertem Überzug	$\epsilon = 150$ μm
gusseiserne Rohre	$\epsilon = 250$ μm
Holzrohre	$\epsilon = 180$ bis 900 μm
Betonrohre	$\epsilon = 0{,}3$ bis 3 mm
genietete Stahlrohre	$\epsilon = 0{,}9$ bis 9 mm

Quelle: [11].

Tab. 11: Druckverlustzahlen von Rohrleitungsteilen.

Teil	**Skizze**	**verschiedene Parameter**	**Druckverlust-zahl ζ**	**Bemerkungen**
Erweiterungen				
stetig	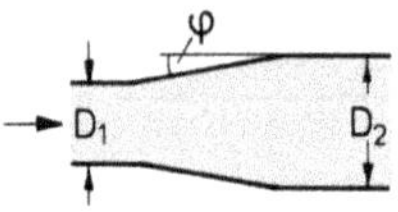	$D_2/D_1 = 1{,}2$	0,1	
		1,4	0,2	
		1,6	0,5	$4^\circ \leq \varphi \leq 10^\circ$
		1,8	1,5	
		2,0	2,5	
unstetig	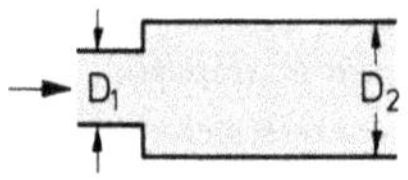	$D_2/D_1 = 1{,}2$	0,2	
		1,4	0,9	$\zeta = (\frac{A_2}{A_1} - 1)^2$
		1,6	2,5	Borda-Carnotscher
		1,8	5,0	Stoßverlust
		2,0	9	
Ausströmung	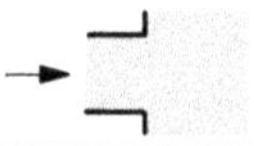		1,0	

Tab. 11: (fortgesetzt).

Teil	Skizze	verschiedene Parameter	Druckverlust-zahl ζ	Bemerkungen
Verengungen				
stetig	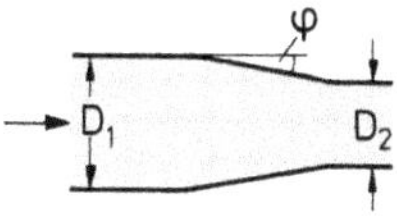	$D_1/D_2 = 1{,}2$	0,02	
		1,4	0,025	
		1,6	0,03	$\varphi = 4^\circ$
		1,8	0,032	
		2,0	0,034	
unstetig	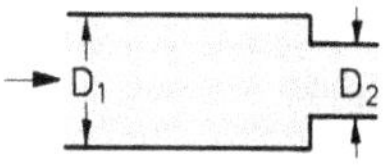	$D_1/D_2 = 1{,}2$	0,1	$\zeta = \alpha(\frac{A_2}{A_1} - 1)^2$
		1,4	0,2	
		1,6	0,4	$\alpha = \begin{cases} 0{,}6 \\ 1{,}0 \\ 1{,}5 \end{cases}$
		1,8	0,5	
		2,0	0,6	
				für $\frac{A_2}{A_1} \begin{cases} \to 0 \\ = 0{,}3 \\ > 0{,}6 \end{cases}$
Einströmung	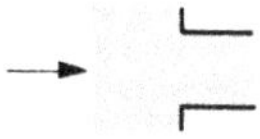	scharfkantig	0,5	
		gebr. Kante	0,25	
		runde Kante	0,03	
Blende (scharfkantig)	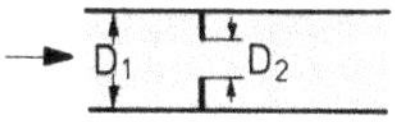	$D_1/D_2 = 1{,}2$	0,8	
		1,4	3,6	$\zeta = (\frac{A_1}{A_2 \Psi} - 1)^2$
		1,6	8,6	$\Psi = 0{,}63 + 0{,}37(\frac{A_2}{A_1})^3$
		1,8	16,4	
		2,0	27,9	
Abzweigung (scharfkantig)	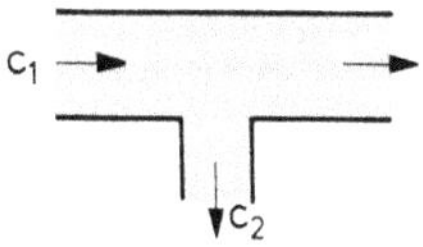	$c_2/c_1 = 0{,}5$	4,5	
		1,0	1,5	
		2,0	0,7	
		3,0	0,6	
Normalventil		NW 100	5,0	NW: Nennweite
		NW 200	3,5	
Schrägsitzventil		NW 100	2,5	
		NW 200	2,5	
Freiflussventil		NW 100	0,8	
		NW 200	0,6	

Tab. 11: (fortgesetzt).

Teil	**Skizze**	**verschiedene Parameter**	**Druckverlust-zahl ζ**	**Bemerkungen**
Eckventil		NW 100 NW 200	4 2	
Schieber		NW 100 NW 200	0,15 0,2	ohne Leitrohr
Hahn	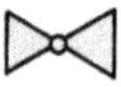		1,0	
Lyrabogen		glatt gefaltet	0,7 1,4	
Bogen (90°-Krümmer)	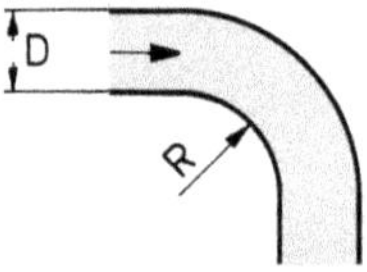	$R/D = 1$ 2 4 6	0,35 0,20 0,15 0,1	
Knie	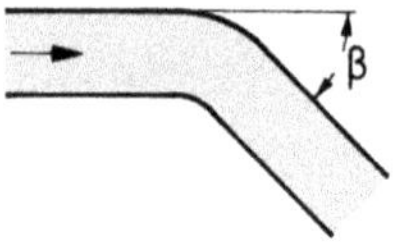	$\beta = 90°$ 60° 45° 30°	1,2 0,6 0,3 0,15	

Quellen: [1, 10].

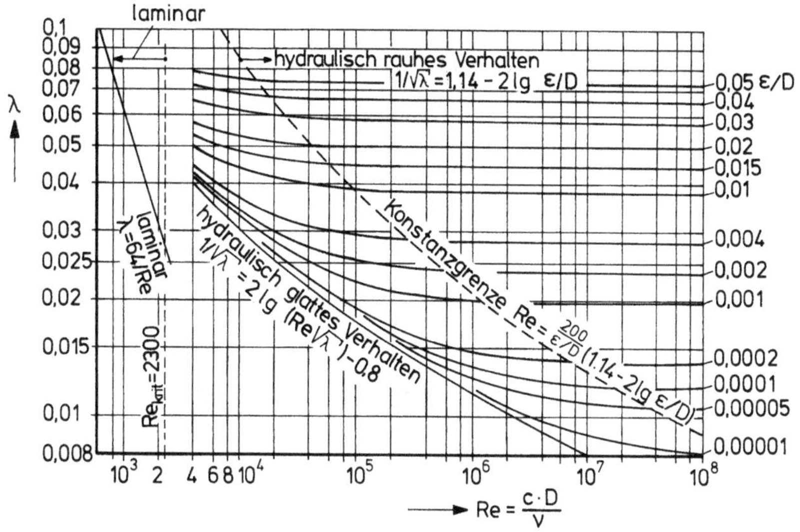

Diagramm 1: Rohrreibungszahl für technisch raue Rohre als Funktion der Reynoldszahl und der relativen Rauigkeit nach Moody. Quelle: [11].

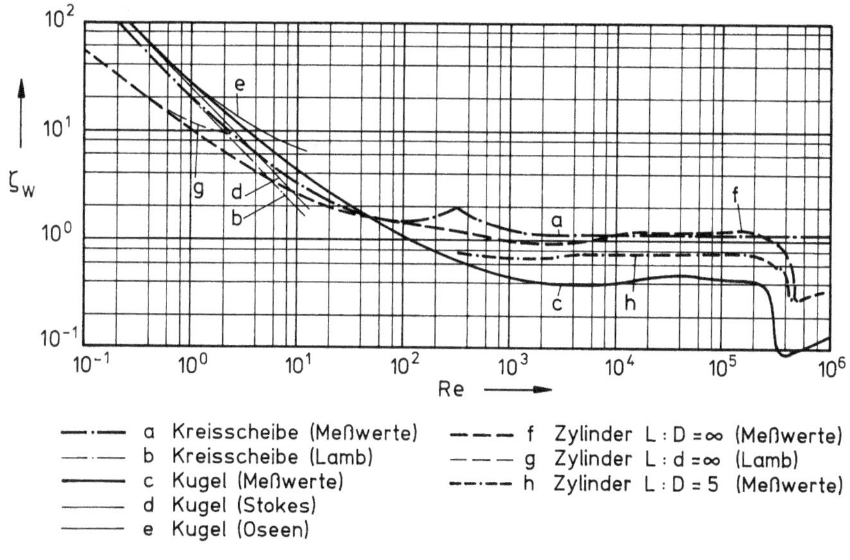

Diagramm 2: Widerstandsbeiwerte für Kreisscheibe, Kugel und Zylinder. Quellen: a [12]; b [13]; c, f, h [14]; d [15]; e [16]; g [17].

Literaturverzeichnis zu den Tabellen

[1] W. Bohl und W. Elmendorf: Technische Strömungslehre. Würzburg: Vogel 1971 (13. Auflage 2005).

[2] F. Kohlrausch: Lehrbuch der praktischen Physik, 22. Auflage. Berlin: Teubner, 1968 (23. Auflage 1985–1986).

[3] H. Ebert: Physikalisches Taschenbuch, 4. Auflage. Berlin: Vieweg 1967 (5. Auflage 1976).

[4] Kusch: Mathematische und naturwissenschaftliche Formeln und Tabellen. Essen: Giradet 1959 (3. Auflage 1973).

[5] Hütte: Das Ingenieurwissen, 32. Auflage. Berlin usw.: Springer, 2004.

[6] F. Gutmann und L. M. Simons: The Temperature Dependence of the Viscosity of Liquids. J. Appl. Phys. 23, Seite 977, 1952.

[7] F. G. Keyes: Project Squid. Technical Report No. 37, Massachusetts Institute of Technology 1952.

[8] Landolt-Börnstein: Zahlenwerte und Funktionen aus Physik, Chemie usw., 6. Auflage. Berlin usw.: Springer ab 1950.

[9] H. D. Baehr: Thermodynamik. 12. Auflage, Berlin usw.: Springer 2005.

[10] R. P. Benedict, V. A. Carlucci und S. D. Swetz: Flow losses in abrupt Enlargements and Contractions. J. Eng. Power, Seite 73, 1966.

[11] L. F. Moody: Friction Factors for Pipe Flow. Trans. Am. Soc. Mech. Eng. 66, Seite 671, 1944.

[12] Zitiert nach S. F. Hoerner: Fluid Dynamic Drag, III, 6. Midland Park, New Jersey: Selbstverlag 1965.

[13] Gleichung (14.2-1) nach Horace Lamb: Hydrodynamics, Art. 339, 6. Auflage. Cambridge: University Press 1932 (Nachdruck 1959).

[14] Zitiert nach H. Muttray: Die experimentellen Tatsachen des Widerstands ohne Auftrieb. In: Handbuch der Experimentalphysik, Bd. IV, Teil 2, Seite 235. Leipzig: Akademische Verlagsgesellschaft 1932.

[15] Gleichung (14.2-3) nach George Gabriel Stokes: On the Effect of the Internal Friction of Fluids on the Motion of Pendulums. Trans. Cambr. Phil. Soc. 9, Seite 8 (1851) [Mathematical and Physical Papers, Bd. 3, Seite 1].

[16] Gleichung (14.2-4) nach C. W. Oseen: Über die Stokessche Formel und über eine verwandte Aufgabe in der Hydrodynamik. Arkiv för Mat. och Fysik 6, Nr. 29 (1910) und 7, Nr. 1 (1911).

[17] Gleichung (14.2-7) nach Horace Lamb, a. a. O. Art. 343.

5 Weiterführende Literatur

Aus der Fülle der Literatur über den hier behandelten Stoff sei für weiterführende Studien die folgende durchaus subjektive Auswahl genannt:

Umfassendere Darstellungen der Strömungslehre

George Keith Batchelor: An Introduction to Fluid Dynamics. Cambridge: University Press 1967 (Nachdruck 2002).
R. Byron Bird, Warren E. Stewart, Edwin N. Lightfoot: Transport Phenomena. New York usw.: Wiley 2007 (2.Edition).
Robert W. Fox, Alan T. McDonald, Philip J. Pritchard: Fluid Mechanics, 10. Auflage, New York: Wiley 2020.
George M. Homsy, Multi-media Fluid Mechanics. Cambridge: University Press 2000.
L. D. Landau, E. M. Lifschitz: Hydrodynamik, 5. Edition, Europa-Lehrmittel 1991.
James A. Liggett, David A. Caughey, Fluid Mechanics: An Interactive Text. American Society of Civil Engineers 1998.
Ludwig Prandtl, Herbert Oertel (Herausgeber): Führer durch die Strömungslehre, 15. Auflage. Braunschweig usw.: Vieweg 2021.
Oskar Tietjens: Strömungslehre. Physikalische Grundlagen vom technischen Standpunkt, 2 Bde. Berlin usw.: Springer 1960–1970.
Erich Truckenbrodt: Fluidmechanik, 2 Bde., 4. Auflage. Berlin usw.: Springer 2008.
Frank M. White: ISE Fluid Mechanics, 9. Auflage. Berkshire: Mcgraw-Hill Professional 2021.

Tensoranalysis, Kontinuumstheorie

Erich Becker, Wolfgang Bürger: Kontinuumsmechanik. Eine Einführung in die Grundlagen und einfache Anwendungen. Stuttgart: Teubner 1975.
Adalbert Duschek, August Hochrainer: Grundzüge der Tensorrechnung in analytischer Darstellung, in 3 Teilen: 5. Auflage. Wien: Springer 2013.
Ahmed Cemal Eringen: Nonlinear Theory of Continuous Media. New York usw.: McGraw-Hill 1962.
Eberhard Klingbeil: Tensorrechnung für Ingenieure. Mannheim: Bibliographisches Institut 1966.
Heinz Schade: Kontinuumstheorie strömender Medien. Berlin usw.: Springer 1970.
Heinz Schade, Klaus Neemann: Tensoranalysis, Berlin: de Gruyther 2018.

Nichtnewtonsche Fluide

Gert Böhme: Strömungsmechanik nichtnewtonscher Fluide, 2. Auflage. Stuttgart: Teubner 2000.

Rohrhydraulik

Donald Stuart Miller: Internal Flow Systems: Design and Performance Prediction. Cranfield, Bedford: British Hydromechanics Research Association 1990.
Hugo Richter: Rohrhydraulik. Ein Handbuch zur praktischen Strömungsberechnung, 5. Auflage. Berlin usw.: Springer 1971.

Strömungsmaschinen

Nicholas Cumpsty: Compressor Aerodynamics, 2. Revised edition, Krieger Publishing Company: 2004.
S. L. Dixon, C. Hall: Fluid Mechanics and Thermodynamics of Turbo Machinery, 7. Auflage. Oxford: Butterworth-Heinemann 2017.
Robert Gasch, Jochen Twele (Herausgeber): Windkraftanlagen, 9. Auflage. Berlin: Springer Vieweg 2016.

Gasdynamik

Ernst Becker: Gasdynamik. Stuttgart: Teubner 1966 (Nachdruck 1969).
Hans Wolfgang Liepmann, Anatol Roshko: Elements of Gasdynamics. New York usw.: Wiley 1957 (Nachdruck 1967).
Walter G. Vincenti, Charles H. Kruger: Introduction to Physical Gas Dynamics. New York usw.: Wiley 1965 (Nachdruck 1967).
Jürgen Zierep: Theoretische Gasdynamik, 4. Auflage. Karlsruhe: Braun 1992.

Navier-Stokessche-Gleichung (CFD Computational Fluid Dynamics)

Joel H. Ferziger, Milovan Peric, Robert L. Street: Numerische Strömungsmechanik. Berlin: Springer 2021.
Eckart Laurien, Herbert Oertel jr.: Numerische Strömungsmechanik; 6. Auflage. Berlin: Springer Vieweg 2018.

Größenlehre, Dimensionsanalyse, Ähnlichkeitslehre

Henry Görtler: Dimensionsanalyse. Theorie der physikalischen Dimensionen mit Anwendungen. Berlin usw.: Springer 1975.
Henry Louis Langhaar: Dimensional Analysis and Theory of Models. New York usw.: Wiley 1951 (Nachdruck 1967).
Erna Padelt, Hansgeorg Laporte: Einheiten und Größenarten der Naturwissenschaften, 3. Auflage. Leipzig: Fachbuchverlag 1976.

Joseph H. Spurk: Dimensionsanalyse in der Strömungslehre. Springer: Berlin 2014.
Edward S. Taylor: Dimensional Analysis for Engineers. Oxford: Clarendon Press 1974.
Jürgen Zierep: Ähnlichkeitsgesetze und Modellregeln der Strömungslehre; 2. Auflage. Karlsruhe: Braun 1982.

Grenzschichttheorie

Tuncer Cebeci, Peter Bradshaw: Momentum Transfer in Boundary Layers. Washington usw.: Hemisphere Publishing Corporation 1977.
L. G. Loitsianski: Laminare Grenzschichten. Berlin: Akademie-Verlag 1967.
H. Schlichting, K. Gersten: Grenzschichttheorie, 10. Auflage. Berlin: Springer 2006.

Turbulente Strömungen

J. O. Hinze: Turbulence, 2. Auflage. New York usw.: McGraw-Hill 1975.
Julius Christian Rotta: Turbulente Strömungen. Eine Einführung in die Theorie und ihre Anwendungen. Stuttgart: Teubner 1972.
Hendrik Tennekes, John Leask Lumley: A First Course in Turbulence, 4. Auflage. Cambridge, Massachusetts usw.: MIT-Press 1977.

Bauwerksaerodynamik

Peter Sachs: Wind Forces in Engineering. Oxford: Pergamon Press 1972.
C. Scruton: An Introduction to Wind Effects on Structures. Oxford: University Press 1981.
Jerzy Antoni Żurański: Windbelastung von Bauwerken und Konstruktionen. Köln-Braunsfeld: R. Müller 1972.

Strömungsmesstechnik

Peter Bradshaw: Experimental Fluid Mechanics, 2. Auflage. Oxford usw.: Pergamon Press 1970.
Wolfgang Nitsche, Andre Brunn: Strömungsmesstechnik, 2. Auflage. Berlin: Springer 2006.
Ernest Ower, Ronald Charles Pankhurst: The Measurement of Air Flow, 5. Auflage. Oxford usw.: Pergamon Press 1977.
S. G. Popow: Strömungstechnisches Messwesen. Eine Einführung. Berlin: VEB Verlag Technik 1958.
Walter Wuest: Strömungsmesstechnik. Lehrbuch für Aerodynamiker, Strömungsmaschinenbauer, Lüftungs- und Verfahrenstechniker ab 5. Semester. Braunschweig: Vieweg 1969.

Normen und Richtlinien

DIN EN 1991-1-4: Einwirkungen auf Tragwerke. Teil 4: Einwirkungen – Windlasten. Berlin: Beuth 2010.

DIN EN ISO 5167: Durchflussmessung von Fluiden mit Drosselgeräten in voll durchströmten Leitungen mit Kreisquerschnitt. Berlin: Beuth 2021.

DIN EN ISO 5801: Industrieventilatoren - Leistungsmessung auf genormten Prüfständen. Berlin: Beuth 2018.

VDI 2044: Abnahme- und Leistungsversuche an Ventilatoren. Berlin: Beuth 2018.

6 Symbolverzeichnis

Die folgende Liste enthält die Symbole der in diesem Buch vorkommenden physikalischen Größen bis auf solche Größen, die wie verschiedene Längen (Höhen, Durchmesser) speziell für ein Beispiel oder eine Aufgabe eingeführt werden. Außerdem enthält sie aus praktischen Gründen auch Symbole mathematischer Größen, die wie der Einheitstensor $\underline{\underline{\delta}}$ durch einen festen Symbolbuchstaben bezeichnet werden. Indizierte Buchstaben wurden neben dem Buchstaben ohne Index in der Regel nur aufgenommen, wenn sie an mehreren Stellen des Buches vorkommen. Der Betrag eines Vektors wird jeweils durch denselben Buchstaben wie der Vektor, jedoch ohne Unterstreichung, bezeichnet und in dieser Liste nicht besonders aufgeführt.

In der Spalte „Definition oder erstes Vorkommen" ist neben der Seite zur leichteren Orientierung auch die Definitionsgleichung angegeben, sofern die Größe in diesem Buch durch eine bezifferte Gleichung definiert wird; dabei bezeichnen die ersten beiden Zahlen in der Klammer die Lehreinheit und der Buchstabe A den Anhang.

Die Dimension einer physikalischen Größe wird als Potenzprodukt von Länge (L), Zeit (T), Masse (M), Temperatur (Θ), Stromstärke (I) und Stoffmenge (N) angegeben; dimensionslose physikalische Größen haben entsprechend die Dimension Eins (1). Mathematische Größen haben keine Dimension (–).

Symbol	Name	Definition oder erstes Vorkommen		Dimension
		Platz	Gleichung	
A	Fläche; als Integrationsbereich: raumfeste Fläche	LE 1.4, LE 3.4		L^2
$\tilde{A}$	als Integrationsbereich: materielle Fläche	LE 3.4		L^2
$d\underline{A}$	Flächenvektor	1.11	(A 40)	L^2
$\underline{a}$	Beschleunigung	LE 3.2	(3.2-7)	LT^{-2}
a	Schallgeschwindigkeit	LE 7.5-5	(7.5-5)	LT^{-1}
a	Temperaturleitfähigkeit	LE 12.1		L^2T^{-1}
C	Durchflusskoeffizient, Blende	LE 15.7	(15.7-13)	1
C	Durchflusskoeffizient, Venturirohr	LE 15.7	(15.7-17)	1
C	als Integrationsbereich: raumfeste Kurve	LE 3.4		L
$\tilde{C}$	als Integrationsbereich: materielle Kurve	LE 3.4		L
$\underline{c}$	Geschwindigkeit	LE 3.2	(3.2-1)	LT^{-1}
c	spezifische Wärmekapazität	Tabelle 11		$L^2T^{-2}\Theta^{-1}$

Symbol	Name	Definition oder erstes Vorkommen Platz	 Gleichung	Dimension
c_P	isobare spezifische Wärmekapazität	LE 7.4	(7.4-5)	$L^2T^{-2}\Theta^{-1}$
c_V	isochore spezifische Wärmekapazität	LE 7.4	(7.4-5)	$L^2T^{-2}\Theta^{-1}$
$\underline{D}$	Drehimpuls	LE 6.4	(6.4-1)	$L^2T^{-1}M$
E	Energie	LE 1.9		$L^2T^{-1}M$
E_K	kinetische Energie	LE 7.1	(7.1-2)	$L^2T^{-1}M$
E_I	innere Energie	LE 7.1	(7.1-1)	$L^2T^{-1}M$
$\underline{e}_i$	Basis eines kartesischen Koordinatensystems	LE 1.2		–
$\underline{e}_B$	Binormalenvektor eines Kurvenelements	LE 4.2		–
$\underline{e}_N$	Normalenvektor eines Kurvenelements	LE 4.2		–
$\underline{e}_T$	Tangentenvektor eines Kurvenelements	LE 4.2		–
Eu	Eulerzahl	LE 7.8, Tabelle 9	(7.8-3)	1
$\underline{F}$	Kraft	LE 1.4		$LT^{-2}M$
$\underline{F}_A$	Auftriebskraft	LE 9.9, LE 10.6		$LT^{-2}M$
$\underline{F}_O$	Oberflächenkraft	LE 1.4	(1.4-8)	$LT^{-2}M$
$\underline{F}_V$	Volumenkraft	LE 1.4	(1.4-8)	$LT^{-2}M$
$\underline{F}_W$	Widerstandskraft	LE 10.6		$LT^{-2}M$
$\underline{f}$	(Massen-)Kraftdichte, spezifische Volumenkraft	LE 1.4	(1.4-9)	LT^{-2}
f	Frequenz	LE 7		T^{-1}
Fr	Froudezahl	FB 11.1, Tabelle 9		1
G	Schubmodul	LE 1.7		$L^{-1}T^{-2}M$
g	Fallbeschleunigung	LE 2.2		LT^{-2}
H	Bernoullische Konstante	LE 4.3, LE 7.6		L^2T^{-2}
h	spezifische Enthalpie	LE 7.2	(7.2-4)	L^2T^{-2}
Ho	Hookezahl	Tabelle 9		1
$\underline{I}$	Impuls	LE 4.1	(4.1-1)	$LT^{-1}M$
$\dot{\underline{I}}$	Impulsstrom	LE 6.1		$LT^{-2}M$
I_{yz}	Flächenzentrifugalmoment	LE 2.6	(2.6-3)	L^4
I_{yy}	Flächenträgheitsmoment	LE 2.6	(2.6-4)	L^4
$\underline{J}$	erweiterter Impulsstrom	LE 6.1	(6.1-7)	$LT^{-2}M$
$\underline{k}$	(Volumen-)Kraftdichte	LE 1.4		$L^{-2}T^{-2}M$
k	Kreiswellenzahl	LE 8.4		L^{-1}
Kn	Knudsenzahl	Tabelle 9		1
$\underline{M}$	Drehmoment	LE 6.4	(6.4-2)	$L^2T^{-2}M$
M	molare Masse	LE 1.6		MN^{-1}

Symbol	Name	Definition oder erstes Vorkommen		Dimension
		Platz	Gleichung	
M	Dipolmoment	LE 9.6	(9.6-2)	L^3T^{-1}
M, Ma	Machzahl	LE 7.5, Tabelle 9	(7.5-8)	1
m	Masse	LE 1.4		M
$\dot{m}$	Massenstrom	LE 3.4	(3.4-6)	$T^{-1}M$
$\underline{n}$	Normalenvektor eines Flächenelements	1.11	(A 40)	–
Ne	Newtonzahl	Tabelle 9		1
P	Leistung	LE 7.1	(7.1-3)	$L^2T^{-3}M$
p	Druck	LE 1.5	(1.5-1)	$L^{-1}T^{-2}M$
Q	Wärmezufuhr	LE 7.1	(7.1-4)	$L^2T^{-3}M$
Q	Quellstärke einer Linienquelle	LE 9.6		L^2T^{-1}
Q	Quellstärke einer Punktquelle	LE 9.10		L^3T^{-1}
$\underline{q}$	Wärmestromdichte	LE 7.1	(7.1-4)	$T^{-3}M$
$\underline{R}_M$	Reaktionskraft (auf den Mantel einer Stromröhre)	LE 6.1	(6.1-3)	$LT^{-2}M$
$\underline{R}_W$	Reaktionswandkraft (auf den Mantel einer Stromröhre)	LE 6.1	(6.1-5)	$LT^{-2}M$
R	spezifische Gaskonstante	LE 1.6	(1.6-2)	$L^2T^{-2}\Theta^{-1}$
R_m	molare Gaskonstante	LE 1.6	(1.6-4)	$L^2T^{-2}M\Theta^{-1}N^{-1}$
R	Krümmungsradius	LE 1.10		L
$\underline{r}$	Radiusvektor in Bezug auf einen Aufpunkt	LE 6.4		L
Re	Reynoldszahl	LE 5.1, Tabelle 9	(5.1-9)	1
Ro	Rossbyzahl	Tabelle 9		1
s	spezifische Entropie	LE 7.3		$L^2T^{-2}\Theta^{-1}$
St	Strouhalzahl	Tabelle 9		1
T	Temperatur	LE 1.6		Θ
t	Zeit	LE 1.3		T
Tu	Turbulenzgrad	LE 13.2	(13.2-15)	1
U	Potential der Kraftdichte, spezifische potentielle Energie	LE 2.2	(2.2-1)	L^2T^{-2}
u	x-Koordinate der Geschwindigkeit	LE 3.2	(3.2-2)	LT^{-1}
u_δ	Geschwindigkeit am Grenzschichtrand	LE 12.2	(12.2-16)	LT^{-1}
u_τ	Schubspannungsgeschwindigkeit	LE 13.4	(13.4-12)	LT^{-1}
u	spezifische innere Energie	LE 7.1	(7.1-1)	L^2T^{-2}
V	Volumen; als Integrationsbereich: raumfestes Volumen	LE 1.4, LE 3.4		L^3
$\tilde{V}$	als Integrationsbereich: materielles Volumen	LE 3.4		L^3
$\dot{V}$	Volumenstrom	LE 3.4	(3.4-5)	L^3T^{-1}

Symbol	Name	Definition oder erstes Vorkommen		Dimension
		Platz	Gleichung	
v	spezifisches Volumen	LE 1.4	(1.4-5)	L^3M^{-1}
v	y-Koordinate der Geschwindigkeit	LE 3.2	(3.2-2)	LT^{-1}
W	komplexes Potential	LE 9.5		L^2T^{-1}
w	z-Koordinate der Geschwindigkeit	LE 3.2	(3.2-2)	LT^{-1}
w	Wärmequelldichte	LE 7.1	(7.1-4)	L^2T^{-3}
We	Weberzahl	Tabelle 9		1
X	Teilchen, charakterisiert durch einen „Namen"	LE 1.3		–
$\underline{x}$	Punkt, charakterisiert durch seinen Ortsvektor	LE 1.3, 1.2	(A 1)	L
$\underline{x}_0$	Teilchen, charakterisiert durch seinen Ortsvektor zu einer Bezugszeit	LE 3.1		L
α	Durchflussfaktor, Einlaufdüse	LE 15.7	(15.7-1)	1
α_V	Volumen-Ausdehnungskoeffizient	LE 1.6	(1.6-5)	Θ^{-1}
β	Öffnungsverhältnis	LE 15.7	(15.7-3)	1
β	Scherwinkel	LE 1.7		1
$\dot{\beta}$	Schergeschwindigkeit	LE 1.7		T^{-1}
Γ	Zirkulation	LE 9.1	(9.1-2)	L^2T^{-1}
γ	Zirkulation pro Längeneinheit	LE 10.2	(10.2-1)	LT^{-1}
γ	Grenzflächenspannung		(1.9-1)	$T^{-2}M$
$\underline{\underline{\delta}}$	Einheitstensor	1.5	(A 10)	–
δ	99 %-Dicke der Grenzschicht	LE 12.4		L
δ_z	Dicke der zähen Unterschicht	LE 13.6		L
δ_1	Verdrängungsdicke der Grenzschicht	LE 12.4	(12.4-3)	L
δ_2	Impulsverlustdicke der Grenzschicht	LE 12.4	(12.4-8)	L
$\underline{\underline{\underline{\epsilon}}}$	ϵ-Tensor	1.5	(A 12)	–
ϵ	Rauigkeit	LE 5.3		L
ϵ	Wirbelzähigkeit	LE 13.3	(13.3-1)	L^2T^{-1}
ϵ	Gleitzahl	LE 10.6	(10.6-11)	1
ϵ_1	Expansionszahl	LE 15.7	(15.7-14)	1
ζ	Druckverlustzahl	LE 5.4	(5.4-1)	1
ζ_A	Auftriebsbeiwert	LE 10.6	(10.6-8)	1
ζ_W	Widerstandsbeiwert	LE 10.6	(10.6-8)	1
$\underline{\underline{\underline{\eta}}}$	Viskositätstensor	LE 8.2	(8.2-3)	$L^{-1}T^{-1}M$
η	(Scher-)Viskosität, (dynamische) Zähigkeit	LE 1.7	(1.7-4)	$L^{-1}T^{-1}M$
η	Wirkungsgrad	LE 7.13	(7.13-2)	1
η'	Volumenviskosität	LE 8.2		$L^{-1}T^{-1}M$
κ	Isentropenexponent	LE 7.4	(7.4-4)	1

Symbol	Name	Definition oder erstes Vorkommen		Dimension
		Platz	Gleichung	
Λ	(Flügel-)Streckung	LE 10.6	(10.6-9)	1
λ	Wärmeleitfähigkeit	LE 12.1		$LT^{-3}M\Theta^{-1}$
λ	Rohrreibungszahl	LE 5.3	(5.3-1)	1
λ	in der Ähnlichkeitslehre: Größenverhältnis	LE 11.2		1
ν	kinematische Zähigkeit	LE 1.7	(1.7-5)	L^2T^{-1}
ξ	Verschiebung	LE 1.7		L
$\underline{\underline{\pi}}$	Spannungstensor	LE 8.1	(8.1-1)	$L^{-1}T^{-2}M$
ρ	Dichte	LE 1.4	(1.4-3)	$L^{-3}M$
$\underline{\sigma}$	Spannungsvektor	LE 1.4	(1.4-10)	$L^{-1}T^{-2}M$
$\underline{\underline{\tau}}$	Zähigkeitsspannungstensor	LE 8.2	(8.2-1)	$L^{-1}T^{-2}M$
$\underline{\underline{\tau}}_T$	Reynoldsspannungen	LE 13.2	(13.2-11)	$L^{-1}T^{-2}M$
τ	Schubspannung	LE 1.7		$L^{-1}T^{-2}M$
τ_M	molekulare Schubspannung	LE 13.4	(13.4-1)	$L^{-1}T^{-2}M$
τ_T	turbulente Schubspannung	LE 13.3	(13.3-1)	$L^{-1}T^{-2}M$
τ_W	Wandschubspannung	LE 12.5	(12.5-1)	$L^{-1}T^{-2}M$
Φ	Geschwindigkeitspotential	LE 9.3	(9.3-1)	L^2T^{-1}
φ	Durchflusskennzahl	Tabelle 9		1
φ	Lieferzahl oder Volumenzahl	LE 11.2		1
χ	Kompressibilität	LE 1.6	(1.6-5)	LT^2M^{-1}
Ψ	Stromfunktion einer ebenen Strömung	LE 9.2	(9.2-3)	L^2T^{-1}
Ψ	Stromfunktion einer rotationssymmetrischen Strömung	LE 9.10	(9.10-3)	L^3T^{-1}
Ψ	Durchflussfunktion	LE 7.9	(7.9-3)	1
ψ	(beliebige) Feldgröße	LE 1.3		verschieden
ψ	Druckzahl	LE 11.2		1
$\underline{\Omega}$	Wirbelstärke	LE 9.1	(9.1-1)	T^{-1}
$\underline{\omega}$	Winkelgeschwindigkeit	LE 9.1	(9.1-5)	T^{-1}
ω	Kreisfrequenz	LE 8.4		T^{-1}

Namen- und Sachverzeichnis

www.ingramcontent.com/pod-product-compliance
Lightning Source LLC
Chambersburg PA
CBHW060415220326
41598CB00021BA/2190
9783110641448